第2版

VMware虚拟化与云计算应用案例详解

王春海◎编著

中国铁道出版社有限公司
CHINA RAILWAY PUBLISHING HOUSE CO., LTD.

内 容 简 介

本书介绍了最新的 VMware 虚拟化与云计算软件 vSphere 6（包括 VMware ESXi、vCenter Server、VMware HA、DRS）、VMware Horizon View 6 等产品的使用；全书共分为 10 章和 10 个附录，全面细致的呈现了软件的具体实操和作者经验心得，同时本书网络资源下载包中放置了大量实用知识、技巧文档和精彩视频，供读者下载学习之用。

本书可供虚拟机技术爱好者、政府信息中心管理员、企业网管、网站与网络管理员、计算机安装及维护人员、软件测试人员、程序设计人员、教师等作为网络改造、虚拟化应用、网络试验、测试软件、教学演示等用途的参考手册，并且还可作为培训机构的教学用书。

图书在版编目（CIP）数据

VMware 虚拟化与云计算应用案例详解 / 王春海编著 . —
2 版. — 北京：中国铁道出版社，2016. 6（2021.7 重印）
ISBN 978-7-113-21694-8

Ⅰ. ①V… Ⅱ. ①王… Ⅲ. ①虚拟处理机②虚拟网络
Ⅳ. ①TP338②TP393

中国版本图书馆 CIP 数据核字（2016）第 093942 号

书　　名：VMware 虚拟化与云计算应用案例详解（第 2 版）
作　　者：王春海

责任编辑：荆　波　　编辑部电话：（010）51873026　　邮箱：the-traleoff@qq.com
封面设计：MXK DESIGN STUDIO
责任印制：赵星辰

出版发行：中国铁道出版社有限公司（100054，北京市西城区右安门西街 8 号）
印　　刷：北京建宏印刷有限公司
版　　次：2013 年 10 月第 1 版　　2016 年 6 月第 2 版　　2021 年 7 月第 7 次印刷
开　　本：787mm×1092mm　1/16　印张：41.75　字数：1100 千
书　　号：ISBN 978-7-113-21694-8
定　　价：89.00 元

前　言 Foreword

什么是云计算

什么是云计算？我个人的理解，所谓云计算，就是各单位不再组建、管理自己的数据中心（包括服务器、存储），而改为租用“云”厂商提供的资源（计算机资源、存储资源），将单位的应用软件部署在“云”中，而单位的应用，无论是内部人员使用，还是对外提供的服务，都通过 Internet 连接到云数据中心。

要实现云计算，需要满足以下前提：

- 用户连接到 Internet 的速度足够快、连接成本足够低。
- 服务器的性能越来越高，而单位的应用比较低，自己组建数据中心，组建成本、运营成本、后期的管理与维护成本、将来的升级成本较高，而直接租用成本较低。

云计算是一种构建于虚拟化的高效资源池技术之上的计算方法，用于创建按需、弹性、实现自我管理且可以作为服务进行动态分配的虚拟基础架构。虚拟化使应用程序和信息从基础硬件基础架构的复杂性中解脱出来。

虚拟化不仅是云计算的基础技术，而且还使各种规模的组织在灵活性和成本控制方面有所改善。例如，通过服务器整合，将多台服务器作为虚拟机进行合并，从而使一台物理服务器可以承担多台服务器的工作。另外，虚拟化数据中心还可以简化管理并有效地使用资源。虚拟化数据中心时，对基础架构的管理变得更为轻松，并且可以更为有效地使用可用的基础架构资源。通过虚拟化，您可以创建动态且灵活的数据中心，可以在缩短计划和非计划停机时间的同时通过自动化减少运行费用。

组建自己的云数据中心

由于我国的国情，许多单位都会组建自己的云数据中心而不愿意租用“公共云”提供的服务资源。

而一些政府部门、大的企业、事业单位，可以整合自己部门的资源。例如，市一级的政府部门可以将下属各个县政府部门的信息中心进行整合，将原本各个下级县市的服务器（计算资源与存储资源）统一管理，以后各个县市不再放置自己的服务器而是统一放在市一级的信息中心，由市一级信息中心统一管理，组建全市的“政府云”。

同样，具有各地分公司的企业也可以照此办理。原来到互联网的带宽较低、费用较高。随着接入互联网的费用降低以及接入带宽的增加，原来设置在各地分公司的服务器利用率较低（各分公司的服务器只是给分公司使用），但管理、维护与使用费用较高（需要专业人员管理、服务器需要建立机房、需要 24 小时开机、制冷）。而采用在集团公司设置数据中心后，可以提高设备的利用率，降低维护与使用的成本。

图书特色

本书首先是一本 VMware vSphere 虚拟化产品的基础书、入门书，然后是一本提高书，书中重点介绍了 VMware 虚拟化基础平台 ESXi 6、虚拟化数据中心管理产品 vCenter Server 6、桌面虚拟化产品 Horizon View 6.2 这三个产品。

本书主要有以下 4 个特点：

（1）针对初学者。在介绍每一个产品的时候，尽可能地详细，尤其是在每个产品的开始，除了介绍产品的版本、需要的环境、硬件配置，还会一一介绍安装配置的步骤。在安装以及使用的过程中，会针对初学者可能犯的问题进行解说，避免初学者再走弯路。本书作者以设身处地的思考方式，针对读者学习中碰到的问题、使用计算机中碰到的问题，得出这些问题的解决方法。

（2）针对企业用户。在数据中心虚拟化篇与虚拟桌面篇，除了介绍产品的安装配置，还介绍使用中碰到的问题及解决方法。

（3）组建企业私有云与公共云环境。在虚拟桌面部分通过一个完整的案例，介绍虚拟桌面在局域网与广域网中的应用，介绍怎样将企业内部的私有桌面发布到 Internet 组建云应用。书中还介绍了使用 PC（Windows、Linux、Mac）、iPad 与 Android 平板、iPhone 与 Android 手机使用虚拟桌面的情况。

（4）本书以介绍虚拟机与虚拟化的内容为主但不仅仅限于这些。在虚拟桌面与数据中心虚拟化部分，还会涉及 Microsoft 的 Active Directory、证书、防火墙等内容，以及虚拟机备份、数据备份。

二维码超值下载包

为让本书达到较高的性价比，我们将第 9、10 两章的内容以及本书的 10 个附录以 PDF 文档形式放在下载包中；同时我们还给出本书的配套 PDF 讲解文档以及部分实操视频。皆是非常有用的知识、技巧与经验，读者可下载学习。

读者对象

本书要求读者有一定的计算机操作能力，能独立地安装操作系统、能从网络下载所需要的软件，需要读者具有一定的网络知识，并有一定的学习能力。

本书介绍了大量先进的虚拟化应用技术，步骤清晰（使用 Step By Step 的教学方法），非常容易学习和快速掌握。可供虚拟机技术爱好者、信息中心管理员、企业网管、网站与网络管理员、计算机安装及维护人员、软件测试人员、程序设计人员、教师等作为网络改造、虚拟化应用、网络试验、测试软件、教学演示等用途的参考手册，并且还可作为培训机构的教学用书。

作者介绍

尽管写本书时，我们精心设计了每个场景、案例，已经考虑到一些相关企业的共性问题，但是每个企业都有自己的特点，都有自己的需求，就像天下没有完全相同的两个人一样。所以，这些案例可能并不能完全适合你，在实际应用时需要根据企业的情况进行改动。

我们写书的时候，都是尽自己最大的努力来完成的。这些技术类的图书，有的时候，看一遍可能会看不懂，这不要紧，只要多想想，再看几遍可能就掌握了。技术类的图书，并不像现在流行的一些“网络小说”一样，草草看一眼就能明白。现在的网络小说，更多的像快餐一样，一带而过。而技术类的图书，需要多加思考。技术，尤其是专业一些的技术，相对来说，都是比较枯燥的。

本书作者王春海老师，1993 年开始学习计算机，1995 年开始从事网络方面的工作，曾经主持组建过省国税、地税、市铁路分局（全省范围）的广域网组网工作，近几年一直从事政府等单位的网络升级、改造与维护工作，经验丰富，在多年的工作中，解决过许多疑难问题。

从 2000 年的 VMware Workstation 1.0 到现在的 VMware Workstation 12.0.1、从 VMware GSX Server 1 到 VMware GSX Server 3、VMware Server、VMware ESX Server 到 VMware ESXi 6，王春海老师亲历过每个产品、每个版本的使用。王春海老师从 2004 年即开始使用并部署 VMware Server（VMware GSX Server）、VMware ESXi（VMware ESX Server），已经为许多政府部门、企业成功部署 VMware Server、VMware ESXi 并应用至今。

早在 2003 年，王春海老师便出版了当时业界第一本虚拟机方面的图书专著《虚拟机配置与应用完全手册》，随后的几年又相继出版了《虚拟机技术与应用：配置管理与实验》、《VMware 虚拟机实用宝典》等多本图书，其中《VMware 虚拟机实用宝典》由博硕公司（中国台湾）出版繁体中文版并一再加印。

此外，作者还熟悉 Microsoft 系列虚拟机、虚拟化技术，熟悉 Windows 操作系统、Microsoft 的 Exchange、ISA、OCS、MOSS 等服务器产品，是 2009 年度 Microsoft Management Infrastructure 方面的 MVP（微软最有价值专家）、2010—2011 年度 Microsoft Forefront（ISA Server）方面的 MVP、2012—2015 年度 Virtual Machine 方面的 MVP。

本书的出版得到中国铁道出版社各位编辑的大力支持与帮助；另外，中国人民解放军陆军步兵学院（石家庄校区）的薄鹏也参与了本书部分内容的写作，在此一并感谢。

由于作者水平有限，并且本书涉及的系统与知识点很多，尽管作者力求完善，但仍难免有不妥和错误之处，诚恳地期望广大读者和各位专家不吝指教。有关本书的意见反馈和更新消息以及读者在学习中遇到的问题，您可以通过下列方式与作者联系。

51CTO 专家博客：http://wangchunhai.blog.51cto.com

电子邮件：wangchunhai@wangchunhai.cn

注：王春海老师在 51CTO 学院录制了大量关于虚拟化方面的精彩视频；购买本书的读者可申请加入 QQ 群（群号：297419570）并联系王春海老师，之后购买相关视频课程可享受 7 折优惠。

业内专家推荐

王春海讲师是51CTO专家博主，也是51CTO学院高级讲师。王老师的文章在技术论坛深受同行关注和认可，他的课程在学院深受学员喜爱，拥有学员22万。王老师新书《VMware虚拟化与云计算应用案例详解（第2版）》出炉啦~本书首先是一本VMware vSphere虚拟化产品的基础入门的书，也是一本技能提高的书，书中拥有大量的企业实战案例，内容理论结合实战，是虚拟化技术爱好者及企业工作者必备的学习图书。

——51CTO学院

春海是我相交十余年的朋友，合作十余年的伙伴，也是我在VMWare虚拟机和Microsoft TMG领域的老师。在十余年的时间里，曾经读过春海许多虚拟机方面的著作，有VMWare的，也有Microsoft Hyper-V的。总的感觉是实用性和可操作性都非常强，看了就能懂，照着就能做，学了就能用。

春海的书不仅在祖国大陆有着非常好的销量，而且《VMware虚拟机实用宝典》和《网络管理工具宝典》还将版权输出到宝岛台湾，并多次重印。可见，春海的技术图书受到了海峡两岸读者的广泛欢迎。

——衡水学院高级工程师 著名网络技术作家 刘晓辉

王春海老师是虚拟化方面的专家，除了出版了大量的虚拟化图书，还录制了成套的视频教程。王老师待人真诚朴实，其作品彰显人品，这本云计算的书，以当前在虚拟化产品中市场占有率第一的VMWare公司的企业虚拟化平台vSphere为例，从头到尾的为你展示搭建云计算平台的过程，本书不仅能够让你知道云计算的概念，还能能够让云计算在你的企业中落地。

——51CTO学院金牌讲师　韩立刚

编者

2017年7月

序 Preface

学好网络经验谈

我 1993 年开始学习计算机基础知识，利用两年的时间将计算机的硬件及部分软件进行了系统的学习；1995 年开始学习网络知识，通过一年的学习，我已熟练掌握了网络的相关知识并能独立完成组网，1996 年正式开始从事网络方面的工作，到现在已经积累了十几年的经验。回想这些年，我从零开始，从不懂计算机、不会网络，到现在已成为对网络熟知并经常为政府部门、企事业单位解决网络问题，为网友解答问题的“高手”，是怎么成长起来的呢？下面我将和有识之士一起分享我的经验。

一、要勤于学习

要学好网络（学任何其他的知识都是一样），首先要多看书，并且要翻看多种资料并大量阅读相关书籍。

作者写的每本书，都有其重点要表达的内容，但这些内容，有的适合读者，有的可能并不完全适合读者。可能一本书中，只有一部分对读者有用。所以，这就需要我们，从每本书中，摘抄记录下来对自己有用的内容，组成自己的知识网。

【说明】渔夫的捕鱼网，捕鸟人的捕鸟网，都不只有单一的一张网，往往都是利用多张网，最终真正捕捉到鱼或鸟的网，可能仅仅只是其中的一个网眼。但如果只有这么一个网眼，肯定也是抓不到鱼或鸟的。我们的知识也是这样，知识面越广、学的越精，碰到问题时，从自己的“知识网”中，找到答案的范围就越大。

但是，我们也并不是一味的多看书、死看书。我们在看书的时候，一定要思考，要通过对比多本相同或不同类型知识的书，批判性地接受。因为有的书，加上了作者个人的观点，这些观点，有的只适合特定的场合，有的可能有偏差或错误，所以要批判地接受。

知识面广，是指除了要看本专业的书，还要看专业外的书。在有的时候，解决问题，并不完全靠专业知识。例如，我在写这篇文章的时候，一个读者问我一个问题，他在物理机上安装 vCenter Server 5.5 的时候，出现“错误 28035”的提示，如图 1 所示。

首先这个问题我也没有碰到过。首先我会了解他的安装环境、安装步骤，当我知道他的环境及步骤都没问题，我会继续从他的下载的镜像入手，得知是从 VMware 官方网站下载的。之后还需要了解他的下载方式（是使用 HTTP 下载的还是使用 VMware 提供的“下载管理器”），及下载需要的时间，当读者告知是直接下载的，时间为 20 分钟时，判断是下载的文件出现问题。于是我告诉读者下载一个 MD5 校验工具，检验下载的

vCenter Server 安装镜像的 MD5 值，然后与 VMware 官方网站提供的 MD5 值对比。经过检验，两者的 MD5 值不一样（如图 2 所示），表示下载的文件有问题，重新下载安装即可。

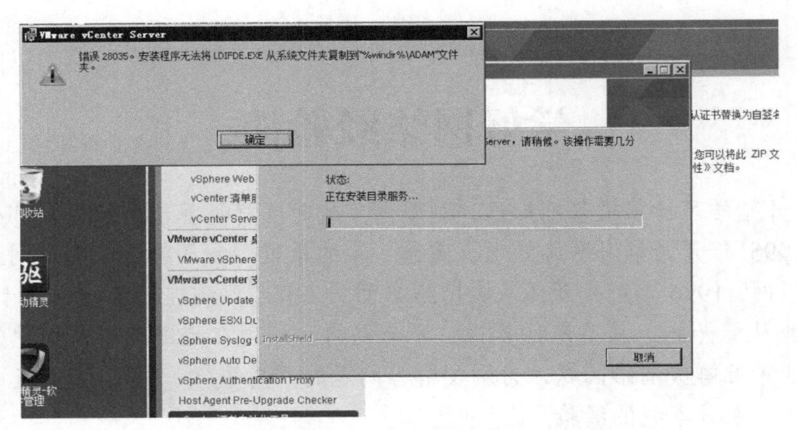

图 1　安装 vCenter Server 时出现 28035 错误

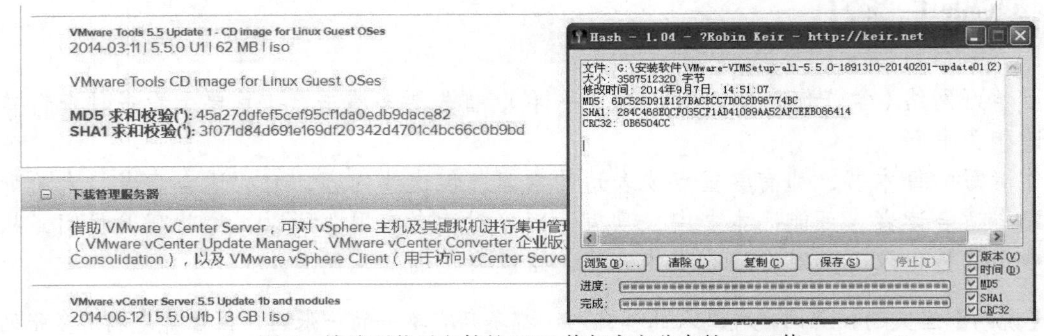

图 2　检验下载后文件的 MD5 值与官方公布的 MD5 值

所以，虽然平时做系统集成、网络、虚拟化与云计算方面的项目，但除了看专业的图书外，与此之外的一些基础图书，我也会阅读。例如我经常看电脑报（现在是合订本）、微型计算机等杂志，《网络运维与管理》（以前的《网管员世界》我也是每年必订的。

看书范围广，并不是指，泛泛的看、泛泛的学。在学习专业知识的时候，要学得足够精。例如学习网络，IP 地址与子网划分，这些基础知识是必须要学习的，而且必须要精通的。对于网管来说，正确的划分子网、了解 DNS、网关的作用及意义，了解路由、交换，掌握交换机及路由器的基础配置，并掌握一些防火墙的配置，是学好管理网络的基础。

在日常生活中，还要多动手、多实践，多接触、多学习新的知识，了解新的技术特点。例如，我是从 MS-DOS 3.30 开始学起的，从 MS-DOS 3.30，到 MS-DOS 3.31、MS-DOS 4.0、5.0、6.0、6.22，以及 Windows 3.1、Windows 3.11，到 Windows NT 3.51、Windows NT 4.0，后面的 Windows 95、Windows 98、Windows ME、Windows 2000、Windows XP、Windows Server 2003、Windows Server 2008、Windows Server 2008 R2、Windows Server 2012 以及最新的 Windows Server 2012 R2，以及 Windows Vista、Windows 7、Windows 8、Windows 8.1、Windows 10，这些产品，每一个我都很熟悉，都是自己一点点的实验直到理解透彻并熟练

应用。从 Windows XP 版本开始，我都是从 Beta 版开始测试使用的。Microsoft 的其他产品，例如 ISA Server，我是从 ISA Server 2000、到 ISA Server 2004、2006 以及到后面的 Forefront TMG 2010。例如 Exchange，我是从 Exchange 5.5 到 Exchange 2000、2003、2007、2010 到现在的 Exchange Server 2013。VMware 的产品则是从 VMware Workstation 1.0 到现在的 10.0.2，以及 VMware GSX Server 1.0 到 3.0、VMware Server 1.0 到 2.0、VMware ESX Server 1.0 到现在的 6.0，每个版本我都用过，并且大多数用于实际的生产环境，并慢慢将其升级到最新的版本。

二、冷静的思考

在我们生产、生活中，可能会碰到各种各样的问题，在碰到问题时，要冷静的思考，千万不能着急。尤其是出现问题后，例如发生了误操作、导致了错误的结果时，这时就更不能着急。在时间允许的前提下，让大脑得到良好的放松及休息，以便用清醒的头脑解决问题。千万不能越急越动，导致事情向更坏的情况发展。

例如，在 2014 年上半年的时候，有个单位的服务器 RAID 卡坏了，然后整个系统就都不能启动（是突然断电之后造成的，断电时间太长，UPS 也没电了）。他们首先判断服务器启动不了了，找不到硬盘。他们直观地看到有个硬盘亮了“黄灯”，表示这个硬盘已经出了故障。于是更换硬盘，硬盘更换后，数据不能同步，此时厂商工程师上门，经过检查说 RAID 卡也坏了，然后更换新的 RAID 卡。在更换新的 RAID 卡之后，数据开始同步，但同步完成之后（1 天之后），系统仍然不能启动。（因为这台服务器是安装的 VMware ESXi 5.0（比较早安装的了），里面运行着生产所用的虚拟机）他们通过电话找到了我，当时我不在现场，他们通过电话与我交流，首先我指导他们进入 RAID 卡配置界面，检查磁盘信息及逻辑磁盘是否正常，然后，指导他们用 VMware ESXi 5.0 的安装磁盘，重新安装 ESXi Server。在安装的时候，选择升级安装或重新安装，但要保留原来的数据，不能“覆盖安装”，如图 3 所示，可以选择列表中的第 1 项或第 2 项。

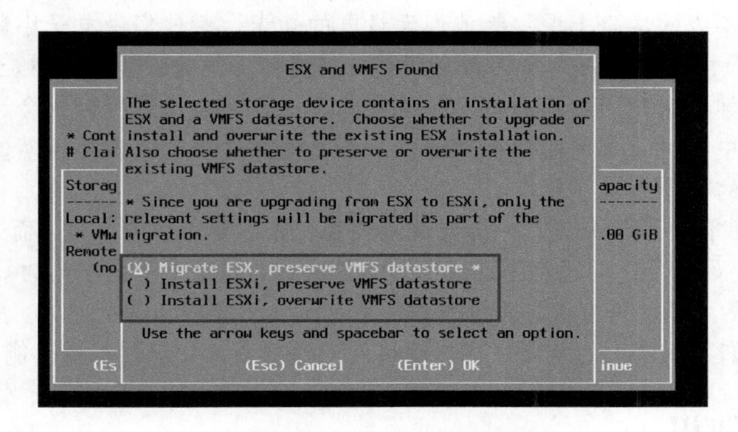

图 3 升级或重新安装，保留存储数据

在安装完成之后，使用 vSphere Client 连接到了 ESXi 服务器，仍然找不到虚拟机，我让他们浏览打开存储，可以看到存储中的每个虚拟机，让他们将这些虚拟机“添加到清单”，添加之后，就可以启动虚拟机了。但是，在将虚拟机添加到 VMware ESXi 清单之后，发现虚拟机仍然不能启动，此时现场工作人员就有些着急了。

此时，我告诉他们，不要着急，因为能浏览存储、能将虚拟机添加到清单，表示服务器的数据并没有丢失，只是数据可能是出错了（突然断电，导致虚拟机数据损坏）。我想到了两种方法解决：

（1）对于不能启动的虚拟机，可以加载操作系统光盘镜像，重新安装虚拟机操作系统，在安装的时候，不要格式化虚拟机磁盘，可以更改安装的位置（例如原来安装在 C 盘 Windows 文件夹，可以改为其他文件夹例如 WS，安装之后就可以看到数据。

（2）可以将虚拟机文件夹，复制或下载到本地，在本地安装 VMware Workstation，在 VMware Workstation 中新建一个虚拟机，在虚拟机中安装操作系统（与不能启动虚拟机操作系统相同），然后将下载到本地的、不能启动的虚拟机的虚拟硬盘，挂载到新安装系统的虚拟机中，也能看到数据。

在我为这个单位规划并解决问题的时候，都是遵循如下的原则：

（1）在划分 RAID 卡的时候，划分至少两个逻辑分区，第一个逻辑分区 30GB~100GB，用来安装操作系统（本例是 VMware ESXi 5/6），剩下的划分另一个逻辑分区，用于保存数据。

（2）在安装虚拟机的时候，虚拟硬盘分为两个分区，第一个分区为 40GB~80GB，用来安装虚拟机操作系统，而数据都保存在第 2 个分区中。

最后，现场人员，在不能启动的虚拟机中，安装相同的操作系统，看到数据在 D 盘都正常。然后重新安装 SQL Server，附加数据库，并重新配置，至此系统恢复。

三、不依赖他人

要独立解决问题，不要养成依赖他人的习惯。在我上学的时候，我对无线电学就非常精通，经常给低年级的学生上课，教他们无线电的知识，教他们做电子小制作。我和他们的班长、学习委员或小组长一起学习一起讨论，得出如下结论：高手并不是天生就是高手，而是周围许多同学，碰到问题都问这人，他实际上一开始也不是样样都会，只是为大家解决的多了，无形中丰富了自己的知识和经验。解决的问题多了，自然而然的就是高手了。可以说，是周围的同学造就了他。

所以，对于我们初学者来说，一开始碰到问题，先不要着急问别人。而是独立思考、画图，想办法解决。如果什么问题都是通过问别人解决的，那就形不成自己的知识库、能力库，也不能成为自己的本领。只有你真正独立解决的问题，才会成为你的能力。解决的每一个问题，都会成为我们知识网上的重要一环。解决的问题越多，知识网越密、能力越强。

四、丰富的知识

从事网络方面的工作，需要有丰富的知识。当碰到问题时，我们的大脑就像一台可以

“高速检索”的计算机一样，查找与当前问题相关的场景、知识或经验。如果我们在故障现场，可以通过查看故障现象、使用工具或设备排查；如果不在现场，就需要与用户交流，从用户描述的情况中，分析问题原因、判断并解决问题。

有许多时候，事情（故障）与网络可能无关，需要我们从“周边”动手，想办法解决。

例如，在2014年5月份的时候，一些单位询问我，说他们的网站打不开了，而这些网站在单位内部访问没有问题，就是从外网（指Internet，互联网）访问不了。网站服务器，一直在例行使用，没有对网站进行大的更改。而防火墙与路由器也没有做调整。刚开始，我以为是防火墙策略被更改（以前单位出现过类似情况，管理员更改了策略之后没有保存，而由于突然断电再启动之后，由于策略没有保存导致使用旧的策略-更改前的策略），经过多次检查，发现确实如用户所说，网站及防火墙都没更改，而网站在局域网都能访问，只有Internet用户不能访问。后来我怀疑是端口问题，我使用telnet命令（telnet 网站的IP地址：80），发现不能登录80端口，随后我将网站改为80以外的端口例如81，发现网站可以打开（http://网站外网 IP 地址:81）。发现是端口问题之后，找专线接入运营商询问，是他们关闭了TCP的80及8080端口，如果要开通，需要进行IP地址的备案（不是网站域名备案，因为网站域名已经备案）。

在2013年年底与2014年年初的时候，联通关闭了专线用户的TCP的80及8080端口，在以前专线用户的端口都是开放的。电信的专线用户，默认情况下80端口是关闭的，需要申请才能开放。所以在这段时间，大量的联通专线用户的网站不能打开，只有到联通重新备案之后，才能开放。

五、良好的习惯

我现在设计与维护的网络有许多，每次设计或配置与维护网络，都要详细的记录下来，包括网络的拓扑（必备）、相关的IP地址、子网掩码、网关，服务器及交换机的用户名密码、一些关键参数（例如服务器的CPU数量、内存大小、硬盘的大小及数量、RAID的规划、每个逻辑分区大小、每个系统分区大小、格式），如果规划了网络，还要写清交换机、路由器在什么位置、相对应的管理地址、用户名密码是什么，都要记录下来。根据这些规划，当用户出了问题时，可根据这些记录的信息，帮用户解决问题。现在我们管理与维护的网络，用户经常问我有哪些设备、设备的型号（以及设备的存放地址）、管理地址、用户名密码等。我打开以前的工作日志文件，都能很快帮助用户解决。

在大多数的情况下，我们帮用户设计或维护了网络，可能和用户的协议是两三年，但用户的设备出问题可能是五六年甚至更长的时间，等用户出问题找你的时候，如果你有这些记录信息，就能很容易帮用户解决问题。在2014年6月份的时候，我们2008年的一个用户，服务器的RAID卡及硬盘损坏，硬盘数据丢失。我根据当时的记录，很清楚地知道当时服务器安装的是Windows Server 2003+ VMware Server+ ISA Server 2006，用户数据都在虚拟机中，虚拟机都在D盘中。我集中精力恢复了用户D盘的虚拟机文件，成功为用户恢复了数据，挽回了用户的损失。

一般情况下，我会为每个用户创建一个文件夹，在这个文件夹中，再创建“拓扑图”、

"交换机配置"、"IP 地址规划表"，并在根目录中，保存一个文本文件，里面有重点信息，例如一些服务器及设备的密码、使用注意事项等。图 3 是某单位 IP 地址规划的截图。

在图 3 中，记录了每个交换机的端口号、管理地址、存放位置。如果某个点网络有问题，可以快速知道问题出在哪一个交换机，如果去检查，知道交换机在哪个位置。更详细的记录表，可以记录交换机某个端口连接了哪个房间的计算机，这样故障更容易定位。

	A	B	C	D	E	F
1	【说明】各交换机的登录用户名为huawei，密码为[illegible]该密码不要打印					
2						
3	机房核心交换机					
4	设备型号：	华为5352		生产厂商：	华为技术有限公司	
5	设备名称：	HW5352C		用户密码：		
6	设备位置：	内科楼1楼机房		管理地址：	192.168.100.254	
7	端口号	端口号	部门	VLAN	IP	网关
8	G0/0/1～G0/0/36		接内科楼1～4层	12	192.168.12.254	192.168.12.254
9	G0/0/37～G0/0/46		接机房服务器	18	192.168.18.254	192.168.18.254
10	G0/0/47～G0/0/48		接外科楼核心交换机23/24口	TRUNK		
11	G0/1/1		接内科楼，8层交换机23/24口	TRUNK		
12	G0/1/2		接门诊楼，1层交换机，光接口	TRUNK		
13	G0/1/3～G0/1/4		备用	TRUNK		
14						
15						
16						
17	内[illegible]楼8楼接入交换机					
18	设备型号：	华为5724		生产厂商：	华为技术有限公司	
19	设备名称：	HW5724-[illegible]8F		用户密码：		
20	设备位置：	内科楼8楼机柜		管理地址：	192.168.11.253	
21	端口号	端口号	部门	VLAN	IP	网关
22	G0/0/1～G0/0/22		接[illegible]楼5～8层	11	192.168.11.0/24	192.168.11.254
23	G0/0/23～G0/0/24		接机房核心交换机第1个光接口	TRUNK		
24						
25						
26						
27	门[illegible]1楼核心（接入）交换机					
28	设备型号：	华为5352		生产厂商：	华为技术有限公司	
29	设备名称：	HW5352C-[illegible]1		用户密码：	192.168.100.11	
30	设备位置：	门诊楼1楼药房机柜上		管理地址：	192.168.16.253	
31	端口号	端口号	部门	VLAN	IP	网关
32	G0/0/1		接[illegible]2楼交换机23/24口	TRUNK		
33	G0/0/2		接[illegible]住院处交换机23/24口	TRUNK		
34	G0/0/3		接[illegible]3楼交换机23/24口	TRUNK		
35	G0/0/4		接[illegible]机柜交换机23/24口	TRUNK		
36	G0/0/5～G0/0/24		接[illegible]1层交换机	16	192.168.16.0/24	192.168.16.254
37	/0/25～G0/0/48			18	192.168.16.0/24	192.168.16.254
38	G0/1/1～G0/1/4		上联端口，接机房核心交换机第2光口	TRUNK		
39						

图 3　交换机端口配置表

六、反复的实验

对于管理员来说，可能需要做大量的实验：

（1）学习新知识的时候。对于某个新的知识点，我们要搭建实验环境，对学到的内容一一进行验证，对于有"分支"的内容，每个分支可能都要验证，至少要验证对我们有用的知识，这些都需要实验，以及时间、耐心。

（2）再现故障：在我们分析故障、分析问题时，需要将故障再现，这个时候也需要反复的实验。

（3）规划设计：在我们规划设计时，需要对设计的内容进行测试，就需要准备实验环境，通过实验进行验证。如果生产环境许可，则在生产环境进行设计。例如，我们在配置虚拟化数据中心时，开始的时候不运行生产数据，而是给管理员一段时间，让管理员熟悉，例如配置存储、添加创建虚拟机、删除虚拟机、从模板部署虚拟机等。等管理员熟悉这些操作之后，再运行生产数据。这些都属于实验的内容。

（4）迁移升级：在进行迁移升级前，我们最好是模拟生产环境，先在实验环境中通过，再在生产环境中进行实际的操作。例如，在我将网络从 Windows Server 2003 升级到 Windows Server 2003 R2，再次升级到 Windows Server 2008，以及升级到 Windows Server 2008 R2 直到现在的 Windows Server 2012 R2 时，我都会在虚拟机中进行验证。虽然这些只是涉及了服务器操作系统的升级，但与这些系统同时集成的还有一些应用，例如 DHCP 服务器、证书服务器等，这些都需要升级。可以说，升级比新安装更复杂，碰到的问题可能也多。另外，在系统迁移时，例如为 Exchange Server 2010 更改存储位置、从 Exchange 低版本升级到高版本等，都要搭建实验环境。

图 4 是我的 VMware Workstation 主控制台界面，左侧收藏夹中是我配置的模板虚拟机，以及实验中用到或用过的虚拟机。

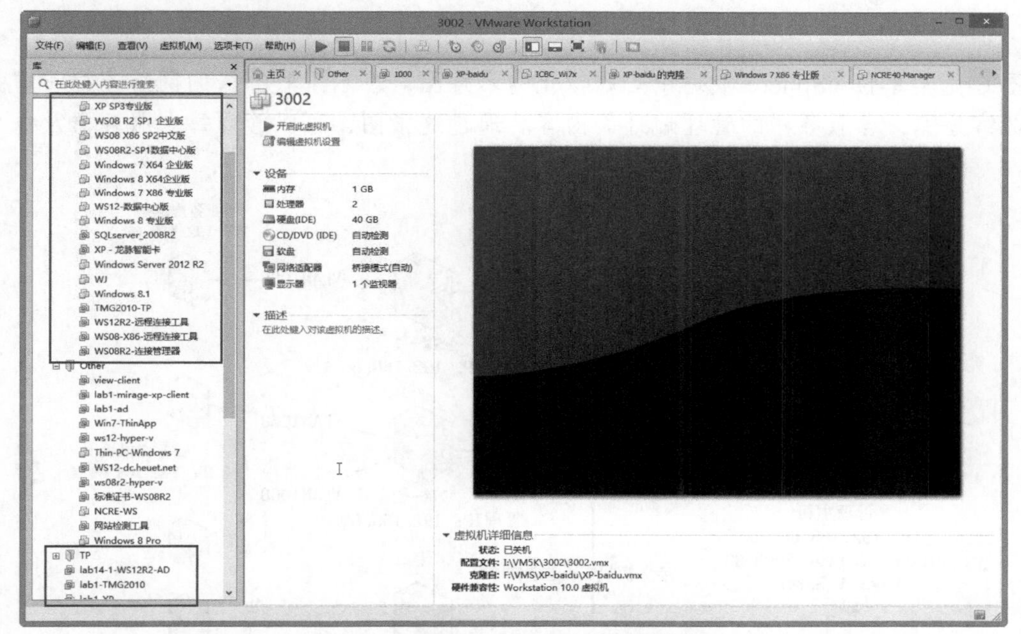

图 4　VMware Workstation 虚拟机软件

七、画出拓扑图

有的时候，“图”为我们和用户的交流提供了桥梁。一个简单的图就能把我们的想法一目了然地为用户展示。同样，在我们学习的过程中，经常做图，记录学习的知识点，或者掌握学习的内容，比记文字效果更好一些。当然，图中一定要配一些文字才行。

尤其是对于网络来说，涉及的 IP 地址、设备较多，连接方式可能也很复杂，如果有一个很好的拓扑图，可以很快速明白网络结构、连接方式，也能快速掌握网络。图 5～图 7 分别是某单位的网络设备拓扑图、服务器虚拟化拓扑图及单位网络拓扑图。

图 5 是交换机的拓扑图，可以看到各交换机的连接示意。在图中还可以标上，是通过哪个端口连接的，端口的属性。

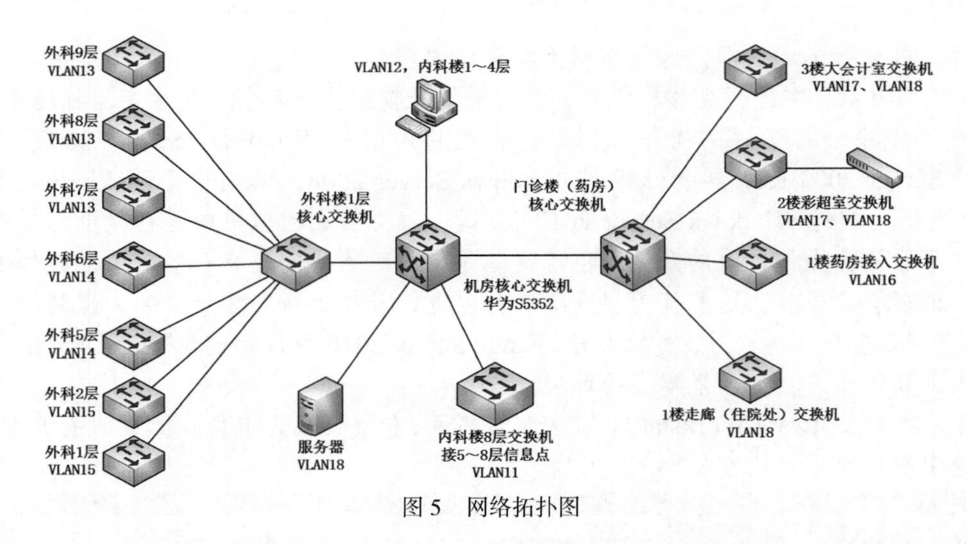

图 5　网络拓扑图

图 6 是某单位 vSphere 数据中心虚拟化的示意图，表示了服务器的网络连接、虚拟交换机网络分配，各服务器的管理地址等内容。通过这张图，可以管理每台服务器及每个虚拟机。

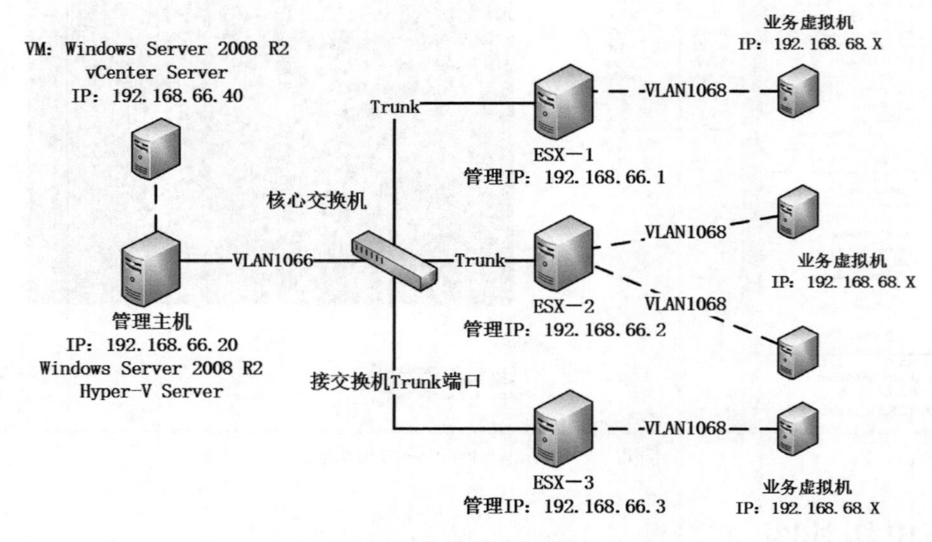

图 6　服务器虚拟化示意图

图 7 是一个更详细的拓扑，标明了当前网络中的主要设备（包括防火墙、流量控制、核心交换机、服务器及服务器中的各个虚拟机），通过这张图，网络中任何一个设备出问题，都能判断问题出现的位置，并定位到相关设备进行分析、判断。

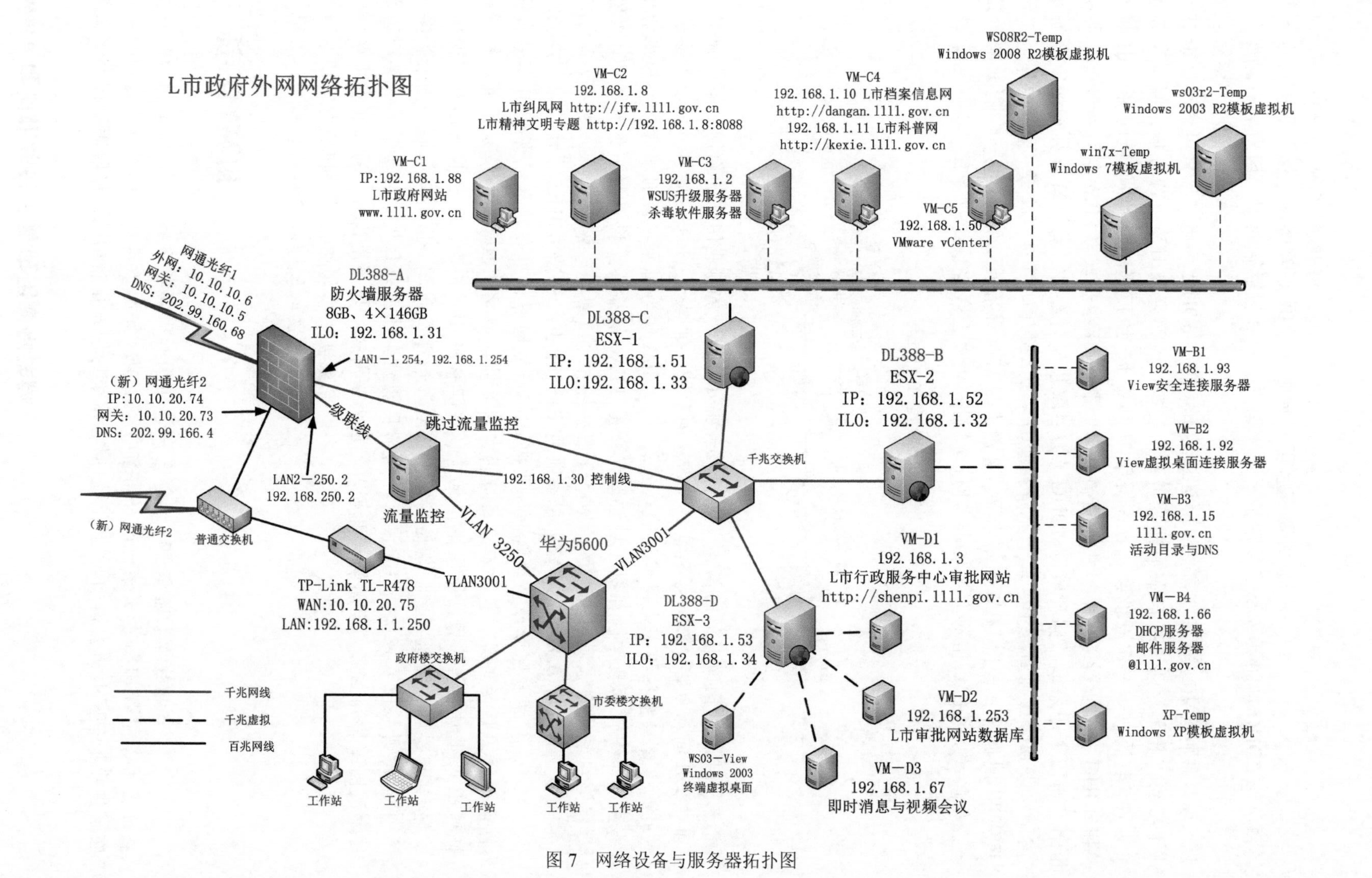

图7 网络设备与服务器拓扑图

当拓扑图很细的时候，如果用户的网络出了问题，我们可以根据拓扑图进行分析判断，并诊断出问题所在，帮用户解决问题。最后，如果用户的网络拓扑或IP地址发生了变动，还要及时更新拓扑图。更新之后的拓扑图（或配置文件）还要及时发给用户。

八、要学以致用

在我们上学的时候，学到的知识面很广。

在我们工作的时候，用到的知识面很专。

因为上学的时候，是根据爱好、兴趣来学习，凡是相关的图书，都可以借来阅读学习。而在工作之后，我们的学习可能就有很强的目的性：我学了这可有什么用、能解决什么问题。如果将所学到的知识用于实际、解决实际工作中碰到的问题，更利于知识的掌握。

例如，我们学过了子网掩码、IP地址的划分，可以根据我们当前的计算机的IP地址、子网掩码，算出当前网络中可以容纳的最大计算机数量。或者是，尝试为自己当前的网络规划与分配IP地址，可以分析当前网络中，IP地址的规划是否存在问题等。

例如，我们学了DHCP服务，了解了IP地址获得、释放、DHCP地址池、作用域、DNS等参数，就可以解决类似的问题。某行政服务中心，为了方便前来办事的市民，在行政服务中心的业务大厅提供了免费的WiFi服务，在运行一段时间之后发现，每天上午来办事的市民大多数能使用大厅提供的WiFi连接访问互联网，但下午的时候，就不能访问。当业务繁忙的时候，到上午11点后也不能访问网络。初看这个问题，是与时间有关，但实际上，产生这个问题的原因很简单：DHCP地址不够了。本案例拓扑如图8所示。

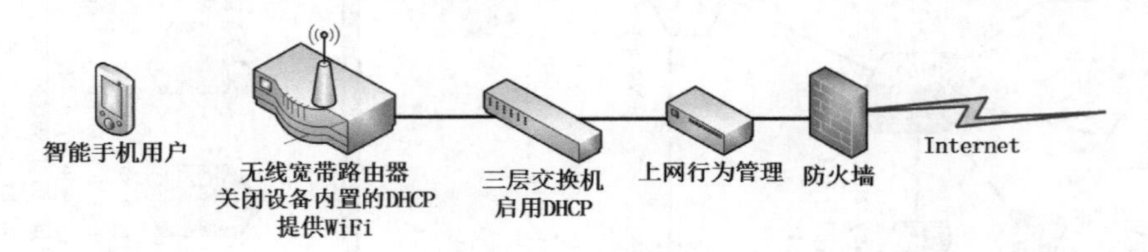

图8　无线网络拓扑图

在本案例中，三层交换机划分了多个网段，在网络中为大厅使用WiFi用户划分了一个C类的网段，在上网行为及防火墙中进行了配置。大厅使用WiFi用户只能访问Internet，不能访问内部网络。在初始设计的时候，在大厅同时办业务的人不会同时有200个人上网，所以规划C类地址应该足够，但设计人员忘记了，DHCP租约时间。在这个案例中，使用了华为三层交换机为WiFi用户分配IP地址，在默认情况下，华为交换机配置DHCP时，默认的IP地址的租约时间是1天（即24小时）。当用户从交换机获取一个地址后，这个地址第2天才能重新分配。这样就导致了，每天一开始获取地址的253个人能用，第254个人再连接无线路由器后，由于DHCP地址池中没有可用的地址，而获取不了地址，也就不能访问网络。

了解问题的原因，再解决就很简单了，进入交换机配置，将交换机的DHCP租约时间改为一个合理的时间，例如改为30分钟即可，主要配置如下：

```
dhcp server ip-pool vlan68
```

```
network 192.168.68.0 mask 255.255.255.0
gateway-list 192.168.68.254
dns-list 202.99.160.68
expired day 0 hour 0 minute 30
```

九、多设计方案

上面介绍到“学以致用”，除了解决问题、排查故障外，还有一个方面，就是尽可能地多设计应用方案。我们学到的每个知识点，都可能引起我们的共鸣，用于解决实际生活或工作中碰到的问题。我们可以通过方案的方式来表现，单独从一个知识点来看，方案可能比较小，但累计设计的方案多了，可以为我们设计更复杂、更大的应用打下良好的基础。另外，方案也是可以借鉴与通用的，我们为 A 单位设计的方案，更改之后可以用在 B 单位。

在开始的时候，可能不知道如何动手、如何设计方案，这时候可以看一下别人设计的方案，并仿照这些方案，将现有方案改进之后，设计出适应自己单位的应用方案。在我的博客（http://wangchunhai.blog.51cto.com）中，有许多解决实际用途比较“小”的设计与解决问题的应用案例，例如：“计算机加入到域的注意事项（http://wangchunhai.blog.51cto.com/225186/1391814）”、“使用智能卡提供 BitLocker 驱动器加密功能（http://wangchunhai.blog.51cto.com/225186/1250833）”、“为 SQL Server 2012 配置镜像注意事项及采用 SSD 硬盘作为数据库存储磁盘（http://wangchunhai.blog.51cto.com/ 225186/1176653）”、“为 Windows 7 添加‘Internet 打印’功能（http://wangchunhai.blog.51cto. com/225186/1156589）”、“使用智能 DNS 与多线路路由解决教育网服务器费用问题（http://wangchunhai.blog.51cto.com/225186/1143846）”、“在远程桌面服务配置 RD 网关直接访问内网（http://wangchunhai.blog.51cto.com/225186/1139388）”等。

他山之石，可以攻玉。看的多了、学的多了，自己设计的多了，慢慢地就可以自己独立地设计方案并应用于实际，最终一定会成为令人羡慕的“高手”。

十、如何问问题

尽管我们已经成为别人眼中的“高手”，但也并不是万能的。如果我们碰到不懂的问题，需要请教时怎么办？我给大家一些我的经验之谈。首先需要一张详细的网络图，画清网络设备（交换机、路由器、防火墙）、计算机及服务器设备、连接方式、IP 地址，从什么地方到什么地方出了什么问题，将你需要解决的问题写个文档，画上拓扑图，在拓扑图上标上主要设备的 IP 地址，然后简单描述故障现象，碰到了什么问题，你是怎么判断分析的，你得到的结果是什么，尽可能地将问题一次说清。这样可以让收到问题的人能很快地了解到问题所在并在最短的时间内帮助你解决。如果表达不清，可以通过“远程协助”的方式，让他人帮你分析、查看。

非常忌讳的提问方式：在吗？能问个问题吗？我的网络不通了，怎么解决？这些是不行的，想帮你的人什么都不了解也是干着急没办法。

以上从事网络工作多年来的一点点经验与大家共享，希望能对大家有所帮助。

超值资源下载包地址 http://upload.crphdm.com/2016/0527/1464329270548.rar

目　录 Contents

第 3 章 ESXi 的安装与配置

第 4 章 安装 vCenter Server

第 5 章 使用 vSphere Client 管理 vCenter 与 ESXi

第 6 章 使用 vSphere Web Client 管理 vCenter Server 与 ESXi

第 7 章 安装配置 VMware View 桌面

注：以下内容我们以 PDF 形式放在本书的下载包中，读者可下载学习。

第 9 章 从 vSphere 5.5 升级到 6

第 10 章 升级 VMware Horizon 6.0 到 6.2

附录 E　为 VMware ESXi 配置 iSCSI 存储

附录 F　VMware View 概述及远程桌面部署的规划指导原则

第 1 章　VMware 虚拟机基础

现在是一个无处不“云”的时代：有云手机、云电视、云应用。那么什么是“云”呢？云计算与虚拟机、虚拟化有什么关系呢？云计算、虚拟化的基础是什么呢？通过本书开篇第一章的介绍，希望大家对虚拟化与云计算的概念以及相关的产品有一个初步的了解。

1.1　虚拟化基础概念

如果第一次接触虚拟机并想尝试使用虚拟机软件，可能有许多的疑问。本节以问答的方式回答初学者容易混淆或者不清楚的问题，让初学者初步了解虚拟机、虚拟化与云计算。

1.1.1　什么是虚拟机

虚拟机是一台“软件”计算机，确切地说，虚拟机是一种严密隔离的软件容器，它可以运行操作系统和应用程序，就好像一台物理计算机一样。虚拟机的运行完全类似于一台物理计算机，它包含自己的虚拟（即基于软件实现的）CPU、内存、 硬盘、显卡、声卡、网卡（NIC）。

对于我们用户来说，我们能分清“物理”计算机与“虚拟”计算机，而对于运行于计算机之中的操作系统来说，是不会、也无从分辨物理机与虚拟机的区别的。对于操作系统来说，不管物理机还是虚拟机，都是一样的。

同样，对于运行在操作系统之上的应用软件来说，基本上没有什么区别。

所以，我们可以使用虚拟机，像使用真正的物理计算机一样，在虚拟机中安装操作系统、各种软件，在虚拟机中做实验，以及在企业中，让虚拟机代替物理机，对外提供服务。

1.1.2　虚拟机与虚拟化的基础

计算机硬件的发展是非常快的，而对于大多数应用来说并不能充分利用、使用硬件，这是虚拟机的基础。举例来说，以个人用户为例，当前计算机主流是 Intel Core i3 2100、4GB 内存、500GB 或 1TB 的硬盘。但对于大多数人来说，用计算机主要是上网、聊天、看视频、处理文档，很少有人使用视频处理、图形处理等耗费 CPU 或 GPU 资源的应用，或者即使使用时间也有限，这就导致大部分的时候CPU的利用率低于30%甚至只有10%，如作者在写作本书时的计算机配置是Intel Core i5 4690K 的 CPU、8GB 内存、64 位的 Windows 7 操作系统，在大多数时间 CPU 的利用率小于 2%、内存使用小于 2GB，如图 1-1 所示。

对于企业来说，当前主流的服务器配置是 Intel Xeon E5620 的 CPU、8GB 内存、多个硬盘组成的 RAID，许多企业的服务器只是简单地做 Web 服务器、数据库服务器或 FTP 服务器，这些服务器的 CPU 利用率长期低于 20%、内存使用不足 30%、硬盘使用低于 5%或 10%，如图 1-2 所示，这是某政府的一台 IBM 3850 服务器，配置了 16GB 内存、2 个 4 核心的 CPU、安装的 Windows Server 2003 操作系统，该服务器是一个 Web 服务器，从图中可以看到该计算机的利用率比较低。

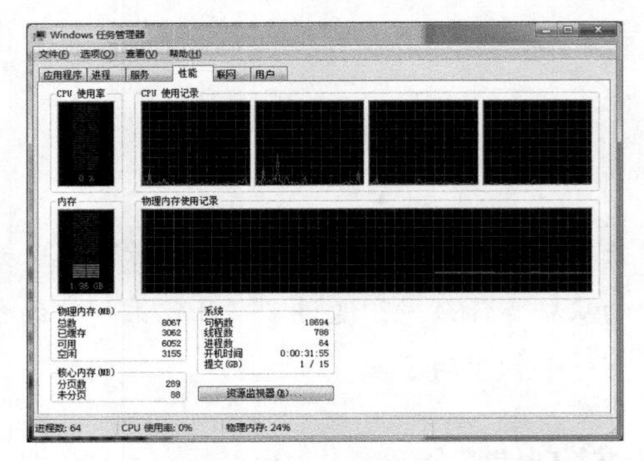

图 1-1　查看计算机的 CPU 与内存使用率

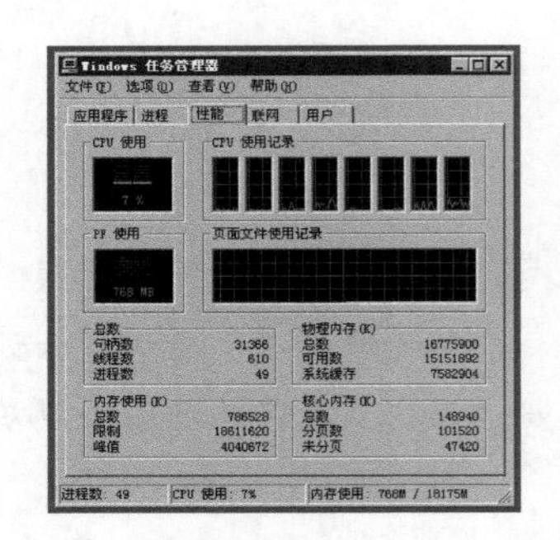

图 1-2　某单位服务器的 CPU 与内存利用率

从上面的情况来看，由于计算机的配置比较高而利用率比较低，以及为了充分发挥硬件的性能是虚拟机与虚拟化的基础。对于个人用户来说，使用虚拟机可以搭建实验测试平台，在一台主机上可以根据需要选择运行多个不同的系统；对于企业用户来说，使用虚拟化软件，可以将原来在多个不同的物理服务器上运行的系统，迁移到一个主机中同时运行，以达到充分发挥硬件性能的目的。

1.1.3　使用虚拟机的好处与优点

使用虚拟机可以在一台计算机上同时安装并运行多个不同类型的操作系统，并且每个虚拟机之间是独立并互不影响的，每个虚拟机的启动与关闭不影响其他虚拟机的运行。

使用个人虚拟机软件（如 VMware 的 Workstation、Microsoft 的 Virtual PC）不需要对物理硬盘重新分区，也不影响现有硬盘上的数据，以及当前操作系统上安装的软件，在虚拟机中运行的操作系统与应用软件，与主机是独立的，就相当于另外增加了一台（或多台）计算机一样。

通常，VMware 虚拟机具备以下 4 个让用户受益的关键特征。

（1）兼容性：虚拟机与所有标准的 x86 计算机都兼容。

与物理计算机一样，虚拟机承载着自身的客户操作系统和应用程序，并具有物理计算机上的所有组件（主板、VGA 卡、网卡控制器等）。因此，虚拟机与所有标准的 x86 操作系统、应用程序和设备驱动程序完全兼容，这样，您就可以使用虚拟机来运行您在 x86 物理计算机上运行的所有相同软件。

（2）隔离：虚拟机相互隔离，就像在物理上是分开的一样。

虽然虚拟机可以共享一台计算机的物理资源，但它们彼此之间仍然是完全隔离的，就像它们是不同的物理计算机一样。例如，如果在一台物理服务器上有 4 个虚拟机，并且其中一个虚拟机崩溃，则其他 3 个虚拟机仍然可用。在可用性和安全性方面，虚拟环境中运行的应用程序之所以远优于在传统的非虚拟化系统中运行的应用程序，隔离就是一个重要的原因。

（3）封装：虚拟机将整个计算环境封装起来。

虚拟机实质上是一个软件容器，它将一整套虚拟硬件资源与操作系统及其所有应用程序捆绑或“封装”在一个软件包内。封装使虚拟机具备超乎寻常的可移动性并且易于管理。例如，可以将虚拟机从一个位置移动和复制到另一位置，就像移动和复制任何其他文件一样；也可以将虚拟机保存在任何标准的数据存储介质上，从袖珍型的 USB 闪存卡到企业存储区域网络（SAN），皆可用于保存。

（4）独立于硬件：虚拟机独立于底层硬件运行。

虚拟机完全独立于其底层物理硬件。例如，可以为虚拟机配置与底层硬件上存在的物理组件完全不同的虚拟组件（例如，CPU、网卡、SCSI 控制器）。同一物理服务器上的各个虚拟机甚至可以运行不同类型的操作系统（Windows、Linux 等）。

由于虚拟机独立于硬件，再加上它具备封装和兼容性这两个特性，因此可以在不同类型的 x86 计算机之间自由地移动它，而无须对设备驱动程序、操作系统或应用程序进行任何更改。独立于硬件还意味着，可以在一台物理计算机上混合运行不同类型的操作系统和应用程序。

1.1.4　虚拟机与虚拟化

虚拟机，通常是指运行在 VMware Workstation、Virtual PC、VMware ESX Server 等众多虚拟机软件中的一个“虚拟”的计算机系统。

虚拟化，是指一种行为或动作，即将原来运行在物理计算机中的操作系统或软件，采用工具或一些操作，“移植”到虚拟机中运行的一种行为或动作。

1.1.5　虚拟机有何用处

虚拟机最初的用途比较简单。例如，在 MAC 平台上想运行 Windows 软件。最初的虚拟机就是在这种情况下开发出来的。虚拟机最初的功能是为了解决在一个系统中运行另一个系统的问题，例如，在 Windows 中运行 Linux、在 Linux 中运行 Windows、在 MAC 系统中运行 Windows 与 Linux 操作系统，最初是为了 IT Pro 用户测试、实验等需要。本书作者在 2000 年左右使用 VMware Workstation 与 Virtual PC 的时候，当时的计算机配置是奔腾 266、256MB 内存、Windows 2000 的操作系统，主要在 Windows 2000 的操作系统下，使用虚拟机运行 Windows 95、Windows 98、Windows NT、MS-DOS 6.22、Windows 3.1 与 Linux，并用来做各种实验。可以说，虚拟机是“多系统”安装与运行的另一个选择。这个时候的虚拟机软件需要有“宿主”系统，即该虚拟机软件并不能独立运行，需要运行在 Windows、Linux 或 MAC 系统中。

后来随着计算机软件、硬件的飞速发展与企业应用，VMware 推出了 VMware GSX Server（用于工作组企业的虚拟机软件）与 VMware ESX Server（用于中大企业的虚拟机软件）。VMware GSX Server（在 4.0 之后改名为 VMware Server）仍然需要宿主系统（Windows 或 Linux）的支持，而 VMware ESX Server 的底层采用了经过精简与优化的 Red Hat Linux 系统，所以不再需要宿主系统（实际上 VMware ESX Server 的宿主系统是 Linux）。

另外，有许多我们小时候常玩的、接在电视上的游戏机，一些爱好者们自己制作了可以运行在 X86 计算机上的“模拟器”，并且将游戏机的 ROM 复制出来，在模拟器中运行，从本质上来说，这些“模拟器”也是一种虚拟机。

虚拟机的应用很多，主要有以下 5 方面。

（1）做实验、测试：IP Pro、计算机爱好者、计算机网管，需要经常测试多种操作系统与应用软件，使用虚拟机，可以很容易地实现多种操作系统与多种软件环境，以及网络环境用来做实验、测试。程序员也可以用虚拟机测试软件。

（2）做演示录像：如果想捕获操作系统的整个安装过程，传统的方式费时费力，并且录像的效果也不好。而使用虚拟机，很容易做到。

（3）企业服务器合并：目前 VMware、Microsoft 都提供了企业级的虚拟化软件，可以在一台服务器上，通过创建多台虚拟机，每台虚拟机可以代替传统的服务器的作用，这可以减少企业物理服务器数量，降低企业的成本（购置成本与使用成本）。

（4）运行老的、旧的系统或程序：现在计算机发展很快，而新的计算机硬件可能不支持以前的系统。例如，现在64位的服务器，已经很少安装Netware操作系统了。而许多场合仍然在采用Netware。这时候可以用虚拟机来解决。

有些软件，只能运行在 Windows 98 或 Windows XP 中，而工作站的主流操作系统已经升级到 Windows 7，此时可以在 Windows 7 中运行 Windows 98 或 Windows XP 的虚拟机，在虚拟机中运行以前的程序。

（5）工作站的升级、改造：现在硬件与软件的更新非常快，对于目前来说，许多单位计算机是在四五年以前购买的，当时的计算机可以很流畅地运行 Windows XP；但现在来说，许多 256MB 内存、单核 CPU 的计算机，运行 Windows XP SP3 就非常缓慢；如果想将操作系统升级到 Windows 7，基本上只能是更换新的计算机，不能通过扩充内存、增加硬盘来达到。而使用 VMware View 4 的企业虚拟桌面（或其他虚拟桌面或远程终端技术），可以在服务器中运行企业所需要的 Windows 7（虚拟桌面），通过在现在的工作站中，安装虚拟桌面客户端程序，在虚拟桌面中（实际上是在远程服务器中运行）使用流行的操作系统，这样不需要更新现有的计算机。即使将来有了 Windows 8 等操作系统，只需要将服务器中的虚拟桌面升级即可。

1.1.6 目前有许多虚拟机软件，应该怎样选择

首先要看需要。如果是个人做实验用，可以用 VMware Workstation、Microsoft Virtual PC、Virtual PC（就是 Windows 7 中的 Windows XP 模式用虚拟机）甚至其他虚拟机软件（如 SUN 的 Virtual BOX）；如果是企业使用，可以选择 VMware Server、VMware ESX Server 或 Hyper-V Server。

在这里单独说一下个人应用。如果你想实现更多的功能、更好的虚拟机性能，以及方便地管理多个虚拟机、创建多个虚拟机以实现不同的网络环境，则推荐使用 VMware Workstation；如果你只是安装有限的几个系统来用，并且你的计算机配置不是很高，使用 Microsoft Virtual PC 是个不错的选择。

笔者推荐大家使用 VMware Workstation 8.0，这是目前为止，功能最多、性能最强、使用最方便的个人虚拟机软件。

对于企业虚拟化来说，则推荐 VMware ESXi 5.0。VMware ESXi 5.0 是目前为止，性能最好的服务器虚拟化产品。

1.1.7 使用虚拟机是否影响主机

前面已经介绍到，虚拟机是一个“软件”，既然是一个软件，就会和运行在计算机上的其他程序一样，需要安装到硬盘上使用，并且在使用的过程中，会占用硬盘的空间。如果这个虚拟机程序（或软件）不运行，则不会占用（或者很少占用）主机的资源。所以，只有虚拟机在运行的时候，才会占用主机资源，这时可能会影响到主机的性能，这和其他程序没有什么区别。

1.1.8 删除虚拟机系统不会影响主机

而虚拟机系统，则相当于软件运行过程中，占用的一些磁盘空间。如果删除虚拟机系统，只是把虚拟机所占用的文件（或文件夹）删除，并不会影响到所在的主机系统。删除不用的虚拟机，也不会影响到其他虚拟机。

1.1.9 虚拟机的安全性

在使用虚拟机时，安全性和稳定性是一个主要的考虑方面，当一台物理机分解为多台虚拟机后如何防止病毒侵扰或其他安全性侵入事件？

虚拟机之间是互相隔离的，和网络上的计算机一样。如果病毒通过网络在物理机（或虚拟机）之间传播，那是网络的安全性问题，这些是与虚拟机无关的。另外，使用好的虚拟化产品，如 VMware 的 ESX Server 系列，运行在 VMware ESX Server 中的虚拟机也是很稳定的。

1.1.10 虚拟系统出现故障崩溃了怎么办

这种情况是很少出现的。(1) 如果服务器安装的是 VMware ESX Server 或 Hyper-V Server 2008，这个平台是不会安装杀毒软件的，只会在虚拟机中安装，而虚拟机中安装的杀毒软件只会影响自己（就和我们普通的 PC 一样），不会影响到主机，和同一主机上的其他虚拟机（如果是通过网络传播那是另外一个问题）。（2）如果是用 VMware Server，在 VMware Server 主机上很少会有其他的行为（浏览网站、下载、视频、测试其他软件），也很少感染病毒。（3）如果是 VMware Workstation，这时候做的是一些测试。病毒可能会破坏这些文件（目前还没有），就是破坏了实验虚拟机，重新安装就是了。

1.1.11 如何对虚拟机进行备份与恢复

VMware 虚拟机都可以使用“快照”功能对虚拟机进行备份，VMware Workstation 可以创建无限的快照并且可以从快照创建出新的虚拟机；VMware Server 可以创建 1 个快照；VMware ESX Server 也可以创建无限的快照。用户可以在需要的时候恢复到快照时的状态并且非常快速。

注意：在恢复到以前的快照时，虚拟机当前的状态与数据会丢失。对于 VMware Workstation 与 VMware ESX Server 的虚拟机来说，可以为当前的状态创建新的快照后再恢复到以前的快照。而 VMware Server 虚拟机则不可以。

1.1.12 虚拟机是否不需要安装操作系统

许多初学者，在使用虚拟机软件时，发现在创建虚拟机时，在可供选择的操作系统列表一栏中，基本上列出了当前（以及以前的）所有操作系统，以为创建了相关的虚拟机后，这些虚拟机会“带”这些系统，这是不对的。前面讲到，虚拟机是一个“软件”计算机，这就和一个新购买的普通的计算机一样，新出厂的计算机是不带操作系统的，需要在计算机中安装操作系统。所以，如果你创建了 Windows XP 的虚拟机，你还需要准备 Windows XP 的安装光盘（或光盘镜像），在虚拟机中安装 Windows XP 操作系统后，才能使用。

1.1.13 VMware 试用版与正式版的区别

VMware 的所有产品，从面向用户的 VMware Workstation 到面向企业的 VMware ESX Server，都可以从其官方网站 www.vmware.com 下载 30 天或 60 天的试用版，这里的试用版功能是没有受到任何限制的，只是使用期限受到限制。在下载 VMware 产品时，通常要在 VMware 网站注册，在注册的时候，会获得相关产品 30 天或 60 天的试用注册码，所谓“试用期限”就是针对这个注册码来说的。如果你从 VMware 网站下载了其试用版，并且使用，只要在到期前，更换为正式版的序列号，产品即可以无限期使用；或者在到期前，换用一个用户名、邮箱，从 VMware 网站获得新的序列号，也可以继续使用。

1.1.14 关于虚拟机的速度

许多第一次接触或使用虚拟机的人，都会惊讶于虚拟机中操作系统的安装速度、启动速度以及运行速度，尤其是虚拟机中操作系统的安装速度。这个速度不是感觉到“慢”，而是感觉在虚拟机中安装操作系统的速度明显或者大大快于直接在主机中安装操作系统的速度。而没有使用过虚拟机的会觉得这是不可思议或者认为是不可能的事情。不管是理论还是实际的使用情况，在虚拟机中安装操作系统、启动操作系统的速度要优于主机，这是什么原因呢？关于这些，作者是这样理解的：

如果在主机上安装操作系统，需要用光盘启动。从光盘向硬盘上复制操作系统的安装文件这一步骤中，使用的是 16 位的磁盘驱动，此时并没有充分发挥硬盘的性能；而在虚拟机中安装操作系统，由于有了主机操作系统这一“层”，此时使用的是 32 位或 64 位的驱动程序，可以充分发挥硬盘的性能。

在主机上启动操作系统时，要到真正进入操作系统后，才能充分发挥硬盘或主机硬件的性能；而在虚拟机中启动操作系统，可以充分发挥硬件（包括硬盘）的性能，启动速度当然要优于主机。

当然，虚拟机的速度优于主机的速度，只是体现在安装操作系统与操作系统的启动上，而应用软件的运行速度，与主机对比，会略微低于主机。

【小实验】大家感兴趣的话，可以在主机上安装 Windows XP、Windows 7 操作系统，然后在 VMware Workstation 7 中创建 Windows XP、Windows 7 的虚拟机，并在虚拟机中安装，然后统计两者的时间差别。

1.1.15 虚拟机硬件特性

无论是虚拟机还是主机，都包括 CPU、内存、显卡、声卡、网卡这些硬件，无论这些硬件是真实的还是虚拟的。虚拟机的硬件有些依赖于主机，有些是依赖于虚拟机软件。目前的虚拟机软件无论是 VMware Workstation、Microsoft Virtual PC、VMware ESX Server（或 VMware ESXi）、Hyper-V Server，这些虚拟机软件所模拟的虚拟机有如下的特点：

（1）虚拟机的 CPU 与主机的 CPU 相同。例如，主机是 Intel Core i7 2600，则虚拟机的 CPU 也是 Intel Core i7 2600。但是虚拟机的 CPU 的核心数量可以与主机不同，这取决于虚拟机软件以及虚拟机的设置。不同的虚拟机软件的参数不同、虚拟机的设置不同，虚拟机中的 CPU 的核心数量也不同。例如，笔者当前的主机是 Intel Core i7 2600，这是一个 4 核心并带超线程的 CPU，在主机中显示为 8 个 CPU（见图 1-1），而在 VMware Workstation 8 的虚拟机中，最多虚拟 8 个 CPU（可以在 1～8 个 CPU 之间任意设置），则虚拟机中显示的 CPU 最高可为 8 个 CPU。图 1-3 所示是虚拟 6 个 CPU 的截图。

说明：为每个虚拟机设置 CPU 的最大数量不能超过物理主机 CPU 的数量。例如，当主机是 4 核心不带超线程的 CPU，在物理主机显示为 4 个 CPU，则可以为虚拟机分配 1 个、2 个、3 个、4 个虚拟 CPU，不能为虚拟机分配超过 4 个（最大 4 个）的虚拟 CPU。

（2）虚拟机的内存依赖于主机的内存与虚拟内存。不能为单一虚拟机分配超过主机可用物理内存的数量，即使分配也不会生效。例如，以 VMware Workstation 为例，主机有 16GB 可用内存，但操作系统与其他应用软件使用了 2GB 内存，则为虚拟机分配时最多可以为其分配 14GB，否则即使为虚拟机分配 32GB 内存，当该虚拟机启动时，亦会调整为 14GB（进入系统之后可以看到最大可用内存）。在虚拟机的硬件规范中，CPU 与内存的数量是受主机限制的虚拟硬件。

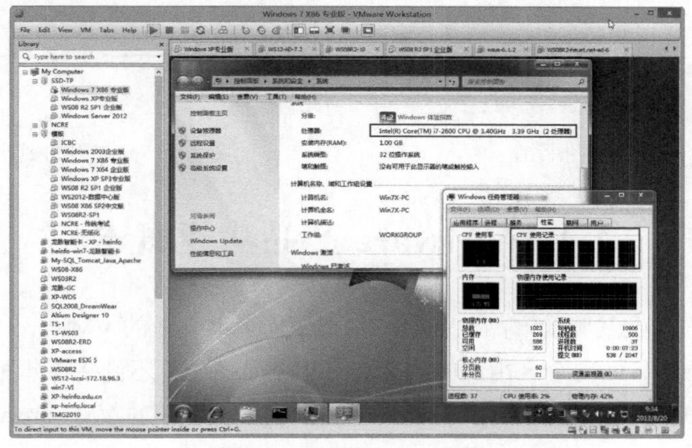

图 1-3　虚拟机 CPU 数量

（3）虚拟机的显卡、声卡、网卡依赖于虚拟机软件。不同的虚拟机软件，所虚拟的显卡、声卡、网卡不同。例如，VMware Workstation 虚拟的 32 位虚拟机的网卡是 AMD PCnet、64 位虚拟机的网卡是 Intel 网卡。而 Microsoft Virtual PC 虚拟的网卡是 intel 网卡、S3 的显卡。

（4）可以虚拟主机不存在的硬件。例如，VMware Workstation 的虚拟机，可以虚拟 SCSI、SAS 接口卡，而主机可以没有这些硬件。

（5）虚拟硬件数量可以超过主机的物理硬件数量。例如，VMware Workstation 的每个虚拟机，可以添加最多 10 块虚拟网卡。

（6）虚拟硬盘大小可以超过物理硬盘的大小，但虚拟硬盘中占用的空间大小不能超过所在分区可用空间的大小。例如，VMware Workstation 8 最大可以创建 2TB 的虚拟硬盘，这个硬盘大小是在“虚拟机”中让“操作系统”认为有 2TB 的硬盘。虚拟硬盘占用的空间根据虚拟机安装的操作系统与应用软件动态增加，但不能超过其所在分区可用空间的大小。

1.1.16 虚拟化与云

“云”是什么？许多人可能不明白，许多专家可能也解释不清。简单来说，就是将应用、数据集中存储在相应的服务商，用户需要的时候通过网络、使用便携的设备来使用就可以了。使用云可以减少中间的环节、降低对用户的要求、简化网络的结构。举例来说，现在许多高校在建数字图书馆，每个高校都是购买服务器、存储服务器、组建网络，为本校的师生服务。这些高校的服务器会安装业务系统、存储服务器会从万方等数据商购买数据保存到本地。本校的师生在自己的学校、通过校园网、使用办公计算机连接到本校的数字图书馆来查阅资料。每个高校都有这样的数字图书馆、都需要配置设备组建网络、都要从数据提供商购买数据，并且过一段时间要更新数据。这样用户获取数据就分三级，如图 1-4 所示。

云应用的方式是省略中间环境。同样对于高校的数字图书馆，每个高校可以不建立自己的数据中心，而直接购买运营商的服务，并且给每个员工以账户或其他的方式，让员工可以使用手机、笔记本、平板电脑等，在家或单位，通过互联网或单位的网络直接访问数据库提供商的数据，如图 1-5 所示。这样省去了高校自建数据中心的组建成本、系统运行的运行成本（电力、人员、设备更新）、每年数据更新成本。并且由于是用户直接访问数据库提供商，也减少了等待数据更新的时间。同样对于数据库提供商来说，也提高了设备的利用率。对于整个社会来说，减少了能源的消耗。

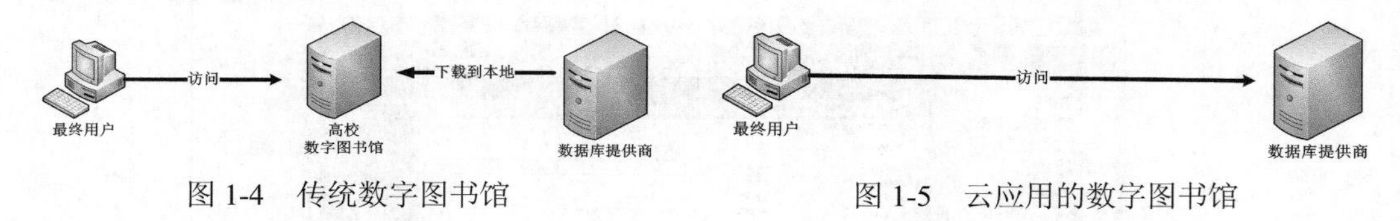

图 1-4 传统数字图书馆　　　　图 1-5 云应用的数字图书馆

1.2 VMware 产品功能概述

VMware 虚拟化产品及其附加产品比较多，包括面向大型企业的 VMware ESX Server、面向中小企业的 VMware Server、面向个人用户的 VMware Workstation，还包括与此相关的一些其他产品，如用于虚拟机迁移的 VMware vCenter Converter、用于虚拟机管理的 VMware vCenter Server。本节将简要介绍这些产品。

1.2.1 VMware Workstation Pro

VMware Workstation Pro 是 VMware Workstation 版本号升级到 12.x 之后的名称，以前一直称为 VMware Workstation（版本号对应 1.0～11.X）。从 VMware Workstation 11.x 开始，其 Windows 版本只有 64 位产品，VMware Workstation 10.x 是最后一个可以运行在 32 位 Windows 平台的产品（其 Windows 版本）。VMware Workstation（或 VMware Workstation Pro）有运行于 Windows 及 Linux 两个平台的版本。

VMware Workstation 荣获了多个行业奖项，由于具有广泛的操作系统支持、丰富的用户体验、全面的功能集和高性能而获得了广泛的认可。它是工程师测试与实验新程序、新应用的完美伴侣，也是工程师的理想装备。

VMware Workstation 是面向个人用户的虚拟机产品，需要底层操作系统的支持。运行于

Windows、Linux 中的个人虚拟机产品的名称叫 VMware Workstation（VMware Workstation Pro）。运行于 MAC 平台的虚拟机产品是 VMware Fusion。

VMware Workstation Pro 最新版本是 12，是目前为止功能最全、性能最优、使用最方便的虚拟机产品。VMware Workstation 最新功能包括以下几点。

（1）专为 Microsoft Windows 10 和其他系统构建 Workstation 12 Pro 是借助您的现有 Windows 或 Linux PC 评估和测试 Windows 10 的最佳方法。使用 Workstation“虚拟机向导”，您只需几个简单的步骤即可从磁盘或 ISO 映像在虚拟机中轻松地安装 Windows 10。借助 Workstation 12 Pro，您可以开始充分利用 Windows 10 最新功能(例如私人数字助理 Cortana(微软小娜)、新的 Edge 网络浏览器中的墨迹书写功能)，您甚至可以开始为 Windows 10 设备构建通用应用。您甚至可以要求 Cortana（微软小娜）直接从 Windows 10 启动 VMware Workstation。 对于运行最新 Linux 发行版的组织和技术用户，Workstation 12 Pro 支持 Ubuntu 15.04、Red Hat Enterprise Linux 7.1、Fedora 22 等系统。您甚至可以创建嵌套的虚拟化管理程序来运行 Hyper-V 或 VMware ESXi 和 vSphere，以便为培训、演示和测试构建终极 vSphere 实验室。Workstation 12 Pro 具有针对 VMware Photon 的新增支持，以便您可以构建和测试在虚拟化环境中运行的容器化应用。如图 1-6 所示。

（2）显示强大的 3D 图形 。VMware Workstation 12 Pro 现在支持 DirectX 10 和 OpenGL 3.3，可在运行 3D 应用时提供更顺畅和响应速度更快的体验。借助这些新增功能，您现在可以使用所有需要 DirectX 10 的应用（例如 Microsoft 针对 Excel 的 Power Map 工具），让您可以在一个全新的维度上直观显示数据。另外，Workstation 还使在虚拟机中运行 AutoCAD 或 SOLIDWORKS 等要求严苛的 3D 应用变得非常简单，如图 1-7 所示。

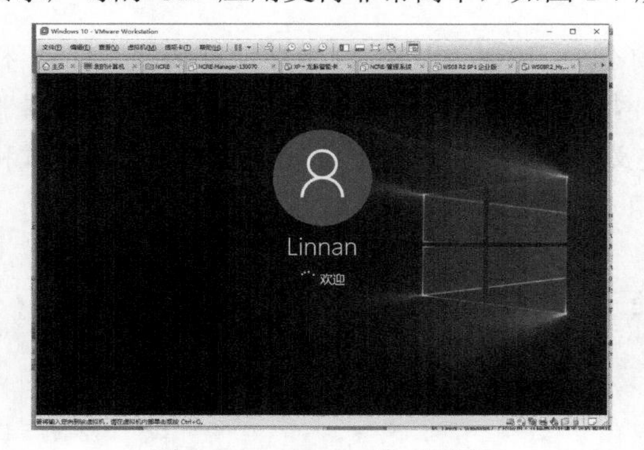

图 1-6 Windows10 的虚拟机

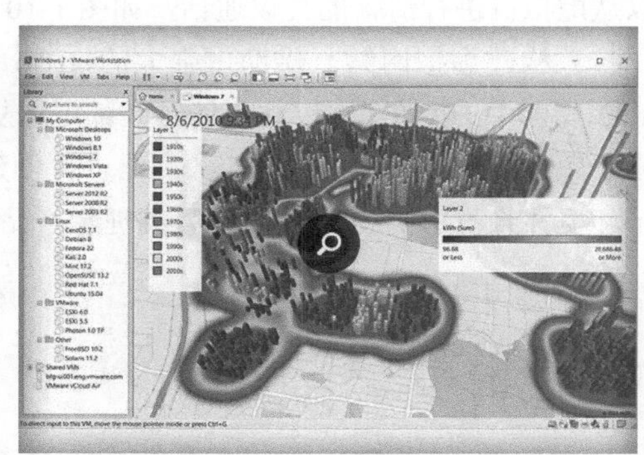

图 1-7 3D 支持

（3）支持高分辨率显示屏。 Workstation 12 Pro 已经过了优化，可支持用于台式机的高分辨率 4K UHD (3840 x 2160) 显示屏和用于笔记本电脑和 x86 平板电脑的 QHD+ (3200x1800) 显示屏，为您提供清晰细腻的显示体验。Workstation 12 Pro 现在支持在主机上使用具有不同 DPI 设置的多个显示屏，以便您可以同时使用全新的 4K UHD 显示屏和您现有的 1080P 高清显示屏，如图 1-8 所示。

（4）可创建功能强大的虚拟机。 利用 Workstation 12 Pro，您现在可以创建拥有多达 16 个虚拟 CPU、8 TB 虚拟磁盘以及 64 GB 内存的虚拟机，以便在虚拟环境中运行要求最严苛的桌面和服务器应用。您可以通过为虚拟机分配多达 2 GB 的显存，使图形密集型应用的处理能力更上层楼，如图 1-9 所示。

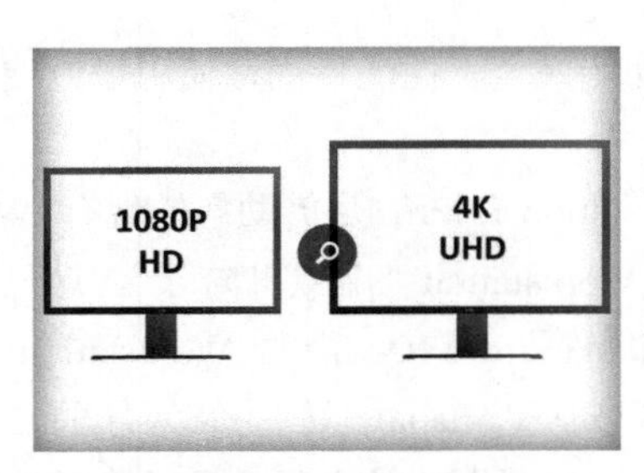

图 1-8 1080 与 4K 显示屏对比

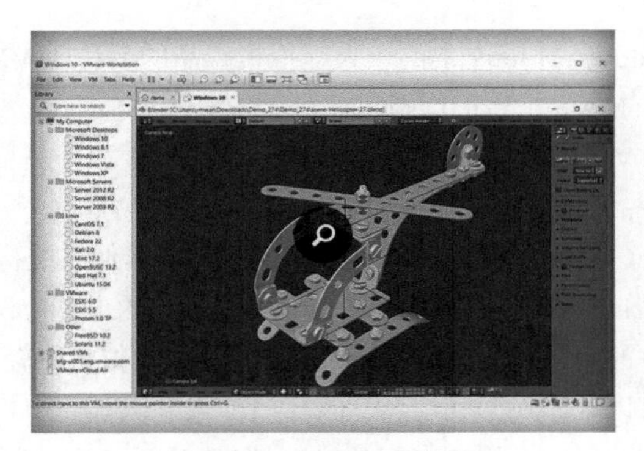

图 1-9 创建功能强大的虚拟机

（5）支持最新的硬件。助 Workstation 虚拟平板电脑传感器，充分利用基于 Intel 的最新平板电脑。将最新的 Microsoft Surface 平板电脑与 Workstation 的虚拟加速计、陀螺仪、指南针和环境光线传感器结合使用，可以使虚拟机中运行的应用在用户移动、旋转和摇动平板电脑时进行响应。无论您是使用笔记本电脑、平板电脑还是台式电脑，Workstation 12 Pro 都支持最新的 Intel 64 位 x86 处理器，包括新的 Broadwell 和 Haswell 微架构，可以实现最高的性能。

（6）增强了连接。 Workstation 12 Pro 可充分利用最新的硬件，支持带 7.1 环绕声的高清音频、USB 3.0 和蓝牙设备，让您可以轻松将新的网络摄像头、耳机或打印机连接到虚拟机。Workstation 12 Pro 现在支持 Windows 7 和 Windows 8 中的 USB 3.0，从而借助外部存储设备实现超快的文件传输。另外，Workstation 12 Pro 还可提高客户虚拟机内的 Skype 或 Lync 会议通话的性能，以便您可以从虚拟机进行清晰的会议通话，如图 1-10 所示。

（7）构建虚拟网络。借助更强大的 IPv6 支持（包括 IPv6 到 IPv4 网络地址转换（6to4 和 4to6）），用户可以创建比以往任何时候都更加复杂的网络拓扑。Workstation 12 Pro 虚拟网络编辑器可用于添加和删除 IPv4 或 IPv6 网络，并创建自定义的虚拟网络连接配置，因而是适用于测试和演示环境并且不影响 PC 网络配置的理想产品。如图 1-11 所示。

图 1-10　支持多种外设

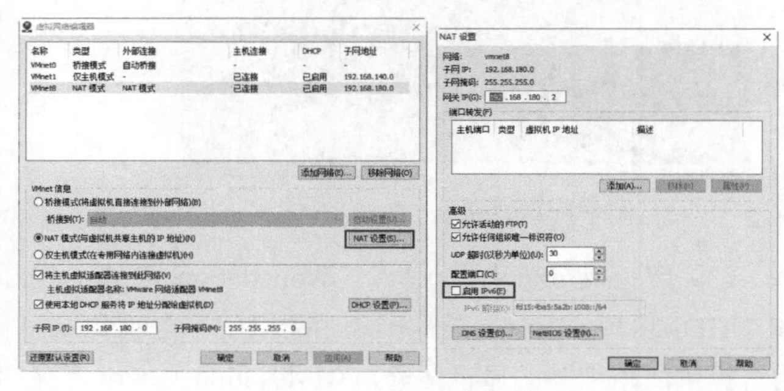

图 1-11　Workstation Pro 网络支持

（8）利用 vSphere 和 vCloud Air 的强大功能。Workstation 12 Pro 提供到 VMware vSphere 和 vCloud Air 服务的连接，从而允许您将虚拟机延伸到云中并进行扩展。这样，专业技术人员可以同时使用本地虚拟机和服务器托管的虚拟机以实现最佳灵活性，并利用单个 PC 以外的资源。借助 Workstation 12 Pro，可以在 PC 与运行 vSphere、ESXi 或其他 Workstation 实例的内部云之间顺畅地拖放虚拟机。另外，还可以轻松连接到 vCloud Air 并直接从 Workstation 12 Pro 界面中上传、运行和查看虚拟机。 Workstation 12 现在提供 vCloud Air 电源操作，以便您可以启动/关闭或挂起/恢复虚拟机，从而节省额外步骤和时间。

（9）用户界面。 Workstation 12 Pro 可以让专业技术人员充分掌控如何设置虚拟机并与之进行交互，而不论这些虚拟机是在本地的 PC 运行还是在云中运行。Workstation 12 Pro 界面包括简化的菜单、实时缩略图、选项卡、首选项屏幕和具有搜索功能的虚拟机库，让您可以快速查看和访问您的虚拟机，从而节省宝贵的时间。 借助 Workstation 12 Pro，您现在可以为桌面去掉虚拟机标签，并在您需要使用多个虚拟机时创建全新的 Workstation 实例。

（10）保护您的工作并节省时间。借助 Workstation 12 Pro，您可以使用快照和克隆功能保护您的虚拟机并节省宝贵的时间。快照功能可保留虚拟机的某个状态，因此您可随时返回此状态。使用克隆功能可以轻松复制 Workstation 虚拟机，并可以直接在基准安装和配置的基础上创建无数个虚拟机副本。链接克隆是一种复制复杂设置的更快、更简单、更高效的方式，适用于测试和自定义演示。链接克隆将会制作一个与父虚拟机共享虚拟磁盘的虚拟机副本，这样做的好处是所占磁盘空间比完整克隆少得多。

（11）运行受限虚拟机。创建和控制与您的虚拟机有关的策略，并在 Workstation 12 受限虚拟机容器内为终端用户提供应用。通过限制对 Workstation 虚拟机设置的访问（例如拖放、复制和粘贴以及连接 USB 设备）来保护公司内容。此外，还可以对虚拟机进行加密和密码保护，以确保未经授权的用户无法篡改企业虚拟机设置。 Workstation 12 Pro 现在可以提高加密虚拟机在挂起和恢复操作期间的性能，与以前版本的 Workstation 相比，可以最多将性能提高 3 倍。

（12）设定虚拟机的过期时间。对于分配至短期项目的员工、临时员工或仅仅是交付软件评估的情况，Workstation 允许您创建可在预定义的日期和时间过期的受限虚拟机。启动后，虚拟机将以指定的时间间隔查询服务器，从而将受限虚拟机的策略文件中的当前系统时间存储为最后受信任的时间戳。过期的虚拟机将自动挂起，并且在没有管理员干预的情况下不会重新启动。

（13）虚拟机交叉兼容性。Workstation 12 Pro 可提供跨 VMware 产品组合和跨不同平台的兼容性。利用 Workstation 12 Pro，您可以创建能够跨 VMware 产品组合运行的虚拟机，或创建能够在 Horizon FLEX 和 Workstation Player 中使用的受限虚拟机。

而下面内容，则是以前的 VMware Workstation 提供的功能，主要有以下内容。

（1）在 PC 上运行云。Workstation 能够在笔记本电脑上构建云。可以运行 VMware 的 Micro Cloud Foundry 和其他云计算基础架构，如 Apache 的 OpenStack。还能运行来自 Cloudera 等公司的大数据应用，如 Apache Hadoop 软件库。

（2）将您的工作效率提高到新的水平。无须重启即可在同一台 PC 上同时运行多种操作系统（包括 Linux、Windows）上的应用。在隔离的环境中评估和测试新的操作系统、应用和补丁程序。 可在单台笔记本电脑上以可靠且可重复的方式演示复杂的软件应用。与 Visual Studio、Eclipse 和 SpringSource Tool Suite 等众多工具集成，使得在多个平台上测试应用变得超乎想象的方便。只需拖放即可在 PC 和 VMware vSphere 之间移动虚拟机。

（3）共享虚拟机，共享优势。共享虚拟机是与您的团队在一个更接近生产的环境中共享和测试应用的最快方式。 将 VMware Workstation 作为一个服务器运行，与您的团队成员、部门或组织共享虚拟机。 VMware Workstation 对用户访问提供企业级控制。

（4）在后台运行虚拟机。在你关闭 VMware Workstation 程序的时候，可以选择关闭虚拟机的电源还是让虚拟机在后台运行，之后可以单击工具栏上的图标加载后台运行的虚拟机。

（5）集成 VNC Server。在 VMware Workstation 中，你可以设置一个虚拟机作为一个 VNC 服务器，之后你就可以使用 VNC 的客户端软件连接正在运行的虚拟机了。

（6）支持多显示器。如果你的主机有多个显示器，你可以让你的虚拟机在主机的多个显示器中同时进行显示。

（7）虚拟硬盘管理：可以在主机中直接打开虚拟硬盘并映射到主机的盘符并存取虚拟硬盘文件、可以增加虚拟硬盘大小、压缩整理虚拟硬盘。

（8）自动更新 VMware Tools。可以自动更新虚拟机中的 VMware Tools，而不需要由用户再进行手动安装。

（9）改进的共享文件夹。共享文件夹的使用更加安全，在同一个虚拟机中，你能运行单个或者多个共享文件夹的启用，你能设置共享文件夹在下次启动虚拟机的时候禁用，你能设置共享文件夹的权限。

（10）支持 SCSI、LSI SAS 虚拟接口。同时还支持硬盘、网卡等设备的“热拔插”功能：在虚拟机运行的时候可以添加或删除硬盘、网卡等设备。

（11）无缝界面：支持“Unity”功能，可以在主机桌面上运行虚拟机中的程序，并且将虚拟机中的各种程序显示在主机桌面上。

（12）打印机支持：可以在虚拟机中直接调用主机的打印机进行打印。无驱动程序打印使得 Windows 和 Linux 虚拟机能够自动访问 PC 打印机，而无须任何配置或驱动程序。 PC 的默认打印机甚至也会被显示为默认打印机。

（13）虚拟机加密功能：可以加密虚拟机。借助 256 位 AES 加密和智能卡身份验证，可保护虚拟机不受窥视。

（14）及时恢复。应用程序错误、硬件故障、病毒和其他恶意软件都不会主动提示您手动拍摄快照。 幸运的是，AutoProtect 可按设定的间隔自动拍摄快照，帮助您防范意外事故，使您可以轻松、及时地恢复正常运行状态。

（15）自动登录功能：VMware Workstation 支持 Windows 与 Linux 的虚拟机自动登录功能。

（16）LAN segment：新的改进的 LAN segment 可以设置网卡的速度、错误丢包率等。

（17）暂停虚拟机释放系统资源：可暂停虚拟机以释放 CPU 资源，供其他运行中的虚拟机或对性能要求严苛的应用程序使用。

（18）快照和克隆：省时的终极利器。快照可保留虚拟机的状态，因此可以随时还原到该状态。在需要将虚拟机还原到先前的稳定系统状态时，快照是非常有用的。 借助 Workstation，可以轻松查找并还原到先前保存的快照。

安装操作系统和应用程序可能会很耗时。通过克隆，可以从基准安装和配置制作多个虚拟机复制。这使为员工和学员保持标准化计算环境或者为测试创建一种基准配置的过程快速而简单。

（19）改进的 Team 可以单台 PC 上运行多层应用程序。以文件夹的形式管理多个连网的虚拟机。借助文件夹功能，只需单击鼠标，就能在单台 PC 上轻松启动并运行复杂的多层企业级应用程序。

（20）从您的桌面到内部云。直接拖放虚拟机，即可将其从您的 PC 移到 VMware vSphere 服务器上。 这是从您的 PC 将完整的应用程序环境部署到服务器上最简单的方式，可便捷地进行测试、调试或分析。

VMware Workstation 的应用主要面向以下人员。

（1）面向软件开发人员。软件开发人员依靠 VMware Workstation 与 Visual Studio、Eclipse 和 SpringSource Tools Suite 的集成来简化多种环境中的应用开发和调试。

（2）面向 QA 测试人员。借助 Workstation，质量保证团队可以在包含不同操作系统、应用平台和浏览器的复杂环境下经济高效地测试应用，同时还能处理重复性的配置任务。

（3）面向系统和销售工程师。系统工程师和其他技术销售专业人员之所以钟爱 Workstation，是因为它让他们能够轻松地演示复杂的多层应用。 Workstation 可以模拟整个虚拟网络环境，其中包括客户端、服务器和数据库虚拟机，整个环境都在单台 PC 上。

（4）面向教师和培训人员。教师使用 VMware Workstation 为学生创建虚拟机，其中包含课程所需的所有课件、应用和工具。每堂课结束时，VMware Workstation 可以自动将虚拟机恢复到原始状态，为下一拨学生做好准备。

（5）面向虚拟化专业人员。具备部署 VMware 产品的技术能力的 IT 专业人员，以及那些只想学习如何使用 VMware Workstation 在单台 PC 上以可靠且可重复的方式有效演示 VMware vSphere 的人员。 在将虚拟机部署到测试或生产环境之前，应该先对其进行配置和测试。 建立一个个人实验室，以使用多个操作系统、应用来进行实验。

1.2.2 VMware vSphere

VMware vSphere 是业界领先的虚拟化平台，使用户能够虚拟化任何应用、重新定义可用性和简化虚拟数据中心。最终可实现高度可用、恢复能力强的按需基础架构，这对于任何云计算环境而言都是理想的基础平台。这可以降低数据中心成

本，增加系统和应用正常运行时间，并显著简化 IT 运行数据中心的方式。vSphere 专为新一代应用而打造，可用作软件定义的数据中心的核心基础构造块。

vSphere 可加快现有数据中心向云计算转变的速度，同时还支持兼容的公有云产品/ 服务，从而为混合云模式奠定了基础。vSphere 主要优势如下：

（1）通过提高利用率和实现自动化获得高效率，可实现 15:1 或更高的整合率，将硬件利用率从 5%~15% 提高到高达 80% 甚至更高，而且无需牺牲性能。

（2）在整个云计算基础架构范围内最大限度增加正常运行时间，减少计划外停机时间并消除用于服务器和存储维护的计划内停机时间。

（3）大幅降低 IT 成本，可使资金开销最多减少 70%，并使运营开销最多减少 30%，从而为 vSphere 上运行的每个应用降低 20%~30% 的 IT 基础架构成本。

（4）兼具敏捷性和可控性，能够快速响应不断变化的业务需求而又不牺牲安全性或控制力，并且为 vSphere 上运行的所有关键业务应用提供零接触式基础架构，并内置可用性、可扩展性和性能保证。

（5）可自由选择，借助基于标准的通用平台，可以充分利用现有 IT 资产以及新一代 IT 服务，而通过开放 API，可与来自全球领先技术提供商体系的解决方案集成，从而使 vSphere 提供更强大的功能。

vSphere 的用途：

（1）自信地虚拟化应用：提供增强的可扩展性、性能和可用性，使用户能够自信地虚拟化纵向

扩展和横向扩展的应用。

（2）简化虚拟数据中心的管理：凭借功能强大且简单直观的工具管理虚拟机的创建、共享、部署和迁移。

（3）数据中心迁移和维护：执行工作负载实时迁移和数据中心维护，而无需使应用停止运行。

（4）为虚拟机实现存储转型：使您的外部存储阵列更多地以虚拟机为中心来运行，从而提高虚拟机的操作性能和效率。

（5）使用户能够灵活选择云计算环境的构建和运维方式：使用 vSphere 和 VMware 体系或开源框架（例如 OpenStack 和 VMware Integrated OpenStack 附加模块），构建和运维符合您需求的云计算环境。

vSphere 虚拟化平台的主要功能特性和组件包括如下。

（1）VMware vSphere Hypervisor 体系结构可提供可靠、经过生产验证的高性能虚拟化层。它支持多个虚拟机共享硬件资源，但性能仍可达到（在某些情况下甚至超过）原生吞吐量。

（2）VMware vSphere Virtual Symmetric Multiprocessing 支持使用拥有多达 128 个虚拟 CPU 的超强虚拟机。

（3）VMware vSphere Virtual Machine File System (VMFS) 使虚拟机可以访问共享存储设备（光纤通道、iSCSI 等），而且这是 VMware vSphere Storage vMotion® 等其他 vSphere 组件的关键促成技术。

（4）VMware vSphere Storage API 可与受支持的第三方数据保护、多路径和磁盘阵列解决方案进行集成。

（5）VMware vSphere Thin Provisioning 可为共享存储容量提供动态分配能力，使 IT 部门可以实施分层存储策略，从而最多可以削减 50% 的存储开销。

（6）VMware vSphere vMotion 支持在不影响用户使用或中断服务的情况下在服务器之间和跨虚拟交换机实时迁移虚拟机，从而无需为进行计划内服务器维护而安排应用停止运行。

（7）VMware vSphere Storage vMotion 支持在不影响用户使用的情况下实时迁移虚拟机磁盘，从而无需为进行计划内存储维护或存储迁移而安排应用停止运行。

（8）VMware vSphere High Availability (HA) – 可提供经济高效的自动化重启，当硬件或操作系统发生故障时，几分钟内即可自动重启所有应用。

（9）VMware vSphere Fault Tolerance (FT) 可在发生硬件故障的情况下为所有应用提供持续的可用性，不会发生任何数据丢失或停机。针对最多 2 个虚拟 CPU 的工作负载。

（10）VMware vSphere Data Protection 是一款由 EMC Avamar 提供支持的 VMware 备份和复制解决方案。它通过获得专利的可变长度重复数据消除功能提供能够高效利用存储的备份，以及快速恢复和 WAN 优化的复制功能，从而实现灾难恢复。它的 vSphere 集成功能和简洁的用户界面使其成为适用于 vSphere 的简单、高效的备份工具。它还能够为关键业务应用（例如 Exchange、SQL Server）提供免代理、映像级虚拟机磁盘备份和可识别应用的保护，以及跨站点提供高效利用 WAN 的加密备份数据复制功能。

（11）VMware vShield Endpoint 借助能进行负载分流的防病毒和防恶意软件解决方案，无需在虚拟机内安装代理即可保护虚拟机。

（12）VMware vSphere Virtual Volumes 可对外部存储（SAN 和 NAS）设备进行抽象化处理，

使其能够识别虚拟机。

（13）VMware vSphere 基于存储策略的管理通过策略驱动的控制层，跨存储层实现通用管理以及动态存储类服务自动化。

（14）VMware vSphere 内容库可对虚拟机模板、虚拟设备、ISO 映像和脚本进行简单高效的集中管理。

在 vSphere 企业版（Enterprise ）中提供了如下的功能组件。

（1）VMware vSphere Distributed Resource Scheduler 可为集群中的虚拟机提供独立于硬件的动态负载平衡和资源分配，并通过策略驱动的自动化功能降低管理复杂性，同时满足 SLA 要求。

（2）VMware vSphere Distributed Power Management 可持续地优化每个集群中的服务器能耗，从而自动管理 vSphere Distributed Resource Scheduler 集群的能效。

（3）VMware vSphere Reliable Memory 会将关键的 vSphere 组件（如虚拟化管理程序）放置在受支持硬件上确定为“可靠”的内存区域中。这可以进一步保护组件，避免它们受到不可更正的内存错误的影响。

（4） VMware vSphere Big Data Extensions 可在 vSphere 上运行 Hadoop，以便提高利用率、可靠性和敏捷性。vSphere Big Data Extensions 支持多种 Hadoop 发行版，因此 IT 能够在一个通用平台上无缝地部署、运行和管理 Hadoop 工作负载。

在 vSphere 企业增强版（Enterprise Plus）还提供了其他组件。

（1）VMware vSphere Distributed Switch 可简化并增强 vSphere 环境中的虚拟机网络连接能力，并支持在这些环境中使用第三方分布式虚拟交换机。

（2） VMware vSphere Storage I/O Control 和 VMware vSphere Network I/O Control 可设定存储和网络服务质量优先级，确保对资源的访问。

（3）VMware vSphere Auto Deploy 可根据需要快速部署更多 vSphere 主机。运行 vSphere Auto Deploy 之后，它将可以推送更新映像，从而无需进行修补以及专门安排修补时段。

（4）VMware vSphere 主机配置文件可帮助 IT 管理员简化主机部署及满足合规性要求。

（5）VMware vSphere Storage DRS™ 可在虚拟机数据创建和使用时，通过存储特征来确定这些数据的最佳驻留位置，从而自动执行负载平衡。

（6）VMware vSphere Flash Read Cache 可实现服务器端闪存的虚拟化，从而提供一个可大幅缩短应用延迟的高性能读缓存层。

（7）VMware vSphere Fault Tolerance 可在发生硬件故障的情况下为所有应用提供持续的可用性，不会发生任何数据丢失或停机。针对最多 4 个虚拟 CPU 的工作负载。

（8）VMware vSphere vMotion 能够在不影响用户或中断服务的情况下在服务器之间、跨 vCenter Server 和经过远距离（往返时间长达 100 毫秒）实时迁移虚拟机，从而无需为进行计划内服务器维护而安排应用停止运行。

（9）NVIDIA GRID vGPU 能够为虚拟化解决方案提供 NVIDIA 硬件加速图形的所有优势。

1.2.3　VMware ESXi 6 中的新增功能

vSphere 6 是 VMware 业界领先的虚拟化平台的最新版本。此版本包含以下新功能和增强功能。

（1）更高的可扩展性：提升了最高配置限制：虚拟机可支持多达 128 个虚拟 CPU (vCPU) 和 4

TB 虚拟 RAM (vRAM)。主机将支持高达 480 个 CPU 和 6 TB RAM，每主机 1024 个虚拟机，以及每集群 64 个节点。

（2）范围更广的支持：扩大了对最新 x86 芯片组、设备、驱动程序和客户操作系统的支持。

（3）令人惊艳的图形处理：NVIDIA GRID™ vGPU™ 能够为虚拟化解决方案带来 NVIDIA 硬件加速图形的所有优势。

（4）即时克隆：内置于 vSphere 6.0 中的技术，为快速克隆和部署虚拟机打下了基础，其速度是当前可实现的速度的 10 倍之多。

（5）为您的虚拟机实现存储转型：vSphere Virtual Volumes 使您的外部存储阵列能够识别虚拟机。基于存储策略的管理(SPBM) 可允许跨存储层实现通用管理以及动态存储类服务自动化。它们相互配合，可真正实现按虚拟机更加高效地实例化数据服务（快照、克隆、远程复制、重复数据消除等）的精确组合。

（6）网络 IO 控制：最新支持按虚拟机和分布式交换机进行带宽预留，以保证最低服务级别。

（7）vMotion 增强功能：跨分布式交换机、vCenter Server 以及远距离（往返时间长达 100 毫秒）无中断实时迁移工作负载。远距离 vMotion 迁移使往返时间提高了 10 倍，这一成就令人惊异。有了它，位于纽约和伦敦的数据中心就能够相互实时迁移工作负载。

（8）复制辅助的 vMotion 迁移：使在两个站点之间设置了主动 - 主动式复制的客户能够执行更高效的 vMotion 迁移，因而节约大量时间和资源 — 根据数据的大小，效率有可能提高高达 95%。

（9）容错功能（多达 4 个虚拟 CPU）：使用高达 4 个虚拟 CPU 扩大了对基于软件的工作负载容错功能的支持。

（10）内容库：对包括虚拟机模板、ISO 映像和脚本在内的内容进行简单高效管理的中央存储库。借助 vSphere 内容库，用户现在可以从集中化位置存储和管理内容，以及通过发布/订阅模型共享内容。

（11）跨 vCenter 进行克隆和迁移*：只需一个操作即可在不同 vCenter Server 上的主机之间复制和移动虚拟机。

（12）改进的用户界面：Web Client 比以前响应更快、更直观并且更简洁。

1.2.4 VMware vCenter Server

VMware vCenter Server 是 VMware vCenter 产品系列的基础，可以帮助实现最高级别的效率、自动化、合规性和安全性，同时降低运营成本。它是业界最先进的虚拟化管理平台，通过其丰富的 API 集，可实现与 VMware 管理产品以及第三方管理工具的集成，进而实现无缝的端到端数据中心管理。

VMware vCenter Server 是一个提供了集中管理的“中间”系统，它本身不提供管理控制台界面，用户需要使用 vSphere Client 登录到 vCenter Server，并创建数据中心来添加 ESXi 实现对 ESXi 的管理。vCenter Server 为 vSphere Client 提供了许多高级功能插件或组件，实现高级的虚拟化功能。vSphere Client、vCenter Server、VMware ESX Server 或 ESXi 的关系如图 1-12 所示。

VMware 虚拟化和云计算管理产品扩展到了 Virtual Center 之外，可实现有效管理虚拟化和云计算环境所需的全面功能，包括：

- 基础架构和运营管理

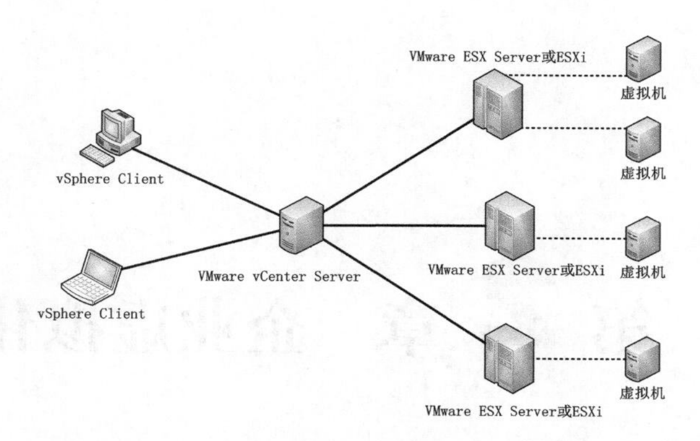

图 1-12　vSphere Client 与 vCenter Server、ESX Server 关系图

- 利用 VMware DRS 和 VMware vMotion 来动态平衡工作负载以响应不断变化的业务状况。
- 利用 VMware High Availability 和 VMware Fault Tolerance 来实施高可用性体系结构。
- 利用 VMware vCenter Site Recovery Manager 来实现灾难恢复流程的简化和自动化。
- 利用 VMware vCenter Operations Management Suite，采用集成式的方法来实现性能、容量和配置管理。

- 应用程序管理
  - 利用 VMware vFabric Application Performance Manager 来管理部署到云中的应用程序的性能。
  - 利用 VMware Studio 来创建、配置和部署 vApp。
- 终端用户计算
  - 利用 VMware View 将桌面转移到云中并以托管服务的形式交付桌面，从而革新桌面的交付和管理。
  - 利用 VMware ThinApp 加快应用程序部署和简化应用程序迁移。
- IT 业务管理
  - 利用 VMware IT Business Management 来管理基于云的服务的成本、服务级别和供应商。
  - 利用 VMware vCenter Chargeback Manager 来通过 chargeback 或 showback 提高 IT 服务的成本透明度。
  - 利用 VMware Service Manager 来简化传统 IT 服务管理流程并使其支持云。

1.2.5　VMware vCenter Converter

VMware vCenter Converter 是一款迁移工具，主要功能有两点，一是将物理计算机转换成虚拟机镜像，供 VMware 虚拟机使用（转换之后原物理机系统不变）；另一个功能是将其他产品的虚拟机（如 Hyper-V、Microsoft Virtual PC）或系统镜像转换成适合 VMware 使用的虚拟机镜像。vCenter Converter 支持将 Windows 与 Linux 的物理机或虚拟机“迁移”或“转换”成适合 VMware Workstation、VMware Server、VMware ESX Server、VMware ESXi 使用的虚拟机。

在 VMware Workstation 与 VMware vCenter Server 中都分别集成了 vCenter Converter 工具。

第 2 章　企业虚拟化实施规划

在实施虚拟化之前，要对虚拟化项目进行合理而全面的规划。这涉及虚拟化主机、存储、网络等多方面的内容。即使你已经实施了虚拟化项目，可能也有或多或少不如意的地方，通过本篇的学习，希望你能了解虚拟化项目中需要注意的问题，并在有限的资金预算中，做出合理的规划。

2.1　虚拟化应用概述

要搭建企业虚拟化的基础平台，有两种选择，其一是选择全新的服务器、存储及交换机，直接搭建新的虚拟化平台，之后再安装配置一些应用服务器；另外一种是使用现有的设备，通过安装虚拟化产品、虚拟化原有的服务器来实现。这时候就要考虑原来一些基础设备的性能和参数，根据这些来综合考虑。

2.1.1　CIO 的顾虑

在实施虚拟化之前，企业信息中心的主管都会有一定的顾虑，尤其是现有业务已经平稳运行了很长时间、信息化比较成熟的企业。他们最大的顾虑就是：实施虚拟化后，整个系统是否安全。例如，原来单位有 100 个应用，每个应用在 1 台物理服务器上，整个系统有 100 台物理服务器；在虚拟化之后，每个应用在 1 台“虚拟”服务器上，每个主机有 10 台甚至更多的虚拟机，这样虚拟化 10 台甚至更少的物理服务器代替了原来的 100 台服务器。原来某个服务器坏了，最多只是影响这一个应用；现在如果某个服务器坏了，则会影响 10 个甚至更多的应用。这样会给信息主管带来压力。另外，把多台服务器迁移、合并到一个主机中，性能是否足够呢？

在这里，CIO 主要有两个顾虑，一个是安全，一个是性能。

首先说安全问题。不可否认，从道理上来说，将鸡蛋放在一个篮子中，比分开放到多个篮子中，安全性要低一些，但实际上并不能这样计算。在不采用虚拟化之前，每台物理服务器的配置较低，人们对单台服务器的安全性、日常维护，关注不会很高，这样会导致单台服务器，出问题的概率较大。而虚拟化后，对每台主机的要求都较高，检查也到位，这样在虚拟中，单台物理主机出故障的概率要比原来的单台服务器低很多。

在大多数的政府、企业中，单台服务器大多配置了 1 个 CPU、2～3 个硬盘做 RAID1 或 RAID5、单电源、单网络（服务器两块网卡只用一块）。而在虚拟化的项目中，虚拟化主机服务器大多配置 2～4 个 CPU、6～10 个甚至更多硬盘做 RAID5 或 RAID50、RAID10、2～4 个电源、4 个或更多的物理网卡冗余。虚拟化中每台服务器都有冗余，在服务器中的单一网卡、硬盘、电源甚至 CPU 出现问题时都会有冗余设备接替。另外，在虚拟化项目中，普遍采用共享的存储，虚拟机保存在共享的存储中，即使某台主机完全损坏，运行在该主机上的虚拟机会在其他物理主机启动，保证业务系统不会中断。

再说性能问题。单一的应用主机，大多配置 2 个硬盘做 RAID1，或者 3 个硬盘做 RAID5，这样磁盘性能比较低。如果是 3 块硬盘做 RAID5，不如再添加 1 块硬盘，4 块硬盘组建 RAID10，可以获得较好的读写性能。在虚拟化主机中，通常用 6 块或更多的硬盘，采用 RAID5、RAID50 或者 RAID10，磁盘性能较高。另外，虽然虚拟化后，在同一个主机上跑多个虚拟机，但这些虚拟机并不会在同一时刻都会要求较高的 CPU 与磁盘、内存利用率。根据多年的虚拟化实施经验，在虚拟化后，不会降低原来的每个应用的响应速度而是会略有增加。

2.1.2　企业虚拟化进程

在企业实施虚拟化的时候，有两种，一种是新建全新的虚拟化数据中心；另一种，是利用现有的基础设施，通过在现有硬件基础上，升级改进。或者是添加一部分新的设备（服务器、存储、交换机），与原有的设备，组成一个新的数据中心，并且将原有的设备慢慢虚拟化。

在企业实施虚拟化的过程中，大多是先虚拟化不太重要的物理机，将这些物理机迁移到虚拟机中运行一段时间（通常为 1 周的时间），查看虚拟化后是否对业务应用有所影响，并模拟一些故障、对以后可能出现的问题进行实验，等这些测试完成之后，再虚拟化其他的物理机。而一些不适合虚拟化的应用仍然会运行在原来的物理主机上，例如用做视频点播的服务器、重要的数据库服务器等这些应用。

2.1.3　vSphere 虚拟化规划要点

在使用 VMware vSphere 6 作为虚拟化基础平台前，要综合多种情况，选择服务器（硬盘、网卡、内存、CPU）、存储（控制器数量、接口类型、磁盘）、交换机等设备。简单来说，如果你只有一台服务器，那么虚拟机会放在这一台“本地服务器”的“本地硬盘”中。如果有多台服务器（服务器数量多于 2 台），要充分发挥 vSphere 的优势（群集、容错、VMotion），采用共享存储是必然的选择。但在 vSphere 6 中又多了一个选择，可以利用服务器本地硬盘、通过网络组建 VSAN，实现原来传统架构（虚拟机运行在 ESXi 主机，但虚拟机是保存在共享存储而不是服务器本地硬盘）的共享存储的功能。

在规划 vSphere 虚拟化系统时，要考虑以下几点：服务器与存储的数量、VMware ESXi 安装在何位置、ESXi 服务器网卡与虚拟机网络、是使用共享存储还是 VSAN 等。

关于 VMware ESXi 系统：可以将 VMware ESXi 安装在服务器本地硬盘、服务器主板上的 U 盘或 SD 卡、或通过共享存储划分给服务器的空间。不推荐为服务器单独配置 SAS 或 SATA 盘，尤其是两块盘组建 RAID1 用来安装 VMware ESXi，这是严重的浪费。

【说明】现在大多数的虚拟化项目，是商务与技术分离。一般是商务先去谈业务，等签订合同之后，技术人员负责实施。但许多商务并不是特别的“精通”虚拟化，他们可能更多为了利润或其他原因，给客户推荐一些不太合适的“配置”。例如，在许多虚拟化项目中，尤其是在一些“不差钱”的单位，在配置了 EMC 等高端共享存储之后，还会为服务器配置 6 块甚至更多的 SAS 磁盘，而这些磁盘仅仅用来安装 ESXi 的系统！

如果你的服务器没有配置 RAID 卡，或者只有一块本地 SAS 磁盘，那么，由于 VMware ESXi 不能安装在这两个磁盘中(SSD 与 SAS)，你可以为服务器配置一个最小 1GB 大小的 U 盘，将 VMware ESXi 安装在 U 盘中也可以。例如 IBM 服务器主板上有一个 USB 接口，HP 服务器主板有一个 CF 卡插槽，这都是用来安装虚拟化系统的。

关于服务器的网卡：遵循管理与生产分离的原则，并且为了提高系统的可靠性（冗余），推荐至少为每个服务器配置 4 个网卡（或 4 端口网卡），每个网卡（端口）至少是千兆。在 VMware vSphere 中，为 VMware ESXi 管理地址分配两个网卡，组建标准虚拟交换机；为生产（虚拟机网络流量）分配两个网卡，组建标准交换机或分布式交换机（与多个 VMware ESXi 主机）。对于生产环境所使用的网卡及标准或分布式交换机，如果有多个网段，可以通过创建“端口组”的方式，为个 VLAN 网段创建一个对应的“端口组”，并且为虚拟机分配对应的端口即可解决。一般情况下，可以将 VMotion、Fault Tolerance 放置在“管理端口”上。

【说明】我还碰到一次，一个单位，在设计 ESXi 网络系统时，每台服务器都是较为高端的 4 路 CPU、128GB 内存、6 块网卡的主机，但这些 ESXi 主机所连接的网络竟然是百兆网络（现有网络是百兆网络，没有考虑升级，因为这个部门不负责网络）。更过分的是，这 6 块网卡，在设计时，1 块网卡做 ESXi 主机管理及 1 个生产网络，另 5 块网卡连接到 5 个不同的网络（不同的业务科室，在不同的网段）。而采用 6 块网卡的原因是一共有 6 个不同的网段，那么如果有 10 个不同的网络是不是就要用 10 块网卡？如果有 30 个、50 个甚至更多呢？那服务器有这么多位置插这些网卡吗？在这个设计中，使用 4 块网卡即可（2 个管理、2 个生产跑 VLAN），另外需要将核心网络升级到千兆。

如果要使用 VSAN，还要再配置 2 个网卡，为 VSAN 使用单独的网卡。

如果使用 iSCSI 的存储，也要为 iSCSI 单独配置 2 个网卡。另外，建议选择 10Gb 或 40Gb 以太网，1Gb 的网络不建议使用 iSCSI，因为这是性能的瓶颈。

关于 VSAN：如果要使用 VSAN 而不是使用共享存储，每台服务器至少有一个单独的固态硬盘、一个或多个物理磁盘。一般情况下，服务器都有多个硬盘并且有 RAID，你可以使用 RAID 划分出一个 20GB 的逻辑磁盘（不要太小，也不要太大），用来安装 VMware ESXi 系统，剩下的空间划分第 2 个逻辑磁盘，用做 VSAN。另外还要为服务器配置至少一个单独的固态硬盘（SSD），用做 VSAN 的缓存。

从 USB、SD 设备引导 Virtual SAN 主机时，引导设备的大小必须至少为 4 GB。如果 ESXi 主机的内存大于 512 GB，则从 SATADOM 或磁盘设备引导主机。从 SATADOM 设备引导 Virtual SAN 主机后，必须使用单层单元 (SLC) 设备，并且引导设备的大小必须至少为 16 GB。

2.1.4 如何利用现有基础架构

对于原来的 32 位的服务器，原则上是全部淘汰，因为这些服务器购买时间较长，性能较低、潜在故障率较高，不能满足现有应用。如果是近一、两年新购买的服务器，则考虑将这些服务器整合、扩充，用做虚拟化主机。大多数服务器能扩充到很高的配置，但标配并不是很高。例如，IBM 3850 X5 服务器最大可以扩充到 4 个 CPU、1TB 内存、双电源。以 CPU 为例，IBM 3850 X5 出厂标配 2 个 CPU，这 CPU 可以是 6 核、8 核。如果企业现有多台 IBM 3850 X5 服务器（例如 2 台或更多），可以将这 2 台的 CPU 放到其中一台，而另一台则可以新购 4 个 8 核的 CPU。同样，内存也可以集中到一台，另一台则配置多个单条 8GB 的内存。同样，对于其他厂家的服务器，例如 DELL R910，标配 2 个 CPU，最大支持 4 个 CPU、2TB 内存、4 冗余电源，如图 2-1 所示。

图 2-1　Dell R910 服务器

在虚拟化实施的过程中，如果使用现有的服务器，推荐优先为服务器添加内存、网卡，其次是配置冗余电源、CPU。至于硬盘，在企业虚拟化项目中，优先是配置共享的存储，其次是添加本地硬盘。

除了做虚拟化主机外，还可以将原有的服务器改做存储服务器。例如，如果某服务器配置较低并且不具有升级的价值，但具有较多的本地硬盘时，可以将硬盘集中到某台服务器中，将这台服务器通过安装 openfiler（32 位或 64 位产品都有）或 Windows Server 2008 R2 或 Windows Server 2012，组成存储服务器，通过千兆网络为虚拟化环境提供 iSCSI 的网络存储，这些存储可以用来做数据备份或扩展。

2.1.5　服务器性能与容量规划

在实施虚拟化的前期，有一个虚拟机容量规划。就是一台物理服务器上，最大能放多少虚拟机。实际上这是一个综合的问题，即要考虑主机的 CPU、内存、磁盘（容量与性能），也要考虑运行的虚拟机需要的资源。在实际使用时，系统总有至少 30%甚至更高的富余容量，不可能让一个主机上的资源利用率超过 80%以致接近 100%，否则一旦达到这些数值，整个系统响应会比较慢。

在估算虚拟化的容量时，在只考虑 CPU 的情况下，可以将物理 CPU 与虚拟 CPU 按照 1：4～1：10 甚至更高的比例规划。例如一台物理的主机具有 4 个 8 核心的 CPU，在内存、存储足够的情况下，按照 1：5 的比例，则可以虚拟出 4×8×5＝160 个 vcpu，假设每个虚拟机需要 2 个 vcpu，则可以创建 80 个虚拟机。在实际实施虚拟化的项目中，大多数虚拟机对 CPU 的要求并不是非常的高，即使为虚拟机分配了 4 个或更多的 CPU，但实际上该虚拟机的 CPU 使用率只有 10%以下，这时候所消耗的物理主机 CPU 资源不足 0.5 个。如图 2-2 所示，这是使用 vCenter Operations Manager 统计的容量分配过剩的虚拟机，从列表中可以看出，大多数虚拟机的 CPU 利用率不足 10%，实际使用的内存也较低（尽管为大多数虚拟机分配了 2GB 内存，但实际使用只有 256～576MB 内存之间）。

在虚拟化的项目中，对内存占用是最大、要求最高的。在实际使用中也是如此，管理员会发现，物理主机的内存会接近 80%甚至 90%。因为在同一物理主机上，规划的虚拟机数量较多，而且每个虚拟机分配的内存又较大（总是超过该虚拟机实际使用的内存），所以会导致主机可用内存减少，如图 2-3 所示，这是某正在运行中的 VMware ESXi 5.1 主机的 CPU 与内存使用情况。

在为物理主机配置内存时，要考虑将要在该主机上运行多少虚拟机、这些虚拟机一共需要多少内存。一般情况下，每个虚拟机需要的内存在 1GB～4GB 甚至更多，还要为 VMware ESXi 预留一部分内存。通常情况下，配置了 4 个 8 核心 CPU 的主机，一般需要配置 96GB 甚至更高的内存；在配置 2 个 6 核心 CPU 的主机，通常要配置 32GB～64GB 内存。

1.1.3 容量过剩的虚拟机

主机系统: 172.30.5.232						
虚拟机	策略	配置的 vCPU	建议的 vCPU	建议的 CPU 需求 (%)	配置的内存	推荐的内存
360Fix_5.18	Default Policy	1 个 vCPU	1 个 vCPU	3.8%	0.5 GB	224 MB
AD-WS08R2-172.30.5.15	Default Policy	1 个 vCPU	1 个 vCPU	2%	2 GB	384 MB
gcserver-172.30.5.3	Default Policy	2 个 vCPU	1 个 vCPU	2.3%	2 GB	256 MB
KMS-WinSer-172.30.5.22	Default Policy	1 个 vCPU	1 个 vCPU	7.7%	2 GB	320 MB
In-ser-172.30.5.25	Default Policy	2 个 vCPU	1 个 vCPU	21%	2 GB	576 MB
UI VM	Default Policy	2 个 vCPU	1 个 vCPU	7.4%	4 GB	2,496 MB
View-Composer-172.30.5.52	Default Policy	2 个 vCPU	1 个 vCPU	1.4%	2 GB	224 MB
VM-XP-01	Default Policy	1 个 vCPU	1 个 vCPU	1.2%	0.5 GB	160 MB
XP-172.30.5.26	Default Policy	1 个 vCPU	1 个 vCPU	6.1%	1 GB	288 MB
xzfwzxsp-172.18.133.16	Default Policy	2 个 vCPU	1 个 vCPU	5.2%	2 GB	256 MB
zs.gc.gov.cn-172.30.5.31	Default Policy	1 个 vCPU	1 个 vCPU	0.73%	1 GB	160 MB

图 2-2　使用 vcos 统计的容量过剩的虚拟机

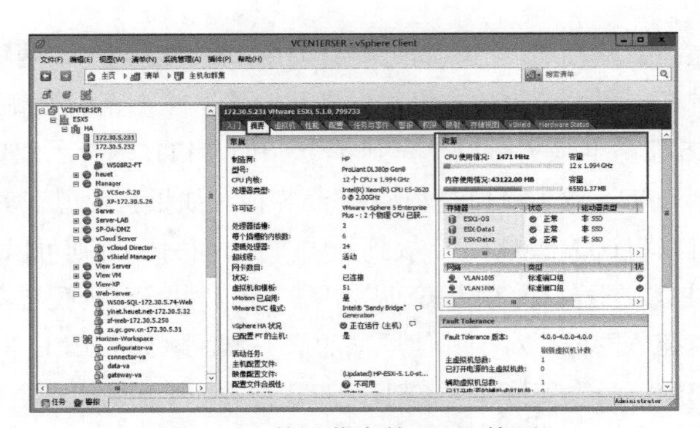

图 2-3　某运营中的 ESXi 摘要

2.1.6　统计与计算现有容量

如果要将现有的物理服务器迁移到虚拟机中，可以制作一张统计表这包括现有物理服务器的 CPU 型号、数量、CPU 利用率、现有内存及内存利用率、现有硬盘数量、大小、RAID 及使用情况，然后根据这些来计算，表 2-1 是某单位现有服务器的情况统计（在实际情况下，该单位服务器大约有 100 台，表 2-1 及后文表 2-2 只是列出了部分服务器的型号及资源使用统计）。

表 2-1　某单位现有服务器资源利用情况统计表

型　号	CPU/内存使用率	CPU 主频型号	逻辑数	内存总量	硬盘容量/剩余空间	硬盘个数	操作系统
Ibm X336	15%/30%	3.0GHz	2	2	73GB/30GB	73*2	Windows 2000
Ibm X346	5%/50%	3.0GHz	2	2	73GB/8GB	73*2	Windows 2000
天阔 620r	1%/25%	3.0GHz/E5450	8	16	278GB/209	300*2	Windows 2003
天阔 620r	13%/25%	2.33GHz/E5410	8	8	146GB/116GB	146*2	Windows 2003
Ibm X336	1%/12%	3.0GHz	2	1	73GB/62GB	73*1	Windows 2003
Ibm X3650	5%/50%	2.0GHz/5130	4	4	146GB/34GB	146*2	Windows 2003
Ibm X346	1%/25%	3.0GHz	2	2	73GB/61GB	73*2	Windows 2003
Ibm X235	54%/90%	2.4GHz	1	512M	30GB/22GB		Linux 5.7
天阔 620r	3%/30%	2.33GHz/E5410	8	8	146GB/113GB	146*2	Windows 2003
Ibm X3650	1%/7%	2.0GHz/5130	4	4	146GB	146*2	Linux 5.7
X3650 M4	4%/63%	2.0GHz　/E5–2650	32	16	300GB/253GB	300*2	Linux 5.7
X3650 M4	3%/63%	2.0GHz　/E5–2650	32	16	300GB/254GB	300*2	Linux 5.7
天阔 620r	3%/57%	3.0GHz　/E5450	8	16	300GB/222GB	300*2	Linux 5.7
天阔 620r	13%/41%	2.33GHz/E5410	8	8	300GB/179GB	300*2	Windows 2003
HP 380 G7	1%/8%	2.53GHz/E5630	16	16	300GB/124GB	300*2	Windows 2008 R2
HP 380 G6	1%/70%	2.67GHz/X5550	16	8	410GB/249GB	146*4	Windows 2003
Dell R900	1%/17%	2.4GHz/E7440	16	16	146GB/120GB 146GB/127GB	146*4	Windows 2003
Dell R900	1%/13%	2.4GHz/E7440	16	16	300GB/257GB 300GB/276GB	300*4	Windows 2003

续表

型　　号	CPU/内存使用率	CPU 主频型号	逻 辑 数	内存总量	硬盘容量/剩余空间	硬 盘 个 数	操 作 系 统
Dell R900	1%/18%	2.4GHz/E7440	16	16	300GB/118GB 300GB/272GB	300*4	Windows 2003
IBM X3650	19%/65%	3.0GHz/5160	4	2	146GB/99GB	146*2	Windows 2003
X3650 M3	1%/18%	3.07GHz/X5675	24	16	835GB/780GB	300*4	Windows 2003
X3650 M3	1%/6%	3.07GHz/X5675	24	24	300GB/272GB	300*2	Windows 2003

根据上表，我们计算每台服务器实际需要的 CPU、内存与磁盘空间，计算方式为：

实际 CPU 资源=该台服务器 CPU 频率×CPU 数量×CPU 使用率

实际内存资源=该台服务器内存×内存使用率

实际硬盘空间=硬盘容量-剩余空间

例如，对于该表中第一台服务器需要 3.0GHz×2×15%=0.9GHz，内存为 2GB×30=0.6GB,硬盘为 73GB-30GB=43GB。

然后在表 2-1 后面计算，实际得出情况如表 2-2 所示。

表 2-2　每台服务器实际使用资源及最后资源统计（只列出部分服务器）

型　　号	CPU/内存使用率	CPU 主频型号	需要CPU 资源 GHz	需要内存 MB	需要硬盘空间 GB
IBM X336	15%/30%	3.0GHz	0.9	0.6	43
IBM X346	5%/50%	3.0GHz	0.3	1	65
天阔 620r	1%/25%	3.0GHz/E5450	0.24	4	250
天阔 620r	13%/25%	2.33GHz/E5410	2.4232	2	30
IBM X336	1%/12%	3.0GHz	0.06	0.12	11
IBM X3650	5%/50%	2.0GHz/5130	0.4	2	112
IBM X346	1%/25%	3.0GHz	0.06	0.5	12
IBM X235	54%/90%	2.4GHz	1.296	0.4608	8
天阔 620r	3%/30%	2.33GHz/E5410	0.5592	2.4	133
IBM X3650	1%/7%	2.0GHz/5130	0.08	0.28	100
X3650 M4	4%/63%	2.0GHz　/E5–2650	2.56	10.08	47
X3650 M4	3%/63%	2.0GHz　/E5–2650	1.92	10.08	46
天阔 620r	13%/41%	2.33GHz/E5410	2.4232	3.28	121
HP 380 G7	1%/8%	2.53GHz/E5630	0.4048	1.28	176
HP 380 G6	1%/70%	2.67GHz/X5550	0.4272	11.2	152
Dell R900	1%/17%	2.4GHz/E7440	0.384	2.72	46
Dell R900	1%/13%	2.4GHz/E7440	0.384	2.08	77
Dell R900	1%/18%	2.4GHz/E7440	0.384	2.88	203
IBM X3650	19%/65%	3.0GHz/5160	2.28	1.3	47
X3650 M3	1%/18%	3.07GHz/X5675	0.7368	2.88	55

续表

型　号	CPU/内存使用率	CPU 主频型号	需要CPU资源GHz	需要内存 MB	需要硬盘空间 GB
X3650 M3	1%/6%	3.07GHz/X5675	0.7368	1.44	38
总资源需要			87.189 6	179.135 8	6887

经过计算，本项目中已经使用了 91.194 4GHz 的 CPU 资源，以 CPU 频率 3.0Hz 为例，则需要 30 核心（负载 100%），但要考虑整体项目中 CPU 的负载率为 60%～75%，以及管理等其他开销，则至少需要 40 个 CPU 核心，如果配置 4 个 6 核心的服务器，则需要大约 4 台物理主机。至少内存，现在已经使用了 182GB，加上管理以及富余，以 360GB 计算，每服务器 96GB～128GB 即可。

如果不购买新的服务器，而从中选择 4～8 台高配置的服务器（例如 6 台），将这 100 台服务器使用虚拟化技术，迁移到其中的 6 台，则节省的电费（以每台服务器 400W、工业用电 1.1 元/度计算）约 34.69 万。

如果要使用现有的服务器，则需要为某些做虚拟化主机的服务器扩充内存。使用现有服务器，如果不扩充现有服务器的 CPU，在 2 个 CPU 的主机中，将内存扩充到 64GB 为宜。

根据表 2-2 计算可知，已使用 6.9TB 的容量，则要为整个虚拟化系统规划 10TB 甚至更多的存储。在备份原有服务器数据的情况下，可以集中 300GB、146GB 的硬盘到虚拟化主机上，统一使用。在使用 6 台物理服务器做虚拟化主机的情况下，每台服务器需要 1.5TB～3TB 的空间。在使用 RAID5 时，使用 6 块 300GB 即可提供 1.5TB 可用容量，使用 8 块 300GB 做 RAID50 时可提供 1.8TB 可用容量。使用 12 块 300GB 硬盘、RAID50 时可提供 3TB 的容量。

2.1.7　新购服务器的选择

在实施虚拟化的过程中，如果现有服务器可以满足需求，可以使用现有的服务器。如果现有服务器不能完全满足需求，可以部分采用现有服务器，然后再采购新的服务器。

在规划 vSphere 数据中心时，有两种不同的作法，一种是较小的服务器数量，但每台服务器的性能较高。例如使用 4CPU、4U 的机架式服务器。另一种是较多的服务器数量，但每台服务器性能相对较差。例如使用 2CPU、2U 的机架式服务器。还有一种是使用更为集中的刀片服务器。具体采用那种，看企业需求、预算。

如果采购新的服务器，可供选择的产品比较多。如果单位机房在机柜存放，则优先采购机架式服务器。采购的原则是：

（1）如果 2U 的服务器能满足需求，则采用 2U 的服务器。通常情况下，2U 的服务器最大支持 2 个 CPU，标配 1 个 CPU。在这个时候，就要配置 2 个 CPU。

如果 2U 的服务器不能满足需求，则采用 4U 的服务器。通常情况下，4U 的服务器最大支持 4 个 CPU 并标配 2 个 CPU，在购置服务器时，为服务器配置 4 个 CPU 为宜。如果对服务器的数量不做限制，采购两倍的 2U 服务器要比采购 4U 的服务器节省更多的资金，并且性能大多数也能满足需求。

（2）CPU：在 CPU 频率与核心数选择时，尽可能选择多核心较低频率的 CPU。因为根据 Intel 研究显示，利用频率的提高增加 13%的性能，在耗电上要增加 73%。增加 1 个核心并将频率降低 20%，性能可以增加 70%，而耗电仅增加 2%。如果再增加两个核心，总耗电仅增加 6%，而性能增加 210%。

（3）内存：在配置服务器的时候，尽可能为服务器配置较大内存。在虚拟化项目中，内存比 CPU

更重要。一般情况下，2 个 6 核心的 2U 服务器配置 64GB 内存，4 个 6 核心或 8 核心的 4U 服务器配置 128GB 或更多的内存。

（4）网卡：在选择服务器的时候，还要考虑服务器的网卡数量，至少要为服务器配置 2 接口的千兆网卡，推荐 4 端口千兆网卡。

（5）电源：尽可能配置两个电源。一般情况下，2U 服务器选择 2 个 450W 的电源可以满足需求，4U 服务器选择 2 个 750W 电源可以满足需求。

（6）硬盘：如果虚拟机保存在服务器的本地存储，而不是网络存储，则为服务器配置 6 个硬盘做 RAID5，或者 8 个硬盘做 RAID50 为宜。由于服务器硬盘槽位有限，故不能选择太小的硬盘，当前性价比高的是 600GB 的 SAS 硬盘。2.5 寸 SAS 硬盘转速是 10 000 转，3.5 寸 SAS 硬盘转速为 15 000 转。选择 2.5 寸硬盘具有较高的 IOPS。

至于服务器的品牌，则可以选择 IBM、HP 或 Dell。表 2-3 是几款服务器的型号及规格。

表 2-3　几款服务器型号及规格

品牌及型号	规　格
IBM 3650 M4	2U，最大 2CPU（标配 1CPU），最高 2 个 8 核 Intel E5-2600 系列处理器；最大内存 768GB；最大 16 个 2.5 寸或 6 个 3.5 寸或 32 个 1.8 英寸固态硬盘；最大 2 个电源（550W、750W 或 900W）；4 个千兆网卡；集成 RAID0、1，可选 RAID5、6
IBM 3850 X5	4U，最大 4CPU（标配 2CPU），最高 2.4Ghz（10 核）；最大 2.0TB 内存；每机箱 4.8 TB (支持 8 个 73.4 GB、146.8 GB、300 GB、500 GB 和 600 GB SAS 硬盘驱动器，8 个 160 GB 和 500 GB SATA 硬盘驱动器，或 16 个 50 GB 和 200 GB 固态驱动器；集成双千兆以太网；最大 2 个电源；集成 RAID0、1，可选 RAID5、6
HP DL380 G8	2U，最大 2CPU（标配 1CPU），最多 8 核 CPU；最大 384GB 内存；8 个 2.5 寸硬盘位；4 端口千兆网卡；1 个 460W 或 750W 电源，可选冗余（2 个）；RAID1/0/5
HP DL580 G7	4U，最大 4CPU（可选 4 核、6 核、8 核或 10 核）；最大 2TB 内存；8 个 2.5 寸硬盘；4 端口千兆网卡；双冗余电源
Dell R910	4U，最大 4CPU（可选 4 核、6 核、8 核）；最大 1TB 内存；最大支持 16 块 2.5 寸 SAS 硬盘；RAID1/0/5；最多 4 个 750W 或 1100W 电源
Dell R710	2U，最大 2CUP（可选 4 核或 6 核）；最大 192GB 内存；集成双千兆网卡；6 个 3.5 寸硬盘位；RAID1/0/5；可选冗余电源

几种服务器外形如图 2-4～图 2-6 所示。

图 2-4　HP DL380 系列，2U 机架式

图 2-5　HP DL 580 系列，4U 机架式

为了提高服务器的密度，一些厂商采用类似“刀片”服务器的作法，在 2U 大小的机架中，集成 4 个节点服务器，这样一台服务器相当于 4 台独立的服务器使用，进一步节省了空间，例如 DELL PowerEdge C6100 就是这么一款机器，它支持 12 个 3.5 英寸或 24 个 2.5 英寸热插拔 SAS、SATA 或固态硬盘，集成 4 个节点，每个节点可以 2 个 CPU、96GB 内存、2 端口网卡。通过共享电源、风扇和底板，可以有效降低功耗，实现高能效并节省运营成本。C6100 正面、

图 2-6　IBM 3850 系列，4U 机架式

背面如图 2-7、图 2-8 所示。

图 2-7　Dell C6100 正面图

图 2-8　DELL C6100 背面图，有 4 个节点

当对服务器占用空间有较高要求时，可以配置刀片服务器，例如华为 Tecal E6000 服务器，8U 的空间，可以最大配置 10 个刀片服务器，每个服务器可以配 2 个 CPU、2 个 SAS 硬盘、12 个内存插槽、双端口网卡。华为 E6000 系列服务器如图 2-9 所示。

图 2-9　华为 E6000 机箱及刀片服务器

2.1.8　存储的选择

在虚拟化项目中，推荐采用存储设备而不是服务器本地硬盘。在配置共享的存储设备时，并且虚拟机保存在存储时，才能快速实现并使用 HA、FT、vMotion 等技术。在使用 VMware vSphere 实施虚拟化项目时，一个推荐的作法是将 VMware ESXi 安装在服务器的本地硬盘上，这个本地硬盘可以是一个固态硬盘（30～60GB 即可），也可以是一个 SD 卡（配置 1GB～2GB 的 SD 卡即可），甚至可以是 1～2GB 的 U 盘。如果服务器没有配置本地硬盘，也可以从存储上为服务器划分 5.2～10GB 的分区用于启动。

【说明】（1 要安装 ESXi 6，至少需要容量为 1 GB 的引导设备。如果从本地磁盘或 SAN/iSCSI LUN 进行引导，则需要 5.2 GB 的磁盘，以便可以在引导设备上创建 VMFS 卷和 4 GB 的暂存分区。如果使用较小的磁盘或 LUN，则安装程序将尝试在一个单独的本地磁盘上分配暂存区域。如果找不到本地磁盘，则暂存分区 /scratch 将位于 ESXi 主机 ramdisk 上，并链接至 /tmp/scratch。由于 USB 和 SD 设备容易对 I/O 产生影响，安装程序不会在这些设备上创建暂存分区。同样，使用大型 USB/SD 设备并无明显优势，因为 ESXi 仅使用前 1 GB 的空间。在 USB 或 SD 设备上进行安装时，安装程序将尝试在可用的本地磁盘或数据存储上分配暂存区域。如果未找到本地磁盘或数据存储，则 /scratch 将被放置在 ramdisk 上。您应在安装之后重新配置 /scratch 以使用持久性的数据存储。

（2）在 HP DL380 G8 系列服务器主板上集成了 SD 接口，IBM 3650 M4 主板集成了 USB 接口。可以将 SD 卡或 U 盘插在该接口中用于安装 VMware ESXi。

如果在虚拟化项目中选择存储，如果在项目中服务器数量较少，可以选择 SAS HBA 接口（如图 2-4 所示）的存储，如果服务器数量较多，则需要选择 FC HBA 接口（如图 2-5 所示）的存储并配置 FC 的光纤交换机。SAS HBA 接口可以达到 6Gbps/s，而 FC HBA 接口可以达到 8Gbps/s。

在选择存储设备的时候，要考虑整个虚拟化系统中需要用到的存储容量、磁盘性能、接口数量、接口的带宽。对于容量来说，整个存储设计的容量要是实际使用容量的 2 倍以上。例如，整个数据中心已经使用了 1TB 的磁盘空间（所有已用空间加到一起），则在设计存储时，要至少设计 2TB 的存储空间（是配置 RAID 之后而不是没有配置 RAID、所有磁盘相加的空间）。

例如：如果需要 2TB 的空间，在使用 600GB 的硬盘，用 RAID10 时，则需要 8 块硬盘，实际容量是 4 个硬盘的容量，600GB×4≈2.4TB。如果要用 RAID5 时，则需要 5 块硬盘。

图 2-4　SAS HBA 接口卡

图 2-5　FC HBA 接口卡

在存储设计中另外一个重要的参数是 IOPS (Input/Output Operations Per Second)，即每秒进行读写（I/O）操作的次数，多用于数据库等场合，衡量随机访问的性能。存储端的 IOPS 性能和主机端的 IO 是不同的，IOPS 是指存储每秒可接受多少次主机发出的访问，主机的一次 IO 需要多次访问存储才可以完成。例如，主机写入一个最小的数据块，也要经过"发送写入请求、写入数据、收到写入确认"等三个步骤，也就是 3 个存储端访问。每个磁盘系统的 IOPS 是有上限的，如果设计的存储系统，实际的 IOPS 超过了磁盘组的上限，则系统反应会变慢，影响系统的性能。简单来说，15 000 转的磁盘的 IOPS 是 150，10 000 转的磁盘的 IOPS 是 100，普通的 SATA 硬盘的 IOPS 大约是 70～80 个。一般情况下，在做桌面虚拟化时，每个虚拟机的 IOPS 可以设计为 3～5 个；普通的虚拟服务器 IOPS 可以规划为 15～30 个（看实际情况）。当设计一个同时运行 100 个虚拟机的系统时，IOPS 则至少要规划为 2 000 个。如果采用 10 000 转的 SAS 磁盘，则至少需要 20 个磁盘。当然这只是简单的测算，后文会专门介绍 IOPS 的计算。

在规划存储时，还要考虑存储的接口数量及接口的速度。通常来说，在规划一个具有 4 主机、1 个存储的系统中，采用具有 2 个接口器、4 个 SAS 接口的存储服务器是比较合适的。如果有更多的主机，或者主机需要冗余的接口，则可以考虑配 FC 接口的存储，并采用光纤交换机连接存储与服务器。表 2-4 是几种低端存储的型号及参数，可以满足大多数的中小企业虚拟化系统中。

表 2-4　常用几种存储服务器的参数

型　　号	参数与配置
IBM 3524	•双活动型热插拔控制器 •3 种接口选项 – SAS、iSCSI/SAS、FC/SAS 4 个或 8 个 6Gbps SAS 端口 8 个 8Gbps FC 端口和 4 个 6Gbps SAS 端口 8 个 1Gbps iSCSI 端口和 4 个 6Gbps SAS 端口 •2 个 6Gbps SAS 驱动器扩展端口 •多达 96 个驱动器 – 高性能、近线（NL）SAS 和 SED SAS 驱动器 •EXP3512（2 U，12 个 3.5 inch 驱动器）和 EXP3524（3 U，24 个 2.5 inch 驱动器）机柜。机柜可在控制器后方混用 •每个控制器 1GB 缓存，可升级至 2GB 镜像，电池供电，降级至闪存 •冗余电源、冗余散热风扇的电源/散热模块 •所有主要器件均为可热插拔 CRU，并可以轻松接触以及卸下或更换

续表

型　号	参数与配置
IBM 5020	RAID 控制器： 双主动型 缓存：4 GB 电池供电 主机接口：4 个 8 Gbps 光纤通道、8 个 8 Gbps 光纤通道、4 个 8 Gbps 光纤通道、4 个 1 Gbps iSCSI 受支持的驱动器： 4 Gbps 光纤通道/SED：15k RPM － 300 GB、450 GB、600 GB 4 Gbps SATA：7.2K RPM，1 TB 和 2 TB 6 Gbps FC-SAS：10k RPM － 600 GB SSD：73 GB 和 300 GB RAID 级别： 0, 1, 3, 5, 6, 10 存储分区：4、8、16、64 或 128 个存储分区 支持的最大驱动器数量：112 个光纤通道、SED、FC-SAS、SSD 或 SATA 驱动器（使用 6 个 EXP520 扩展单元） 风扇和电源：双冗余可热插拔式
HP MSA2000	驱动器数： 标准支持 12 个。通过扩展最多支持 60 块 LFF 3.5 英寸硬盘；最多支持 99 块 SFF 2.5 英寸硬盘 存储容量：最大 12TB 存储扩展： MSA2000 3.5 英寸盘柜（单或双 I/O）； MSA70 2.5 英寸盘柜（单或双 I/O）。 存储控制器： MSA2300fc G2 主机接口： 4Gb 光纤通道 存储驱动器： MSA2 146GB 3G 15K LFF 双端口 SAS； MSA2 300GB 3G 15K LFF 双端口 SAS； MSA2 450GB 3G 15K LFF 双端口 SAS；MSA2 500GB 3G 7.2K LFF 双端口 SATA；MSA2 750GB 3G 7.2K LFF 双端口 SATA；MSA2 1TB 3G 7.2K LFF 双端口 SATA； 72 GB 3G 15K LFF 双端口 SAS；
Dell MD3220	硬盘: MD3200：最多可配置十二(12)个 3.5 英寸 SAS、NL SAS 和 SSD1 MD3220：最多可配置二十四(24)个 2.5 英寸 SAS、NL SAS 和 SSD1 3.5 英寸硬盘的性能和容量: 15,000 RPM SAS 硬盘，容量规格为 300 GB、450 GB 和 600 GB 7,200 RPM 近线 SAS 硬盘，容量规格为 500 GB、1 TB 和 2 TB 2.5 英寸硬盘的性能和容量: 15,000 RPM SAS 硬盘，容量规格为 73 GB 和 146 GB 10,000 RPM SAS 硬盘，容量规格为 146 GB 和 300 GB 7,200 RPM 近线 SAS 硬盘，容量规格为 500 GB 固态硬盘(SSD1)，容量规格为 149 GB（适用于 3.5 英寸硬盘托架） 存储:采用 MD1200/MD1220 扩展盘柜，最多可配置 96 个硬盘 连接:8 个 6 Gb SAS 端口（每个控制器 4 个）

2.1.9 网络及交换机的选择

在一个虚拟化环境里，每台物理服务器一般拥有更高的网卡密度。虚拟化主机有 6 个、8 个甚至更多的网络接口卡（NIC）是常见的，反之，没有被虚拟化的服务器只有 2 个或 4 个 NIC。这成为数据中心里的一个问题，因为边缘或分布交换机放在机架里，以简化网络布线，然后向上传输到网络核心。在这种解决方案里，一个典型的 48 端口的交换机仅能处理 4～8 台虚拟主机。为了完全添满机架，需要更多的边缘或分布交换机。

在虚拟化环境里，当多个工作负荷整合到这些主机里时，根据运行在主机上的工作负荷数量，网络流量增加了。网络利用率将不再像过去每台物理服务器上那样低了。

为了调节来自整合工作负荷增加的网络流量，可能需要增加从边缘或分布交换机到网络核心的向上传输数量，这时对交换机的背板带宽及上行线路就达到较高的要求。

另一个关键的改变来自最新一代虚拟化产品的动态性质，拥有诸如热迁移和多主机动态资源管理。虚拟化里固有的动态更改性能意味着不能再对服务器之间的流量流动作任何假设。

在进行虚拟机之间的动态迁移，或者将虚拟机从一个存储迁移到另一个存储时，为了减少迁移的时间，不对关键业务造成影响，在迁移期间会占用大量的网络资源，另外，在迁移的时候，虽然可以减少并发迁移的数量，但在某些应用中，可能会同时迁移多台虚拟机，这对交换机背板带宽以及交换机的性能的要求达到更高。

例如，以普通的业务虚拟机，操作系统占用 40GB 磁盘空间、业务数量占用 60GB～500GB 空间，以 400GB 计算，在有 8 台这样的虚拟机需要迁移时，当业务系统达到 99.999%的需求时，需要在 315 秒内迁移完成，需要的网络带宽＝400GB*8 台*10bit/600=101Gps。如果业务系统达到 99.9999%的需求时，应该在 31 秒内完成迁移，网络带宽需要 1 014.7Gbit/s。当然这只是极端的情况（涉及数据从本地硬盘到存储或者从不同的存储之间迁移），另外，当虚拟机保存在共享的存储上时，虚拟机间的迁移只是涉及运行的物理主机的迁移，迁移时数据量很小的，此时不需要这么高的带宽即可。

当工作负荷捆绑于虚拟硬件，机架或交换机被告知将交换大量的网络流量时，服务器能分配到机架或交换机。既然工作负荷能动态地从一台物理主机移动到一台完全不同的物理主机，在网络设计里，位置不再用到。网络设计现在必须调节动态数据流，这可能从任何虚拟化主机到任何其他虚拟化主机或者物理工作负荷开始。摈弃传统的 core/edge 设计，数据中心网络可能需要找寻更多全网状架构或“光纤”，这能完全调节来自任何虚拟化主机或者任何其他虚拟化主机的交易流。

另外，虚拟化使数据中心里网络层的一些能见度降低了。网络工程师在虚拟交换机里没有能见度，也不能轻松决定哪个物理 NIC 对应哪个虚拟交换机。这在故障检修中是最重要的信息，为了减少故障率，为交换机配置冗余的业务板及冗余电源也应该考虑。同时，在尽可能的前提下，配置更高的交换机。

在大多数的情况下，物理主机配置 4 个千兆网卡，并且为了冗余，近可能是每两个网卡绑定在一起，用做负载均衡及故障转移。

对于中小企业虚拟化环境中，为虚拟化系统配置华为 S57 系列千兆交换机即可满足大多数的需求。华为 S5700 系列分 24 端口、48 端口两种。如果需要更高的网络性能，可以选择华为 S9300 系列交换机。如果在虚拟化规划中，物理主机中的虚拟机只需要在同一个网段（或者在两个等有限的网段中），并且对性能要求不高但对价钱敏感的时候，可以选择华为的 S1700 系列普通交换机。无论是 VMware ESXi 还是 Hyper-V Server，都支持在虚拟交换机中划分 VLAN。即将主机网卡连接到交换机的 Trunk 端口、然后在虚拟交换机一端划分 VLAN，这样可以在只有一到两个物理网卡时，可以让虚拟机划分到所属网络中的不同 VLAN 中。表 2-5 是推荐的一些交换机型号及参数。

表 2-5　中小企业虚拟化环境中交换机的型号及参数

交换机型号	参　数
华为 S5700-24TP-SI	20 个 10/100/1 000Base-T ，4 个 100/1 000Base-X 千兆 Combo 口 包转发率：36Mpps；交换容量：256Gbit/s

续表

交换机型号	参　数
华为 S5700-28P-LI	24 个 10/100/1 000Base-T，4 个 100/1 000Base-X 千兆 Combo 口 包转发率：42Mpps；交换容量：208Gbit/s
华为 S5700-48TP-SI	44 个 10/100/1 000Base-T，4 个 100/1 000Base-X 千兆 Combo 口 包转发率：72Mpps；交换容量：256Gbit/s
华为 S5700-52P-LI	48 个 10/100/1 000Base-T，4 个 100/1 000Base-X 千兆 Combo 口 包转发率：78Mpps；交换容量：256Gbit/s
华为 S9303	根据需要选择模块，3 个插槽，双电源双主控单元 转发性能: 540Mpps；交换容量: 720G；背板带宽：1 228Gbit/s GE 端口密度: 144；10G 端口密度: 36
华为 S9312	根据需要选择模块，12 个插槽，双电源双主控单元 背板带宽：4 915Gbit/s；转发性能: 1 080Mpps；交换容量: 2T GE 端口密度: 576；10G 端口密度: 144
华为 S1700-28GFR	二层交换机；背板带宽：56Gbit/s；24 个 10/100/1 000Mbit/s 自适应以太网电口； 4 个 GE SFP 接口

【说明】华为 S5700 系列为盒式设备，机箱高度为 1U，提供精简版（LI）、标准版（SI）、增强版（EI）和高级版（HI）四种产品版本。精简版提供 完备的二层功能；标准版支持二层和基本的三层功能；增强版支持复杂的路由协议和更为丰富的业务特性；高级版除了提供上述增强版的功能外，还支持 MPLS、硬件 OAM 等高级功能。在使用时可以根据需要选择。

2.2　交换机配置与网络规划

当网络中的计算机超过一定数量时，就需要划分 VLAN。一般情况下，当计算机数量超过 30～50 台时，就可以划分多个 VLAN。

在划分 VLAN 的时候，可以根据不同的部门划分，也可以根据不同的楼层划分，这就需要了解现有网络中的交换机是否支持。如果中心交换机是一个支持 VLAN 的三层交换机、各楼层的接入交换机是支持 VLAN 的二层交换机，则可以根据部门划分 VLAN；如果各楼层的接入交换机是不支持 VLAN 的普通交换机，则可以按照楼层来划分 VLAN。

在划分 VLAN 的时候，一般采用 10.0.0.0/8、172.16.0.0/12、192.168.0.0/16 的私网地址划分。当划分的网段比较少时（100 个以下时），可以采用 192.168.0.0/16 的网段或 172.16.0.0/16 的网段，只有当网络比较大时，才采用 10.0.0.0/8 的网段。在划分的时候，还要考虑将来的“扩展”需要。

2.2.1　单位在一起集中办公的 VLAN 划分示例

如果单位只有一个建筑并在一起办公，则在划分 VLAN 的时候，可根据用途不同，“连续”划分。例如（以使用 192.168.0.0/16 地址为例）：

（1）用于工作站的地址段：192.168.0.0/24～192.168.63.0/24，这样连续有 64 个 C 类地址段，每个地址可以容纳 253 台计算机，一共可以支持 16 000 个左右的计算机，足以满足一般企业使用。在划分 VLAN 的时候，每个楼层根据工作站数量，可以使用一个或多个 VLAN。

【说明】虽然为工作站规划了 192.168.0.0/24、192.168.1.0/24 这两个地址段，但一般不建议使用这两个地址段。因为随着手机、平板的普及，为了让这些设备使用 WIFI 上网，员工习惯于自己私接路由器（或使用无线网卡做 WiFi 接入），这些宽带路由器的默认地址大多数是 192.168.0.1 或 192.168.1.1 的地址，并且这些设备默认也启用了 DHCP 服务，这样网络中其他工作站可能会从这些“私接”的设备上获得地址，造成地址冲突或网络中断。

（2）用于服务器的地址段：192.168.128.0～192.168.159.0/16,这样连续有 32 个 C 类地址段，每个地址可以容纳 253 台服务器，一共大约 8000 个左右的地址，足以满足需要。

（3）用于 VPN 客户端的地址：192.168.160.0～192.168.191.0/16,这样连续有 32 个 C 类地址段，足以满足 VPN 客户端访问需要。

（4）用于默认路由的地址：192.168.254.0/16，用于足以交换机“上联”路由器（或者防火墙与代理服务器）的“默认路由”使用，或者连接其他网络，在此有一个 C 类地址段足以。

（5）在划分 VLAN 的时候，为每个 VLAN 设置一个相同的地址作为网关地址，例如，可以将每个网段的最后一个地址作为网关地址。例如，对于 192.168.0.0/16 的网段，其网关地址是 192.168.0.254）。

这样划分的优点如下：

（1）当工作站的地址段不够时，可以继续使用 192.168.64.0～192.168.127.0/16 的地址段；而其他网段（例如路由器或代理服务器、VPN 客户端）有需要访问工作站的路由时，只需要添加 192.168.0.0/18（代表 292.168.0.0～192.168.63.0/16）或 192.168.0.0/17（代表 292.168.0.0～192.168.127.0/16）一条静态路由就可以访问。

（2）在其他网段访问服务器时，只需要添加 192.168.128.0/19 一条静态路由就可以访问。

（3）这样划分后，仍然有许多地址可以备用。即使“大型”的网络，这样划分也可以满足需要。

（4）将最后一个地址作为网关地址，1～253 作为可用地址，这样人们在采用“手动方式”设置 IP 地址时，不容易冲突。如果将第 1 个地址作为网关地址，有可能人们在设置 IP 地址时，设置第 1 个地址作为工作站的地址，这样容易引起地址冲突。

当然，上面是以 192.168.0.0/16 地址为例，在实际的生产环境中，我们可以使用非常灵活的策略，选择使用 10.0.0.0/8 或 172.16.0.0/12 的地址段。下面通过另一个具体的案例来进行介绍。

2.2.2 有多个分散建筑的单位划分 VLAN 实例

如果一个单位有多个建筑，例如某市政府有 6 个办公楼，分别为市委楼、政府楼、政协楼、人事局楼、东配楼、西配楼，楼层示意如图 2-6 所示。政府楼、市委楼、政协楼、人事局楼都是 5 层，东配楼与西配楼是 3 层，每个楼层有办公用机 30～60 不等。

在这个案例中，有 6 个建筑，每个建筑最高 6 层，每层工作站数量不超过 100 台，则可以为每楼的每个楼层划分一个 VLAN。我们可以使用连续的 VLAN 地址段（例如 192.168.0.0/24～192.168.35.0/24），也可以使用不连续的地址段，但为每个楼使用连续的地址段。例如，在这个案例中，我们将各个楼“编号”，为每个楼划分不同的编号（分别为 1、2、3、4、5、6 等）。我们的目的是，对于管理员来说，应该很容易“记住”每个楼、每个楼层的 VLAN，基于此，我们可以使用

172.16.0.0/12 的地址段，进行如下的划分：

市委楼使用 172.16.11.0/24(1 楼)～172.16.15.0/24（5 楼）的 VLAN。

政府楼使用 172.16.21.0/24(1 楼)～172.16.25.0/24（5 楼）的 VLAN。

政协楼使用 172.16.31.0/24(1 楼)～172.16.35.0/24（5 楼）的 VLAN。

人事局使用 172.16.41.0/24(1 楼)～172.16.45.0/24（5 楼）的 VLAN。

西配楼使用 172.16.51.0/24(1 楼)～172.16.53.0/24（3 楼）的 VLAN。

东配楼使用 172.16.61.0/24(1 楼)～172.16.63.0/24（3 楼）的 VLAN。

如果每个楼的 VLAN 不够，可以在原来的 VLAN 的基础上增加，例如市委楼可以使用 172.16.16.0～172.16.19.0/24 的地址。如果仍然不够，则可以继续划分 172.16.111.0/24～172.16.119.0/24 的地址。

除了规划工作站的 VLAN 地址外，还需要规划服务器的地址，在此为服务器采用 172.17.0.0/16 的地址范围。这类地址范围是按照如下的原则规划：

（1）管理服务器地址：包括服务器的底层管理地址，例如 HP 的 iLO、IBM 服务器的 iMM、Dell 的 iDRAC，以及安装虚拟化软件后的管理地址。为此分配 172.17.1.0/24 的地址段。需要注意，每台服务器的底层管理地址与安装虚拟化软件后的管理地址在同一 VLAN。例如，在某个企业中，有 5 台服务器安装了 VMware ESXi，则可以为这 5 台服务器分配 172.17.1.1～172.17.1.5 的 IP 地址，这 5 台服务器对应的 iLO（或 iMM、iDRAC）则可以为 172.17.1.101～172.17.1.105。

（2）应用服务器地址：采用 172.17.2.0/24 地址段。这些服务器包括 Active Directory、DHCP、DNS、证书服务器、WSUS 升级服务器、文件服务器、KMS 服务器、SQL Server 服务器、Exchange 服务器，等基础服务器。

（3）对外服务器地址：采用 172.17.3.0/24 的地址，例如对外的网站、邮箱等服务器。

服务器的地址划分如图 2-7 所示。

最后还要为管理交换机，规划 IP 地址，在此规划 172.18.0.0/16 的地址。在图 2-6 中，每个楼都有一个“汇聚”交换机，每个楼层都有 1～2 个“接入”交换机。中心机房还有核心交换机。为了让管理员很“容易”的记住 IP 地址，则为每个楼层交换机规划的地址如图 2-8 所示。

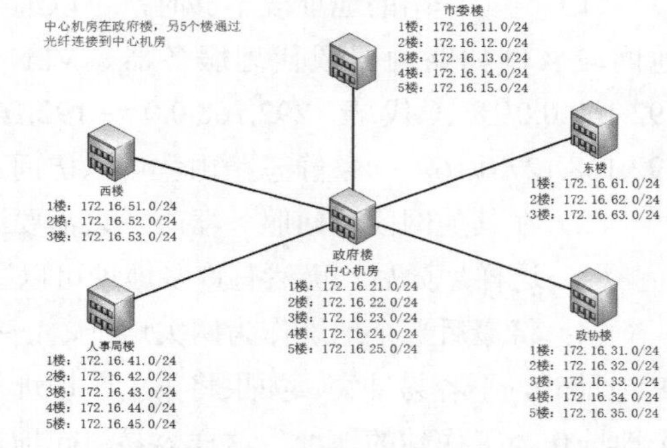

图 2-6　某政府楼层位置示意图

在图 2-7 中，核心交换机的地址为 172.18.1.254，在政府楼没有配汇聚交换机，直接接到核心交换机。

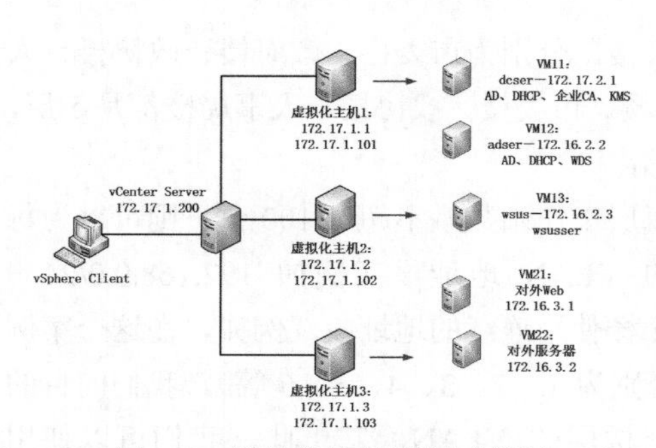

图 2-7　服务器地址规划示意图

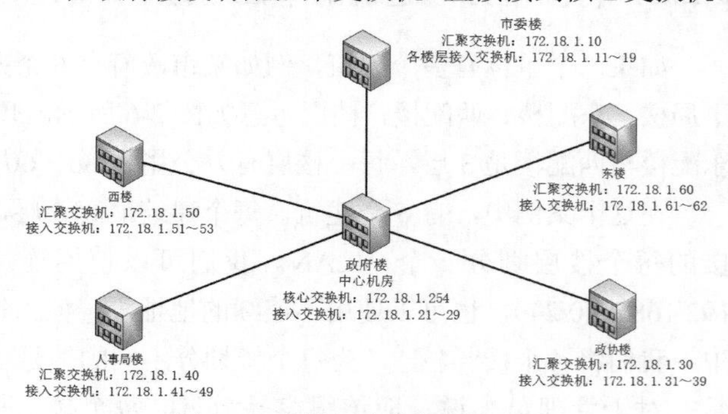

图 2-8　各楼层交换机管理地址

2.2.3 具有分支机构的单位划分 VLAN

如果单位具有多个分支机构时，例如跨国公司、企业，这些公司或企业的每个办事处可能都有多个建筑，此时可以采用 10.0.0.0/8 的网段，为每个分支机构采用 10.（0～255）.0.0/16 之间的一个 B 类地址段，例如，图 2-9 是某个具有多个分支机构的跨国公司的示意图。

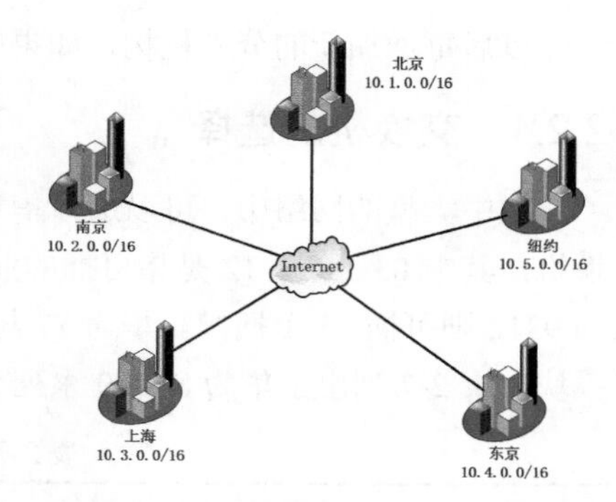

图 2-9 跨国公司各分支机构拓扑图

对于与图 2-9 相类似的企业，需要规划如下的地址段，我们以图中的“北京”分支机构为例，其他分支机构与此类似。在图 2-9 中，为北京规划 10.1.0.0/16 的地址范围。

（1）各分支机构的工作站 VLAN，可以为其使用 128 个 VLAN，即工作站的 VLAN 为 10.1.0.0/24～10.1.127.0/24，这样总的工作站可用 IP 地址是 128*253＝32384，此 IP 地址已经足够。

（2）各分支机构的服务器 VLAN，为服务器规划 32 个 VLAN，即服务器的 IP 地址范围为 10.1.128.0/24～10.1.159.0/24，可用 IP 地址是 32*253＝8096。

（3）设备管理地址：采用 10.1.252.0/24～10.1.255.0/25，可用 IP 地址是 4*253＝1012。

（4）保留地址：10.1.160.0/24～10.1.251.0/24，一共保留 92 个 C 类地址，用于以后的分配。

因为各个分支机构是通过 Internet、组建 VPN 互连互通，所以还要设计 VPN 互连地址。在规划 VPN 的互连地址时，子网掩码采用 255.255.255.252（子网掩码到 30 位）。为 VPN 互连规划 10.255.0.0/16 的地址段，表 2-6 列出了图 2-9 中，需要使用 VPN 互连时，所需要的 IP 地址。

表 2-6 VPN 互连地址规划

互 连 分 支	分支 1 的 IP 地址	分支 2 的 IP 地址	备 注
北京-南京	10.255.0.1	10.255.0.2	
北京-上海	10.255.0.5	10.255.0.6	
北京-东京	10.255.0.9	10.255.0.10	
北京-纽约	10.255.0.13	10.255.0.14	
南京-北京	10.255.0.2	10.255.0.1	与“北京-南京”是同一个 VPN 连接
南京-上海	10.255.0.17	10.255.0.18	
南京-东京	10.255.0.21	10.255.0.22	
南京-纽约	10.255.0.25	10.255.0.26	
上海-南京	10.255.0.18	10.255.0.17	与“南京-上海”是同一个 VPN 连接
上海-东京	10.255.0.29	10.255.0.30	
上海-纽约	10.255.0.33	10.255.0.34	
上海-北京	10.255.0.6	10.255.0.5	与“北京-上海”是同一个 VPN 连接
东京-上海	10.255.0.30	10.255.0.29	与“上海-东京”是同一个 VPN 连接
东京-纽约	10.255.0.37	10.255.0.38	
东京-北京	10.255.0.10	10.255.0.9	与“北京-东京”是同一个 VPN 连接
东京-南京	10.255.0.22	10.255.0.21	与“南京-东京”是同一个 VPN 连接
东京-上海	10.255.0.30	10.255.0.29	与“上海-东京”是同一个 VPN 连接

以后每增加新的分支机构，如果要让各分支机构的局域网互连，都需要配置 VPN 路由。

2.2.4 交换机的选择

在中大型的网络中，可以选择华为 S7703、S7706、S7712 或华为 S9303、S9306、S9312 系列交换机，其中 03、06、12 是指可插的业务板数量，例如 S7703 与 S9303 可以插 3 个业务插槽，7712 和 9312 则可插 12 个插槽。华为 77 与 93 系列是高端的交换机，在实际组网中，需要按需配置所需模块，表 2-7 列出了华为 S7700 系列交换机的机箱配件及业务板卡。

表 2-7 华为 S7700 系列产品选配信息

S7700 机箱配件			
ES0B00770300	S7703 总装机箱	ES0B00770600	S7706 总装机箱
ES0B00771200	S7712 总装机箱	LE0MPSA08	800W 交流电源模块(灰色)
ES0D00MCUA00	S7703 主控处理单元 A	ES0D00SRUA00	S7706/S7712 主控处理单元 A
S7700 套包			
ES0Z1B03ACS0	S7703 基本引擎交流组合配置(含一体化总装机箱,MCUA 主控板*2,800W 交流电源*2)		
ES0Z1B06ACS0	S7706 基本引擎交流组合配置(含一体化非 PoE 总装机箱,SRUA 主控板*2,800W 交流电源*2)		
ES0Z1B12ACS0	S7712 基本引擎交流组合配置(含一体化非 PoE 总装机箱,SRUA 主控板*2,800W 交流电源*2)		
S7700 业务板卡			
ES1D2X40SFC0	40 端口万兆以太网光接口板(FC,SFP+)	ES1D2X16SFC0	16 端口万兆以太网光接口板(FC,SFP+)
ES0D0X12SA00	12 端口万兆以太网光接口板(SA,SFP+)	ES1D2X04XED0	4 端口万兆以太网光接口板(ED,XFP)
ES0D0X4UXC00	4 端口万兆以太网光接口板(EC,XFP)	ES0D0X4UXA00	4 端口万兆以太网光接口板(EA,XFP)
ES0D0X2UXC00	2 端口万兆以太网光接口板(EC,XFP)	ES0D0X2UXA00	2 端口万兆以太网光接口板(EA,XFP)
ES1D2G48SED0	48 端口百兆/千兆以太网光接口板(ED,SFP)	ES0D0G48SC00	48 端口百兆/千兆以太网光接口板(EC,SFP)
ES1D2G48SFA0	48 端口百兆/千兆以太网光接口板(FA,SFP)	ES0D0G48SA00	48 端口百兆/千兆以太网光接口板(EA,SFP)
ES0D0G24SC00	24 端口百兆/千兆以太网光接口板(EC,SFP)	ES0D0G24SA00	24 端口百兆/千兆以太网光接口板(SA,SFP)
ES0D0G48TC00	48 端口十兆/百兆/千兆以太网电接口板(EC,RJ45)	ES0DG48TFA00	48 端口十兆/百兆/千兆以太网电接口板(FA,RJ45)
ES0D0S24XA00	24 端口百兆/千兆以太网光接口和 2 端口万兆以太网光接口板(EA,SFP/XFP)		
ES0D0G24CA00	24 端口百兆/千兆以太网光接口和 8 端口十兆/百兆/千兆 Combo 电接口板(SA,SFP/RJ45)		
ES0D0G48TA00	48 端口十兆/百兆/千兆以太网电接口板(EA,RJ45)		
ES0DG48CEAT0	36 端口十兆/百兆/千兆以太网电接口和 12 端口百兆/千兆以太网光接口板(EA,RJ45/SFP)		
ES0DG24TFA00	24 端口十兆/百兆/千兆以太网电接口板(FA,RJ45)		
ES0D0T24XA00	24 端口十兆/百兆/千兆以太网电接口和 2 端口万兆以太网光接口板(EA,RJ45/XFP)		
光 纤 模 块			
SFP-1000BaseT	电模块-SFP-GE-电接口模块(100m,RJ45)	eSFP-GE-SX-MM850	光模块-eSFP-GE-多模模块(850nm,0.5km,LC)
SFP-GE-LX-SM1310	光模块-eSFP-GE-单模模块(1310nm,10km,LC)	S-SFP-GE-LH40-SM1310	光模块-eSFP-GE-单模模块(1310nm,40km,LC)
S-SFP-GE-LH40-SM1550	光模块-eSFP-GE-单模模块(1550nm,40km,LC)	S-SFP-GE-LH80-SM1550	光模块-eSFP-GE-单模模块(1550nm,80km,LC)

续表

光纤模块			
eSFP-GE-ZX100-SM1550	光模块-eSFP-GE-单模模块(1550nm,100km,LC)	XFP-SX-MM850	光模块-XFP-10G-多模模块(850nm,0.3km,LC)
XFP-STM64-LX-SM1310	光模块-XFP-10G-单模模块(1310nm,10km,LC)	XFP-STM64-LH40-SM1550	光模块-XFP-10G-单模模块(1550nm,40km,LC)
XFP-STM64-SM1550-80km	光模块-XFP-10G-单模模块(1550nm,80km,LC)	OMXD30000	光模块-SFP+-10G-多模模块(850nm,0.3km,LC)
OSX010000	光模块-SFP+-10G-单模模块(1310nm,10km,LC)	OSX040N01	光模块-SFP+-10G-单模模块(1550nm,40km,LC)
SFP-GE-LX-SM1490-BIDI	光模块-eSFP-GE-BIDI 单模模块(TX1490/RX1310,10km,LC)	SFP-GE-LX-SM1310-BIDI	光模块-eSFP-GE-BIDI 单模模块(TX1310/RX1490,10km,LC)

在采用 S7700 或 9300 系列交换机做核心交换机后，可以选择华为 S5700 系列做汇聚层交换机。如果在中小型网络中，也可以用 S5700 系列交换机，做核心交换机。S5700 系列包括直流供电、交流（220V）供电两种机型，每个产品又包括 SI 与 EI 两个版本，其中 EI 为增强型版本，功能更强。华为 S5700 系列按端口划分主要有 24 口的 S5700-24TP（24 个 0/100/1 000Base-T 以太网端口，4 个复用的千兆 Combo SFP，与最后 4 个端口 21、22、23、24 复用）、28 口的 S5700－28（24 个 0/100/1 000Base-T 以太网端口，4 个复用的千兆 Combo SFP，可用 28 口）、48 口的 S5700-48（48 个 10/100/1 000Base-T 以太网端口，4 个复用的千兆 Combo SFP，与最后 4 端口复用）、52 口的 S5700-52（48 个 0/100/1 000Base-T 以太网端口，4 个复用的千兆 Combo SFP）。

在接入层交换机中，可以选择华为 S2700 系列交换机，这是一款 10M/100M、二层可网管交换机，常用的有 2700-26 与 2700－52 两款，前者有 24 个 10/100M 接口、2 个上联的 10/100/1 000M 端口，后者有 48 个 10/100M、2 个 10/100/1 000M 端口。

在需要千兆到桌面的企业中，也可以使用华为 S5700 系列交换机，作为接入交换机。表 2-8 是某个单位核心采用华为 S7703、接入采用 S5700 系列的配置单。

表 2-8　某单位网络接入设备配置单

序号	项目名称	规格型号	数量	单位
1	核心交换机			
1.1	S7703 交换机主机	交换容量 1.92Tbps；包转发率 1.44Gpps；提供 3 个业务槽位，提供独立双主控支持热备，双电源支持冗余，高度 < 10U，（不包含接口）	1	台
1.2	36 电+12 光 接口板	36 端口千兆电口+12 端口千兆光口板板卡	1	块
1.3	SFP-GE-LX-SM1310	光模块-eSFP-GE-单模模块(1310nm,10km,LC)	12	块
2	接入交换机			
2.1	S5700-28P，24 口交换机	S5700-28P-LI，提供 24 个千兆电口,4 千兆 SFP 千兆光口插槽，不含光模块，交流供电，提供防止 DOS、ARP 防攻击、ICMP 防攻击功能	12	台
2.2	SFP-GE-LX-SM1310	光模块-eSFP-GE-单模模块(1310nm,10km,LC)	12	块

第 3 章　ESXi 的安装与配置

vSphere 的两个核心组件是 VMware ESXi 和 VMware vCenter Server。ESXi 是用于创建和运行虚拟机及虚拟设备的虚拟化平台。vCenter Server 是一种服务，充当连接到网络的 ESXi 主机的中心管理员。ESXi 是虚拟化的基础，在虚拟化实施的第一步，就是要安装配置 ESXi。本章将介绍 ESXi 主机的规划、在主机上安装与配置 ESXi 的内容。

3.1　VMware ESXi 概述

VMware 服务器虚拟化产品 VMware ESX Server（或 VMware ESXi），从本质上与 VMware Workstation、VMware Server 是相同，都是一款虚拟机软件。但与前两者不同之处在于，VMware ESXi（或 ESX Server）简化了 VMware Workstation 与 VMware Server 与主机之间的操作系统层，直接运行于裸机，其虚拟化管理层更精简，故 VMware ESX Server（或 VMware ESXi）的性能更好。

在原始 vSphere ESX 体系结构中，虚拟化内核（称为 VMkernel）中增加了一个称为控制台操作系统（也称为 COS 或服务控制台）的管理分区。COS 的主要用途是提供主机的管理界面。在 COS 中部署了各种 VMware 管理代理，以及其他基础架构服务代理（如名称服务、时间服务和日志记录等）。在此体系结构中，许多客户都部署了来自第三方的其他代理以提供特定功能，如硬件监控和系统管理。而且，个别管理用户还登录 COS 运行配置和诊断命令及脚本。

在新的 vSphere ESXi 体系结构中去除了 COS，所有 VMware 代理均直接在 VMkernel 上运行。 基础架构服务通过 VMkernel 附带的模块直接提供。 其他获得授权的第三方模块（如硬件驱动程序和硬件监控组件）也可在 VMkernel 上运行。 只有获得 VMware 数字签名的模块才能在系统上运行，因此形成了严格锁定的体系结构。 通过阻止任意代码在 vSphere 主机上运行，极大地提高了系统的安全性。VMware ESX Server 安装后约占用 2GB 空间，而 VMware ESXi 只占用不到 150MB 空间。

3.1.1　VMware ESXi 体系结构优点

VMware ESXi 虚拟化管理程序体系结构的优点如下。

（1）VMware vSphere 的虚拟化管理程序体系结构在虚拟基础架构的管理中起关键作用。2001 年推出的裸机 ESX 体系结构大幅增强了性能和可靠性，客户可借此将虚拟化的优势扩展到他们的关键任务应用上。新的 ESXi 体系结构去除了基于 Linux 的服务控制台，这代表着可靠性和虚拟化管理向前发生了类似的飞跃。新的 vSphere ESXi 体系结构的大小不足 ESX 的 5%，从安全、部署和配置以及日常管理等方面改进了虚拟化管理程序的管理。

（2）提高可靠性和安全性。vSphere 5.0 之前的版本中提供的 ESX 体系结构依赖基于 Linux 的控制台操作系统（COS）来实现可维护性和基于代理的合作伙伴集成。在独立于操作系统的新 ESXi 体系结构中，去除了大约 2 GB 的 COS，并直接在核心 VMkernel 中实现了必备的管理功能。如此一来 vSphere ESXi 虚拟化管理程序的安装占用空间急剧减小到约 150 MB，并消除了与通用操作系统相关的安全漏洞而提高了安全性和可靠性。

（3）简化部署和配置。新的 ESXi 体系结构的配置项要少得多，因此可以极大地简化部署和配置，并且更容易保持一致性。

（4）减少管理开销。ESXi 体系结构采用基于 API 的合作伙伴集成模型，因此不再需要安装和管理第三方管理代理。利用远程命令行脚本编写环境（如 vCLI 或 PowerCLI），可以自动执行日常任务。

（5）简化虚拟化管理程序的修补和更新。由于占用空间小并且组件数量有限，ESXi 体系结构所需的补丁程序比早期版本少得多，从而缩短了维护时段，并减少了安全漏洞。在其生命周期中，ESXi 体系结构所需的补丁程序约为与 COS 一起运行的 ESX 虚拟化管理程序的 1/10。

3.1.2　vSphere 的主要功能和组件

vSphere 的主要功能和组件如图 3-1 所示。

vSphere 主要功能和组件介绍如下。

（1）虚拟化平台。VMware vSphere Hypervisor 体系结构可提供可靠、经过生产验证的高性能虚拟化层。它支持多个虚拟机共享硬件资源，性能可以达到（在某些情况下甚至超过）本机吞吐量。

（2）VMware vSphere Virtual Symmetric Multiprocessing 支持使用拥有多达 128 个虚拟 CPU 的超强虚拟机。

（3） VMware vSphere Virtual Machine File System (VMFS) 使虚拟机可以访问共享存储设备（光纤通道、iSCSI 等），并且是 VMware vSphere Storage vMotion 等其他 vSphere 组件的关键促成技术。

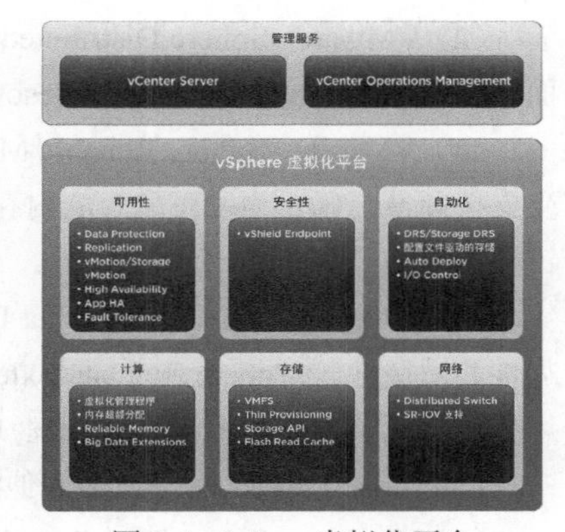

图 3-1 vSphere 虚拟化平台

（4）VMware vSphere Storage API 可与受支持的第三方数据保护、多路径和磁盘阵列解决方案进行集成。

（5）VMware vSphere Thin Provisioning 提供动态分配共享存储容量的功能，使 IT 部门可以实施分层存储策略，同时削减多达 50% 的存储开销。

（6）VMware vSphere vMotion 支持在不影响用户使用或中断服务的情况下在服务器之间和跨虚拟交换机实时迁移虚拟机，从而无需为进行计划内服务器维护而安排应用中断。

（7）VMware vSphere Storage vMotion 支持在不影响用户使用的情况下实时迁移虚拟机磁盘，

从而无需为计划内存储维护或存储迁移安排应用中断。

（8）VMware vSphere High Availability (HA) 可提供经济高效的自动化重启，当硬件或操作系统发生故障时，几分钟内即可自动重启所有应用。

（9）VMware vSphere Fault Tolerance (FT) 可在发生硬件故障的情况下为所有应用提供连续可用性，不会发生任何数据丢失或停机。针对最多 4 个虚拟 CPU 的工作负载。

（10）VMware vSphere Data Protection 是一款由 EMC Avamar 提供支持的 VMware 备份和复制解决方案。它通过获得专利的可变长度重复数据消除功能提供高效利用存储的备份，以及快速恢复和针对 WAN 进行了优化的复制功能，来实现灾难恢复。其 vSphere 集成和简单用户界面使其成为 vSphere 的简单高效的备份工具。它还能够为关键业务应用（例如 Exchange、SQL Server）提供免代理、映像级虚拟机备份至磁盘和可识别应用的保护，以及跨站点提供高效利用 WAN 的加密备份数据复制功能。

（11）VMware vShield Endpoint 借助能进行负载分流的防病毒和防恶意软件解决方案，无需在虚拟机内安装代理即可保护虚拟机。

（12）VMware vSphere Virtual Volumes 可对外部存储（SAN 和 NAS）设备进行抽象化处理，使其能够识别虚拟机。

（13）VMware vSphere 基于存储策略的管理通过策略驱动的控制层，跨存储层实现通用管理以及动态存储类服务自动化。

Enterprise 版本中提供的其他组件：

（1）VMware vSphere Distributed Resource Scheduler 可为整个集群中的虚拟机提供独立于硬件的动态负载平衡和资源分配，使用策略驱动的自动化降低管理复杂性，同时满足 SLA。

（2）VMware vSphere Distributed Power Management 可持续地优化每个集群中的服务器能耗，从而自动管理 vSphereDistributed Resource Scheduler 集群中的能效。

（3）VMware vSphere Reliable Memory 会将关键的 vSphere 组件（如虚拟化管理程序）放入在受支持硬件上确定为“可靠”的内存区域中。这可以进一步保护组件，避免其受到不可更正的内存错误的影响。

（4）VMware vSphere Big Data Extensions 可在 vSphere 上运行 Hadoop，以便提高利用率、可靠性和敏捷性。vSphere BigData Extensions 支持多种 Hadoop 发行版，因此 IT 部门能够在一个通用平台上无缝地部署、运行和管理 Hadoop 工作负载。

Enterprise Plus 版本提供的其他组件（也包含之前列出的 Enterprise 版本的组件）：

（1）VMware vSphere Distributed Switch 可简化和增强 vSphere 环境中的虚拟机网络连接，并使这些环境能够使用第三方分布式虚拟交换机。

（2）VMware vSphere Storage I/O Control 和 VMware vSphereNetwork I/O Control 可设定存储和网络服务质量优先级，确保对资源的访问。

（3）VMware vSphere Auto Deploy 可对添加的 vSphere 主机快速进行按需部署。vSphere Auto Deploy 运行时可以推送更新映像，从而无需进行修补以及专门安排修补时间。

（4）VMware vSphere 主机配置文件可帮助 IT 管理员简化主机部署及满足合规性要求。

（5）VMware vSphere Storage DRS 可在虚拟机数据创建和使用时通过存储特征来确定这些数据的最佳驻留位置，从而自动执行负载平衡。

（6）VMware vSphere Flash Read Cache 可实现服务器端闪存的虚拟化，从而提供一个可大幅缩短应用延迟的高性能读缓存层。

（7）VMware vSphere Fault Tolerance 可在发生硬件故障的情况下为所有应用提供连续可用性，不会发生任何数据丢失或停机。针对最多 4 个虚拟 CPU 的工作负载。

（8）VMware vSphere vMotion 能够在不影响用户或中断服务的情况下在服务器之间、跨 vCenter Server 和经过远距离（往返时间长达 100 毫秒）实时迁移虚拟机，从而无需为计划内服务器维护安排应用中断。

（9）VMware vSphere 内容库提供对虚拟机模板、虚拟设备、ISO 映像和脚本的简单高效的集中管理。

（10）NVIDIA GRID vGPU 能够为虚拟化解决方案带来 NVIDIA 硬件加速图形的所有优势。

3.1.3　VSphere 6 中的新增功能

在 vSphere 6 版本中，VMware 为 ESXi 增加了一些重要的增强功能。

（1）更高的可扩展性 — 提升了最高配置限制：虚拟机可支持多达 128 个虚拟 CPU (vCPU) 和 4 TB 虚拟 RAM (vRAM)。主机将支持高达 480 个 CPU 和 6 TB RAM，每主机 1024 个虚拟机，以及每集群 64 个节点。

（2）范围更广的支持 — 扩大了对最新 x86 芯片组、设备、驱动程序和客户操作系统的支持。

（3）令人惊艳的图形处理 — NVIDIA GRID vGPU 能够为虚拟化解决方案带来 NVIDIA 硬件加速图形的所有优势。

（4）即时克隆 — 内置于 vSphere 6.0 中的技术，为快速克隆和部署虚拟机打下了基础，其速度是当前可实现的速度的 10 倍之多。

（5）为您的虚拟机实现存储转型 — vSphere Virtual Volumes 使您的外部存储阵列能够识别虚拟机。基于存储策略的管理(SPBM) 可允许跨存储层实现通用管理以及动态存储类服务自动化。它们相互配合，可真正实现按虚拟机更加高效地实例化数据服务（快照、克隆、远程复制、重复数据消除等）的精确组合。

（6）网络 IO 控制 — 最新支持按虚拟机和分布式交换机进行带宽预留，以保证最低服务级别。

（7）vMotion 增强功能 — 跨分布式交换机、vCenter Server 以及远距离（往返时间长达 100 毫秒）无中断实时迁移工作负载。远距离 vMotion 迁移使往返时间提高了 10 倍，这一成就令人惊异。有了它，位于纽约和伦敦的数据中心就能够相互实时迁移工作负载。

（8）复制辅助的 vMotion 迁移 — 使在两个站点之间设置了主动– 主动式复制的客户能够执行更高效的 vMotion 迁移，因而节约大量时间和资源 — 根据数据的大小，效率有可能提高高达 95%。

（9）容错功能（多达 4 个虚拟 CPU） — 使用高达 4 个虚拟 CPU 扩大了对基于软件的工作负载容错功能的支持。管理

（10）内容库 — 对包括虚拟机模板、ISO 映像和脚本在内的内容进行简单高效管理的中央存储库。借助 vSphere 内容库，用户现在可以从集中化位置存储和管理内容，以及通过发布/订阅模型共享内容。

（11）跨 vCenter 进行克隆和迁移 — 只需一个操作即可在不同 vCenter Server 上的主机之间复制和移动虚拟机。

（12）改进的用户界面 — Web Client 比以前响应更快、更直观并且更简洁。

3.1.4 ESXi 系统需求

要安装 ESXi 6.0 或升级到 ESXi 6.0，系统必须满足特定的硬件和软件要求。

（1）ESXi 6.0 要求主机至少具有两个 CPU 内核。

（2）ESXi 6.0 支持 2006 年 9 月后发布的 64 位 x86 处理器。这其中包括了多种多核处理器。

（3）ESXi 6.0 需要在 BIOS 中针对 CPU 启用 NX/XD 位。

（4）ESXi 需要至少 4GB 的物理 RAM。建议至少提供 8 GB 的 RAM，以便能够在典型生产环境下运行虚拟机。

（5）要支持 64 位虚拟机，x64 CPU 必须能够支持硬件虚拟化（Intel VT-x 或 AMD RVI）。

（6）一个或多个千兆或更快以太网控制器。

（7）SCSI 磁盘或包含未分区空间用于虚拟机的本地（非网络）RAID LUN。

（8）对于串行 ATA (SATA)，有一个通过支持的 SAS 控制器或支持的板载 SATA 控制器连接的磁盘。SATA 磁盘将被视为远程、非本地磁盘。默认情况下，这些磁盘将用作暂存分区，因为它们被视为远程磁盘。

【注意】无法将 SATA CD-ROM 设备与 ESXi 6.0 主机上的虚拟机相连。要使用 SATA CD-ROM 设备，必须使用 IDE 模拟模式。

vSphere 6.0 支持从统一可扩展固件接口 (UEFI) 引导 ESXi 主机。可以使用 UEFI 从硬盘驱动器、CD-ROM 驱动器或 USB 介质引导系统。使用 VMware Auto Deploy 进行网络引导或置备需要旧版 BIOS 固件，且对于 UEFI 不可用。

ESXi 可以从大于 2 TB 的磁盘进行引导，前提是您正在使用的系统固件和任何附加卡上的固件均支持此磁盘。

【注意】如果在安装 ESXi 6.0 后将引导类型从旧版 BIOS 更改为 UEFI，可能会导致主机无法进行引导。在这种情况下，主机会显示类似于以下内容的错误消息：不是 VMware 引导槽 (Not a VMware boot bank)。安装 ESXi 6.0 之后，不支持将主机引导类型从旧版 BIOS 更改为 UEFI（反之亦然）。

3.1.5 ESXi 6.0 的存储要求

要安装 ESXi 6.0 或升级到 ESXi 6.0，至少需要容量为 1GB 的引导设备。如果从本地磁盘、SAN 或 iSCSI LUN 进行引导，则需要 5.2GB 的磁盘，以便可以在引导设备上创建 VMFS 卷和 4GB 的暂存分区。如果使用较小的磁盘或 LUN，则安装程序将尝试在一个单独的本地磁盘上分配暂存区域。如果找不到本地磁盘，则暂存分区 /scratch 将位于 ESXi 主机 ramdisk 上，并链接至 /tmp/scratch。您可以重新配置 /scratch 以使用单独的磁盘或 LUN。为获得最佳性能和内存优化，请不要将 /scratch 放置在 ESXi 主机 ramdisk 上。

要重新配置 /scratch，请参见本章后面的内容“3.4.5 修改日志位置”。

由于 USB 和 SD 设备容易对 I/O 产生影响，安装程序不会在这些设备上创建暂存分区。在 USB 或 SD 设备上进行安装或升级时，安装程序将尝试在可用的本地磁盘或数据存储上分配暂存区域。如果未找到本地磁盘或数据存储，则 /scratch 将被放置在 ramdisk 上。安装或升级之后，应该重新配置 /scratch 以使用持久性数据存储。虽然 1GB USB 或 SD 设备已经足够用于最小安装，但是您应使用 4GB 或更大的设备。额外的空间将用于容纳 USB/SD 设备上的 coredump 扩展分区。使用 16GB 或更大容量的高品质 USB 闪存驱动器，以便额外的闪存单元可以延长引导介质的使用寿命，但 4GB 或更大容量的高品质驱动器已经足够容纳 coredump 扩展分区。

除了使用传统的方式安装 ESXi 之外，还可以使用服务器集成的远程管理工具，安装 ESXi。受支持的远程管理服务器型号和最低硬件版本如表 3-1 所示。

表 3-1 受支持的远程管理服务器型号和最低固件版本

远程管理服务器型号	固 件 版 本	Java
Dell DRAC 7	1.30.30（内部版本 43）	1.7.0_60-b19
Dell DRAC 6	1.54（内部版本 15）、1.70（内部版本 21）	1.6.0_24
Dell DRAC 5	1.0, 1.45, 1.51	1.6.0_20,1.6.0_203
Dell DRAC 4	1.75	1.6.0_23
HP ILO	1.81, 1.92	1.6.0_22, 1.6.0_23
HP ILO 2	1.8, 1.81	1.6.0_20, 1.6.0_23
HP ILO 3	1.28	1.7.0_60-b19
HP ILO 4	1.13	1.7.0_60-b19
IBM RSA 2	1.03, 1.2	1.6.0_22

3.1.6 vSphere Client 与 vCenter Server 和 ESXi 之间的关系

VMware ESXi 是企业虚拟化的宿主平台，可以支持虚拟机的创建、启动、运行、停止等工作，但 ESXi 并不能独立使用。VMware ESXi 安装完成之后，只有一个简单的界面，显示了 ESXi 的主机名称、管理地址、进入设置页、关机或重启等信息，如图 3-2 所示。

在 VMware ESXi 控制台中，只能完成简单的、对 ESXi 本身的配置，例如关机或重启 ESXi、设置 ESXi 的管理地址、选择管理网卡、修改 ESXi 密码、重置 ESXi 等，如图 3-3 所示。

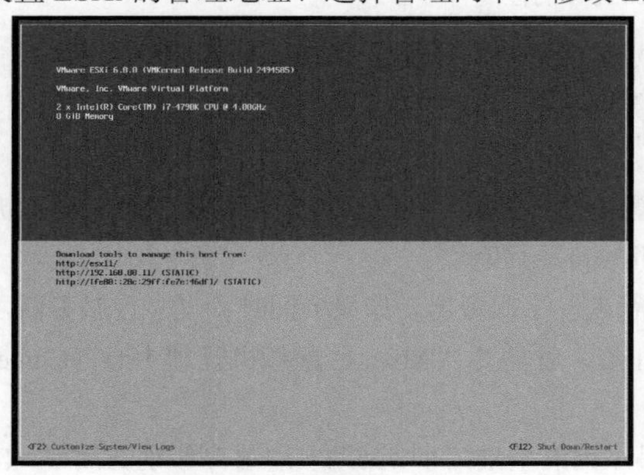

图 3-2 ESXi 控制台界面

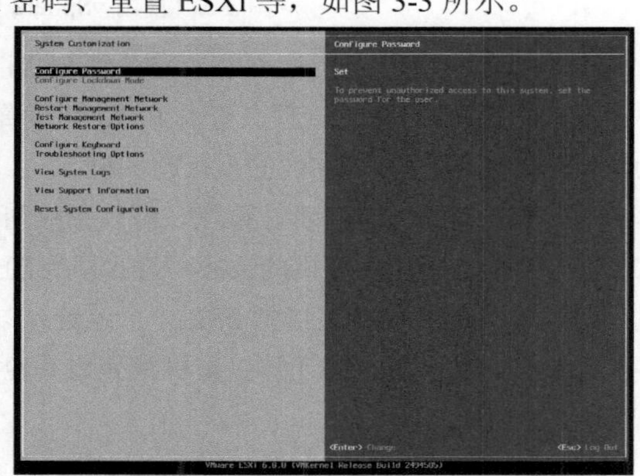

图 3-3 ESXi 控制台配置界面

简单来说，在安装完 ESXi 之后，不能用 ESXi 本身完成虚拟机的创建、启动等管理工作，必须使用专用的客户端——vSphere Client。vSphere Client 是 ESXi 的客户端，用来实现对 ESXi 的管理。vSphere Client 运行在 Windows 平台，可以登录多个 vSphere Client 界面，但在每个 vSphere Client

控制台界面中，只能管理一台 ESXi，如图 3-4 所示。

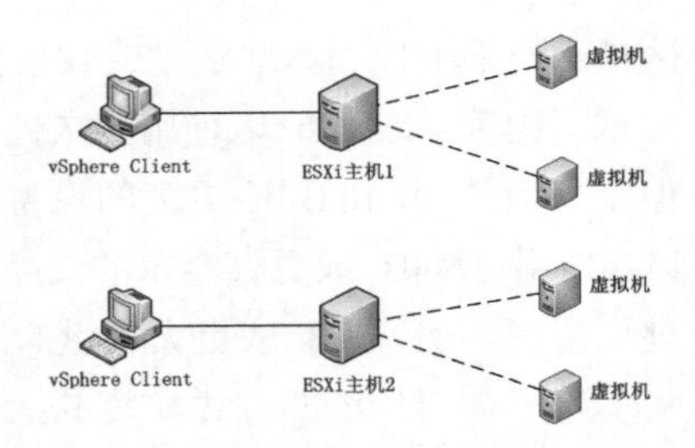

图 3-4 使用 vSphere 直接管理 ESXi

在实际的生产环境中，可能同时有多个不同版本的 ESXi，例如 VMware ESXi 5.0、5.1、5.5、6.0。而在使用 vSphere Client 直接管理 ESXi 的时候，要注意 vSphere Client 的版本。vSphere Client 产品版本，要与所管理的 ESXi 的版本一致。版本不同不能管理。高版本的不能管理低版本，低版本的更不能管理高版本。例如 vSphere Client 5.1 只能“直接”管理 ESXi 5.1，不能管理 5.0，更不能管理 5.5。但 vSphere Client 的多个不同版本，可以同时安装在同一个系统中。只要将这些不同版本的 vSphere Client 安装在同一台机器上，vSphere Client 在登录管理 ESXi 主机时，会自动调用对应的版本。

使用 vSphere Client 直接登录到 ESXi Server 并进行管理，就可以创建虚拟机、启动虚拟机等工作，并能查看虚拟机的显示界面，图 3-5 所示，这是使用 vSphere Client 管理 ESXi 6.0 的截图。

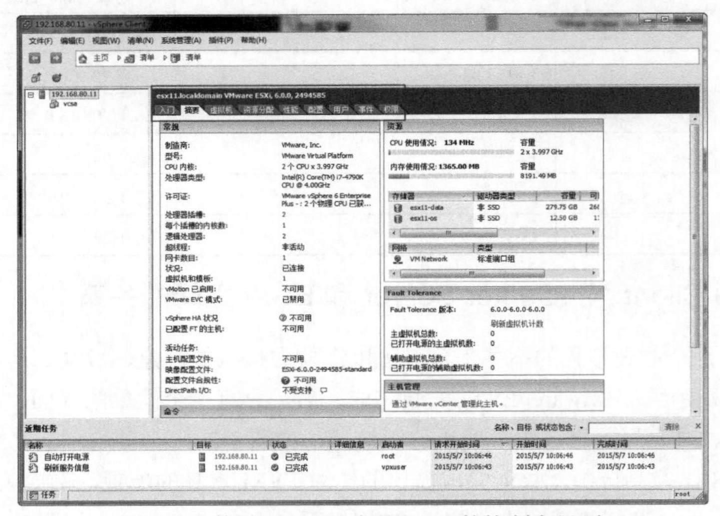

图 3-5 使用 vSphere 登录 ESXi 的控制台界面

简单来说，使用 vSphere Client 登录到 ESXi 后可以完成以下基本的操作：

（1）对 ESXi 的基本管理。查看 ESXi 的设置、健康状态、基本虚拟网络交换机的创建与配置、完成本地存储的管理。ESXi 的重启与关机。

（2）完成虚拟机的创建与管理。可以完成创建虚拟机、在虚拟机中安装操作系统、控制虚拟机的启动与关机、创建虚拟机的快照、虚拟机跟随主机的自动启动等。

使用 vSphere Client 连接到 ESXi，一次连接只能管理一个服务器。如果要同时管理多台服务器，并且要在 ESXi 主机之间迁移虚拟机或完成其他的任务，就需要 VMware 虚拟机管理中心 vCenter Server。

VMware vCenter Server 是 VMware vCenter 产品系列的基础，可以帮助实现最高级别的效率、自动化、合规性和安全性，同时降低运营成本。它是业界最先进的虚拟化管理平台，通过其丰富的 API 集，可实现与 VMware 管理产品以及第三方管理工具的集成，进而实现无缝的端到端数据中心管理。

VMware vCenter Server 是一个提供了集中管理的“中间”系统，它本身不提供管理控制台界面，用户需要使用 vSphere Client 登录到 vCenter Server，并创建数据中心来添加 ESXi 实现对 ESXi 的管理。vCenter Server 为 vSphere Client 提供了许多高级功能插件或组件，实现高级的虚拟化功能。vSphere Client、vCenter Server、VMware ESX Server 或 ESXi 的关系如图 3-6 所示。

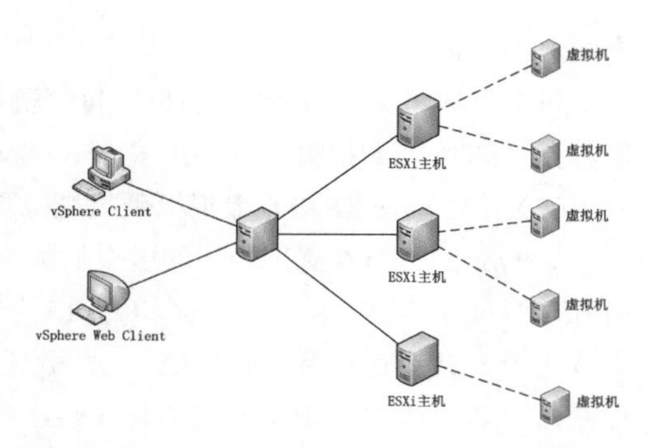

图 3-6　vSphere Client 与 vCenter Server、ESX Server 关系图

另外，除了 Windows 版本中的 vSphere Client，还有一个基于浏览器的客户端 vSphere Web Client。从 vSphere 5.5 开始，vSphere 客户端将转向 vSphere Web Client，而传统的 vSphere Client 仍然保留，但在连接 ESXi 或 vCenter Server 时，只保留 vSphere 5.0 相同的功能集。图 3-7 是 vSphere Web Client 的截图。

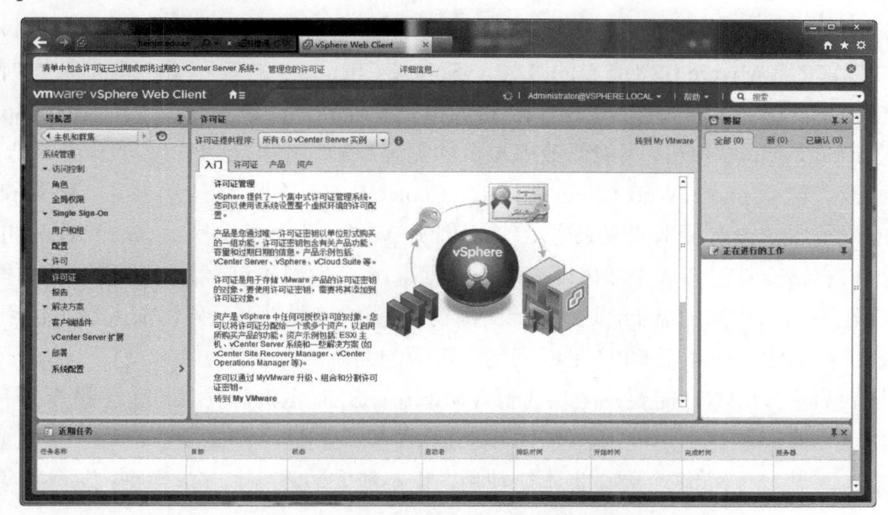

图 3-7　vSphere Web Client 管理截图

【说明】在使用 vSphere Web Client，或者使用 vSphere Client 连接到 vCenter Server 再管理 ESXi 时，则不再要求 vSphere Client 的版本与 ESXi 版本对应。因为高版本的 vCenter Server 可以管理低版本的 ESXi，所以只要 vSphere Client 与 vCenter Server 版本对应即可。例如安装了 vSphere Client 6.0 版本，连接到 vCenter Server 6，而在 vCenter Server 6 中可以添加 ESXi 5.0、5.1、5.5、6.0 等多个不同版本的 ESXi，用 vSphere Client 6 这一个版本即可管理多个不同版本的 ESXi 。

3.1.7　vSphere 主要特点

下面是 vSphere 6 的主要特点，总结如下。

（1）ESXi 6 主机硬件规范。

每个 ESXi 6 主机最大支持 480 个 CPU、12TB 物理内存，每个主机最大支持 1 024 个虚拟机（官方文档支持 1 024 个，实际上支持的会更多，我曾经在单台 ESXi 5.5 主机上创建超过 3 500 个虚拟机）、每个群集支持 8 000 个虚拟机。每个主机最大 vCPU 4 096、每个 CPU 核心最大 32 个 vCPU。

每个 vCenter Server 6 系统支持最多 1 000 个 ESXi 主机、10 000 个打开电源的虚拟机、15 000

个注册的虚拟机。

每个群集最大支持 64 个主机、每个群集最多支持 8 000 个虚拟机。每个群集支持最多 98 个启用容错（FT）的虚拟机、支持最多 256 个 vCPU。

（2）VMware ESXi 6 虚拟机硬盘规范更高。

VMware ESXi 6 支持最新的虚拟机版本 11，每个虚拟机最大 128 个 vCPU、4TB 内存、虚拟硬盘 62TB、4 个 SCSI 卡、每个 SCSI 卡 15 个虚拟硬盘或光驱、支持 1 个 IDE 控制器、4 个 IDE 设备、支持 4 个 SATA 适配器、每个 SATA 适配器 30 个 SATA 设备，每个虚拟机 10 个虚拟网卡、1 个 USB 控制器（动手动脚 USB 1.x、2.2 与 3.x）。虚拟机显存最大 512MB。

（2）更高的内存需求。ESXi 6.0 至少需要 4GB 的内存才能安装启动。从安装来说，VMware ESXi 6 与 5.x 相差不大，分配 2 个 CPU、4GB 内存即可。但 ESXi 5.x 的版本在安装之后，可以在只有 2GB 内存的情况下启动并进入 ESXi 系统，而 ESXi 6.x 如果只有 2GB 则不能进入 ESXi 的控制台界面。

（3）客户端管理工具的改变。传统的 vSphere Client 6 可以修改硬件版本为 9、10、11 的虚拟机的配置。而在以前的 VMware ESXi 5.5 的时候，vSphere Client 5.5 的客户端，只能修改硬件版本为 8 及其以下的虚拟机的配置，如果你"一不小心"将虚拟机硬件版本升级到 9 或 10，那么 vSphere Client 只能启动、关闭高版本的虚拟机，不能修改虚拟机的配置（例如内存、CPU、硬盘等），只能用 vSphere Web Client 修改，但 vSphere Web Client 是需要 vCenter Server 的。从技术来看，用 vSphere Client 修改虚拟机的配置应该没有什么"复杂之处"，估计是 VMware 为了推行 vSphere Web Client 吧。

（4）虚拟机容错支持最多 4 个 CPU、64GB 内存、16 个虚拟硬盘，并且容错中的虚拟机及辅助虚拟可以保存在不同的存储磁盘上，这进一步增强了系统的可靠性。另外以前人们不使用 FT，是由于 FT 只支持 1 个 CPU，而 4 个 CPU 足以满足大多数的需求。

（5）如果要启用 VSAN，需要：至少 3 台 VMware ESXi 主机，并且每个主机至少有一个空余的固态硬盘，这个固态硬盘不能使用，也不能将 ESXi 安装到这个固态硬盘；每个主机至少一个空余的传统硬盘（磁盘），同样这个硬盘也不能使用，也不能安装系统、存放数据；另外还要有 VSAN 的许可证。

在刚开始安装 VMware ESXi 6 的时候，我是在 VMware Workstation 11 的虚拟机中完成的,主机配置是 intel Core i7-2600、8GB 内存、1 块 3TB 左右的硬盘，在以前这样的配置可以测试 vSphere 5.5 的大多数功能，但这样的配置用来测试 vSphere 6 则远远不够，因为 vCenter Server 6 就需要至少 8GB 的内存才能完成安装。

而本文的测试，是在一台 i7-4790K 的 CPU、32GB 内存（16GB 内存也可以，但速度较慢，因为需要交换部分虚拟机内存到虚拟内存）、4 块 2TB 硬盘组建 RAID0、主机操作系统是 Windows Server 2008 R2、VMware Workstation 11 虚拟机的环境中完成测试的。

3.1.8 VMware ESXi 安装方式

如果想安装 VMware ESXi，可以有多种方法：

- 使用 VMware ESXi 安装光盘，用光盘启动服务器，安装。
- 使用启动 U 盘，加载 ESXi 镜像进行安装
- 使用服务器远程管理工具，例如 HP 服务器使用 iLO、IBM 服务器的 iMM，通过加载管理客户端的 ESXi 安装镜像、光盘进行安装。

- 配置 TFTP 服务器，通过网络安装 ESXi。
- 使用 VMware 部署工具安装。
- 使用 VMware Update 服务，将 ESXi 从低版本升级到高版本。
- 在安装 ESXi 时，可以将 ESXi 安装到 U 盘、服务器本地硬盘、存储划分给服务器的硬盘，并通过这些设备启动。也可以直接从服务器网卡以 PXE 的方式启动 ESXi。

3.2　在 VMware Workstation 虚拟机中安装 ESXi 6

“实验是最好的老师”，要掌握 VMware ESXi 的内容，从头安装、配置 VMware ESXi，并在 ESXi 中创建虚拟机、配置虚拟机、管理 VMware ESXi 网络。如果要准备 VMware ESXi 环境，有以下 3 种方法。

（1）在服务器上安装。这是最好的方法，你可以在最新两年购买的 IBM、HB、Dell 这些服务器上安装测试 VMware ESXi，在安装的时候，服务器原来的数据会丢失，请备份这些数据。

（2）在 PC 上测试。在某些 Intel 芯片组、CPU 是 Core I3、I5、I7、支持 64 位硬件虚拟化的普通 PC 上。

当主板芯片组是 H61 的时候，VMware ESXi 安装在 SATA 硬盘可能不能启动。可以将 VMware ESXi 安装在 U 盘上，用 SATA 硬盘做数据盘。当主板芯片组是 Z97 的时候，在启用南桥支持的 RAID 卡时，可以将 ESXi 安装在 SATA 硬盘中（不用配 RAID，因为 ESXi 不支持 Intel 集成的“软”RAID，而是绕过 RAID 直接识别成 SATA 硬盘。

（3）在 VMware Workstation 虚拟机测试。对于初学者和爱好者来说，可能一时找不到服务器安装 VMware ESXi，这时候可以借助 VMware Workstation，在 VMware Workstation 的虚拟机学习 VMware ESXi 的使用。

说明：要想在虚拟机中学习测试 VMware ESXi，需要主机是 64 位 CPU、并且 CPU 支持硬件辅助虚拟化、至少有 4～8GB 的物理内存。如果要作 FT 的实验，则要求主机至少有 16GB 内存。因为 ESXi 6 的虚拟机，如果要启动 FT 的虚拟机，每个 ESXi 主机要求至少 6GB 内存。

3.2.1　实验环境概述

在 VMware Workstation 中，创建 1 台虚拟机安装 ESXi 6，在主机中安装 ESXi 6 客户端软件 vSphere Client，在 ESXi 6 中创建虚拟机。本节实验环境示意如图 3-8 所示。

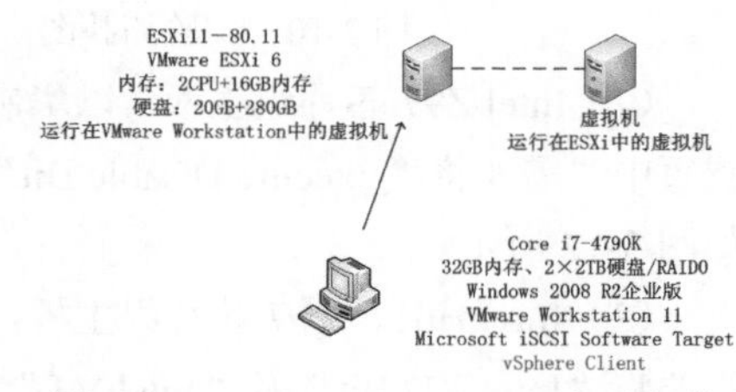

图 3-8　VMware ESX Server 实验拓扑

在图 3-8 中，有一台配置较高的计算机，这台计算机具有 32GB 内存、4 个 2TB 硬盘（使用 RAID 划分了两个逻辑分区，其中第 1 个逻辑分区为 RAID 10，大小为 120GB，安装了 Windows Server 2008 R2 企业版；第 2 个逻辑分区为 RAID 0，大约为 7.04TB。这台机器安装 Windows Server 2008 R2 而不是安装 Windows 7 的原因，是因为后期要做 HA、FT 以及 VMotion 实验时，需要用到共享存储，为了实现共享存储，使用软件的 iSCSI 比较合适。而 Microsoft 为 Windows Server 2008 R2 提供了“Microsoft iSCSI Software Target”软件。实验计算机基本信息截图如图 3-9 所示。

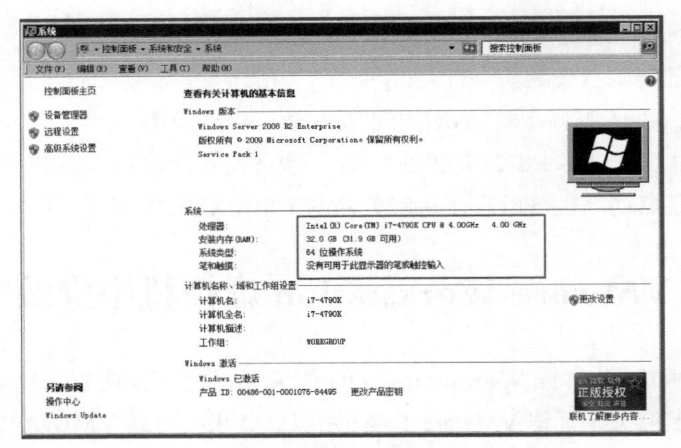

图 3-9　实验所用计算机

在这台配置较高的计算机中，我们安装了 VMware Workstation 11，使用 VMware Workstation 11 虚拟出一台计算机，用来安装 VMware ESXi。在主机（或网络中其他一台计算机）上安装 vSphere Client，使用 vSphere Client 连接到 ESXi 并进行管理。实验拓扑如图 3-10 所示。

在安装 VMware ESXi 之前，无论是在主机上直接安装 VMware ESXi，还是在 VMware Workstation 的虚拟机中安装 VMware ESXi，都要求在主机的 CMOS 设置中，启用 Intel VT 及 Execute Disable Bit 功能，对于不同的计算机（或服务器），可能有不同的设置方式，下面我们选择了几种典型的配置截图。

（1）Intel S1200 主板，是在“Advanced→Processor Configuration”设置页中，需要将“Execute Disable Bit”及“Intel Virtualization Technology”设置为“Enabled”，如图 3-11 所示。

图 3-10　实验拓扑图

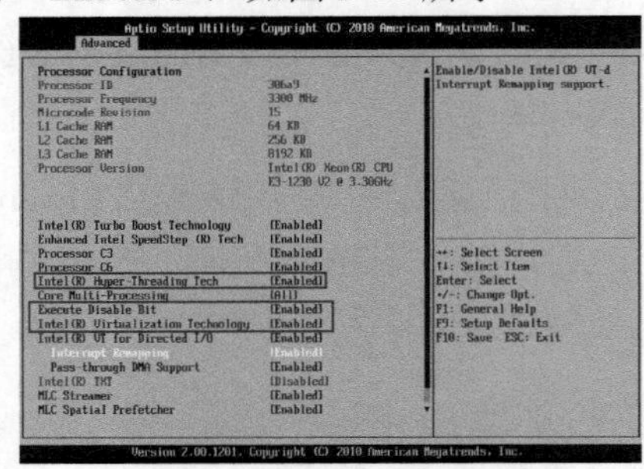

图 3-11　Intel S1200 主板配置

（2）Intel Z97 芯片组主板（以华硕 Z97-K 主板为例），是在“Advanced→CPU Configuration”设置页中，需要将“Execute Disable Bit”及“Intel Virtualization Technology”设置为“Enabled”，配置如图 3-12 所示。

（3）Intel H61、Q67 芯片组主板，在“Advanced→Advanced Chipset Configuration”设置页中，需要将“Intel XD Bit”及“Intel VT”设置为“Enabled”，如图 3-13 所示。

（4）大多数的服务器，在出厂配置时，默认设置即启用了“硬件虚拟化”功能，如果没有，也可以进入 CMOS 设置，启用硬件虚拟化及 Execute Disable Bit 功能。图 3-14 是 HP DL 380 Gen8 服务器启用硬件虚拟化的设置截图。

（5）图 3-15 是 IBM 3850 服务器启用虚拟化截图，你需要按 F1 进入 CMOS 设置，在“System Settings→Processors”，将“Execute Disable Bit”及“Intel Virtualization”设置为“Enable”。

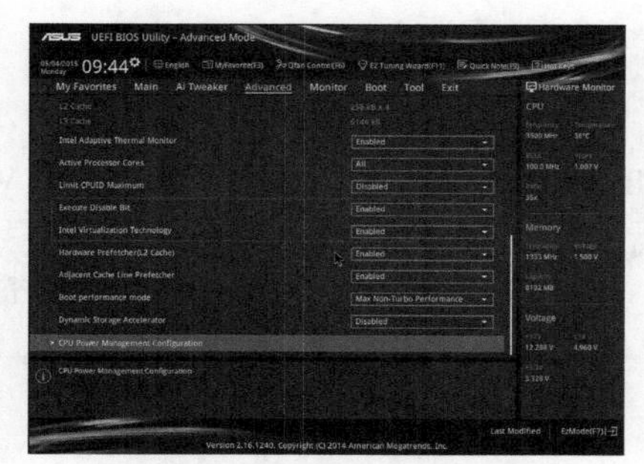

图 3-12　Z97 芯片组主板配置

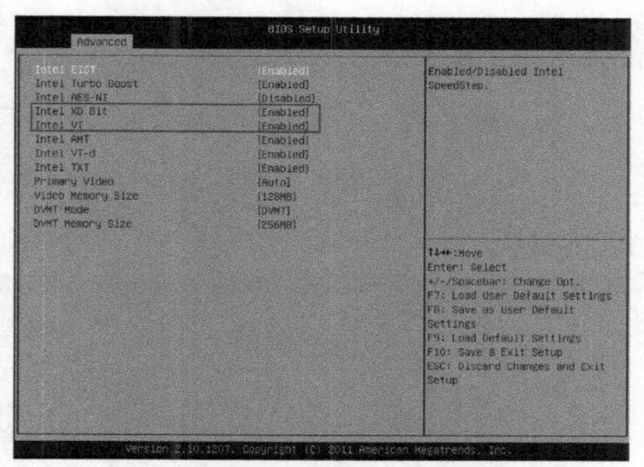

图 3-13　Intel H67 芯片组设置

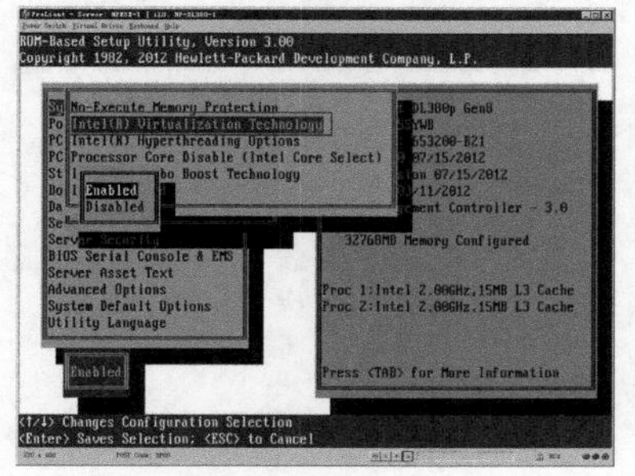

图 3-14　HP 服务器启用虚拟化截图

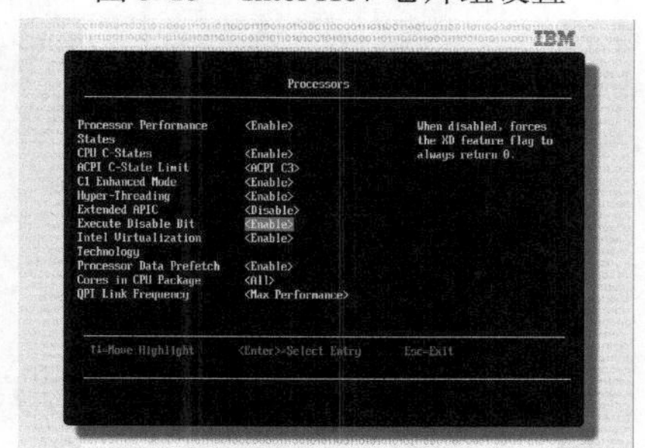

图 3-15　IBM 3850 启用虚拟化截图

3.2.2　配置 VMware Workstation 11 的虚拟机

在实验主机安装好 Windows Server 2008 R2 以及 VMware Workstation 11 之后，还需要对 VMware Workstation 做一简单的配置，主要是修改虚拟机的默认工作区、修改虚拟机内存、设置虚拟机网络，主要配置如下。

（1）在 VMware Workstation 中，打开“编辑”菜单选择“首选项”，如图 3-16 所示。

（2）在“工作区”中，选择一个新建的、空白的文件夹，用来保存 VMware ESXi 实验中所创建的虚拟机，在此选择 D:\vmesxi6-2，如图 3-17 所示。

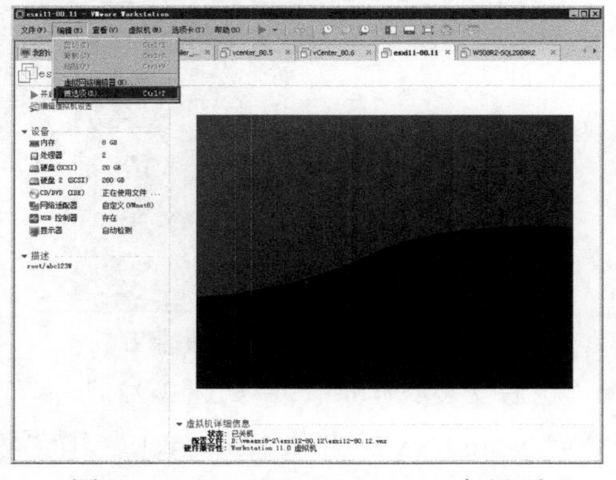

图 3-16　VMware Workstation 主界面

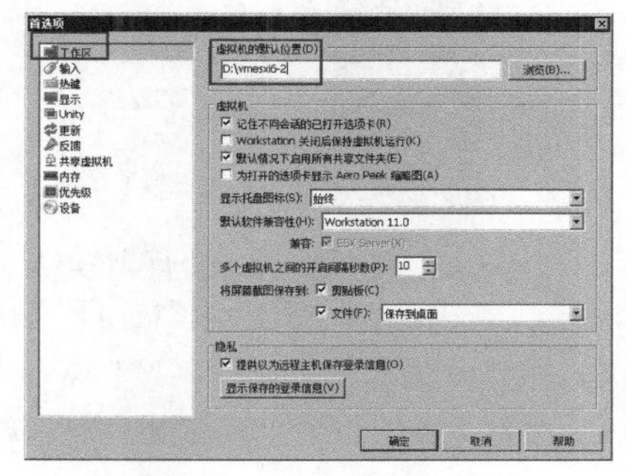

图 3-17　工作区

（3）在“内存”选项卡，修改虚拟机使用内存的方式。如果你的主机有足够的内存，则可以选择“调整所有虚拟机内存使其适应预算的主机”，如图 3-18 所示。如果你的主机内存较小，又需要创建较多（或需要较大内存）的虚拟机，则可以选择“允许交换部分虚拟机内存”或“允许交换大部分虚拟机内存”。而“预留内存”不建议修改，使用系统默认值即可。例如在我的实验主机中有

32GB 内存，则预留了大约 28GB 内存。

（4）配置之后单击“确定”按钮，返回到 VMware Workstation，在“编辑”菜单选择“虚拟网络编辑器”，打开“虚拟网络编辑器”，为了统一，将 VMnet1 网络地址改为 192.168.10.0，将 VMnet8 网络地址改为 192.168.80.0，然后单击“确定”按钮，如图 3-19 所示。

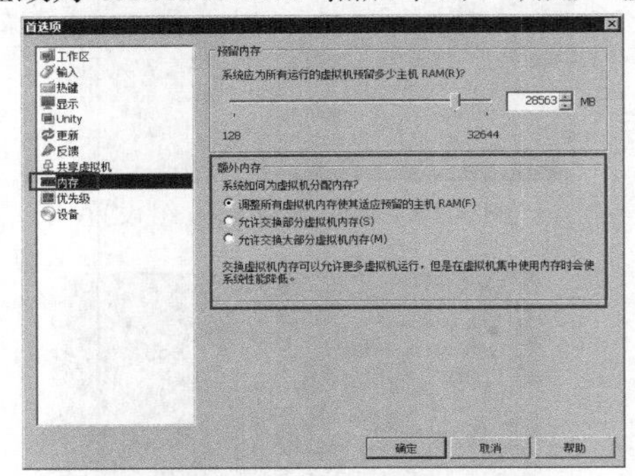

图 3-18　内存配置

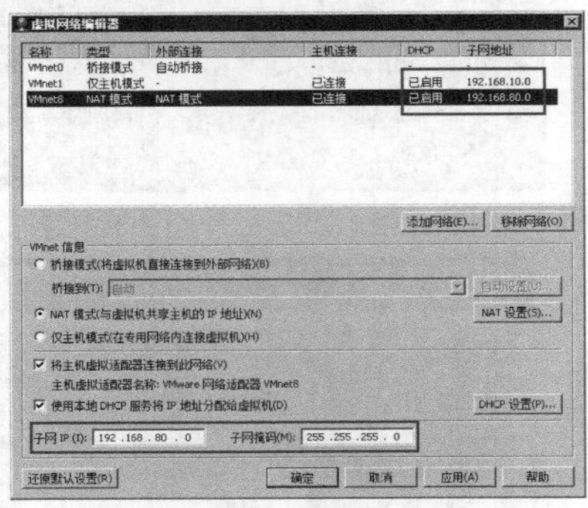

图 3-19　虚拟网络配置

3.2.3　在 VMware Workstation 中创建 ESXi 虚拟机

在下面的步骤中，我们创建一台 VMware ESXi 6 的虚拟机，为该虚拟机分配 16GB 内存、2 个 CPU、两个虚拟硬盘，其中一个 20GB，另一个 280GB。如果你的主机没有这么大的内存，至少要为 VMware ESXi 6 虚拟机分配 4GB 的内存，而硬盘大小根据自己的规划与设计定制。在 VMware Workstation 11 中创建 ESXi 6 实验虚拟机的步骤如下：

（1）在 VMware Workstation 中，从“文件”菜单选择“新建虚拟机”，或按 Ctrl+N 热键，进入新建虚拟机向导。

（2）在“欢迎使用新建虚拟机向导”对话框，选择“自定义（高级）”，如图 3-20 所示。

（3）在“选择虚拟机硬件兼容性”对话框，选择默认值（使用 Workstation 11.0），如图 3-21 所示。

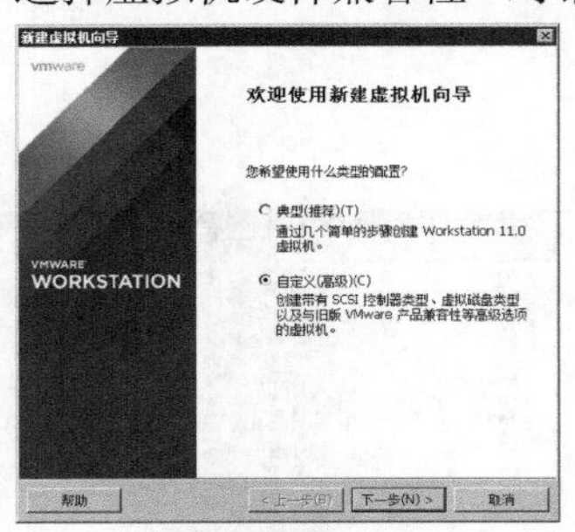

图 3-20　新建虚拟机向导

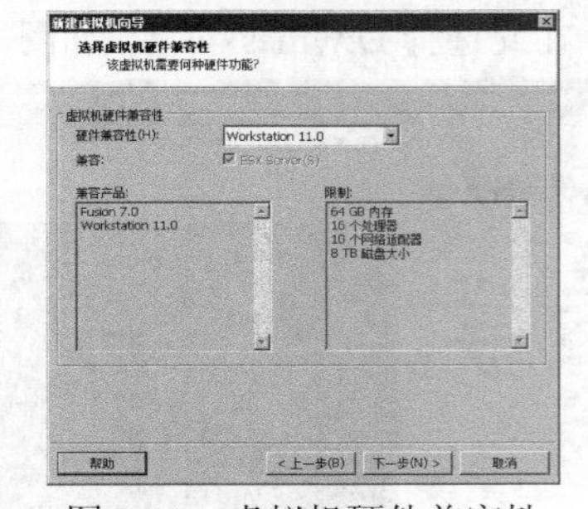

图 3-21　虚拟机硬件兼容性

（4）在“安装客户机操作系统”对话框，选择“稍后安装操作系统”，如图 3-22 所示。

（5）在“选择客户机操作系统”对话框，选择“VMware ESX”，并从下拉列表中选择“VMware vSphere 2015 Beta 版”，如图 3-23 所示。

（6）在“命名虚拟机”对话框，设置虚拟机的名称为“ESXi11-80.11”，如图 3-24 所示。

（7）在“处理器配置”对话框，选择 2 个处理器，如图 3-25 所示。

（8）在“此虚拟机的内存”对话框中，为 VMware ESXi 虚拟机选择至少 4GB 内存，在此选择 16GB（16384MB），如图 3-26 所示。

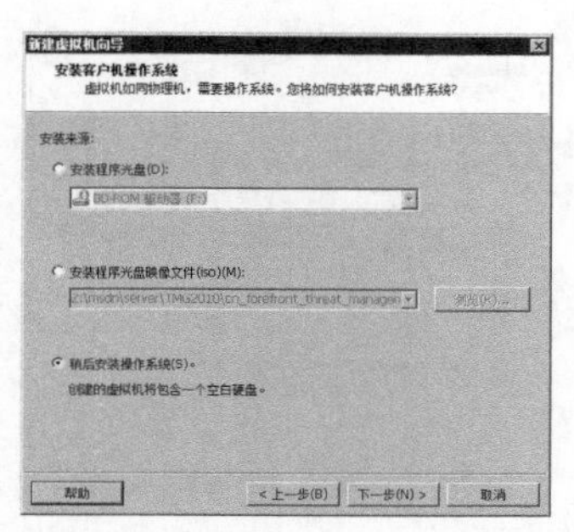

图 3-22　稍后安装操作系统

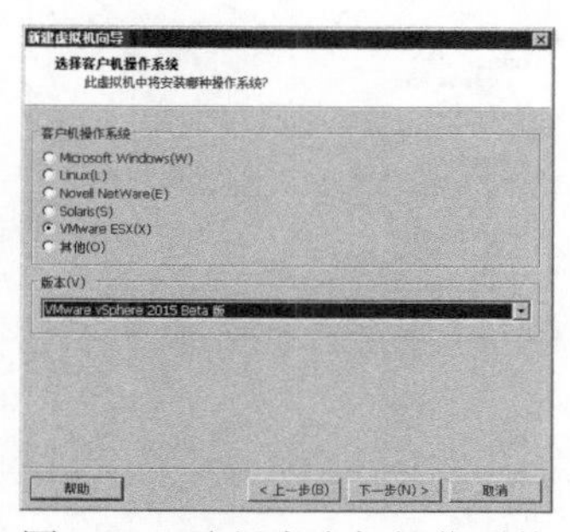

图 3-23　选择客户机操作系统

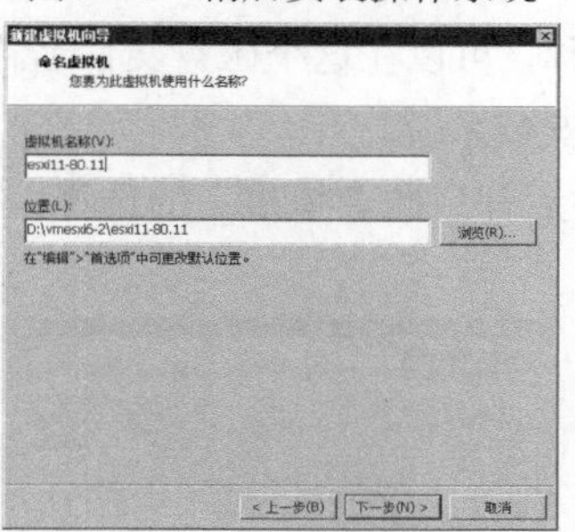

图 3-24　命名虚拟机

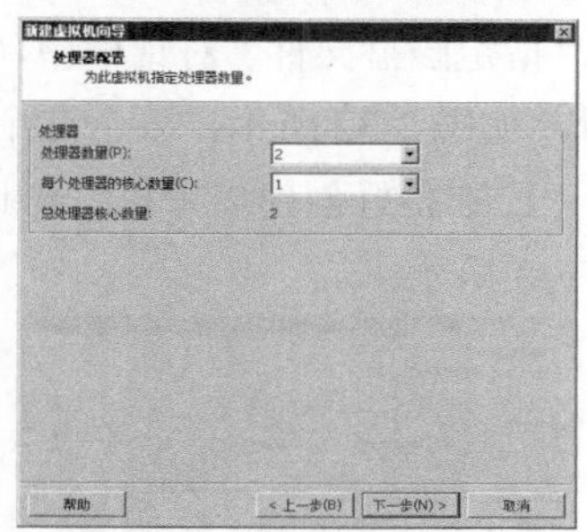

图 3-25　选择 2 个处理器

（9）在“网络类型”对话框，选择“使用网络地址转换（NAT）”，如图 3-27 所示。

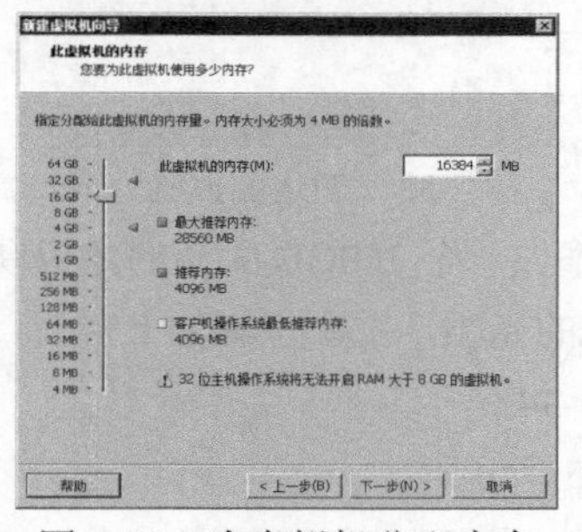

图 3-26　为虚拟机分配内存

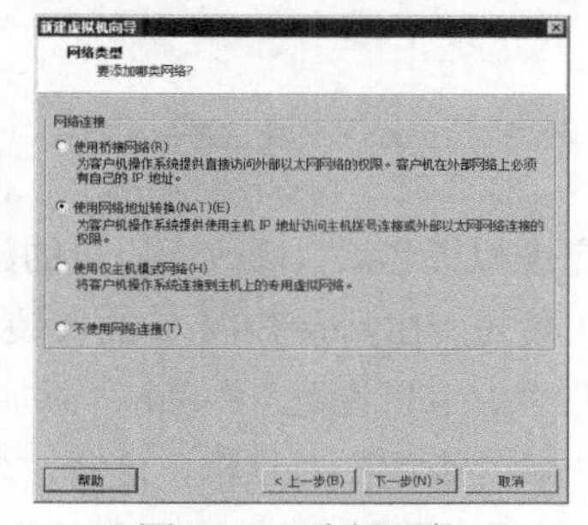

图 3-27　选择网络

（10）在“选择 I/O 控制器类型”对话框，选择默认值 LSI Logic，如图 3-28 所示。

（11）在“选择磁盘类型”对话框，选择 SCSI，如图 3-29 所示。

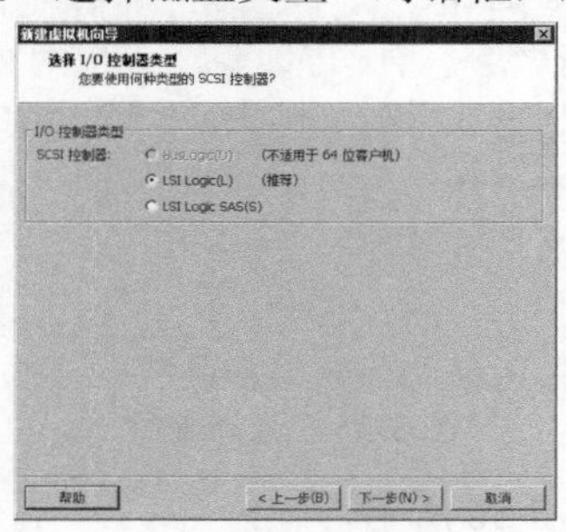

图 3-28　选择控制器类型

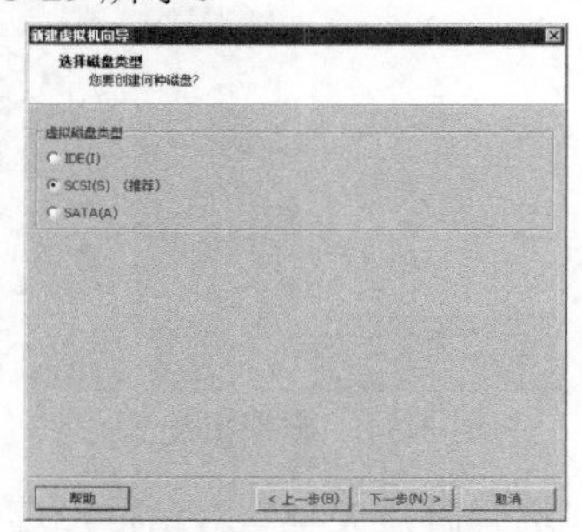

图 3-29　选择磁盘类型

（12）在“选择磁盘”对话框，选择“创建新的虚拟磁盘”，如图 3-30 所示。

（13）在“最大磁盘容量”对话框，设置磁盘大小为 20GB，并且选中“将虚拟磁盘存储为单个文件”，如图 3-31 所示。

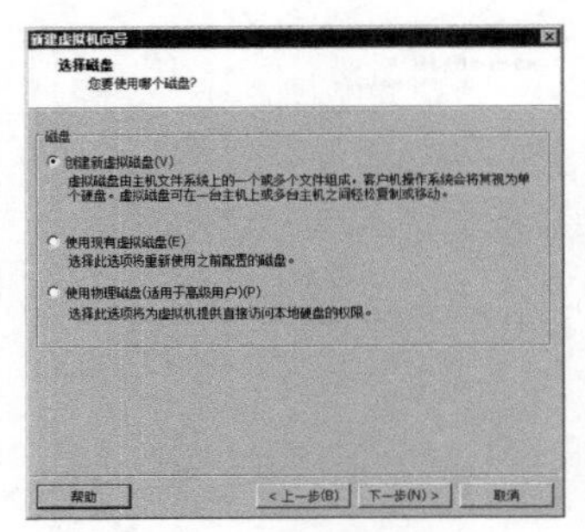

图 3-30　创建新磁盘

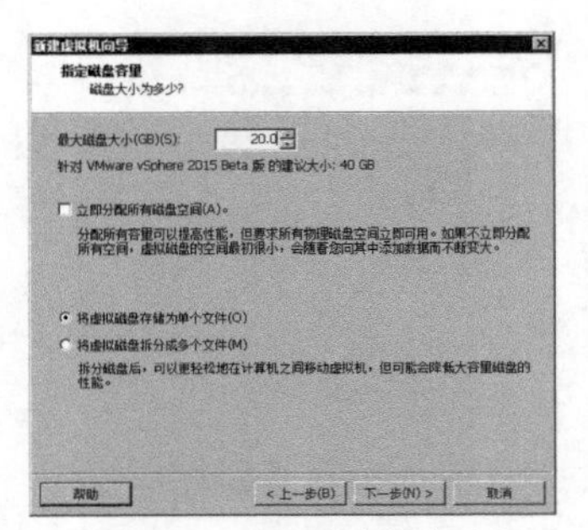

图 3-31　设置磁盘大小

（14）在“指定磁盘文件”对话框中，设置磁盘文件名称，可以在这个磁盘文件名称后面加上一个 OS 的字母，如图 3-32 所示，表示这个虚拟磁盘将用来安装系统。

（15）在“已准备好创建虚拟机”对话框，取消“创建后开启此虚拟机”的选择，单击“完成”按钮，如图 3-33 所示。

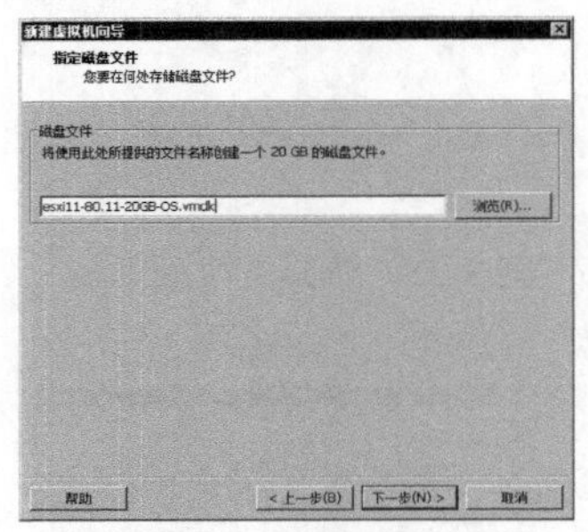

图 3-32　设置磁盘名称

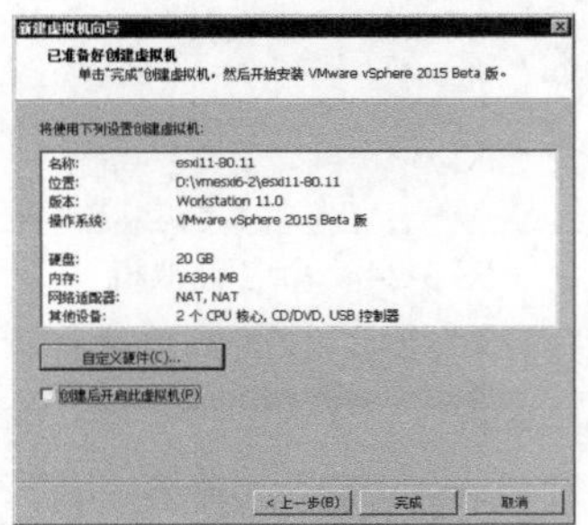

图 3-33　创建虚拟机完成

在创建完虚拟机之后，修改虚拟机的配置，为虚拟机添加一个 280GB 大小的虚拟硬盘，并修改虚拟机光驱，使用 VMware ESXi 6 的安装镜像作为虚拟机的光驱，主要步骤如下。

（1）打开“虚拟机设置”，单击“添加”按钮，如图 3-34 所示。

（2）在“硬件类型”对话框，选择“硬盘”，如图 3-35 所示。

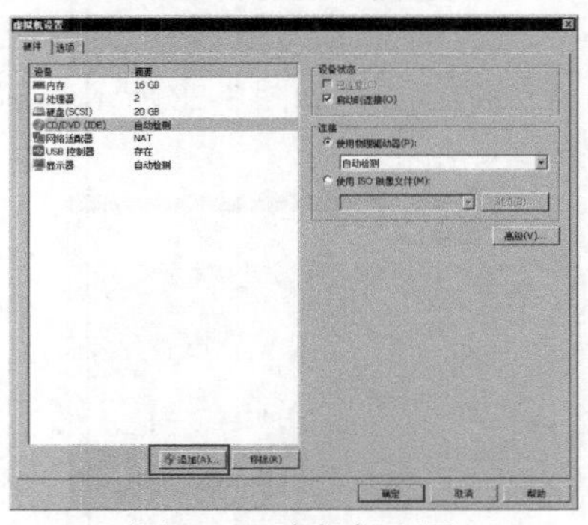

图 3-34　虚拟机配置

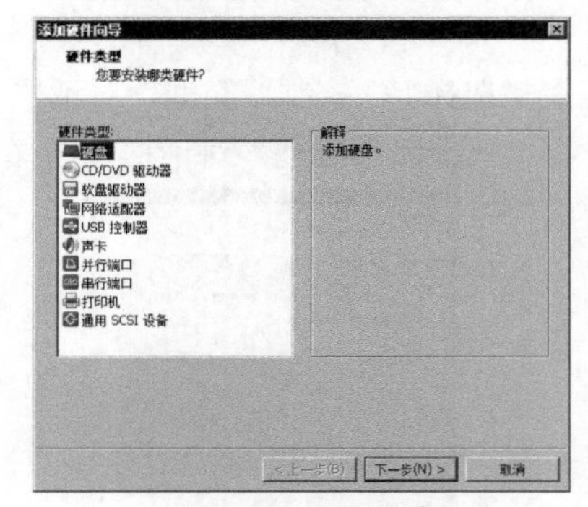

图 3-35　选择硬盘

（3）在“选择磁盘类型”对话框，选择“SCSI”，如图 3-36 所示。

（4）在“选择磁盘”对话框，选择“创建新虚拟磁盘”，如图 3-37 所示。

（5）在“最大磁盘容量”对话框，设置磁盘大小为 280GB，并且选中“将虚拟磁盘存储为单个文件”，如图 3-38 所示。

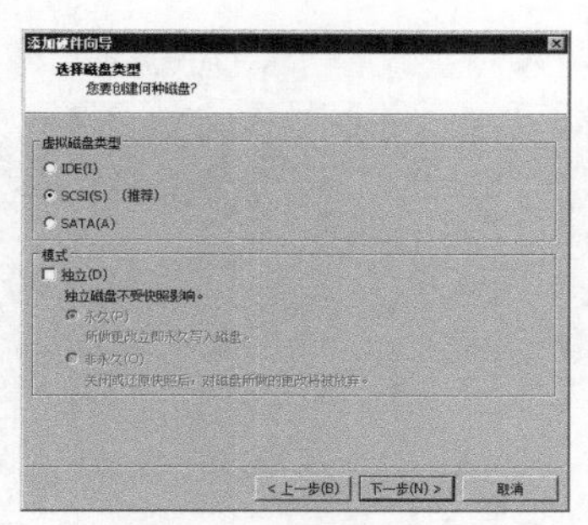

图 3-36　选择磁盘类型

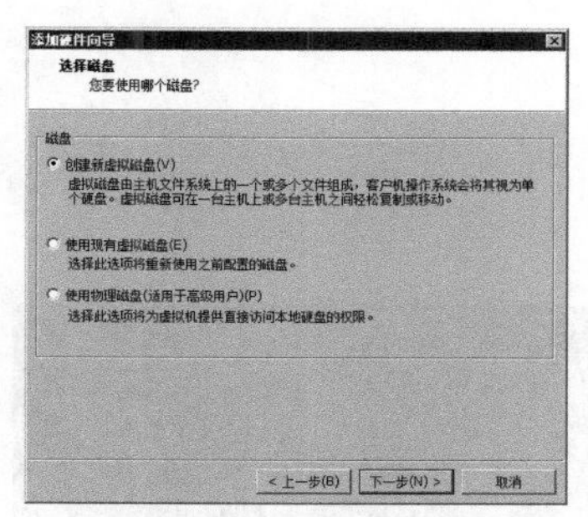

图 3-37　创建新磁盘

（6）在“指定磁盘文件”对话框中，设置磁盘文件名称，可以在这个磁盘文件名称后面加上 280GB 的标识，如图 3-39 所示，表示这是一个 280GB 的虚拟磁盘。

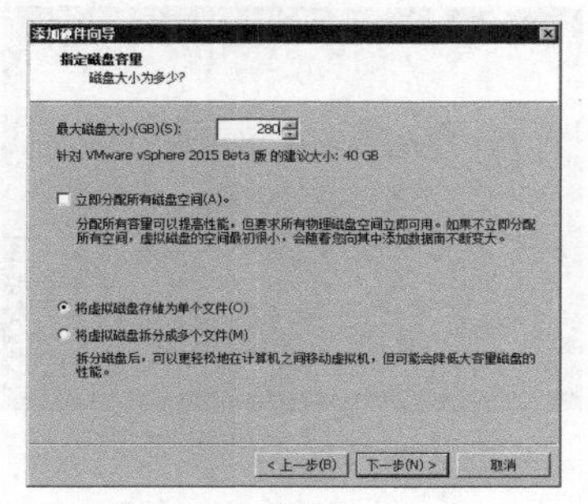

图 3-38　设置 280GB

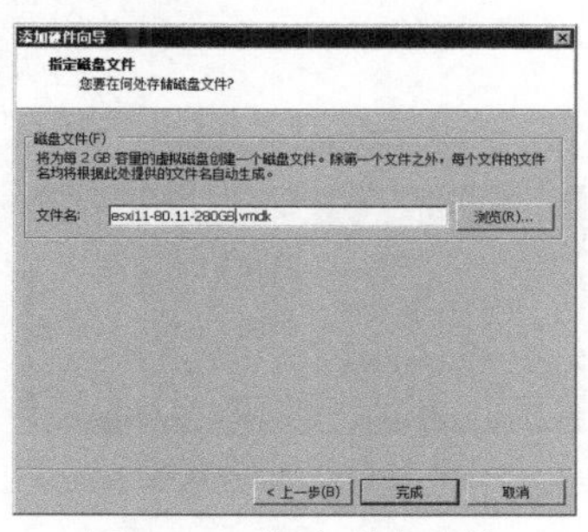

图 3-39　指定磁盘文件

（7）返回虚拟机设置对话框，在“CD/DVD”中，浏览选择 VMware ESXi 6 的安装光盘镜像作为虚拟机的光驱，要确认“设备状态”为“启动时连接”，如图 3-40 所示。设置完成之后，单击“确定”按钮，完成虚拟硬盘的添加，以及启动光盘的配置。

【说明】VMware ESXi 6.0 安装包比较小，在 VMware-VMvisor-Installer-6.0.0-2494585 版本中，大小为 348MB。从 VMware 网站下载的安装光盘镜像文件名为“VMware-VMvisor-Installer-6.0.0-2494585.x86_64.iso”。

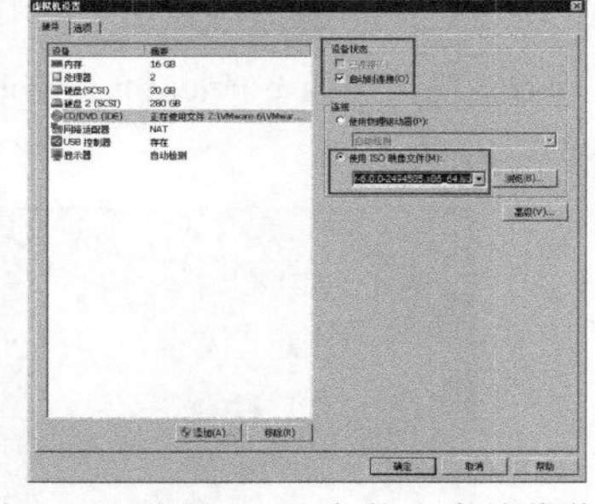

图 3-40　选择 ESXi 安装光盘镜像作为虚拟机光驱

3.2.4　在虚拟机中安装 VMware ESXi 6

然后启动 VMware ESXi 6 的虚拟机，开始 VMware ESXi 6.0 的安装，主要步骤如下：

（1）在开始安装界面，先关闭“右下角”的提示，然后用鼠标在虚拟机窗口中单击一下，把光标拖到“VMware-VMvisor-Installer-6.0.0-2494585”上并按“Enter”键，开始 VMware ESXi 6 的安装，如图 3-41 所示。

（2）在安装的过程中，VMware ESXi 会检测当前主机的硬件配置并显示出来，如图 3-42 所示，当前主机（指正在运行 VMware ESXi 安装程序的虚拟机）是 Intel Core i7-4790K 的 CPU、16GB 内存。

（3）在“Welcome to the VMware ESXi 6.0.0 Installation”对话框中，按回车键开始安装，如图 3-43 所示。

（4）在“End User License Agreement”对话框中，按“F11”键接受许可协议，如图 3-44 所示。

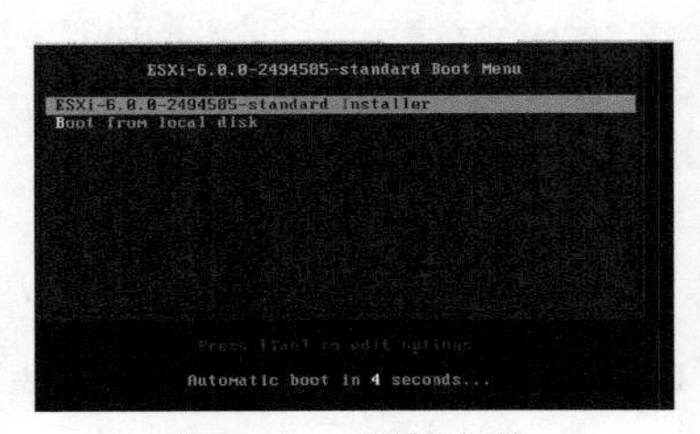

图 3-41　开始安装

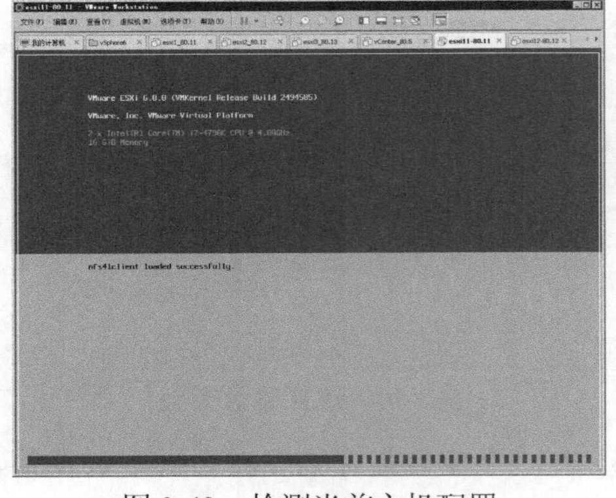

图 3-42　检测当前主机配置

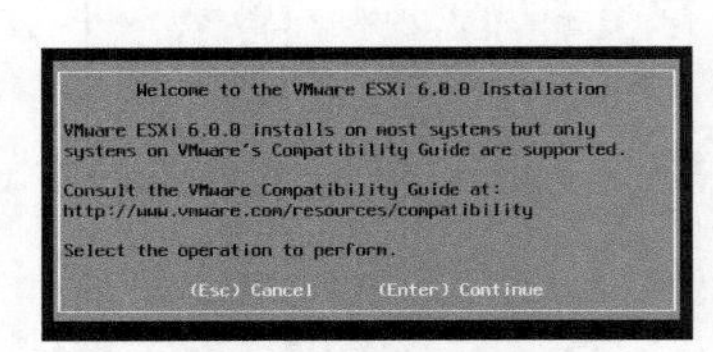

图 3-43　开始安装

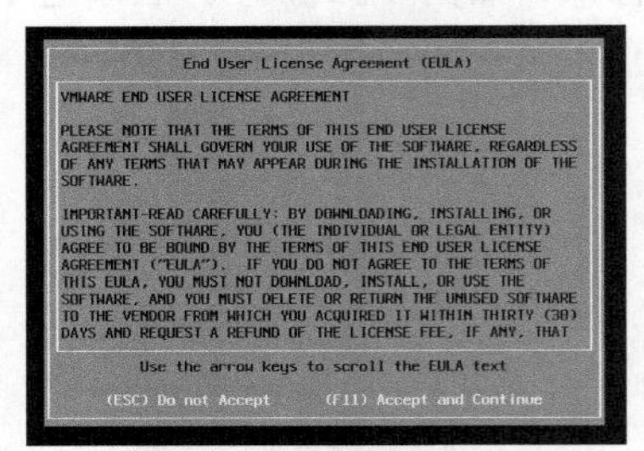

图 3-44　授受许可协议

（5）在“Select a Disk to Install or Upgrade”对话框中，选择安装位置，在本例中将 VMware ESXi 安装到 40GB 的虚拟硬盘上，如图 3-45 所示。

（6）在“Please select a keyboard layout”对话框中，选择“US Default”，然后按【Enter】键，如图 3-46 所示。

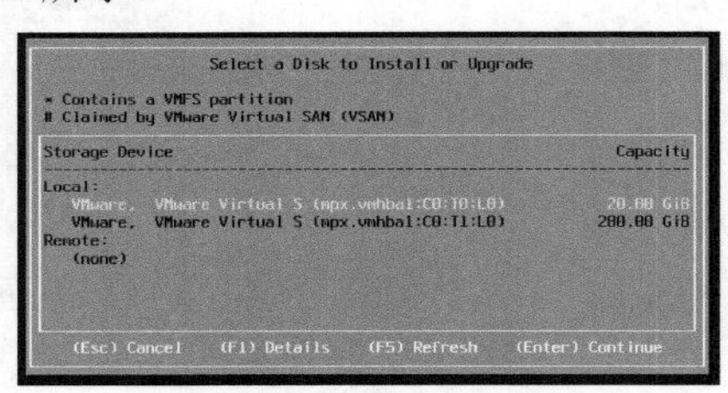

图 3-45 选择安装磁盘

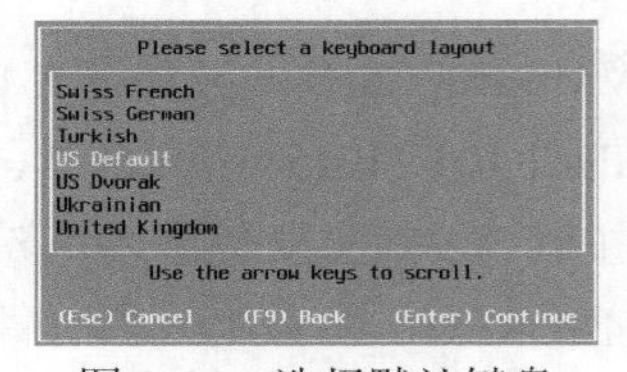

图 3-46　选择默认键盘

（7）在“Please enter a root password(recommended)”对话框中，设置管理员密码（默认管理员用户是 root），在本例中，设置密码为 1234567。如果在真正的生产环境中，一定要设置一个“复杂”的密码，即密码包括大小写字母、数字并且长度超过 7 个字符，如图 3-47 所示。

说明：在 VMware ESX 4 中，最小密码长度为 6 位，在 VMware ESXi 5、6 中，最小密码长度为 7 位。

（8）如果是在一台新的服务器安装，或者是在一个刚刚初始化过的硬盘上安装，则会弹出“Confirm Install”对话框，提示这个磁盘会重新分区，而该硬盘上的所有数据将会被删除，如图 3-48 所示。

（9）之后 VMware ESXi 会开始安装，并显示安装进度，如图 3-49 所示。

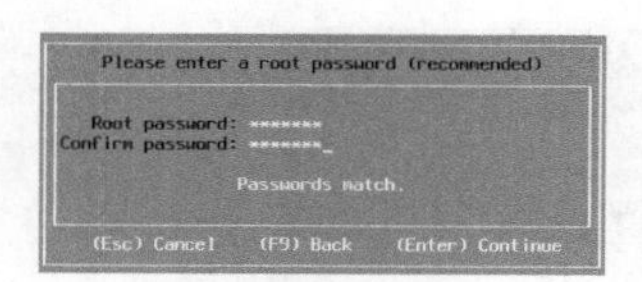

图 3-47　设置密码

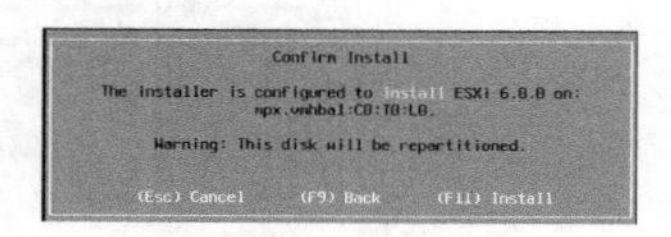

图 3-48　确认安装

（10）VMware ESXi 6 安装比较快，安装过程大约需要 4、5 分钟，在安装完成后，弹出“Installation Complete”对话框，如图 3-50 所示，按“Enter”键将重新启动。在该对话框中提示，在重新启动之前取出 VMware ESXi 6 安装光盘介质。

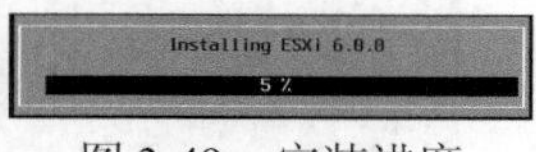

图 3-49　安装进度

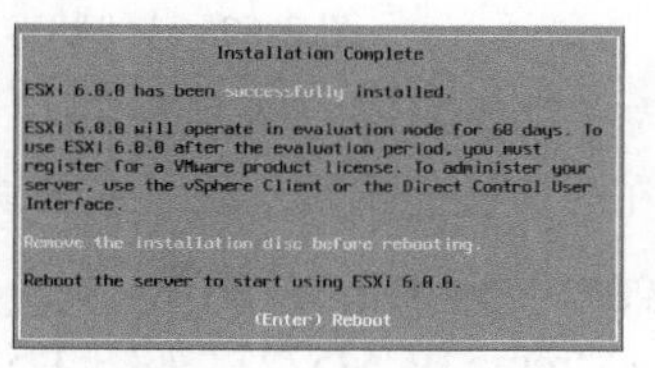

图 3-50　安装完成

（11）当 VMware ESXi 启动成功后，在控制台窗口，可以看到当前服务器信息，如图 3-51 所示。在图中，显示了 VMware ESXi 6 当前运行服务器的 CPU 型号、主机内存大小与管理地址，在本例中，当前 CPU 为 Intel Core i7-2600，主频大小为 3.40GHz、2GB 内存，当前管理地址为 169.254.106.94（获得 169.254.x.x 的地址表示当前网络中没有启用 DHCP 服务器）。

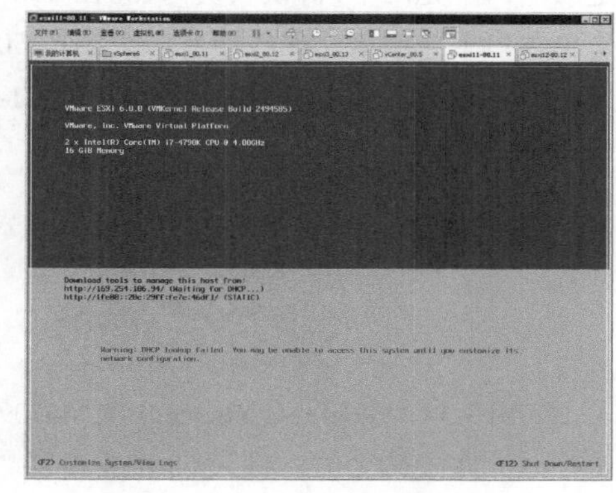

图 3-51　控制台信息

【说明】在 VMware ESXi 6 中，默认的控制台管理地址是通过 DHCP 分配的，如果网络中没有 DHCP 或者 DHCP 没有可用的地址，其管理控制台的地址可能为 0.0.0.0 或 169.254.x.x 的地址。如果是这样，可以在控制台中设置（或修改）管理地址才能使用 vSphere Client 管理。

3.3　在普通 PC 中安装 VMware ESXi 的注意事项

如果你有较高配置的 PC 机，就可以在普通 PC 机上安装 VMware ESXi。本节以华硕 Z97-K 主板、Intel I5-4690K、16GB 内存、4 个 2TB 硬盘为例介绍。其他主板可以参考本节内容。

【说明】本节将用自己制作的启动 U 盘，从 U 盘启动安装 VMware ESXi。本节使用的是“电脑店 U 盘启动工具 6.2”制作的启动 U 盘（一个 32GB 金士顿的 U 盘），在制作好启动 U 盘之后，在 U 盘根目录创建一个 DND 的文件夹，然后将 VMware ESXi 6.0 的安装光盘镜像复制到这个文件夹，如图 3－52 所示。

下面介绍在普通 PC 中安装 VMware ESXi 的主要内容，主要步骤如下。

（1）大多数计算机集成的网卡不支持 VMware ESXi，如果你安装 VMware ESXi，则会提示“No Network Adapters”，提示没有找到网卡，如图 3-53 所示。

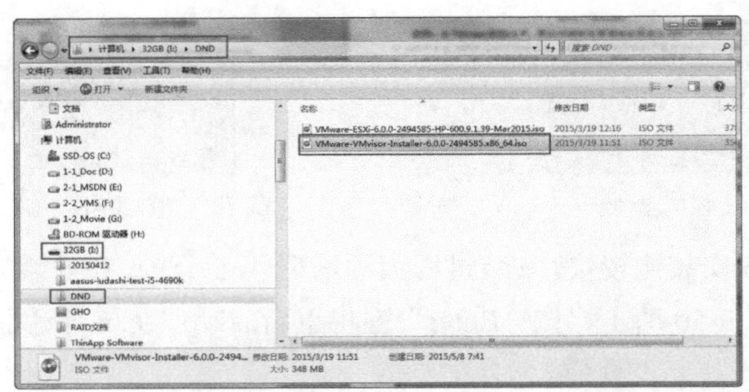

图 3-52　复制 ESXi 安装镜像到启动 U 盘 DND 文件夹

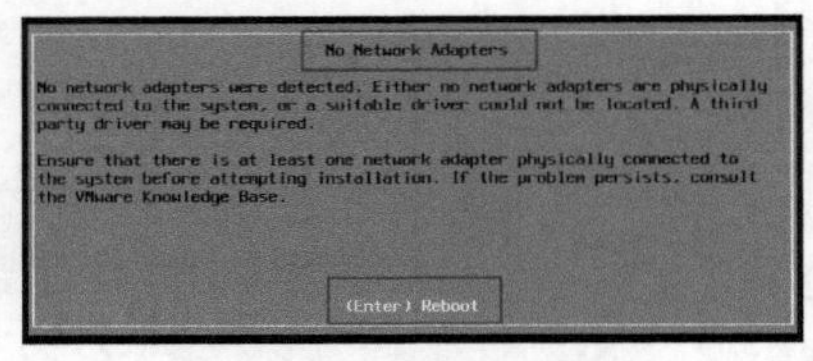

图 3-53　没有找到网卡

（2）因为计算机集成的网卡不支持 ESXi，所以要安装 ESXi，需要在计算机上安装一块（或多块）支持 ESXi 的网卡，例如 Qlogic NetXtreme II BCM5709（如图 3-54 所示）、Broadcom NetXtreme BCM5721（如图 3-55 所示），BCM 5709 是双端口千兆网卡，价钱较贵，大约在 200 元左右；BCM 5721 是单端口千兆网卡，比较便宜，大约在 50 元左右，这两款网卡都支持 VMware ESXi，都是 PCE-E 接口，现在大多数主板及服务器都有 PCI-E 接口。

图 3-54　Qlogic NetXtreme II BCM5709 网卡

图 3-55　BCM 5721 网卡

（3）在安装之前，进入 CMOS 设置，在 SATA 模式设置中，如果你的芯片组支持 RAID，则需要选择 RAID；如果你的芯片组不支持 RAID，则需要选择 AHCI，不能选择 IDE，如图 3-56 所示（这是华硕 Z97-K 主板，其他 Intel 芯片的主板与此类似）。

（4）如果选择了 RAID 模式（实际上并不使用主板集成的 RAID，因为这种“软”RAID 并不被 ESXi 支持），在保存 CMOS 设置之后，重新启动计算机，按 Ctrl+I 热键进入 RAID 设置，查看状态，要注意，不要创建 RAID，将所有磁盘标记为非 RAID 磁盘即可，你可以进入 RAID 配置界面之后，选择“Reset Disks to Non-RAID”，如图 3-57 所示。将硬盘重置为非 RAID 磁盘之后，移动光标到 Exit 退出。

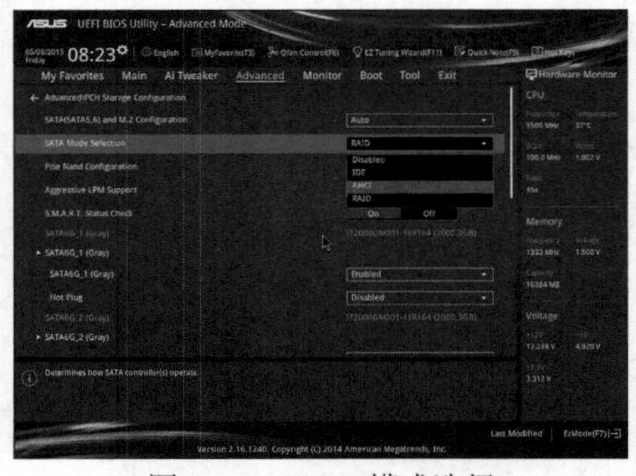

图 3-56　SATA 模式选择

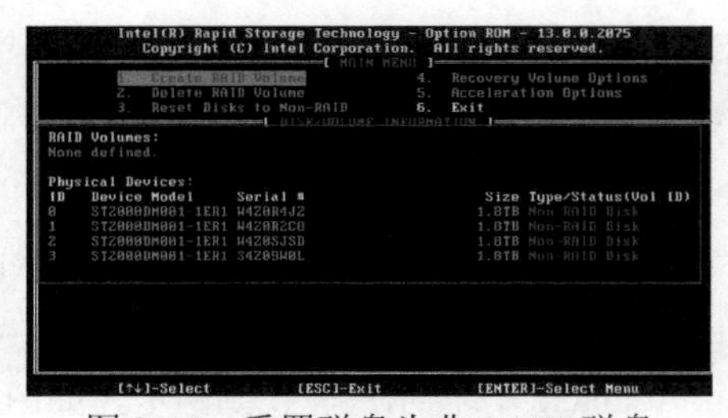

图 3-57　重置磁盘为非 RAID 磁盘

【说明】即使你使用主板集成的 RAID，创建了逻辑卷，在安装 VMware ESXi 的过程中，也会“跳过”该 RAID 盘，而是直接识别成每个单独的物理磁盘。

（5）之后启动计算机，按 DEL 或 F2，之后计算机会停留在 UEFI BIOS 实用程序界面，在此界面中显示了 SATA 信息、启动的设备等，如图 3-58 所示。

（6）按 F8，进入引导菜单，选择启动 U 盘，在此是“KingstonDT 101 G2 (29694MB)”，这是一个 32GB 的金士顿的 U 盘，如图 3-59 所示。

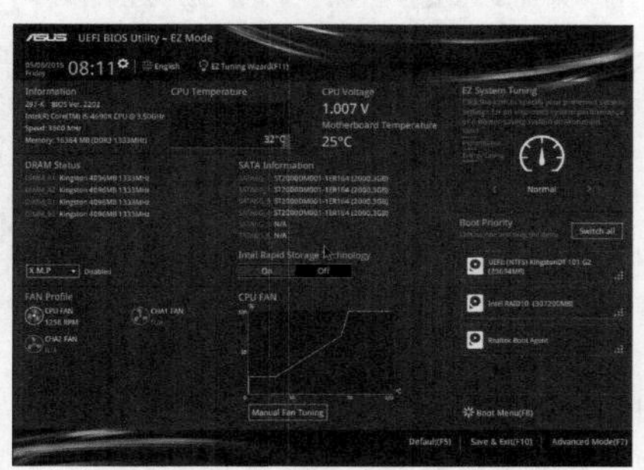

图 3-58　UEFI BIOS 实用程序

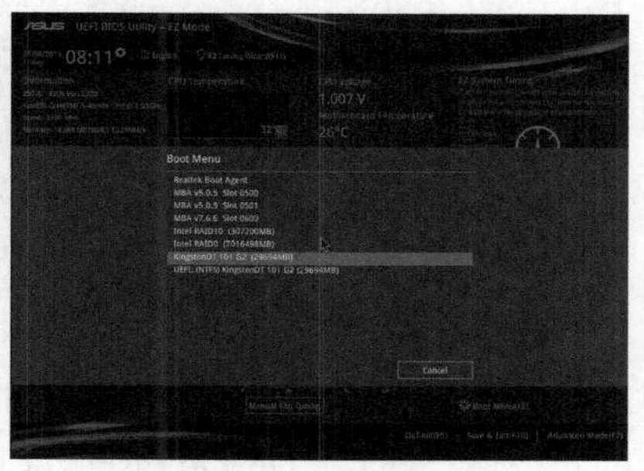

图 3-59　选择启动设备

（7）在 U 盘启动界面中，选择“启动自定义 IOS/IMG 文件（DND 目录）”按回车键，如图 3-60 所示。

（8）选择“自动搜索并列出 DND 目录下所有文件”，如图 3-61 所示。

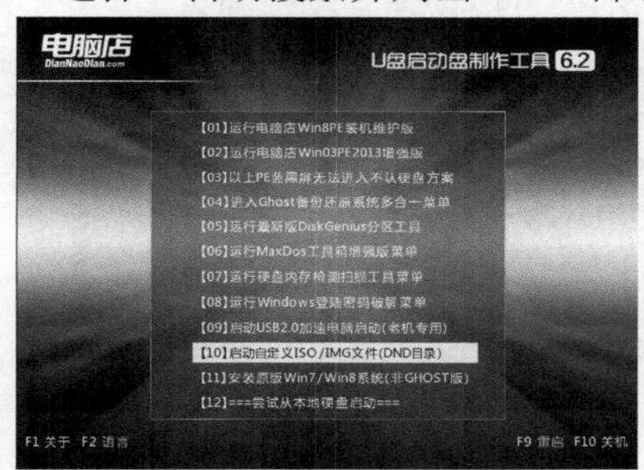

图 3-60　启动自定义 IO S

图 3-61　自动搜索并列出 DND 目录下所有文件

（9）选择 VMware ESXi 6.0 安装光盘镜像，并按回车键，如图 3-62 所示。在当前示例中，需要选择“VMware-VMvisor-Installer-6.0.0-2494585.x86_64.iso”文件。

（10）之后会加载 ESXi 的安装程序，如图 3-63 所示，这是安装程序检测到的硬件信息：ASUS、Intel i5-4690K、16GB 内存。

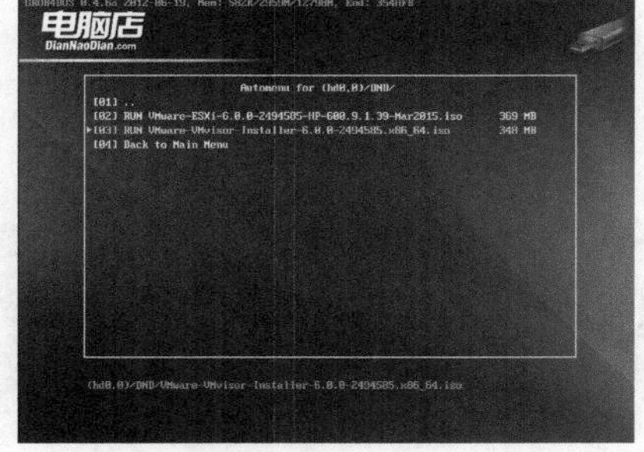

图 3-62　选择 ESXi 6 安装镜像文件

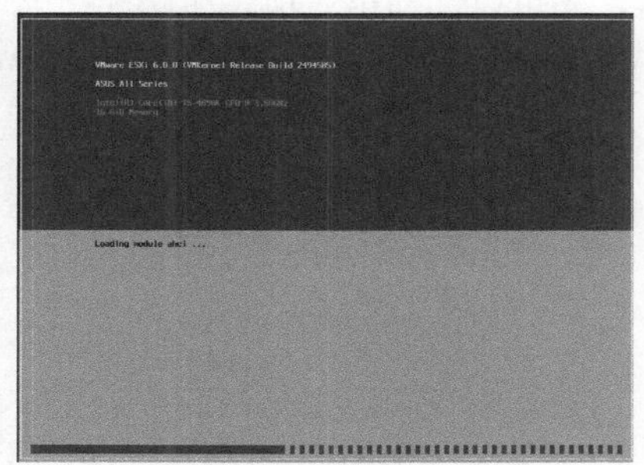

图 3-63　检测到的主机配置

（11）之后会进入 VMware ESXi 安装程序，在“Select a Disk to Install or Upgrade”对话框中，选择要安装 ESXi 的磁盘。虽然当前主机支持 RAID，但这只是南桥芯片组支持的 RAID，相当于“软”RAID，所以 ESXi 会“跳过”这个 RAID，直接识别出每个硬盘。如图 3-64 所示。在此显示出了 4 个 1.82TB 硬盘（2TB 硬盘）、1 个 29GB 的 U 盘。

（12）当有多个磁盘要安装 ESXi 时，可以移动光标选择要安装的设备，按 F1 键，以查看信息，此时会显示当前硬盘是否有 ESXi，如图 3-65 所示。这表示在当前硬盘上找到了 ESXi 6.0.0 的产品。

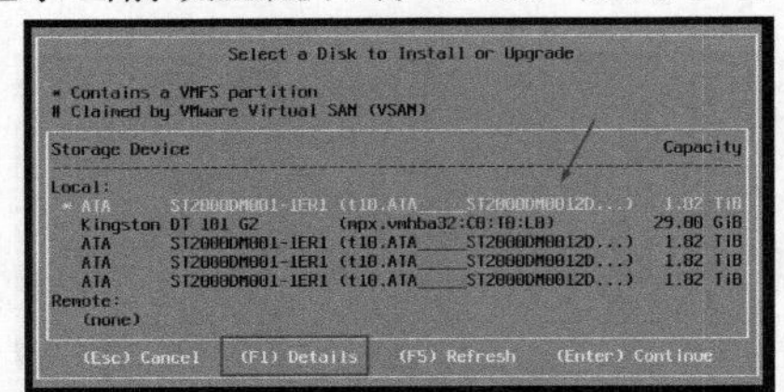

图 3-64　选择一个磁盘安装或升级 ESXi

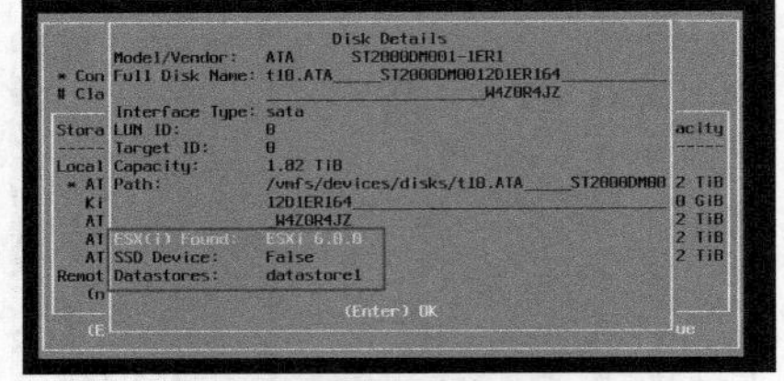

图 3-65　找到 ESXi

如果没有找到 ESXi，则会显示“No”的信息，如图 3-66 所示。

（13）如果在“Select a Disk to Install or Upgrade”对话框中只有一个 U 盘，如图 3-67 所示，这表示你的计算机没有添加 U 盘，或者是你的 CMOS 设置中，设置的模式不对，当前 ESXi 没有检测到硬盘，你需要按 ESC 退出安装，重新启动计算机进入 CMOS 设置，修改 CMOS 的配置，再次启动安装。如果你的主机是一台服务器，并且你安装了硬盘，则表示你的服务器没有配置 RAID，在没有配置 RAID 并将物理磁盘划分为逻辑磁盘前，ESXi 也不会直接识别到物理硬盘。

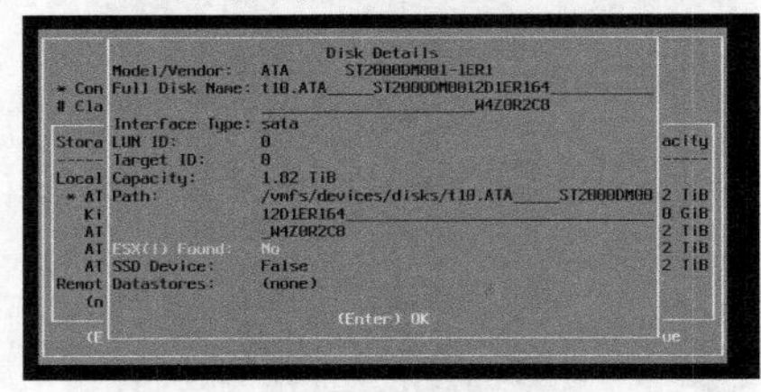

图 3-66　当前硬盘没有 ESXi

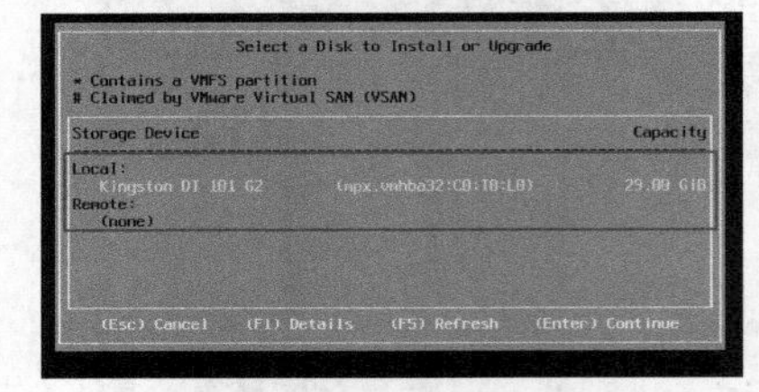

图 3-67　没有找到硬盘

（14）选择有 VMware ESXi 的磁盘，按回车键，会弹出“ESXi and VMFS Found”的提示，如图 3-68 所示。选择“Upgrade ESXi，Preseve VMFS datastore”，表示升级 ESXi，并保留 VMFS 数据；如果选择第二项，则表示安装一个全新的 ESXi，并保留原来 VMFS 数据；如果选择第三项，则表示安装全新的 ESXi，不保留原来的 VMFS 数据并覆盖这些数据。一般情况下不要选择第三项，否则原来 ESXi 中现有的内容（虚拟机、其他文件）都会被清除。当然，只有你在确认不需要保留原有内容时，才可以选择第三项。在此选择第一项。

（15）在“Confirm Upgrade”对话框，按 F11，升级现有 ESXi，如图 3-69 所示。

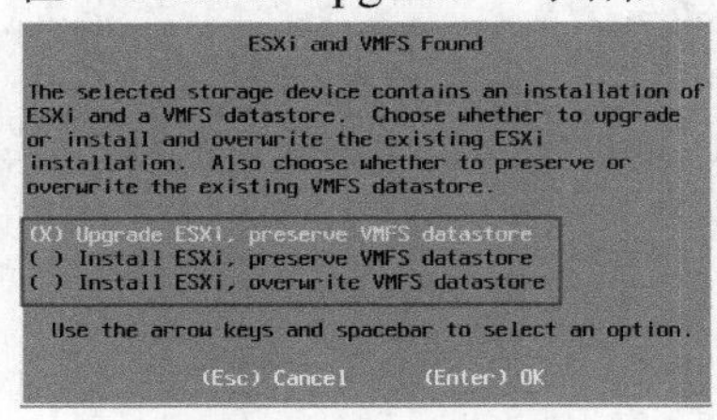

图 3-68　ESXi 安装或升级选择

图 3-69　升级

（16）之后开始安装 ESXi，直到安装完成，如图 3-70 所示。

（17）按回车键，拔下 U 盘，之后计算机重新启动，并进入 ESXi，如图 3-71 所示。

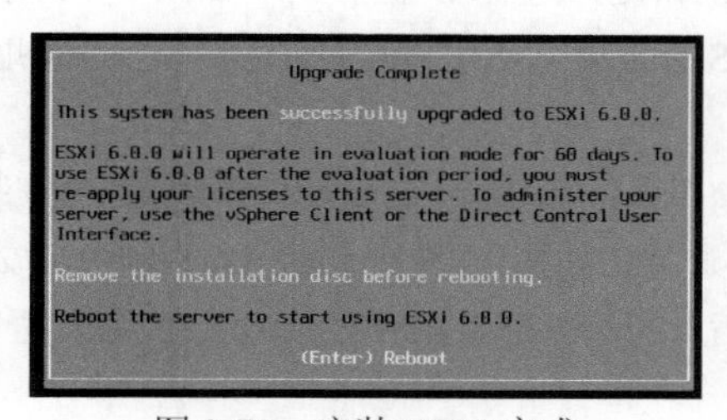

图 3-70　安装 ESXi 完成

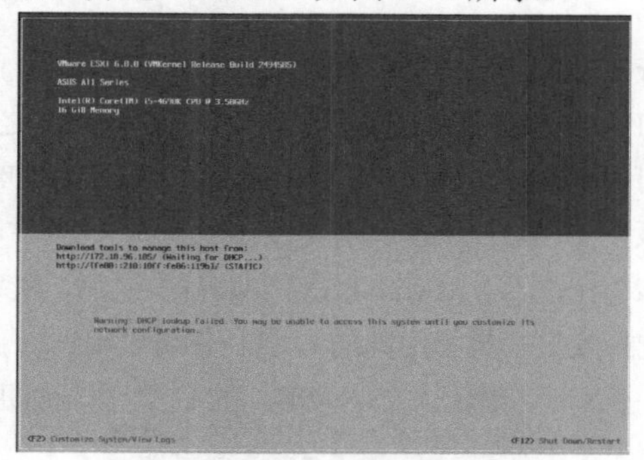

图 3-71　安装 ESXi 完成

3.4　在 IBM 服务器集成的 USB 端口安装 ESXi

在以前，管理员总是习惯为每个服务器配置两块硬盘，配置成 RAID1 安装系统。而在现在，使用虚拟化技术管理服务器的时候，一般情况下，服务器不再配置本地硬盘，而是直接从存储上为服务器分配 5～10GB 左右的空间，用于虚拟化系统的安装。但是，也有一些管理员，认为将虚拟化的管理程序安装在本机硬盘比较好，这时候就有以下的选择：

（1）仍然为服务器配置两个较小的 SAS 硬盘（例如 300GB），配置成 RAID1，安装 VMware ESXi。

（2）为服务器配置 1 块 60～120GB 的固态硬盘，安装 VMware ESXi。

我们可以有第三种选择，即将 VMware ESXi 安装在一个 U 盘上。但是，人们感觉用 U 盘启动操作系统"不专业"，也感到在服务器机箱上插个 U 盘，感觉不太安全。

实际上，对于这个问题，厂家也早已考虑。HP 的 DL 380 Gen8 在机箱内部集成了一个 SD 卡槽，插入 SD 卡后，可以用来安装虚拟化底层系统。而 IBM 的 3650 M4 系列，则在机房内部集成了一个 USB 接口，可以插入 U 盘，用来安装虚拟化底层系统。本文介绍在 IBM 3650 M4 系列服务器中，使用内置的 USB 接口，插上 U 盘，安装 VMware ESXi 系统的步骤及注意事项。其他厂商（例如 HP）的服务器在 U 盘（或 SD 卡）安装虚拟化系统则与此类似。

3.4.1　在机箱中安装 U 盘

打开 IBM 3650 服务器的机箱盖，在左下角靠近底部的位置，有个标记为"Hypervisor Key"的 USB 接口，外围是紫色颜料，标记为"DOWN"是一个开锁的标志，将外围的塑料按下去之后，才能插入 U 盘（为了安装 VMware ESXi 6.x 的版本，只需要配置 1GB 的 U 盘即可。由于 U 盘 IOPS 较小，VMware ESXi 不会使用大于 1GB 的空间，所以配置过大的 U 盘没有实际意义），如图 3-72 所示。

插入 U 盘，如图 3-73 所示，然后盖好机箱盖。

图 3-72　机箱内部 USB 接口

图 3-73　插入 U 盘

3.4.2 安装 VMware ESXi

安装 VMware ESXi 的方法很多，本节使用自己制作的启动 U 盘安装。

（1）打开服务器的电源，在出现提示界面之后按 F12 键，选择 U 盘启动，如图 3-74 所示。从图中可以看到，机箱内部的 USB 接口标记为“USB1：Storage0 –USB Port Hypervisor”，而机箱底部及面板的 USB 端口被识别为“Storage1”。

（2）在进入 VMware ESXi 安装程序之后，在“Select a disk to install or Upgrade”界面，选择安装位置，在此选择安装在机箱内部的 U 盘，你可以根据 U 盘大小选择，如图 3-75 所示。在本示例中，安装程序保存在 32GB（显示为 28.89GB）的 U 盘中，而机箱中插入的是一个 8GB（显示为 7.52GB）的 U 盘。

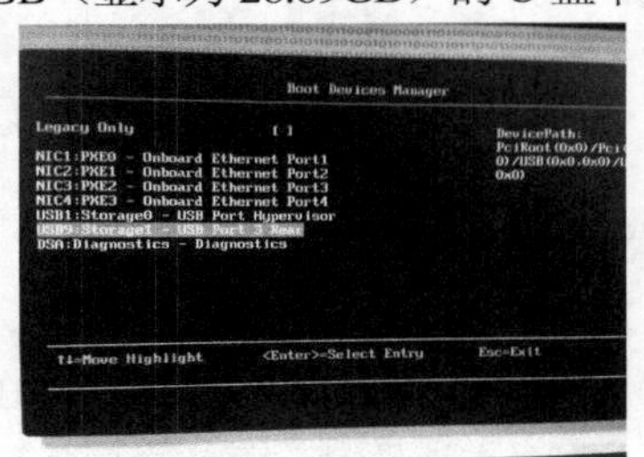

图 3-74　选择 U 盘启动

图 3-75　根据大小选择安装位置 U 盘

如果你引导磁盘与安装磁盘都是一样大小，例如图 3-76 中两个都是接近 8GB 的 U 盘，碰到这种情况，为了避免将系统安装在引导 U 盘上，请换一个不同容量的引导 U 盘，重新启动服务器、重新选择安装位置。

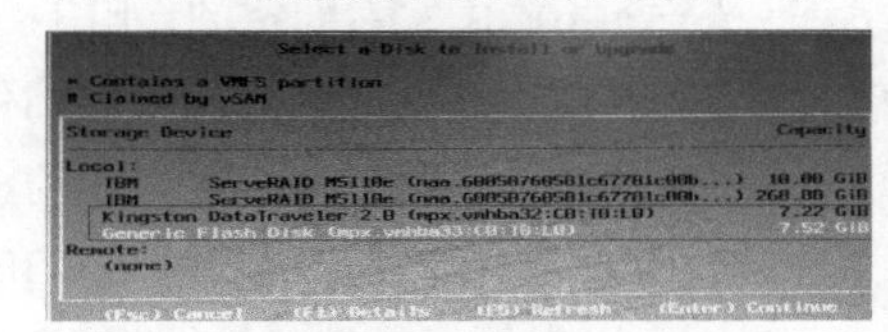

图 3-76　两个同样容量的 U 盘不易分清

（3）在选择了正确的安装位置之后，开始安装，并完成 VMware ESXi 的安装，这些不一一介绍。

3.4.3 修改引导顺序

在安装完成后，重新启动计算机，并在再次进入系统之前，进入 CMOS 设置，修改 BIOS 中引导顺序，添加“HyperVisor”及 USB Storage 引导并将其添加到列表前面，主要步骤如下。

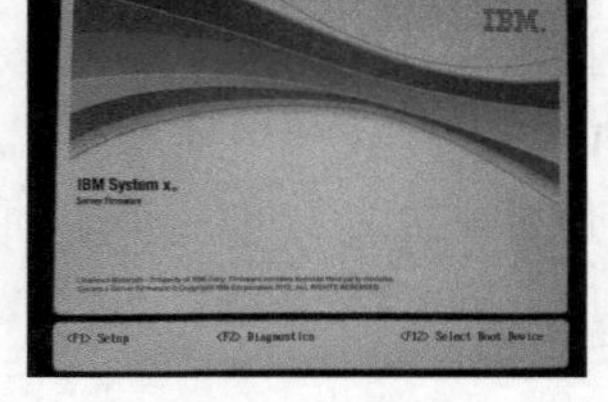

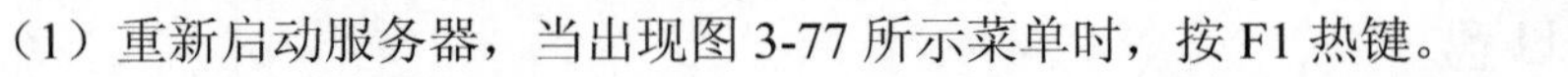

（1）重新启动服务器，当出现图 3-77 所示菜单时，按 F1 热键。

图 3-77　开机热键菜单

（2）进入系统配置界面后，移动光标到“Start Options”并按回车键，如图 3-78 所示。

（3）在“Boot Manager”对话框，选择“Add Boot Option”（添加启动项），并按回车键，如图 3-79 所示。

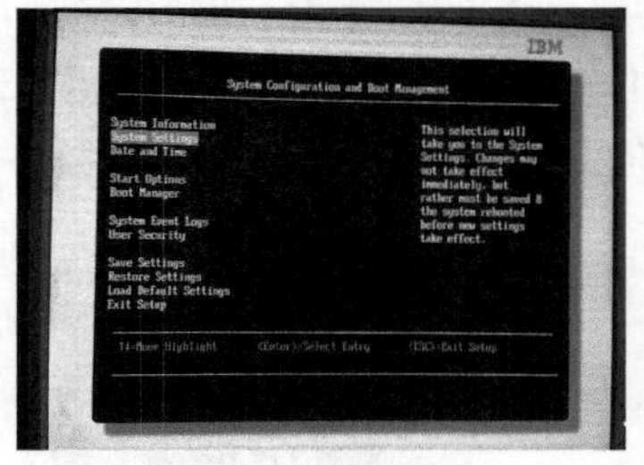

图 3-78　系统设置

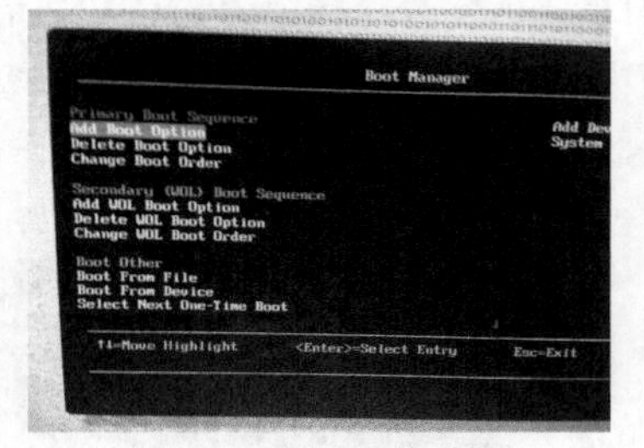

图 3-79　添加启动项

（4）在“Add Boot Option”菜单中，在 “Generic Boot Option” 项按回车键，如图 3-80 所示。

（5）在“Generic Boot Option”菜单中，添加“Embedded Hypervisor”，如果你用来安装系统的 U 盘没有插在机箱内部集成的 USB 端口，则可以添加“USB Storage”，如图 3-81 所示。

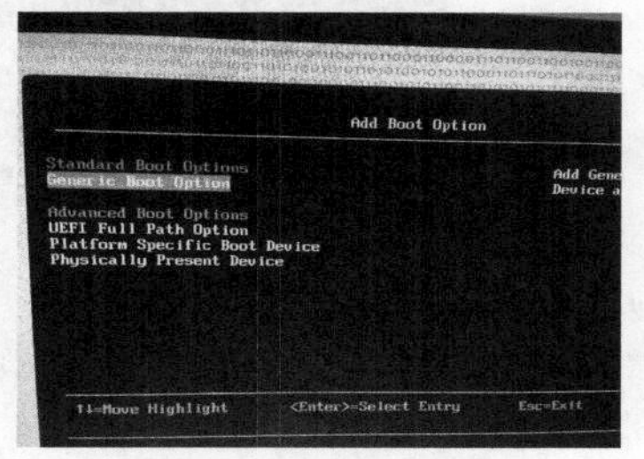

图 3-80　一般引导项

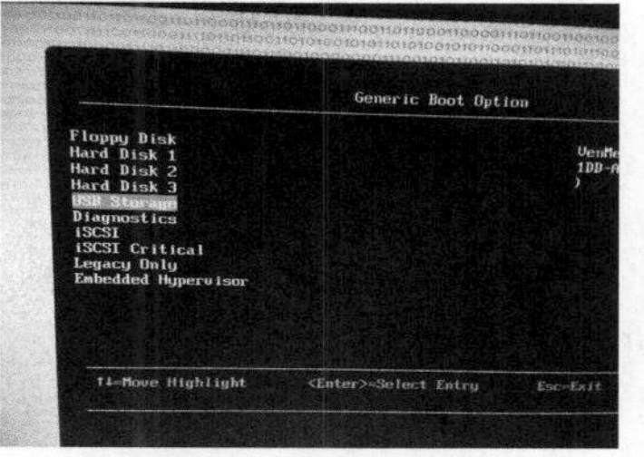

图 3-81　添加引导项

（6）返回到“Boot Manager”菜单，移动光标到“Change Boot Order”并按回车键，如图 3-82 所示。

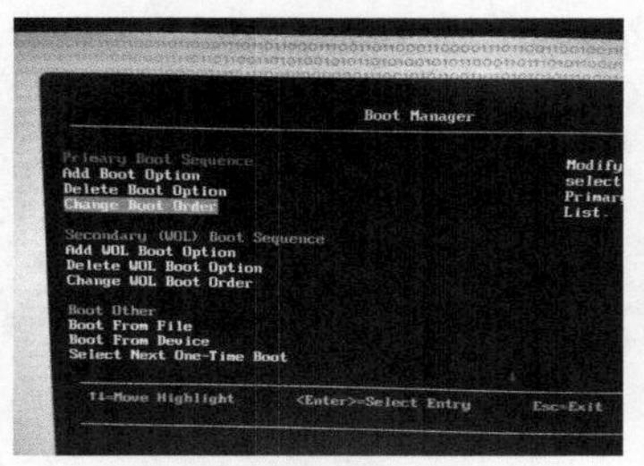

图 3-82　更改启动顺序

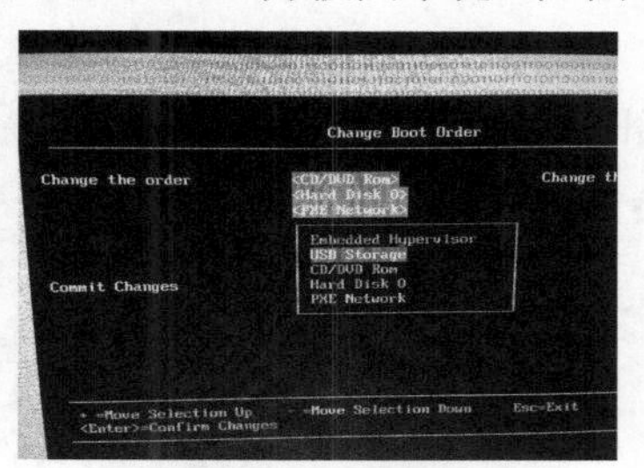

图 3-83　调整启动顺序

（7）在“Change Boot Order”菜单中，在“Change the order”处按回车键，选中“Embedded Hypervisor”，按+号键将其调整到最上，并将“USB Storage”亦调整到前面，如图 3-83 所示。调整之后，按回车键。

（8）然后移动光标到“Commit Changes”处按回车键，如图 3-84 所示。

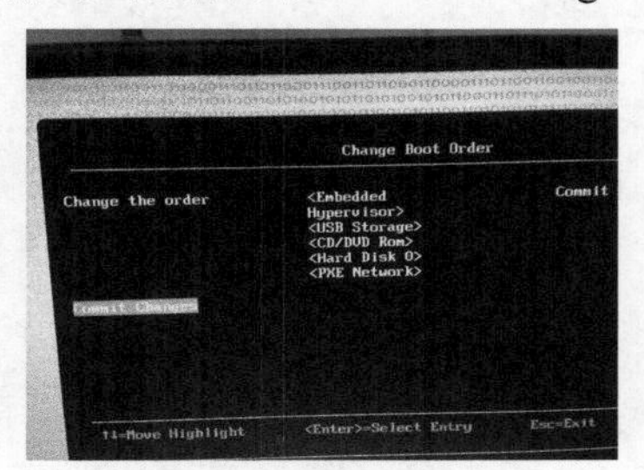

图 3-84　提交更改

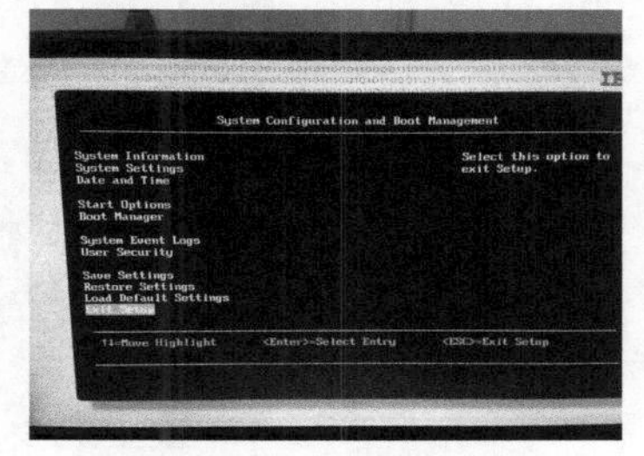

图 3-85　保存设置并退出

（9）最后返回到“System Configuration and Boot Management”（系统配置与启动管理），先移动光标到“Save Settings”（保存更改），然后移动光标到“Exit Setup”退出设置，如图 3-85 所示。

经过上述设置，即可以使用 U 盘引导 VMware ESXi。

3.4.4　添加本地存储

在使用 U 盘启动并进入 VMware ESXi 系统之后，还需要将本地硬盘添加到 ESXi 存储，主要步骤如下。

（1）使用 vSphere Client 连接到 VMware ESXi，在“配置”选项卡可以看到提示“ESXi 主机没有永久存储”，如图 3-86 所示。

（2）单击“要立即添加存储，请单击此处创建数据存储”，进入“添加存储器类型”对话框，选择“磁盘/LUN”，如图 3-87 所示。

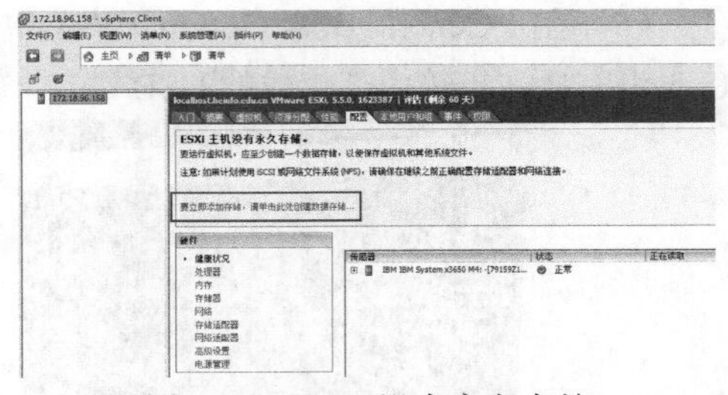

图 3-86　ESXi 没有永久存储

（3）在“选择磁盘/LUN”对话框，选择本地硬盘，如图 3-88 所示。

（4）在“文件系统版本”对话框，选择“VMFS-5”，如图 3-89 所示。

（5）在“当前磁盘布局”对话框，在“设备”列表中，显示了当前磁盘的容量、可用空间，以及磁盘现有分区情况，由于这是一个新的磁盘，所以显示“硬盘为空白”，如图 3-90 所示。

（6）在“属性”对话框，输入数据存储名称，请根据你的数据中心的命名规则或你的规划命名，如图 3-91 所示。

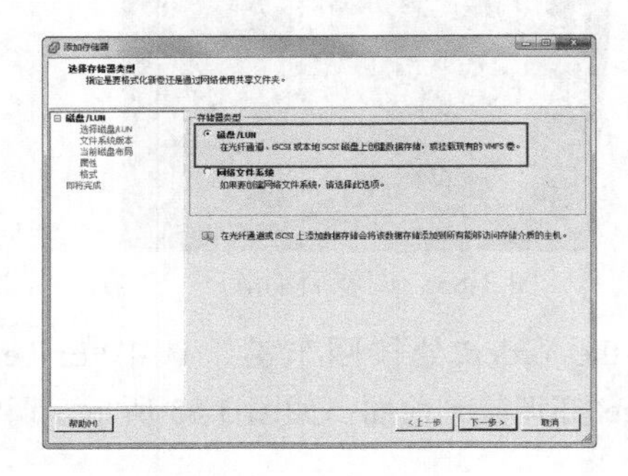

图 3-87　磁盘类型

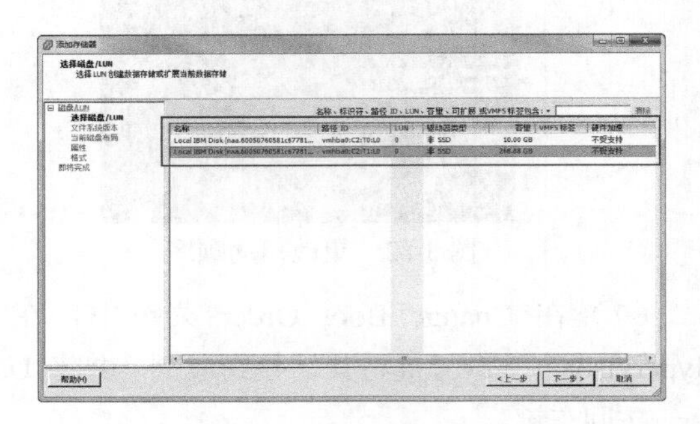

图 3-88　选择要添加的本地磁盘

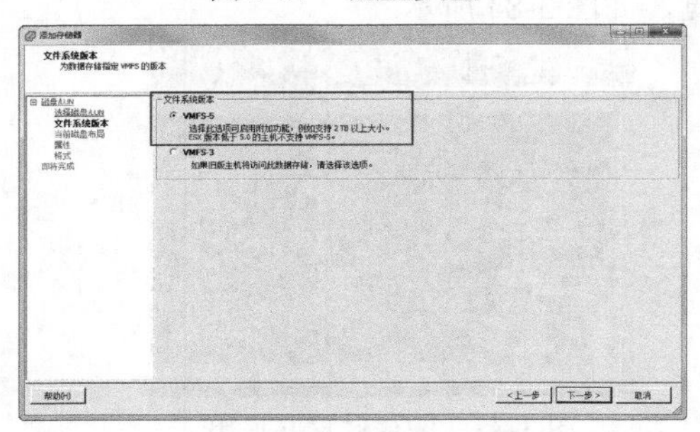

图 3-89　选择文件系统

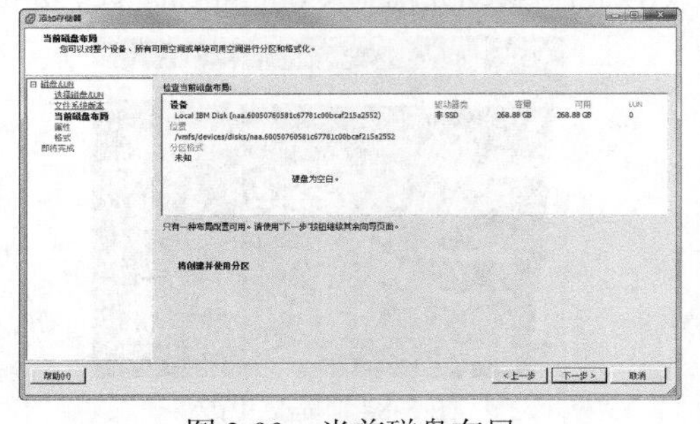

图 3-90　当前磁盘布局

（7）在“磁盘/LUN-格式化”对话框，选择“最大可用空间”，如图 3-92 所示。

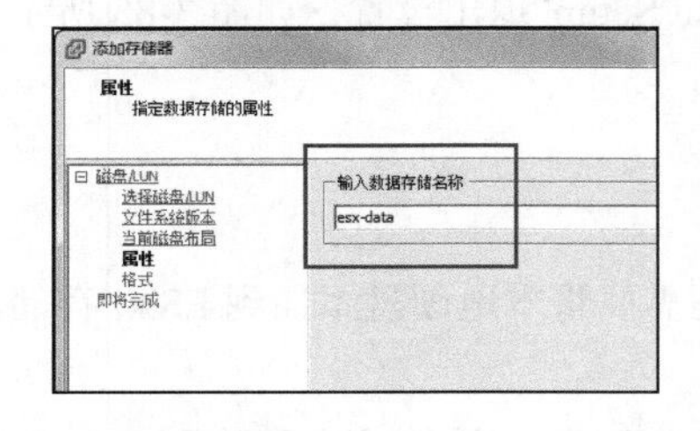

图 3-91　命名存储

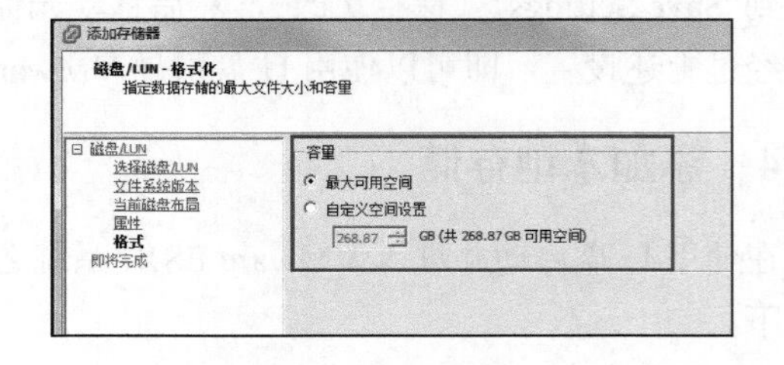

图 3-92　指定最大文件大小和容量

（8）在“即将完成”对话框，查看磁盘布局、分区大小及容量，检查无误之后，单击“完成”

按钮，如图 3-93 所示。

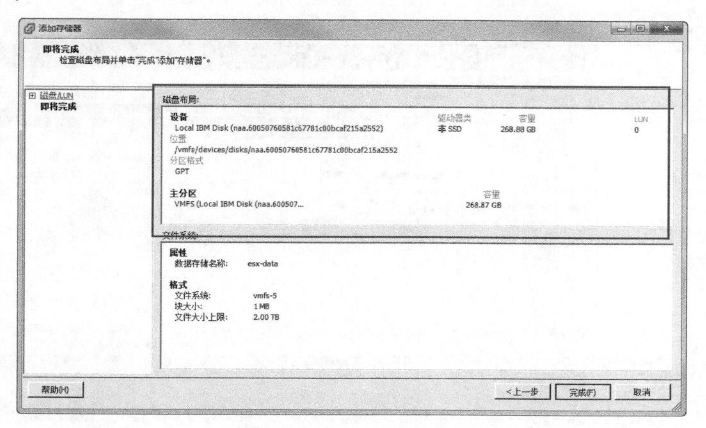

图 3-93　即将完成

（9）添加之后，在“配置→存储器”列表中，可以看到添加后的数据存储，如图 3-94 所示。

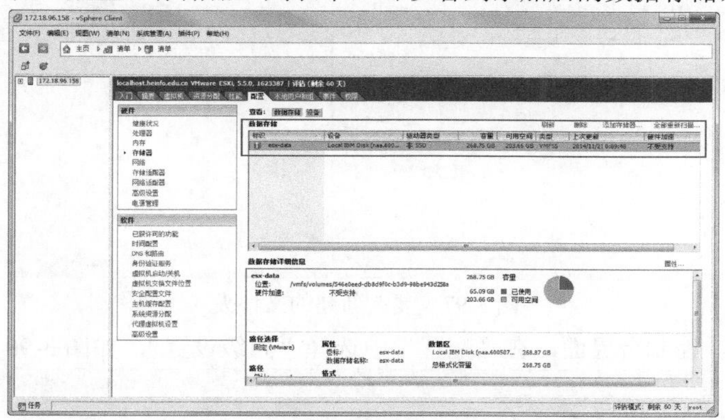

图 3-94　数据存储

3.4.5　修改日志位置

由于 VMware ESXi 安装在 U 盘中，而日志不能保存在 U 盘中，所以需要修改 VMware ESXi 的日志位置。

（1）在“配置”中可以看到，VMware ESXi 提示“配置问题：XXX esx.problem.syslog. nonpersistent. formatOnHost not found XXX”，如图 3-95 所示。

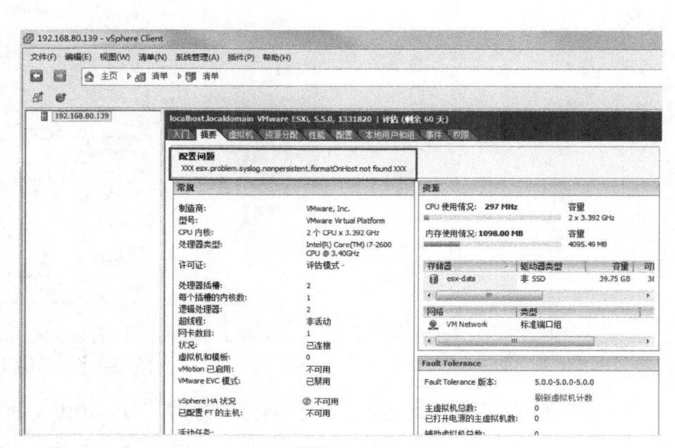

图 3-95

（2）在“配置→存储器”中，右击添加的存储，在弹出的快捷菜单中选择“浏览数据存储”，如图 3-96 所示。

（3）浏览打开数据存储之后，单击“+”按钮创建一个文件夹，例如 log，然后浏览该文件夹，并复制文件夹的名称（包括路径，在此路径名称为[esx-data] log），如图 3-97 所示。

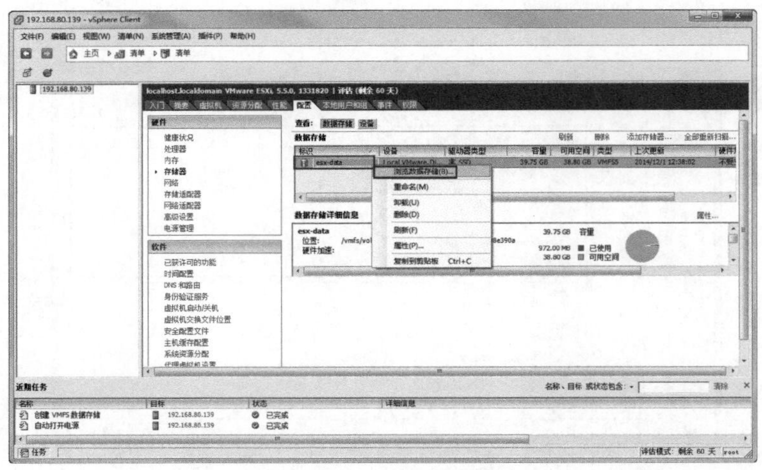

图 3-96　浏览数据存储

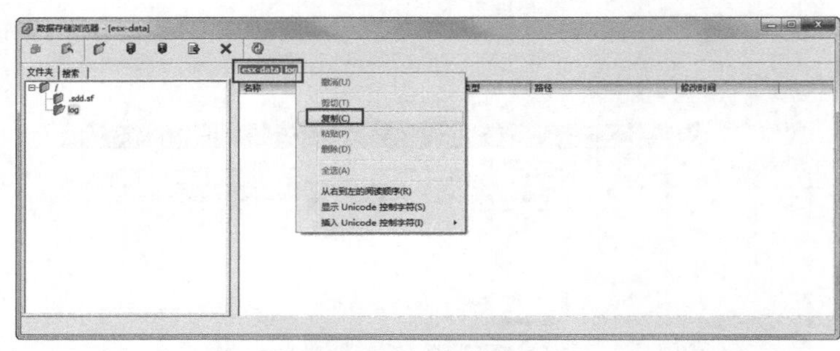

图 3-97　复制新建的文件夹

（4）返回到 ESXi 控制台界面，在“配置”中选择“高级设置”，如图 3-98 所示。

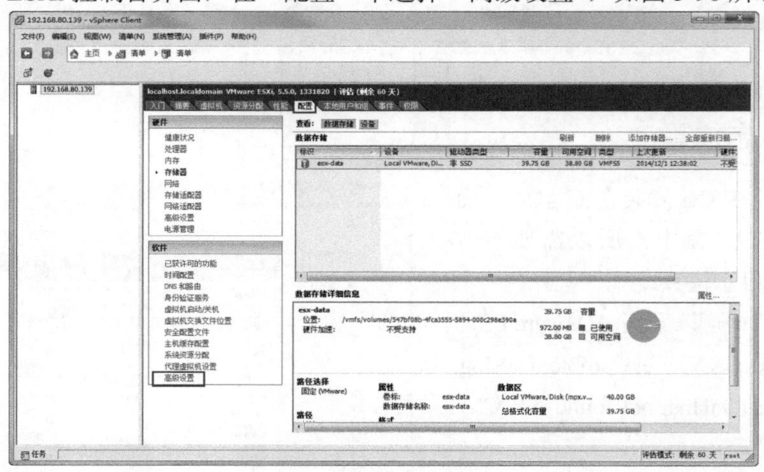

图 3-98　高级设置

（5）打开“高级设置”，在左侧找到“Syslog”，在右侧定位到“Syslog.global.logDir”处，默认是“/scratch/log”，在此选择“粘贴”， 将图 3-97 中复制的文件夹名称粘贴到此，如图 3-99 所示。设置之后单击“确定”退出。

（6）再次返回到“摘要”选项卡，可以看到提示已经消失，如图 3-100 所示。

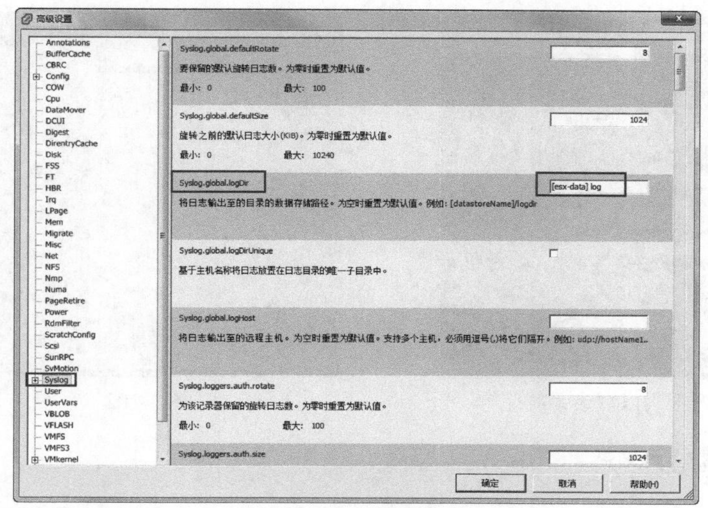

图 3-99　更改日志位置

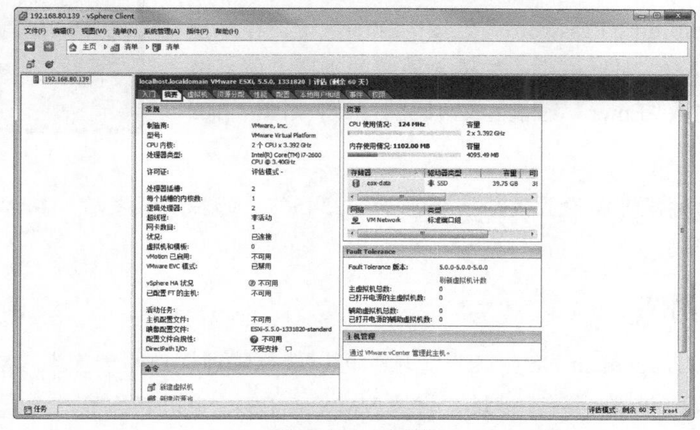

图 3-100　摘要

至此，将 VMware ESXi 安装到 U 盘顺利完成。

3.5　VMware ESXi 6 控制台设置

相比 VMware ESX Server，VMware ESXi 6 的控制台更加精简、高效、方便，管理员可以直接在 VMware ESXi 6 控制台界面中完成管理员密码的修改、控制台管理地址的设置与修改、VMware ESXi 主机名称的修改、重启系统配置（恢复 VMware ESXi 默认设置）等功能。下面介绍在 VMware ESXi 6 控制台的相关操作。

3.5.1　进入控制台界面

在 VMware ESXi 6 中，按“F2”键，输入管理员密码（在安装 VMware ESXi 6 时设置的密码，在图 3-47 中设置的），输入之后按“Enter”键，如图 3-101 所示，将进入系统设置对话框。

进入“System Customization”（系统定制）对话框，如图 3-102 所示，在该对话框中能完成口令修改、配置管理网络、测试管理网络、恢复网络设置、配置键盘等工作。

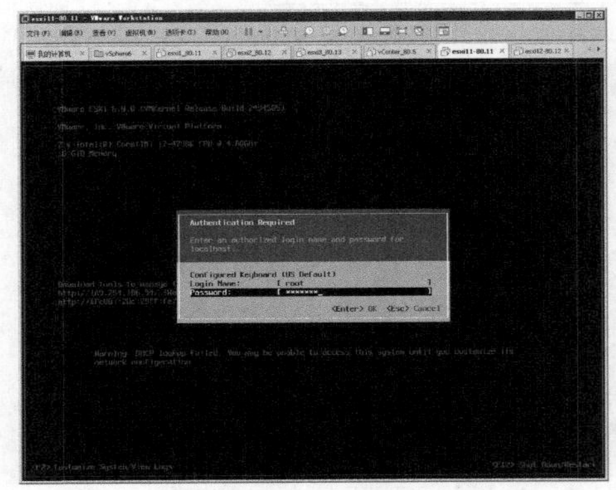

图 3-101　输入密码以登录系统配置

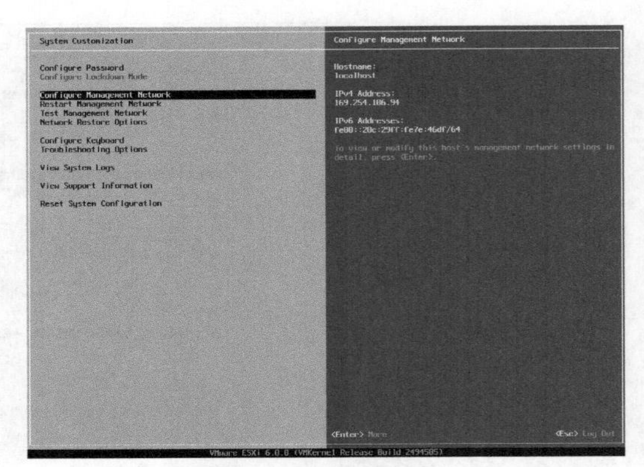

图 3-102　系统定制

3.5.2　修改管理员口令

如果要修改 VMware ESXi 6 的管理员密码，可以在图 3-102 中将光标移动到“Configure Password”处按“Enter”键，在弹出的“Configure Password”对话框中，先输入原来的密码，然后分两次输入新的密码并按“Enter”键将完成密码的修改，如图 3-103 所示。

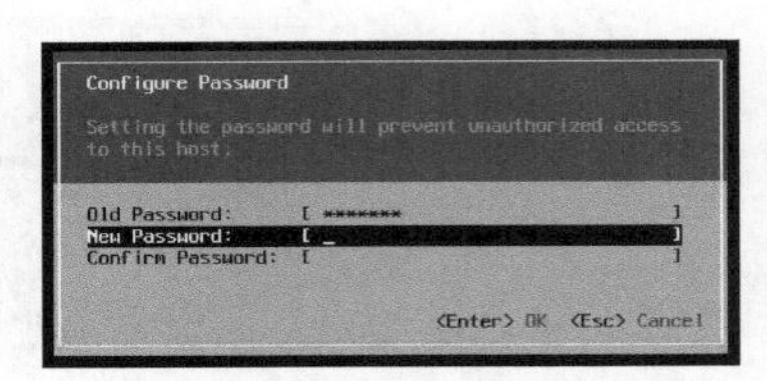

图 3-103　修改管理员密码

说明：在安装的时候可以设置简单密码，如 1234567。而在安装之后，在控制台修改密码时，必须为其设置复杂密码。

3.5.3　配置管理网络

在“Configure Management Network”选项中可以选择管理接口网卡（当 VMware ESXi 主机有多块物理网卡时）、修改控制台管理地址、设置 VMware ESXi 主机名称等。

（1）在图 3-102 中，将光标移动到“Configure Management Network”按“Enter”键，进入“Configure Management Network”对话框，如图 3-104 所示。

（2）在“Network Adapters”选项中按“Enter”键，打开“Network Adapters”对话框，在此选择主机默认的管理网卡，如图 3-105 所示。当主机有多块物理网卡时，可以从中选择，并且在“Status”列表中显示出每个网卡的状态。

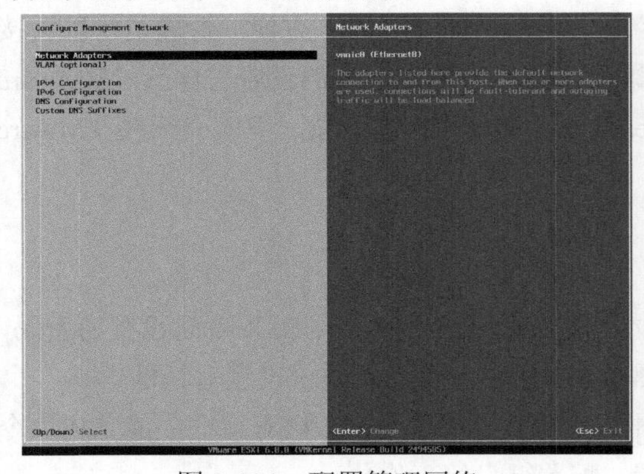

图 3-104　配置管理网络

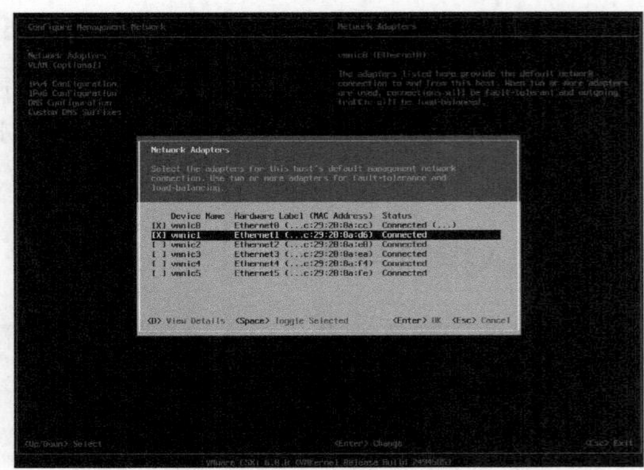

图 3-105　选择管理网卡

说明：如果你感兴趣，可以先关闭 VMware ESXi 虚拟机，并且修改 VMware ESXi 虚拟机配置，为其添加多个网卡，并且可以将其中一块或者多块网卡的状态设置为“断开”，再次进入到图 3-105 的界面即可以看到多个网卡并且会显示每块网卡的状态。另外，除了在 VMware ESXi 控制台界面可以选择管理网卡外，还可以在 vSphere Client 界面设置或选择。两者之间的区别是：如果设置过程中出现错误，在 vSphere Client 设置时会断开与 VMware ESXi 的连接并且失去对 VMware ESXi 的控制，而在 VMware ESXi 控制台前设置则不会出现这种情况，即使设置错误也可以重新设置。所以，在实际使用中，如无必要，不要使用 vSphere Client 修改 VMware ESXi 的网络以免失去连接。

（3）在“VLAN（Optional）”选项中，可以为管理网络设置一个 VLAN ID，如图 3-106 所示。一般情况下不要对此进行设置与修改。

（4）在“IP Configuration”选项中，设置 VMware ESXi 管理地址。在默认情况下，VMware ESXi 在完成安装的时候，默认选择是“Use dynamic IP address and network configuration”（使用 DHCP 分配网络配置），在实际使用中，应该为 VMware ESXi 设置一下静态地址。在本例中，将为 VMware ESXi 设置 192.168.80.11 的地址，如图 3-107 所示。选择“Set static IP address and network configuration”，并在“IP Address”地址栏中输入“192.168.80.11”，并为其设置子网掩码与网关地址。

说明：应该为 VMware ESXi 设置正确的子网掩码与网关地址，以让 VMware ESXi 主机能连接到 Internet，或者至少能连接到局域网内部的“时间服务器”。在真实的环境中，计算机有一个正确的时间至关重要。VMware ESXi 中的虚拟机的时间受 VMware ESXi 主机控制，如果 VMware ESXi 主机时间不正确则会影响到在其中运行的所有虚拟机。

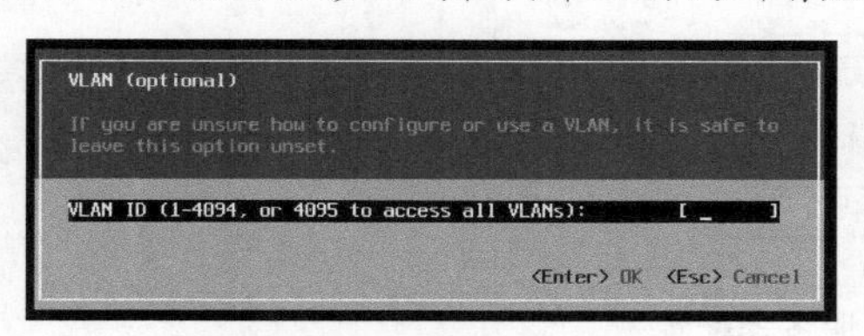

图 3-106　VLAN 设置

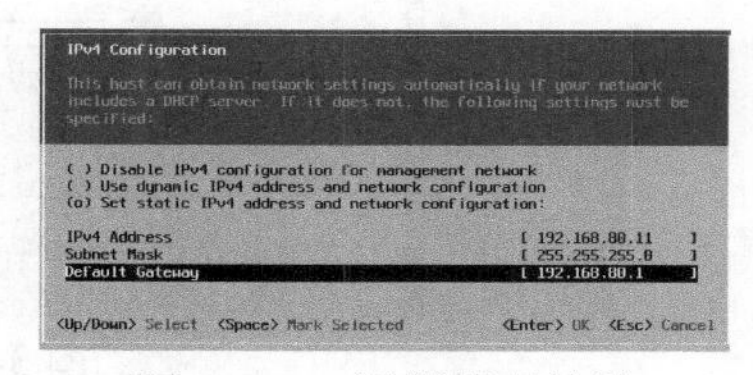

图 3-107　设置管理地址

（5）在“DNS Configuration”选项中，设置 DNS 的地址与 VMware ESXi 主机名称。如果要让 VMware ESXi 使用 Internet 的“时间服务器”进行时间同步，除了要在图 3-106 中设置正确的子网掩码、网关地址外，还要在此选项中设置正确的 DNS 服务器以能实现时间服务器的域名解析。如果使用内部的时间服务器并且是使用 IP 地址的方式进行时间同步，是否设置正确的 DNS 地址则不是必须的。在“Hostname”处则是设置 VMware ESXi 主机的名称。当网络中有多台 VMware ESXi 服务器时，为每个 VMware ESXi 主机规划合理的名称有利于后期的管理。在本例中，为第一台 VMware ESXi 的主机命名为 ESX1，如图 3-108 所示。

说明：在为 VMware ESXi 命名时，要考虑将来的升级情况，所以不建议在命名时加入 VMware ESXi 的版本号。例如，如果在你所管理的网络中，准备了三台服务器用来安装 VMware ESXi6，那么可以命名为 ESX11、ESX12、ESX13。另外，在为虚拟机设置名称时，如果你所在的网络有内部的 DNS，可以直接为 ESXi 主机设置带域名的名称，例如我的网络中 DNS 域名是 heinfo.edu.cn，我可以在图 3-108 中将 ESXi 主机修改为 esx11.heinfo.edu.cn（需要在 heinfo.edu.cn 的域中添加名为 esx11 的 A 记录，并且指向这台 ESXi 的地址 192.168.80.11）。

（6）在“Custom DNS Suffixes”选项中，设置 DNS 的后缀名称，DNS 的后缀名称会附加在图 3-108 中设置的“Hostname”后面，默认为 localdomain，如果不修改这个名称，当前 VMware ESXi 主机全部名称则为 ESX1.localdomain，如果 VMware ESXi 所在的网络中没有内部的 DNS 名称则可以保持默认值，如果网络中有内部的 DNS，请在此修改为内部的 DNS 域名，并在 DNS 服务器中添加 VMware ESXi 主机的 A 记录并指向 VMware ESXi 主机的 IP 地址，如图 3-109 所示。

例如，在当前演示的网络中，DNS 服务器的地址是 172.18.96.1，这个 DNS 所属的域是 heinfo.edu.cn，我在 heinfo.edu.cn 的 DNS 中添加了 A 记录为 esx11，并指向 192.168.80.11（如图 3-110 所示），此时我可以在 Suffixes 后面写上“heinfo.edu.cn,localdomain”。

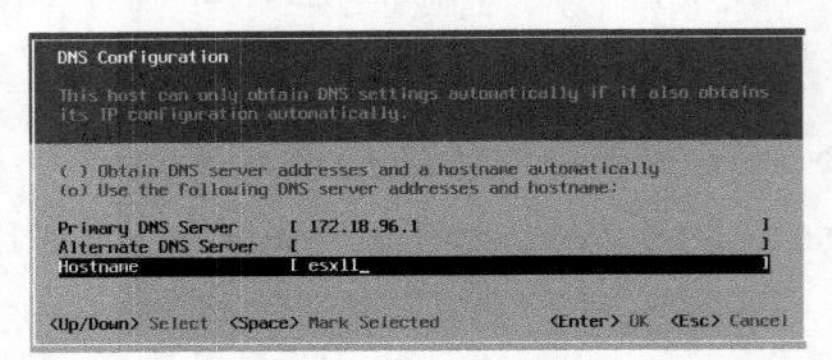

图 3-108 设置 VMware ESXi 主机名称

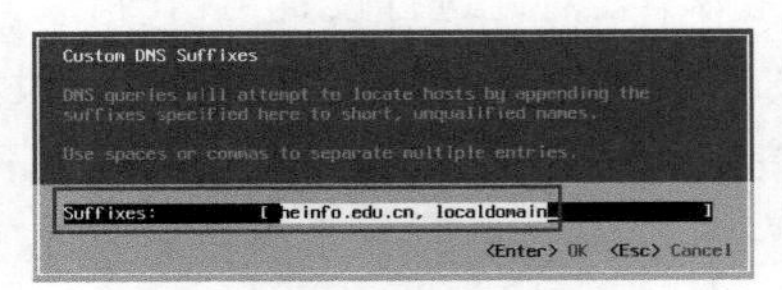

图 3-109 DNS 后缀

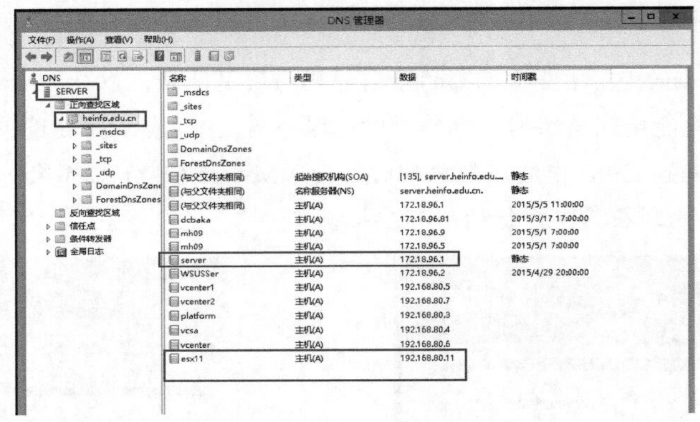

图 3-110 DNS 服务器配置

（7）在设置（或修改）完网络参数后，按一下“Esc”键，将弹出“Configure Management Network: Confirm”对话框，提示你是否更改并重启管理网络，按 Y 确认并重新启动管理网络，如图 3-111 所示。

（8）返回到“System Customization”对话框后，在右侧的“Configure Management Network”中显示了设置后的地址，如图 3-112 所示。

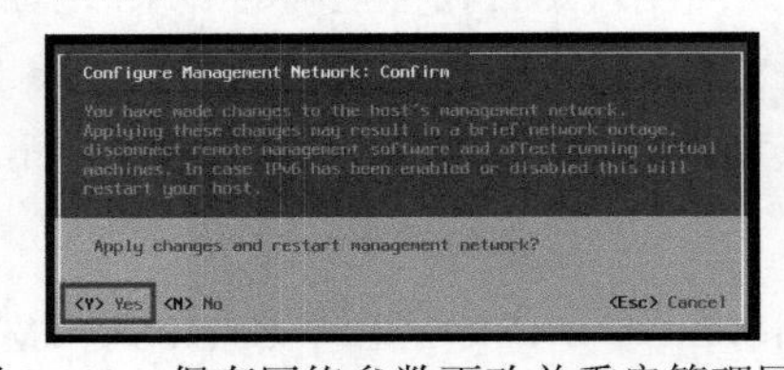

图 3-111 保存网络参数更改并重启管理网络

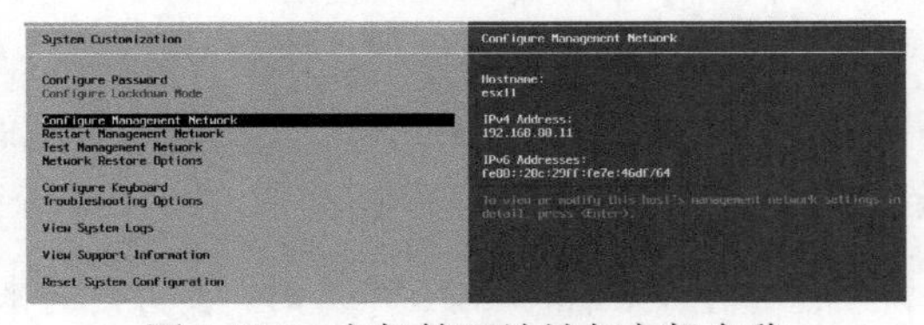

图 3-112 主机管理地址与主机名称

（9）在配置 VMware ESXi 管理网络的时候，如果出现错误而导致 VMware vSphere Client 无法连接到 VMware ESXi 的时候，可以在图 3-112 中，选择“Restart Management Network”，在弹出的“Restart Management Network： Confirm”对话框中按“F11”键，将重新启动管理网络，如图 3-113 所示。

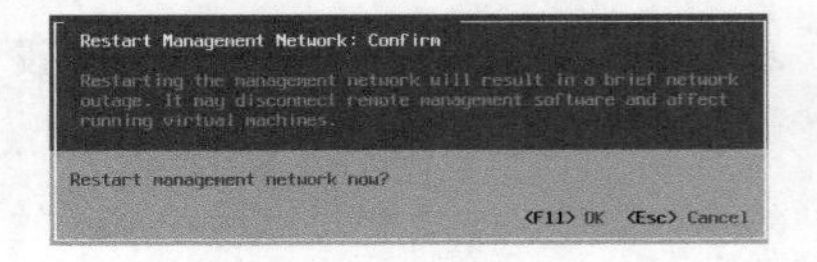

图 3-113 重新配置管理网络

如果想测试当前的 VMware ESXi 的网络设置是否正确，是否能连接到企业网络，可以选择“Test Management Network”，在弹出的“Test Management Network”对话框中，测试到网关地址或者指定的其他地址的 Ping 测试，如图 3-114 所示。

在使用 Ping 命令并且有回应时，在相应的地址后面显示“OK”提示，如图 3-115 所示。

说明：当前测试 esx1.heinfo.edu.cn 没有返回地址，是还没有在 DNS 服务器中添加对应 A 记录的原因。

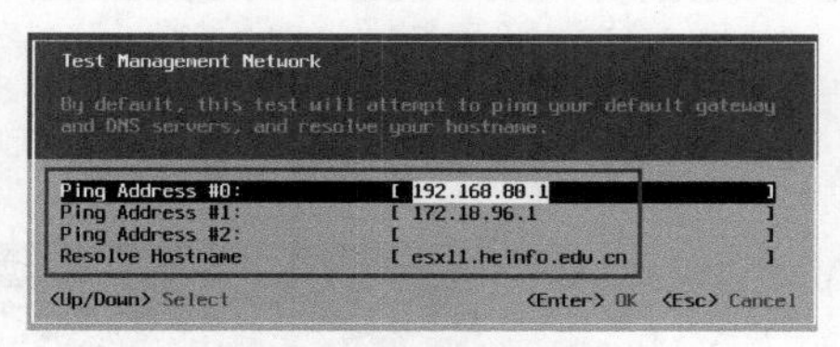

图 3-114　测试管理网络

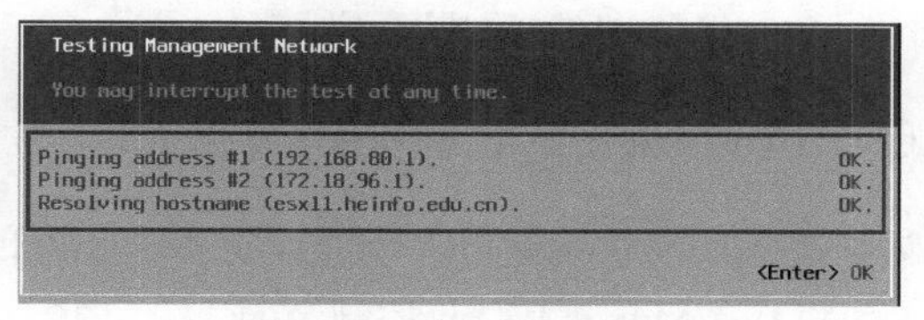

图 3-115　测试管理网络

3.5.4　启用 ESXi Shell 与 SSH

除了可以使用控制台管理 VMware ESXi、使用 vSphere Client 管理 VMware ESXi 外，还可以通过网络、使用 SSH 的客户端连接到 VMware ESXi 并进行管理。在默认情况下，VMware ESXi 的 SSH 功能并没有启动（SSH 是 Linux 主机的一个程序，VMware ESXi 与 VMware ESX Server 基于 Red Hat Linux 的底层系统，也是可以使用 SSH 功能的）。如果要使用这一功能，可以选择“Troubleshooting Options”选项，在“Troubleshooting Mode Options”对话框中，启用 SSH 功能（将光标移动到 Disable SSH 处按“Enter”键），当“SSH Support”显示为“SSH is Enabled”时，SSH 功能被启用，如图 3-116 所示。

图 3-116　启用 SSH

在此还可以启用 ESXi Shell、修改 ESXi Shell 的超时时间等。

3.5.5　恢复系统配置

“Reset System Configuration”选项可以将 VMware ESXi 恢复到默认设置，这些设置包括：

（1）VMware ESXi 管理控制台地址恢复为“DHCP”，计算机名称恢复到刚安装时的名称。

（2）系统管理员密码被清空。

（3）所有正在运行的虚拟机将会被注销。

如果选择该选项，将会弹出“Reset System Configuration: Confirm”对话框，按“F11”键将继续，按“Esc”键将取消这个操作，如图 3-117 所示。

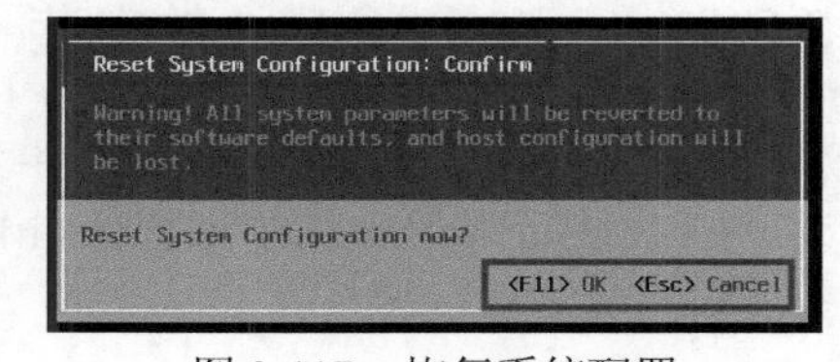

图 3-117　恢复系统配置

如果在图 3-117 按下了 F11，将会弹出“Reset System Configuration”对话框，提示默认设置已经被恢复，按“Enter”键将重新启动主机，如图 3-118 所示。

在恢复系统设置之后，由于系统管理员密码被清空，所以管理员需要在第一时间重新启动控制台，进入“Configure Password”对话框，设置新的管理员密码（在控制台界面，按“F2”键后，在提示输入密码时直接按“Enter”键即可进入），如图 3-119 所示。

由于管理地址、主机名称都恢复到默认值，管理员还需要重新设置管理地址、设置主机地址，这些不再一一介绍。

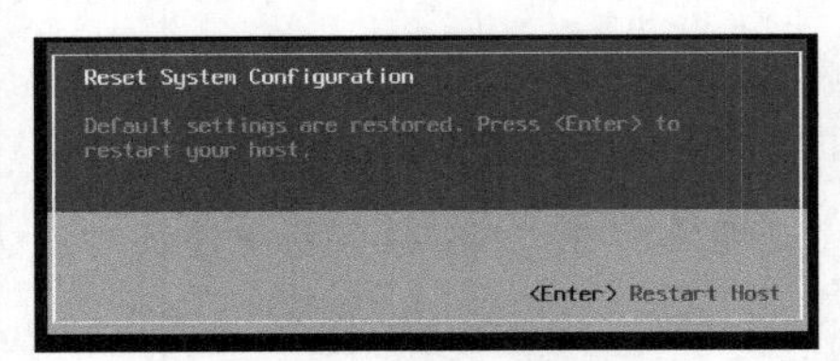

图 3-118 系统设置被恢复

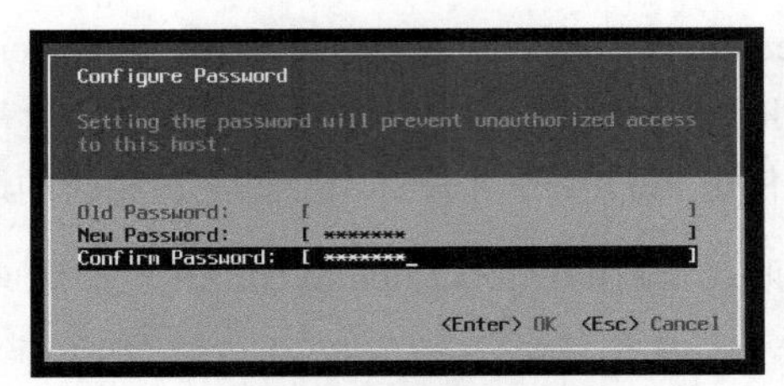

图 3-119 设置新的管理员密码

3.5.6 VMware ESXi 的关闭与重启

如果要关闭 VMware ESXi 主机，或者要重新启动 VMware ESXi 主机，可以在 VMware ESXi 控制台中，按“F12”键，输入 VMware ESXi 主机的管理员密码进入“Shut Down/Restart”对话框，如图 3-120 所示。如果要关闭 VMware ESXi 主机，则按“F2”键，如果要重新启动 VMware ESXi 主机，则按“F11”键。如果要取消关机或重启操作，按“Esc”键。

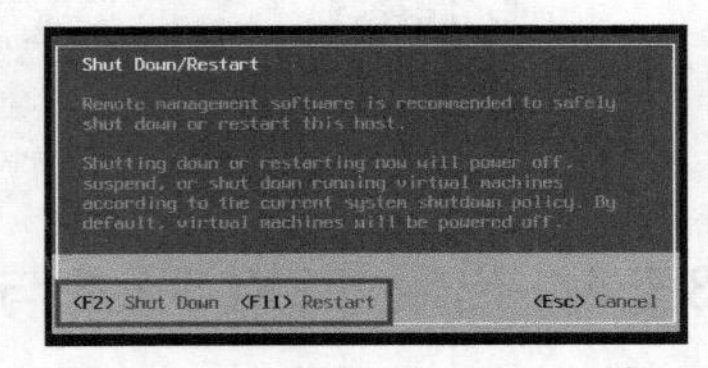

图 3-120 关机或重启对话框

说明：使用 vSphere Client 连接到 VMware ESXi，也可以完成关机或重启 VMware ESXi 主机的操作。

3.6 vSphere Client 的安装与配置

本节介绍 VMware ESXi 客户端 vSphere Client 的安装与基本使用。

【说明】 在下面的内容中，服务器是一台具有 16GB 内存、1 个 I5-4690K 的 CPU 的计算机，在此服务器上安装了 VMware ESXi 6，在安装之后，在 ESXi 控制台中将 ESXi 的 IP 地址为 172.18.96.111。而管理 VMware ESXi 的工作站是一台 Windows 7 64 位的计算机，在计算机上安装 vSphere Client，并用来管理 VMware ESXi。

3.6.1 vSphere Client 的安装

在安装并配置了 VMware ESXi 6 之后，在主机安装 vSphere Client 的安装端并管理 VMware ESXi 6。在安装时，需要注意：

（1）在 VMware ESXi 中没有集成 vSphere Client 5 的客户端，你需要登录 VMware 官方网站下载 vSphere Client，该软件大小为 341MB，下载地址是 http://vsphereclient.vmware.com/vsphereclient/VMware-viclient-all-6.0.0.exe。你可以登录 https://172.18.96.111（vSphere ESXi 的控制台地址），在“Download vSphere Client”链接中获取这个地址，如图 3-121 所示。

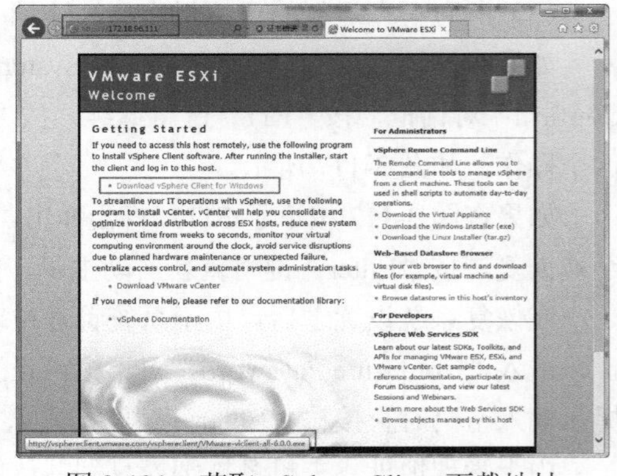

图 3-121 获取 vSphere Client 下载地址

说明：如果你的主机是 Windows 7 操作系统，但登录 172.18.96.111 不能成功，可能是你的主机中，VMnet8 虚拟网卡设置的问题，请将 VMnet8 的 IP 地址设置为“自动获得 IP 地址”即可。

（2）进入 vSphere Client 的安装程序，在 VMware vSphere Client 6 中，支持简体中文、繁体中文、英语、日语、法语、德语与朝鲜语，你可以根据需要选择，如图 3-122 所示。

（3）vSphere Client 的安装比较简单，完全按照默认值安装即可，如图 3-123 所示。

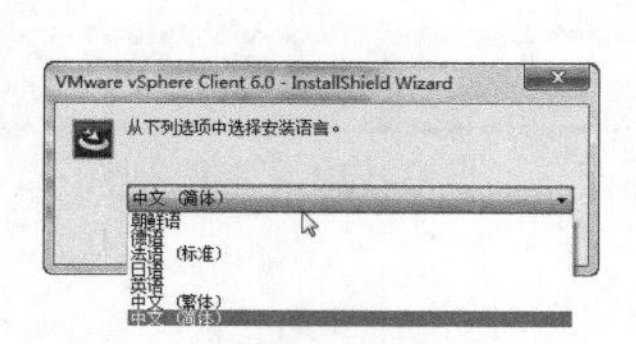

图 3-122　安装向导

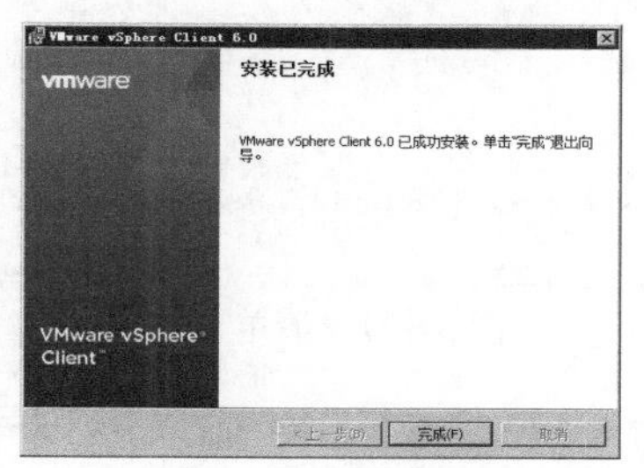

图 3-123　安装完成

3.6.2　启动 vSphere Client 并登录到 VMware ESXi

启动 vSphere Client，在“IP 地址/名称”地址栏中，输入要管理的 VMware ESXi、VMware ESX Server 或 VMware Virtual Center（VMware 虚拟中心）的 IP 地址，然后输入 VMware ESXi（或 VMware Virtual Center）的用户名及密码，单击“登录”按钮，如图 3-124 所示。

说明：在本例中，登录的是 VMware Workstation 虚拟机中的 VMware ESXi，其 IP 地址是 172.18.96.111，用户名是 root，密码是 1234567。如果当前计算机登录的用户名、密码在要登录的 VMware ESXi 或 VMware Virtual Center 具有相同的用户名与密码，则可以选中“使用 Windows 会话凭据”，这样可以不必输入用户名与密码进行验证。

在第一次登录某个 VMware ESXi 或 VMware Virtual Center 时，会弹出一个“安全警告”的对话框，选中“安装此证书并不是显示……”，然后单击“忽略”按钮，以后将不再出现此提示，如图 3-125 所示。

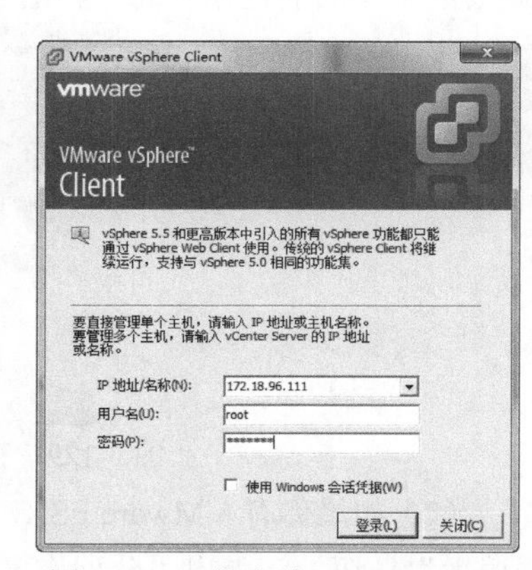

图 3-124　登录到 VMware ESXi

在登录到 VMware ESXi 后，如果在安装 VMware ESXi 时没有输入序列号，则会弹出“VMware 评估通知”的对话框，提示你的产品会在 60 天后过期，单击“确定”按钮进入 vSphere Client 控制台，如图 3-126 所示。

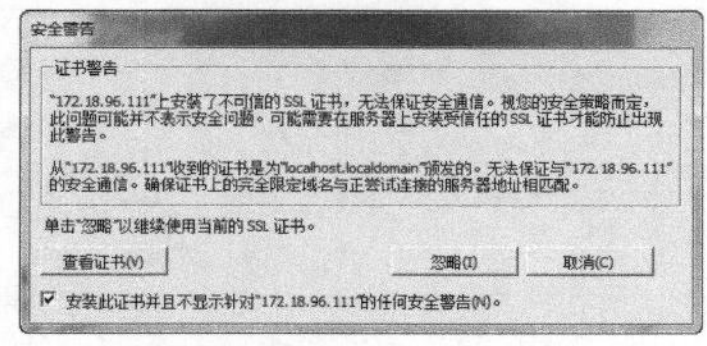

图 3-125　安全警告

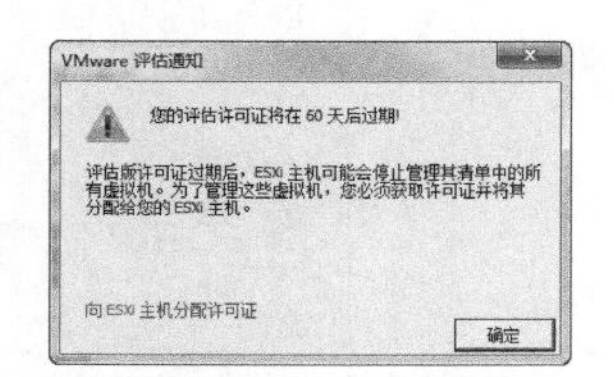

图 3-126　登录到 VMware ESX Server

在第一次登录到 VMware ESXi 时，默认会显示“清单”视图，单击“清单”按钮（如图 3-127

所示）将显示 VMware ESXi 主机，如图 3-128 所示。

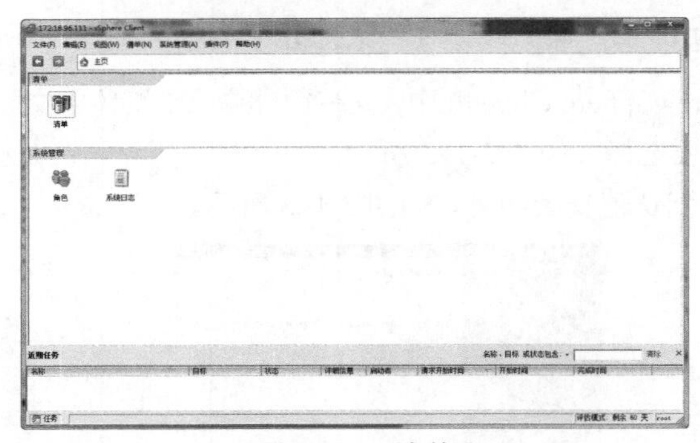

图 3-127　清单

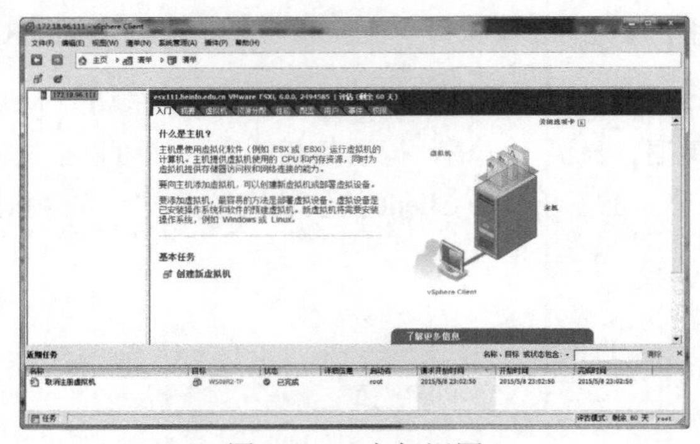

图 3-128　主机视图

3.6.3　为 VMware ESXi 输入序列号

在安装完 VMware ESXi 后，默认为评估模式，并可以使用最多 60 天。在 60 天之内，该 VMware ESXi 没有任何的限制，在产品到期之前，需要为 VMware ESXi 购买一个许可才能使用。本节介绍为 VMware ESXi 输入序列号的方法。

（1）在 VMware vSphere Client 控制台中，单击“配置”链接，在“软件”列表中选择“已获许可的功能”，在右侧显示当前的 VMware ESX Server 许可证类型及支持的功能，如果是评估模式，则会显示产品的过期时间，如图 3-129 所示。

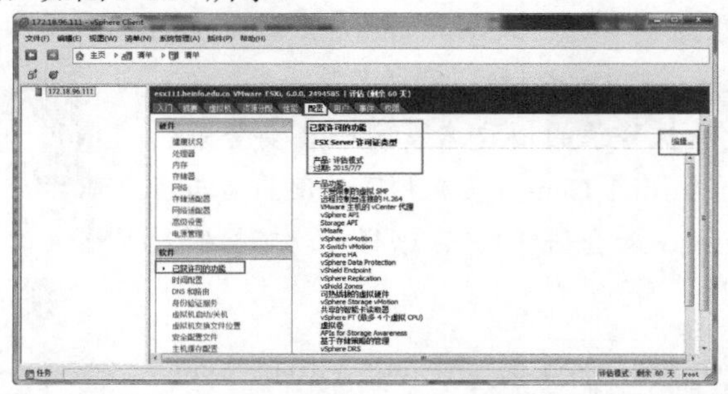

图 3-129　查看 VMware ESX Server 许可证类型及过期时间

（2）如果你有 VMware ESXi 的序列号，可以在“配置→已获许可的功能”选项中，单击右侧的“编辑”按钮，在弹出“分配许可证”对话框中，选择“向此主机分配新许可证密钥”，并单击“输入密码”，在弹出的“添加许可证密钥”中，输入 VMware ESXi 的序列号即可，如图 3-130 所示。

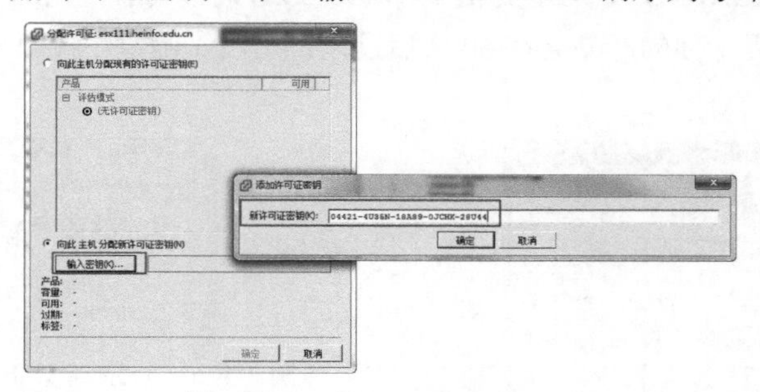

图 3-130　注册 VMware ESXi

（3）在注册之后，在“ESX Server 许可证类型”中，显示当前获得许可的功能，以及支持的 CPU

数量、产品过期时间等，如图 3-131 所示。

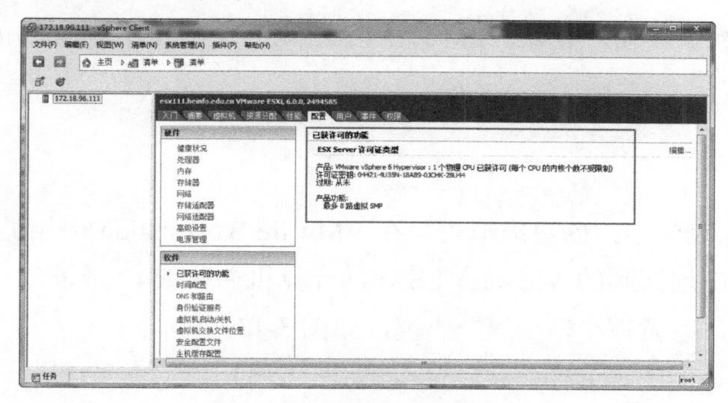

图 3-131 注册后的信息

说明：在图 3-131 中，显示的产品功能只有“最多 8 路虚拟 SMP”，这是由于输入的是一个免费的 VMware ESXi 序列号的缘故。这个免费的许可证密钥可以在不限数量的物理主机上部署。要注意，免费版的序列号不支持 VMware vCenter Server 的高级功能，如虚拟机迁移、HA、模板等功能，如果要使用这些功能，你还需要重新注册 VMware ESXi、输入支持更高功能的序列号才能使用。

（4）如果在产品的初期你输入的是一个免费的 VMware ESXi 序列号，后期想使用 VMware ESXi 的高级功能（实际上是 VMware vCenter Server 提供的），则仿照图 3-130 的方式，重新注册 VMware ESXi，并输入一个具有更高功能的序列号即可。注册后界面如图 3-132 所示。

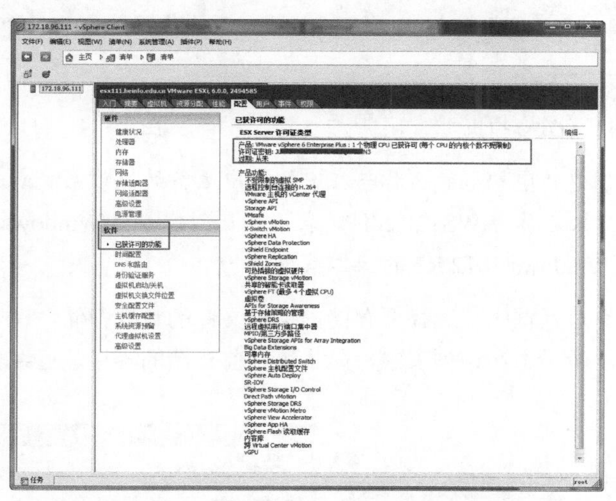

图 3-132 无功能限制的 VMware ESXi

3.7 在 VMware ESXi 中配置虚拟机

使用 vSphere Client 连接到 VMware ESXi 之后，就管理并配置 VMware ESXi，包括添加存储、网络，以及在 VMware ESXi 创建虚拟机、在虚拟机中安装操作系统、重新配置虚拟机等。首先介绍在 VMware ESXi 中创建虚拟机的操作，稍后介绍管理 VMware ESXi 的内容。

说明：在 VMware ESXi 中创建虚拟机、在虚拟机中安装操作系统等操作，与在 VMware

Workstation 中创建虚拟机、在虚拟机中安装操作系统，以及其他的虚拟机管理，如快照等，主要步骤是相同的，只是一些细节不同。另外，VMware ESXi 与 VMware Workstation 的定位点不同、功能也会不同。

3.7.1 创建虚拟机

在 vSphere Client 控制台中，创建虚拟机与在 VMware Workstation 中相类似，主要步骤如下：

（1）用鼠标右键单击连接到的 VMware ESXi 的计算机名称或 IP 地址，在弹出的快捷菜单中选择“新建虚拟机”选项，或者按“Ctrl+N”热键，如图 3-133 所示。

（2）在“配置”对话框中，选择“自定义”，如图 3-134 所示。

（3）在“名称和位置”对话框，在“名称”文本框中，输入要创建的虚拟机的名称，如 WS12R2-TP，如图 3-135 所示。在 VMware ESXi 与 vCenter Server 中，每个虚拟机的名称最多可以包含 80 个英文字符，并且每个虚拟机的名称在 vCenter Server 虚拟机文件夹中必须是唯一的。在使用 vSphere Client 直接连接到 VMware ESXi 主机时无法查看文件夹，如果要查看虚拟机文件夹和指定虚拟机的位置，请使用 VMware vSphere 连接到 vCenter Server，并通过 vCenter Server 管理 ESXi。

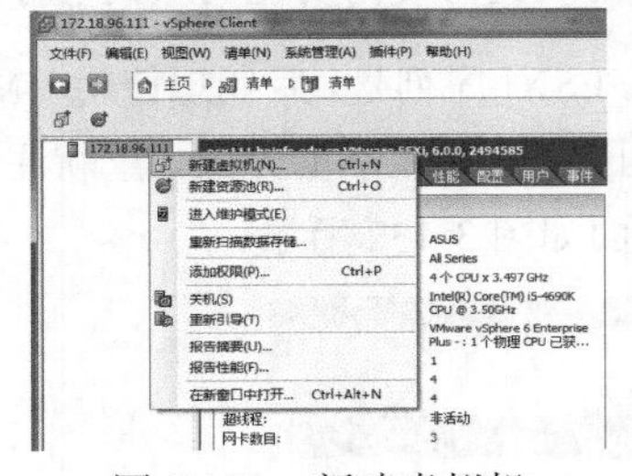

图 3-133 新建虚拟机

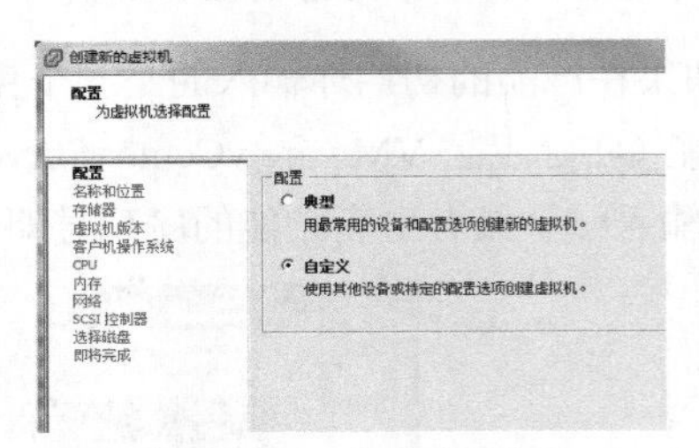

图 3-134 自定义配置

说明： 通常来说，创建的虚拟机的名称与在虚拟机中运行的操作系统或者应用程序有一定的关系，在本例中创建的虚拟机名称为 WS12R2-TP，表示这是创建一个 Windows Server 2012 R2 的虚拟机，并在虚拟机中安装 Windows 2012 R2 的操作系统。

（4）在“数据存储”对话框中，选择要存储虚拟机文件的数据存储，在有多个存储时，从中选择一个存储，如图 3-136 所示。在该列表中，显示了当前存储的容量、已经使用的空间、可用的空间、存储的文件格式。

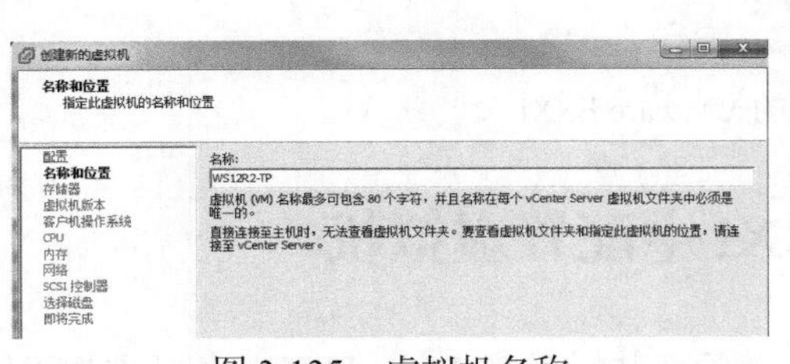

图 3-135 虚拟机名称

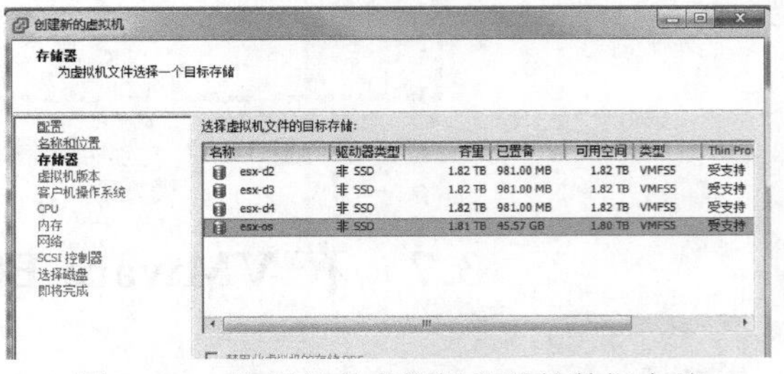

图 3-136 选择保存虚拟机位置的数据存储

（5）在“虚拟机版本”对话框中，选择虚拟机的版本。在 VMware ESXi 6 的服务器中，推荐使用“虚拟机版本：11”的格式，这是 VMware ESXi 6.0 支持的格式，具有更多功能。如图 3-137 所示。如果你的虚拟机在 VMware ESX/ESXi 5 及更高版本上运行，或者与 ESX/ESXi5 共享虚拟机时可以选择“虚拟机版本：8”。

（6）在“客户机操作系统”对话框中，选择虚拟机要运行的操作系统，如图 3-138 所示。这与 VMware Workstation、VMware Server 相类似。在本示例中选择“Windows Server 2012（64 位）”。

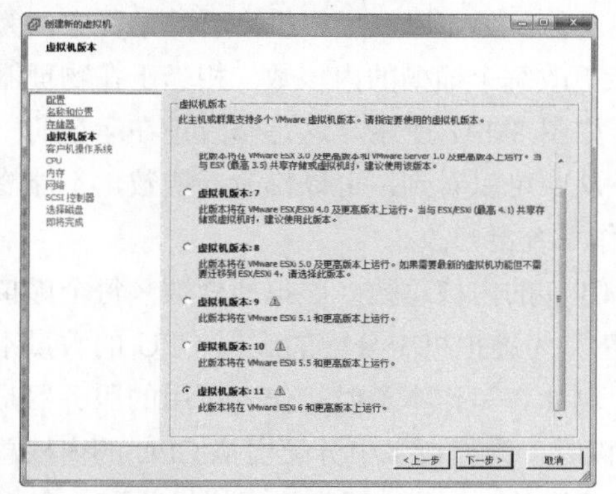

图 3-137　选择虚拟机版本

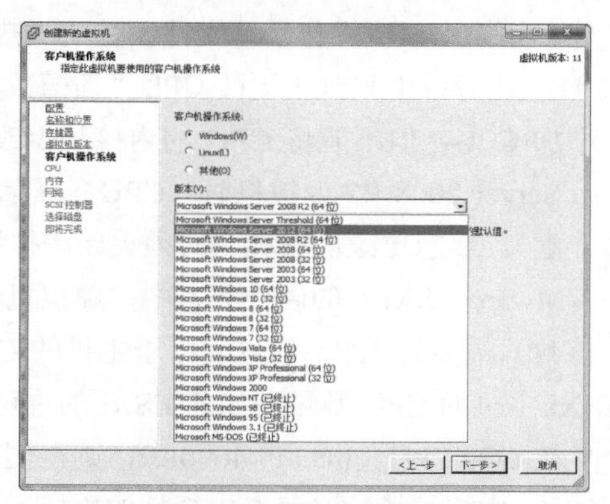

图 3-138　选择客户机操作系统

（7）在“CPU”对话框中，选择虚拟机中虚拟 CPU 的数量。在 vSphere 6 中，最多可以将虚拟机配置为具有 128 个虚拟 CPU。但 vSphere ESXi 主机上许可的 CPU 数量、客户机操作系统支持的 CPU 数量和虚拟机硬件版本决定着您可以添加的虚拟 CPU 数量。

vSphere Virtual Symmetric Multiprocessing (Virtual SMP) 可以使单个虚拟机同时使用多个物理处理器。必须具有虚拟 SMP，才能打开多处理器虚拟机电源。

在“CPU”配置对话框中，其中“虚拟插槽数”相当于物理主机上的物理 CPU，而每个虚拟插槽的内核数，相当于每个物理 CPU 具有几个核心（或内核）。虚拟插槽数×每 个虚拟插槽的内核数＝内核总数。

对于物理机来说，我们可以分清，或者知道有几个物理 CPU（插槽）、每个 CPU 有几个内核。ESXi 会把插槽数×内核数×超线程（一般是 2）＝总的 CPU 数。例如，在一台配置有 2 个 6 核心的 CPU、CPU 支持超线程（如图 3-139 所示），则 ESXi 会认为有 2×6×2＝24 个逻辑处理器（如图 3-140 所示）。

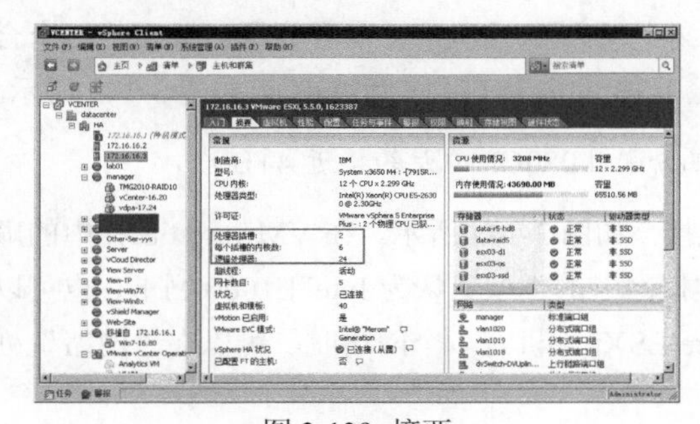

图 3-139 摘要

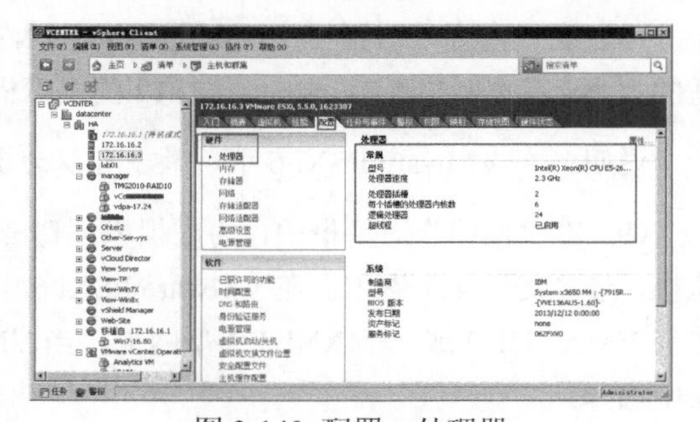

图 3-140 配置→处理器

对于虚拟机来说，只要“内核总数”相同，其获得的 CPU 资源是相同的，换句话说，性能也是相同的。例如，为一个虚拟机分配了 4 个插槽，每个插槽有 1 个内核，与为其分配 2 个插槽、每个插槽 2 个核心，或为其分配 1 个插槽、生个插槽有 4 个核心，其性能是完全一样的。并且在虚拟机操作系统中，也会识别出 4 个核心。那么，为什么要区别插槽及内核呢？这在许多时候，是为了满足某些产品许可协议的限制。因为，有的软件，会限制物理 CPU 的数量，但不限制 CPU 的内核数。

例如，某个软件授权允许运行在双 CPU 的计算机上（即 2 个物理 CPU）。此时，为虚拟机分配 4 个插槽即超过了许可协议，但你分配 2 个插槽、每个插槽 2 个内核或分配 1 个插槽、每个插槽 4 个内核，即能满足实际的性能需求，也不违背软件许可协议。

另外，如果虚拟机操作系统支持硬件的“热添加”功能，你可以在虚拟机启动的过程中，为其添加 CPU 及内存，但只限于更改 CPU“插槽数”，不能更改每个插槽的内核数。相当于在物理服务器上，添加 CPU，但不能将 CPU 的内核从少改为多。如图 3-141 所示，这是修改正在运行的一台 Windows Server 2008 R2 虚拟机时，CPU 的配置界面，从中可以看到，可以修改插槽数，不能修改内核数（虚）。要想更改内核数，必须关闭虚拟机的操作系统再修改。

在 VMware ESXi 6 的硬件版本中，虚拟机中虚拟 CPU 的内核总数（虚拟插槽数×每个虚拟插槽的内核数）最多为 128，但这受限于主机的 CPU 数量。为虚拟机中分配的虚拟 CPU 的数量不能超过 ESXi 主机的 CPU 数量及当前 ESXi 的许可数量，例如在写作本章时，作者所用的服务器是具有 1 个 4 核心的 CPU（Intel i5-4690K），则在创建虚拟机时，为虚拟机中分配虚拟 CPU 的内核总数不能超过 4（虚拟插槽数×每个虚拟插的内核数）。在大多数的情况下，我们为虚拟机分配 1 个 CPU 即可，如果以后虚拟机不能满足需求，可以再修改。如图 3-142 所示。

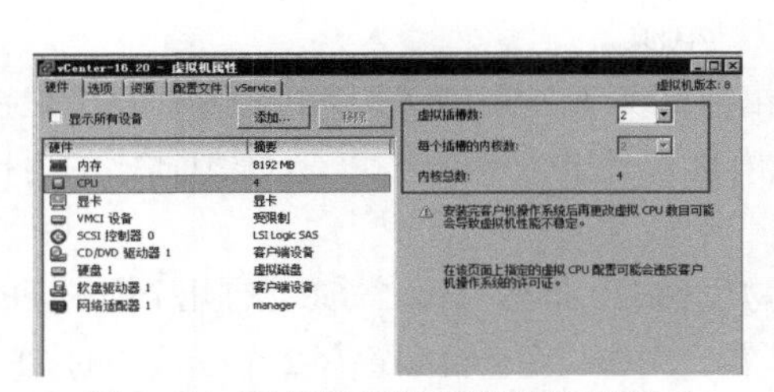

图 3-141 正在运行的虚拟机的配置页

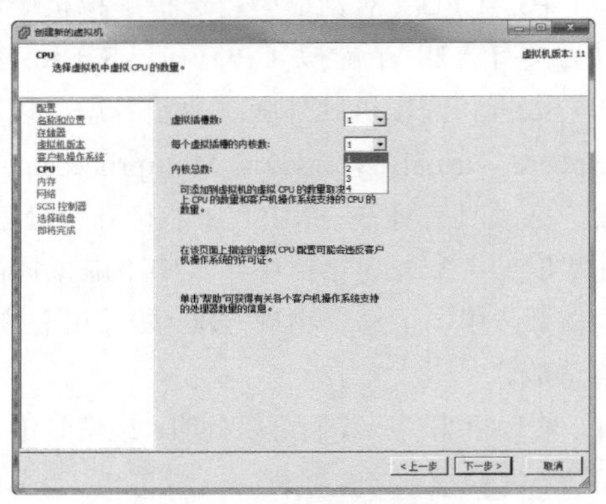

图 3-142　CPU 选择

（8）在“内存”对话框中，配置虚拟机的内存大小，在默认情况下，向导为用户分配的一个合适的大小，在本例中为 Windows　2012 的虚拟机分配 1GB 的内存（默认为 4GB），如图 3-143 所示。

说明：在 VMware ESXi 6 中，最多可以为虚拟机分配 4 080GB（大约接近 4TB）。

（9）在“网络”对话框中，为虚拟机创建网络连接，如图 3-144 所示。在 VMware ESXi 中的虚拟机，最多支持 4 个网卡。在 VMware ESXi 6 中，虚拟网卡的类型默认为 Intel E1000 网卡，也可以选择 VMXNET 2 或 VMXNET 3 型网卡。当 VMware ESXi 主机有多个网络时，可以在“网络”列表中选择。

（10）在“SCSI 控制器”对话框中，选择要使用的 SCSI 控制器类型，可以在“BusLogin”、“LSI 逻辑并行”、“LSI Logic SAS”、“VMware 准虚拟”之间选择，如图 3-145 所示。通常情况下，选择默认值即可。

（11）在“选择磁盘”对话框，为虚拟机创建虚拟硬盘，这与 VMware Workstation 相类似。在此选择“创建新的虚拟磁盘”，如图 3-146 所示。

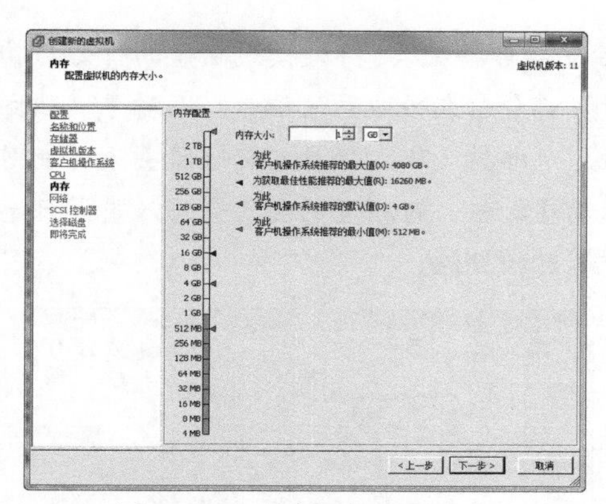

图 3-143　为虚拟机配置内存

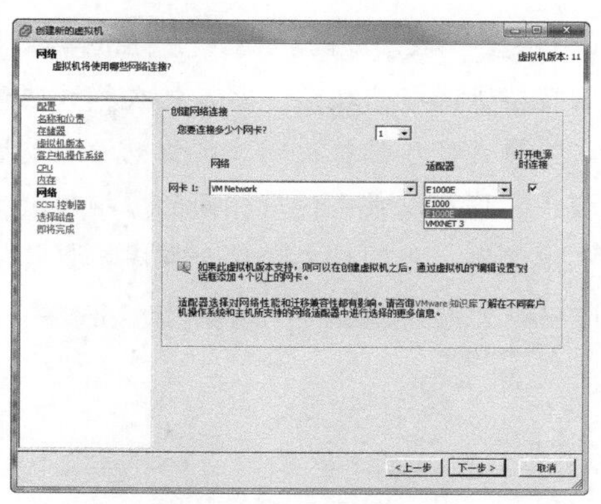

图 3-144　创建网络连接

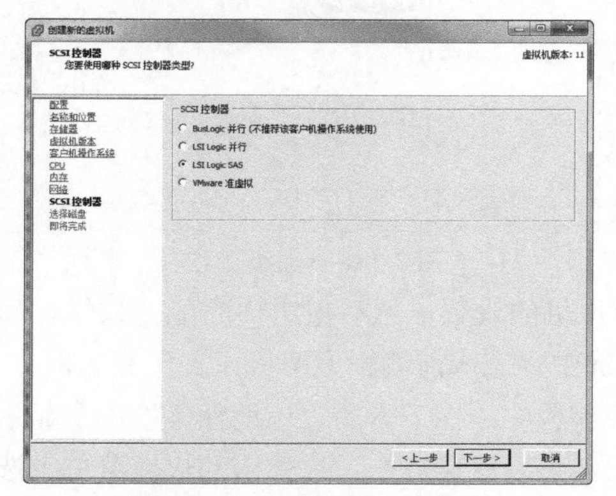

图 3-145　选择 SCSI 控制器

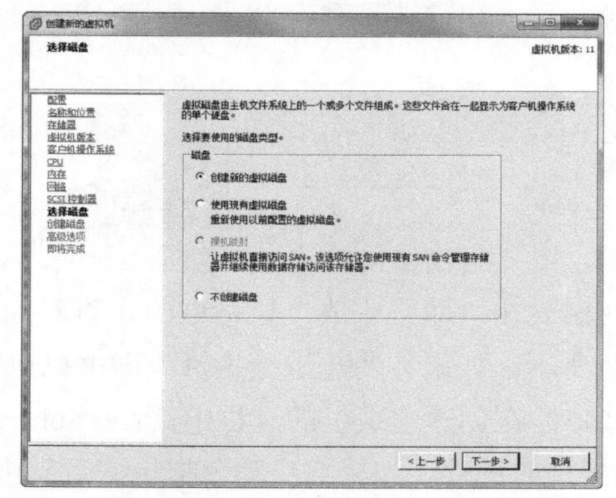

图 3-146　创建新的虚拟磁盘

说明：与 VMware Workstation 可以直接使用主机物理硬盘相类似，在 VMware ESXi 中，可以直接使用“裸机映射”磁盘。

（12）在“创建磁盘”对话框中，设置新创建的虚拟磁盘的容量及置备参数。如果想让虚拟机“按需分配磁盘空间”，请选择“Thin Provision”；如果想让虚拟磁盘按照“磁盘大小”立刻分配空间，可以选择“厚置备延迟置零”或“厚置备置零”两种磁盘，如图 3-410 所示。厚置备磁盘具有更好的性能，但会占用过多的磁盘空间。通常情况下，对于需要使用数据库系统的虚拟机，选择厚置备磁盘（非 SSD 存储）；对于大多数的应用来说，选择“Thin Provision”即可。如果虚拟机保存在 SSD（固态硬盘）存储上，则不要选择“厚置备”磁盘，在 SSD 存储上使用“Thin Provision”即可获得更好的性能。通常来说，为 Windows 7、Windows 8、Windows Server 2008 R2、Windows Server 2012 R2 的虚拟机分配 60GB 即可满足系统的需求。一般情况下，分配的这个磁盘只用来安装操作系统及必要的应用程序。如果不够，可以在安装完系统之后，通过修改虚拟机配置的方式，增加虚拟机的硬盘大小，然后再在虚拟机操作系统中，扩展磁盘。在大多数的情况下，操作系统与数据磁盘是分别的两个或多个虚拟磁盘（操作系统一个盘，数据盘一个或多个）。

（13）在“高级选项”中，指定虚拟磁盘的高级选项与工作模式，如无必要，不要更改，如图 3-148 所示。

说明：“独立”磁盘模式不受快照影响。如果在一个虚拟机系统中，有多个虚拟硬盘时，在创建快照或者从快照中恢复时，选中为“独立”磁盘模式的虚拟硬盘保持不变。 在 VMware ESXi 虚拟机中，“独立”磁盘有两种模式：“独立—持久”与“独立—非持久”。持久模式磁盘的行为与物理机上常规磁盘的行为相似。写入持久模式磁盘的所有数据都会永久性地写入磁盘。而对于“独立—非持久”模式的虚拟机关闭虚拟机电源或重置虚拟机时，对非持久模式磁盘的更改将丢失。使用非持久模式，您可以每次使用相同的虚拟磁盘状态重新启动虚拟机。对磁盘的更改会写入重做日志文件并从中读取，重做日志文件会在虚拟机关闭电源或重置时被删除。

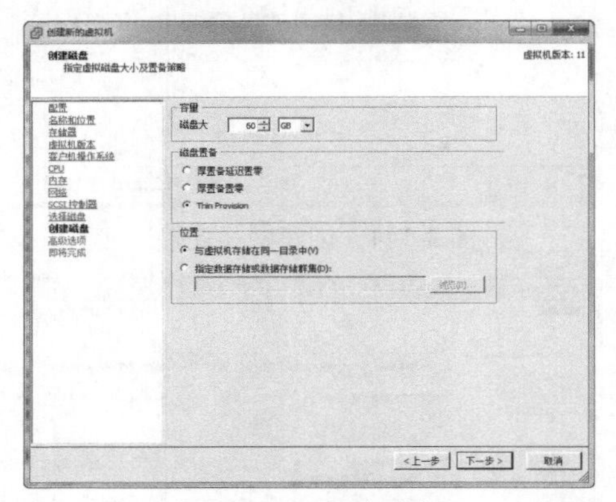

图 3-147　创建磁盘

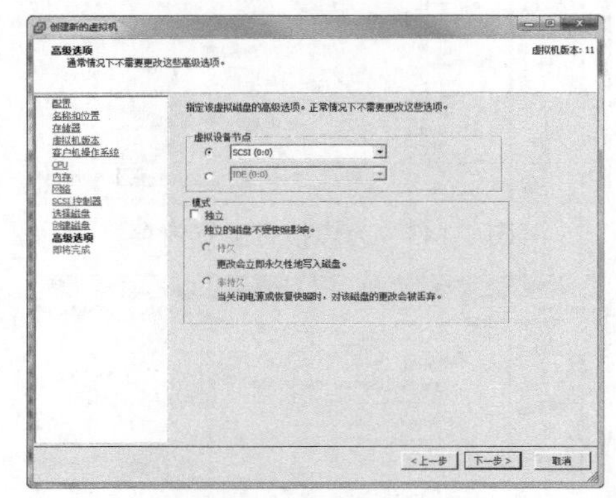

图 3-148　高级选项

（14）在“即将完成”对话框中，查看当前新建虚拟机的设置，然后单击“完成”按钮，如图 3-149 所示。如果你要想进一步修改虚拟机设置，可以选中“完成前编辑虚拟机设置”复选框。

（15）在创建虚拟机的过程中，在 vSphere Client 控制台中，在下方的“近期任务”中，显示创建虚拟机的进程。如果要启动虚拟机、查看虚拟机窗口，可以鼠标右击，在弹出的快捷菜单中选择“打开控制台”选项，如图 3-150 所示。

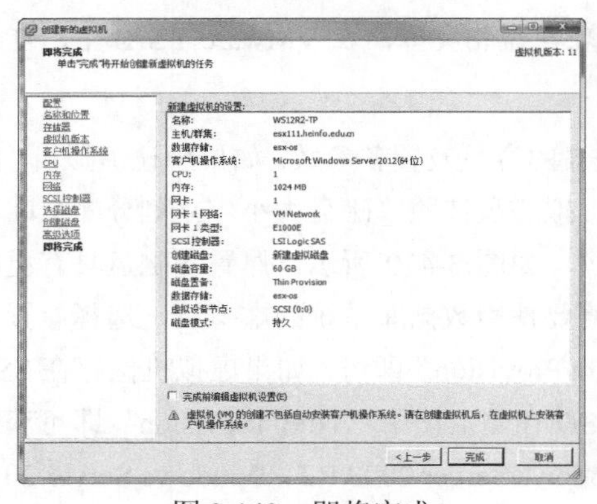

图 3-149　即将完成

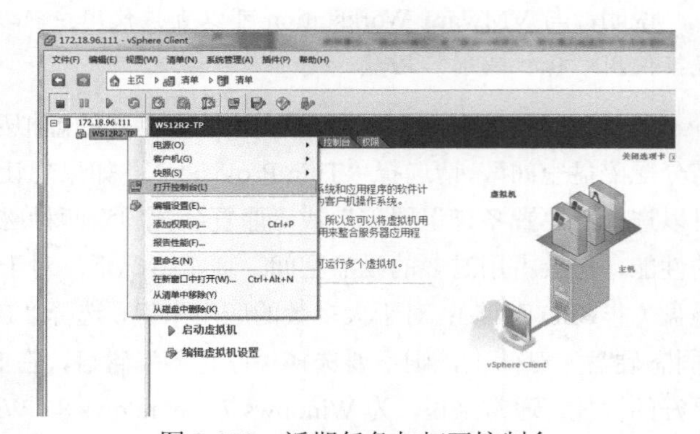

图 3-150　近期任务与打开控制台

3.7.2　修改虚拟机的配置

与 VMware Workstation、VMware Server 相同，在创建虚拟机之后，在虚拟机的整个生存周期中，可以根据需要随时修改虚拟机的配置。通常情况下，都是在虚拟机关闭的情况下修改参数，如内存、CPU 数量、增加或移动虚拟硬盘、增加虚拟硬盘的大小、添加或移动网卡等。而在 VMware ESXi 6 中，对于安装某些操作系统的虚拟机，如 Windows Server 2003，是可以在虚拟机运行的情况下增加内存大小的，而 Windows Server 2008，还可以在虚拟机运行的时候增加虚拟 CPU 的数量，这个功能称为内存与CPU的热添加功能。接下来，通过在上一节创建的虚拟机，来介绍修改虚拟机配置这一功能的使用。

在vSphere Client控制台中，在左边的窗格中，右击一个虚拟机弹出快捷菜单，在该菜单中可以打开或关闭虚拟机电源、打开虚拟机的控制台、修改虚拟机的设置 、重命名虚拟机、删除虚拟机等，如图3-151所示。这些操作比较简单不一一介绍。

在弹出的快捷菜单中，选择“编辑设置”，可以打开虚拟机的配置对话框，修改虚拟机的设置。例如，可以添加、删除虚拟机的硬件，也可以修改虚拟机的参数，如设置内存大小、硬盘大小等，如图3-152所示。

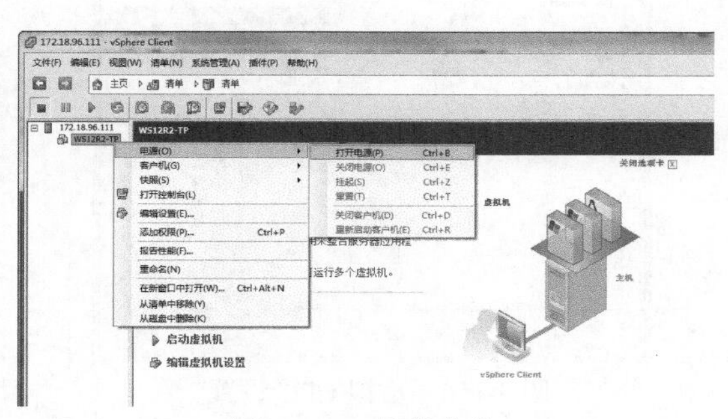

图3-151 快捷菜单

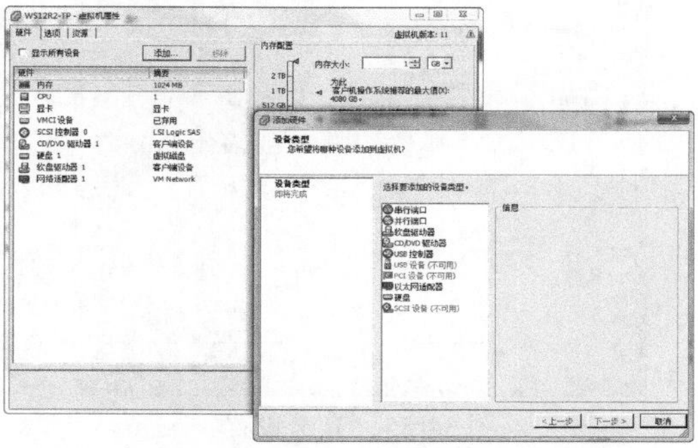

图3-152 添加硬件对话框

在虚拟机配置对话框中，大多与VMware Workstation中相类似，但也有不同，主要有：

（1）在VMware ESXi的虚拟机，可以修改硬盘大小，如图3-153所示。

注意：无论是在VMware Workstation还是在VMware ESXi中，只能增加硬盘容量，不能减小硬盘的容量。并且虚拟硬盘的大小受限于所在的存储器的大小及VMware虚拟机最大硬盘大小（62TB）。例如，在图3-153中，WS12R2-TP所在的VMware ESXi存储中最大空间为1 903.78GB，则该虚拟机的硬盘大小则为1 903.78GB；如果当前服务器可用空间超过62TB，则虚拟硬盘上限为62TB。

（2）VMware ESXi的虚拟机的光驱、软驱，除了可以使用VMware ESXi的主机设备外，还可以使用所连接的vSphere Client客户端的光驱或镜像文件，也可以使用保存在VMware ESXi的数据存储中的镜像，如图3-154所示。

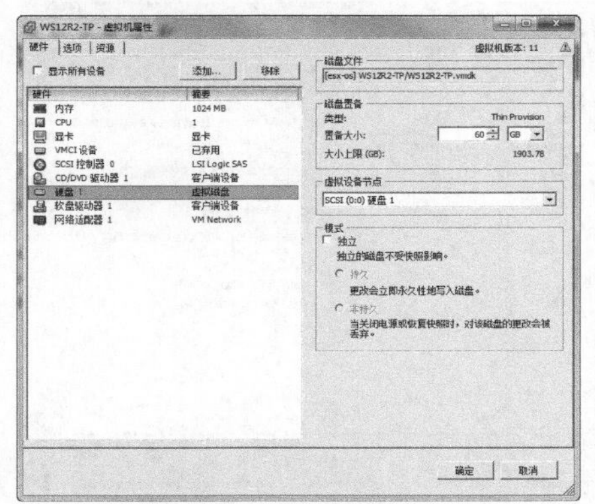

图3-153 可以直接扩充磁盘空间

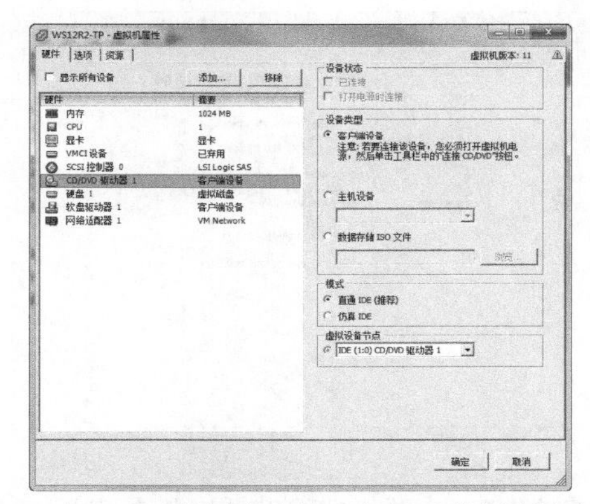

图3-154 光驱可以使用客户端、主机及数据存储中的镜像

（3）在“显卡”选项中，可以为虚拟机指定显示器数目、视频内存大小，如图3-155所示。如

果是 Windows 7、Windows 8 等工作站操作系统的虚拟机，可以为虚拟机启用 3D 支持，如果是 Windows Server 2003 等服务器操作系统虚拟机不能启动 3D 支持（选项为灰色）。通常情况下，为虚拟机分配较大的视频内存可以提高虚拟机的显示性能。如果不清楚为虚拟机设置多大的内存，可以选择“自动检测设置”。

（4）在“CPU”选项中，可以为虚拟机指定虚拟 CPU 的插槽数与每插槽的内核数，如图 3-156 所示。

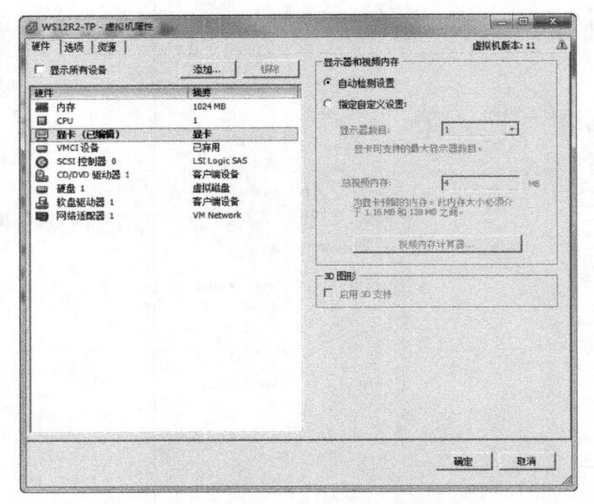

图 3-155　显卡设置

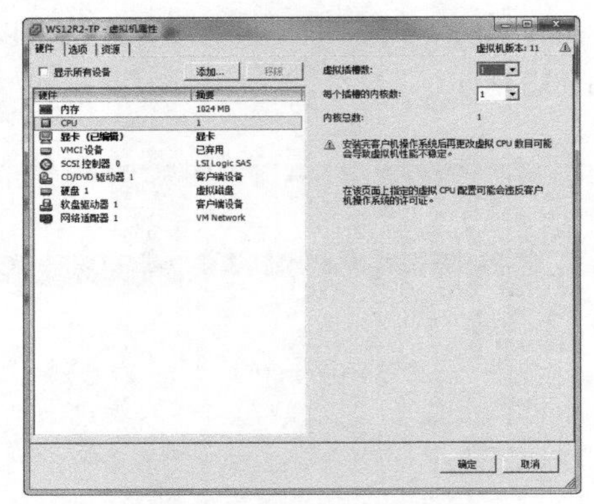

图 3-156　虚拟 CPU 设置

（5）在“选项→高级→内存/CPU 热插拔”中，如果虚拟机所配置的操作系统支持内存的热添加或（与）CPU 的热插拔，在该项对应的设置是可以修改并启用的。Windows 7、Windows 8、Windows Server 2008、Windows Server 2008 R2、Windows Server 2012 等操作系统虚拟机还支持“CPU 热插拔”功能；大多数的操作系统支持内存热添加。在“内存热添加”项可以选择“为此虚拟机启用内存热添加”，而在“CPU 热插拔”选项中，“为此虚拟机启用 CPU 热添加”与“为此虚拟机启用 CPU 热添加和热移除”选项禁用，如图 3-157 所示。当虚拟机所配置的操作系统是 Windows Server 2008 R2、Windows Server 2008 时，是可以启用 CPU 热插拔选项。

（6）虚拟机的启动是比较好的，这就导致在虚拟机启动时，来不及按“F2”键进入 BIOS 设置。此时可以在“选项→高级→引导选项”中，选中“下一次虚拟机引导时，强制进入 BIOS 设置画面”，这样当虚拟机启动时会进入 BIOS 设置对话框，如图 3-158 所示。

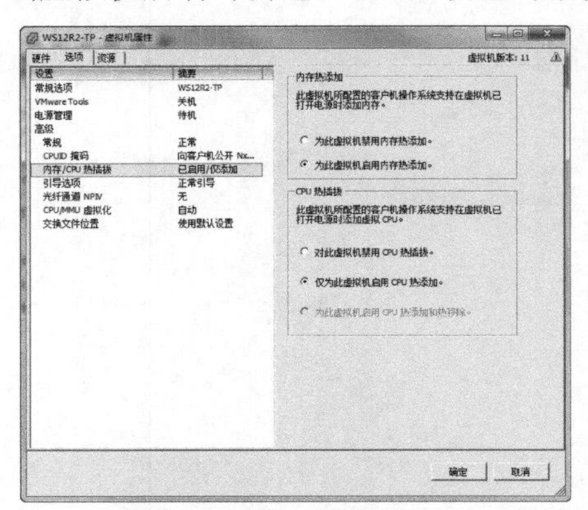

图 3-157　内存与 CPU 热插拔选项

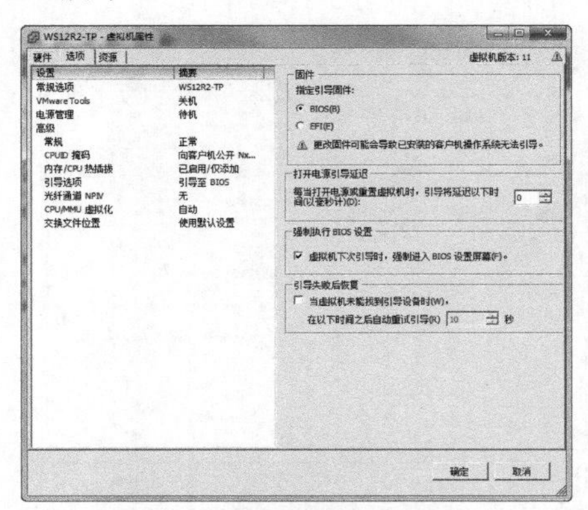

图 3-158　强制 BIOS 选项

（7）在“资源”选项卡中，可以分配 CPU、内存、磁盘等资源值，默认情况下是没有进行限制，可以根据需要，限制虚拟机的 CPU、内存、磁盘占用的资源，如图 3-159 所示。

有关虚拟机的其他设置，以后在用到的时候会做进一步的介绍。

在 vSphere Client 中，单击工具栏上的“ ”按钮，或者在快捷菜单中，选择“打开控制台”命令，打开虚拟机的控制台，在该虚拟机台中，可以启动、关闭虚拟机，以及修改虚拟机的设置。例如，可以为当前虚拟机选择保存在 vSphere Client 客户端硬盘上的光盘镜像作为虚拟机的光驱，以为虚拟机安装操作系统，如图 3-160 所示。

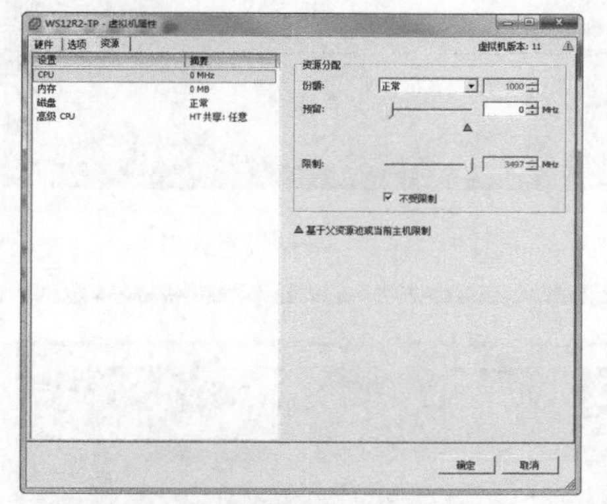

图 3-159　限制虚拟机资源占用率

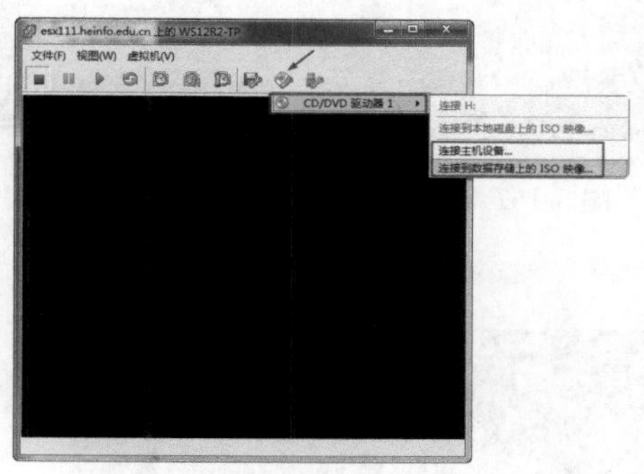

图 3-160　光驱选择

从图 3-160 看到的，就“相当于”VMware Workstation 中的虚拟机控制界面。

3.7.3　在虚拟机中安装操作系统

本节将介绍在 VMware ESXi 虚拟机中安装操作系统、安装 VMware Tools 的步骤，这个步骤与 VMware Workstation 类似。在本节的实验中，将在 WS12R2-TP 的虚拟机中安装 Windows　2012 R2 数据中心版操作系统。

（1）打开 WS12R2-TP 虚拟机控制台，单击“ ”按钮启动虚拟机。首先要选择使用何种方式（或介质）安装操作系统。你可以通过单击“ ”按钮弹出“CD/DVD 驱动器 1”下拉菜单，选择是使用主机设备、主机数据存储上的 ISO 镜像、本地磁盘上的 ISO、本地设备作为安装光盘安装操作系统，如图 3-161 所示。

说明：如果在企业，推荐在网络中配置“Windows 部署服务器”，通过网络部署 Windows 操作系统。或者将常用的操作系统（例如 Windows 8、Windows Server 2012）的 ISO 镜像文件上传到 VMware ESXi 数据存储。当然也可以使用本地 ISO 镜像，这可根据实际情况选择。

（2）设置之后，用鼠标在控制台窗口中单击一下，进入虚拟机的设置。如果虚拟机进入 CMOS 菜单，按 F10 保存退出，如图 3-162 所示。

（3）在本示例中，使用网络中的“Windows 部署服务”安装。虚拟机启动后，会从网络中 DHCP 服务器获得 IP 地址并从 Windows 部署服务下载启动镜像，之后按“F12”键开始从 Windows 部署服务启动，如图 3-163 所示。

（4）在“Windows Boot Manager”菜单选择启动镜像，如果是 32 位虚拟机，选择 X86，如果是 64 位虚拟机，则选择 X64，如图 3-164 所示。

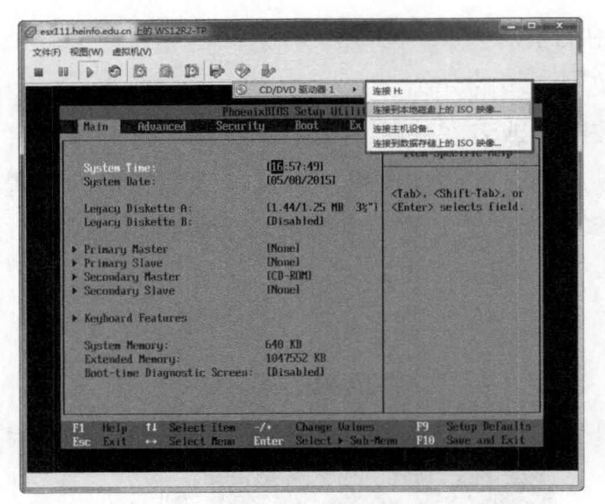

图 3-161　连接到本地磁盘上的 ISO 映像

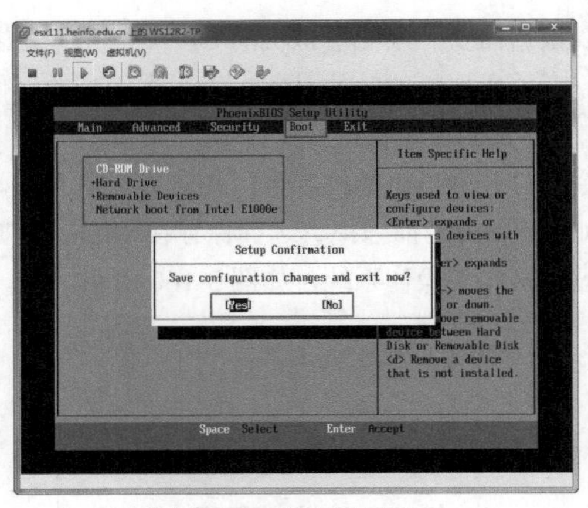

图 3-162　保存设置退出

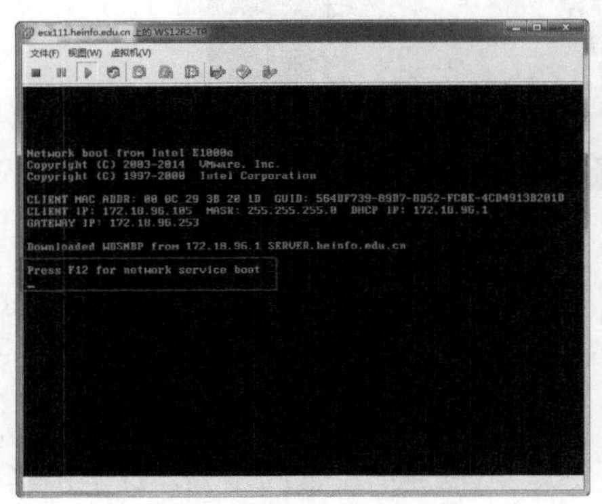

图 3-163　按“F12”键启动

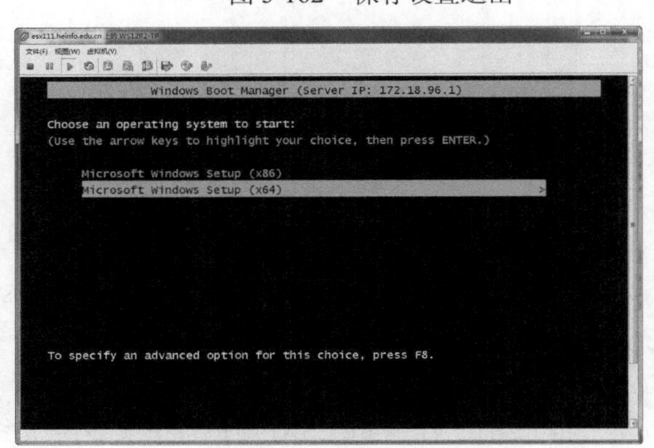

图 3-164　选择启动镜像

（5）在“选择要安装的操作系统”列表中，选择要安装的系统，在此选择 Windows Server 2012 R2 数据中心版，如图 3-165 所示。

（6）在“你想将 Windows 安装在哪里”选择安装磁盘，直接单击“下一步”按钮，将 Windows Server 2012 R2 安装在硬盘上，如图 3-166 所示。

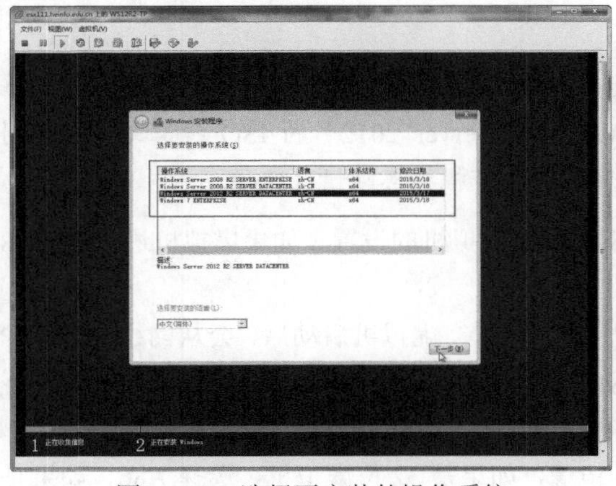

图 3-165　选择要安装的操作系统

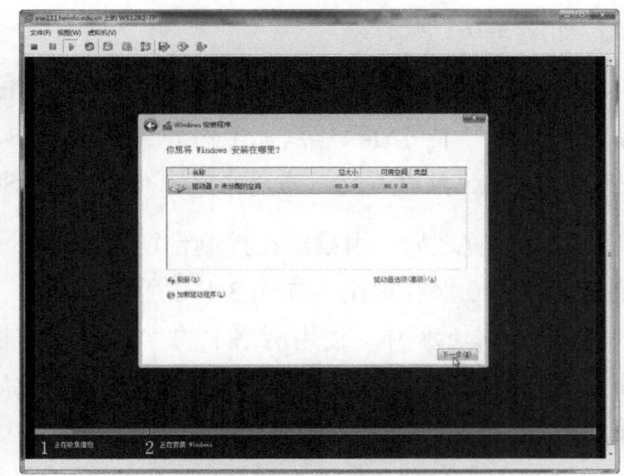

图 3-166　安装位置

（7）之后开始安装 Windows Server 2012 R2，大约需要 15～20 分钟的时间。安装完

WindowsServer 2012 R2 后，在“许可条款”对话框，接受许可协议，如图 3-167 所示。

（8）在安装完 Windows Server 2012 R2 之后，在“虚拟机”菜单中选择“客户机→安装/升级 VMware Tools”，如图 3-168 所示，根据向导安装 VMware Tools，操作比较简单，不再介绍。

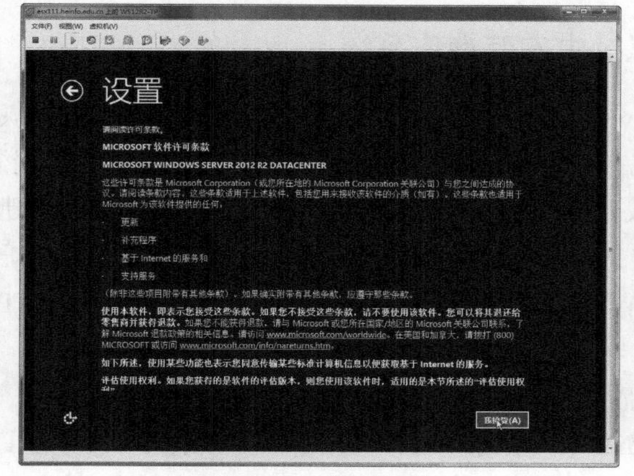

图 3-167　许可条款

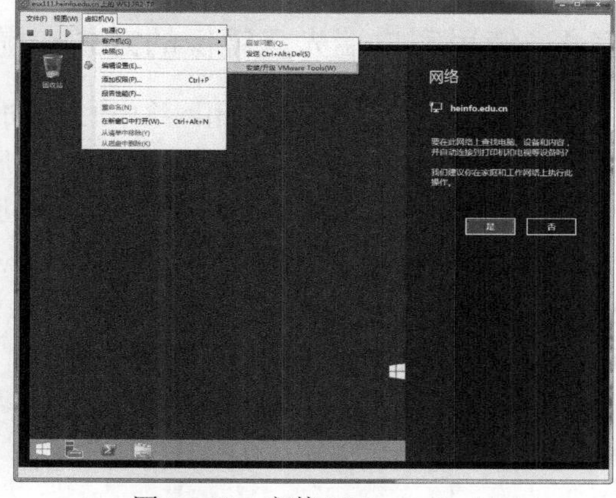

图 3-168　安装 VMware Tools

（9）在安装完 Windows Server 2012 R2、VMware Tools 之后，激活 Windows Server 2012 R2。对于 Windows 7 专业版、企业版、Windows 8 专业版、Windows 8 企业版、Windows Server 2008、Windows Server 2012 等操作系统，建议在网络中通过配置 KMS 服务器来激活。图 3-169 是使用内部 KMS 服务器并通过编写脚本来激活的截图。另外，如果网络中配置了 Active Directory、DNS、DHCP 服务器，也可能将 KMS 服务器地址配置在 DNS 中，只要计算机是“自动获得 IP 地址与 DNS 地址”，在网络连通后，相关的操作系统会自动激活。在 Windows Server 2012 R2 激活之后，然后安装常用的软件，之后关闭虚拟机。

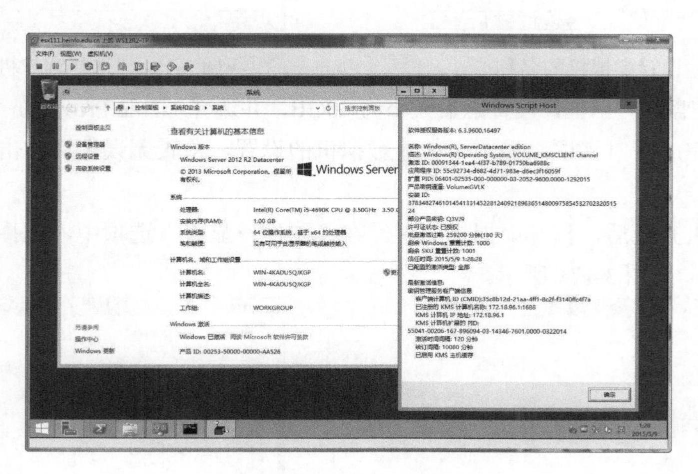

图 3-169　使用 KMS 激活

在 VMware ESXi 虚拟机中安装软件，与在 VMware Workstation 虚拟机中安装软件相似：

（1）可以在虚拟机中，直接访问 Internet、从 Internet 下载安装程序。

（2）在虚拟机中，通过局域网连接到网络中的其他共享服务器获得安装程序。

（3）将软件的安装程序制作成 ISO 镜像加载到虚拟机中安装。

在这一点上，在 VMware ESXi 中安装软件要比 VMware Workstation 复杂，因为在 VMware Workstation 中，可以直接将主机中的软件通过拖曳到虚拟机中，或者直接将主机文件夹映射到虚拟机中。但 VMware ESXi 则没有提供这一功能。

3.7.4 使用客户端光盘镜像的方式在虚拟机中安装操作系统

在上一节我们介绍的是使用网络中的“Windows 部署服务”服务器、通过网络为虚拟机安装操作系统。如果你的网络中没有“Windows 部署服务”，也可以使用 vSphere Client（vSphere 客户端）计算机上的安装光盘或安装光盘镜像，将镜像加载到虚拟机中的方式安装。本节将在 ESXi 中创建 Windows 7 虚拟机、并在虚拟机中安装 Windows 7 为例进行介绍。因为在上两节已经介绍过创建虚拟机、在虚拟机中安装操作系统的详细步骤，故本节只介绍主要步骤。在本节，将创建名为 Win7x-TP 的虚拟机，为该虚拟机分配 1 个 CPU、1GB 内存、60GB 硬盘空间。主要步骤如下。

（1）使用 vSphere Client，新建虚拟机，设置虚拟机的名称为“Win7x-TP”，如图 3-170 所示。

（2）在“客户机操作系统”对话框，选择“Microsoft Windows 7 （32 位）”，如图 3-171 所示。

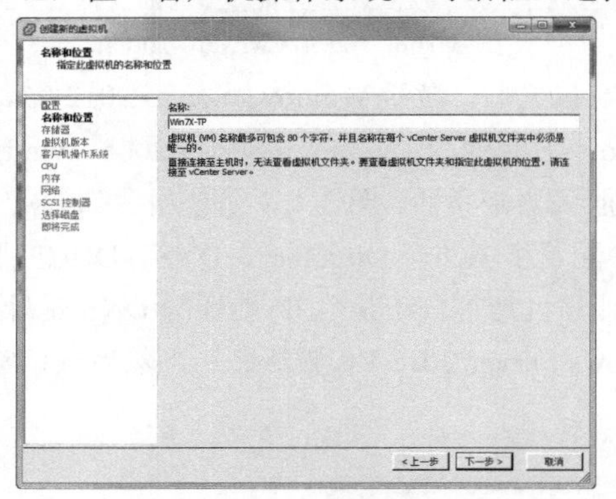

图 3-170 设置虚拟机的名称

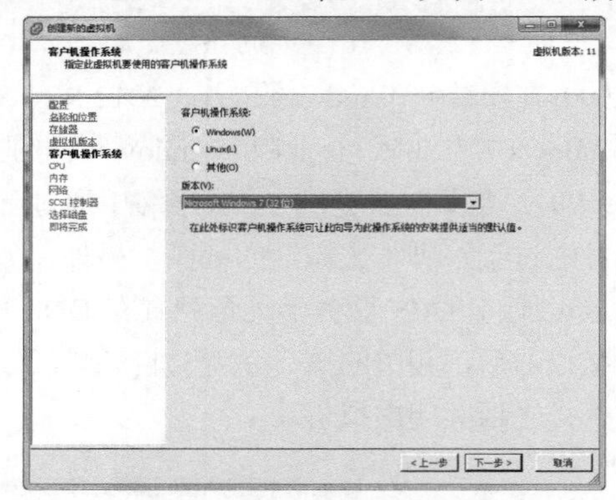

图 3-171 选择客户机操作系统

（3）在“创建磁盘”对话框，设置磁盘大小为 60GB，并选择“Thin Provision”，如图 3-172 所示。

（4）在“即将完成”对话框，显示了新建虚拟机的设置，检查无误之后单击“完成”按钮，如图 3-173 所示。

（5）创建虚拟机完成后，打开虚拟机配置，在“硬件→显卡”选项中，选择“自动检测设置”和“启用 3D 支持”，如图 3-174 所示。

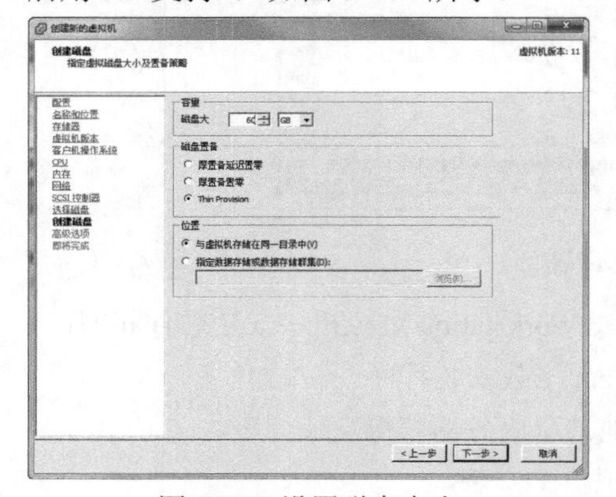

图 3-172 设置磁盘大小

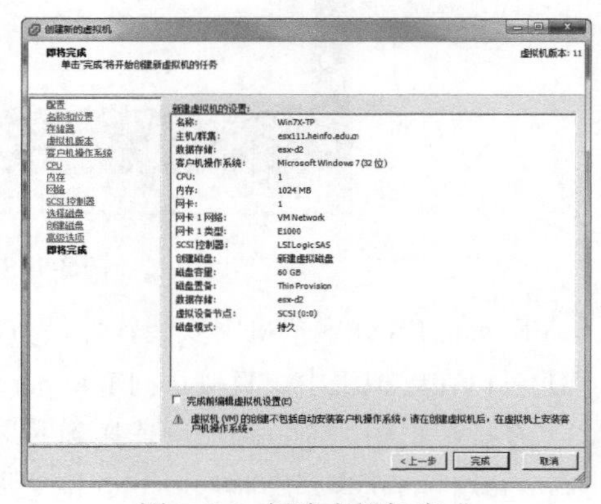

图 3-173 创建虚拟机完成

（6）在“选择→高级→内存/CPU 热挺拔”选项中，选中“为此虚拟机启用内存热添加”、“仅为此虚拟机启用 CPU 热添加”。

（7）在“选项→高级→引导选项”选项中，选中“虚拟机下次引导时，强制进入 BIOS 设置屏幕”，如图 3-175 所示。

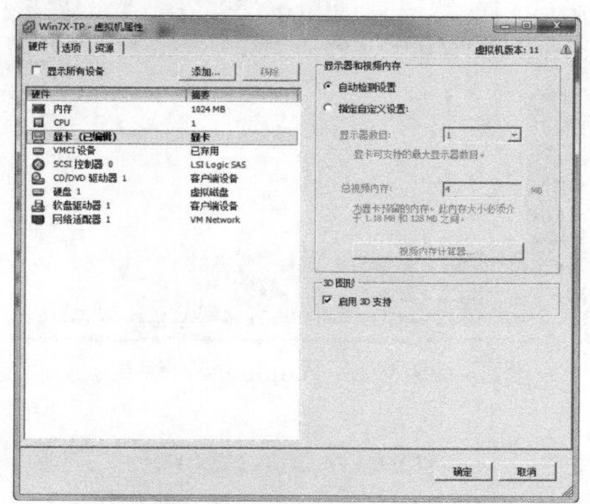

图 3-174　显卡设置

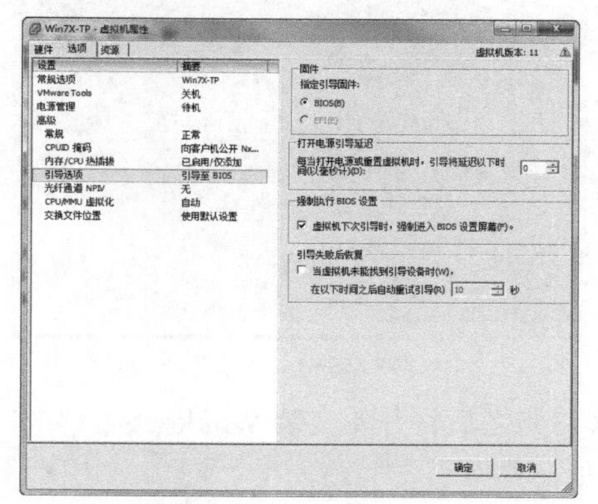

图 3-175　引导选项

（8）之后打开虚拟机控制台，并打开虚拟机电源，在“Boot”选项中，将光驱（CD-ROM Device）设备调整到最上（选中光驱之后，按+号向上调整，按-号向下调整），设置完成之后，按 F10 保存退出。如图 3-176 所示。然后单击工具栏上的“ ”按钮，在弹出的快捷菜单中选择“CD/DVD 驱动器 1→连接到本地磁盘上的 ISO 映像”。

（9）在“打开”菜单中，浏览选择 32 位的 Windows 7 镜像文件，如图 3-177 所示。

【说明】你也可以使用 vSphere Client 浏览 ESXi 存储，将常用的光盘镜像上传到 ESXi 存储，以后在虚拟机中可以加载 ESXi 数据存储中的镜像。使用 vSphere Client 浏览并管理 ESXi 存储的方法将在后面的章节介绍。

（10）之后进入 Windows 7 的安装界面，如图 3-178 所示。

（11）在“选择要安装的操作系统”对话框，选择“Windows 7 专业版”，如图 3-179 所示。推荐在虚拟机中安装 Windows 7 专业版或企业版，不建议安装旗舰版，因为旗舰版不能使用 KMS 激活。在企业应用，推荐用 KMS 服务器激活 Windows 产品。

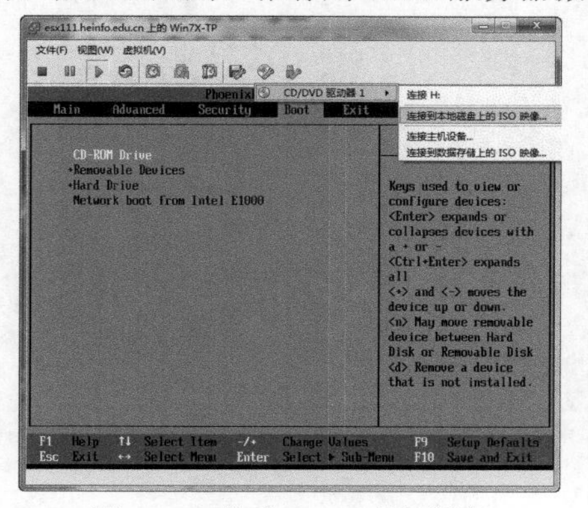

图 3-176　修改 BIOS 引导顺序

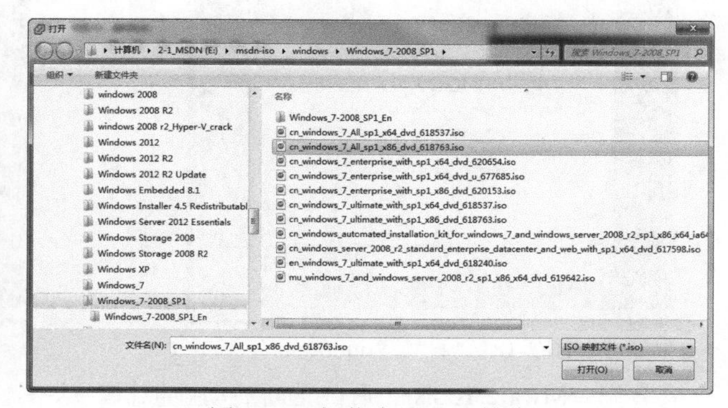

图 3-177　加载本地 ISO 镜像

（12）在“您想将 Windows 安装在何处”对话框，选择当前磁盘，单击“下一步”按钮，将系统安装在整个磁盘，如图 3-180 所示。

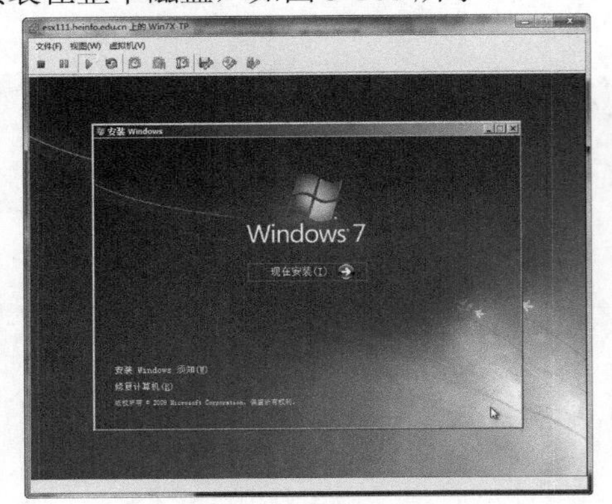

图 3-178 Windows 安装界面

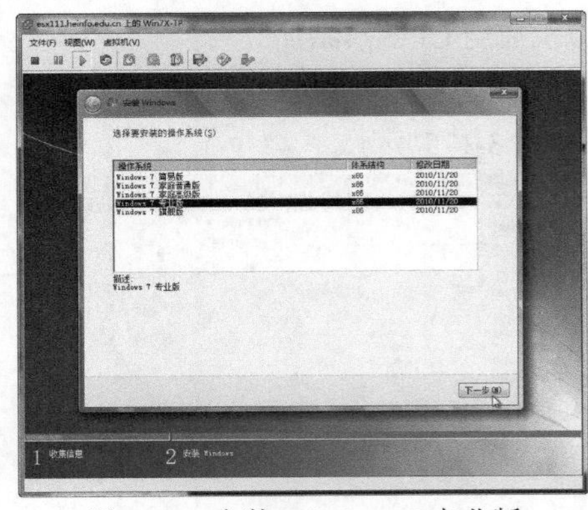

图 3-179 安装 Windows 7 专业版

（13）之后将开始安装 Windows 7，如图 3-181 所示。

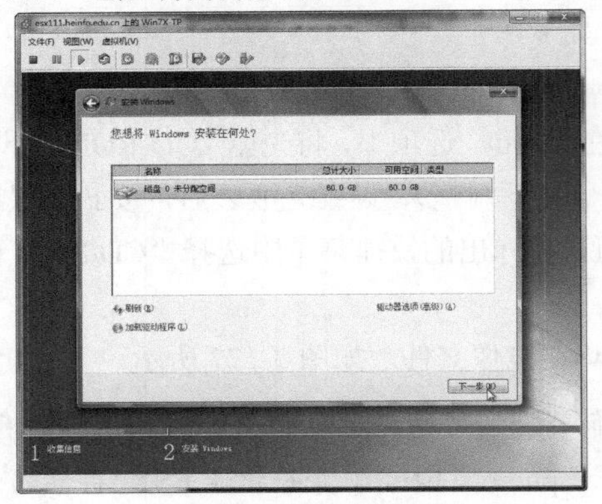

图 3-180 选择安装位置

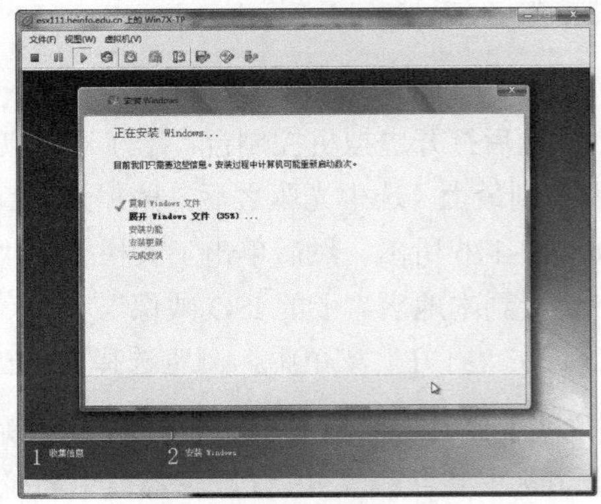

图 3-181 开始安装

（14）安装完成之后，在“设置 Windows”对话框，设置用户名及计算机名，如图 3-182 所示。

（15）之后进入 Windows，在“虚拟机”菜单中选择“客户机→安装/升级 VMware Tools”，安装 VMware Tools，如图 3-183 所示。

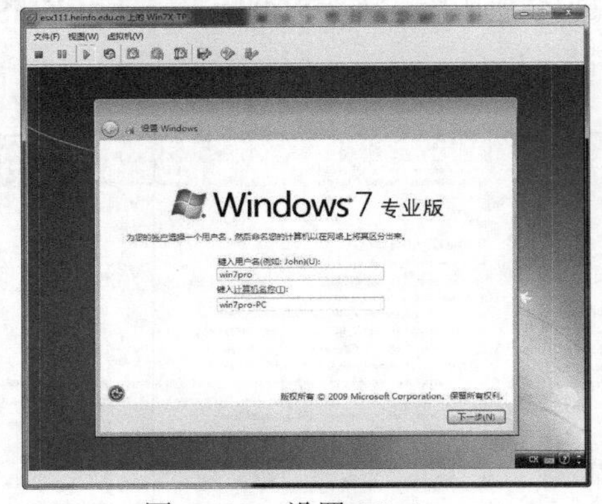

图 3-182 设置 Windows

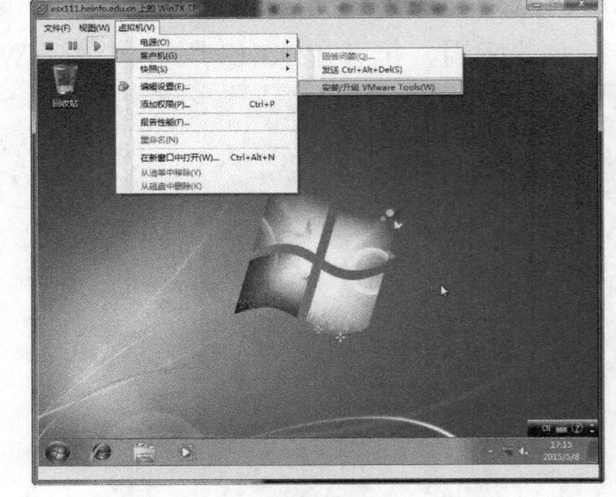

图 3-183 安装 VMware Tools

安装完 VMware Tools 之后，重新启动虚拟机，这些不一一介绍。

3.7.5　在 ESXi 虚拟机中使用 U 盘或其他外设

VMware ESXi 虚拟机支持外接 U 盘或其他并口（LPT1）、串口（COM1、COM2）设备，这些设备即可以连接在 VMware ESXi 所在主机，也可以连接到 vSphere Client 管理客户端。如果只是暂时使用，可以连接到 vSphere Client，如果是在某个虚拟机一直使用，则需要将这些设置安装在 VMware ESXi 主机上。

要使用 USB 或并口、串口设备，你需要修改虚拟机设置、在虚拟机中添加 USB 设备或并口、串口，然后启动虚拟机，让虚拟机连接这些设备。下面以在 VMware ESXi 虚拟机中，使用插在 ESXi 主机的一个 U 盘为例进行介绍。

（1）在 VMware ESXi 主机上插上一个 U 盘，然后用 vSphere Client 登录 vCenter Server 或 VMware ESXi 主机，打开该主机上的一个虚拟机，在“虚拟机”菜单选择“编辑设置”，如图 3-184 所示。

（2）打开虚拟机属性对话框，单击“添加”按钮，如图 3-185 所示。

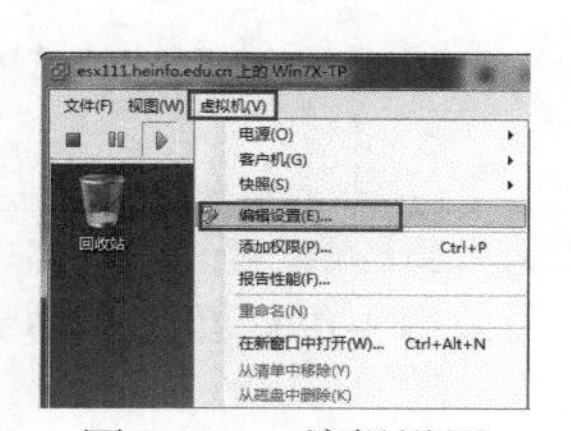

图 3-184　编辑设置

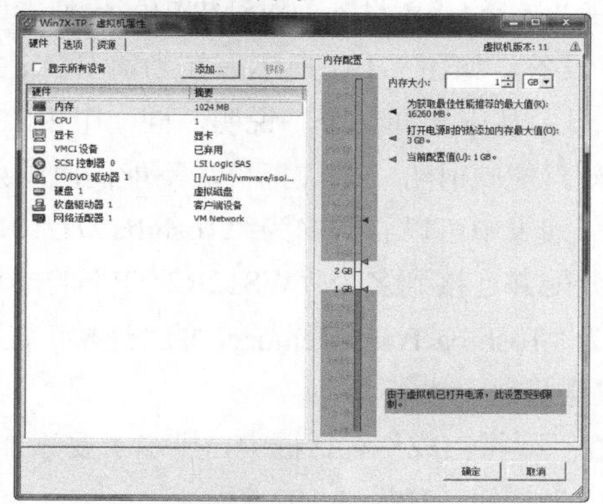

图 3-185　添加设备

（3）在“添加硬件”对话框中，在“设备类型”中添加“USB 控制器”，如图 3-186 所示。

（4）在“USB 控制器”对话框，在“控制器类型”选择默认值“EHCI+UHCI”，如图 3-187 所示。

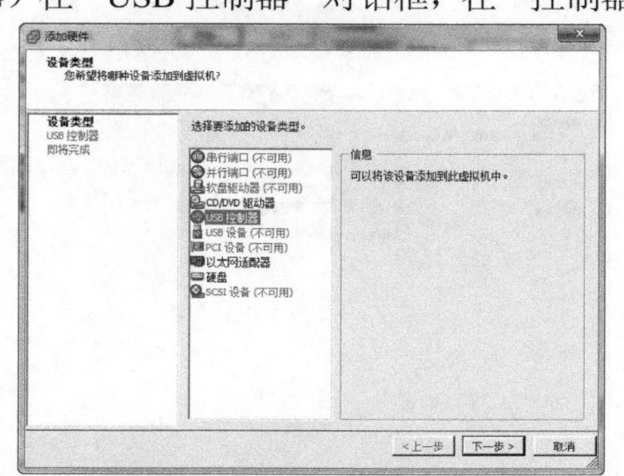

图 3-186　添加 USB 控制器

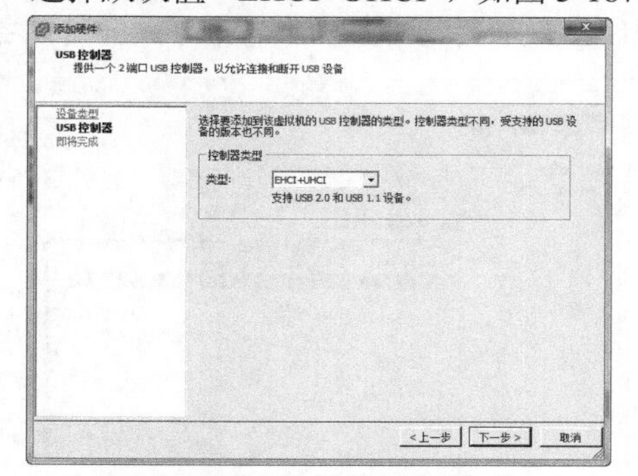

图 3-187　选择控制器类型

（5）在“即将完成”对话框，单击“完成”按钮，如图 3-188 所示。

（6）返回到“虚拟机属性”对话框，可以看到，在当前虚拟机中已经添加了一 USB 控制器，如图 3-189 所示。在添加了 USB 控制器之后，可以添加 USB 设备，该设备是连接到 ESXi 主机的设备。只有当主机上有设备连接时，才能选择。

（7）在“设备类型”对话框选择“USB 设备”，如图 3-190 所示。如果当前 ESXi 主机没有插入

USB 设备，此选项将为“灰色”不可用。

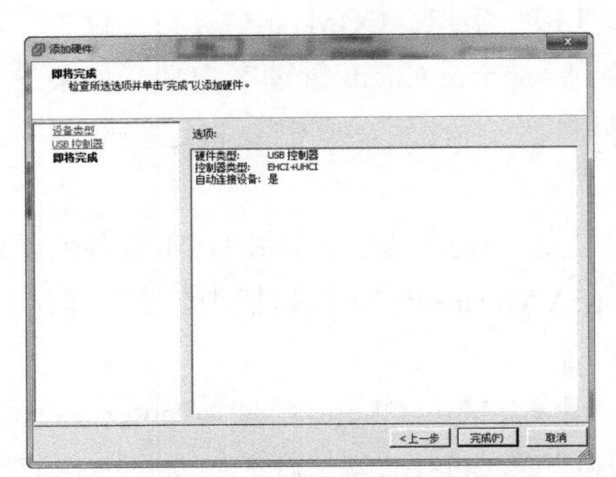

图 3-188　添加 USB 控制器完成

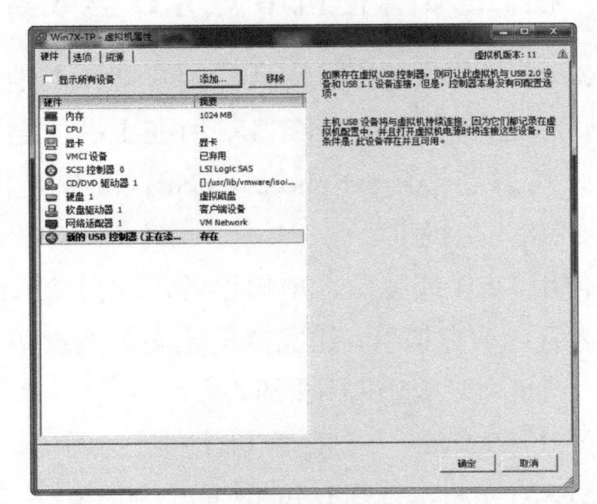

图 3-189　返回到虚拟机属性

（8）在“选择 USB 设备”对话框中，从列表中选择可用的 USB 设备，如图 3-191 所示。在当前 ESXi 主机添加了两个 U 盘，从中选择一个。说明，同一个 USB 设备，在同一时刻只能映射给一个虚拟机，不能同时映射给多个虚拟机。从列表中可以看到名为“Toshiba DT 101 G2”的设备已经分配并连接到名为“WS12R2-TP”的虚拟机，而设备名称为“Toshiba TransMemory”的“连接”状态是“可用”，可以选择这个设备。

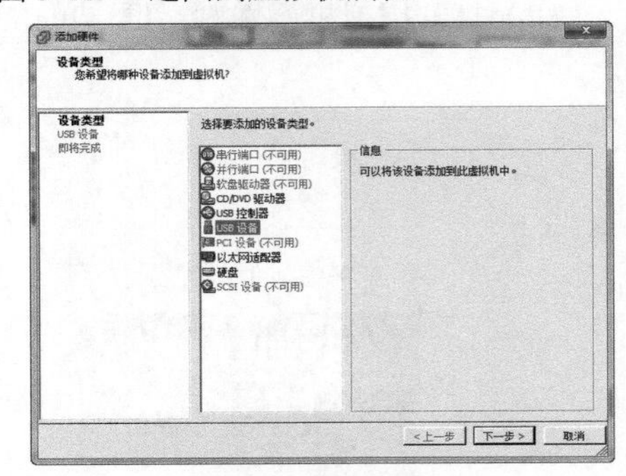

图 3-190　添加 USB 设备

（9）在“即将完成”对话框中，显示了要添加的设备，单击“完成”按钮，如图 3-192 所示。

（10）返回到虚拟机属性对话框，可以看到，已经添加了一个 USB 设备，单击“确定”按钮，如图 3-193 所示。

说明：如果要使用主机上的串口或并口设备，需要关闭虚拟机的电源，再次添加。

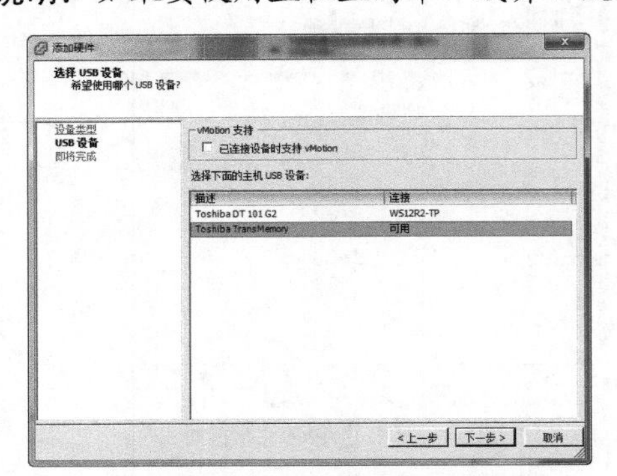

图 3-191　从列表选择可用的 USB 设备

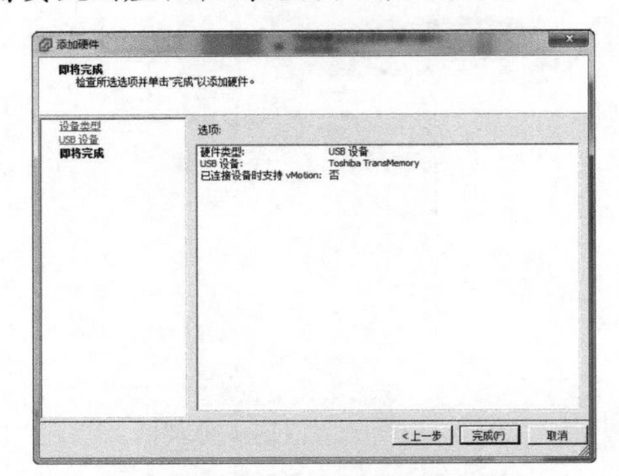

图 3-192　添加 USB 设备完成

（11）切换到虚拟机中，打开“资源管理器”，可以看到添加的 U 盘已经可以使用，如图 3-194 所示。

（12）图 3-195 是 WS12R2-TP 虚拟机中映射的另一个 U 盘。

如果不再需要使用 ESXi 主机上的 USB 设备，需要打开虚拟机设置，选中不使用的 USB 设备，单击“移除”按钮，将其删除，然后单击“确定”按钮，如图 3-196 所示。

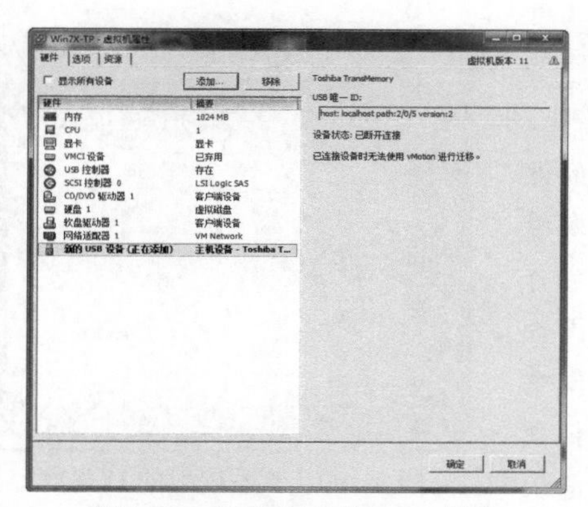

图 3-193 添加完成的 USB 设备

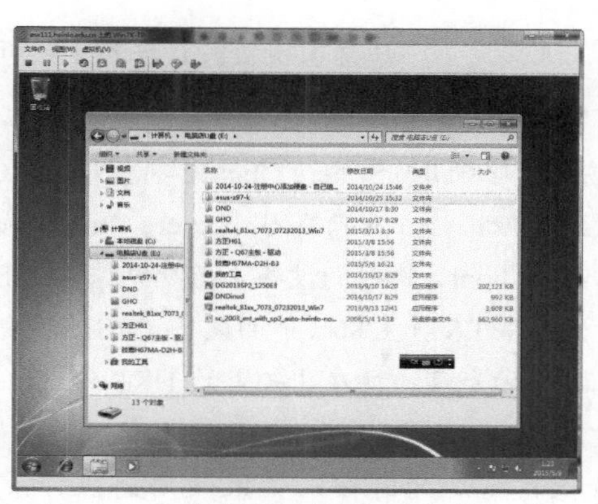

图 3-194　在虚拟机中使用主机的 U 盘

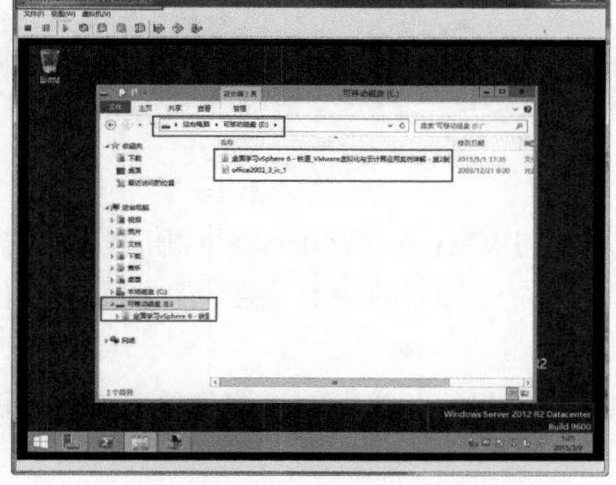

图 3-195 另一个虚拟机映射的另一个 U 盘

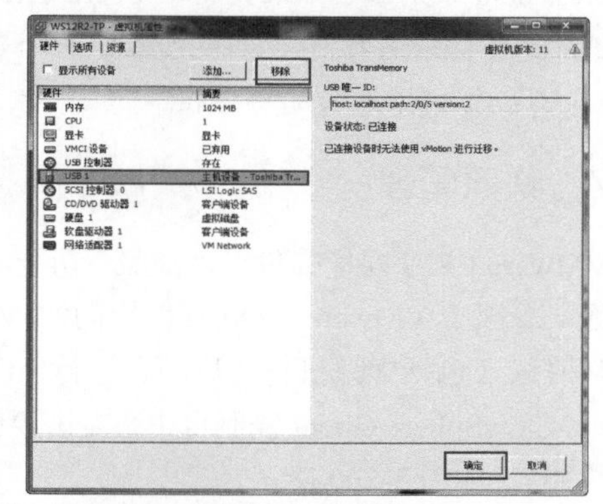

图 3-196 移除不再使用的 USB 设备

3.7.6　使用 vSphere Client 端的 USB 设备

ESXi 的虚拟机还可以使用 vSphere Client 管理工作站上的 USB 设备，这和使用 vSphere Client 端的 ISO 镜像一样：

（1）使用 vSphere Client 连接到 ESXi，打开虚拟机控制台，单击工具栏上的“ ”按钮，在弹出的快捷菜单中选择“连接 USB 设备”，在弹出的列表中，选择可用的 USB 设备，如图 3-197 所示。

（2）此时会弹出“连接 USB 设备”的警告对话框，提示选中的 USB 设备会从主机“拔出”并“连接”到虚拟机，单击“确定”按钮，如图 3-198 所示。

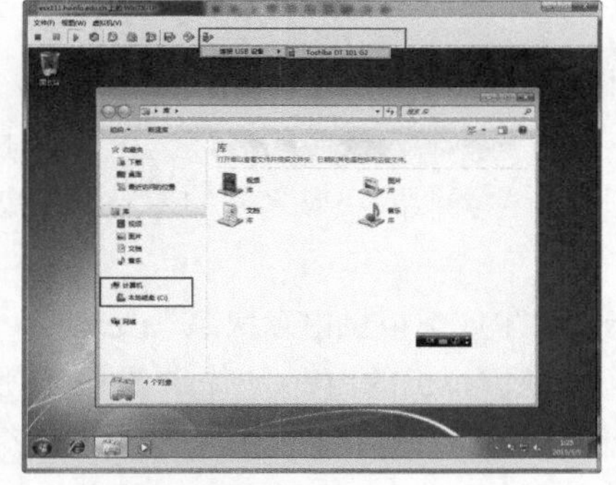

图 3-197 连接到 vSphere Client 的 USB 设备

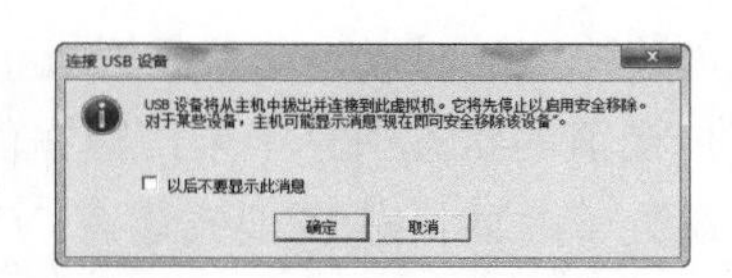

图 3-198　连接 USB 设备

（3）连接之后，在虚拟机资源管理器中，可以看到U盘的内容，如图3-199所示。

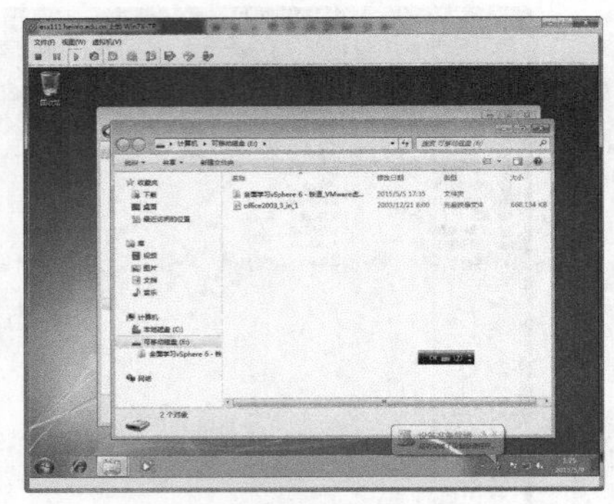
图3-199 查看映射的U盘内容

【说明】当使用vSphere Client，将vSphere Client端的设备映射到虚拟机时，不能关闭vSphere Client，如果关闭或退出vSphere Client，映射的设备（光盘镜像、USB设备）会自动断开。而从ESXi主机映射的设备（ESXi主机本身的设备例如光驱中的光盘、插在主机上的USB外设、ESXi存储中的光盘镜像）则不受vSphere Client的影响。例如，在虚拟机中安装操作系统的时候，如果使用的操作系统镜像是从vSphere Client映射的，如果关闭vSphere Client，则安装会中止（相当于在物理机安装操作系统的过程中，在没有安装完之前弹出了光盘）。而如果操作系统镜像是从ESXi主机映射的，则关闭vSphere Client，不会影响操作系统的安装。

3.7.7 快照管理

VMware ESXi同样提供了“快照”功能，其快照功能与VMware Workstation相同，可以提供多个快照（受限于VMware ESXi存储空间）。VMware ESXi中虚拟机的快照管理也比较简单，你可以在任何时候（包括虚拟机正在启动、运行）创建快照。

（1）在vSphere Client控制台中，右击要创建快照的虚拟机，在弹出的快捷菜单中选择“快照→生成快照”，如图3-200所示。

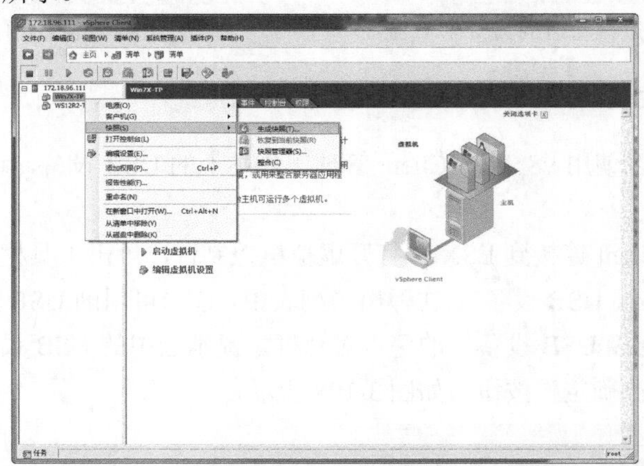
图3-200 生成快照

（2）在“执行虚拟机快照”对话框中，在“名称”文本框中输入快照的名称，在“描述”文本框中，输入快照的描述，如图3-201所示。 描述可以识别名称类似的快照之间的差异。在快照生成后，描述显示在“快照管理器”中。

在创建快照的时候，如果虚拟机正在运行，可以选中“生成虚拟机内存快照”复选框，这样会将虚拟机当前的状态保存下来，即在创建快照的同时可捕获虚拟机的内存。 如果选中“使客户机文件系统处于静默状态(需要安装有 VMware Tools)”复选框以暂停客户机操作系统上的运行进程，以便在执行快照时文件系统内容处于一致状态。这仅应用于已打开电源的虚拟机。推荐在虚拟机关闭时创建快照。

在创建快照时，以及快照生成成功后，将列在 vSphere Client 窗口底部的“近期任务”面板中。

在“快照管理器”中，可以将虚拟机转到任意一个快照状态，也可以删除不用的快照，如图 3-202 所示。

另外，除了可以在快捷菜单中执行快照、进入快照管理器后，还可以通过单击工具栏上的“ ”图标创建快照、恢复快照、进入快照管理器。

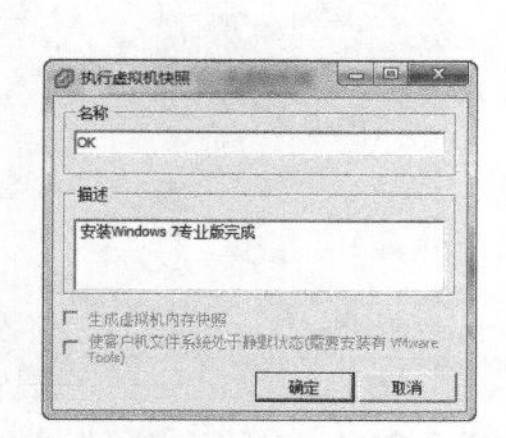

图 3-201　执行快照

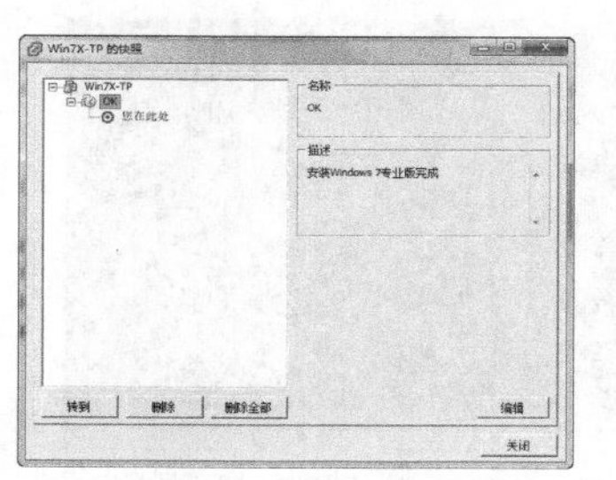

图 3-202　快照管理器

【说明】（1）对于生产环境中的虚拟机，不建议通过“快照”的方式实现“备份”的功能。否则，一旦选中了以前的“快照”并执行“转到”功能，此时该快照以后的所有数据都将丢失并不能恢复。（2）当执行多次快照后，虚拟机的性能会下降。（3）在多次删除无用快照后，需要执行“整合”功能，整理磁盘。

3.8　在虚拟机中使用 SCSI 卡

在使用向导创建虚拟机的时候，当选择了“客户机操作系统”之后，虚拟机向导会根据用户选择的操作系统及版本，为用户推荐一个配置，这个配置除了包括 CPU 数量、内存大小、硬盘大小外，更重要的是，会为操作系统选择一款对应的 SCSI 控制器。如果选择了错误的 SCSI 控制器型号，则在安装操作系统的时候，会提示“安装程序没有找到安装在此计算机上的硬盘驱动器”，如图 3-203 所示。

造成这个问题的原因很简单，当前的操作系统安装光盘中没有集成这款 SCSI 卡的驱动程序，你只要在安装的过程中，添加了这款 SCSI 卡驱动程序，就可以完成安装。

不止是虚拟机，有许多网络管理员，在实际的物理服务器上安装 Windows Server 2003、Windows Server 2008 或 Windows Server 2012 时，也会碰到类似的问题，就是因为当前的操作系统安装光盘，集成相应服务器的 SCSI 卡或 RAID 卡驱动程序。

一般情况下，在新服务器，安装以前的“老”系统，就会出现这个问题。因为，每款操作系统，在 RTM 的时候，只是把当前的一些市场主流的产品硬件驱动“集成”进安装包中，但不会也不可能把以后出的一些 SCSI 卡或 RAID 卡也集成到这个安装包中。

所以，大家在使用虚拟机的时候，如果不清楚如何选择，可以选择默认值，尤其是 SCSI 卡设置页，如图 3-204 所示。

但是，作为网络管理员，应该学习各种知识，其中在默认不受不受操作系统支持的硬件上，安装好操作系统，这也是一个要掌握的知识。另外，新的硬件可能有较好的性能。例如，在 Windows

Server 2003 的时候，还没有 LSI 1068 的 SAS 卡。Windows XP Professional 操作系统默认是 BusLogic 的 SCSI 控制器、IDE 接口的硬盘，如果要为其选择 LSI 20320-R SCSI 控制器并为其选择 SCSI 硬盘，或者选择 LSI SAS 1068 SCSI 控制器、选择 SATA，则会有相当较好的性能。

在本章，将介绍在 VMware 虚拟机中，创建虚拟机的时候，选择默认不受操作系统支持的 SCSI 卡或 SAS 卡，并通过加载驱动程序的方式，安装操作系统的方法。

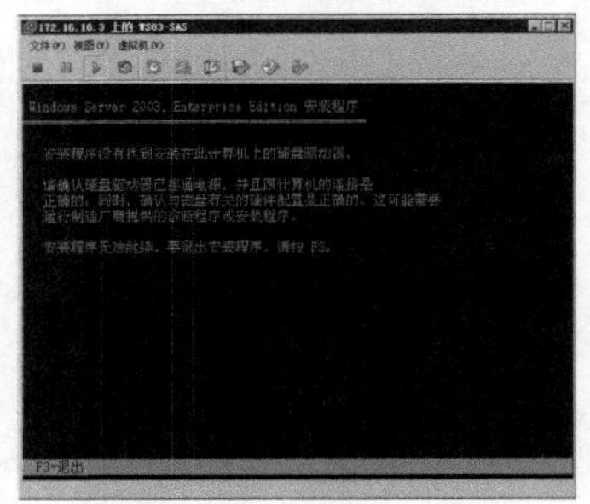

图 3-203　提示没有找到硬盘

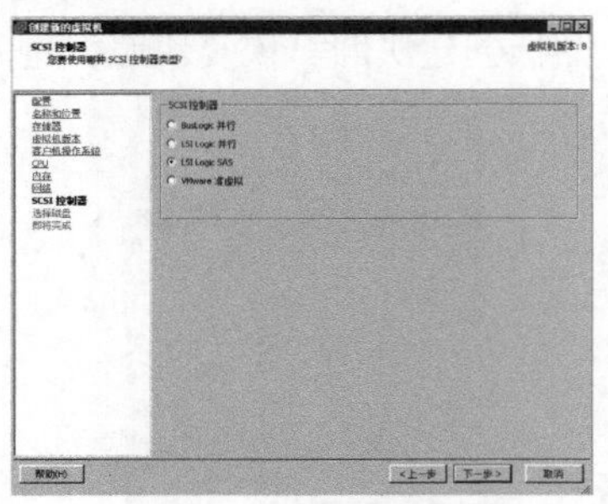

图 3-204　SCSI 控制器

3.8.1　准备 SCSI 卡驱动程序

在 VMware Workstation 或 VMware ESXi 的虚拟机中，提供了三种 SCSI 控制器，分别是 BusLogic、LSI Logic 及 LSI Logic SAS 三种型号的 SCSI 卡，其中 LSI Logic 模拟的是 LSI 20320-R SCSI 卡，LSI Logic SAS 模拟的是 LSI SAS 1068 SCSI 卡。你可以登录 LSI 官方网站，下载这两种型号 SCSI 卡的驱动程序，你也可以从作者的百度网站（http://pan.baidu.com/s/1ntqUqUH）下载这两款 SCSI 卡的驱动程序，这是作者于 2008 年下载的。

另外，作者最近又下载了 LSI SAS 1068 SCSI 卡驱动程序，看驱动程序的版本日期是 2011 年。如果你只需要 LSI SAS 1068 SCSI 卡驱动程序，可以从 http://pan.baidu.com/s/1gdpNcAZ 下载，如图 3-206 所示。

图 3-205　LSI 20320 及 LSI 1068 SCSI 卡驱动程序

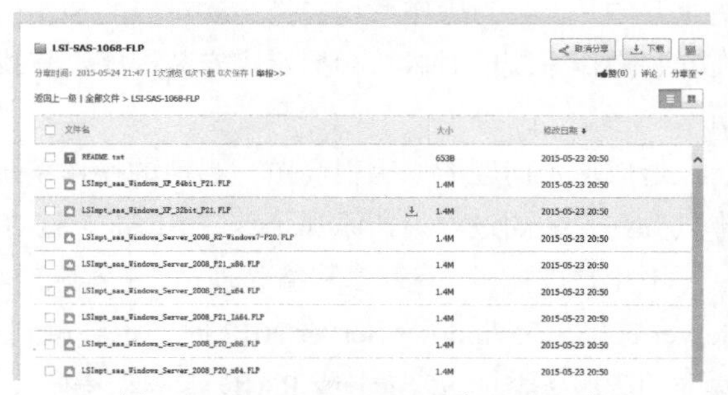

图 3-206　LSI 1068 SCSI 卡驱动程序

因为这两款 SCSI 是用于虚拟机，所以我做成了 FLP 的格式，这是不压缩的软盘镜像文件。如果你实际的环境中有 LSI 20320 及 LSI 1068 的 SCSI 卡，也可以直接用这些下载的镜像。

下面通过两个具体的案例，介绍本章内容。

3.8.2　在 Windows Server 2003 虚拟机中使用 LSI Logic SAS

因为在前面已经介绍了，创建虚拟机，并且在虚拟机中安装操作系统的方法，所以下面介绍主发的步骤。

（1）使用 vSphere Client 登录 ESXi，创建 Windows Server 2003 的虚拟机，如图 3-207 所示。

（2）在“SCSI 控制器”对话框，选择“LSI Logic SAS”，如图 3-208 所示。

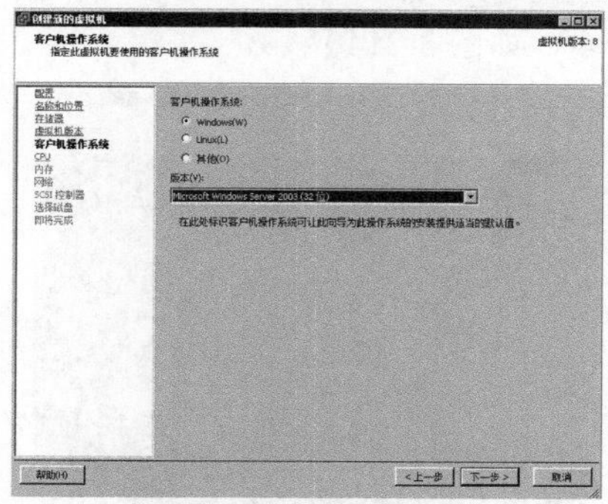

图 3-207　创建虚拟机

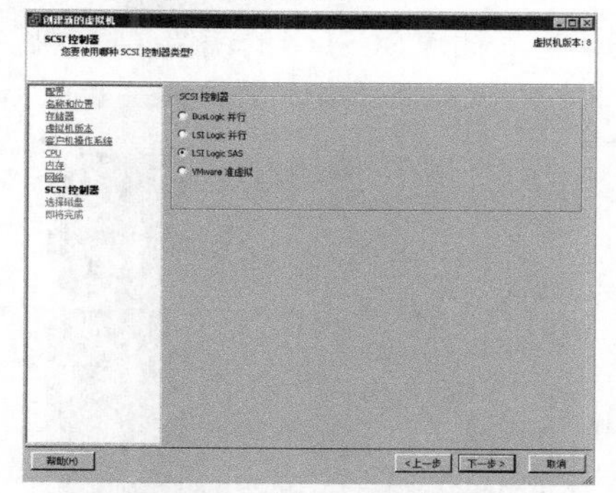

图 3-208　选择 SCSI 控制器

（3）在其他步骤中，为虚拟机选择 8GB 的硬盘、1 个 CPU、1GB 内存，这些可在“即将完成”中看到，如图 3-209 所示。

（4）之后将下载好的、用于 Windows Server 2003 的 LSI SAS 1068 SCSI 卡驱动镜像上传到 ESXi 数据存储，并添加一个软盘，使用这个镜像，如图 3-210 所示。然后加载 Windows Server 2003 光盘镜像。

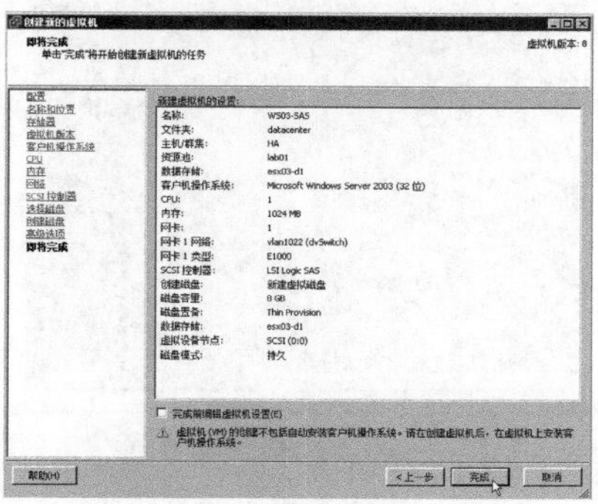

图 3-209　创建虚拟机完成

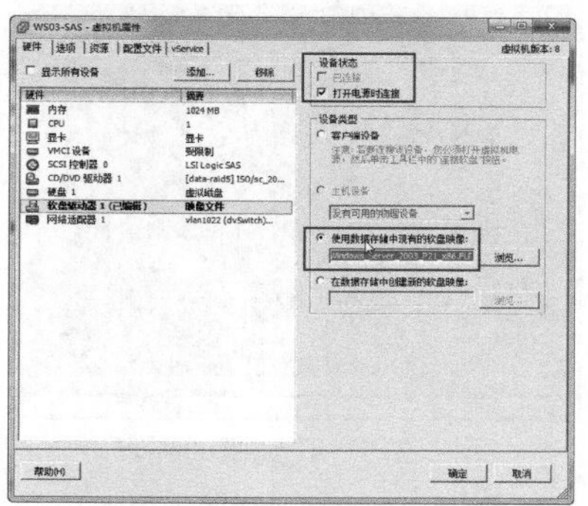

图 3-210　加载 SCSI 镜像

（5）在“选项”选项卡中，在“高级→引导选项”中，在右侧选中“虚拟机下次引导时，强制进入 BIOS 屏幕”，如图 3-211 所示所示。

（6）启动虚拟机之后，会进入 CMOS 设置，在“Boot”菜单修改引导顺序依次为光盘、硬盘、软盘，如图 3-212 所示。

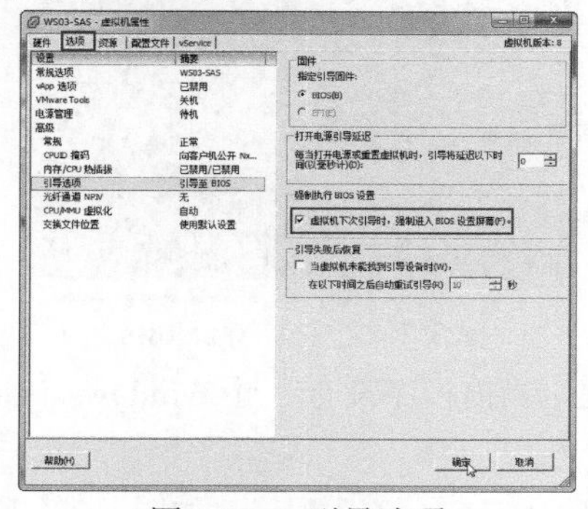

图 3-211　引导选项

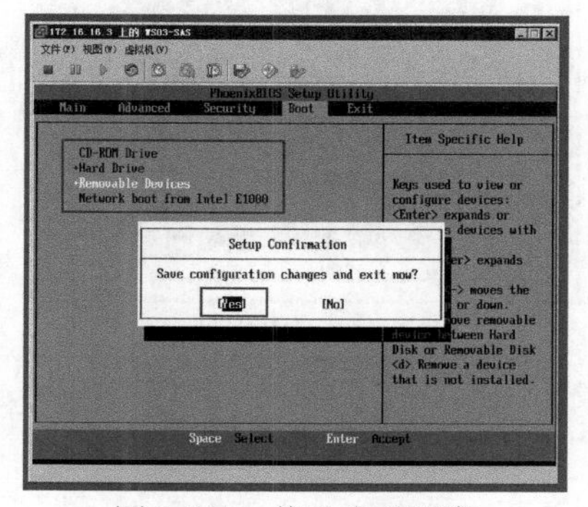

图 3-212　修改启动顺序

（7）之后开始 Windows Server 2003 的安装，当屏幕左下角出现“按 F6 安装第三方 SCSI 或 RAID 卡驱动程序”的提示时，按 F6，如图 3-213 所示。

（8）之后插入 SCSI 卡的镜像（在软盘中），按 S 键搜索，如图 3-214 所示。

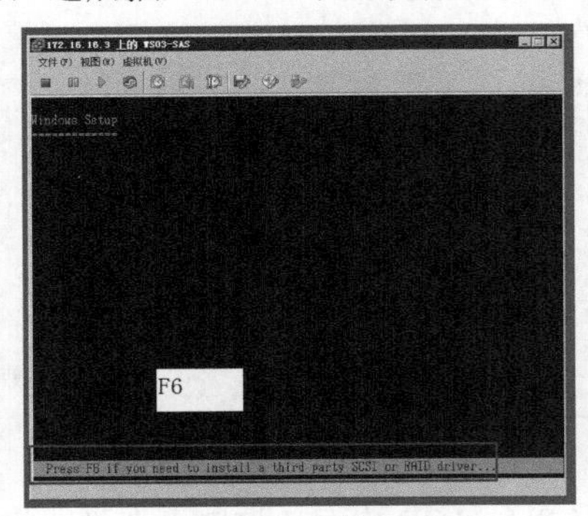

图 3-213　按 F6

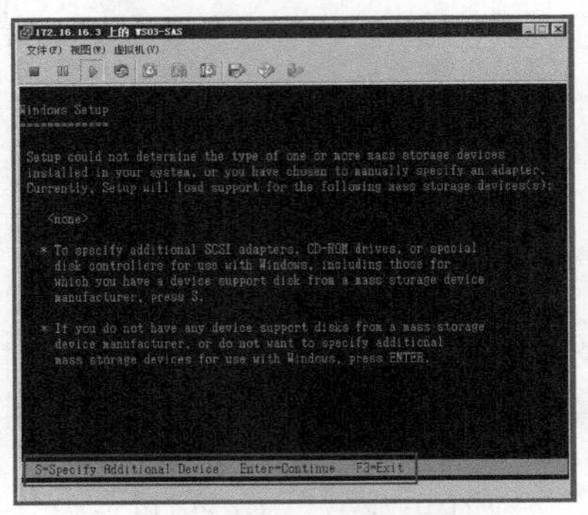

图 3-214　按 S 键搜索

（9）之后会搜索到驱动程序，按回车键，如图 3-215 所示。之后会加载这个驱动程序，按回车键继续，如图 3-216 所示。

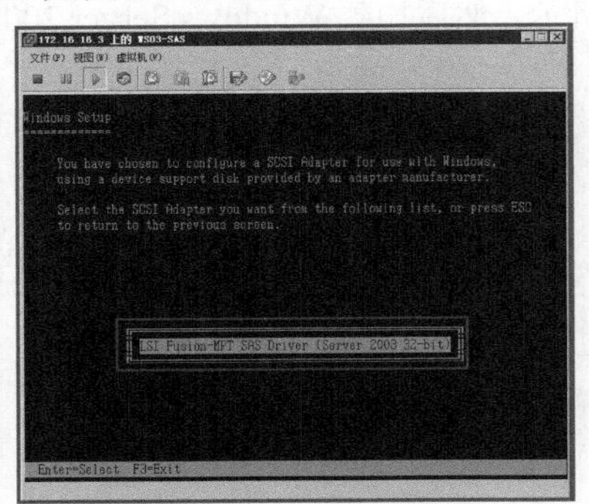

图 3-215　找到驱动列表

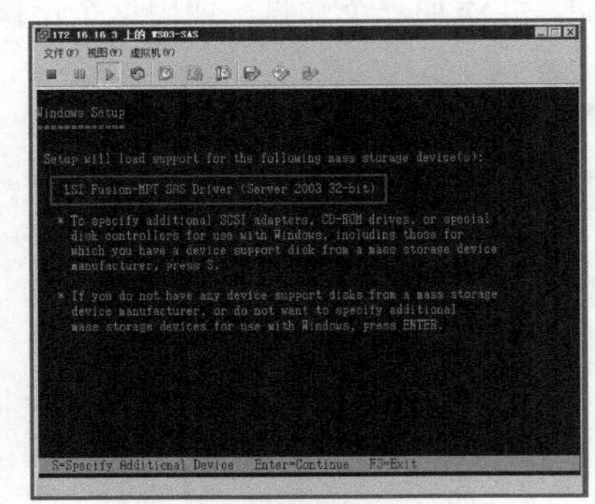

图 3-216　加载驱动程序

（10）这样就可以找到硬盘，如图 3-217 所示，按回车键选择硬盘安装操作系统。

（11）之后根据屏幕提示，完成 Windows Server 2003 的安装，如图 3-218 所示。

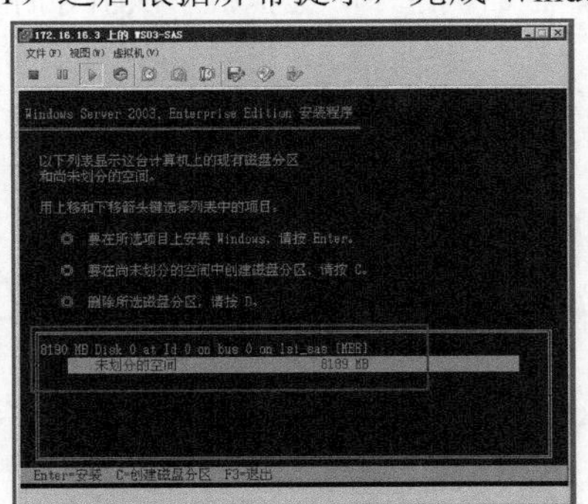

图 3-217　选择硬盘

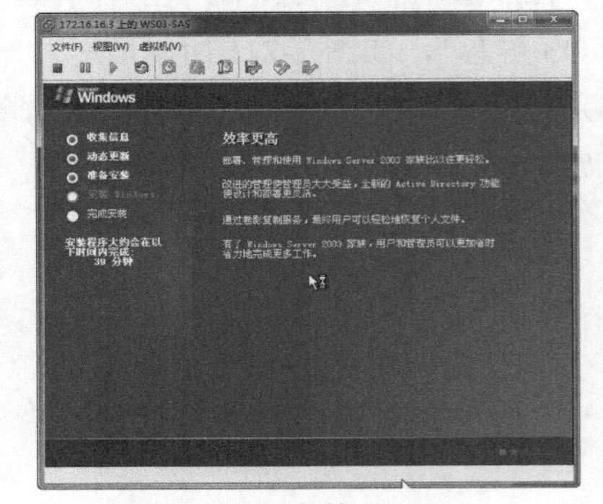

图 3-218　安装 Windows

（12）在安装的过程中，会有“软件安装”的警告，提示当前程序没有经过 Windows 认证，单击“是”按钮，如图 3-219 所示。

（13）在“硬件安装”的警告对话框中，单击“是”，确认安装 LSI 适配器，如图 3-220 所示。

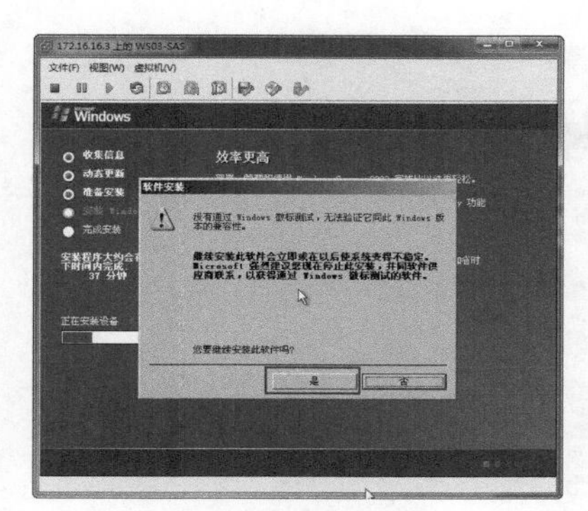

图 3-219　软件安装

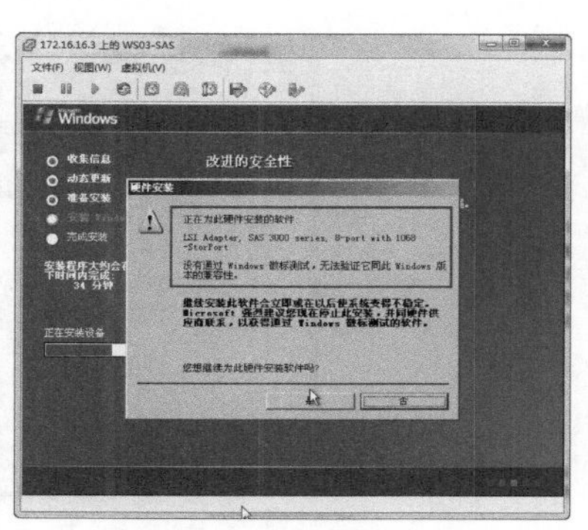

图 3-220　硬件安装

（14）之后完成 Windows 的安装，如图 3-221、图 3-222 所示。

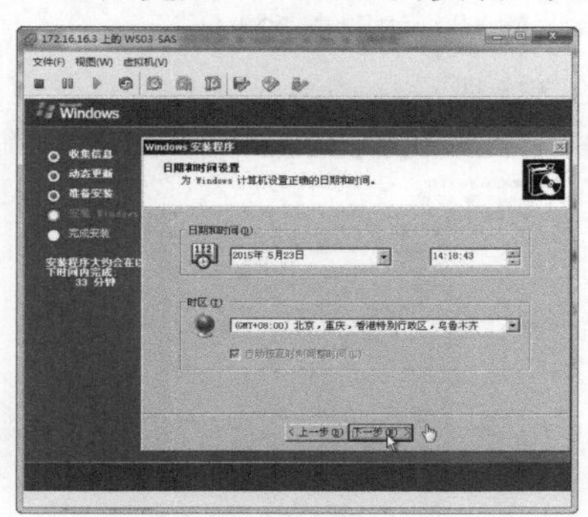

图 3-221　时区选择

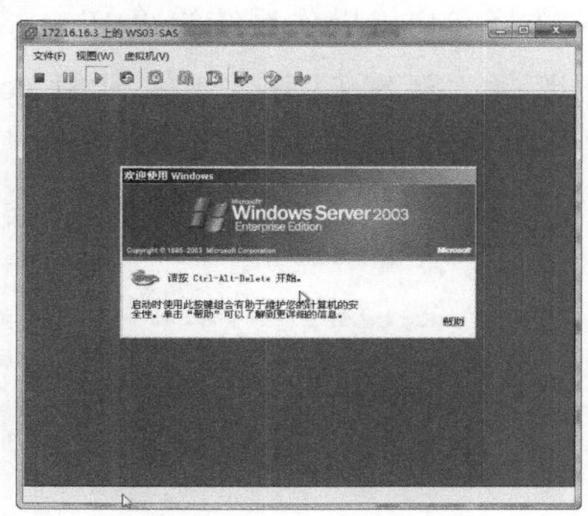

图 3-222　安装完成

（15）进入系统之后，打开“计算机管理→设备管理器”，可以看到当前计算机的 SCSI 卡型号 LSI 1068，如图 3-223 所示。

（16）即使安装 VMware Tools 之后，SCSI 型号亦不会变，如图 3-224 所示。

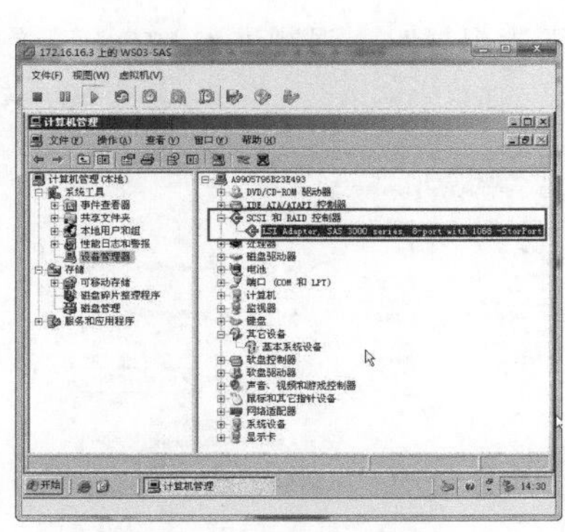

图 3-223　SCSI 卡型号

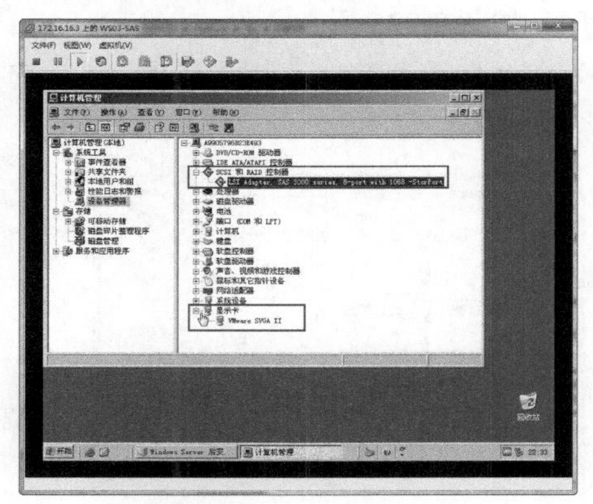

图 3-224　安装 VMware Tools 之后

3.8.3　在 Windows Server 2008 中使用 LSI SAS 卡

除了在 Windows XP、Windows Server 2003 中使用 LSI SAS 卡，也可以在 Windows Server 2008 中安装使用，主要步骤如下。

（1）新建虚拟机，如图 3-223 所示。

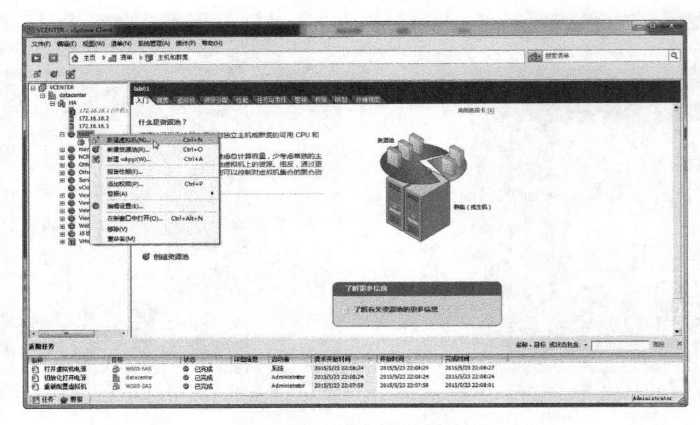

图 3-223 新建虚拟机

（2）选择客户机操作系统为“Windows Server 2008 （64 位）”，如图 3-224 所示。

（3）选择“SCSI 控制器”为“LSI Logic SAS”，如图 3-225 所示。

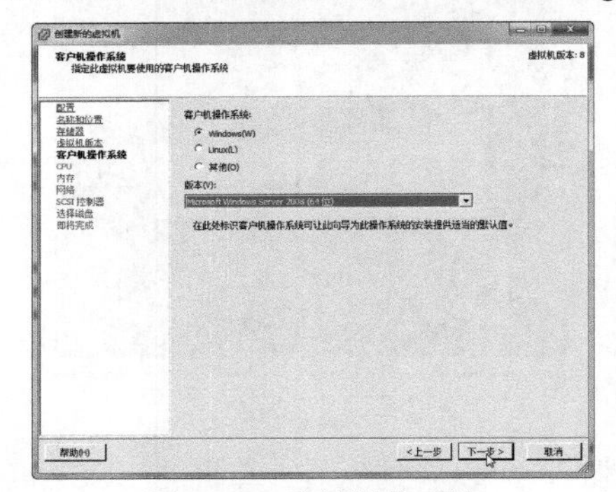

图 3-224 选择操作系统

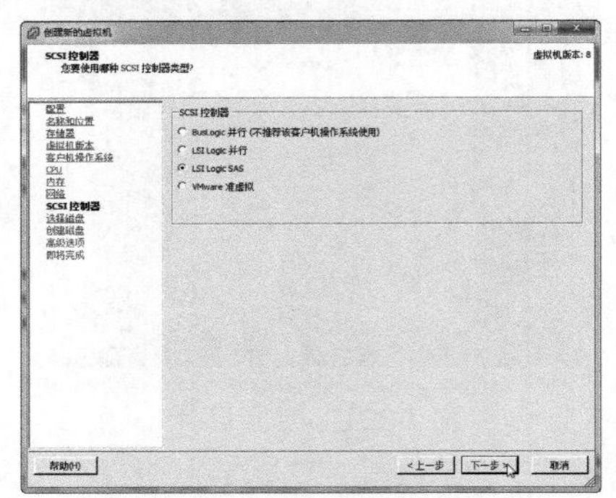

图 3-225 选择 SCSI 卡

（4）创建完虚拟机之后，为虚拟机添加软驱，加载用于 64 位 Windows Server 2008 R2 的 SCSI 驱动程序，如图 3-226 所示。

（5）在“选项→高级 →引导选项”中，选择“虚拟机下次引导时，强制进入 BIOS 设置屏幕”，如图 3-227 所示。

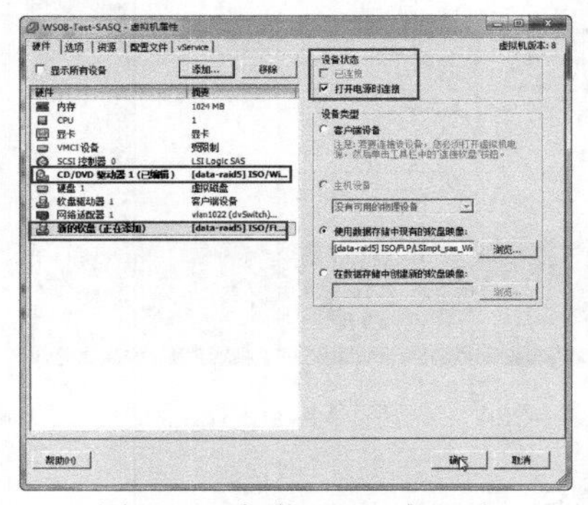

图 3-226 加载 SCSI 卡驱动

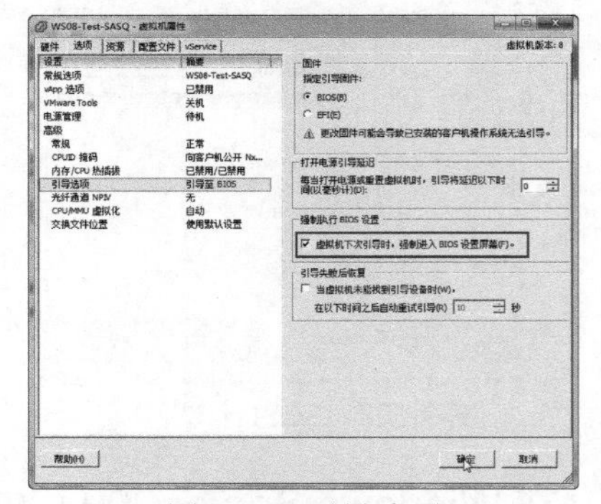

图 3-227 引导选项

（6）修改引导顺序为光盘、硬盘、软盘，如图 3-228 所示。

（7）在“安装 Windows”对话框，单击“加载驱动程序”，如图 3-229 所示。

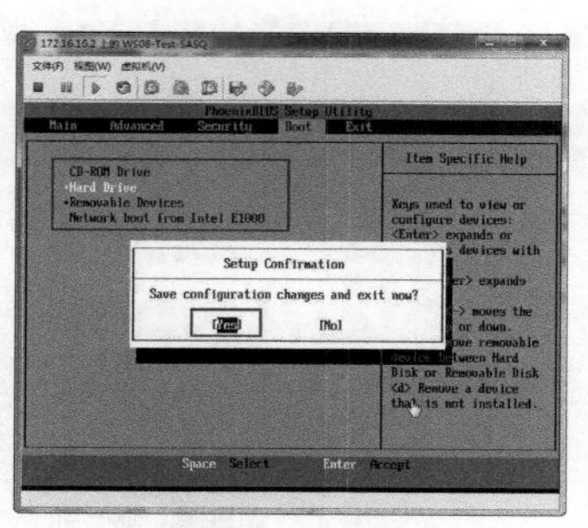

图 3-228　修改引导顺序

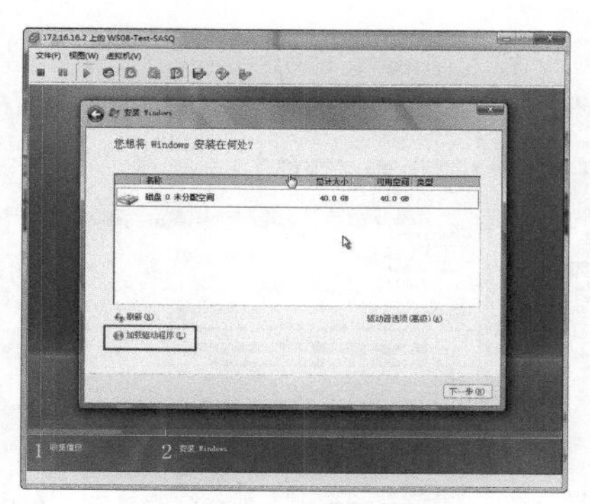

图 3-229　加载驱动程序

（8）在“选择要安装的驱动程序”对话框，单击“浏览”按钮，在弹出的“浏览文件夹”对话框，选择“软盘驱动器”，如图 3-230 所示。

（9）之后会从软盘加载驱动程序，并会出现在“选择要安装的驱动程序”列表中，选择要加载的驱动程序，单击“下一步”按钮，如图 3-231 所示。

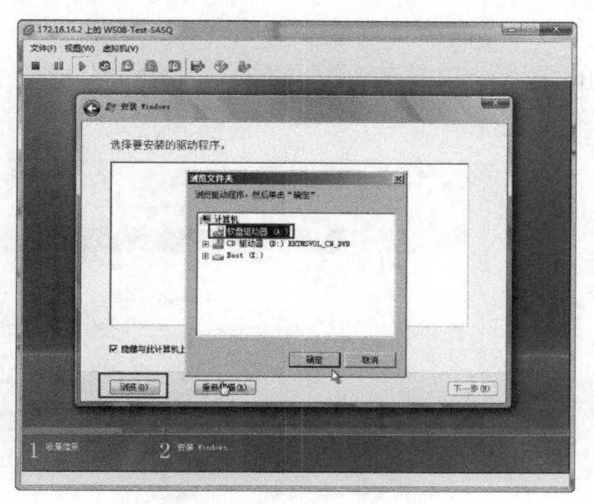

图 3-230　浏览文件夹

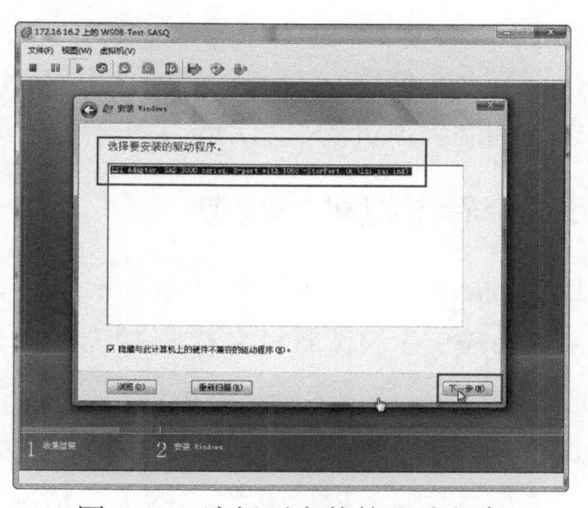

图 3-231　选择要安装的驱动程序

（10）加载驱动程序之后，选择驱动开始安装，如图 3-232 所示。

（11）之后开始安装 Windows，如图 3-233 所示。

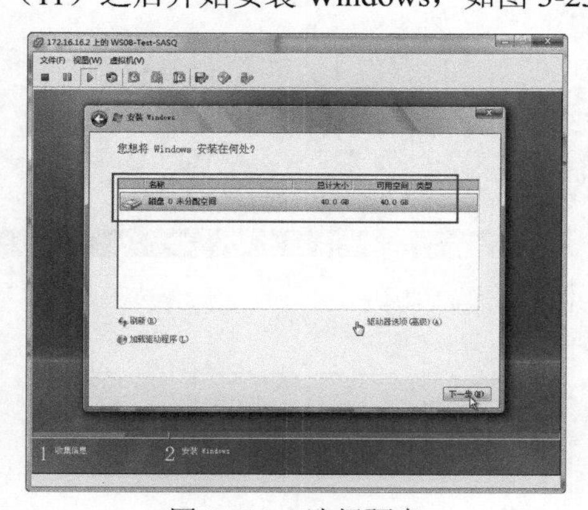

图 3-232　选择硬盘

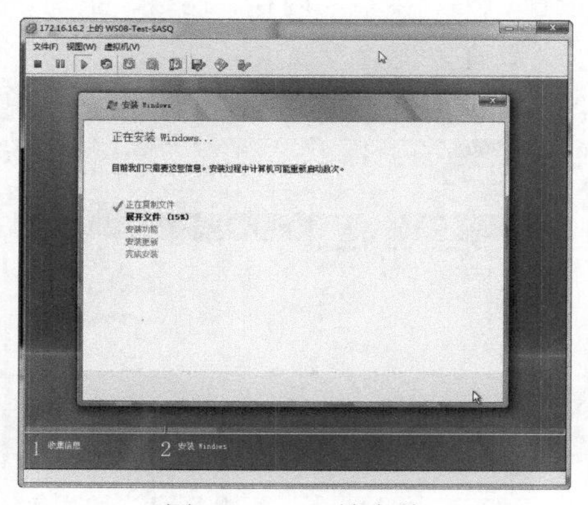

图 3-233　开始安装

（12）安装完成之后，进入系统，在“设备管理器”中可以看到，当前“存储控制器”开始是 LSI 适配器，SAS 3000，1068 等字样，如图 3-234 所示。

（13）安装 VMware Tools 之后，LSI 型号不变，如图 3-235 所示。

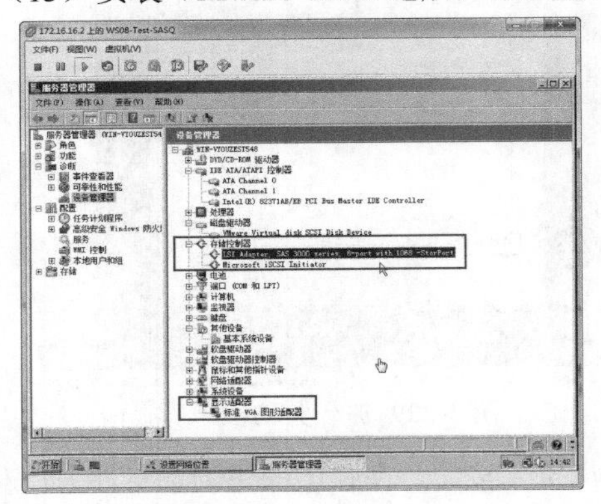

图 3-234　安装 VMware Tools 前

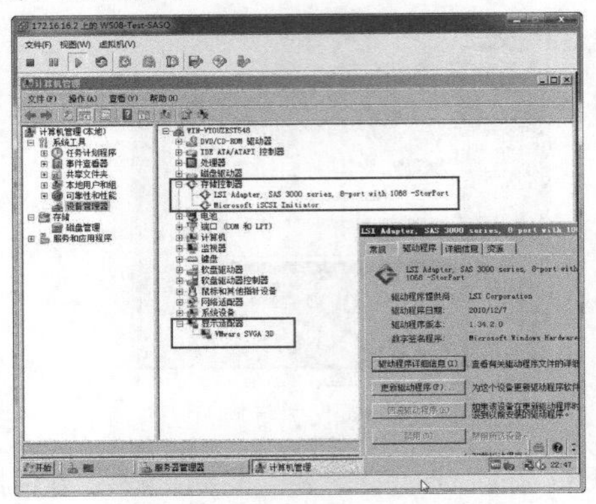

图 3-235　LSI SCSI 卡型号

3.9　管理 VMware ESXi

接下来介绍使用 vSphere Client 管理 VMware ESXi 的内容，包括管理 VMware ESXi 存储器、网络，以及控制虚拟机的自启动与关机等。

3.9.1　查看虚拟机的状态

用 vSphere Client 连接到 VMware ESXi，用鼠标单击 VMware ESXi 的计算机名称或 IP 地址，对 VMware ESXi 进行控制，如图 3-236 所示。

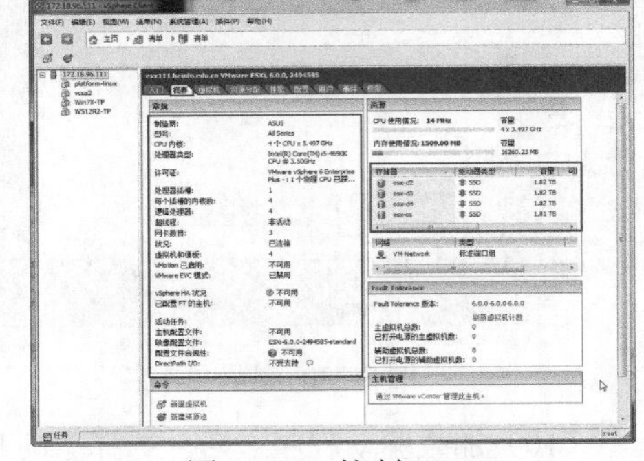

图 3-236　控制 ESXi

在“摘要”对话框中，显示了当前 VMware ESXi 主机的情况，包括 CPU、内存、网卡等情况，以及许可证的情况。

在“性能”选项卡中，可以查看当前主机的性能，可以查看 CPU、磁盘、内存、网络、系统等的性能，如图 3-237 所示。

另外，在“配置”选项卡中，在“健康状况”、“处理器”、“内存”中，可以查看当前主机的健康状况、当前主机 CPU 的情况、内存的情况，如图 3-238 所示。

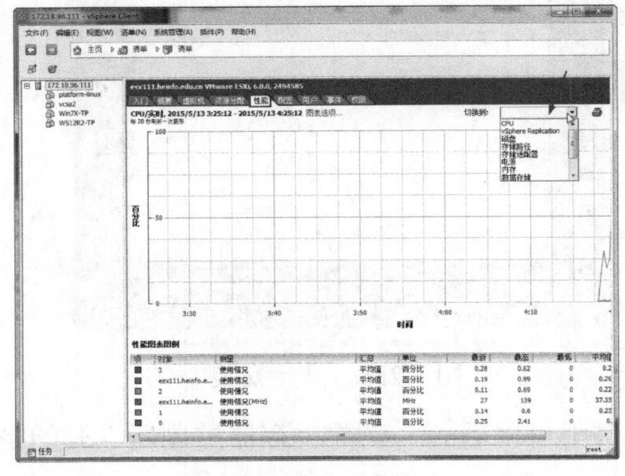

图 3-237　性能

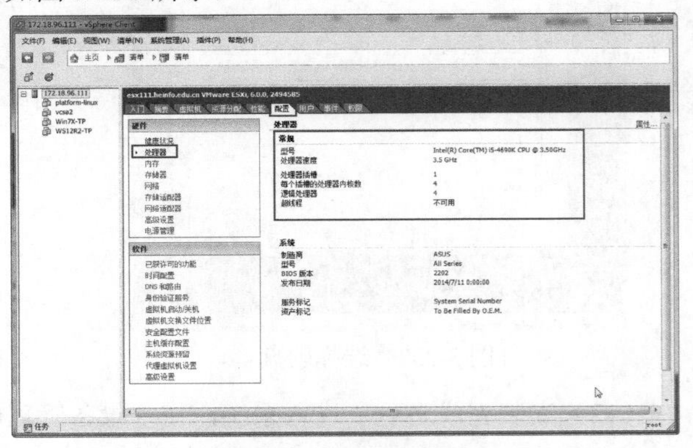

图 3-238　处理器状态

3.9.2　管理 VMware ESXi 本地存储器

在“存储器”选项中，可以添加、删除存储器，也可以重命名存储器，或者浏览数据存储，查看存储器中保存的数据，并对数据进行操作（上传、下载、删除、打开其中的虚拟机），如图 3-239 所示。

在图 3-239 中，用鼠标右击数据存储，在弹出的快捷菜单中选择“浏览数据存储”命令，将会打开“数据存储浏览器”。

（1）首先会看到在数据存储中有一个 WS12R2-TP 的文件夹，这是创建的 Windows 2012 虚拟机的名称及保存位置，如图 3-240 所示。

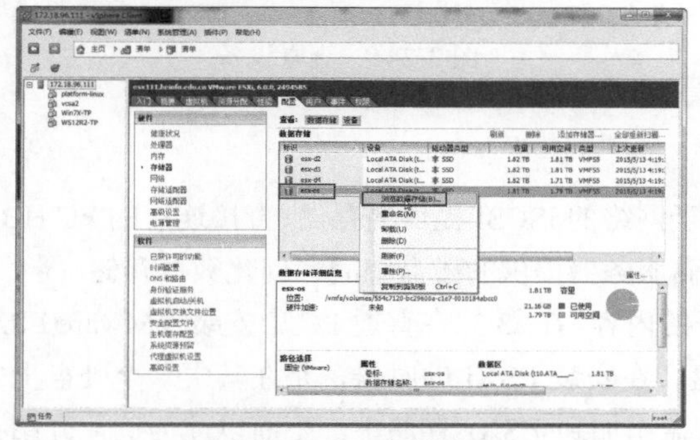

图 3-239　存储器

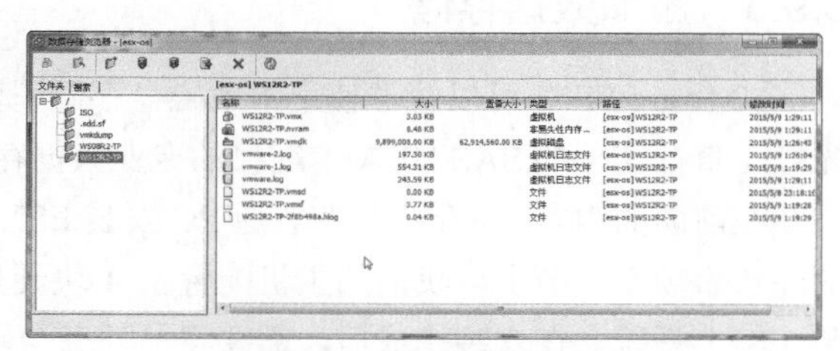

图 3-240　浏览数据存储

（2）在弹出的“数据存储浏览器”中，选中“/”根目录，单击“ ”，可以创建一个文件夹，例如，文件夹名为 ISO。创建后，进入该文件夹，单击“ ”，在弹出的菜单中单击“上传文件”，如图 3-241 所示。

在随后打开的“上传项目”对话框中，可以将选中的文件上传到数据存储中，可以将常用的操作系统的安装光盘镜像（如 Windows Server 2003、Windows Server 2008、Windows 7、Windows 8 等）上传到这个目录中，以后在安装操作系统的时候，可以直接使用保存在数据存储中的光盘镜像作为虚拟机的光驱。

（3）你还可以选择“上传文件夹”功能，选择本地中已经安装好的虚拟机并将整个虚拟机所在的文件夹上传到 VMware ESXi 的数据存储中，上传完成后，定位到文件夹中的 vmx 文件，用鼠标右键单击，在弹出的快捷菜单中选择“添加到清单”选项，即可以将上传的虚拟机添加到 VMware ESXi 中，如图 3-242 所示。

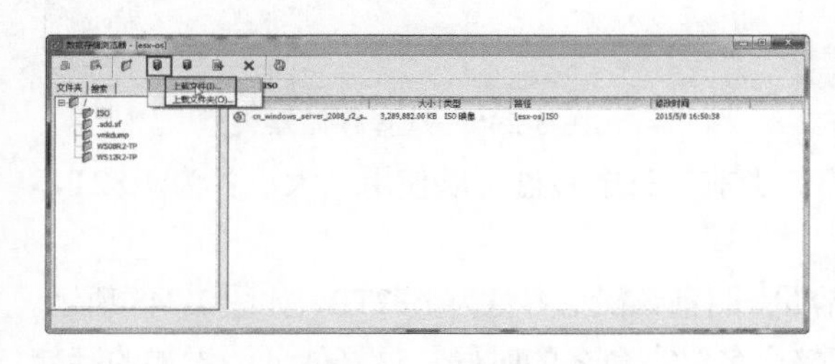

图 3-241　上传图标

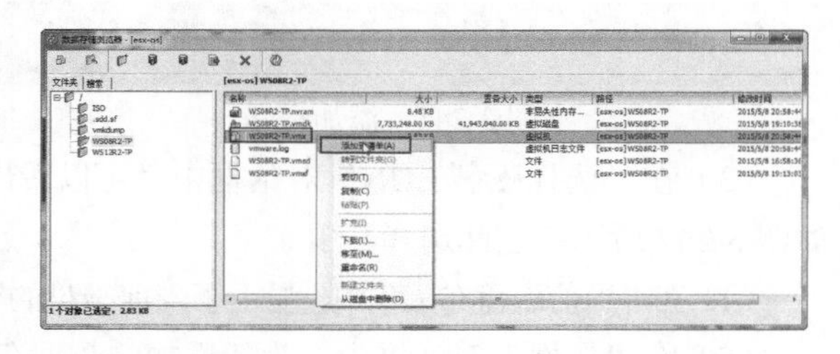

图 3-242　上传虚拟机并且添加到清单

（4）在数据存储中，还可以选中一个文件、文件夹，并将其删除、下载到 vSphere Client、重命令、剪切、复制等操作，如图 3-243 所示。这些比较简单，不一一介绍。

（5）在“配置→存储器”右侧单击“设备”，可以查看设备的状态，如图 3-244 所示。

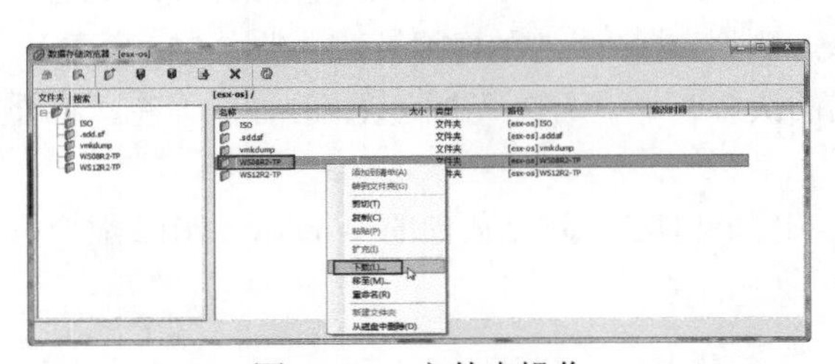

图 3-243　文件夹操作

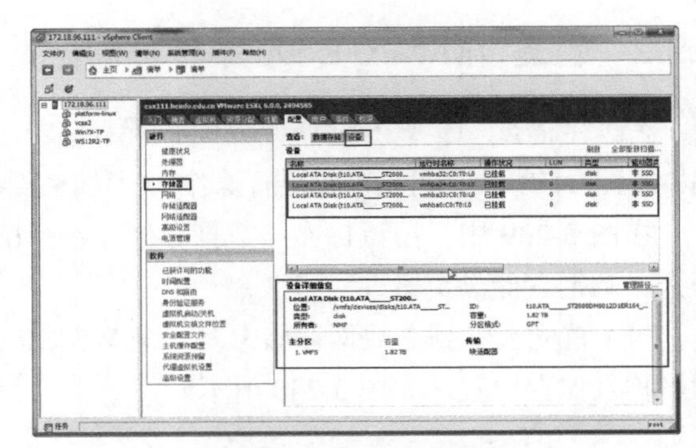

图 3-244　查看设备

3.9.3　添加数据存储

VMware ESXi 可以管理使用本地磁盘存储、基于网络的 iSCSI 提供的存储、直接连接的 FC HBA 光纤、直接连接的 SAS HBA 卡连接的专业数据存储服务器提供的磁盘空间，创建数据存储。

在前面的内容中，介绍了在普通 PC 安装 ESXi 的内容。在“3.3 在普通 PC 中安装 VMware ESXi 的注意事项”一节中，我们的主机配置了 4 块硬盘，在安装 ESXi 的时候，是在其中一个硬盘上安装 ESXi 系统，在安装完成后，需要将另外三个硬盘添加到 ESXi 存储中。下面以此为例，介绍在 VMware ESXi 中添加存储的内容，步骤如下。

（1）使用 vSphere Client 连接到 VMware ESXi，在“配置→存储器”中单击“添加存储器”链接，如图 3-245 所示。

（2）在“选择存储器类型”对话框中，选中“磁盘/LUN”，如图 3-246 所示。

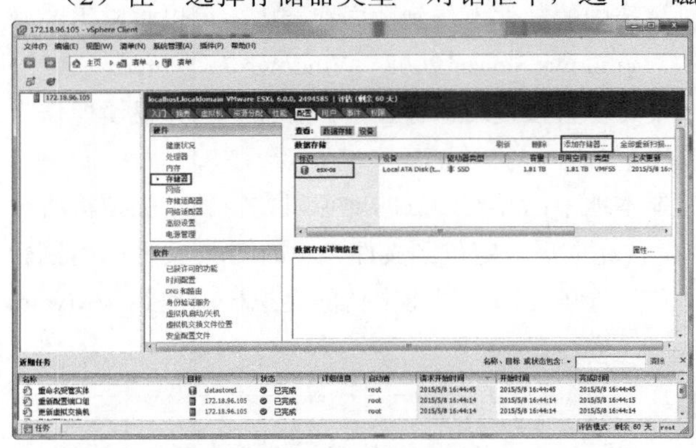

图 3-245　添加存储

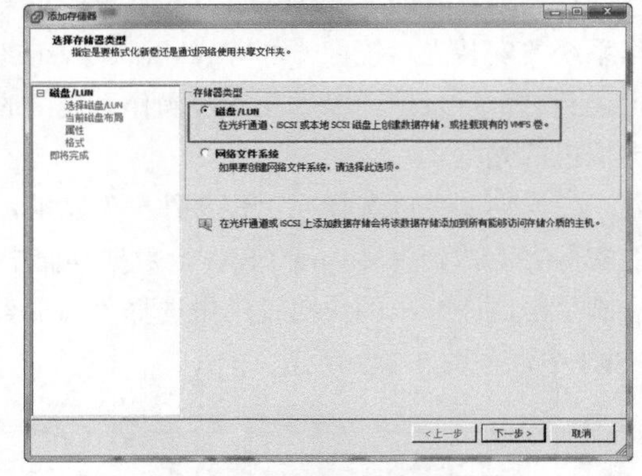

图 3-246　选择存储器类型

（3）在“选择磁盘/LUN”对话框中，可以看出，当前有三个磁盘可以使用，大小各为 1.82T，如图 3-247 所示，在此选择其中一个。

（4）在“当前磁盘布局”中，显示了当前磁盘的容量，目前该磁盘容量为 1.82TB，如图 3-248 所示。

（5）在“属性”对话框中，为新添加的数据存储命名。在命名的时候，最好能分清添加的存储是属于哪一台服务器、是基于本地磁盘还是基于网络磁盘（如 FC 光纤存储、iSCSI 网络存储）。在本例中，设置存储为 ESX2-Data，如图 3-249 所示。

（6）在“磁盘/LUN 格式化”对话框中，设置最大文件大小，通常选择默认值即可，如图 3-250 所示。

（7）在“即将完成”对话框中，复查设置，然后单击“完成”按钮，如图 3-251 所示。

（8）添加之后，如图 3-252 所示。此时有两个存储。

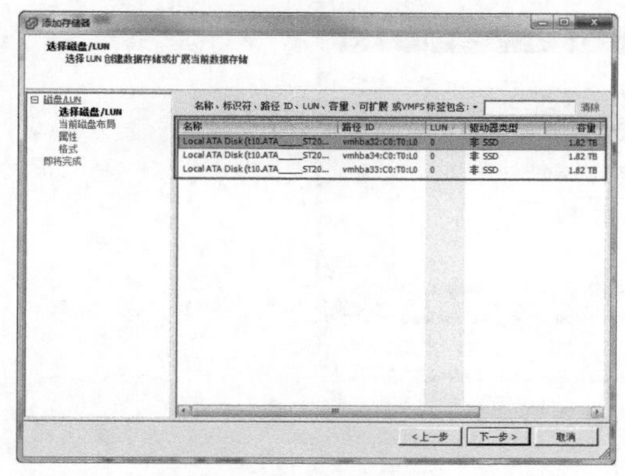

图 3-247　选择磁盘

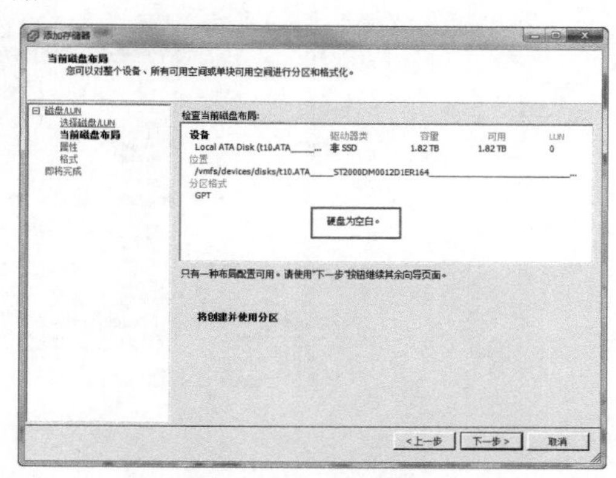

图 3-248　磁盘布局

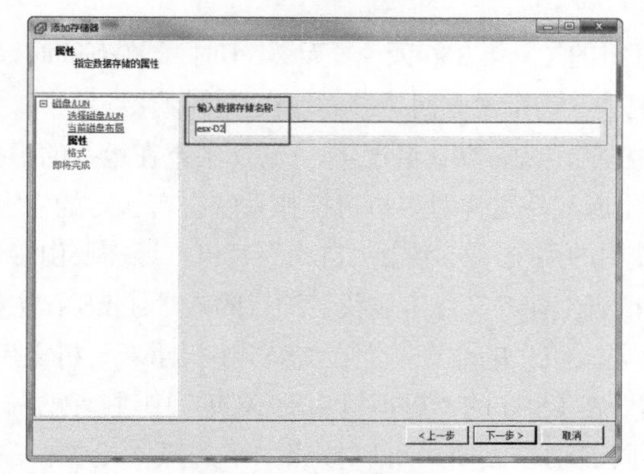

图 3-249　复查设置

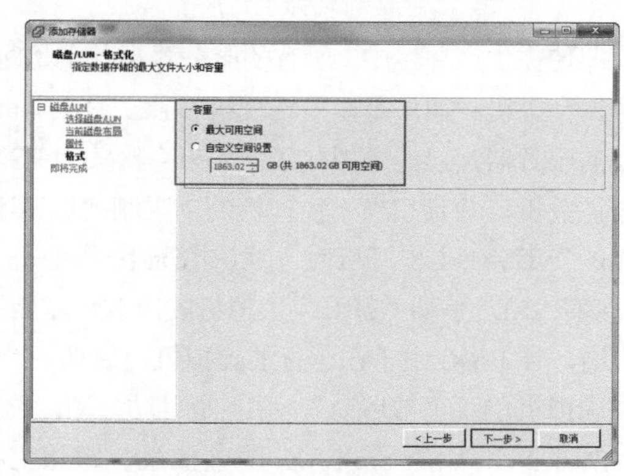

图 3-250　使容量最大

（9）参照（1）～（8）的步骤，将剩余的两个磁盘添加到存储，添加之后如图 3-253 所示。

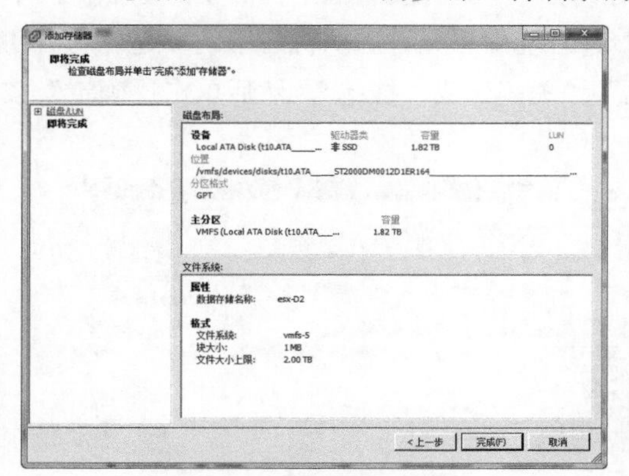

图 3-251　添加存储

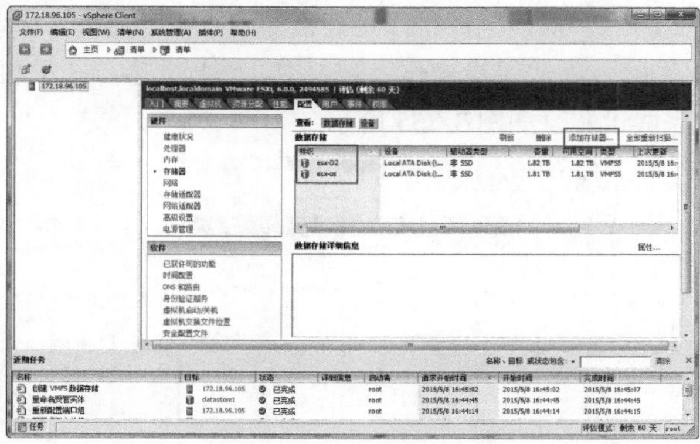

图 3-252 添加存储之后

【说明】在没有配置 RAID 卡的时候，添加多个存储的意义在于：如果有多个虚拟机需要“同时”启动，或同时运行，则可以将需要同时运行的虚拟机，分散在不同的存储（磁盘）上，这样可以充分利用每个硬盘的性能。

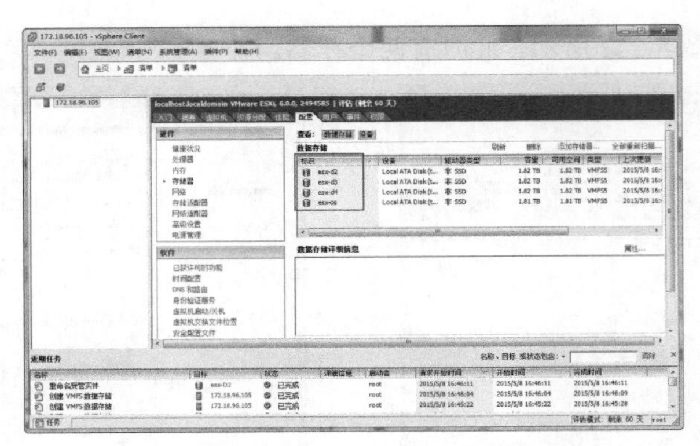

图 3-253 添加存储之后

3.9.4 设置虚拟机跟随主机一同启动

即使在生产环境中，所有的服务器也并不是时时开机的（一年 356 天，一天 24 小时），在有的时候，服务器会关机。如果是以前物理机、独立服务器的情况下，这个没有问题。而现在在虚拟化环境中，大多数的服务器都已经虚拟化了。如果直接关闭 ESXi 主机的电源，默认情况下，ESXi 中正在运行的虚拟机会被关机，并且相当于物理机的“强制关机”-拔掉电源线，这样对虚拟机操作系统会有一定的伤害。另外，当 ESXi 主机开机时，默认情况下，在关机前使用的系统，并不会“自动”开机，还需要由管理员登录 ESXi，手动“打开”虚拟机的电源，才能让虚拟机工作。实际上，我们的目的，是让 ESXi 主机关机时，让 ESXi 中正在运行的虚拟机，启动一个“正常关机”的命令，而在 ESXi 主机重新开机之后，这些虚拟机能“正常启动”，并且是自动启动，这就需要在 ESXi 的“虚拟机启动/关机”中进行配置。

如果想让 VMware ESXi 的虚拟机，跟随主机一同启动、关闭，可以按照如下的操作设置：

（1）在“配置→虚拟机启动和关机”选项中，单击右侧的“属性”按钮，如图 3-254 所示。

（2）在“虚拟机启动和关机”对话框中，在“手动启动”中选择要跟随主机启动的虚拟机，单击右侧的“上移”按钮，将其移动到“自动启动”中，并且选中“允许虚拟机与系统一起自动启动和停止”，在“关机操作”列表中，选择“客户机关机”、“关闭”或“挂起”，然后单击“确定”按钮完成设置，如图 3-255 所示。

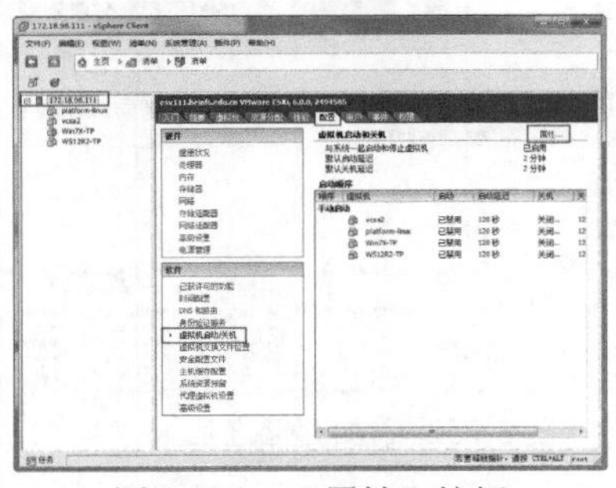

图 3-254 “属性”按钮

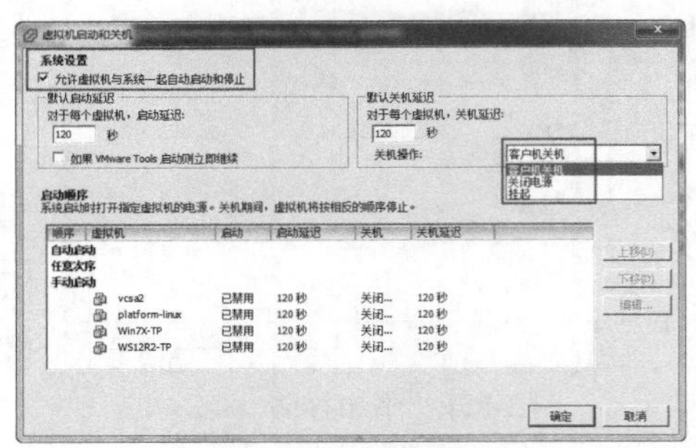

图 3-255 虚拟机启动设置

【说明】在“关机选项”中有一个“挂起”选项，当 ESXi 主机关机时，正在运行的虚拟机将会“挂起”，这相当于物理主机“休眠”。等下次启动时，会从休眠状态恢复。如果虚拟机中的应用支持休眠，选择这项将会加快虚拟机的启动。但休眠时会将虚拟机当前内存状态保存成一个文件（在虚拟机目录中)，这会占用 ESXi 主机的空间。另外，有一些应用，例如需要身份验证的应用，在从休眠之后恢复时，会需要重新验证，对于这样的虚拟机，则不能使用“挂起”选项。

（3）当有多个虚拟机需要自动启动时，可以在“自动启动”列表中，选中虚拟机并单击右侧的“上移”或“下移”按钮，调整虚拟机的启动顺序。在默认情况下，当有多个虚拟机需要自动启动时，虚拟机之间会延迟 120 秒（该时间可以调整）。同样，当主机关闭时，也可以设置让正在运行的虚拟机是“正常关机”——客户机关机，还是“直接关电源”——关闭，或者是让虚拟机休眠——挂起。在设置之后，返回到 vSphere Client 控制台后，在“虚拟机启动和关机”中可以看到设置后的状态，如图 3-256 所示。

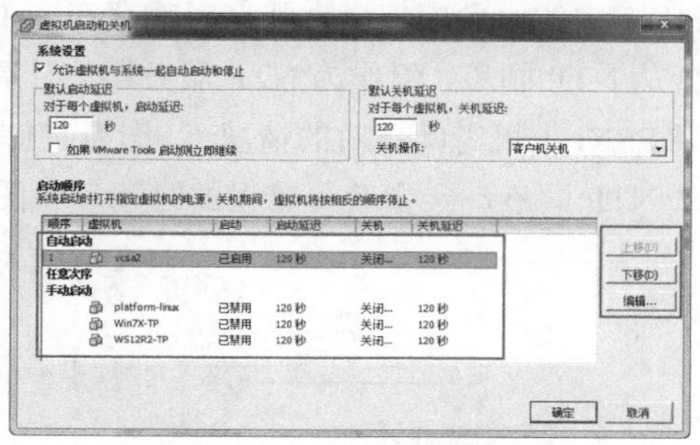

图 3-256　设置之后列表

【说明】在这一章中，介绍的是使用 vSphere Client 管理单台 ESXi 主机的内容，所以虚拟机的启动也是在 ESXi 主机这一级设置的。如果 ESXi 主机是由 vCenter Server 集中管理的，并且在启用“群集”的情况下，不需要设置虚拟机的启动选项，vCenter Server 会自动管理这些：群集中某个 ESXi 主机关机或重启，那么关机前正在运行的虚拟机会自动在其他的 ESXi 主机重新注册并自动重启。

3.10 为 VMware ESXi 服务器配置时间

在实际使用中，计算机的时间比较重要，许多文档的生成都依据计算机以及服务器的时间。现在越来越多的服务器已经迁移到虚拟机中运行，而虚拟机中的时间依据于 VMware ESXi 主机的时间，如果 ESXi 主机的时间不正确，则虚拟机的时间也不正确，在许多时候会造成问题。在安装 VMware ESXi 之后，要调整或修改 VMware ESXi 的时间配置，以让 VMware ESXi 的时间与你所在的时区时间同步。通常来说，如果网络中有“NTP 服务器”，如 Microsoft 的 Active Directory 服务器，则可以配置为 VMware ESXi 使用局域网中的“NTP 服务器”进行时间的同步；如果当前网络中没有 NTP 服务器，但 VMware ESXi 的配置可以连接到 Internet，则可以采用 Internet 上提供的 NTP 服务器如 time.windows.com。如果即没有 NTP 服务器、也不能访问 Internet，则可以手动调整时间。

说明：NTP 是 Network Time Protocol 的简称，是用来使计算机时间同步化的一种协议，它可以使计算机对其服务器或时钟源（如石英钟，GPS 等)做同步化，它可以提供高精准度的时间校正（LAN 上与标准时间差小于 1 毫秒， WAN 上与标准时间差为几十毫秒），且可介由加密确认的方式来防止恶毒的协议攻击。

3.10.1 NTP 服务器的两种模型

在本节中，将通过图 3-257 的拓扑，介绍 ESXi 中 NTP 时间服务器的配置。

在图 3-254 中，作为 NTP 时间服务器的是网络中一台独立的物理机，这台物理机与 ESXi 主机属于同一个网络。NTP 是用的 Windows Server 2012 R2 的 Active Directory 服务器（在将 Windows 升级到 Active Directory 服务器后，自动会启用 NTP 服务）。在配置之后，ESXi 主机会通过 172.18.96.1

的 NTP 进行同步，而 ESXi 中的虚拟机，例如“虚拟机 1”、“虚拟机 2”、“虚拟机 3”这些运行在 ESXi 主机中的虚拟机，则会从 ESXi 主机进行同步。

但是，现在的许多机器都已经虚拟化了，如果作为 NTP 服务器的 Active Directory，同时也是 ESXi 中的一台虚拟机，那么，就存在一个“循环”的问题。虚拟机会从 ESXi 主机同步，而 ESXi 会从 NTP 同步，但作为 NTP 服务器的计算机又是 ESXi 中的一个虚拟机。因为同步是有周期的，如果 ESXi 主机时间不对的情况下，作为 NTP 服务器的虚拟机从 ESXi 获得了不正确的时间，稍后 ESXi 从 NTP 同步，又会获得错误的时间，如图 3-258 所示。

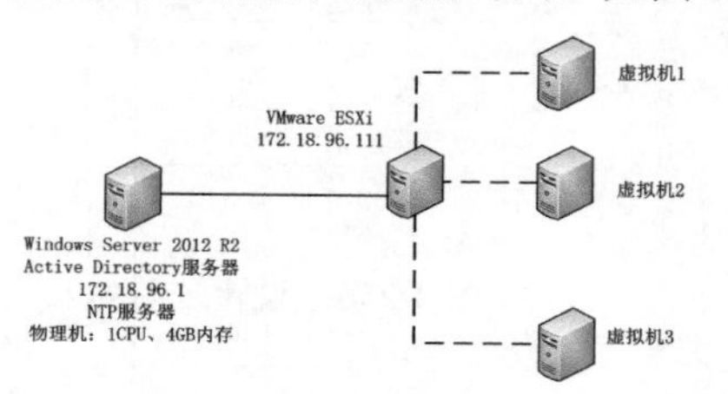

图 3-257　NTP 服务器是网络中的一台物理服务器

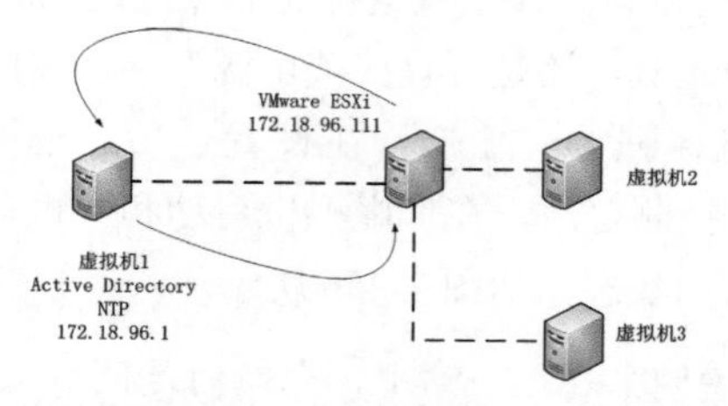

图 3-258　NTP 服务器是 ESXi 中的一台虚拟机

对于这种情况，就需要修改作为 NTP 服务器的虚拟机，不让虚拟机与 ESXi 主机同步时间。

3.10.2　在虚拟机与主机之间完全禁用时间同步

在默认情况下，即使未打开周期性时间同步，虚拟机有时也会与主机同步时间。若要完全禁用时间同步，则必须对虚拟机配置文件中的某些属性进行设置。你需要关闭虚拟机的电源，修改虚拟机的配置文件（.vmx），为时间同步属性添加配置行，并将属性设置为 FALSE。

```
tools.syncTime = "FALSE"
time.synchronize.continue = "FALSE"
time.synchronize.restore = "FALSE"
time.synchronize.resume.disk = "FALSE"
time.synchronize.shrink = "FALSE"
time.synchronize.tools.startup = "FALSE"
```

如果虚拟机是 VMware Workstation，则可以直接用“记事本”修改虚拟机配置文件，添加以上六行。如果虚拟机是 VMware ESXi，则需要按照如下步骤操作。

（1）使用 vSphere Client 连接到 ESXi，关闭想禁用时间同步的虚拟机，编辑虚拟机设置，如图 3-259 所示。

（2）打开虚拟机属性后，在“选项→高级→常规”选项中，单击“配置参数”，如图 3-260 所示。

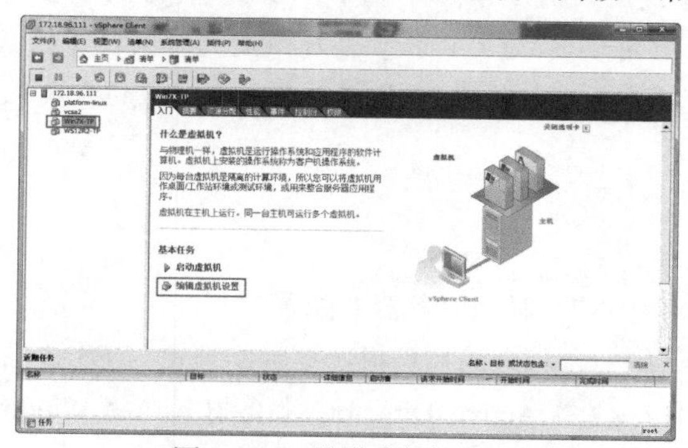

图 3-259　编辑虚拟机设置

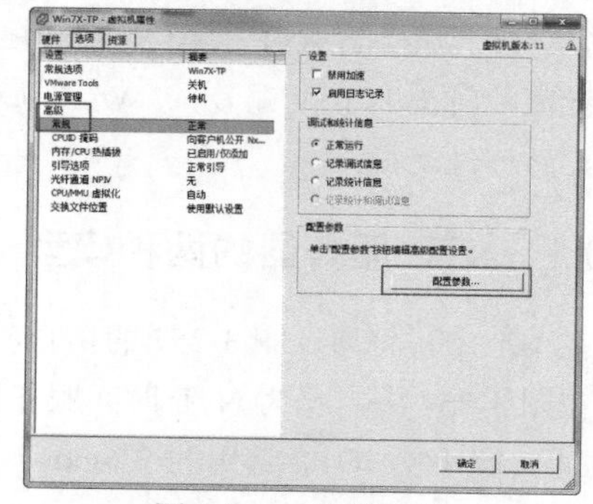

图 3-260　配置参数

（3）单击“添加行”，会添加一个空行，在“名称”及“值”处输入配置参数（一行一个，需要添加六行，这些内容可以看本节开始介绍的配置行）。添加之后如图 3-261 所示。

（4）添加之后单击“确定”按钮返回虚拟机配置，再次单击“确定”按钮之后完成设置，如图 3-262 所示。

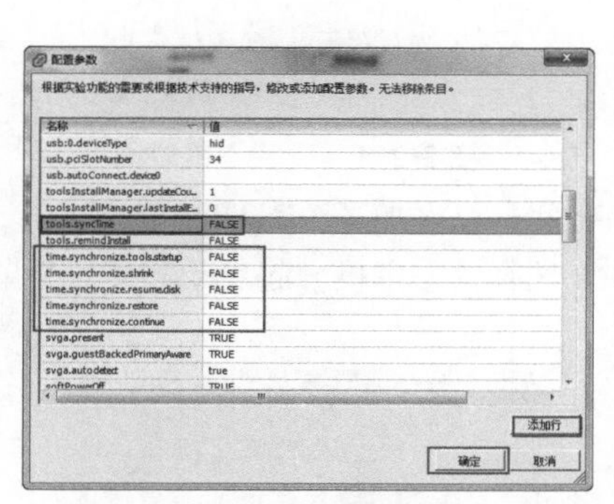

图 3-261　添加时间同步属性配置行

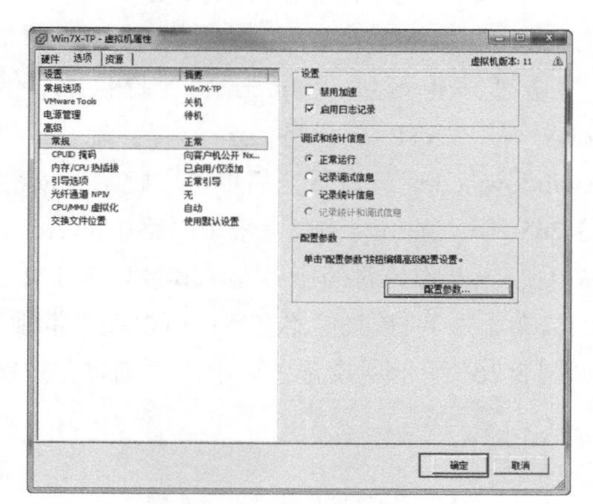

图 3-262　配置完成

（5）之后启动虚拟机，在虚拟机中调整时间，可以看到，虚拟机的时间与 ESXi 主机时间已经不一致，如图 3-263 所示。即使虚拟机重新启动、关机、开机，虚拟机时间会以此时间为基准，不再与主机同步。

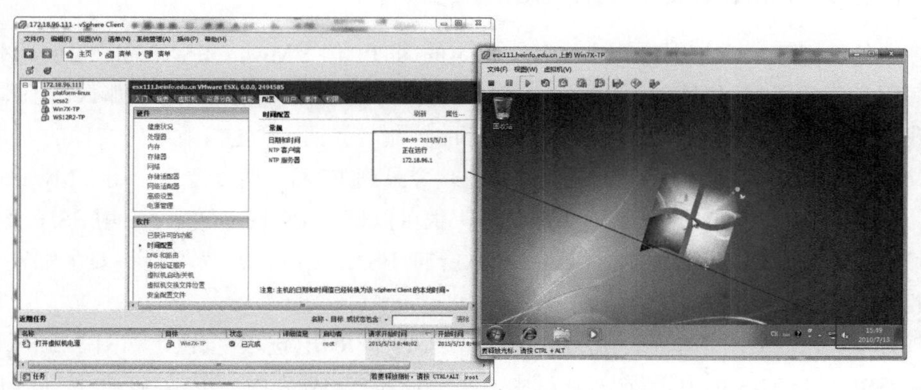

图 3-263　虚拟机时间与主机已经不再同步

作为 NTP 服务器的 Active Directory，则可以参照本节内容操作，这样 NTP 服务器会与 Internet 时间同步，ESXi 主机与 NTP 同步，ESXi 中的其他虚拟机则与 ESXi 主机同步，这样就能保证时间的正确。

3.10.3　为 ESXi 主机指定 NTP 服务器

在 ESXi 中，管理员可以手动配置主机的时间设置，也可以使用 NTP 服务器同步主机的时间和日期。在大多数的情况下，在第一次配置的时候，先手机调整主机的时间，然后再使用 NTP 进行同步。

（1）在“配置→时间配置”选项中，单击右上角的“属性”按钮，在弹出的“时间配置”对话框中，调整 VMware ESXi 主机的时间与你所在时区当前时间相同，然后单击“确定”按钮，如图 3-264 所示。

（2）如果要设置 VMware ESXi 的 NTP“时间服务器”，可以在图 3-264 中单击“选项”按钮，在弹出的“NTP 守护进程（ntpd）选项”对话框中，选择“NTP 设置”，单击“添加”按钮，添加 NTP 服务器，NTP 服务器可以是局域网中自己设置的 NTP 服务器，也可以是 Internet 上提供的，如 Windows 的 NTP 服务器，其地址是“time.windows.com”，设置之后单击“确定”按钮，如图 3-265 所示。在本示例中，采用网络中的 Active Directory 服务器作为时间服务器，其地址为 172.18.96.1。在此可以添加多个 NTP 服务器。

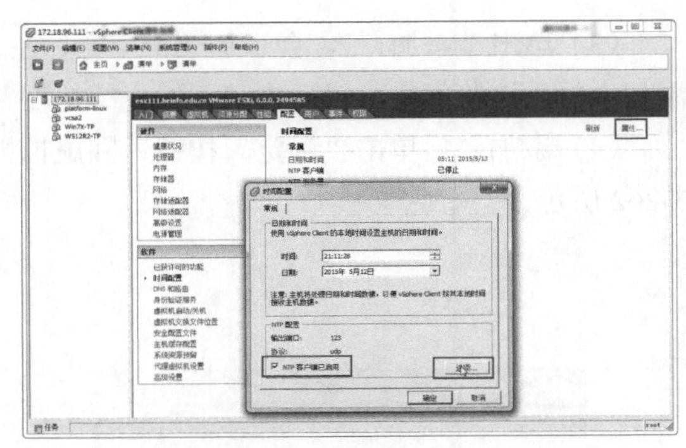

图 3-264　设置主机时间

（3）在添加 NTP 服务器之后，可以在“常规”选项中，选择“与主机一起启动和停止”单选按钮，如图 3-266 所示。设置之后单击“确定”按钮。

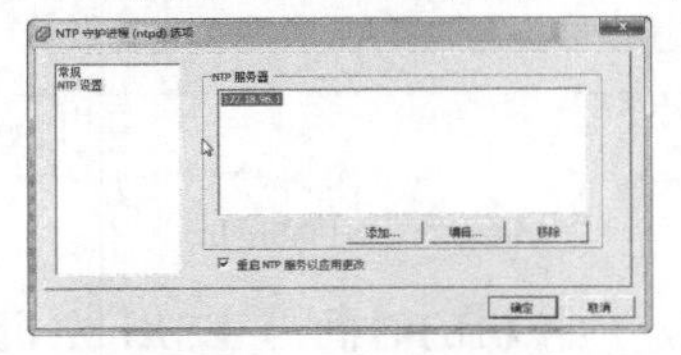

图 3-265　添加 NTP 服务器

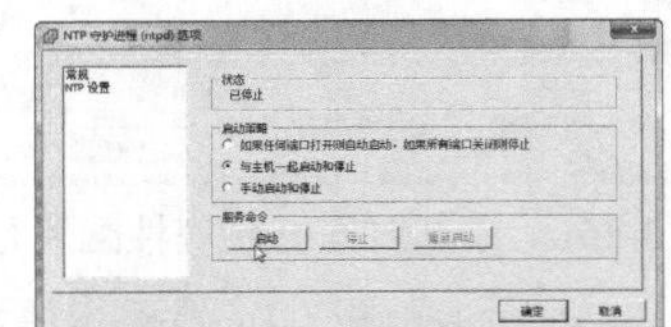

图 3-266　自动启动 NTP 守护进程

3.10.4　使用 vSphere Client 启用 SSH 服务

在大多数的情况下，即使为 VMware ESXi 指定的 NTP，但 VMware ESXi 的时间也是不准确的，这表明时间服务器配置有问题或者 VMware ESXi 没有从时间服务器进行同步。那么，怎么解决这个问题呢？我们需要为 ESXi 启用 ssh，登录到 ESXi 的控制台界面，通过修改配置文件的方式来解决。

为了修改 ESXi 配置文件，需要使用 ssh 客户端登录到 ESXi，所以要先启用 VMware ESXi 的 SSH 服务。你可以在 ESXi 控制台启用 SSH 服务，也可以使用 vSphere Client 启用 SSH 服务。

（1）使用 vSphere Client 登录到 vCenter Server 或 ESXi 主机，在“配置→安全配置文件”中单击“属性”，如图 3-267 所示。

（2）打开“服务属性”对话框后，在列表中选中“SSH”，单击“选项”按钮，如图 3-268 所示。

（3）在“SSH（TSM-SSH）选项”对话框中，在“服务命令”列表中，单击“启动”按钮，启动 SSH 服务，如图 3-269 所示。

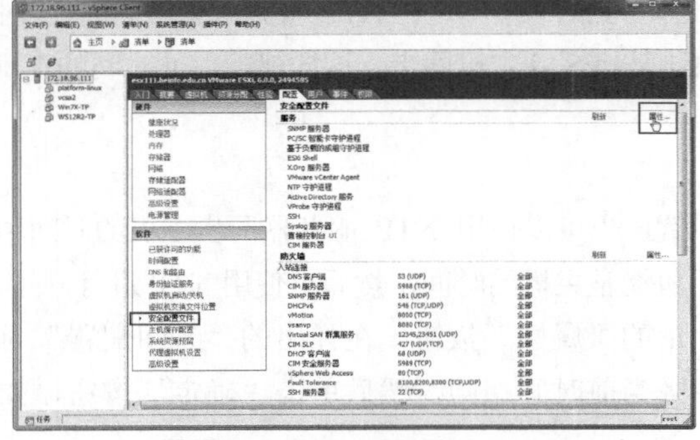

图 3-267　安全配置文件属性

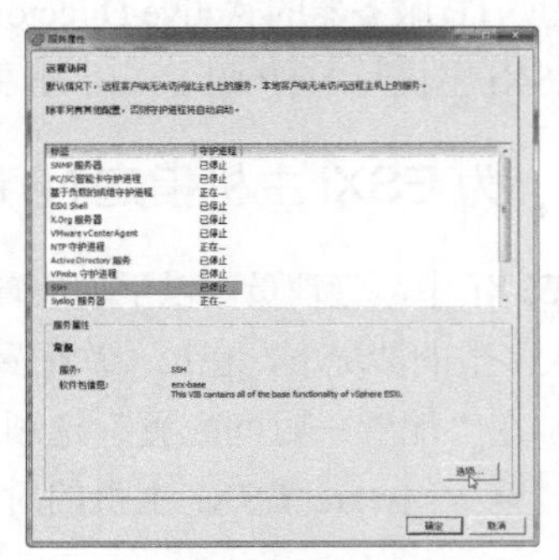

图 3-268　SSH 选项

（4）返回到"服务属性"之后，可以看到 SSH 服务已经运行，如图 3-270 所示。

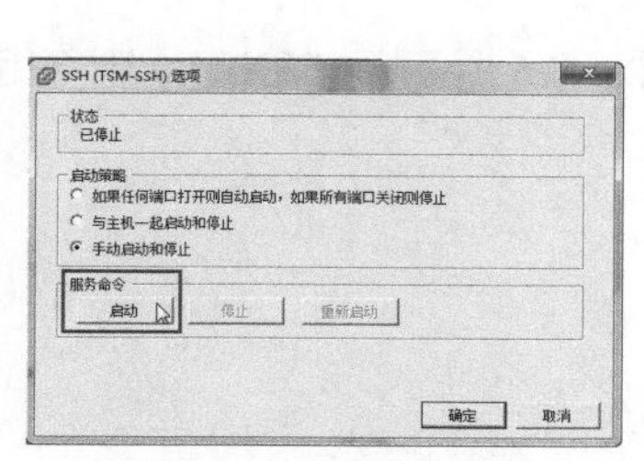

图 3-269　启动 SSH 服务

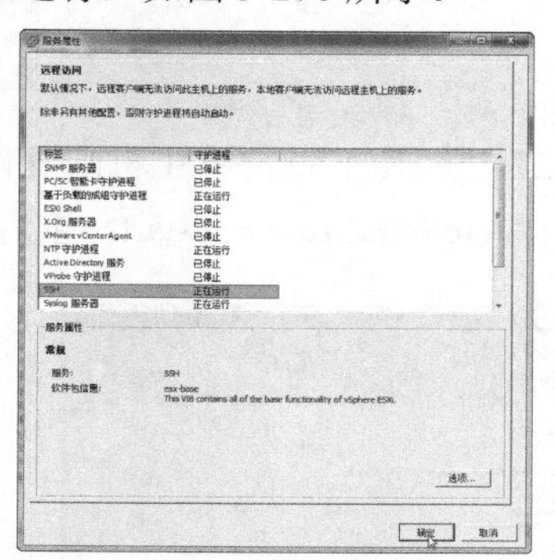

图 3-270　启用 SSH 服务

【说明】如果你能登录到服务器的控制台，也可以在控制台页面启用 SSH 服务。

3.10.5　修改配置文件

然后使用 SSH 客户端，登录到 ESXi 主机，修改以下配置文件。主要步骤如下：

（1）使用 SSH Secure Shell 客户端，登录到 ESXi 主机

（2）修改配置文件

```
vi  /etc/ntp.conf
vi /etc/likewise/lsassd.conf  (ESXi 5.5 主机)
```

（3）重新启动服务

```
./etc/init.d/lsassd restart，重启 lsassd 服务 (ESXi 5.5 主机)
./etc/init.d/ntpd restart
```

下面一一介绍。

（1）使用 SSH Secure Shell 客户端，登录到 ESXi 主机，如图 3-271 所示。

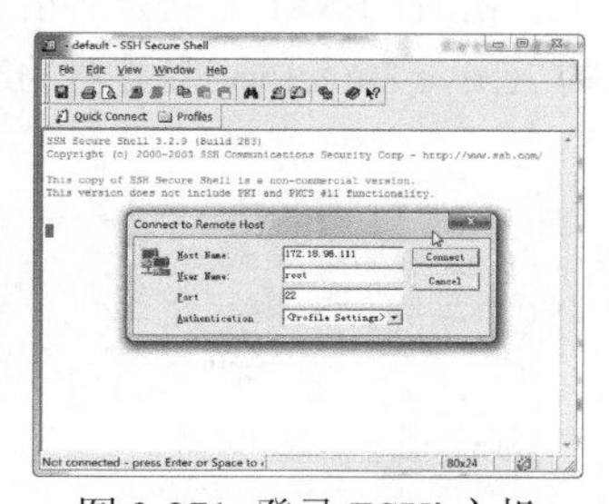

图 3-271　登录 ESXi 主机

（2）进入 ESXi 的 Shell 后，执行以下命令：

```
cd /etc
vi ntp.conf
```

如图 3-272 所示。

（3）用 vi 编辑器打开 ntp.conf 配置文件后，按一下"Insert"，进入编辑模式，移动光标到最后一行最后一个字符，按回车键，新添加一行，输入以下内容：（全部为小写）

```
tos maxdist 30
```

添加之后，按 esc，输入:wq 存盘退出，如图 3-273 所示。

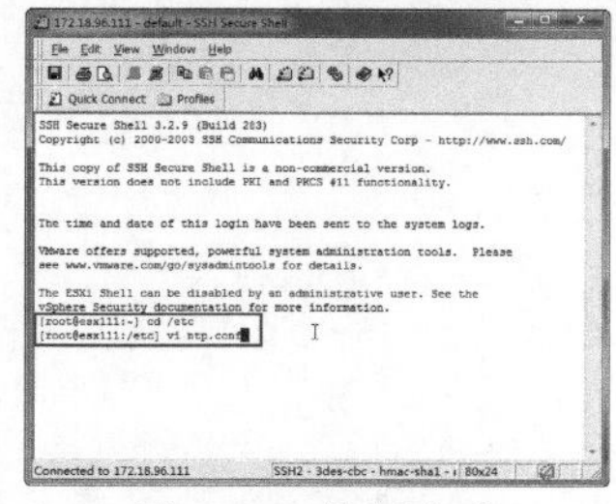

图 3-272　执行命令

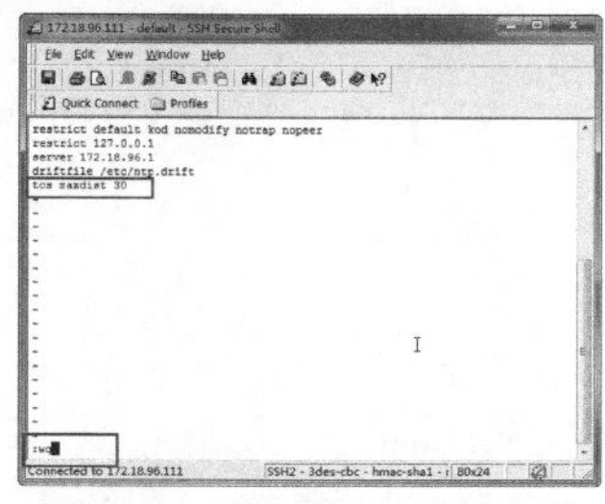

图 3-273　修改 ntp.conf 文件

（4）如果是 ESXi 5.5 的主机，还需要修改/etc/likewise/lsassd.conf 文件,去掉#sync-system-time 的注释,并设置

```
sync-system-time = yes
```

如图 3-274 所示。ESXi 6.0 主机则没有此项设置。

（3）执行./etc/init.d/lsassd restart，重启 lsassd 服务，如图 3-275 所示。（ESXi 6.0 则不用执行）。

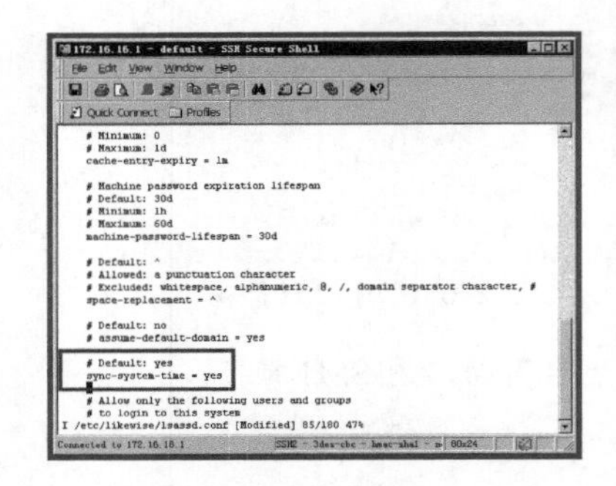

图 3-274　修改/etc/likewise/lsassd.conf 文件

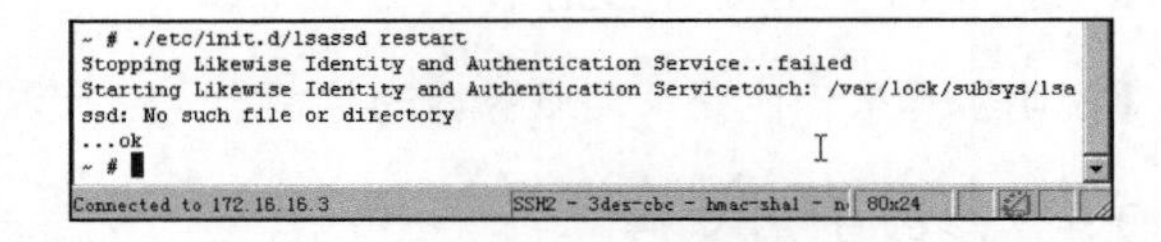

图 3-275　重启 lsassd 服务

（4）重启 ntpd 服务（执行 cd /etc/init.d 目录后执行 ./ntpd restart），如图 3-276 所示。

稍后，ESXi 主机会从指定的 NTP 服务器进行时间同步，如图 3-277 所示。右下角为 172.18.96.1 的 Active Directory 服务器的时间，而图中的 ESXi 的时间已经同步。

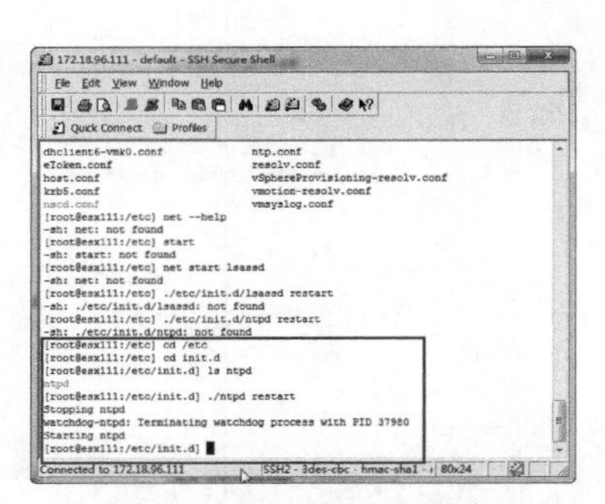

图 3-276　重启 ntpd 服务

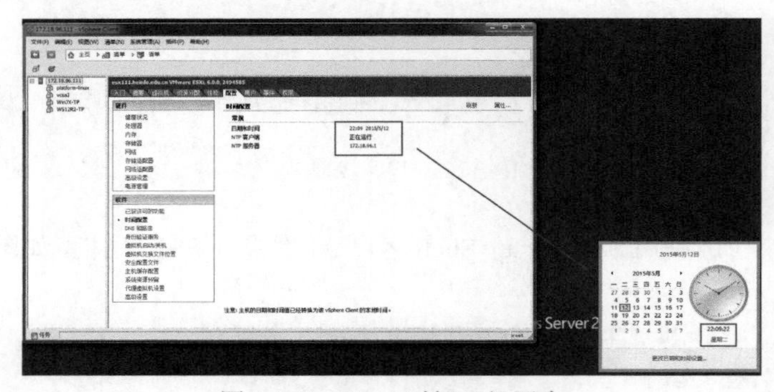

图 3-277　ESXi 时间已经同步

第 4 章 安装 vCenter Server

vSphere 的两个核心组件是 VMware ESXi 和 VMware vCenter Server。ESXi 是用于创建和运行虚拟机的虚拟化平台。vCenter Server 是一种服务，充当连接到网络的 ESXi 主机的中心管理员。vCenter Server 可用于将多个主机的资源加入池中并管理这些资源。vCenter Server 还提供了很多功能，用于监控和管理物理和虚拟基础架构。在第 3 章我们已经介绍了 ESXi，在本章将介绍 vCenter Server。

在规划或实施 vSphere 虚拟化系统时，可以在 Windows 虚拟机或物理服务器上安装 vCenter Server，或者部署 vCenter Server Appliance。

vCenter Server Appliance 是预配置的基于 Linux 的虚拟机，针对运行的 vCenter Server 及 vCenter Server 组件进行了优化。可在运行 ESXi 5.1.x 或更高版本的主机上部署 vCenter Server Appliance。

从 vSphere 6.0 开始，运行的 vCenter Server 和 vCenter Server 组件的所有必备服务都在 VMwarePlatform Services Controller 中进行捆绑。可以部署具有嵌入式或外部 Platform Services Controller 的 vCenter Server，但是必须始终先安装或部署 Platform Services Controller，然后再安装或部署 vCenter Server。

4.1 vCenter Server 组件和服务

vCenter Server 为虚拟机和主机的管理、操作、资源置备和性能评估提供了一个集中式平台。

安装具有嵌入式 Platform Services Controller 的 vCenter Server 或部署具有嵌入式 Platform Services Controller 的 vCenter Server Appliance 时，vCenter Server、vCenter Server 组件以及 Platform Services Controller 中包含的服务将部署在同一个系统上。

安装具有外部 Platform Services Controller 的 vCenter Server 或部署具有外部 Platform Services Controller 的 vCenter Server Appliance 时，vCenter Server 和 vCenter Server 组件将部署在一个系统上，而 Platform Services Controller 中包含的服务将部署在另一个系统上。

以下组件包含在 vCenter Server 和 vCenter Server Appliance 安装中：

- VMware Platform Services Controller 基础架构服务组：包含 vCenter Single Sign-On、许可证服务、Lookup Service 和 VMware 证书颁发机构。
- vCenter Server 服务组：包含 vCenter Server、vSphere Web Client、Inventory Service、vSphere Auto Deploy、vSphere ESXi Dump Collector、Windows 上的 vSphere Syslog Collector 以及 vCenter Server Appliance 的 vSphere Syslog 服务。

4.1.1 随 VMware Platform Services Controller 一起安装的服务

在安装 VMware Platform Services Controller 时，会同时安装“vCenter Single Sign-On”、“vSphere 许可证服务”、“VMware 证书颁发机构 (VMCA)”，下面是这些服务的概述。

（1）vCenter Single Sign-On：vCenter Single Sign-On 身份验证服务为 vSphere 软件组件提供了安全身份验证服务。使用 vCenter Single Sign-On，vSphere 组件可通过安全的令牌交换机制相互通信，而无需每个组件使用目录服务（如 Active Directory）分别对用户进行身份验证。vCenter Single Sign-On 可构建内部安全域（如 vsphere.local），vSphere 解决方案和组件将在安装或升级期间在该域中进行注册，从而提供基础架构资源。vCenter Single Sign-On 可以通过其自己的内部用户和组对用户进行身份验证，或者可以连接到受信任的外部目录服务（如 Microsoft Active Directory）。然后，可以在 vSphere 环境中为经过身份验证的用户分配基于注册的解决方案的权限或角色。

对于 vCenter Server 5.1.x 及更高版本，vCenter Single Sign-On 是可用且必需的。

（2）vSphere 许可证服务：vSphere 许可证服务为连接到单个 Platform Services Controller 或多个链接的 Platform Services Controller 的所有 vCenter Server 系统提供公共许可证清单和管理功能。

（3）VMware 证书颁发机构：默认情况下，VMware 证书颁发机构 (VMCA) 将使用以 VMCA 作为根证书颁发机构的签名证书置备每个 ESXi 主机。以显式方式将 ESXi 主机添加到 vCenter Server 时进行置备，或在 ESXi 主机安装过程中进行置备。所有 ESXi 证书都存储在本地主机上。

4.1.2 随 vCenter Server 一起安装的服务

安装 vCenter Server 时，将会以静默方式安装以下这些附加组件。这些组件不能单独安装，因为它们没有其自己的安装程序。

（1）vCenter InventoryService：Inventory Service 用于存储 vCenter Server 配置和清单数据，使您可以跨 vCenter Server 实例搜索和访问清单对象。

（2）PostgreSQL ：VMware 分发的用于 vSphere 和 vCloud Hybrid Service 的 PostgreSQL 数据库捆绑版本。

（3）vSphere Web Client：通过 vSphere Web Client，可以使用 Web 浏览器连接到 vCenter Server 实例，以便管理 vSphere 基础架构。

（4）vSphere ESXi DumpCollector：vCenter Server 支持工具。可以将 ESXi 配置为在系统发生严重故障时将 VMkernel 内存保存到网络服务器而非磁盘。vSphere ESXi Dump Collector 将通过网络收集这些内存转储。

（5）vSphere SyslogCollector：Windows 上的 vCenter Server 支持工具，支持网络日志记录，并可将多台主机的日志合并。可以使用 Syslog Collector 将 ESXi 系统日志定向至网络上的服务器，而非本地磁盘。从其中收集日志的受支持主机的建议最大数目为 30。

（6）vSphere Syslog 服务：vCenter Server Appliance 支持工具，提供了用于系统日志记录、网络日志记录以及从主机收集日志的统一架构。可以使用 vSphere Syslog 服务将 ESXi 系统日志定向至网络上的服务器，而非本地磁盘。从其中收集日志的受支持主机的建议最大数目为 30。

（7）vSphere Auto Deploy：vCenter Server 支持工具，能够使用 ESXi 软件置备大量物理主机。可以指定要部署的映像以及要使用此映像置备的主机。也可以指定应用到主机的主机配置文件，并且为每个主机指定 vCenter Server 位置（文件夹或群集）。

4.1.3 vCenter Server 部署模型

您可以在运行 Microsoft Windows Server 2008 SP2 或更高版本的虚拟机或物理服务器上安装 vCenter Server，或部署 vCenter Server Appliance。vCenter Server Appliance 是预配置的基于 Linux 的虚拟机，针对运行 vCenter Server 进行了优化。

vSphere 6.0 引入了具有嵌入式 Platform Services Controller 的 vCenter Server 和具有外部 Platform Services Controller 的 vCenter Server。

（1）具有嵌入式 Platform Services Controller 的 vCenter Server：与 Platform Services Controller 捆绑在一起的所有服务都将部署在与 vCenter Server 相同的虚拟机或物理服务器上。

（2）具有外部 Platform Services Controller 的 vCenter Server：与 Platform Services Controller 和 vCenter Server 捆绑在一起的服务将部署在不同的虚拟机或物理服务器上。

必须先将 Platform Services Controller 部署在一个虚拟机或物理服务器上，然后将 vCenter Server 部署在另一个虚拟机或物理服务器上。

【说明】 需要在部署前规划好部署类型，否则在部署后将无法切换模型，这意味着部署具有嵌入式 Platform Services Controller 的 vCenter Server 后，无法切换到具有外部 Platform Services Controller 的 vCenter Server，反之亦然。

1. 具有嵌入式 Platform Services Controller 的 vCenter Server

具有嵌入式 Platform Services Controller 的 vCenter Server 是指将 vCenter Server 和 Platform Services Controller 部署在单个虚拟机或物理服务器上。在大多数的情况下，具有嵌入式 Platform Services Controller 的 vCenter Server 适用于大多数环境。

要在多个 vCenter Server 实例之间提供通用服务（如 vCenter Single Sign-On），可以将具有嵌入式 Platform Services Controller 的 vCenter Server 实例加入同一个 vCenter Single Sign-On 域中。安装具有嵌入式 Platform Services Controller 的 vCenter Server 实例时，系统将提示您创建新的 vCenter Single Sign-On 域或加入现有域。通过加入现有 vCenter Single Sign-On 域，Platform Services Controller 可以相互复制域信息。

这样，每个 vCenter Server 的基础架构数据将复制到所有 Platform Services Controller 中，且每个 Platform Services Controller 都将包含所有 Platform Services Controller 的数据副本。

具有嵌入式 Platform Services Controller 的 vCenter Server 的体系如图 4-1 所示。

虚拟机或物理服务器
Platform Services Controller
vCenter Server

图 4-1 单台机器安装 vCenter Server

安装具有嵌入式 Platform Services Controller 的 vCenter Server 具有

以下优势：

（1）vCenter Server 与 Platform Services Controller 并非通过网络连接，且由于 vCenter Server 与 Platform Services Controller 之间的连接和名称解析问题，vCenter Server 不容易出现故障。

（2）如果在 Windows 虚拟机或物理服务器上安装 vCenter Server，则需要较少的 Windows 许可证。

（3）您将需要管理较少的虚拟机或物理服务器。

（4）无需负载平衡器即可在 Platform Services Controller 上分布负载。

安装具有嵌入式 Platform Services Controller 的 vCenter Server 具有以下缺点：

（1）每个产品具有一个 Platform Services Controller，这可能已超出所需量。这将消耗更多资源。

（2）该模型适合规模较小的环境。

2. 具有外部 Platform Services Controller 的 vCenter Server

具有外部 Platform Services Controller 的 vCenter Server 是指 vCenter Server 和 Platform Services Controller 部署在不同的虚拟机或物理服务器上。可以在多个 vCenter Server 实例之间共享 Platform Services Controller。可以安装一个 Platform Services Controller，然后安装多个 vCenter Server 实例并将其注册到 Platform Services Controller 中。随后，可以安装另一个 Platform Services Controller，将其配置为复制第一个 Platform Services Controller 的数据，然后安装 vCenter Server 实例并将其注册到第二个 Platform Services Controller 中。具有外部 Platform Services Controller 的 vCenter Server 的体系结构如图 4-2 所示。

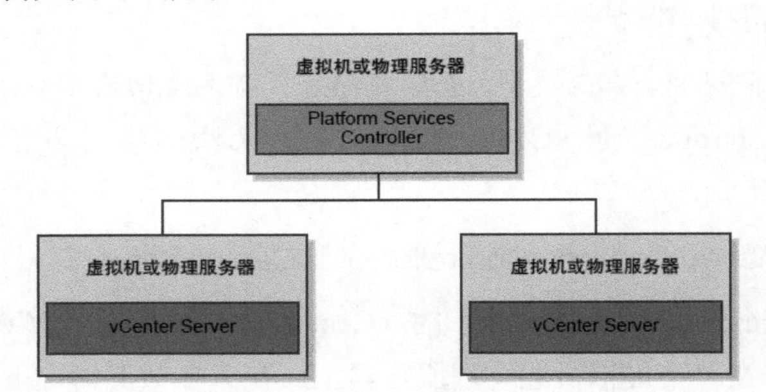

图 4-2　具有外部 Platform Services Controller 的 vCenter Server

安装具有外部 Platform Services Controller 的 vCenter Server 具有以下优势：

（1）Platform Services Controller 中的组合服务消耗较少的资源，可减少内存占用量和维护。

（2）您的环境中可以包含多个 vCenter Server 实例。

安装具有外部 Platform Services Controller 的 vCenter Server 具有以下缺点：

（1）vCenter Server 与 Platform Services Controller 通过网络建立连接，容易产生连接和名称解析问题。

（2）如果在 Windows 虚拟机或物理服务器上安装 vCenter Server，则需要较多的 Microsoft Windows 许可证。

（3）您需要管理较多虚拟机或物理服务器。

3. 混合平台环境

安装在 Windows 上的 vCenter Server 实例可以注册到 Windows 上安装的 Platform Services Controller 中或 Platform Services Controller 设备中。vCenter Server Appliance 可以注册到 Windows 上安装的 Platform Services Controller 中或 Platform Services Controller 设备中。vCenter Server 和 vCenter Server Appliance 可以注册到域中的同一个 Platform Services Controller 中。

具有 Windows 上安装的外部 Platform Services Controller 的混合平台环境示例如图 4-3 所示，具有外部 Platform Services Controller 设备的混合平台环境示例如图 4-4 所示。

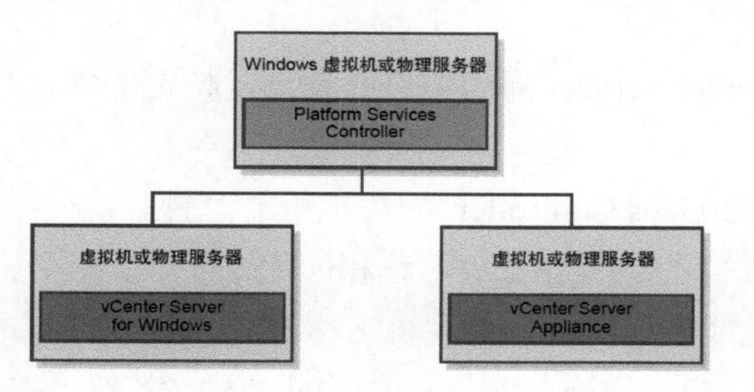

图 4-3　具有 Windows 上安装的外部 Platform Services Controller 的混合平台环境示例

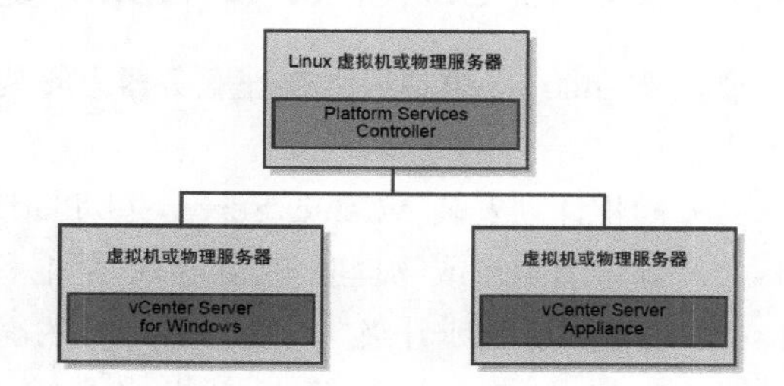

图 4-4　具有外部 Platform Services Controller 设备的混合平台环境示例

具有许多可复制其基础架构数据的 Platform Services Controller 可确保系统的高可用性。

如果最初向其注册 vCenter Server 实例或 vCenter Server Appliance 的 Platform Services Controller 停止响应，您可以将 vCenter Server 或 vCenter Server Appliance 重新指向域中的其他外部 Platform Services Controller。

4. 增强型链接模式

增强型链接模式通过使用一个或多个 Platform Services Controller 将多个 vCenter Server 系统连接在一起。通过增强型链接模式，您可以查看和搜索所有链接的 vCenter Server 系统，并复制角色、权限、许可证、策略和标记。

安装 vCenter Server 或部署具有嵌入式 Platform Services Controller 的 vCenter Server Appliance 时，可以选择是创建新的 vCenter Single Sign-On 域，还是加入现有域。安装或部署新的 Platform Services Controller 时，也可以选择是创建新的 vCenter Single Sign-On 域，还是加入现有域。如果已安装或部署 Platform Services Controller 且已创建 vCenter Single Sign-On 域，则可以选择加入现有的 vCenter Single Sign-On 域。加入现有的 vCenter Single Sign-On 域时，将在现有的 Platform Services Controller 和新的 Platform Services Controller 之间复制数据，并在两个 Platform Services Controller 之间复制基础架构数据。

使用增强型链接模式，不仅可以连接 Windows 上正在运行的 vCenter Server 系统，还可以连接多个 vCenter Server Appliance。您还可以具有多个 vCenter Server 系统和 vCenter Server Appliance 链接在一起的环境。

如果安装具有外部 Platform Services Controller 的 vCenter Server，则首先必须在一台虚拟机或物理服务器上部署 Platform Services Controller，然后在另一台虚拟机或物理服务器上部署 vCenter Server。安装 vCenter Server 时，必须选择外部 Platform Services Controller。确保选择的 Platform Services Controller 是外部独立的 Platform Services Controller。选择属于嵌入式安装一部分的现有

Platform Services Controller 不受支持且无法在部署后重新配置。

4.2 vCenter Server 系统需求

在 Windows 上运行的 vCenter Server、预置备的 vCenter Server Appliance 和 ESXi 实例的系统必须满足特定的硬件和操作系统要求。

4.2.1 vCenter Server for Windows 要求

要在 Windows 虚拟机或物理服务器上安装 vCenter Server，您的系统必须满足特定的硬件和软件要求。

（1）同步计划安装 vCenter Server 和 Platform Services Controller 的虚拟机的时钟。

（2）确认虚拟机或物理服务器的 DNS 名称与实际的完整计算机名称相匹配。

（3）确认要安装或升级 vCenter Server 的虚拟机或物理服务器的主机名称符合 RFC 1123 准则（NetBIOS 名称 15 个字符，主机名每个标签 63 字符，每个 FQDN 255 字符，例如 abcd15.def63.a-63_255）。

（4）确认要安装 vCenter Server 的系统不是 Active Directory 域控制器。

（5）如果 vCenter Server 服务正在“本地系统”账户之外的用户账户中运行，请确认运行 vCenter Server 服务的用户账户拥有以下权限：

- 管理员组的成员
- 作为服务登录
- 以操作系统方式执行（如果该用户是域用户）

（6）如果用于 vCenter Server 安装的系统属于工作组，而不属于域，则并非所有功能都可用于 vCenter Server。如果系统属于工作组，则 vCenter Server 系统在使用一些功能时，将无法发现网络上可用的所有域和系统。安装后，如果希望添加 Active Directory 标识源，则您的主机必须连接域。

（7）验证“本地服务”账户是否对安装了 vCenter Server 的文件夹和 HKLM 注册表具有读取权限。

（8）确认虚拟机或物理服务器和域控制器之间的连接正常。

在安装 vCenter Server 和 Platform Services Controller 时，安装程序会进行预安装检查，例如，验证要安装 vCenter Server 的虚拟机或物理服务器上是否有足够的可用空间，以及验证是否可以成功访问外部数据库（如有）。

在部署具有嵌入式 Platform Services Controller 或外部 Platform Services Controller 的 vCenter Server 时，vCenter Single Sign-On 会作为 Platform Services Controller 的一部分进行安装。在安装时，安装程序会提供选项，让您选择是否加入现有的 vCenter Single Sign-On 服务器域。如果您提供其他 vCenter Single Sign-On 服务的信息，安装程序将使用管理员账户检查主机名称和密码，在确认您提供的 vCenter Single Sign-On 服务器详细信息能够通过身份验证后，再继续执行安装过程。

预安装检查程序会检查环境的以下几个方面：

- Windows 版本
- 最低处理器要求

- 最低内存要求
- 最低磁盘空间要求
- 对选定的安装和数据目录的权限
- 内部和外部端口可用性
- 外部数据库版本
- 外部数据库连接性
- Windows 计算机上的管理员特权
- 输入的任何凭据

4.2.2 vCenter Server for Windows 需求

在运行 Microsoft Windows 的虚拟机或物理服务器上安装 vCenter Server 时，您的系统必须满足特定的硬件要求。

vCenter Server 和 Platform Services Controller 可以安装在同一台虚拟机或物理服务器上，也可以安装在不同的虚拟机或物理服务器上。在安装具有嵌入式 Platform Services Controller 的 vCenter Server 时，请将 vCenter Server 和 Platform Services Controller 安装在同一台虚拟机或物理服务器上。在安装具有外部 Platform Services Controller 的 vCenter Server 时，请首先将包含所有必要服务的 Platform Services Controller 安装到一台虚拟机或物理服务器上，然后再将 vCenter Server 和 vCenter Server 组件安装到另一台虚拟机或物理服务器上。表 4-1 是在 Windows 计算机上安装 vCenter Server 的建议最低硬件要求。

表 4-1　在 Windows 计算机上安装 vCenter Server 的建议最低硬件要求

	Platform Services Controller	微型环境（最多 10 个主机、100 个虚拟机）	小型环境（最多 100 个主机、1000 个虚拟机）	中型环境（最多 400 个主机、4,000 个虚拟机）	大型环境（最多 1,000 个主机、10,000 个虚拟机）
CPU 数目	2	2	4	8	16
内存	2GB	8GB	16GB	24GB	32GB
硬盘空间	4GB	17GB	17GB	17GB	17GB

注意不支持在网络驱动器或 USB 闪存驱动器上安装 vCenter Server。

安装 vCenter Server for Windows，要确保您的操作系统支持 vCenter Server。vCenter Server 要求使用 64 位操作系统，vCenter Server 需要使用 64 位系统 DSN 才能连接到外部数据库。

vCenter Server 支持的 Windows Server 最早版本是 Windows Server 2008 SP2。您的 Windows Server 必须已安装最新更新和修补程序。

vCenter Server 需要使用数据库存储和组织服务器数据。

每个 vCenter Server 实例必须具有其自身的数据库。对于最多使用 20 台主机、200 个虚拟机的环境，可以使用捆绑的 PostgreSQL 数据库，vCenter Server 安装程序可在 vCenter Server 安装期间为您安装和设置该数据库。更大规模的安装需要受支持的数据库。

4.2.3 vCenter Server Appliance 需求

vCenter Server Appliance 可在运行 ESXi 5.1.x 或更高版本的主机上部署 vCenter Server Appliance。此外，系统还必须满足软件和硬件要求。在使用完全限定域名时，确保用于部署 vCenter Server Appliance 的计算机和 ESXi 主机位于同一 DNS 服务器上。

在部署 vCenter Server Appliance 之前，请同步 vSphere 网络上所有虚拟机的时钟。如果时钟未同步，可能会产生验证问题，也可能会使安装失败或使 vCenter Server 服务无法启动。

在部署 vCenter Server Appliance 时，您可以选择部署适合 vSphere 环境大小的 vCenter Server Appliance。您选择的选项将决定 vCenter Server Appliance 所拥有的 CPU 数量和内存大小。CPU 数量和内存大小等硬件要求取决于 vSphere 清单的大小，如表 4-2 所示。

表 4-2　VMware vCenter Server Appliance 的硬件要求

	Platform Services Controller	微型环境（最多 10 个主机、100 个虚拟机）	小型环境（最多 100 个主机、1000 个虚拟机）	中型环境（最多 400 个主机、4 000 个虚拟机）	大型环境（最多 1 000 个主机、10 000 个虚拟机）
CPU 数目	2	2	4	8	16
内存	2GB	8GB	16GB	24GB	32GB

在部署 vCenter Server Appliance 时，部署 vCenter Server Appliance 所在的主机必须满足最低的存储要求。存储要求不但取决于 vSphere 环境的大小，还取决于磁盘置备模式。存储要求取决于您要部署的部署模型，如表 4-3 所示。

表 4-3　取决于部署模型的 vCenter Server 最低存储要求

	具有嵌入式 Platform Services Controller 的 vCenter Server Appliance	具有外部 Platform Services Controller 的 vCenter Server Appliance	外部 Platform Services Controller 设备
微型环境（最多 10 个主机、100 个虚拟机）	120GB	86GB	30GB
小型环境（最多 100 个主机、1 000 个虚拟机）	150GB	108GB	30GB
中型环境（最多 400 个主机、4 000 个虚拟机）	300GB	220GB	30GB
大型环境（最多 1 000 个主机、10 000 个虚拟机）	450GB	280GB	30GB

4.2.4 vCenter Server Appliance 中包含的软件

vCenter Server Appliance 是基于 Linux 的预配置虚拟机，针对运行 vCenter Server 及关联服务进行了优化。vCenter Server Appliance 软件包包含以下软件：

- SUSE Linux Enterprise Server 11 Update 3 for VMware，64 位版本
- PostgreSQL
- vCenter Server 6.0 和 vCenter Server 6.0 组件

4.2.5　vCenter Server Appliance 软件要求

VMware vCenter Server Appliance 只能在运行 ESXi 版本 5.1 或更高版本的主机上部署。

仅可使用客户端集成插件部署 vCenter Server Appliance；该插件是一个适用于 Windows 的 HTML 安装程序，您可以用它直接连接到 ESXi 5.1.x、ESXi 5.5.x 或 ESXi 6.0 主机并在主机上部署 vCenter Server Appliance。

【注意】无法使用 vSphere Client 或 vSphere Web Client 部署 vCenter Server Appliance。在部署 vCenter Server Appliance 的过程中，必须提供各种输入，如操作系统和 vCenter Single Sign-On 密码。如果尝试使用 vSphere Client 或 vSphere Web Client 部署设备，系统将不会提示您提供此类输入且部署将失败。

【说明】虽然 VMware 官方文档表示不能使用 vSphere Client 或 vSphere Web Client 部署 vCenter Server Appliance。但实际上是可以将 vCenter Server Appliance 部署在 VMware Workstation 虚拟机中使用，但此时部署的 vCenter Server Appliance 是一个具有嵌入式 Platform Services Controller 的 vCenter Server，不像正常部署一样可以定制，选择部署 Platform Services Controller 和部署使用外部的 Platform Services Controller 的 vCenter Server。

4.2.6　vCenter Server Appliance 数据库要求

vCenter Server Appliance 需要使用数据库存储和组织服务器数据。

每个 vCenter Server Appliance 实例必须具有其自身的数据库。您可以使用包含在 vCenter Server Appliance 中的捆绑 PostgreSQL 数据库，它最多可支持 1 000 个主机和 10 000 个虚拟机。

对于外部数据库，vCenter Server Appliance 仅支持 Oracle 数据库。这些 Oracle 数据库版本相同，显示在您所安装的 vCenter Server 版本的 VMware 产品互操作性列表中。

4.2.7　vSphere DNS 要求

与其他任何网络服务器一样，应在具有固定 IP 地址和众所周知的 DNS 名称的主机上安装或升级 vCenter Server，以便客户端能可靠地访问该服务。

为向 vCenter Server 系统提供主机服务的 Windows 服务器分配一个静态 IP 地址和主机名。该 IP 地址必须具有有效（内部）域名系统 (DNS) 注册。安装 vCenter Server 和 Platform Services Controller 时，必须提供正在执行安装或升级的主机的完全限定域名 (FQDN) 或静态 IP。建议使用 FQDN。

部署 vCenter Server Appliance 时，可以向该 Applianc 分配一个静态 IP。这样，可以确保 vCenter Server Appliance 的 IP 地址在系统重新启动后仍然保持不变。

确保在使用安装了 vCenter Server 的主机的 IP 地址进行查询时，DNS 反向查询会返回 FQDN。安装或升级 vCenter Server 时，如果安装程序不能通过 vCenter Server 主机的 IP 地址查找其完全限定域名，则支持 vSphere Web Client 的 Web 服务器组件的安装或升级将会失败。反向查询是使用 PTR 记录来实现的。

如果使用 vCenter Server 的 DHCP 而不是静态 IP 地址，请确保 vCenter Server 计算机名称已在域名服务 (DNS)中更新。如果可以 ping 计算机名称，则该名称已在 DNS 中更新。

确保 ESXi 主机管理接口可以从 vCenter Server 和所有 vSphere Web Client 实例进行有效的 DNS 解析。确保 vCenter Server 可以从所有 ESXi 主机和所有 vSphere Web Client 进行有效的 DNS 解析。

4.2.8 验证 FQDN 是否可解析

与其他任何网络服务器一样，应在具有固定 IP 地址和众所周知的 DNS 名称的虚拟机或物理服务器上安装或升级 vCenter Server，以便客户端能可靠地访问该服务。

如果要对安装或升级 vCenter Server 的虚拟机或物理服务器使用 FQDN，则必须验证 FQDN 是否可解析。步骤如下：

在 Windows 命令提示符中，运行 nslookup 命令。

```
nslookup -nosearch -nodefname your_vCenter_Server_FQDN
```

如果 FQDN 可解析，则 nslookup 命令会返回 vCenter Server 虚拟机或物理服务器的 IP 地址和名称。

4.3 在 Windows 虚拟机或物理服务器上安装 vCenter Server

可以在 Microsoft Windows 虚拟机或物理服务器上安装 vCenter Server 以管理 vSphere 环境。在安装 vCenter Server 之后，只有用户 administrator@your_domain_name 具有登录到 vCenter Server 系统的特权。administrator@your_domain_name 用户可以执行以下任务：

- 将在其中定义了其他用户和组的标识源添加到 vCenter Single Sign-On 中。
- 将角色分配给用户和组以授予其特权。

本节将介绍在 Windows Server 服务器（虚拟机或物理机）安装 vCenter Server 的内容，这包括以下两种：

- 安装具有嵌入式 Platform Services Controller 的 vCenter Server。
- 安装具有外部 Platform Services Controller 的 vCenter Server。

为了完整的了解 vCenter Server 的安装，我们规划了图 4-5 的拓扑图。在图 4-5 中，有一台 DNS 服务器，域名为 172.18.96.1，其他的则有 SQL Server 服务器、VMware ESXi 主机，以及 vCenter Server 服务器、vCenter Server Appliance 的服务器。

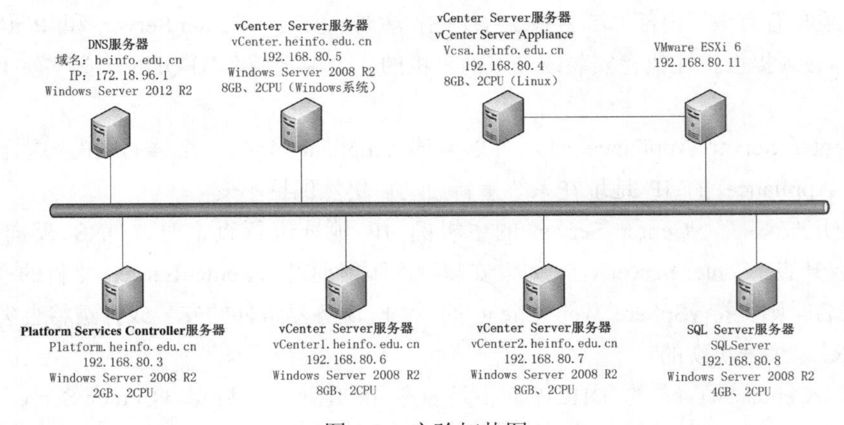

图 4-5 实验拓扑图

各服务器的关系如表 4-4 所示。

表 4-4　实验拓扑中各服务器的名称、作用等相关信息

服务器名称	网址	IP 地址	用　途
DNS 服务器	heinfo.edu.cn	172.18.96.1	
vCenter	vCenter.heinfo.edu.cn	192.168.80.5	具有嵌入式 Platform Services Controller 的 vCenter Server
platform	platform.heinfo.edu.cn	192.168.80.3	Platform Services Controller
vCenter1	vcenter1.heinfo.edu.cn	192.168.80.6	vCenter Server，需要加入到 platform.heinfo.edu.cn
vCenter2	vcenter2.heinfo.edu.cn	192.168.80.7	vCenter Server，需要加入到 platform.heinfo.edu.cn，需要使用 SQL Server 提供的数据库
SQL Server	sqlserver	192.168.80.8	SQL Server 2008 R2 数据库，打 SP1 补丁
vcsa	vcsa.heinfo.edu.cn	192.168.80.4	基于 Linux 的 vCenter Server Appliance

在实验之前，配置 DNS 服务器，在 DNS 服务器中各 A 记录创建情况如图 4-6 所示。各个 A 记录的信息如表 4-5 所示。

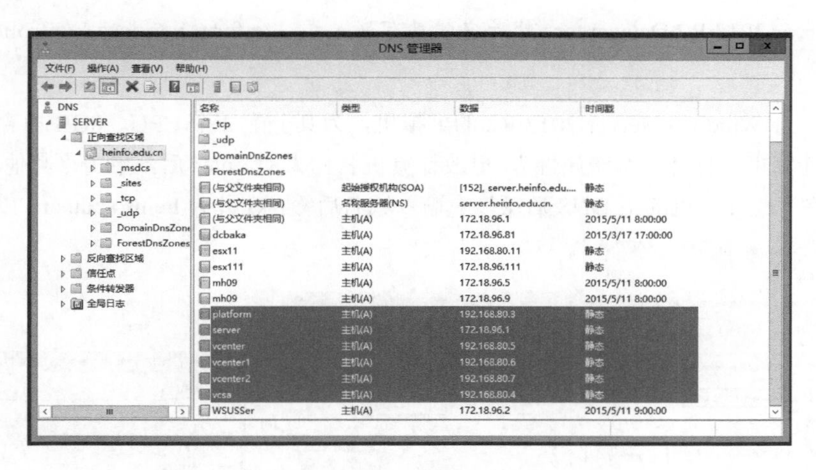

图 4-6　DNS 管理器设置

表 4-5　本次实验中各 A 记录的名称与对应的 IP 地址

计算机名称	IP　地　址	用　　途
platform	192.168.80.4	Platform Services Controller
vcsa	192.168.80.4	Linux 的 vCenter Server
vCenter	192.168.80.5	单独的 vCenter Server
vCenter1	192.168.80.6	使用外部 Platform 的 vCenter
vCenter2	192.168.80.7	

4.3.1　安装具有嵌入式 Platform Services Controller 的 vCenter Server

您可以将 vCenter Server、vCenter Server 组件和 Platform Services Controller 部署在一台虚拟机或物理服务器上。此模型适用于具有八个或更少产品实例的部署。无法在安装完成后将部署模型更改为具有外部 Platform Services Controller 的 vCenter Server。可以通过将 vCenter Single Sign-On

数据从一个部署复制到其他部署来连接多个 vCenter Server 实例。这样，每个产品的基础架构数据将复制到所有 Platform Services Controller 中，且每个单独的 Platform Services Controller 包含所有 Platform Services Controller 的数据副本。无法在安装完成后更改各个 Platform Services Controller 之间的连接。

在安装具有嵌入式 Platform Services Controller 的 vCenter Server（即将 Platform Services Controller 和 vCenter Server 安装在同一台服务器中，不管是服务器是物理机还是虚拟机，只要服务器满足安装 vCenter Server 的需求即可）前，需要对要安装的 vCenter Server 进行规划，你需要为 vCenter Server 的安装规划其对外的 FQDN 名称及 IP 地址，并且规划的 FQDN 名称可以解析到 vCenter Server 对应的 IP 地址。例如，假设你规划 vCenter Server 的名称是 vcserver.heinfo.edu.cn，IP 地址是 192.168.80.5，那么你需要将安装 vCenter Server 的计算机名称设置成 vcserver.heinfo.edu.cn，将这台计算机的 IP 地址设置为 192.168.80.5，然后将 heinfo.edu.cn 的域名中，创建 A 记录 vcserver，并让其指向 192.168.80.5。

【说明】在本节实验中，将在一个具有 60GB 虚拟硬盘、8GB 内存、2 个 vCPU 的计算机中，安装 Windows Server 2012 R2 Datacenter，然后安装具有嵌入式 Platform Services Controller 的 vCenter Server。

（1）准备一台 Windows Server 2012 R2 的虚拟机，为其分配 2 个 CPU、8GB 内存、60GB 的硬盘空间，启动计算机，打开“系统属性”，更改计算机名称为 vCenter 后，单击“其他”按钮，在弹出的对话框，在“此计算机的主 DNS 后缀”中输入域名后缀，在此为 heinfo.edu.cn，如图 4-7 所示。

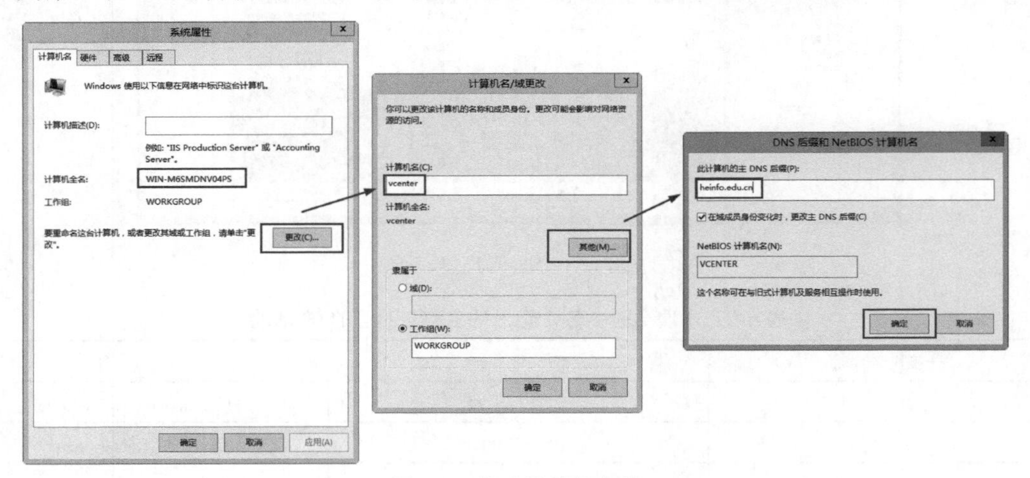

图 4-7　修改计算机名称

注意，在安装 vCenter Server 之前规划好计算机名称和 IP 地址，在安装 vCenter Server 之后不要更改计算机名称和 IP 地址，否则 vCenter Server 将不能使用。

（2）修改计算机名称之后重新启动，让设置生效，再次进入系统之后，检查计算机名称是否更改，如图 4-8 所示。

【说明】安装 vCenter Server 的计算机，可以加入到 Active Directory，作为成员服务器，这样这台计算机将自动拥有 FQDN 名称。也可以不加入域，更改名称加入域后缀，实现 FQDN 名称。这也是通常推荐的方法（后文介绍这一方法）。如果你没有 DNS 服务器，不使用 FQDN 而是使用 NetBIOS 名称也可以安装 vCenter Server，并且也可以使用。但需要使用 IP 地址访问 vCenter Server。在实际应用中，并不推荐这种方法。

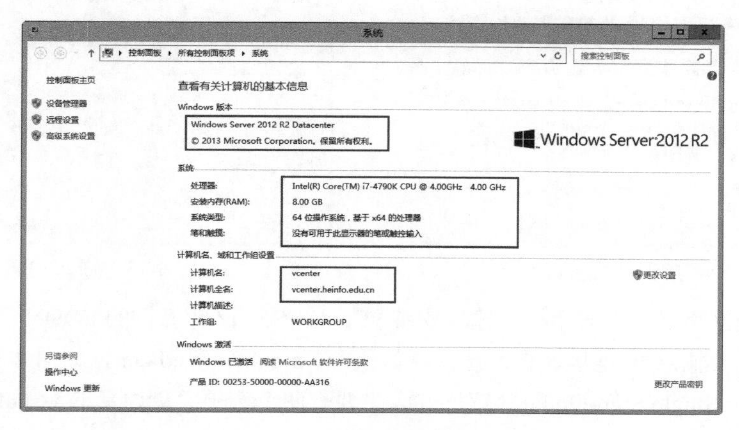

图 4-8　系统信息

（3）检查计算机名称之后，根据规划，设置 IP 地址为 192.168.80.5，DNS 为 172.18.96.1，如图 4-9 所示。如果你的配置信息与此不同，请根据你的实际情况配置。

（4）运行 vCenter Server 安装程序，选择“适用于 Windows 的 vCenter Server”，单击“安装”按钮，如图 4-7 所示。

（5）进入 vCenter Server 安装程序向导，在“欢迎使用 VMware vCenter Server 6.0.0 安装程序”对话框，单击“下一步”按钮，如图 4-11 所示。

（6）在“最终用户许可协议”对话框，单击“我接受许可协议条款”单选按钮，单击“下一步”按钮，如图 4-12 所示。

（7）在“选择部署类型”对话框，选择“vCenter Server 和嵌入式 Platform Services Controller”，如图 4-13 所示。

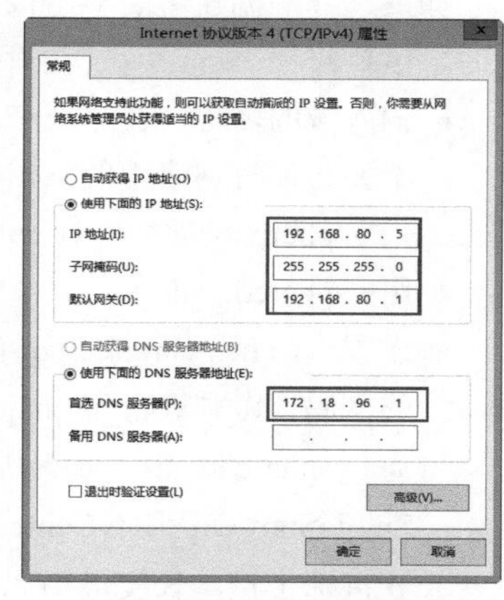

图 4-9　设置 IP 地址及 DNS

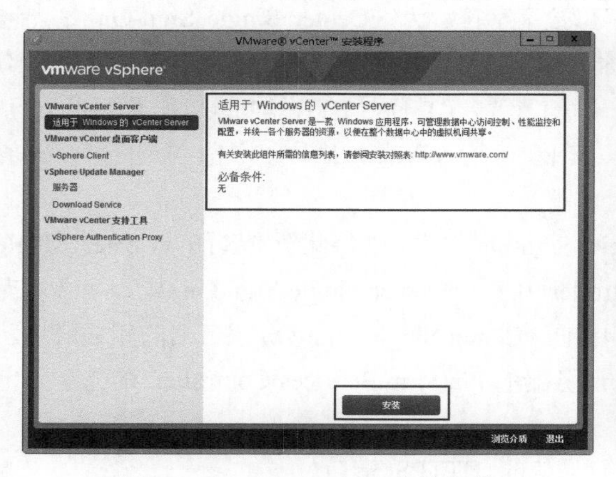

图 4-10　vCenter Server 安装程序

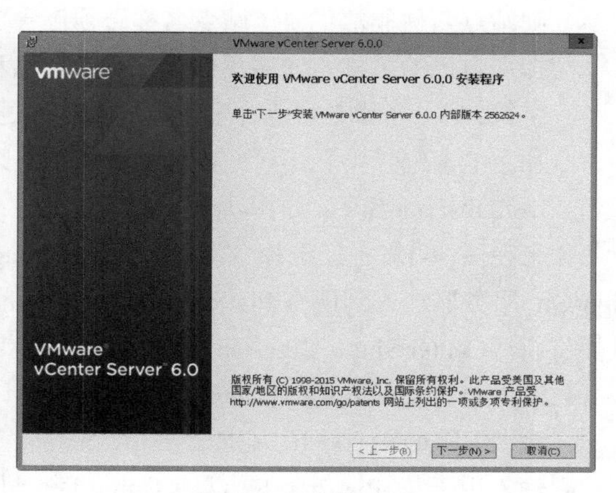

图 4-11　安装向导

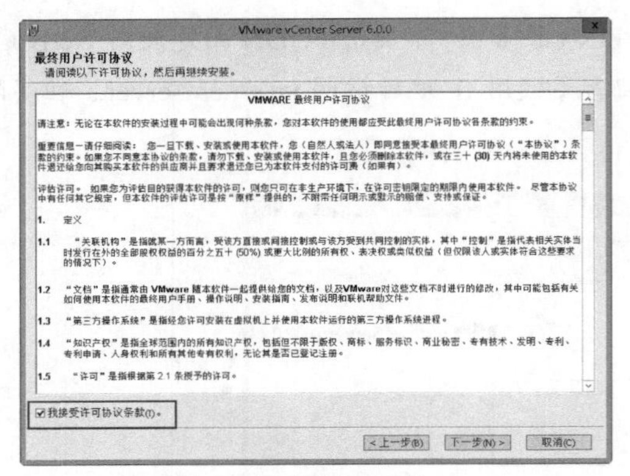

图 4-12 接受许可协议

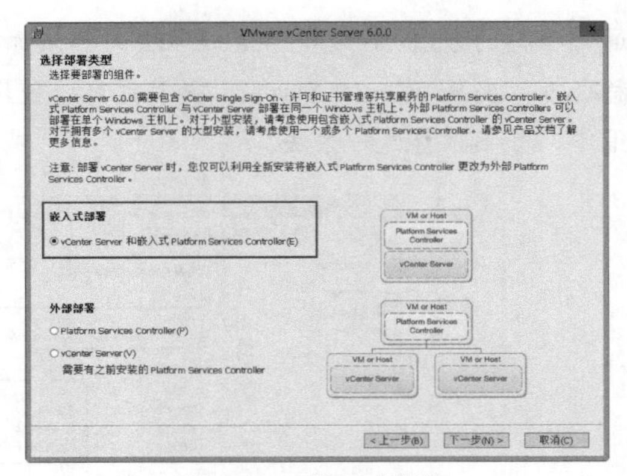

图 4-13 嵌入式部署

（8）在“系统网络名称”对话框，输入安装 vCenter Server 计算机的 FQDN 名称，如果 FQDN 名称不可用，则需要输入 IP 地址，在此选择默认值 vCenter.heinfo.edu.cn，如图 4-14 所示。

（9）在“vCenter Single Sign-On 配置”对话框，主要有两个选项：“创建新的 vCenter Single Sign-On 域”和“加入 vCenter Single Sign-On 域”。

如果选择“创建新的 vCenter Single Sign-On 域”，将创建新的 vCenter Single Sign-On 服务器。此时，需要：

- 输入域的名称，在“域名”文本框中，输入新创建的 vCenter Single Sign-On 的域名，此域名不要与现有网络中的 Active Directory 域名重名。在以前的 vCenter Server 5.x 版本时，此域名来 vsphere.local，在 vCenter Server 6.x 版本中，此名称可以由管理员设定。在此我们仍然使用 vsphere.local。
- 设置 vCenter Single Sign-On 管理员账户的密码。这是用户 administrator@your_domain_name 的密码，其中 your_domain_name 是由 vCenter Single Sign-On 创建的新域，在本示例中名称为 vsphere.local。安装后，您便可以 adminstrator@vsphere.local 身份登录到 vCenter SingleSign-On 和 vCenter Server。在设置密码时，需要同时包括大写字母、小写字母、数字、和特殊字符，长度最小 8 位。
- 输入 vCenter Single Sign-On 的站点名称。如果在多个位置中使用 vCenter Single Sign-On，则站点名称非常重要。站点名称必须包含字母数字字符。为 vCenter Single Sign-On 站点选择您自己的名称。安装后便无法更改此名称。站点名称中不得使用非 ASCII 或高位 ASCII 字符。站点名称必须包含字母数字字符和逗号 (,)、句号 (.)、问号 (?)、短画线 (-)、下画线 (_)、加号(+) 或等号 (=)。在本节中因为只安装一个 vCenter Server，故可选择默认值 Default-First-Site。如图 4-14 所示。

如果在图 4-13 中，选择“加入 vCenter Single Sign-On 域”，则将此新安装的 vCenter Single Sign-On 服务器加入到现有 Platform Services Controller 中的 vCenter Single Sign-On 域。您必须提供要将新 vCenter Single Sign-On 服务器加入到其中的 vCenter Single Sign-On 服务器的相关信息。

- 输入包含要加入的 vCenter Single Sign-On 服务器的 Platform Services Controller 的完全限定域名 (FQDN) 或 IP 地址。
- 输入用于与 Platform Services Controller 进行通信的 HTTPS 端口。

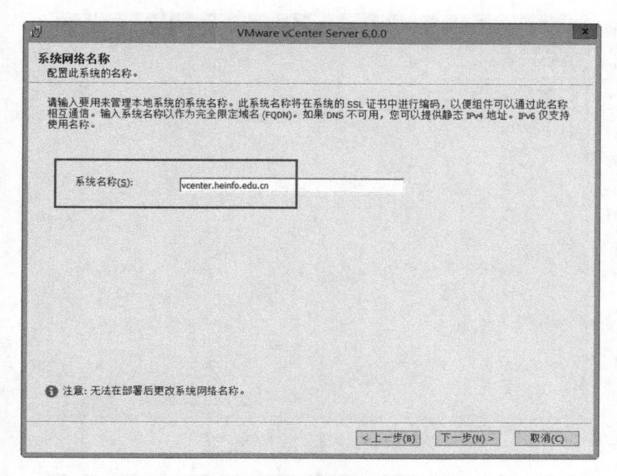

图 4-12　系统网络名称

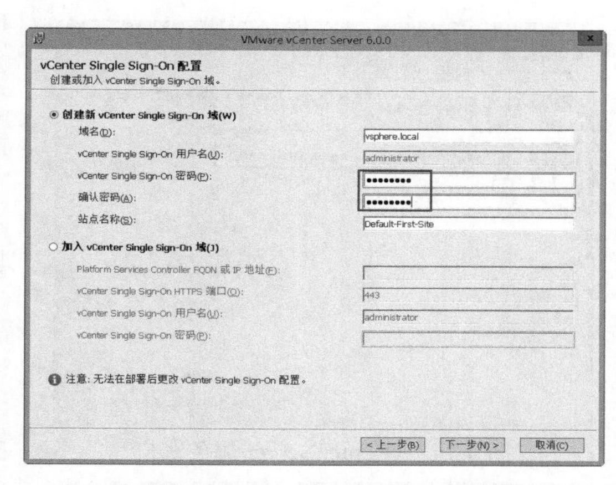

图 4-13　vCenter Single Sign-On 配置

- 输入 vCenter Single Sign-On 管理员账户的密码。
- 批准远程计算机提供的证书，且必须选择是创建 vCenter Single Sign-On 站点还是加入现有 vCenter Single Sign-On 站点。
- 选择是创建 vCenter Single Sign-On 站点还是加入现有 vCenter SingleSign-On 站点。

建议每个站点的最大 Platform Services Controller 数目为 8 个。

选择加入现有 vCenter Single Sign-On 域时，可以启用增强的链接模式功能。您的 Platform Services Controller 将使用加入的 vCenter Single Sign-On 服务器复制基础架构数据。

（10）在“vCenter Server 服务账户”对话框，选择 vCenter Server 服务账户。如果选择“使用 Windows 本地系统账户”，则 vCenter Server 服务通过 Windows 本地系统账户运行，此选项可防止使用 Windows 集成身份验证连接到外部数据库。在此将选择这一默认值，如图 4-14 所示。如果选择“指定用户服务账户”则 vCenter Server 服务使用您提供的用户名和密码在管理用户账户中运行，但您提供的用户凭据必须是本地管理员组中具有“作为服务登录”特权的用户的凭据（后文有详细案例）。

（11）在“数据库设置”对话框，配置此部署的数据库。如果选择“使用嵌入式数据库 (vPostgres)”则 vCenter Server 使用嵌入式 PostgreSQL 数据库。此数据库适用于小规模部署，这也是默认选择，如图 4-15 所示。如果选择“使用外部数据库 vCenter Server 使用现有的外部数据库”，则你需要提前在“数据源”中创建 DSN 连接到网络中已有的数据库，并从“DSN 名称”列表中刷新选择该 DSN 连接（后文有详细案例）。

（12）在“配置端口”对话框中，配置此部署的网络设置和端口，如图 4-16 所示。对于每个组件，接受默认端口号；如果其他服务使用默认值，则输入备用端口，但要确保端口 80 和 443 可用且为专用端口，以便 vCenter Single Sign-On 可以使用这些端口。否则，将在安装过程中使用自定义端口。

【说明】由于安装 vCenter Server 的是“专用”计算机，一般不会在该计算机上安装 IIS 或 Apache、Tomcat 等 Web Server 服务，如果你安装了这些服务，请卸载这些服务，以免引起冲突。

（13）在“目标目录”，选择安装 vCenter Server 和 Platform Services Controller 的安装位置，在此选择默认值即可，如图 4-17 所示。如果要更改默认目标文件夹，不要使用以感叹号 (!) 结尾的文件夹。

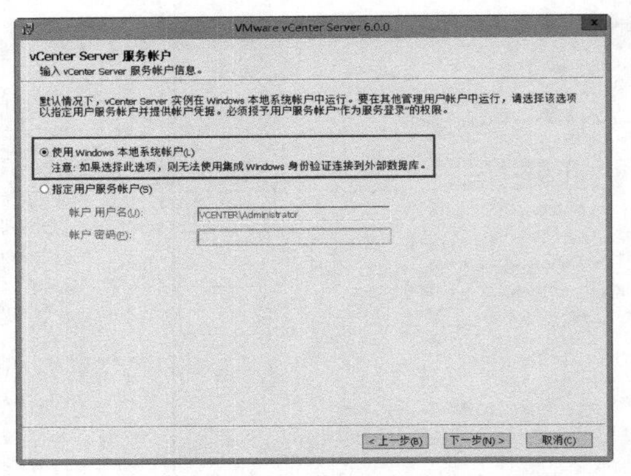

图 4-14　vCenter Server 服务账户

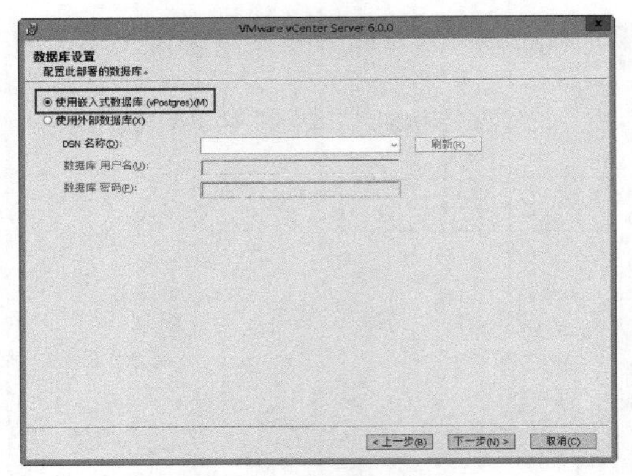

图 4-15　数据库设置

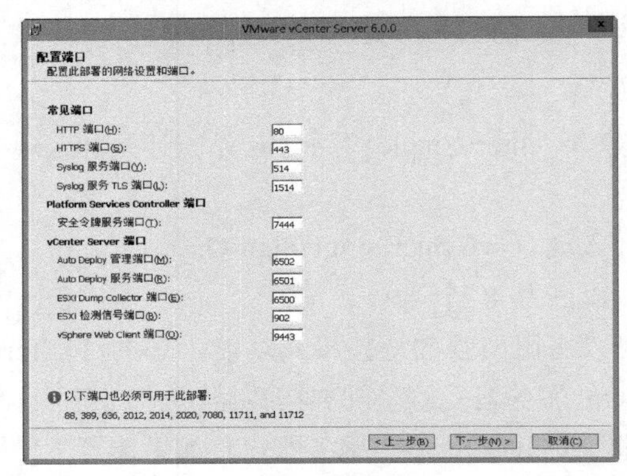

图 4-16　配置端口

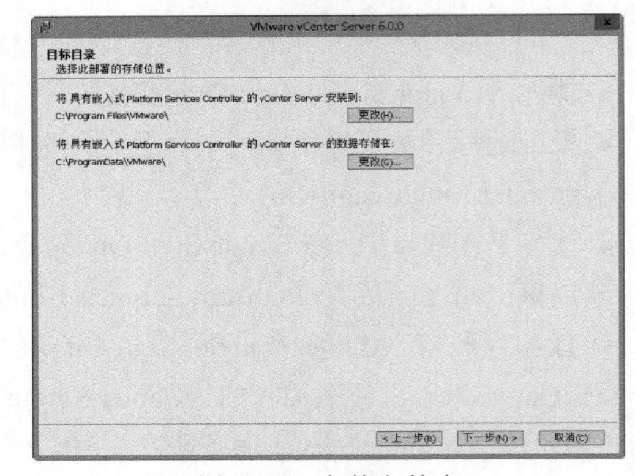

图 4-17　安装文件夹

（14）在“准备安装”对话框，检查安装设置摘要，无误之后单击“安装”按钮，开始安装，如图 4-18 所示。

（15）之后将开始安装 vCenter Server，直到安装完成，如图 4-19 所示，你可以单击“完成”按钮完成安装，也可以单击“启动 vSphere Web Client”启动 vSphere Web 客户端，以连接到 vCenter Server，这些稍后会进行介绍。

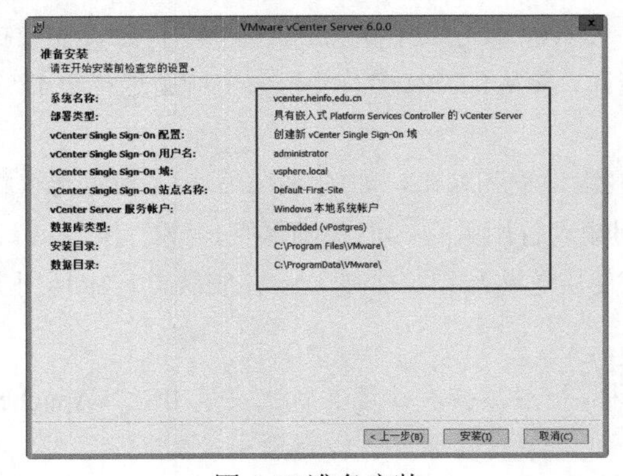

图 4-18 准备安装

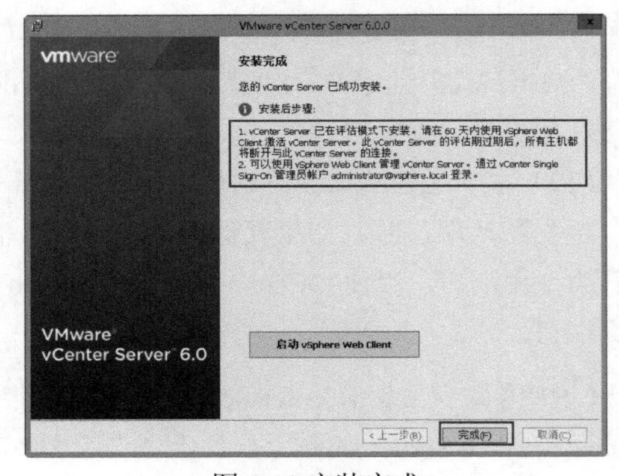

图 4-19 安装完成

4.3.2　外部 Platform Services Controller

可以将 Platform Services Controller 和 vCenter Server 分隔开来，并将它们安装在不同的虚拟

机或物理服务器上。首先安装 Platform Services Controller，然后在另一台虚拟机或物理机上安装 vCenter Server 和 vCenter Server 组件，并将 vCenter Server 连接到 Platform Services Controller。可以将许多 vCenter Server 实例连接到一个 Platform Services Controller。

【注意】不支持并行安装 vCenter Server 实例和 Platform Services Controller。必须按顺序安装，并且要先安装 Platform Services Controller ，之后才能安装一个或多个 vCenter Server 实例。

在本节及下一节，我们将分别在两台服务器上安装 Platform Services Controller 和 vCenter Server，网络拓扑如图 4-20 所示。在本节实验中，需要用到一个 DNS 服务器。在本示例中，DNS 域名为 heinfo.edu.cn。

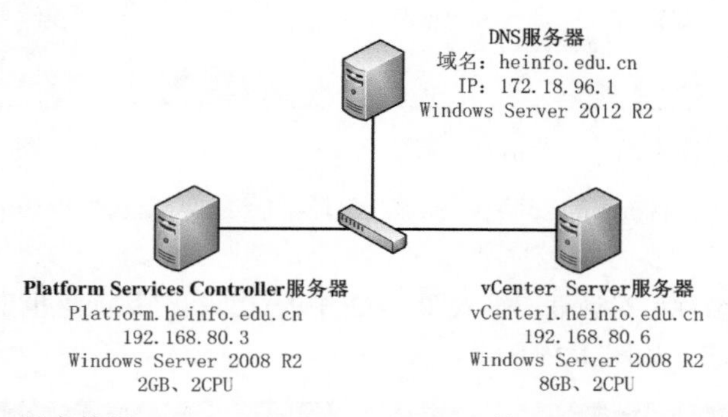

图 4-20 具有外部 Platform Services Controller 的 vCenter Server 网络拓扑

在本节将在一台 Windows Server 2008 R2 企业版的计算机上（2CPU、2GB 内存）安装 Platform Services Controller，主要步骤如下。

（1）创建一个 2CPU、2GB 内存的 Windows Server 2008 R2，打开“系统属性”，更改计算机名称为 platform 后，单击“其他”按钮，在弹出的对话框，在“此计算机的主 DNS 后缀”中输入域名后缀，在此为 heinfo.edu.cn，如图 4-21 所示。

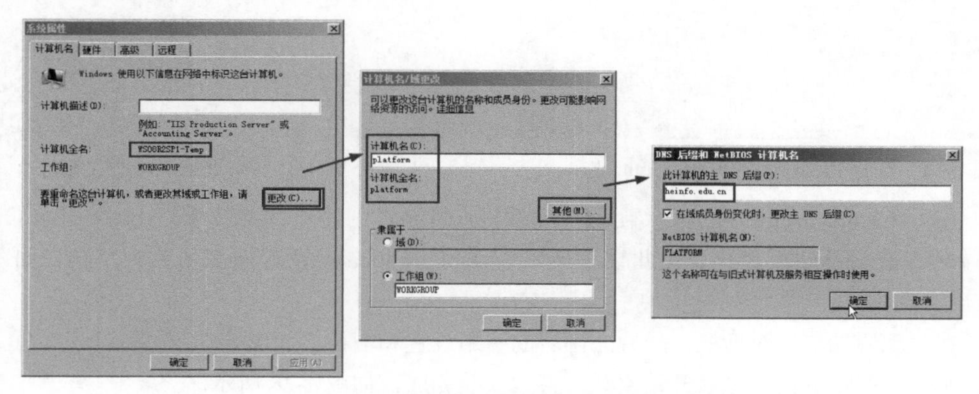

图 4-21 修改计算机名称并添加域名后缀

（2）改名之后如图 4-22 所示，然后根据提示重新启动计算机。

（3）再次进入系统之后，修改计算机的 IP 地址为 192.168.80.3，DNS 为 172.18.96.1，如图 4-23 所示。这是根据图 4-20 中的规划设置的，如果你的网络有不同的地址信息，请根据你自己的规划设置。

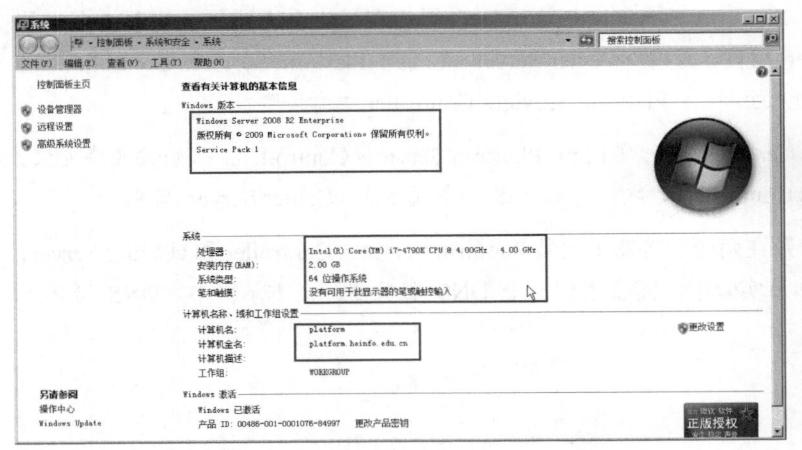

图 4-22　系统信息

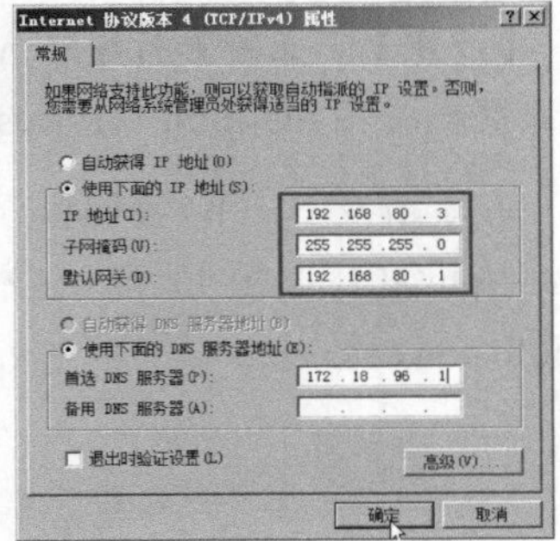

图 4-23　设置 IP 地址

（4）之后运行 vCenter Server 6 的安装程序，在“选择部署类型”选择“Platform Services Controller”，如图 4-24 所示。

（5）在“系统网络名称”对话框，输入图 4-22 中的计算机名称（这也是图 4-20 中所规划的名称）platform.heinfo.edu.cn，如图 4-25 所示。

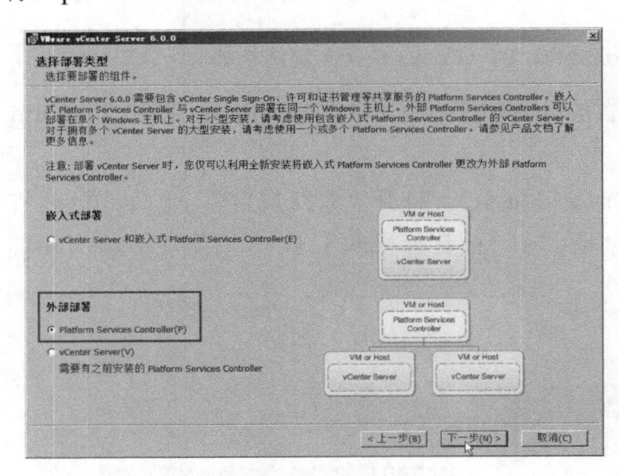

图 4-24　选择 Platform Services Controller

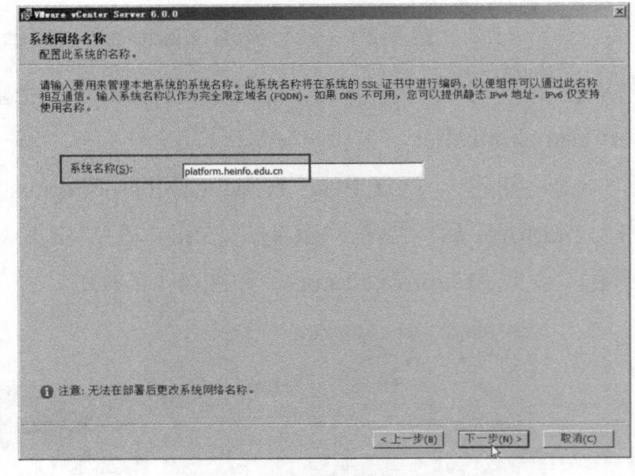

图 4-25　设置系统网络名称

（6）在“vCenter Single Sign-On 配置”对话框，选择“创建新的 vCenter Single Sign-On 域”，并设置域名、密码及站点名称。在此设置域名为 vsphere.local，设置站点名称为默认，如图 4-26 所示。

（7）在“配置端口”对话框，配置此部署的网络设置和端口，如图 4-27 所示。

（8）其他选择默认值，之后开始安装，直到安装完成，如图 4-28 所示。

（9）Platform Services Controller 部署完成之后即开始运行，打开“Windows 任务管理器→性能”，可以看到 Platform Services Controller 占用的 CPU 与内存资源，如图 4-29 所示，该服务占用的资源并不是太大。

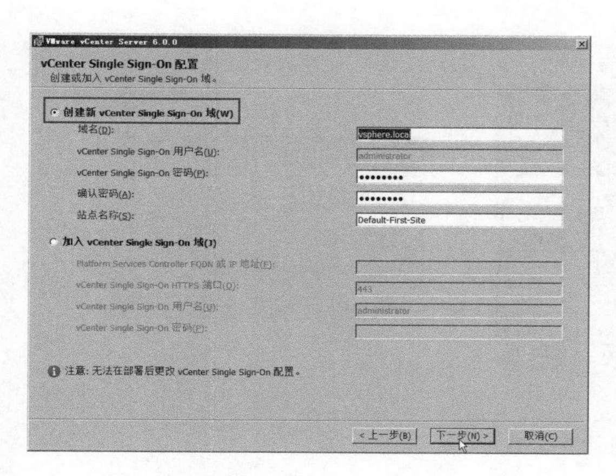

图 4-26　vCenter Single Sign-On 配置

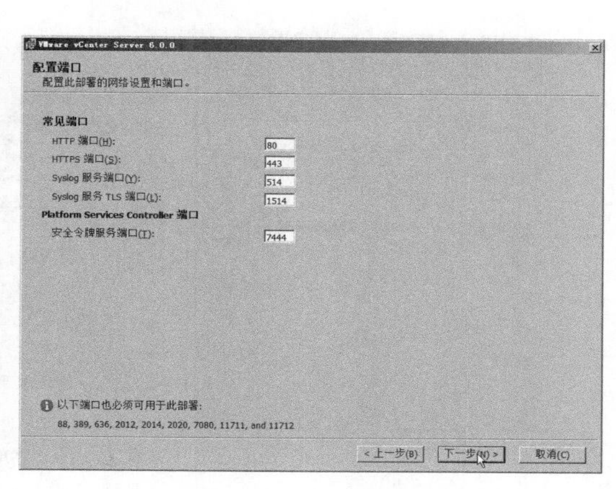

图 4-27　配置端口

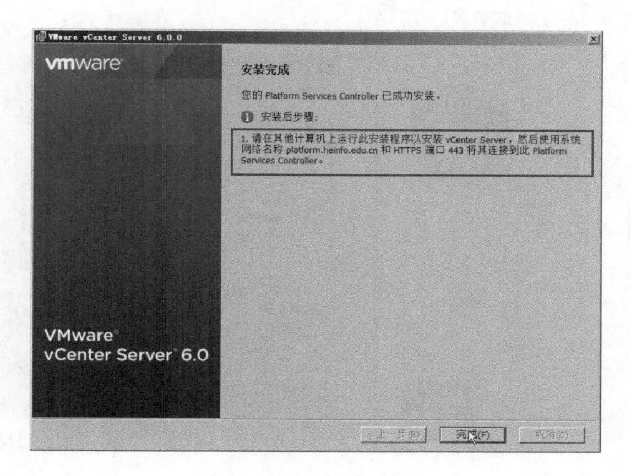

图 4-28　安装完成

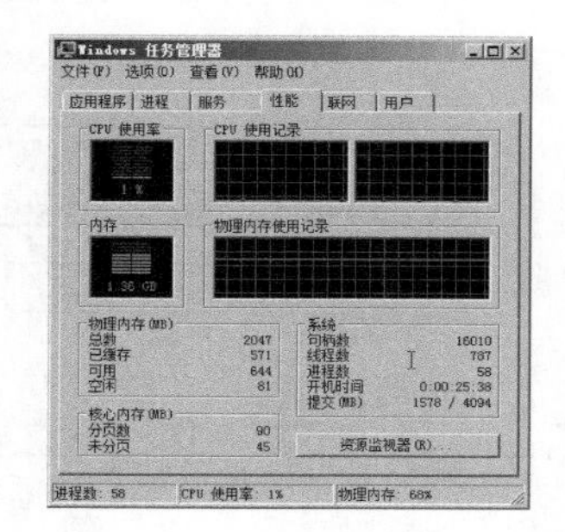

图 4-29　在任务管理器查看资源占用

4.3.3　安装具有外部 Platform Services Controller 的 vCenter Server

在安装好 Platform Services Controller 之后，可以在网络中另外一台（或多台）Windows 计算机中，安装一个或多个 vCenter Server。也可以部署 VCSA，将 VCSA 加入到现有 Platform Services Controller。在本节中，将根据图 4-20 的规划，在一台具有两个 CPU、8GB 内存的 Windows Server 2008 R2 虚拟机中，设置计算机名称为 vcenter1.heinfo.edu.cn，设置 IP 地址为 192.168.80.6，安装具有外部 Platform Services Controller 的 vCenter Server，主要步骤如下。

（1）准备一台 Windows Server 2008 R2 的虚拟机，为其分配 2 个 CPU、8GB 内存、60GB 的硬盘空间，启动计算机，打开“系统属性”，更改计算机名称为 vcenter1 后，单击“其他”按钮，在弹出的对话框，在“此计算机的主 DNS 后缀”中输入域名后缀，在此为 heinfo.edu.cn，如图 4-30 所示。

（2）修改计算机名称之后重新启动，让设置生效，再次进入系统之后，检查计算机名称是否更改，如图 4-31 所示。

（3）检查计算机名称之后，根据规划，设置 IP 地址为 192.168.80.6，DNS 为 172.18.96.1，如图 4-32 所示。如果你的配置信息与此不同，请根据你的实际情况配置。

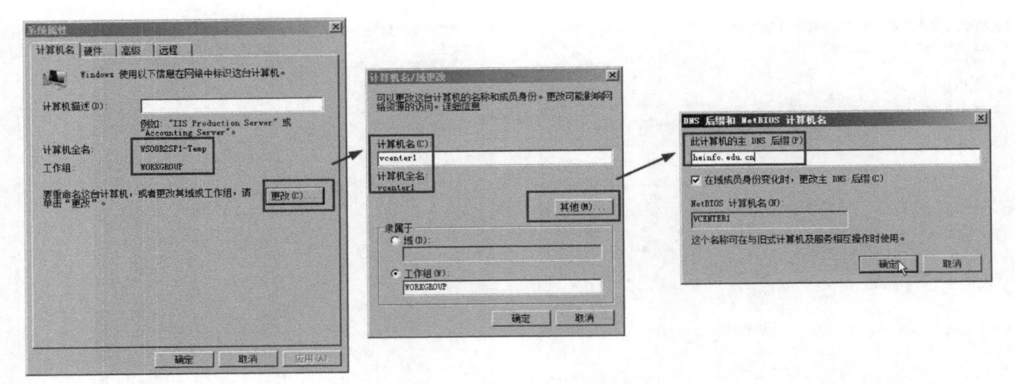

图 4-30　修改计算机名称

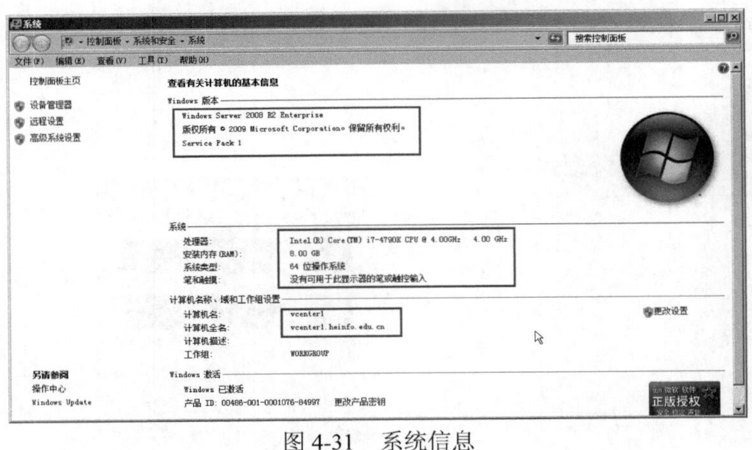

图 4-31　系统信息

图 4-32　设置 IP 地址及 DNS

（4）在配置好网络 IP 地址、修改好计算机名称之后，运行 vCenter Server 的安装程序，在“选择部署类型”对话框中选择“vCenter Server”，如图 4-33 所示。

（5）在“系统网络名称”对话框，配置此 vCenter Server 系统的名称，在此根据规划设置，此名称为 vcenter1.heinfo.edu.cn，如图 4-34 所示。

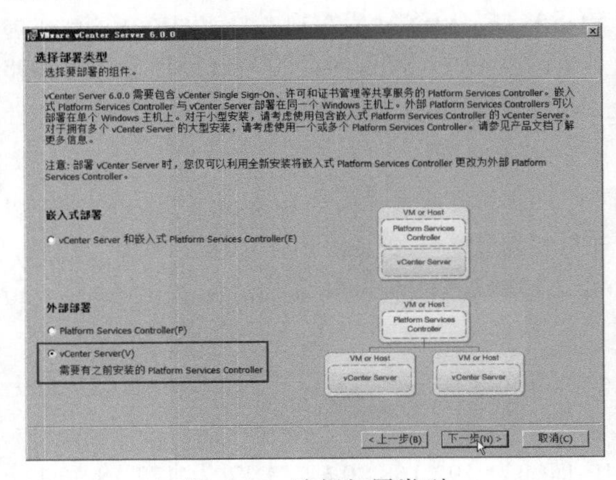

图 4-33　选择部署类型

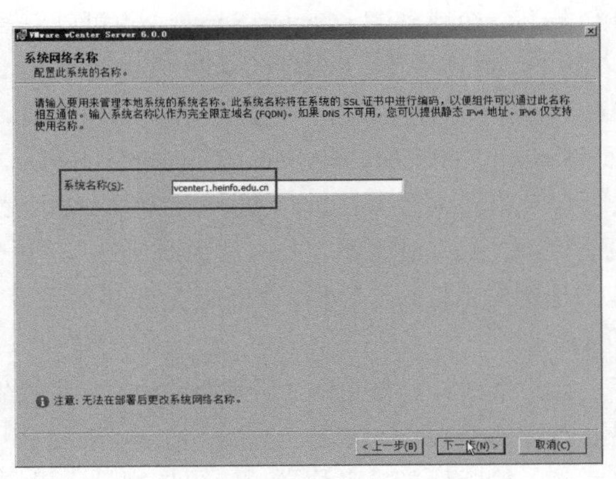

图 4-34　设置 vCenter Server 系统名称

（6）在“vCenter Single Sign-On 注册”对话框中，输入 Platform Services Controller 的 FQDN 名

称，在此为 platform.heinfo.edu.cn，并输入 vCenter Single Sign-On 的密码，如图 4-35 所示。

（7）之后将弹出“Windows 安全”对话框，验证 Platform Services Controller 服务器的证书，单击“确定”按钮继续，如图 4-36 所示。

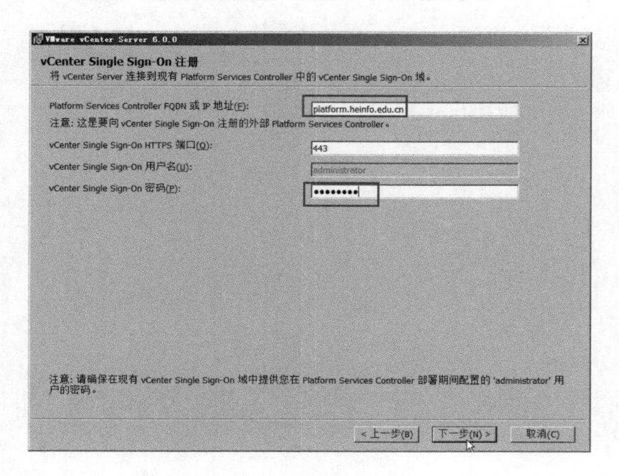

图 4-35　vCenter Single Sign-On

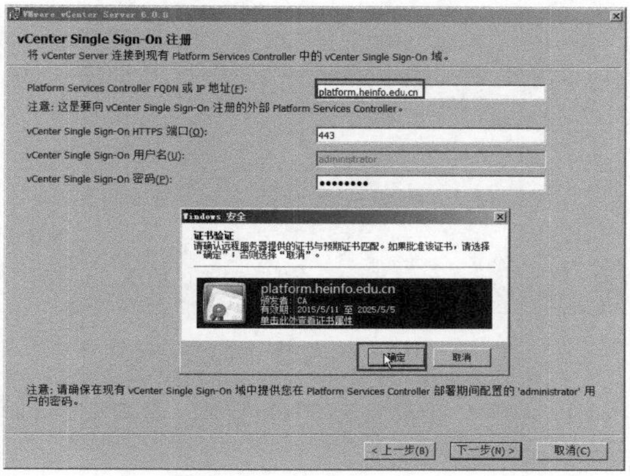

图 4-36　证书验证

（8）在“vCenter Server 服务账户”对话框，选择 vCenter Server 服务账户。如果选择“使用 Windows 本地系统账户”，则 vCenter Server 服务通过 Windows 本地系统账户运行，此选项可防止使用 Windows 集成身份验证连接到外部数据库。在此将选择这一默认值，如图 4-37 所示。

（9）在“数据库设置”对话框，配置此部署的数据库。如果选择“使用嵌入式数据库 (vPostgres)”则 vCenter Server 使用嵌入式 PostgreSQL 数据库。此数据库适用于小规模部署，在此默认选择，如图 4-38 所示。

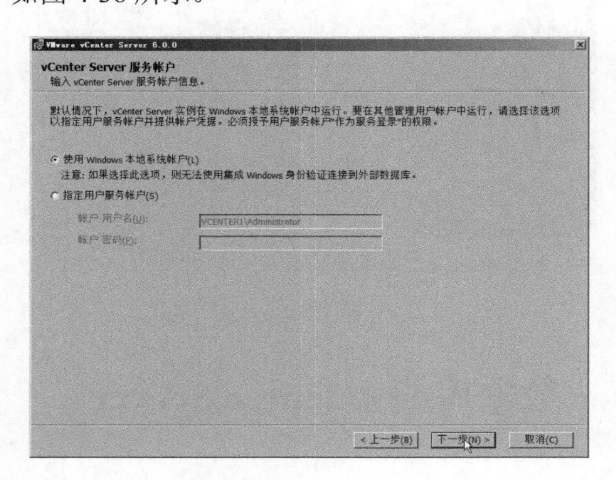

图 4-37　vCenter Server 服务账户

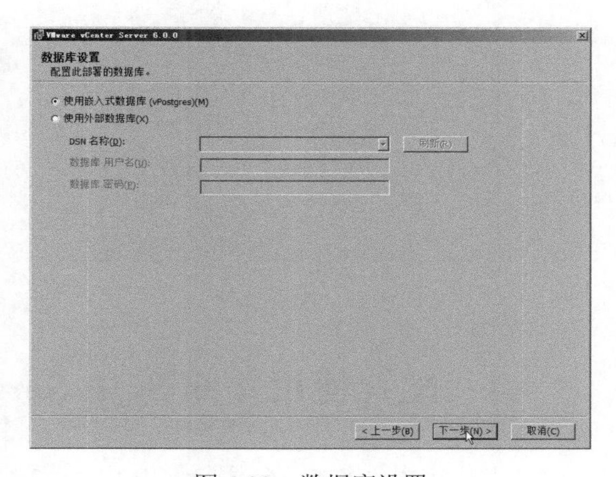

图 4-38　数据库设置

（10）在“配置端口”对话框中，配置此部署的网络设置和端口，如图 4-39 所示。对于每个组件，接受默认端口号；如果其他服务使用默认值，则输入备用端口，但要确保端口 80 和 443 可用且为专用端口，以便 vCenter Single Sign-On 可以使用这些端口。否则，将在安装过程中使用自定义端口。

（11）在“目标目录”，选择安装 vCenter Server 和 Platform Services Controller 的安装位置，在此选择默认值即可，如图 4-40 所示。如果要更改默认目标文件夹，不要使用以感叹号 (!) 结尾的文件夹。

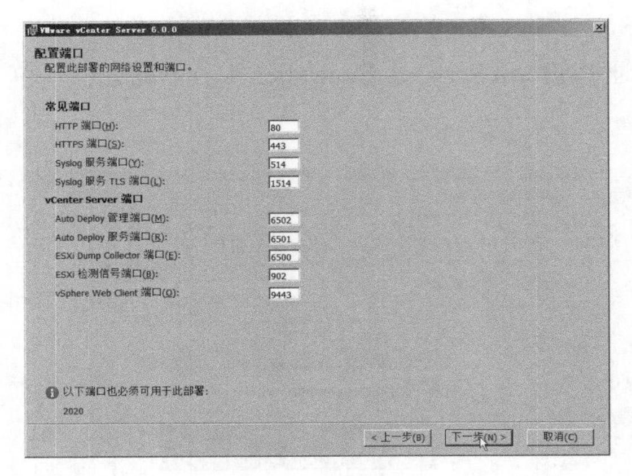

图 4-39　配置端口

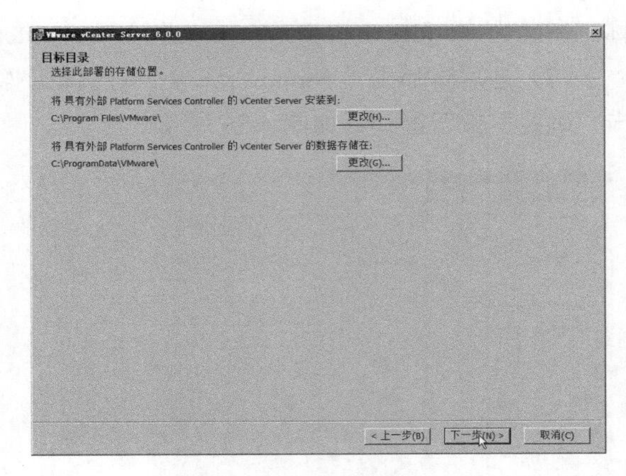

图 4-40　安装文件夹

（12）在“准备安装”对话框，检查安装设置摘要，无误之后单击“安装”按钮，开始安装，如图 4-41 所示。

（13）之后将开始安装 vCenter Server，直到安装完成，如图 4-42 所示，你可以单击“完成”按钮完成安装，也可以单击“启动 vSphere Web Client”启动 vSphere Web 客户端，以连接到 vCenter Server，这些稍后会进行介绍。

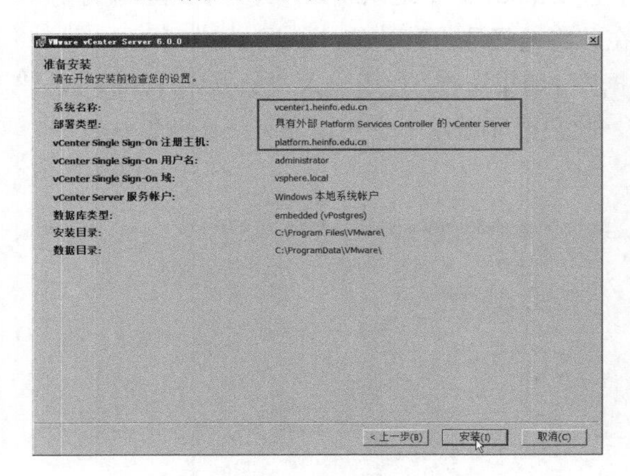

图 4-41　准备安装

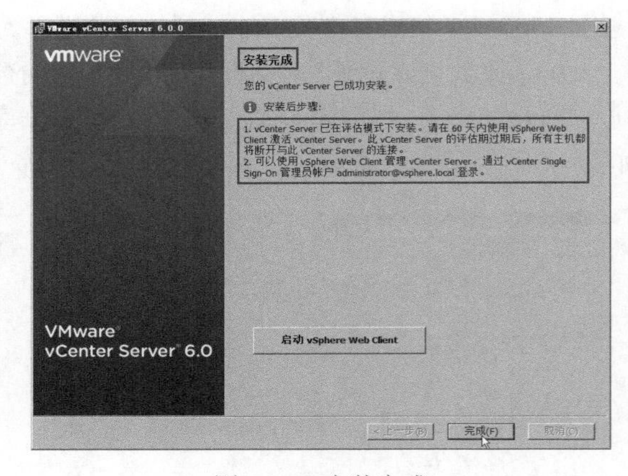

图 4-42　安装完成

4.4　配置使用外部 SQL Server 数据库的 vCenter Server

在本节内容中，将在一台具有 8GB 内存、2 个 CPU 的 Windows Server 2008 R2 计算机中，安装 vCenter Server 6。这台 vCenter Server 6 具有以下两个特点：

- 使用外部的 Platform Services Controller，服务器地址是 platform.heinfo.edu.cn（192.168.80.3）。
- 使用外部的 SQL Server 数据库，数据库服务器地址是 192.168.80.8。

在本节中，platform.heinfo.edu.cn 使用“4.3.2 外部 Platform Services Controller”一节中配置的服务器，而 SQL Server 服务器与 vCenter Server 将是新配置的计算机，下面讲解 SQL Server 服务器与 vCenter Server 服务器的安装、配置情况。

4.4.1　准备 SQL Server 数据库服务器

以管理员账户登录进入 SQL Server 的服务器（物理机或虚拟机），根据规划，设置 IP 地址为 192.168.80.8，修改计算机名称为 sqlserver，如图 4-43 所示。

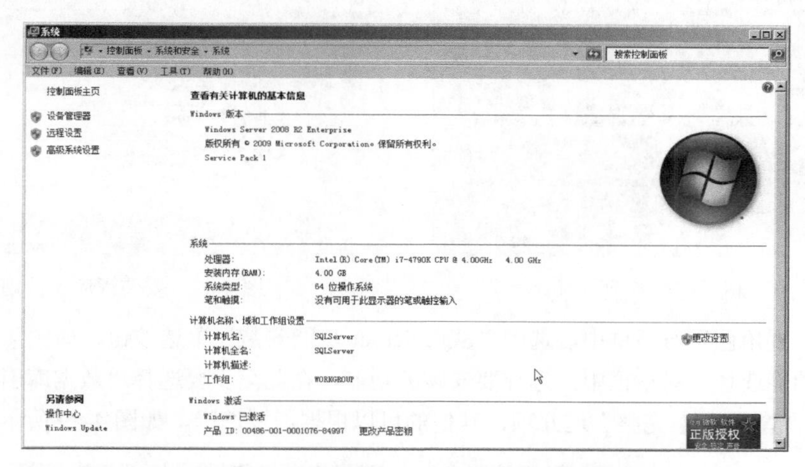

图 4-43　SQL Server 计算机系统信息

之后开始运行 SQL Server 2008 R2 安装程序，内容如下。

（1）运行 SQL Server 2008 R2 安装程序，在“SQL Server 安装中心”对话框中，在“安装”选项中单击“全新安装或向现有安装添加功能”链接，如图 4-44 所示。

（2）在“产品密钥”对话框中输入产品密钥，或者在“指定可用版本”下拉列表中选择合适的版本，如图 4-45 所示。

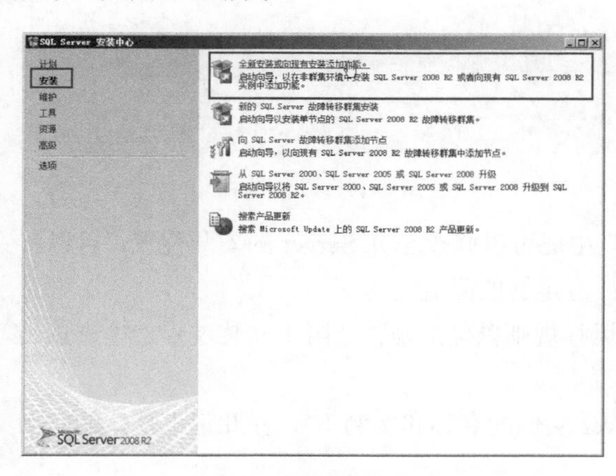

图 4-44　全新安装

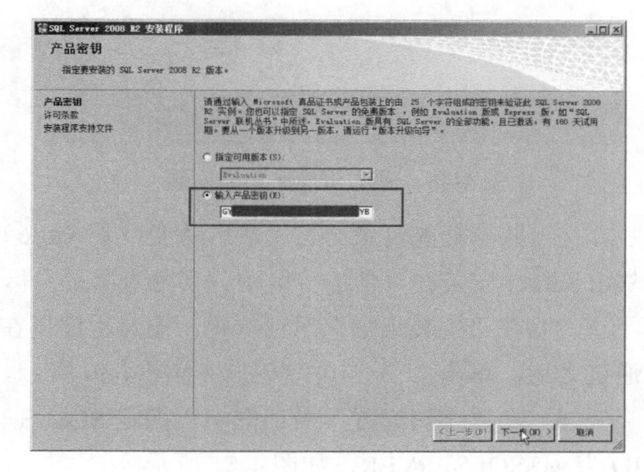

图 4-45　产品密钥

（3）在“许可条款”对话框中，选中“我接受许可条款”复选框，接受许可协议，如图 4-46 所示。

（4）在“安装程序支持规则”对话框中，可以确定在安装 SQL Server 安装程序支持文件时可能出现的问题，并在“状态”中显示，如图 4-47 所示。

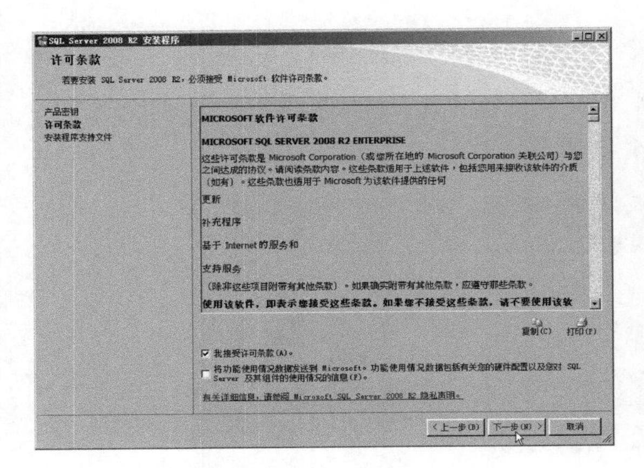
图 4-46 许可条款

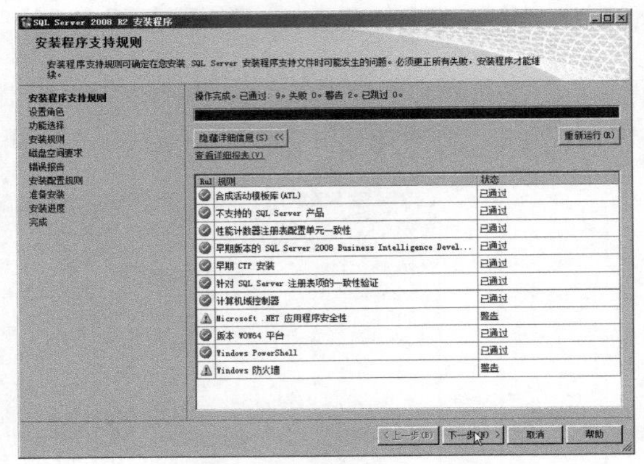
图 4-47 安装程序支持规则

（5）在“设置角色”对话框中，选中“SQL Server 功能安装”单选按钮，如图 4-48 所示。

（6）在“功能选择”对话框中，选择要安装的功能，在此至少要选择“数据库引擎服务”、“管理工具-基本”、“管理工具-完整”这几项，其他的可以根据需要选择，如图 4-49 所示。

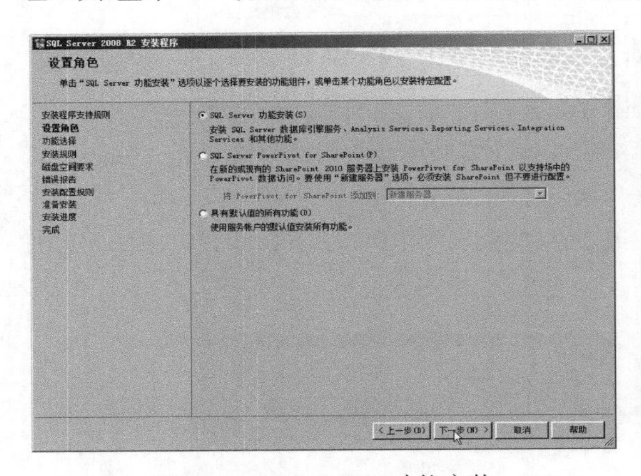
图 4-48 SQL Server 功能安装

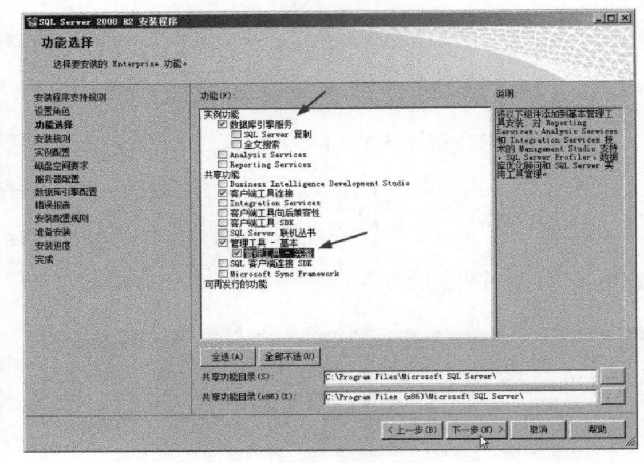
图 4-49 功能选择

在“共享功能目录”与“共享功能目录（x86）”中还可以修改 SQL Server 的安装位置，可以将 SQL Server 安装在其他的分区中，当然选择的分区要有足够的磁盘空间。

（7）在“安装规则”对话框中，安装程序正在运行规则以确定是否要阻止安装过程，检查规则通过之后，单击“下一步”按钮，如图 4-50 所示。

（8）在“实例配置”对话框中，指定 SQL Server 实例的名称和实例 ID，在此记下默认的实例 ID 为 MSSQLSERVER，如图 4-51 所示。

在“实例根目录”中还可以修改 SQL Server 实例根目录所在的位置。

（9）在“磁盘空间要求”对话框中，查看选择 SQL Server 功能所需的磁盘空间摘要，如图 4-52 所示。

（10）在“服务器配置”对话框中，指定服务账户和排序规则配置，在“SQL Server 代理”中选择“系统账户”，即 NT AUTHORITY\SYSTEM，然后单击“对所有 SQL Server 服务使用相同的账户”按钮，如图 4-53 所示。

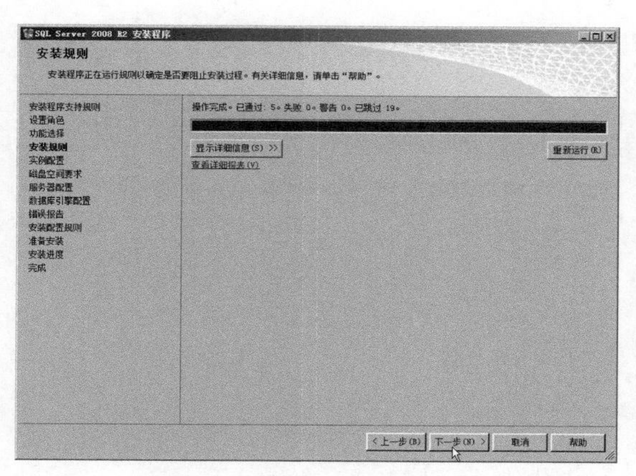

图 4-50　安装规则

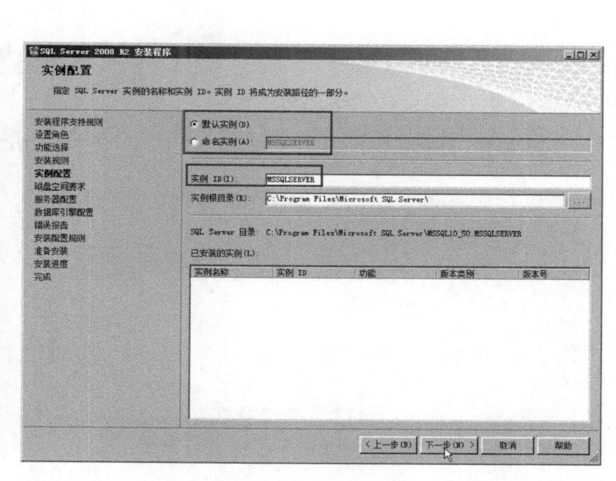

图 4-51　实例配置

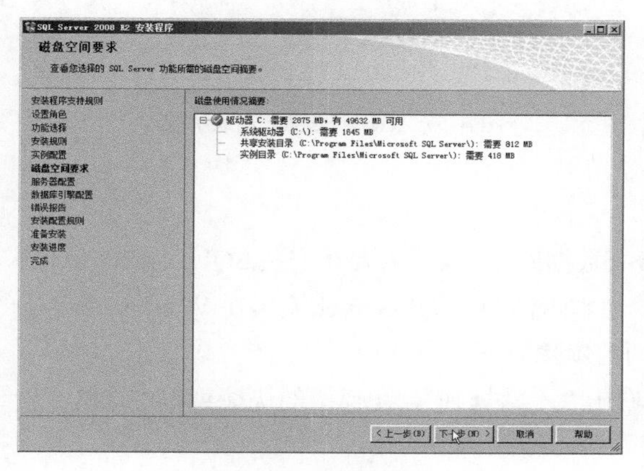

图 4-52　磁盘空间要求

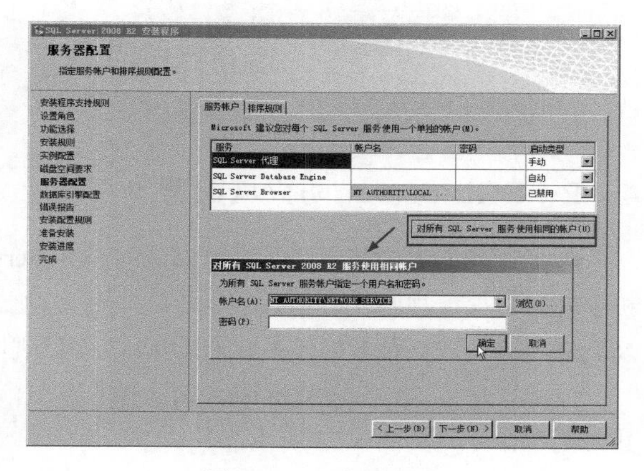

图 4-53　服务器配置

（11）在"数据库引擎配置"对话框中，选择"Windows 身份验证模式"单选按钮，然后单击"添加当前用户"按钮，如图 4-54 所示。

（12）在"安装配置规则"对话框中，安装程序会运行规则以确定是否要阻止安装过程，单击"下一步"按钮，如图 4-55 所示。

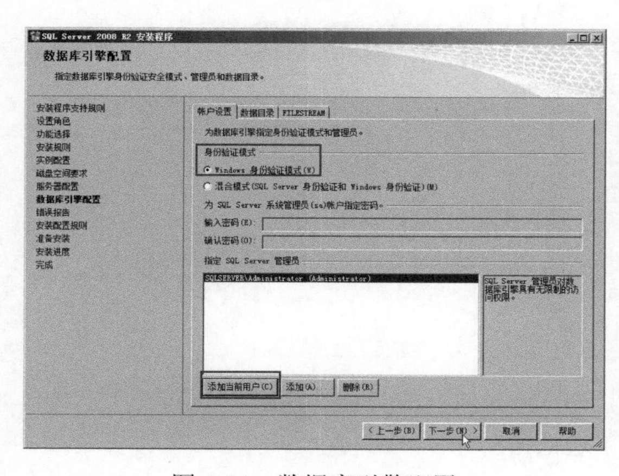

图 4-54　数据库引擎配置

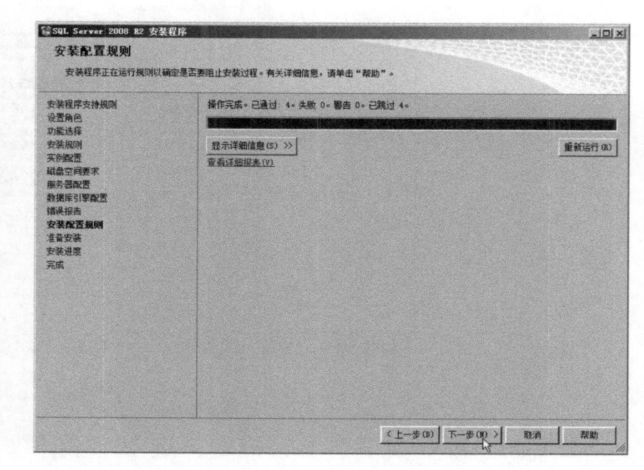

图 4-55　安装配置规则

（13）在“准备安装”对话框中，验证要安装的 SQL Server 2008 R2 功能，无误之后，单击“下一步”按钮，如图 4-56 所示。

（14）之后 SQL Server 将开始安装，在安装完成之后，单击“关闭”按钮，如图 4-57 所示。

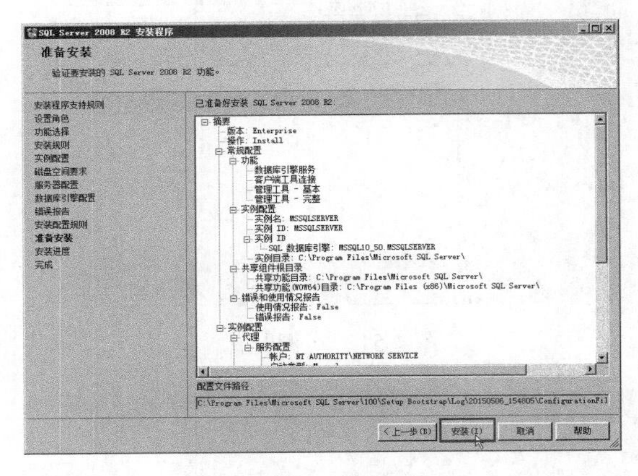

图 4-56　准备安装

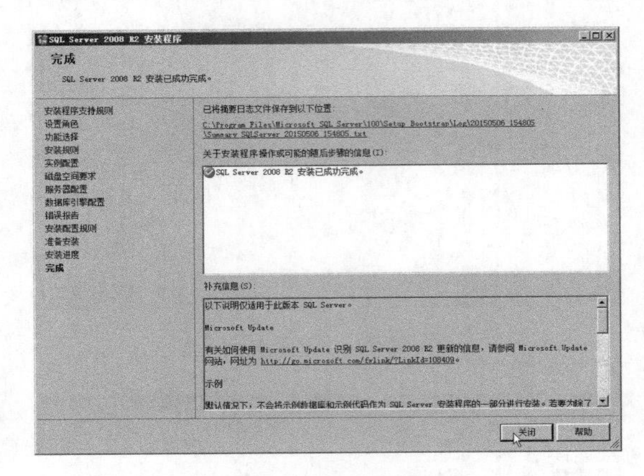

图 4-57　SQL Server 安装完成

4.4.2　SQL Server 防火墙配置

为了让网络中的其他计算机可以访问 SQL Server 数据库服务器，需要在安装 SQL Server 的计算机中开启防火墙规则，允许 TCP 的 1433 入站规则。在本示例中，SQL Server 安装在 Windows Server 2008 R2 中，在该系统中创建 TCP 的 1433 入站规则的步骤如下。

（1）打开“高级安装 Windows 防火墙”窗口，右击“入站规则”，在弹出的快捷菜单中选择“新建规则”命令，如图 4-58 所示。

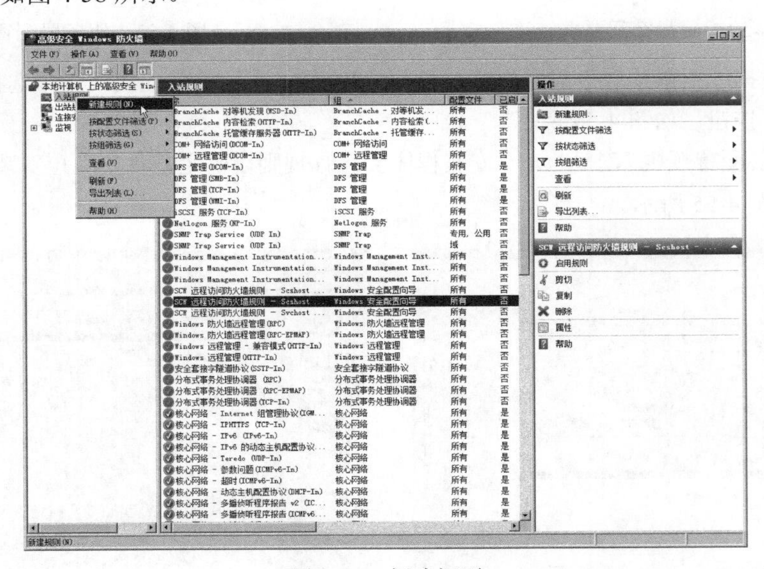

图 4-58　新建规则

（2）在“规则类型”对话框中，选中“端口”单选按钮，如图 4-59 所示。

（3）在“协议和端口”对话框中，选择 TCP 单选按钮，并在“特定本地端口”文本框中输入

1433，如图 4-60 所示。

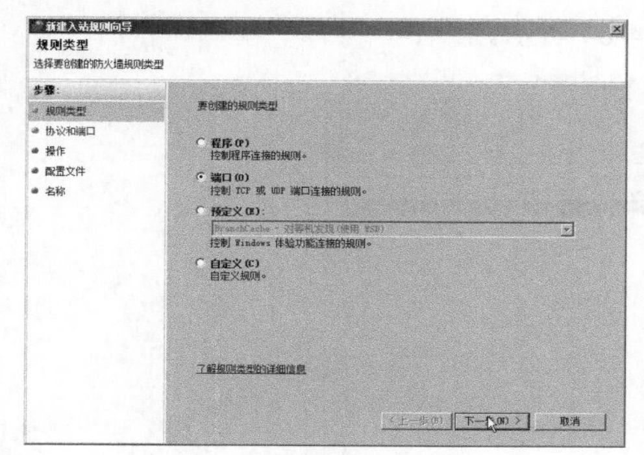

图 4-59 端口

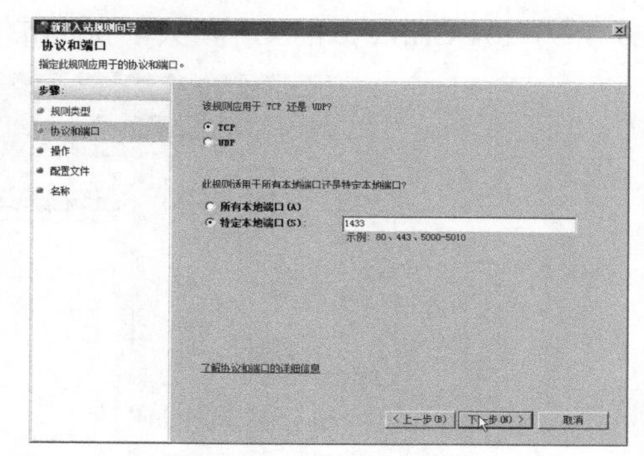

图 4-60 开放 1433 端口

（4）在“操作”对话框中，指定在连接与规则中指定的条件相匹配时要执行的操作，在此选择“允许连接”单选按钮，如图 4-61 所示。

（5）在“配置文件”对话框中，指定此规则应用的配置文件，在此选择“域”、“专用”和“公用”3 个配置文件，如图 4-62 所示。

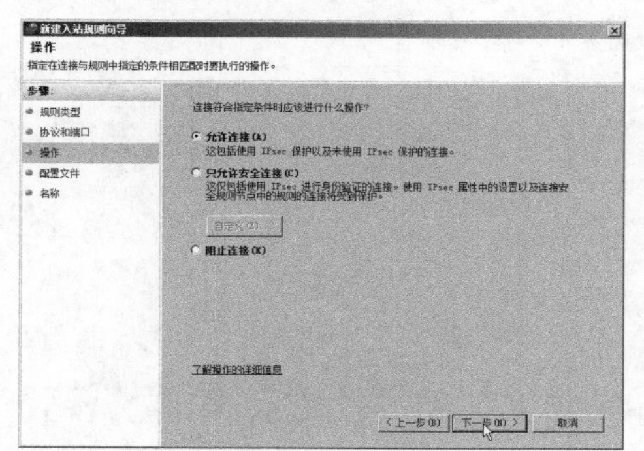

图 4-61 允许连接

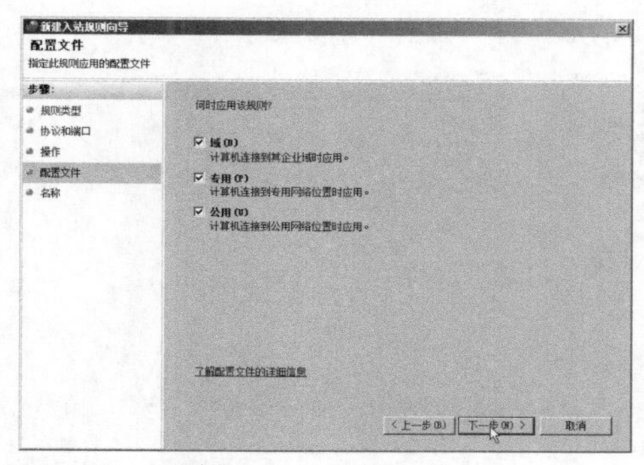

图 4-62 配置文件

（6）在“名称”对话框中，指定此规则的名称和描述，在此命名为 SQL Server，如图 4-63 所示。

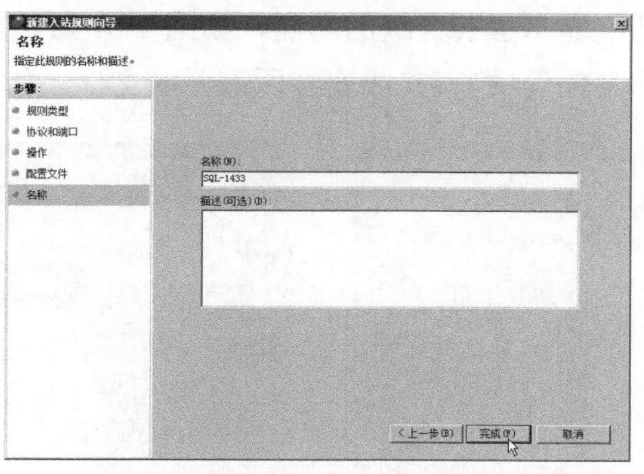

图 4-63 名称

4.4.3 更新 SQL Server

vCenter Server 6 需要 SQL Server 2008 R2 至少升级到 SP1 补丁，现在最新补丁是 SP3，本节将在 SQL Server 2008 R2 服务器中安装 SP3 补丁，主要步骤如下。

（1）双击下载的 SQL Server 2008 R2 SP1 补丁，这是一个名为 SQLServer2008R2SP3-KB2979597-x64-CHS.exe 的文件，大小 363MB，如图 4-64 所示。

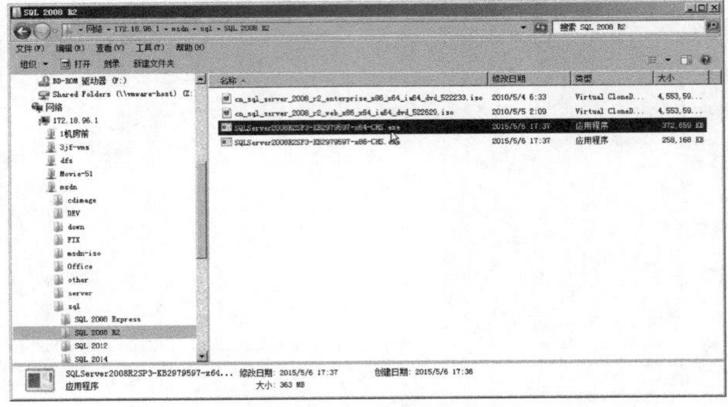

图 4-64　SQL Server 2008 R2 的 SP3 补丁

（2）在“SQL Server 2008 R2 更新”对话框，单击“下一步”按钮，如图 4-65 所示。

（3）在“许可条款”对话框，单击“我接受许可条款”，如图 4-66 所示。

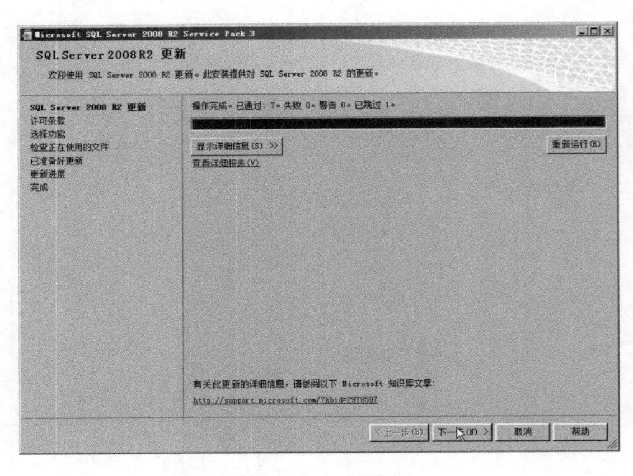

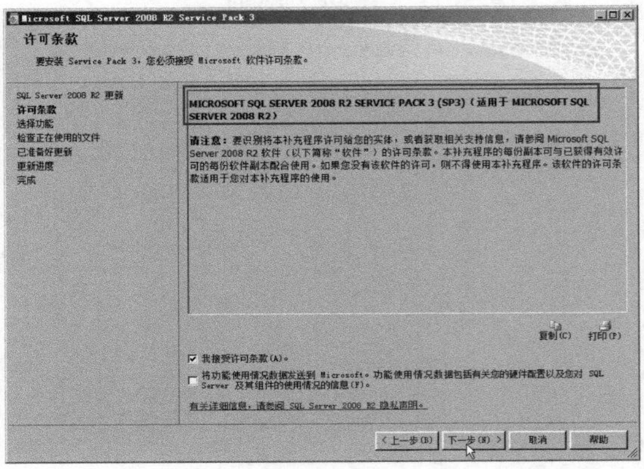

图 4-65　更新

图 4-66　许可条款

（4）在“选择功能”对话框显示了要升级的功能，如图 4-67 所示。

（5）在“检查正在使用的文件”，检查完成安装所需要的文件，如图 4-68 所示。

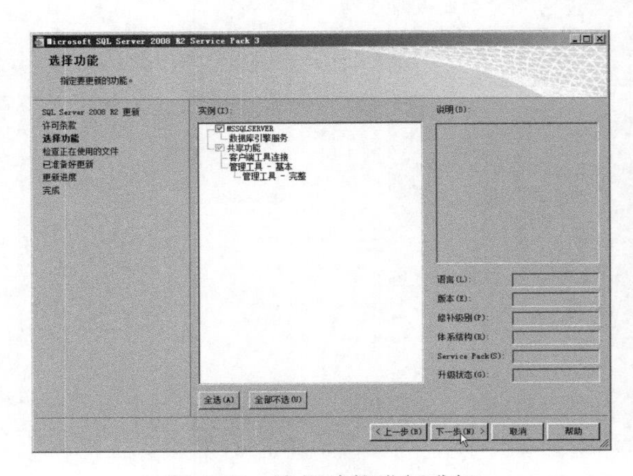

图 4-67　选择功能进行升级

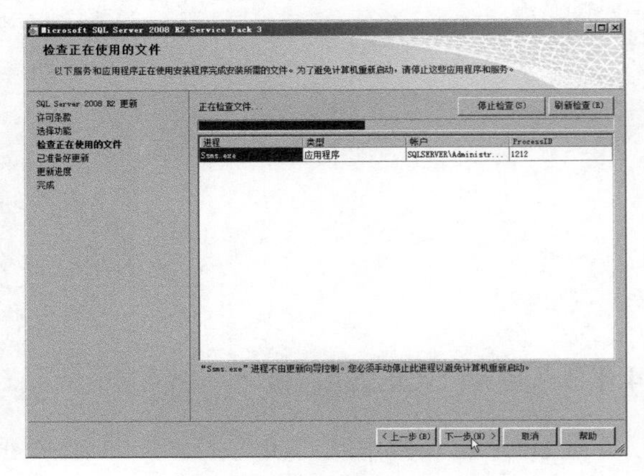

图 4-68　检查正在使用的文件

（6）在“已准备好更新”对话框，单击“更新”按钮，如图 4-69 所示。

（7）之后开始更新，直到更新完成，如图 4-70 所示。

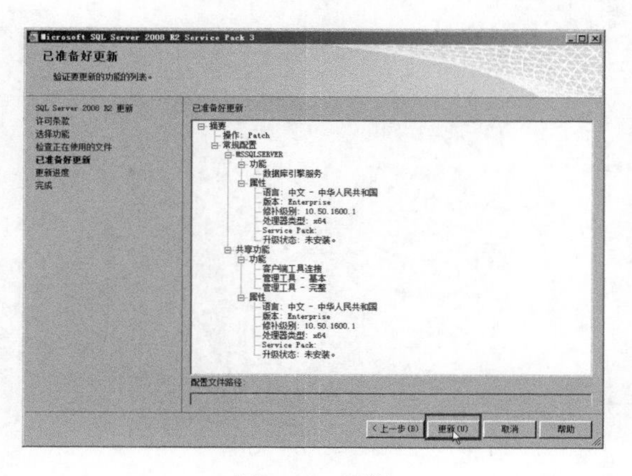

图 4-69　更新

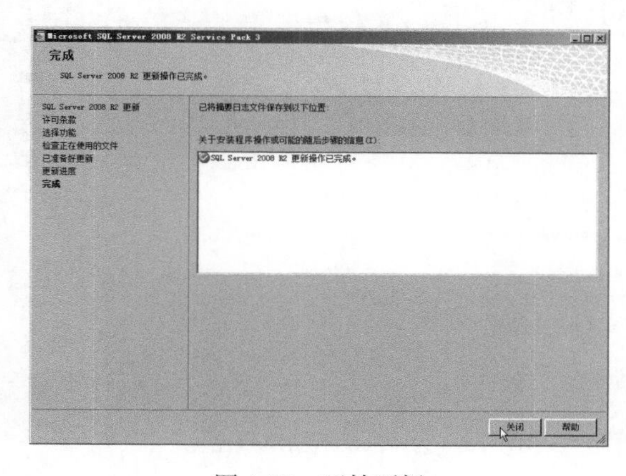

图 4-70　开始更新

（8）之后根据提示，重新启动计算机，如图 4-71 所示。

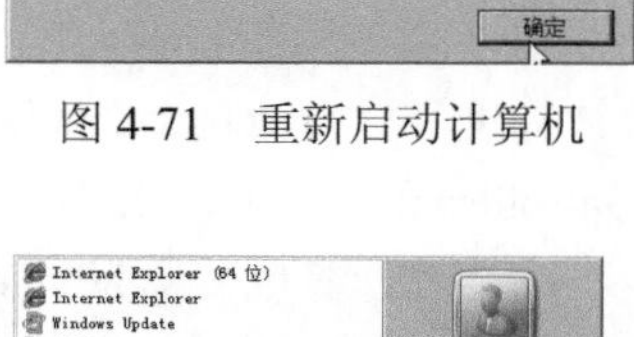

图 4-71　重新启动计算机

4.4.4　为 vCenter Server 创建数据库

再次进入 SQL Server 服务器后，运行 SQL Server 管理工具为 vCenter Serverr 创建数据库，主要步骤如下。

（1）从“所有程序→Microsoft SQL Server 2008 R2”程序组中选择“SQL Server Management Studio”，进入 SQL Server 管理工具，（1）在“Microsoft SQL Server 2008 R2”程序组中运行 SQL Server Express Management Studio，如图 4-72 所示。

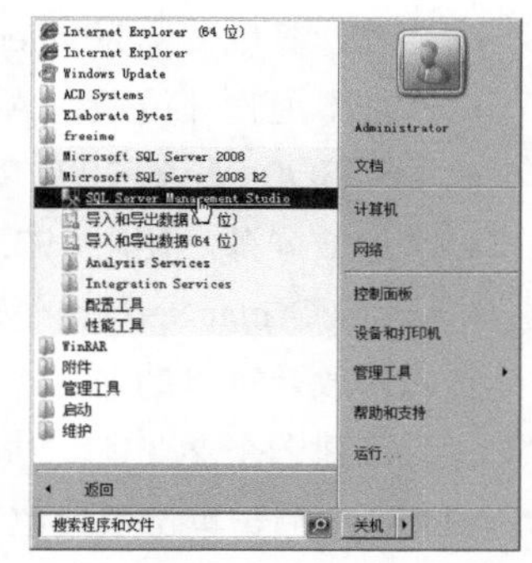

图 4-72　运行 SQL Server Express Management

（2）首先进入“连接到服务器”界面，在“服务器名称”地址栏中以“计算机名称\数据库实例名”的格式输入服务器的名称，因为 SQL Server 安装在当前这台计算机上，可以输入英文的句点(.)代替当前计算机，如图 4-73 所示，然后单击“连接”按钮。

（3）进入 SQL Server 管理控制台后，用鼠标右击“数据库”，在弹出的快捷菜单中选择“新建数据库”，如图 4-74 所示。

（4）在“创建新数据库”对话框中，在“数据库名称”处输

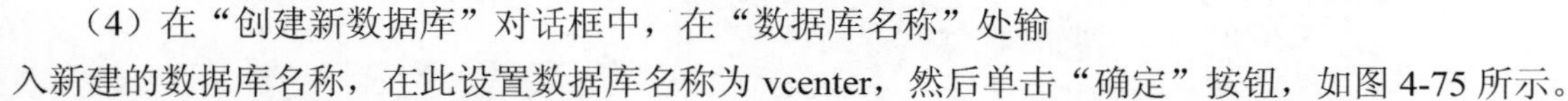

入新建的数据库名称，在此设置数据库名称为 vcenter，然后单击“确定”按钮，如图 4-75 所示。

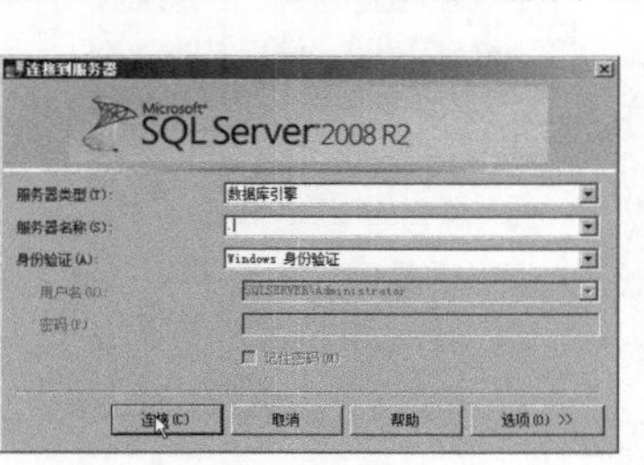

图 4-73　连接到 SQL Server 实例

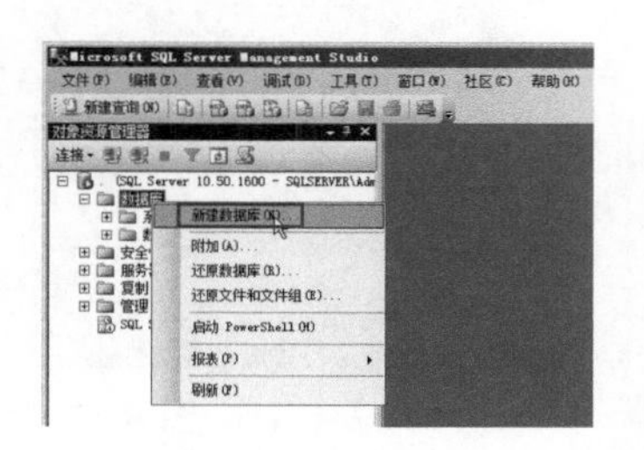

图 4-74　新建数据库

（5）创建之后，返回 SQL Server 管理控制台，如图 4-76 所示。在此可以看到创建的数据库。

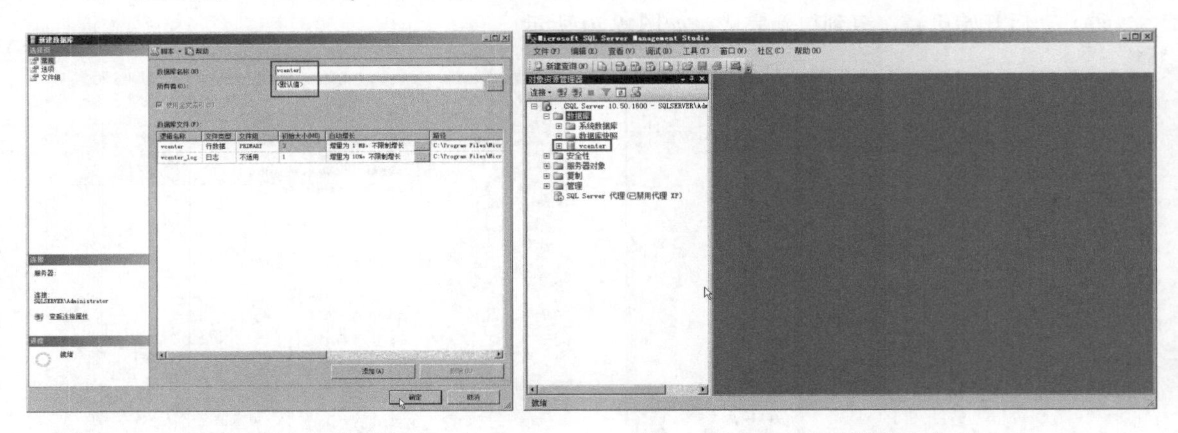

图 4-75　为 vCenter 创建数据库　　　　图 4-76　创建数据库完成

创建数据库完成后，关闭 SQL Server 管理控制台。

4.4.5　准备 vCenter Server 服务器

根据图 3-5 的规划，在一台具有 2 个 CPU、8GB 内存的 Windows Server 2008 R2 虚拟机中，设置计算机名称为 vcenter2.heinfo.edu.cn，设置 IP 地址为 192.168.80.7，安装具有外部 Platform Services Controller 的 vCenter Server，主要步骤如下。

- 修改计算机名称为 vCenter2.heinfo.edu.cn，设置 IP 地址为 192.168.80.7。
- 添加本地管理员账户 Administrator，具有“作为服务登录”的权限。
- 运行 SQL Server 2008 R2 安装程序，安装“客户端工具连接”。
- 添加数据源，使用 192.168.80.8 的 SQL Server 服务器提供的数据库。
- 执行 vCenter Server 的安装。

首先修改计算机的名称、为计算机设置 IP 地址，主要步骤如下。

（1）创建一个 2CPU、2GB 内存的 Windows Server 2008 R2，打开“系统属性”，更改计算机名称为 platform 后，单击“其他”按钮，在弹出的对话框，在“此计算机的主 DNS 后缀”中输入域名后缀，在此为 heinfo.edu.cn，如图 4-77 所示。

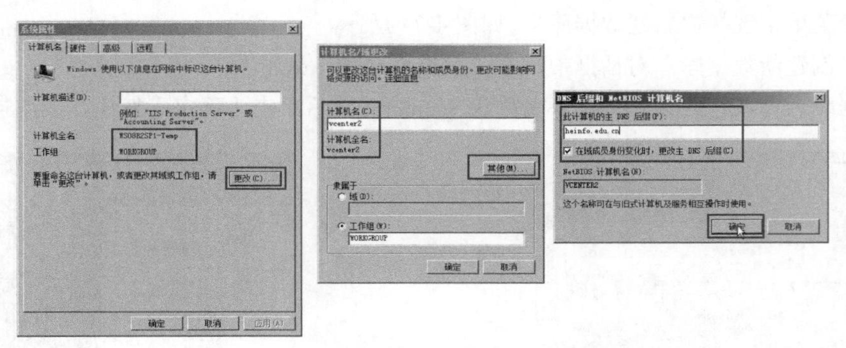

图 4-77　修改计算机名称并添加域名后缀

（2）改名之后如图 4-78 所示，然后根据提示重新启动计算机。

（3）再次进入系统之后，修改计算机的 IP 地址为 192.168.80.7，DNS 为 172.18.96.1，如图 4-79 所示。这是根据图 3-20 中的规划设置的，如果你的网络有不同的地址信息，请根据你自己的规划设置。

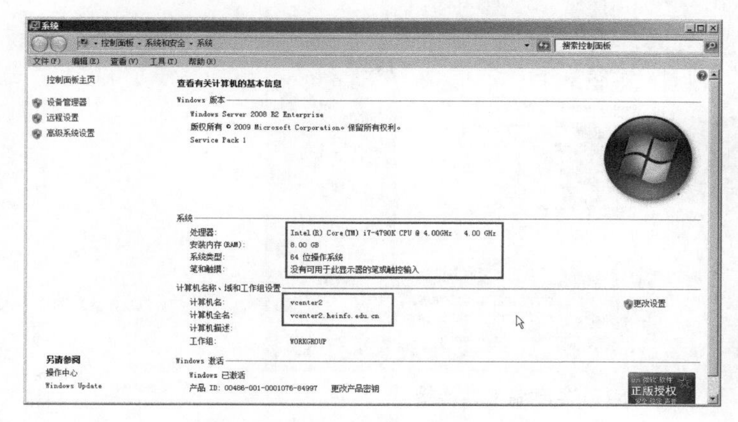

图 4-78 系统信息

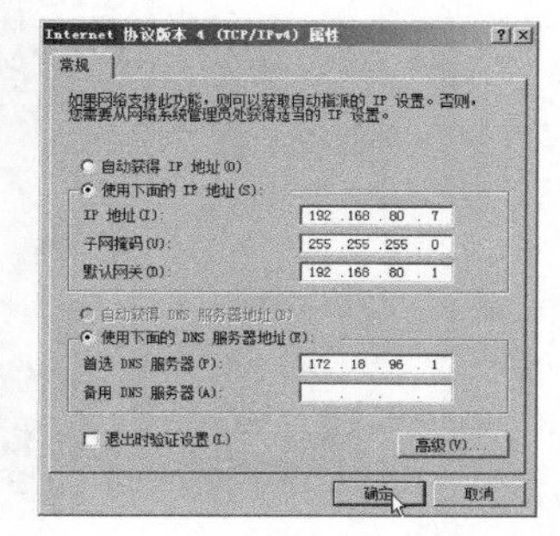

图 4-79 设置 IP 地址

执行 gpedit.msc，添加本地管理员账户 Administrator，具有“作为服务登录”的权限，主要步骤如下：

（1）在“本地组策略编辑器”对话框，定位到“本地计算机策略→计算机配置→Windows 设置→安全设置→本地策略→用户权限分配”，双击右侧的“作为服务登录”，如图 4-80 所示。

（2）打开“作为服务登录属性”对话框，单击“添加用户和组”按钮，在弹出的“选择用户和组”对话框中，在“输入对象名称来选择”处，输入要添加的账户，在此为本地管理员账户 Administrator，单击“确定”按钮，如图 4-81 所示。再次单击“确定”按钮完成添加。

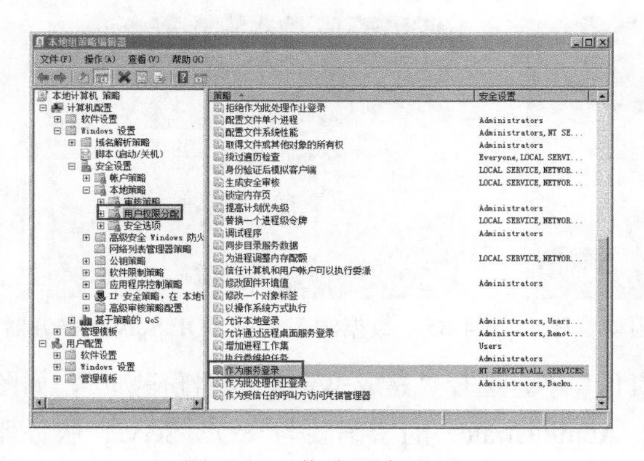

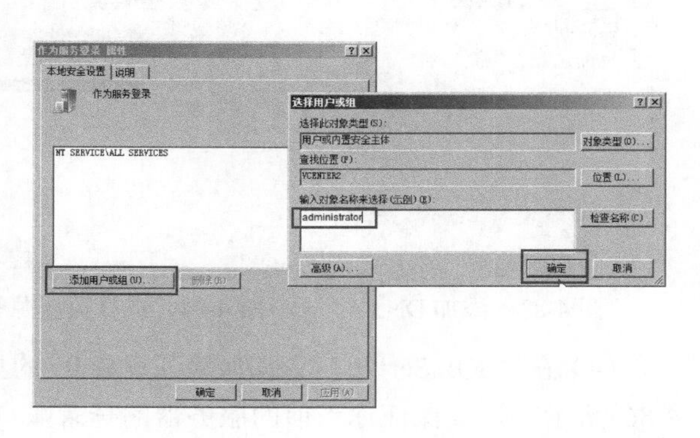

图 4-80 作为服务登录

图 4-81 添加 Administrator

4.4.6 为 vCenter Server 服务器添加外部 DSN 连接

因为在本节中，要为 vCenter Server 配置使用外部的 SQL Server 数据库，为了完成这一目标，你需要在这台计算机上安装 SQL Server 客户端连接工具，然后创建 DSN 数据源。

SQL Server 客户端连接工具的安装方法与安装 SQL Server 相类似，同样都是使用 SQL Server 2008 R2 的安装程序，运行 SQL Server 2008 R2 的安装，只是在“功能选择”中，只选择“客户端工具连接”，如图 4-82 所示，其他的都选择默认值，或者与“4.4.1 准备 SQL Server 数据服务器”

相同即可（不需要安装 SQL Server 2008 R2 的 SP 补丁即可）。

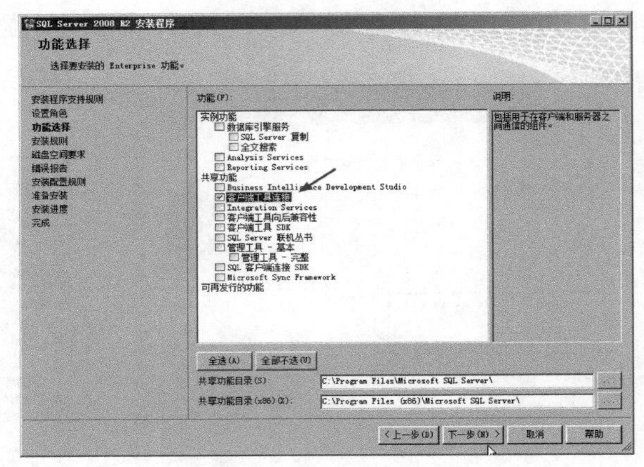

图 4-82　客户端工具连接

在 SQL Server“客户端工具连接”安装完成后，创建 ODBC 的数据库连接，主要步骤如下。

（1）从“管理工具”中运行“数据源（ODBC）”，在“系统 DSN”选项卡中单击“添加”按钮，如图 4-83 所示。

（2）在“创建新数据源”对话框，选择“SQL Server Native Client 10.0”，不要选择“SQL Server”，如图 4-84 所示。

（3）在“名称”文本框中，输入新建数据源的名称，在此设置为“vCenter2”（当然也可以是其他名称，这根据你的习惯或规划设置），在“服务器”文本框中，输入当前网络中 SQL Server 服务器的名称，在此为 sqlserver，如图 4-85 所示。

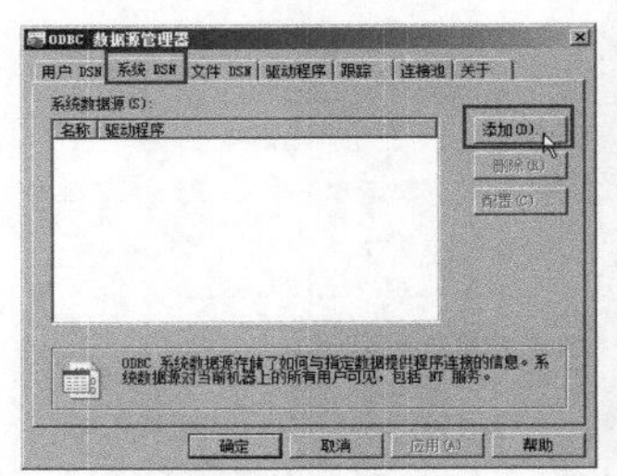

图 4-83　添加 DNS

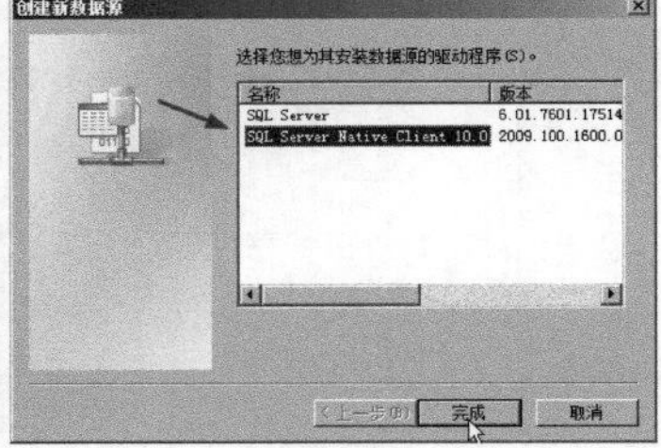

图 4-84　选择数据源驱动程序

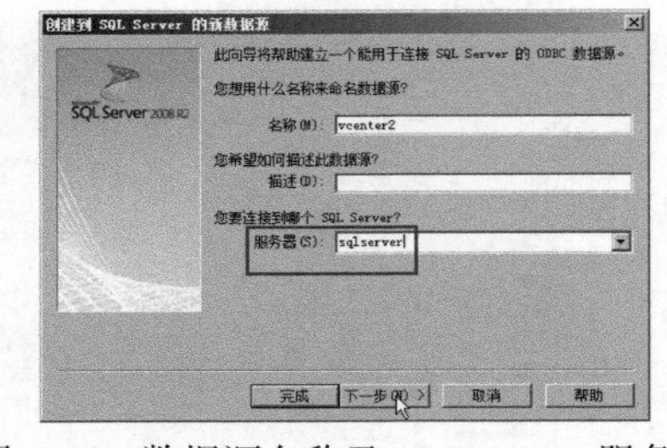

图 4-85　数据源名称及 SQL Server 服务器

（4）在“SQL Server 应该如何验证登录 ID 的真伪”中，选择“集成 Windows 身份验证”，如图 4-86 所示。这要保证你当前的服务器的登录账户 Administrator 的密码要与 SQL Server 服务器 Administrator 账户的密码相同才行，如果不同，请输入 SQL Server 服务器的管理员账户与密码。

（5）在“更改默认的数据库为”下拉列表中，选择“4.4.1 准备 SQL Server 数据库服务器”一节中为当前 vCenter Server 创建的数据库，在此为 vCenter，如图 4-87 所示。

（6）创建 DSN 数据源完成后，单击“完成”按钮，如图 4-88 所示。

（7）创建完成后，单击“测试数据源”按钮（如图 4-89 所示），当出现“测试成功”的提示后（如图 4-90 所示），表示创建的数据源正确。

（8）返回到图 4-89，单击“确定”按钮，返回到“ODBC 数据源管理器”，在“系统 DSN”列表中可以看到新创建的数据源，单击“确定”按钮，创建数据源完成，如图 4-91 所示。

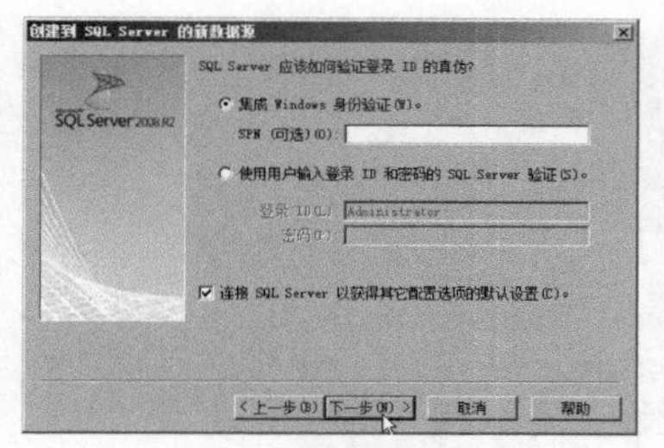

图 4-86　身份验证

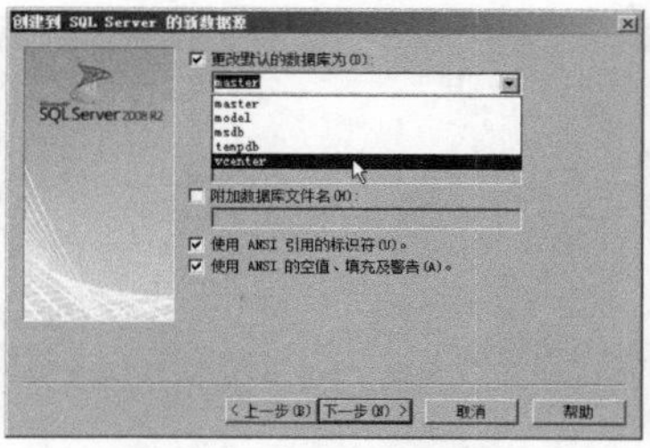

图 4-87　选择默认数据库

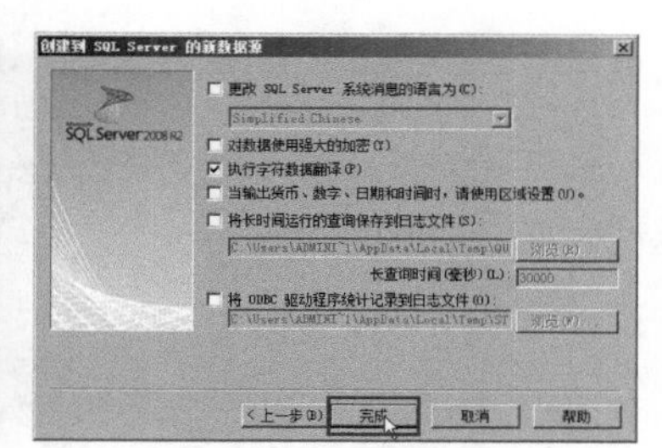

图 4-88　创建完成

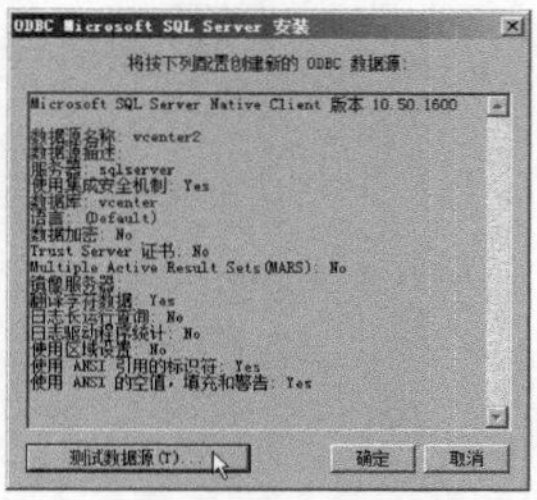

图 4-89　测试数据源

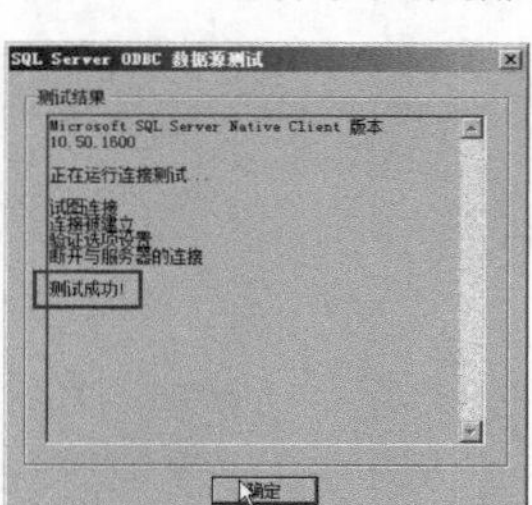

图 4-90　测试成功

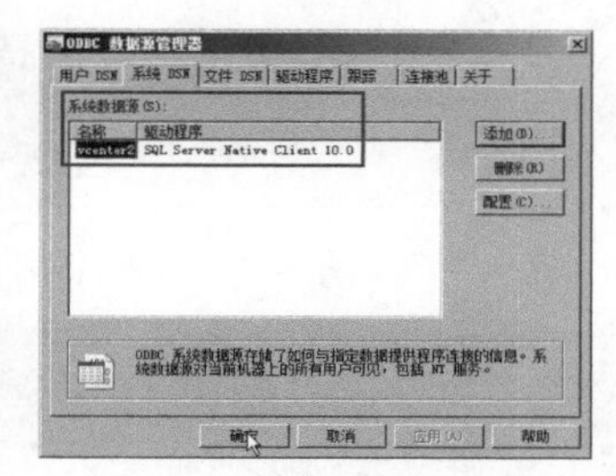

图 4-91 创建数据源完成

4.4.7　安装使用外部 SQL Server 数据库的 vCenter Server

在做好上述准备工作之后，就可以使用外部 SQL Server 数据库，安装 vCenter Server 了。总体来看，安装 vCenter Server 的步骤在上文已经做了详细的介绍，所以在本节中，将就不同之处进行说明。

（1）运行 vCenter Server 安装程序，选择“外部部署→vCenter Server”，如图 4-92 所示。

（2）在“系统网络名称”对话框，选择默认值“vCenter2.heinfo.edu.cn”，如图 4-93 所示。

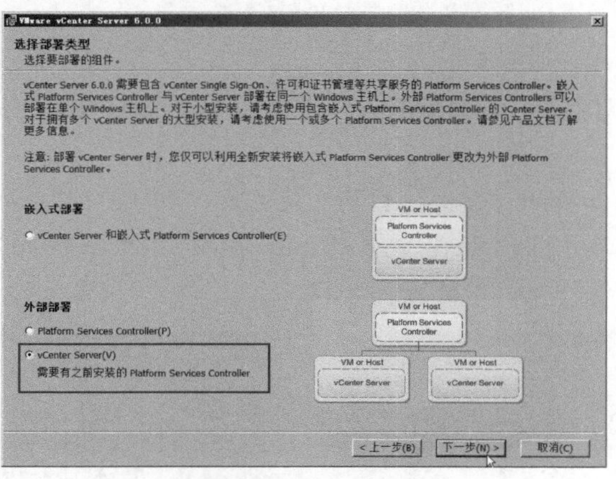

图 4-92　选择部署类型

（3）在“vCenter Single Sign-On 注册”对话框中，输入 Platform Services Controller 的 FQDN 名称，在此为 platform.heinfo.edu.cn，并输入 vCenter Single Sign-On 的密码，如图 4-94 所示。

（4）在“vCenter Server 服务账户”对话框，选择“指定用户服务账户”，选择本地管理员账户（vcenter2\administrator），并输入本地管理员密码，如图 4-95 所示。

（5）在“数据库设置”对话框，配置此部署的数据库。选择“使用外部数据库”，然后单击“刷新”按钮，从下拉列表中选择上一节创建的 DSN 连接（名称为 vCenter2），如图 4-96 所示。

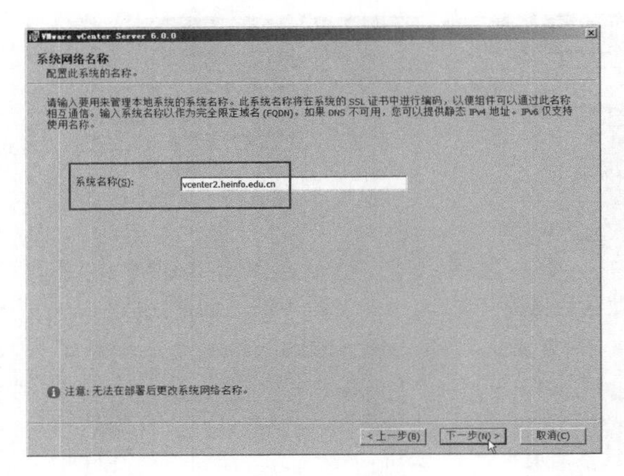

图 4-93　系统名称

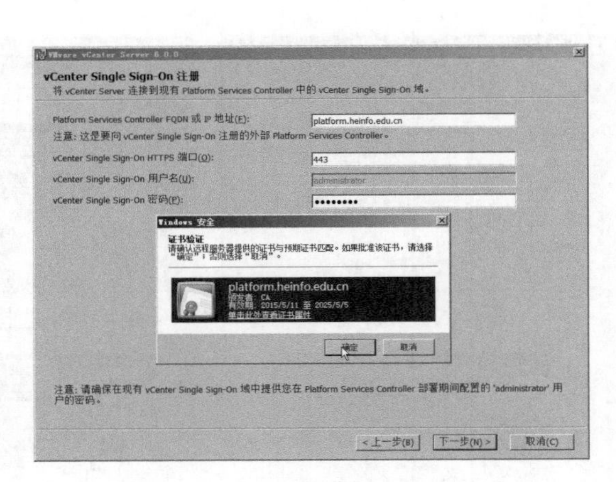

图 4-94　vCenter Single Sign-On

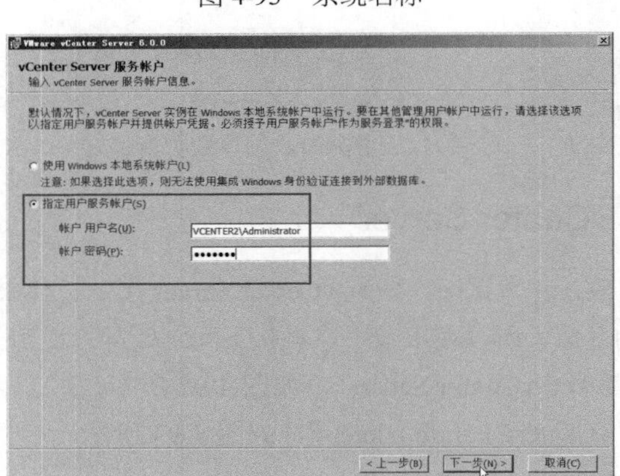

图 4-95　vCenter Server 服务账户

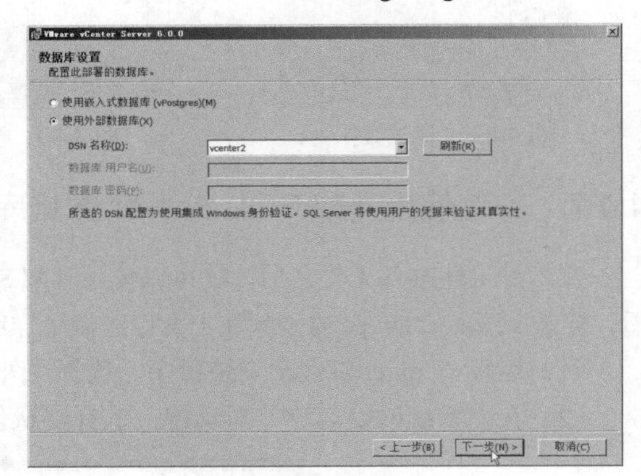

图 4-96　数据库设置

（6）在“准备安装”对话框，检查安装设置摘要，无误之后单击“安装”按钮，开始安装，如图 4-97 所示。

（7）之后将开始安装 vCenter Server，直到安装完成，如图 3-42 所示，你可以单击“完成”按钮完成安装，也可以单击“启动 vSphere Web Client”启动 vSphere Web 客户端，以连接到 vCenter Server，这些稍后会进行介绍。

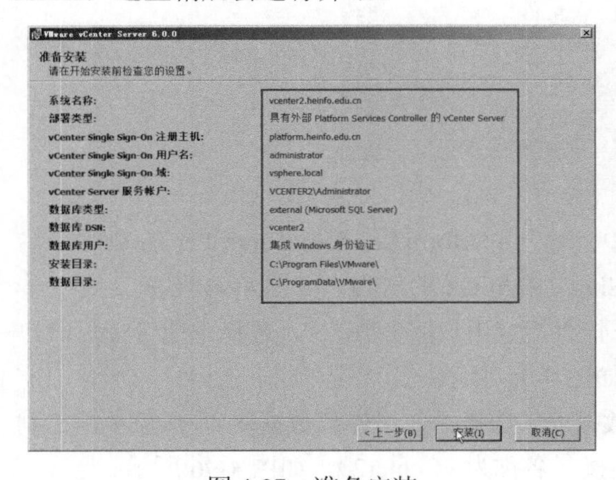

图 4-97　准备安装

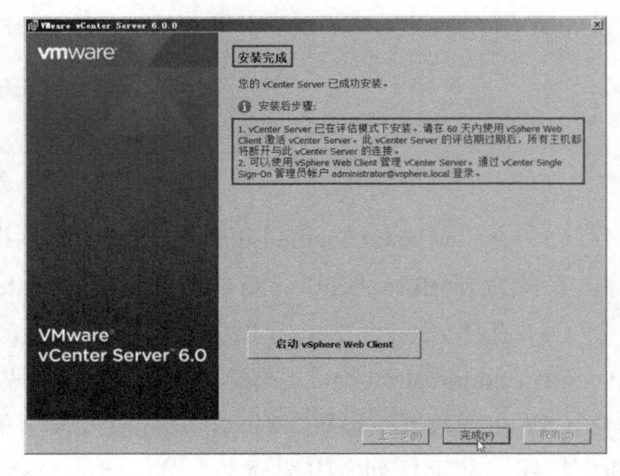

图 4-98　安装完成

4.4.8 安装过程中碰到的一些问题

任何过程都不是一帆风顺的，在安装 vCenter Server 的过程中也是如此，在此本文收集了一些安装过程中可能碰到的错误，并说明错误原因及解决方法。

（1）如果在图 4-95 中选择“使用 Windows 本地系统账户”，则在选择“使用外部数据库”之后，会弹出图 4-99 所示的错误提示，此时单击“上一步”返回到“vCenter Server 服务账户”选择“指定用户服务账户”即可。

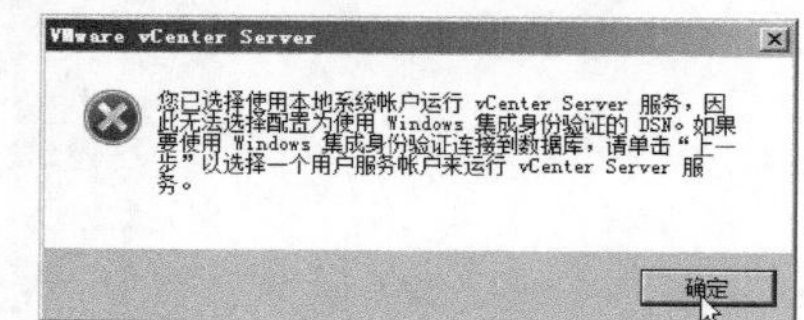

图 4-99 错误

（2）如果在创建数据源之后，但在“数据库设置”中，通过单击“刷新”按钮找不到数据库（如图 4-100 所示），表示你没有安装 SQL Server 数据库连接工具，而是使用“SQL Server”连接创建的数据库，请参照“4.4.6 为 vCenter Server 服务器添加外部 DSN 连接”一节操作。

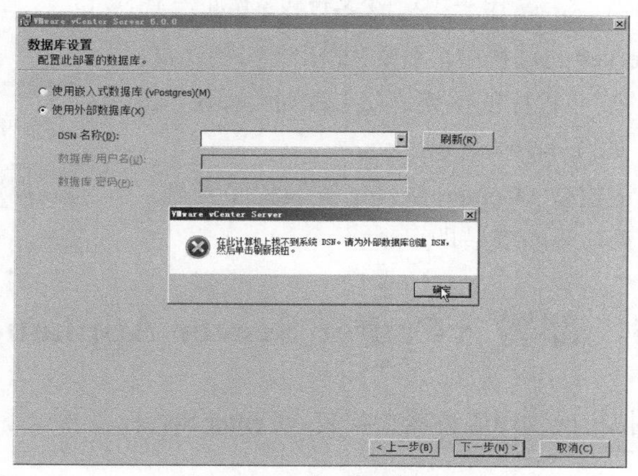

图 4-100 找不到数据库

（3）此时，你可以打开“ODBC 数据源管理器”，在“系统 DSN”中，看到的 DSN 连接的“驱动程序”是“SQL Server”，如图 4-101 所示。正常的应该是“SQL Server Native Client”，如图 4-102 所示。

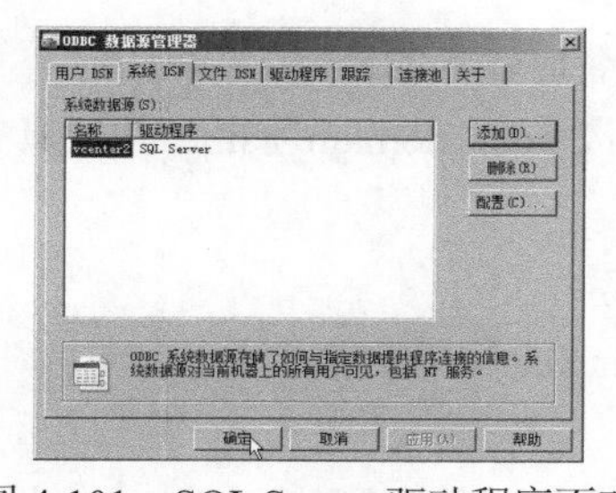

图 4-101 SQL Server 驱动程序不对

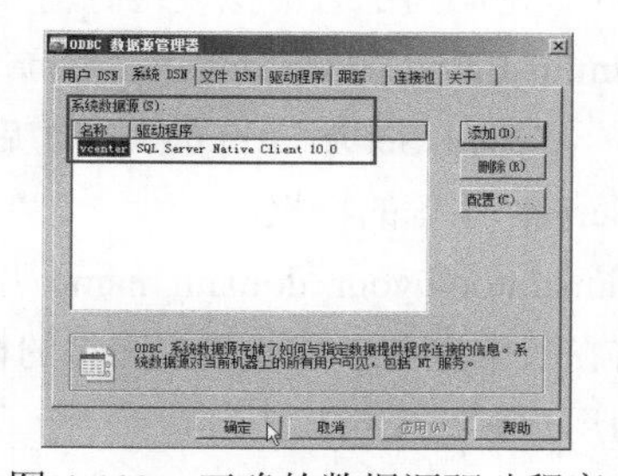

图 4-102 正确的数据源驱动程序

（4）在选择了正确的 DSN 连接之后，如果所连接的 SQL Server 数据库没有打补丁，则会弹出如图 4-103 所示的提示，此时请返回到 SQL Server 服务器，为 SQL Server 更新最新的补丁，返回到安装程序，继续安装即可。

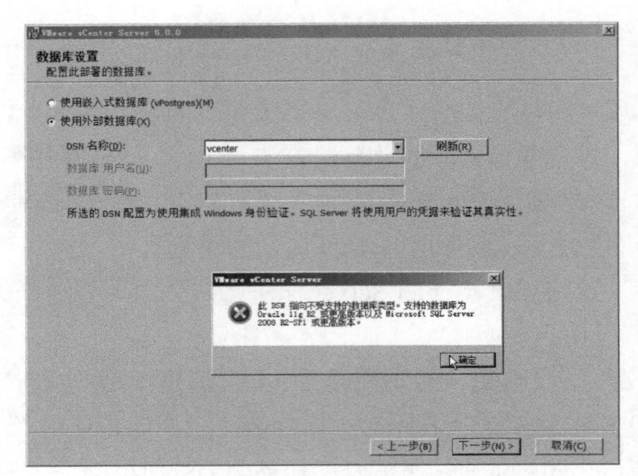

图 4-103　不支持的数据库类型

（5）在安装 vCenter Server 的过程中，不要“弹出”安装光盘，或者断开 vCenter Server 的安装程序的网络连接，否则会弹出“错误代码为 1603”的错误，如图 4-104 所示。

图 4-104　安装错误

如果出现此类问题，请检查 vCenter Server 安装程序光盘，在重新映射了安装光盘之后，重新安装即可。

4.5　部署 vCenter Server Appliance

除了在 Windows 虚拟机或物理服务器上安装 vCenter Server 之外，还可以部署 vCenter Server Appliance。

在部署 vCenter Server Appliance 之前，下载 ISO 文件并将其挂载到要从其执行部署的 Windows 主机中。安装客户端集成插件，然后启动安装向导。

vCenter Server Appliance 具有以下默认用户名：

- root，密码为部署虚拟设备时输入的密码。
- administrator@your_domain_name，密码为部署虚拟设备时输入的密码。

部署 vCenter Server Appliance 之后，只有 administrator@your_domain_name 用于具有登录到 vCenter Server 系统的特权。

administrator@your_domain_name 用户可以执行以下任务：

- 将在其中定义了其他用户和组的标识源添加到 vCenter Single Sign-On 中。
- 为用户和组提供权限。

vCenter Server Appliance 6.0 上部署了虚拟硬件版本 8，此虚拟硬件版本在 ESXi 中支持每个虚拟机具有 32 个虚拟 CPU。根据要通过 vCenter Server Appliance 进行管理的主机，您可能希望升级 ESXi 主机并更新 vCenter Server Appliance 的硬件版本以支持更多虚拟 CPU：

- ESXi 5.5.x 最高支持虚拟硬件版本 10，最多支持每个虚拟机具有 64 个虚拟 CPU。
- ESXi 6.0 最高支持虚拟硬件版本 11，最多支持每个虚拟机具有 128 个虚拟 CPU。

【注意】无法使用 vSphere Client 或 vSphere Web Client 部署 vCenter Server Appliance。在部署

vCenter Server Appliance 的过程中，必须提供各种输入，如操作系统和 vCenter Single Sign-On 密码。如果尝试使用 vSphere Client 或 vSphere Web Client 部署设备，系统将不会提示您提供此类输入且部署将失败。

【说明】 VMware 官方的文档是使用部署向导将 vCenter Server Appliance 部署在 VMware ESXi 中，并且不能使用 vSphere Web Client 或 vSphere Client 部署。但实际上是可以用 vSphere Client 将 vCenter Server Appliance 部署在 ESXi 中，甚至将 vCenter Server Appliance 部署在 VMware Workstation 虚拟机中。在后文章节将介绍这一内容，但这并不是被推荐的作法，只是在做实验、测试时才这样做。

【注意】 vCenter Server 6.0 支持通过 IPv4 或 IPv6 地址在 vCenter Server 与 vCenter Server 组件之间建立连接。不支持 IPv4 和 IPv6 混合环境。如果要将 vCenter Server Appliance 设置为使用 IPv6 地址分配，请确保使用设备的完全限定域名 (FQDN) 或主机名。在 IPv4 环境中，最佳做法是使用设备的 FQDN 或主机名，因为如果 DHCP 分配了 IP 地址，则其可能会更改。

4.5.1　部署具有嵌入式 Platform Services Controller 的 vCenter Server Appliance

选择部署具有嵌入式 Platform Services Controller 的 vCenter Server Appliance 时，可以将 Platform Services Controller 和 vCenter Server 作为一个设备进行部署。不支持并行部署具有嵌入式 Platform Services Controller 的 vCenter Server Appliance。必须按顺序部署具有嵌入式 Platform Services Controller 的 vCenter Server Appliance 实例。

在本节中，我们将在一台 Windows 计算机中，通过网络连接到 VMware ESXi 6，部署具有嵌入式 Platform Services Controller 的 vCenter Server Appliance（即在一台虚拟机中，同时部署 Platform Services Controller 和 vCenter Server Appliance），实验拓扑如图 4-105 所示。

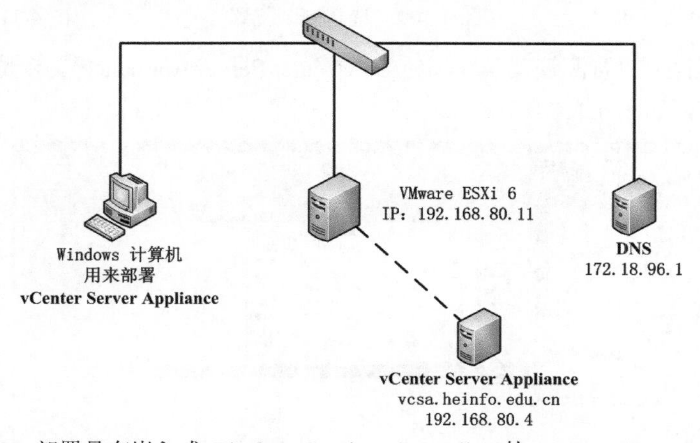

图 4-105　部署具有嵌入式 Platform Services Controller 的 vCenter Server Appliance

（1）在一台 Windows 计算机中，加载 vCenter Server Appliance 安装光盘镜像，这是一个名为"VMware-VCSA-all-6.0.0-2562643.iso"、大小为 2.66GB 的 ISO 文件，可以用虚拟光驱加载。

（2）加载之后，运行 VCSA 文件夹中的 VMware-ClientIntegrationPlugin-6.0.0.exe 程序，如图 4-106 所示。

（3）开始运行 VMware 客户端集成插件，如图 4-107 所示。

（4）在"最终用户许可协议"对话框，单击"我接受许可协议中的条款"，如图 4-108 所示。

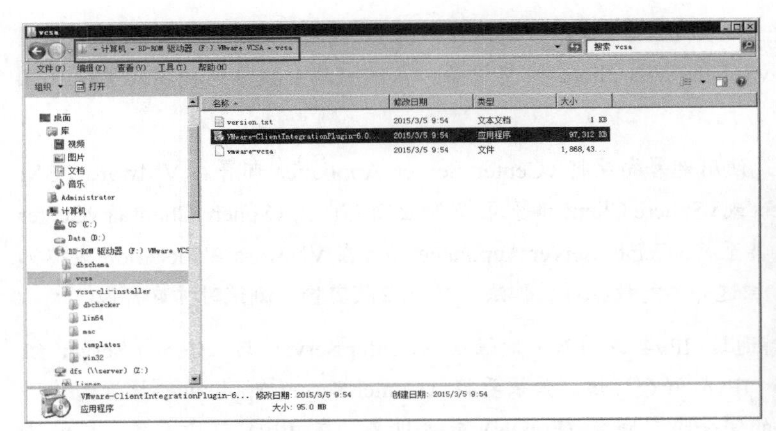

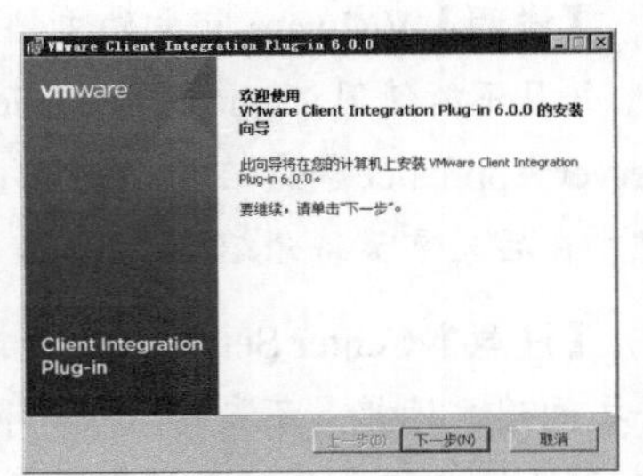

图 4-106 打开加载后的光盘目录 图 4-107 安装 VMware 客户端集成插件

（5）在“目标文件夹”选择安装位置，通常选择默认值，如图 4-109 所示。

（6）之后开始安装，直到安装完成，如图 4-110 所示。

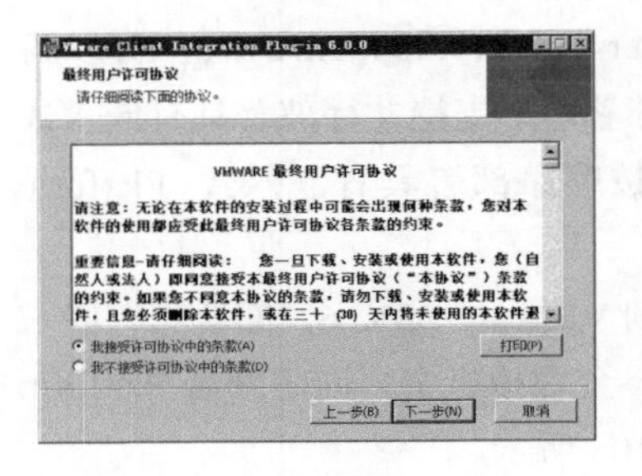

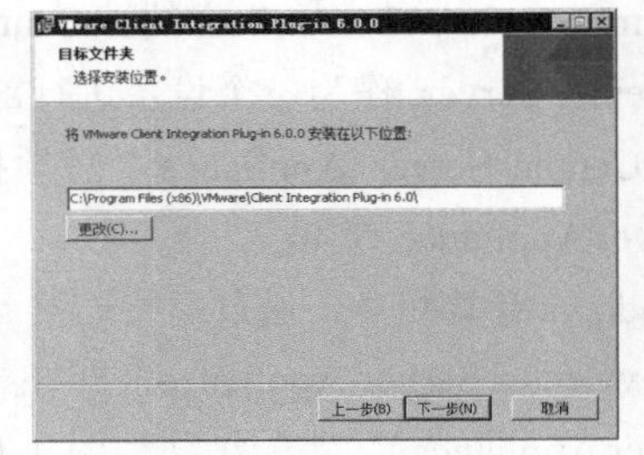

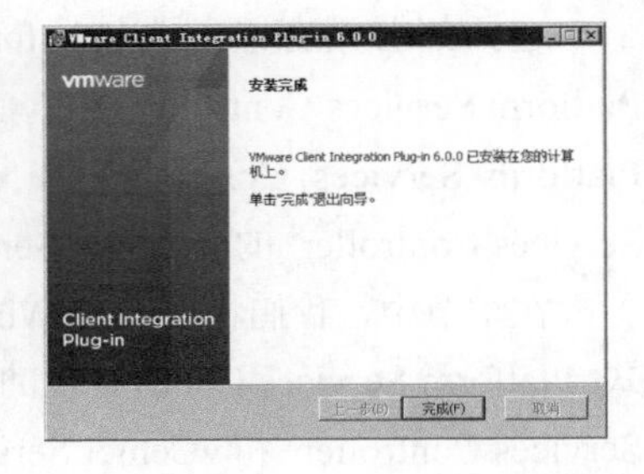

图 4-108 最终用户许可协议 图 4-109 选择安装位置 图 4-110 安装完成

安装完成后，返回到“资源管理器”，定位到 vCenter Server Appliance 安装光盘，双击根目录下的“vcsa-setup.html”，如图 4-111 所示。

图 4-111 准备运行 vcsa 安装向导网页

（1）vCenter Server Appliance 安装程序会自动用浏览器打开安装程序，开始检测插件，在安装了 vSphere 客户端集成插件之后，弹出“是否允许此网站打开你计算机上的程序”，单击“允许”按钮，如图 4-112 所示。

（2）之后进入 vCenter Server Appliance 6.0 安装程序，单击“安装”按钮，如图 4-113 所示。

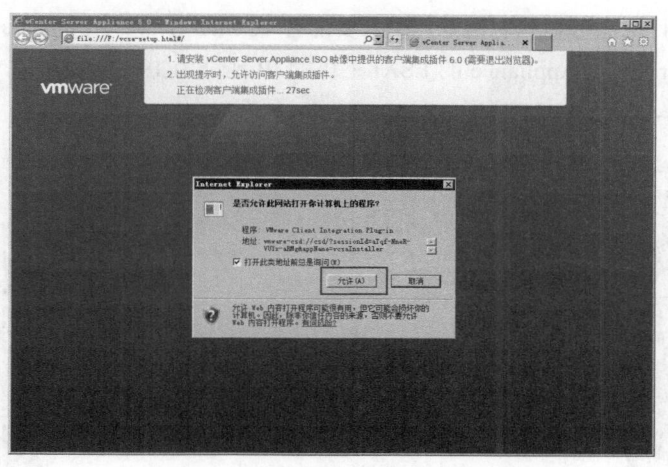

图 4-112　允许打开计算机上的程序

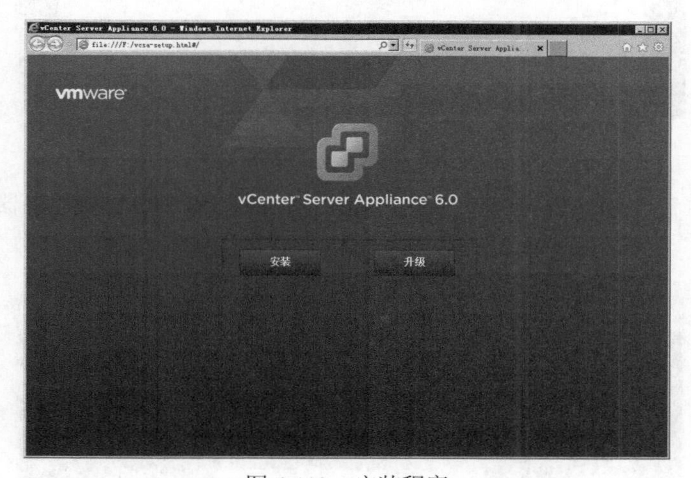

图 4-113　安装程序

（3）在“最终用户许可协议”对话框，单击“我接受许可协议条款”，如图 4-114 所示。

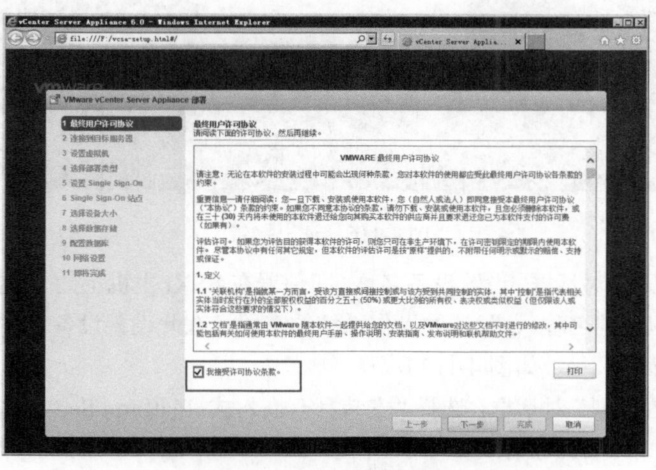

图 4-114　接受许可条款

（4）在“连接到目标服务器”对话框，输入要部署 vCenter Server Appliance 的 ESXi 主机，在本示例中，承载 vCenter Server Appliance 的 ESXi 主机的 IP 地址为 192.168.80.11，之后输入这台 ESXi 的用户名 root 及密码，如图 4-115 所示。

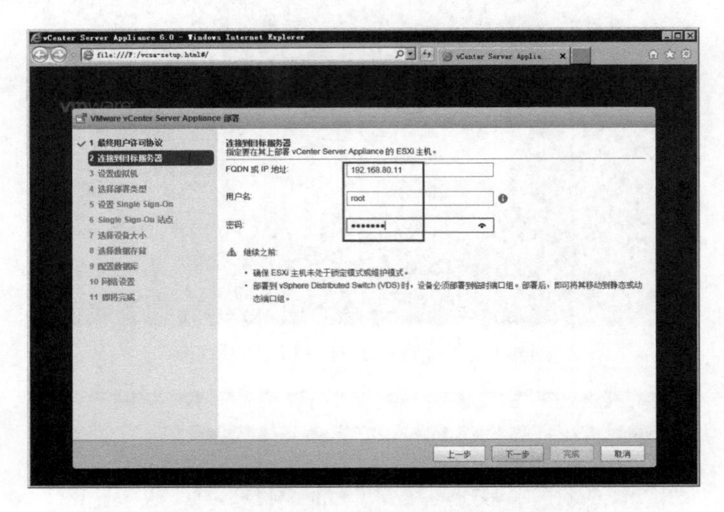

图 4-115　连接到目标服务器

（5）在“证书警告”对话框，单击“是”按钮，忽略目标 ESXi 主机服务器上的证书问题，如图 4-116 所示。

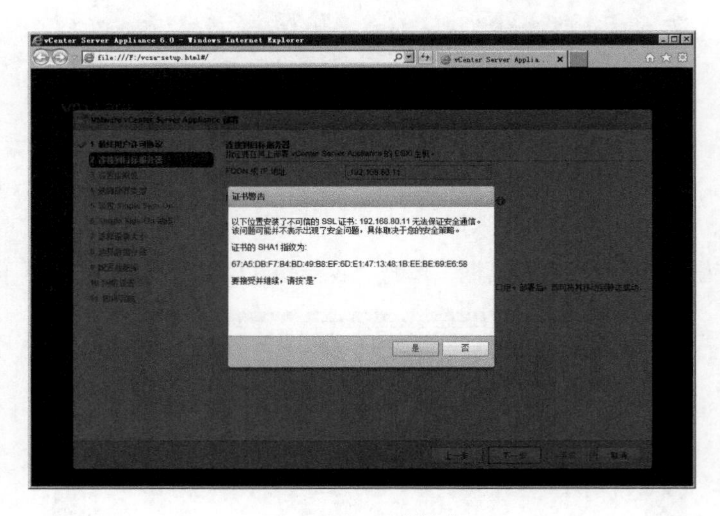

图 4-116　证书警告

（6）在“设置虚拟机”对话框，设置设备名称（即部署在 ESXi 主机上的、将要部署的这台 vCenter Server Appliance 虚拟机的名称）、默认的操作系统的密码，在此设置设备名称为 vcsa，并设置 root 账户密码（请将该密码记下），如图 4-117 所示。

（7）在“选择部署类型”对话框，选择“安装具有嵌入式 Platform Services Controller 的 vCenter Server Appliance”，如图 4-118 所示。

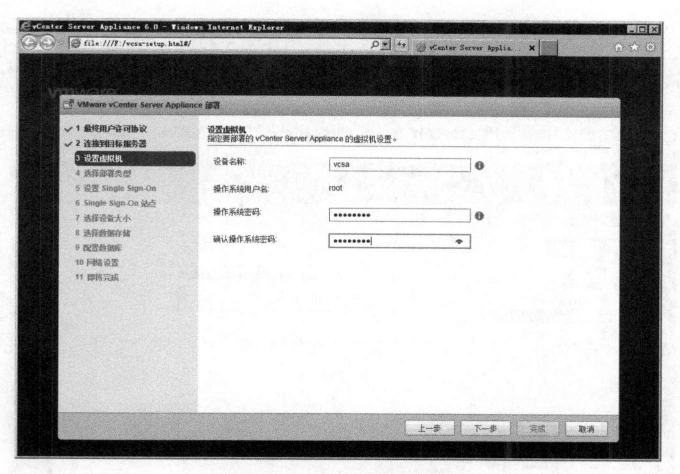

图 4-117　设置虚拟机

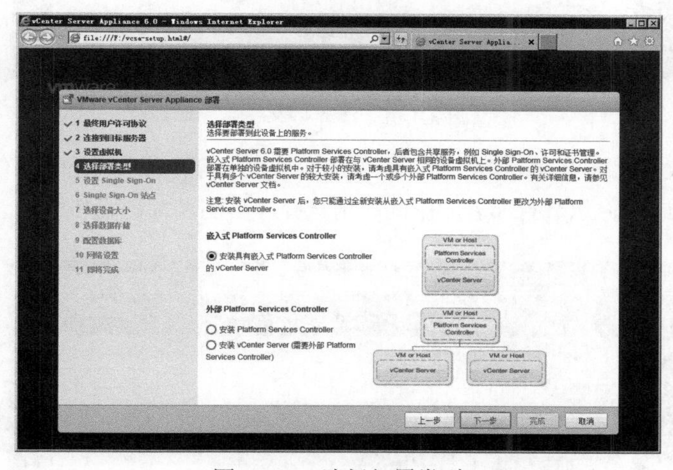

图 4-118　选择部署类型

（8）在“设置 Single Sign-On (SSO)”对话框，选择“创建新 SSO 域”，设置 SSO 域名（在此设置为 vsphere.local）、设置 vCenter SSO 密码（该密码需要为复杂密码，例如 abCD12#$），如图 4-119 所示。

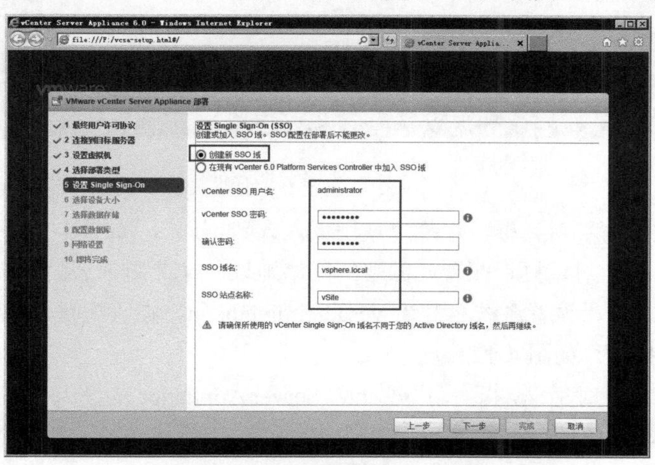

图 4-119　设置 Single Sign-On (SSO)

（9）在“选择设备大小”对话框，指定新设备的部署大小，你可以在“微型、小型、中型、大型”之间选择，在此选择“微型（最多 10 个主机、100 个虚拟机）”，如图 4-120 所示。

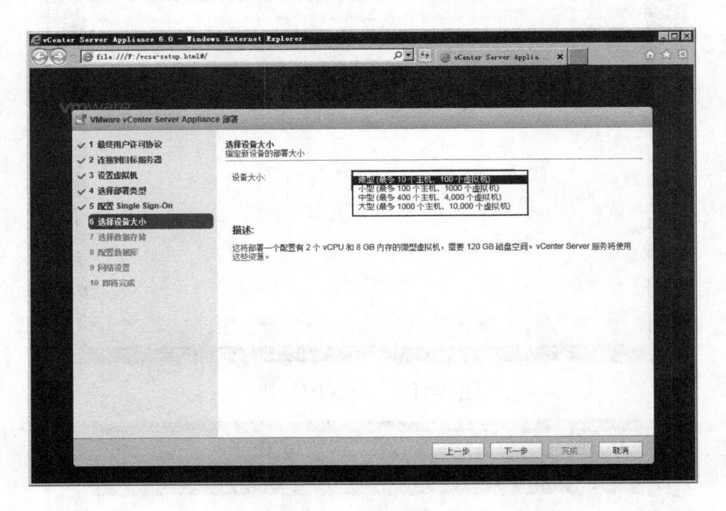

图 4-120　选择设备大小

（10）在“选择数据存储”对话框，选择放置此虚拟机的存储位置，如图 4-121 所示。如果你没有足够的磁盘空间，或者你想节省部署的空间，请选择“启用精简磁盘模式”。

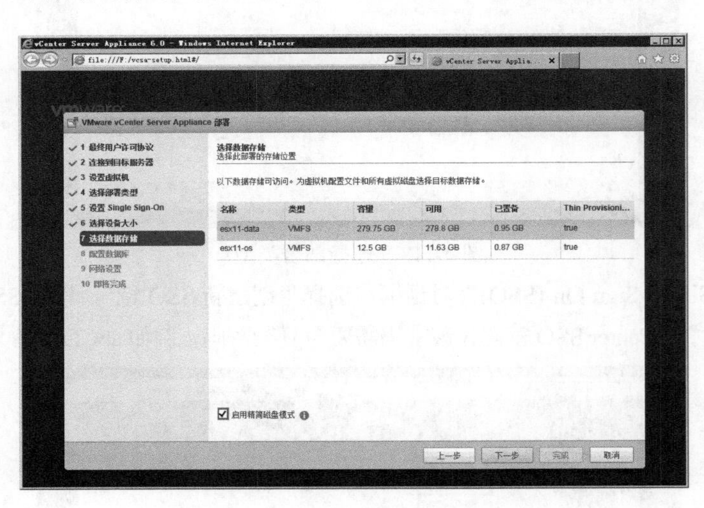

图 4-121　选择数据存储

（11）在“配置数据库”对话框，选择“使用嵌入式数据库”，如图 4-122 所示。

（12）在“网络设置”对话框，配置此部署的网络地址，在此新部署的 vCenter Server Appliance 的 IP 地址为 192.168.80.4，设置系统名称为 vcsa.heinfo.edu.cn，在“配置时间同步”选择“同步设备时间与 ESXi 主机时间”，如图 4-123 所示。

（13）在“即将完成”对话框，显示了 vCenter Server Appliance 的部署设置，检查无误之后，单击“完成”按钮，如图 4-124 所示。

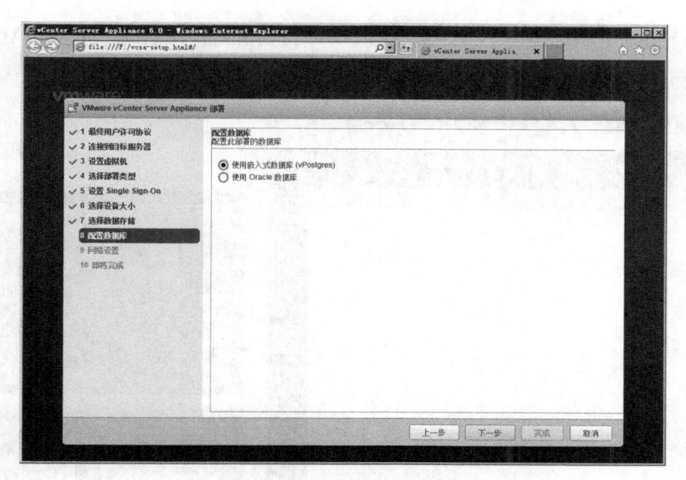

图 4-122　配置数据库

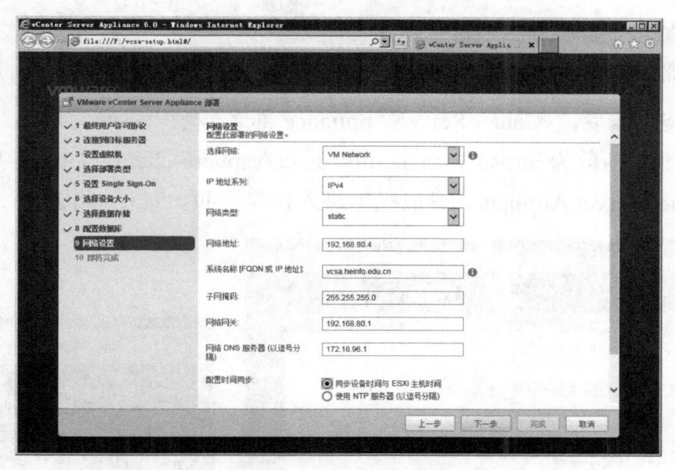

图 4-123　网络设置

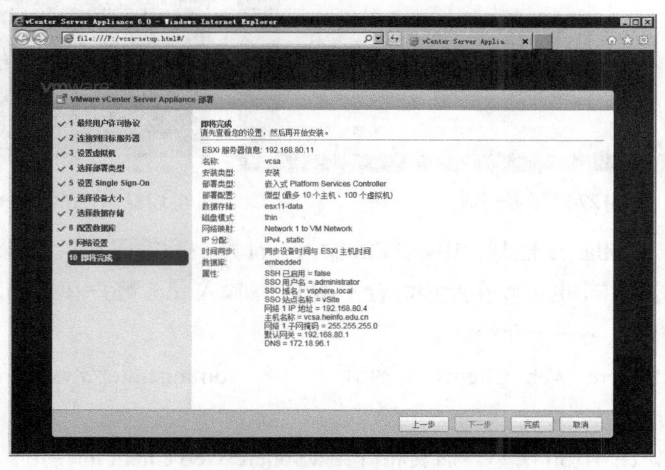

图 4-124　即将完成

（14）之后将开始部署 vCenter Server Appliance，如图 4-125 所示。

（15）此时使用 vSphere Client 打开 ESXi 主机，再打开部署 vCenter Server Appliance 虚拟机的控制台，可以看到 vCenter Server Appliance 虚拟机正在启动，如图 4-126 所示。

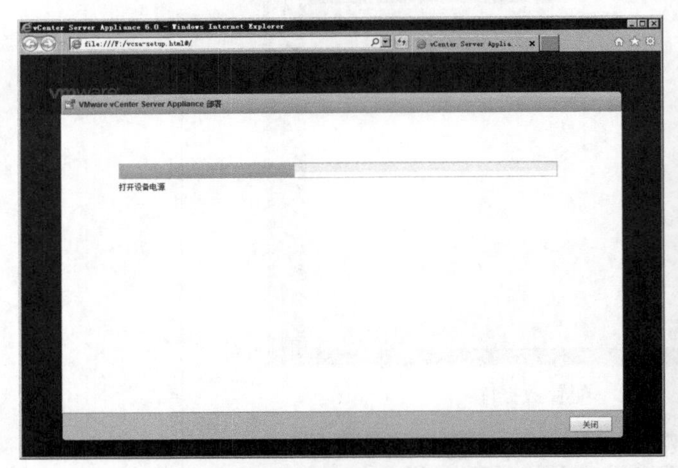

图 4-125　部署 vCenter Server Appliance

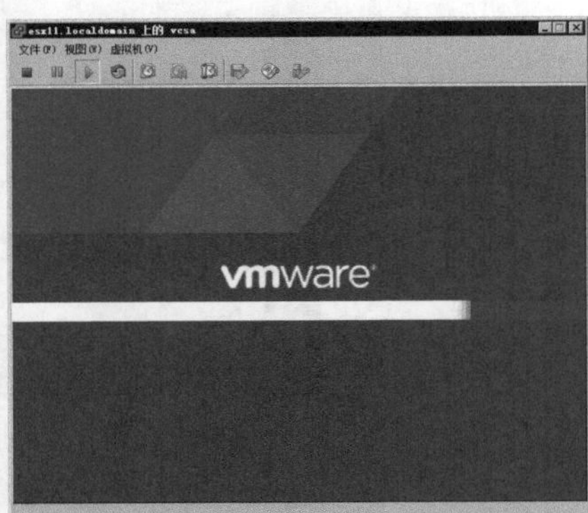

图 4-126　vCenter Server Appliance 虚拟机正在启动

（16）部署并安装完成后，vCenter Server Appliance 部署显示“安装完成”，同时显示了 vSphere Web Client 的登录地址，当前为 https://vcsa.heinfo.edu.cn/vsphere-client，如图 4-127 所示。

（17）打开 vCenter Server Appliance 虚拟机也进入控制台页，如图 4-128 所示。

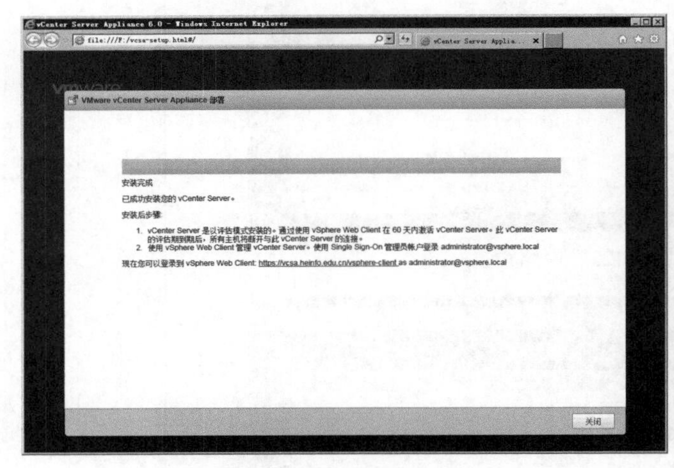

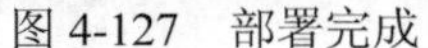
图 4-127　部署完成

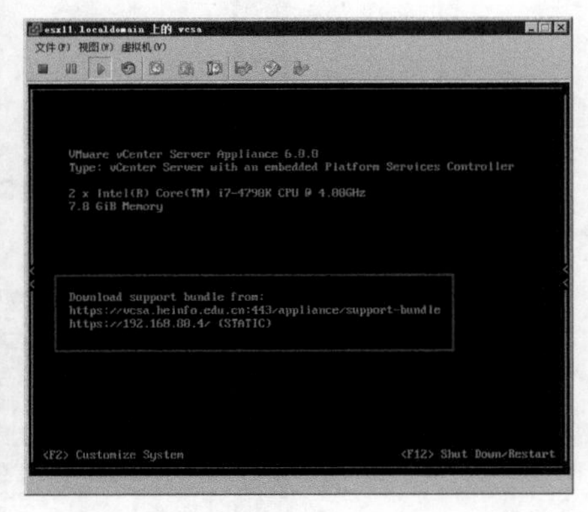

图 4-128　vCenter Server Appliance 控制台

在 vCenter Server Appliance 控制台中，按 F2，输入 root 账户和密码之后，可以设置或修改 vCenter Server 的 IP 地址、绑定网卡，也可以在此控制台中按 F12，输入 root 账户和密码，重启或关闭 vCenter Server。这与 ESXi 类似，不一一介绍。

你也可以使用 vSphere Web Client，并使用用户名 administrator@vsphere.local 登录 vCenter Server，如图 4-129 所示。

第一次登录之后如图 4-130 所示。后文将介绍 vSphere Web Client 的使用。

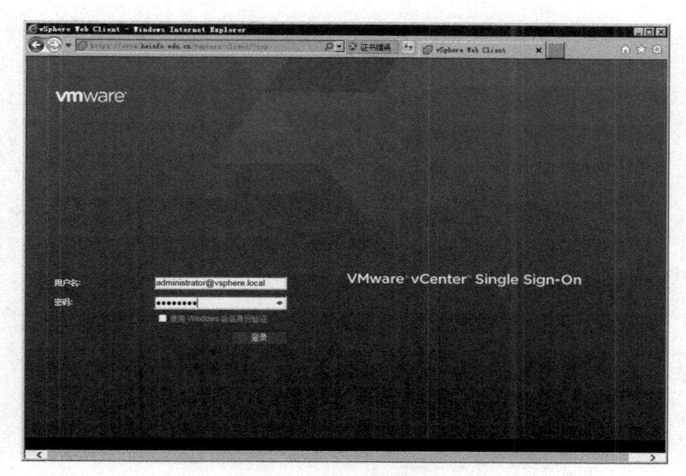

图 4-129　vSphere Web Client

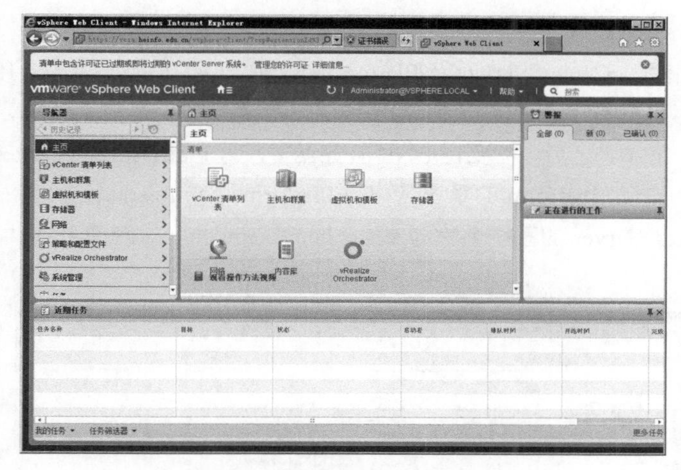

图 4-130　登录到 vCenter Server

4.5.2　部署基于 Linux 的 Platform Services Controller

在本节及下一节，将把 Platform Services Controller 及 vCenter Server 分开部署，网络拓扑如图 4-131 所示。

【说明】在我们这两节安装具有外部 Platform Services Controller 及 vCenter Server 的服务器中，是在 Windows Server 中，将 vCenter Server 添加到 Windows 的 Platform Services Controller；将 Linux 的 vCenter Server Appliance 添加到 LinuxPlatform Services Controller。实际上可以混合交叉配置的。你可以在安装 Windows 的 vCenter Server 时，即可以选择 Windows 下的 Platform Services Controller，也可以选择部署在 Linux 中的 Platform Services Controller（vCenter Server Appliance）。同样，部署 Linux 下的 vCenter Server Appliance 也可以加入到安装在 Windows 主机中的 Platform Services Controller。

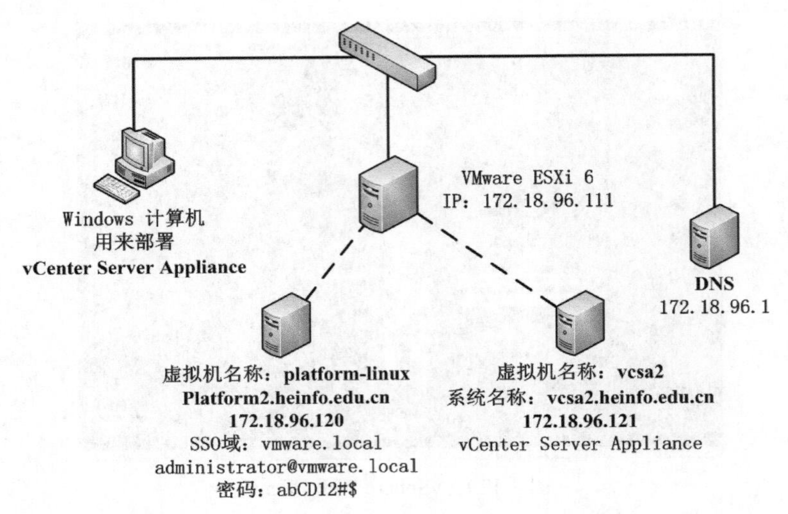

图 4-131　分开部署 vCenter Server 及 Platform

在图 4-131 中，将把 vCenter Server 及 Platform 部署在一台 IP 地址为 172.18.96.111 的 VMware ESXi 6 主机上，该主机具有 1 个 CPU、16GB 的内存。同样是先部署 Platform，之后再部署一台到多台 vCenter Server。在部署之后，需要在 DNS 服务器中，为 Platform 及 vCenter Server 的系统名称创建 A 记录，在本示例中，Platform 的系统名称为 Platform2.heinfo.edu.cn，对应的计算机 IP 地址是 172.18.96.120，vCenter Server 的系统名称为 vcsa2.heinfo.edu.cn，对应的 IP 地址为 172.18.96.121，如图 4-132 所示。

DNS 管理器

文件(F)　操作(A)　查看(V)　帮助(H)

DNS
SERVER
正向查找区域
heinfo.edu.cn
_msdcs
_sites
_tcp
_udp
DomainDnsZone
ForestDnsZones
反向查找区域
信任点
条件转发器
全局日志

名称	类型	数据	时间戳
ForestDnsZones			
(与父文件夹相同)	起始授权机构(SOA)	[152], server.heinfo.edu....	静态
(与父文件夹相同)	名称服务器(NS)	server.heinfo.edu.cn.	静态
(与父文件夹相同)	主机(A)	172.18.96.1	2015/5/11 8:00:00
dcbaka	主机(A)	172.18.96.81	2015/3/17 17:00:00
esx11	主机(A)	192.168.80.11	静态
esx111	主机(A)	172.18.96.111	静态
mh09	主机(A)	172.18.96.5	2015/5/11 8:00:00
mh09	主机(A)	172.18.96.9	2015/5/11 8:00:00
platform	主机(A)	192.168.80.3	静态
server	主机(A)	172.18.96.1	静态
vcenter	主机(A)	192.168.80.5	静态
vcenter1	主机(A)	192.168.80.6	静态
vcenter2	主机(A)	192.168.80.7	静态
vcsa	主机(A)	192.168.80.4	静态
WSUSSer	主机(A)	172.18.96.2	2015/5/11 9:00:00
platform2	主机(A)	172.18.96.120	
vcsa2	主机(A)	172.18.96.121	

图 4-132　在 DNS 服务器为 Platform 及 vCenter Server 创建 A 记录

在“4.5.1 部署具有嵌入式 Platform Services Controller 的 vCenter Server Appliance”一节中已经详细的介绍了 vCenter Server Appliance 的安装，如果分开部署 Platform 及 vCenter Server，只是在部署的时候，有不同的选择而已。所以本节将不详细介绍这些安装，而是介绍与集成 Platform Services Controller 的 vCenter Server Appliance 不同之处。

（1）在网络中的一台 Windows 计算机中，同样要运行 VMware 客户端集成插件（运行前先关闭当前计算机上所有浏览器程序），之后运行 vCenter Server Appliance 6 的安装程序，如图 4-133 所示。选择“安装”按钮。

（2）在“连接到目标服务器”对话框中，输入要承载 vCenter Server Appliance 的 ESXi 主机，在此输入主机的 IP 地址 172.18.96.111，输入 root 账户及密码，如图 4-134 所示。

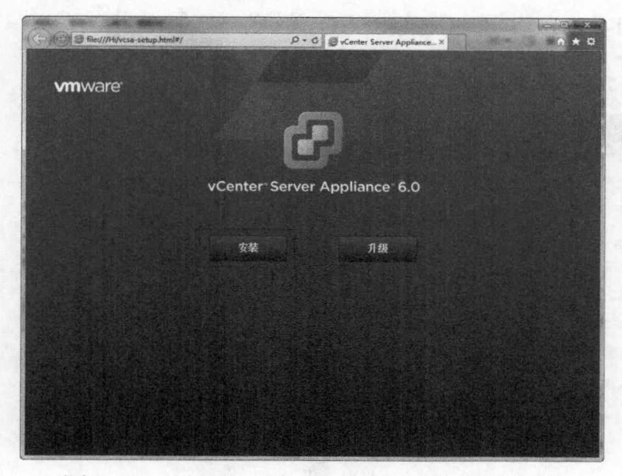

图 4-133 vCenter Server Appliance 安装程序

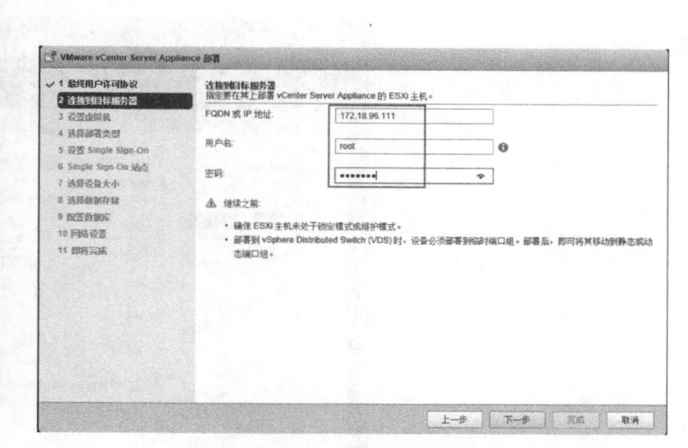

图 4-134 选择目标服务器

（3）在“设置虚拟机”对话框，设置设备名称（即创建在 ESXi 主机中显示的虚拟机名称），为新创建的虚拟机指定 root 账户密码（该密码需要同时包括大写字母、小写字母、数字、特殊字符，长度至少 8 位），如图 4-135 所示。在此设置虚拟机名称为 platform-linux。

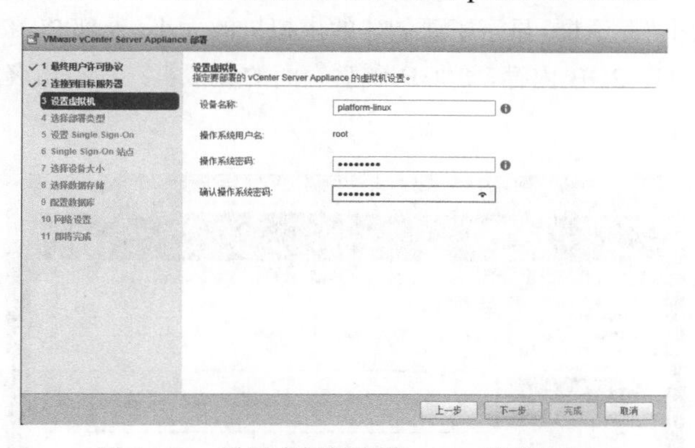

图 4-135 设置虚拟机名称、root 账户密码

（4）在“选择部署类型”对话框，选择“外部 Platform Services Controller→安装 Platform Services Controller”，如图 4-136 所示。

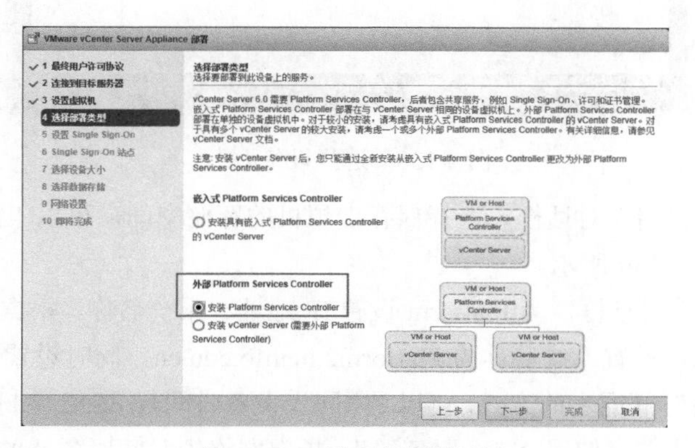

图 4-136 选择部署类型

（5）在“设置 Single Sign-On（SSO）”对话框，选择“创建新 SSO”。设置新的 SSO 域名为 VMware.local，设置 SSO 站点名称为 default-Second-Site，设置 vCenter SSO 密码，如图 4-137 所示。

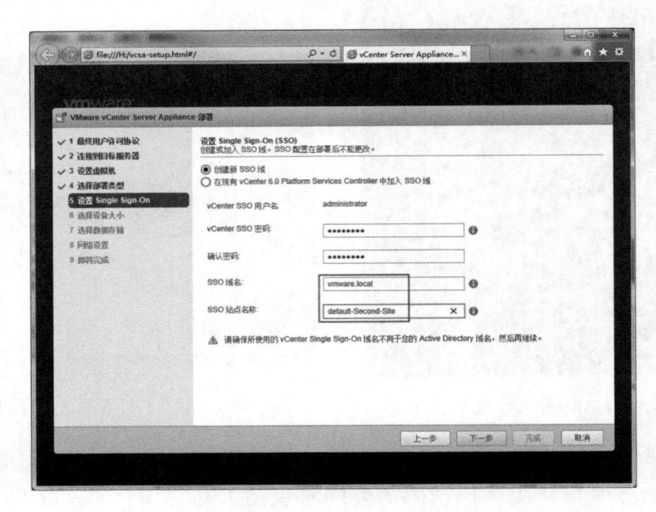

图 4-137　创建新 SSO 域名、SSO 站点名称、密码

（6）在“选择设备大小”对话框，显示了要创建的虚拟机的大小，外部 Platform Services Controller，会部署一个配置 2 个 CPU、2GB 内存、30GB 磁盘空间的虚拟机（虚拟机名称是图 4-135 中指定的名称），如图 4-138 所示。

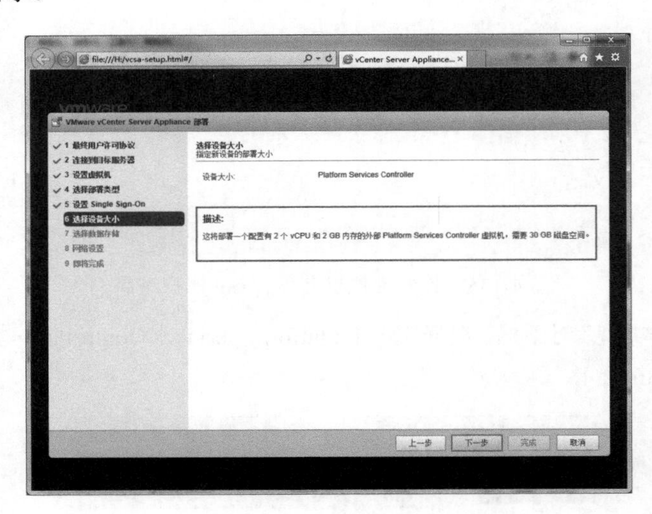

图 4-138　选择设备大小

（7）在“选择数据存储”对话框，选择保存虚拟机的存储空间，可以“启用精简磁盘模式”以减少空间的占用，如图 4-139 所示。

（8）在“网络设置”对话框，为 Platform 设置 IP 地址、系统名称。根据图 4-131 的规划，设置 IP 地址为 172.18.96.120，设置系统名称为 Platform2.heinfo.edu.cn，同时设置网关、DNS，在“配置时间同步”，选择该设备时间同步的方式，可以是“同步设备时间与 ESXi 主机时间”，这将根据 ESXi 主机的时间进行同步。或者“使用 NTP 服务器”，指定网络中时间服务器的 IP 地址，在此可以用

Active Directory 的服务器 172.18.96.1 作为时间服务器。如图 4-140 所示。

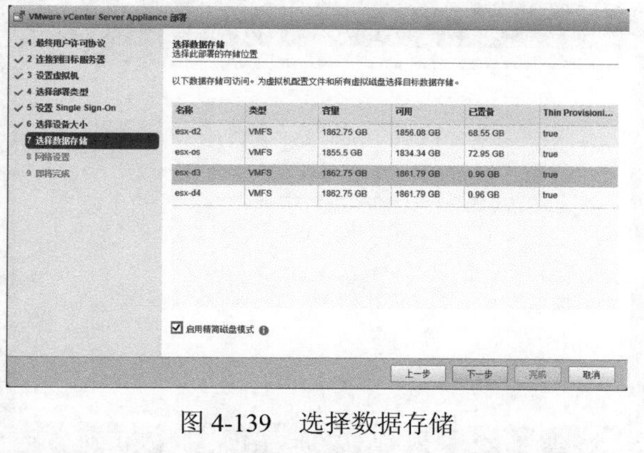

图 4-139　选择数据存储

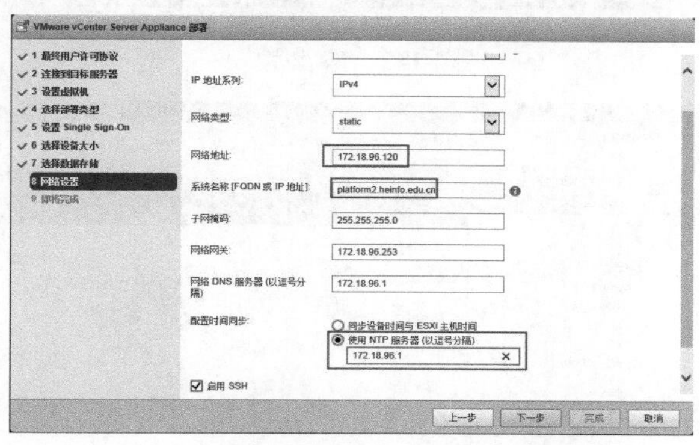

图 4-140　网络设置

（9）在“即将完成”对话框，复查设置，如果无误之后单击“完成”按钮，如图 4-141 所示。如果有问题，可以单击“上一步”依次返回，修改配置。

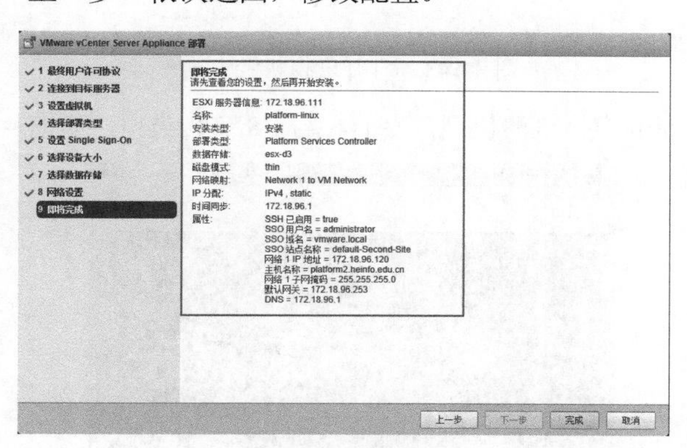

图 4-141 即将完成

（10）之后将开始部署 Platform 虚拟机，部署完成之后单击“关闭”按钮，如图 4-142 所示。

（11）切换到 vSphere Web Client，打开 Platform 虚拟机控制台，如图 4-143 所示。

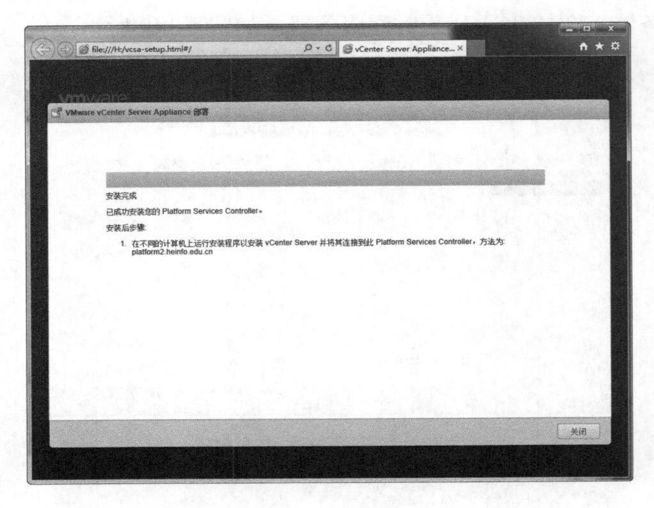

图 4-142　部署完成

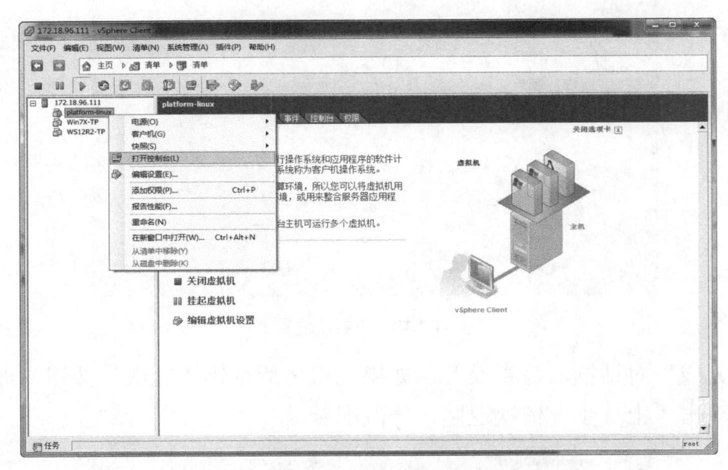

图 4-143　打开虚拟机控制台

（12）可以看到 Platform 虚拟机的控制台界面，与 ESXi 相类似，如图 4-144 所示。

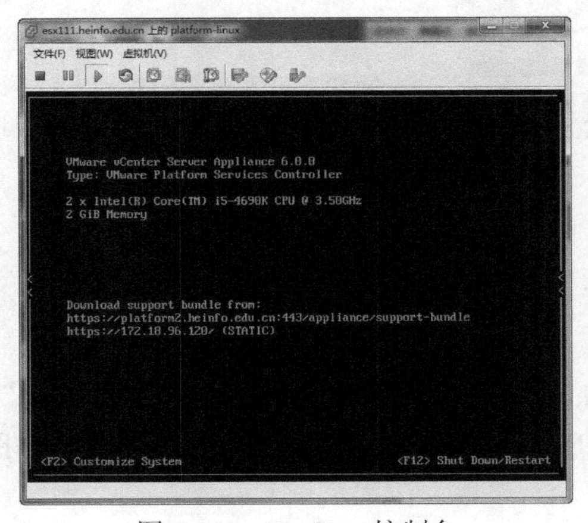

图 4-144　Platform 控制台

至此，Platform Services Controller 配置完成。

4.5.3　安装具有外部 Platform Services Controller 的 vCenter Server

在配置好 Platform Services Controller 之后，接下来部署 vCenter Server，主要步骤如下。

（1）在网络中的一台 Windows 计算机中，同样要运行 VMware 客户端集成插件（运行前先关闭当前计算机上所有浏览器程序），之后运行 vCenter Server Appliance 6 的安装程序，如图 4-145 所示。选择“安装”按钮。

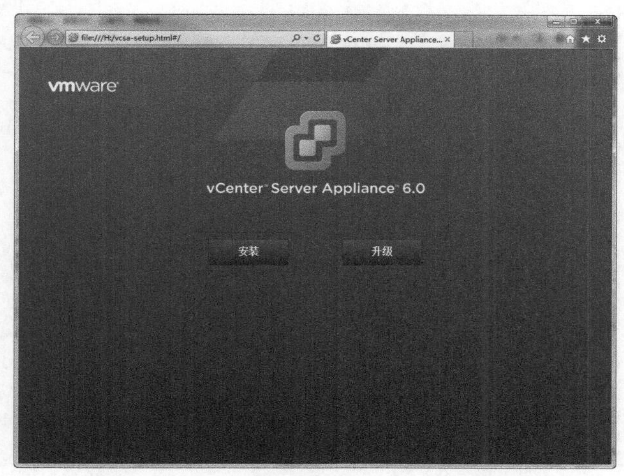

图 4-145　vCenter Server Appliance 安装程序

（2）在“连接到目标服务器”对话框中，输入要承载 vCenter Server Appliance 的 ESXi 主机，在此输入主机的 IP 地址 172.18.96.111，输入 root 账户及密码，如图 4-146 所示。

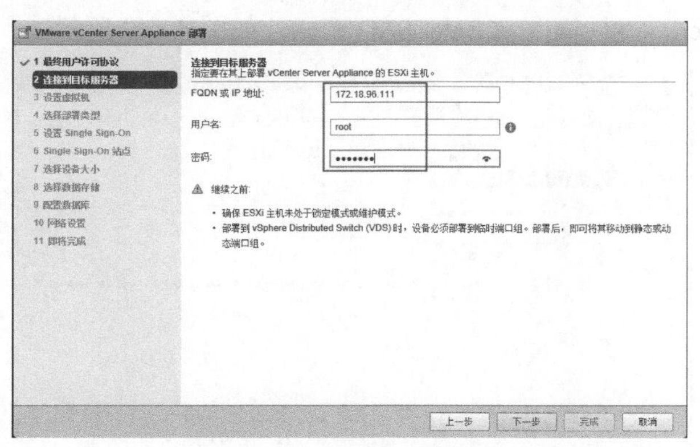

图 4-146　选择目标服务器

（3）在“设置虚拟机”对话框，设置设备名称（即创建在 ESXi 主机中显示的虚拟机名称），为新创建的虚拟机指定 root 账户密码（该密码需要同时包括大写字母、小写字母、数字、特殊字符，长度至少 8 位），如图 4-147 所示。在此设置虚拟机名称为 vcsa2。

（4）在“选择部署类型”对话框，选择“外部 Platform Services Controller→安装 vCenter Server”，如图 4-148 所示。

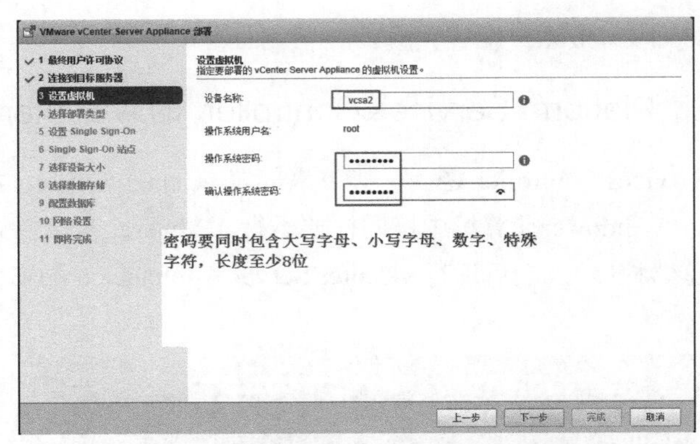

图 4-147　设置虚拟机名称、root 账户密码

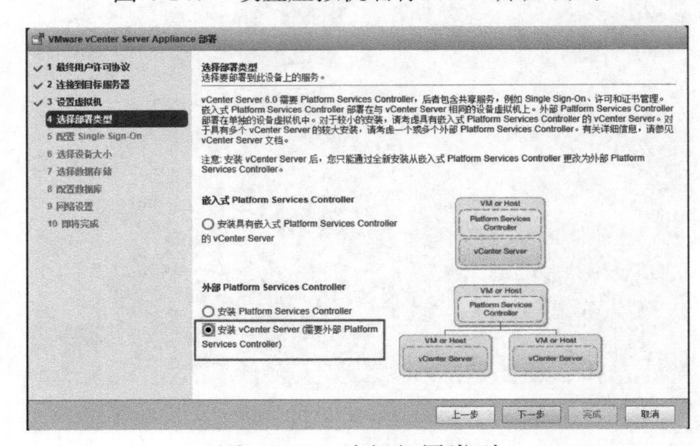

图 4-148　选择部署类型

（5）在“配置 Single Sign-On（SSO）”对话框，输入 Platform Services Controller 的地址，在此为 Platform2.heinfo.edu.cn，然后输入 vCenter SSO 密码，如图 4-149 所示。

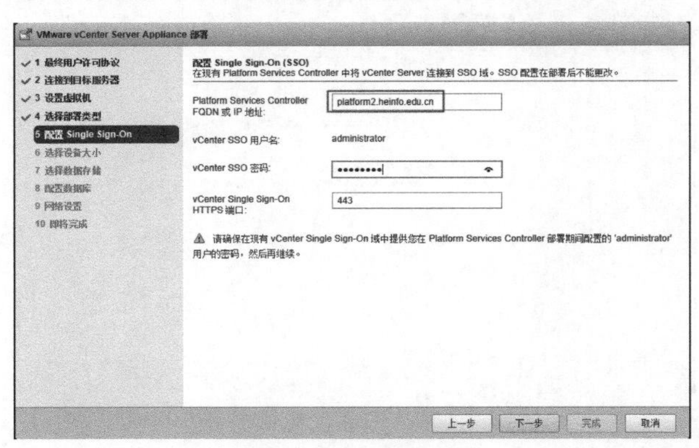

图 4-149　配置 SSO

（6）在“选择设备大小”对话框，从“设备大小”下拉列表中，选择部署的类型，可以从“微型、小型、中型、大型”之中选择，在此选择“微型”，用于 10 个主机、100 个虚拟机的环境，如图 4-150 所示。

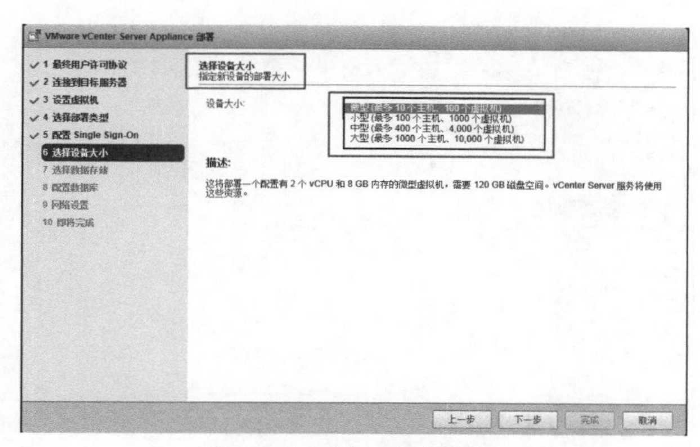

图 4-150　选择设备大小

（7）在“选择数据存储”对话框，选择新部署虚拟机的保存位置，如果为了提高虚拟机的性能，不要选择“启用精简磁盘模式”，如图 4-151 所示。

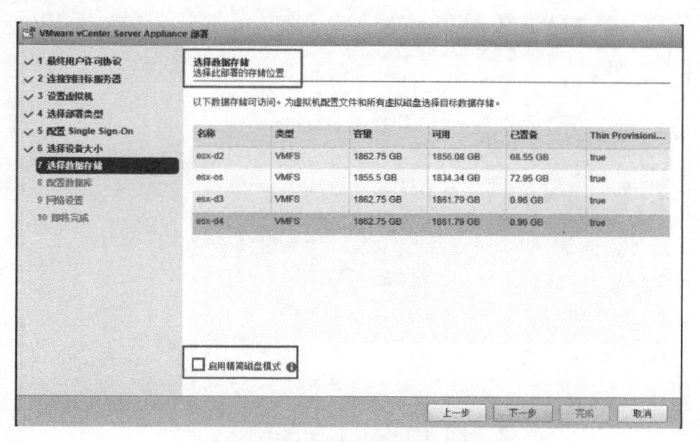

图 4-151　选择数据存储

（8）在“配置数据库”对话框，选择“使用嵌入式数据库”，如图 4-152 所示。

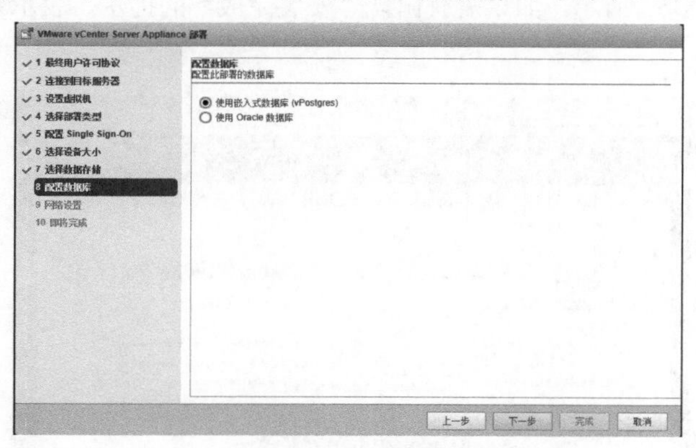

图 4-152　配置数据库

（9）在“网络设置”对话框，设置网络地址及系统名称，根据规划，设置网络 IP 地址为 172.18.96.121，系统名称为 vcsa2.heinfo.edu.cn，配置时间服务器使用 172.18.96.1，如图 4-153 所示。

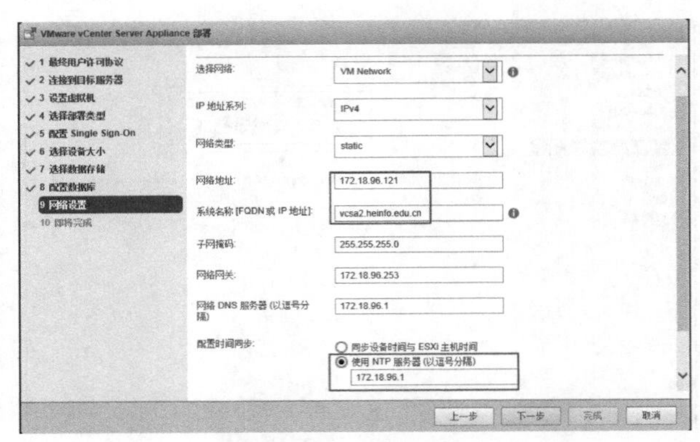

图 4-153　网络设置

（10）在“即将完成”对话框，显示了配置信息，检查无误之后单击“完成”按钮，如图 4-154 所示。

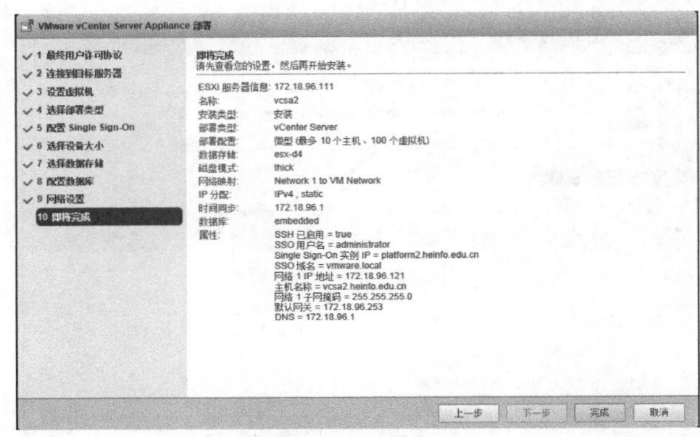

图 4-154　即将完成

（11）之后将开始部署虚拟机，并按照上面的设置开始配置 vCenter Server，配置完成之后，显示“安装完成”，如图 4-155 所示。如果没有出现“安装完成”的提示，表示系统配置有问题，会有明确的信息提示。

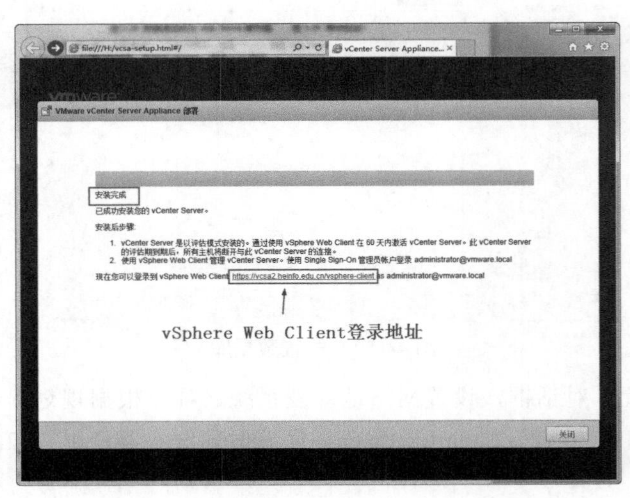

图 4-154　部署完成

（12）打开新配置的 vcsa2 的虚拟机，可以看到 vCenter Server 的控制台，这与 ESXi 相类似，按 F2 进入系统配置，F12 关机或重启，如图 4-155 所示。

（13）打开 IE 浏览器，输入 vSphere Web Client 的登录地址，在此演示中此地址为 https://vcsa2.heinfo.edu.cn/vsphere-client，并使用用户名 administrator@vmware.local 及安装时设置的密码登录，进入 vCenter Server，如图 4-156 所示。

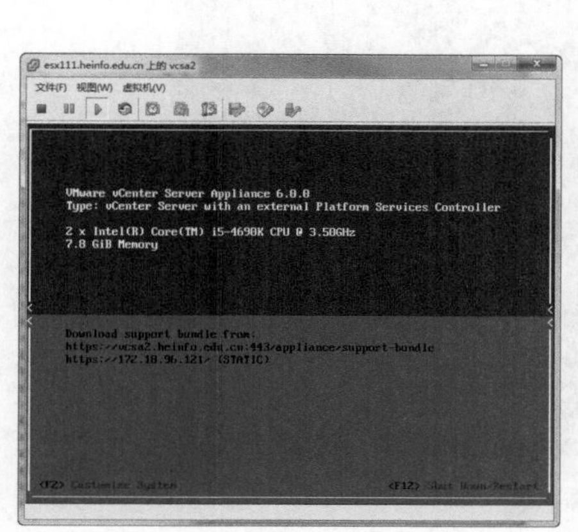

图 4-155　打开 vCenter Server 虚拟机控制台

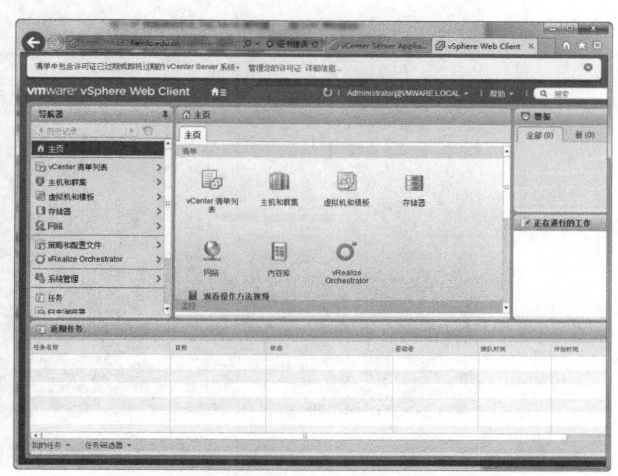

图 4-156　登录进入 vCenter Server

4.5.4　将 vCenter Server 添加到 Active Directory

部署 vCenter Server Appliance 后，您可以登录 vSphere Web Client 并将 vCenter Server Appliance 加入到 Active Directory 域。并且，您只能将 Platform Services Controller 或具有嵌入式 Platform Services Controller 的 vCenter Server Appliance 加入到 Active Directory 域。在本节我们通过图 4-157 的拓扑进行测试。

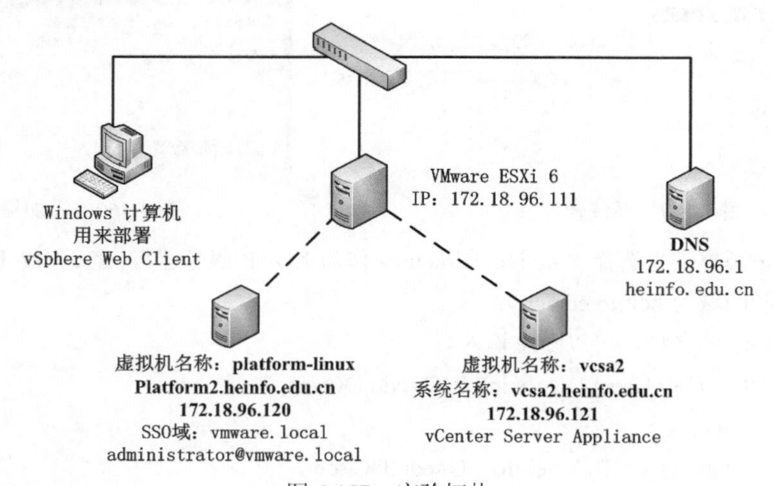

图 4-157　实验拓扑

在图 4-157 中，Active Directory 服务器的域名是 heinfo.edu.cn，兼做 DNS 服务器。ESXi 主机是 172.18.96.111，一台安装了 Platform Services Controller 虚拟机（172.18.96.120）、一台使用外部 Platform

Services Controller 的 vCenter Server（172.18.96.121）。其中 platform2.heinfo.edu.cn 与 vcsa2.heinfo.edu.cn 已经在 Active Directory 的 DNS 中注册。

（1）使用 administrator@vmware.local 登录 vSphere Web Client，如图 4-158 所示。

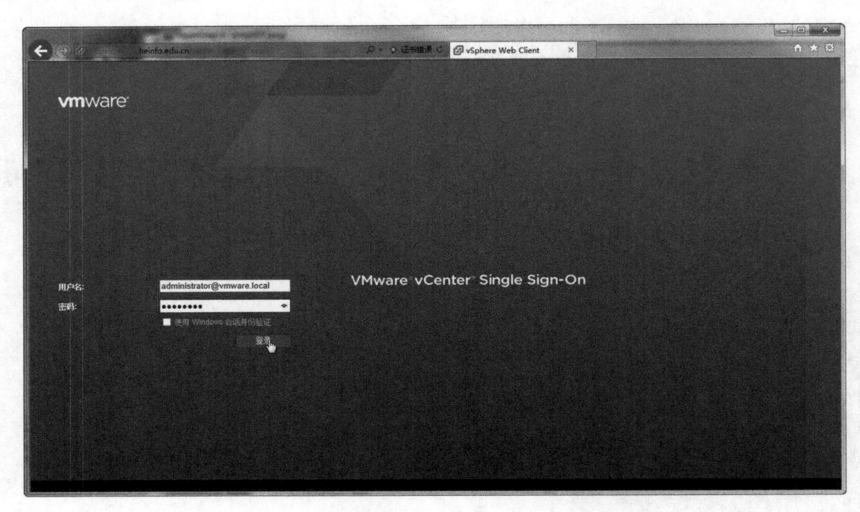

图 4-158　登录 vCenter Server

（2）在“主页”中选择“系统管理”，如图 4-159 所示。

（3）在“导航器”中，选择“Single Sign-On→配置”，在右侧选择“标识源”选项卡，单击“+”添加标识源，如图 4-160 所示。

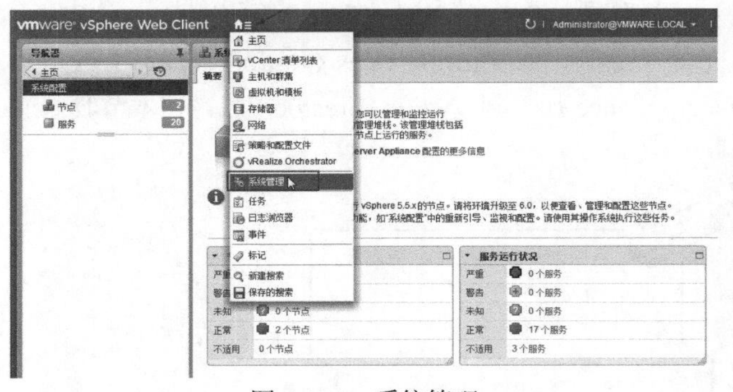

图 4-159　系统管理

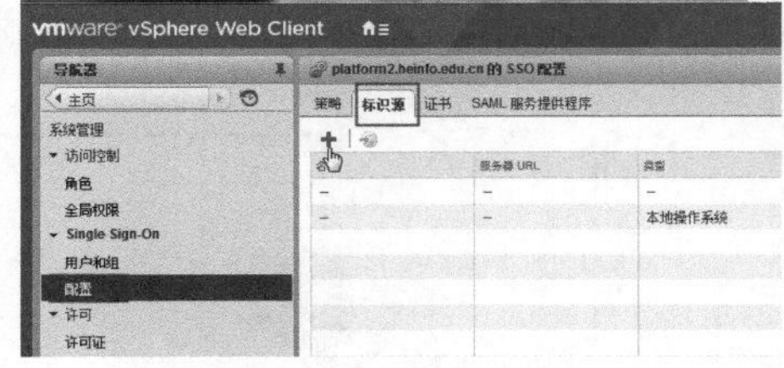

图 4-160　添加标识源

（4）在“标识源类型”选择“Active Directory 作为 LDAP 服务器”，之后输入以下信息（在本示例中，要加入到的域为 heinfo.edu.cn）：

名称：一个显示的名称，可以随意输入

用户的基础 DN：CN=Users,DC=heinfo,DC=edu,DC=cn

域名：heinfo.edu.cn

组的基本 DN：CN=Users,DC=heinfo,DC=edu,DC=cn

主服务器的 URL：ldap://heinfo.edu.cn:389

用户名：administrator@heinfo.edu.cn

密码：域 heinfo.edu.cn 的管理员 Administrator 账户的密码

如图 4-161 所示，在你输入时，用你的域名代替我们的示例域名及账户。

（5）输入之后，单击“测试连接”，在弹出“已建立连接”的提示后，表示输入正常，单击“确定”按钮，如图 4-162 所示。

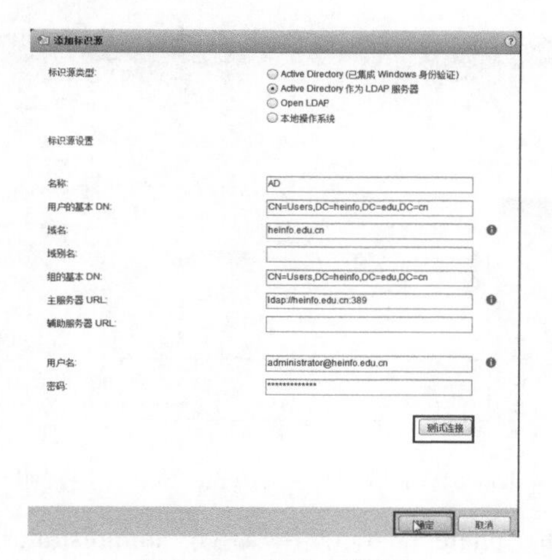

图 4-161　添加标识源　　　　　　　　　　　　图 4-162　测试连接

（6）添加之后，在“标识源”中可以看到，已经添加 Active Directory，如图 4-163 所示。

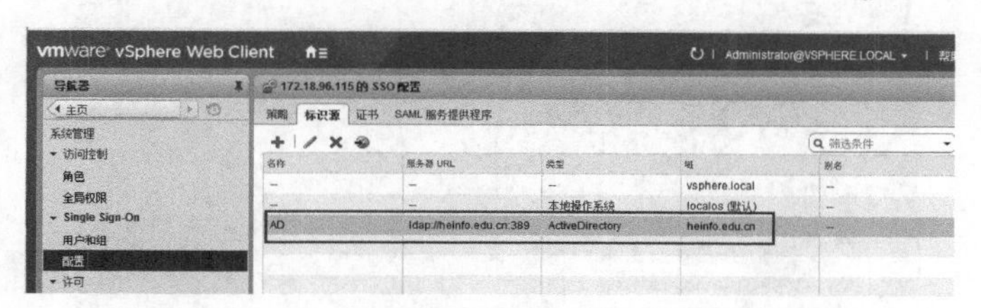

图 4-163　添加到 Active Directory

（7）返回到“Single Sign-On→用户和组”，单击“组”选项卡，在“组名称”列表中选择“Administrators”，单击“组成员”中的“ ”按钮，添加组成员，如图 4-164 所示。在“组成员”列表中，可以看到，目前只有一个属于“vsphere.local”域的 Administrator 账户，这是 SSO 默认的账户。

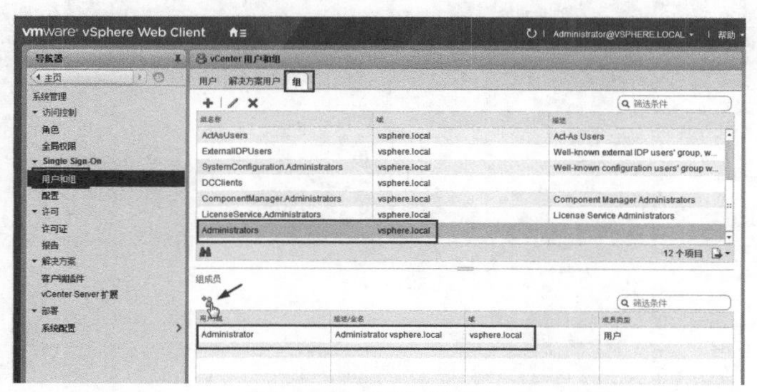

图 4-164　添加组成员

（8）在“添加主要用户”对话框，在“域”下拉列表中，选择添加的域 heinfo.edu.cn，在“用户/组”列表中，双击并添加 Administrator、Domain Admins 域管理员组到“用户”、“组”清单，如

图 4-165 所示。

（9）添加之后，返回到“vCenter 用户和组”，在“组成员”中可以看到，已经添加了域为 heinfo.edu.cn 的 Administrator 与 Domain Admins 组，如图 4-166 所示。

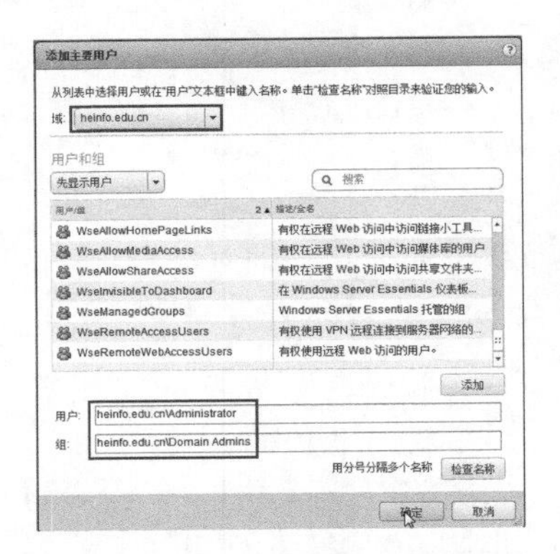

图 4-165　添加域用户、域管理员组

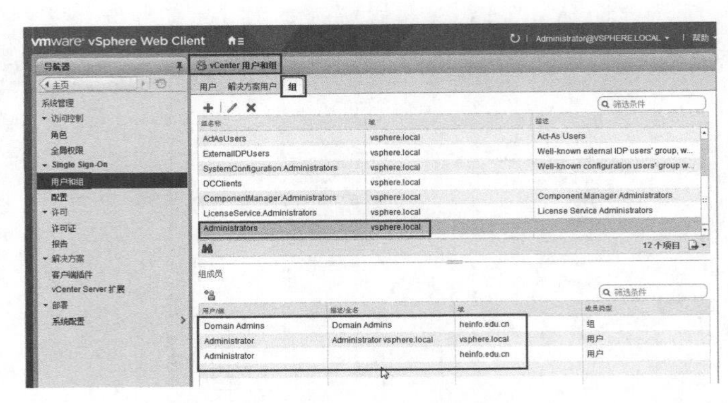

图 4-166　添加域用户到 vCenter Server 用户组

（10）之后注销当前登录的用户 Administrator@vsphere.local，换用域用户 administrator@heinfo.edu.cn 登录，如图 4-167 所示。

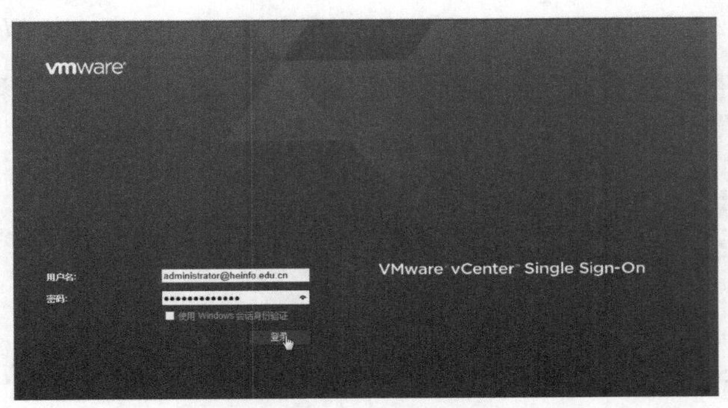

图 4-167　使用域用户登录

（11）之后会使用域管理员账户登录到 vCenter Server，并具有全部权限，如图 4-168 所示。

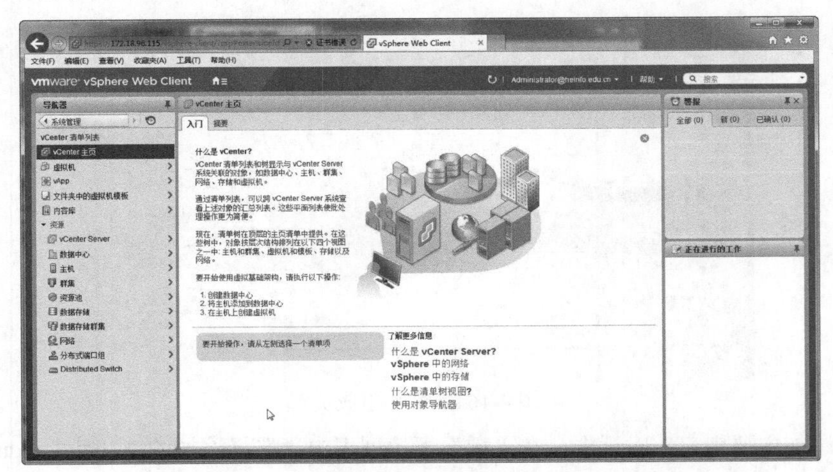

图 4-168　登录到 vCenter Server

第 5 章 使用 vSphere Client 管理 vCenter 与 ESXi

我们正处在一个“转型”的时代，一方面，VMware 放弃了传统客户端 vSphere Client 的发展，VMware vSphere 的最新功能只在 Web 客户端（vSphere Web Client）中展现。但是，作为 vSphere 的最重要、最基础的功能，例如虚拟机的配置、模板的使用、群集（HA）与容错、VMware 的分布式资源调度（Distributed Resource Scheduler，即 DRS）和分布式能源管理（Distributed Power Management，即 DPM），以及 vSphere 网络（标准虚拟机、分布式交换机），仍然可以在 vSphere Client 中管理。基于 C/S 架构的客户端，要比基于 B/S 架构的客户端，管理起来方便，效率高，速度快。在本章，将介绍传统客户端 vSphere Client，管理 vCenter Server 与 ESXi 的内容。

5.1 规划 vSphere 数据中心

要规划 vSphere 数据中心，一般情况下，我们建议规划最少 3 台主机，1 台共享存储，每个主机至少 4 个网卡。如果要使用 VSAN（本地存储做网络存储，软件定义的存储），则推荐至少 4 台主机，每个主机至少 32GB 内存，6 块网卡，每个主机至少 1 块 SSD、1 块 SAS 硬盘，另外再有一个用于系统的 U 盘或本地硬盘或存储分配的磁盘用于 ESXi 系统安装与启动。在本章，我们介绍使用共享存储的 vSphere 数据中心，而在以后的章节专门介绍 VSAN。

5.1.1 某 vSphere 虚拟数据中心案例概述

为什么要用三台主机？两台行不行？一台行不行？在大多数的规划情况下，数据中心的负载应该在主机最高性能的 50%～60%以内，最高不超过 75%～80%。我们为 vSphere 数据中心规划 3 台主机，组成 1 个最小的群集，是可以保证有至少有一台机器用于冗余。虽然实际应用中，主机死机、网络掉线、存储掉线这种情况发生的几率很小，但，也不是不会发生的。另外，还要考虑产品生命周期中的一个应用：系统主机升级。在 ESXi 主机版本更新时，升级的机器是不能使用的。如果只规划 2 台主机，那么，其中 1 台主机进行维护或出问题时，所有的虚拟机都会迁移到剩余的主机运行，这是正常运行的主机的负载可想而知。

所以，大多数情况下，我们配置虚拟化数据中心，群集一般从最小 3 台开始。当然，如果你有两台，也不是不可以，就是可能有点风险。

至于网卡为什么选择 4 个，这是基于两个原则：管理与生产分开，每个网络都有冗余。对，将多个网卡用于一个应用，例如用来管理 ESXi 主机的管理，或者用于分配虚拟机中网络流量的上联端口，在这主要起到的是冗余的功能，而不是用于负载均衡。

现在单位都有三层交换机。所以，为 ESXi 主机管理、vCenter Server 单独规划一个网段是我们所推荐的。当网络中服务器（虚拟机）的数量较多时，根据不同的应用，规划不同的网段也是应该的。下面是某 vSphere 虚拟化数据中心的一些规划案例，给大家分享一下。

某数据中心，配置了 3 台 IBM 3650 服务器，每个服务器 4 个网卡、2 个 CPU、64GB 内存，无本地硬盘。有一台 IBM 3524 存储，服务器与存储之间使用 SAS 连接，网络中有两个交换机，分别是华为 S1724 千兆交换机、一台华为 S5724 千兆三层交换机，如图 5-1 所示。

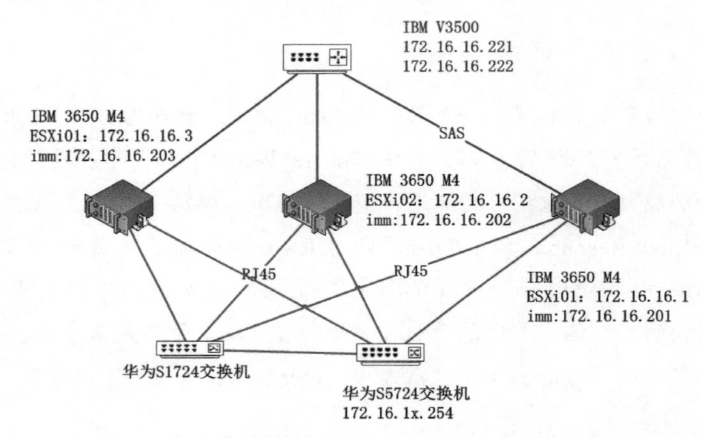

图 5-1 服务器与存储、交换机拓扑图

总体来说，在网络规划中，根据服务器的用途、分别，将地址规划为以下几类：

VMware ESXi 服务器管理、vCenter Server 基础地址，使用 172.16.16.0/24 的地址。

应用基础服务器，例如 Active Directory、DNS、DHCP、Windows 部署服务，使用 172.16.17.0/24 的地址。

发布到 Internet 的服务器、其他应用服务器，使用 172.16.18.0/24 的地址。

网络中的 VMware View 桌面，使用 172.16.20.0/24 的地址。

VMware ESXi 服务器及存储的地址规划如表 5-1 所示。

表 5-1 VMware ESXi 服务器地址规划表

各服务器及 VLAN 划分						
服务器	VLAN	IP 地址	CPU	内存	存储	备注
ESXi01	1016	172.16.16.1	2 个 6 核心	64		第 1 台 ESXi 的地址
ESXi01-IMM	1016	172.16.16.201				第 1 台对应的 IMM 管理地址
ESXi02	1016	172.16.16.2	2 个 6 核心	64		第 2 台 ESXi 的地址
ESXi02-IMM	1016	172.16.16.202				第 2 台对应的 IMM 管理地址

续表

服务器	VLAN	IP 地址	CPU	内存	存储	备注
ESXi03	1016	172.16.16.3	2 个 6 核心	64		第 3 台 ESXi 的地址
ESXi03-IMM	1016	172.16.16.203				第 3 台对应的 IMM 管理地址
小计			36	192	5TB	
IBM V3500 存储	1016	172.16.16.221	14 个 600GB，6 个 SAS 接口		2.18TB	8 块 600GB，RAID10
	1016	172.16.16.222			2.14TB	5 块 600GB，RAID5

其他服务器与桌面规划如表 5-2 所示。

表 5-2　各应用服务器与桌面规划表

虚拟服务器	VLAN	IP 地址	CPU	内存	硬盘	备注
虚拟化基础架构服务器-系统支持平台						
AD 服务器 1	1017	172.16.17.1	2	4	60	AD、DHCP、企业证书、KMS
AD 服务器 2	1017	172.16.17.2	2	4	260	AD、DHCP、WDS
WSUS 服务器	1017	172.16.17.3	4	8	560	WSUS、NOD32
文件服务器	1017	172.16.17.4	2	4	560	文件共享
VMware 虚拟云基础架构						
vShield Manager	1017	172.16.17.21	2	4	300	vCloud Director
vCloud Director	1017	172.16.17.22	3	1	40	
	1017	172.16.17.23				
虚拟机备份与恢复工具						
VDPA	1017	172.16.17.24	6	4	2000	vSphere Data Protection
vSphere 运维管理工具						
UI VM IP	1017	172.16.17.25	16	4	350	vCenter Operations Manager
Analytics	1017	172.16.17.26				
VMware Horizon View-虚拟管理工具						
VCS 安全 1	1017	172.16.17.51	2	4	60	View 桌面安全服务器 1
VCS 安全 2	1017	172.16.17.52	2	4	60	View 桌面安全服务器 2
VCS 连接	1017	172.16.17.53	2	4	60	View 桌面连接服务器
ThinAPP	1017	172.16.17.55	2	4	200	
对外服务网站与数据库服务平台						
web-ser1	1018	172.16.18.1	4	8	1000	对外 Web 服务器
wer-ser2	1018	172.16.18.2	4	8	1000	对外 Web 服务器
SQL Server1	1018	172.16.18.36	8	16	300	SQL Server 数据库服务器
合计：内存、硬盘：GB，CPU：个			71	101	6930	

VMware Horizon View–虚拟桌面						
虚拟桌面统计	VLAN	IP 地址	CPU	内　存	硬　盘	View 桌面数量
XP 桌面	1020	172.16.20.x	1	1	40	10
Win7 桌面	1020	172.16.20.x	2	2	40	10
Win8 桌面	1020	172.16.20.x	2	2	40	10
WS2008 终端	1020	172.16.20.x	4	8	40	1
WS2012 终端	1020	172.16.20.x	4	8	40	1
合计：内存、硬盘：GB，CPU：个			58	66	1280	

5.1.2　准备 vSphere 实验环境

在学习 vSphere 的时候，按照教程做实验是最好的方式。这就对实验的主机、实验环境有一定的要求。但是，并不是所有的用户都有足够的主机、共享存储、三层交换机，这就需要使用虚拟机来模拟。而在用虚拟机模拟的时候，怎样用有限的资源、模拟出足够数据的主机、存储，并且要达到较好的性能，就需要有一定的技巧。

为了学好 vSphere，我精心的为大家设计了实验环境，拓扑如图 5-2 所示。

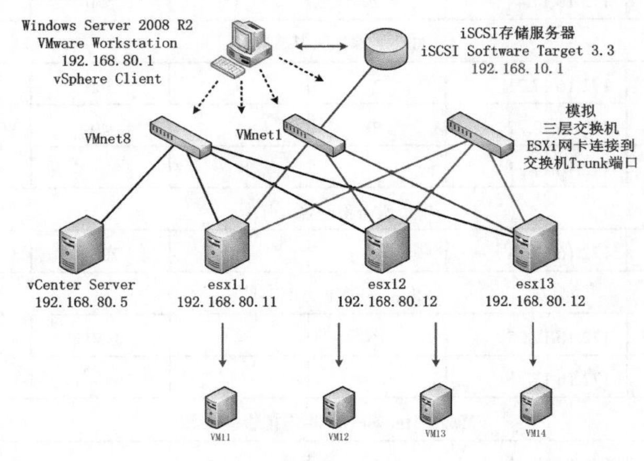

图 5-2　vSphere 实验环境

在图 5-2 中，核心部分是一台配置较高的主机，这台主机安装 Windows Server 2008 R2（兼做 iSCSI 存储服务器）、VMware Workstation，使用 VMware Workstation 创建了 4 台虚拟机，其中一台安装 vCenter Server 用于管理，另 3 台为 ESXi 主机。

之所以在 VMware Workstation 虚拟机中安装 vCenter Server，而不是再在 ESXi Server 的虚拟机中安装 vCenter Server，这是基于如下的考虑：

（1）当前 ESXi Server 已经是 VMware Workstation 的虚拟机，再在 ESXi 中创建 vCenter Server 虚拟机，属于虚拟机“嵌套”，会影响 vCenter Server 的性能。要知道，许多时候，安装测试 vCenter Server 出问题，并不是安装步骤、安装方法有误，而是做实验的机器（虚拟机或主机）配置较低，而 VMware 相关的程序、服务没有办法在指定的时间启动，延迟造成的。

（2）在做 HA 以及 FT 等实验时，实验主机最好有一致的配置：每台主机具有相同数量、相同型号的 CPU、相同的内存大小、网卡数量、网络（虚拟）交换机相同等。如果将 vCenter Server 放置在其中一台虚拟机中，由于 vCenter Server 要求的配置较高（至少 2CPU、8GB 内存），所以这就导致运行 vCenter Server 的 ESXi 主机配置较高（需要至少 10GB 甚至 12GB、2CPU），同样群集中其他的 ESXi 也要有相同的配置，这对实验主机是个较大的负担。

（3）将 vCenter Server 独立于 ESXi 之外，相当于网络中的一台计算机，此时实验中 ESXi 主机配置可以较低，例如做一般的实验，ESXi 最小可以配置 4GB 内存；如果做 FT 的实验则最小 6GB，做 VSAN 推荐至少 8GB 等。

当然，我们更要明白，在实际的生产环境中，90%以上的 vCenter Server 是运行在其所管理的 ESXi 主机中的虚拟机，并且是受 HA 保护的虚拟机，这就可以保证 vCenter Server 在大多数的时候处于运行的状态。所以，尽管在做实验规划的时候，已经近可能的贴近生产环境、模拟生产环境，但还是要注意实验环境与生产环境的差异，并且根据实验的条件做出灵活的变动。如果你有足够数量的主机、并且主机的配置较高，则可以模拟生产环境，将 vCenter Server 放置在 ESXi 主机的虚拟机中。

在本实验环境中，物理主机及 VMware Workstation 虚拟机功能如表 5-3 所示。

表 5-3　实验环境中主机、虚拟机描述

序　号	虚拟机名称	规划 IP 地址	虚拟机配置				备　注
			vCPU	内　存	网　卡	硬　盘	
1	物理主机	192.168.10.1				2TB × 4	用做 iSCSI 存储
2	物理主机	192.168.80.1					用做 vSphere Client 管理
3	vcenter	192.168.80.5	2	8GB	1	60GB	vCenter Server 6
4	ESXi-11	192.168.80.11	2	8GB	6	20+280	第一台 ESXi 服务器
5	ESXi-12	192.168.80.12	2	8GB	6	20+280	第二台 ESXi 服务器
6	ESXi-13	192.168.80.13	2	8GB	6	20+280	第三台 ESXi 服务器

实验主机的配置截图如图 5-3 所示。

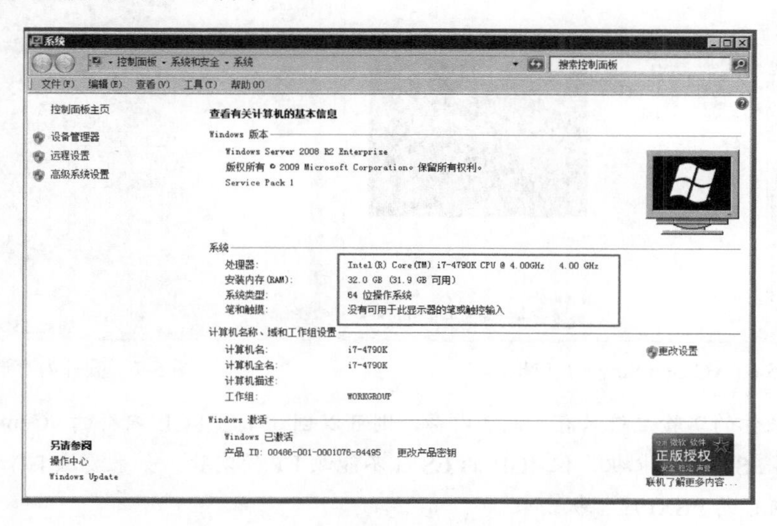

图 5-3　实验主机配置截图

在实验主机中安装 VMware Workstation，并创建 3 台 ESXi 虚拟机、1 台 vCenter Server 的虚拟机，其中 ESXi 虚拟机的配置 8GB 内存、2 个 CPU（1 个插槽、2 个内核）、2 块硬盘（20GB、280GB

各一)、6 块网卡（其中第 1、2 块网卡使用 VMnet8；第 3、4 块网卡使用 VMnet1；第 5、6 块使用“LAN 区段”，并新建 LAN 区段为 vlan），如图 5-4 所示。ESXi 虚拟机配置后如图 5-5 所示。

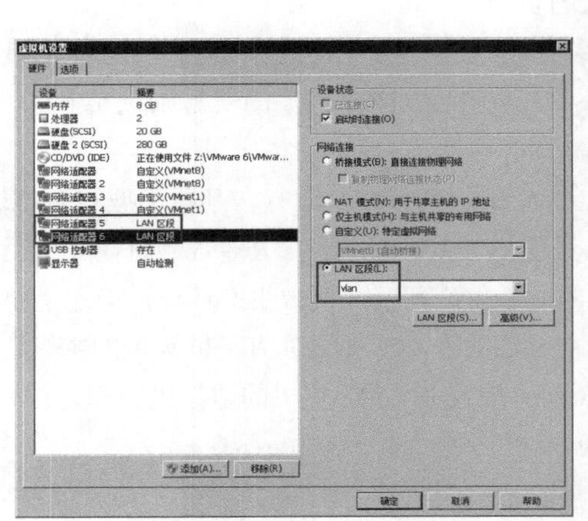

图 5-4　ESXi 虚拟机配置

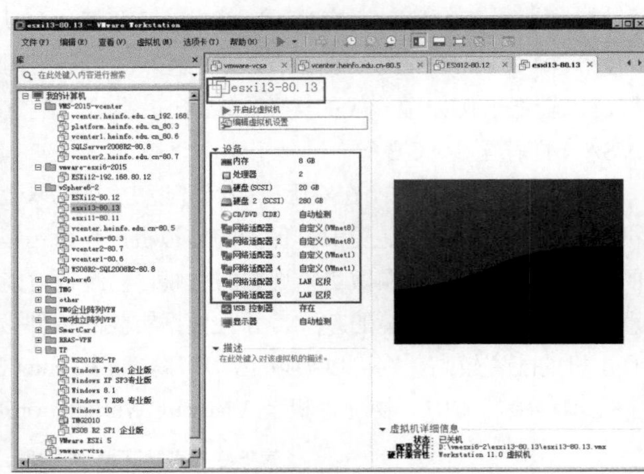

图 5-5　ESXi 虚拟机

对于 vCenter Server 6 的虚拟机，则为其分配 8GB 内存、2 个 CPU（1 个插槽、2 个内核）、80GB 硬盘，如图 5-6 所示。

VMware ESXi 6 与 vCenter 6，都比较“吃”内存。在一台有 32GB 内存的计算机中，如果要同时启动分 3 个分配了 8GB 内存的 ESXi、1 个 8GB 内存的 vCenter 6，需要修改 VMware Workstation 的“首选项”，在“内存→额外内存”选项中，选择“允许交换部分虚拟机内存”，如图 5-7 所示。

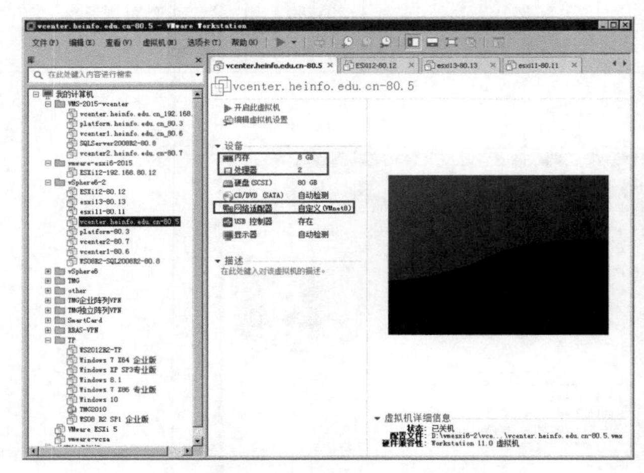

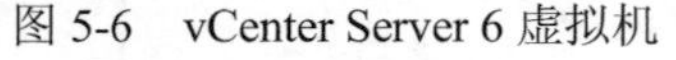
图 5-6　vCenter Server 6 虚拟机

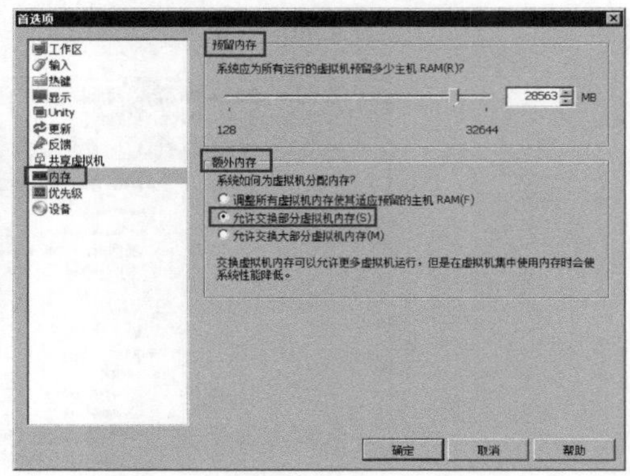

图 5-7　额外内存选项

【说明】如果你的实验主机只有 16GB 内存，则可以创建 1 台 8GB 内存的 vCenter Server 6 虚拟机、3 台 4GB 的 ESXi 6 虚拟机，但 4GB 的 ESXi 不能做 FT 的实验。如果要做 FT 的实验，则可以配置 2 台 6GB 内存的 ESXi 虚拟机。

5.1.3　启动配置实验虚拟机

在配置好实验环境之后，在 ESXi 虚拟机中安装 VMware ESXi 6，在 vCenter Server 6 虚拟机中安装 Windows Server 2008 R2 及 vCenter Server 6，有关这两个产品的安装请参考第 3、第 4 章内容。在启动这 4 台虚拟机之前，打开“Windows 任务管理器”，可以看到当前的 CPU 使用率与内存使用情况，如图 5-8 所示。

当 3 台 ESXi 6、1 台 vCenter Server 6 启动并进入系统之后，CPU 使用率与内存使用如图 5-9 所示。CPU 占用率大约 11%，内存使用 14.4GB，注意，这是 ESXi 中没有启动虚拟机的情况。

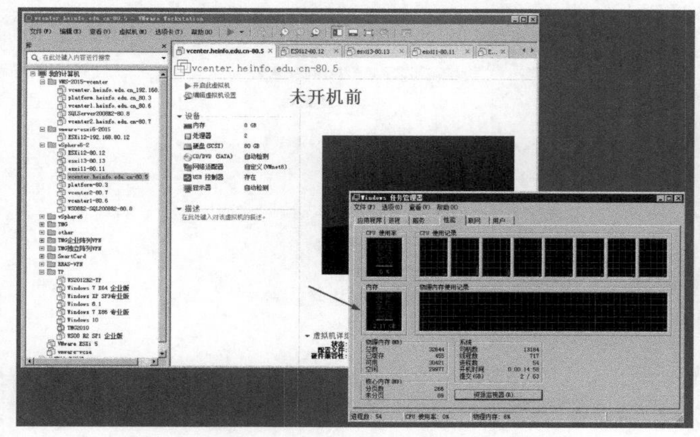

图 5-8　启动虚拟机之前

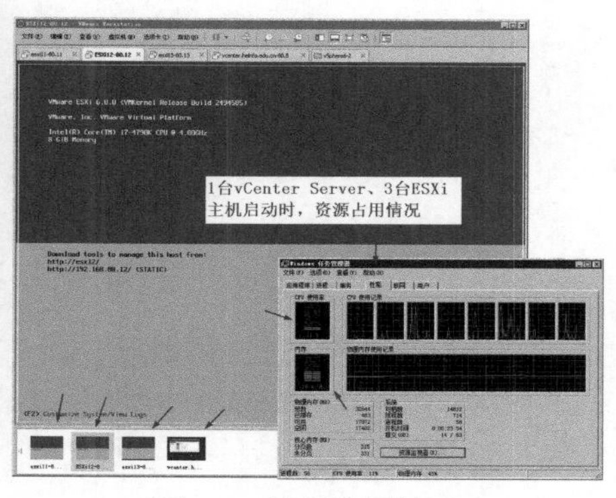

图 5-9　资源占用情况

当 ESXi 虚拟机启动之后，进入每台 ESXi 的控制台界面，为 ESXi 设置管理地址、选择管理网卡，根据规划，我们为三台 ESXi 分别设置管理地址为 192.168.80.11、192.168.80.12、192.168.80.13，并且为 ESXi 管理网卡选择的是属性为“VMnet8”的虚拟网卡。为了正确区分每块网卡，可以有两种方法，其中一个是“插拔网线”方法，在实际的生产环境中可以这样实现：可以暂时拔下用于管理的两个网卡网线，在“Network Adapters”选项中的“Status”中，查看状态为“Disconnected”的即为拔下网线的网卡，如图 5-10 所示。

对于 VMware Workstation，可以修改虚拟机的配置，在“网络适配器”中，在“设备状态”中取消“已连接”（选择“摘要”为 VMnet8 的每个网卡），设置之后单击“确定”按钮，如图 5-11 所示。再次返回到虚拟机中，在网卡（图 5-10）中即可以看到状态为“断开”的网卡。

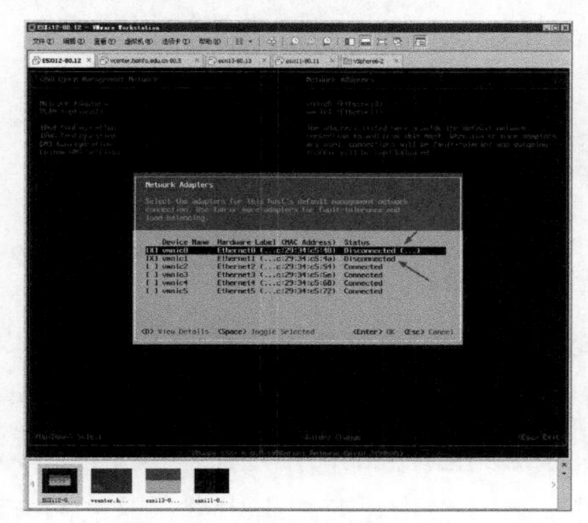

图 5-10　区分网卡

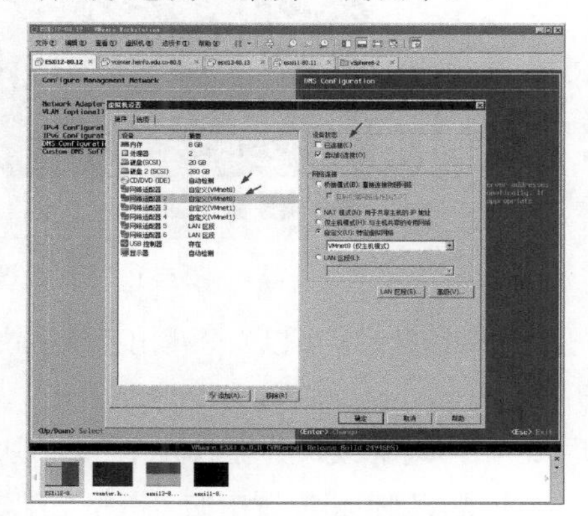

图 5-11　修改设备连接状态

除了“插拔网线”的方法外，另外一个办法是根据网卡的 MAC 地址为分辨。在图 5-10 中，每个网卡都显示了 MAC 地址。你也可以在“虚拟机设置→网络适配器 X”选项中，在“高级→网络适配器高级设置”对话框中，在“MAC 地址”中记下每个网卡的 MAC 地址，然后与图 5-10 中的网卡对应。如图 5-12 所示。注意，在 ESXi 虚拟机安装了操作系统后，不要再单击“生成”按钮，重新生成 MAC 地址，因为在系统安装完成后，除非是新添加的网卡，对于已经添加的网卡，生成新的 MAC 地址不会反映在虚拟机中。

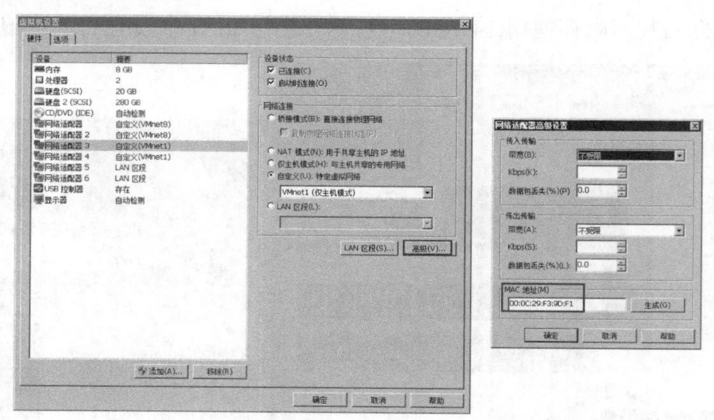

图 5-12　查看每个网卡的 MAC 地址

在为虚拟机配置多个网卡时，有一个比较容易出的问题就是：为虚拟机配置了多块网卡，但在虚拟机系统中识别的网卡数量要少于虚拟机设置的网卡，如图 5-13 所示。这是我们在配置某台 ESXi 虚拟机时，为其分配了 6 块网卡（2 块 VMnet8、2 块 VMnet1、2 块 LAN 区段），但在系统中只识别出了 5 块网卡（vmnic0～vmnic4）。

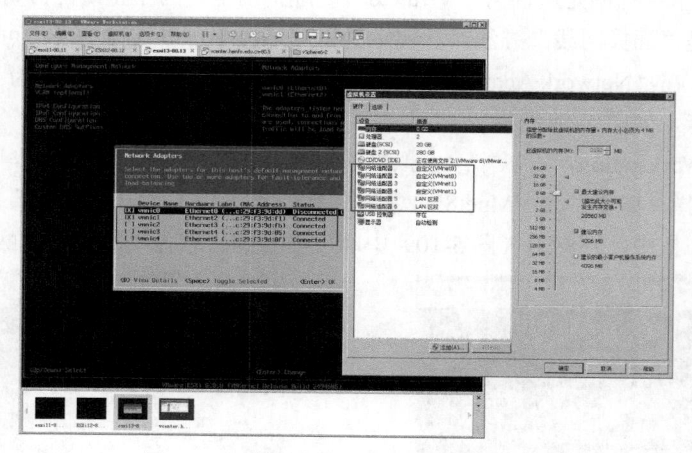

图 5-13　系统识别网卡少于分配的网卡

当出现这种情况时，可以先分辨出系统中缺少的网卡对应于虚拟机设置中分配的第几个网卡（可以通过断开网卡状态、网卡的 MAC 地址区分），等区分出是分配的第几个网卡没有体现在系统中后，正常关闭虚拟机的操作系统，为虚拟机再添加一块网卡，并为其分配对应的网络连接。例如在图 5-13 中，经过对比，发现在虚拟机配置中的“网络适配器 2”网卡，在系统中没有检查出来，这块网卡属性是 VMnet8，那么我们可以添加一块网卡（网络适配器 7，因为已经为虚拟机分配了 6 块网卡），修改这个网卡的属性为 VMnet8，之后进入系统之后，查看这个网卡对应的网卡名称，一般这个网卡的排序会在最后，例如，如图 5-14 所示，新添加的网卡为 vmnic5，对应虚拟机分配界面中的“网络适配器 7”。

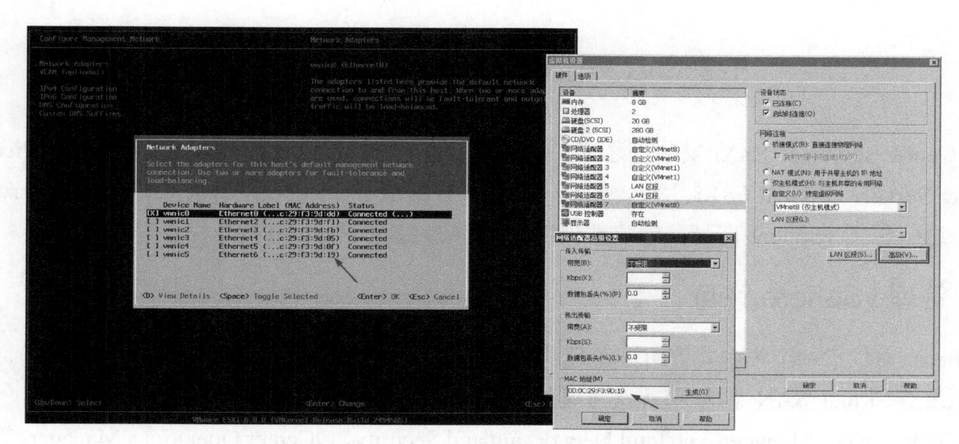

图 5-14　将新添加的网卡与系统中获得的网卡进行对比

配置好之后，根据规划，属性为 VMnet8 的网卡用于管理，所以在网卡选项中，选择“vmnic0”和“vmnic5”，如图 5-15 所示。

最后，为对应的三台 ESXi 虚拟机，选择属性为 VMnet8 的两个网卡，设置管理地址分别为 192.168.80.11、192.168.80.12、192.168.80.13，设置虚拟机名称分别为 esx11、esx12、esx13，如图 5-16 所示，这是其中一台虚拟机的配置后的截图。

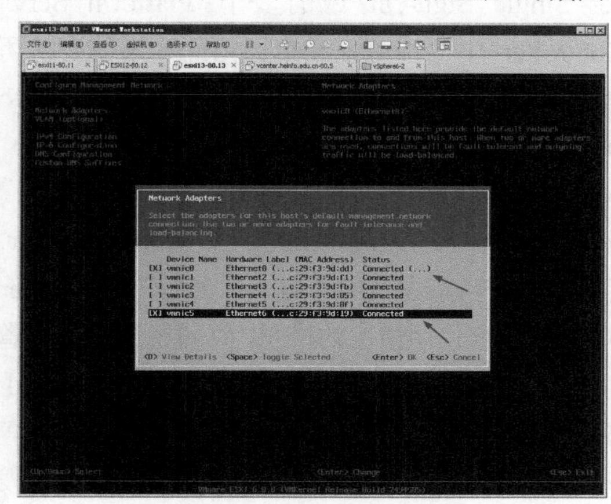

图 5-15　选择管理网卡

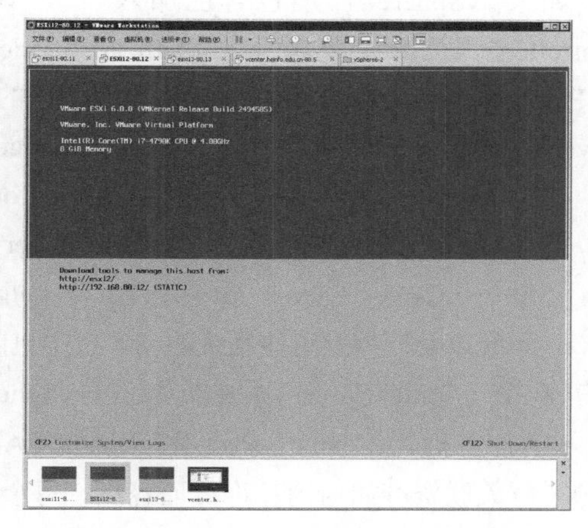

图 5-16　ESXi 配置完成

在三台 ESXi 安装完成后，在管理机上，进入命令提示符，使用 ping 命令，检查这三台 ESXi 主机网络是否连通，如图 5-17 所示。

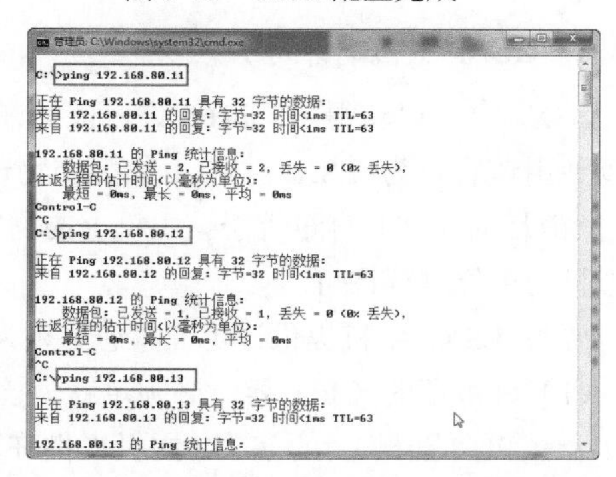

图 5-17　使用 ping 命令检查三台 ESXi 主机的连通

最后，还要在 vCenter 6 虚拟机中安装 Windows Server 2008 R2 及 vCenter Server 6，因为用来实验的原因，我们安装具有嵌入式 Platform Services Controller 的 vCenter Server 即可，关于 vCenter Server 6 的安装，可以参看本书第 4 章内容。在本节的规划中，vCenter Server 6 的 IP 地址是 192.168.80.5，计算机名称为 vcenter.heinfo.edu.cn。

5.2 vCenter Server 基本管理

在 vCenter Server 及 ESXi 安装好之后，就可以使用 vSphere Client（或 vSphere Web Client），登录 vCenter Server，并添加 ESXi 主机，管理 vSphere 数据中心。在本节我们介绍 vCenter Server 的基本管理，这些包括 vSphere 许可、创建数据中心、添加 ESXi 主机等内容。

5.2.1 管理 vSphere 许可

vSphere 提供了一个集中式许可证管理和报告系统，您可以使用该系统管理 ESXi 主机、vCenter Server 系统、Virtual SAN 群集和解决方案的许可证。解决方案包括可与 vSphere 集成的产品，如 vCenter Site Recovery Manager、vCloud Networking and Security、vCenter Operations Manager 等。

在 vSphere 6.0 中，许可证服务属于 Platform Services Controller 的一部分，并对 vSphere 及与 vSphere 集成的产品提供了集中式许可证管理和报告功能。

许可证服务可在 vSphere 环境中提供许可证清单，并管理 ESXi 主机、vCenter Server 系统和启用了 Virtual SAN 的群集的许可证分配。许可证服务还可管理与 vSphere 集成的产品（如 vCenter Operations Manager、vCenter Site Recovery Manager 等）的许可证分配。

如果 vSphere 环境包含已加入一个 vCenter Single Sign-On 域的多个 Platform Services Controller，则系统会复制所有 Platform Services Controller 中的许可证清单。因此，系统会跨所有的 Platform Services Controller 复制每个资产的许可数据和所有可用许可证，且每个单独的 Platform Services Controller 将包含所有 Platform Services Controller 的该数据和许可证的副本。

注意，系统会每隔 10 分钟跨多个 Platform Services Controller 复制许可数据。

例如，假定您的环境包含两个 Platform Services Controller，每个已连接到 4 个 vCenter Server 系统，且每个 vCenter Server 系统有 10 台主机与其连接。许可证服务将存储有关所有 8 个 vCenter Server 系统以及连接到这些系统的 80 台主机的许可证分配和使用情况的信息。许可证服务还可管理所有 8 个 vCenter Server 系统以及通过 vSphere Web Client 连接到这些系统的 80 台主机的许可。

ESXi 主机、vCenter Server 和 Virtual SAN 群集的许可方式不同。要正确应用其许可模型，您必须了解关联资产如何消耗许可证容量、每个产品的评估期运行方式、如果产品许可证过期会发生什么等。

1. ESXi 主机的许可

ESXi 主机已获得 vSphere 许可证的许可。每个 vSphere 许可证都具有特定的 CPU 容量，您可以使用该容量为 ESXi 主机上的多个物理 CPU 提供许可证。为某一主机分配 vSphere 许可证时，所消耗的 CPU 容量等于该主机上的物理 CPU 数量。拟用于 VDI 环境的 vSphere Desktop 以虚拟机为单位进行许可。

要为 ESXi 主机提供许可证，您必须为该主机分配满足下列先决条件的 vSphere 许可证：

（1）许可证的 CPU 容量必须足够为该主机上的所有物理 CPU 提供许可。例如，要为 2 台各含 4 个 CPU（插槽） 的 ESXi 主机提供许可证，您需要为这两台主机分配至少具有 8 个 CPU 容量的 vSphere 许可证。

（2）许可证必须支持主机使用的所有功能。例如，如果主机与 vSphere Distributed Switch 关联，则分配的许可证必须支持 vSphere Distributed Switch 功能。

如果您尝试分配的许可证容量不足，或者不支持主机使用的功能，则许可证分配会失败。

您可以为 ESXi 主机的任意组合分配和重新分配 vSphere 许可证的 CPU 容量。例如，假定您为 10 个 CPU 购买 vSphere 许可证。您可以将许可证分配给以下任意主机组合：

- 五个双 CPU 主机
- 三个双 CPU 主机和一个 4 CPU 主机
- 两个 4 CPU 主机和一个双 CPU 主机
- 一个 8 CPU 主机和一个双 CPU 主机

双核和四核 CPU 均算作一个 CPU，例如在一个芯片上整合两个或四个独立 CPU 的 Intel CPU。

2．评估模式

在安装 ESXi 时，默认许可证处于评估模式。评估模式许可证在 60 天后到期。评估模式许可证具有与 vSphere 产品最高版本相同的功能。

如果在评估期到期前将许可证分配给 ESXi 主机，则评估期剩余时间等于评估期时间减去已用时间。要体验主机可用的全套功能，可将其设置回评估模式，在剩余评估期内使用主机。

例如，假设您使用了处于评估模式的 ESXi 主机 20 天，然后将 vSphere Standard 许可证分配给了该主机。如果您将主机设置回评估模式，则可以在评估期剩余的 40 天内体验主机可用的全套功能。

对于 ESXi 主机，许可证或评估期到期可导致主机与 vCenter Server 的连接断开。所有已打开电源的虚拟机将继续工作，但您无法打开任何曾关闭电源的虚拟机电源。无法更改已在使用中的功能的当前配置。无法使用主机处于评估模式时一直未使用的功能。

如果将 ESXi 升级到以相同数字开头的版本，则不需要将现有许可证替换为新许可证。例如，如果将主机从 ESXi 5.1 升级到 5.5，则该主机可以使用相同的许可证。

如果将 ESXi 主机升级到以不同数字开头的版本，则必须应用新的许可证。例如，如果将 ESXi 主机从 5.x 升级到 6.x，需要使用 vSphere 6 许可证向主机提供许可。

3．vCenter Server 的许可

vCenter Server 系统通过 vCenter Server 许可证获得许可，这些许可证的容量以实例为单位。要为 vCenter Server 系统提供许可，您需要满足下列要求的 vCenter Server 许可证：

- 许可证必须具有至少满足一个实例的容量。
- 许可证必须支持 vCenter Server 系统使用的所有功能。例如，如果系统配置有 vSphere Storage Appliance，则必须分配支持 vSphere Storage Appliance 功能的许可证。

在安装 vCenter Server 系统时，该系统将处于评估模式。vCenter Server 系统的评估模式许可证将在产品安装 60 天后到期，不论您是否为 vCenter Server 分配许可证。您只能在安装后 60 天内将 vCenter Server 重新设置为评估模式。

例如，假设您安装了 vCenter Server 系统，在评估模式下使用了 20 天并为系统分配了合适的许可证。vCenter Server 的评估模式许可证将在评估期剩余的 40 天后到期。

当 vCenter Server 系统的许可证或评估期到期时，所有主机将断开与该 vCenter Server 系统的连接。

如果将 vCenter Server 升级到以相同数字开头的版本，则可以保留原许可证。例如，如果将 vCenter Server 系统从 vCenter Server 5.1 升级到 5.5，则可以保留系统上的原许可证。

如果将 vCenter Server 升级到以不同数字开头的版本，则必须应用新的许可证。例如，如果您将 vCenter Server 系统从 5.x 升级到 6.x，则必须使用 vCenter Server 6 许可证为系统提供许可。

如果您升级许可证版本，例如，从 vCenter Server Foundation 升级到 vCenter Server Standard，则必须将系统上的现有许可证替换为升级后的许可证。

4. 已启用 Virtual SAN 的群集的许可

在群集上启用 Virtual SAN 后，必须为群集分配适当的 Virtual SAN 许可证。

与 vSphere 许可证一样，Virtual SAN 许可证的容量以 CPU 容量为依据。向群集分配 Virtual SAN 许可证时，所使用的许可证容量等于加入该群集的各个主机的 CPU 总数。例如，如果您的 Virtual SAN 群集包含四个主机，每个主机有八个 CPU，则需要为该群集分配一个容量至少为 32 个 CPU 的 Virtual SAN 许可证。

在以下某种情况下，将重新计算并更新 Virtual SAN 群集的许可证使用情况：

- 为 Virtual SAN 群集分配了新的许可证。
- 向 Virtual SAN 群集中添加了新的主机。
- 从群集中删除了主机。
- 群集中的 CPU 总数发生了变化。

您必须保持 Virtual SAN 群集符合 Virtual SAN 许可模型。群集中所有主机的 CPU 总数不得超过分配给该群集的 Virtual SAN 许可证的容量。

当 Virtual SAN 的许可证或评估期到期后，您可以继续使用当前已配置的 Virtual SAN 资源和功能。但是，无法将 SSD 或 HDD 容量添加到现有磁盘组中或创建新的磁盘组。

适用于桌面的 Virtual SAN 适合在 VDI 环境中使用，例如适用于桌面的 vSphere 或 Horizon View。适用于桌面的 Virtual SAN 的许可证使用量等于启用了 Virtual SAN 的群集中已打开电源的虚拟机的总数。

要符合最终用户许可协议（EULA）的规定，适用于桌面的 Virtual SAN 的许可证使用量不得超过许可证容量。

Virtual SAN 群集中已打开电源的桌面虚拟机的数量必须小于或等于适用于桌面的 Virtual SAN 的许可证容量。

5. 使用 vSphere Client 管理许可证

要在 vSphere 中许可资产，必须为其分配拥有相应产品许可证密钥的许可证。您可以使用 vSphere Client 或 vSphere Web Client 中的许可证管理功能，从一个中心位置一次许可多个资产。资产包括 vCenter Server 系统、主机、Virtual SAN 群集和解决方案。

在 vSphere 中，如果某个许可证具有足够的容量，则可以将该许可证分配给多个同一类型的资产。您可以将一个套件许可证分配给属于套件产品版本的所有组件。例如，可以将一个 vSphere 许可证分配给多个 ESXi 主机，但不能将两个许可证分配给一个主机。如果您具有一个 vCloud Suite 许可证，则可以将该许可证分配给 ESXi 主机、vCloud Networking and Security、vCenter Site Recovery Manager 等。

在本节的操作中，将使用 vSphere Client 登录 vCenter Server，并添加 ESXi 与 vCenter 的许可证。主要步骤如下。

（1）在管理主机上安装 vSphere Client 6，安装完成之后运行 vSphere Client，在地址栏中输入 vCenter Server 的 IP 地址 192.168.80.5 或 vCenter Server 的 FQDN 名称（在本示例中是 vcenter.heinfo.edu.cn），然后输入 vCenter Server 的初始管理员账户 administrator@vspherer.local 及密码，如图 5-18 所示。在第一次登录时，会有一个安全警告，选中“安装此证书并且不显示针对×××的安全警告”，然后单击“忽略”按钮（如图 5-19 所示），以后则不会再有这个提示。

（2）如果你的机器，已经登录过有相同 IP 地址或相同名称的 vCenter Server 或 ESXi，并且已经在图 5-19 中添加了证书，则会弹出图 5-20 的安全警告，单击“是”按钮，使用最近（当前这台 ESXi 或 vCenter Server）提供的证书。如果以前没有登录过相同 IP 地址的 ESXi 或 vCenter Server，则不会有此提示。

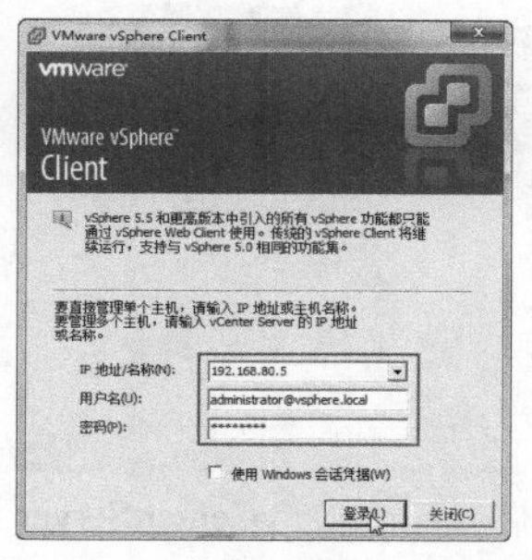

图 5-18　登录 vCenter Server

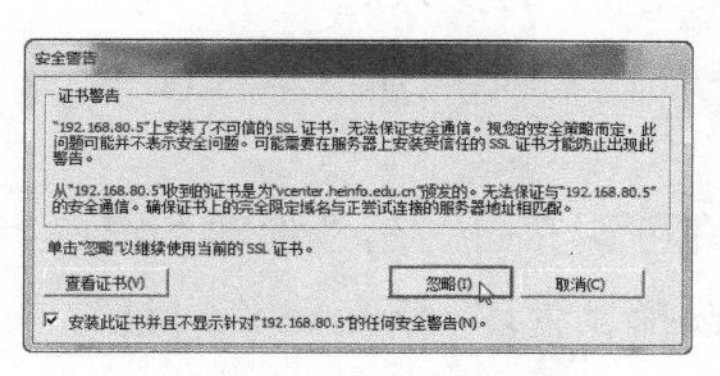

图 5-19　安全警告

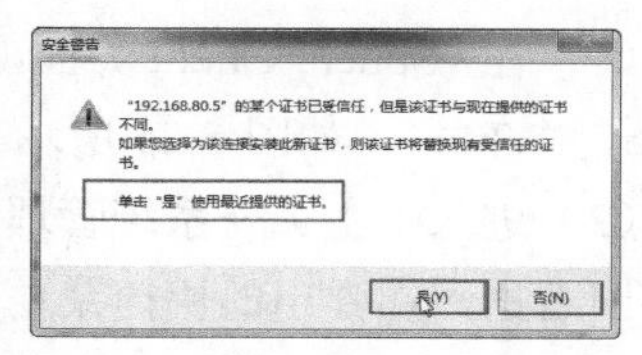

图 5-20　更新证书

（3）登录进入系统之后，会有一个“VMware 评估通知”的对话框，提示“您的评估将在 XX 天后过期”，如图 5-21 所示。

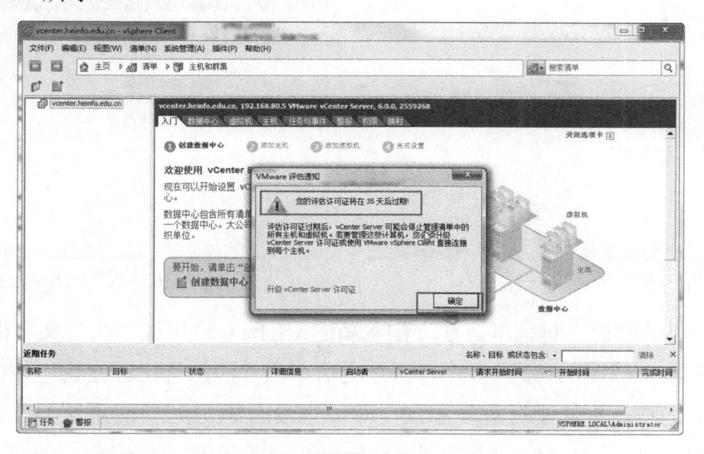

图 5-21　VMware 评估通知

如果只是需要添加 vCenter Server 的许可证，则可以按照如下的步骤操作。

（1）在 vSphere Client 控制台中，在“系统管理”菜单中选择“vCenter Server 设置”，如图 5-22 所示。

（2）在“选择许可设置”对话框中，选择“许可→输入密钥”，在弹出的“添加许可证密钥”对话框，输入 vCenter Server 的许可证密钥，如图 5-23 所示。

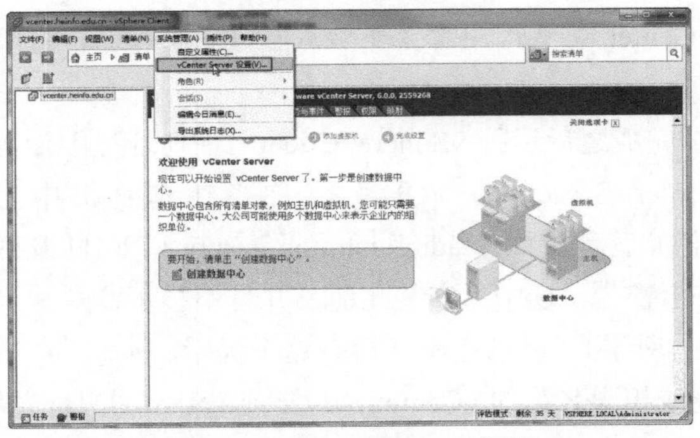

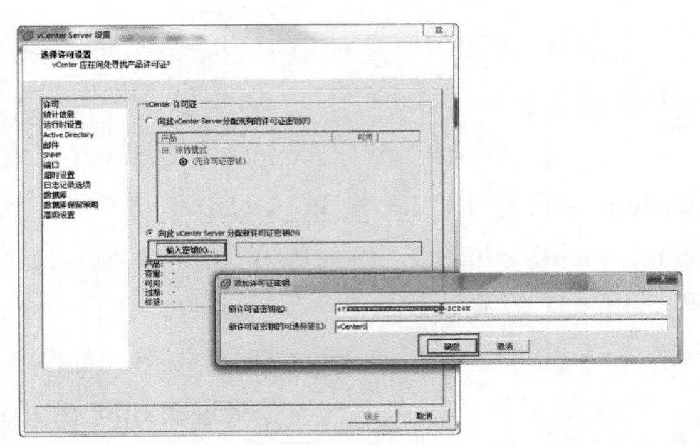

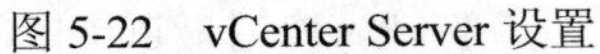

图 5-22　vCenter Server 设置

图 5-23　添加 vCenter Server 许可证

（3）添加之后，会显示添加的许可证的信息，这包括“容量”、“可用”、“过期”等信息，如图 5-24 所示。添加之后单击“确定”按钮。

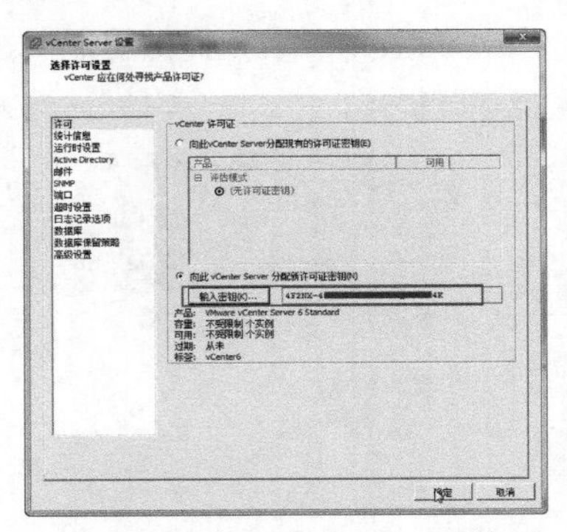

图 5-24　添加 vCenter Server 许可

如果不仅仅添加 vCenter Server 许可，还需要添加其他许可，例如 ESXi Server 等许可，则需要按照如下的步骤操作。

（1）在 vSphere Client 界面，单击“主页”，在“系统管理”中单击“许可”，如图 5-25 所示。

（2）进入“主页→系统管理→许可”界面，在“管理”空白窗格中右击，在弹出的快捷菜单中选择“管理 vSphere 许可证”，如图 5-26 所示。

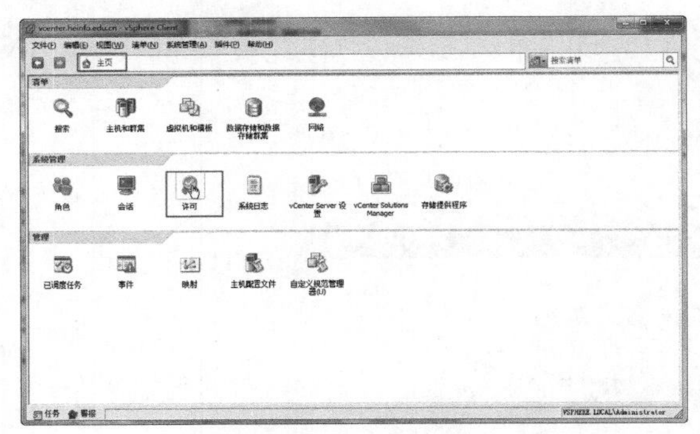

图 5-25　许可

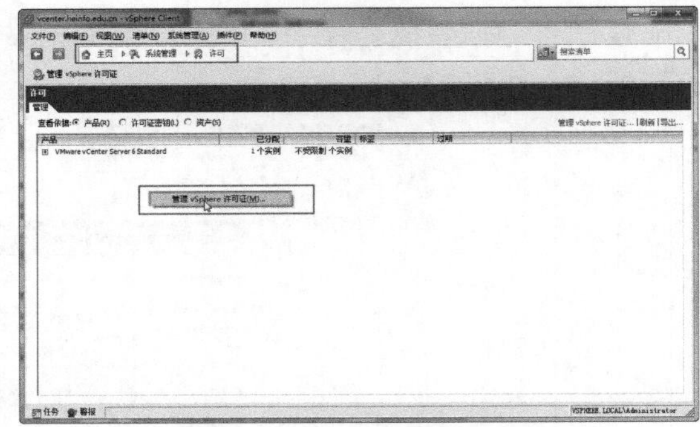

图 5-26　管理 vSphere 许可证

（3）在“添加许可证密钥”对话框，在“输入新的 vSphere 许可证密钥”文本框中，输入要添加的许可证，一条一个密钥，可以一次添加多个，添加之后单击“添加许可证密钥”按钮，如图 5-27 所示。

（4）如果许可证正确，并且没有重复添加（即原来没有添加到当前系统），则许可证会被解析并添加到列表中，如图 5-28 所示，这是添加了 vSphere 6 企业版及 vCenter Server 6 标准版许可证的截图。之后单击“下一步”按钮。

（5）在“分配许可证”对话框，单击“vCenter Server”，可以为当前的 vCenter Server 分配新的许可证，如图 5-29 所示。在没有分配许可证之前，其默认选项是“评估模式”。你可以从列表中选择 vCenter Server 的许可用于分配。

（6）在“移除许可证密钥”对话框，当前没有使用的密钥会显示在列表中，如果要从当前系统中移除这些许可证，可以在许可证前面用鼠标单击用于标记，如果不标记，许可证会保留在系统中，并且以后会在合适的时候进行分配，如图 5-30 所示。

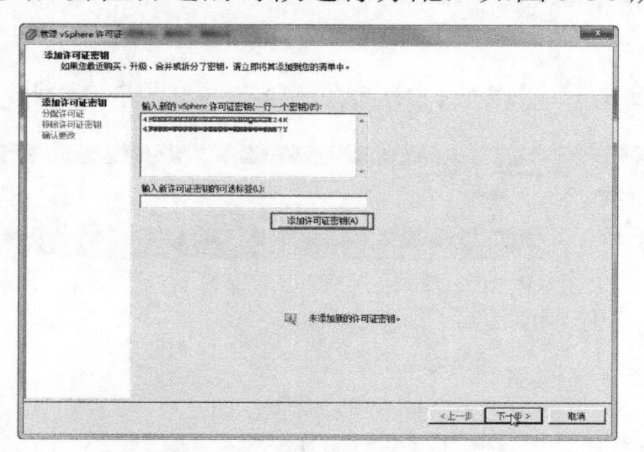

图 5-27　添加许可证密钥

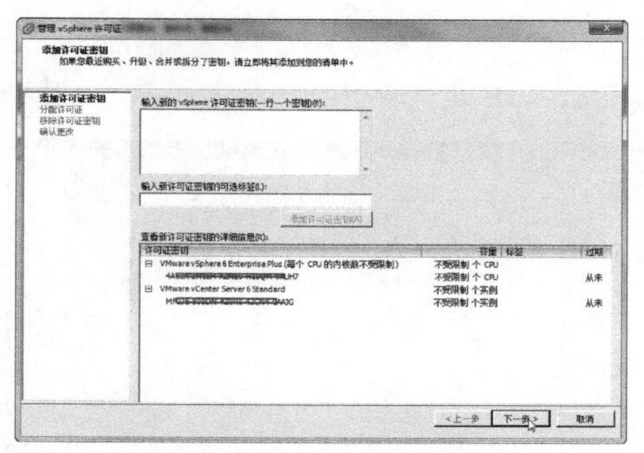

图 5-28　添加许可证

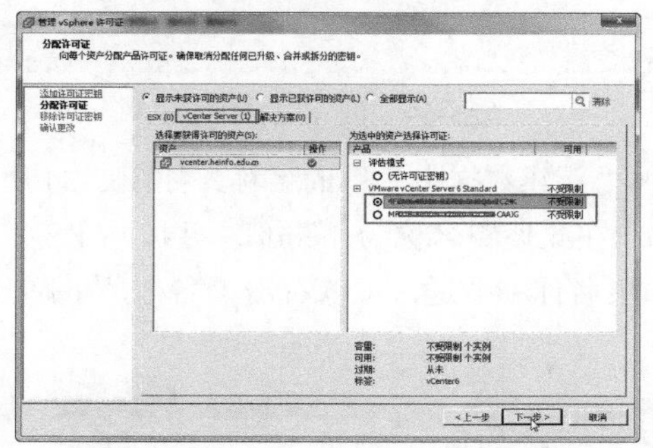

图 5-29　分配许可证

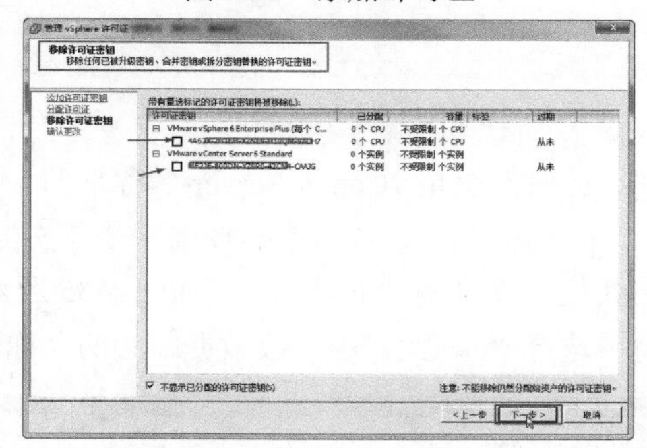

图 5-30　移除许可证密钥

（7）在“确证更改”对话框，显示了更改许可证的资产，例如将 vCenter Server 从“评估模式”更改为“vCenter Server 6 Standard”，如图 5-31 所示。单击“完成”按钮，完成许可证的添加与分配。

（8）添加许可证之后如图 5-32 所示。在此显示了已经分配的许可证及实例。

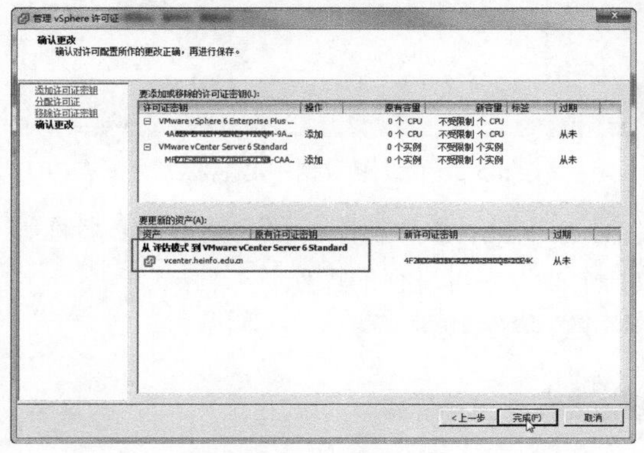

图 5-31　确认更改

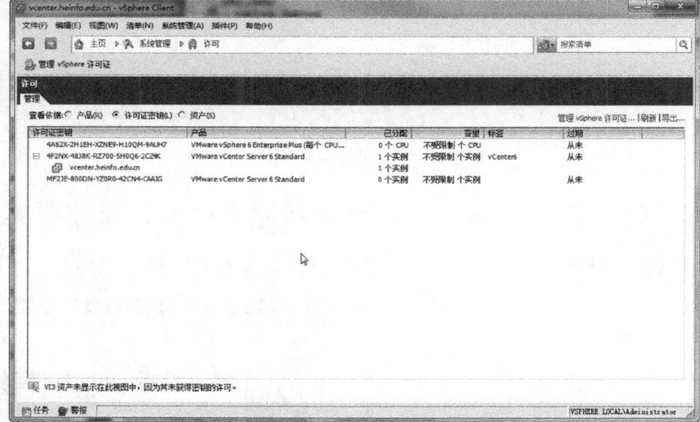

图 5-32　添加许可证完成

5.2.2　创建数据中心

虚拟数据中心是一种容器，其中包含配齐用于操作虚拟机的完整功能环境所需的全部清单对象。您可以创建多个数据中心以组织各组环境。例如，您可以为企业中的每个组织单位创建一个数据中心，也可以为高性能环境创建某些数据中心，而为要求相对不高的虚拟机创建其他数据中心。

在下面的操作中，将新建一个数据中心，并向数据中心中添加 ESXi 主机。

（1）使用 vSphere Client 登录到 vCenter Server，在“主页”视图中选择“主机和群集”，如图 5-33 所示。

（2）在“主页→清单→主机和群集”视图中，单击“创建数据中心”链接，如图 5-34 所示。

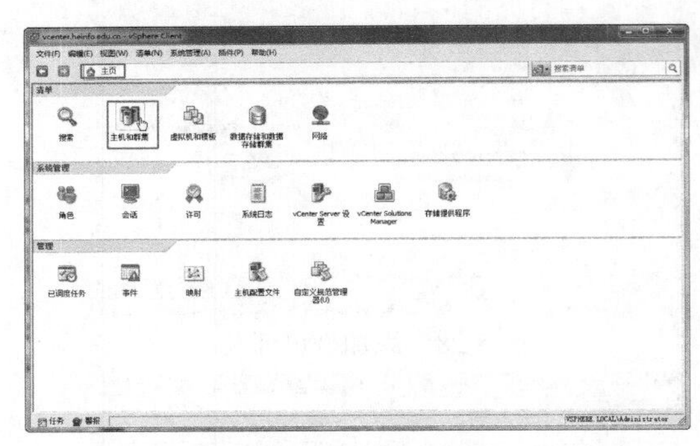

图 5-33　主机和群集

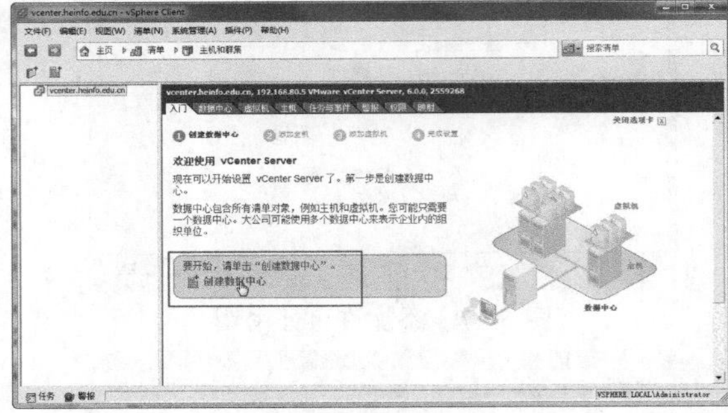

图 5-34　创建数据中心

（3）此时左上角 vCenter Server 名称下面，会出现“新建数据中心”的名称，如图 5-34 所示。

（4）一般情况下，我们都会使用一个英文的名称，在此设置名称为 heinfo，并按回车键，或者鼠标在其他位置单击一下以确认，如图 5-35 所示。如果名称不合适，可以右击该名称，在弹出的快捷菜单中选择“重命名”，修改数据中心的名称。

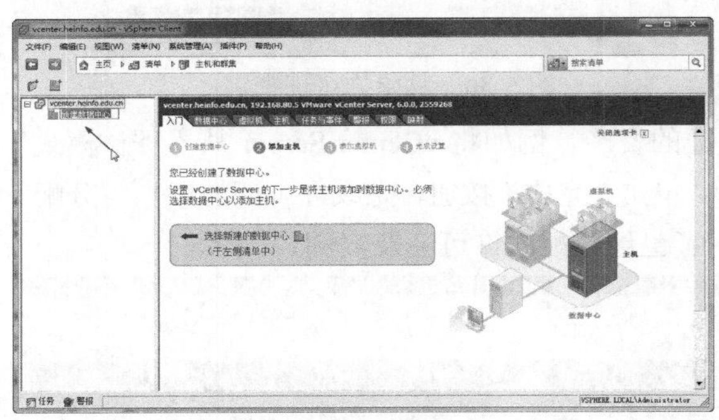

图 5-34　新建数据中心

图 5-35　设置数据中心名称

（5）右击数据中心，可以新建文件夹、新建群集、添加主机、添加权限、移除数据中心名称等操作，如图 5-36 所示。当前我们只是查看一下在“数据中心”中可进行的操作。

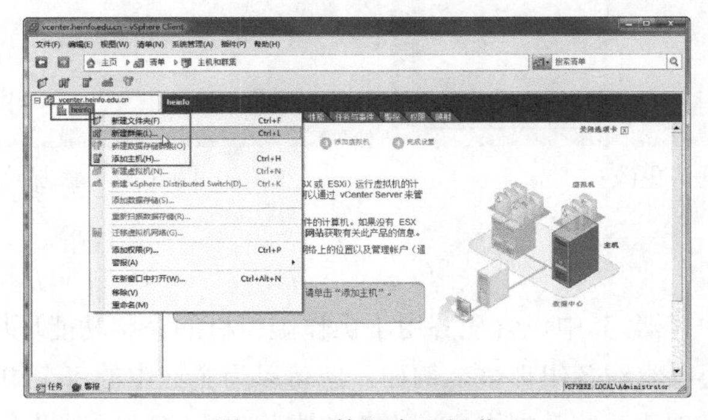

图 5-36　数据中心操作

5.2.3 向数据中心中添加主机

在添加数据中心（或群集）后，可以在数据中心对象、文件夹对象或群集对象下添加主机。如果主机包含虚拟机，则这些虚拟机将与主机一起添加到清单。

（1）使用 vSphere Client 登录到 ESXi，在“主页→清单→主机和群集”视图中，选中要承载主机的数据中心、群集或文件夹，在右侧单击“添加主机”链接，如图 5-37 所示。

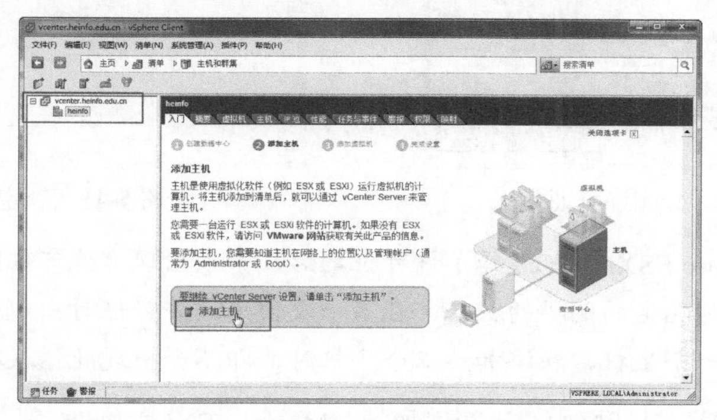

图 5-37 添加主机

【说明】在 vCenter Server 中，可以创建多个“数据中心”，每一个“数据中心”中可以添加多个 VMware ESXi 或 VMware ESXi 的服务器。在每台 VMware ESXi 服务器中，可以有多个虚拟机。使用 vCenter Client，可以管理多台 VMware ESXi 服务器，并且可以在不同的 VMware ESXi 之间“迁移”虚拟机。

（2）在“指定连接设置”对话框中，在“主机名”文本框中输入要添加的 VMware ESXi 主机的 IP 地址，首先添加 192.168.80.11，并在“用户名”与密码处输入添加的 VMware ESXi 服务器的用户名与密码（用户名为 root），如图 5-38 所示。

（3）在“主机信息”对话框中，显示了要添加的 VMware ESXi 主机的信息，如图 5-39 所示。

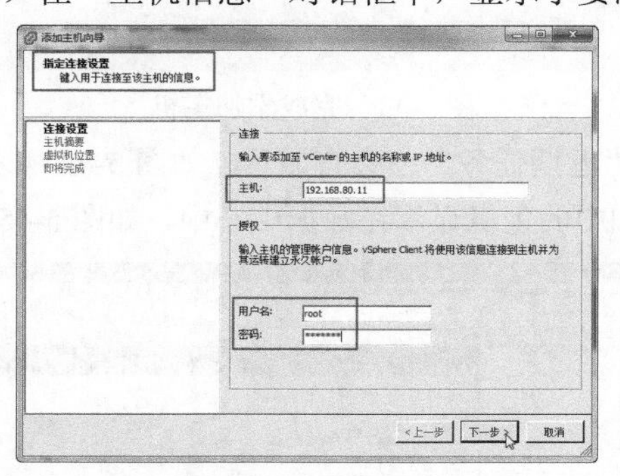

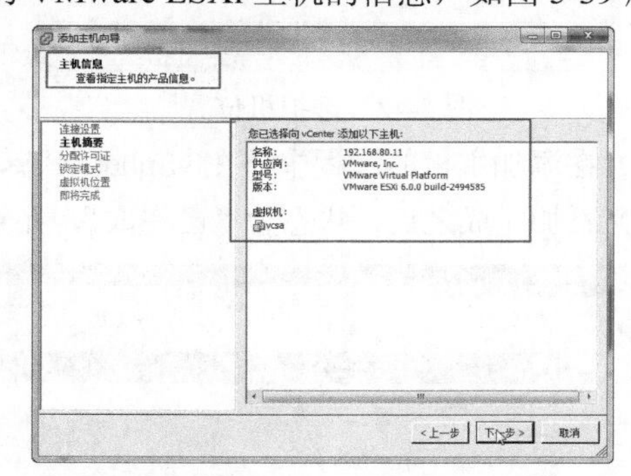

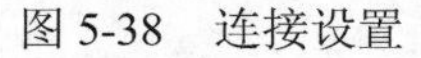

图 5-38 连接设置　　图 5-39 主机摘要

（4）在“分配许可证”对话框中，为新添加的 VMware ESXi 分配许可证，如图 5-40 所示。如果当前没有可用的许可证，可以选中“向此主机分配新许可证密码”，并单击“输入密钥”按钮，以输入 VMware ESXi 的序列号。

（5）在“配置锁定模式”对话框中，选择是否为该主机启用锁定模式。在启用锁定模式后，可以防止远程用户直接登录到此主机，该主机仅可以通过本地控制台或授权的集中管理应用程序进行访问。一般情况下，不要选中“启用锁定模式”，如图 5-41 所示。

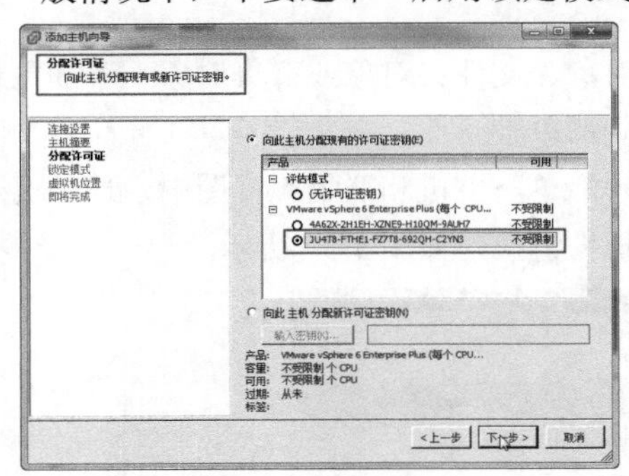

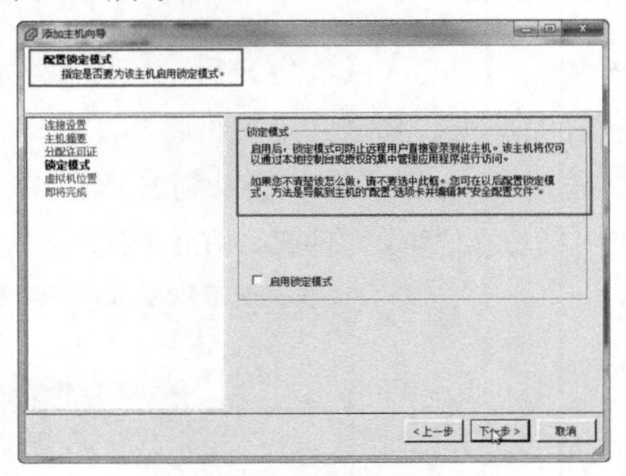

图 5-40　分配许可证　　图 5-41　锁定模式

【说明】在为 VMware ESXi 主机选择了许可证之后，如果出现“许可证降级”的提示，这表示是从“评估”版本变更为指定的购买的版本，在第一次使用该许可证时出现这个信息是正常的。只要将这个许可证添加到一个主机，在添加第二个主机时，即不会出现此错误提示。

（6）在“虚拟机位置”对话框中，为新添加的 VMware ESXi 主机选择一个保存位置，在此选择前面添加的名为 ESXi 的数据中心，如图 5-42 所示。

（7）其他选择默认值，直到出现“即将完成”对话框，单击“完成”按钮，如图 5-43 所示。

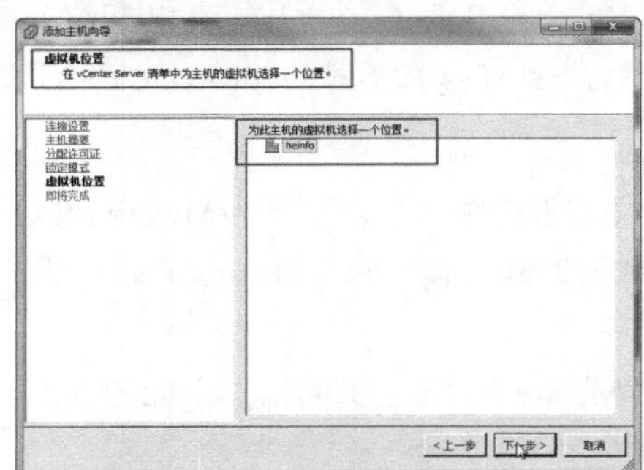

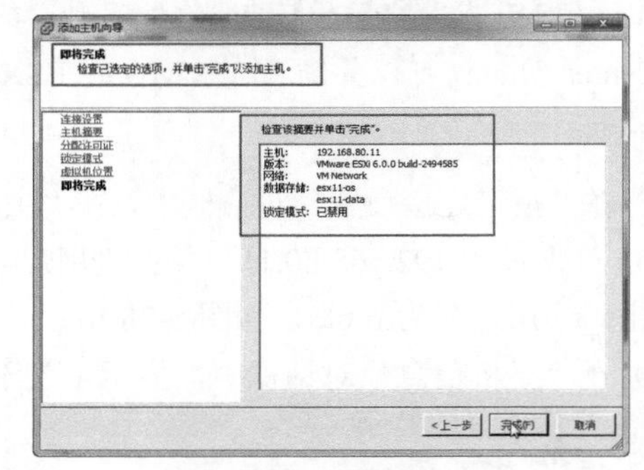

图 5-42　虚拟机位置　　图 5-43　完成添加主机

（8）在添加主机的过程中，在 vSphere Client 的“近期任务”中会有显示，如图 5-44 所示。

（9）添加完成之后，状态为“已完成”，并且添加中的主机显示在数据中心中，如图 5-45 所示。

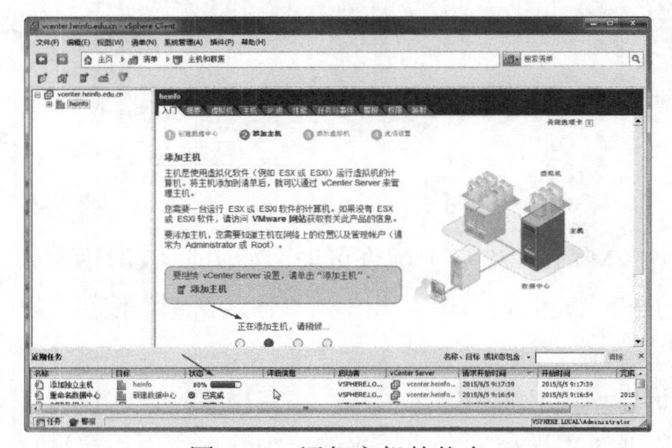

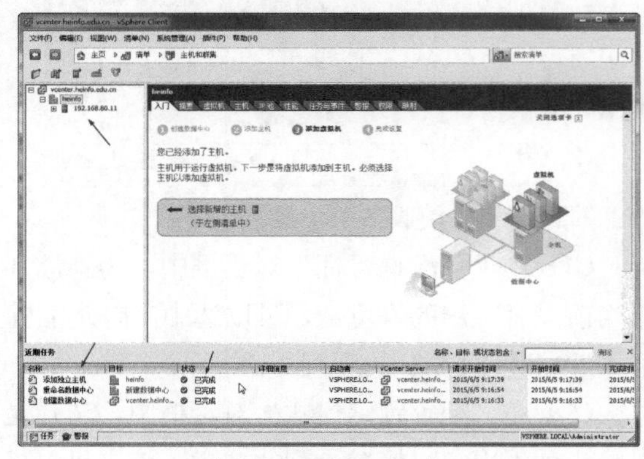

图 5-44　添加主机的状态　　图 5-45　添加完成

如果要继续添加其他主机，可以右击数据中心名称，在弹出的快捷菜单中选择“添加主机”，如图 5-46 所示。

然后，参照（1）～（7）步，将其他 ESXi 主机添加到数据中心，这些不一一介绍。添加了三台 ESXi 主机之后的示意如图 5-47 所示。

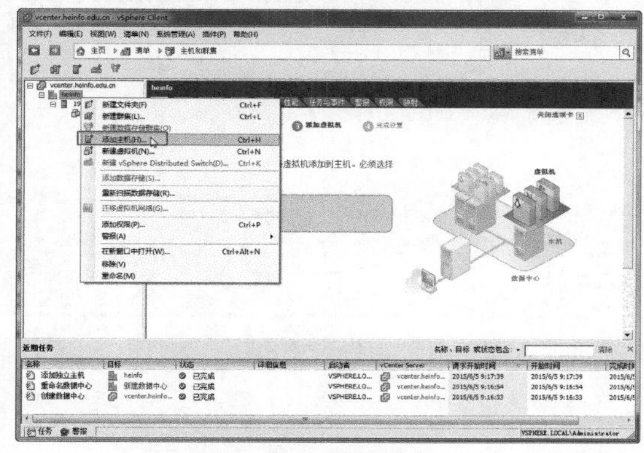

图 5-46　添加主机

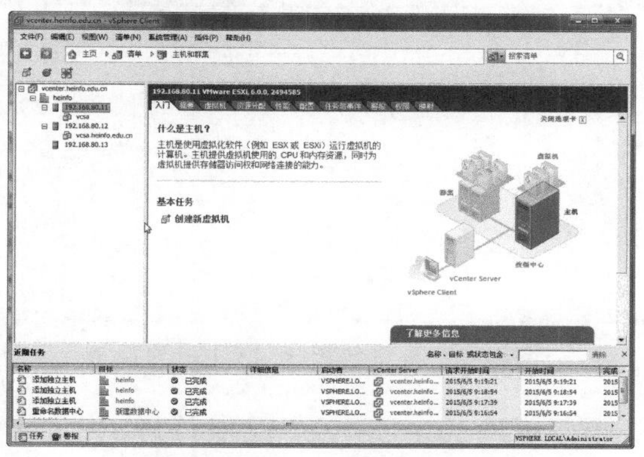

图 5-47　添加 3 台虚拟化主机

5.2.4　统一命名 ESXi 存储

在实际的生产环境中，每规划一个 vSphere 虚拟化数据中心，一般至少 2 台主机，有的甚至更多。当一个数据中心中有多个 ESXi 主机、并且每个 ESXi 主机有一到多个不同的存储时，就需要对每台主机的存储进行统一的命名，以方便后期的管理。我们推荐的作法是修改为每个存储名称，除了添加对应的主机名称还，还要加入存储的用途（是用于安装 ESXi 系统还是保存 ESXi 虚拟机数据），例如对于 192.168.80.11（esxi-11）的两个存储，其中用于安装 ESXi 操作系统的存储可以命名为 esx11-os，将保存虚拟机数据的存储命名为 esx11-data。

（1）使用 vSphere Client 连接到 vCenter Server，在左侧定位到“数据中心→要改名的 ESXi 主机”，例如 192.168.80.11，在右侧单击“配置”选项卡，在“硬件→存储器”选项中，右击选中要改名的存储，在弹出的快捷菜单中选择“重命名”，然后重命名每个存储，如图 5-48 所示。

（2）之后重命名第 2 台 ESXi 主机，重命名两个存储为 esx12-os 及 esx12-data，如图 5-49 所示。

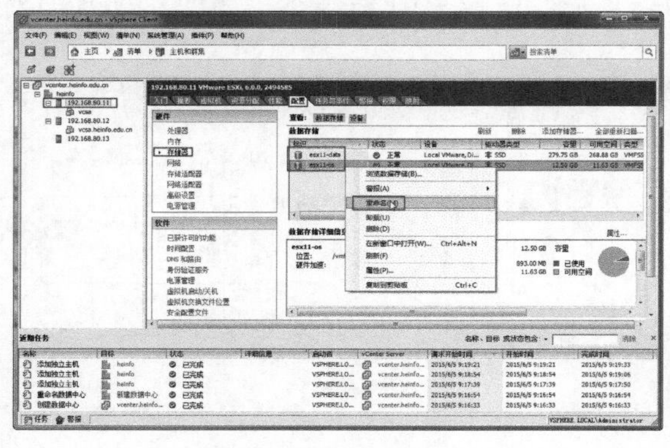

图 5-48　重命名存储

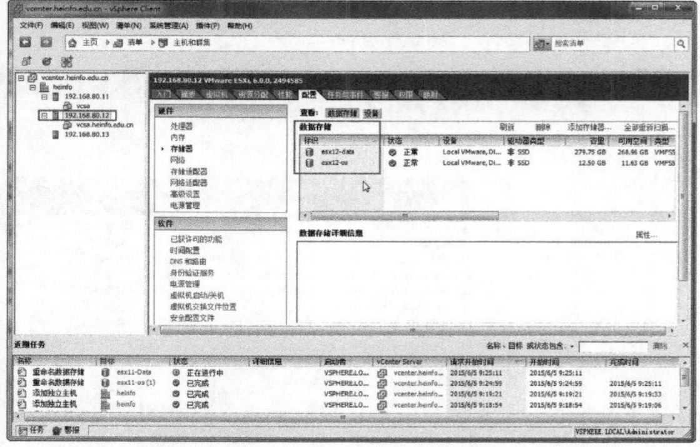

图 5-49　重命名 ESXi－12 主机的存储

（3）同样重命名第 3 台 ESXi 主机，重命名两个存储为 esx13-os 及 esx13-data，如图 5-50 所示。

对于 vCenter Server 中，其他的操作，则是为每台主机配置“时间配置”，指定并配置 NTP 时间服务器，如图 5-51 所示。有关为 ESXi 主机指定 NTP 的内容，请参看本书第 3 章内容。

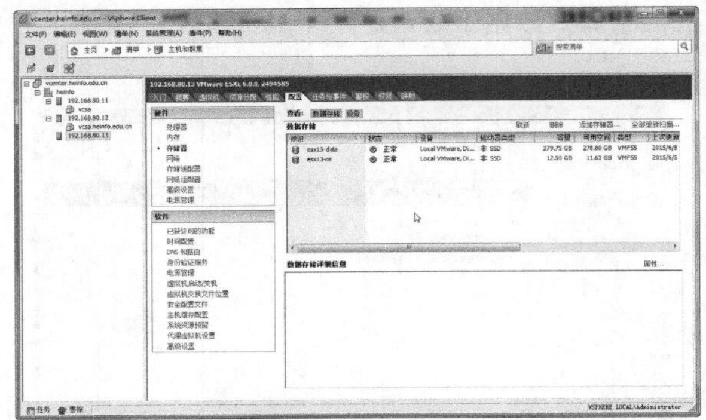

图 5-50　重命名 ESXi-13 主机的存储

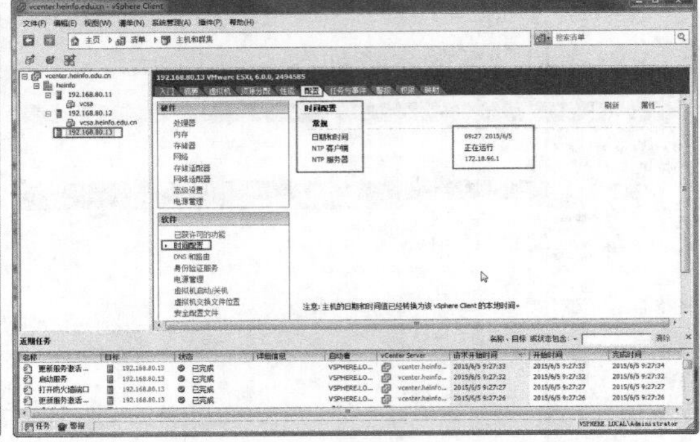

图 5-51　为每台主机指定 NTP

5.2.5　vCenter Server 权限管理

在安装完 vCenter Server 之后，默认情况下只有 SSO 的管理员账户才能管理 vCenter Server，如图 5-52 所示，在登录的时候，需要使用 administrator@vsphere.local 登录。

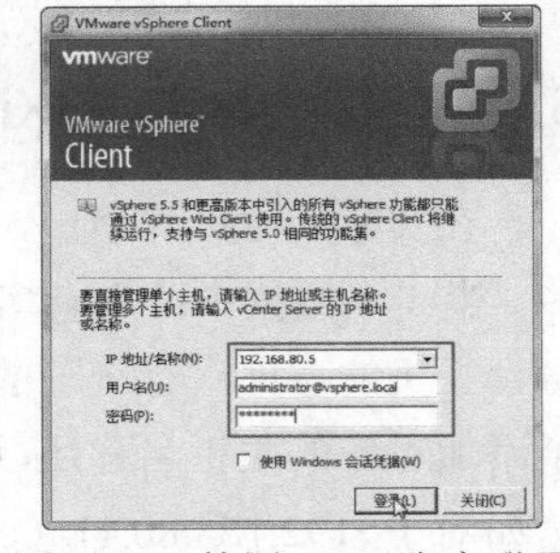

图 5-52　使用 SSL 账户登录

在默认情况下，vCenter Server 计算机的本地管理员 Administrator 及本地管理员组 Administrators，不是 vCenter Server 系统的管理员。如果要让在图 5-52 登录时，使用 vCenter Server 计算机的本地管理员（或本地管理员组）中的账户，具有管理 vCenter Server 的权限，必须执行下面操作。

（1）使用 administrator@vsphere.local 账户登录 vCenter Server，进入 vSphere Client 界面之后，定位到“主页→清单→主机和群集”，在左侧选中 vCenter Server 系统（在本示例中为 vcenter.heinfo.edu.cn），在右侧单击“权限”选项卡，在右侧空白窗格右击，在弹出的快捷菜单中选择“添加权限”，如图 5-53 所示。

（2）打开“分配权限”对话框，在“分配的角色”下拉列表中选择“管理员”，单面 左侧的“添加”按钮，如图 5-54 所示。

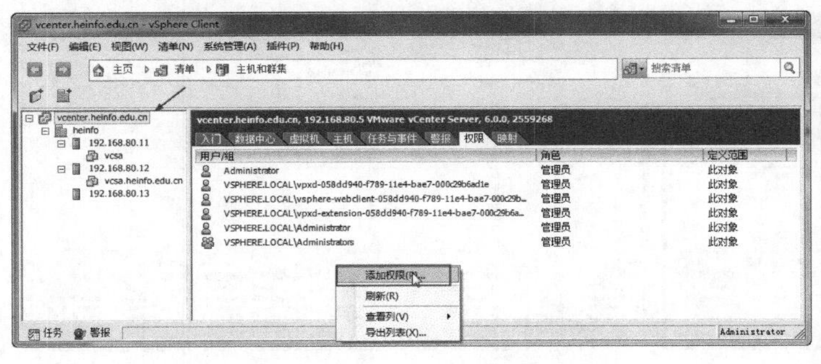

图 5-53　权限

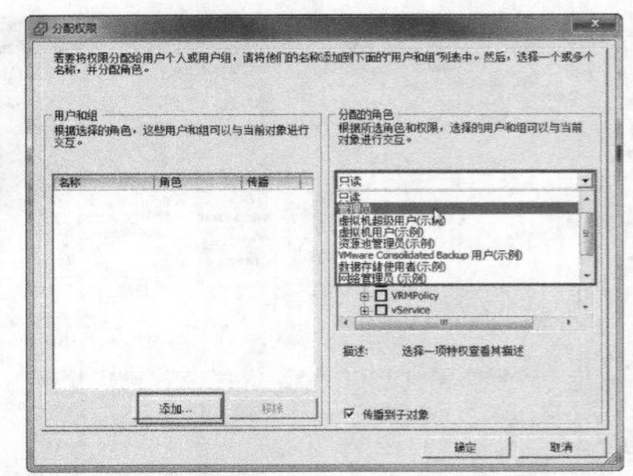

图 5-54　添加

（3）在“选择用户和组”对话框中，从“域”中选择 vCenter Server 计算机或域（如果 vCenter Server

计算机加入到域），然后从“用户和组”列表中双击 Administrator 账户及 Administrators 到“用户”及“组”中，如图 5-55 所示，然后单击“确定”按钮。

（4）返回到“分配权限”对话框，可以看到在“用户和组”中已经添加了 Administrator 及 Administrators，而“角色”是“管理员”，“传播”选项为“是”，确认“传播到子对象”为选中状态，单击“确定”按钮，如图 5-56 所示。

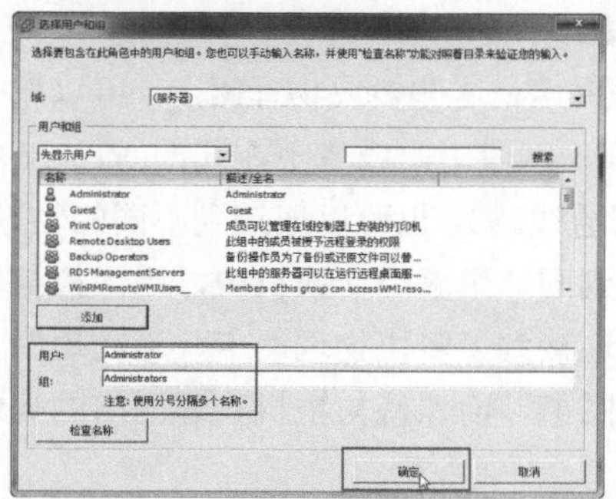

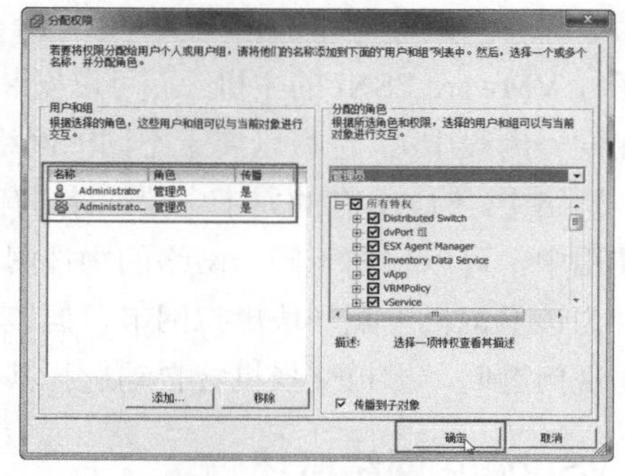

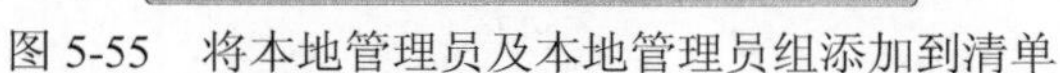

图 5-55　将本地管理员及本地管理员组添加到清单　　图 5-56　分配权限

（5）返回到 vSphere Client，在“权限”选项卡中可以看到，已经将 vCenter Server 本地计算机管理员及本地管理员组添加到列表中，如图 5-57 所示。

（6）关闭并退出 vSphere Client，再次使用 vSphere Client 登录 vCenter Server，此时可以使用 vCenter Server 计算机管理员账户登录，如图 5-58 所示。

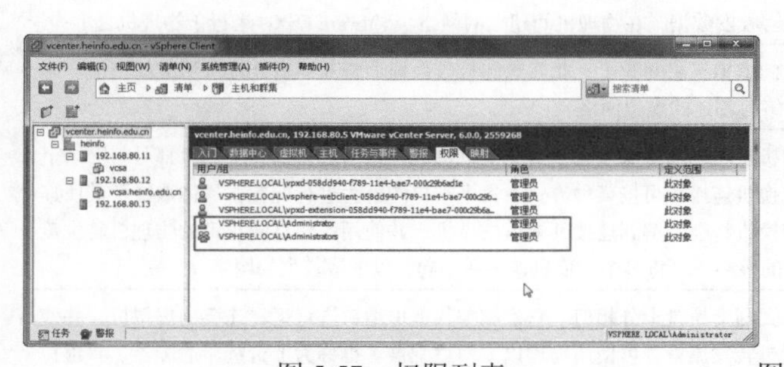

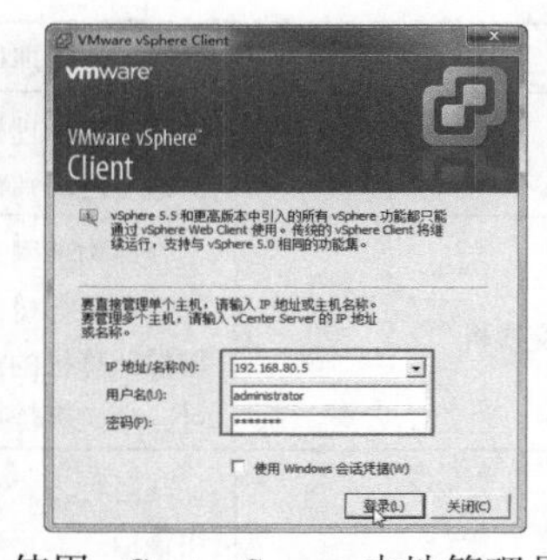

图 5-57　权限列表　　图 5-58　使用 vCenter Server 本地管理员账户登录

再次登录到 vCenter Server 之后，即具有全部权限。

5.3　配置 vSphere 网络

VMware ESXi（VMware ESX Server）具有比 VMware Workstation、VMware Server 更强的网络功能。在 VMware Workstation、VMware Server 中，主机的每块物理网卡可以分配给一个或多个虚拟机使用，但多个物理网卡不能同时分配给一个或多个虚拟机使用，即不能将多个网卡“绑定”在一起，分配给一个虚拟机使用。而在 VMware ESXi 中，可以将主机的多个网卡“绑定”成“一个”虚拟交换机分配给虚拟机使用，这既提高了虚拟网络性能，也为虚拟网络增加了容错功能。

在 VMware ESXi 中，通过“虚拟交换机”将虚拟机与物理网络连接在一起。虚拟交换机是连接虚拟机与物理网络的“桥梁”，虚拟机通过虚拟交换机与物理网络通信。每个虚拟交换机，是由安装在主机上的一块或多块物理网卡组成，主机物理网卡通过网线连接到物理交换机。在为虚拟机分配"虚拟网卡"时，每个虚拟网卡可以连接到虚拟交换机的一个虚拟端口。从虚拟机虚拟网卡→虚拟交换机→主机物理网卡→物理交换机，虚拟机完成与网络中的其他计算机相互通信的过程。

VMware 虚拟交换机包括两种：vSphere 标准交换机与 vSphere Distributed Switch。vSphere Distributed Switch 翻译为中文的意思是 vSphere 分布式交换机，但在 VMware ESXi 中该产品并没有翻译，为了保持一致性，本书也遵从 VMware 的官方文档。

在运行 VMware ESXi 的主机上，可以安装多块物理网卡，这些多块物理网卡，可以属于同一个网络（在同一网段中），也可以属于不同的网络（不在同一网段中，或者不在同一 VLAN 中，或者不在同一网络中。例如，有的属于电信线路，有的属于网通线路），也可以连接到不同的物理交换机。在实际使用中，可以将属于同一网络的物理网卡，划分到同一个虚拟交换机中，当虚拟机使用此交换机时，为该虚拟机分配一块虚拟网卡，但该虚拟网卡连接到了多块物理网卡，当物理网卡中的一条线路出现问题时，虚拟交换机会自动选择其他的物理网卡，而保持与主机物理网络的畅通。

5.3.1 vSphere 网络概述

要理解 vSphere 网络，需要了解 "物理网络"、"虚拟网络"、"vSphere 标准交换机"、"vSphere Distributed Switch"、分布式端口、端口组、VLAN 等概念，理解这些概念对透彻了解虚拟网络至关重要。表 5-4 显示了 vSphere 网络概念。

表 5-4 vSphere 网络概念

物理网络	为了使物理机之间能够收发数据，在物理机间建立的网络。VMware ESXi 运行于物理机之上
虚拟网络	在单台物理机上运行的虚拟机之间为了互相发送和接收数据而相互逻辑连接所形成的网络。虚拟机可连接到在添加网络时创建的虚拟网络
物理以太网交换机	管理物理网络上计算机之间的网络流量。一台交换机可具有多个端口，每个端口都可与网络上的一台计算机或其他交换机连接。可按某种方式对每个端口的行为进行配置，具体取决于其所连接的计算机的需求。交换机将会了解到连接其端口的主机，并使用该信息向正确的物理机转发流量。交换机是物理网络的核心。可将多个交换机连接在一起，以形成较大的网络
vSphere 标准交换机（VSS）	其运行方式与物理以太网交换机十分相似。它检测与其虚拟端口进行逻辑连接的虚拟机，并使用该信息向正确的虚拟机转发流量。可使用物理以太网适配器（也称为上行链路适配器）将虚拟网络连接至物理网络，以将 vSphere 标准交换机连接到物理交换机。此类型的连接类似于将物理交换机连接在一起以创建较大型的网络。即使 vSphere 标准交换机的运行方式与物理交换机十分相似，但它不具备物理交换机所拥有的一些高级功能
标准端口组	标准端口组为每个成员端口指定了诸如带宽限制和 VLAN 标记策略之类的端口配置选项。网络服务通过端口组连接到标准交换机。端口组定义通过交换机连接网络的方式。通常，单个标准交换机与一个或多个端口组关联
vSphere Distributed Switch（VDS）	它可充当数据中心中所有关联主机的单一交换机，以提供虚拟网络的集中式置备、管理以及监控。您可以在 vCenter Server 系统上配置 vSphere DistributedSwitch，该配置将传播至与该交换机关联的所有主机。这使得虚拟机可在跨多个主机进行迁移时确保其网络配置保持一致
主机代理交换机	驻留在与 vSphere Distributed Switch 关联的每个主机上的隐藏标准交换机。主机代理交换机会将 vSphere Distributed Switch 上设置的网络配置复制到特定主机
分布式端口	连接到主机的 VMkernel 或虚拟机的网络适配器的 vSphere Distributed Switch 上的一个端口
分布式端口组	与 vSphere Distributed Switch 关联的一个端口组，并为每个成员端口指定端口配置选项。分布式端口组可定义通过 vSphere Distributed Switch 连接到网络的方式

续表

网卡成组	当多个上行链路适配器与单个交换机相关联以形成小组时，就会发生网卡成组。小组将物理网络和虚拟网络之间的流量负载分摊给其所有或部分成员，或在出现硬件故障或网络中断时提供被动故障切换
VLAN	VLAN 可用于将单个物理 LAN 分段进一步分段，以便使端口组中的端口互相隔离，如同位于不同物理分段上一样。标准是 802.1Q
VMkernel TCP/IP 网络层	VMkernel 网络层提供与主机的连接，并处理 vSphere vMotion、IP 存储器、Fault Tolerance 和 Virtual SAN 的标准基础架构流量
IP 存储器	将 TCP/IP 网络通信用作其基础的任何形式的存储器。iSCSI 可用作虚拟机数据存储，NFS 可用作虚拟机数据存储并用于直接挂载 .ISO 文件，这些文件对于虚拟机显示为 CD-ROM
TCP 分段清除	TCP 分段清除（TSO）可使 TCP/IP 堆栈发出非常大的帧（达到 64 KB），即使接口的最大传输单元（MTU）较小也是如此。然后网络适配器将较大的帧分成 MTU 大小的帧，并预置一份初始 TCP/IP 标头的调整后副本

虚拟网络向主机和虚拟机提供了多种服务。可以在 ESXi 中启用两种类型的网络服务：

- 将虚拟机连接到物理网络以及相互连接虚拟机。
- 将 VMkernel 服务（如 NFS、iSCSI 或 vMotion）连接至物理网络。

【说明】在本章后面的内容中，有时候对 vSphere 虚拟交换机的叫法不同，请注意，vSphere 标准交换机、标准交换机、VSS 是指同一种设备；而 vSphere Distributed Switch、VDS、vSphere 分布式交换机、分布式交换机则是同一种设备。

5.3.2　vSphere 标准交换机

可以创建名为 vSphere 标准交换机的抽象网络设备。使用标准交换机来提供主机和虚拟机的网络连接。标准交换机可在同一 VLAN 中的虚拟机之间进行内部流量桥接，并链接至外部网络。

要提供主机和虚拟机的网络连接，请在标准交换机上将主机的物理网卡连接到上行链路端口。虚拟机具有在标准交换机上连接到端口组的网络适配器（vNIC）。每个端口组可使用一个或多个物理网卡来处理其网络流量。如果某个端口组没有与其连接的物理网卡，则相同端口组上的虚拟机只能彼此进行通信，而无法与外部网络进行通信。vSphere 标准交换机架构如图 5-59 所示。

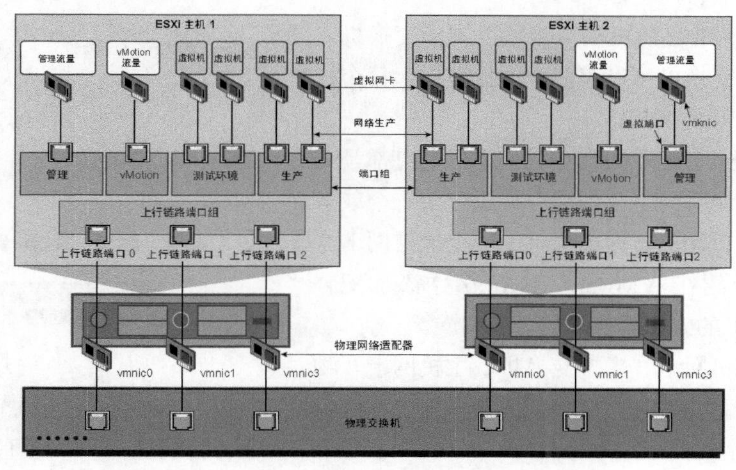

图 5-59　vSphere 标准交换机架构

vSphere 标准交换机与物理以太网交换机非常相似。主机上的虚拟机网络适配器和物理网卡使用交换机上的逻辑端口，每个适配器使用一个端口。标准交换机上的每个逻辑端口都是单一端口组的成员

标准交换机上的每个标准端口组都由一个对于当前主机必须保持唯一的网络标签来标识。可以使用网络标签来使虚拟机的网络配置可在主机间移植。应为数据中心的端口组提供**相同标签**，这些端口组使用在物理网络中连接到一个广播域的物理网卡。反过来，如果两个端口组连接不同广播域中的物理网卡，则这两个端口组应具有不同的标签。

例如，可以创建**生产**和**测试环境**端口组来作为在物理网络中共享同一广播域的主机上的虚拟机网络。在创建端口组的时候，VLAN ID 是可选的，它用于将端口组流量限制在物理网络内的一个逻辑以太网网段中。要使端口组接收同一个主机可见、但来自多个 VLAN 的流量，必须将 VLAN ID 设置为 VGT (VLAN 4095)。

为了确保高效使用主机资源，在运行 ESXi 5.5 及更高版本的主机上，标准交换机的端口数将按比例自动增加和减少。此主机上的标准交换机可扩展至主机上支持的最大端口数。

创建 vSphere 标准交换机，以便为主机和虚拟机提供网络连接并处理 VMkernel 流量。根据要创建的连接类型，可以使用 VMkernel 适配器创建新的 vSphere 标准交换机，仅将物理网络适配器连接到新交换机，或使用虚拟机端口组创建交换机。

5.3.3 vSphere 标准交换机案例介绍

在使用 vSphere Client 直接连接并管理 VMware ESXi 时，只能在 VMware ESXi 中添加 vSphere 标准交换机。如果要使用 vSphere Distributed Switch，则需要安装 vCenter Server，并且用 vCenter Server 添加多个 VMware ESXi 时，才能创建并管理 vSphere Distributed Switch。

在 VMware ESXi 中添加 vSphere 标准交换机情况如下：

（1）每台 VMware ESXi 可以添加一个到多个 vSphere 标准交换机。

（2）每个 vSphere 标准交换机可以上联（或绑定）VMware ESXi 主机的一个或多个物理网卡。当 vSphere 标准交换机绑定多个物理网卡时，多块物理网卡可以起负载均衡与故障转移使用。

（3）vSphere 标准交换机可以不绑定物理网卡。当虚拟机选择不绑定物理网卡的 vSphere 标准交换机时，虚拟机不能访问物理网络。

（4）vSphere 标准交换机模拟物理以太网交换机，每个 vSphere 标准交换机可以有多个虚拟端口，每个标准交换机的端口上限是 4088。

（5）vSphere 标准交换机上的每个逻辑端口都是单一端口组的成员。还可向每个标准交换机分配一个或多个端口组。每个端口均可连接虚拟机的一个虚拟网卡。

在本节中，介绍在 VMware ESXi 6 中添加配置 vSphere 标准交换机的方法。

为了说明虚拟机网卡、虚拟交换机、主机网卡、物理交换机之间的关系，通过一个具体的例子来说明这个问题，如图 5-60 所示。

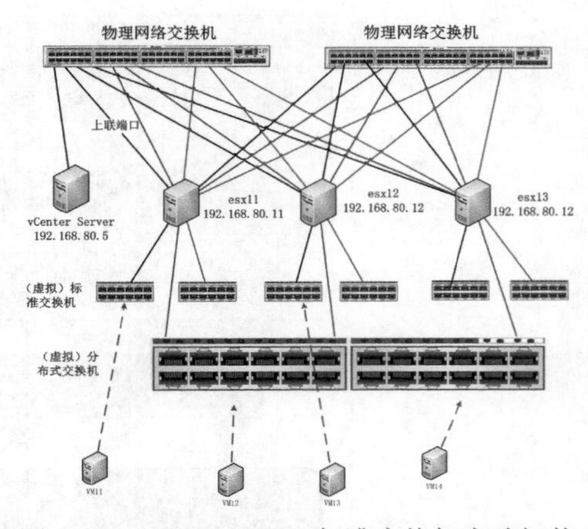

图 5-60 VMware ESXi 标准交换机实验拓扑

在图 4-471 中，有 3 台 ESXi 服务器，每个服务器有 6 块网卡，网卡连接状态规划如下：

- 每个服务器的第 1、2 块网卡连接到一个 VLAN，假设是 VLAN80，其 IP 地址段为 192.168.80.0/24，网关地址是 192.168.80.1。
- 每个第 3、4 块网卡连接到另一个 VLAN，假设是 VLAN10，其 IP 地址段为 192.168.10.0/24，网关地址是 192.168.10.1。
- 每个服务器的第 5、6 块网卡连接到交换机的 Trunk 端口。
- 在网络中有两台交换机，所以每台服务器的相同属性的网卡分别连接到每个交换机（例如第 1 台服务器的第 1 块网卡连接到交换机 1 的 VLAN80 端口，第 2 块网卡连接到交换机 2 的 VLAN80 端口）。

在每台 ESXi 中，创建 2 个标准交换机，每个标准交换机对应一个网段。这样当前数据中心中会有 6 台标准交换机。

将每台主机剩余的网卡（例如第 5、第 6 块网卡）配置成一个 vSphere Distributed Switch。因为第 5、6 网卡上行端口连接的是物理交换机的 Trunk 端口，所以在新创建的 VDS 交换机中，可以对照物理网络，创建支持 VLAN 的虚拟端口。

这样在整个数据中心中，有 7 台交换机，分别是 6 台标准交换机（VSS）、1 台分布式交换机（VDS）。

虚拟机可以根据需要，选择连接到某个 VSS 或 VDS。如果 VSS 或 VDS 有不同的端口（像物理交换机，有不同的端口，有的端口配置可能不同，例如属于不同的 VLAN），则可以根据需要，选择连接到不同的端口。

【说明】在我们此次实验中，VDS 交换机上联的是物理交换机的 Trunk 端口，VSS 交换机上联的是 Access 端口（普通 VLAN 端口），这并不是说，标准交换机不能连接 Trunk 端口。在 vSphere 网络中，无论是 VSS 交换机还是 VDS 交换机，都可以上联到物理交换机的 Trunk 或 Access 端口。

在本节我们先介绍，为 vSphere 数据中心规划、配置标准交换机（VSS）的内容，在规划的时候，注意以下几点：

（1）在安装 VMware ESXi 的时候，安装程序会为 ESXi 主机创建一个标准交换机，在这个标准交换机上，会创建一个默认的“虚拟机端口组”和一个“VMkernel 端口”，其中端口组名称默认为“VM Network”；“VMkernel 端口”默认名称为“Management Network”，你可以使用 vSphere Client 登录到 ESXi 或登录到 vCenter Server，在“配置→网络”中查看到，每台 ESXi 主机的默认标准交换机，如图 5-61 所示。VMware ESXi 安装过程中创建的第一个默认标准交换机用于管理，不要删除。

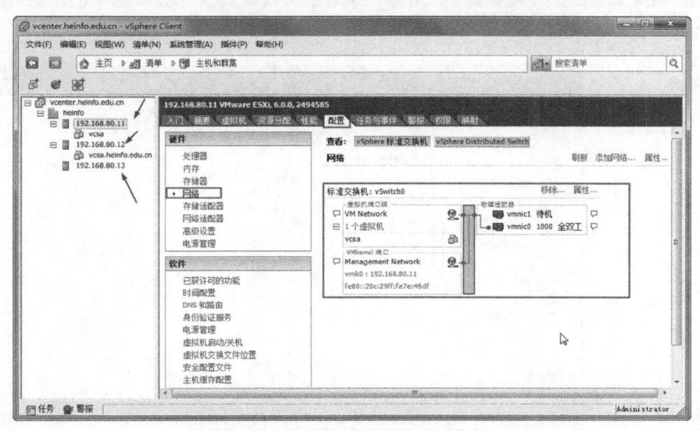

图 5-61　默认标准交换机

对于默认创建的标准交换机，默认的“虚拟机端口组”，可以将其改名，也可以保持默认。如果要改名，可以改为其 VLAN 的属性，例如在本示例中，将其改名为 vlan80。当然，如果要修改默认标准交换机的默认端口组名称，就要将当前数据中心中，所有对应的 VSS 交换机的默认端口组改成统一的名称。

（2）标准交换机绑定于 ESXi 主机，在新建标准交换机的时候，需要将有相同属性（例如，属于同一 VLAN，或 Trunk）的上联端口，创建成标准交换机。不要将不同属性的上联端口，创建成标准交换机。否则，由于标准交换机中上网端口的属性不同，可能会造成使用该 VSS 交换机的虚拟机网络不通（设置了某个 VLAN，但此时标准交换机由于上联端口分属于不同 VLAN，可能会造成网络通讯问题）。标准交换机的上联端口，主要用于冗余。

（3）在同一个 vSphere 数据中心中，对于上联到相同属性的上联端口的、不同主机之间的标准交换机的“虚拟机端口组”，最好设置相同的名称。例如，对于当前实验环境中，有 3 台主机，每台主机有两块网卡（例如第 3、第 4 端口）连接到 VLAN10，则在每台主机新建标准交换机时，设置“虚拟机端口组”名称为 vlan10（统一大小写，或者都用大小，或者都用小写，推荐采用小写名称）。

采用相同的名称，是在实际的应用中，如果虚拟机在不同主机之间“迁移”或“移动”时，由于不同主机上，相同网络属性的“虚拟机端口组”具有相同的名称，不至于导致迁移后的虚拟机，会由于在目标主机上没有找到对应的虚拟机端口组，造成网络中断的问题。

（4）在图 5-61 中，物理适配器有个网卡状态为“待机”，这是正常的。当两个网卡连接到同一交换机时，会出现这种情况。如果连接到不同的交换机（相同属性），状态可能会为“1000 全双工”或“待机”。其中 1000 是连接速度，表示 1000Mbit/s。

5.3.4　修改虚拟机端口组名称

在本节的操作中，将会把当前数据中心中所有 ESXi 主机、系统默认创建的标准交换机的“虚拟机端口组”，统一改名为 vmnet8，下面以其中一台主机操作为例，其他主机操作类似。

（1）使用 vSphere Client 登录到 vCenter Server 或 ESXi，在左侧选中要改名的主机，在右侧“配置→网络”中，在“标准交换机:vSwitch0”标签中单击“属性”，如图 5-62 所示，注意，不要单面 “刷新 添加网络 属性”一行中的“属性”链接。在图中可以看到，当前的虚拟机端口组名称为“VM Network”，这是系统创建标准交换机时设置的默认名称。

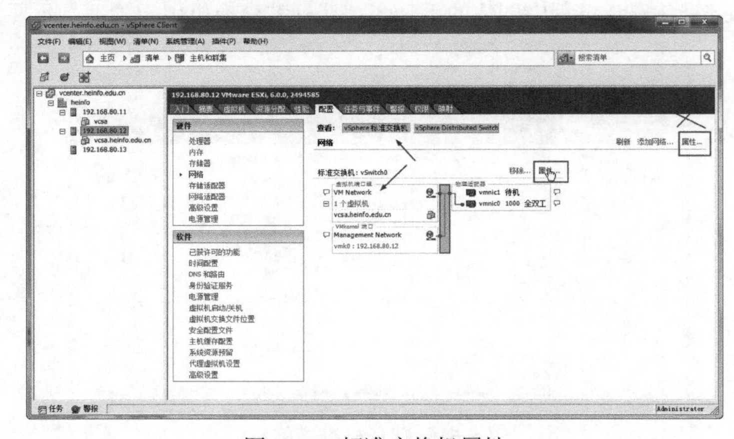

图 5-62　标准交换机属性

（2）在“vSwitch0 属性”对话框中，在“端口”选项卡中，单击要修改名称的虚拟机端口组，在此选中“VM Network”，单击“编辑”按钮，如图 5-63 所示。

（3）在“VM Network 属性”对话框中，在“网络标签”文本框中，删除原来的名称，输入新的名称 vmnet8，如图 5-64 所示，单击“确定”按钮完成修改。

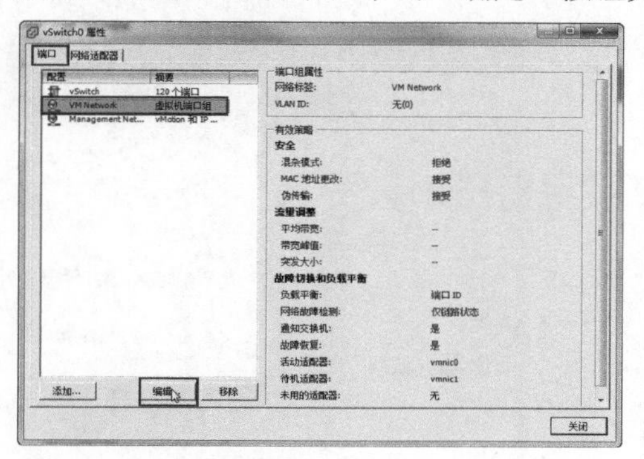

图 5-63　编辑

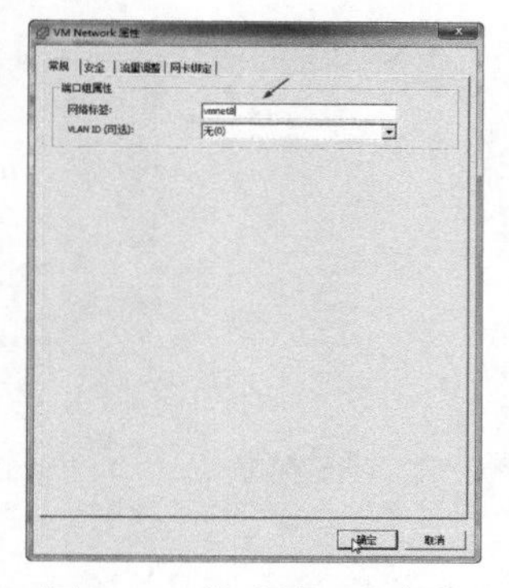

图 5-64　修改端口组名称

（4）返回到“vSwitch0 属性”对话框，单击“关闭”按钮，完成虚拟机端口组的修改，如图 5-65 所示。

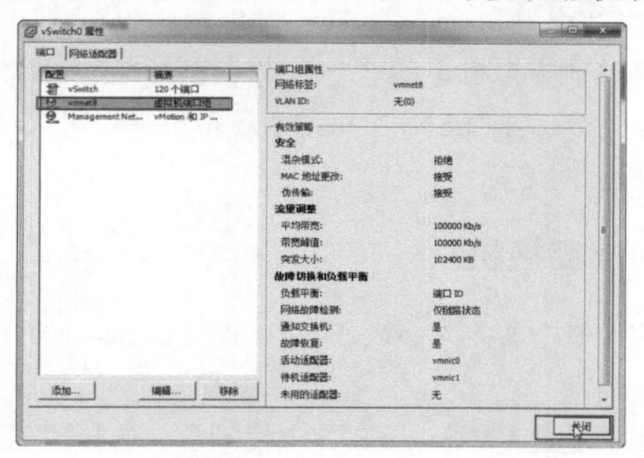

图 5-65　VSS 属性

（5）返回到 vSphere Client，可以看到“虚拟机端口组”已经修改。

在修改了 ESXi 的虚拟机端口组之后，如果当前 ESXi 主机有虚拟机，需要检查修改每个虚拟机的配置，将原来使用“VM Network”端口组的网卡改为修改后的名称 vmnet8。

（1）在 vSphere Client 中，右击虚拟机，在弹出的对话框中选择“编辑设置”，如图 5-66 所示。

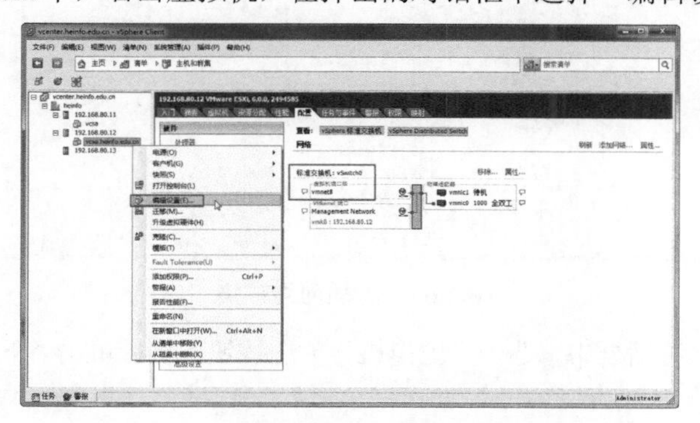

图 5-66　编辑设置

（2）打开局域网属性对话框，在“网络适配器 1”中，可以看到，原来的设置仍然是“VM Network”但在右侧“网络标签”中，已经留空，表示这个端口组已经不存在了，如图 5-67 所示。

（3）在“网络标签”下拉列表中，选择修改后的虚拟机端口组，在此为 vmnet8，修改之后单击“确定”按钮，如图 5-68 所示。

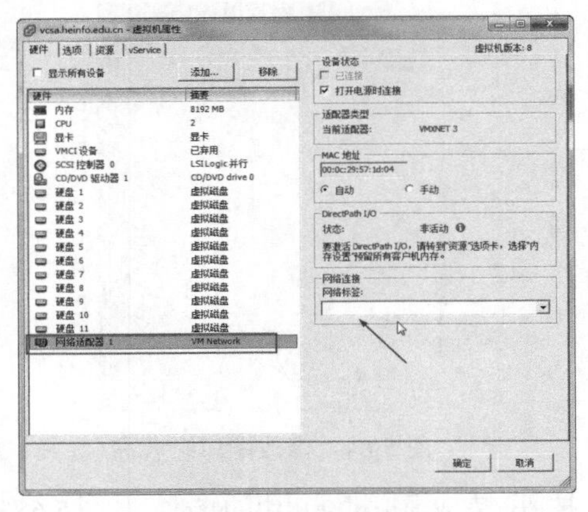
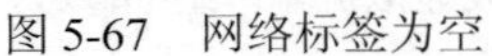

图 5-67　网络标签为空

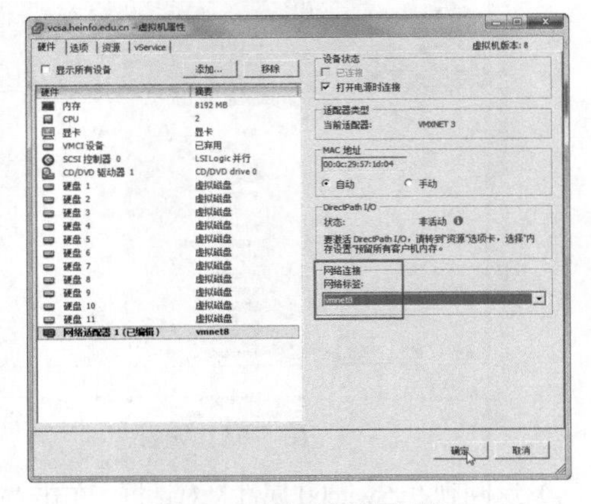

图 5-68　修改网络标签

如果该 ESXi 主机中还有其他虚拟机，请一一修改，这些不再介绍。

同样，参照上面的步骤，修改其他 ESXi 主机的“虚拟机端口组”，然后再修改这些主机中的虚拟机的网络属性，选择修改后的网络标签。

5.3.5　添加 vSphere 标准交换机

接下来将在 VMware ESXi 中添加名为 vmnet1 的虚拟交换机，并将主机第 3～4 块网卡添加到该虚拟交换机中，步骤如下：

（1）使用 vSphere Client 登录到 VMware ESXi 主控制台，选择“配置→网络”选项，单击右侧的“添加网络”链接，如图 5-69 所示。

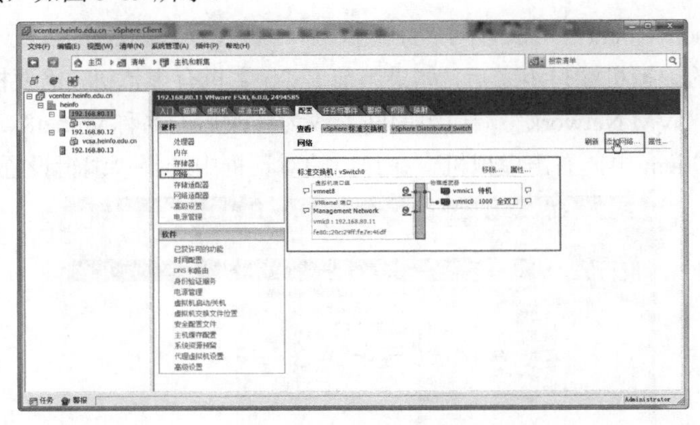

图 5-69　添加网络链接

（2）在“连接类型”对话框中，选中“虚拟机”单选按钮，然后单击“下一步”按钮，如图 5-70 所示。

（3）在“虚拟机-网络访问”对话框中，在“创建 vSphere 标准换机”列表中，选择 vmnic2～vmnic3，然后单击“下一步”按钮，如图 5-71 所示。如果当前网络中有 DHCP 服务器，或者所属网络中已经有配置好的 IP 地址，则在“网络”选项中可能会显示所属 IP 地址。

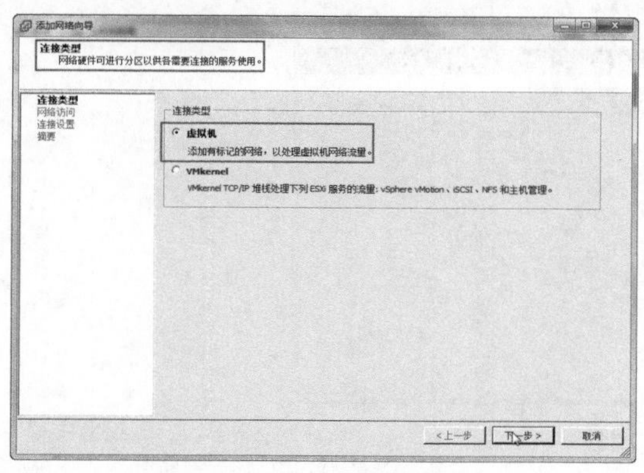

图 5-70　添加虚拟交换机　　　　图 5-71　选择主机网卡

（4）在“虚拟机-连接设置”对话框中，在“端口组属性”组中，在“网络标签”文本框中，将默认的名称修改为 vmnet1，然后单击“下一步”按钮，如图 5-72 所示。如果使用的是 VLAN，在 VLAN ID 字段中输入一个介于 1 和 4094 之间的数字。如果使用的不是 VLAN，则将此处留空。如果输入 0 或将该选项留空，则端口组只能看到未标记的（非 VLAN）流量。如果输入 4095，端口组可检测到任何 VLAN 上的流量，而 VLAN 标记仍保持原样。

（5）在“即将完成”对话框中，单击“完成”按钮，如图 5-73 所示。

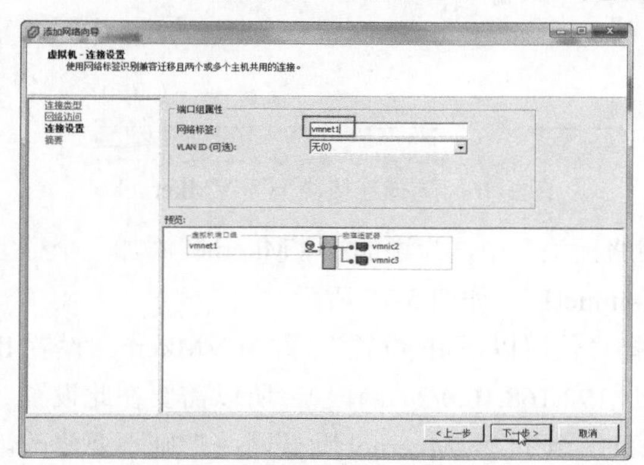

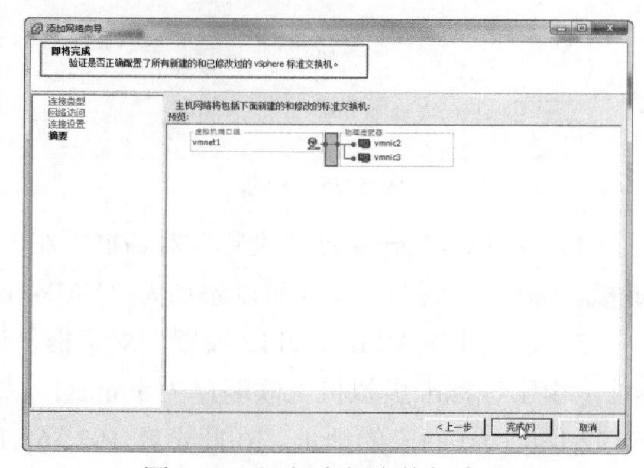

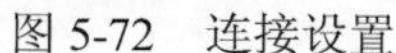

图 5-72　连接设置　　　　图 5-73　添加虚拟交换机完成

在大多数情况下，添加了标准交换机、并修改了“虚拟机端口组”之后，就可以将虚拟交换机，分配给虚拟机使用了。在下面的过程中，我们为虚拟交换机添加“VMkernel 端口”，该端口将用于连接 iSCSI 网络。这是遵循为共享存储使用独立于 ESXi 管理、独立于 ESXi 虚拟机网络之外的网络的原则。

当然，即使不是为了存储，为另一个虚拟交换机添加 VMkernel 端口，也可以用于管理。但是，如果多个标准交换机，连接到不同网段，你只能选择在其中一个网段的 VMkernel 配置网关，如果多次配置网关，最后一次配置的生效。

下面将在新添加的标准虚拟机添加 VMkernel 端口，主要步骤如下。

（1）使用 vSphere Client 登录到 vCenter Server 或 ESXi，在左侧选中 ESXi 主机，在右侧“配置

→网络”选项中，选中要添加端口的标准虚拟机，单击“属性”，如图 5-74 所示。

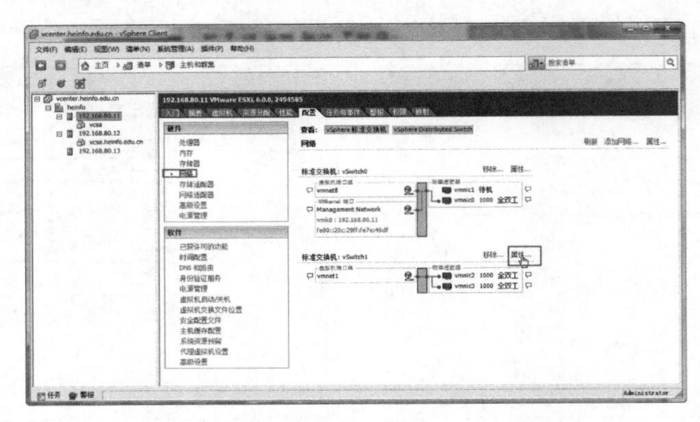

图 5-74　属性

（2）打开“vSwitch1 属性”对话框，单击“添加”按钮，如图 5-75 所示。

（3）在“连接类型”选项框中选中“VMkernel”单选按钮，如图 5-76 所示。

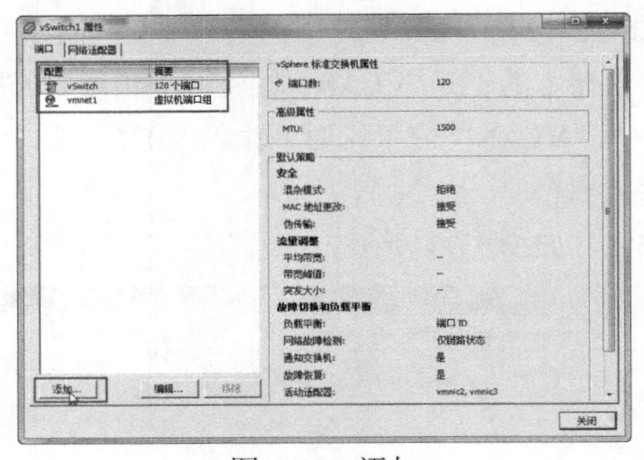

图 5-75　添加

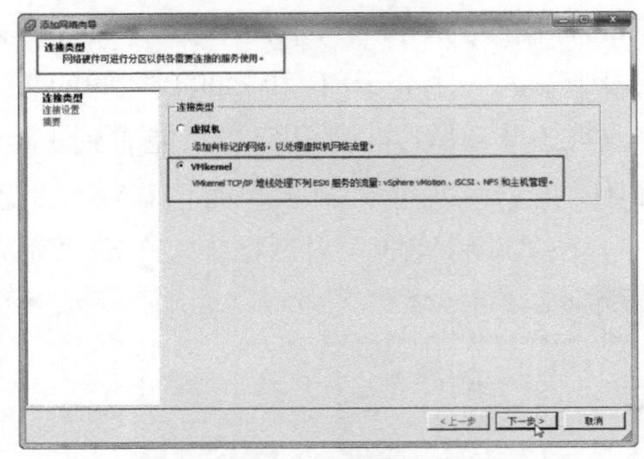

图 5-76　选择连接类型为 VMkernel

（4）在“VMkernel-连接设置”对话框，在“网络标签”中，为添加的 VMkernel 添加一个标签（虚拟机端口组名称），在此可以添加为“VMkernel-vmnet1”，如图 5-77 所示。

（5）在“指定 VMkernel IP 设置”对话框，选择“使用以下 IP 设置”，并为 VMkernel 设置 IP 地址，由于该标准虚拟机上联端口为 vmnet1（属于 192.168.10.0/24 网段），所以需要在此设置一个 192.168.10.0 网段的地址，在此设置 192.168.10.11，至于“VMkernel 默认网关”则不要修改。如图 5-78 所示。

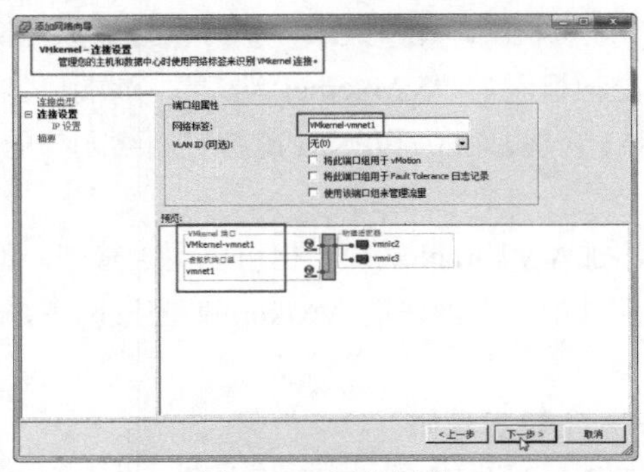

图 5-77　网络标签

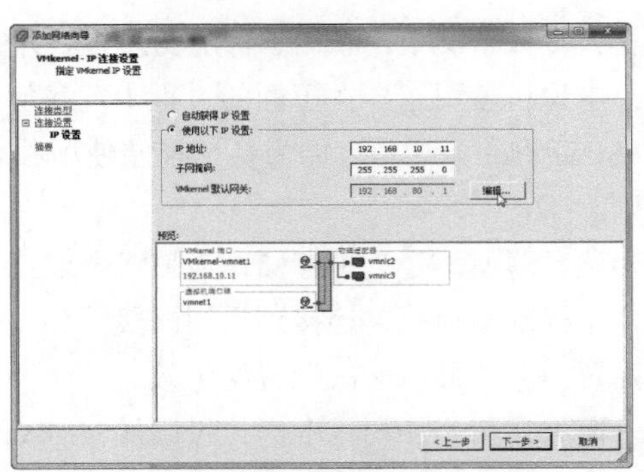

图 5-78　设置 VMkernel IP 地址

【说明】 只能为其中一个 VMkernel 设置网关。如果为多个 VMkernel 修改了网关地址，则最后修改的生效，即所有的 VMkernel 的网关以最后一个为准。因为这个原因，所以，一般只是用于管理 VMware ESXi 的 VMkernel 的端口组设置网关，这样其他 VLAN 的计算机，也能登录到 ESXi 的管理地址；而在为其他交换机（VSS 或 VDS）添加 VMkernel 端口时，一般不要修改网关地址，这样只有同一网段的计算机可以访问这个 VMkernel。

但是，不管是否有 VMkernel，是否修改网关，当虚拟机选择相对应的交换机时（VSS 或 VDS），在虚拟机中设置了对应网段的 IP 地址、子网掩码、网关后，是可以与其他 VLAN 互相访问的，这是没有任何问题的。

（6）在“即将完成”对话框，显示了新添加的 VMkernel 端口名称及设置，检查无误之后，单击“完成”按钮，如图 5-79 所示。

（7）返回到“vSwitch1 属性”对话框，单击“关闭”按钮，完成设置，如图 5-80 所示。

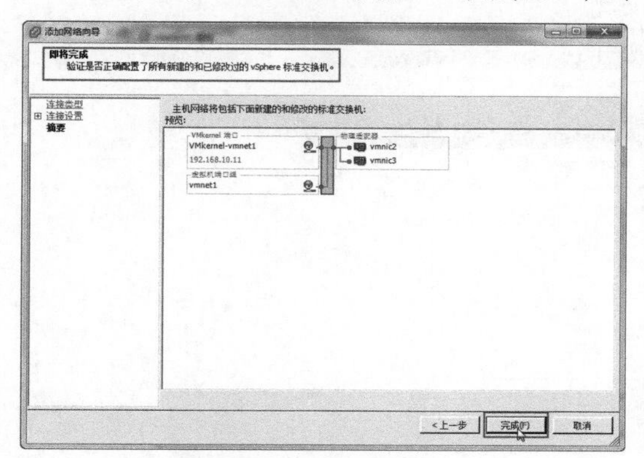

图 5-79　即将完成

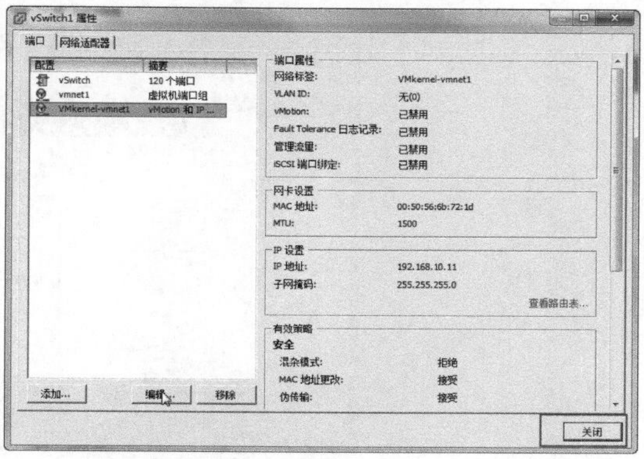

图 5-80　添加 VMkernel 端口组完成

（8）添加 VMkernel 端口之后，如图 5-81 所示。

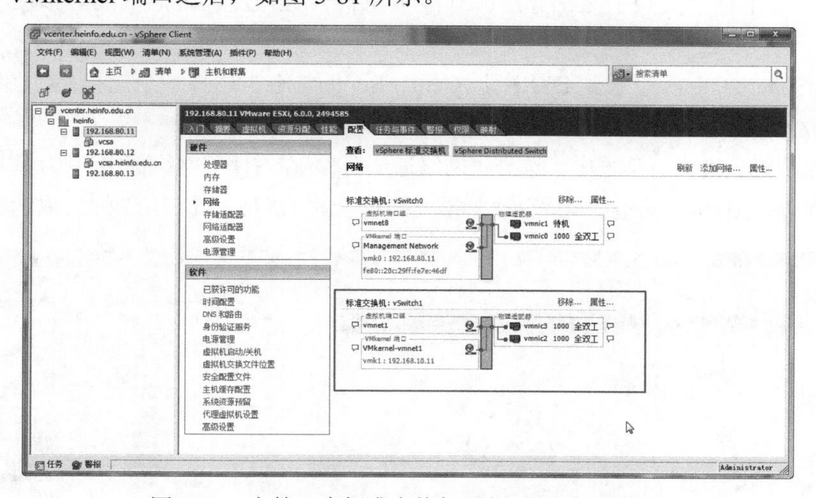

图 5-81　在第二个标准交换机添加 VMkernel 端口

请参照上面的步骤，为另外两台添加标准交换机、添加 VMkernel 端口，例如设置 ESXi-12 的第二个 VMkernel 端口的地址为 192.168.10.12，如图 5-82 所示。

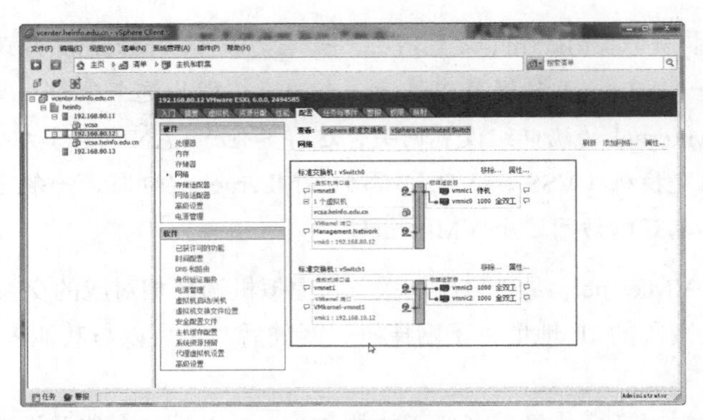

图 5-82　ESXi-12 主机的第 2 个 VSS 交换机的 VMkernel 地址

第 3 台 ESXi 主机 ESXi-13 的第 2 个标准虚拟机的 VMkernel 地址为 192.168.10.13，如图 5-83 所示。

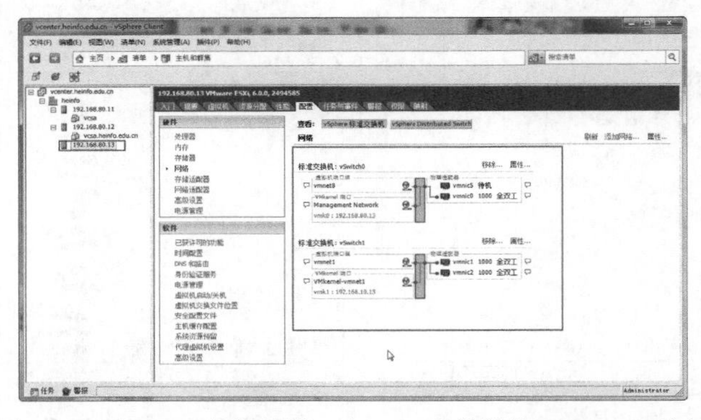

图 5-83　ESXi-13 主机的第 2 个 VSS 交换机的 VMkernel 地址

在添加了第 2 个标准交换机之后，再次修改虚拟机设置，发现虚拟机的虚拟网卡可以有更多选择：

（1）使用 vSphere Client 登录到 ESXi 或 vCenter Server，右击选择一个虚拟机，在弹出的对话框中选择“编辑设置”，如图 5-84 所示。

（2）在“虚拟机属性”对话框中，选择“网络适配器”，在右侧“网络标签”中可以看到，当前可供选择的属性有 vmnet1 和 vmnet8，这是两个标准交换机上的“虚拟机端口组”的名称，如图 5-85 所示。

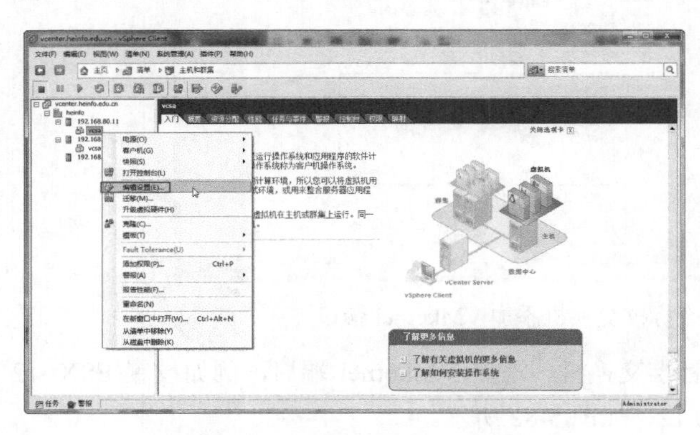

图 5-84　编辑虚拟机虚拟机

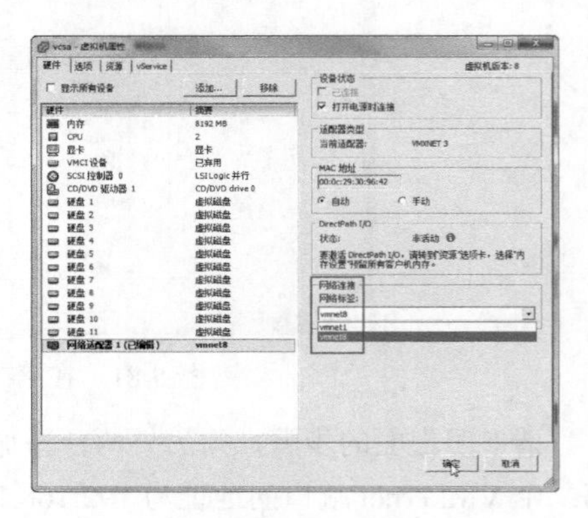

图 5-85　网络标签选择

除了修改现有虚拟机的网络适配器，还可以在新建虚拟机的时候，根据需要选择，例如（只介绍关键步骤，创建虚拟机的其他步骤忽略）：

（1）使用 vSphere Client 连接到 ESXi 或 vCenter Server，右击 ESXi 主机，在弹出的快捷菜单中选择“新建虚拟机”，如图 5-86 所示。

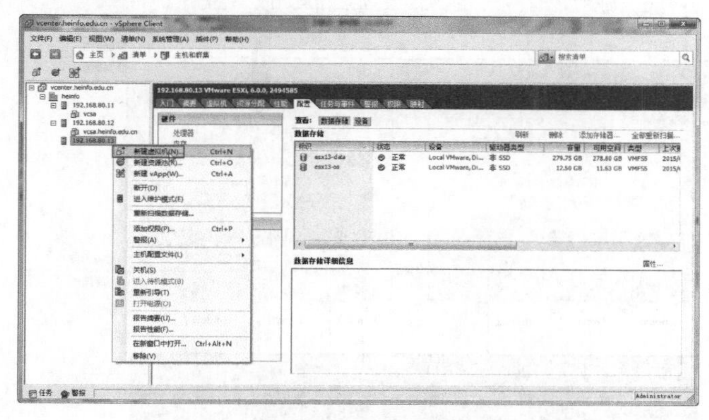

图 5-86　新建虚拟机

（2）在“网络”对话框中，在虚拟机网卡选择中，在“网络”下拉列表中，选择虚拟交换机，如图 5-87 所示。

（3）创建虚拟机的其他步骤，请参考本书第 3 章内容。直到创建虚拟机完成，如图 5-88 所示。

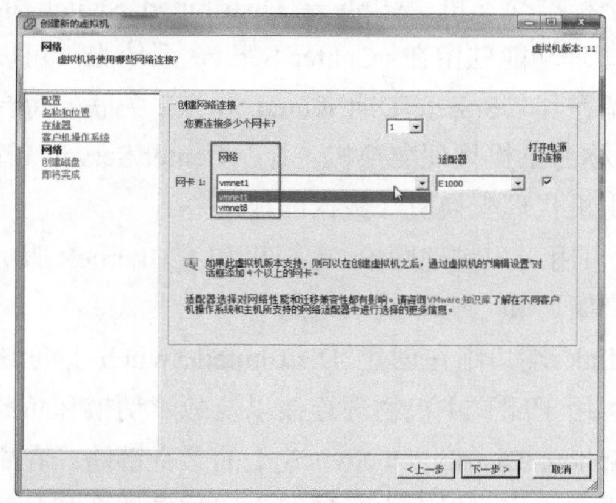

图 5-87　选择虚拟交换机

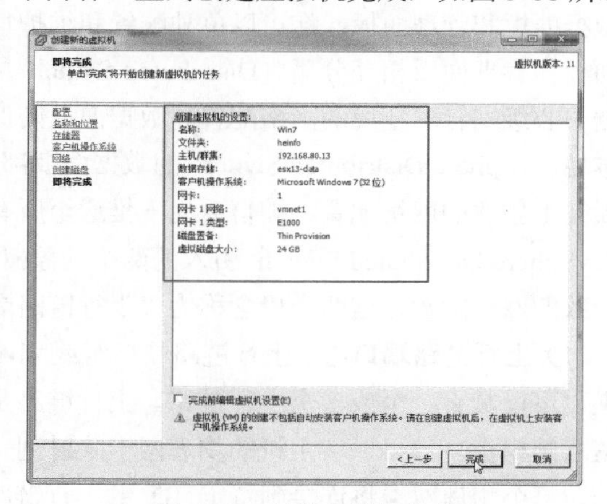

图 5-88　创建虚拟机完成

（4）之后在虚拟机中安装操作系统、安装 VMware Tools，根据图 5-87 的选择，设置对应网段的 IP 地址、子网掩码、网关，就可以接入网络。如果后期根据需要，修改了虚拟机的网络标签，也要修改虚拟机的 IP 地址、子网掩码、网关，这些不一一介绍。

5.3.6　vSphere Distributed Switch 概述

vSphere Distributed Switch 为与交换机关联的所有主机的网络连接配置提供集中化管理和监控。管理员可以在 vCenter Server 系统上设置 Distributed Switch，其设置将传播至与该交换机关联的所有主机。注意，vSphere Distributed Switch（VDS）需要由 vCenter Server 设置，而标准交换机（VSS）则由 ESXi 设置，这也是 VDS 与 VSS 的区别之一。vSphere Distributed Switch 架构如图 5-89 所示。

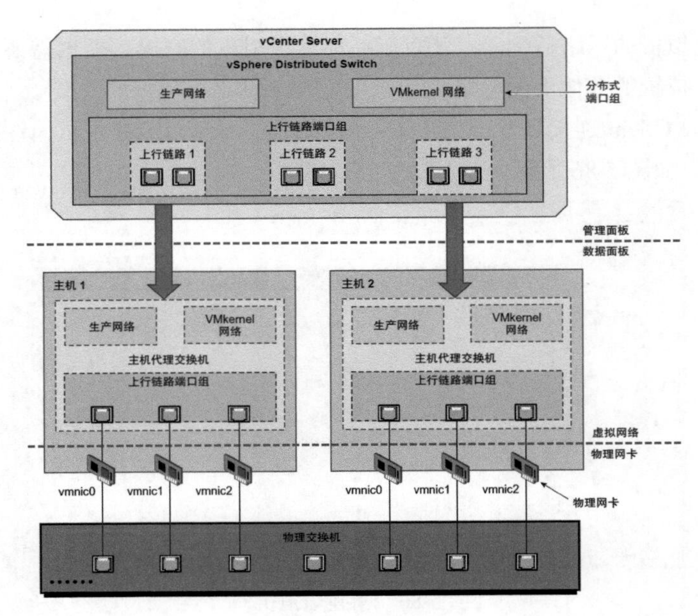

图 5-89　VDS 架构

vSphere 中的网络交换机由两个逻辑部分组成：数据面板和管理面板。数据面板可实现软件包交换、筛选和标记等。管理面板是用于配置数据面板功能的控制结构。vSphere 标准交换机同时包含数据面板和管理面板，您可以单独配置和维护每个标准交换机。vSphere Distributed Switch 的数据面板和管理面板相互分离。Distributed Switch 的管理功能驻留在 vCenter Server 系统上，可以在数据中心级别管理环境的网络配置。数据面板则保留在与 vSphere Distributed Switch 关联的每台主机本地。vSphere Distributed Switch 的数据面板部分称为主机代理交换机。在 vCenter Server（管理面板）上创建的网络配置将被自动向下推送至所有主机代理交换机（数据面板）。

vSphere Distributed Switch 引入的两个抽象概念可用于为物理网卡、虚拟机和 VMkernel 服务创建一致的网络配置，这两个概念称为“上行链路端口组”和“分布式端口组”。

（1）**上行链路端口组**。上行链路端口组或 dvuplink 端口组在创建 Distributed Switch 期间进行定义，可以具有一个或多个上行链路。上行链路是可用于配置主机物理连接以及故障切换和负载平衡策略的模板。您可以将主机的物理网卡映射到 vSphere Distributed Switch 上的上行链路。在主机级别，每个物理网卡将连接到特定 ID 的上行链路端口。您可以对上行链路设置故障切换和负载平衡策略，这些策略将自动传播到主机代理交换机或数据面板。因此，您可以为与 Distributed Switch 关联的所有主机的物理网卡应用一致的故障切换和负载平衡配置。

（2）**分布式端口组**。分布式端口组可向虚拟机提供网络连接并供 VMkernel 流量使用。您使用对于当前数据中心唯一的网络标签来标识每个分布式端口组。您可以在分布式端口组上配置网卡成组、故障切换、负载平衡、VLAN、安全、流量调整和其他策略。连接到分布式端口组的虚拟端口具有为该分布式端口组配置的相同属性。

与上行链路端口组一样，在 vCenter Server（管理面板）上为分布式端口组设置的配置将通过其主机代理交换机（数据面板）自动传播到 vSphere Distributed Switch 上的所有主机。因此，您可以配置一组虚拟机以共享相同的网络配置，方法是将虚拟机与同一分布式端口组关联。

例如，假设在数据中心创建一个 vSphere Distributed Switch，然后将两个主机与其关联。您为上行链路端口组配置了三个上行链路，然后将每个主机的一个物理网卡连接到一个上行链路。通过此方法，每个上行链路可将每个主机的两个物理网卡映射到其中，例如上行链路 1 使用主机 1 和主机 2 的 vmnic0 进行配置。接下来，您可以为虚拟机网络和 VMkernel 服务创建生产和 VMkernel 网络分布式端口组。此外，还会分别在主机 1 和主机 2 上创建生产和 VMkernel 网络端口组的表示。您为生产和 VMkernel 网络端口组设置的所有策略都将传播到其在主机 1 和主机 2 上的表示。

为了确保有效地利用主机资源，将在运行 ESXi 5.5 及更高版本的主机上动态地按比例增加和减少代理交换机的分布式端口数。此主机上的代理交换机可扩展至主机上支持的最大端口数。端口限制基于主机可处理的最大虚拟机数来确定。

从虚拟机和 VMkernel 适配器向下传递到物理网络的数据流取决于为分布式端口组设置的网卡成组和负载平衡策略。数据流还取决于 Distributed Switch 上的端口分配。

vSphere Distributed Switch 上的网卡成组和端口分配如图 5-90 所示。

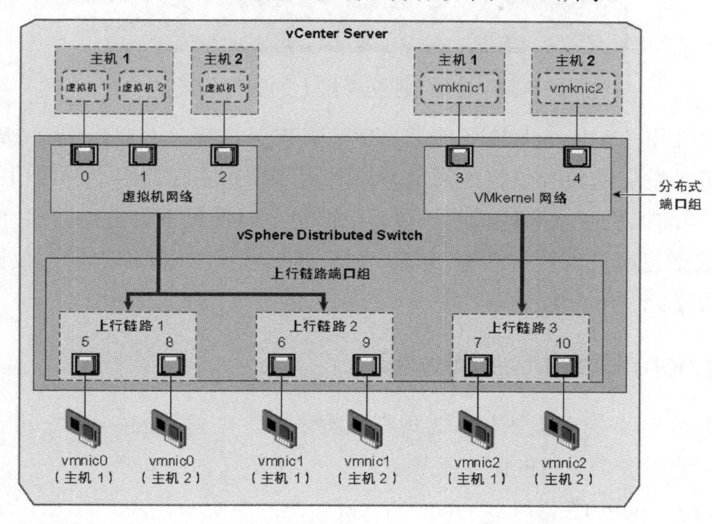

图 5-90 vSphere Distributed Switch 上的网卡成组和端口分配

例如，假设创建分别包含 3 个和 2 个分布式端口的虚拟机网络和 VMkernel 网络分布式端口组。vSphere Distributed Switch 会按 ID 从 0 到 4 的顺序分配端口，该顺序与创建分布式端口组的顺序相同。然后，将主机 1 和主机 2 与 Distributed Switch 关联。Distributed Switch 会为主机上的每个物理网卡分配端口，端口将按添加主机的顺序从 5 继续编号。要在每个主机上提供网络连接，请将 vmnic0 映射到上行链路 1、将 vmnic1 映射到上行链路 2 、将 vmnic2 映射到上行链路 3。

【说明】通过图 5-90 我们可以了解到，作为 vSphere Distributed Switch 的上行链路的主机物理网卡，可以连接到相同属性的交换机端口，也可以连接到不同属性的交换机端口，只要在创建分布式端口组后，修改端口组上行链路绑定属性，将虚拟端口组与对应属性的网卡一一对应即可。

要向虚拟机提供连接并供 VMkernel 流量使用，可以为虚拟机网络端口组和 VMkernel 网络端口组配置成组和故障切换。上行链路 1 和上行链路 2 处理虚拟机网络端口组的流量，而上行链路

3 处理 VMkernel 网络端口组的流量。

主机代理交换机上的数据包流量如图 5-91 所示。

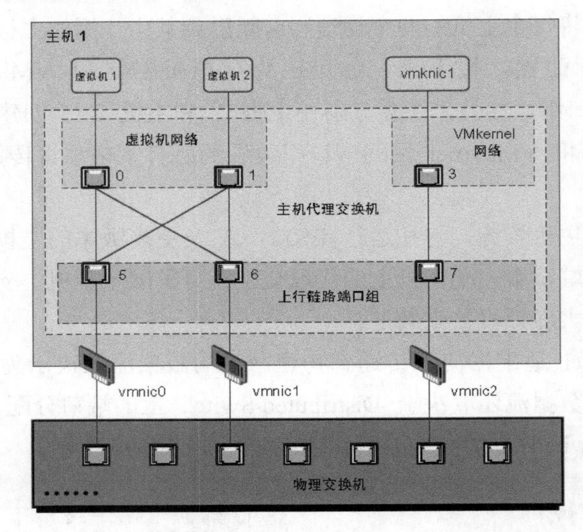

图 5-91 主机代理交换机上的数据包流量

在主机端，虚拟机和 VMkernel 服务的数据包流量将通过特定端口传递到物理网络。例如，从主机 1 上的 虚拟机 1 发送的数据包将先到达虚拟机网络分布式端口组上的端口 0。由于上行链路 1 和上行链路 2 处理虚拟机网络端口组的流量，数据包可以通过上行链路端口 5 或上行链路端口 6 继续传递。如果数据包通过上行链路端口 5，则将继续传递 vmnic0；如果数据包通过上行链路端口 6，则将继续传递到 vmnic1。

5.3.7 创建 vSphere Distributed Switch

在此我们仍然用图 5-60 的实验拓扑，为现有数据中心，创建 vSphere Distributed Switch，以便在一个中央位置同时处理多个主机的网络配置。

（1）使用 vSphere Client 连接到 vCenter Server，在“主页→清单”中单击“网络”图标，如图 5-92 所示。

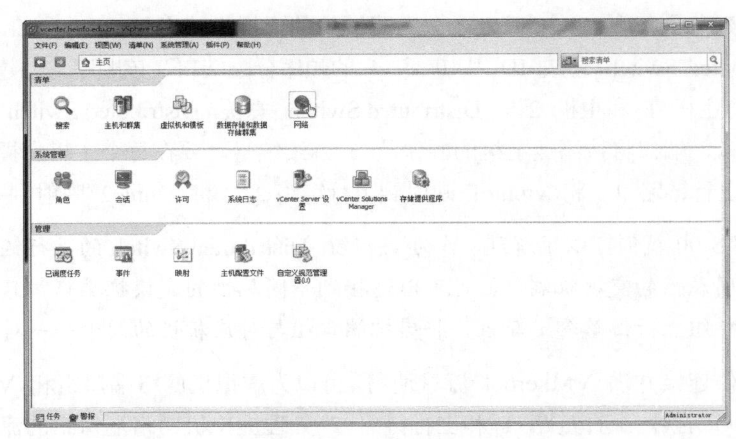

图 5-92 网络图标

（2）打开“主页→清单→网络”，左键单击数据中心，在右侧单击“添加 vSphere Distributed Switch”，如图 5-93 所示。

（3）在“选择 vSphere Distributed Switch 版本”对话框，选择要使用的分布式交换机版本，在此选择“vSphere Distributed Switch 版本：6.0.0”，如图 5-94 所示。

图 5-93　添加 vSphere Distributed Switch

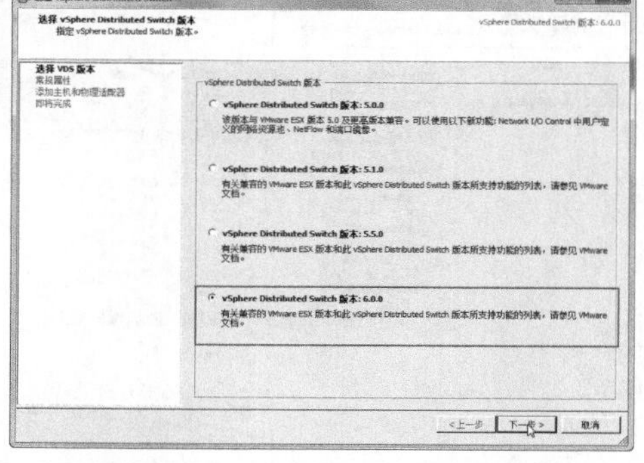

图 5-94　选择分布式交换机版本

在此对话框中有 4 项，分别是：

vSphere Distributed Switch 版本:5.0.0 与 VMware ESXi 5.0 及更高版本兼容。不支持与更高版本的 vSphere Distributed Switch 一起发布的功能。

vSphere Distributed Switch 版本:5.1.0 与 VMware ESXi 5.1 及更高版本兼容。不支持与更高版本的 vSphere Distributed Switch 一起发布的功能。

vSphere Distributed Switch 版本:5.5.0 与 ESXi 5.5 及更高版本兼容。不支持与更高版本的 vSphere Distributed Switch 一起发布的功能。

vSphere Distributed Switch 版本: 6.0.0 与 ESXi 6.0 及更高版本兼容。

（4）在“常规属性”对话框，指定 vSphere Distributed Switch 属性，在“名称”文本框中，设置“端口组名称”，或者接受系统生成的名称。如果系统具有自定义端口组要求，则在添加 vSphere Distributed Switch 后，创建满足这些要求的分布式端口组。在“上行链路端口数”文本框中，设置上行链路端口数，此值可以在 1～32 之间设置。上行链路端口是将 vSphere Distributed Switch 连接到关联主机上的物理网卡。上行链路端口数是允许每台主机与 vSphere Distributed Switch 建立的最大物理连接数。在本实例中，一共有 3 台主机，每个主机（可用，规划）的上行链路（网卡）是 2，所以在此设置为 2，如图 5-95 所示。

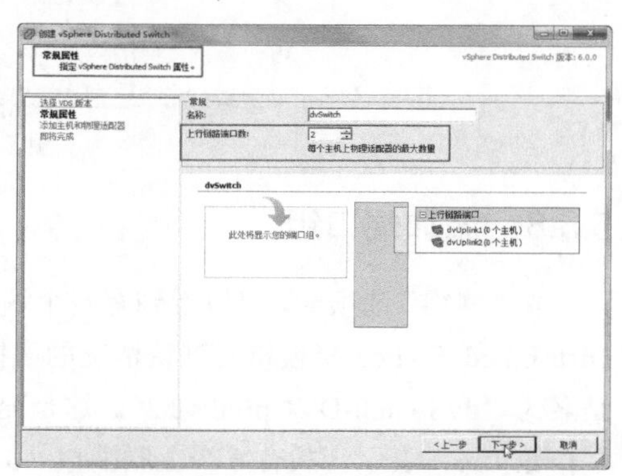

图 5-95　端口组名称与上行链路端口数

（5）在“添加主机和物理适配器”对话框中，选择添加到新的 vSphere Distributed Switch 中的主机和物理网卡。在“您希望何时向新的 vSphere Distributed Switch 中添加主机及其物理适配器”选项中选中“立即添加”单选按钮，然后在“主机/物理适配器”列表中，单击“+”按钮，展开要添加的主机，然后选中要添加到分布式交换机的主机网卡（由于原来每台主机的网卡已经分配完毕，现在每台主机剩余的网卡即是规划中、用于分布式交换机的物理网卡），选中之后，单击“下一步”按钮，如图 5-96 所示。

（6）在“即将完成”按钮，查看您选择的设置，然后单击“完成”按钮，如图 5-97 所示。在此会默认创建一个“dvPortGroup”的虚拟机端口组。

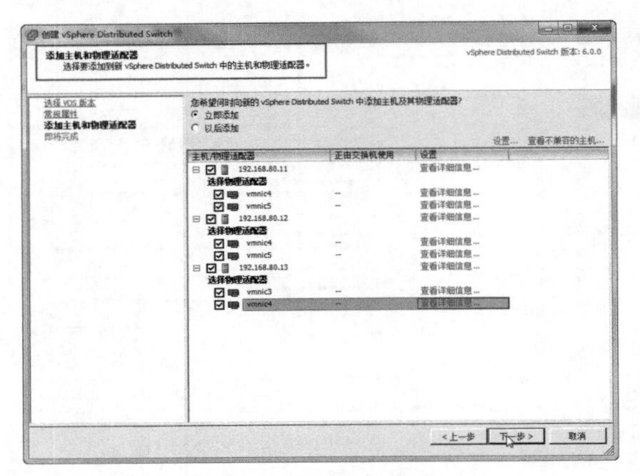

图 5-96　添加主机和物理网卡

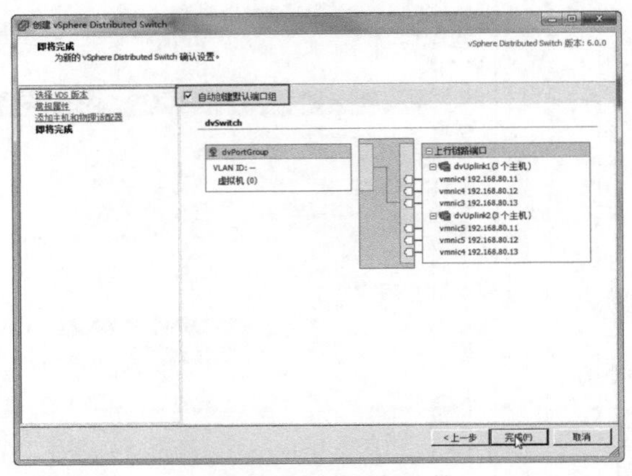

图 5-97　即将完成

（7）创建完 vSphere Distributed Switch 后，返回到 vSphere Client，如图 5-98 所示。

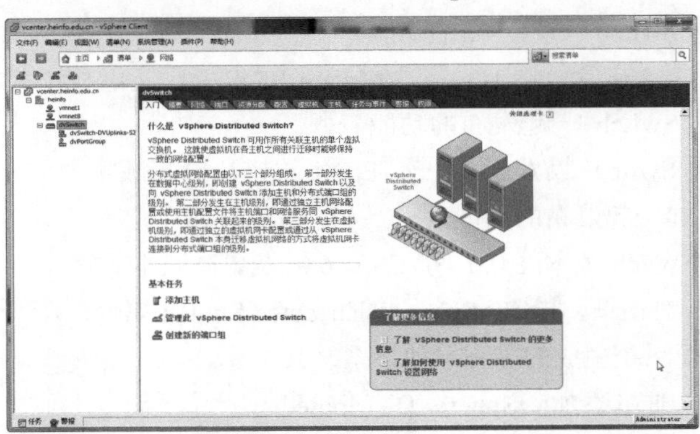

图 5-98　创建 VDS 完成

5.3.8　添加端口组

在“网络”选项卡，可以看到有两个端口组，其中一个名为“dvPortGroup”，这是在创建 vSphere Distributed Switch 交换机时默认情况的虚拟机端口图（图 5-97 中，自动创建默认端口组）。另一个是名为“dvSwitch-DVUplinks-52”，这是交换机上联端口组，代理物理网卡。在“端口数”选项中，端口数为 6，表示一共有 6 个上联端口（3 个主机，每个主机 2 块网卡，共 6 块），如图 5-99 所示。

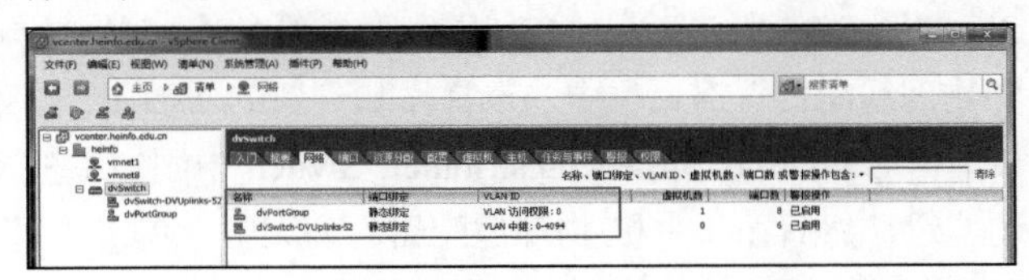

图 5-99　虚拟机端口组

在虚拟机中，可以使用的网络标签（或虚拟机端口组）是“dvPortGroup”，修改虚拟机的设置，在“网络标签”中，可以看到名为 dvPortGroup 的标签，如图 5-100 所示。

在正常的情况下，如果组成 vSphere Distributed Switch 的网卡（即上行链路），连接到交换机的 Access 端口，那么，为选择 dvPortGroup 网络标签的虚拟机，设置这个 Access 端口对应的 IP 地址，虚拟机即可通讯。如果是这样，最后是在“网络”中，右击名称，在弹出的对话框中选择“编辑设置”，打开设置对话框，修改标签名称，例如交换机连接到 vlan1018，则修改名称为 vlan1018，如图 5-101 所示。

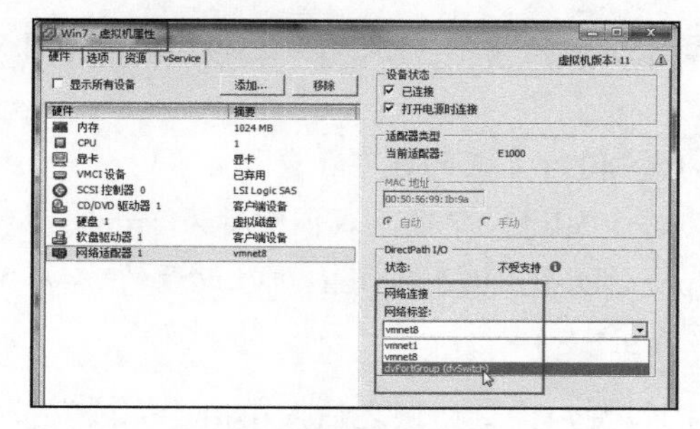

图 5-100　网络标签

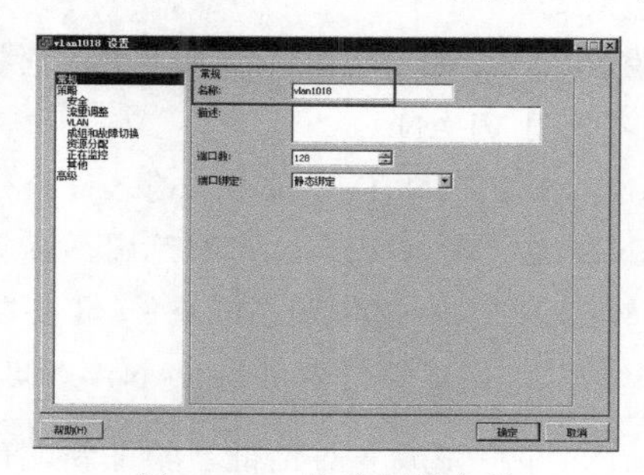

图 5-101　修改标签名称

在修改了标签名称后，如果虚拟机已经使用原来的“网络标签”名称，请修改虚拟机的设置，使用修改后的网络标签。

但是，在我们此次的规划中，添加到 vSphere Distributed Switch 的每台服务器的网卡连接到交换机的 Trunk 端口，而默认创建的虚拟机端口组 dvPortGroup，并没有为其分配 VLAN 属性及 VLAN ID，所以为虚拟机分配 dvPortGroup，无论设置网络中哪个 VLAN 的地址，虚拟机的网络都不会连通。

对于上联端口连接到交换机 Trunk 端口的虚拟交换机，无论是标准交换机还是 vSphere Distributed Switch，需要添加虚拟机端口组，并且为每个端口组指定 VLAN ID，这些虚拟机端口组才能分配给虚拟机使用。

在我们此次实验中，我们规划了三台 ESXi 主机，为每个主机规划了 6 个网卡。其中每两个网卡对应一个虚拟交换机，其中每个主机的最后两个网卡，用于配置 vSphere Distributed Switch。我们假设这两个网卡连接到交换机的 Trunk 端口，现在我们假设，在三层交换机上，有 vlan1001 及 vlan1002 两个网段。我们在下面的操作中，为 vSphere Distributed Switch 添加两个端口组，分别对于 vlan1001 及 vlan1002。

（1）使用 vSphere Client 登录到 vCenter Server，选择“主页→清单→网络”，在左侧，选中 vSphere Distributed Switch，单击“网络”选项卡，在空白窗格中用鼠标右击，在弹出的快捷菜单中选择“新建端口组”，如图 5-102 所示。

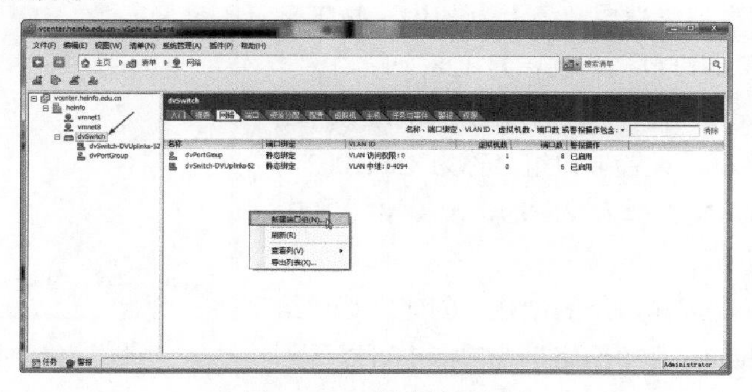

图 5-102　新建端口组

（2）打开“属性”对话框，在“名称”文本框中输入新建端口组名称，一般与 VLAN 名称对应，在此命名为 vlan1001，默认的端口数是 8，可以根据需要修改(每个端口可以连接一个虚拟机)。在“VLAN 类型”下拉列表中选择 VLAN，然后在“VLAN ID”处输入当前虚拟机端口组对应的 VLAN ID，在此为 1001（此数值范围为 1～4094），如图 5-103 所示。

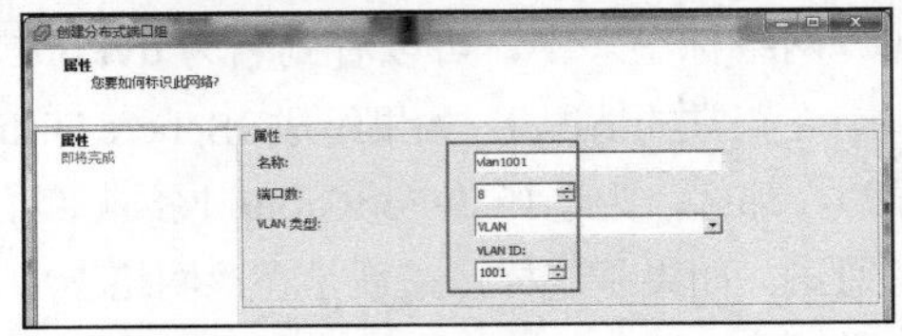

图 5-103　设置端口组名称、端口数、VLAN ID

【说明】在“VLAN 类型”下拉菜单中，可供选择的选项有“无”、VLAN、VLAN 中继、专用 VLAN。

无：不使用 VLAN。

VLAN：在 VLAN ID 字段中，输入一个介于 1 和 4094 之间的数字（包括 4094）。

VLAN 中继：输入 VLAN 中继范围，在交换机中，VLAN 中继，我们常称为 Trunk。

专用 VLAN：选择专用 VLAN 条件（需要在 vSphere Distributed Switch 属性设置的“专用 VLAN”中添加），如果未创建任何专用 VLAN，则此菜单为空。

（3）在“即将完成”对话框，验证新端口组的设置，检查无误之后，单击“完成”按钮，如图 5-104 所示。

返回到 vSphere Client，可以看到新建的端口组，在新建的端口组中，显示了端口组的 VLAN ID、使用的虚拟机数、端口数，如图 5-105 所示。

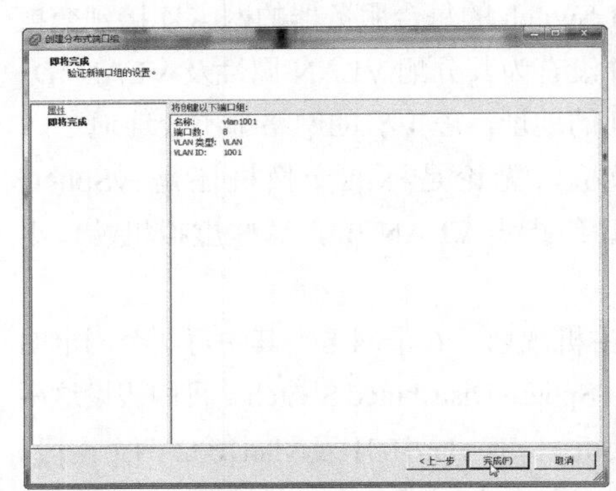

图 5-104　创建端口组完成

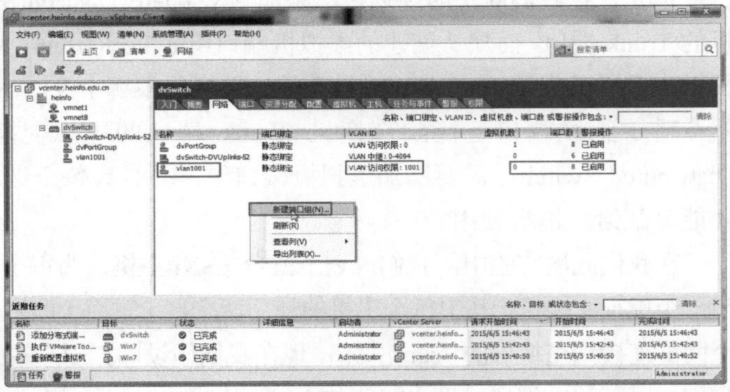

图 5-105　端口组属性

在 vSphere 6 中，新建的端口组，默认端口数为 8，如果端口数不够，可以修改。也可以在创建端口时指定端口数。在 vSphere 6 中，虚拟机端口数最大为 8192。接下来创建 vlan1002 的虚拟机端口数，为其指定 128 个端口。

（1）在图 5-105 中，右击，选择新建端口组，进入“创建分布式端口组”对话框，设置端口组名称为 vlan1002，设置端口数为 128，VLAN 类型为 VLAN，设置 VLAN ID 为 1002，如图 5-106 所示。

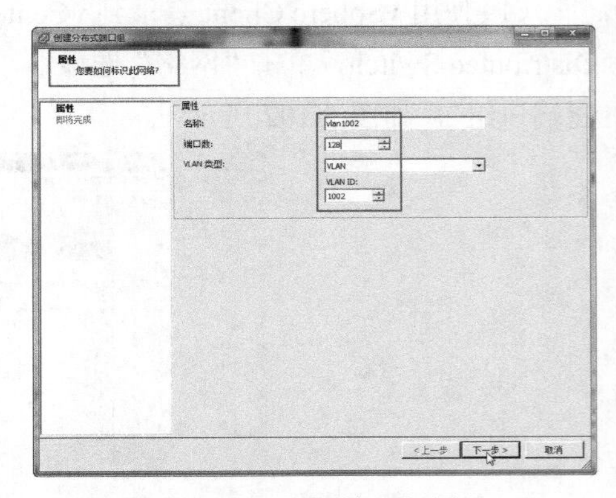

图 5-106　设置端口组属性

（2）之后根据向导完成端口组的创建，创建完端口组后，返回到 vSphere Client，在“网络”选项卡中可以看到新建的端口组，如图 5-107 所示。

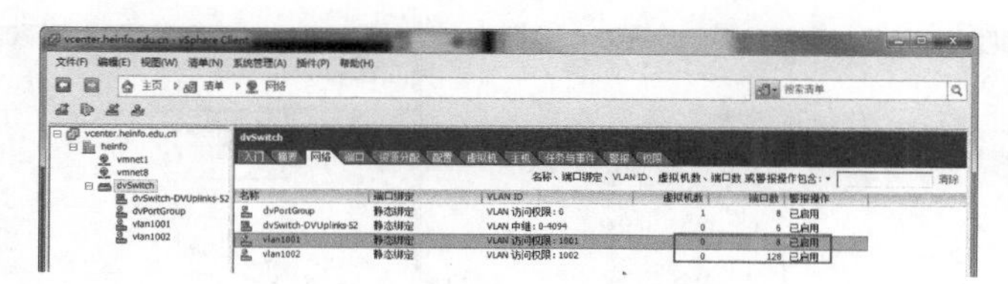

图 5-107　创建两个端口组

5.3.9　为虚拟机分配端口组

在实际的生产环境中，在创建了标准交换机或分布式交换机，再添加了端口组后，为虚拟机网卡，分配对应的虚拟机端口、再在虚拟机中设置对应的 IP 地址、子网掩码、网关，就可以与网络中其他计算机或虚拟机通讯，如图 5-108 所示。

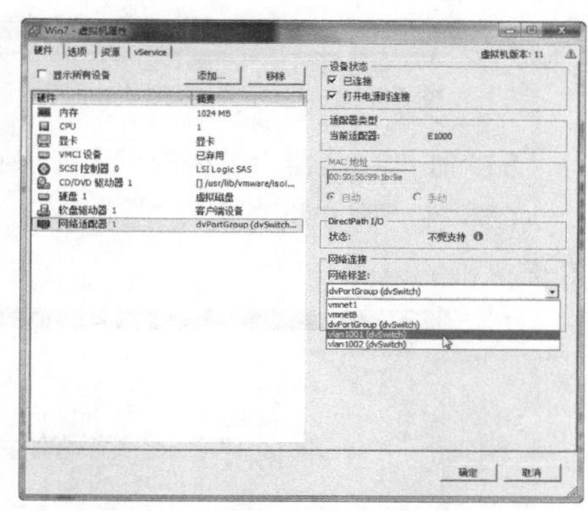

图 5-108　分配网络标签

在我们当前的实验环境中，分布式交换机连接的是一个“自定义”的、名为 vlan 的虚拟交换机（图 9-2 中设计的实验环境、图 9-4 中设置的虚拟机），然后我们创建了 vlan1001、vlan1002 两个虚拟机端口组。此时我们如果为虚拟机分配 vlan1001 或 vlan1002，设置的地址与其他主机上使用 vmnet1、vmnet8 端口组的虚拟机，不能通讯。请注意，在实际环境中，这些是可以通讯的。但因为我们是用的 VMware Workstation 虚拟环境的原因。

为了演示使用 vlan1001、vlan1002，我们接下来，分别在 192.168.80.11 及 192.168.80.13 上，各配置一个虚拟机，为虚拟机同时分配使用 vlan1001 或 vlan1002 时，运行在这两个不同主机上的虚拟机之间是可以通讯的（因为都连接到一个虚拟交换机 vlan）。在接下来的操作中，我们将从 192.168.80.13 的主机中，将已经安装好操作系统的虚拟机，在 192.168.80.11 主机上克隆一个，然后使用这两个虚拟机做测试。

（1）使用 vSphere Client 登录到 vCenter Server，关闭 192.168.80.13 主机上的一个名为 win7 的虚拟机（该虚拟机已经安装了 Windows 7 操作系统，你也可以找一个安装其他操作系统的的虚拟机），右击，在弹出的快捷菜单中选择“克隆”，如图 5-109 所示。

图 5-109　克隆

（2）在“名称和位置”对话框，设置新的虚拟机名称为“win7-11”，如图 5-110 所示。

（3）在“主机/群集”对话框，从数据中心中选择承放新虚拟机的主机，在此选择 192.168.80.11，如图 5-111 所示。

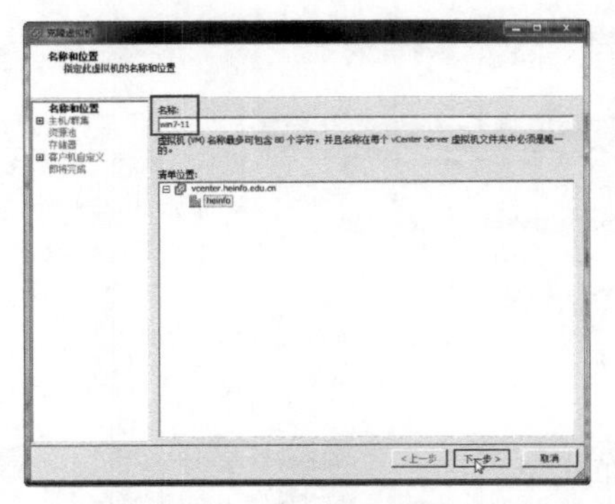

图 5-110　指定新虚拟机的名称和位置

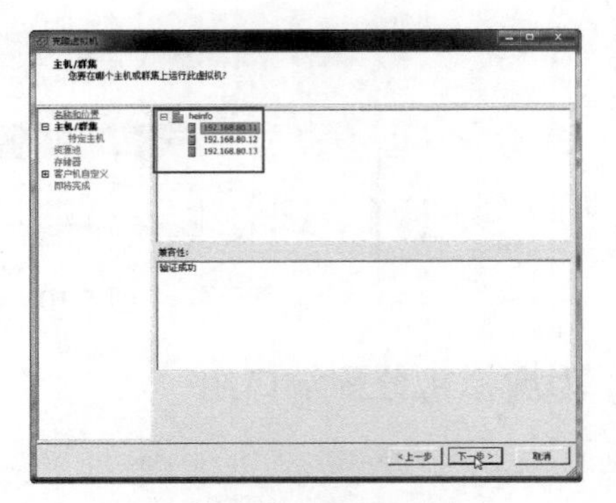

图 5-111　选择目标主机

（4）在“存储器”对话框，选择保存虚拟机的存储位置，在此选择 esx11-data，如图 5-112 所示。

（5）在“客户机自定义”对话框，选择“不自定义”，如图 5-113 所示。也可以选中“创建后打开虚拟机的电源”。

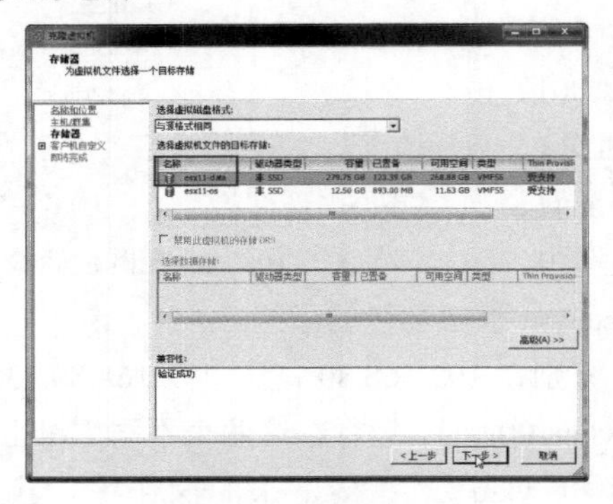

图 5-112　选择存储器

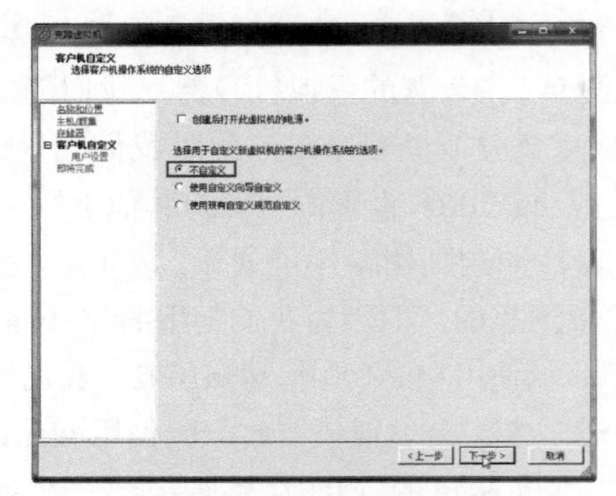

图 5-113　客户机自定义

（6）在“即将完成”对话框，显示了克隆虚拟机的设置，检查无误之后，单击“完成”按钮，如图 5-114 所示。

之后等待虚拟机克隆完成，在“近期任务”中会显示任务进度。等克隆完成后，可以看到在 192.168.80.11 的主机中，已经有一个名为 win7-11 的虚拟机，如图 5-115 所示。

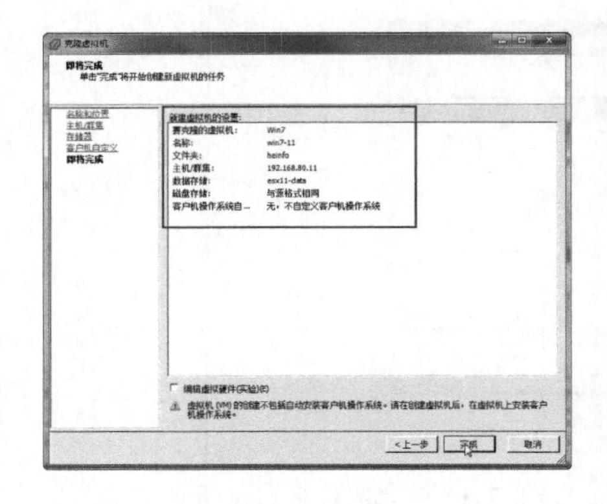

图 5-114　即将完成

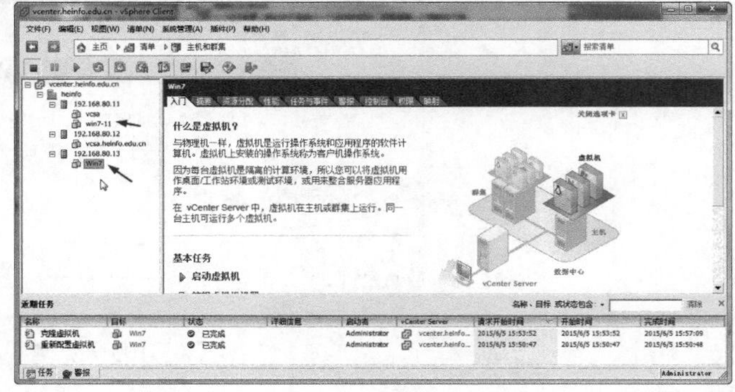

图 5-115　克隆虚拟机完成

之后启动这两个虚拟机，并为这两个虚拟机都选择 vlan1001 或 vlan1002（当然选择其他任何一个相同的网络标签都可以），然后打开虚拟机控制台，进入命令提示窗口，执行 ipconfig 查看这两台虚拟机的 IP 地址，然后使用 ping 命令，查看是否连通（在“高级安全 Windows 防火墙”选项中，启用“回显请求-ICMP v4”），如图 5-116 所示。

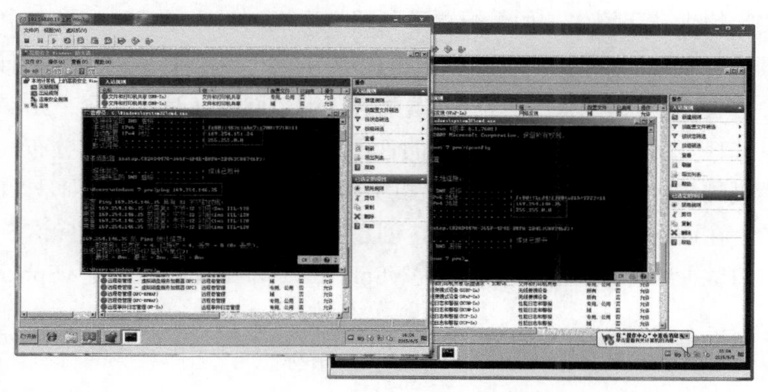

图 5-116 使用 ping 命令测试

在图 5-116 中，由于 vlan1001 与 vlan1002 中没有 DHCP 服务器，所以自动获得 169.254.0.0/16 的地址，可以直接使用这些地址进行测试。如果不使用 169.254.0.0/16 的地址，也可以为这两个虚拟机设置同一网段的地址测试，例如为其分配 111.111.111.0 的地址进行测试，如图 5-117 所示。

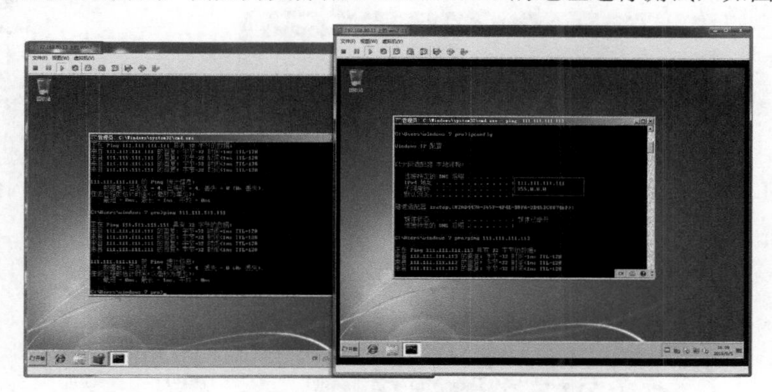

图 5-117 使用其他地址段测试

192.168.80.13 主机上的 win7 虚拟机的网络标签设置如图 5-118 所示，192.168.80.11 主机上的 win7-11 虚拟机网络标签设置如图 5-119 所示。

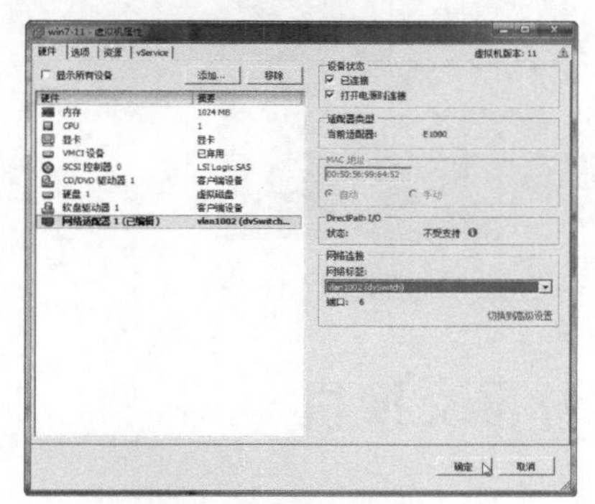

图 5-118 网络设置

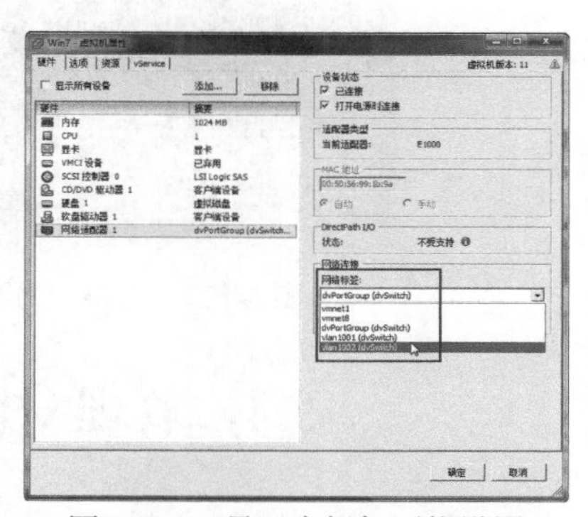

图 5-119 另一虚拟机网络设置

在本次实验中，如果两个虚拟机，选择的“网络标签”不同（选择 vmnet1 与 vmnet8 除外，因为 vmnet1 与 vmnet8 已经可以互通，这是由 Windows Server 2008 R2 主机的“路由和远程访问服务”实现的互通，相当于一个软路由），则两个虚拟机不能互通。因为在当前的实验环境中没有真正的三层交换机。而在实际的生产环境中，如果配置了三层交换机，只要是三层交换机中存在的 VLAN，并且在三层交换机没有做限制策略时，各个网段的虚拟机是可以互通的。例如下面的实例：

（1）某数据中心有三台服务器，每台服务器配有 4 端口网卡（是有 4 个千兆端口，服务器主板集成），其中两个端口用于管理，设置了 ESXi 的管理地址；另 2 个网卡组成分布式交换机，这些网卡连接到核心交换机的 Trunk 端口。在三层交换机中，划分有 5 个 VLAN，分别是 VLAN 1017、1018、1019、1020、1022。在创建分布式交换机之后，创建了 5 个端口组，分别对应这 5 个 VLAN，每个端口组有 128 个端口数（当前所示生产环境中是 vSphere 5.5 的版本，并不是 vSphere 6），如图 5-120 所示。

（2）在数据中心中的虚拟机，修改网络适配器“网络标签”，选择对应的标签，如图 5-121 所示。

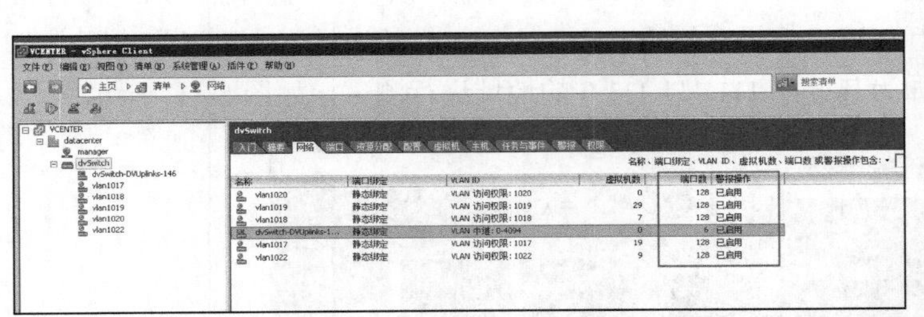

图 5-120　某生产环境中分布式虚拟交换机

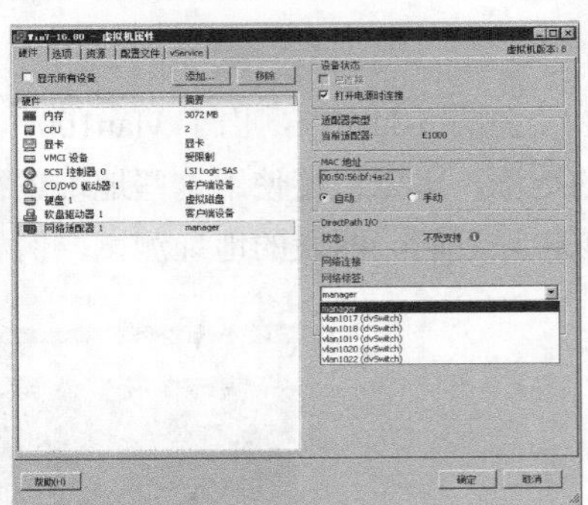

图 5-121　选择网络标签

之后再在虚拟机中，设置对应 VLAN 的 IP 地址、子网掩码、网关，即可以与当前整个数据中心网络互通，如图 5-122 所示。

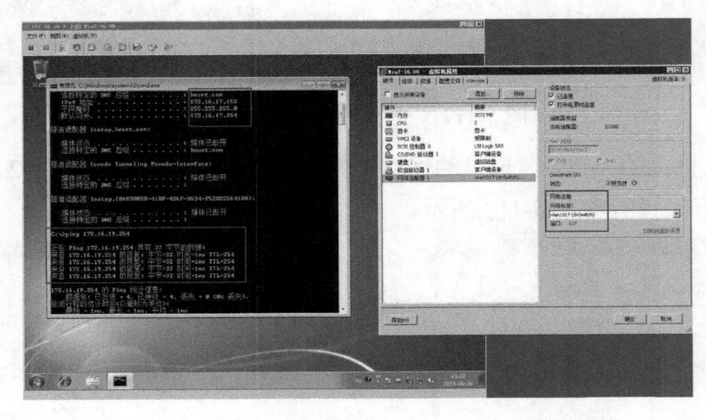

图 5-122　获得一个网段地址，ping 另一网段地址

5.4　管理 vSphere 标准交换机

本节将会介绍 vSphere 标准交换机（VSS）的一些内容，有些内容同样可以应用于 vSphere

Distributed Switch（VDS，分布式交换机）。下面介绍标准交换机的一些配置。

5.4.1　vSwitch 属性

首先介绍标准交换机中的 vSwitch 属性，有些属性、设置同样应用于虚拟机端口组。

（1）使用 vSphere Client 登录到 ESXi 或 vCenter Server，在左侧选中某个主机，在右侧选中“配置→硬件→网络”，默认情况下，会显示“vSphere 标准交换机”视图，可以看到所选主机的标准交换机、每个标准交换机的端口组、VMkernel 端口及端口组地址，如图 5-123 所示。

【说明】如果，单击“vSphere Distributed Switch”，切换到 vSphere Distributed Switch 视图，可以看到当前所选主机的分布式交换机视图，如图 5-124 所示。

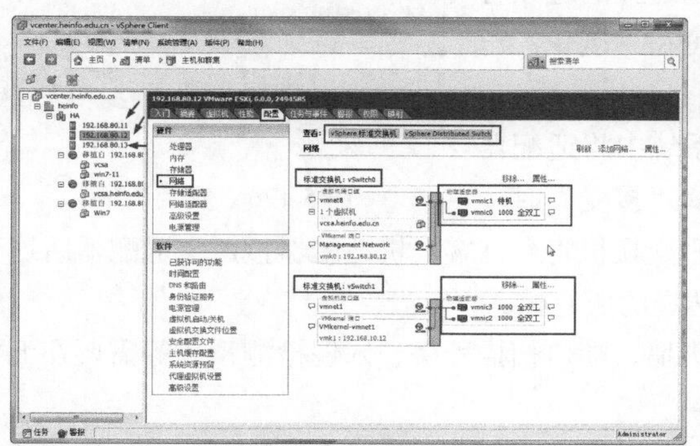

图 5-123　标准交换机

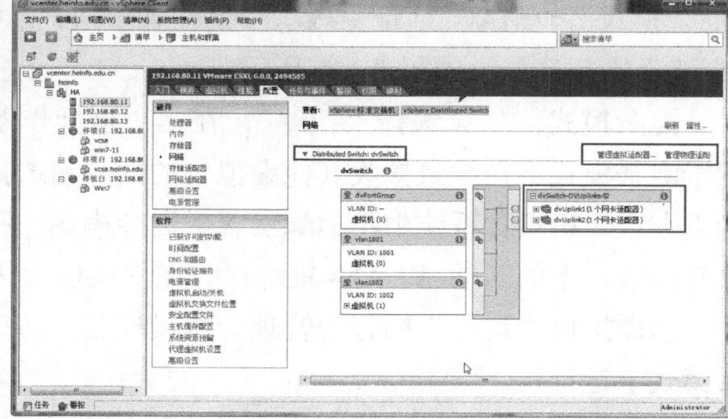

图 5-124　分布式交换机视图

（2）在“vSphere 标准交换机”视图中，选中一个标准交换机，例如“vSwitch0”，在右侧单击“属性”（注意不要单击右上角的“属性”按钮），打开“vSwitch0 属性”对话框，在“端口”选项卡中，会显示当前标准交换机的属性、虚拟机端口组等信息。选中“vSwitch”，单击“编辑”按钮，打开“vSwitch0 属性”对话框，在“常规”选项卡中，可以修改标准交换机的端口数和 MTU 值，如图 5-125 所示。

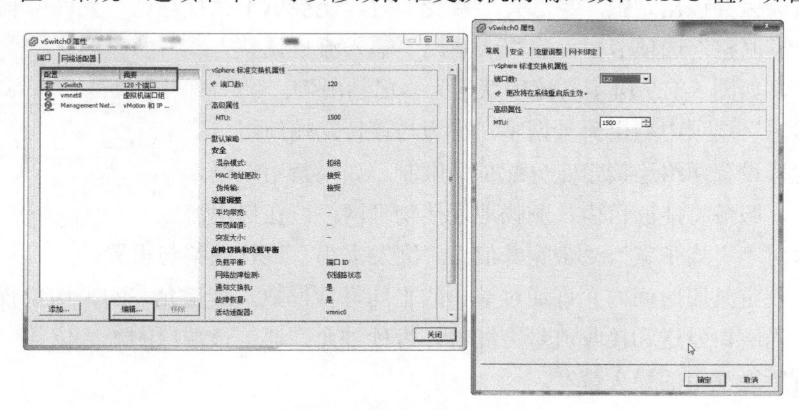

图 5-125　端口数与 MTU

端口数：为了确保高效使用主机资源，在运行 ESXi 5.5 及更高版本的主机上，虚拟交换机的端口数将按比例动态增加和减少。此主机上的交换机可扩展至主机上支持的最大端口数。端口限制基于主机可处理的最大虚拟机数来确定。运行 ESXi 5.1 及更低版本的主机上的每个虚拟交换机均提供有限数量的端口，虚拟机和网络服务可以通过这些端口访问一个或多个网络。您必须根据您的部署要求手动增加或减少端口数。

【说明】增加交换机的端口数将导致预留和消耗主机上更多的资源。如果某些端口未被占用，则某些可能需要用于其他操作的主机资源将保持锁定和未使用状态。vSphere 虚拟机端口数可供选择的数值是 8、24、56、120、248、504、1016、2040、4088 之间选择，如果更改端口数后，ESXi 主机需要重启才能生效。

MTU：最大传输单元。更改 vSphere 标准交换机上最大传输单元 (MTU) 的大小，即增加使用单个数据包传输的负载数据量（也就是启用巨帧）来提高网络效率，在 vSphere 中，通过将 MTU (字节) 设置为大于 1500 的数值可启用巨帧。但不能将 MTU 大小设置为大于 9000 字节。

（3）在“安全”选项卡下，编辑安全异常。可供选择的选项有“混杂模式”、“MAC 地址更改”、“伪传输”，每项可在“接受”与“拒绝”之间选择，如图 5-126 所示。

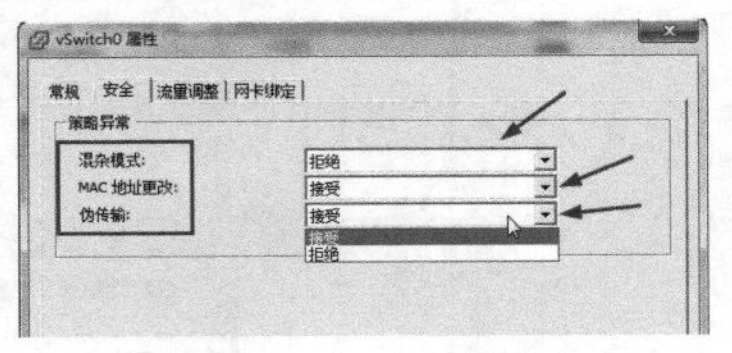

图 5-126　安全选项

混杂模式：如果选择“拒绝”，在客户机操作系统中将适配器置于混杂模式不会导致接收其他虚拟机的帧。当选择“接受”时，如果在客户机操作系统中将适配器置于混杂模式，则交换机将允许客户机适配器按照该适配器所连接到的端口上的活动 VLAN 策略接收在交换机上传递的所有帧。

当虚拟机中运行上网行为管理、流量控制、防火墙、端口扫描程序、入侵检测系统等需要在混杂模式下运行。

MAC 地址更改：如果将此选项设置为拒绝，并且客户机操作系统将适配器的 MAC 地址更改为不同于 .vmx 配置文件中的地址，则交换机会丢弃所有到虚拟机适配器的入站帧。如果客户机操作系统恢复 MAC 地址，则虚拟机将再次收到帧。当选择“接受”时，如果客户机操作系统更改了网络适配器的 MAC 地址，则适配器会将帧接收到其新地址。

伪传输：当选择“拒绝”时，如任何出站帧的源 MAC 地址不同于 .vmx 配置文件中的源 MAC 地址，则交换机会丢弃该出站帧。当选择“接受”时，交换机不执行筛选，允许所有出站帧通过。

（4）在“流量调整”选项卡中，启用或禁用“输入流量调整”或“输出流量调整”，如图 5-127 所示（该项默认为“已禁用”）。

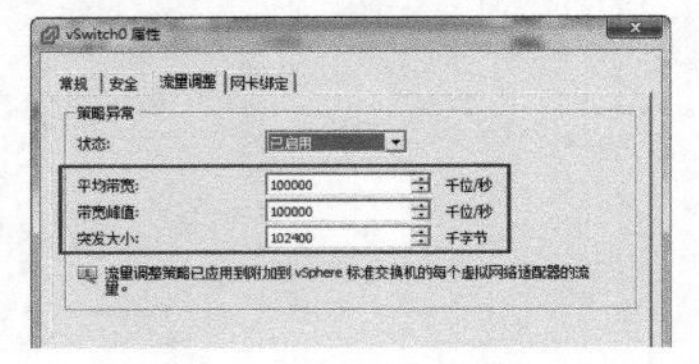

图 5-127　流量调整

如果在“状态”选项中启用流量调整，将为与该特定端口组关联的每个虚拟适配器设置网络连接带宽分配量的限制。如果禁用策略，则在默认情况下，服务将能够自由、顺畅地连接物理网络。在启用流量调整后，可以对“平均带宽”、“带宽峰值”、“突发大小”进行调整与设置。

平均带宽：规定某段时间内允许通过端口的平均每秒位数。这是允许的平均负载。

带宽峰值：当端口发送和接收流量突发时，每秒钟允许通过该端口的最大位数。此数值是端口使用额外突发时所能使用的最大带宽。

突发大小：突发中所允许的最大字节数。如果设置了此参数，则在端口没有使用为其分配的所有带宽时可能会获取额外的突发。当端口所需带宽大于平均带宽所指定的值时，如果有额外突发可用，则可能会临时以更高的速度传输数据。此参数为额外突发中可累积的最大字节数，使数据能以更高速度传输。

（5）在“网卡绑定”选项卡中，设置网卡成组和故障切换，如图 5-128 所示。

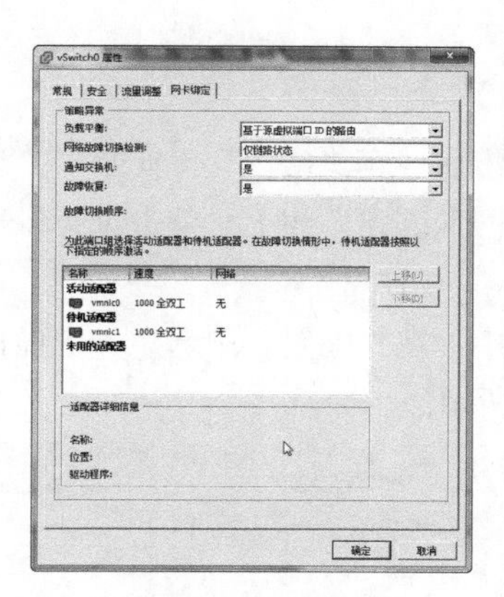

图 5-128　网卡绑定

网卡绑定中各项设置如表 5-5 所示。

表 5-5　标准交换机中网卡绑定配置及选项

设　置	选项及描述
负载平衡	指定如何选择上行链路。选项有： **基于源虚拟端口 ID 的路由。**根据流量进入 Distributed Switch 所经过的虚拟端口选择上行链路。 **基于 IP 哈希的路由。**根据每个数据包的源和目标 IP 地址哈希值选择上行链路。对于非 IP 数据包，偏移量中的任何值都将用于计算哈希值。 **基于源 MAC 哈希的路由。**根据源以太网哈希值选择上行链路。 **基于物理网卡负载的路由。**根据物理网卡的当前负载选择上行链路。 **使用明确故障切换顺序。**始终使用“活动适配器”列表中位于最前列的符合故障切换检测标准的上行链路。 注意 基于 IP 的绑定要求为物理交换机配置以太网通道。对于所有其他选项，禁用以太网通道。
网络故障切换检测	指定用于故障切换检测的方法。 **仅链路状态。**仅依靠网络适配器提供的链路状态。该选项可检测故障（如拔掉线缆和物理交换机电源故障），但无法检测配置错误（如物理交换机端口受跨树阻止、配置到了错误的 VLAN 中或者拔掉了物理交换机另一端的线缆）。 **信标探测。**发出并侦听组中所有网卡上的信标探测，使用此信息并结合链路状态来确定链接故障。该选项可检测上述许多仅通过链路状态无法检测到的故障。 注意 不要使用包含 IP 哈希负载平衡的信标探测。
通知交换机	选择“是”或“否”指定发生故障切换时是否通知交换机。如果选择是，则每当虚拟网卡连接到 Distributed Switch 或虚拟网卡的流量因故障切换事件而由网卡组中的其他物理网卡路由时，都将通过网络发送通知以更新物理交换机的查看表。几乎在所有情况下，为了使出现故障切换以及通过 vMotion 迁移时的延迟最短，最好使用此过程。 注意 当使用端口组的虚拟机正在以单播模式使用 Microsoft 网络负载平衡时，请勿使用此选项。以多播模式运行网络负载平衡时不存在此问题。
故障恢复	选择“是”或“否”以禁用或启用故障恢复。 此选项确定物理适配器从故障恢复后如何返回到活动的任务。如果故障恢复设置为是（默认值），则适配器将在恢复后立即返回到活动任务，并取代接替其位置的备用适配器（如果有）。如果故障恢复设置为否，那么，即使发生故障的适配器已经恢复，它仍将保持非活动状态，直到当前处于活动状态的另一个适配器发生故障并要求替换为止。
故障切换顺序	指定如何分布上行链路的工作负载。要使用一部分上行链路，保留另一部分来应对使用的上行链路发生故障时的紧急情况，请通过将它们移到不同的组来设置此条件： **活动适配器。**当网卡连接正常且处于活动状态时，继续使用此上行链路。 **待机适配器。**如果其中一个活动网卡的连接中断，则使用此上行链路。 **未用的适配器。**不使用此网卡（上行链路）。 注意 当使用 IP 哈希负载平衡时，不要配置待机适配器。

5.4.2 虚拟机端口组属性

在标准交换机中，虚拟机端口组属性有“常规”、“安全”、“流量调整”、“网卡绑定”等四个选项，其中“安全”、“流量调整”、“网卡绑定”与上一节中 vSwitch 属性中介绍的相同，本节介绍端口组的“常规”选项。

（1）在标准交换机属性对话框中，在“配置”中选中一个虚拟机端口组，单击“编辑”按钮，打开“常规”选项卡，如图 5-129 所示。

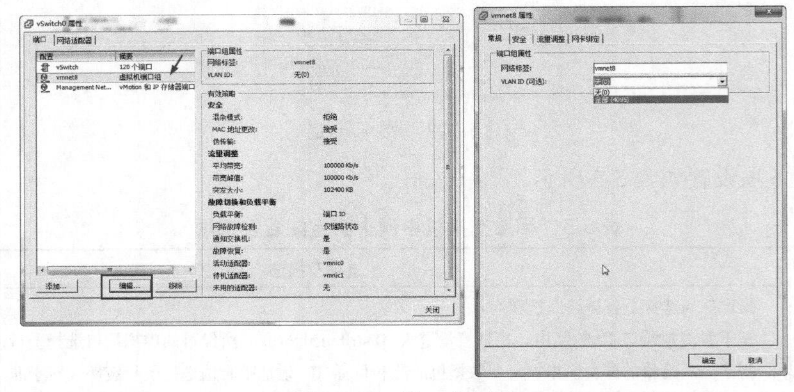

图 5-129 端口组属性

（2）在“网络标签”文本框中，可以修改虚拟机端口组名称，通常此端口组名称与网络的 VLAN 子网相关，或者与其他属性相关的名称。例如，如果是在企业网络中，端口组名称可以用 vlanxx 代表，而如果服务器用在机房托管，则可以用 wan（表示外网，连接 Internet）、dx（表示连接到电信信息）、wt（表示连接到网通线路）、lan（表示内网等）。当然，采用何种名称没有明确的规定，只要在一个数据中心中，每个标准交换机对应的端口组名称相统一并能很好地管理网络即可。

（3）在“VLAN ID（可选）”文本框中，可以设置一个 VLAN 标记。当虚拟交换机上行链路连接到“中继”（即 Trunk）端口，可以为添加的虚拟机端口组填写对应的 VLAN ID。对于标准交换机，可以采用 0、1～4094 之间数字（包括 1、4094 本身）、4095，各个 ID 的关系如表 5-6 所示。

表 5-6 标准交换机中 VLAN 标记模式

交换机端口组上的 VLAN ID	标 记 模 式	描 述
0	EST	物理交换机可执行 VLAN 标记。为了访问物理交换机上的端口，会连接主机网络适配器
1 ~ 4094	VST	虚拟交换机可在数据包离开主机前执行 VLAN 标记。主机网络适配器必须连接到物理交换机上的中继端口
4095	VGT	虚拟机可执行 VLAN 标记。虚拟交换机在虚拟机网络堆栈和外部交换机之间转发数据包时，会保留 VLAN 标记。主机网络适配器必须连接到物理交换机上的中继端口 注意 对于 VGT，必须在虚拟机的客户机操作系统上安装 802.1Q VLAN 中继驱动程序

5.4.3 管理 VMkernel 端口组

在 vSphere 标准交换机上创建的 VMkernel 虚拟机端口组，可为主机提供网络连接并处理

vSphere vMotion、IP 存储器、Fault Tolerance 日志记录、Virtual SAN 等服务的系统流量。您还可以在源和目标 vSphere Replication 主机上创建 VMkernel 适配器，以隔离复制数据流量。如果有多种流量，可以将 VMkernel 端口组专用于一种流量类型。

VMkernel 端口组属性有“常规”、“IP 设置”、“安全”、“流量调整”、“网卡绑定”等五个选项，其中“安全”、“流量调整”、“网卡绑定”与上文中 vSwitch 属性中介绍的相同，本节介绍“常规”与“IP”两个选项卡。

在标准交换机属性对话框中，在“配置”中选中一个 VMkernel 机端口组，单击“编辑”按钮，打开“常规”选项卡，如图 5-130 所示。

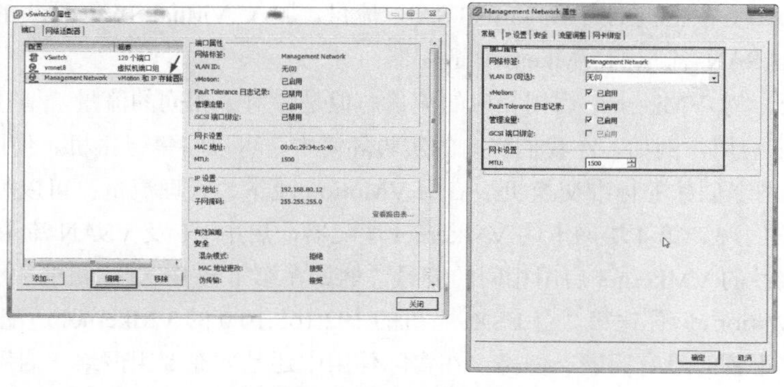

图 5-130　VMkernel 端口组

在“常规”选项卡中，“网络标签”、“VLAN ID”这两项与上一节介绍的端口组名称相同，我们不再介绍。在此主要介绍 vSphere 系统流量。vSphere 流量主要有：

（1）**vMotion 流量。**允许 VMkernel 适配器向另一台主机发出声明，自己就是发送 vMotion 流量所应使用的网络连接。如果默认 TCP/IP 堆栈上的任何 VMkernel 适配器均未启用 vMotion 服务，或任何适配器均未使用 vMotion TCP/IP 堆栈，则无法使用 vMotion 迁移到所选主机。VMotion 流量容纳 vMotion。源主机和目标主机上都需要一个用于 vMotion 的 VMkernel 适配器。用于 vMotion 的 VMkernel 适配器应仅处理 vMotion 流量。为了实现更好的性能，可以配置多网卡 vMotion。要拥有多网卡 vMotion，可将两个或更多端口组专用于 vMotion 流量，每个端口组必须分别具有一个与其关联的 vMotion VMkernel 适配器。然后可以将一个或多个物理网卡连接到每个端口组。这样，有多个物理网卡用于 vMotion，从而可以增加带宽。

注意，vMotion 网络流量未加密。应置备安全专用网络，仅供 vMotion 使用。

（2）**Fault Tolerance 日志流量**。在主机上启用 Fault Tolerance 日志记录。对每台主机的 FT 流量只能使用一个 VMkernel 适配器。处理主容错虚拟机通过 VMkernel 网络层向辅助容错虚拟机发送的数据。vSphere HA 群集中的每台主机上都需要用于 Fault Tolerance 日志记录的单独 VMkernel 适配器。

（3）**管理流量**。为主机和 vCenter Server 启用管理流量。管理流量承载着 ESXi 主机和 vCenter Server 以及主机对主机 High Availability 流量的配置和管理通信。默认情况下，在安装 ESXi 软件时，会在主机上为管理流量创建 vSphere 标准交换机以及 VMkernel 适配器。为提供冗余，可以将两个或更多个物理网卡连接到 VMkernel 适配器以进行流量管理。

（4）**iSCSI 端口绑定。**处理使用标准 TCP/IP 网络和取决于 VMkernel 网络的存储器类型的连接。此类存储器类型包括软件 iSCSI、从属硬件 iSCSI 和 NFS。如果 iSCSI 具有两个或多个物理网卡，则可以配置 iSCSI 多路径。ESXi 主机仅支持 TCP/IP 上的 NFS 版本 3。要配置软件 FCoE（以太网光纤通道）适配器，必须拥有专用的 VMkernel 适配器。软件 FCoE 使用 Cisco 发现协议 (CDP) VMkernel 模块通过数据中心桥接交换 (DCBX) 协议传递配置信息。

使用 vSphere Web Client 管理 vCenter Server 及 ESXi，还会有以下流量选项：

（1）**置备流量。**处理为用于虚拟机冷迁移、克隆和快照创建而传输的数据。

（2）**vSphere Replication 流量。**处理源 ESXi 主机传输至 vSphere Replication 服务器的出站复制数据。在源站点上使用一个专用的 VMkernel 适配器，以隔离出站复制流量。

（3）**vSphere Replication NFC 流量。**处理目标复制站点上的入站复制数据。

（4）**Virtual SAN**。在主机上启用 Virtual SAN 流量。加入 Virtual SAN 群集的每台主机都必须有用于处理 Virtual SAN 流量的 VMkernel 适配器。

可以根据需要，为 VMkernel 启用相应的流量。但是，对于相同的流量，请在具有相同属性的 VMkernel 适配器上启用。例如，在我们当前的实验环境中，可以将每台主机、使用 192.168.80.0 网段的第 1、第 2 块网卡创建的标准交换机，启用 VMotion 流量、管理流量；可以将每台主机、使用 192.168.10.0 网段的第 3、第 4 块网卡的 VMkernel 适配器，启用 FT 及 VSAN 流量。

不要在不同属性的 VMkernel 启用相同的流量。例如在第 1 台 ESXi 主机的 192.168.80.0 网卡的 VMkernel 启用 VMotion，但你在第 2 台 ESXi 主机的 192.168.10.0 的 VMkernel 适配器启用 VMotion。虽然这样启用，在配置时没有问题。但是，在实际使用中还是要在专用网络、启用专用的流量，并且一一对应。

在“IP 设置”选项卡中，可以设置 VMkernel 端口组（或称 VMkernel 适配器）的 IP 地址，如图 5-131 所示。可以选择“自动获得 IP 设置”，这将使用 DHCP 获取 IP 地址，此时网络中必须存在 DHCP 并且地址池中有可用的 IP 地址。大多数情况是选择“使用以下 IP 设置”，以手动设置 IP 地址、子网掩码、网关。

在“DNS 配置”选项卡中，可以查看主机的名称、DNS 信息，如图 5-132 所示。

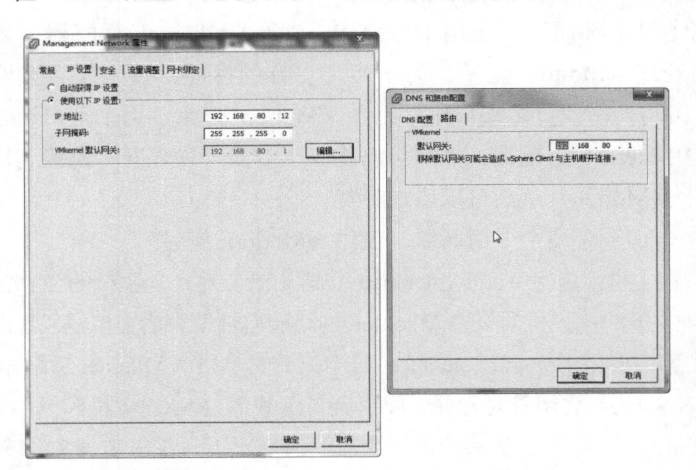

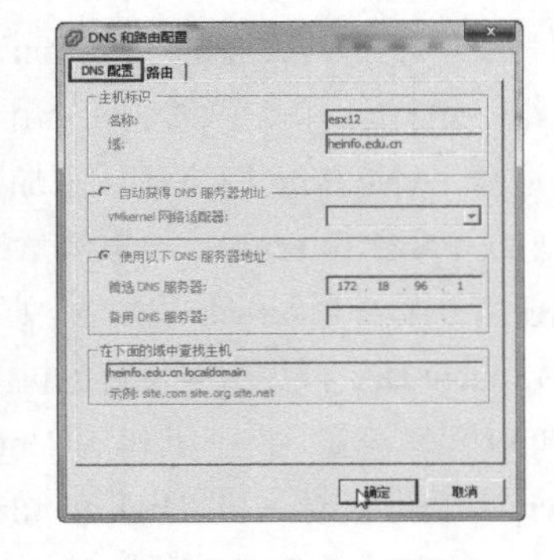

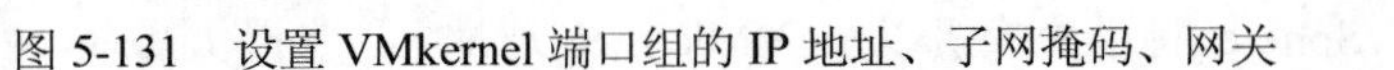
图 5-131　设置 VMkernel 端口组的 IP 地址、子网掩码、网关

图 5-132　DNS 信息

【说明】如果要修改 ESXi 主机名称、DNS 名称、DNS，需要去 ESXi 控制台配置，有关修改 ESXi 主机名称的操作，请参考本书第 3 章内容。

在“网络适配器”选项卡中，可以为当前标准交换机添加或删除上行链路网卡，如图 5-133 所示。

在“网络适配器”列表中选择一块网卡，单击“编辑”按钮，可以配置网卡的速度、双工，如图 5-134 所示。在大多数的情况下，选择默认值即可，网卡会自动适应所连接到的交换机的端口速率。

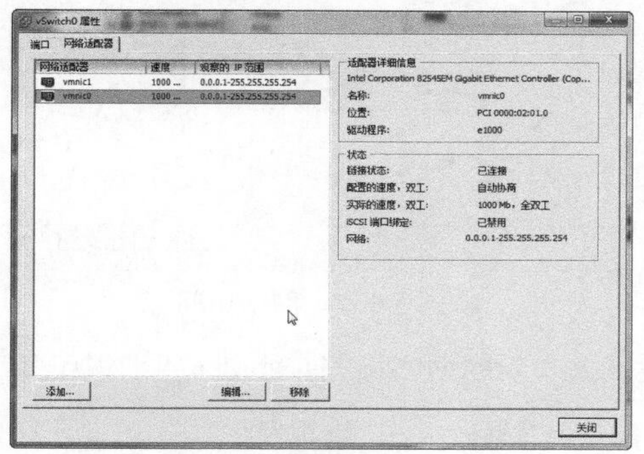

图 5-133　选择物理主机网卡

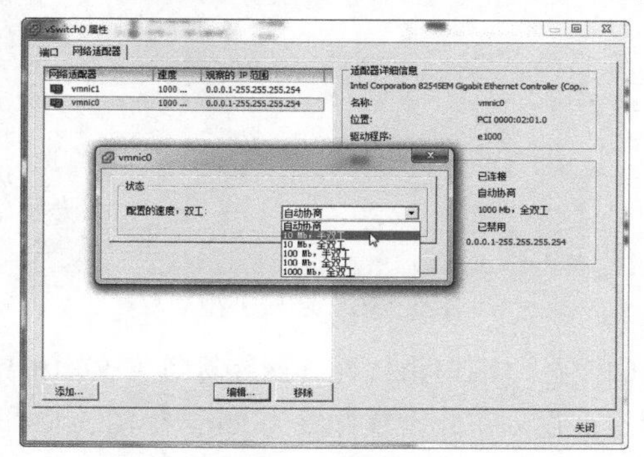

图 5-134　网卡速度

5.4.4　添加没有上行链路的标准交换机

在前面的内容中，我们添加的交换机，无论是标准交换机还是分布式交换机，都会绑定一个或多个物理网卡。在 vSphere 中，还支持没有上行链路的标准交换机。如果创建的标准交换机不带物理网络适配器，则该交换机上的所有流量仅限于其内部。物理网络上的其他主机或其他标准交换机上的虚拟机均无法通过此标准交换机发送或接收流量。如果想要一组虚拟机互相进行通信但不与其他主机或虚拟机组之外的虚拟机进行通信，则可创建一个不带物理网络适配器的标准交换机。

（1）使用 vSphere Client 连接到 ESXi 或 vCenter Server，在左侧选中一台 ESXi 主机，在“配置→网络”选项中，单击“添加网络”，如图 5-135 所示。

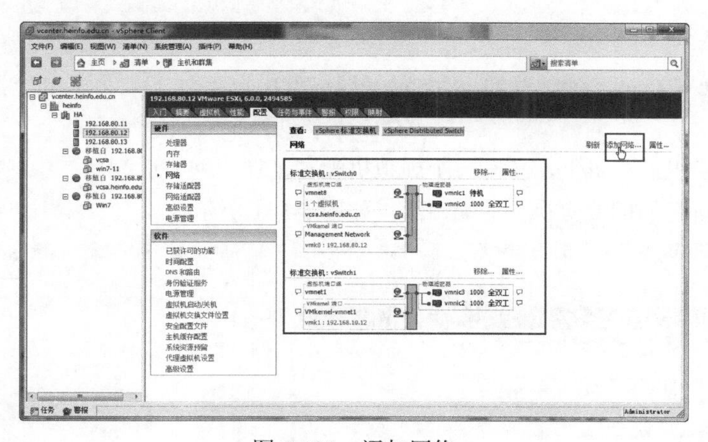

图 5-135　添加网络

【说明】当前主机有 2 个标准交换机，分别为 vSwitch0、vSwitch1。

（2）在“连接类型列表中”选择“虚拟机”单选按钮，如图 5-136 所示。

（3）在“虚拟机-网络访问”对话框中，选择“创建 vSphere 标准交换机”，如图 5-137 所示。在此列表中不选择任何网卡，在“预览”列表中将会显示“无适配器”。

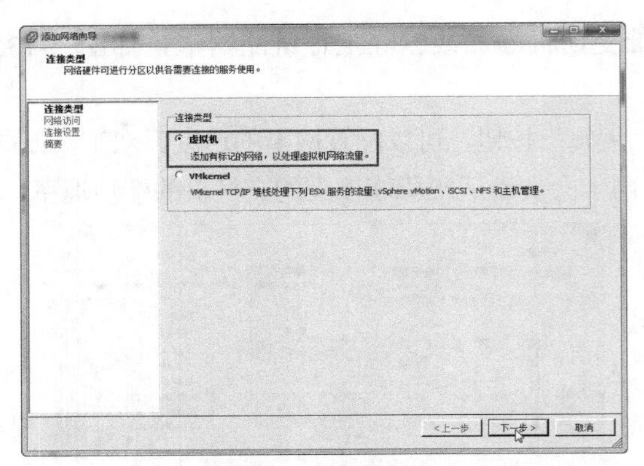

图 5-136 连接类型

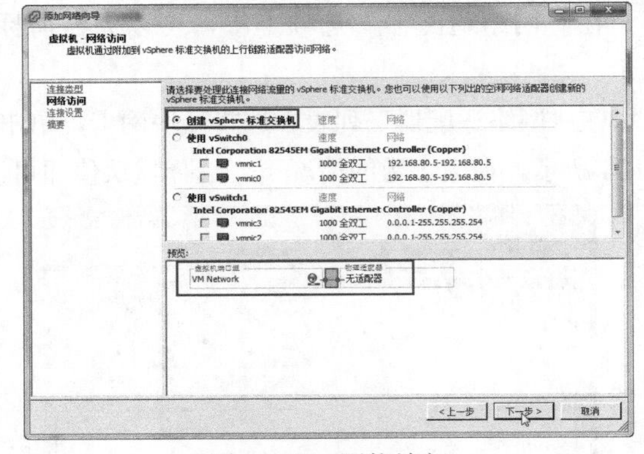

图 5-137 网络访问

（4）在“端口组属性→网络标签”文本框中，设置一个新的网络标签，不要与系统中已有的网络标签重复，在此设置标签为 lan，如图 5-138 所示。

（5）在“即将完成”对话框，单击“完成”按钮，完成标准交换机创建，如图 5-139 所示。

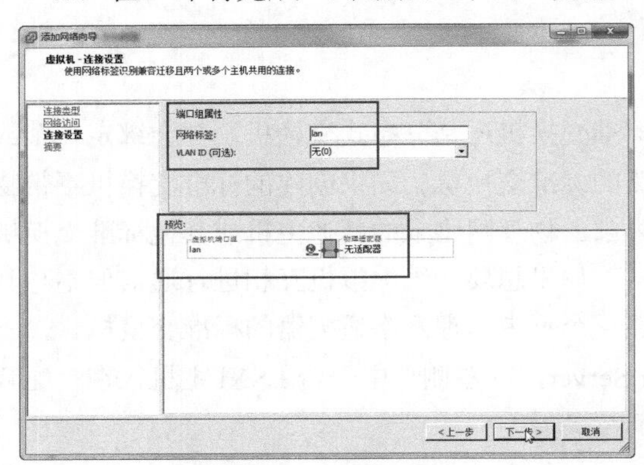

图 5-138 网络标签

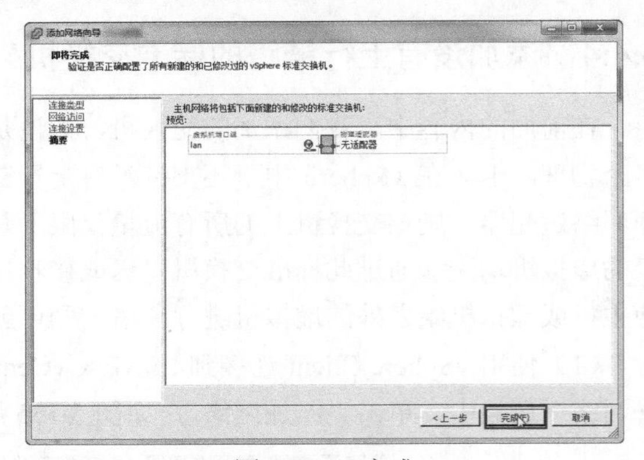

图 5-139 完成

返回到 vSphere Client，可以看到，“配置→网络”中已添加了一个标准交换机 vSwitch2，如图 5-140 所示。

然后在新建交换机的主机上，打开一个虚拟机配置，在“网络适配器”中，在“网络标签”中可以看到，已经有新建的标准交换机的端口组，如图 5-141 所示。

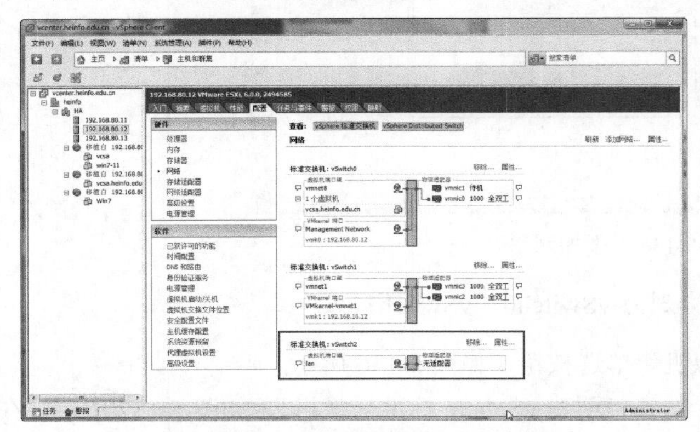

图 5-140 新建标准交换机完成

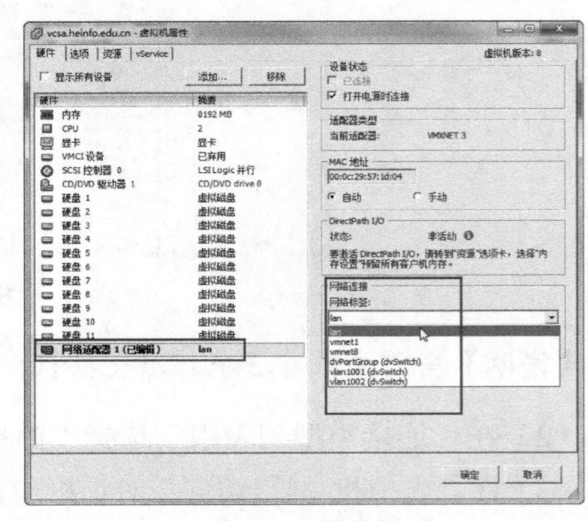

图 5-141 网络标签

【说明】无适配器的标准交换机，只能与同一主机上的其他虚拟机通讯，不能与其他主机的、有类似网络标签名称的虚拟机通讯。

5.5　管理 vSphere Distributed Switch

在本节介绍 vSphere Distributed Switch（VDS，分布式交换机）的内容。

5.5.1　关于 vCenter Server 与 VDS

在“5.3.6 vSphere Distributed Switch 概述”一节中，有以下一段话：

vSphere 中的网络交换机由两个逻辑部分组成：数据面板和管理面板。数据面板可实现软件包交换、筛选和标记等。管理面板是用于配置数据面板功能的控制结构。vSphere 标准交换机同时包含数据面板和管理面板，您可以单独配置和维护每个标准交换机。

vSphere Distributed Switch 的数据面板和管理面板相互分离。Distributed Switch 的管理功能驻留在 vCenter Server 系统上，您可以在数据中心级别管理环境的网络配置。数据面板则保留在与 Distributed Switch 关联的每台主机本地。Distributed Switch 的数据面板部分称为主机代理交换机。在 vCenter Server（管理面板）上创建的网络配置将被自动向下推送至所有主机代理交换机（数据面板）。

通过这段话，我们可以了解到：vSphere Distributed Switch 依赖于 vCenter Server，并受 vCenter Server 管理。如果要管理 vSphere Distributed Switch，需要使用 vSphere Client 或 vSphere Web Client 登录 vCenter Server，并管理 vSphere Distributed Switch。那么，如果 vCenter Server 不可用，或者我们直接登录 ESXi，vSphere Distributed Switch 交换机是否会受影响？

为了验证 vCenter Server 与 vSphere Distributed Switch 交换机的关系，我们可以暂时关闭 vCenter Server 虚拟机，然后使用 vSphere Client 直接登录 ESXi 主机，查看原来使用 vSphere Distributed Switch 的虚拟机，尝试打开虚拟机的网络配置，查看网络属性的变化。

（1）使用 vSphere Client 直接登录到某个 ESXi 主机，例如登录到 192.168.80.11 的 ESXi 主机，在“配置→网络”中单击“vSphere Distributed Switch”，可以查看到当前分布式交换机的端口组，此时可以查看到三个端口组，分别是“dvPortGroup”、“vlan1001”、“vlan1002”，其中 vlan1002 端口组有一个名为 win7-11 的虚拟机，如图 5-142 所示。

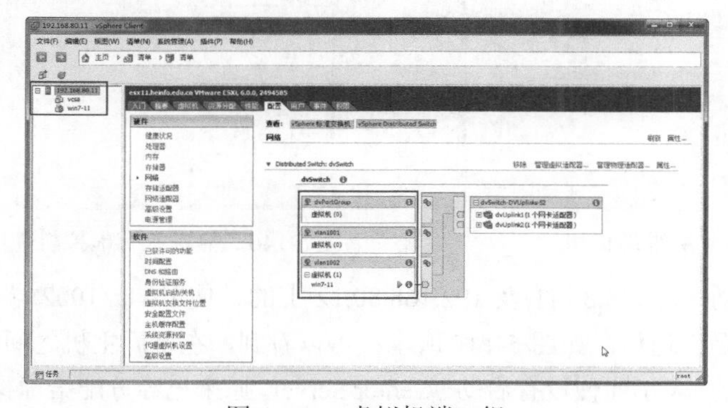

图 5-142　虚拟机端口组

（2）在左侧选中一个虚拟机，打开虚拟机设置，在“网络适配器”选项中，查看“网络标签”可以看到，当前只有 vmnet1、vmnet8 及 vlan1002(dvSwitch)，如图 5-143 所示。其中 vmnet1 与 vmnet8 是当前主机的标准交换机端口组，而只有一个 vlan1002(dvSwitch)，没有“dvPortGroup”、“vlan1001”。如图 5-143 所示。因为这个虚拟机原来分配的就是 vlan1002(dvSwitch)端口组。

（3）使用 vSphere Client 登录到第 2 台 ESXi 主机 192.168.80.12，在“配置→网络”中单击“vSphere Distributed Switch”，没有显示端口组，表示这个主机上的虚拟机，没有使用分布式交换机的端口组，如图 5-144 所示。

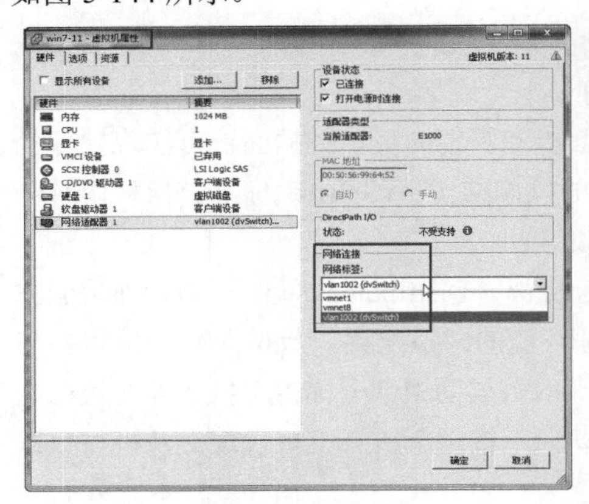

图 5-143　网络标签

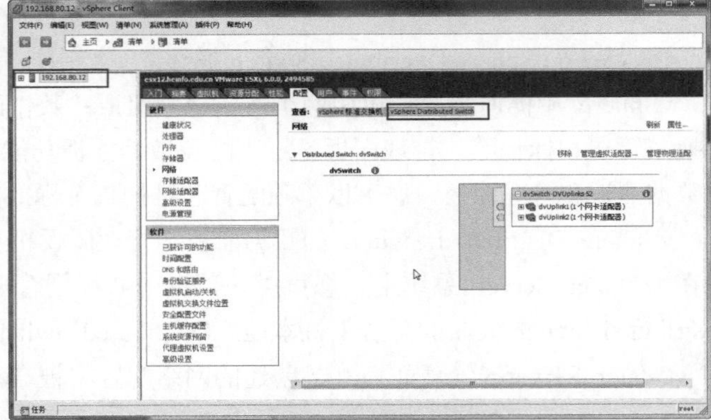

图 5-144　没有端口组

（4）此时打开这台主机上的虚拟机设置，在“网络标签”中，只看到这台主机标准交换机的端口组，如图 5-145 所示。因为当前主机上的虚拟机，以前没有使用过分布式交换机。

（5）使用 vSphere Client 登录到第 3 台 ESXi 主机 192.168.80.13，在“配置→网络”中单击“vSphere Distributed Switch”，在此显示了 vlan1002 端口组，同时显示有个名为 win7 的虚拟机使用该端口组，如图 5-146 所示。

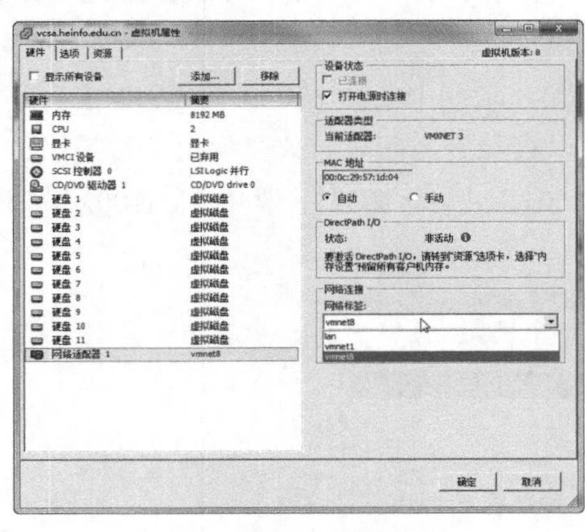

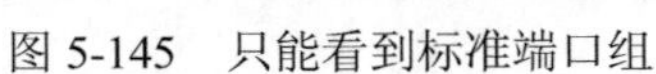

图 5-145　只能看到标准端口组

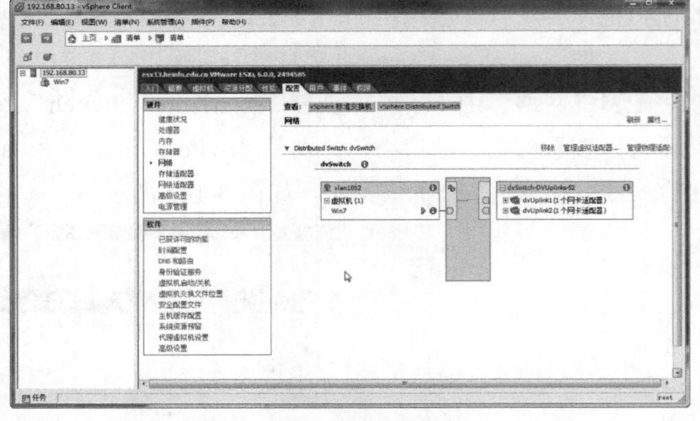

图 5-146　显示了有虚拟机使用的端口组

（6）然后分别启动 192.168.80.11 及 192.168.80.12 上的、使用 vlan1002 端口组的虚拟机，使用 ping 命令，检查网络是否通信，如图 5-147 所示，可以看到，在不同主机之间、使用相同网络标签的虚拟机是可以通讯的，表示即使没有启动 vCenter Server，原来已经分配给虚拟机的分布式交换机，是可以继续使用的。

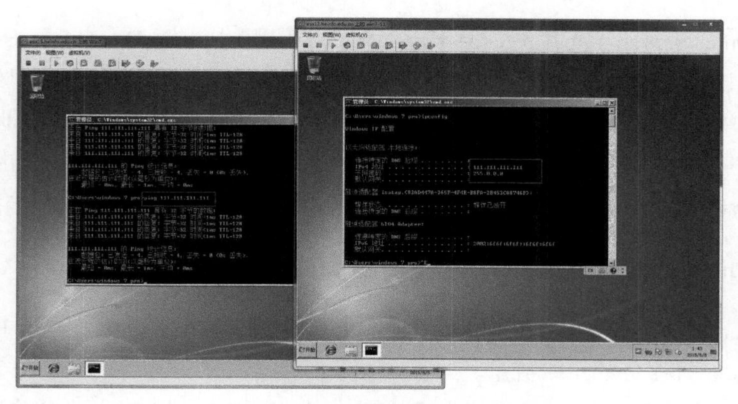

图 5-147　测试网络是否连通

然后启动 vCenter Server，由 vCenter Server 管理 ESXi。

即使在启动 vCenter Server 后，如果使用 vSphere Client 直接登录 ESXi，无论是新建虚拟机（如图 5-148 所示），还是修改现有虚拟机，只要原有的虚拟机没有使用 vSphere Distributed Switch，则仍然不能使用分布式交换机（如图 5-149 所示）。

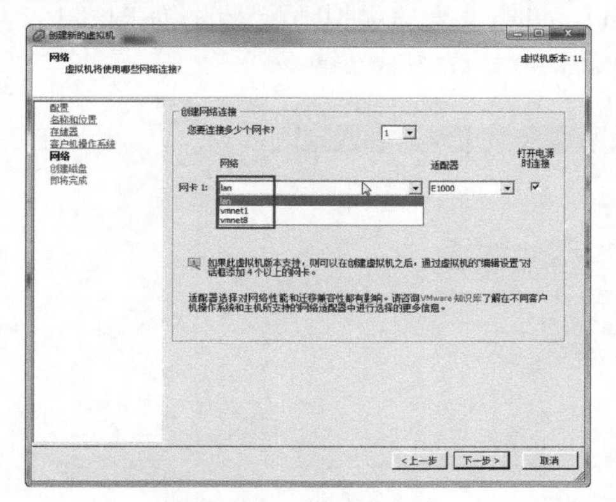

图 5-148　新建虚拟机

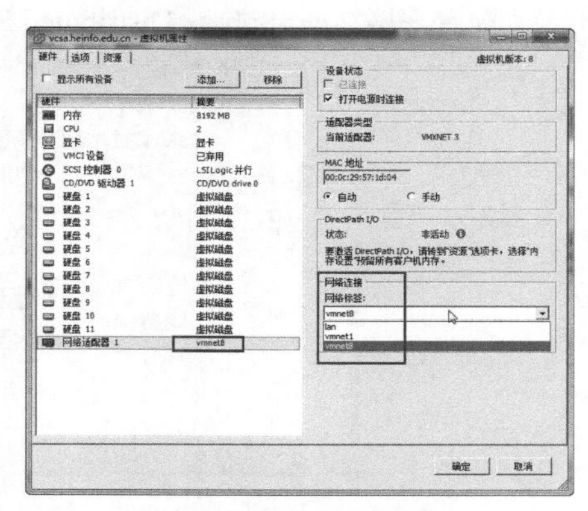

图 5-149　现有虚拟机

在启动 vCenter Server 后，如果使用 vSphere Client 连接 vCenter Server，再通过 vCenter Server 管理 ESXi，vSphere Distributed Switch 使用正常。如图 5-150，这是新建虚拟机时的网络选择；图 5-151 是现有虚拟机的网络选择，从图中可以看到，可以使用分布式交换机的端口组。

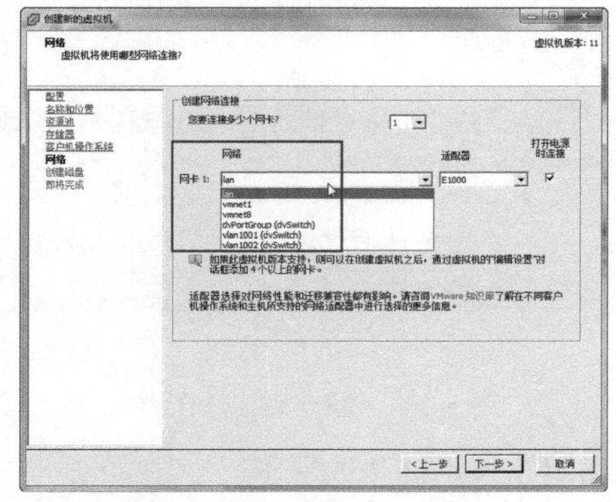

图 5-150　新建虚拟设置

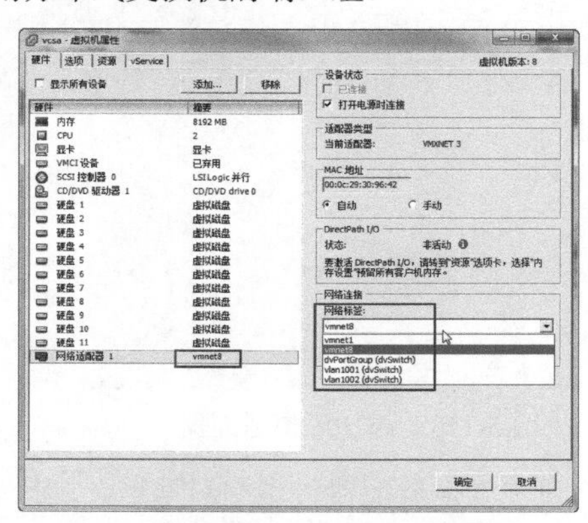

图 5-151　现有虚拟机网络选择

结论：当 vCenter Server 不可用时，原来已经配置了使用 vSphere Distributed Switch 端口组的虚拟机不受影响，可以继续使用，此时相关的网络通信是正常的。但是，也仅限于已经分配了 vSphere Distributed Switch 端口组的虚拟机。如果使用 vSphere Client 直接连接到 ESXi（即使 vCenter Server 工作正常），原来没有使用 vSphere Distributed Switch 端口组的虚拟机，或者新建虚拟机，将不能分配使用 vSphere Distributed Switch 的端口组。

5.5.2 为 vSphere Distributed Switch 设置 VMkernel 网络

可设置 VMkernel 适配器向主机提供网络连接并接受 vMotion、IP 存储器、Fault Tolerance 日志记录、VirtualSAN 等服务的系统流量。

在下面的操作中，将为 vSphere Distributed Switch 的 vlan1001 端口组添加 VMkernel 端口组，并设置 vlan1001 网段的地址，对应三台 ESXi 主机，则 VMkernel 地址分别为 192.168.110.11、192.168.110.12、192.168.110.13。要添加 VMkernel 地址，需要在每台主机上，分别添加。下面以在其中一台主机添加 VMkernel 为例。

（1）使用 vSphere Client 登录到 vCenter Server，在左侧选中一台 ESXi 主机，例如 192.168.80.11，在右侧选中“配置→网络→vSphere Distributed Switch”，单击“管理虚拟适配器”，如图 5-152 所示。

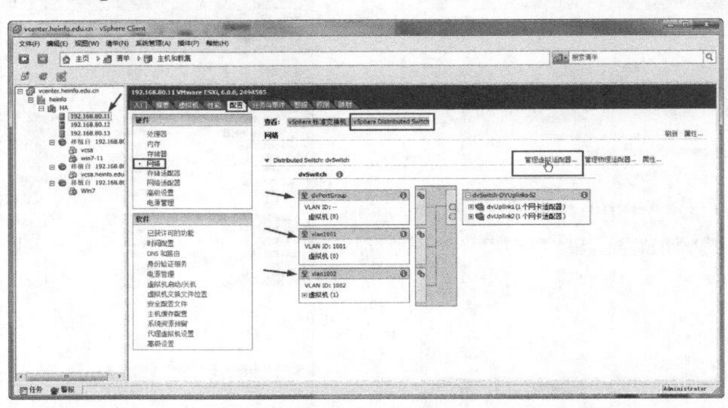

图 5-152　管理虚拟适配器

（2）打开“管理虚拟适配器”对话框，单击“添加”链接，如图 5-153 所示。

（3）在“创建类型”对话框，选择“新建虚拟适配器”，如图 5-154 所示。

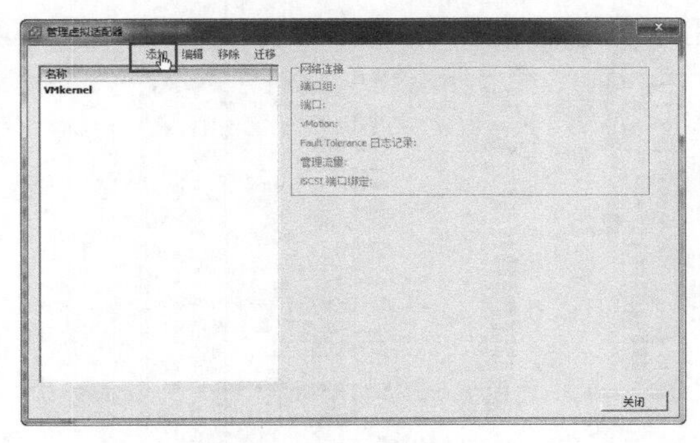

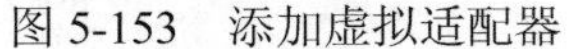

图 5-153　添加虚拟适配器

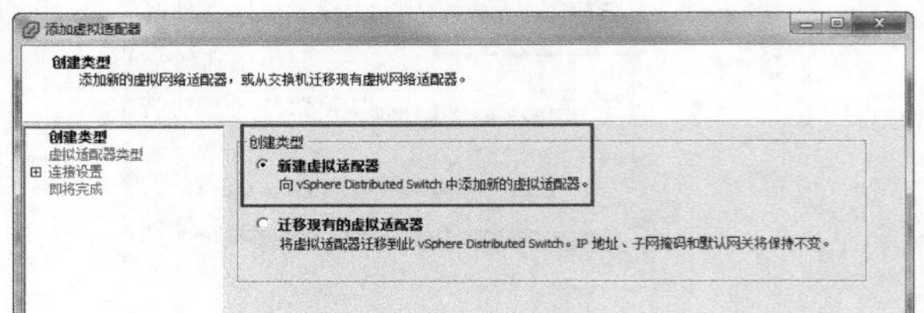

图 5-154　新建虚拟适配器

（4）在“虚拟适配器类型”对话框，选择“VMkernel”，如图 5-155 所示。

（5）在“连接设置”对话框中，指定 VMkernel 连接设置，在“网络连接”选项组中，选择“选择端口组”，并从下拉列表中选择要添加 VMkernel 的端口组，在此选择 vlan1001。在“网络连接”中还可以选择是否将此端口用于 VMotion、FT 或用于管理流量。在“网络类型”下拉列表中从 IP、IPv6、IP 和 IPv6 之中选择一种，默认是 IP，用于 IPv4 的地址，如图 5-156 所示。

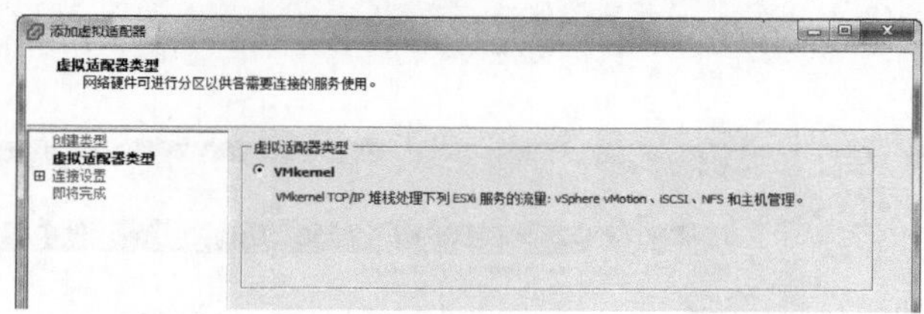

图 5-155　选择 VMkernel

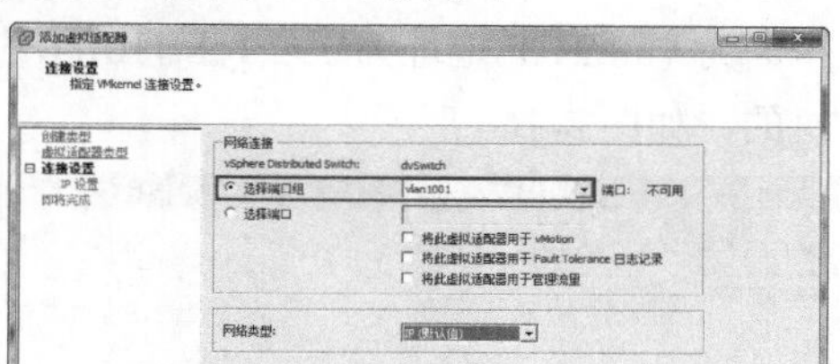

图 5-156　连接设置

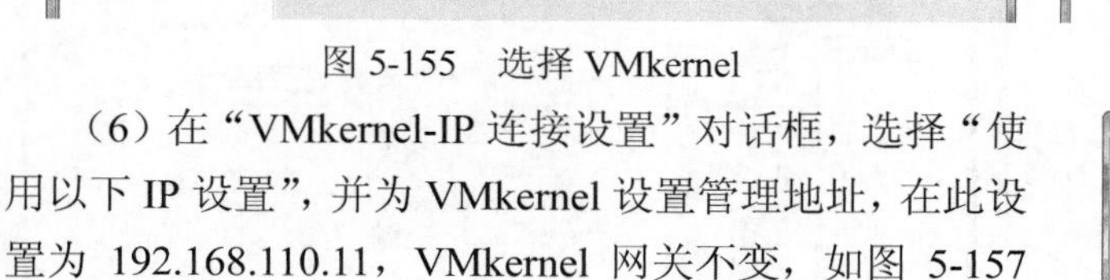

（6）在“VMkernel-IP 连接设置”对话框，选择“使用以下 IP 设置”，并为 VMkernel 设置管理地址，在此设置为 192.168.110.11，VMkernel 网关不变，如图 5-157 所示。

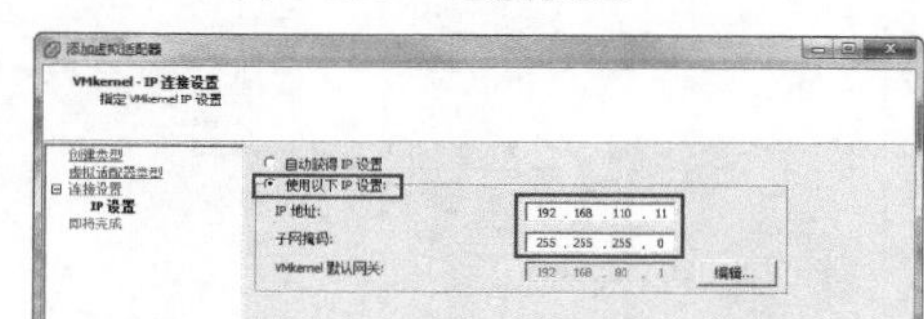

图 5-157　VMkernel IP 设置

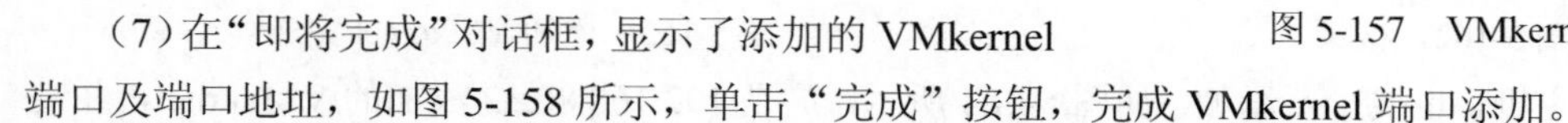

（7）在“即将完成”对话框，显示了添加的 VMkernel 端口及端口地址，如图 5-158 所示，单击“完成”按钮，完成 VMkernel 端口添加。

返回到“管理虚拟适配器”对话框，如果要修改此 VMkernel 端口，可以在“名称”清单中选择 vmk2，单击“编辑”按钮，如图 5-159 所示。

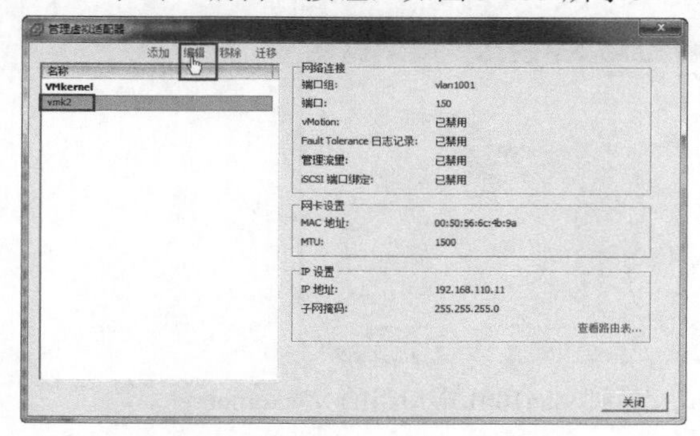

图 5-159　编辑

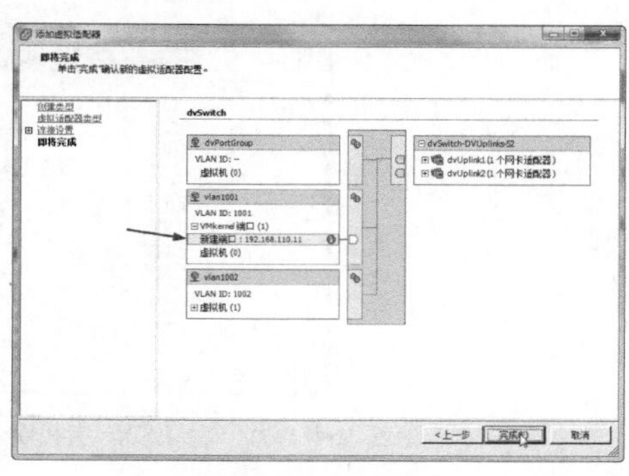

图 5-158　即将完成

此时将会打开“编辑虚拟适配器 vmk2”对话框，在此对话框可以选择端口组、选择端口承载流量、MTU，以及 IP 地址设置等，如图 5-160、图 5-161 所示。

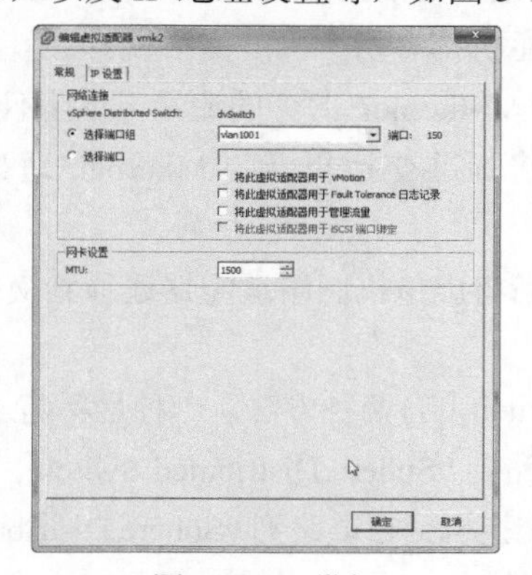

图 5-160　常规

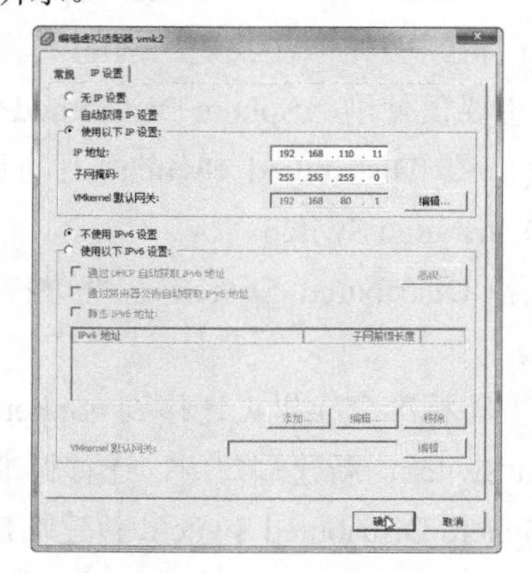

图 5-161　IP 设置

如果要移除此 VMkernel 端口，可以在清单中选择之后，单击“移除”按钮，并在弹出的对话框中单击“是”按钮，如图 5-162 所示。如果不移除，请单击“否”按钮。

配置完成之后，单击“关闭”按钮，返回到 vSphere Client，可以看到，已经为 vlan1001 添加了一个名为 vmk2、IP 地址为 192.168.110.11 的 VMkernel，此 VMkernel 是绑定于 192.168.80.11 的 ESXi 主机的，如图 5-163 所示。

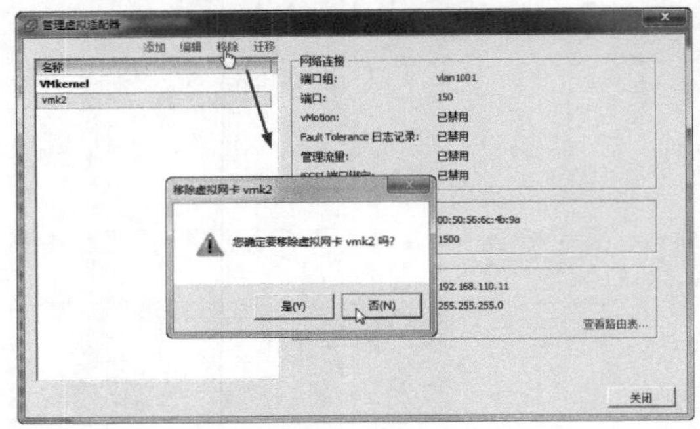

图 5-162　移除

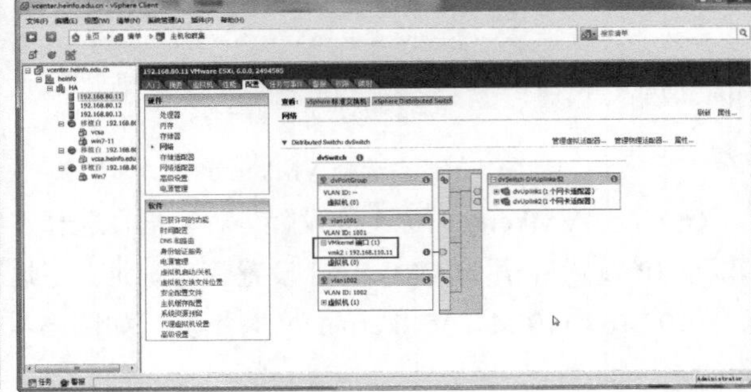

图 5-163　添加 VMkernel 完成

对于另两台主机，也要一一添加，如图 5-164 所示，这是 192.168.80.12 添加的 VMkernel，并设置的管理地址为 192.168.110.12。

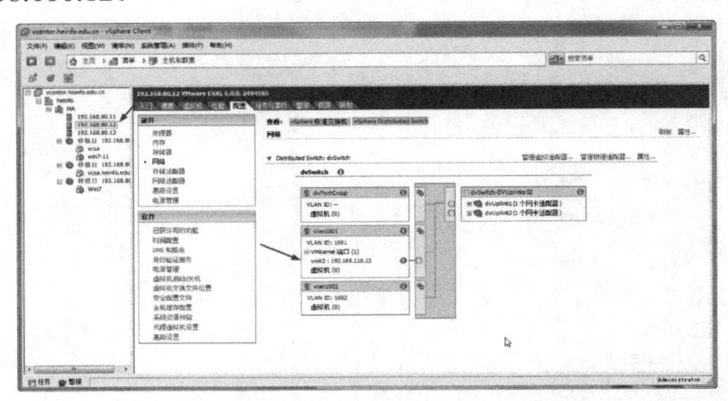

图 5-164　另一台 ESXi 主机分布式交换机 vlan1001 端口组的 VMkernel

5.5.3　将标准交换机迁移到新建分布式交换机

在安装 ESXi 时创建的 vSphere 标准交换机，或者后期创建的标准交换机，可以迁移到 vSphere 分布式交换机。例如，在我们当前的实验环境中，每个主机都有两个标准交换机。

如果想要仅使用 vSphere Distributed Switch 来处理 VMkernel 服务的流量，并且不再需要其他标准交换机或 Distributed Switch 上的适配器，可以将标准交换机及 VMkernel 适配器迁移到 vSphere Distributed Switch。

要使用 Distributed Switch 管理虚拟机网络连接，请将虚拟机网络适配器迁移到交换机上有标记的网络。

如果要将标准交换机，迁移到 vSphere Distributed Switch，有两种方法，一种是新建一个 vSphere Distributed Switch，新建端口组，迁移标准交换机上行链路到 vSphere Distributed Switch；另一种是使用现有 vSphere Distributed Switch，新建端口组，迁移标准交换机上行链路到 vSphere Distributed Switch。

因为在规划的时候，无论是标准交换机还是 vSphere Distributed Switch，都有冗余网络，所以在迁移的过程中，为了避免网络中断，可以先迁移一个上行链路，迁移之后修改虚拟机配置，使虚拟机使用新的分布式端口组，之后再迁移剩余的上行链路。

在本节内容中，将把每台主机上的第 2 个标准交换机（vSwitch1）及其使用的物理网卡、迁移到一个新建的 vSphere 分布式交换机中，在迁移的过程中，使用该标准交换机的虚拟机的网络不会中断，并且在迁移之后，原来使用该标准交换机端口组的虚拟机的网络属性，会迁移到新的、对应的分布式交换机的对应端口。

在下节内容中，将介绍将标准交换机，迁移到现有 vSphere Distributed Switch 的内容。

1．新建分布式交换机

在下面的操作中，将新建一个新的分布式交换机，然后对照要迁移的标准交换机，创建虚拟机端口组，然后迁移标准交换机到分布式交换机。

（1）使用 vSphere Client 登录到 vCenter Server，检查并记录每台主机的标准交换机的名称、绑定的物理网卡，如图 5-165 所示。在图中，每台主机有两个标准交换机，分别名为 vSwitch0、vSwitch1，其中 vSwitch1 有一个端口组、一个 VMkernel 端口组。

（2）定位到“主页→清单→网络”选项，单击“添加 vSphere Distributed Switch”，如图 5-166 所示。

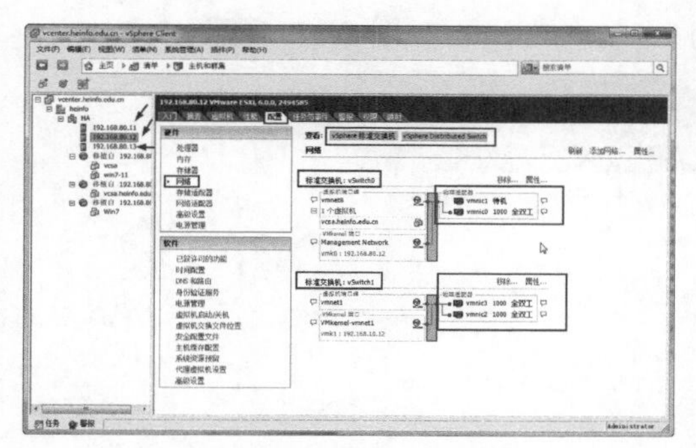

图 5-165　检查 vSphere 标准交换机

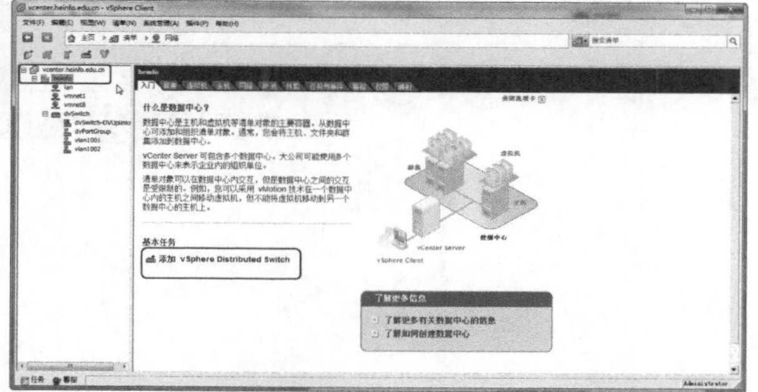

图 5-166　添加 vSphere Distributed Switch

（3）在“选择 vSphere Distributed Switch 版本”对话框，选择要使用的分布式交换机版本，在此选择“vSphere Distributed Switch 版本：6.0.0”，如图 5-167 所示。

（4）在“常规属性”对话框，指定 vSphere Distributed Switch 属性，在“名称”文本框中，设置“端口组名称”，在此设置名称为 dvSwitch-vmnet1（表示与原来的标准交换机 vmnet1 端口组对应）。因为要迁移的标准交换机有 2 个网卡（3 个主机，每个主机 2 个网卡），所以在此设置为 2，如图 5-168 所示。

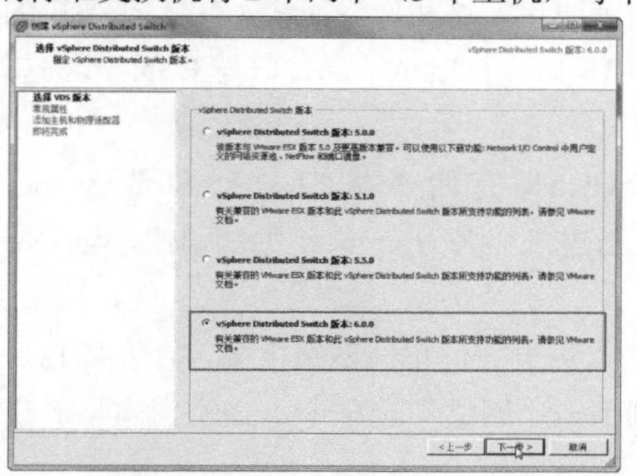

图 5-167　选择分布式交换机版本

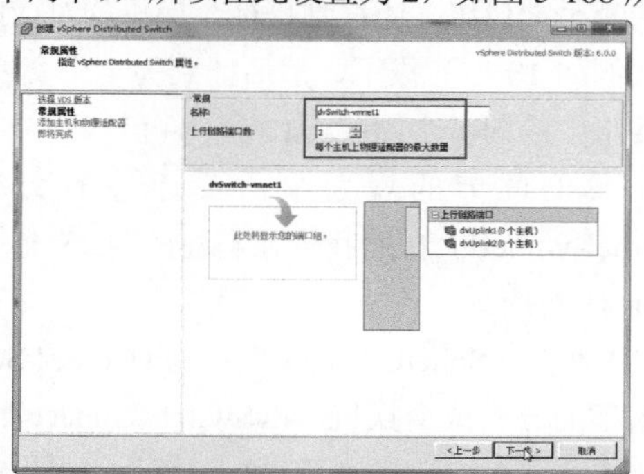

图 5-168　端口组名称与上行链路端口数

（5）在“添加主机和物理适配器”对话框，选择添加到新的 vSphere Distributed Switch 中的主机和物理网卡。在此选择“以后添加”，如图 5-169 所示。

（6）在“即将完成”按钮，取消“自动创建默认端口组”的选项，然后单击“完成”按钮，如图 5-170 所示。

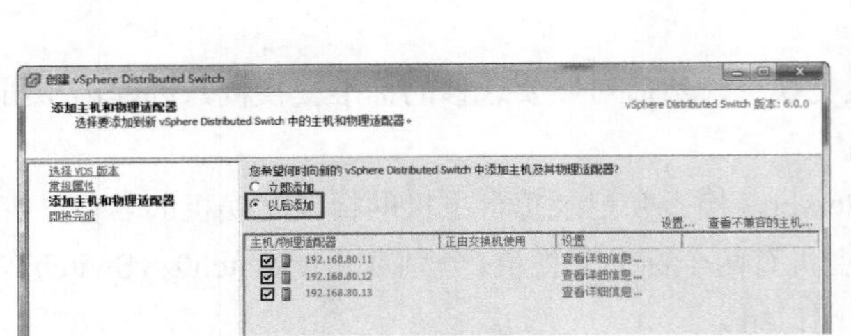

图 5-169　添加主机和物理网卡

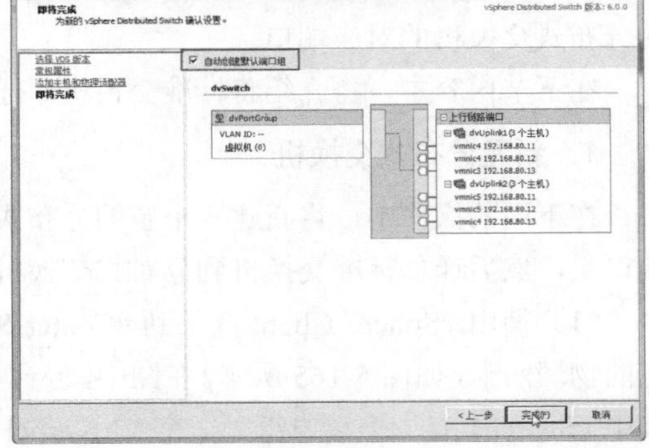

图 5-170　即将完成

（7）创建完 vSphere Distributed Switch 后，返回到 vSphere Client，如图 5-170 所示。

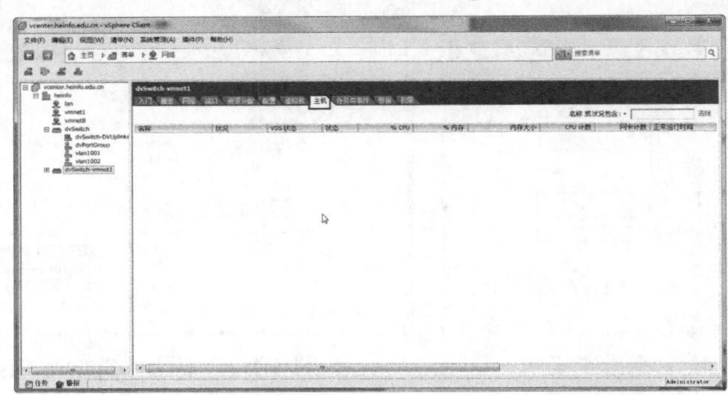

图 5-170　创建 VDS 完成

2. 创建端口组

在创建了分布式交换机之后，在“网络”选项卡中，为其创建一个端口组，此端口组与要迁移的标准交换机的端口组同名（实际上，名称不同也没有关系，只要一一对应、管理员明白从哪个交换机的哪个端口组、迁移到目标交换机的对应的端口组就可以。这和你将网线，从 A 交换机的某个端口（例如 18 口）拔下，然后插到另一个交换机 B 的 16 口，只要 A 的 18 口与 B 的 16 口属于同一个网络中的同一个网段-VLAN 即可）。

在我们此节的规划中，要迁移的交换机 vSwitch1 有两个端口，分别是 vmnet1 和 VMkernel-vmnet1，在此我们在新建的 VDS 交换机上，创建一个名为 vmnet1 的端口组，与 vSwitch1 的 vmnet1 对应。

（1）使用 vSphere Client 登录到 vCenter Server，在“主页→清单→网络”中，在左侧任务窗格选中新建的分布式交换机“dvSwitch-vmnet1”，在右侧单击“网络”选项卡，在空白窗格右击，在弹出的快捷菜单中选择“新建端口组”，如图 5-171 所示。

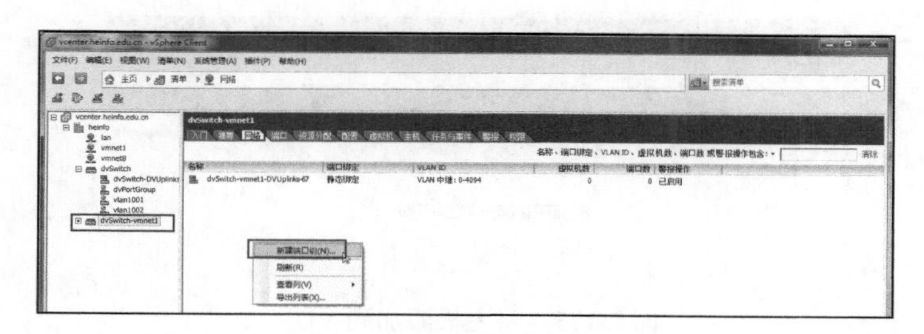

图 5-171　新建端口组

（2）在“属性”对话框，在“名称”文本框中，输入新建端口组的名称，在此为 vmnet1，然后选择端口组其他属性，例如端口数、VLAN 类型。因为我们新建的端口组用来迁移的是 Access 端口，所以在此 VLAN 类型选择“无”，如图 5-172 所示。

（3）在“即将完成”对话框，显示了创建端口组的名称与类型，检查无误之后，单击“完成”按钮，如图 5-173 所示。

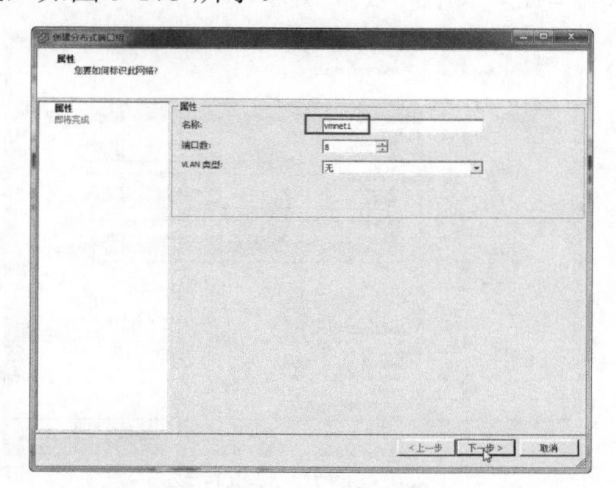

图 5-172　端口组名称与属性选择

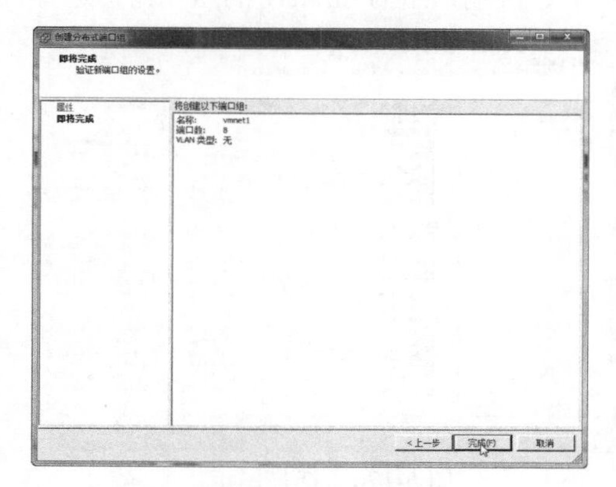

图 5-173　创建端口组完成

（4）创建端口组之后，在“网络”中可以看到新建的端口组，如图 5-174 所示。

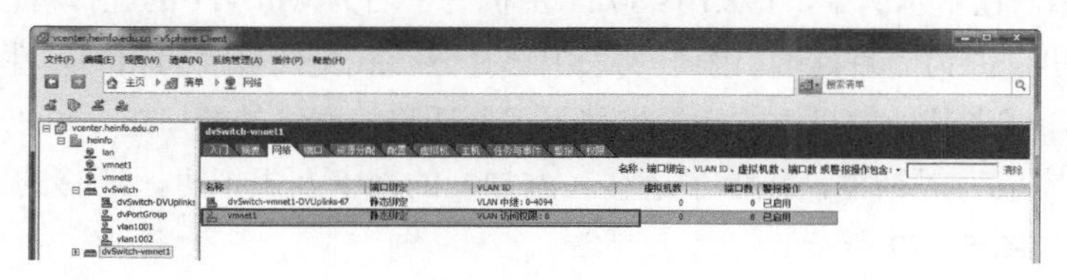

图 5-174　端口组列表

3．迁移上行链路到分布式交换机

现在我们已经创建了一个新的分布式交换机，以及交换机上的端口组，但当前交换机还没有绑定物理网卡（上行链路）。接下来我们开始迁移 vSwitch1。因为这个交换机上有两个上行链路，为了不引起网络中断，在迁移的过程中，可以从每个主机，先选择其中一个网卡，等迁移完成之后再配置另一个网卡。

（1）使用 vSphere Client 登录到 vCenter Server，在“主页→清单→网络”中，在左侧任务窗格选中新建的分布式交换机“dvSwitch-vmnet1”，在右侧单击“主机”选项卡，在空白窗格右击，在弹出的快捷菜单中选择“将主机添加到 vSphere Distributed Switch”，如图 5-175 所示。

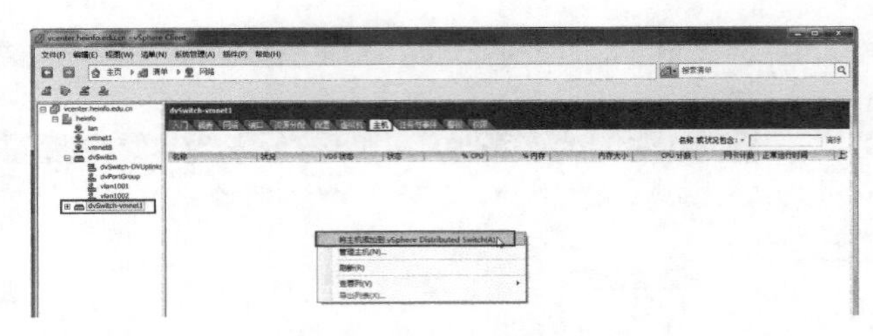

图 5-175　将主机添加到 VDS

（2）在“选择物理适配器”对话框，展开每个物理主机，并从“正由交换机使用”列表中，属性为 vSwitch1 的交换机中，选中其中一个网卡（当然两个选中，一次完成迁移也是可以的，但为了稳妥起见，还是在有备用链路的情况下迁移），要在每个主机、选择 vSwitch1 的一块网卡，如图 5-176 所示。

（3）在“网络连接”对话框，选择用于为 VDS 上的适配器提供网络连接的端口组，在此请注意“交换机”及“源端口组”选项列表，在此选中 vmk1，在“目标端口组”选择 vmnet1，要将每个主机的、源端口组为 vmnet1 的适配器，选择目标端口组，如图 5-177 所示。

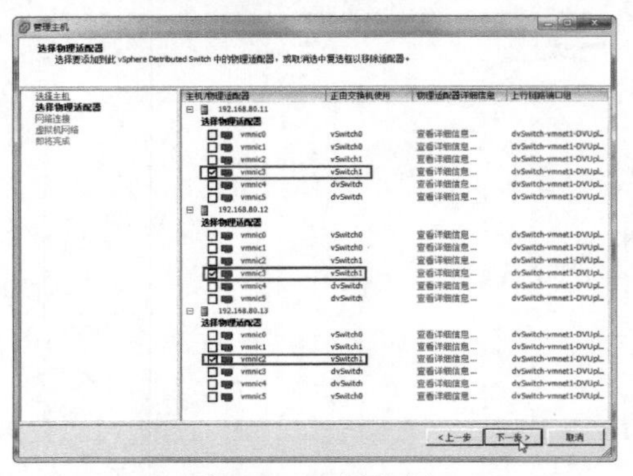

图 5-176　选择网卡

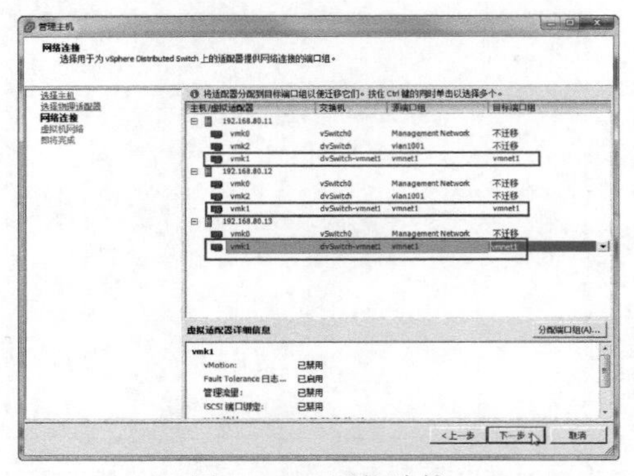

图 5-177　网络连接

（4）在“虚拟机网络”对话框，选择要迁移到分布式交换机的虚拟机及虚拟机中使用该网络的网卡，如图 5-178 所示。在本示例中，192.168.80.11 主机有个名为 win7-11 的虚拟机使用了 vmnet1 端口组，则选中此虚拟机，并为“目标端口组”列表中选择分布式交换机上的相同属性的端口组 vmnet1。如果有其他虚拟机，或者其他主机上的虚拟机使用了要迁移的网络的端口组，可以在此一同迁移。

（5）在“即将完成”对话框，显示了迁移（添加）的网卡及虚拟机，迁移的主机网卡及虚拟机会用浅黄色表示，如图 5-179 所示。

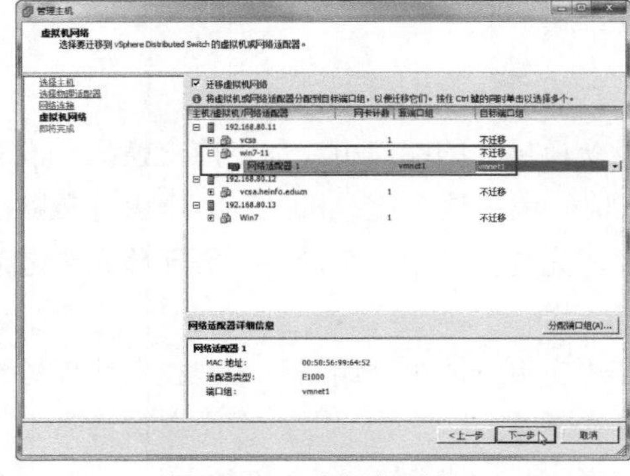

图 5-178　虚拟机网络

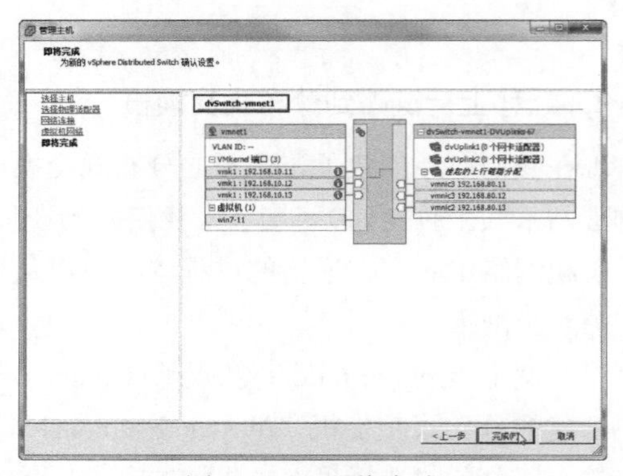

图 5-179　即将完成

在迁移的过程中，涉及的虚拟机，如果正在运行，则在迁移的过程中，网络不会中断，如图 5-180 所示。

迁移完成之后，打开虚拟机配置页，可以看到 网络适配器的网络标签已改为“vmnet1(dvSwitch-vmnet1)”，表示该网络已经迁移到分布式交换机，如图 5-181 所示。

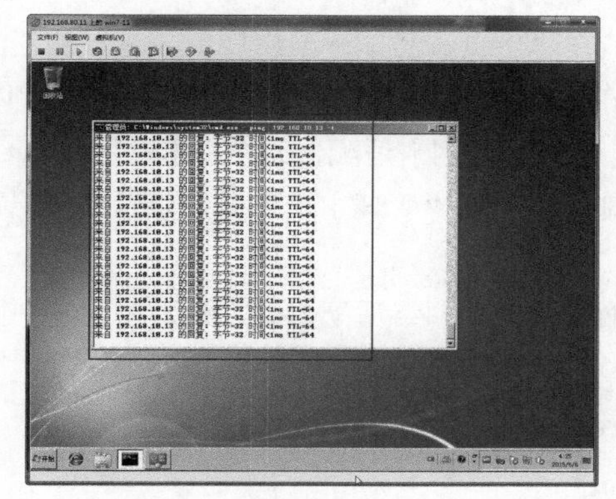

图 5-180　迁移过程中涉及的虚拟机

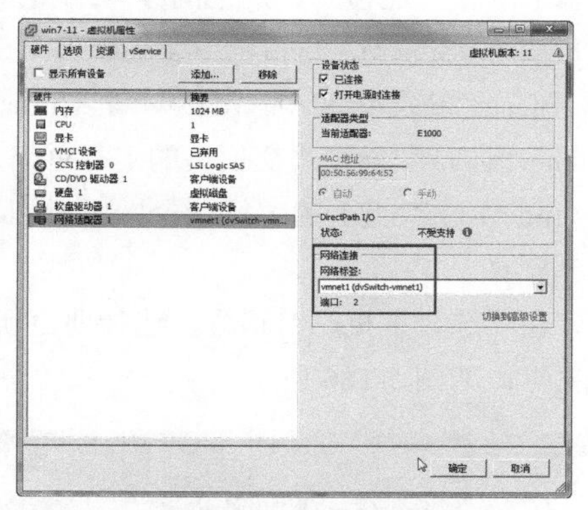

图 5-181　虚拟机网络已经迁移

迁移之后，在“端口”选项卡中可以看到，该分布式交换机的上联端口已经有 3 个“状况”为“已连接”，如图 5-182 所示。

因为每个主机上，原来名为 vSwitch1 标准虚拟机的网卡已经从 2 个变为 1 个，则某些主机会有警报，选中主机之后，在“警报”选项卡，可以看到具体的警报信息“网络上行链路冗余丢失”，如图 5-183 所示，这是正常的报警，等该标准交换机迁移完成之后，会删除不用的标准交换机。

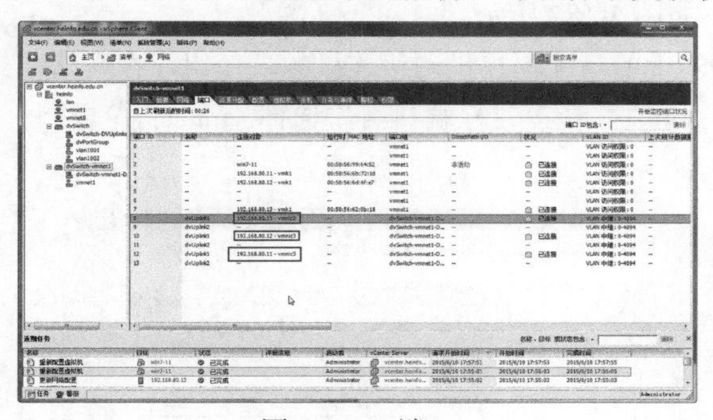

图 5-182　端口

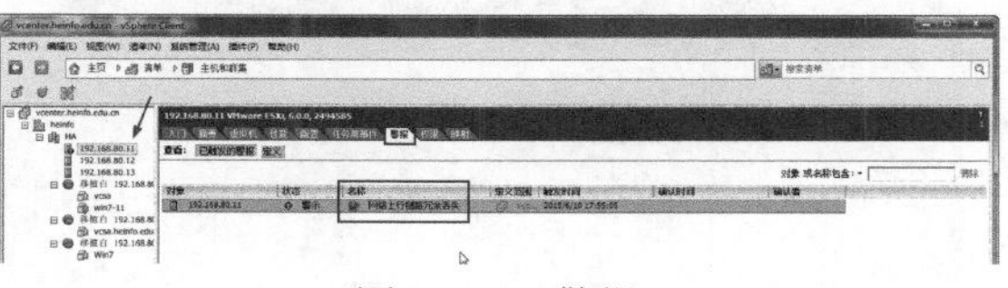

图 5-183　警报

此时在主机“配置→网络”中可以看到，vSwitch1 标准交换机的上行链路已经只有 1 个，如图 5-184 所示。

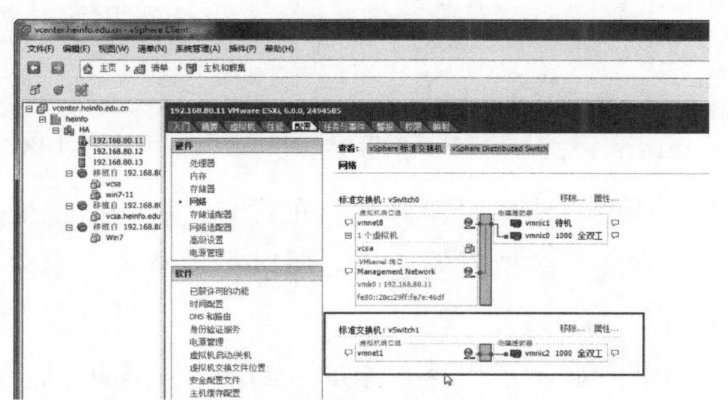

图 5-184　标准交换机上行链路为 1

4．继续迁移上行链路到分布式交换机

在迁移了 vSwitch1 标准交换机的 1 个物理网卡（上行链路）之后，迁移之后的分布式交换机，迁移之前的标准交换机，以及涉及的虚拟机，工作正常后，可以按照规划，将不准备再使用的标准交换机剩余网卡，迁移到新规划的分布式交换机中，主要步骤如下。

（1）使用 vSphere Client 登录到 vCenter Server，在“主页→清单→网络”中，在左侧任务窗格选中新建的分布式交换机“dvSwitch-vmnet1”，在右侧单击“配置”选项卡，此时可以看到“dvSwitch-vmnet1”分布式交换机的上行链路（右侧显示 3 个网卡适配器）、左侧显示 vmnet1 端口组以及 vmnet1 端口组上的 VMkernel 端口组及管理地址。单击“管理主机”链接，以继续配置，如图 5-185 所示。

（2）在“选择主机”对话框，选择要更新物理网卡和虚拟网络适配器的主机，在此选中网络中的三台主机，如图 5-186 所示。

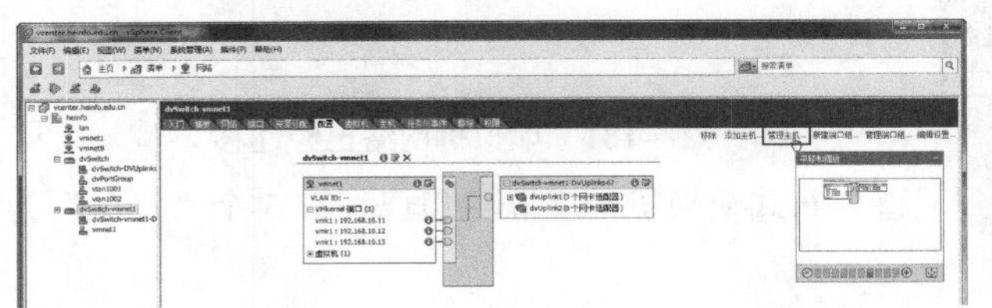

图 5-185　管理主机

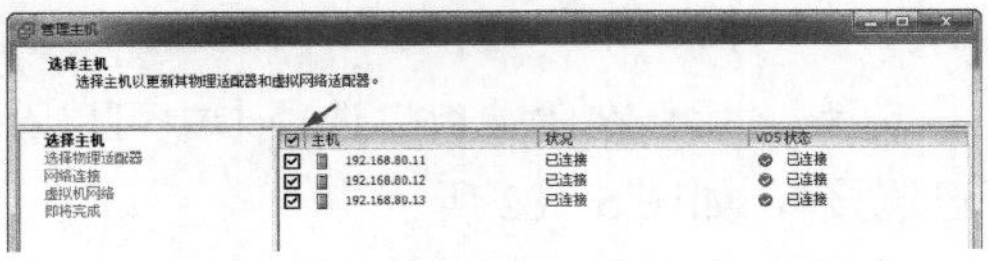

图 5-186　选择主机

（3）在“选择物理适配器”对话框，展开每个物理主机，并从“正由交换机使用”列表中，属性为 vSwitch1 的交换机中，选择剩余的一个网卡，如图 5-187 所示。

（4）在“网络连接”对话框，选择用于为 VDS 上的适配器提供网络连接的端口组，在些请注意“交换机”及“源端口组”选项列表，在此选中 vmk1，在“目标端口组”选择 vmnet1，要将每个主机的、源端口组为 vmnet1 的适配器，选择目标端口组，如图 5-188 所示。

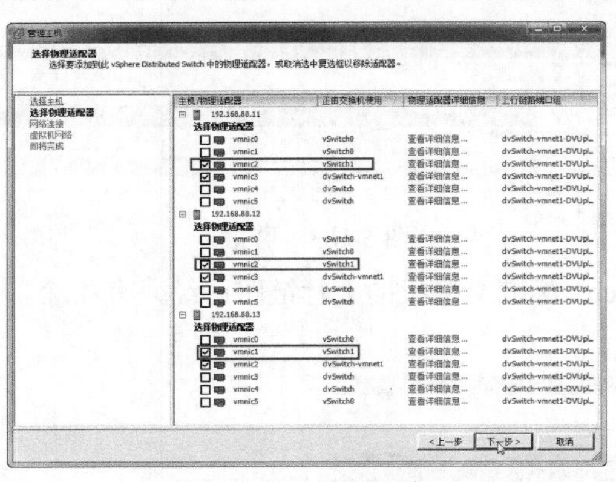

图 5-187　选择网卡

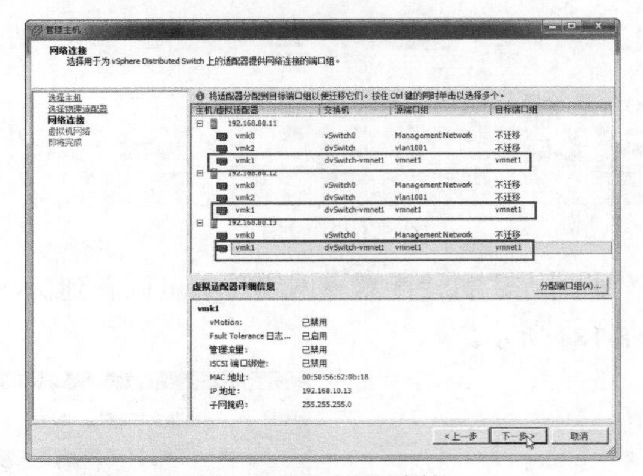

图 5-188　网络连接

（5）在“虚拟机网络”对话框，选择要迁移到分布式交换机的虚拟机及虚拟机中使用该网络的网卡，因为在上一节中，已经完成了虚拟机的迁移，所以在本节中，不需要再用迁移。取消“迁移虚拟机网络”，如图 5-189 所示。

（6）在“即将完成”对话框，显示了迁移（添加）的网卡及虚拟机，迁移的主机网卡及虚拟机会用浅黄色表示，如图 5-190 所示。

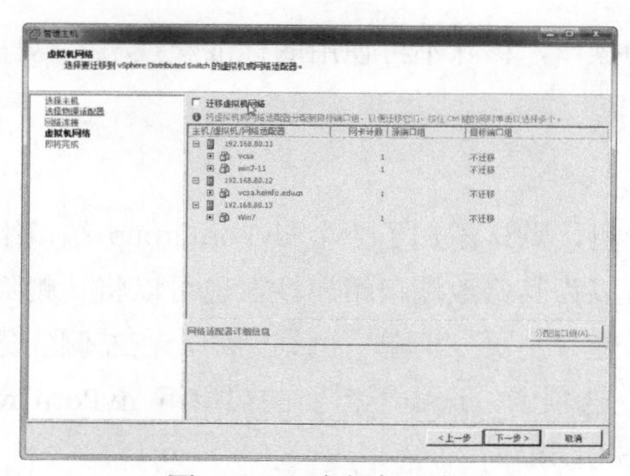

图 5-189　虚拟机网络

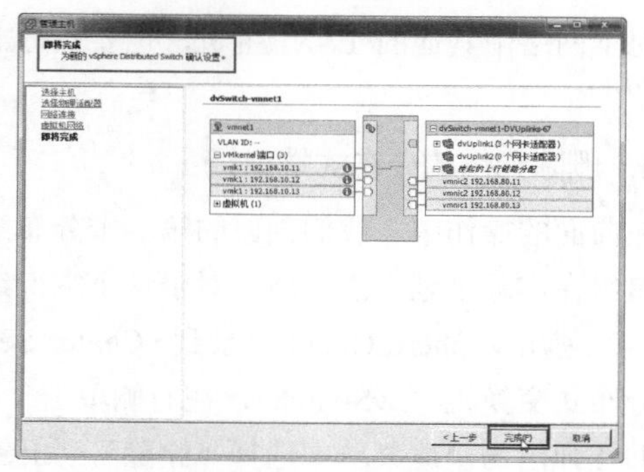

图 5-190　即将完成

（7）迁移完成之后，在“配置”选项卡中，看到迁移后的分布式交换机，从列表中可以看到，右侧上行链路有 3 个主机、每个主机有 2 个网卡，一共 6 个，如图 5-191 所示。

（8）返回到“主页→清单→主机和群集”选项中，在左侧依次选中每个主机，在右侧“配置→硬件→网络”选项中，可以看到原来的“标准交换机：vSwitch1”已经没有上行链路（物理网卡），如图 5-192 所示。

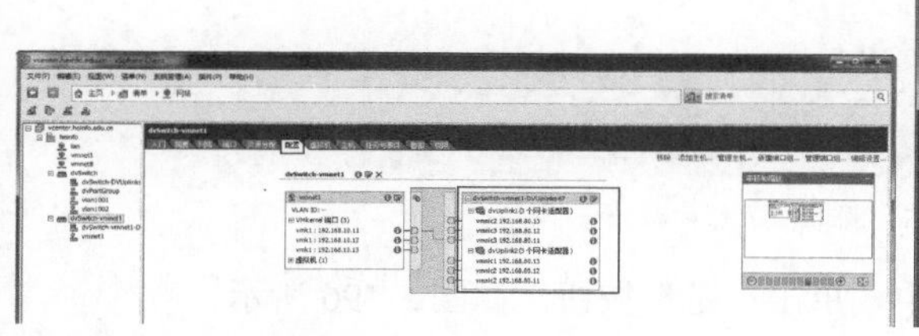

图 5-191　配置选项卡

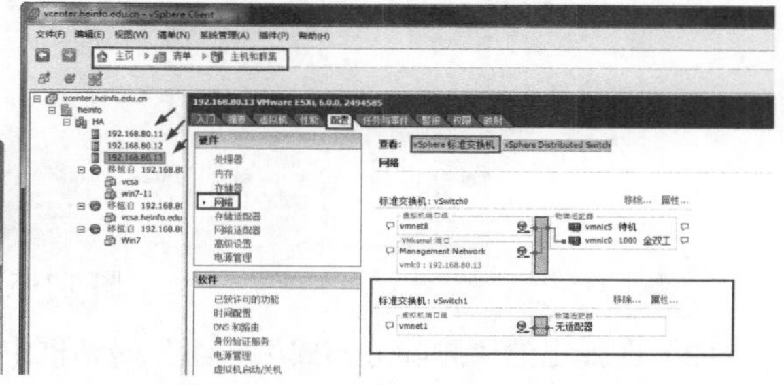

图 5-192　迁移后的标准交换机已无物理网卡

5．删除无上行链路的标准交换机

当标准交换机链路及虚拟机端口组迁移到分布式交换机后，可以在每台主机上，删除不再使用的标准交换机，步骤如下。

（1）使用 vSphere Client 登录到 vCenter Server 或 ESXi，在左侧选中 ESXi 主机，在右侧单击“配置→网络→vSphere 标准交换机”，在不再使用的标准交换机右侧单击“移除”链接，在弹出的快捷菜单中单击“是”按钮即可，如图 5-193 所示。

（2）删除之后，在“配置→网络”中，将不会再有该标准交换机，如图 5-194 所示。

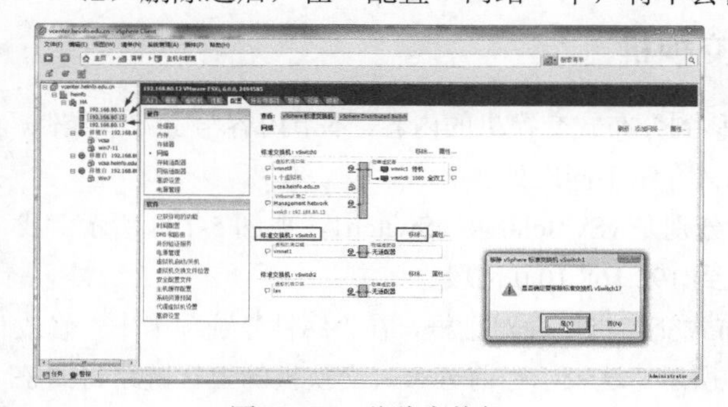

图 5-193　移除交换机

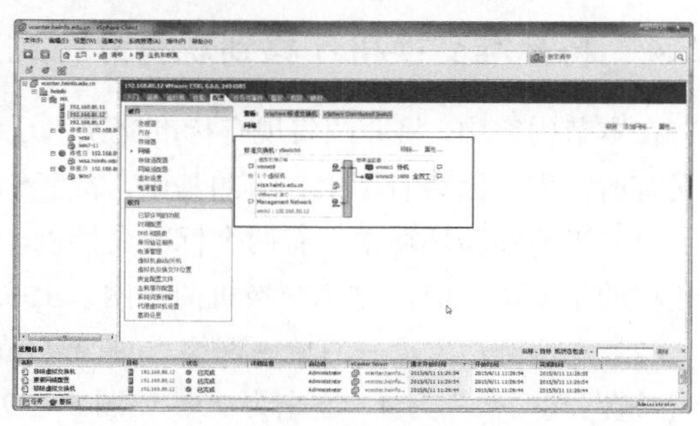

图 5-194　移除后的网络清单

对于网络中其他的 ESXi 主机，也要执行上面的操作，移除不再使用的标准交换机，这些不一一介绍。

6. 删除无用的分布式端口组

在前面的操作中，我们创建的第一个分布式交换机，默认添加了一个 dvPortGroup 端口组，这个端口组在实际规划中没有用，对于这个端口组，可以为其修改端口组属性，也可以将其删除。

（1）使用 vSphere Client 登录到 vCenter Server，在“主页→清单→网络”中，在左侧任务窗格选中分布式交换机“dvSwitch”，在右侧单击“网络”选项卡，选中不需要的端口组 dvPortGroup，右击并在弹出的快捷菜单中选择“删除”，如图 5-195 所示。

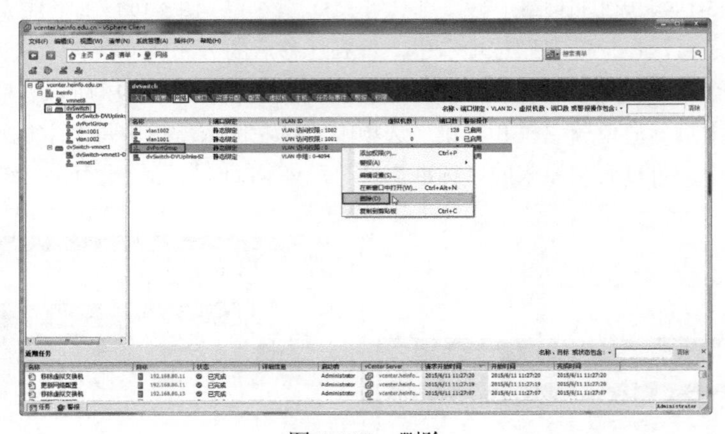

图 5-195 删除

（2）在弹出的“删除分布式端口组”对话框中，单击“是”按钮，如图 5-196 所示。

（3）删除之后，只保留名为 vlan1001、vlan1002 的虚拟端口组及名为 dvsWitch-DVUplinks-xx 的上行链路，如图 5-197 所示。

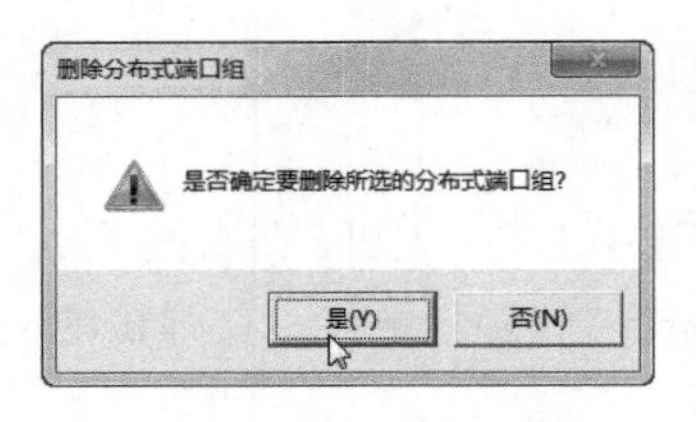

图 5-196 确认删除

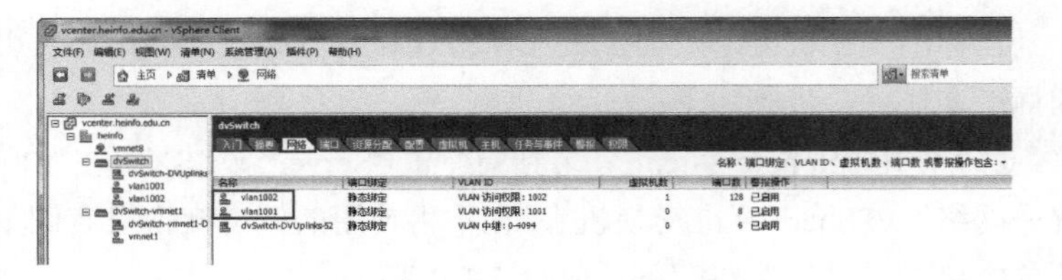

图 5-197 剩余的端口组

5.5.4 将标准交换机迁移到现有分布式交换机

在本节内容中，将介绍将现有标准交换机迁移到分布式交换机的内容。本节内容与上一节类似，但又有所区别。因为有了上一节的基础，故我们只介绍不同之处。

（1）当前实验环境中，有两个标准交换机，分别是 vSwitch0 及 vSwitch1，如图 5-198 所示。我们迁移的是 vSwitch1，这个交换机两个网卡上联到 192.168.10.0 网段。

（2）定位到“主页→清单→网络”，打开分布式交换机属性对话框，在“属性”选项卡中，修改“上行链路端口数”为 4（原来为 2），如图 5-199 所示。这表示当前分布式交换机的上行链路将调整为 4（每个主机 4 个网卡）。

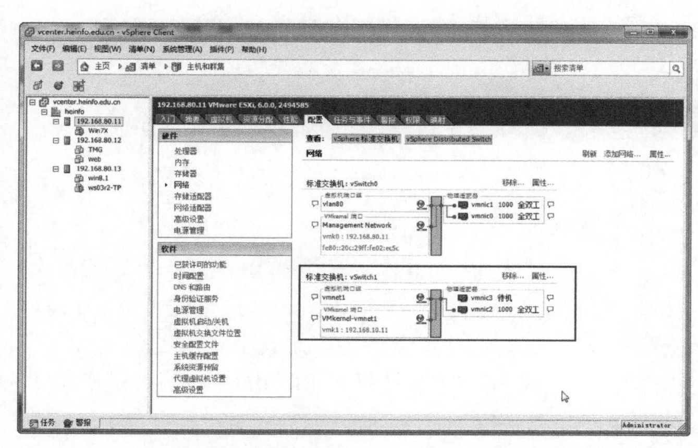

图 5-198　现有两个 VSS 一个 VDS

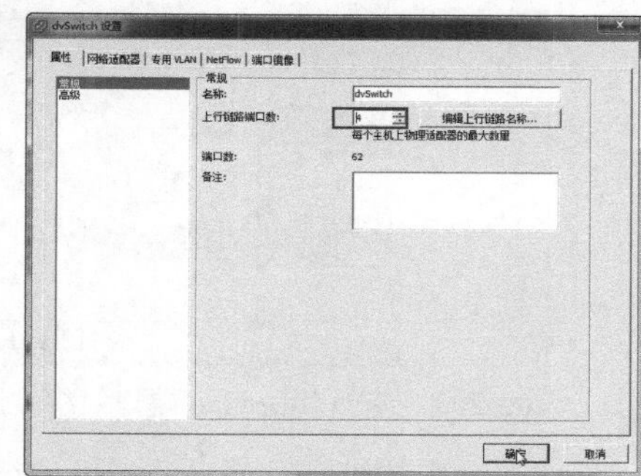

图 5-199　修改上行链路属性

（3）在现有分布式交换机中，新建一个“端口组”，设置端口组名称为 vmnet1，此端口组将与要迁移的标准交换机的端口组 vmnet1 对应。

（4）之后定位到“配置”选项卡，单击“vmnet1（新建端口组）”，可以看到，当前端口组的上行链路是 4 个网卡，其中 dvUplink1 和 dvUplink2 是原来连接到交换机 Trunk 端口的网卡，而 dvUplink3 和 dvUplink4 还没有分配，是对应将要从标准交换机迁移过来的网卡，如图 5-200 所示。

（5）而原来的一些端口组，例如 vlan1001、vlan1002 等（这些是 VLAN 端口），上行链路连接到 Trunk 端口的网卡应该是 dvUplink1 和 dvUplink2，但现在也包括了 dvUplink3 和 dvUplink4。我们需要修改端口组的绑定顺序。右击 vlan1001，在弹出的对话框中选择“编辑设置”，如图 5-201 所示。

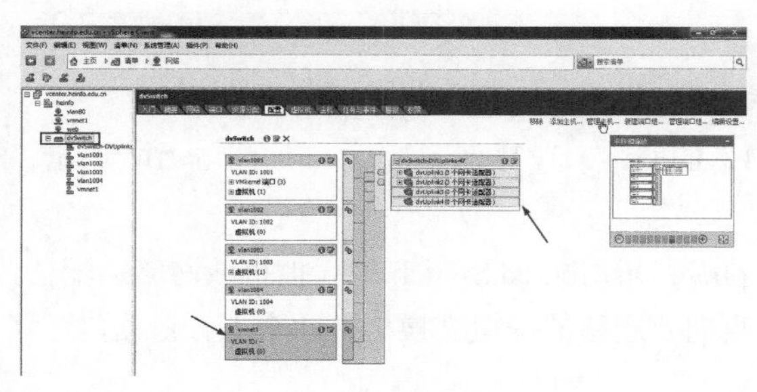

图 5-200　检查新建端口组上行链路

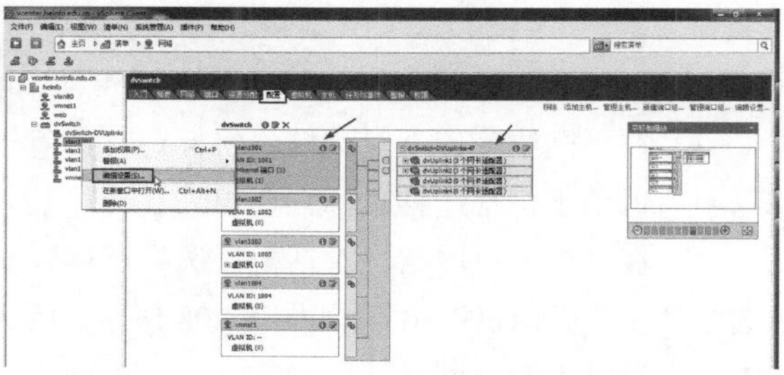

图 5-201　检查端口组上行链路并修改

（6）在“策略→成组和故障切换”中，将 dvUplink3 和 dvUplink4 移动到“未使用的上行链路”中，如图 5-202 所示。而让活动上行链路只使用 dvUplink1 和 dvUplink2，这两个网卡是连接到交换机 Trunk 端口的网卡。

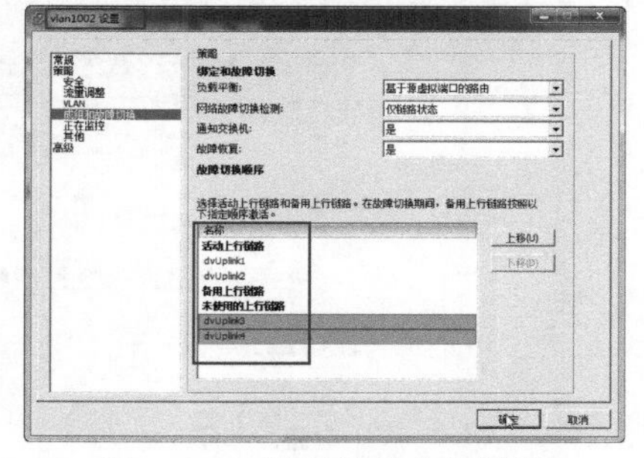

图 5-202　选择活动上行链路

对于其他的、原来分布式交换机的上的端口组，也要修改绑定顺序，例如 vlan1004，也要只绑定 dvUplink1 和 dvUplink2，如图 5-203 所示。

（7）对于新建的端口组 vmnet1，则修改绑定上行链路为 dvUplink3 和 dvUplink4，如图 5-204 所示。

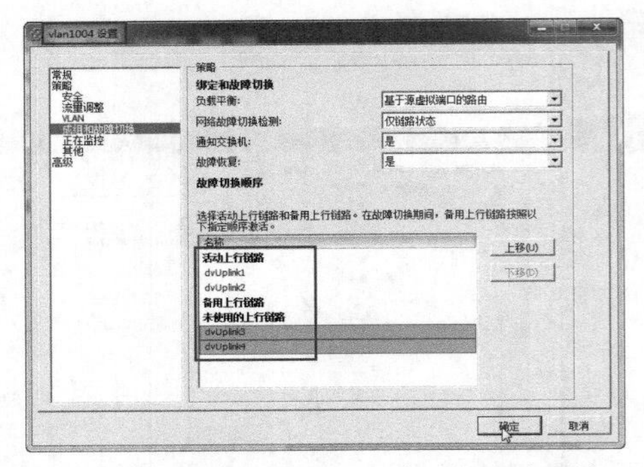
图 5-203　修改其他 vlan 端口组绑定顺序

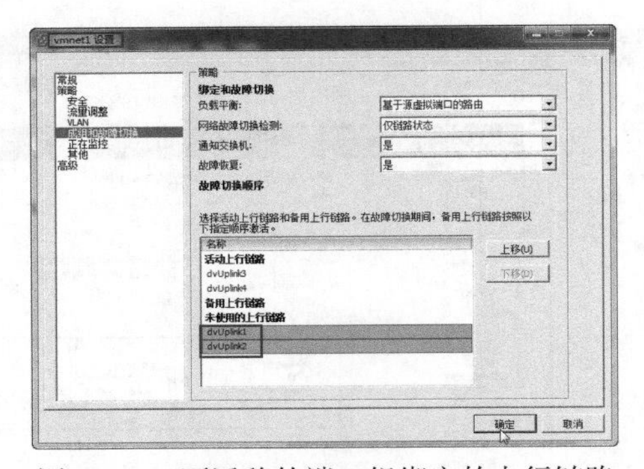
图 5-204　要迁移的端口组绑定的上行链路

修改端口组的绑定顺序之后，开始迁移。

（1）在“配置”选项卡中，单击“管理主机”，如图 5-205 所示。

（2）在“选择主机”对话框，选择所有主机。在“选择物理适配器”对话框，在每个主机上选择 vmnic3 网卡，在“正由交换机使用”列表中显示了选中网卡所属的交换机，如图 5-206 所示。

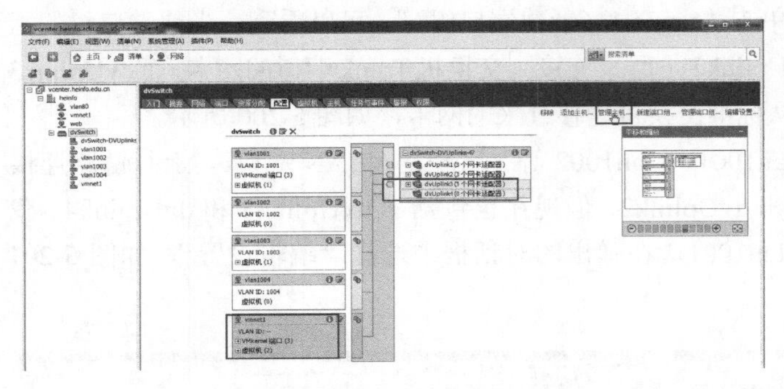
图 5-205　管理主机

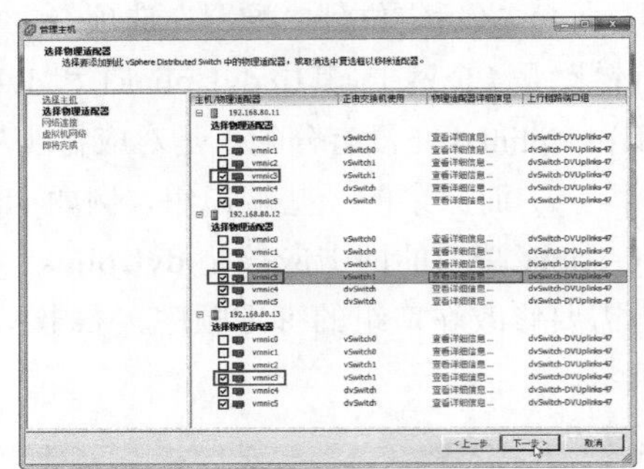
图 5-206　选择物理适配器

（3）在“网络连接”对话框，将标记有黄色“！”的网络，迁移到 vmnet1，如图 5-207 所示。你需要为每个主机都迁移目标端口组。

（4）在“虚拟机网络”对话框，选择迁移到 vSphere Distributed Switch 的虚拟机或网络适配器，不选中“迁移虚拟机网络”，如图 5-208 所示。因为我们要迁移的虚拟交换机有两个上行链路，迁移其中一个链路不会对网络造成影响。

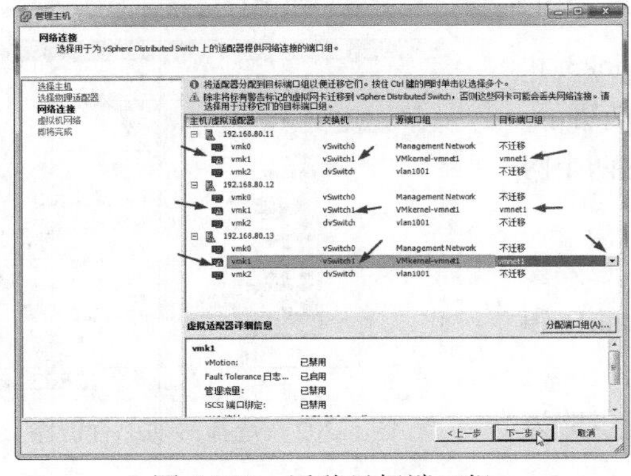
图 5-207　迁移目标端口组

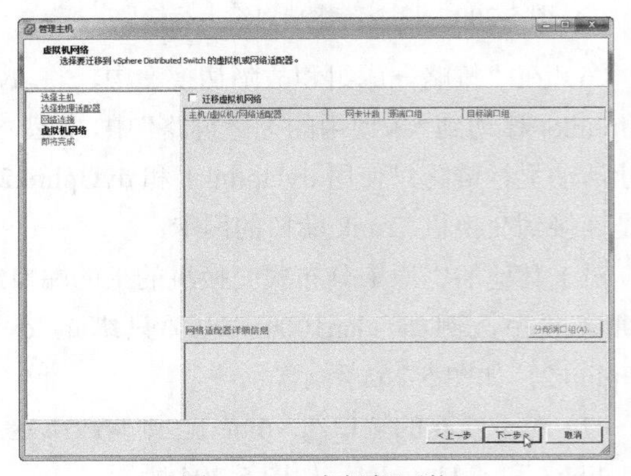
图 5-208　虚拟机网络

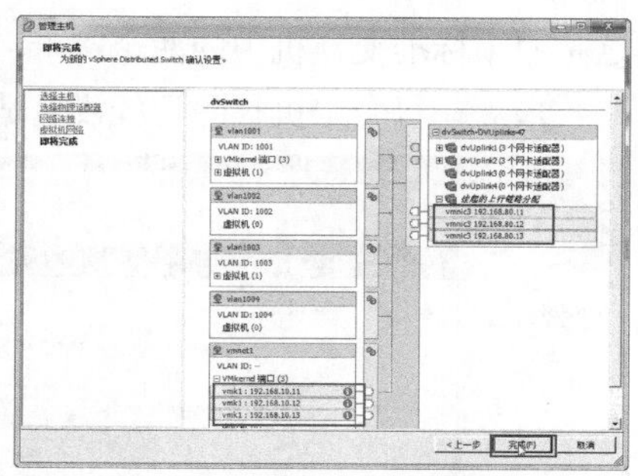
图 5-209　即将完成

（5）在“即将完成”对话框，为新的 vSphere Distributed Switch 确认设置，检查无误之后单击“完成”按钮，如图 5-209 所示。

在迁移完一个上行链路之后，检查虚拟机配置，凡是使用 vSwitch1 虚拟交换机端口组的虚拟机，将其网络标签改为迁移后的分布式交换机对应的端口组。

（1）当前一台 Windows 7 虚拟机，正在使用原来的 vmnet1 端口组，并且使用 ping 命令，测试到网关的连通性，如图 5-210 所示，右击该虚拟机，选择“编辑设置”。

（2）修改“网络适配器”，将网络标签由原来的 vmnet1 改为 vmnet(dvSwitch)，如图 5-211 所示。

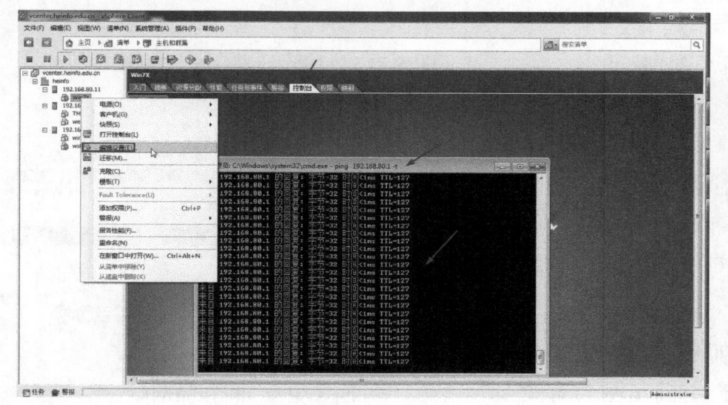
图 5-210　编辑设置

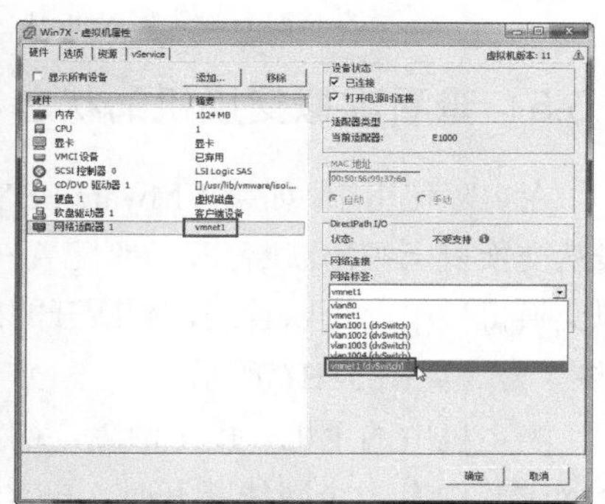
图 5-211　更改网络适配器标签

（3）返回到 vSphere Client 控制台之后，可以看到，在修改网络标签（等于调整网络，将某个计算机的网线从一个端口“换”到另一端口）的过程中，网络没有中断。，如图 5-212 所示。

如果有其他虚拟机，使用 vmnet1（涉及迁移的虚拟机），则请一同修改网络标签。等所有的虚拟机完成修改之后，继续迁移，迁移可以参照图 5-205～图 5-209，只是在“选择物理适配器”对话框，选择 vmnic2（欲迁移标准交换机剩余的一个物理网卡），如图 5-213 所示。

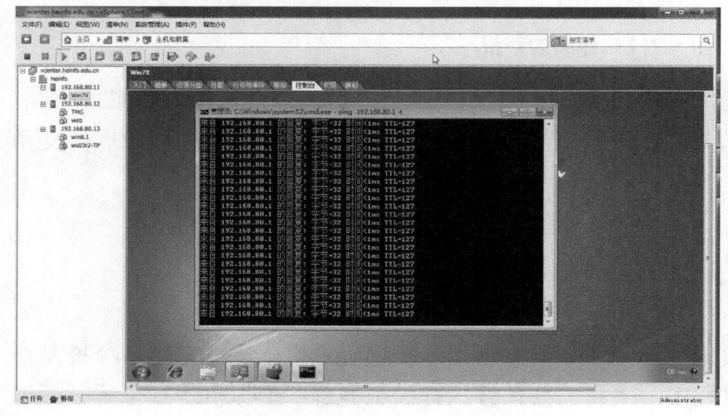
图 5-212　网络继续，没有中断

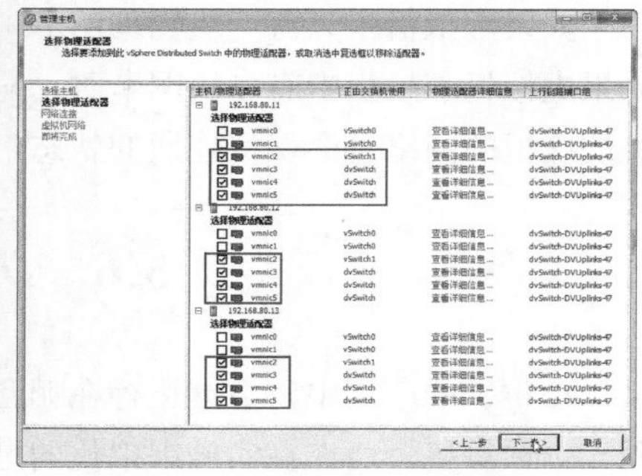
图 5-213　迁移最后一块网卡

迁移之后，在“配置”选项卡中，可以看到，vmnet1 端口组已经绑定了 dvUplink3 及 dvUplink4，这是原来标准交换机中的两个网卡，如图 5-214 所示。

最后在每个主机移除已经没有适配器的 vSwitch1 标准交换机，如图 5-215 所示。

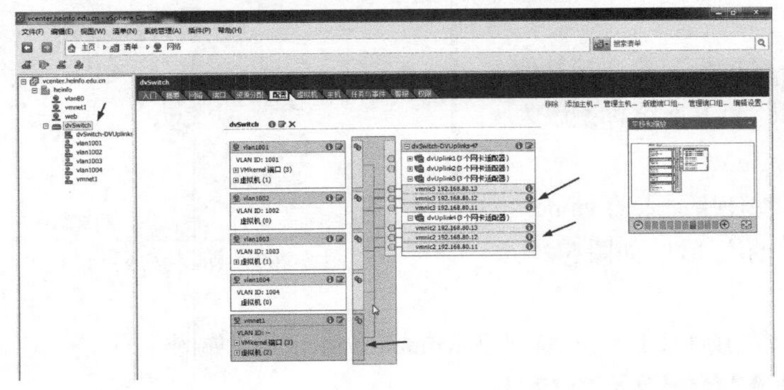

图 5-214　检查 vmnet1 上行链路　　　　图 5-215　移除迁移完成的标准交换机

5.5.5　查看虚拟交换机的状态

在实际使用中，如果 VMware ESXi 的物理网卡的网线从交换机上拔出或断开，在“配置→网络”中，在“虚拟交换机”中，可以看到，被断开的网卡会出现红色的“└×ı”号，如图 5-216 所示。

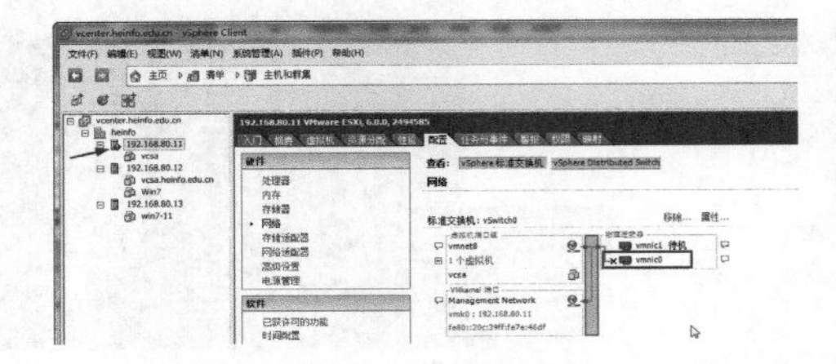

图 5-216　断开的网络

当主机中的主机，出现故障，例如图 5-216 中的两个网卡其中有一个网线断开时，ESXi 主机左侧会有黄色的警报标志，在“警报”选项卡中，会看到具体的报警信息，如图 5-217 所示。

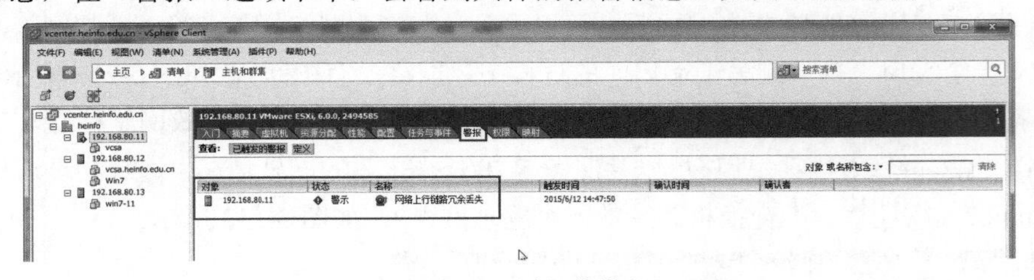

图 5-217　详细的警报

如果虚拟机中只有一块物理网卡，当网线断开后，使用此虚拟交换机的虚拟机的网络也会断开；如果虚拟机交换机中有多块网卡时，只要有任意一个物理网卡处于连通状态，所有使用此虚拟交换机的虚拟的网络也会保持连通的状态。

5.6　为 ESXi 添加共享存储

在传统的应用中，数据运行在哪台主机上，通常数据也保存在哪台主机上，即数据与环境是在同一个计算机。而在在实施虚拟化的过程中，大家需要理解这样一个概念：虚拟机运行位置、虚拟机存储位置是可以“分离”的，即虚拟机可以运行在 A 主机上，但正在运行的这个虚拟机的数据是保存在网络中的另一个存储（或服务器）中的。如果要实现虚拟机的“群集”或“容错”，或者要使用 vMotion 实现正在运行的虚拟机在不同主机之间的迁移，必须要使用共享的存储设备，即虚拟机数据文件保存在存储设备中，而虚拟机可以根据需要运行在不同的主机上，前提是，存储要连接到这些主机并为这些主机使用。

现在专用的存储服务器通常通过光纤（FC）或 SAS 连接服务器。通常来说，采用 FC HBA 或 SAS HBA 接口卡的专用存储，在为其他服务器提供存储空间时，也需要服务器采用对应的 FC HAB 或 SAS HBA 接口卡。采用 FC HBA 或 SAS HBA 接口卡的好处是，对于服务器来说，提供的存储像本地磁盘一样，除了做数据存储之后，可以安装系统并用于系统的启动。

除了使用基于 FC HBA 或 SAS HBA 接口卡连接专用存储与服务器外，也有基于 IP 网络的存储、使用传统的以太网为服务器提供存储空间。采用 IP 的存储，不需要专用的 FC HBA 或 SAS HBA 卡，只需要传统的以太网卡即可，这样节省了 FC HBA 与 SAS HBA 接口卡，组建成本较低。例如，通常来说，专用的 FC HBA 与 SAS HBA 接口卡，每个接口卡的价钱大约在人民币 3 000～7 000 元。而服务器都自带千兆网卡，即使采用 10GB 网卡，每个网卡大约 1 500 元左右。从速度来看，FC HBA 提供 8Gbit/s 的速度，SAS HBA 提供 6Gbit/s 的速度，千兆网卡提供 1Gbit/s 的速度，10GB 网卡（万兆以太网卡）提供 10Gbit/s 的速度。

对于要求比较高的用户，可以采用 FC HBA 接口卡的存储，通常情况下，这种存储可以同时接 2 个或 4 个服务器，如果外接服务器数量较多，可以采用 FC 交换机进行扩展。而在采用 SAS HBA 接口卡的存储时，一般一个有双控制器的存储，每个控制器可以有 3 个接口用来连接服务器，这样 2 个控制器可以接 6 台（推荐 3 台，每台服务器两条 SAS 线接每个控制器的其中一个端口，以实现冗余。如果服务器只使用一条 SAS 连接到双控制的存储上，存储状态为“已降级”，但不会影响使用，只是没有冗余而已）。

当对存储的速度要求不太高并对价格敏感的用户，采用基于 iSCSI 的存储也是一种选择，但在大多数的生产环境中，iSCSI 的存储主要用来做备份，而不是保存虚拟机。另外，在学习 VMware vSphere 的过程中，配置 iSCSI 存储用作实验也是一种方法，在本章中将用图 5-218 的拓扑（这是图 4-2 的另一种画法），为网络中的每台 ESXi 主机添加 iSCSI 存储，用于继续做后面的实验。

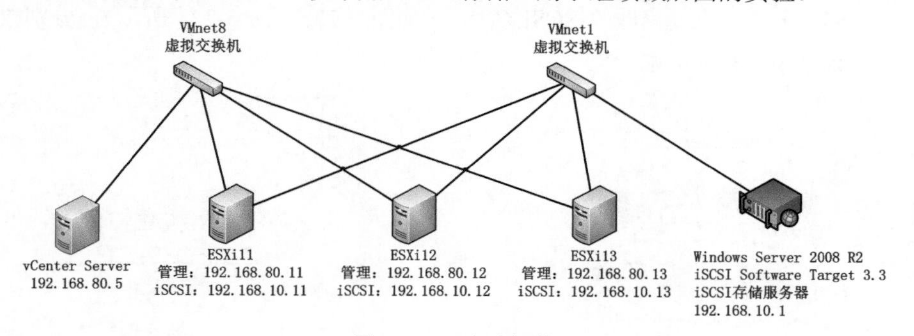

图 5-218　实验拓扑

因为在本书第三章已经介绍过，为 ESXi 添加 iSCSI 软件适配器、使用 ESXi 连接 iSCSI 存储的内容，所以本节只是介绍关键的步骤。在下面的操作中，将为 ESXi11、ESXi12、ESXi13 三台主机添加 iSCSI 服务器，服务器的地址是 192.168.10.1。并简单介绍在 iSCSI 服务器为这三台服务器添加目标的方法。

（1）使用 vSphere Client 登录到 vCenter Server 或 ESXi，在左侧选中一台主机，在“配置→存储

适配器”选项中，为主机添加中 iSCSI 软件适配器，之后选中 iSCSI 软件适配器，单击“属性”链接，如图 5-219 所示。

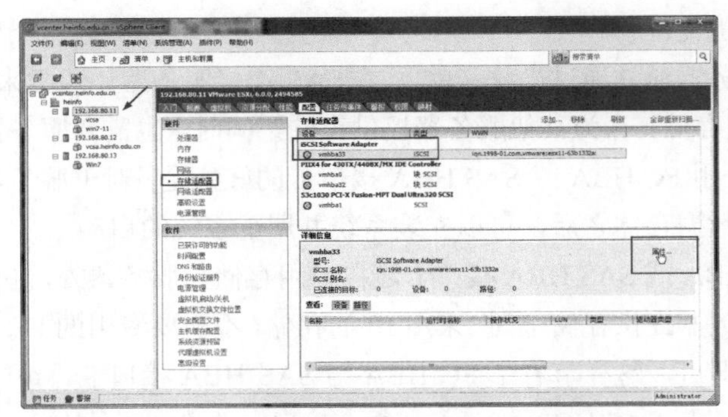

图 5-219　属性

（2）打开“常规”选项卡，单击“配置”按钮，将第 1 台 ESXi 主机的“iSCSI 名称”的后缀改为“esx11-80.11”，如图 5-220 所示。

（3）然后在“动态发现”选项卡，添加 iSCSI 服务器的地址 192.168.10.1，如图 5-221 所示。

图 5-220　修改 iSCSI 属性

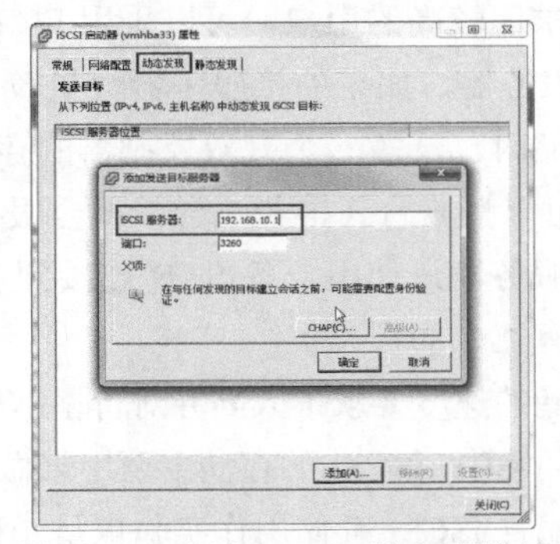

图 5-221　添加 iSCSI 服务器地址

另外两台 ESXi 主机，也要修改“iSCSI 名称”（如图 5-222、图 5-223 所示），分别改为后缀是 esx12-80.12 及 esx13-80.13 的名称。

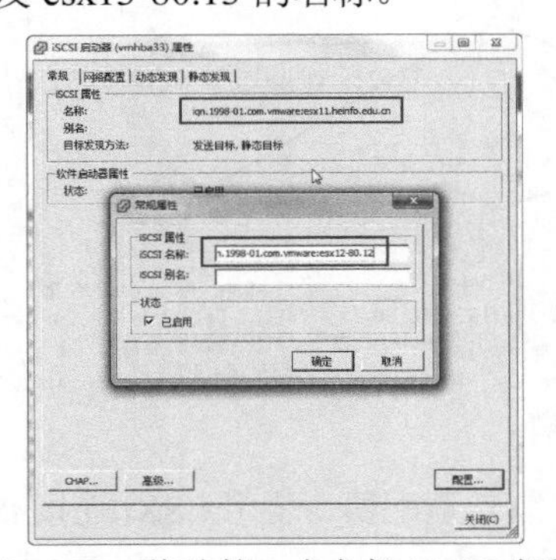

图 5-222　修改第 2 台主机 iSCSI 名称

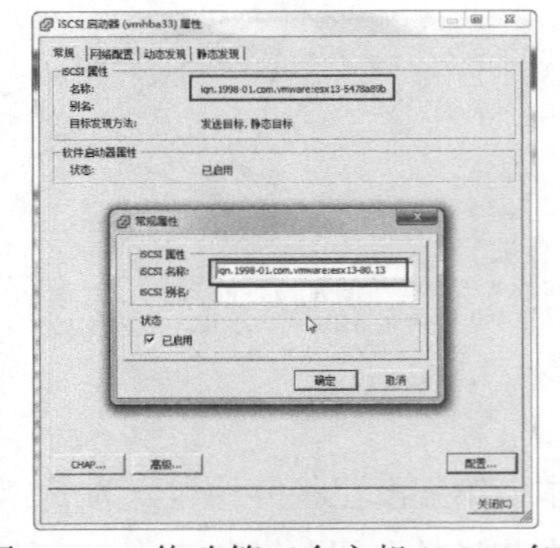

图 5-223　修改第三台主机 iSCSI 名称

在 ESXi 主机这一端配置好之后，远程登录到做 iSCSI 服务器的 Windows Server 2008 R2，打开“Microsoft iSCSI Software Target”，为这三台主机分配存储空间。因为在前面的章节已经配置过了存储服务器，所以介绍主机步骤。

【说明】在下面的操作中，将原来分配给其他 ESXi 主机的存储空间收回，而分配给此次实验的三台主机。在真正的生产环境中，只有确认主机不再使用存储空间，才可以删除。

（1）在“iSCSI 目标”选项中，在右侧选中已经分配好的目标，右击单击，在弹出的快捷菜单中选择“属性”，如图 5-224 所示。

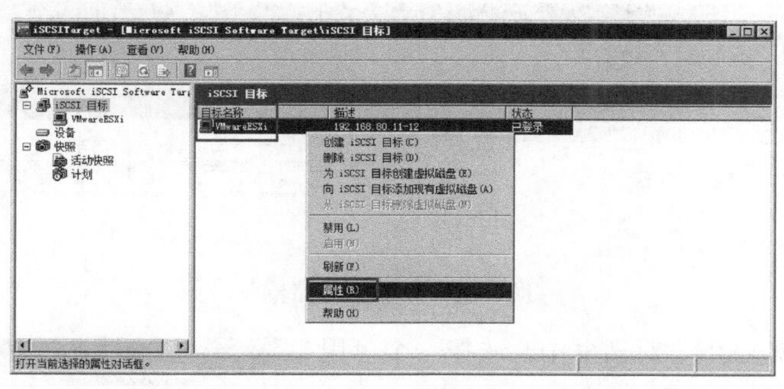

图 5-224　目标属性

（2）在“iSCSI 发起程序”选项卡中，在“标识符”列表中，选中所有的目标，单击“删除”按钮，将原来分配给其他实验主机的地址删除，如图 5-225 所示。

（3）在弹出的对话框中单击“是”按钮，如图 5-226 所示。

（4）返回到“iSCSI 发圵程序”选择卡，单击“添加”按钮，如图 5-227 所示。

图 5-225　删除分配给其他主机的标识符

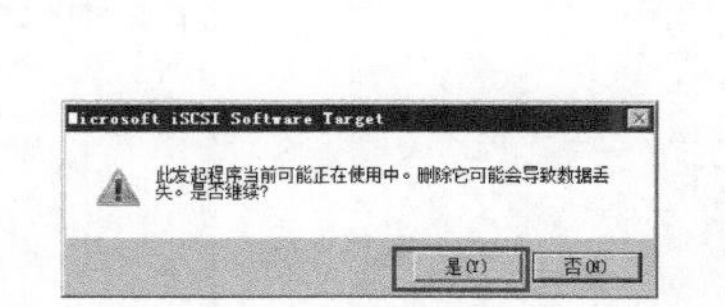

图 5-226　确认删除

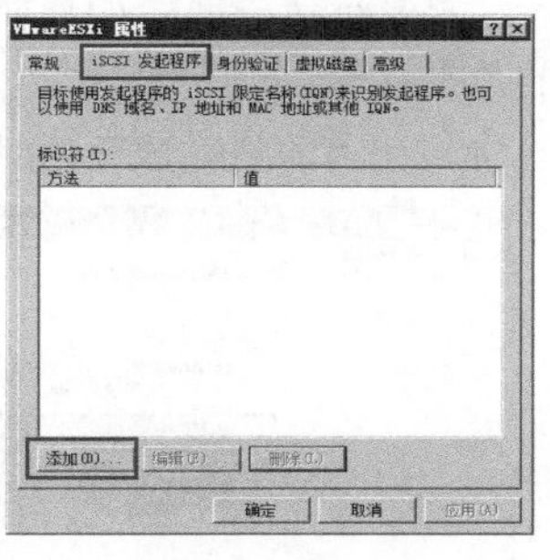

图 5-227　添加新标识符

（5）在“标识符类型”处选择“IQN”，单击“浏览”按钮，在弹出的“添加 iSCSI 发起程序”对话框，在“iSCSI 发起程序”列表中选择后缀为 80.11、80.12、80.13 的 iqn，如图 5-228 所示。

（6）返回到图 5-227 中，在“标识符”中已经添加了 iSCSI 发起程序，如图 5-229 所示，然后单击“确定”按钮完成配置。

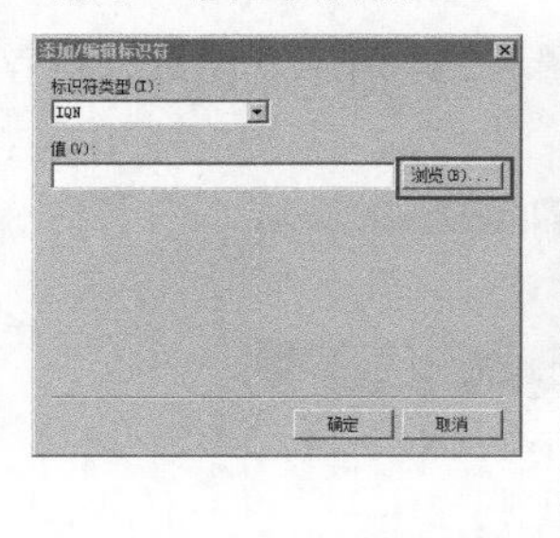

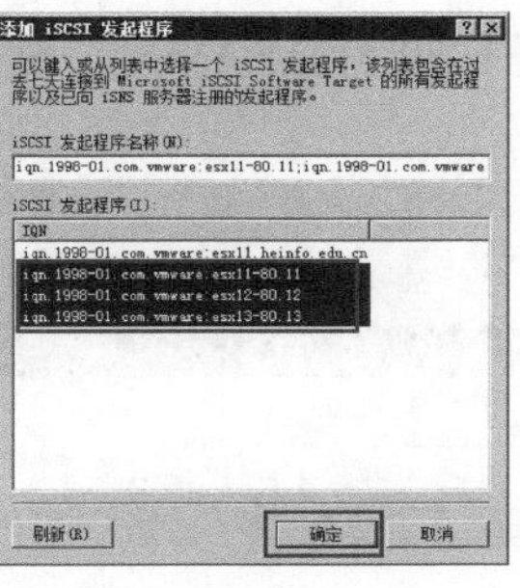

图 5-228　添加 iSCSI 发起程序

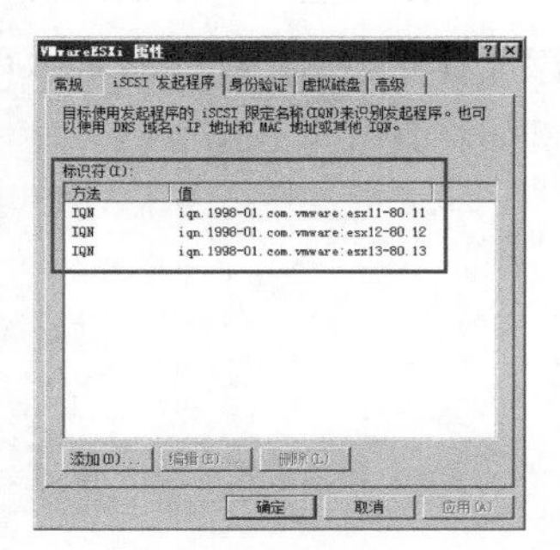

图 5-229　配置完成

最后返回到 vSphere Client，重新扫描存储之后，添加 iSCSI 存储服务器分配的共享空间，只需要在其中一台主机上添加、在其他主机刷新即可，主要步骤如下。

（1）使用 vSphere Client 登录到 ESXi 或 vCenter Server，在左侧选中一个主机，在右侧选择“配置→存储器”，从列表中可以看到，当前主机只有本地存储。单击“添加存储器”链接，如图 5-230 所示。

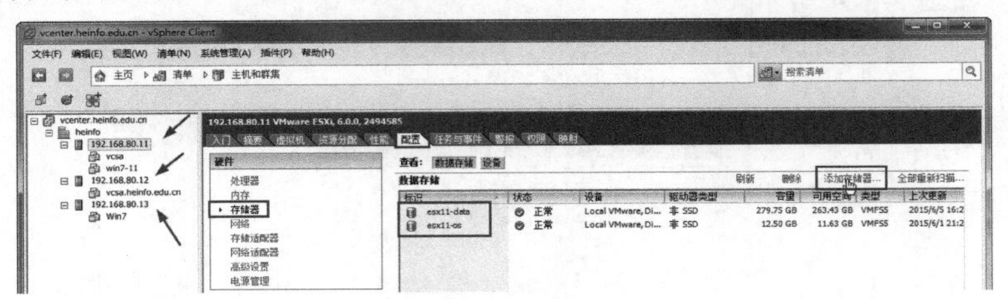

图 5-230　添加存储器

（2）在“选择磁盘/LUN”对话框中，选择一个可用的磁盘或 LUN，如图 5-231 所示。

图 5-231　选择磁盘或 LUN

（3）因为该存储原来分配给过其他 ESXi 主机，所以会出现“选择 VMFS 挂载选项”对话框，在此选择“分配新签名”，这样将会保留现有数据并挂载该磁盘上存在的 VMFS 卷，如图 5-232 所示。如果选择“保留现有的签名”那么这个存储可能不会在其他主机显示，只会显示在当前添加存储的主机。如果选择“格式化磁盘”，将会把该存储数据格式化，并创建新的数据存储。

（4）在“即将完成”对话框，单击“完成”按钮，完成存储的添加，如图 5-233 所示。

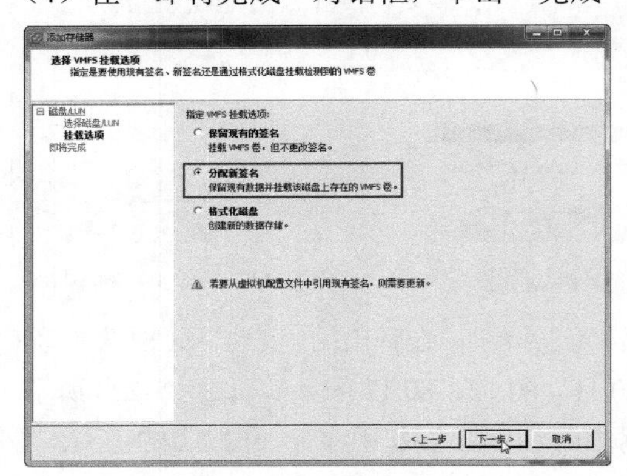

图 5-232　选择 VMFS 挂载选项

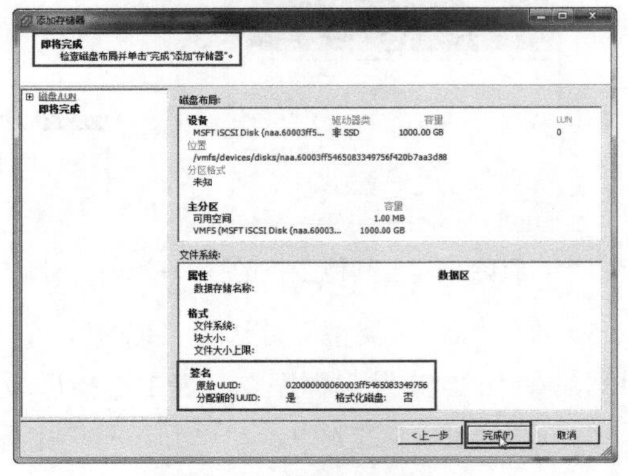

图 5-233　添加存储完成

添加存储之后，存储的名称有可能变为“snap-xxxxx-xxxx”，如图 5-234 所示。你可以将存储改名，例如将其改为 iscsi-data。

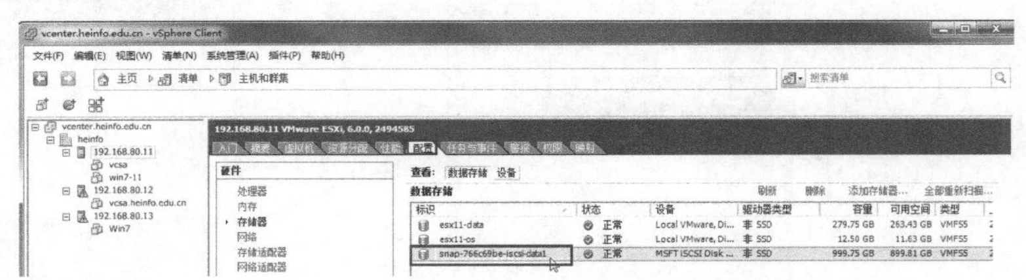

图 5-234　存储名称

在另外两台主机在扫描并发现新添加的存储后，可能主机前面会有黄色的报警信号，你可以在“摘要”中查看这个信息，此时信息提示为“在主机上找到已弃用的 VMFS 卷。请考虑将卷升级到最新版本”，如图 5-235 所示。

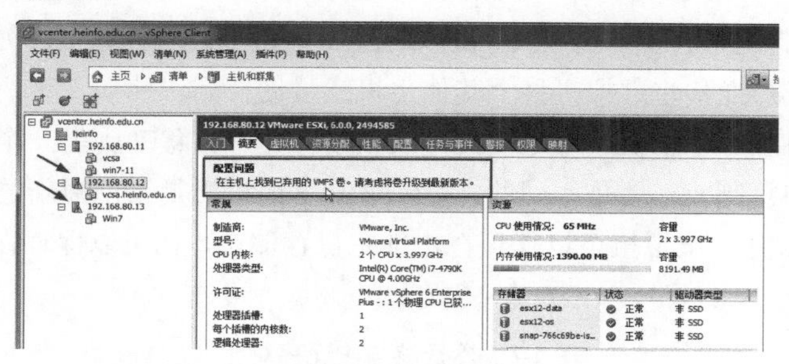

图 5-235　报警信息

对于这种情况，只要将主机“重新引导”（如图 5-236 所示），即可解决。

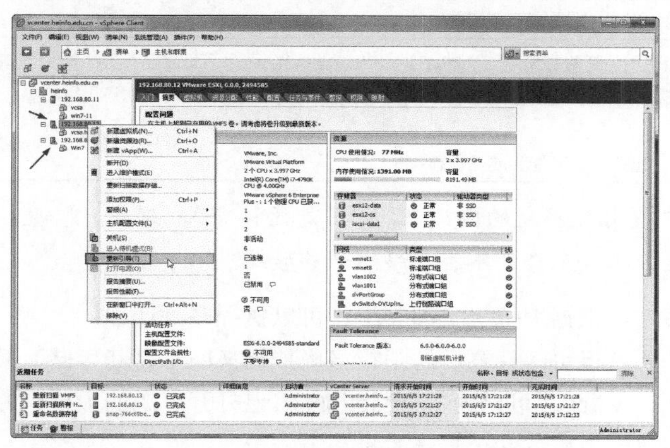

图 5-236　重新启动主机

再次进入系统后，将变为正常。如图 5-237 所示，每个主机的信息都变为正常。

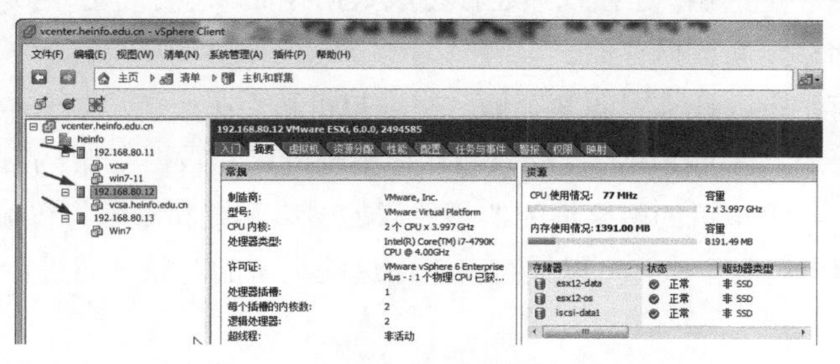

图 5-237　主机信息恢复为正常

5.7　虚拟机迁移

在 vSphere 数据中心中有多台主机，而每个主机上会运行一台或多台的虚拟机。当出于某种目的进行主机维护时，需要将某台主机上运行或关闭的虚拟机，“迁移”到其他主机上。如何在不同主机间，根据管理的需要，将虚拟机“迁移”或“移动”到其他主机呢？

管理员可以使用 vSphere Client（或 vSphere Web Client）登录 vCenter Server，将处于 vCenter Server 管理的 ESXi 主机中的虚拟机，使用热迁移或冷迁移的方式，将虚拟机从一个主机或存储位置移至另一位置。例如，您可使用 vSphere vMotion 将已打开电源的虚拟机从主机上移开，以便执行维护、平衡负载、并置相互通信的虚拟机、将多个虚拟机分离以最大限度地减少故障域、迁移到新服务器硬件等。

您可使用冷迁移或热迁移将虚拟机移至其他主机或数据存储。

迁移是指将虚拟机从一个主机（本地硬盘）或共享存储位置移动到另一个主机的本地硬盘或存储位置的过程。迁移与复制或部署是不同的，复制或部署虚拟机是指创建新的虚拟机，并不是迁移形式。在 VMware ESXi 中，虚拟机可以保存在本地主机存储中，也可以保存在网络存储中。两种迁移方式如表 5-7 所示。

表 5-7　冷迁移与热迁移对比

冷迁移	可将已关闭电源或已挂起的虚拟机移至新主机。您可选择将已关闭电源或已挂起虚拟机的配置文件和磁盘文件重定位到新的存储位置。您也可以使用冷迁移将虚拟机从一个数据中心移至另一数据中心。要执行冷迁移，您可手动移动虚拟机或设置调度的任务
热迁移 （实时迁移）	根据您使用的迁移类型是 vMotion 还是 Storage vMotion，可以将已打开电源的虚拟机移至其他主机，或者将其磁盘或文件夹移至其他数据存储，而不破坏虚拟机的可用性。同时，您还可以将虚拟机移动至其他主机和其他存储位置 vMotion 也称为实时迁移或热迁移

【说明】复制虚拟机是指创建新的虚拟机，并不是迁移形式。通过克隆虚拟机或复制其磁盘和配置文件可以创建新的虚拟机，克隆并不是迁移的一种形式。

在执行虚拟机迁移时，根据虚拟机资源类型，可以执行多种迁移：

（1）仅更改计算资源。仅更改计算资源是指将虚拟机（而不是其存储）移动至其他计算资源，如主机、群集、资源池或 vApp。可以使用 vMotion 将已打开电源的虚拟机移至另一计算资源。也可使用冷迁移或热迁移将虚拟机移动至另一主机。

（2）仅更改虚拟机数据存储。将虚拟机及其存储（包括虚拟磁盘、配置文件或其组合）移至同一主机上的新数据存储。可使用冷迁移或热迁移更改数据存储。您可使用 Storage vMotion 将已打开电源的虚拟机及其存储移至新数据存储。

（3）以上二者都有，更改计算资源和存储。将虚拟机移至另一主机，并同时将其磁盘或虚拟机文件夹移至另一数据存储。您可使用冷迁移或热迁移更改主机和数据存储。在 Distributed Switch 之间移动虚拟机网络时，与虚拟机的网络适配器相关联的网络配置和策略将传输到目标交换机。

在 vSphere 6.0 和更高版本中，可以通过在下面这些类型的对象之间进行迁移在 vSphere 站点之间移动虚拟机。

（1）迁移至另一虚拟交换机。将虚拟机网络移动至另一类型的虚拟交换机。可以在无需重新配置物理和虚拟网络的情况下迁移虚拟机。执行冷迁移或热迁移时，可以将虚拟机从一个标准交换机移动至另一标准交换机或 Distributed Switch 或者从一个 Distributed Switch 移动至另一 Distributed Switch。

（2）迁移至另一数据中心。在数据中心之间移动虚拟机。执行冷迁移或热迁移时，可以更改虚拟机的数据中心。对于目标数据中心内的网络连接，可以在 Distributed Switch 上选择一个专用端口组。

（3）迁移至另一 vCenter Server 系统。在以增强型链接模式连接的两个 vCenter Server 实例之间移动虚拟机。还可以在彼此相距较远的两个 vCenter Server 实例之间移动虚拟机。

5.7.1　迁移虚拟机的实验环境

在 vSphere 中，使用 vCenter Server 迁移虚拟机是比较简单与方便的事情，在本节中，将通过图 5-238 所示的网络拓扑来介绍迁移虚拟机的操作。

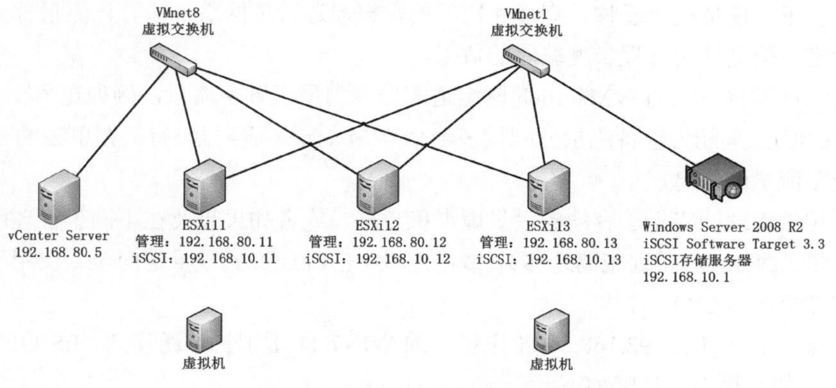

图 5-238　迁移虚拟机实验环境

在图 5-238 中， 在 ESXi11、ESXi13 各有一台 Windows 7 的虚拟机，ESXi11、ESXi12、ESXi13 使用并添加了 192.168.10.1 分配的 iSCSI 存储。

初学者可能认为虚拟机的迁移很“高深”，实际上，虚拟机迁移是很容易理解的。由于虚拟机可以保存在本地存储，也可以保存在网络存储。所谓虚拟机的迁移，就是将保存在一台服务器中的虚拟机“移动”到另一台服务器。在“移动”虚拟机的过程中，如果虚拟机保存在源服务器的本地存储中，则需要将源虚拟机在目标服务器中创建一个完整的克隆，在完成克隆之后，从源服务器删除要迁移的虚拟机，所以这种迁移叫“更改主机与数据存储”。如果虚拟机保存在数据存储中，则不需要复制虚拟机，只是将虚拟机从源主机更改到目标主机。这种迁移叫“更改主机”。

5.7.2　冷迁移虚拟机

冷迁移是指在跨群集、数据中心和 vCenter Server 实例的主机之间迁移已关闭或已挂起的虚拟机。通过使用冷迁移，您还可将关联磁盘从一个数据存储移至另一个数据存储。

相较于使用 vMotion，使用冷迁移可以降低目标主机的检查要求。例如，当虚拟机包含复杂的应用程序设置时请使用冷迁移，vMotion 期间的兼容性检查可能会阻止虚拟机移至另一个主机。

您必须先关闭或挂起虚拟机，然后才能开始冷迁移过程。将迁移挂起的虚拟机视为冷迁移是因为尽管虚拟机已开启，但未在运行。

如果尝试迁移使用 64 位操作系统配置的已关闭虚拟机，将虚拟机迁移至不支持 64 位操作系统的主机时，vCenter Server 会生成警告。否则，通过冷迁移已关闭的虚拟机时，不会应用 CPU 兼容性检查。

迁移挂起的虚拟机时，虚拟机的新主机必须符合 CPU 兼容性要求，因为虚拟机必须能够在新主机上恢复执行。

冷迁移包含以下操作：

（1）如果选择移至其他数据存储的选项，则会将包括 NVRAM 文件（BIOS 设置）在内的配置文件、日志文件和挂起文件从源主机移至目标主机的关联存储区域。您也可选择移动虚拟机的磁盘。

（2）虚拟机在新主机中注册。

（3）如果选择了移至其他数据存储的选项，则在迁移完成后，会将旧版本的虚拟机从源主机和数据存储中删除。

在默认情况下，虚拟机冷迁移、克隆和快照的数据通过管理网络传输。该流量称为置备流量。此流量未经加密，但是使用行程长度编码的数据。

在主机上，可以将单独的 VMkernel 网络适配器专门用于置备流量，例如在另一 VLAN 上隔离此流量。在主机上，只能为置备流量分配最多一个 VMkernel 适配器。有关在单独的 VMkernel 适配器上启用置备流量的信息，

如果计划传输管理网络无法容纳的大量虚拟机数据，或者如果想要在不同于管理网络的子网中隔离冷迁移流量（例如，对于远距离迁移），请将主机上的冷迁移流量重定向至专门用于冷迁移以及克隆已关闭虚拟机的 TCP/IP 堆栈。

在下面的操作中，将把 192.168.80.11 主机中的 WIN7-11 虚拟机，迁移到“ESX-1”数据中心中的 192.168.80.13 的主机上，步骤如下。

（1）如果预迁移的虚拟机正在运行，请将其关闭。在本示例中，名为 WIN7-11 的虚拟机已经关闭。然后在左侧选中该虚拟机，在“摘要→存储器”中查看该虚拟机使用的存储，如图 5-239 所示，该虚拟机使用的是 192.168.80.11 主机上的存储 esx11-data。

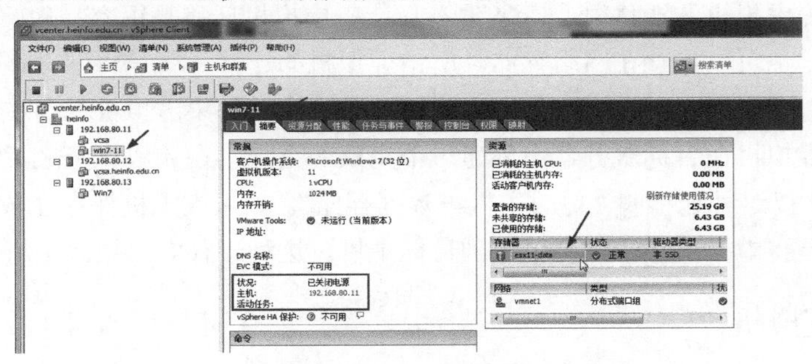

图 5-239　查看主机状态、使用的存储

（2）用鼠标右击预迁移的虚拟机，在弹出的快捷菜单中选择“迁移”选项，如图 5-240 所示。

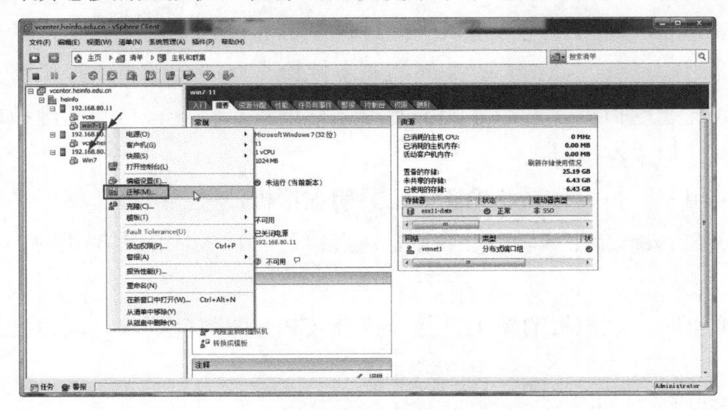

图 5-240　迁移

（3）在“选择迁移类型”对话框中，选择“更改主机和数据存储”单选按钮，如图 5-241 所示。

（4）在“选择目标”对话框中，迁移用于该虚拟机迁移的目标主机和群集，在本示例中，选择“192.168.80.13”的主机，如图 5-242 所示。

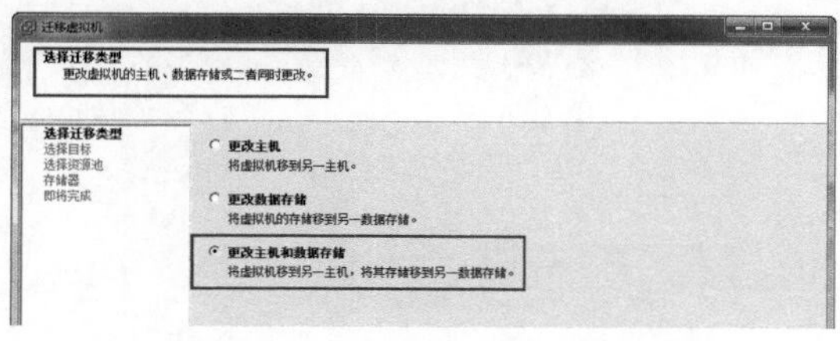

图 5-241　更改主机和存储

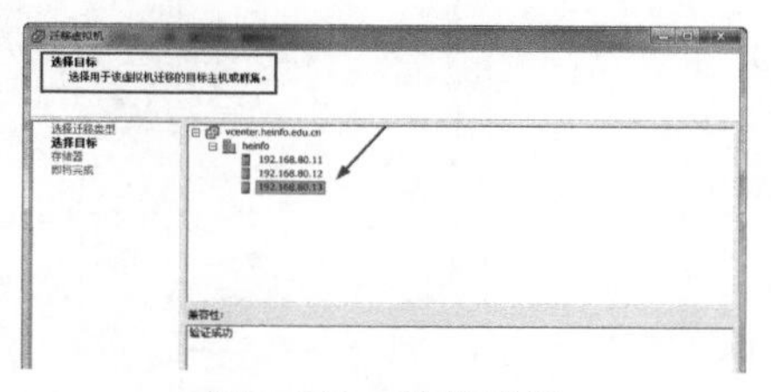

图 5-242　选择目标

（5）在“存储器”对话框中，选择目标主机的存储，在“选择虚拟磁盘格式”下拉列表中，选择迁移后的虚拟机虚拟磁盘格式，这可以在“与源格式相同、厚置备延迟置零、厚置备置零、Thin Provision”之间选择，如图 5-243 所示。

（6）在“即将完成”对话框显示了迁移的参数，检查无误之后单击“完成”按钮，如图 5-244 所示。

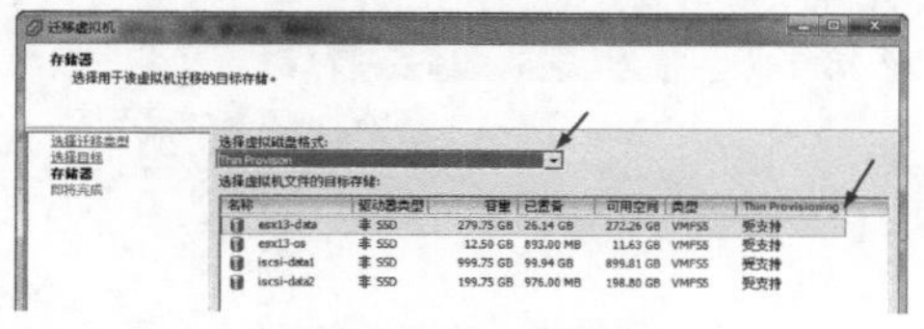

图 5-243　存储器选择

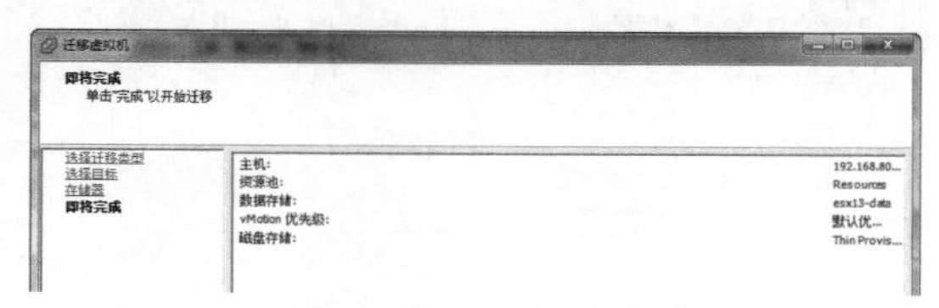

图 5-244　即将完成

（7）之后开始迁移虚拟机，在“近期任务”中会有显示，当迁移完成之后，WIN7-11 会在 192.168.80.13 虚拟机中，如图 5-245 所示。

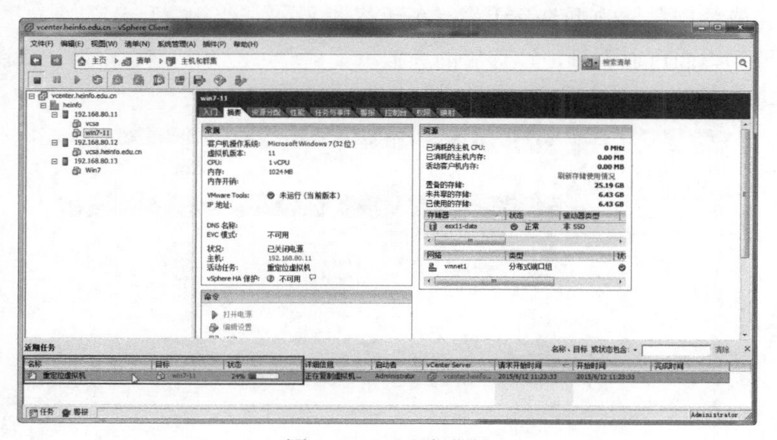

图 5-245　迁移进程

5.7.3　更改虚拟机的数据存储

使用“迁移”功能，还可以更改虚拟机的存储。例如，如果某个虚拟机保存在本地存储，可以使用这一功能将其更改到网络存储中，反之亦然。在本示例中，将把 192.168.80.11 中的 WIN7 虚拟机的保存位置改为共享存储，主要步骤如下。

（1）右击 WIN7 虚拟机，在弹出的快捷菜单中选择“迁移”选项，如图 5-246 所示。

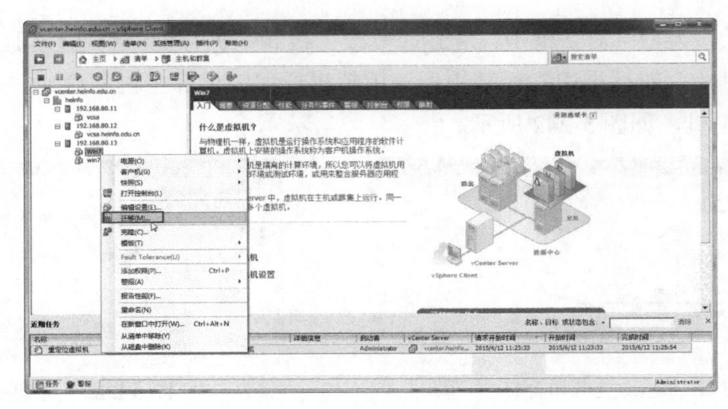

图 5-246　迁移

（2）在“选择迁移类型”对话框中，单击“更改数据存储”单选按钮，如图 5-247 所示。

（3）在“存储器”对话框中，选择网络存储，如图 5-248 所示。

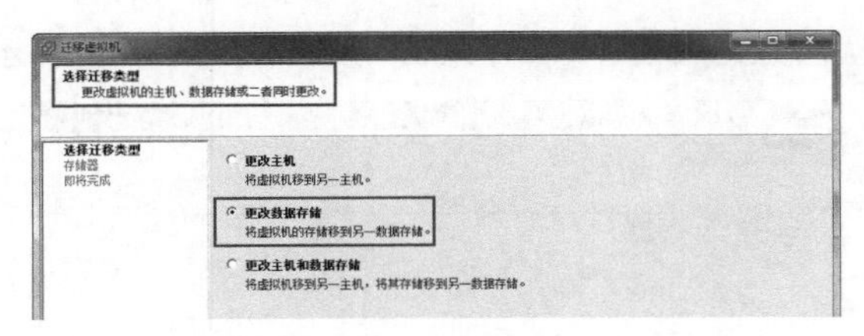

图 5-247　更改数据存储

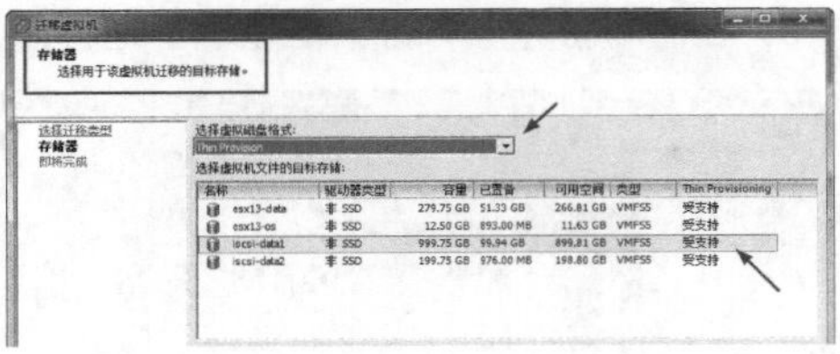

图 5-248　选择网络存储

（4）在“即将完成”对话框，显示选择的相关信息，如图 5-249 所示。之后单击“开始”按钮迁移。

（5）之后会完成数据存储的更改及迁移，在迁移完成后，在“摘要”里面可以看到，迁移后的虚拟机保存在名为 iscsi-data1 的网络存储中，如图 5-250 所示。

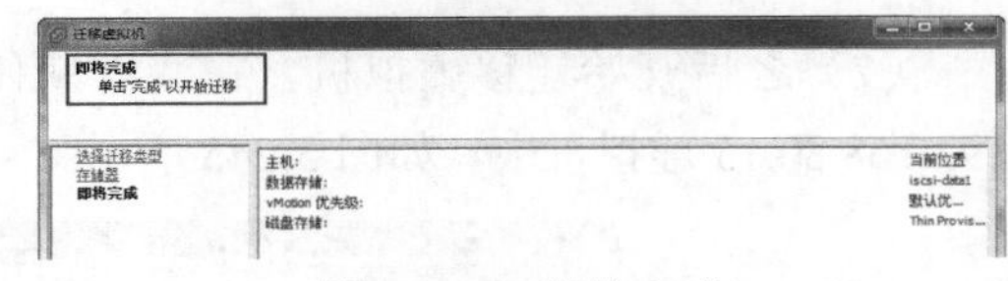

图 5-249　即将完成

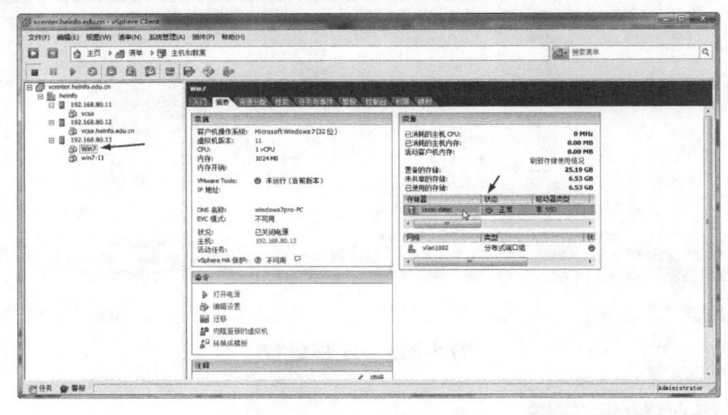

图 5-250　查看磁盘

5.7.4　为热迁移虚拟机启用 vMotion 功能

如果要在虚拟机运行的时候，迁移虚拟机到其他主机或更改虚拟机的存储，则需要启用 vMotion 功能，在 VMware ESXi 中，vMotion 功能默认没有启用，在下面的操作中启用这项功能。

【说明】你要为网络中的每台 ESXi 启用 vMotion 功能，下面以 192.168.80.11 主机为例，其他主机操作与此类似。另外，如果在大型的网络中，应该为 vMotion 功能选择单独的网络，而不是与管理网络“共用”。

（1）在“配置→网络”中，在“标准交换机：vSwitch0”中，单击“属性”链接，如图 5-251 所示。

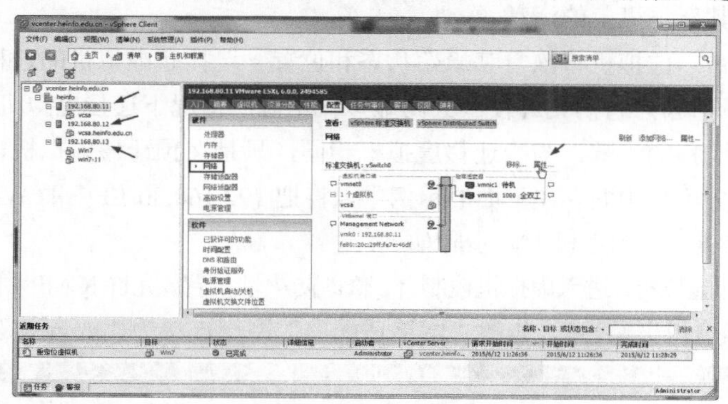

图 5-251　虚拟交换机属性

（2）在打开的“vSwitch0 属性”对话框中，选中“Management Network”，然后单击“编辑”按钮，在打开的“Management Network”对话框中，在“常规”选项卡中，选中“vMotion”复选框，启用 vMotion 功能，如图 5-252 所示。

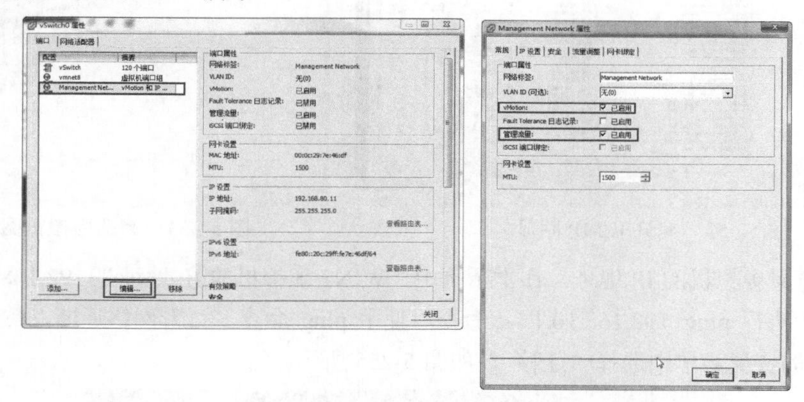

图 5-252　启用 vMotion

之后单击“关闭”按钮两次，返回到 VMware vSphere 控制台。

5.7.5　使用 vMotion 热迁移虚拟机

使用 vMotion 功能可以热迁移正在运行的虚拟机，在迁移的过程中，虚拟机工作进程可以在继续执行。

如有必要，整个虚拟机状况及其配置文件均会移至新主机中，而关联的虚拟磁盘仍然处于两台主机之间共享的存储器上的同一位置。在虚拟机状况迁移到备用主机后，虚拟机即会在新主机上运行。

虚拟机状况信息包括当前内存的内容以及所有定义和标识虚拟机的信息。内存内容包括事务数据和位于内存中的任意位数的操作系统和应用程序。存储在状况中的定义和标识信息包括所有映射到虚拟机硬件元素（如 BIOS、设备和 CPU）的数据、以太网卡的 MAC 地址、芯片组状况、寄存器等。

通过 vMotion 迁移虚拟机时，虚拟机的新主机必须满足兼容性要求，才能继续进行迁移。vMotion 迁移分 3 个阶段进行：

- 当请求通过 vMotion 迁移时，vCenter Server 将验证现有虚拟机与其当前主机是否处于稳定状况。
- 此时，虚拟机状况信息（内存、寄存器和网络连接）将复制到目标主机。
- 虚拟机将恢复其新主机上的活动。

如果迁移期间出错，虚拟机将恢复其原始状态和位置。已挂起虚拟机的迁移以及通过 vMotion 迁移也称为“热迁移”，因为它们允许在不关闭虚拟机电源的情况下迁移虚拟机。

使用 vMotion 热迁移的步骤，与冷迁移虚拟机相同，只是在预迁移虚拟机可以正在运行，在迁移的过程虚拟机的业务不会中断。在下面的示例中，将把 192.168.80.13 中的 WIN7 虚拟机启动，并且将其迁移到 192.168.80.12 的主机上，步骤如下。

（1）启动 WIN7 的虚拟机，进入虚拟机控制台，修改防火墙设置，允许 ICMP 回显，如图 5-253 所示。

（2）打开“win7-虚拟机属性”，修改“网络适配器”网络连接为“vmnet8”，如图 5-254 所示。

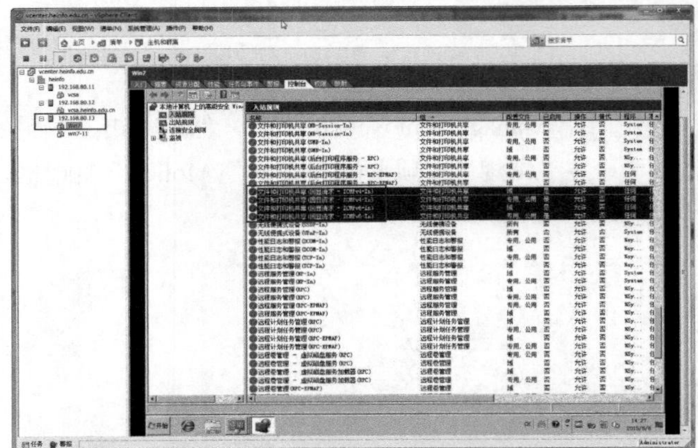

图 5-253　允许 ICMP 回显

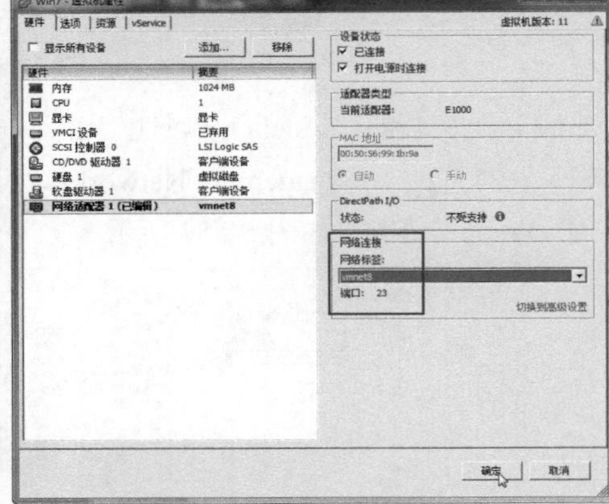

图 5-254　修改虚拟机网络连接

（3）然后查看虚拟机的 IP 地址，在本示例中，WIN7 虚拟机的 IP 地址是 192.168.80.137。打开命令提示窗口，执行 ping 192.168.10.1 –t 命令，使用 ping 命令，查看网络通断，然后用鼠标右击 WIN7，在弹出的快捷菜单中选择“迁移”，如图 5-255 所示。

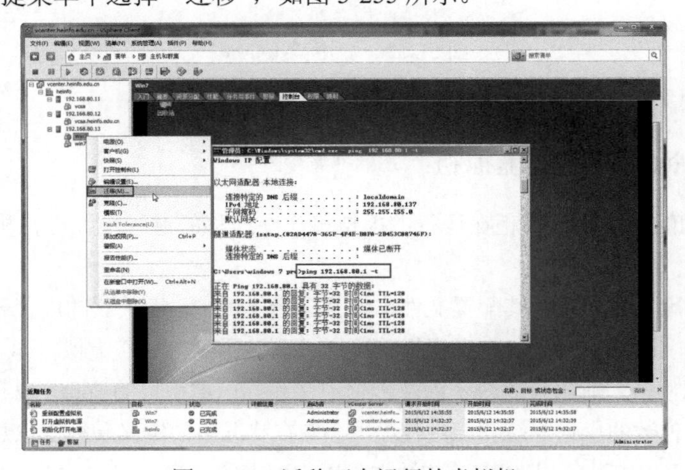

图 5-255　迁移正在运行的虚拟机

（4）在“选择迁移类型”对话框中，选中“更改主机”单选按钮，如图 5-256 所示。

（5）在“选择目标”对话框中，选中用于迁移的目标主机和群集，在本示例中，选择群集中的另一主机 192.168.80.12，选中之后，在“兼容性”列表中显示“验证成功”，如图 5-257 所示。

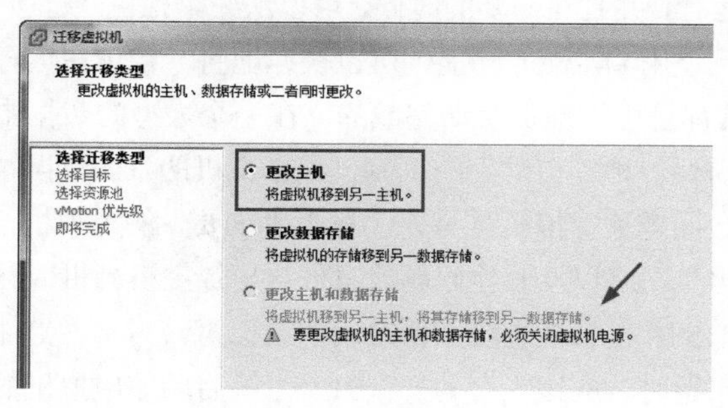

图 5-256　更改主机

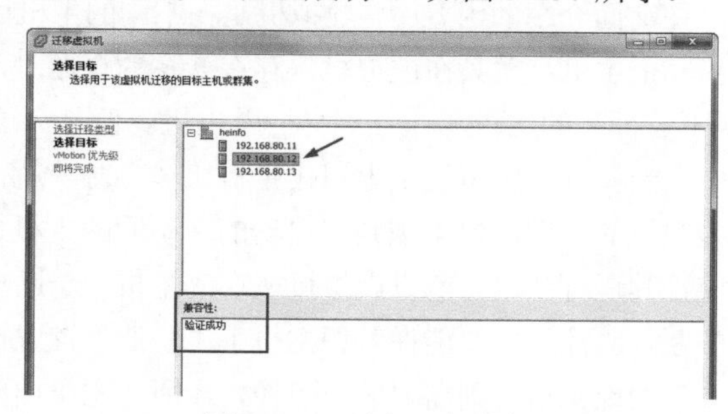

图 5-257　选择目标主机

（6）在“vMotion 优先级”对话框中，设置 vMotion 迁移的优先级，在本示例中选中“高优先级”单选按钮，如图 5-258 所示。

（7）在“即将完成”对话框，显示了 vMotion 迁移的参数，检查无误之后单击“完成”按钮，开始迁移，如图 5-259 所示。

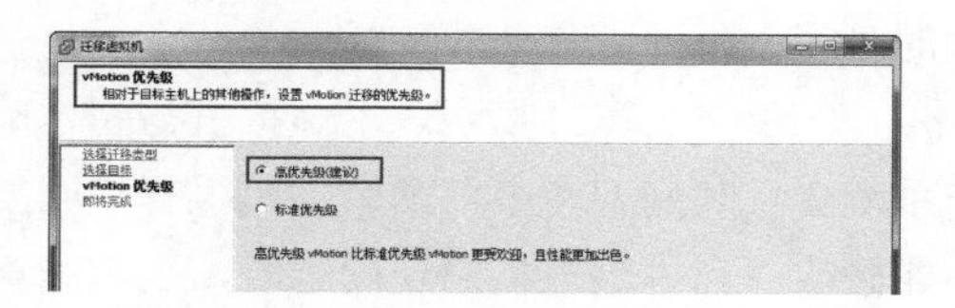

图 5-258　设置 vMotion 迁移的优先级

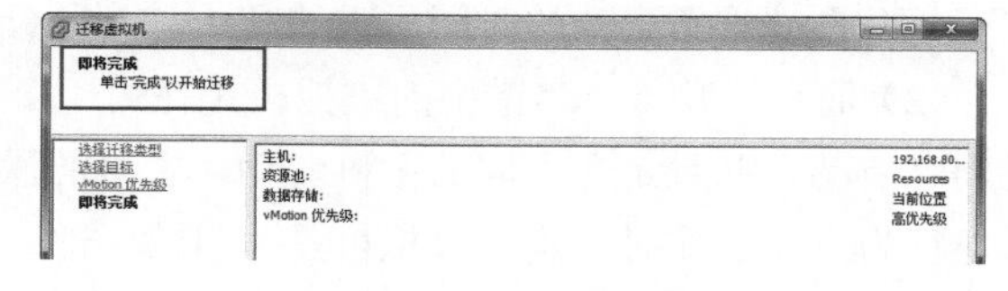

图 5-259　即将完成

（8）由于本次迁移的虚拟机保存在数据存储中，所以迁移的速度比较快。在 vCenter 5.1 的 vMotion 中，迁移更加快速、可靠。在以前 vCenter 4 的时候，在迁移的过程中，网络会中断 1～2 秒，而在 5.1 版本中，在迁移的过程中，网络只是有一会时间超时较大，网络与应用基本不中断。而在 vSphere 6 中，只是在迁移完成的一瞬，延时＝1ms，其他时间都是小于 1ms，如图 5-260 所示，在整个迁移过程中，网络一直比较稳定。

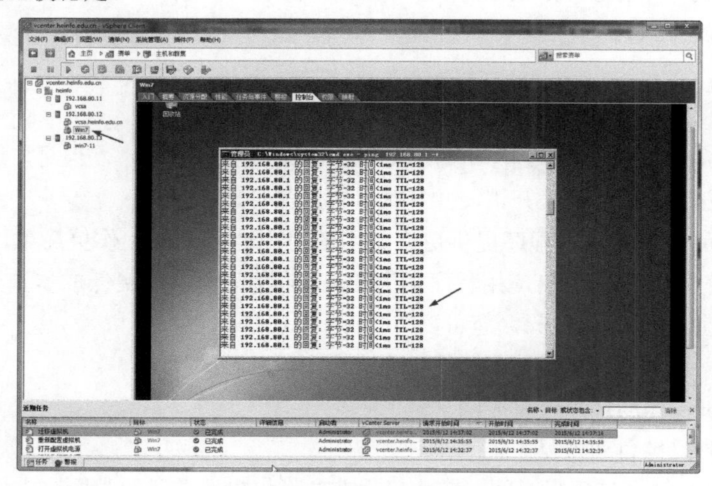

图 5-260　迁移过程中网络未曾中断

5.8 高可用群集

在前面介绍的内容中，虚拟机是在不同的主机运行，并且在需要的时候，可以从一个主机“迁移”到另一个主机，尤其在虚拟机保存在共享的存储时，使用 vMotion 功能，可以快速地将一台正在运行（或不运行）的主机，迁移到另一个主机。但是，这都是由管理员手动完成的。在一个大型的数据中心中，当管理的虚拟机及虚拟化主机比较多时，就需要一种“自动”的机制，根据主机的资源情况，及虚拟机的需求，根据规则、自动的在不同的主机之间迁移虚拟机。另外，对于“重要”的虚拟机，要监控其运行状况，所设虚拟机所在的主机由于断电、网络以及其他问题或意外，导致主机当机或网络中断，监控程序要能在其他主机上“注册”该虚拟机并在其他主机重新启动该虚拟机。对于“更加重要”的虚拟机，则需要实时监控，当所在主机出问题时，应该“立刻”在另一主机启动该虚拟机的“副本”并且保证数据的一致性。在 vSphere 中，已经实现了这些功能，针对用户所要求的级别不同，可以实现对应的功能（是在其他主机重新启动虚拟机还是立刻启用“备用”的虚拟机），在 vSphere 中，这两种功能称为“HA-高可用群集”与“FT-容错”。群集与容错的区别如下：

（1）群集与容错都能检测到系统的故障，是为了实现系统的“高可用性”来设计的。但群集中的虚拟机，同一时间只能在 A 或 B（或其他主机）上运行，并且在出现故障时在其他主机上启动，这有一个系统重新启动的时间，大约几十秒到几分钟的时间。

（2）而容错功能，容错中的虚拟机是在另一个主机上，启动一个“副本”，主虚拟机与副本虚拟机同时启动，并且是在不同的主机启动，主机的操作系统会反映到副本中，两个主机执行相同的运作与行为。在工作时，副本虚拟机是“只读”的，不能修改。当主虚拟机出现问题时，副本虚拟机会被设置为“主要”，并且对外提供服务。当原来的主虚拟机恢复后，原来的主虚拟机会被成为新的“副本”。

（3）群集中的虚拟机，对虚拟 CPU 数量没有限制（受限于 vSphere 虚拟硬件规格）。而容错，在 vSphere 目前 5.x 系列只支持 1 个虚拟 CPU；在 vSphere 6.0 中则支持 4 个 CPU，这足以满足大多数的需求。

【注意】只有使用 vSphere Web Client 管理并启用 FT 时，才支持 4 个 CPU。使用传统的 vSphere Client，只能创建 1 个 CPU 的 FT。

5.8.1 业务连续性和最小化停机时间

无论是计划停机时间还是非计划停机时间，都会带来相当大的成本。但是，用于确保更高级别可用性的传统解决方案都需要较大开销，并且难以实施和管理。

VMware 软件可为重要应用程序提供更高级别的可用性，并且操作更简单，成本更低。使用 vSphere，组织可以轻松提高为所有应用程序提供的基准级别，并且以更低成本和更简单的操作来实现更高级别的可用性。使用 vSphere，您可以：

- 独立于硬件、操作系统和应用程序提供更高可用性。
- 减少常见维护操作的计划停机时间。
- 在出现故障时提供自动恢复。

vSphere 可以减少计划的停机时间，防止出现非计划停机，并迅速从断电中恢复。

1．减少计划的停机时间

计划的停机时间通常占数据中心停机时间的 80% 以上。硬件维护、服务器迁移和固件更新均需要将物理服务器停机。为最小化此停机时间的影响，会强制组织延迟维护，直到出现不便且难以调度的停机时间段。通过 vSphere，组织可以显著减少计划的停机时间。由于 vSphere 环境中的工作负载无需停机或服务中断就可以动态移动到其他物理服务器，所以服务器维护无需应用程序和服务停机就可以执行。通过 vSphere，组织可以执行以下任务：

- 消除常见维护操作的停机时间。
- 消除计划的维护时间段。
- 随时执行维护，无需中断用户和服务。

由于 VMware 环境中的工作负载无需中断服务即可动态移动到不同的物理服务器或基础存储器，所以，通过 vSphere 中的 vSphere vMotion 和 Storage vMotion 功能，组织可以减少计划的停机时间。管理员可以快速而完整地执行透明的维护操作，无需强制调度不方便的维护时间段。

2．防止非计划停机时间

在 ESXi 主机为应用程序的运行提供稳定平台时，组织还必须保护自身，避免出现硬件或应用程序故障所导致的非计划停机时间。vSphere 将重要功能构建到数据中心基础架构中，这有助于避免出现非计划停机时间。

这些 vSphere 功能是虚拟基础架构的一部分，因此，对操作系统以及虚拟机中运行的应用程序而言是透明的。这些功能可以进行配置，而且可供物理系统上的所有虚拟机使用，从而降低成本并降低实现高可用性的复杂程度。vSphere 中内置的密钥可用性功能：

- 共享存储器。通过在共享存储器（如光纤通道、iSCSI SAN 或 NAS）上存储虚拟机文件来消除单一故障点。可以使用 SAN 镜像和复制功能将虚拟磁盘的更新副本保留在灾难恢复站点。
- 网络接口绑定。允许单个网卡发生故障。
- 存储多路径。允许存储路径发生故障。

除了这些功能外，vSphere HA 和 Fault Tolerance 功能分别通过提供中断快速恢复和连续可用性来最小化或消除非计划停机时间。

3．vSphere HA 提供快速中断恢复

vSphere HA 利用配置为群集的多台 ESXi 主机，为虚拟机中运行的应用程序提供快速中断恢复和具有成本效益的高可用性。

vSphere HA 通过以下方式保护应用程序可用性：

- 通过在群集内的其他主机上重新启动虚拟机，防止服务器故障。
- 通过持续监控虚拟机并在检测到故障时对其进行重新设置，防止应用程序故障。
- 通过在仍然有权访问其数据存储的其他主机上重新启动受影响的虚拟机，可防止出现数据存储可访问性故障。
- 如果虚拟机的主机在管理或 Virtual SAN 网络上被隔离，它会通过重新启动这些虚拟机来防止网络隔离。即使网络已分区，仍会提供此保护。

与其他群集解决方案不同，vSphere HA 提供基础架构并使用该基础架构保护所有工作负载：

- 无需在应用程序或虚拟机内安装特殊软件。所有工作负载均受 vSphere HA 保护。配置

vSphere HA 之后，不需要执行操作即可保护新虚拟机。它们会自动受到保护。

- 可以将 vSphere HA 与 vSphere Distributed Resource Scheduler (DRS) 结合使用以防止出现故障，以及在群集内的主机之间提供负载平衡。

与传统的故障切换解决方案相比，vSphere HA 具有多个优势：

（1）最小化设置设置：vSphere HA 群集之后，群集内的所有虚拟机无需额外配置即可获得故障切换支持。

减少了硬件成本和设置：虚拟机可充当应用程序的移动容器，可在主机之间移动。管理员会避免在多台计算机上进行重复配置。使用 vSphere HA 时，必须拥有足够的资源来对要通过 vSphere HA 保护的主机数进行故障切换。但是，vCenter Server 系统会自动管理资源并配置群集。

（2）提高了应用程序的可用性：虚拟机内运行的任何应用程序的可用性变得更高。虚拟机可以从硬件故障中恢复，提高了在引导周期内启动的所有应用程序的可用性，而且没有额外的计算需求，即使该应用程序本身不是群集应用程序也一样。通过监控和响应 VMware Tools 检测信号并重新启动未响应的虚拟机，可防止客户机操作系统崩溃。

（3）DRS 和 vMotion 集成：如果主机发生了故障，并且在其他主机上重新启动了虚拟机，则 DRS 会提出迁移建议或迁移虚拟机以平衡资源分配。如果迁移的源主机和/或目标主机发生故障，则 vSphere HA 会帮助从该故障中恢复。

4．vSphere Fault Tolerance 提供连续可用性

vSphere HA 通过在主机出现故障时重新启动虚拟机来为虚拟机提供基本级别的保护。vSphere Fault Tolerance 可提供更高级别的可用性，允许用户对任何虚拟机进行保护以防止主机发生故障时丢失数据、事务或连接。

Fault Tolerance 通过确保主虚拟机和辅助虚拟机的状态在虚拟机的指令执行的任何时间点均相同来提供连续可用性。

如果运行主虚拟机的主机或运行辅助虚拟机的主机发生故障，则会发生即时且透明的故障切换。正常运行的 ESXi 主机将无缝变成主虚拟机的主机，而不会断开网络连接或中断正在处理的事务。使用透明故障切换，不会有数据损失，并且可以维护网络连接。 在进行透明故障切换之后，将重新生成新的辅助虚拟机，并将重新建立冗余。整个过程是透明且全自动的，并且即使 vCenter Server 不可用，也会发生。

5.8.2 VMware HA 的工作方式

vSphere HA 群集允许 ESXi 主机集合作为一个组协同工作，这些主机为虚拟机提供的可用性级别比 ESXi 主机单独提供的级别要高。VMware HA 可以将虚拟机及其所驻留的主机集中在群集内，从而为虚拟机提供高可用性。群集中的主机均会受到监控，如果发生故障，故障主机上的虚拟机将在备用主机上重新启动。

当规划新 vSphere HA 群集的创建和使用时，您选择的选项会影响群集对主机或虚拟机故障的响应方式。在创建 vSphere HA 群集之前，应清楚 vSphere HA 标识主机故障和隔离以及响应这些情况的方式。还应了解接入控制的工作方式以便可以选择符合故障切换需要的策略。建立群集之后，不但可以通过高级选项自定义其行为，还可以通过执行建议的最佳做法优化其性能。

1．vSphere HA 的工作方式

vSphere HA 可以将虚拟机及其所驻留的主机集中在群集内，从而为虚拟机提供高可用性。群集中的主机均会受到监控，如果发生故障，故障主机上的虚拟机将在备用主机上重新启动。

创建 vSphere HA 群集时，会自动选择一台主机作为首选主机。首选主机可与 vCenter Server 进行通信，并监控所有受保护的虚拟机以及从属主机的状态。可能会发生不同类型的主机故障，首选主机必须检测并相应地处理故障。首选主机必须可以区分故障主机与处于网络分区中或已与网络隔离的主机。首选主机使用网络和数据存储检测信号来确定故障的类型。

2．首选主机和从属主机

在将主机添加到 vSphere HA 群集时，代理将上载到主机，并配置为与群集内的其他代理通信。群集中的每台主机作为首选主机或从属主机运行。

如果为群集启用了 vSphere HA，则所有活动主机（未处于待机或维护模式的主机或未断开连接的主机）都将参与选举以选择群集的首选主机。挂载最多数量的数据存储的主机在选举中具有优势。每个群集通常只存在一台首选主机，其他所有主机都是从属主机。如果首选主机出现故障、关机或处于待机模式或者从群集中移除，则会进行新的选举。

群集中的首选主机具有很多职责：

- 监控从属主机的状况。如果从属主机发生故障或无法访问，首选主机将确定需要重新启动的虚拟机。
- 监控所有受保护虚拟机的电源状况。如果有一台虚拟机出现故障，首选主机可确保重新启动该虚拟机。使用本地放置引擎，首选主机还可确定执行重新启动的位置。
- 管理群集主机和受保护的虚拟机列表。
- 充当群集的 vCenter Server 管理界面并报告群集健康状况。

从属主机主要通过本地运行虚拟机、监控其运行时状况和向首选主机报告状况更新对群集发挥作用。首选主机也可运行和监控虚拟机。从属主机和首选主机都可实现虚拟机和应用程序监控功能。

首选主机执行的功能之一是协调受保护虚拟机的重新启动。在 vCenter Server 观察到为响应用户操作，某虚拟机的电源状况由关闭电源变为打开电源之后，该虚拟机会受到首选主机的保护。首选主机会将受保护虚拟机的列表保留在群集的数据存储中。新选的首选主机使用此信息来确定要保护哪些虚拟机。

【注意】如果断开主机与群集之间的连接，则所有向该主机注册的虚拟机均不受 vSphere HA 保护。

3．主机故障类型和检测

vSphere HA 群集的首选主机负责检测从属主机的故障。根据检测到的故障类型，在主机上运行的虚拟机可能需要进行故障切换。

在 vSphere HA 群集中，检测三种类型的主机故障：

- 故障 - 主机停止运行。
- 隔离 - 主机与网络隔离。
- 分区 - 主机失去与首选主机的网络连接。

首选主机监控群集中从属主机的活跃度。此通信通过每秒交换一次网络检测信号来完成。当首选主机停止从从属主机接收这些检测信号时，它会在声明该主机已出现故障之前检查主机活跃度。首选主机

执行的活跃度检查是要确定从属主机是否在与数据存储之一交换检测信号。请参见第 17 页，“数据存储检测信号”。而且，首选主机还检查主机是否对发送至其管理 IP 地址的 ICMP ping 进行响应。

如果首选主机无法直接与从属主机上的代理进行通信，则该从属主机不会对 ICMP ping 进行响应，并且该代理不会发出被视为已出现故障的检测信号。会在备用主机上重新启动主机的虚拟机。如果此类从属主机与数据存储交换检测信号，则首选主机会假定它处于某个网络分区或隔离网络中，因此会继续监控该主机及其虚拟机。

当主机仍在运行但无法再监视来自管理网络上 vSphere HA 代理的流量时，会发生主机网络隔离。如果主机停止监视此流量，则它会尝试 ping 群集隔离地址。如果仍然失败，主机将声明自己已与网络隔离。

首选主机监控在独立主机上运行的虚拟机，如果发现虚拟机的电源已关闭，而且该首选主机负责这些虚拟机，则会重新启动这些虚拟机。

【注意】如果您确保网络基础结构具有足够的冗余度且至少有一个网络路径始终可用，则主机网络隔离应该在极少数情况下才出现。

4．确定对主机问题的响应

如果主机发生故障而必须重新启动虚拟机，您可使用虚拟机重新启动优先级”设置控制重新启动虚拟机的顺序。

您也可使用主机隔离响应设置，配置主机与其他主机失去管理网络连接时 vSphere HA 的响应方式。发生故障后，vSphere HA 重新启动虚拟机时还将考虑其他因素。

以下设置适用于主机发生故障或主机隔离时群集内的所有虚拟机。此外，也可以为特定虚拟机配置异常。

1．虚拟机重新启动优先级

虚拟机重新启动优先级确定主机发生故障后为虚拟机分配资源的相对顺序。系统会将这些虚拟机分配到具有未预留容量的主机，首先放置优先级最高的虚拟机，然后是那些低优先级的虚拟机，直到放置了所有虚拟机或者没有更多的可用群集容量可满足虚拟机的预留或内存开销为止。然后，主机将按优先级顺序重新启动分配给它的虚拟机。如果没有足够的资源，vSphere HA 将等待，直到更多的未预留容量变得可用（例如，由于主机重新联机），然后重试放置这些虚拟机。要降低此状况发生的可能性，请配置 vSphere HA 接入控制以便针对故障预留更多的资源。接入控制允许您控制为虚拟机预留的群集容量，如果发生故障，这些容量无法用于满足其他虚拟机的预留和内存开销。

此设置的值为：已禁用、低、中（默认）和高。vSphere HA 的虚拟机/应用程序监控功能会忽略“已禁用”设置，因为该功能可保护虚拟机免受操作系统级别故障而不是虚拟机故障。当出现操作系统级别故障时，vSphere HA 将重新引导操作系统，而虚拟机将在同一台主机上继续运行。您可更改各个虚拟机的这种设置。

【注意】虚拟机重置会导致客户机操作系统硬重新引导，但是不会重新启动虚拟机。

虚拟机的重新启动优先级设置因用户需求而有所不同。请为提供最重要服务的虚拟机分配较高的重新启动优先级。

例如，在多层应用程序中，可以根据虚拟机上所托管的功能来对分配进行排序。

- 高：为应用程序提供数据的数据库服务器。
- 中等：使用数据库中的数据并在网页上提供结果的应用程序服务器。
- 低：接收用户请求、将查询传递到应用程序服务器并将结果返回给用户的 Web 服务器。

如果主机发生故障，vSphere HA 将尝试向活动主机注册已打开电源且重新启动优先级设置为“已禁用”或已关闭电源的受影响虚拟机。

2．主机隔离响应

主机隔离响应确定当 vSphere HA 群集内的某个主机失去其管理网络连接但仍继续运行时出现的情况。您可使用隔离响应使 vSphere HA 关闭独立主机上运行的虚拟机电源，然后在非独立主机上将其重新启动。主机隔离响应要求启用“主机监控状态”。如果“主机监控状态”处于禁用状态，则主机隔离响应将同样被挂起。当主机无法与其他主机上运行的代理通信且无法 ping 其隔离地址时，该主机确定其已被隔离。然后，主机会执行其隔离响应。响应为“关闭虚拟机电源再重新启动虚拟机”或“关闭再重新启动虚拟机”，还可以为各个虚拟机自定义此属性。

【注意】*如果虚拟机的重新启动优先级设置为“已禁用”，则不会做出任何主机隔离响应。*

要使用“关闭再重新启动虚拟机”设置，必须在虚拟机的客户机操作系统中安装 VMware Tools。将虚拟机关机的优点在于可以保留其状况。关机操作优于关闭虚拟机电源操作，关闭虚拟机不会将最近的更改刷新到磁盘中，也不会提交事务。在关机完成时，正在关机的虚拟机需要更长时间进行故障切换。未在 300 秒内或在高级选项 das.isolationshutdowntimeout 中指定的时间内关机的虚拟机将被关闭电源。

创建 vSphere HA 群集后，可以替代特定虚拟机的“重新启动优先级”和“隔离响应”的默认群集设置。此替代操作对于用于特殊任务的虚拟机很有帮助。例如，可能需要先打开提供基础架构服务（如 DNS 或 DHCP）的虚拟机电源，再打开群集内的其他虚拟机电源。

如果主机已从主主机隔离或分区，或主主机无法使用检测信号数据存储与该主机通信，则可能会发生虚拟机“裂脑”情况。在这种情况下，主主机无法确定该主机处于活动状态，因此声明其已停止运行。然后，主主机尝试重新启动已隔离或已分区主机上正在运行的虚拟机。如果虚拟机仍在已隔离/已分区主机上运行，且该主机在隔离或分区时失去对虚拟机数据存储的访问权限，则此尝试将成功。然后，便会发生裂脑情况，因为存在两个虚拟机实例。但是，只有一个实例能够读取或写入虚拟机的虚拟磁盘。虚拟机组件保护可用于防止发生此裂脑情况。使用激进设置启用 VMCP 时，它会监控已打开电源的虚拟机的数据存储可访问性，并关闭失去对其数据存储访问权限的虚拟机。

为了从此情况中恢复，ESXi 会针对已丢失磁盘锁的虚拟机生成一个问题（关于主机何时摆脱隔离状态且无法重新获取磁盘锁）。vSphere HA 将自动回答该问题，这就使已丢失磁盘锁的虚拟机实例关闭电源，只留下具有磁盘锁的实例。

3．重新启动虚拟机要考虑的因素

发生故障后，群集的主主机会确定一个可打开受影响虚拟机电源的主机，从而尝试重新启动这些虚拟机。选择此类主机时，主主机会考虑许多因素。

（1）文件可访问性。在可启动虚拟机之前，必须能够从可通过网络与主主机通信的某个活动群集主机中访问该虚拟机的文件。

（2）虚拟机与主机的兼容性。如果存在可访问的主机，则虚拟机必须至少与其中一个主机兼容。为虚拟机设置的兼容性包括任何所需虚拟机-主机关联性规则的影响。例如，如果某个规则仅允许虚拟机在两个主机上运行，则会考虑将其放置在这两个主机上。

（3）资源预留。在可运行虚拟机的主机中，必须至少有一个主机具有足够的未预留容量以满足虚拟机的内存开销及任何资源预留。将考虑四种类型的预留：CPU、内存、vNIC 和虚拟闪存。此外，必须提供足够的网络端口，才能打开虚拟机电源。

（4）主机限制。除了资源预留之外，一个虚拟机只能放置在一个主机上（如果这样做不会违反允许的虚拟机最大数量或正在使用的 vCPU 数量）。

（5）功能限制。如果已设置需要 vSphere HA 强制执行虚拟机-虚拟机反关联性规则的高级选项，则 vSphere HA 不会违反此规则。此外，vSphere HA 不会违反为容错虚拟机配置的任何每主机限制。

如果没有任何主机满足上述注意事项，则主主机会发布一个事件指出没有足够的资源让 vSphere HA 来启动虚拟机，并会在群集状况发生更改时进行重试。例如，如果虚拟机不可访问，则主主机会在文件可访问性发生更改后进行重试。

4．虚拟机重新启动尝试限制

如果 vSphere HA 主代理尝试重新启动虚拟机（包括注册虚拟机并打开其电源）失败，将会在延迟后重试此重新启动。vSphere HA 会尝试重新启动允许的最大尝试次数（默认值为 6），但并非所有重新启动失败都根据此最大值进行计数。

例如，重新启动尝试失败的最可能原因是虚拟机仍在另一台主机上运行，或者 vSphere HA 在虚拟机发生故障后立即重新启动它。在这种情况下，主代理会在上次尝试后所实施延迟的两倍时间后进行重试，最少延迟 1 分钟，最多延迟 30 分钟。因此，如果将延迟时间设为 1 分钟且在 T=0 时进行初始尝试，则其他尝试将发生在 T=1（1 分钟）、T=3（3 分钟）、T=7（7 分钟）、T=15（15 分钟）和 T=30（30 分钟）。每次尝试都根据限制进行计数，且默认情况下只进行六次尝试。

其他重新启动失败会导致可计算的重试，但具有不同的延迟间隔。一个示例方案是，当选择重新启动虚拟机的主机在主代理做出选择后失去对某个虚拟机数据存储的访问权限时。在这种情况下，会在默认延迟 2 分钟后进行重试。此尝试也会根据限制进行计数。

最后，某些重试不会进行计数。例如，如果要重新启动虚拟机的主机在主代理发出重新启动请求之前发生故障，则会在 2 分钟后进行重试，但此故障不会根据最大尝试次数进行计数。

5．虚拟机重新启动通知

当正在针对群集中的虚拟机进行故障切换操作时，vSphere HA 会生成群集事件。该事件还会在群集摘要选项卡中显示配置问题，其报告了正在重新启动的虚拟机数量。这些虚拟机分为四种不同的类别。

- 正在放置的虚拟机：vSphere HA 正在尝试重新启动这些虚拟机
- 等待重试的虚拟机：之前的重新启动尝试已失败，并且 vSphere HA 正在等待超时到期，然后再重试。
- 需要其他资源的虚拟机：重新启动这些虚拟机所需资源不足。vSphere HA 将在更多资源可用（如主机恢复联机）后重试。
- 不可访问的 Virtual SAN 虚拟机：vSphere HA 无法重新启动这些 Virtual SAN 虚拟机，因为它们不可访问。它将在可访问性发生更改后重试。

当观察到正对其执行重新启动操作的虚拟机数量发生更改时，这些虚拟机计数会进行动态更新。当 vSphere HA 已重新启动所有虚拟机或放弃尝试时，会清除配置问题。

在 vSphere 5.5 或更低版本中，会针对尝试重新启动虚拟机失败触发每虚拟机事件。此事件在 vSphere 6.x 中默认为禁用状态，且可通过将 vSphere HA 高级选项 das.config.fdm.reportfailoverfailevent 设置为 1 来启用。

5．虚拟机和应用程序监控

如果在设置的时间内没有收到单个虚拟机的 VMware Tools 检测信号，虚拟机监控将重新启动该虚拟机。同样，如果没有收到虚拟机正在运行的应用程序的检测信号，应用程序监控也可以重新启动该虚拟机。可以启用这些功能，并配置 vSphere HA 监控无响应时的敏感度。

启用虚拟机监控后，虚拟机监控服务（使用 VMware Tools）将通过检查正在客户机内运行的 VMware Tools

进程的常规检测信号和 I/O 活动来评估群集内的每个虚拟机是否正在运行。如果没有收到检测信号或 I/O 活动，则很有可能是客户机操作系统出现故障，或未分配给 VMware Tools 用来完成任务的时间。在这种情况下，虚拟机监控服务会先确定虚拟机已发生故障，然后决定重新引导虚拟机以还原服务。

有时，仍然正常工作的虚拟机或应用程序会停止发送检测信号。为了避免不必要的重置，虚拟机监控服务还监控虚拟机的 I/O 活动。如果在故障时间间隔内未收到任何检测信号，则会检查 I/O 统计间隔（群集级别属性）。

I/O 统计间隔确定在前两分钟（120 秒）内是否已发生与虚拟机有关的任何磁盘或网络活动。如果没有，则重置该虚拟机。可以使用高级选项 das.iostatsinterval 更改此默认值（120 秒）。

要启用应用程序监控，必须先获取相应的 SDK（或使用可支持 VMware 应用程序监控的应用程序），然后使用它来设置要监控的应用程序的自定义检测信号。完成此操作后，应用程序监控的工作方式将与虚拟机监控的工作方式大致相同。如果在指定时间内没有收到应用程序的检测信号，将重新启动其虚拟机。

您可以配置监控敏感度的级别。高敏感度监控可以更快得出已发生故障的结论。然而，如果受监控的虚拟机或应用程序实际上仍在运行，但由于资源限制等因素导致未收到检测信号，高敏感度监控可能会错误地认为此虚拟机发生了故障。低敏感度监控会延长实际故障和虚拟机重置之间服务中断的时间。请选择一个有效的满足需求的选项。

表 5-8 介绍了监控敏感度的默认设置。也可以通过选中自定义复选框来指定监控敏感度和 I/O 统计间隔的自定义值。

表 5-8　虚拟机监控敏感度默认值

设　置	故障时间间隔（秒）	重　置　期
高	30	1 小时
中	60	24 小时
低	120	7 天

检测到故障后，vSphere HA 会重置虚拟机。重置可确保这些服务仍然可用。为了避免因非瞬态错误而反复重置虚拟机，默认情况下，在某个可配置的时间间隔内将对虚拟机仅重置三次。在对虚拟机执行过三次重置后，指定的时间结束之前，vSphere HA 不会在后续故障出现后进一步尝试重置虚拟机。可以使用每个虚拟机的最大重置次数自定义设置来配置重置次数。

【注意】当关闭虚拟机电源然后再次打开虚拟机电源时，或使用 vMotion 将虚拟机迁移到其他主机时，重置统计信息将被清除。这将导致客户机操作系统重新引导，但不同于虚拟机电源状况发生更改的“重新启动”。

如果虚拟机存在数据存储访问故障（全部路径异常或永久设备丢失），则虚拟机监控服务会挂起该虚拟机，直到故障得到排除。

6. 虚拟机组件保护

如果启用虚拟机组件保护（VMCP），vSphere HA 可以检测到数据存储可访问性故障，并为受影响的虚拟机提供自动恢复。

VMCP 可防止发生数据存储可访问性故障，这些故障可能会影响 vSphere HA 群集中主机上正在运行的虚拟机。当发生数据存储可访问性故障时，受影响的主机无法再访问特定数据存储的存储路径。您可以确定 vSphere HA 将对此类故障作出的响应，从创建事件警报到虚拟机在其他主机上重新启动。

存在两种类型的数据存储可访问性故障：

（1）PDL。PDL（永久设备丢失）是在存储设备报告主机无法再访问数据存储时发生的不可恢复的可访问性丢失。如果不关闭虚拟机的电源，此状况将无法恢复。

（2）APD。APD（全部路径异常）表示暂时性或未知的可访问性丢失，或 I/O 处理中的任何其他未识别的延迟。此类型的可访问性问题是可恢复的。

虚拟机组件保护在 vSphere Web Client 中启用和配置。要启用此功能，必须在“编辑群集设置”向导中选中防止存储连接丢失复选框。您可选择的存储保护级别以及可用的虚拟机修复操作根据数据库可访问性故障的类型而异。

（1）PDL 故障。虚拟机将自动故障切换到新主机，除非您仅将 VMCP 配置为发布事件。

（2）APD 事件。响应 APD 事件是更加复杂的，相应地配置是更加精细的。

用户配置的 APD 的虚拟机故障切换延迟时段结束后，采取的操作取决于您选择的策略。事件将发布，且虚拟机将保守或积极地进行重新启动。如果故障切换是否成功未知（例如在网络分区中），则保守的方法不会终止虚拟机。而积极的方法会在这些情况下终止虚拟机。如果群集中没有足够的资源使故障切换成功，则任一方法都不会终止虚拟机。

如果 APD 在用户配置的 APD 的虚拟机故障切换延迟时段结束后恢复，您可以选择重置受影响的虚拟机，以恢复受 IO 故障影响的客户机应用程序。

【注意】如果禁用“主机监控”或“虚拟机重新启动优先级”设置，VMCP 将无法执行虚拟机重新启动。但是，仍可监控存储健康状况，且可发布事件。

7. 网络分区

在 vSphere HA 群集发生管理网络故障时，该群集中的部分主机可能无法通过管理网络与其他主机进行通信。一个群集中可能会出现多个分区。

已分区的群集会导致虚拟机保护和群集管理功能降级。请尽快更正已分区的群集。

- n 虚拟机保护。vCenter Server 允许虚拟机打开电源，但仅当虚拟机与负责它的首选主机在相同的分区中运行时，才能对其进行保护。首选主机必须与 vCenter Server 进行通信。如果首选主机以独占方式锁定包含虚拟机配置文件的数据存储上的系统定义的文件，则首选主机将负责虚拟机。

- n 群集管理。vCenter Server 可以与首选主机通信，但仅可与从属主机的子集通信。因此，只有在解决分区之后，配置中影响 vSphere HA 的更改才能生效。此故障可能会导致其中一个分区在旧配置下操作，而另一个分区使用新的设置。

8. 数据存储检测信号

当 vSphere HA 群集中的首选主机无法通过管理网络与从属主机通信时，首选主机将使用数据存储检测信号来确定从属主机是否出现故障，是否位于网络分区中，或者是否与网络隔离。如果从属主机已停止数据存储检测信号，则认为该从属主机出现故障，并且其虚拟机已在别处重新启动。

vCenter Server 选择一组首选数据存储集用于检测信号。这种选择会使有权访问检测信号数据存储的主机数最大，也会使数据存储由同一 LUN 或 NFS 服务器支持的可能性最小。

可以使用高级选项 das.heartbeatdsperhost 更改 vCenter Server 为每个主机选择的检测信号数据存储的数量。默认值为 2，最大有效值为 5。

vSphere HA 将在用于数据存储检测信号和保留受保护的虚拟机集的每个数据存储的根目录中创建一个目录，目录名称为 .vSphere-HA。请勿删除或修改存储在此目录中的文件，因为这可能会对操作产生影响。由于多个群集可能使用一个数据存储，因此将针对每个群集创建该目录的子目录。根用户拥有这些目录和文件，并且只有根用户可以读写这些目录和文件。vSphere HA 使用的磁盘空间取决于多个因素，包括所用的 VMFS 版本以及将数据存储用于信号检测的主机数。使用 vmfs3 时，最大使用量约为 2 GB，典型使用量约为 3 MB。使用 vmfs5 时，最大使用量和典型使用量约为 3 MB。vSphere HA 使用数据存储增加的开销很小，并且对其他数据存储操作的性能没有影响。

【注意】Virtual SAN 数据存储无法用于数据存储检测信号。因此，如果群集中的所有主机均无法访问其他共享存储，则无法使用任何检测信号数据存储。但是，如果您拥有的存储可以通过独立于 Virtual SAN 网络的备用网络路径访问，则可以将其用于设置检测信号数据存储。

9. vSphere HA 安全性

多个安全功能增强了 vSphere HA。

（1）选择已打开的防火墙端口。vSphere HA 对代理至代理的通信使用 TCP 和 UDP 端口 8182。防火墙端口将自动打开和关闭，确保仅在需要时打开端口。

（2）使用文件系统权限保护的配置文件。vSphere HA 在本地存储器或 ramdisk（如果没有本地数据存储）上存储配置信息。使用文件系统权限保护这些文件，且仅 root 用户可以访问它们。不具有本地存储器的主机只有在由 Auto Deploy 管理时才受支持。

（3）详细的日志记录。vSphere HA 放置日志文件的位置取决于主机版本。

- 对于 ESXi 5.x 主机，vSphere HA 默认仅写入 syslog，因此，日志放置在 syslog 所配置的放置位置。vSphere HA 日志文件名前置 fdm（fdm 代表故障域管理器，vSphere HA 中的一种服务）。
- n 对于旧版 ESXi 4.x 主机，vSphere HA 写入本地磁盘上的 /var/log/vmware/fdm 以及 syslog（如果已配置）。
- n 对于旧版 ESX 4.x 主机，vSphere HA 写入 /var/log/vmware/fdm。

（4）安全 vSphere HA 登录。vSphere HA 使用 vCenter Server 创建的用户账户 vpxuser 登录到 vSphere HA 代理。此账户与 vCenter Server 用于管理主机的账户相同。vCenter Server 为此账户创建随机密码，并定期更改密码。时间段由 vCenter Server 的 VirtualCenter.VimPasswordExpirationInDays 设置进行设置。对主机的根文件夹具有管理特权的用户可登录到代理。

（5）安全通信。vCenter Server 和 vSphere HA 代理之间的所有通信都是通过 SSL 完成的。除选举消息以外（通过 UDP 完成），代理至代理的通信也使用 SSL。选举消息通过 SSL 进行验证，因此，恶意代理只能阻止在其上运行代理的主机被选为首选主机。在这种情况下，将发出群集的配置问题，以便用户了解问题。

（6）需要验证主机 SSL 证书。vSphere HA 要求每个主机都具有一个经过验证的 SSL 证书。每个主机在首次引导时都会生成一个自签署证书。然后，可以重新生成或使用机构颁发的证书替换该证书。如果证书被替换，需要重新配置主机上的 vSphere HA。如果主机在其证书更新后断开与 vCenter Server 的连接，且重新启动 ESXi 或 ESX 主机代理，则主机重新连接到 vCenter Server 时将自动重新配置 vSphere HA。

如果此时因禁用 vCenter Server 主机 SSL 证书验证而没有断开连接，请验证新证书并重新配置主机上的 vSphere HA。

10．vSphere HA 接入控制

vCenter Server 使用接入控制来确保群集内具有足够的资源，以便提供故障切换保护并确保考虑虚拟机资源预留。有三种类型的接入控制可用。

（1）主机。确保主机有足够资源来满足其上运行的所有虚拟机的预留。

（2）资源池。确保资源池有足够资源来满足与其关联的所有虚拟机的预留、份额和限制。

（3）vSphere HA。 确保预留了足够的群集资源，以便在主机发生故障时恢复虚拟机。

接入控制对资源使用施加一些限制，违反这些限制的任何操作将不被允许。可能被禁止的操作的示例包括：

- 打开虚拟机电源。
- 将虚拟机迁移到主机、群集或资源池中。
- 增加虚拟机的 CPU 或内存预留。

对于这三种接入控制类型，只有 vSphere HA 接入控制可以被禁用。但是，如果禁用 VMware HA 接入控制，将无法保证有预期数量的虚拟机能够在故障之后重新启动。请勿永久禁用接入控制，但可能由于以下原因，需要临时将其禁用：

- 当没有足够资源来支持故障切换操作时，您需要违反故障切换限制（例如，如果您打算将主机置于待机模式以测试它们能否与 Distributed Power Management (DPM) 一起使用）。
- 如果自动过程需要执行一些操作，而这些操作可能会暂时违反故障切换限制（例如，在 vSphere Update Manager 执行的 ESXi 主机升级或修补过程中）。
- 如果需要执行测试或维护操作。

接入控制可以留出容量，但当发生故障时，vSphere HA 会将使用任意可用于重新启动虚拟机的容量。例如，vSphere HA 在一台主机上放置的虚拟机数量要多于用户发起的打开电源所允许的接入控制。

注意，禁用 vSphere HA 接入控制后，即使 DPM 已启用并且可将所有虚拟机整合到单个主机上，vSphere HA 仍可确保群集中至少有两个主机已打开电源。这是为了确保可进行故障切换。

11．“群集允许的主机故障数目”接入控制策略

可以将 vSphere HA 配置为允许指定的主机故障数目。使用“群集允许的主机故障数目”接入控制策略，vSphere HA 允许指定数目的主机出现故障，同时可以确保群集内留有足够的资源来对这些主机上的虚拟机进行故障切换。

使用“群集允许的主机故障数目”策略，vSphere HA 以下列方式执行接入控制：

（1）计算插槽大小。插槽是内存和 CPU 资源的逻辑表示。默认情况下，会调整插槽的大小来满足群集中任何已打开电源虚拟机的要求。

（2）确定群集内每台主机可以拥有的插槽数目。

（3）确定群集的当前故障切换容量。这是可以发生故障并仍然有足够插槽满足所有已打开电源虚拟机的主机数目。

（4）确定“当前故障切换容量”是否小于“配置的故障切换容量”（由用户提供）。如果是，则接入控制不允许执行此操作。

注意，您可以从 vSphere Web Client 中 vSphere HA 设置的接入控制部分设置 CPU 和内存的特定插槽大小。

1．插槽大小计算

插槽大小由两个组件（CPU 和内存）组成。

- vSphere HA 计算 CPU 组件的方法是先获取每台已打开电源虚拟机的 CPU 预留，然后再选择最大值。如果没有为虚拟机指定 CPU 预留，则系统会为其分配一个默认值 32 MHz。可以使用 das.vmcpuminmhz 高级选项更改此值。）
- vSphere HA 计算内存组件的方法是先获取每台已打开电源虚拟机的内存预留和内存开销，然后再选择最大值。内存预留没有默认值。

如果群集内虚拟机的预留值大小不一致，则会影响插槽大小的计算。为避免出现这种情况，可以使用 das.slotcpuinmhz 或 das.slotmeminmb 高级选项分别指定插槽大小的 CPU 或内存组件的上限。

您也可以通过查看需要多个插槽的虚拟机数来确定群集中资源碎片的风险。可以从 vSphere Web Client 中 vSphere HA 设置的接入控制部分对此进行计算。如果已使用高级选项指定了固定插槽大小或最大插槽大小，则虚拟机可能需要多个插槽。

2．使用插槽数目计算当前故障切换容量

计算出插槽大小后，vSphere HA 会确定每台主机中可用于虚拟机的 CPU 和内存资源。这些值包含在主机的根资源池中，而不是主机的总物理资源中。可以在 vSphere Web Client 中主机的摘要选项卡上查找 vSphere HA 所用主机的资源数据。如果群集中的所有主机均相同，则可以用群集级别指数除以主机的数量来获取此数据。

不包括用于虚拟化目的的资源。只有处于连接状态、未进入维护模式且没有任何 vSphere HA 错误的主机才列入计算范畴。

然后，即可确定每台主机可以支持的最大插槽数目。为确定此数目，请用主机的 CPU 资源数除以插槽大小的 CPU 组件，然后将结果化整。对主机的内存资源数进行同样的计算。然后，比较这两个数字，较小的那个数字即为主机可以支持的插槽数。

通过确定可以发生故障并仍然有足够插槽满足所有已打开电源虚拟机要求的主机的数目（从最大值开始）来计算当前故障切换容量。

3．高级运行时信息

如果选择“群集允许的主机故障数目”接入控制策略，高级运行时信息窗格会在 vSphere Web Client 中群集的监控选项卡上的 vSphere HA 区域中显示。该窗格将显示以下关于群集的信息：

- 插槽大小。
- 群集内的插槽总数。群集内正常主机所支持的插槽总数。
- 已使用的插槽数。分配给已打开电源的虚拟机的插槽数目。如果已使用高级选项定义插槽大小的上限，则此数目可以大于已打开电源的虚拟机的数目。这是因为有些虚拟机会占用多个插槽。
- 可用插槽数。可用于打开群集内其他虚拟机的电源的插槽数量。vSphere HA 保留故障切换所需的插槽数量。剩余的插槽可用于打开新虚拟机电源。
- 故障切换插槽数。除已使用的插槽和可用插槽之外的插槽总数。
- 群集中已打开电源虚拟机的总数。
- 群集中的主机总数。
- 群集内正常主机的总数。处于连接状态、未进入维护模式而且没有 vSphere HA 错误的主机数目。

4．示例：使用“群集允许的主机故障数目”策略的接入控制

图 5-261 展示了使用此接入控制策略计算和使用插槽大小的方式。对群集进行如下假设：

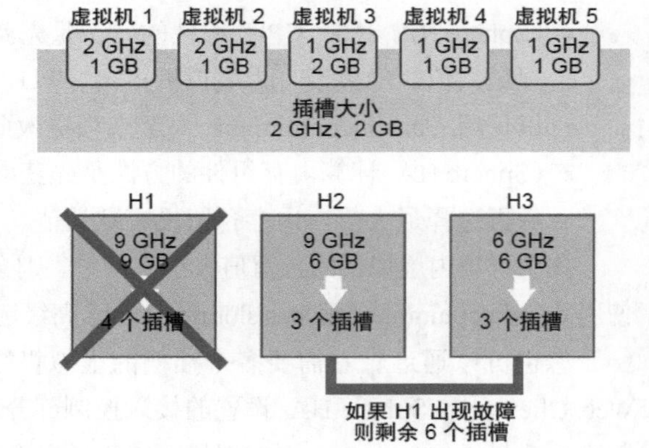

图 5-261　群集故障示例

- 群集包括三台主机，每台主机上可用的 CPU 和内存资源数各不相同。第一台主机 (H1) 的可用 CPU 资源和可用内存分别为 9 GHz 和 9 GB，第二台主机 (H2) 为 9 GHz 和 6 GB，而第三台主机 (H3) 则为 6 GHz 和 6 GB。
- 群集内存在五个已打开电源的虚拟机，其 CPU 和内存要求各不相同。VM1 所需的 CPU 资源和内存分别为 2 GHz 和 1 GB，VM2 为 2 GHz 和 1 GB，VM3 为 1 GHz 和 2 GB，VM4 为 1 GHz 和 1 GB，VM5 则为 1 GHz 和 1 GB。
- “群集允许的主机故障数目”设置为 1。

（1）比较虚拟机的 CPU 和内存要求，然后选择最大值，从而计算出插槽大小。

最大 CPU 要求（由 VM1 和 VM2 共享）为 2 GHz，而最大内存要求（针对 VM3）为 2 GB。根据上述情况，插槽大小为 2 GHz CPU 和 2 GB 内存。

（2）由此可确定每台主机可以支持的最大插槽数目。

H1 可以支持四个插槽。H2 可以支持三个插槽（取 9GHz/2GHz 和 6GB/2GB 中较小的一个），H3 也可以支持三个插槽。

（3）计算出当前故障切换容量。

最大的主机是 H1，如果它发生故障，群集内还有六个插槽，足够供所有五个已打开电源的虚拟机使用。如果 H1 和 H2 都发生故障，群集内将仅剩下三个插槽，这是不够用的。因此，当前故障切换容量为 1。群集内可用插槽的数目为 1（H2 和 H3 上的六个插槽减去五个已使用的插槽）。

12．“预留的群集资源的百分比”接入控制策略

可以将 vSphere HA 配置为通过预留特定百分比的群集 CPU 和内存资源来执行接入控制，用于从主机故障中进行恢复。

使用“预留的群集资源的百分比”接入控制策略，vSphere HA 可确保预留 CPU 和内存资源总量的指定百分比以用于故障切换。

使用“预留的群集资源”策略，vSphere HA 可强制执行下列接入控制：

（1）计算群集内所有已打开电源虚拟机的总资源要求。

（2）计算可用于虚拟机的主机资源总数。

（3）计算群集的“当前的 CPU 故障切换容量”和“当前的内存故障切换容量”。

（4）确定“当前的 CPU 故障切换容量”或“当前的内存故障切换容量”是否小于对应的“配置的故障切换容量”（由用户提供）。如果是，则接入控制不允许执行此操作。

vSphere HA 将使用虚拟机的实际预留。如果虚拟机没有预留（即预留量为 0），则会应用默认设置（0MB 内存和 32MHz CPU）。

注意，“预留的群集资源的百分比”接入控制策略还会检查群集中是否至少有两个已启用 vSphere HA 的主机（不包括正在进入维护模式的主机）。如果只有一个已启用 vSphere HA 的主机，即使可以使用足够的资源百分比，也不允许执行此操作。进行此次额外检查的原因在于如果群集中只有一个主机，则 vSphere HA 无法进行故障切换。

1．计算当前故障切换容量

已打开电源的虚拟机的总资源要求由两个组件组成，即 CPU 和内存。vSphere HA 将计算这些值。

- CPU 组件值的计算方法是：加总已打开电源虚拟机的 CPU 预留。如果没有为虚拟机指定 CPU 预留，则系统会为其分配一个默认值 32MHz（可以使用 das.vmcpuminmhz 高级选项更改此值）。
- 内存组件值的计算方法是：加总每台已打开电源虚拟机的内存预留（以及内存开销）。

计算出主机的 CPU 和内存资源总和，从而得出虚拟机可使用的主机资源总数。这些值包含在主机的根资源池中，而不是主机的总物理资源中。不包括用于虚拟化目的的资源。只有处于连接状态、未进入维护模式而且没有 vSphere HA 错误的主机才列入计算范畴。

先用主机 CPU 资源总数减去总 CPU 资源要求，然后再用这个结果除以主机 CPU 资源总数，从而计算出“当前的 CPU 故障切换容量”。“当前的内存故障切换容量”的计算方式与之相似。

2．示例：使用“预留的群集资源的百分比”策略的接入控制

示例中展示了使用此接入控制策略计算和使用“当前故障切换容量”的方式。对群集进行如下假设：

- 群集包括三台主机，每台主机上可用的 CPU 和内存资源数各不相同。第一台主机 (H1) 的可用 CPU 资源和可用内存分别为 9 GHz 和 9 GB，第二台主机 (H2) 为 9 GHz 和 6 GB，而第三台主机 (H3) 则为 6 GHz 和 6 GB。

- 群集内存在五个已打开电源的虚拟机，其 CPU 和内存要求各不相同。VM1 所需的 CPU 资源和内存分别为 2 GHz 和 1 GB，VM2 为 2 GHz 和 1 GB，VM3 为 1 GHz 和 2 GB，VM4 为 1 GHz 和 1 GB，VM5 则为 1 GHz 和 1 GB。
- CPU 和内存的已配置故障切换容量都设置为 25%。

使用“预留的群集资源的百分比”策略的接入控制示例如图 5-262 所示。

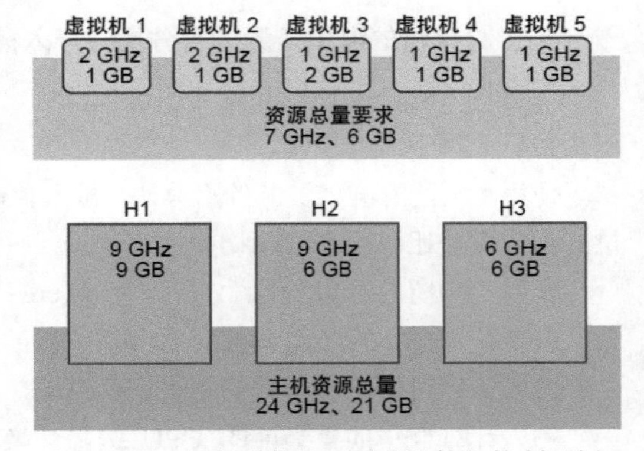

图 5-262　预留群集资源百分比接入控制示例

已打开电源的虚拟机的总资源要求为 7 GHz CPU 和 6 GB 内存。可用于虚拟机的主机资源总数为 24 GHz CPU 和 21 GB 内存。根据上述情况，“当前的 CPU 故障切换容量”为 70% ((24GHz - 7GHz)/24GHz)。同样，“当前的内存故障切换容量”为 71% ((21GB-6GB)/21GB)。

由于群集的“配置的故障切换容量”设置为 25%，因此仍然可使用 45% 的群集 CPU 资源总数和 46% 的群集内存资源打开其他虚拟机电源。

13. “指定故障切换主机”接入控制策略

在配置 vSphere HA 时可以将特定主机指定为故障切换主机。

如果使用“指定故障切换主机”接入控制策略，则在主机发生故障时，vSphere HA 将尝试在任一指定的故障切换主机上重新启动其虚拟机。如果不能使用此方法（例如，故障切换主机发生故障或者资源不足时），则 vSphere HA 会尝试在群集内的其他主机上重新启动这些虚拟机。

为了确保故障切换主机上拥有可用的空闲容量，将阻止您打开虚拟机电源或使用 vMotion 将虚拟机迁移到故障切换主机。而且，为了保持负载平衡，DRS 也不会使用故障切换主机。

注意，如果使用“指定故障切换主机”接入控制策略，并指定多个故障切换主机，则 DRS 不会尝试对正在故障切换主机上运行的虚拟机实施虚拟机-虚拟机关联性规则。

“当前故障切换主机”显示在群集摘要选项卡的 vSphere HA 区域。每个主机旁边的状态图标可以是绿色、黄色或红色。

- 绿色。主机处于连接状态、未进入维护模式且没有 vSphere HA 错误。主机上没有任何已打开电源的虚拟机。
- 黄色。主机处于连接状态、未进入维护模式且没有 vSphere HA 错误。但是，主机上驻留了已打开电源的虚拟机。
- 红色。主机已断开连接、处于维护模式或存在 vSphere HA 错误。

14. 选择接入控制策略

应当基于可用性需求和群集的特性选择 vSphere HA 接入控制策略。选择接入控制策略时，应当考虑的因素很多。

1．避免资源碎片

当总计有足够资源用于虚拟机故障切换时，将出现资源碎片。但是，这些资源位于多个主机上并且不可用，因为虚拟机一次只能在一个 ESXi 主机上运行。通过将插槽定义为虚拟机最大预留值，“群集允许的主机故障数目”策略的默认配置可避免资源碎片。“群集资源的百分比”策略不解决资源碎片问题。使用“指定故障切换主机”策略不会出现资源碎片，因为该策略会为故障切换预留主机。

2．故障切换资源预留的灵活性

为故障切换保护预留群集资源时，接入控制策略所提供的控制粒度会有所不同。“群集允许的主机故障数目”策略允许设置多个主机作为故障切换级别。“群集资源的百分比”策略最多允许指定 100% 的群集 CPU 或内存资源用于故障切换。通过“指定故障切换主机”策略可以指定一组故障切换主机。

3．群集的异构性

从虚拟机资源预留和主机总资源容量方面而言，群集可以异构。在异构群集内，“群集允许的主机故障数目”策略可能过于保守，因为在定义插槽大小时它仅考虑最大虚拟机预留，而在计算当前故障切换容量时也假设最大主机发生故障。其他两个接入控制策略不受群集异构性影响。

注意，vSphere HA 在执行接入控制计算时会包括 Fault Tolerance 辅助虚拟机的资源使用情况。对于“群集允许的主机故障数目”策略，将为辅助虚拟机分配一个插槽；而对于“群集资源的百分比”策略，在计算群集的可用容量时将考虑辅助虚拟机的资源使用情况。

15．vSphere HA 互操作性

vSphere HA 可以与其他功能进行交互操作，如 DRS 和 Virtual SAN。

在配置 vSphere HA 之前，应了解其与其他功能或产品进行交互操作的限制。

1．将 vSphere HA 与 Virtual SAN 配合使用

可以使用 Virtual SAN 作为 vSphere HA 群集的共享存储。启用时，Virtual SAN 会将主机上可用的指定本地存储磁盘汇聚到所有主机共享的一个数据存储中。

要将 vSphere HA 与 Virtual SAN 配合使用，必须注意针对这两种功能的互操作性的某些注意事项和限制。

（1）ESXi 主机要求

仅当满足以下条件时，才能将 Virtual SAN 与 vSphere HA 群集配合使用：

- 群集的所有 ESXi 主机的版本必须全部为 5.5 或更高版本。
- 群集必须最低具有三个 ESXi 主机。

（2）网络连接差异

Virtual SAN 具有自己的网络。为同一群集启用 Virtual SAN 和 vSphere HA 时，HA 代理间流量将流经此存储网络，而非管理网络。管理网络仅当禁用了 Virtual SAN 时才由 vSphere HA 使用。vCenter Server 将在主机上配置 vSphere HA 时选择恰当的网络。

注意，仅当禁用了 vSphere HA 时才能启用 Virtual SAN。

如果您更改了 Virtual SAN 网络配置，vSphere HA 代理将不自动获取新网络设置。因此，要更改 Virtual SAN 网络，必须在 vSphere Web Client 中执行以下步骤：

- 为 vSphere HA 群集禁用主机监控。
- 更改 Virtual SAN 网络。
- 右键单击群集中的所有主机，然后选择重新配置 vSphere HA。
- 重新为 vSphere HA 群集启用主机监控。

表 5-9 显示了使用和不使用 Virtual SAN 时 vSphere HA 网络连接中的差异。

表 5-9　使用和不使用 VSAN 时 HA 网络连接中的差异

	Virtual SAN 已启用	Virtual SAN 已禁用
vSphere HA 使用的网络	Virtual SAN 存储网络	管理网络
检测信号数据存储	挂载到 1 台以上主机的任何数据存储，但非 Virtual SAN 数据存储	挂载到 1 台以上主机的任何数据存储
声明已隔离的主机	隔离地址不可 ping，并且 Virtual SAN 存储网络无法访问	隔离地址不可 ping，并且管理网络无法访问

（3）容量预留设置

通过接入控制策略为 vSphere HA 群集预留容量时，必须与确保出现故障时的数据可访问性的相应 Virtual SAN 设置协商此设置。具体来说，Virtual SAN 规则集中的“允许的故障数目”设置不得低于 vSphere HA 接入控制策略预留的容量。

例如，如果 Virtual SAN 规则集仅允许两个故障，则 vSphere HA 接入控制策略预留的容量必须只能等于一个或两个主机故障。如果您为具有八个主机的群集使用“预留的群集资源的百分比”策略，则预留的容量不得超过群集资源的 25%。在同一群集中，使用“群集允许的主机故障数目”策略时，该设置不得大于两个主机。如果 vSphere HA 预留的容量较少，则故障切换活动可能不可预知，但预留太多容量则会过分限制打开虚拟机的电源和群集间 vMotion 迁移操作。

2．结合使用 vSphere HA 和 DRS

将 vSphere HA 和 Distributed Resource Scheduler (DRS) 一起使用，可将自动故障切换与负载平衡相结合。这种结合会在 vSphere HA 将虚拟机移至其他主机后生成一个更平衡的群集。

vSphere HA 执行故障切换并在其他主机上重新启动虚拟机时，其首要的优先级是所有虚拟机的立即可用性。

虚拟机重新启动后，其上打开虚拟机电源的主机可能会负载过重，而其他主机的负载则相对较轻。vSphere HA 会使用虚拟机的 CPU、内存预留和开销内存来确定主机是否有足够的空闲容量容纳虚拟机。

在结合使用 DRS 和 vSphere HA 并且启用了接入控制的群集内，可能不会从正在进入维护模式的主机上撤出虚拟机。这种行为的出现是由于用于重新启动虚拟机的预留资源出现了故障。必须使用 vMotion 将虚拟机手动迁出主机。

在某些情况下，vSphere HA 可能由于资源限制而无法对虚拟机进行故障切换。这种情况的出现有多种原因。

- 禁用了 HA 接入控制，但启用了 Distributed Power Management (DPM)。这会导致 DPM 将虚拟机整合到较少数量的主机上，并将空主机置于待机模式，使得没有足够的已打开电源容量来执行故障切换。
- 虚拟机-主机关联性规则（必需）可能会限制可以容纳某些虚拟机的主机。
- 可能有足够多的聚合资源，但这些资源在多台主机上是资源碎片，因此虚拟机无法使用它们进行故障切换。

在这些情况下，vSphere HA 可使用 DRS 尝试调整群集（例如，通过使主机退出待机模式或者迁移虚拟机以整理群集资源碎片），以便 HA 可以执行故障切换。

如果 DPM 处于手动模式，则可能需要确认主机打开电源建议。同样，如果 DRS 处于手动模式，可能需要确认迁移建议。

如果要使用虚拟机-主机关联性规则，请注意不能违反这些规则。如果执行故障切换违反这样的规则，则 vSphere HA 将不会执行故障切换。

（1）vSphere HA 和 DRS 关联性规则

如果为群集创建 DRS 关联性规则，可以指定在虚拟机故障切换过程中 vSphere HA 应用此规则的方式。

您可以为以下两种类型的规则指定 vSphere HA 故障切换行为：

- 虚拟机反关联性规则在故障切换操作过程中强制指定的虚拟机保持分离。
- 虚拟机-主机关联性规则在故障切换操作过程中将指定的虚拟机放在特定主机或一组定义主机的成员上。
- 编辑 DRS 关联性规则时，选中一个或多个强制执行 vSphere HA 的所需故障切换行为的复选框。
- HA 必须在故障切换过程中遵守虚拟机反关联性规则 -- 如果将具有此规则的虚拟机放在一起，则将中止故障切换。
- HA 应在故障切换过程中遵守虚拟机-主机关联性规则 -- vSphere HA 尝试将具有此规则的虚拟机放在指定的主机上（如果可能）。

【注意】如果在设置规则后不久（默认情况下，在 5 分钟内）发生主机故障，vSphere HA 可以重新启动已禁用 DRS 的群集中的虚拟机，以替代虚拟机-主机关联性规则映射。

（2）其他 vSphere HA 互操作性问题

要使用 vSphere HA，必须注意以下其他互操作性问题。

虚拟机组件保护 (VMCP) 具有以下互操作性问题和限制：

- VMCP 不支持 vSphere Fault Tolerance。如果使用 Fault Tolerance 为群集启用 VMCP，受影响的 FT 虚拟机将自动接收禁用 VMCP 的替代项。
- VMCP 不会检测到或响应位于 Virtual SAN 数据存储上文件的可访问性问题。如果虚拟机的配置和 VMDK 文件仅位于 Virtual SAN 数据存储上，则它们不受 VMCP 保护。
- VMCP 不会检测到或响应位于虚拟卷 (vVol) 数据存储上文件的可访问性问题。如果虚拟机的配置和 VMDK 文件仅位于 vVol 数据存储上，则它们不受 VMCP 保护。
- VMCP 不会防止不可访问的裸设备映射 (RDM)。

如果观察到以下注意事项，可以将 vSphere HA 与完全受支持的 IPv6 网络配置一起使用：

- 群集仅包含 ESXi 6.0 或更高版本的主机。
- 必须使用相同的 IP 版本（IPv6 或 IPv4）配置群集中所有主机的管理网络。vSphere HA 群集不能同时包含这两种类型的网络连接配置。
- vSphere HA 使用的网络隔离地址必须与群集用于其管理网络的 IP 版本匹配。
- 不能在同时使用 Virtual SAN 的 vSphere HA 群集中使用 IPv6。

除了之前的限制外，不支持将以下类型的 IPv6 地址用于 vSphere HA 隔离地址或管理网络：本地链接、ORCHID 和具有区域索引的本地链接。此外，不能将环回地址类型用于管理网络。

【注意】要将现有 IPv4 部署升级到 IPv6，必须先禁用 vSphere HA。

5.8.3　创建 VMware HA 群集

VMware HA 在 ESX/ESXi 主机群集的环境中运行。必须创建一个群集，然后用主机填充该群集，并在建立故障切换保护之前配置 VMware HA 设置。如果要配置 VMware 群集或容错，用于管理群集主机的 VMware vCenter Server，应该是一台物理主机，或者是运行于受其管理的 VMware ESXi 主机之中的的虚拟机。在规划群集时，推荐至少为群集配置 3 台相同参数的主机（相同数量的 CPU、相同型号的 CPU、相同的容量、网卡）。

创建 VMware HA 群集时，必须配置许多可决定功能如何运行的设置。在此之前，首先请确定群集的节点。它们是为支持虚拟机而提供资源，而且将由 VMware HA 用于故障切换保护的 ESX/ESXi 主机。然后应当确定如何互相连接这些节点，以及如何将这些节点连接到虚拟机数据所驻留的共享存储器。在建立好网络架构后，可以将主机添加到群集并完成 VMware HA 配置。

将主机节点添加到群集之前，可以启用和配置 VMware HA。但是，在将主机添加到群集之前，群集的所有功能并非都能运行，部分群集设置不可用。例如，在出现可以指定为故障切换主机的主机之前，“指定故障切换主机”接入控制策略不可用。

【注意】为处于（或移入）VMware HA 群集的主机上驻留的所有虚拟机禁用“虚拟机启动和关机”（自动启动）功能。VMware 建议您不要为任何虚拟机手动重新启用此设置。这样做会影响群集功能（如 VMware HA 或容错）的操作。

vSphere 管理员可以为群集启用 VMware HA，并且启用了 VMware HA 的群集是容错的必备条件。VMware 建议您首先创建空群集，然后使用 vSphere 客户端将主机添加到群集，并指定群集的 VMware HA 设置。

VMware HA 群集内的每台主机必须分配了主机名称，并且具有与每个虚拟网卡相关联的静态 IP 地址。VMware ESXi 主机必须配置为具有虚拟机网络的访问权限。在下面的示例中，将介绍在 vCenter Server 中创建群集、并将原来数据中心中的 ESXi 主机移动到群集中的步骤。

在本示例中，同样使用本章规划到的环境：1 台 vCenter Server、3 台 ESXi 主机（一台 IP 地址为 192.168.80.11、一台为 192.168.80.13，另一台 IP 地址为 192.168.80.13），如图 5-263 所示。

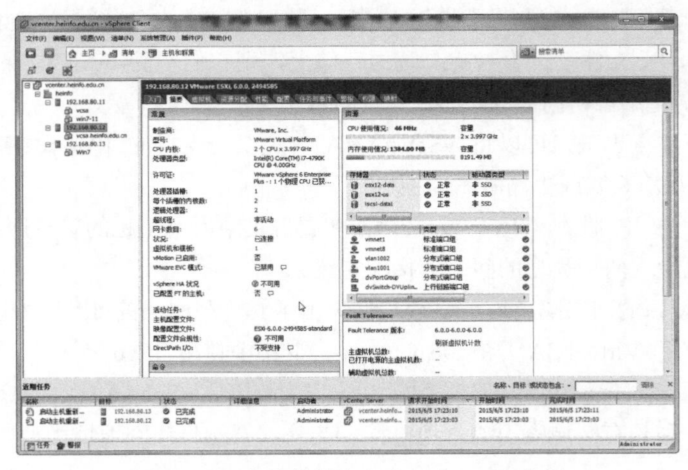

图 5-263　当前数据中心有三台 ESXi 主机

在配置群集前，检查每个主机的“EVC 模式”支持信息，你可以选中某台主机，在“摘要”选项卡中，单击“常规→VMware EVC 模式”后面的“🗨”，可以查看当前选中主机支持的 EVC 模式。如图 5-264 所示，这是我们当前实验主机支持的 EVC 模式。

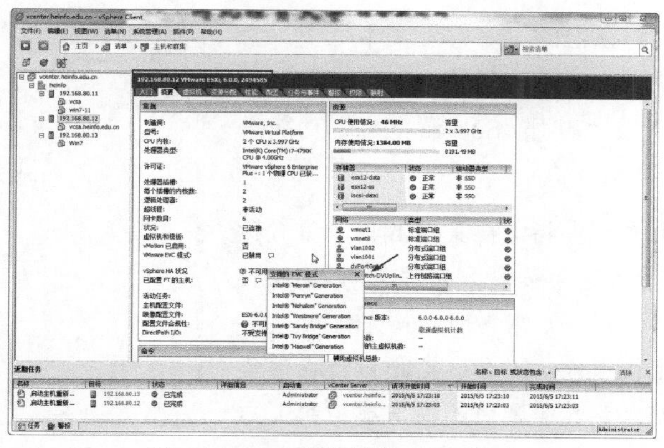

图 5-264　查看支持的 EVC 模式

在不同版本的 ESXi 中，EVC 模式不同，在 ESXi 6 中，支持的选项包括以下几点：

Intel Merom Generation

Intel Penryn Generation

Intel Nehalen Generation

Intel Westmere Generation

Intel Sandy Bridge Generation

Intel ivy Bridge Generation

Intel Haswell Generation

如果主机相同，则记下"支持的 EVC 模式"列表中最后一项，当前是"Intel Haswell Generation"。

当具有不同 EVC 模式支持的主机，创建成同一个群集时，其 EVC 选项支持以最小的一台主机的最后一项为准。

例如，某单位有 3 台服务器，其中一台服务器支持前四项（其最后一项是"Intel Westmere Generation"），一台支持全部 7 项，一台支持前五项（其最后一项是 Intel Sandy Bridge Generation），则如果具有不同 EVC 模式支持的主机，创建成同一个群集时，其 EVC 选项支持以最小的一台主机的最后一项为准。如果这 3 台主机组成一个群集，则其 EVC 选项则是"Intel Westmere Generation"。

（1）使用管理员账户登录 vSphere Client，连接并登录 vCenter Server，选择左侧数据中心名称，在右侧单击"创建群集"链接，如图 5-265 所示。

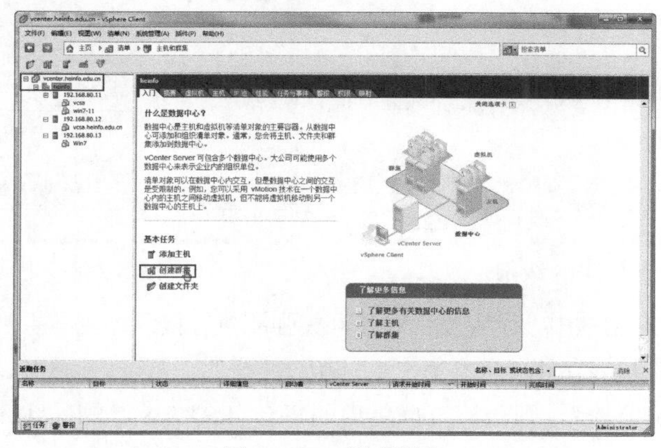

图 5-265　新建群集

（2）在“群集功能”对话框的“名称”文本框中，为新建的群集设置一个名称，在本例中设置为“HA”，然后选中“打开 vSphere HA”及“打开 vSphere DRS”功能，如图 5-266 所示。

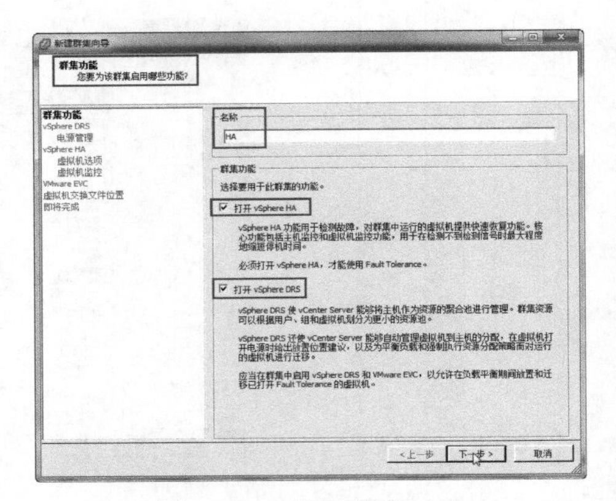

图 5-266 设置群集功能

说明：在“名称”文本框中指定群集的名称，该名称显示在 vSphere Client“清单”面板中。如果在“VMware HA”复选框选择“打开”，则会启用 VMware HA 群集。在启用此功能后，当在主机出现故障时，虚拟机将在群集内的其他主机上重新启动。要在群集内的任何虚拟机上启用 VMware 容错，则必须打开 VMware HA。如果选中“VMware DRS”复选框，则 DRS 将平衡整个群集的虚拟机负载。

在设置后，也可以根据情况修改任何群集功能。

（3）在“vSphere DRS”中设置自动化级别，在此设置为“全自动”，如图 5-267 所示。迁移阀值范围是 1～5，默认为 3。如果要保持群集中主机资源的相对均衡，可以将迁移阀值设置为“激进”，这样 DRS 会自动迁移虚拟机到 HA 中的其他主机上，以保持每个主机资源使用接近。设置为“保守”时，可能会在群集中的某台主机上运行较多的虚拟机，相对负载较重；而在另一个主机上运行的虚拟机较少，相对负载较轻。但实际上每个主机的绝对负载并不是很重。

（4）在“电源管理”对话框中，设置 DPM 功能。如果虚拟化主机是 HP 或 IBM 服务器时，可以启用此项功能。如果启用此项功能，还需要配置 HP 的 iLO 或 IBM 的 IMM 功能。如果是其他支持 IPMI 的服务器，也可以启用此项功能，如图 5-268 所示。在启用这项功能时，当群集中的主机数量 3 台或者 3 台以上时，当负载较轻不需要这么多服务器时，该功能会将虚拟机迁移到群集中的某几台主机上，将不用的主机“休眠”，以降低功耗。当虚拟机需要较多的负载时，会“唤醒”休眠的主机，并将虚拟机迁移到唤醒的主机上。

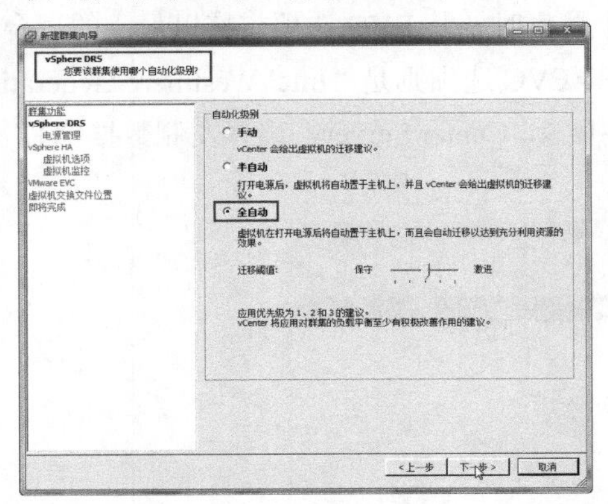

图 5-267 设置 DRS 级别

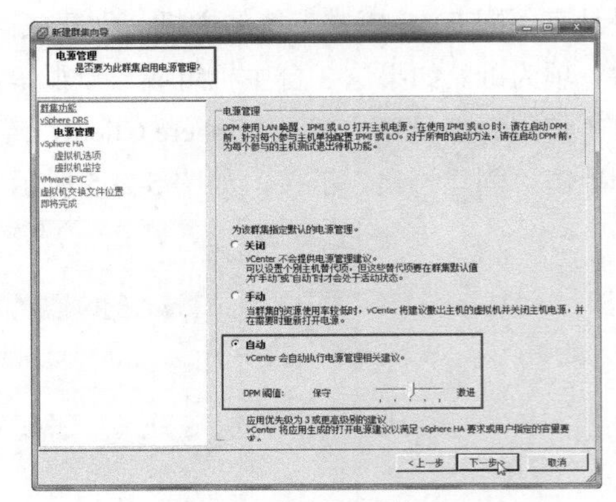

图 5-268 电源管理

（5）在“接入控制”对话框中，设置是否对此群集强制执行接入控制与主机监控。如果群集中只有 2 台主机，则需要“禁用”接入功能。当群集中主机超过两台时，可以启用接入功能，如图 5-269 所示。

如果选择“启用主机监控”，则会检查群集内的每台 ESX/ESXi 主机以确保其正在运行。如果某台主机出现故障，则会在另一台主机上重新启动虚拟机。主机监控还是 VMware 容错恢复进程正常运行所必需的。如果需要执行可能会触发主机隔离响应的网络维护，VMware 建议首先禁用主机监控以挂起 VMware HA。完成维护后，请重新启用“主机监控”。

如果选择“启用接入控制”并执行可用性限制，同时保留故障切换容量。不允许在虚拟机上执行会减少群集内的未预留资源并违反可用性限制的任何操作。

如果启用了接入控制，VMware HA 会提供 3 个强制接入控制的策略。

- 群集允许的主机故障数目。
- 保留为故障切换空闲容量占用群集资源的百分比。
- 指定故障切换主机。

（6）在“虚拟机选项”对话框，设置用于 vSphere HA 定义虚拟机行为的选项，在大多数的情况下，保留默认值即可，如图 5-270 所示。

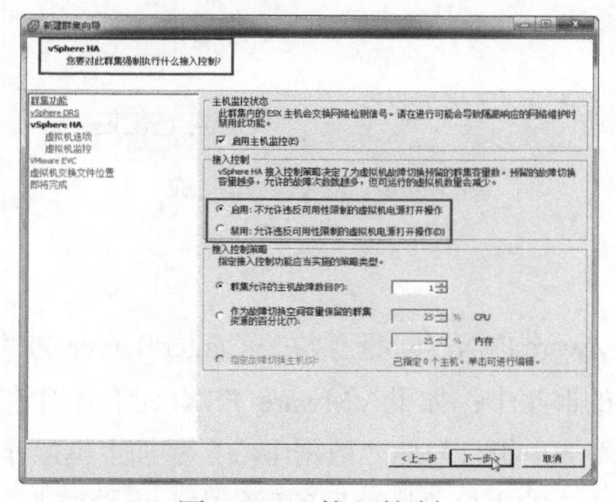

图 5-269　接入控制

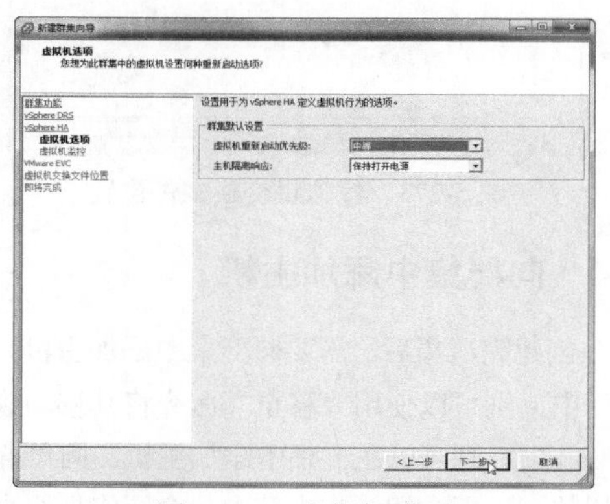

图 5-270　虚拟机选项

（7）在“虚拟机监控”对话框中，设置在此群集中的虚拟机上设置何种监控。如果在设置的时间内没有收到单个虚拟机的 VMware Tools 检测信号，虚拟机监控将重新启动该虚拟机。可以配置 VMware HA 对非响应的敏感程度，如图 5-271 所示。

（8）在“VMware EVC”对话框中，设置是否为此群集启用增强型 VMotion 兼容性功能，如图 5-272 所示。当你的服务器是同种型号的 CPU 时，可以启用这一功能。例如，在本实例中包括 3 台 VMware ESXi 服务器，支持选项是 Intel Haswell Generation。

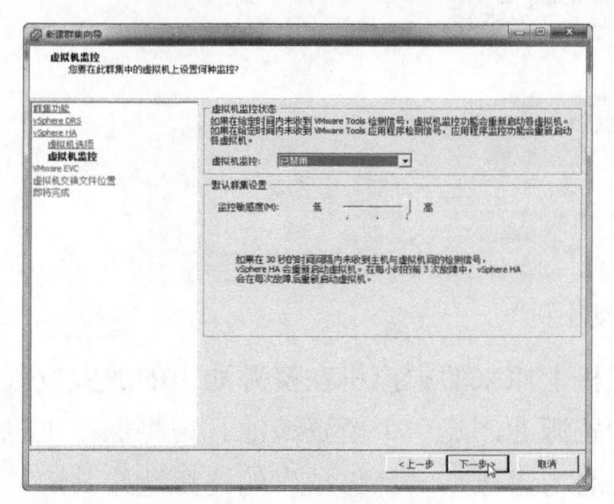

图 5-271　虚拟机监控

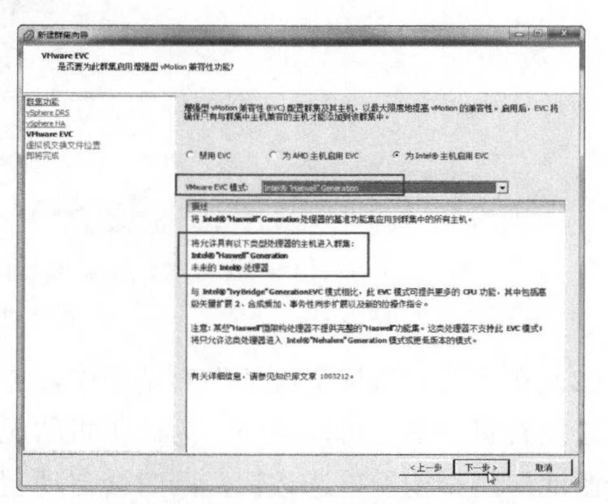

图 5-272　VMware EVC 功能

说明：如果不知道服务器是属于哪一款 CPU，导致选择错误，可以在创建群集之后修改。

（9）在“虚拟机交换文件位置”对话框，选择“将交换文件存储在与虚拟机相同的目录中”，如图 5-273 所示。

（10）在“即将完成”对话框，显示了将要创建的群集选项，如图 5-274 所示，检查无误之后单击“完成”按钮。

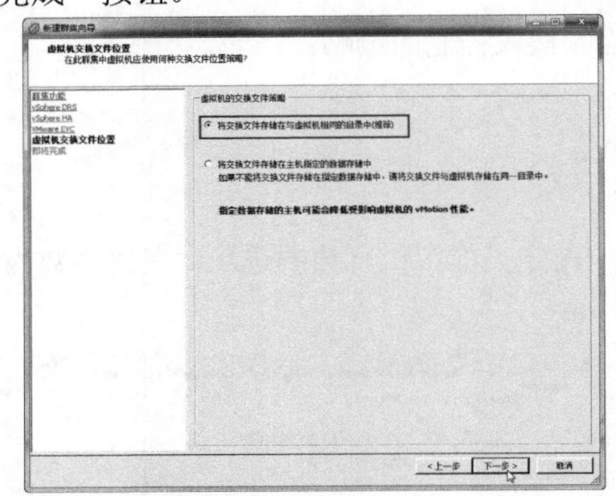

图 5-273　虚拟机交换文件位置

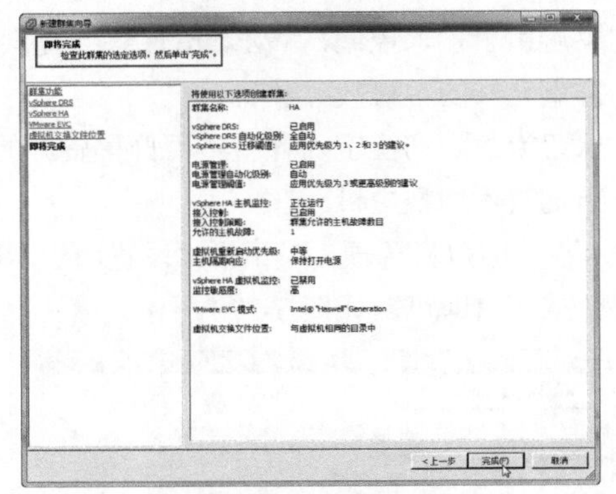

图 5-274　群集创建完成

5.8.4　向群集中添加主机

在创建完群集后，需要向群集中添加主机。如果 VMware ESXi 主机已经在 vCenter Server 的“数据中心”中，则可以使用“移至”命令将其移动到新创建的群集中；如果 VMware ESXi 没有添加在“数据中心”中，则可以在群集中添加主机。向“群集”中添加主机，与向“数据中心”添加主机操作是完全一样的，不再介绍。在本节中，介绍将把原来数据中心中的主机“拖动”到群集中，步骤如下。

（1）在 vSphere Client 中，用鼠标左键选中一台主机，例如 192.168.80.11，用鼠标拖动到新创建的群集中松手，在弹出的“插入 DPM 群集”对话框单击“确定”按钮，如图 5-275 所示。

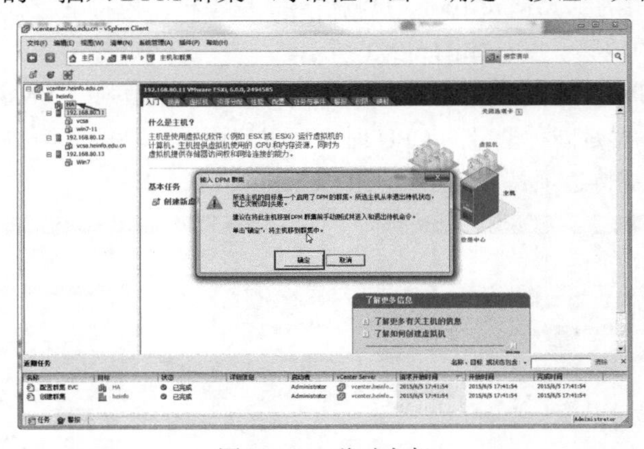

图 5-275　移动主机

（2）在“选择目标资源池”对话框中，选择此主机上原来的虚拟机在资源池中的放置位置，如果原来没有资源池，可以选中“为此主机的虚拟机和资源池创建一个新资源池。这将保持主机当前的资源池层次结构”单选按钮，同时会自动创建一个名为“已从××移植”的资源池，其中××是将要移动到群集中的 ESXi 主机的 IP 地址或名称。也可以选择“将此主机的所有虚拟机置于群集的根目录资源池中。目前显示在主机上的资源池将删除”选项，如图 5-276 所示。

（3）在“即将完成”对话框，检查已选定的选项，无误之后单击“完成”按钮，如图 5-277 所示。

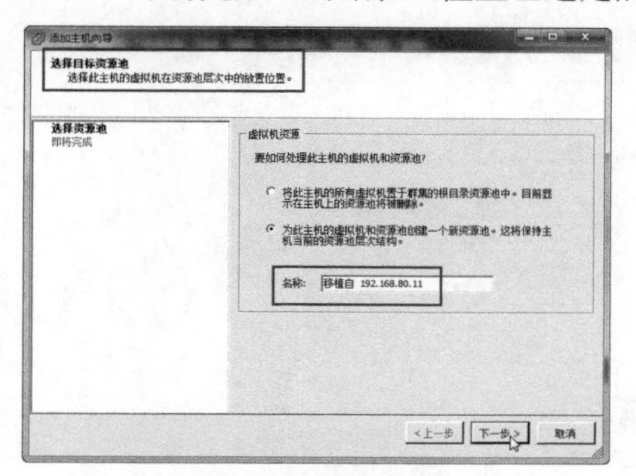

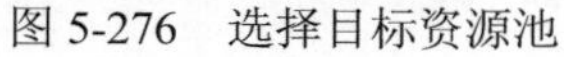
图 5-276　选择目标资源池

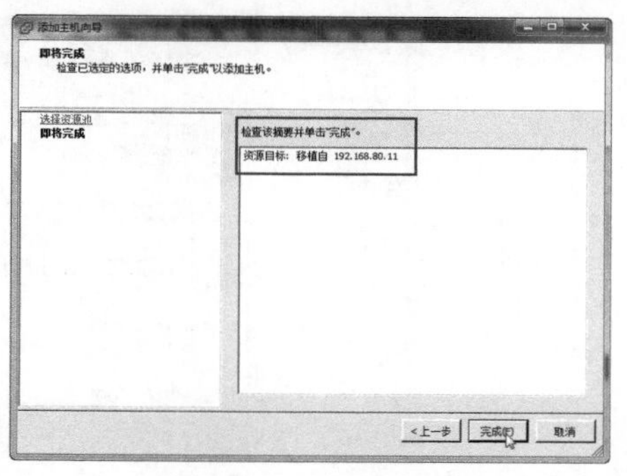

图 5-277　即将完成

参照（1）～（3）的操作，将其他主机如 192.168.80.11 也移入名为 HA-DRS 的群集，这些不再一一介绍。移动两台主机到群集之后的界面如图 5-278 所示。

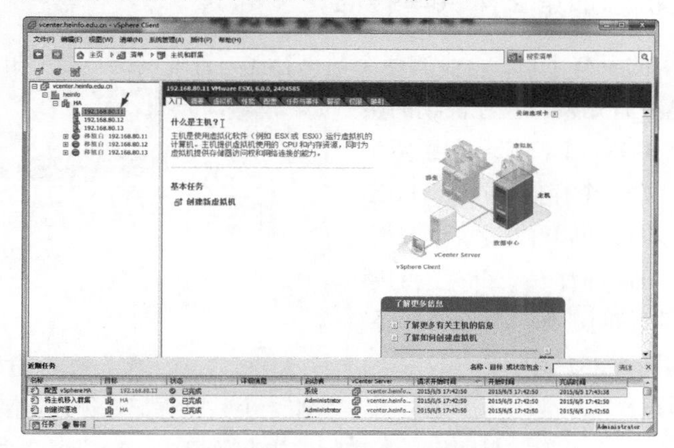

图 5-278　将主机移入群集

如果提示由于 evc 设置导致主机不能移动到群集中，请用鼠标右键单击群集名称（本示例为 HA-DRS），在弹出的对话框中选择“编辑设置”，如图 5-279 所示。

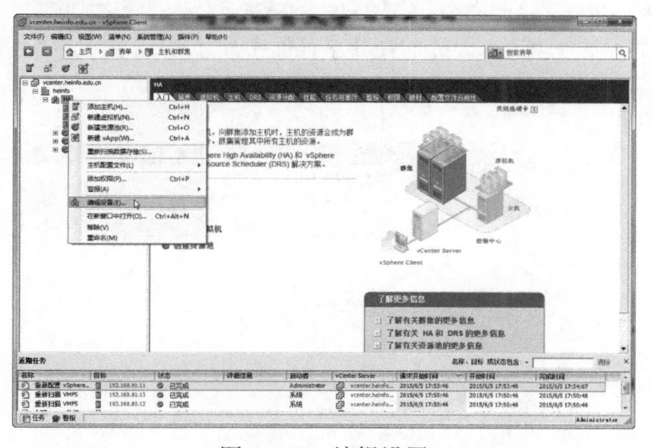

图 5-279　编辑设置

在“VMware EVC”中，单击“更改 EVC 模式”按钮，在弹出的对话框中，重新选择 EVC 模式，如图 5-280 所示。之后再重新将主机移动到群集，直到添加成功。

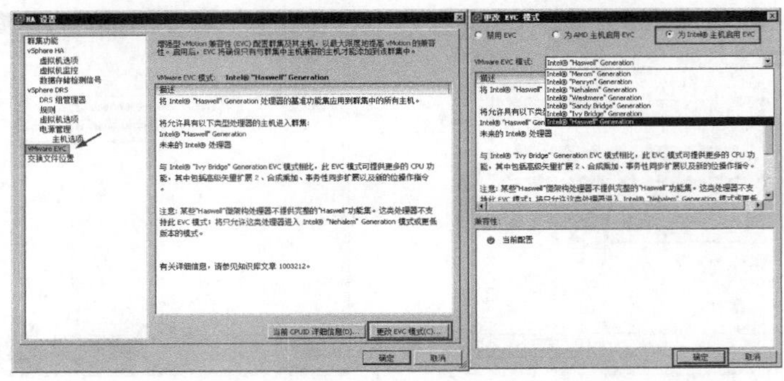

图 5-280　修改 EVC 设置

之后还可以向群集或数据中心添加新的 VMware ESXi 服务器，这些不再一一介绍。

5.8.5　为群集中主机添加第 2 个共享存储

vSphere 要求群集中的所有主机，至少有两个共享存储，管理网络需要有冗余网卡。在本章的前期规划中，管理网络已经有冗余。但在前期的实验中，虽然我们为每个 ESXi 主机都分配了两个共享存储，但只将其中的一个存储分配给 ESXi 主机使用。所以在将主机移动到群集之后，大家可以看到，每个群集主机前面都有一个黄色的感叹号，这表示主机有警报信息。你可以在“摘要”中查看到这个提示，如图 5-281 所示。

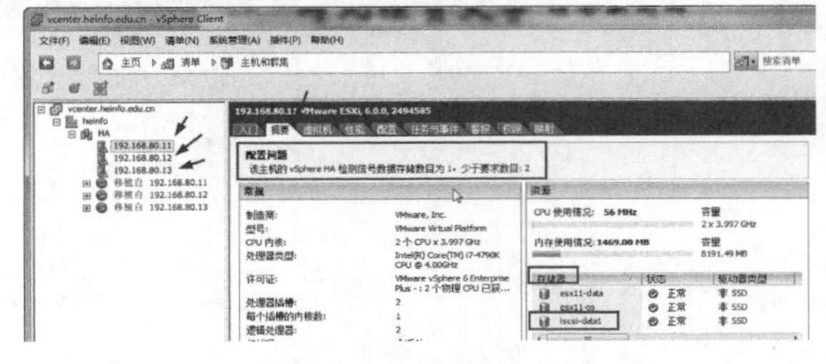

图 5-281　群集报警

如果要解决这个问题，则需要为每个主机再次添加一个共享存储，你只需要在存储管理器中，为当前群集中每个主机分配一个虚拟磁盘即可。在实际的生产环境中，只要每个主机有两个共享存储即可，如果你只为 ESXi 主机规划了一个较大的存储空间放置虚拟机，你可以为第 2 个共享存储分配一个较小的空间，例如 2GB，然后将这个“较小”的共享磁盘添加到 ESXi 主机，并重新配置主机即可。

（1）使用 vSphere Client 登录到 ESXi 或 vCenter Server，选中主机→配置→存储器，单击“添加存储器”，为 ESXi 主机添加存储空间（需要提前在共享存储中，为 ESXi 主机分配空间），如图 5-282 所示。

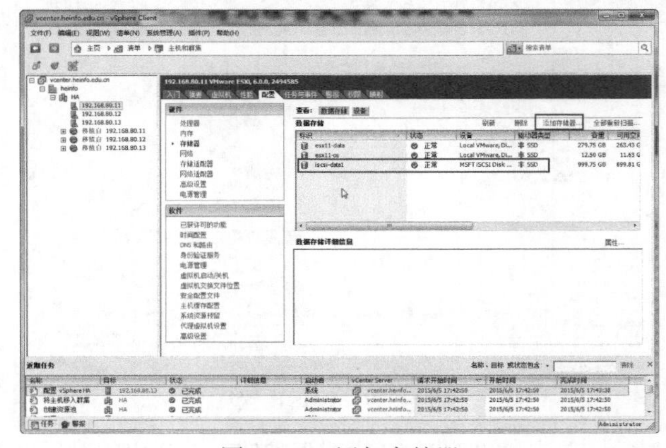

图 5-282　添加存储器

（2）在“选择磁盘/LUN”对话框，选择新分配的存储空间，在本示例中这个空间大小为 200GB，如图 5-283 所示。

图 5-283　选择磁盘/LUN

（3）如果这个磁盘以前分配给其他 ESXi 主机，则会出现“选择 VMFS 挂载选项”对话框。如果你需要保留存储中原来的数据，则选择“分配新签名”；如果你不需要保留以前的数据，则选择“格式化磁盘”，如图 5-284 所示。

（4）在“当前磁盘布局”显示了可用空间及分区情况，如图 5-285 所示。

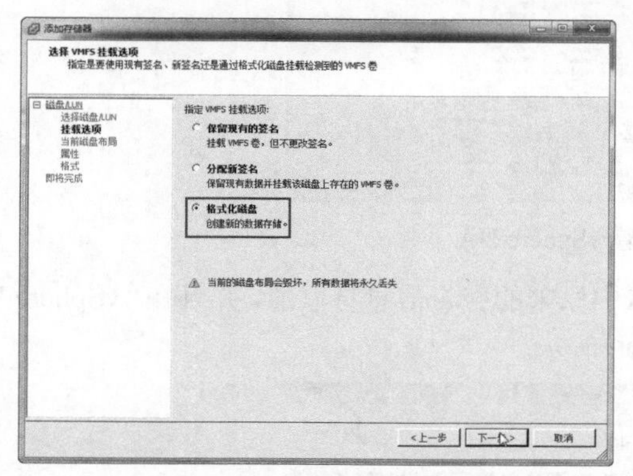

图 5-284　选择 VMFS 挂载选项

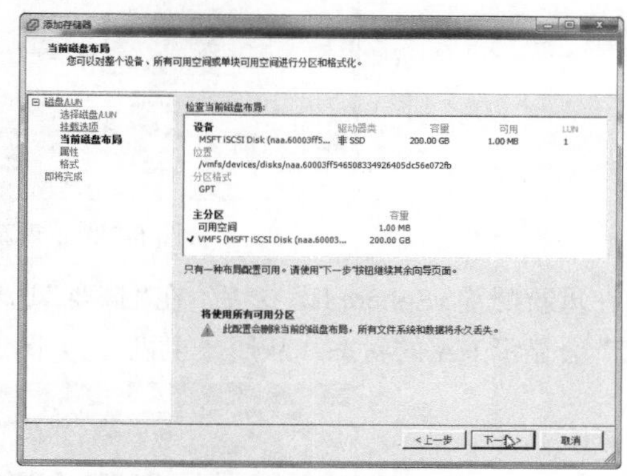

图 5-285　当前磁盘布局

（5）在“属性”对话框中，在“输入数据存储名称”文本框中，为新添加的第 2 个存储名称，在此命名为 iscsi-data2，如图 5-286 所示。

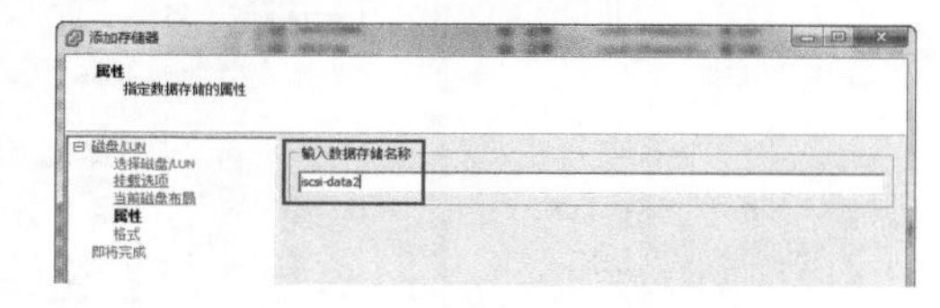

图 5-286　命名存储空间

（6）在“即将完成”对话框，单击“完成”按钮，为 ESXi 主机配置第 2 个共享存储完成，如图 5-287 所示。

（7）添加之后，主机将有 2 个共享存储，如图 5-288 所示。在为其中 1 台主机添加存储之后，所有主机都会重新扫描 VMFS，并将这个共享存储添加到另两台主机。

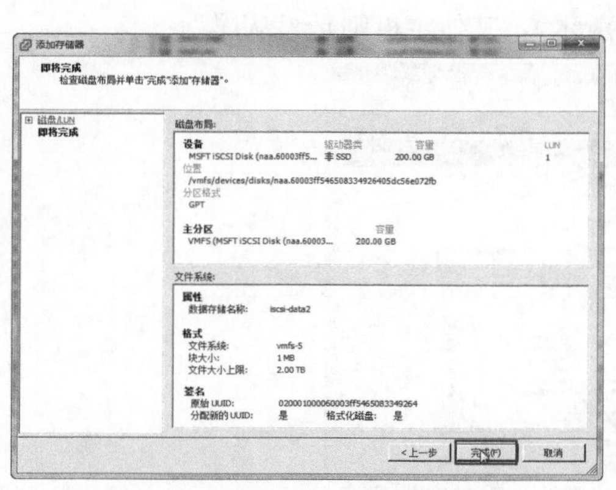

图 5-287　即将完成

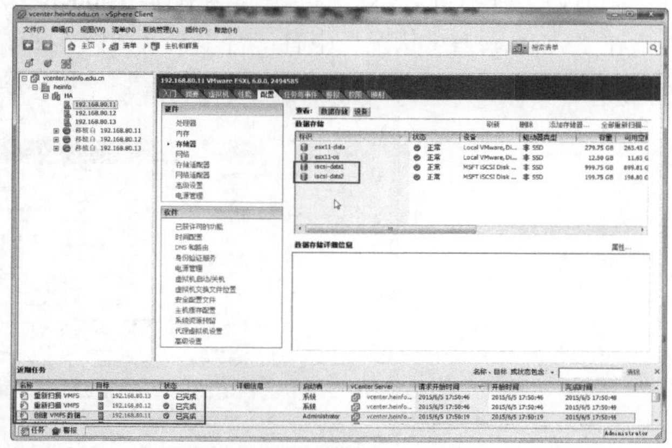

图 5-288　添加存储完成

在为主机添加了第 2 个共享存储之后，在“摘要”中显示信息仍然是检测到 1 个存储，对于这种情况，你需要为每台主机重新配置 HA。你可以在 vSphere Client 中，右击某台主机，在弹出的快捷菜单中选择“重新配置 vSphere HA”，如图 5-289 所示。

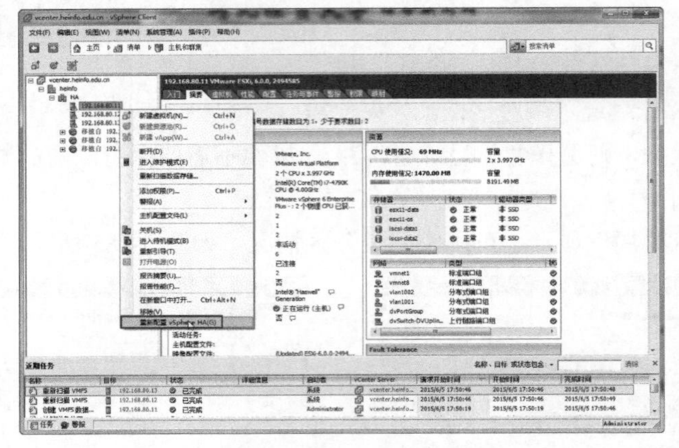

图 5-289　重新配置 vSphere HA

在重新配置 vSphere HA 之后，在“摘要”选项卡中原来的警告信息将取消，并且在“vSphere HA 状况”会显示 HA 的状态（从属或主机），如图 5-290 所示。

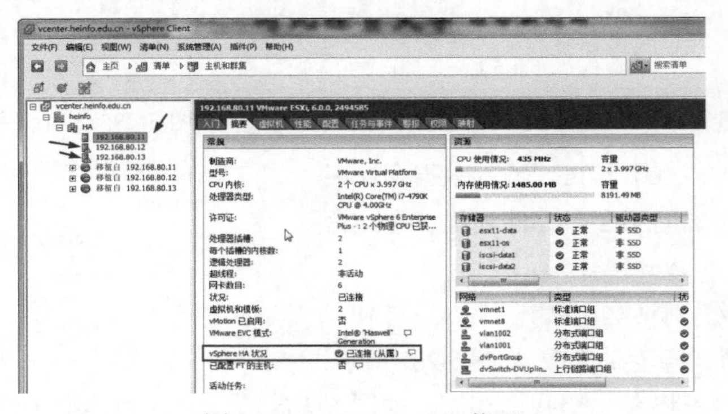

图 5-290　vSphere HA 状况

然后为另外两台 ESXi 主机 “重新配置 vSphere HA”，重新配置之后，在“摘要”中，可以看到，在“vSphere HA 状况”中有一台主机（如图 5-291 所示），其他主机则是“从属”。

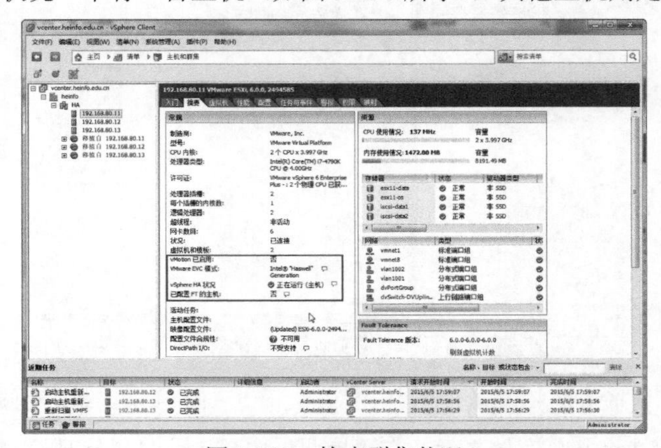

图 5-291　检查群集状况

如果要查看数据存储检测信号，可以打开群集设置查看，主要步骤如下。

（1）使用 vSphere Client 登录到 vCenter Server，右击群集名称，在弹出的对话框中选择“编辑设置”，如图 5-292 所示。

（2）在“vSphere HA→数据存储检测信号”选项中，选择“选择考虑加入我的首选项的任何群集数据存储”，如图 5-293 所示。

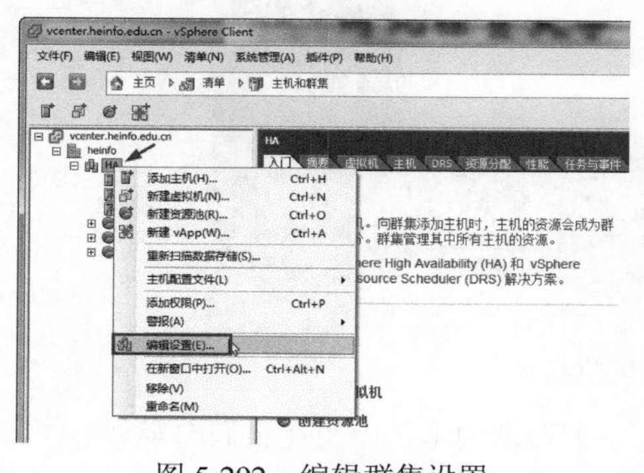

图 5-292　编辑群集设置

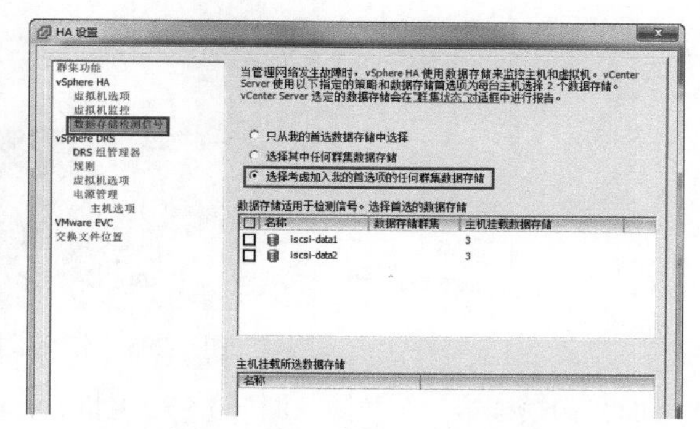

图 5-293　数据存储检测信号

5.8.6　群集功能测试

在配置并启用“群集”功能之后，如果虚拟机运行在受群集保护的主机中，当主机由于网络中断、存储中断、主机死机或关机或重启时，虚拟机会在其他主机重新启动。在本节将验证这一内容。

（1）使用 vSphere Client 登录到 vCenter Server，从列表中选中一个虚拟机，该虚拟机要保存在“共享存储”中而不是保存在 ESXi 主机本地存储中，如图 5-294 所示。

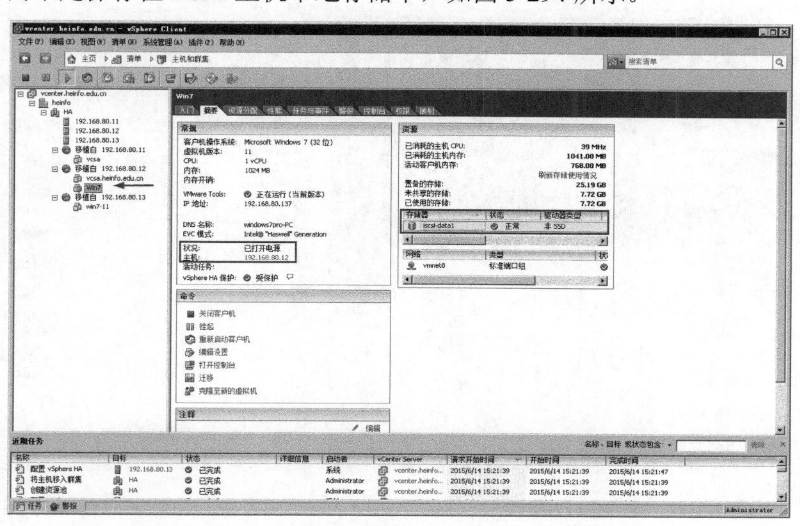

图 5-294　虚拟机保存在共享存储中

（2）之后启动虚拟机，然后打开虚拟机控制台，在控制台标题中可以看到，当前虚拟机运行在 192.168.80.12 的主机上，如图 5-295 所示。然后在该虚拟机中运行一个程序，例如打开“命令提示符”，使用 ping 命令，测试到当前网络的连通性。

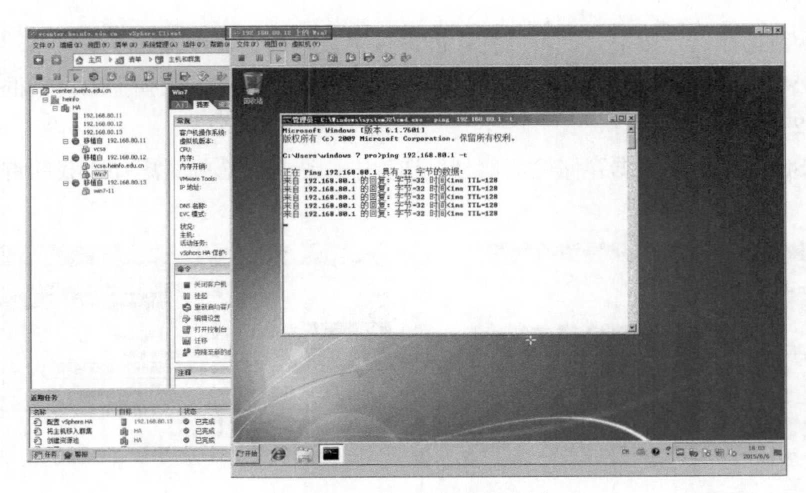

图 5-295　打开虚拟机控制台

下面我们模拟第一个故障：断开 ESXi 主机、vmnet1 网段的网卡，因为在我们的规划中，ESXi 主机连接到 iSCSI 存储是使用 192.168.10.0 网段（服务器地址是 192.168.10.1），而虚拟机保存在共享存储中，当 vmnet1 网络断开时，ESXi 主机上的虚拟机会不会受影响呢？

（1）切换到 VMware Workstation，定位到 ESXi12 的虚拟机，右击该虚拟机，选择"设置"，如图 5-296 所示。

（2）打开"虚拟机设置"对话框，将"网络适配器 3"、"网络适配器 4"的"设备状态"取消选中"已连接"，如图 5-297 所示。

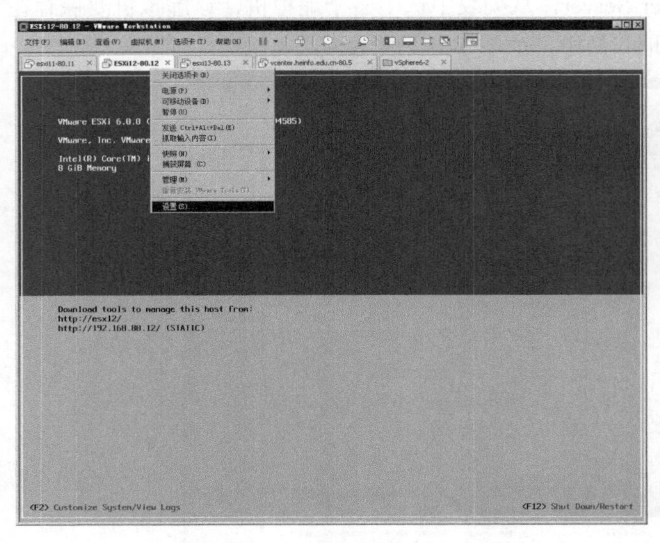

图 5-296　虚拟机设置

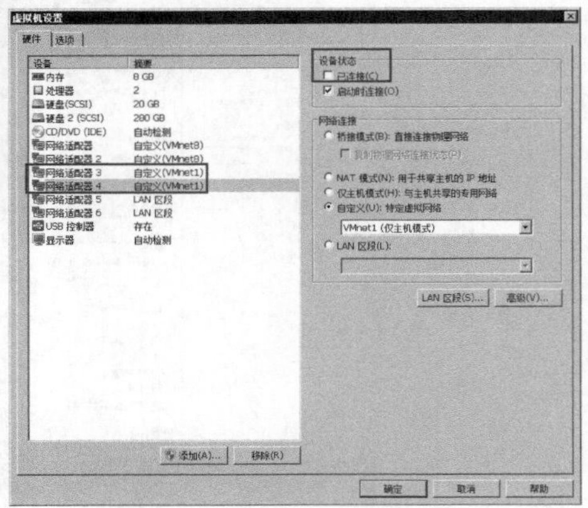

图 5-297　断开网络

（3）返回到 vSphere Client，定位到"192.168.80.12"，在右侧"配置→网络→vSphere Distributed Switch"，可以看到使用 vmnet1 的两块网卡的状态为"断开"，如图 5-298 所示。

（4）切换到正在运行在 192.168.80.12 主机上的虚拟机控制台，但是，此时网络仍然是连通的，虚拟机仍然可以正常访问，如图 5-299 所示。

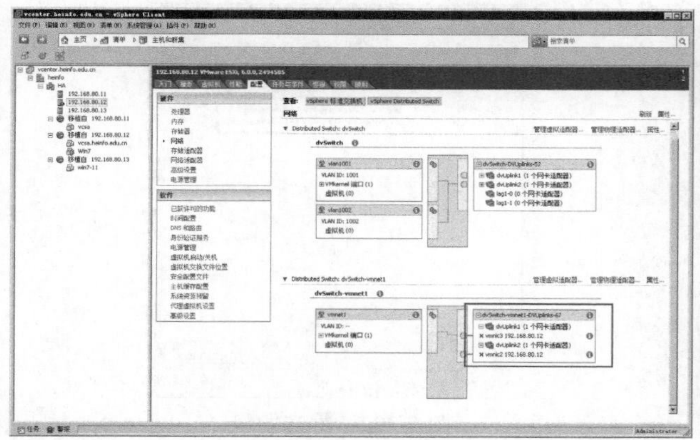

图 5-298 网络已经断开

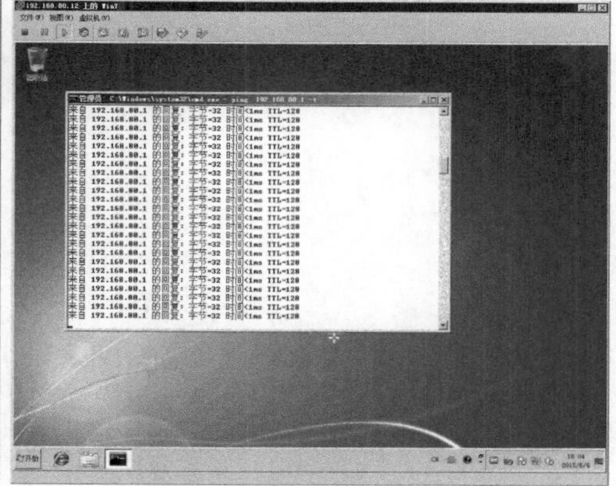

图 5-299 虚拟机继续工作

这是什么原因呢？按照我们的测试想法，断开 192.168.80.12 主机连接到 iSCSI 存储的网络，当前主机与 iSCSI 存储的连接就断开了，为什么虚拟机仍然能使用呢？下面我们检查一下原因。

（1）使用 vSphere Client 打开 vCenter Server，左侧选择要检查的主机 192.168.80.12，此时当前主机前面前面有个“红色”的错误警告，表示主机出现较为严重的故障。在右侧选择“配置→存储适配器”，选中 iSCSI 软件适配器，此时可以看到，当前主机仍然连接到了存储，如图 5-300 所示。单击“属性”链接查看。

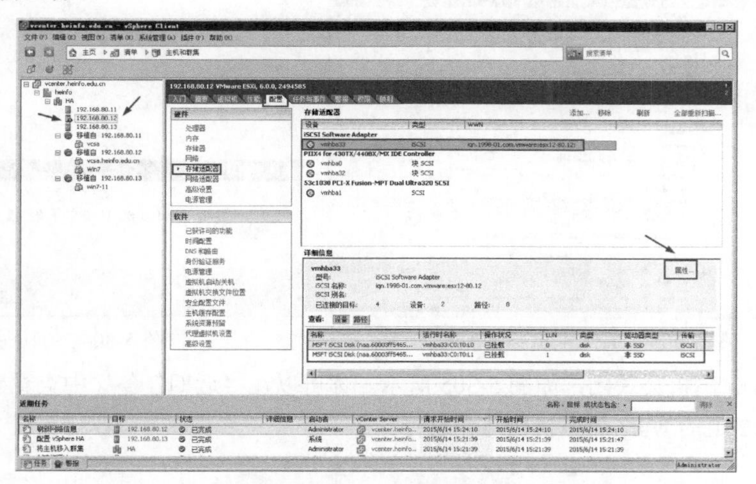

图 5-300 查看 iSCSI 属性

（2）打开“iSCSI 启动器属性”对话框，在“动态发现”选项卡中，可以看到当前的发送目标是 192.168.10.1，如图 5-301 所示，这个设置没有问题。

（3）接下来单击“静态发现”对话框，此时我们发现问题原因，因为在“静态发现”中，当前 ESXi 主机使用 4 个 IP 地址连接到 iSCSI 存储，分别是 192.168.10.1、172.18.96.116、172.18.96.8 及 192.168.80.1，如图 5-302 所示。只要这 4 个连接中，有一个连接可用，则 ESXi 主机与 iSCSI 存储的连接就不会中断。

找到问题的原因之后，我们发现，如果要模拟“存储中断”，还需要将 ESXi 主机的两个管理网卡（网络适配器、网络适配器 2）断开才可以。大家有时间可以做这个测试。

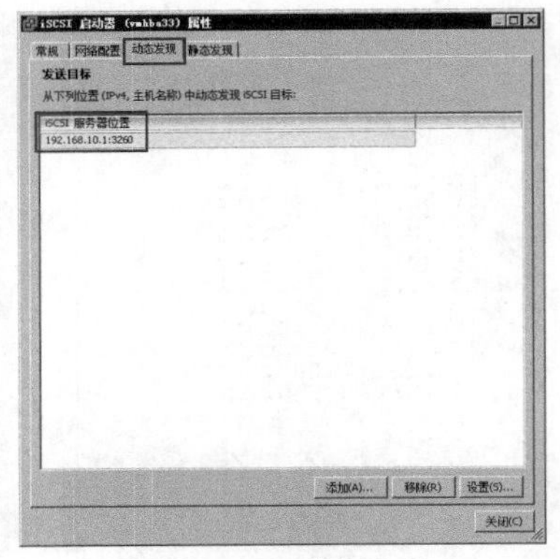

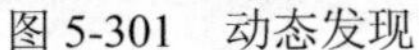
图 5-301　动态发现

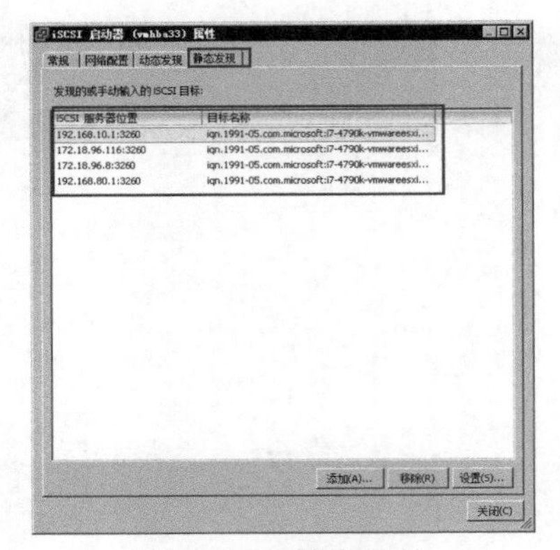

图 5-302　静态发现

接下来，我们直接关闭 192.168.80.12 的主机，模拟主机关闭的情况。我们可以直接在 VMware Workstation 中关闭 192.168.80.12 这个虚拟机的“电源”，也可以使用 vSphere Client 关机。

（1）使用 vSphere Client 登录到 vCenter Server，右击 192.168.80.12，在弹出的快捷菜单中选择“关机”，如图 5-303 所示。

（2）在弹出的“确认关闭”对话框，单击“是”按钮，如图 5-304 所示。

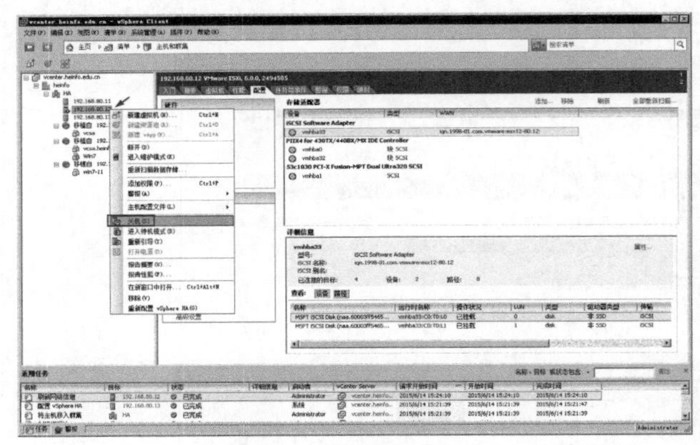

图 5-303　关闭主机

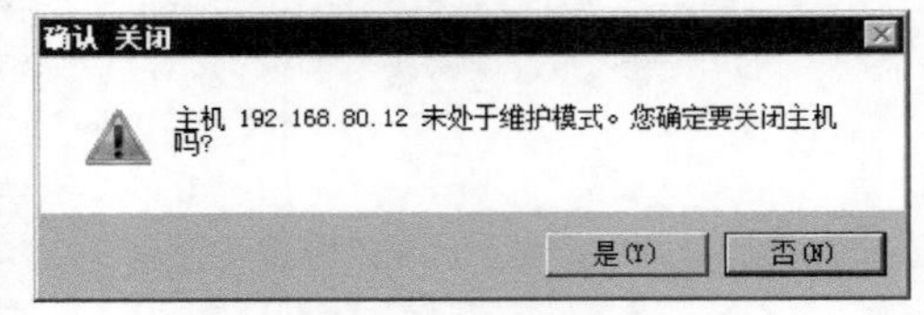

图 5-304　确认关闭

（3）之后 ESXi 主机会关闭，如图 5-305 所示。你可以在“近期任务”中查看到这个关机事件，此时 192.168.80.12 上的 win7 虚拟机仍然在运行。

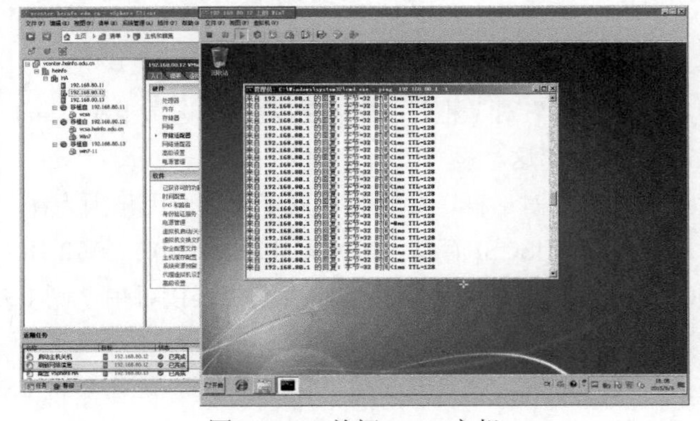

图 5-305　关闭 ESXi 主机

图 5-306　虚拟机已经关闭

（4）等主机关闭后，此时打开的 win7 虚拟机控制台，会显示主机关闭，如图 5-306 所示。

（5）之后在 vSphere Client 中，可以看到 192.168.80.12 的主机为（无响应）提示，并且在“vSphere HA 状况”中显示“主机出现故障”，如图 5-307 所示。这是一个正常的提示，因为 192.168.80.12 主机已经关闭。

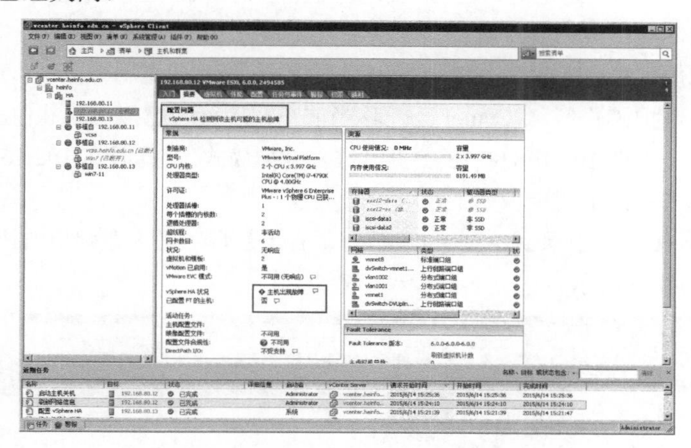

图 5-307　vSphere Client 看到的提示

（6）此时打开的 win7 虚拟机控制台，会有显示。因为原来在 192.168.80.12 上已经关闭的虚拟机（非正常关闭）已经在群集中剩余的一台主机中启动，如图 5-308 所示。此时在虚拟机的标题栏已经更换为“192.168.80.13 上的 win7”，原来是“192.168.80.12 上的 Win7”，另外，由于 win7 虚拟机是非正常关闭的，所以会有一个“Windows 错误恢复”的提示，并出现一个 30 秒倒计时，如果没有选择（在正常的数据中心中，因为主机是非正常关闭的，而这一情况没有人提前知道，所以一般不会看到这个提示），在 30 秒倒计时完成之后，会“正常启动 Windows”。

（7）之后会进入 Windows 操作系统，如图 5-309 所示。

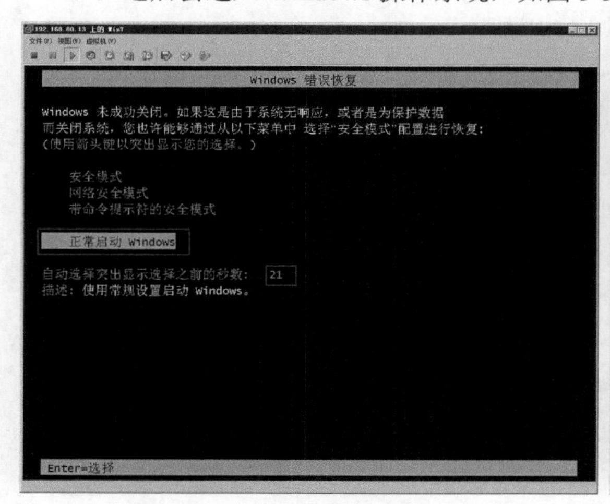

图 5-308　虚拟机在其他主机重新启动

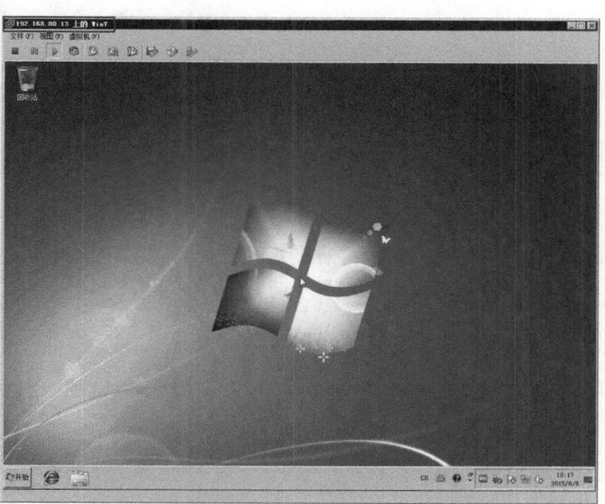

图 5-309　原来关闭的虚拟机在其他主机重新启动

从上面的操作可以看到，如果群集中的主机非正常关机（突然中断），则在该群集主机中运行的虚拟机，将会在其他主机上注册并重新启动。注意，这是虚拟机在其他主机重新启动，如果虚拟机中原来运行着程序（由管理员手动运行），则虚拟机在其他主机重新启动后，原来运行的程序不会自动启动（除非这些程序是加到“开始”菜单中）。

5.8.7 主机维护模式

当主机“非正常”关闭或退出时，运行在该主机上的虚拟机，会在其他主机上“重启”。如果是正常的维护，需要关闭主机或需要重新启动主机呢？此时有两种方法：

- 将正在运行的虚拟机“迁移”到其他主机。
- 将主机进入“维护模式”，vCenter 会迁移当前正在运行的虚拟机到其他主机。

在下面的演示中，将把 192.168.80.13 主机“进入维护模式”，此时在 192.168.80.13 上运行的虚拟机，会迁移到其他主机，主要步骤如下。

（1）使用 vSphere Client 登录到 vCenter Server，右击某台主机，在弹出的快捷菜单中选择“进入维护模式”，如图 5-310 所示。

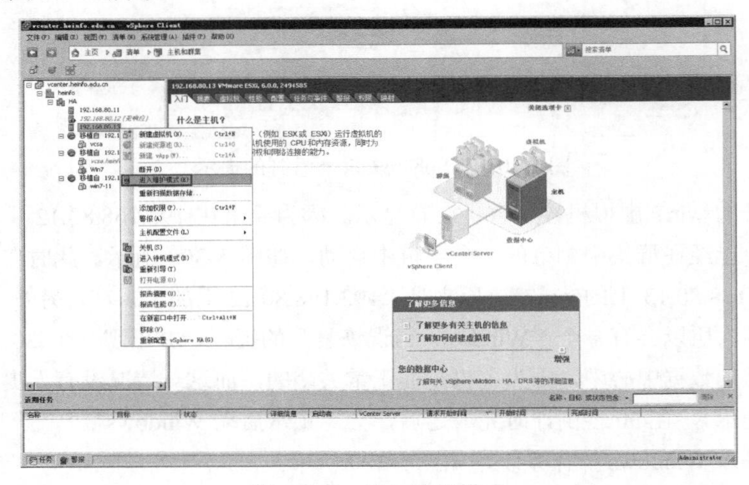

图 5-310　进入维护模式

（2）在“群集故障切换警告”对话框，单击“是”按钮，如图 5-311 所示。

（3）在“确认维护模式”对话框，确定是否将选定的主机置于维护模式。在此要注意，“将关闭电源和挂起的虚拟机移动到群集中的其他主机上”是否需要选中，或者，需要在什么时候选中。如果当前主机中，所有的虚拟机，都保存在共享存储中，则可以选中“将关闭电源和挂起的虚拟机移动到群集中的其他主机上”。如果当前主机中，有的虚拟机保存在本地硬盘，则不要选中此项。如图 5-312 所示。

（4）在弹出的“警告”对话框，提示可能需要将一个或多个虚拟机迁移到群集中的其他主机，选中“以后不要显示此消息”，单击“确定”按钮，如图 5-313 所示。

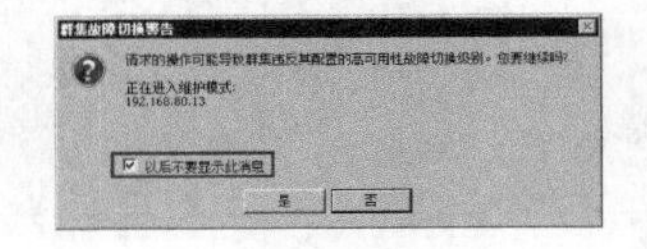

图 5-311　群集故障切换警告

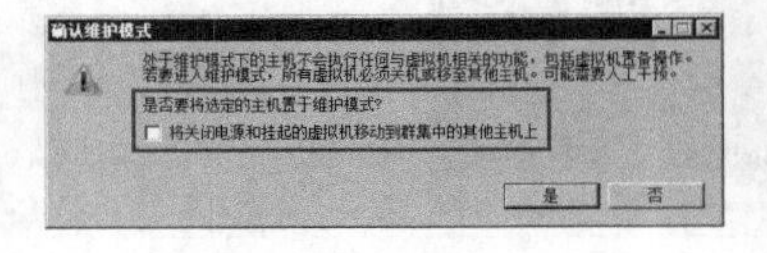

图 5-312　确认维护模式

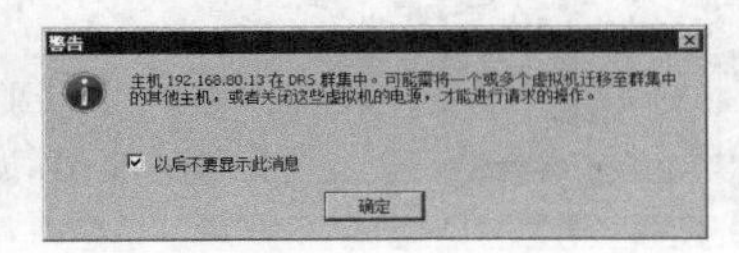

图 5-313　警告

（5）之后将开始迁移主机上正在运行的虚拟机，如果虚拟机保存在“共享存储”，则 vCenter Server 会将虚拟机迁移到其他主机，等该主机上所有虚拟机迁移完成后，虚拟机进入“维护模式”，如图 5-314 所示。

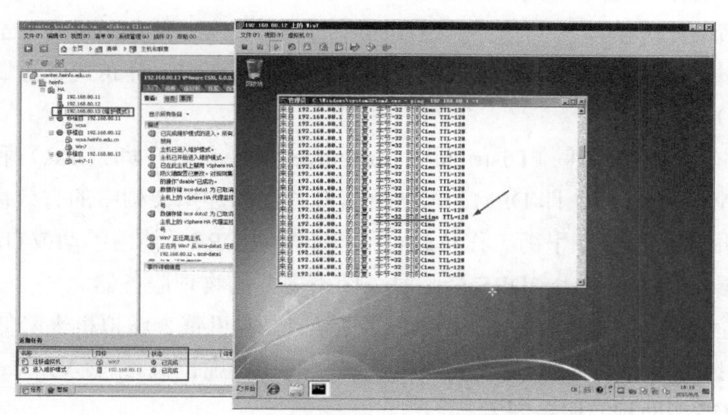

图 5-314　迁移完成，进入维护模式

（6）进入维护模式后，定位到该主机，在“虚拟机”选项卡中可以看到，当前主机上将不会再有打开电源的虚拟机，如图 5-315 所示。

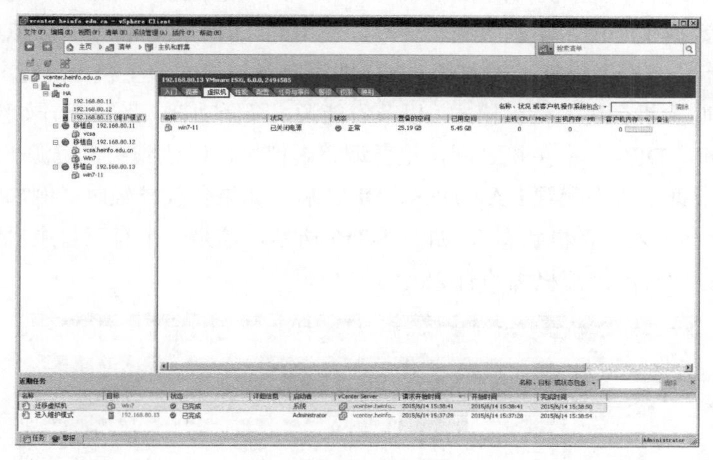

图 5-315　虚拟机清单

5.8.8　DRS 与 DPM

在我为客户，讲述 VMware vSphere 的特点时，经常给客户描述的一个场景是：

vSphere 数据中心可以节省能源。以我们规划的系统为例，假设有 3 台主机。在配置好后，虚拟机会分布在这 3 台主机上运行。假设其中有一台主机因为各种原因（网络、电力、硬件故障）死机，那么这台主机上正在运行的虚拟机会“自动”在其他主机重新启动。

在工作时间，虚拟机中应用较多、负载较重时，有的业务虚拟机可能在不同的时刻，占用的资源不同。如果以前在传统的数据中心，需要为每个应用规划硬件时，都要按照最高的应用场景来规划。而在 VMware 数据中心，则是由主机动态的调整、配置。你只需要为虚拟机分配较为合理的配置即可。VMware 会自动平衡 ESXi 主机，让每个主机的负载尽可能的平衡、一致。

在非工作时间，虚拟机应用较少、负载较轻时，虚拟机会向其中的某两台主机“集中”，而其他不运行虚拟机的主机会自动休眠，进入待机模式，以节省能源。当负载开始变重时，会自动打开处于待机模式的主机，虚拟机会再次迁移到这些主机中来。

而且这一切，都是自动的。

在上述的描述中，就是用的 vSphere 的三个功能：群集（HA）、分布式资源调度（DRS）、分布式电源管理（DPM）。

VMware 的分布式资源调度（Distributed Resource Scheduler，即 DRS）和分布式能源管理（Distributed Power Management，即 DPM）能改善资源分配和虚拟架构中的有效性与能源消耗。

VMware DRS 根据可用资源平衡工作负载，用户能配置 DRS，使用手动或自动控制。如果一个工作负载的需求急剧降低，VMwareDRS 能临时关闭不需要的物理服务器。

在启用 DRS 的集群环境中，VMware DPM 通过跨物理主机整合虚拟机来降低服务器能源消耗。DRS 和 DPM 都使用 VMwarev vMotion 在物理服务器之间迁移虚拟机。结合 VMware High Availability（HA），这些功能也能帮助预防服务器宕机。

在 vSphere 数据中心中，在启用 HA、DRS、DPM 功能之后，显著的特点概述如下：

HA：受 HA 保护的虚拟机，会在主机当机之后，在其他主机重启。这是保证虚拟机“高可用”。

DRS：启用 DRS 之后，虚拟机会根据主机的负载情况，动态迁移、调整，让主机的负载较为均衡。

DPM：当整个数据中心中，主机负载较轻时，使用的 DRS 后，将某些虚拟机集中到群集中的某 2 台或多台主机后，还有主机处于闲置状态时（即没有虚拟机在该主机上运行），则当前主机会进入“待机状态”，此时主机会进入待机模式，以节省能源，降低功耗。当负载开始变重时，会“唤醒”处于待机状态的主机，DRS 会在主机之间，重新调整虚拟机，以达到主机资源平衡的目的。

在为 vSphere 数据中心中配置 HA、DRS、DPM 后，如果负载较轻时（例如晚上，虚拟机负载较轻时），某些主机会进入“待机状态”，如图 5-316 所示，这是一个有三台主机的 vSphere 数据中心，当前系统中正在运行的虚拟机大约有 25 台。

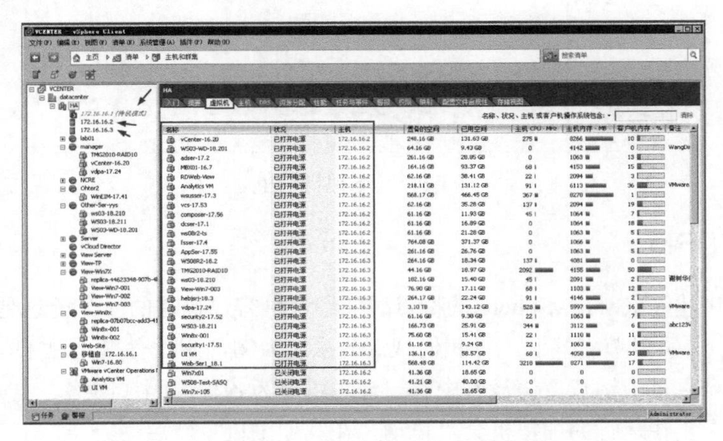

图 5-316　一台主机处于待机状态

如果要启用 DPM，这需要虚拟化主机支持 IPMI 的电源管理功能。通常情况下，HP、IBM、DELL 服务器都支持这项功能。你需要为每台主机配置 IPMI 功能：

（1）使用 vSphere Client 登录到 vCenter Server，在左侧选中要配置的主机，在右侧选中“配置

→软件→电源管理”，单击“属性”按钮，在弹出的“编辑 IPMI/iLO 设置”输入用户名、密码、管理 IP 地址、管理网卡对应的 MAC 地址，单击“确定”按钮，以配置 IPMI 功能，如图 5-317 所示。

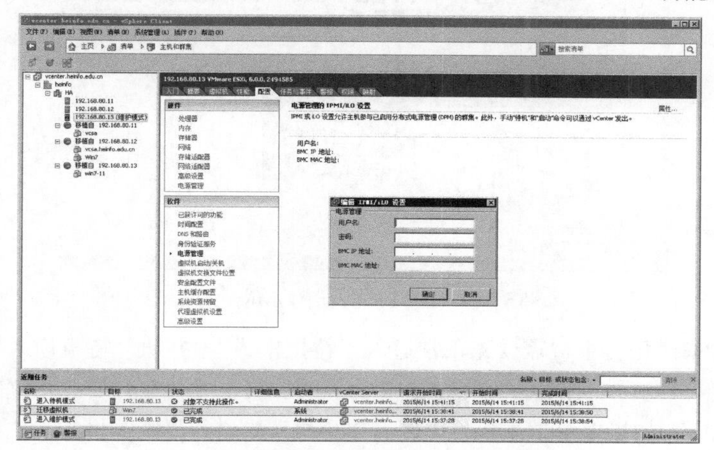

图 5-317　配置 IPMI 功能

IPMI 是服务器远程管理中的一项功能。不同的服务器远程管理功能也不同。在 IBM 服务器中，这一功能称为 iMM；在 HP 服务器中，这一功能称为 iLO；对于 DELL 服务器，这一功能称为 iDRAC。其中 HP 与 IBM 服务器有专用的管理网卡，而 DELL 的 iDRAC 通常与网卡的第一个端口共用这一功能。

如果要使用这一功能，需要为服务器配置远程管理地址、设置管理用户名和密码（服务器都有默认的管理用户名和密码，例如 IBM 服务器的默认用户名是 USERID，密码是 PASSW0RD。）在设置管理地址时，最好与 ESXi 管理地址、vCenter Server 地址在同一网段，在不同网段可能不能唤醒处于待机模式的服务器。

（2）图 5-318 是 HP 服务器、配置 IPMI 的截图。其中这台服务器的 ESXi 地址是 172.30.5.232，而这台服务器 iLO 管理网卡的地址是 172.30.5.242。

图 5-318　HP 服务器 iLO 设置

（3）图 5-319 是 IBM 服务器配置 IPMI 的截图，其中图示中 IBM 服务器的管理地址是 172.16.16.3，而对应的 iMM 的地址是 172.16.16.203。

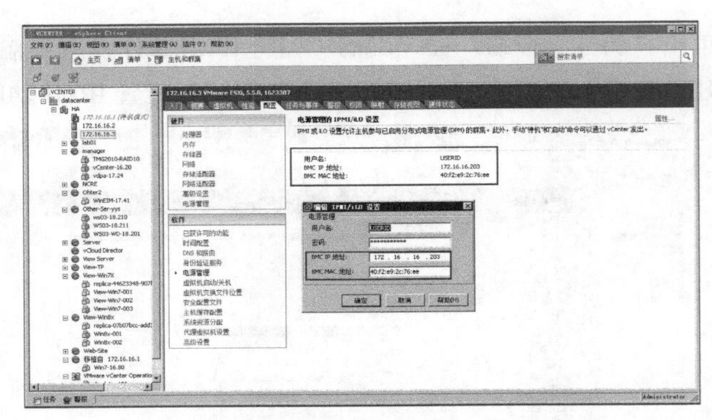

图 5-319　IBM 服务器的 iMM 设置

（4）要启用 DPM，每台主机需要先正常进入“待机模式”，并从“待机模式”开机一次，只有经过这样的检查、测试之后，启用 DRS 及 DPM 功能的群集，才会在有资源闲置的主机时，将这些主机进入“待机模式”。如果要测试主机，可以右击主机（先进入“维护模式”），在弹出的快捷菜单中选择“进入待机模式”，如图 5-320 所示。

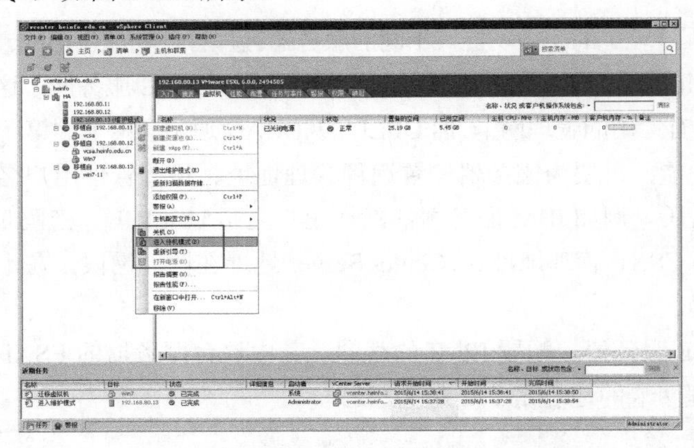

图 5-320　进入待机模式

（5）等主机进入待机模式后，此时主机会有类似图 9－294 主机的提示，然后右击该主机，在弹出 的快捷菜单中选择“打开电源”，之后主机会打开电源，进入“维护模式”。最后右击主机，在弹出的快捷菜单中选择“退出维护模式”，如图 5-321 所示。此时算完成这台主机的测试。

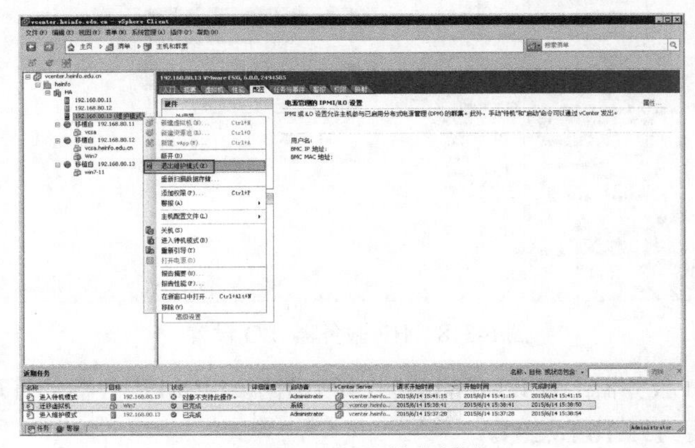

图 5-321　退出维护模式

（6）其他主机也要“进入维护模式→进入待机模式→打开电源→退出维护模式”的测试。等所有主机测试完成后，打开群集设置，在“vSphere DRS→电源管理→主机选项”中可以看到，是否所有主机“退出待机模式”测试是否成功，如果成功之后则有测试成功的时间及标志，如图 5-322 所示。

（7）在“电源管理”选项中，可以指定默认的电源管理级别，对于测试成功的群集，则可以选择“自动”，如图 5-323 所示。而 DPM 阀值则选择默认即可。

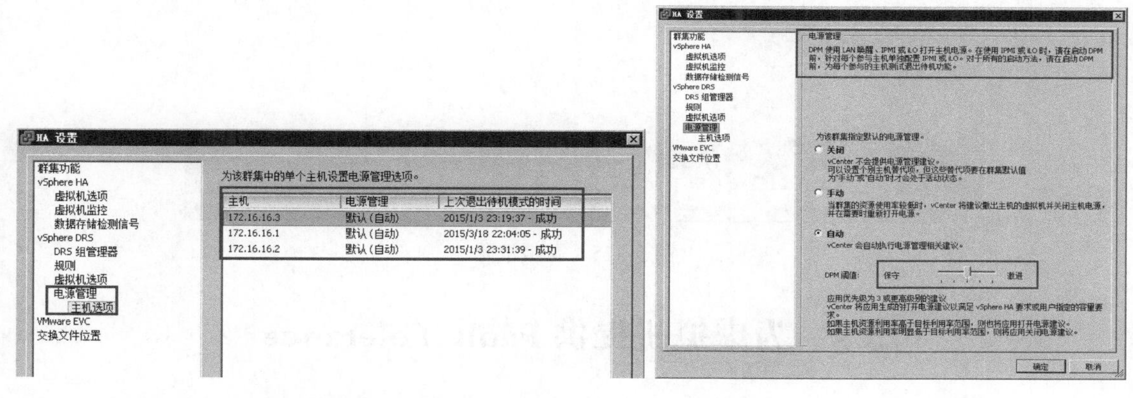

图 5-322　主机管理选项　　　　图 5-323　电源管理

在配置群集之后，如果主机偶然有网络中断，或者其他问题时，这些信息会在“警报”中显示，即使后来问题解决（例如网络恢复），这些报警也会继续显示。对于管理员来说，当确认问题已经解决后，如果想取消这些警报，可以选中警报信息，右击，在弹出的对话框中选择“确认警报”，之后再次选中，在弹出的对话框中选择“清除”即可，如图 5-324 所示。

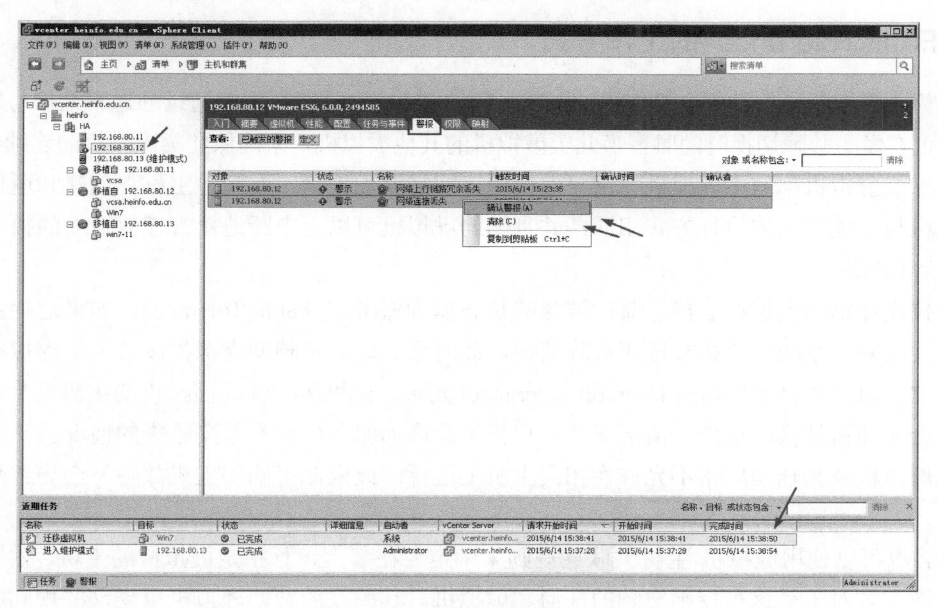

图 5-324　确认警报、清除

清除之后，警报之中的报警消失，同时主机的警报标志消除，如图 5-325 所示。

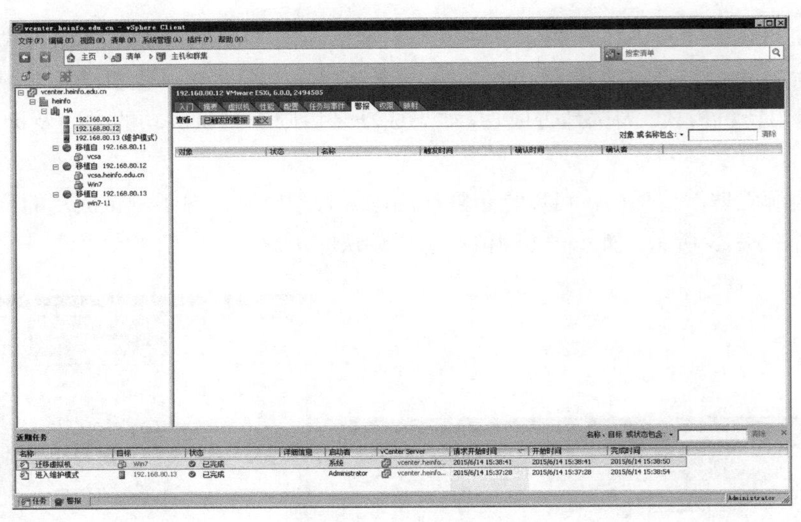

图 5-325　警报消除

5.9　为虚拟机提供 Fault Tolerance

如果要获得比 VMware HA 所提供的级别更高的可用性和数据保护，从而确保业务连续性，可以为虚拟机启用“Fault Tolerance”（容错，简称 FT）功能。Fault Tolerance 基于 ESXi 主机平台构建，它通过在单独主机上运行相同的虚拟机来提供连续可用性。

要为群集启用 VMware 容错，必须满足此功能的必备条件，然后在主机上执行特定的配置步骤。完成这些步骤并创建群集后，还可以检查配置是否符合启用容错的要求。

5.9.1　Fault Tolerance 的工作方式

可以为大多数任务关键虚拟机使用 vSphere Fault Tolerance (FT)。FT 通过创建和维护与此类虚拟机相同且可在发生故障切换时随时替换此类虚拟机的其他虚拟机，来确保此类虚拟机的连续可用性。

受保护的虚拟机称为主虚拟机。重复虚拟机，即辅助虚拟机，在其他主机上创建和运行。由于辅助虚拟机与主虚拟机的执行方式相同，并且辅助虚拟机可以无中断地接管任何点处的执行，因此可以提供容错保护。

主虚拟机和辅助虚拟机会持续监控彼此的状态以确保维护 Fault Tolerance。如果运行主虚拟机的主机发生故障，系统将会执行透明故障切换，此时会立即启用辅助虚拟机以替换主虚拟机，启动新的辅助虚拟机，并自动重新建立 Fault Tolerance 冗余。如果运行辅助虚拟机的主机发生故障，则该主机也会立即被替换。在任一情况下，用户都不会遭遇服务中断和数据丢失的情况。

容错虚拟机及其辅助副本不允许在相同主机上运行。此限制可确保主机故障不会导致两个虚拟机都丢失。

注意，也可以使用虚拟机-主机关联性规则来确定要在其上运行指定虚拟机的主机。如果使用这些规则，应了解对于受这种规则影响的任何主虚拟机，其关联的辅助虚拟机也受这些规则影响。

容错可避免“裂脑”情况的发生，此情况可能会导致虚拟机在从故障中恢复后存在两个活动副本。共享存储器上锁定的原子文件用于协调故障切换，以便只有一端可作为主虚拟机继续运行，并由系统自动重新生成新辅助虚拟机。

vSphere 6 版本中的 Fault Tolerance 可容纳最多具有 4 个 vCPU 的对称多处理器 (SMP) 虚拟机。早期版本的 vSphere 使用不同的 Fault Tolerance 技术（现称为旧版 FT），该技术具有不同要求和特性（包括旧版 FT 虚拟机的单个 vCPU 的限制）。如果有必要与这些早期版本的要求相兼容，可以改用旧版 FT。但是，这涉及每个虚拟机的高级选项设置

5.9.2　Fault Tolerance 用例

几种典型情况可以受益于 vSphere Fault Tolerance 的使用。

Fault Tolerance 可提供比 vSphere HA 更高级别的业务连续性。当调用辅助虚拟机以替换与其对应的主虚拟机时，辅助虚拟机会立即取代主虚拟机的角色，并会保存其整个状况。应用程序已在运行，并且不需要重新输入或重新加载内存中存储的数据。这不同于 vSphere HA 提供的故障切换，故障切换会重新启动受故障影响的虚拟机。

更高的连续性级别以及增加的状况信息和数据保护功能可在您要部署容错时提供方案信息。

- 需要始终保持可用的应用程序，尤其是那些具有长时间客户端连接的应用程序，用户希望在硬件故障期间保持这些连接。
- 不能通过任何其他方式实现群集功能的自定义应用程序。
- 可以通过自定义群集解决方案提供高可用性，但这些解决方案太复杂，很难进行配置和维护的情况。

用容错保护虚拟机的另一个关键用例可以描述为按需容错。在这种情况中，虚拟机在正常操作期间受到 vSphereHA 的充分保护。在某些关键期间，您可能希望增强虚拟机的保护。例如，您可能正在执行季末报告，如果发生中断，则可能会延迟任务关键信息的可用性。使用 vSphere Fault Tolerance，可以在运行此报告之前保护此虚拟机，然后在生成报告之后关闭或挂起 Fault Tolerance。可以在关键时间段使用按需容错保护虚拟机，然后在非关键操作期间将资源置回正常状态。

5.9.3　Fault Tolerance 要求、限制和许可

在使用 vSphere Fault Tolerance (FT) 之前，请考虑适用于此功能的高级别要求、限制和许可。

主机中用于容错虚拟机的 CPU 必须与 vSphere vMotion 兼容或使用增强型 vMotion 兼容性进行了改进。此外，还需要 CPU 支持硬件 MMU 虚拟化（Intel EPT 或 AMD RVI）。支持以下 CPU。

- Intel Sandy Bridge 或更高版本。Avoton 不受支持。
- AMD Bulldozer 或更高版本。

为 FT 使用专用的 10-Gbit 日志记录网络并确认该网络滞后时间短。

在已配置为使用 Fault Tolerance 的群集中，分别强制执行两个限制。

（1）das.maxftvmsperhost。群集中的主机上允许的最大容错虚拟机数量。主虚拟机和辅助虚拟机计入此限制。默认值为 4。

（2）das.maxftvcpusperhost 。跨主机上所有容错虚拟机聚合的最大 vCPU 数量。主虚拟机和辅助虚拟机中的 vCPU 均计入此限制。默认值为 8。

单个容错虚拟机支持的 vCPU 数量受您针对 vSphere 购买的许可级别限制。Fault Tolerance 支持情况如下：

- vSphere Standard 和 Enterprise。最多可允许 2 个 vCPU
- vSphere Enterprise Plus。最多可允许 4 个 vCPU

【注意】在 vSphere Essentials 和 vSphere Essentials Plus 中不支持 FT 和旧版 FT。

5.9.4 Fault Tolerance 互操作性

vSphere Fault Tolerance 面临一些有关 vSphere 功能、设备及其可与之交互的其他功能的限制。在配置 vSphere Fault Tolerance 之前，应当了解 Fault Tolerance 不能与之交互操作的功能和产品。

1. Fault Tolerance 不支持的 vSphere 功能

配置群集时，应注意并非所有 vSphere 功能都可与 Fault Tolerance 进行交互操作。容错虚拟机不支持以下 vSphere 功能。

- 快照。在虚拟机上启用 Fault Tolerance 前，必须移除或提交快照。此外，不可能对已启用 Fault Tolerance 的虚拟机执行快照。
- Storage vMotion。不能为已启用 Fault Tolerance 的虚拟机调用 Storage vMotion。要迁移存储器，应当先暂时关闭 Fault Tolerance，然后再执行 Storage vMotio 操作。在完成迁移之后，可以重新打开 Fault Tolerance。
- 链接克隆。不能在为链接克隆的虚拟机上使用 Fault Tolerance，也不能从启用了 FT 的虚拟机创建链接克隆。
- Virtual SAN。
- 虚拟机组件保护 (VMCP)。如果您的群集已启用 VMCP，则会为关闭此功能的容错虚拟机创建替代项。
- 虚拟卷 (vVol) 数据存储。
- 基于存储的策略管理。
- I/O 筛选器。

2. 不与 Fault Tolerance 兼容的功能和设备

并非所有第三方设备、功能或产品都可与 Fault Tolerance 进行交互操作。要使虚拟机与 Fault Tolerance 功能兼容，虚拟机不能使用功能或设备如表 5-9 所示。

表 5-9 不与 Fault Tolerance 兼容的功能和设备以及纠正操作

不兼容的功能或设备	纠正操作
物理裸磁盘映射 (RDM)	使用旧版 FT，可以将具有支持物理 RDM 的虚拟设备的虚拟机重新配置为改用虚拟 RDM
由物理或远程设备支持的 CD-ROM 或虚拟软盘设备	移除 CD-ROM 或虚拟软盘设备，或使用共享存储器上安装的 ISO 重新配置备用功能
USB 和声音设备	从虚拟机移除这些设备
N_Port ID 虚拟化 (NPIV)	禁用虚拟机的 NPIV 配置
网卡直通	Fault Tolerance 不支持此功能，因此必须将其关闭

续表

不兼容的功能或设备	纠 正 操 作
热插拔设备	容错虚拟机的热插拔功能将自动禁用。要热插拔设备（添加或移除），必须临时关闭 Fault Tolerance，完成热插拔操作，然后重新启用 Fault Tolerance。 注意　使用 Fault Tolerance 时，如果在虚拟机正在运行过程中更改虚拟网卡的设置，该操作即为热插拔操作，因为它要求先拔出网卡，然后重新插入。例如，当正在运行的虚拟机使用虚拟网卡时，如果更改虚拟网卡所连接到的网络，必须首先关闭 FT
串行或并行端口	从虚拟机移除这些设备
启用了 3D 的视频设备	Fault Tolerance 不支持启用了 3D 的视频设备
虚拟 EFI 固件	在安装客户机操作系统之前，请确保将虚拟机配置为使用 BIOS 固件
虚拟机通信接口（VMCI）	不受 Fault Tolerance 支持
2TB+ VMDK	2TB+ VMDK 不支持 Fault Tolerance

3. 将 Fault Tolerance 功能与 DRS 配合使用

仅当启用增强型 vMotion 兼容性（EVC）功能时，才可将 vSphere Fault Tolerance 与 vSphere Distributed Resource Scheduler (DRS) 配合使用。此过程可使容错虚拟机受益于更好的初始放置位置。

当群集启用了 EVC 时，DRS 将为容错虚拟机提出初始放置位置建议，并允许您为主虚拟机分配 DRS 自动化级别（辅助虚拟机始终采用与其关联的主虚拟机相同的设置。）

将 vSphere Fault Tolerance 用于禁用了 EVC 的群集中的虚拟机时，将为容错虚拟机指定 DRS 自动化级别"已禁用"。在此类群集中，仅可在注册的主机上打开每个主虚拟机的电源，并且将自动放置其辅助虚拟机。

如果将关联性规则用于一对容错虚拟机，则虚拟机-虚拟机关联性规则仅适用于主虚拟机，而虚拟机-主机关联性规则适用于主虚拟机及其辅助虚拟机。如果为主虚拟机设置了虚拟机-虚拟机关联性规则，则 DRS 会尝试解决在故障切换（即主虚拟机移至新的主机）后出现的任何冲突。

5.9.5　为 Fault Tolerance 准备群集和主机

要为群集启用 vSphere Fault Tolerance，必须满足此功能的必备条件，然后在主机上执行特定的配置步骤。完成这些步骤并创建群集后，还可以检查配置是否符合启用 Fault Tolerance 的要求。

尝试为群集启用 Fault Tolerance 之前，应当完成的任务包括：

- 确保您的群集、主机和虚拟机满足 Fault Tolerance 对照表中所述要求。
- 为每台主机配置网络。
- 创建 vSphere HA 群集，添加主机，并检查合规性。

在为群集和主机准备好 Fault Tolerance 之后，便可为虚拟机打开 Fault Tolerance。

【注意】容错虚拟机的故障切换与 vCenter Server 无关，但必须使用 vCenter Server 来设置 Fault Tolerance 群集。

1. Fault Tolerance 的群集要求

在使用 Fault Tolerance 之前，必须满足以下群集要求。

- 配置了 Fault Tolerance 日志记录和 vMotion 网络。
- vSphere HA 群集已创建并启用。打开容错虚拟机电源或者将主机添加到已支持容错虚拟机的群集之前，必须启用 vSphere HA。

2. Fault Tolerance 的主机要求

在使用 Fault Tolerance 之前，必须满足以下主机要求。

- 主机必须使用受支持的处理器。
- 主机必须获得 Fault Tolerance 的许可。
- 主机必须已通过 Fault Tolerance 认证。
- 在配置每台主机时，都必须在 BIOS 中启用硬件虚拟化（HV）。

【注意】VMware 建议将用于支持 FT 虚拟机的主机的 BIOS 电源管理设置设为“最高性能”或“受操作系统管理的性能”。

3. Fault Tolerance 的虚拟机要求

在使用 Fault Tolerance 之前，必须满足以下虚拟机要求。

- 没有不受支持的设备连接到虚拟机。
- 不兼容的功能一定不能与容错虚拟机一起运行。
- 虚拟机文件必须存储在共享存储器上。可接受共享的存储解决方案包括（FC 光纤或 SAS）通道、（硬件和软件）iSCSI、NFS 和 NAS。

4. 其他配置建议

在配置 Fault Tolerance 时还应遵循以下准则。

- 如果要使用 NFS 访问共享存储器，请使用至少具有 1 千兆位网卡的专用 NAS 硬件，以获取为了使 Fault Tolerance 功能正常工作所需的网络性能。
- 在开启 Fault Tolerance 功能后，容错虚拟机的保留内存设置为虚拟机的内存大小。确保包含容错虚拟机的资源池拥有大于虚拟机内存大小的内存资源。如果资源池中没有额外内存，则可能没有内存可用作开销内存。
- 每个容错虚拟机最多使用 16 个虚拟磁盘。
- 为确保冗余和最大 Fault Tolerance 保护，群集中应至少有三台主机。如果发生故障切换情况，这可确保有主机可容纳所创建的新辅助虚拟机。

5. 为主机配置网络

在要添加到 vSphere HA 群集的每台主机上，必须配置两个不同的网络交换机（vMotion 和 FT 日志记录），以便主机支持 vSphere Fault Tolerance。

要为主机启用 Fault Tolerance，必须为每个端口组选项（vMotion 和 FT 日志记录）均完成此步骤，以确保有足够的带宽可供 Fault Tolerance 日志记录使用。选择一个选项，完成该过程，然后选择另一个端口组选项，再执行一次该过程。

需要多个千兆位网络接口卡（NIC）。对于支持 Fault Tolerance 功能的每台主机，建议最少使用两个物理网卡。例如，您需要一个网卡专门用于 Fault Tolerance 日志记录，另一个则专门用于 vMotion。使用三个或更多网卡来确保可用性。

注意，vMotion 和 FT 日志记录网卡必须位于不同子网上。如果使用的是旧版 FT，则在 FT 日志记录网卡上不支持 IPv6。

5.9.6　FT 实验环境介绍

为了让大家掌握 FT 的内容，我为大家规划了图 5-326 所示的实验环境。

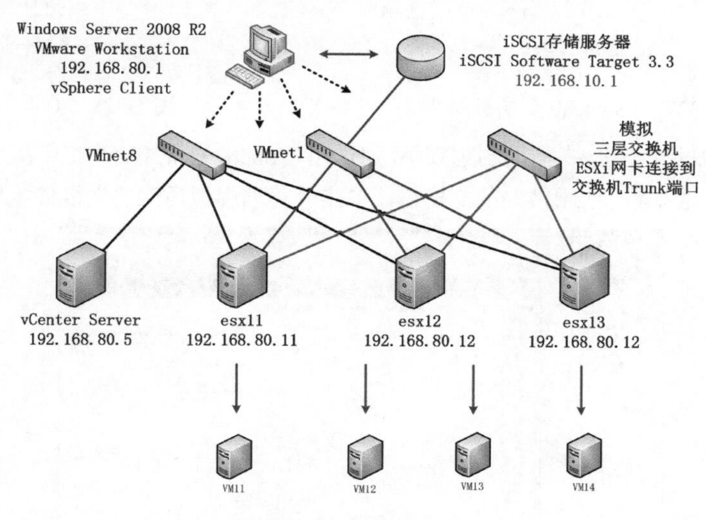

图 5-326　FT 实验拓扑

在图 3-188 中，有 3 台 VMware ESXi 6 的服务器，每个服务器都有 6 个千兆网卡，其中每两个千兆网卡连接到一个千兆交换机（vmnet8），用来管理 VMware ESXi，该千兆网卡连接 192.168.80.0/24 的网段；第 2 组 2 个千兆网卡连接到 vmnet1 交换机，用于连接 iSCSI 存储，同时用来跑 FT 的流量，该网络使用 192.168.10.0/24 网段；最后一组 2 个网卡则模拟生产网络，连接到一个模拟了 Trunk 的交换机上。

5.9.7　为 VMware ESXi 主机配置网络

在要添加到 VMware HA 群集的每台主机上，必须配置两个不同的网络交换机（其中一个网络交换机用于 VMotion，另一个用于 FT 日志记录）。

在使用容错时，每台 VMware ESX 主机至少需要两个千兆网卡。对于支持容错的每台主机，总共需要两个 VMkernel：一个专用于容错日志记录，一个专用于 VMotion。VMotio 和容错日志记录网卡必须位于不同子网上。

在下面的操作中，我们要检查每台主机，确认每台主机的管理网络用于 VMotion，确认每台主机有另一个 VMkernel 用于虚拟机容错。

（1）使用 vSphere Client 登录到 vCenter Server，从左侧选中一个主机，在右侧定位到“配置→网络→vSphere 标准交换机”，选择 vSwitch0，单击“属性”，如图 5-327 所示。

（2）在“vSwitch0 属性”对话框中，选中“Management Network”VMkernel 端口组，在右侧“端口属性”中可以查看到，VMotion 与管理流量为“已启用”，而 Fault Tolerance 日志记录则为“已禁用”，如图 5-328 所示。如果配置不是这样，请单击“编辑”按钮修改。

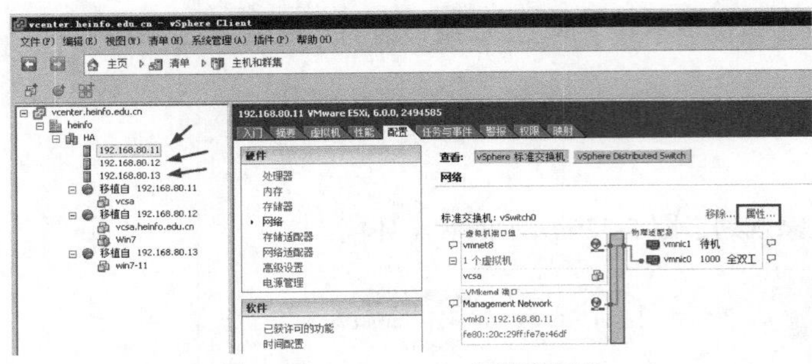

图 5-327　vSwitch0 交换机属性

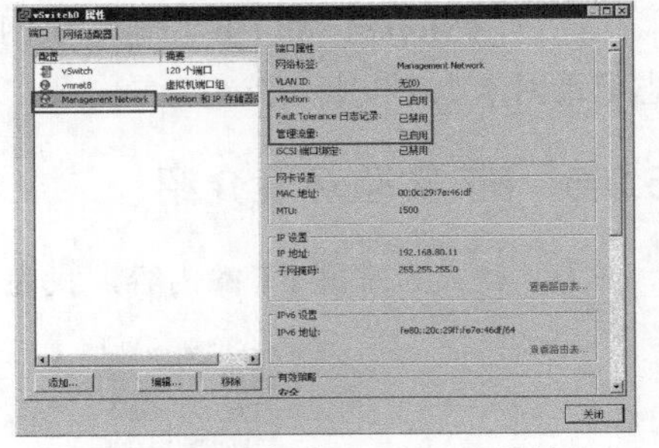

图 5-328　查看 VMkernel 属性

（3）对于启用 FT 的交换机，在前面的规划中，则是在 vSphere 分布式交换机中配置的。选择“vSphere Distributed Switch”，选择将要启用 FT 的交换机，单击“管理虚拟适配器”链接，如图 5-329 所示。

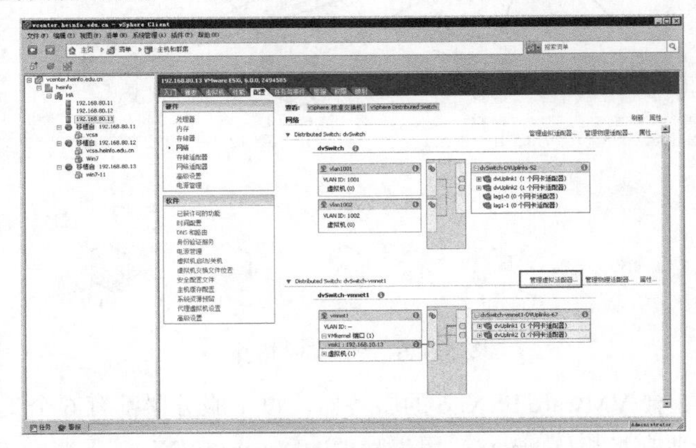

图 5-329　管理虚拟适配器

（4）打开“管理虚拟适配器”对话框，选中“vmk1”，单击“编辑”链接，如图 5-330 所示。

（5）打开“编辑虚拟适配器 vmk1”对话框，在“常规”选项卡中，单击并选中“将此虚拟适配器用于 Fault Tolerance 日志记录”，如图 5-331 所示。配置之后单击“确定”按钮返回。

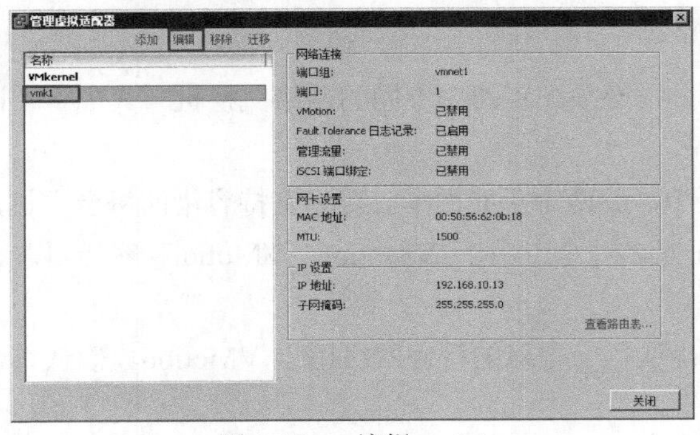

图 5-330　编辑 vmk1

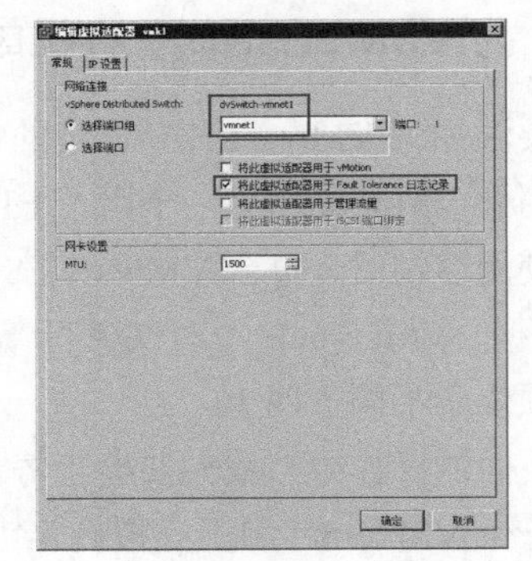

图 5-331　为 VMkernel 选中 FT 日志记录

你需要为当前数据中心中的每台主机，都要进行网络的检查与配置。

5.9.8　为虚拟机启用 FT 功能

在采取了为群集启用 VMware 容错所需的全部步骤之后，可以为各个虚拟机打开容错功能。

如果符合下列任一情况，则用于打开容错的选项将不可用（以灰色显示）：

- 虚拟机所驻留的主机并未获得使用该功能的许可证。
- 虚拟机所驻留的主机处于维护模式或待机模式。
- 虚拟机已断开连接或被孤立（无法访问其 .vmx 文件）。
- 用户没有打开此功能的权限。

如果用于打开容错的选项可用，则此任务仍然必须进行验证，并且在未满足某些要求时可能会失败。

下面将在一个名为 win7 的的虚拟机中，打开“FT（容错）”功能。

【说明】因为我们当前使用的是传统的 vSphere Client，而传统的 vSphere Client 只支持 vSphere 5.0 的功能集。所以，在使用 vSphere Client 登录 vCenter Server，并为虚拟机配置、开启容错时，其使用的还是以前 vSphere 5.0 时的限制（1 个 CPU）和功能。如果要使用新版的 FT 功能，需要使用 vSphere Web Client。

使用 vSphere Client 为虚拟机打开容错的步骤如下：

（1）使用 vSphere Client 连接到 vCenter Server，右击要打开容错的虚拟机，在弹出的快捷菜单中选择“Fault Tolerance→打开 Fault Tolerance”选项，如图 5-332 所示。

（2）在弹出的“打开 Fault Tolerance”对话框中，单击“是”按钮，如图 5-333 所示。

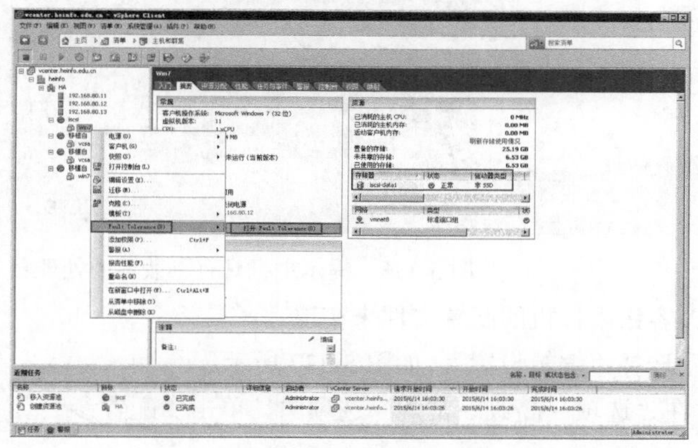

图 5-332　打开容错

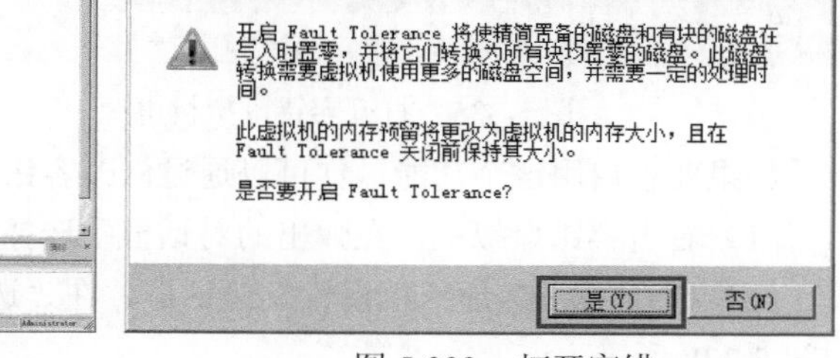

图 5-333　打开容错

（3）之后 vCenter Server 会配置 FT 容错虚拟机，会在“近期任务”中看到进度状态，如图 5-334 所示。

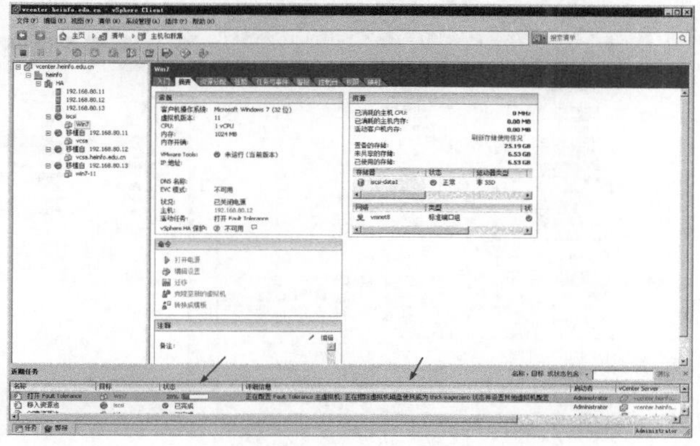

图 5-334　进度状态

在基于 vSphere 5.0 的虚拟机容错中，容错虚拟机仍然只有一个副本，并且是保存在原来的共享存储中。

5.9.9 启动启用 FT 功能的虚拟机

在使用 vSphere Client，为虚拟机启用“FT”后，此时使用 vSphere Client 打开虚拟机的电源会出错。

（1）使用 vSphere Client 登录 vCenter Server，右击启用容错的虚拟机，在弹出的对话框中选择“电源→打开电源”，如图 5-335 所示。

（2）此时 vSphere Client 会弹出错误对话框，提示当前主机处理器不支持“记录/重放的硬件虚拟化”，如图 5-336 所示。

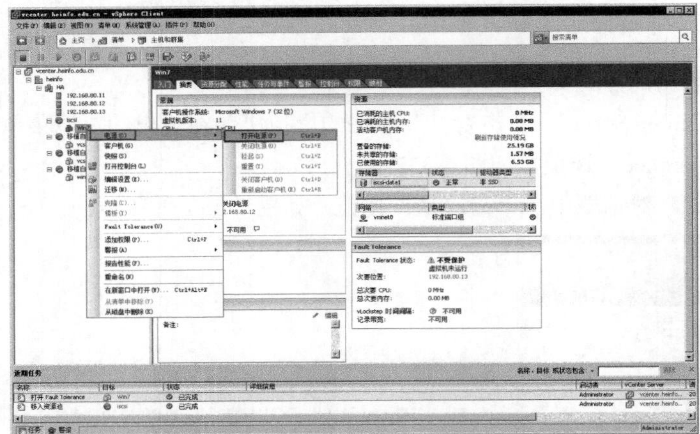

图 5-335 打开容错虚拟机电源

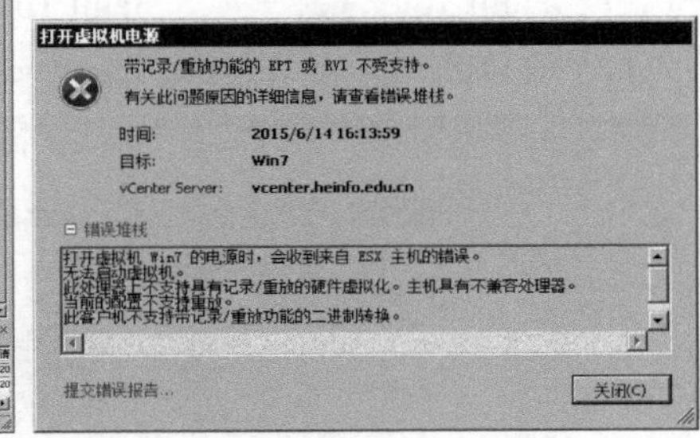

图 5-336 提示主机具有不兼容的处理器

如果要想启用这个功能，你可以通过修改容错虚拟机的配置文件来实现。

（1）右击容错虚拟机，在弹出的对话框中选择“编辑设置”，如图 5-337 所示。

（2）打开“win7-虚拟机属性”对话框，在“选项→高级→常规”选项中，单击“配置参数”，如图 5-338 所示。

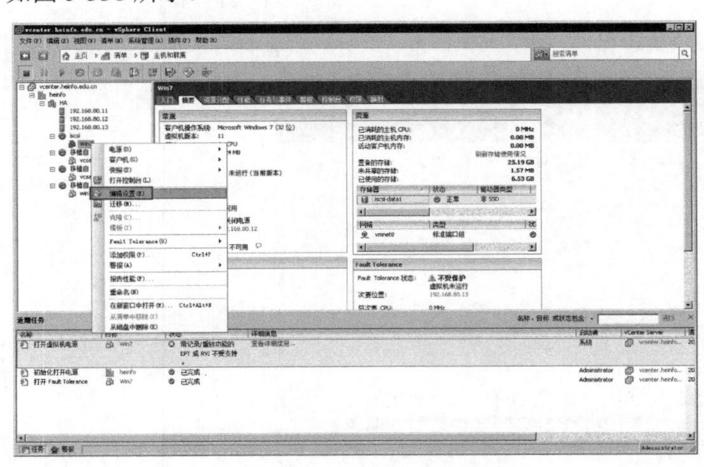

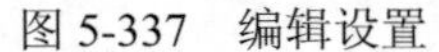

图 5-337 编辑设置

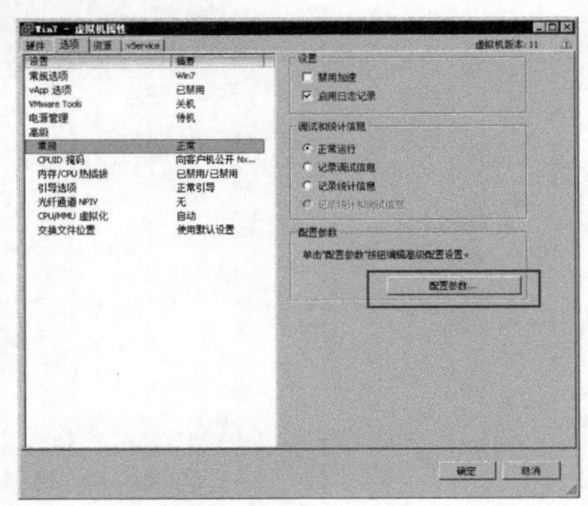

图 5-338 配置参数

（3）在 vSphere ESXi 6 中，添加如下一行参数：

replay.allowBTOnly = true

如图 5-339 所示。

如果是在其他 vSphere 版本中，则可能还需要添加如下两个参数：

replay.allowFT = true

replay.supported = true

添加之后，单击“确定”按钮返回虚拟机属性对话框，单击“确定”按钮完成设置。

返回到 vSphere Client，打开容错虚拟机的电源，此时在“近期任务”中会有启动的详细信息，如图 5-340 所示。

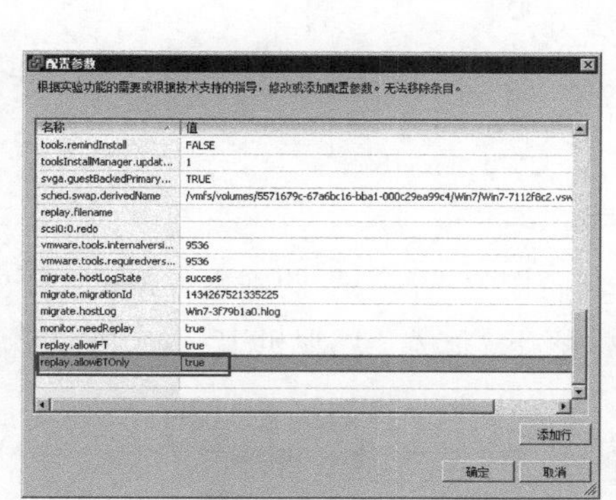

图 5-339　添加参数

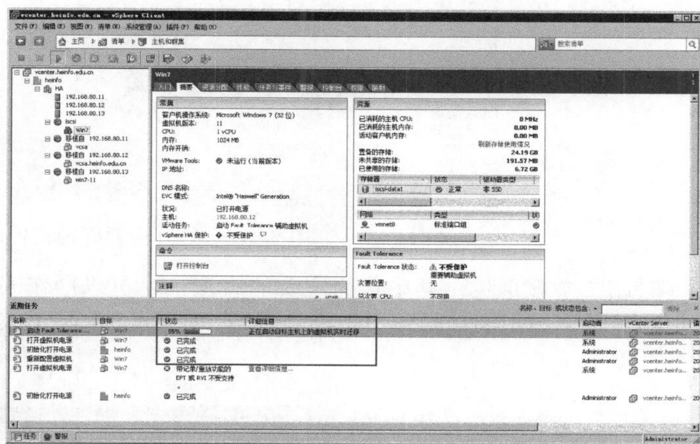

图 5-340　启动容错虚拟机

打开名为“win7”的启用容错虚拟机的控制台，如图 5-341 所示。此时在左上角可以看到，当前容错的虚拟机在 192.168.80.12 的主机上启动。

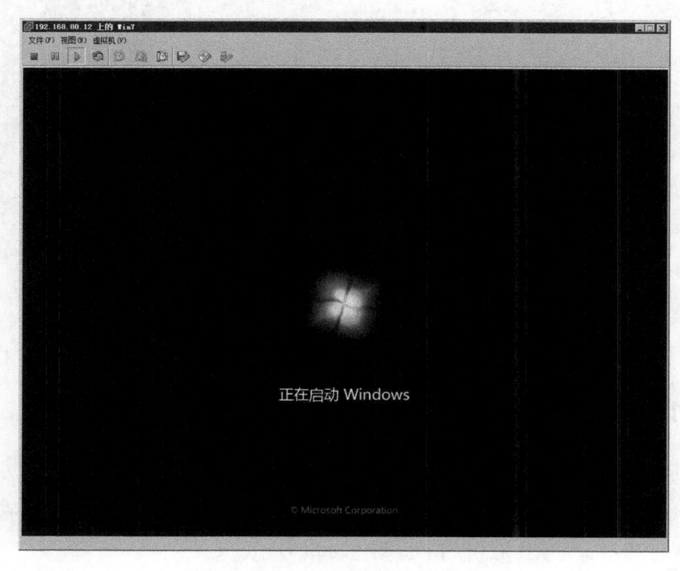

图 5-341　打开虚拟机控制台

如果要查看作为“副本”的虚拟机，可以在左侧选中主机，在右侧“虚拟机”选项卡中，查看具有“Win7(次要)”名称的虚拟机，如图 5-342 所示，右击这个虚拟机名称，在弹出的对话框中选择“打开控制台”。

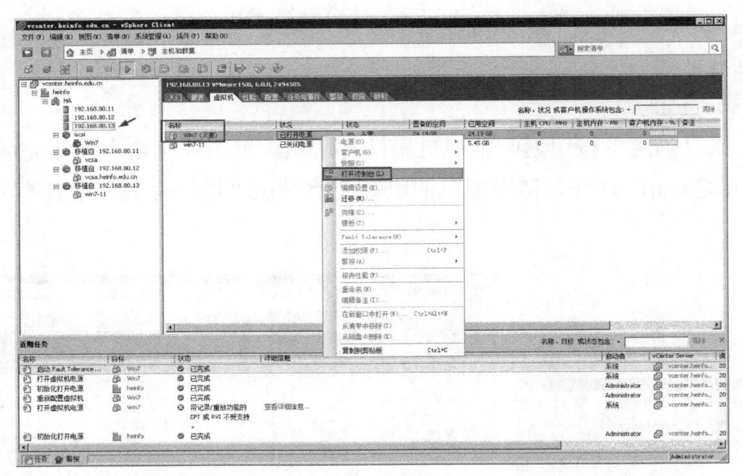

图 5-342　打开次要虚拟机控制台

对比两个虚拟机，其中作为主要的虚拟机是可以操作的，而作为“次要”的副本虚拟机，不能操作。主虚拟机中的操作（键盘、鼠标、程序），都会完全反映在“次要”虚拟机中。如图 5-343 所示。

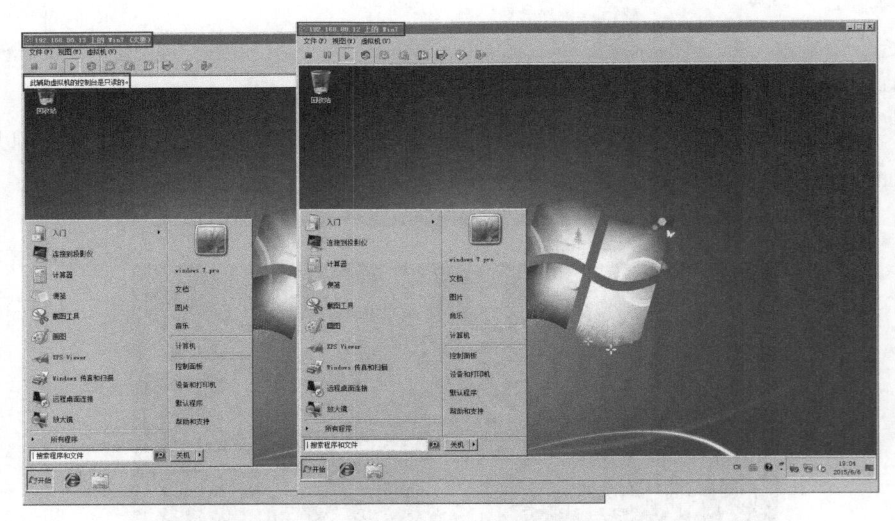

图 5-343　启用 FT 功能的虚拟机操作是完全同步的

5.9.10　迁移辅助虚拟机

在为主要虚拟机打开 vSphere Fault Tolerance 之后，可以迁移其关联的辅助虚拟机。

（1）使用 vSphere Client 登录到 vCenter Server，右击启用容错的虚拟机，在弹出的快捷菜单中选择“Fault Tolerance→迁移辅助虚拟机”，如图 5-344 所示。

（2）在“选择迁移类型”对话框，单击“更改主机”，如图 5-345 所示。

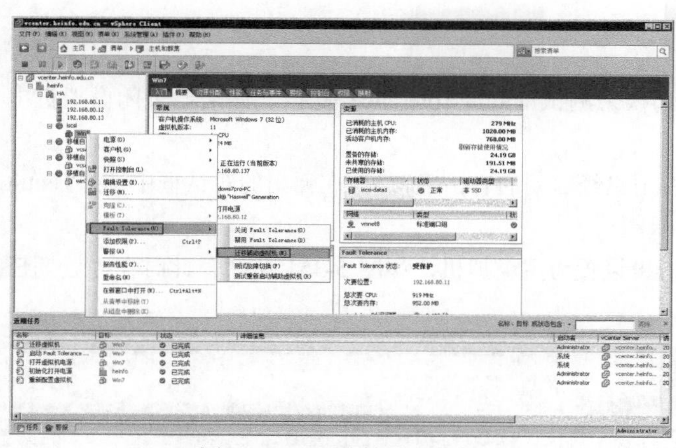

图 5-344　迁移辅助虚拟机

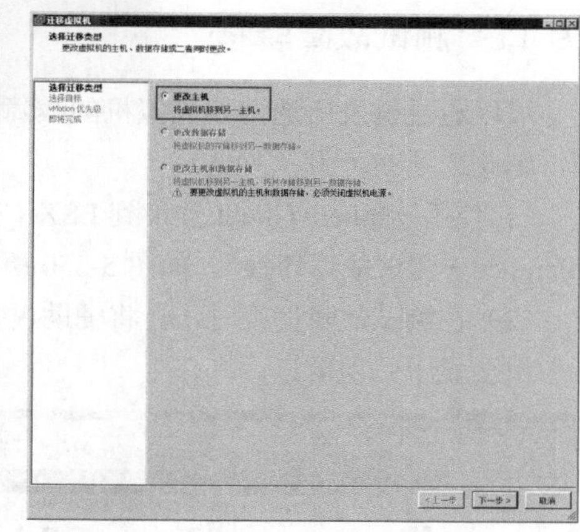

图 5-345　更改主机

（3）在“迁移目标”对话框中，选择一个主机，用于迁移，如图 5-346 所示。

（4）在“选择资源池”对话框，选择该虚拟机迁移的资源池，一般保持默认即可，如图 5-347 所示。

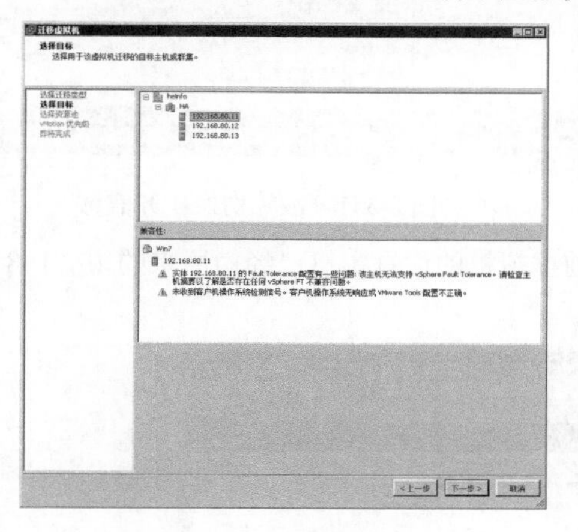

图 5-346　迁移目标

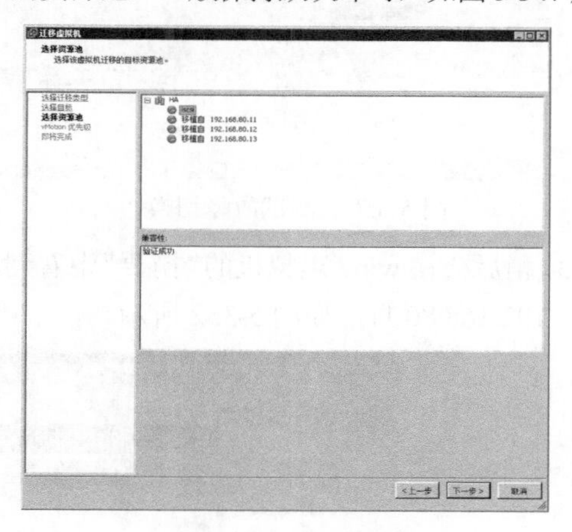

图 5-347　选择资源池

（5）在“VMotion 优先级”对话框，选择“高级优先级”，如图 5-348 所示。

（6）在“即将完成”对话框，单击“完成”按钮，开始迁移，如图 5-349 所示。

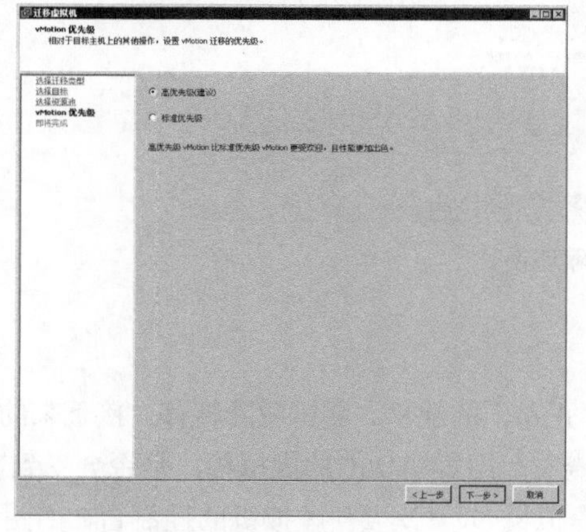

图 5-348　迁移优先级

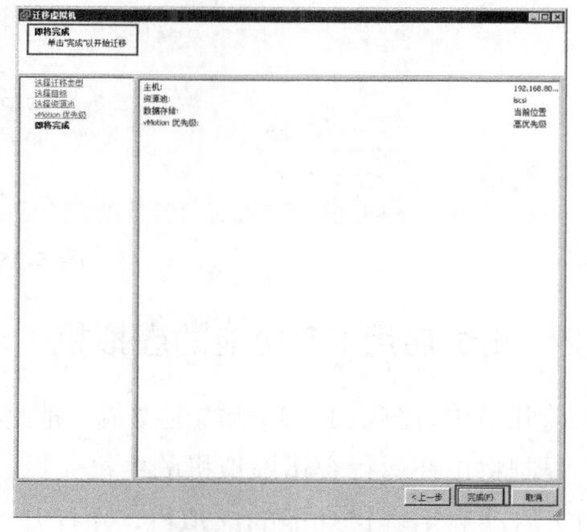

图 5-349　即将完成

5.9.11 测试故障转移

可以通过诱发所选主要虚拟机的故障切换来测试 Fault Tolerance 保护。如果已关闭虚拟机电源，则此选项不可用（灰显）。

（1）使用 vSphere Client 登录到 ESXi，右击已经启动的容错虚拟机，在弹出的对话框中选择“Fault Tolerance→测试故障切换”，如图 5-350 所示。

（2）在测试故障切换时，会将辅助虚拟机设置为主虚拟机，如图 5-351 所示，此时在“近期任务”中会显示此项信息。

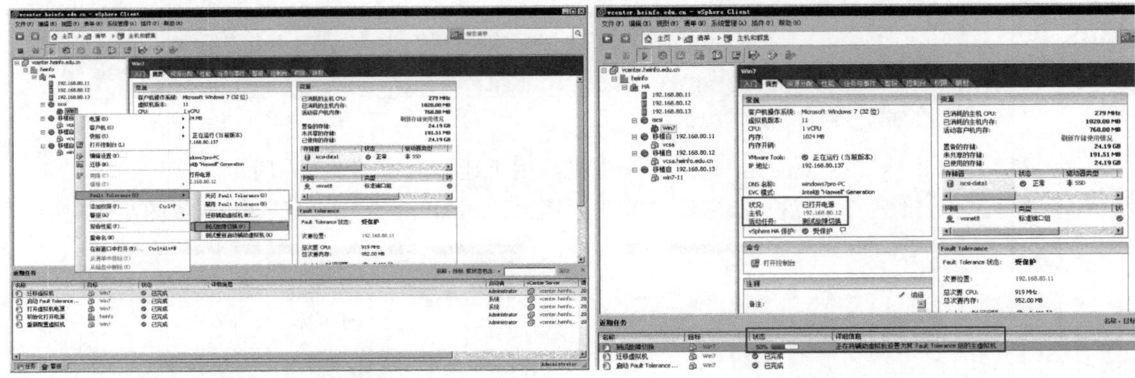

图 5-350 测试故障切换　　　　图 5-351 故障切换任务信息

（3）稍后会在 win7 虚拟机的“摘要”中看到，当前虚拟机的运行主机已经由原来的 192.168.80.12 更换为 192.168.80.11，如图 5-352 所示。

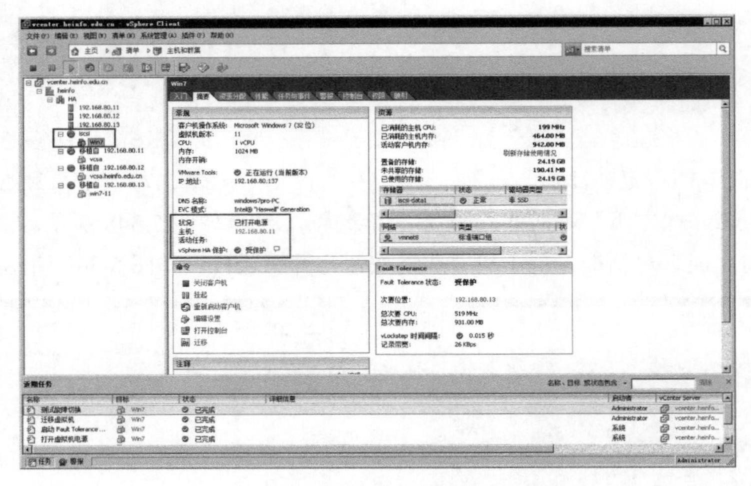

图 5-352 故障切换

5.9.12 测试启用 FT 功能的虚拟机

在前几节中，测试 FT 功能的虚拟机，都是一些“正常”的迁移、测试故障转移。接下来的任务，我们将强制将正在运行容错虚拟机的主机关机，然后查看启用容错功能的虚拟机，是否会受到影响。

（1）启动启用容错功能的虚拟机，并打开“主”虚拟机 及“次要”虚拟机的控制台，如图 5-353

所示。并记下主虚拟机及辅助虚拟机的运行主机。从图中可以看到，主虚拟机运行在 192.168.80.11 的 ESXi 主机，而辅助虚拟机运行在 192.168.80.13 的主机。为了测试网络的连通性，使用 ping 192.168.80.1 –t 命令。

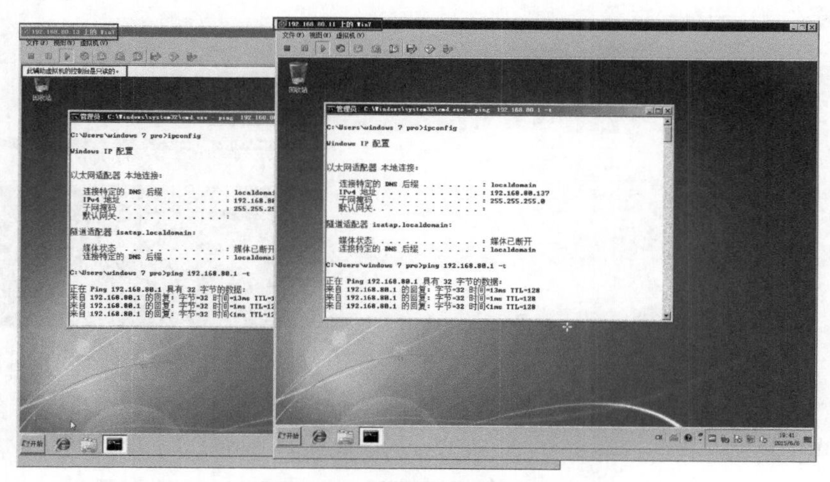

图 5-353　打开虚拟机控制台

（2）由于主虚拟机运行在 192.168.80.11 的 ESXi 主机上，我们切换到 VMware Workstation 控制台，重新启动 esxi11-80.11 的虚拟机，如图 5-354 所示。如果你在实际的生产环境中想要测试，可以暂时将主机上正在运行的其他虚拟机迁移到其他主机上，以避免影响业务运行。

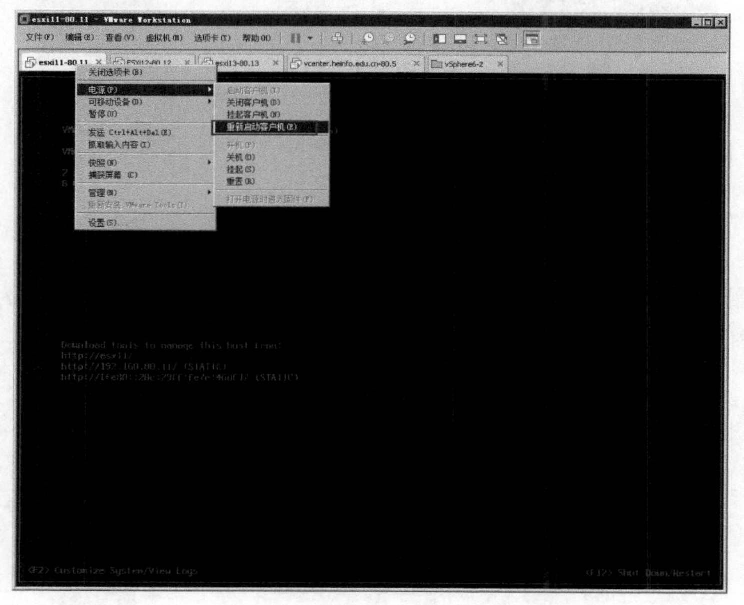

图 5-354　重新启动 ESXi 主机

（3）等 ESXi 主机重启或关机后，在 vSphere Client 中可以看到，当前 192.168.80.11 的状态为“无响应”，如图 5-355 所示。

（4）此时原来打开的“192.168.80.11 的 win7”会没有显示，如图 5-356 所示。

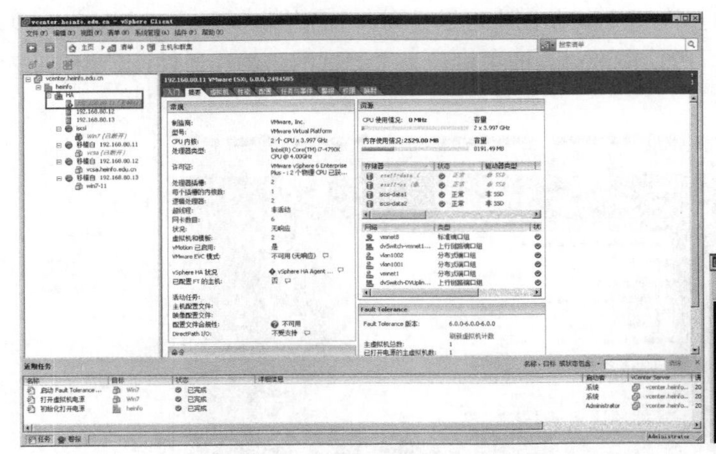

图 5-355　主机无响应

图 5-356　原主机上虚拟机控制台无响应

（5）此时，原来的辅助虚拟机将会立刻接管，并成为主机。同时，容错虚拟机将会在剩余的主机中找一台可用主机，并启动一个新的虚拟机，作为新的辅助虚拟机，如图 5-357 所示。

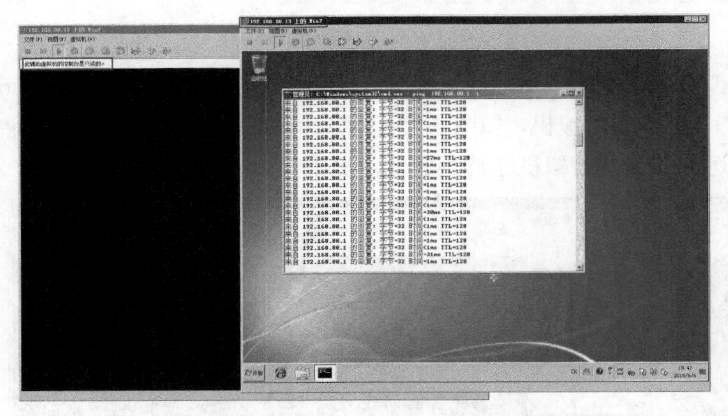

图 5-357　原辅助变为主虚拟机，新启动辅助虚拟机

（6）稍后，辅助虚拟机会启动成功，如图 5-358 所示。而在原辅助虚拟机成为“主”虚拟机、新建辅助虚拟机并启动的过程中，整个网络没有中断，应用仍在继续。

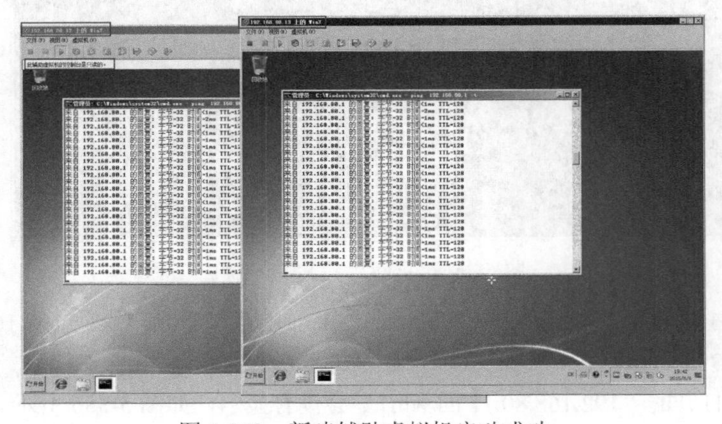

图 5-358　新建辅助虚拟机启动成功

如果原来的主机 192.168.80.11 恢复，那么已经启动的主虚拟机、辅助虚拟机，在一般情况下，不会将系统迁移到 192.168.80.11 这个主机上，而是保持 192.168.80.11 出故障后的情况持续运行。只有这一平衡再被打破时，例如 192.168.80.12 或 192.168.80.13 某个主机出错，容错虚拟机会继续新的迁移。

5.9.13　使用 vSphere Web Client 为虚拟机启用容错

在新版（vSphere 6）中，容错虚拟机支持 4 个 CPU、并且容错虚拟机会在另一个共享存储创建一个相同的虚拟机，以提高可靠性及安全性。但这一功能需要使用 vSphere Web Client 配置。本节将简要演示一下。在下面的操作中，将会把一个保存在本地存储的、名为 win7-11 的虚拟机，将保存位置改为共享存储、然后启动虚拟机容错功能。

（1）使用 IE 浏览器登录 vCenter Server，选中一个虚拟机，右击选择“迁移”，如图 5-359 所示。

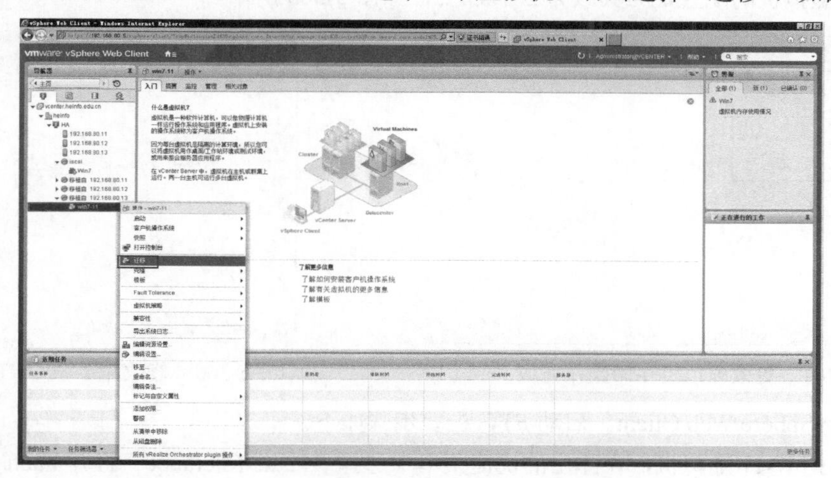

图 5-359　迁移

（2）在“选择迁移类型”对话框，选择“更改计算资源和存储”，如图 5-360 所示。

（3）在“选择计算资源”对话框，选择一个主机，例如 192.168.80.13，如图 5-361 所示。

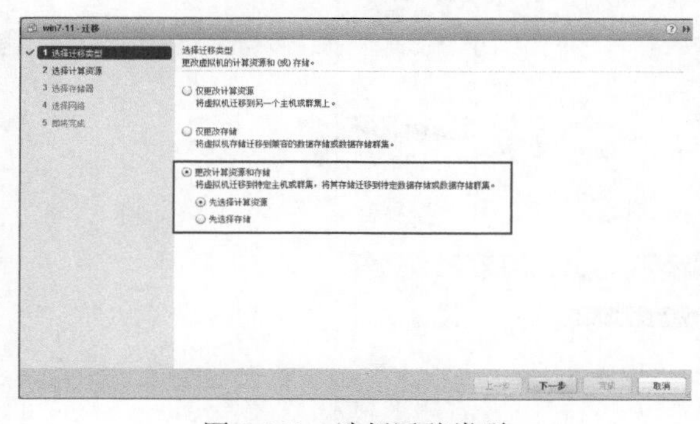

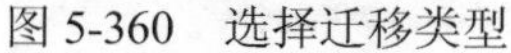

图 5-360　选择迁移类型

图 5-361　选择主机

（4）在“选择存储器”，选择一个共享存储，例如在此选择名为 iscsi-data1 的存储，如图 5-362 所示。

（5）在“选择网络”对话框，保持默认值，如图 5-363 所示。

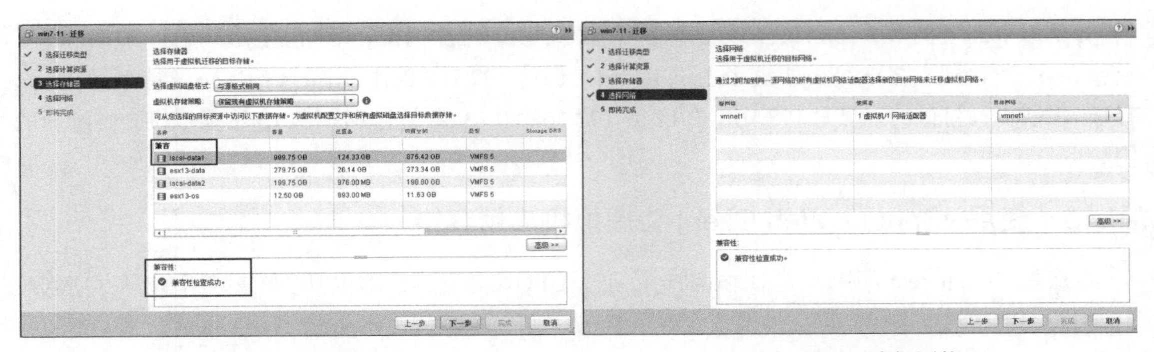

图 5-362　选择共享存储　　　　图 5-363　选择网络

（6）在“即将完成”对话框，单击“完成”按钮，如图 5-364 所示。

之后修改虚拟机的配置，为其改为 2 个 CPU，如图 5-365 所示。

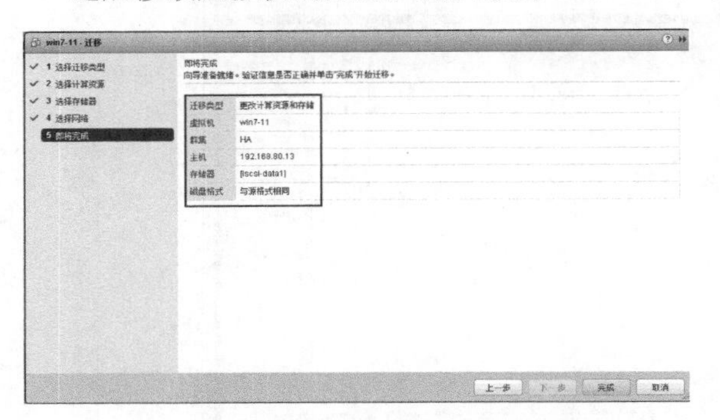

图 5-364　更改虚拟机存储操作完成

图 5-366　修改为 2 个 CPU

之后使用 vSphere Web Client，启动 FT，主要步骤如下。

（1）右击 win7-11 虚拟机，在弹出的快捷菜单中选择“Fault Tolerance→打开 Fault Tolerance”，如图 5-367 所示。

图 5-367　打开 FT

（2）由于我们是在虚拟机中做的这个测试，在打开 FT 时会有个故障提示“与主机关联的虚拟网卡宽带不足，无法用于 FT 日志记录”，如图 5-368 所示。实际上这个提示不影响后期的测试。

（3）在“选择数据存储”对话框，为辅助虚拟机选择数据存储。在新版本的 FT 中，主虚拟机与辅助虚拟机可以放置在不同的数据存储中，这进一步提高了“容错”的安全性，如图 5-369 所示。在此为辅助虚拟机选择另一个共享存储。

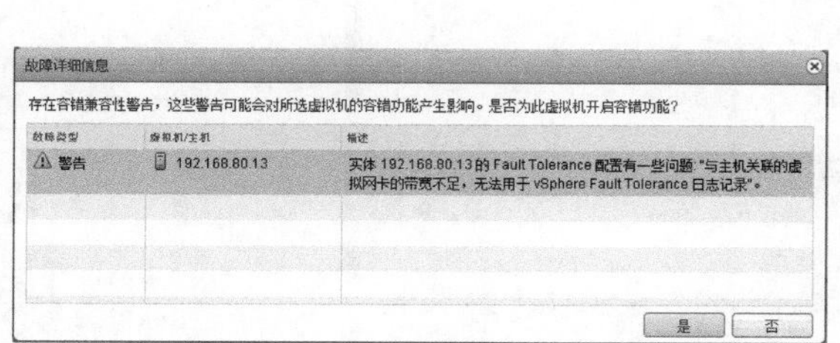

图 5-368　故障详细信息

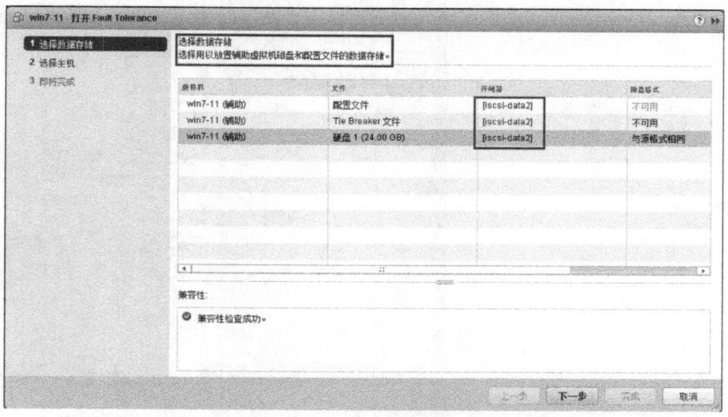

图 5-369　为辅助虚拟机选择数据存储

（4）在“选择主机”对话框，为辅助虚拟机选择主机，如图 5-370 所示。辅助虚拟机、主机要运行在不同的主机上。如果主机与辅助虚拟机选择同一个主机，会在“兼容性”列表提示。

（5）在“即将完成”对话框，显示辅助虚拟机详细信息，这包括辅助虚拟机所在主机、配置文件位置、硬盘位置等，如图 5-371 所示。

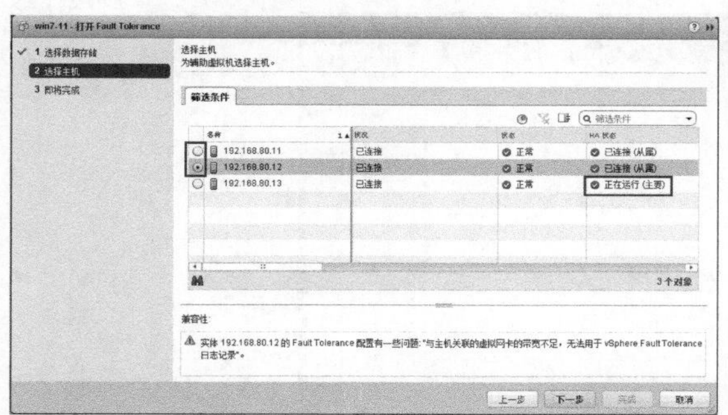

图 5-370　为辅助虚拟机选择主机

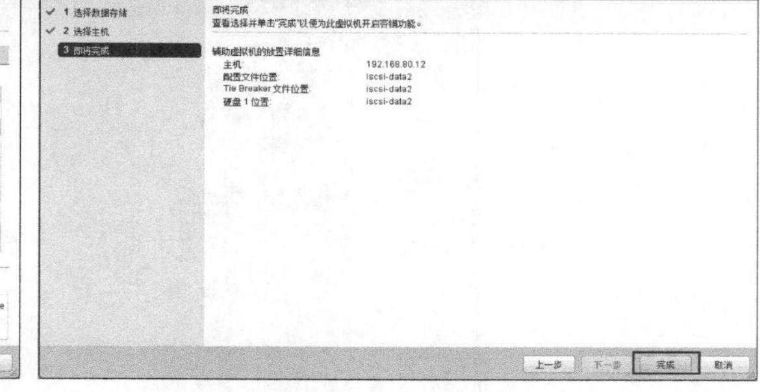

图 5-371　完成

（6）返回到 vSphere Web Client 管理控制台，在“近期任务”中会显示为虚拟机打开容错的配置信息，如图 5-372 所示。

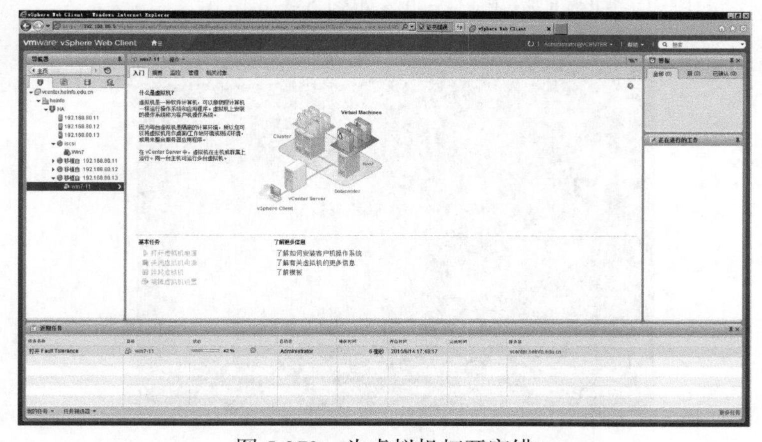

图 5-372　为虚拟机打开容错

（7）为虚拟机打开容错之后，右击虚拟机名称，在 FT 中可以看到，关闭 FT、迁移辅助虚拟机等选项，如图 5-373 所示。

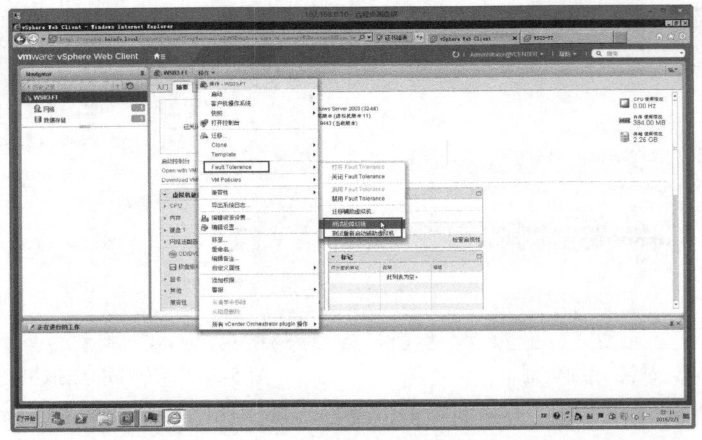

图 5-373　FT 界面

在配置好容错虚拟机之后，可以启动容错虚拟机，查看效果，主要步骤如下。

（1）右击容错虚拟机，在弹出的对话框中选择“启动→打开电源”，如图 5-374 所示。

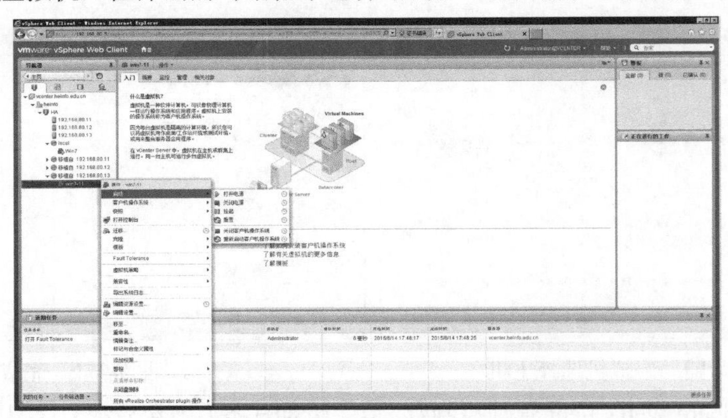

图 5-374　启动容错虚拟机

（2）打开控制台，可以看到虚拟机正在启动，如图 5-375 所示。

图 5-375　容错虚拟机正在启动

（3）在左侧选择另一个 ESXi 主机 192.168.80.12，在“相关对象→虚拟机”中可以看到辅助虚拟机，如图 5-376 所示。

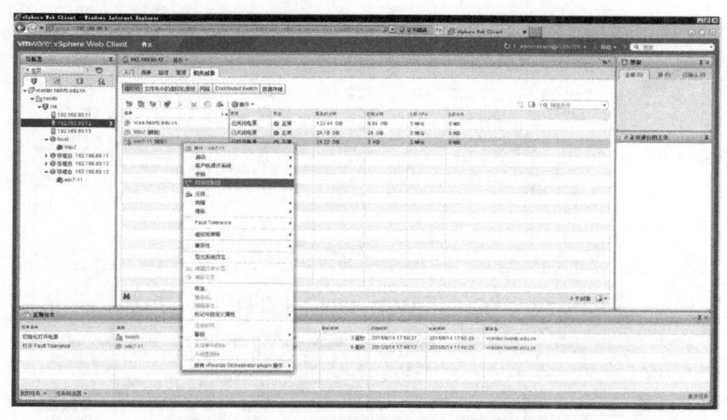

图 5-376　辅助虚拟机运行截图

当 ESXi 主机内存是 4GB、5GB 时，尝试启动容错虚拟机，则会弹出“父资源池中可用内存资源不足”的提示，如图 5-377 所示。

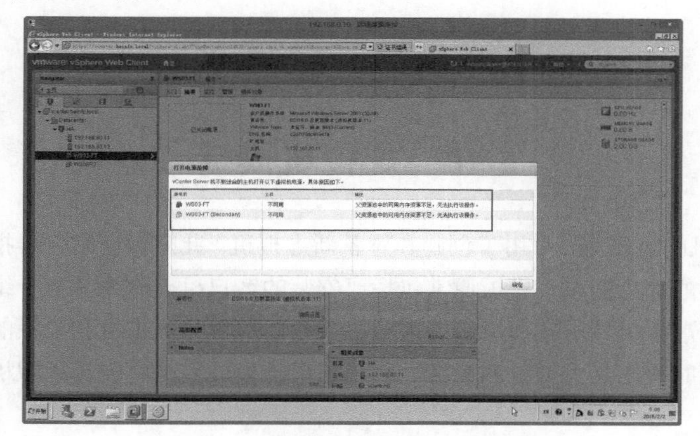

图 5-377　父资源池中可用内存资源不足

此时使用 vSphere Client 查看虚拟机的配置，可以看到 win7-11 虚拟机使用了两个存储，如图 5-378 所示。

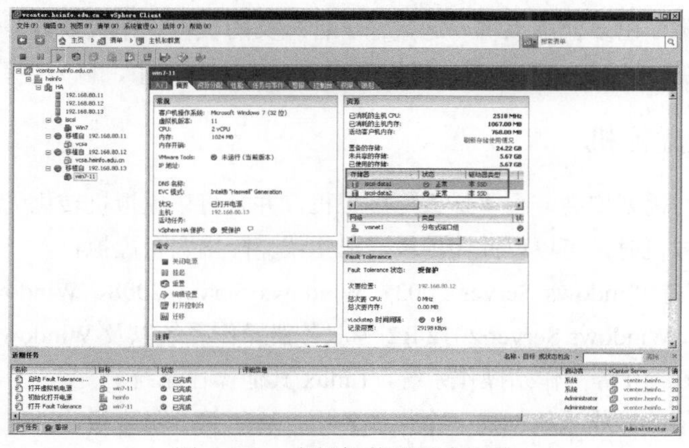

图 5-378　虚拟机使用两个存储

此时可以浏览这两个共享存储，如图 5-379、图 5-380 所示，每个共享存储上都有一个同名的 win7-11 的虚拟机，其中一个为主，一个为辅助。

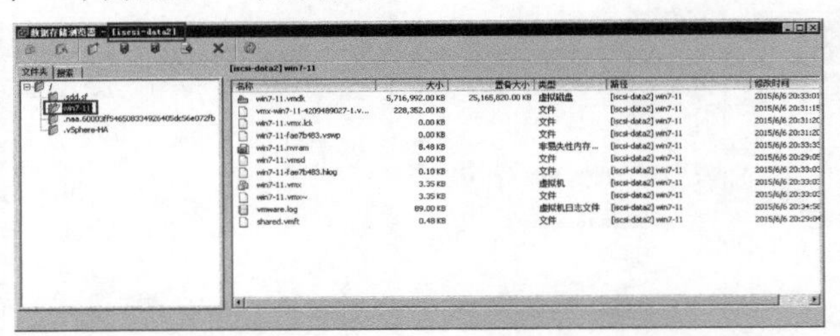

图 5-379　保存在 iscsi-data2 上的辅助虚拟机

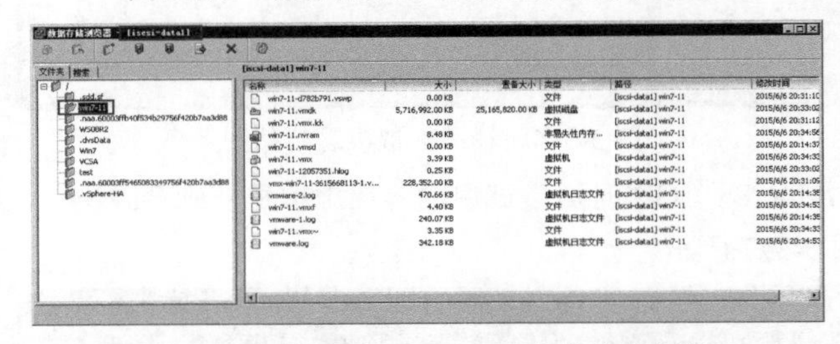

图 5-380　保存在 iscsi-data1 上的主虚拟机

5.10　虚拟机模板

“模板”是虚拟机的主副本，可用于创建和置备新虚拟机。此映像通常包含指定的操作系统和配置，可提供硬件组件的虚拟副本。模板通常包括已安装的客户机操作系统和一组应用程序。

模板能与模板和虚拟机域内任何层级的虚拟机共存。可以将虚拟机和模板的集合放入任意文件夹，并将各种权限同时应用到虚拟机和模板。将虚拟机转换成模板时无须虚拟机文件的完整副本，也无须创建新对象。

可使用模板创建新的虚拟机，方法是将模板部署为虚拟机。完成后，将部署的虚拟机添加到用户选择的文件夹。

“模板”是 VMware 为虚拟机提供的一项功能，可以让用户在其中一台虚拟机的基础上，很方便地“派生”或“克隆”出多台虚拟机，这减轻了管理员的负担。在大多数的情况下，尤其是在有多台 VMware ESXi 主机的时候，通常将“模板”保存在共享存储中，以方便管理员使用。

5.10.1　规划模板虚拟机

在使用模板之前，需要安装一台“样板”虚拟机，并且将该虚拟机转化（或克隆）成“模板”，以后再需要此类的虚拟机时，可以以此为模板，派生或克隆出多台虚拟机。

VMware ESXi 支持 Windows Server 2003、Windows Server 2008、Windows Server 2008 R2、Windows Server 2012、Windows Server 2012 R2 等服务器操作系统以及 Windows XP、Windows Vista 或 Windows 7、8、8.1、10 等工作站操作系统，Linux 其他操作系统。

管理员可以为常用的操作系统创建一个模板备用。对于管理员来说，并且同一类系统创建一个模板即可通用。对于大多数情况下，创建如下的模板即可：

（1）WS03R2 模板，安装 32 位的 Windows Server 2003 R2 企业版，该模板可以满足需要 Windows Server 2003 标准版、企业版、Windows Server 2003 R2 标准版、企业版与 Web 版的需求。

（2）WS08X86 模板，安装 32 位的 Windows Server 2008 企业版，该模板可满足 32 位 Windows Server 2008 标准版、企业版的需求。

（3）WS08R2 模板，安装 Windows Server 2008 R2 企业版（只有 64 位版本），该模板可以满足 64 位 Windows Server 2008 与 Windows Server 2008 R2 的需求。

（4）WS12R2 模板，安装 Windows Server 2012 R2 数据中心版，该模板可以满足 64 位 Windows Server 2012、Windows Server 2012 R2 的需求。

（5）WXPPro 模板，安装 32 位的 Windows XP 专业版。

（6）Win7X 模板，安装 32 位的 Windows 7 专业版或企业版，可以满足 Windows 7 虚拟机的需求。

（7）Win8X 模板，安装 32 位 Windows 8.1 专业版或企业版，可以满足 Windows 8、Windows 8.1 虚拟机的需求。

在创建模板虚拟机时，要考虑所创建的虚拟机的用途，并考虑将来虚拟机的扩展性。例如，如果创建的模板虚拟机的 C 盘空间太小，在许多时候可能不能满足需要。由于 Windows Server 2003 与 Windows Server 2008 架构不同，在使用模板的时候也不同，所以，本章将分别以 Windows Server 2003 与 Windows Server 2008 为例，创建两个虚拟机并将该虚拟机转化为模板、并从模板部署虚拟机。本节首先介绍 Windows Server 2003 的虚拟机。

【说明】Windows Server 2003 与 Windows XP 属于相同的架构，参照 Windows Server 2003 的方法，也可以创建 Windows Server 2003 R2、Windows XP 的模板。而 Windows Server 2008 与 Windows Vista、Windows 7、Windows Server 2008 R2 属于相同的架构。

5.10.2　创建 Windows 2003 R2 模板虚拟机

通常情况下，在创建 Windows Server 2003 R2 的模板虚拟机时，使用下面的参数能满足大多数的要求，主要步骤如下：

（1）使用 vSphere Client 登录到 vCenter Server，创建 Windows Server 2003 R2 的虚拟机，设置虚拟机名称为 ws03r2-TP，如图 5-381 所示。

（2）如果使用共享存储（例如 FC 或 SAN 直连存储或 iSCSI 存储）则将模板虚拟机保存在存储而不是本地存储，如图 5-382 所示。

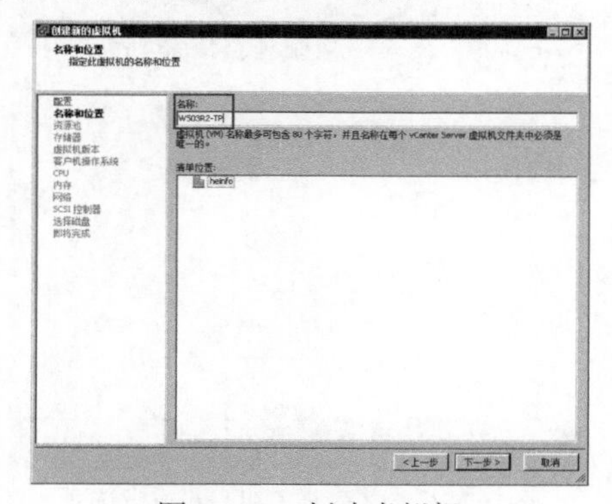

图 5-381　创建虚拟机

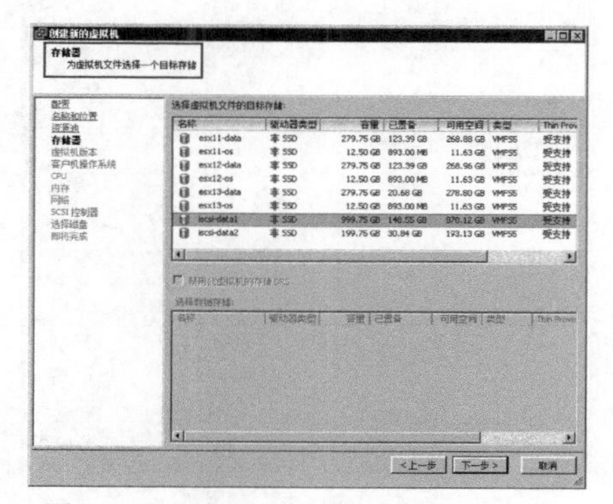

图 5-382　选择网络存储器保存虚拟机

（3）为虚拟机选择最新的版本，在 VMware ESXi 6 中，选择“虚拟机版本：11”。

（4）客户机操作系统选择“Microsoft Windows Server 2003（32 位）”。

（5）为虚拟机分配 1 个 CPU、1GB 内存。

（6）为 Windows Server 2003 分配 60GB 的虚拟硬盘，并且选择“Thin Provision”，如图 5-383 所示。

（7）在“即将完成”对话框中，可以查看创建的虚拟机的设置，如图 5-384 所示。如果设置有误，请单击“上一步”按钮返回修改，检查无误之后，选中“完成前编辑虚拟机设置”，然后单击“完成”按钮。

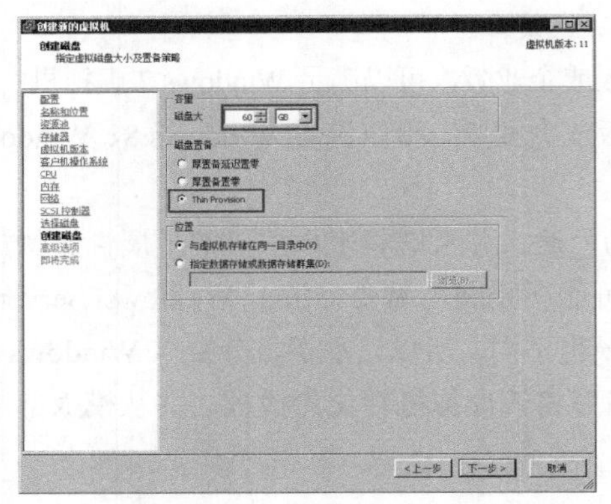

图 5-383　指定虚拟硬盘大小

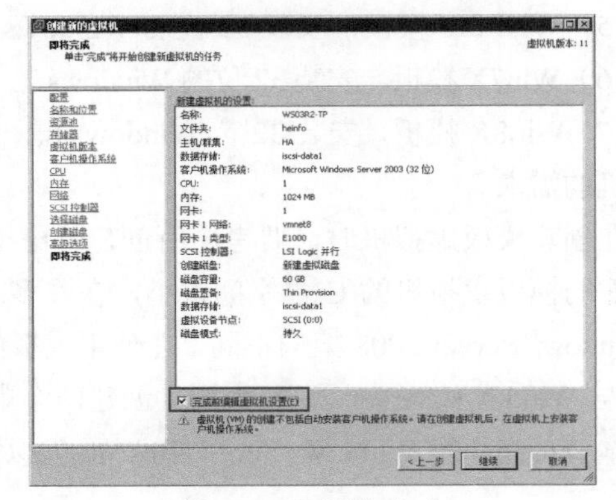

图 5-384　即将完成

（8）虚拟机属性对话框，在“硬件”选项卡中，左侧单击“显卡”，在右侧“显示器和视频内存”选项组中，单击并选中“自动检测设置”，如图 5-385 所示。如果创建的是 Windows 7、Windows 8、Windows 10 等工作站操作系统的模板，其“3D 图形”选项组中“启用 3D 支持”是可选项，可以根据需要选择。

（9）在“选项”选项卡中，左侧单击“高级→内存/CPU 热插拔”，右侧在“内存热添加”选项中，选择“为此虚拟机启用内存热添加”，如图 5-386 所示。如果是 Windows Server 2008、Windows Server 2012 等操作系统，其“CPU 热插拔”选项可用，可以选中“仅为此虚拟机启用 CPU 热添加”。这样从此模板部署的虚拟机，将会自动启用内存与 CPU 热插拔功能，工作中的虚拟机可以根据需要添加内存与 CPU 插槽数量，但不能减小虚拟机与 CPU 插槽数量，要想减少，需要在关闭虚拟机后修改。

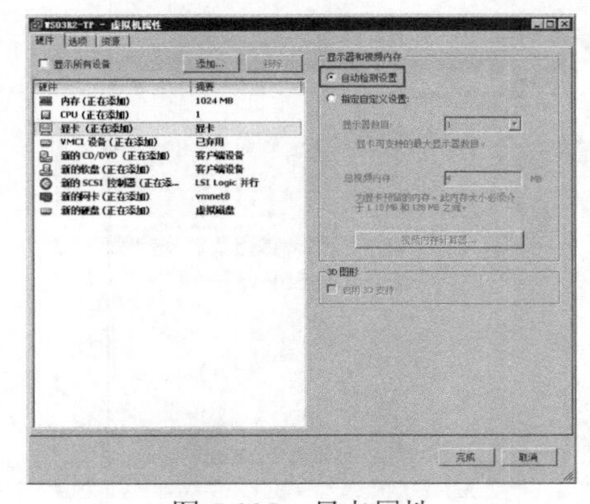

图 5-385　显卡属性

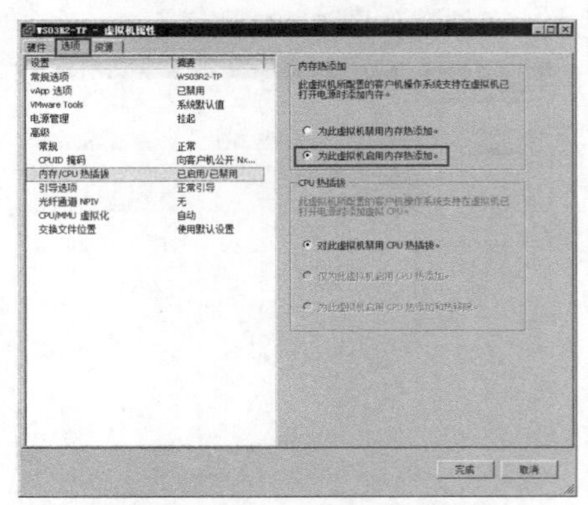

图 5-386　内存与 CPU 热插拔选项

（10）创建完成后，启动虚拟机，并在虚拟机中安装 Windows Server 2003 R2 企业版。在安装的时候，将所有硬盘划分为一个分区（如图 5-387 所示），并用 NTFS 文件系统格式化。

（11）之后开始 Windows Server 2003 的安装，如图 5-388 所示。

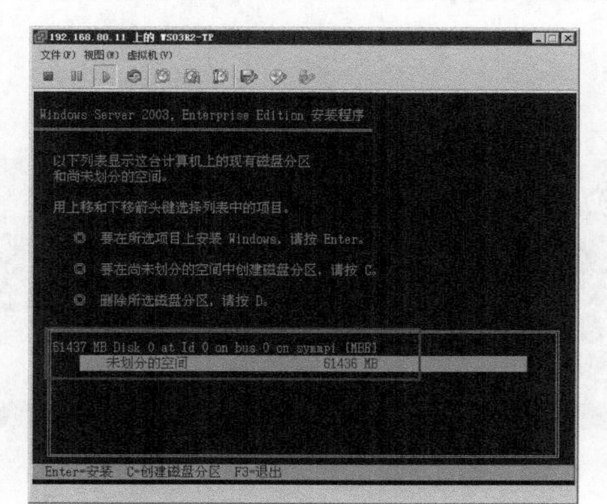
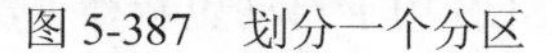

图 5-387　划分一个分区

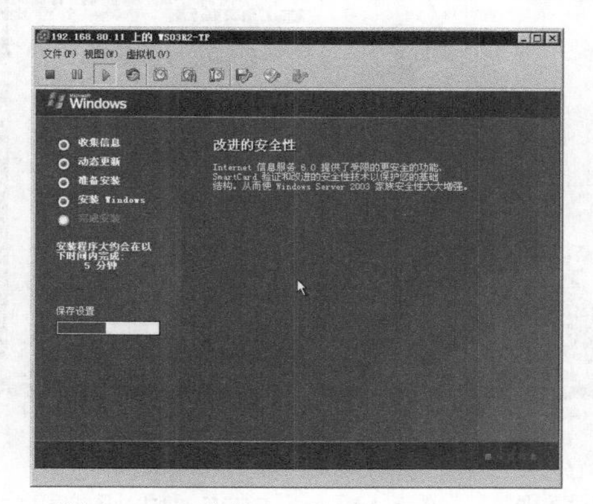

图 5-388　安装 Windows Server 2003

（9）安装完成后，安装 VMware Tools，安装常用软件，如输入法、WinRAR 等，并在“显示 属性”中，启用硬件加速功能。一般情况下，不要在模板虚拟机中安装杀毒软件。

（10）运行 gpedit.msc，修改“计算机配置→安全设置→本地策略→安全选项”，将“交互式登录：不需要按 Ctrl+ALT+DEL 属性”设置为“已启用”，如图 5-389 所示。

（11）如果有内部的 WSUS 服务器，请在“计算机配置→管理模板→Windows 组件→Windows Update”中，指定 WSUS 服务器的地址，如图 5-390 所示。并且设置 WSUS 的其他参数。

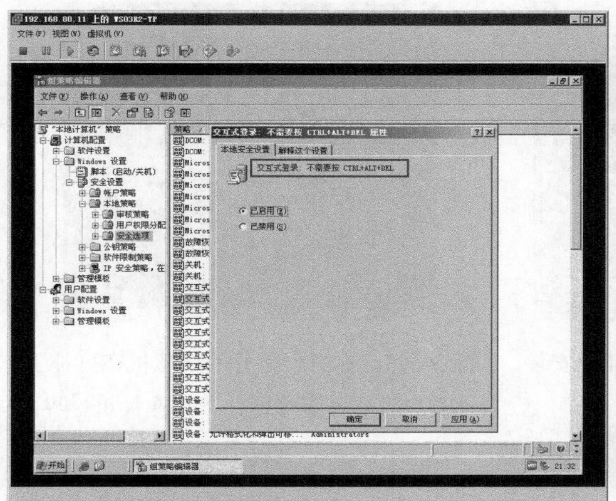

图 5-389　不需要按“Ctrl+Alt+Del 键”

图 5-390　指定 WSUS 服务器

（12）根据需要进行其他设置。例如，在系统中，禁用“显示‘关闭事件跟踪程序’属性”、禁用“激活‘关闭事件跟踪程序系统状态数据’功能”、“在登录时不显示‘管理您的服务器’对话框”等。

（13）在“显示”属性中，禁用“屏幕保护程序”，并将“电源选项”中的“电源使用方案”设置为“一直开着”，并且将“关闭监视器”、“关闭硬盘”、“系统待机”设置为“从不”，如图 5-391 所示。

（14）设置完成后，为当前的模板虚拟机安装最新的补丁，安装完成后，关闭该虚拟机，如图 5-392 所示。

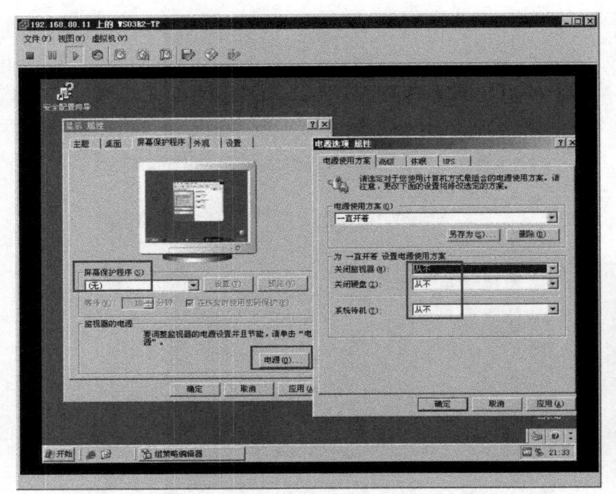

图 5-391　屏幕保护与电源选项　　图 5-392　安装更新并关机

重要提示：在 VMware ESXi 中的虚拟机中，如果使用 WSUS 用于自动更新补丁，最好选中“2-通知下载并通知安装”（如图 5-393 所示），不要选择“自动下载并计划安装”选项，如图 5-394 所示。

因为在 VMware 所有的虚拟机中有个问题，在配置了自动更新之后，如果没有控制虚拟机控制台界面（类似于图 5-391、图 5-390 等这些界面），那么，如果计算机自动安装了补丁，并需要重新启动计算机时，虚拟机有可能一直停留在“正在关机”界面（如图 5-395 所示），并且在没有管理员打开控制台界面之后，会一直处于这个界面。只有管理员打开这个虚拟机时，虚拟机会在“正在关机”界面继续关机并重新启动。

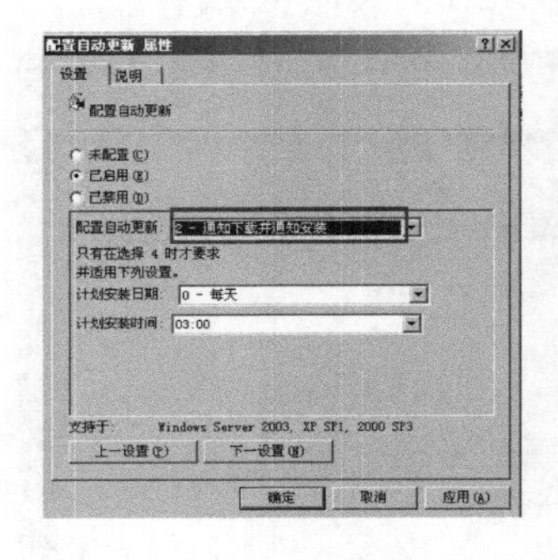

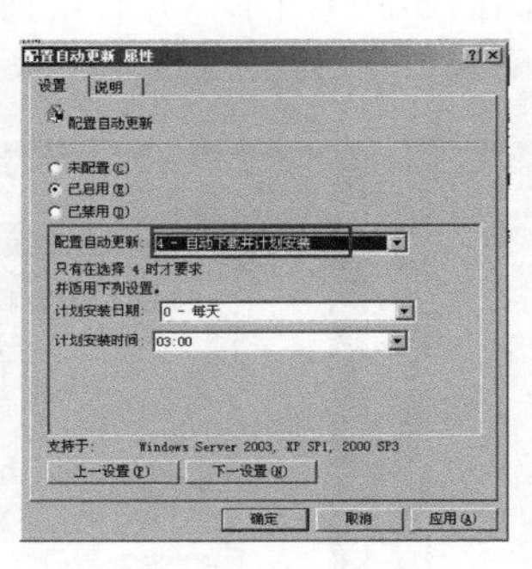

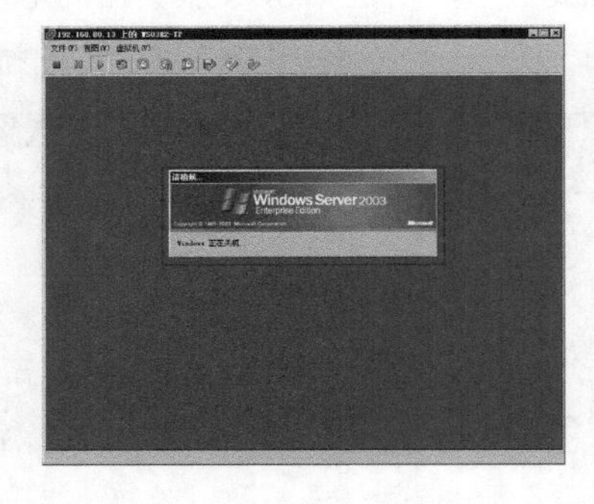

图 5-393　通知下载通知安装　　图 5-394　自动下载计划安装　　图 5-395　在后台运行的虚拟机在打补丁自动重启后会一直停留在“正在关机”界面

5.10.3　创建其他模板虚拟机

如果要为 Windows Server 2008 R2、Windows Server 2008、Windows 7、Windows 8 等操作系统创建模板，与为 Windows Server 2003 虚拟机创建模板类似，只是需要注意以下几点：

（1）推荐虚拟机内存 1GB、2 个 CPU、40～80GB 的虚拟硬盘（精简配置）、保存在网络存储。

（2）在为虚拟机安装操作系统时，将整个硬盘划分为一个分区，用来安装操作系统。

（3）安装系统之后，安装 VMware Tools、安装常用软件，配置系统选项、关闭屏幕保护等，这些与 Windows Server 2003 相同，不一一介绍。

（4）需要注意，由于 Windows Server 2008 等系统的激活方式，与 Windows Server 2003 不同。

如果是批量使用 Windows Server 2008 等虚拟机，推荐采用 KMS 的方式激活，而不是采用 MAK 或静态密钥的方式，因为在使用虚拟机的时候，经常会由于创建、删除虚拟机过于频繁，而导致这些密钥的激活次数很快耗尽。而采用 KMS 则不存在这个问题。

有关创建 Windows Server 2008 R2、在虚拟机中安装操作系统这些不再一一介绍。请大家自行创建 Windows Server 2008 R2、Windows Server 2012 R2 的虚拟机，并参照上面的要求配置。

【说明】Windows Server 2012 R2 可以看作 Windows Server 2012 的"升级版"，在需要 Windows Server 2012 的时候，用 Windows Server 2012 R2 代替没有任何的问题。所以大家不需要配置 Windows Server 2012 的模板。

5.10.4　将虚拟机转化为模板

下面将以 5.10.2 小节创建的 Windows Server 2003 SP2 的企业版为例，介绍将虚拟机转换为模板的方法。

（1）使用 vSphere Client 登录到 vCenter Server，定位到要转换成模板的虚拟机，用鼠标右击，从弹出的快捷菜单中选择"模板→转换成模板"选项，如图 5-396 所示。

图 5-396　转换成模板

说明：如果选择"转换成模板"，则将该虚拟机转换成模板，该虚拟机只能作为模板使用；如果选择"克隆为模板"，则在此虚拟机的基础上，克隆出与此虚拟机"完全一样"的虚拟机为模板，原虚拟机仍然可以使用。

（2）将虚拟机转换为模板后，在 ESX Server 主机下面，源虚拟机将会从清单移除。如果要使用转换后的模板，可以在左侧选中"数据中心"名称或某个"主机"名称，在右侧定位到"虚拟机"选项卡中，默认会显示模板和虚拟机。如果只想查看"模板"，可以在空白位置右击，在弹出的快捷菜单中选择"显示模板"，如图 5-397 所示。

（3）参照（1）、（2）步，将其他的虚拟机，如 Windows Server 2012 R2 的虚拟机转换成模板，如图 5-398 所示。

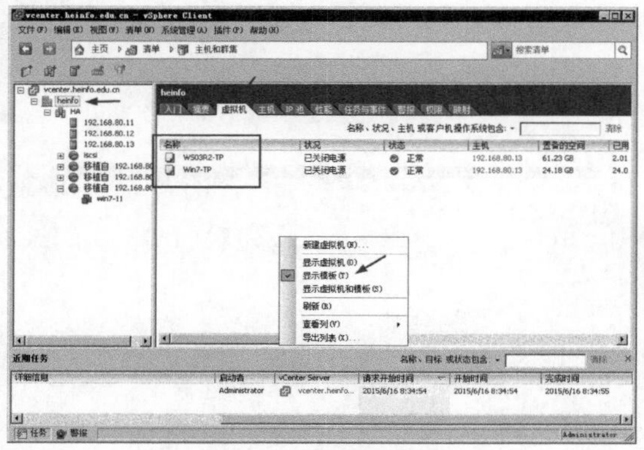

图 5-397　虚拟机模板

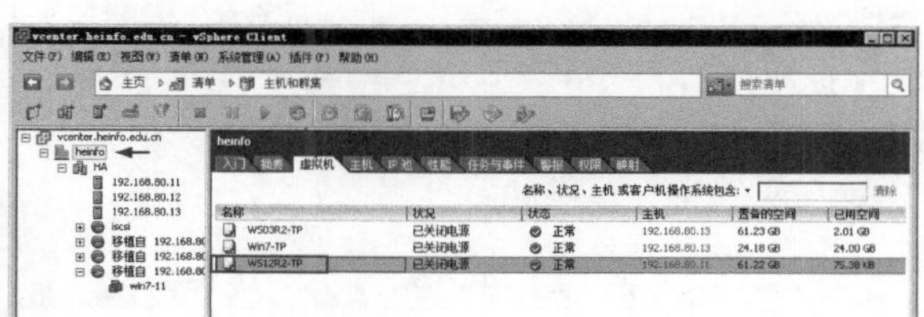

图 5-398　将 Windows 2012 R2 虚拟机转换成模板

（4）当然，对于 Windows Server 2008、Windows Server 2012 的虚拟机，在转换为模板之前，需要修改虚拟机属性，主要是在“硬件→显卡”选择中，选择“自动检测设置”（如图 5-399 所示），在“选项→高级→内存/CPU 热插拔”选项中，选择“为此虚拟机启用内存热添加”和“为此虚拟机启用 CPU 热添加”，如图 5-400 所示。

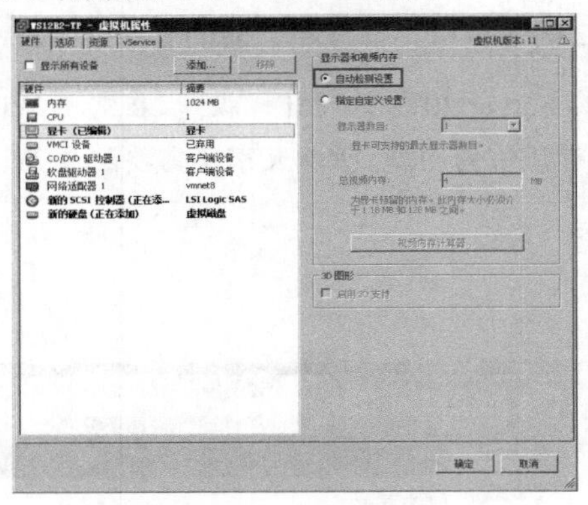

图 5-399　显卡配置

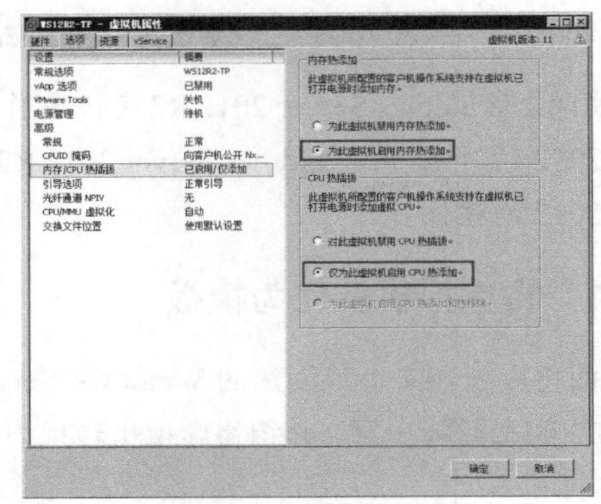

图 5-400　热插拔选项

有了模板后，可以从该模板部署虚拟机，但如果这样直接部署的话，部署后的虚拟机与模板会“一模一样”，包括 SID，这在网络中会出现问题。基于此，还需要进一步设置，才能使用该模板。

5.10.5　创建规范用于部署

对于 Windows 系列产品而言，可以使用 Microsoft 提供的 sysprep 程序，对 Windows 相关产品进行大规模部署后的定制。对于 Virtual Center 而言，同样也是使用 sysprep 程序，用于 Windows Server 2003 等产品的后期定制。下面通过对 Windows Server 2003 R2（32 位版本）进行定制，介绍“定制规范”的使用。

（1）在 vCenter　Client 中，单击“主页”，然后在“管理”中单击“自定义规范管理器”，如图 5-401 所示。

（2）显示“自定义规范管理器”对话框，如图 5-402 所示。

（3）单击“新建”按钮，显示“新建自定义规范”对话框，在“目标虚拟机操作系统”下拉列表中选择“Windows”，在“名称”文本框中输入“WS03R2”，在“描述”文本框中输入该定制规范的相关信息，如“用于 32 位 Windows Server 2003 R2 企业版，该规范不加入 Active Directory”，如图 5-403 所示。

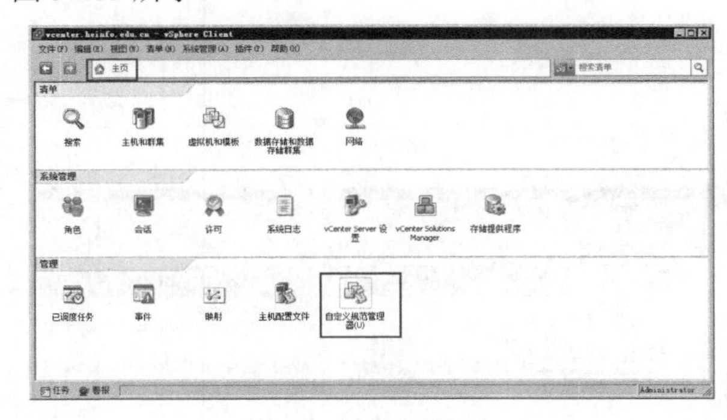

图 5-401　定制规范

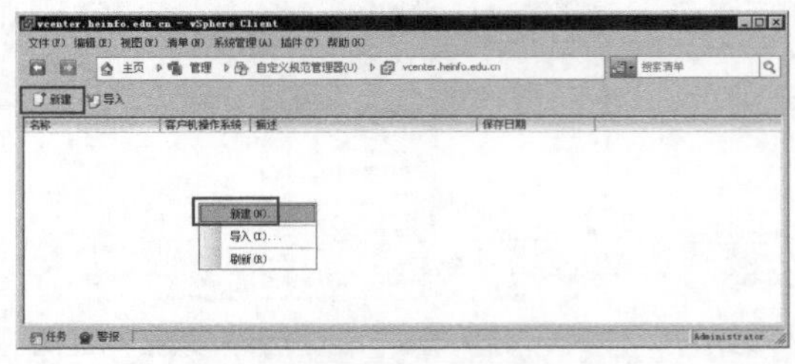

图 5-402　创建新规范

（4）在“注册信息”对话框中，在“注册信息”中输入用户名称与单位信息，如图 5-404 所示。

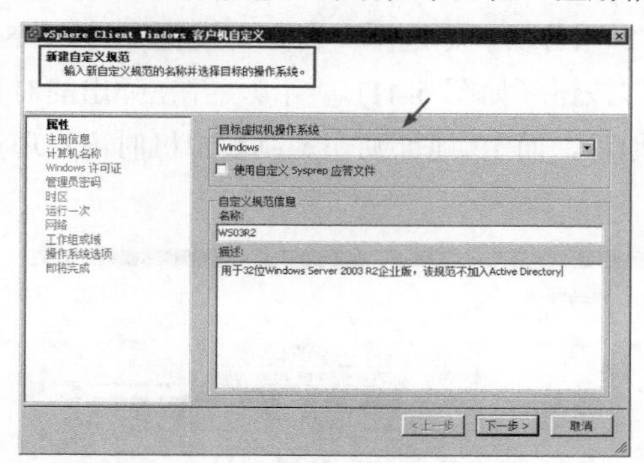

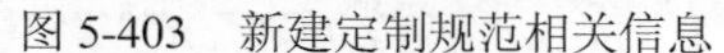
图 5-403　新建定制规范相关信息

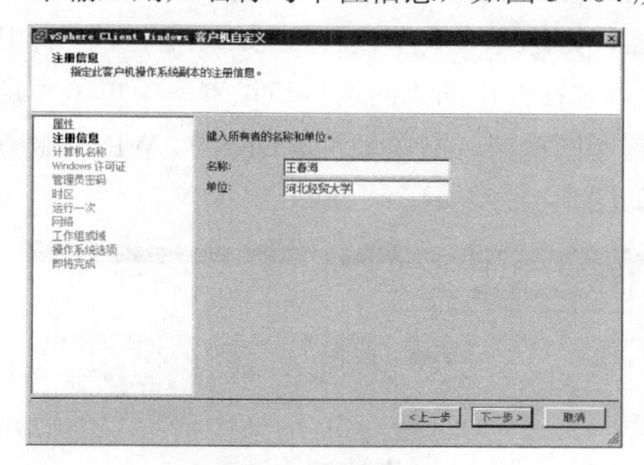

图 5-404　用户注册信息

（5）在“计算机名称”对话框设置计算机名称，推荐选择“使用虚拟机名称”或“在部署向导中输入名称”，如果“使用虚拟机名称”，则在使用该规范时，虚拟机的名称将是虚拟机中操作系统的计算机名称；如果“在部署向导中输入名称”，则在使用此规范向导时，会提示用户指定计算机名称。如图 5-405 所示。

（6）在“Windows 许可证”对话框中，输入 Windows Server 2003 32 位版本的序列号（需要与模板所用的虚拟机序列号一致，但不要求相同。注意 OEM 版本、零售版本或 VL 版本的序列号，不能混用，如 VL 的序列号不能用于 OEM 版本模板）。并且在“服务器许可证模式”中选择“每服务器”方式或“每客户”方式，推荐为“每台服务器”，并且设置“最大连接数”，如图 5-406 所示。

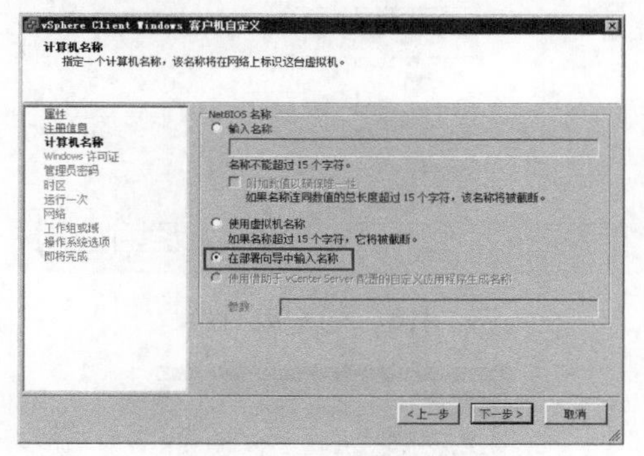

图 5-405　指定计算机名称

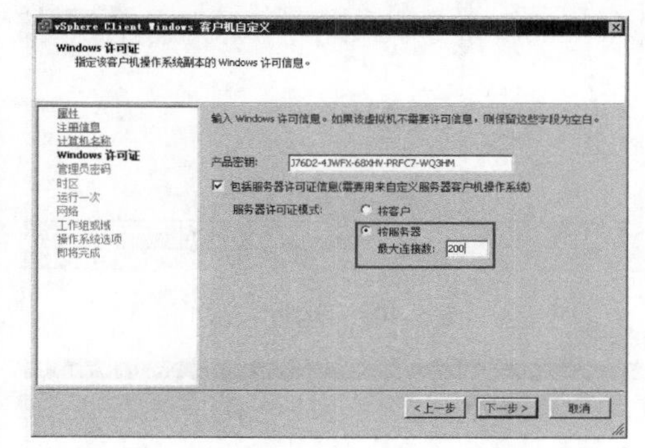

图 5-406　Windows 许可证信息

注意：如果你定制的规范是用于 Windows Server 2008、Windows Server 2012、Windows 7、Windows 8/8.1、Windows 10，可以不用输入产品序列号。如果企业中的 Vista 及其以后的系统是采用 KMS 服务器激活，也不需要输入产品序列号（在配置模板的时候，已经为操作系统输入了对应的、用于 KMS 激活的序列号）。

（7）在“管理员密码”对话框中，设置管理员密码，并且设置是否自动以管理员身份登录以及自动登录的次数（推荐密码为空），如图 5-407 所示。

（8）在“时区”对话框中，选择北京时间，如图 5-408 所示。

（9）在“运行一次”对话框中，指定用户首次登录时要运行的命令，在此直接单击“下一步”按钮，如图 5-409 所示。

（10）在“网络”对话框中，设置 IP 地址获得方式。如果网络中（包括虚拟机网络中）有 DHCP 服务器，则选择“典型设置”，如果网络中没有 DHCP 服务器，则选择“自定义设置”（如图 5-410 所示），并在弹出的“网络接口设置”中单击“定制”按钮（如图 5-411 所示），并在弹出的对话框中设置子网掩码、网关地址、DNS 与 WINS 服务器地址，而 IP 地址则在定制虚拟机时由管理员指定，如图 5-412 所示。

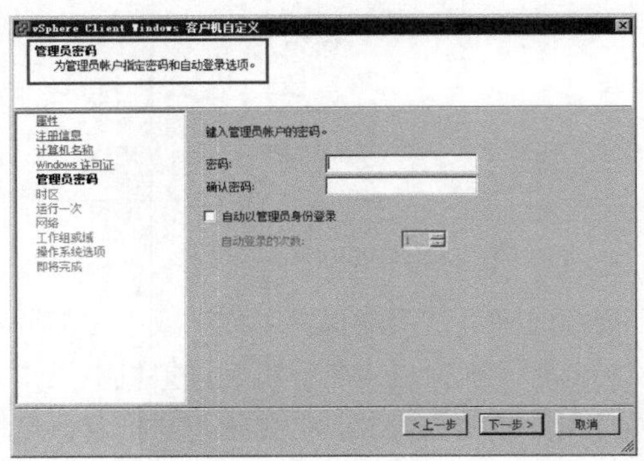

图 5-407　管理员密码

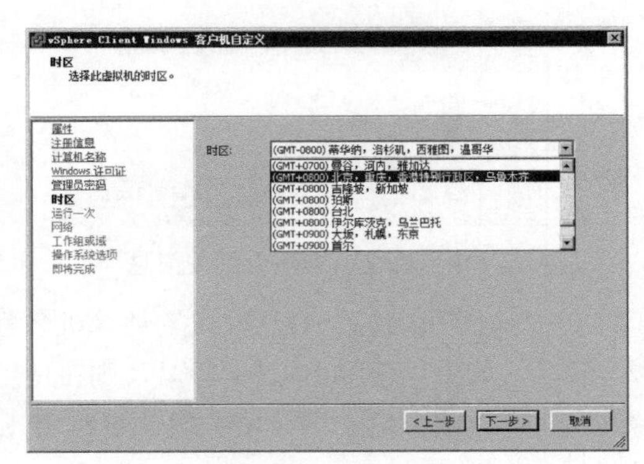

图 5-408　时区选择

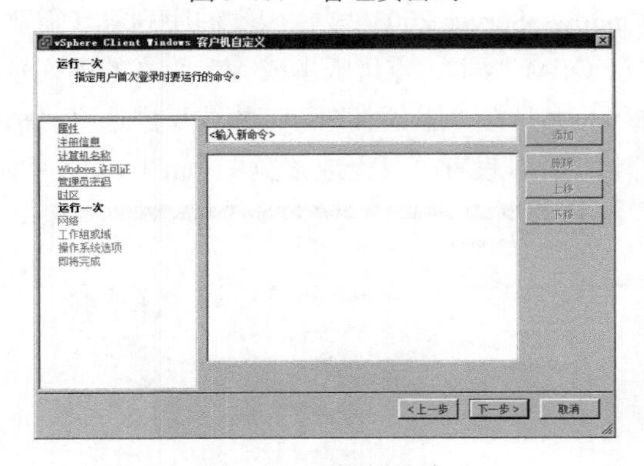

图 5-409　运行一次

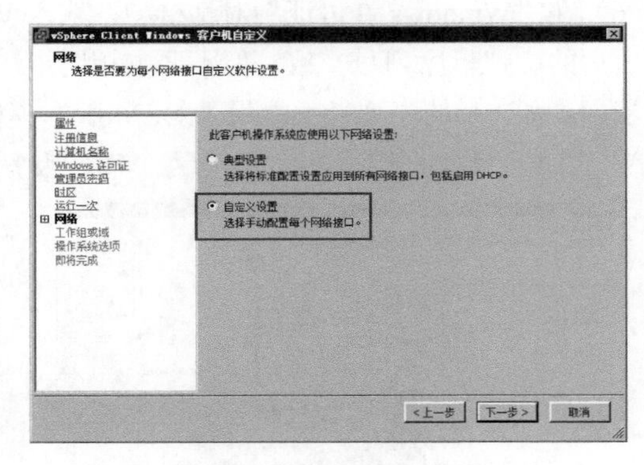

图 5-410　网络接口设置

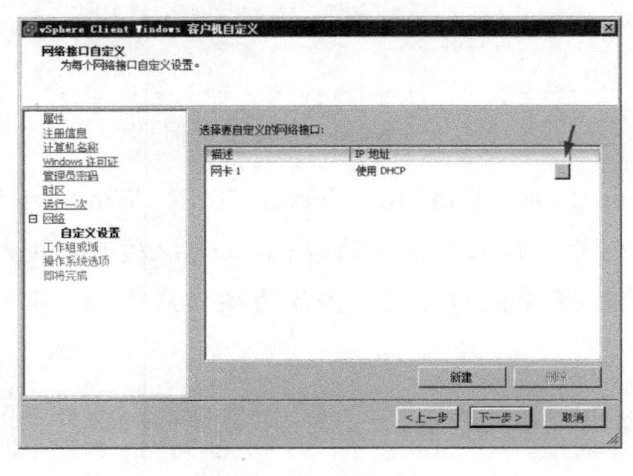

图 5-411　定制

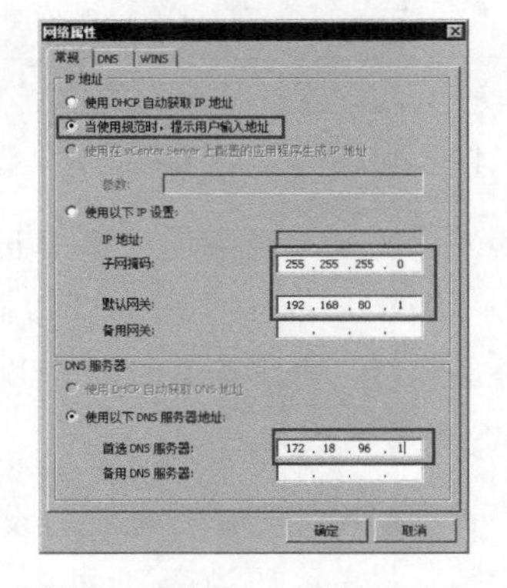

图 5-412　设置子网掩码、网关地址与 DNS 地址

（11）在“工作组或域”对话框中，选择计算机是否加入域。在此选择“工作组”，如图 5-413 所示。如果选择“Windows 服务器域”，输入要加入到的 Active Directory 域名，并且在指定“用户名”文本框后面，输入“具有将计算机加入到域”的权限的域用户名及密码，如图 5-414 所示。

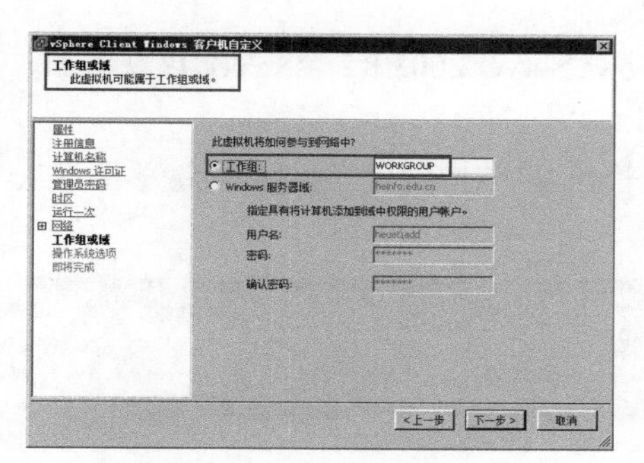

图 5-413　加入工作组

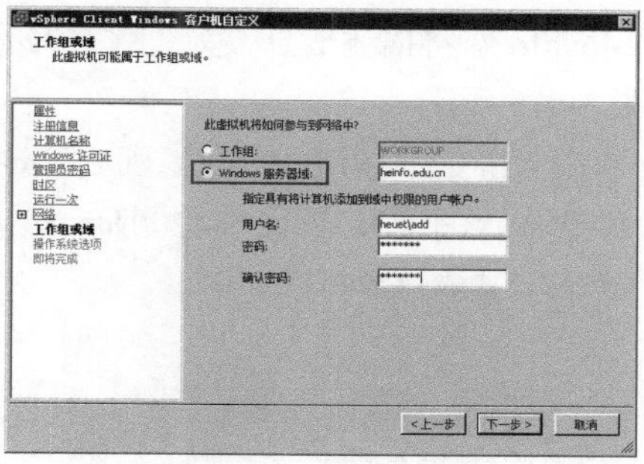

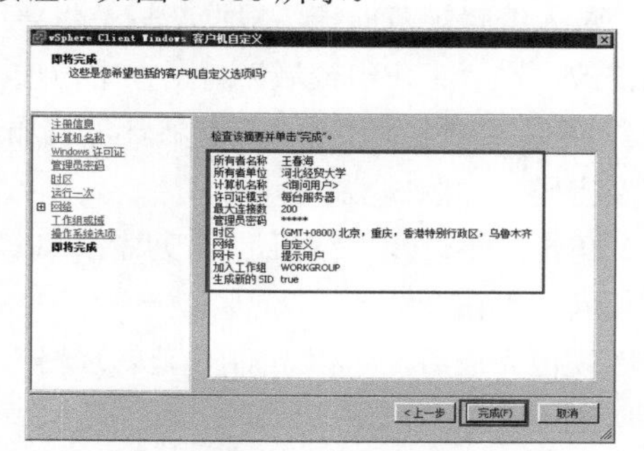

图 5-414　加入域

（12）在“操作系统选项”对话框中，选中“生成新的安全 ID（SID）”复选框，即重新生成 SID，如图 5-415 所示。

（13）在“即将完成”对话框中，单击“完成”按钮，如图 5-416 所示。

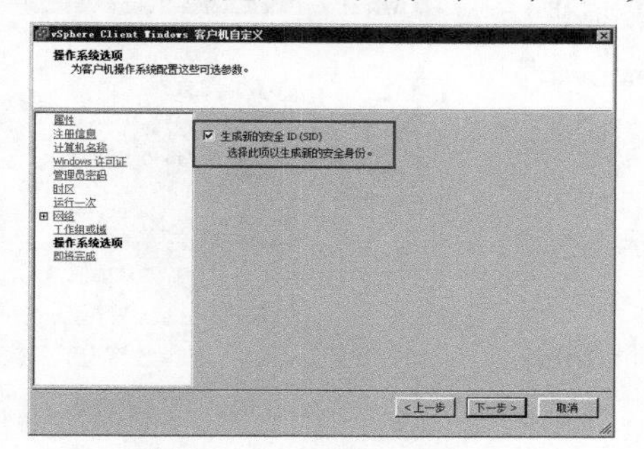

图 5-415　重新生成 SID

图 5-416　定制规范完成

5.10.6　复制与修改规范

创建规范完成后，返回到“定制规范管理器”对话框中，可以单击“新建”按钮，为其他模板定制规范，或者从现有规范复制，并且修改复制后的规范用于其他模板。在下面的例子中，将上一节创建的规范复制出一个副本，并修改复制后的规范，完成将 Windows Server 2003 计算机加入到 Active Directory 的功能。

（1）选择“WS03R2-X86”规范，用鼠标右键单击，从弹出的快捷菜单中选择“复制”，如图 5-417 所示，会复制出一个名为“WS03R2-X86 的副本”的规范。

（2）复制规范后，选择复制后的规范，用鼠标右键单击，从弹出的快捷菜单中选择“属性”，如图 5-418 所示。

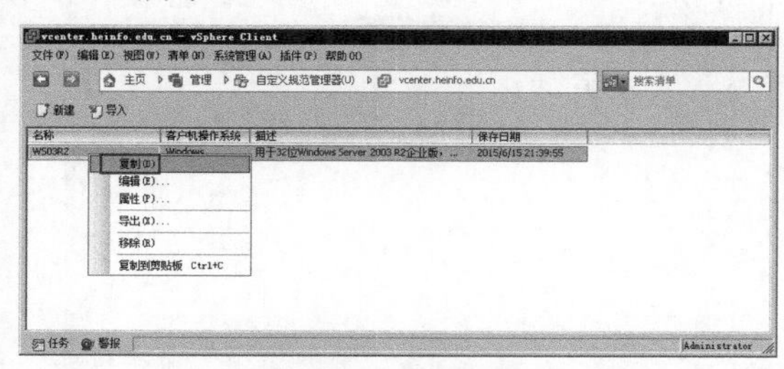

图 5-417　复制规范

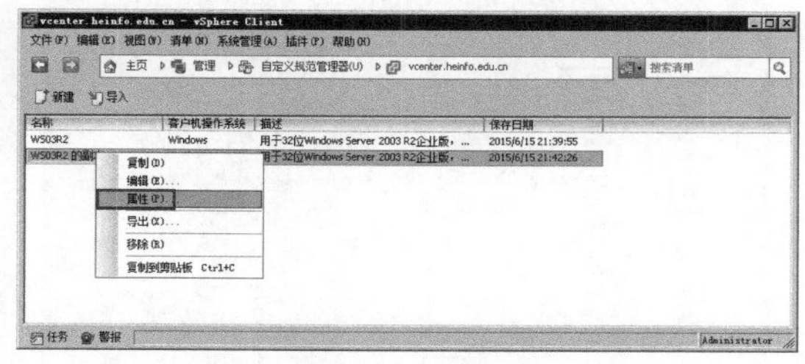

图 5-418　属性

（3）在弹出的“定制规范属性”对话框中，修改名称与描述。例如，将规范名称修改为

“WS03R2-heinfo”，将描述信息改为“用于 32 位 Windows Server 2003 R2 企业版，该规范加入 heinfo 域”，如图 5-419 所示。

（4）单击“确定”按钮，再次返回到“定制规范管理器”对话框，用鼠标右键单击，从弹出的快捷菜单中选择“编辑”，如图 5-420 所示。

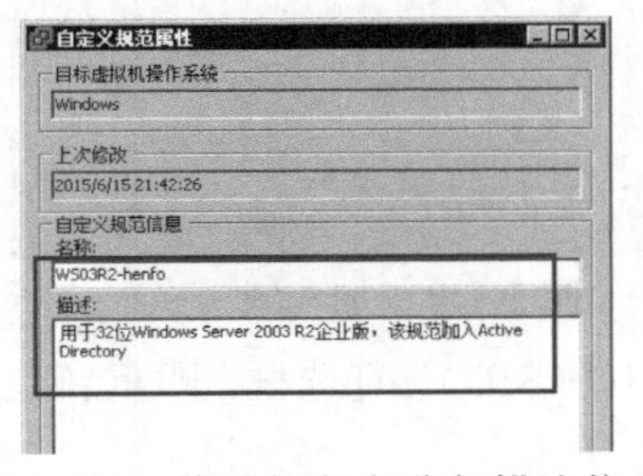

图 5-419　修改规范名称与描述信息

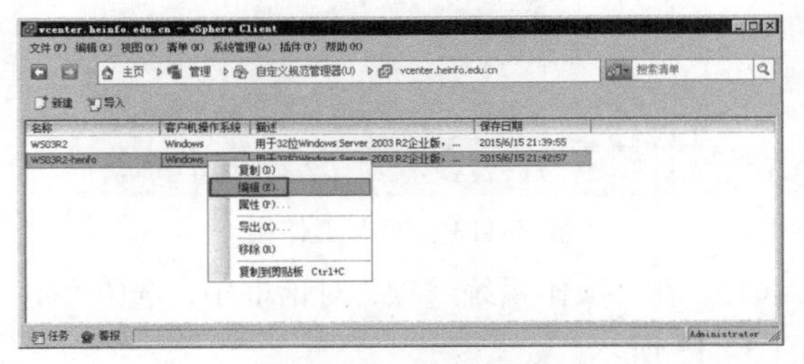

图 5-420　编辑规范

（5）进入编辑规范向导，根据新规范将要用到的模板进行相应的修改，在“工作组或域”对话框中，选择“Windows 服务器域”，并设置域名、添加“具有将计算机加入到域”权限的用户名及密码，如图 5-421 所示。

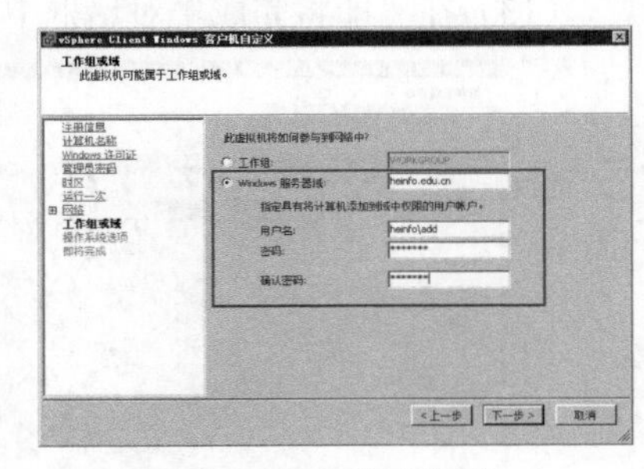

图 5-421　修改规范

（6）单击“下一步”按钮，修改规范。以后的步骤与新建规范时相同，不在介绍。

修改规范完成后，关闭“定制规范管理器”，返回到 vSphere Client 管理控制台。

【说明】在图 5-421（或图 5-414）中，指定了一个 Active Directory 的普通账户（本例为 add），使用这个普通账户完成“将计算机加入到域”的操作。但是，你要知道，在默认情况下，域中的普通账户没有“将计算机加入到域”的权限。要想完成这个操作，你需要在 Active Directory 域服务器上，进行权限的委派工作，主要步骤如下。

（1）切换到 Active Directory 服务器，打开“Active Directory 用户和计算机”，右击域名（此示例中为 heinfo.edu.cn），在弹出的快捷菜单中选择“委派控制”，如图 5-422 所示。

（2）在“欢迎使用控制委派向导”对话框，单击“下一步”按钮，如图 5-423 所示。

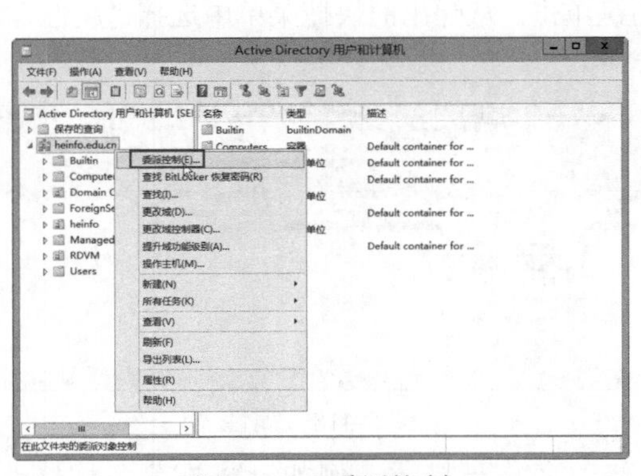

图 5-422　委派控制

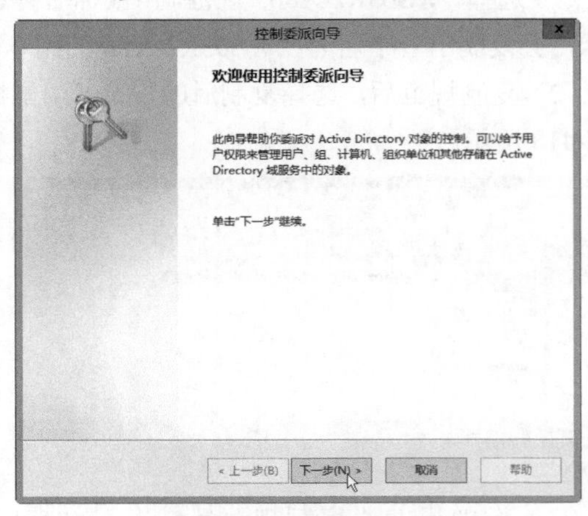

图 5-423　安全委派向导

（3）在“用户和组”对话框，单击“添加”按钮，在弹出的“选择用户、计算机或组”对话框中，输入要委派的账户，例如 add，例如 domain users（代表所有域用户），单击“检查名称”按钮，更新名称，如图 5-424 所示。之后单击“确定”按钮。

（4）然后返回到“用户和组”对话框，要委派的用户和组已经添加到列表中，如图 5-425 所示。

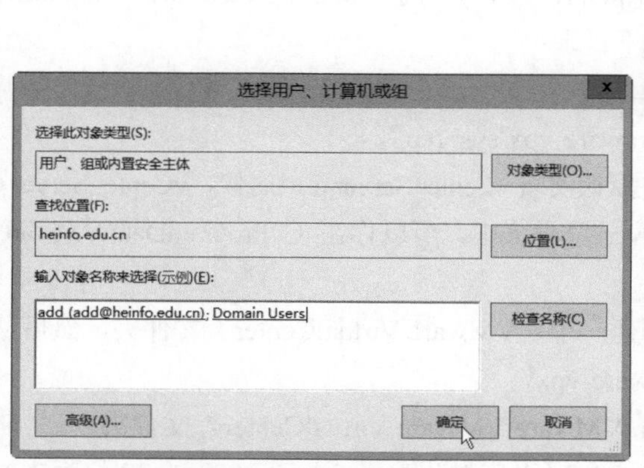

图 5-424　添加用户名组

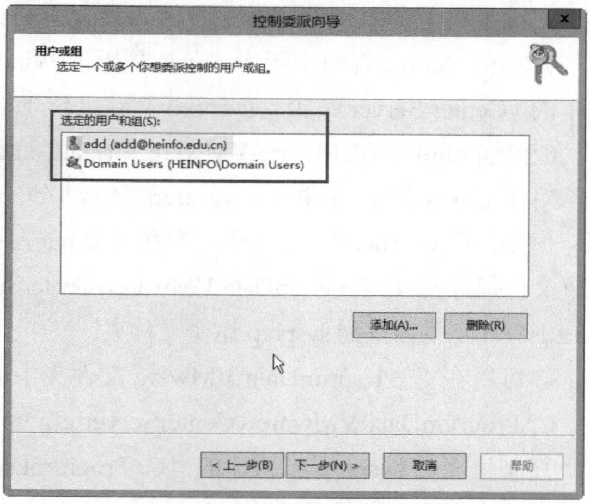

图 5-425　添加用户到清单

（5）在“要委派的任务”对话框中，选择“将计算机加入域”，如图 5-426 所示。

（6）在“完成控制委派向导”对话框，单击“完成”按钮，如图 5-427 所示。之后添加的用户就具有“将计算机加入到域”的权限，如果添加了 Domain Users 用户组，那域中每个用户，都具有这个权限。

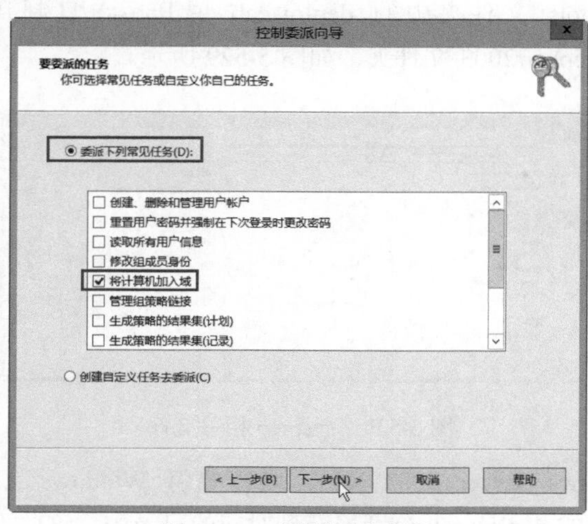

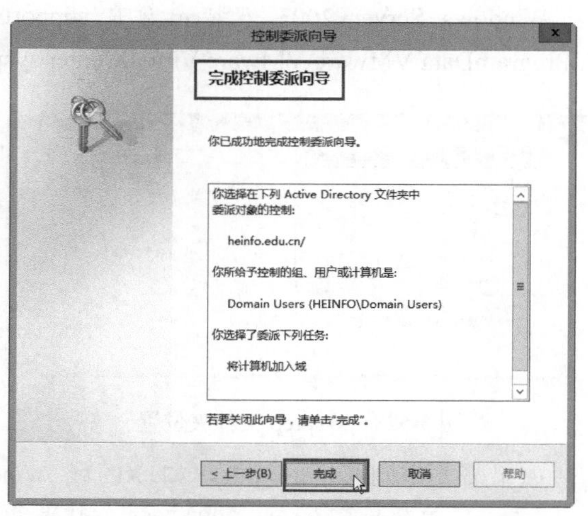

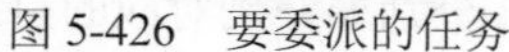
图 5-426　要委派的任务

图 5-427　完成委派

5.10.7　复制 sysprep 程序到 vCenter Server 计算机

安装 Microsoft Sysprep 工具，以便在您克隆虚拟机时可以自定义 Windows 客户机操作系统。vCenter Server 中的客户机操作系统自定义功能会使用 Sysprep 工具的功能。在自定义虚拟机的 Windows 客户机操作系统之前，请确认 vCenter Server 符合以下要求：

- 安装 Microsoft Sysprep 工具。Microsoft 包括 Windows 2000、Windows XP 和 Windows 2003 的安装 CD-ROM 光盘上的系统工具集。Sysprep 工具已嵌入到 Windows Vista 和 Windows 2008 操作系统中。
- 为要自定义的每个客户机操作系统安装正确版本的 Sysprep 工具。
- 虚拟机上的本地管理员账户密码设置为空 ("")。

vCenter Server 有两个版本，一个是用于 Windows 的，一个是用于 Linux 的 vcsa。对于 Windows 版本的 vCenter Server 来说，sysprep 文件夹位于以下目录：

C:\ProgramData\VMware\VMware VirtualCenter

对于 Linux 的 vcsa 来说，sysprep 位于“/etc/vmware-vpx/sysprep”。

但是，在 vCenter Server 6 中，存在一个 bug，在默认安装 vCenter Server 6 的时候，vCenter Server 6 配置文件保存在 C:\ProgramData\VMware\vCenterServer 文件夹中，所以你在 C:\ProgramData\VMware\vCenterServer 不会找到 sysprep 这个文件夹。

你可以在 C:\ProgramData\VMware 文件夹中创建一个“VMware VirtualCenter”文件夹，然后从

C:\ProgramData\VMware\vCenterServer\cfg\vmware-vpx\

复制里面的 sysprep 到新建的“C:\ProgramData\VMware\VMware VirtualCenter”文件夹中。

在该文件夹中，有 2k（对应 Windows 2000）、svr2003（对应 Windows Server 2003 的 32 位版本）、svr2003-64（对应 Windows Server 2003 的 64 位版本）、xp（对应 Windows XP Professional SP2、SP3 的 32 位版本）、xp-64（对应 Windows XP Professional 的 64 位版本），如图 5-428 所示。

然后复制对应版本的 sysprep 文件复制到 C:\ProgramData\VMware\VMware VirtualCenter\sysprep 文件夹。

Windows Server 2003 安装光盘中 support\tools 文件夹中的 deploy.cab 展开后，复制到 C:\ProgramData\VMware\VMware VirtualCenter\sysprep\svr2003 文件夹，如图 5-529 所示。

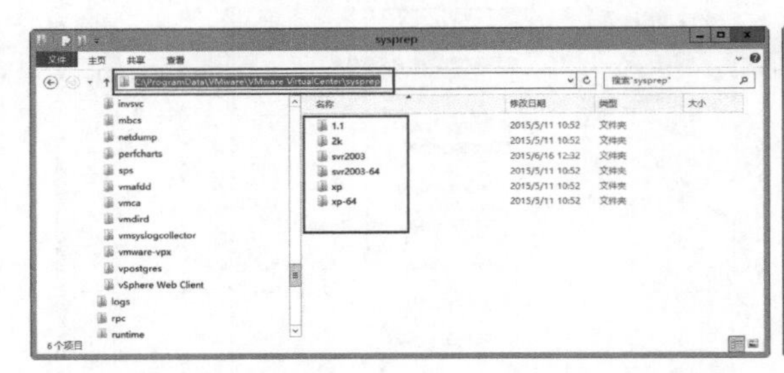

图 5-528 sysprep 文件夹位置

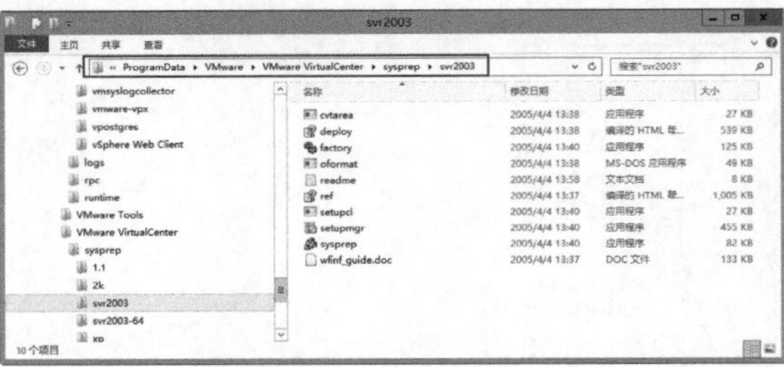

图 5-529 sysprep 相关文件

如果需要定制其他的规范，如 XP 或 Windows Server 2003 X64，则需要将 Windows XP Professional、Windows Server 2003 X64 安装光盘中的 deploy.cab 分别展开到对应的目录中，这些不一一介绍。

5.10.8 从模板部署虚拟机

在创建好“定制规范”后，并且复制了相应的 sysprep 程序后，就可以从模板部署虚拟机了。接下来将使用前文中创建的用于 Windows Server 2003 的规范，从 ws03r2-TP 模板创建一个名为

ws03r2-01 的虚拟机，操作如下。

（1）在 vSphere Client 中，选择 VMware ESXi 主机，进入“虚拟机”选项卡，用鼠标右键单击 WS03R2-TP 模板，从弹出的快捷菜单中选择“从该模板部署虚拟机”，如图 5-530 所示。

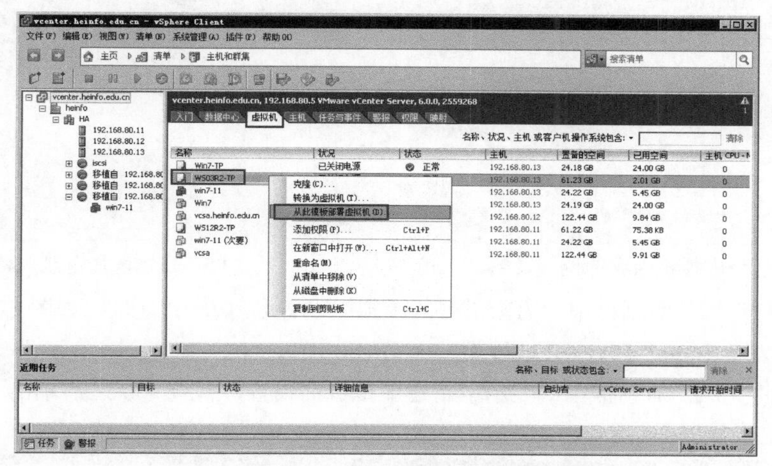

图 5-530　从该模板部署虚拟机

（2）在“名称和位置”对话框中，设置部署后的虚拟机的名称，如“ws03r2-01”，并且在“清单位置”处选择数据中心（在本例中数据中心名称为 ESXi），如图 5-531 所示。

（3）在“主机/群集”对话框中，选择要在哪个主机或群集上运行此虚拟机，如图 5-532 所示。在有多个主机或群集时，可以选任意一台。

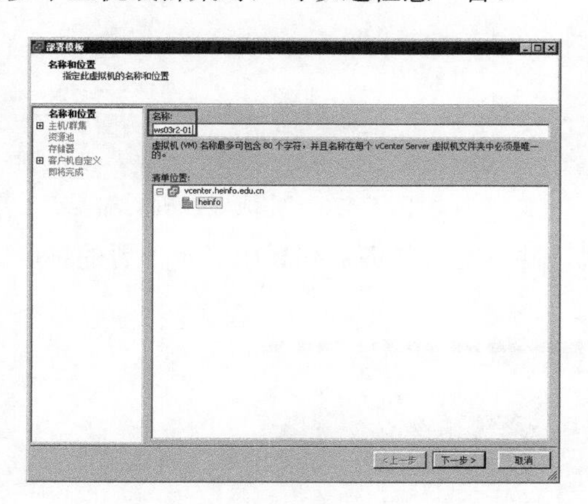

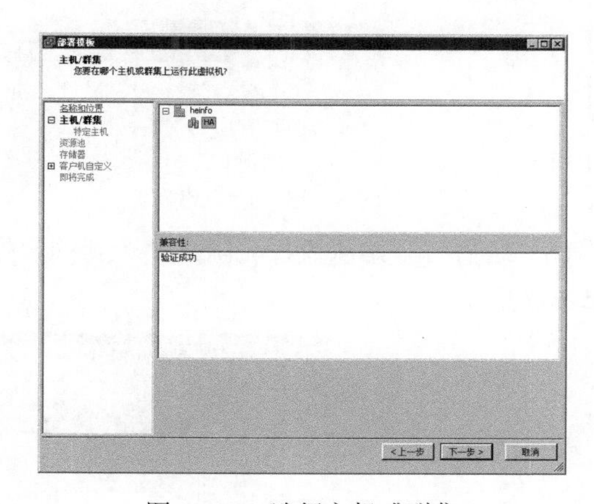

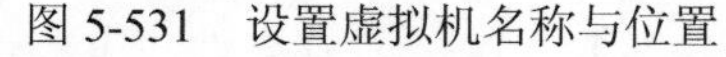

图 5-531　设置虚拟机名称与位置

图 5-532　选择主机或群集

（4）在“数据存储”对话框中，选择虚拟磁盘格式（与源格式相同、厚置备延迟置零、厚置备置零、精简置备）以及保存虚拟机的数据存储（当目标主机有多个存储时，可以选择本地存储或网络存储），如图 5-533 所示。

（5）在“选择客户机定制选项”对话框中，选择“使用现有定制规范自定义”，并且在列表中选择合适的规范，如图 5-534 所示。也可以选中“创建后打开此虚拟机的电源”，复选框这样在部署虚拟机完成之后，会打开虚拟机的电源并按照选择的规范进行定制。如果没有选中此项，则需要手动打开虚拟机的电源。

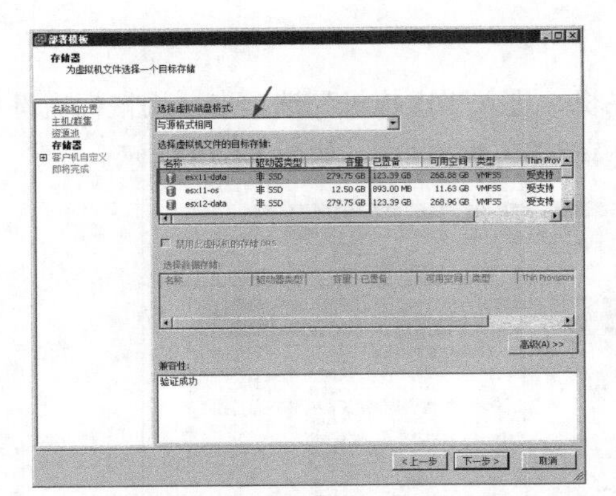
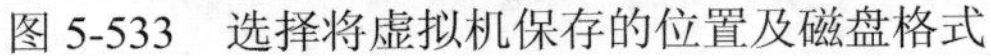

图 5-533　选择将虚拟机保存的位置及磁盘格式

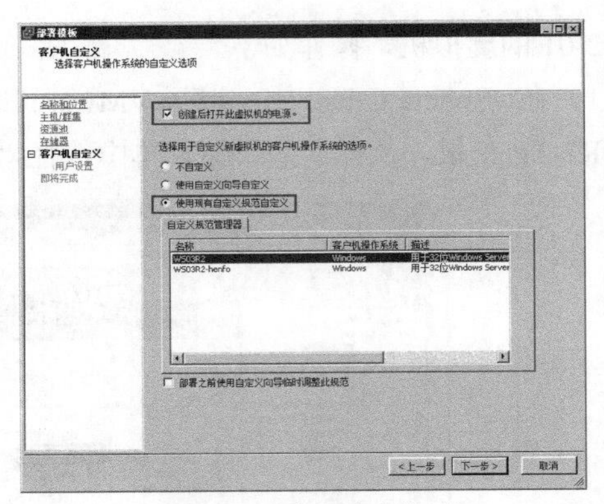

图 5-534　选择定制规范

（6）在“用户设置”对话框中，为新部署的虚拟机设置名称及 IP 地址，如图 5-535 所示，在此设置计算机名称为 WS03R2-101，IP 地址为 192.168.80.101。

（7）在“即将完成”对话框中，显示了新建虚拟机的设置，检查无误之后单击“完成”按钮，如图 5-536 所示。

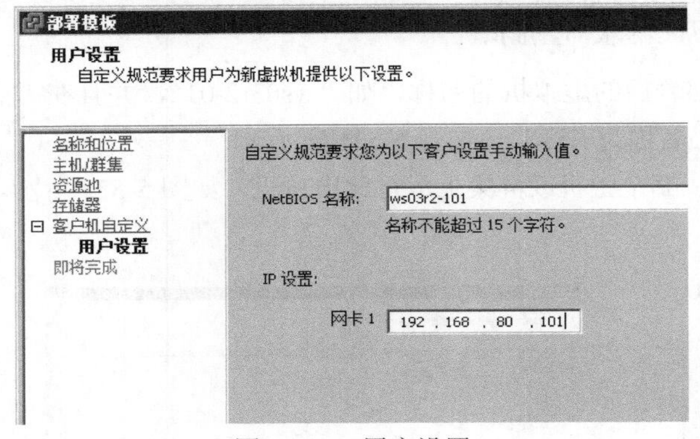

图 5-535　用户设置

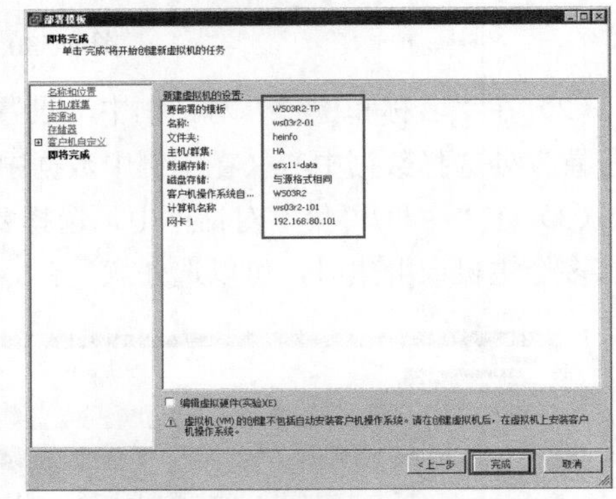

图 5-536　完成虚拟机的部署

（8）之后将开始从模板克隆出一个新的虚拟机，并且在“任务”列表中显示部署的进度，如图 5-537 所示。

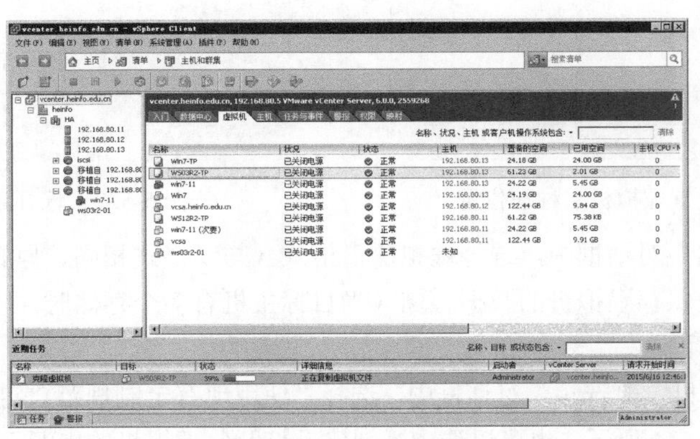

图 5-537　克隆虚拟机

（9）部署完成后，启动克隆后的虚拟机，打开“控制台”查看部署进度。如果很快出现 Windows Server 2003 的登录界面（如图 5-538 所示），单击“确定”按钮或者输入密码之后，没有提示密码错误，进一下系统之后又返回到登录界面，表示当前系统定制任务没有进行。

（10）对于这种没有进入系统定制的错误，在“虚拟机”菜单中单击“电源”选择“重置”或“重新启动客户机”，重新启动虚拟机，如图 5-539 所示。

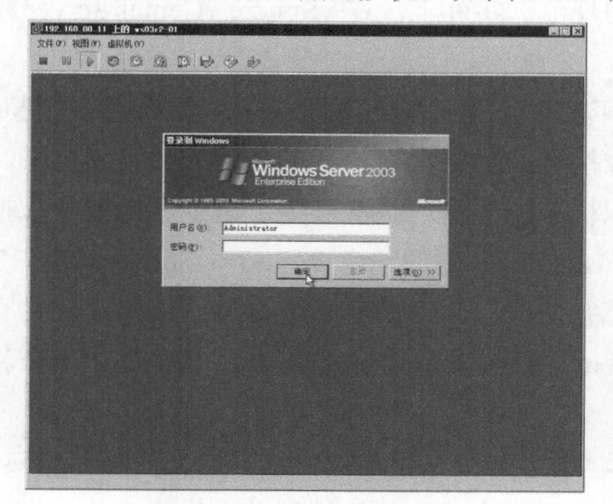

图 5-538　不能进入系统

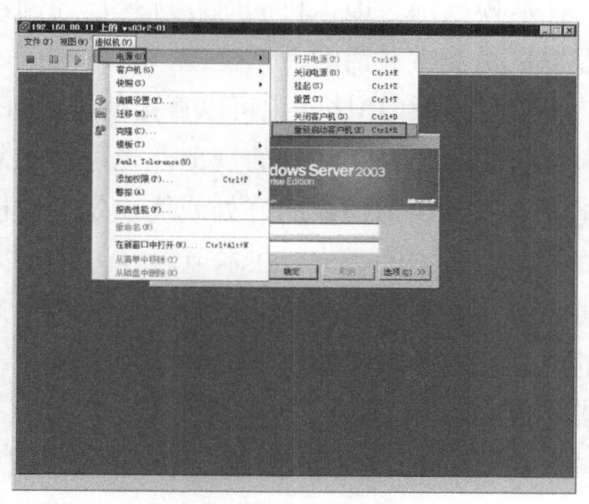

图 5-539　重置虚拟机

（11）虚拟机重新启动后，再次进入系统前将进入系统配置界面，如图 5-540、图 5-541 所示。

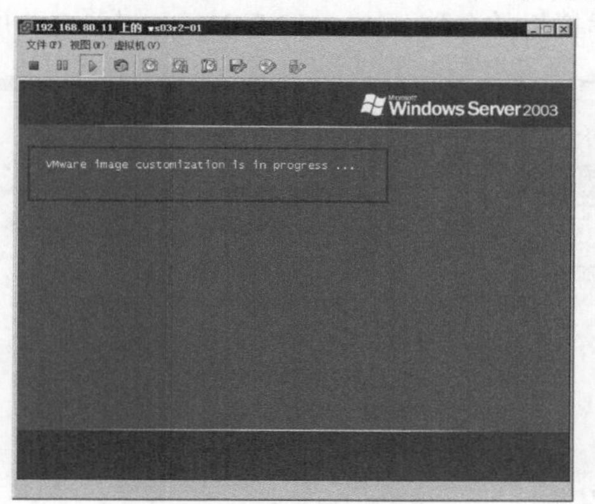

图 5-540　系统重新部署

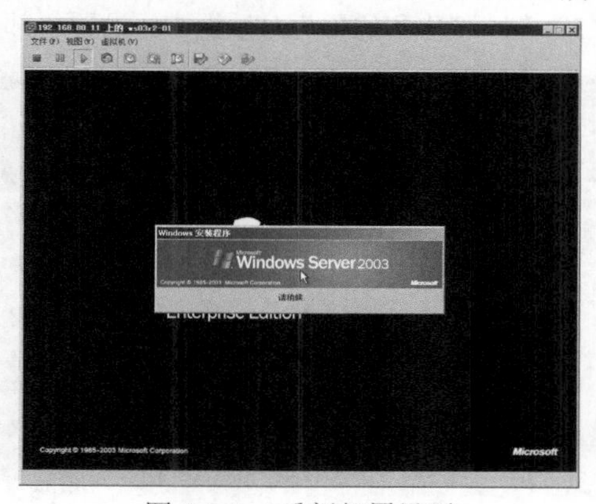

图 5-541　重新部署界面

（12）等系统部署完成后，登录并进入系统，，打开系统属性，可以看到已经按照规则完成设置，计算机名称为 WS03R2-101，如图 5-542 所示。

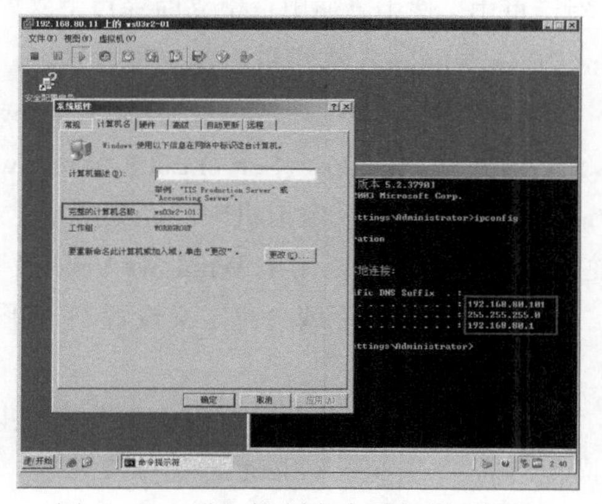

图 5-542　进入控制台查看部署后属性

5.10.9 创建 Windows 2008 与 2012 规范

在前面的例子中，是创建好 Windows Server 2003 虚拟机模板、创建好 Windows Server 2003 的规范，在从模板部署虚拟机的时候选择已经创建好的规范。实际上，在 vSphere vCenter Server 中，部署虚拟机是非常灵活的：

- 可以从模板虚拟机，也可以直接使用任何已经存在并且没有转换成模板的虚拟机，部署虚拟机。
- 可以使用已经创建好的规范，也可以在部署虚拟机的时候，创建新的规范来部署虚拟机。

将虚拟机转换为模板的好处或优点是，模板虚拟机不能启动，这就避免了由于启动模板虚拟机而造成设置或数据的丢失。在本节内容中，将以 VMware ESXi 中的一台 Windows Server 2008 R2 的虚拟机为例，在部署虚拟机的过程中创建自定义规范并保存，介绍在部署虚拟机中创建规范并直接部署的内容。由于这些内容与上一节"从模板部署 Windows Server 2003 虚拟机"相类似，本节将介绍关键步骤。

（1）在 vSphere Client 控制台中，在数据中心中，选中一个 Windows 2012 R2（或 Windows8、Windows Server 2008 R2）模板或虚拟机，用鼠标右键单击，在弹出的快捷菜单中选择"从该模板部署虚拟机"选项，如图 5-543 所示。

（2）在"名称和位置"对话框中，设置新部署的虚拟机的名称，如 ws12r2-01，如图 5-544 所示。

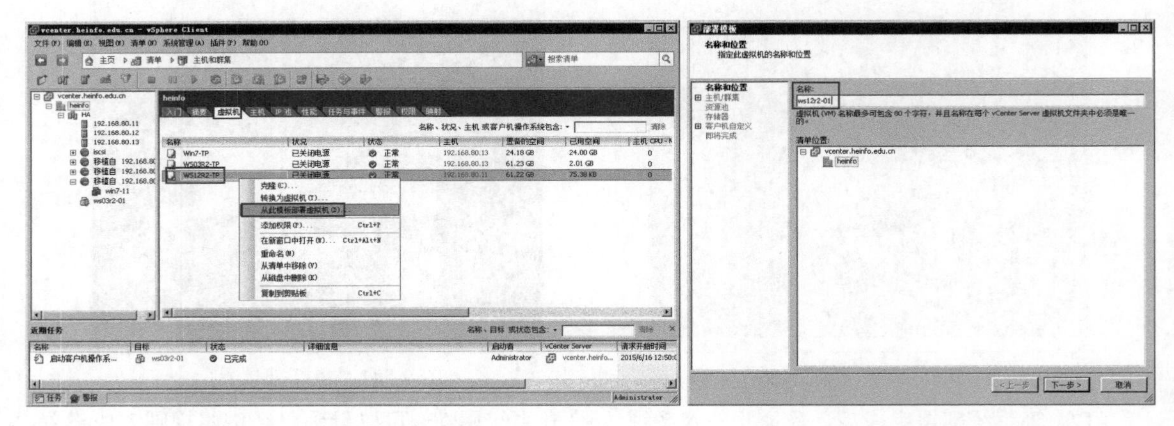

图 5-543　从模板部署虚拟机　　　图 5-544　设置虚拟机名称

（3）在"客户机自定义"对话框中，选中"使用自定义向导自定义"单选按钮，如图 5-545 所示。

（4）之后会进入"vSphere Client Windows 客户机自定义"对话框，该操作与"5.10.5 创建规范用于部署"一节中的（4）～（13）步相同，不一一介绍。但与 Windows Server 2003 的规范不同之处在于，在创建用于 Windows Server 2012、Windows Server 2008、Windows Vista、Windows 8、Windows 7 等规范时，可以不用输入产品密钥，因为模板虚拟机中已经集成了这些序列号。如图 5-546 所示。因为没有添加序列号，所以这个自定义规范可以用于 Windows Vista 及其以后的系统。

（5）在"网络"对话框，选择"典型设置"或"自定义设置"，如图 5-547 所示，这可以根据需要选择。

（6）在创建完规范之后，可以为新建的规范命名并保存该规范供以后使用，如图 5-548 所示，为该规范设置合适的名称与描述之后，vSphere Client 会保存该规范，并为当前的系统部署选择该规范。

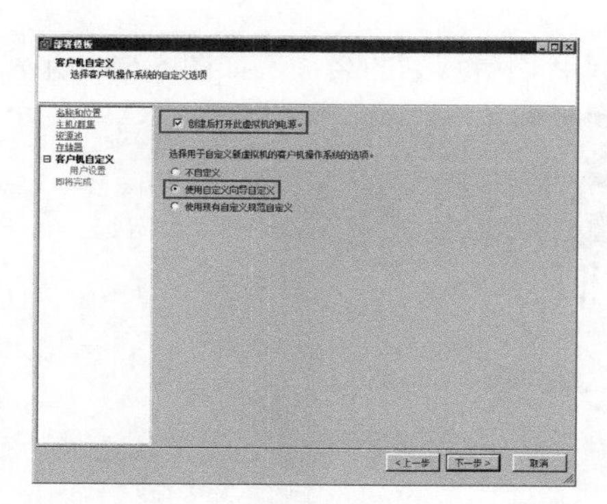

图 5-545　使用自定义向导自定义

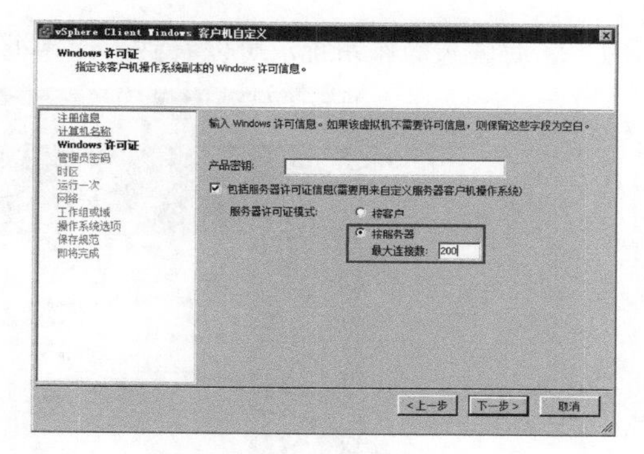

图 5-546　Windows 许可证

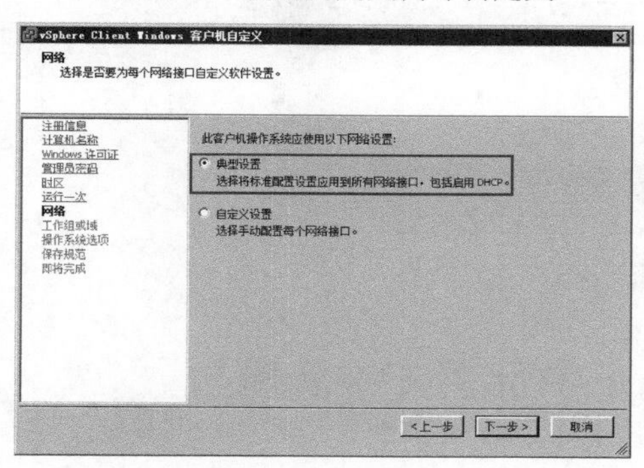

图 5-547　网络设置

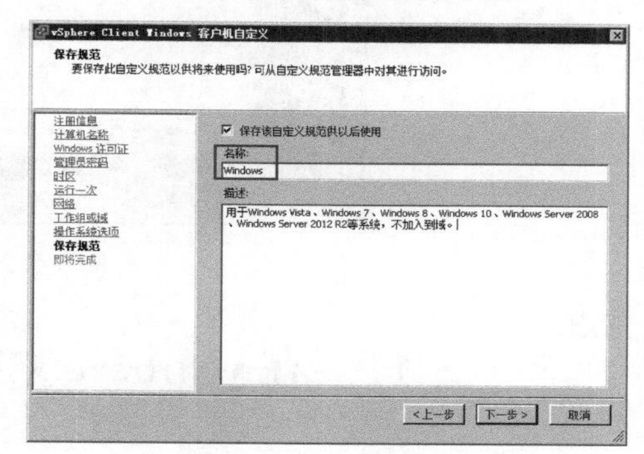

图 5-548　保存规范

（7）之后的步骤则与使用现有规范部署系统相同，不一一介绍。在“即将完成”对话框中，显示了部署虚拟机的选项，检查无误之后单击“完成”按钮（如图 5-549 所示），开始部署虚拟机。

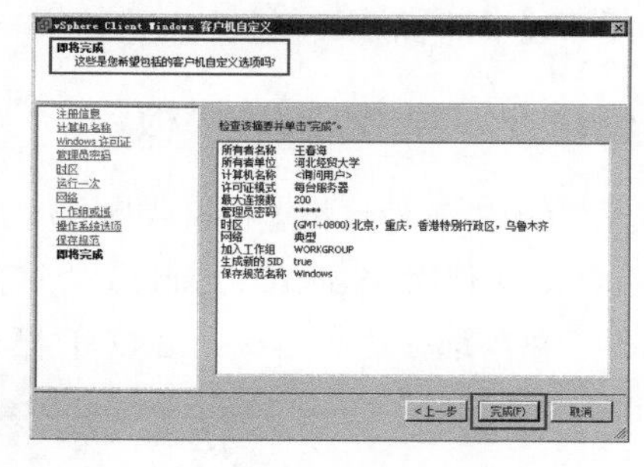

图 5-549　检查摘要

（8）部署完成后，第一次登录使用系统时，如果部署的是 Windows Server 2008、Windows Server 2012 等服务器操作系统，则第一次登录时，提示设置新的密码，如图 5-550 所示。之后会为新系统设置管理员密码，如图 5-551 所示。

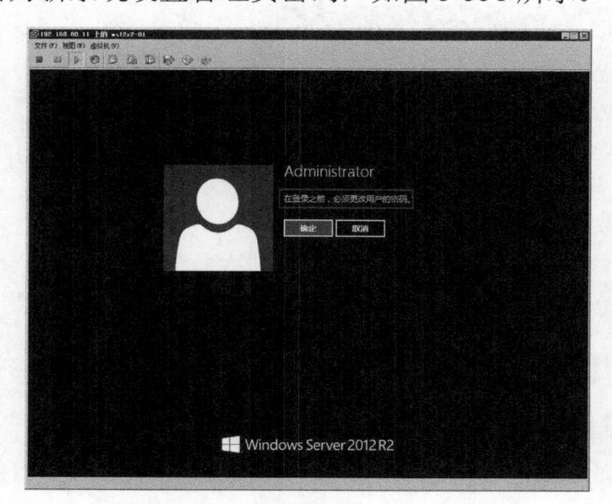

图 5-550　首次登录必须更改密码

图 5-551　设置新密码

（9）之后进入操作系统，可以看到，计算机名称是我们所规划的名称，如图 5-552 所示。

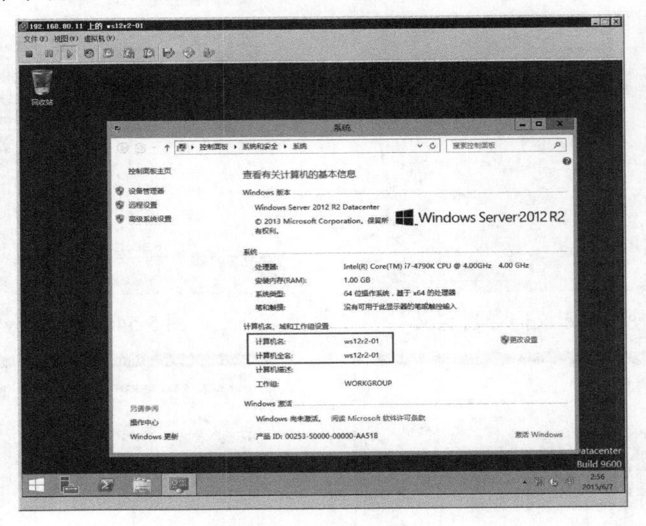

图 5-552　部署完成

5.11　在 vSphere Client 中部署 OVF 模板

可采用开放式虚拟机格式 (OVF) 导出虚拟机、虚拟设备和 vApp。然后，可以在同一环境或不同环境中部署 OVF 模板。

5.11.1　导出 OVF 模板

OVF 软件包将虚拟机或 vApp 的状况捕获到独立的软件包中。磁盘文件以压缩、稀疏格式存储。

（1）使用 vSphere Client 登录 vCenter Server，在左侧清单中选择一个关闭电源的虚拟机，在“文件”菜单选择“导出→导出 OVF 模板”，如图 5-553 所示。

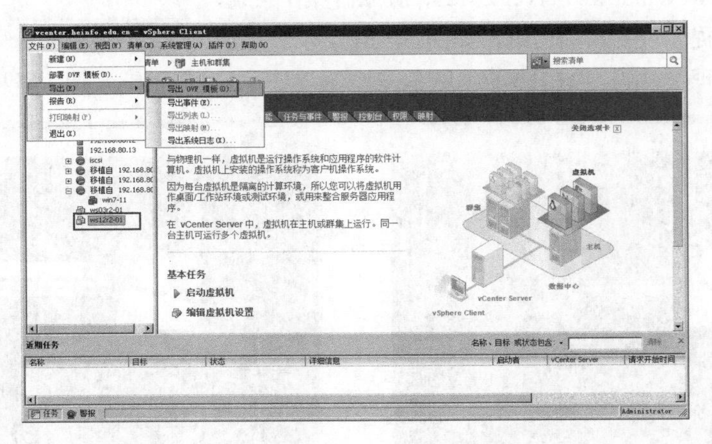

图 5-553　导出 OVF 模板

（2）在“导出 OVF 模板”对话框，设置导出的名称、选择导出的目录，在“格式”列表中选择是导出文件夹（OVF）还是单个文件（OVA），如图 5-554 所示。

（3）之后开始导出 OVF 模板，直到导出完成，如图 5-555 所示。

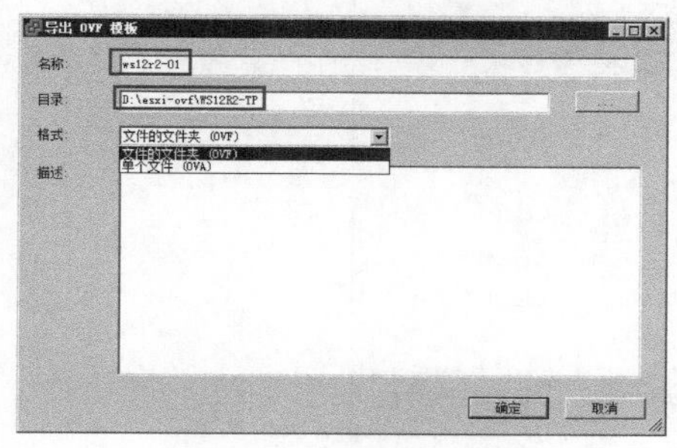

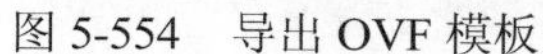

图 5-554　导出 OVF 模板

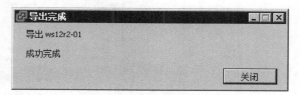

图 5-555　导出模板

【说明】：OVF 和 OVA 文件的文件夹位置。如果键入 C:\OvfLib 作为新 OVF 文件夹、设置虚拟机的名称为 MyVm，可能会创建以下文件：

- C:\OvfLib\MyVm\MyVm.ovf
- C:\OvfLib\ MyVm \MyVm.mf
- C:\OvfLib\ MyVm \MyVm-disk1.vmdk

如果键入 C:\NewFolder\OvfLib 作为新 OVF 文件夹、设置虚拟机的名称为 MyVm，则可能会创建以下文件：

- C:\NewFolder\OvfLib\MyVm\MyVm.ovf
- C:\NewFolder\OvfLib\ MyVm\MyVm.mf
- C:\NewFolder\OvfLib\ MyVm\MyVm-disk1.vmdk

如图 5-556 所示，这是图 5-554 中，使用 d:\esxi-ovf\ws12r2-tp 作为文件夹、ws12r2-02 作为虚拟机名称时，导出的文件。

如果选择导出到 OVA 格式，并键入 MyVm，则会创建 C:\MyVm.ova 文件。如图 5-557 所示，这是 d:\esxi-ovf 作为文件夹、ws03r2-tp 作为虚拟机名称时，导出的单个 OVA 文件的截图。

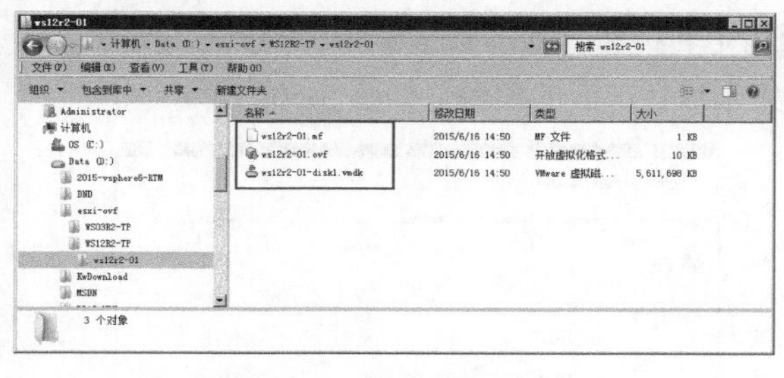

图 5-556　导出 OVF 文件

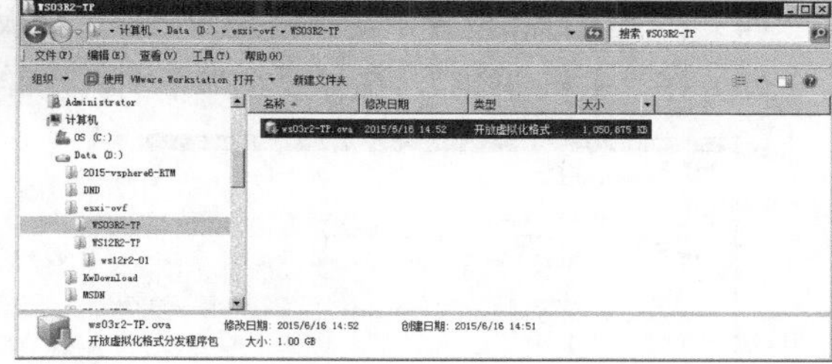

图 5-557　导出 OVA 截图

5.11.2　部署 OVF 模板

当使用 vSphere Client 直接连接到主机时，可以通过 vSphere Client 计算机可访问的本地文件系统或通过 Web URL 部署 OVF 模板。

（1）使用 vSphere Client 登录到 vCenter Server，在“文件”菜单选择“部署 OVF 模板”，如图 5-558 所示。

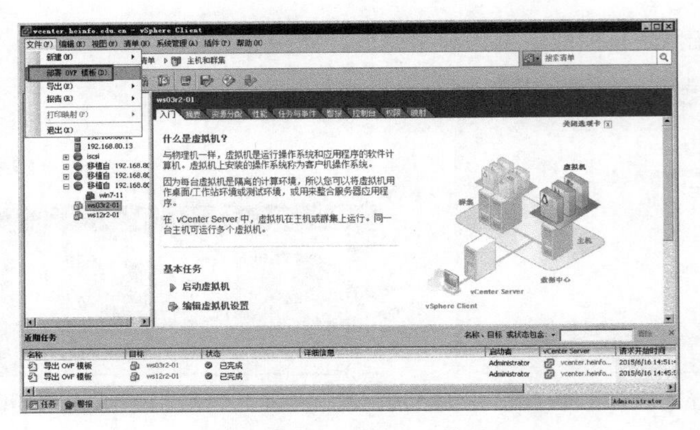

图 5-558　部署 OVF 模板

（2）在“源”对话框中，单击“浏览”按钮选择 OVF 或 OVA 模板，如图 5-559 所示。

（3）在“OVF 模板详细信息”对话框，显示了要部署的模板虚拟机，占用的磁盘空间（精简磁盘占用空间和厚置备磁盘占用空间），如图 5-560 所示。

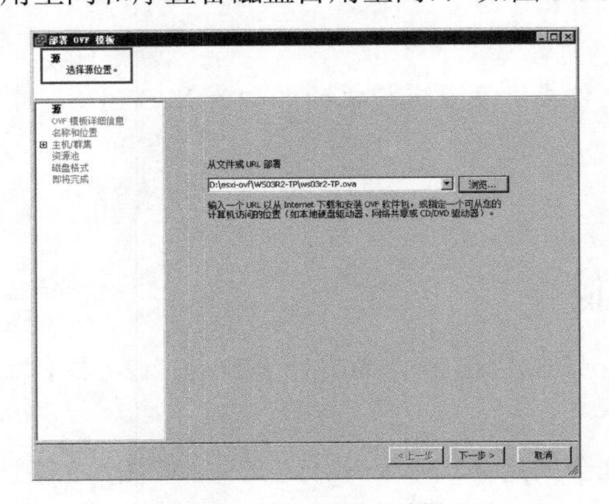

图 5-559　浏览选择模板

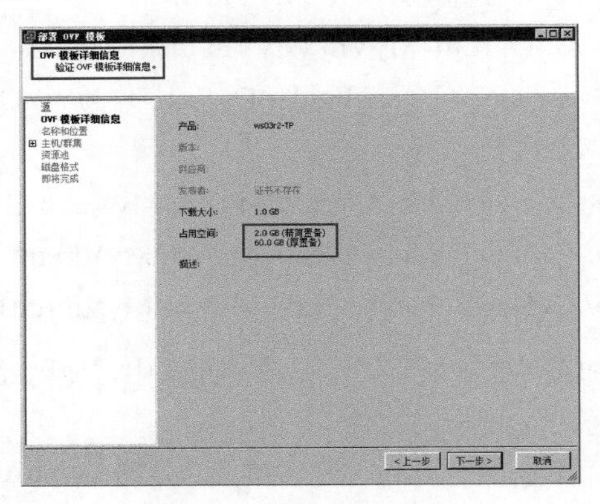

图 5-560　OVF 模板详细信息

（4）在“名称和位置”对话框，为已部署模板指定名称和位置，如图 5-561 所示。

（5）在“主机/群集”，选择要在那个主机或群集上运行部署的模板，如图 5-562 所示。

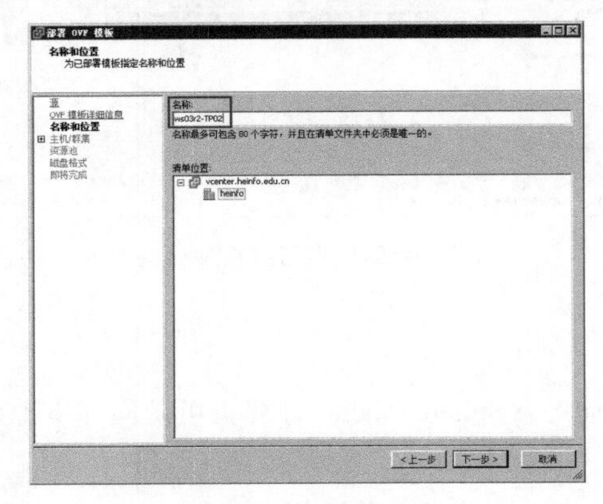

图 5-561　名称和位置

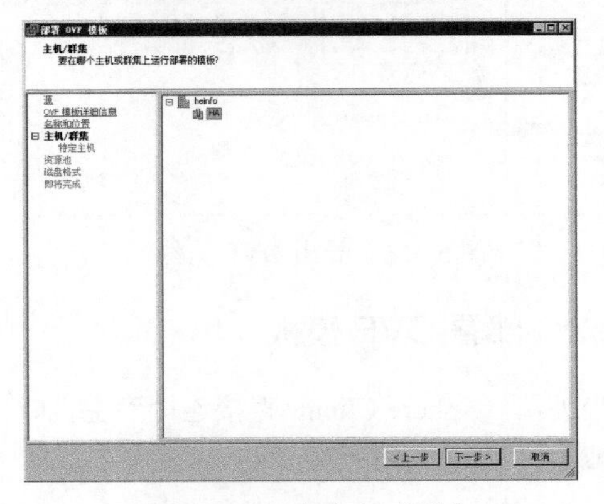

图 5-562　选择主机或群集

（6）在“资源池”对话框，选择要在其中部署模板的资源池，如图 5-563 所示。

（7）在“存储器”对话框，选择将虚拟机文件存储在何处，你可以根据需要选择，如图 5-564 所示。

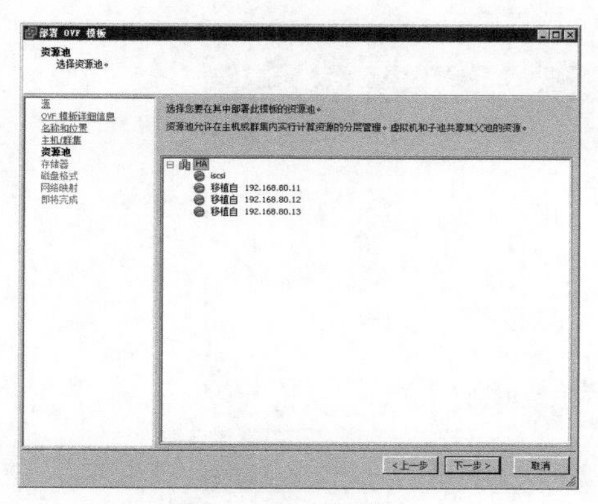

图 5-563　资源池

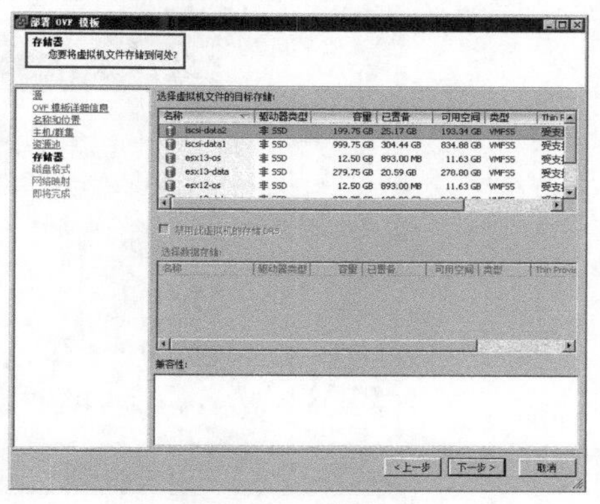

图 5-564　存储器

（8）在“磁盘格式”对话框，选择以何种格式存储虚拟磁盘，如图 5-565 所示。

（9）在“网络映射”对话框，选择已部署的虚拟机使用什么网络，如图 5-566 所示。

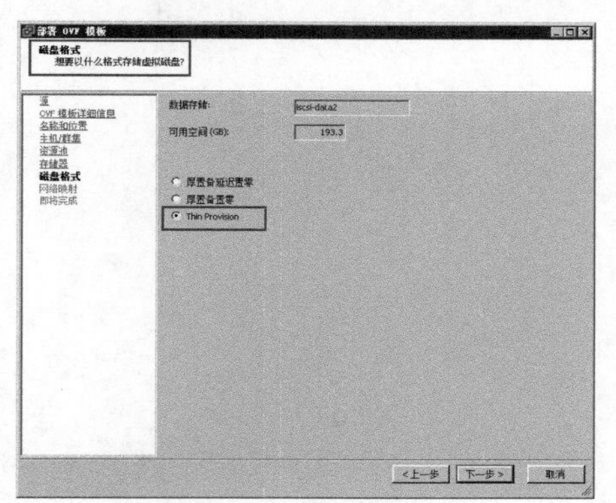

图 5-565　磁盘格式

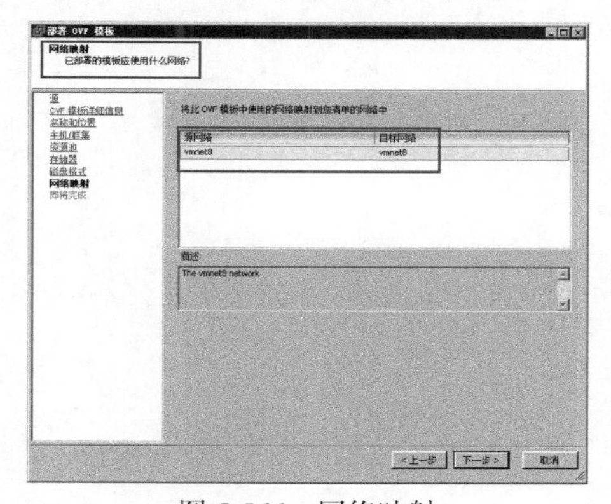

图 5-566　网络映射

（10）在“即将完成”对话框，显示了部署信息，检查无误之后，单击“完成”按钮，如图 5-567 所示。

（11）之后开始部署虚拟机，直到部署完成，如图 5-568 所示。

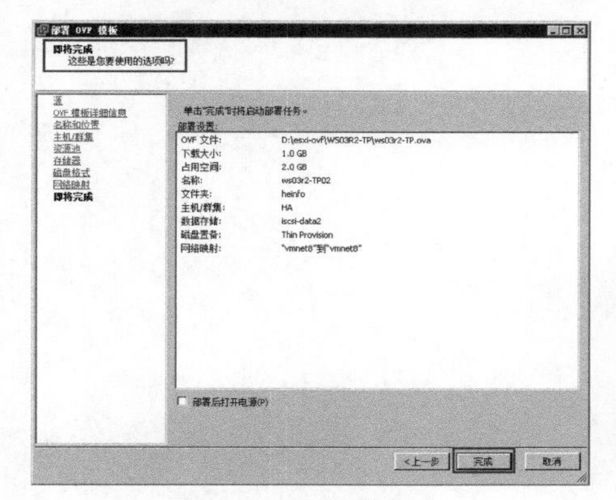

图 5-567　即将完成

图 5-568　部署完成

部署之后，虚拟机出现在清单中，如图 5-569 所示。

图 5-569　从模板部署虚拟机

第6章 使用vSphere Web Client管理vCenter Server与ESXi

VMware vSphere 可利用虚拟化功能将数据中心转化为简化的云计算基础架构，使 IT 组织能够提供灵活可靠的 IT 服务。

vSphere 的两个核心组件是 VMware ESXi 和 VMware vCenter Server。ESXi 是用于创建和运行虚拟机的虚拟化平台。vCenter Server 是一种服务，充当连接到网络的 ESXi 主机的中心管理员。vCenter Server 可用于将多个主机的资源加入池中并管理这些资源。vCenter Server 还提供了很多功能，用于监控和管理物理和虚拟基础架构。VMware 还以插件形式提供了其他 vSphere 组件，用于扩展 vSphere 产品的功能。

在上一章介绍了使用 vSphere 传统管理客户端（vSphere Client）管理 vSphere 的内容。但 vSphere 5.5 和更高版本中引入的所有新功能只能通过 Web 管理管理端（vSphere Web Client）实现，而传统的 vSphere Client 虽然继续运行，但只支持与 vSphere 5.0 相同的功能集。

如果要全面发挥 vSphere 6 的功能与特性，则需要使用 vSphere Web Client。本章将介绍这方面的内容。

vSphere Web Client，是基于 Web 的管理方式，大多数的功能、操作，与 vSphere Client 相同，只是管理的界面不同。所以本章主要讲解这些不同的地方，或者介绍 vSphere Web Client 的管理方式、方法。而 vSphere 虚拟化的一些知识，与 vSphere Client 是没有太大区别的。

6.1 虚拟化基本知识

与物理机一样，虚拟机是运行操作系统和应用程序的软件计算机。管理程序用作虚拟机的运行平台，并且可以整合计算资源。

每个虚拟机包含自己的虚拟（基于软件的）硬件，包括虚拟 CPU、内存、硬盘和网络接口卡。

称为管理程序的软件安装在虚拟化数据中心内的物理硬件上，并用作虚拟机平台。ESXi 是 vSphere 环境中的管理程序。管理程序根据需要动态为虚拟机提供物理硬件资源，以支持虚拟机的运行。通过管理程序，虚拟机可以在一定程度上独立于基础物理硬件运行。例如，可以在物理主机间移动虚拟机，或者将虚拟机的虚拟磁盘从一种类型的存储移至另一种存储，而不会影响虚拟机的运行。

由于虚拟机是从特定基础物理硬件解耦的，因此通过虚拟化可以将物理计算资源（如 CPU、内存、存储和网络）整合到资源池中，从而可以动态灵活地将这些资源池提供给虚拟机。通过相应的管理软件，例如 vCenter Server，还可以使用多种功能来提高虚拟基础架构的可用性和安全性。

6.1.1 vSphere 数据中心的物理拓扑

典型的 VMware vSphere 数据中心由基本物理构建块组成，例如，x86 虚拟化服务器、存储网络和阵列、IP 网络、管理服务器和桌面客户端。vSphere 数据中心拓扑包括下列组件。

（1）计算服务器。在裸机上运行 ESXi 的业界标准 x86 服务器。ESXi 软件为虚拟机提供资源，并运行虚拟机。每台计算服务器在虚拟环境中均称为独立主机。可以将许多配置相似的 x86 服务器组合在一起，并与相同的网络和存储子系统连接，以便提供虚拟环境中的资源集合（称为群集）。

（2）存储网络和阵列。光纤通道 SAN 阵列、iSCSI SAN 阵列和 NAS 阵列是广泛应用的存储技术，VMware vSphere 支持这些技术以满足不同数据中心的存储需求。存储阵列通过存储区域网络连接到服务器组并在服务器组之间共享。此安排可实现存储资源的聚合，并在将这些资源置备给虚拟机时使资源存储更具灵活性。

（3）IP 网络。每台计算服务器都可以有多个物理网络适配器，为整个 VMware vSphere 数据中心提供高带宽和可靠的网络连接。

（4）vCenter Server。vCenter Server 为数据中心提供单一控制点。它提供基本的数据中心服务，如访问控制、性能监控以及配置。它将各台计算服务器的资源统一在一起，使这些资源在整个数据中心中的虚拟机之间共享。其原理是：根据系统管理员设置的策略，管理虚拟机到计算服务器的分配，以及资源到给定计算服务器内虚拟机的分配。

在 vCenter Server 无法访问（例如，网络断开）的情况下（这种情况极少出现），计算服务器仍能继续工作。服务器可单独管理，并根据上次设置的资源分配继续运行分配给它们的虚拟机。恢复与 vCenter Server 的连接后，可以再次将数据中心作为一个整体进行管理。

（5）管理客户端。VMware vSphere 为数据中心管理和虚拟机访问提供多种界面。这些界面包括 vSphere Web Client（用于通过 Web 浏览器访问）或 vSphere 命令行界面(vSphere CLI)。

6.1.2 vSphere 软件组件

VMware vSphere 是用于虚拟化的软件组件套件。这些组件包括 ESXi、vCenter Server 以及在 vSphere 环境中实现许多不同功能的其他软件组件。

vSphere 包括以下软件组件：

（1）**ESXi**。VMware ESXi 是一种虚拟化平台，您可使用此平台将虚拟机创建为一组配置和磁盘文件，它们可共同执行物理机的所有功能。

通过 ESXi，可以运行虚拟机，安装操作系统，运行应用程序以及配置虚拟机。配置包括识别虚拟机的资源，如存储设备。服务器可提供引导程序、管理以及其他管理虚拟机的服务。

（2）**vCenter Server**。vCenter Server 充当连接到网络的 VMware ESXi 主机的中心管理员的服务。vCenter Server 指导虚拟机和虚拟机主机（ESXi 主机）上的操作。

vCenter Server 是一种 Windows 或 Linux 服务，安装后自动运行。vCenter Server 在后台持续

运行。即使没有连接任何 vSphere Web Client，也没有用户登录到 vCenter Server 所在的计算机，vCenter Server 也可执行监控和管理活动。它必须可通过网络访问其管理的所有主机，且运行 vSphere Web Client 的计算机必须能通过网络访问此服务器。

在大多数的生产环境中，推荐将 vCenter Server 安装在 ESXi 主机上的 Windows 虚拟机中，这样使其能够利用 VMware HA 提供的高可用性。

（3）**vCenter Single Sign-On** 。此服务是 vCenter Server 管理基础架构的一部分。vCenter Single Sign-On 身份验证服务允许各种 vSphere 软件组件通过安全的令牌交换机制相互通信，而不需要每个组件都要使用目录服务（如 Active Directory）分别对用户进行身份验证，从而使 VMware 云基础架构平台更加安全。

在安装 vCenter Single Sign-On 时，会部署以下组件：STS（安全令牌服务）、管理服务器、vCenter Lookup Service、VMware 目录服务。

（4）**vCenter Server 插件。**为 vCenter Server 提供额外特性和功能的应用程序。通常，插件由服务器组件和客户端组件组成。安装插件服务器之后，插件将在 vCenter Server 中注册，且插件客户端可供 vSphere Web Client 下载。在 vSphere Web Client 上安装了插件之后，它可能会添加与所增功能相关的视图、选项卡、工具栏按钮或菜单选项，从而改变界面的外观。

插件利用核心 vCenter Server 功能（如身份验证和权限管理），但有自己的事件、任务、元数据和特权类型。

某些 vCenter Server 功能以插件形式实现，并可使用 vSphere Web Client 插件管理器进行管理。这些功能包括 vCenter Storage Monitoring、vCenter Hardware Status 和 vCenter Service Status。

（5）**vCenter Server 数据库**。用于维护在 vCenter Server 环境中管理的每个虚拟机、主机和用户的状态的持久存储区域。vCenter Server 数据库相对于 vCenter Server 系统可以是远程的，也可以是本地的。

数据库在安装 vCenter Server 期间安装和配置。

如果直接通过 vSphere Web Client 访问 ESXi 主机，而不是通过 vCenter Server 系统和相关的 vSphere Web Client 访问，则不使用 vCenter Server 数据库。

（6）**tc Server**。很多 vCenter Server 功能以需要 tc Server 的 Web 服务形式实现。作为 vCenter Server 安装的一部分，tc Server 安装在 vCenter Server 计算机上。

需要 tc Server 才能运行的功能包括：CIM/“硬件状态”选项卡、性能图表、Web Access、“vCenter 存储监控”/“存储视图”选项卡、基于存储策略的服务和 vCenter 服务状态。

【说明】tc Server，Spring Source 的 tc Server 是一种 Web 应用服务器，它 100% 基于 Apache Tomcat，通过增通过增加企业级服务器应用程序管理以及监控各项功能实现增强，还提供专业支持服务。通过保持 100% 的 Tomcat 兼容性，tc Server 使 IT 部门可以将开发阶段在 Tomcat 上编写的应用程序无缝转换到大批量生产中。tc Server 不仅具有类似 Tomcat 的轻量级和模块化特性，还为开发环境提供了自动化和深入监控功能，从而可以加快开发速度并极大提高应用程序的调试和调整效率。

（7）**vCenter Server 代理。**可在每台受管主机上收集、传达和执行 vCenter Server 发送的操作的软件。vCenter Server 代理是在第一次将主机添加到 vCenter Server 清单时安装的。

（8）**主机代理**。可在每台受管主机上收集、传达和执行通过 vSphere Web Client 发送的操作的软件。它是在 ESXi 安装过程中安装的。

6.1.3 vSphere 的客户端界面

通过 vSphere 界面选项访问 vSphere 组件的方法有多种。vSphere 界面选项包括：

（1）vSphere Web Client 。vSphere Web Client 是可通过网络访问 vCenter Server 安装的计算机上安装的 Web 应用程序。vSphere Web Client 是用于连接和管理 vCenter Server 实例的主界面。

（2）vSphere Client 。vSphere Client 安装在可通过网络访问 ESXi 或 vCenter Server 系统安装的 Windows 计算机上。该界面上可能会显示略为不同的选项，具体取决于所连接的服务器类型。单个 vCenter Server 系统或 ESXi 主机可以支持多个同时连接的 vSphere Client。有关 vSphere Client 的详细信息，请参见本书第 5 章内容。

（3）vSphere 命令行界面。用于配置 ESXi 主机的命令行界面。

6.1.4 vSphere 受管清单对象

在 vSphere 中，清单是可对其设置权限、监控任务与事件并设置警报的虚拟和物理对象的集合。使用文件夹可以对大部分清单对象进行分组，从而更轻松地进行管理。

可以按用途重命名除主机之外的所有清单对象。例如，可按公司部门、位置或功能对它们进行命名。vCenter Server 监控和管理以下虚拟和物理基础架构组件：

（1）数据中心。与用于组织特定对象类型的文件夹不同，数据中心集合了在虚拟基础架构中开展工作所需的所有不同类型的对象：主机、虚拟机、网络和数据存储。在数据中心内，有四种独立的层次结构。

- 虚拟机（和模板）
- 主机（和群集）
- 网络
- 数据存储

数据中心定义网络和数据存储的命名空间。这些对象的名称在数据中心内必须唯一。例如，同一数据中心内不得有两个名称相同的数据存储，但两个不同的数据中心内可以有两个名称相同的数据存储。虚拟机、模板和群集在数据中心内不一定是唯一的，但在所在文件夹内必须唯一。

两个不同数据中心内具有相同名称的对象不一定是同一个对象。正因如此，在数据中心之间移动对象可能会出现不可预知的结果。例如，data_centerA 中名为 networkA 的网络可能与 data_centerB 中名为 networkA 的网络不是同一个网络。将连接至 networkA 的虚拟机从 data_centerA 移至 data_centerB 会导致虚拟机更改与其连接的网络。

受管对象也不能超过 214 个字节（UTF-8 编码）。

（2）群集。要作为一个整体运作的 ESXi 主机及关联虚拟机的集合。为群集添加主机时，主机的资源将成为群集资源的一部分。群集管理所有主机的资源。

如果在群集上启用 VMware EVC，则可以确保通过 vMotion 迁移不会因为 CPU 兼容性错误而失败。如果针对群集启用 vSphere DRS，则会合并群集内主机的资源，以允许实现群集内主机的资源平衡。如果针对群集启用 vSphere HA，则会将群集的资源作为容量池进行管理，以允许快速从主机硬盘故障中恢复。

（3）数据存储。数据中心中的基础物理存储资源的虚拟表示。数据存储是虚拟机文件的存储位置。这些物理存储资源可能来自 ESXi 主机的本地 SCSI 磁盘、光纤通道 SAN 磁盘阵列、iSCSI SAN 磁盘阵列或网络附加存储 (NAS) 阵列。数据存储隐藏了基础物理存储的特性，为虚拟机所需的存储资源呈现一个统一模式。

（4）文件夹。文件夹允许您对相同类型的对象进行分组，从而轻松地对这些对象进行管理。例如，可以使用文件夹跨对象设置权限和警报并以有意义的方式组织对象。

文件夹可以包含其他文件夹或一组相同类型的对象：数据中心、群集、数据存储、网络、虚拟机、模板或主机。例如，文件夹可以包含主机和含有主机的文件夹，但它不能包含主机和含有虚拟机的文件夹。

数据中心文件夹可以直接在 root vCenter Server 下形成层次结构，这使得用户可以采用任何便捷的方式对数据中心进行分组。每个数据中心内都包含一个虚拟机和模板文件夹层次结构、一个主机和群集文件夹层次结构、一个数据存储文件夹层次结构以及一个网络文件夹层次结构。

（5）主机。安装有 ESXi 的物理机。所有虚拟机都在主机上运行。

（6）网络。一组虚拟网络接口卡（虚拟网卡）、分布式交换机或 vSphere Distributed Switch，以及端口组或分布式端口组，将虚拟机相互连接或连接到虚拟数据中心之外的物理网络。连接同一端口组的所有虚拟机均属于虚拟环境内的同一网络，即使它属于不同的物理服务器。您可以监控网络，并针对端口组和分布式端口组设置权限和警报。

（7）资源池。资源池用于划分主机或群集的 CPU 和内存资源。虚拟机在资源池中执行并利用其中的资源。可以创建多个资源池，作为独立主机或群集的直接子级，然后将其控制权委派给其他个人或组织。

vCenter Server 通过 DRS 组件，提供各种选项来监控资源状态并对使用这些资源的虚拟机进行调整或给出调整建议。您可以监控资源，并针对它们设置警报。

（8）模板。虚拟机的主副本，可用于创建和置备新虚拟机。模板可以安装客户机操作系统和应用程序软件，并可在部署过程中自定义以确保新的虚拟机有唯一的名称和网络设置。

（9）虚拟机。虚拟化的计算机环境，可在其中运行客户机操作系统及其相关的应用程序软件。同一台受管主机上可同时运行多台虚拟机。

（10）vApp 。vSphere vApp 是用于对应用程序进行打包和管理的格式。一个 vApp 可包含多个虚拟机。

6.1.5　可选 vCenter Server 组件

可选 vCenter Server 组件随基本产品附带和安装，但可能需要单独的许可证。可选的 vCenter Server 功能包括：

（1）vMotion。VMotion 是一种可用于将正在运行的虚拟机从一个 ESXi 主机迁移到另一个 ESXi 主机上，并且不会中断服务的功能。它需要在源主机和目标主机上分别许可。vCenter Server 可集中协调所有 vMotion 活动。

（2）Storage vMotion。 该功能用于将运行中虚拟机的磁盘和配置文件从一个数据存储移至另一个数据存储，而不会中断服务。该功能需要在虚拟机的主机上获得许可。

（3）vSphere HA 。一种使群集具备 High Availability 的功能。如果一台主机出现故障，则该主机上运行的所有虚拟机都将立即在同一群集的其他主机上重新启动。

启用群集的 vSphere HA 功能时，需指定希望能够恢复的主机数。如果将允许的主机故障数指定为 1，vSphere HA 将使整个群集具备足够的容量来处理一台主机的故障。该主机上所有正在运行的虚拟机都能在其余主机上重新启动。默认情况下，如果启动虚拟机会与故障切换所需的容量发生冲突，则无法启动此虚拟机。

（4）vSphere DRS 。一种有助于改善所有主机和资源池之间的资源分配及功耗状况的功能。vSphere DRS 收集群集内所有主机和虚拟机的资源使用情况信息，并在出现以下两种情况之一时给出建议（或迁移虚拟机）：

- 初始放置位置——当您首次打开群集中的某个虚拟机的电源时，DRS 将放置该虚拟机或提出放置建议。
- 负载平衡——DRS 会尝试通过执行虚拟机的自动迁移 (vMotion) 或提供虚拟机迁移建议提高群集中的资源利用率。

vSphere DRS 包含分布式电源管理 (DPM) 功能。当 DPM 处于启用状态时，系统会将群集层以及主机层容量与群集内运行的虚拟机所需要的容量进行比较。然后，DPM 会根据比较的结果，推荐（或执行）一些可减少群集功耗的操作。

（5）存储 DRS。这是一种可用于将多个数据存储作为单个计算资源（称为数据存储群集）进行管理的功能。数据存储群集是多个数据存储聚合到一个逻辑、负载平衡池中的集合。可以将数据存储群集视为一个可变存储资源进行资源管理。可以将虚拟磁盘分配给数据存储群集，且存储 DRS 会为其找到相应的数据存储。负载平衡器会根据工作负载测量负责初始放置和后续迁移。存储空间平衡和 I/O 平衡可将降低虚拟机性能的空间不足风险和 I/O 瓶颈风险降到最低。

（6）vSphere Fault Tolerance（FT，容错）。vSphere Fault Tolerance 通过创建和维护与主虚拟机相同，且可在发生故障切换时随时替换主虚拟机的辅助虚拟机，来确保虚拟机的连续可用性。

6.1.6 vCenter Server 插件

vCenter Server 插件通过提供更多的特性和功能扩展 vCenter Server 的功能。一些插件随 vCenter Server 基本产品一起安装。

（1）vCenter 存储。监控允许您查看存储使用情况信息，并且允许您在 vCenter Server 中所有可用的存储实体之间对关系进行可视映射。

（2）vCenter 硬件状态。使用 CIM 监控显示 vCenter Server 管理的主机的硬件状态。

（3）vCenter Service Status。显示 vCenter 服务的状态。

一些插件并不与基本产品包装在一起，并且需要单独安装。您可以独立更新各插件和基本产品。VMware 模块包括：

（1）vSphere Update Manager (VUM)。可让管理员在 ESXi 主机和所有受管虚拟机上应用更新和修补程序。管理员可创建用户定义的安全基准来表示一组安全标准。安全管理员可将主机和虚拟机与这些基准进行比较，从而识别和修复不合规的系统。

（2）vShield Zones 。一种为 vCenter Server 集成构建的应用程序感知防火墙。vShield Zones 检查客户端-服务器通信和虚拟机之间的通信，以提供详细的流量分析方法和应用程序感知防火墙分区。vShield Zones 是用于保护虚拟化数据中心免遭基于网络的攻击和误用的关键安全组件。

（3）vRealize Orchestrator 。一种工作流引擎，可用于在 vSphere 环境内创建和运行自动工作流。vRealize Orchestrator 通过其开放插件架构协调多个 VMware 产品及第三方管理和管理解决方案之间的工作流任务。vRealize Orchestrator 提供了一个可扩展的工作流的库。您可以使用 vCenter Server API 中提供的任何操作来自定义 vRealize Orchestrator 工作流。

6.2 vSphere Web Client 基础操作

使用 vSphere Web Client 连接到 vCenter Server 系统并管理 vSphere 清单对象。

【说明】在上一章中，在某些操作的第一步，我们介绍的是“使用 vSphere Client 登录到 vCenter Server 或 ESXi”，这表示使用 vSphere Client（传统的 vSphere 客户端）可以登录到 vCenter Server，也可以使用 vSphere Client 直接登录到所想管理的 ESXi 主机。但在 vSphere Web Client 中，只能使用 vSphere Web Client 登录到 vCenter Server，不能使用 vSphere Web Client 登录到 ESXi 主机。

在使用 vSphere Web Client，vSphere Web Client 主机操作系统需要使用受支持的 Web 浏览器。在 vSphere 6.0 中，VMware 已经过测试，支持以下客户机操作系统和 vSphere Web Client 的浏览器版本，如表 6-1 所示。

表 6-1　受支持的客户机操作系统和 vSphere Web Client 的浏览器版本

操作系统	浏览器
32 位或 64 位 Windows	Microsoft Internet Explorer 10 和 11 Mozilla Firefox：最新的浏览器版本，以及在发布 vSphere 6.0 时的前一个版本(Firefox 35.0.1) Google Chrome：最新的浏览器版本，以及在发布 vSphere 6.0 时的前一个版本（版本 39.0.2171.75）
Mac OS	Mozilla Firefox：最新的浏览器版本，以及在发布 vSphere 6.0 时的前一个版本 Google Chrome：最新的浏览器版本，以及在发布 vSphere 6.0 时的前一个版本

这些浏览器的更高版本也许可用，但尚未经测试。

vSphere Web Client 要求为浏览器安装 Adobe Flash Player 11.9 或更高版本以及适当的插件。在 Windows 8 及其以上操作系统中已经集成 Flash，但在服务器版本例如 Windows Server 2012、Windows Server 2012 R2 中，默认并没有启用 Flash 插件，需要启用“桌面体验”功能，才能启用 Flash 功能。

vSphere Web Client 是一个“多语言”的界面，在默认情况下，vSphere Web Client 会自动侦测当前系统所使用的语言版本，并以当前语言版本显示，但如果显示的语言不对，例如当前在中文的系统中，显示的是英文界面，请更换浏览器试试。例如在中文版的 Windows 中，使用 Chrome 浏览器时登录 vSphere Web Client，有时会显示英文的界面。

基于 Web 界面的 vSphere Web Client 与传统的 vSphere Client，都能实现对 vSphere vCenter Server 及 ESXi 主机的管理，但最大区别，或者说特点，我感觉：

基于 Web 方式的 vSphere Web Client，因为是基于 Web 的方式，所以在 Web 管理界面中，对于一些关键词、术语与功能，可以添加“超链接”，管理员通过单击这些“超链接”就可以快速跳转到对应的功能或配置界面。这是基于 Web 管理方式最大 的特点。另外，从 vSphere 5.5 开始，VMware

重点发展 vSphere Web Client，传统的 vSphere Client 不再发展。在 vSphere 的一些新功能、新特点，也只能通过 Web 客户端（vSphere Web Client）进行管理。

6.2.1 实验环境概述

在下面的操作中，我们将管理一个具有 3 台主机的 vSphere 数据中心，这个数据中心的拓扑如图 6-1 所示。

在该 vSphere 数据中心中，vCenter Server 的 IP 地址是 172.16.16.20，三台 ESXi 主机的 IP 地址分别是 172.16.16.1、172.16.16.2、172.16.16.3，这三台主机连接到一台使用 SAS 线连接的共享存储，所有的虚拟机（包括 vCenter Server 本身虚拟机）都保存在共享存储中。如果你的 IP 地址与此示例不同，请在做验证操作时，用你的 vCenter Server 的 IP 地址及 ESXi 主机地址，代替本章中对应的 IP 地址，例如，你可以做一个如下的对应表，如表 6-2 所示。

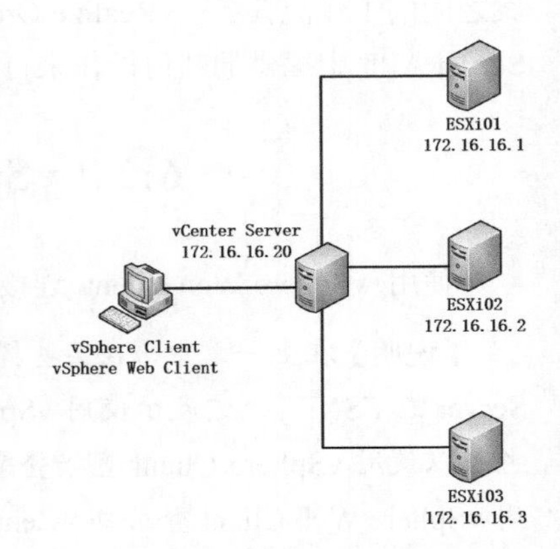

图 6-1 示例数据中心

表 6-2 图书中 IP 地址与实际环境（或实验环境）中的 IP 地址对应关系

说　明	书中示例 IP 地址	你的实验环境 IP
vCenter Server	172.16.16.20	你的 vCenter Server 计算机 IP 地址
第 1 台 ESXi 主机 IP 地址	172.16.16.1	你的第一台 ESXi 主机 IP 地址
第 2 台 ESXi 主机 IP 地址	172.16.16.2	你的第二台 ESXi 主机 IP 地址
第 3 台 ESXi 主机 IP 地址	172.16.16.3	你的第三台 ESXi 主机 IP 地址

6.2.2 登录与注销 vCenter Server

vSphere 管理员通过使用 vSphere Web Client 登录到 vCenter Server 可管理 vSphere 清单。

【说明】

如果您想要将 vCenter Server 5.0 与 vSphere Web Client 一起使用，请验证是否已向 vSphere Web Client 注册了 vCenter Server 5.0 系统。

如果您想要将 vCenter Server 5.1 或 vCenter Server 5.5 与 vSphere Web Client 一起使用，请验证是否安装了 vCenter Server，以及 vCenter Server 和 vSphere Web Client 是否指向同一 vCenter Single Sign-On 实例。

在 vSphere 6.0 中，vSphere Web Client 将作为 vCenter Server 的一部分或 vCenter Server Appliance 部署的一部分安装在 Windows 上。这样可保证 vSphere Web Client 始终指向同一 vCenter Single Sign-On 实例。

使用 vSphere Web Client 登录到 vCenter Server 的步骤如下。

（1）打开 Web 浏览器，然后输入 vSphere Web Client 的 URL 地址，该地址是 https://（vCenter Server 的 IP 地址或名称）/vsphere-client。如果你不能记住后面的“vSphere-client”，你可以直接在 Web 浏览器中输入 vCenter Server 的 IP 地址，则会弹出导航页，在此页面中单击“登录到 vSphere Web Client”链接，可以打开 vSphere Web Client 登录页，如图 6-2 所示。

【说明】 在 vSphere 5.5 版本中，vSphere Web Client 的默认端口是 9443，而在 vSphere 6 中，该端口采用了默认的 SSL 的 443 端口。

（2）在 vSphere Web Client 登录页，输入具有 vCenter Server 权限的用户的凭据，然后单击“登录”按钮，如图 6-3 所示。

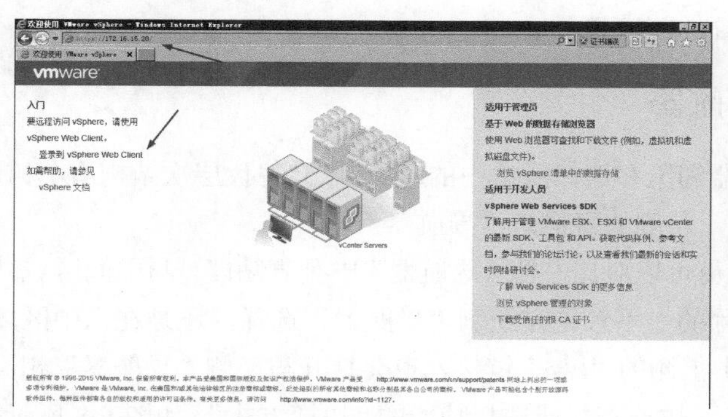

图 6-2 登录到 vCenter Server 导航页

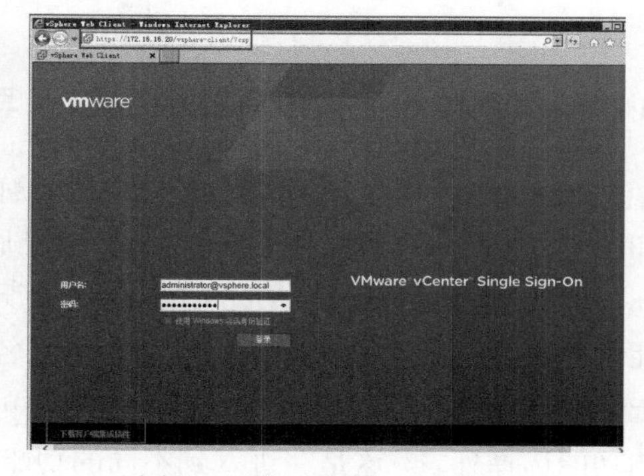

图 6-3 登录 vCenter Server

【说明】 在刚安装完 vCenter Server 之后，在第一次登录时，应该使用安装“vCenter Single Sign-On”时设置的账户和密码，该账户默认为 administrator@vspherer.local，而该账户的密码是一个具有同时包括了大写字母、小写字母、数字、特殊字符并且长度至少为 8 位的复杂密码，详细信息请参看本书第 5 章对应的内容。

（3）在登录到 vCenter Server 时，如果显示有关不可信的 SSL 证书的警告消息，例如弹出“此网站的安全证书有问题”，单击“继续浏览此网站(不推荐)”链接继续，如图 6-4 所示。

（4）当输入正确的用户名与密码之后，登录到 vCenter Server，如图 6-5 所示。在左侧的列表是 vSphere Web Client 导航器。

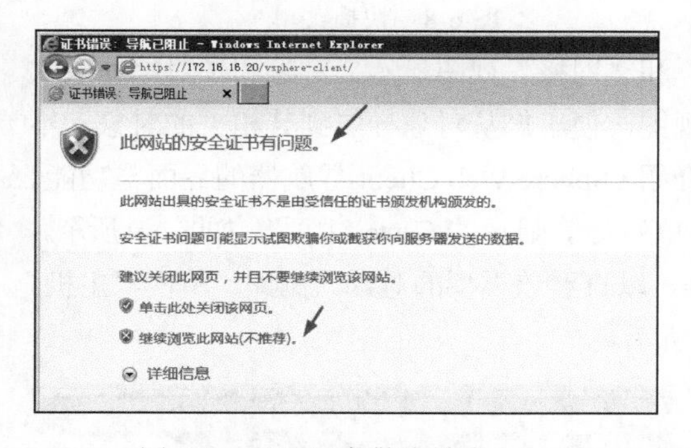

图 6-4 SSL 证书警告消息

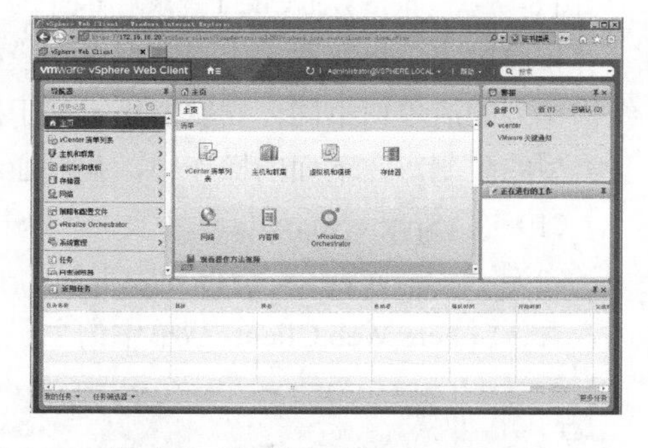

图 6-5 登录到 vCenter Server

（5）当 vSphere 管理员不在使用 vCenter Server 或不在管理 vCenter Server 及 ESXi 时，为了安全，请注销当前与 vCenter Server 的连接。在 vSphere Web Client 会话的右上侧区域，显示的是当前登录的用户名，单击该用户名区域，在弹出的快捷菜单中选择“注销”命令，即可以注销当前会话，如图 6-6 所示。

图 6-6　注销

6.2.3　使用 vSphere Web Client 导航器

在 vSphere Web Client 中，您可使用导航器浏览和选择清单中的对象，以此替代层次结构清单树。如图 6-7 所示，在登录到 vCenter Server 之后，左侧的窗格是“导航器”。

在初次使用 vSphere Web Client 时，管理员可以对比左侧“导航器”中列表功能，与中间区域功能有“重合”或“重名”的地方，有相同名称的，不管是在左侧“导航器”选择，还是在当中区域选择，都会进入相同的功能列表。另外，单击上側的“ ”链接，也会打开与左侧“导航器”相同的功能选择列表，这是在进入到不同的功能后，快速查找或选择功能的“快捷方式”，如图 6-8 所示。在此下拉列表中单击“主页”即可返回到图 6-7 的页面。

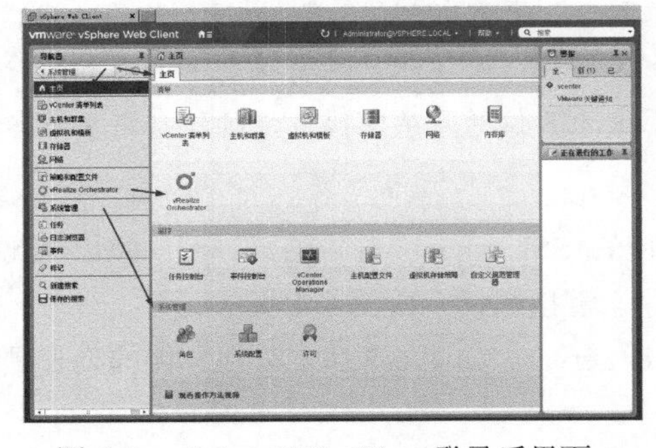

图 6-7　vSphere Web Client 登录后界面

图 6-8　快捷菜单

与通过“主机和群集”、“虚拟机和模板”、“存储”和“网络”视图显示父对象和子对象的层次结构排列的清单树不同，导航器显示基于图形的清单视图，便于您从对象导航到其相关的对象，不受类型的限制。在下面的操作中，我们通过一些示例介绍 vSphere Web Client 导航器的界面与功能。

（1）在 vSphere Web Client 主页中，单击“vCenter 清单列表”，显示“vCenter 主页”，如图 6-9 所示。

（2） 单击 vCenter 清单列表下面的一个对象类别，以查看该类型的对象。例如，单击“主机”可查看 vSphere Web Client 清单中的主机，如图 6-10 所示。

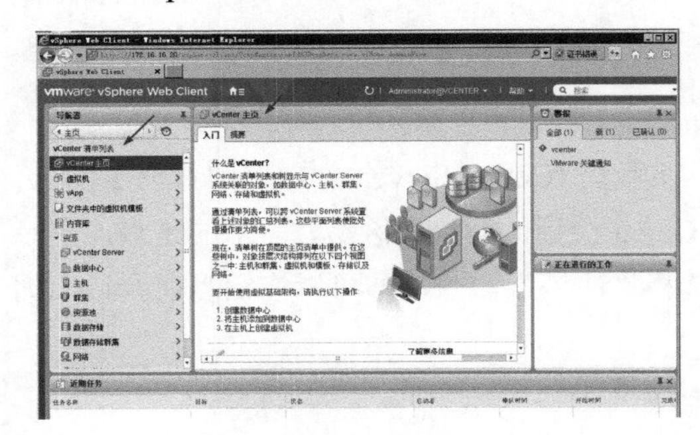

图 6-9　vCenter 主页

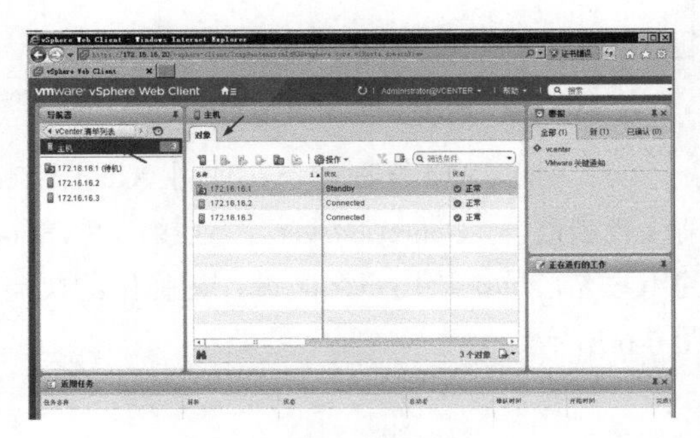

图 6-10　清单

（3）单击一次列表中的对象，例如单击某个具体主机，即可在 vSphere Web Client 的中心窗格中显示有关该对象的信息，如图 6-11 所示。对于“主机”来说，可以在中心窗格中显示的信息有“入门、摘要、监控、管理、相关对象”等 4 项信息，具体信息与所选择的对象有关。

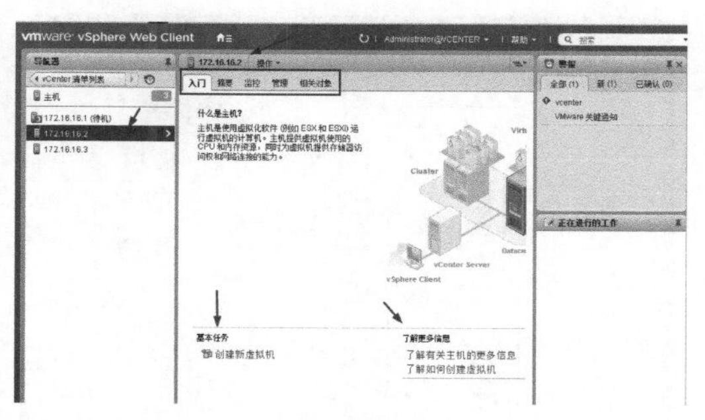

图 6-11　主机信息

（4）再次单击该对象可将其打开，打开对象会将其置于导航器顶部，其下方会显示相关对象类别。例如，打开某个主机可查看与该主机关联的子资源池、虚拟机、vApp、数据存储、标准网络、Distributed Switch 和分布式端口组。如图 6-12 所示。

（5）单击中心窗格中的某一个选项卡以查看其他信息和操作，如图 6-13 所示。

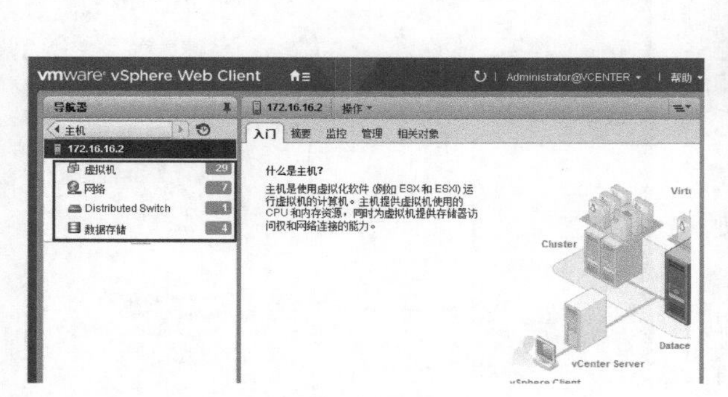

图 6-12　打开主机对象

图 6-13　摘要

【说明】在导航器中选择不同的对象时，在中心窗格显示的信息会根据选择的对象不同，会有不同的显示。这些可能的信息如表 6-3 所示。

表 6-3　中心窗格中的选项及描述

选　项	描　述
入门	查看介绍信息并查看基本操作
摘要	查看对象的基本状态和配置
监控	查看对象的警报、性能数据、资源分配、事件及其他状态信息
管理	配置设置、警报定义、标记和权限
相关对象	查看相关对象

（6）在每个选项卡中，还会有二级“子”选项卡或对应的功能清单，例如在（某台主机）“管理”选项卡中可以看到包括“设置、网络、存储器、警报定义、标记、权限”等选项，如图 6-14 所示。

（7）在（某个具体主机）“相关对象”选项卡中，可以看到“虚拟机、文件夹中的虚拟机模板、网络、Distributed Switch、数据存储”等选项卡，如图 6-15 所示。

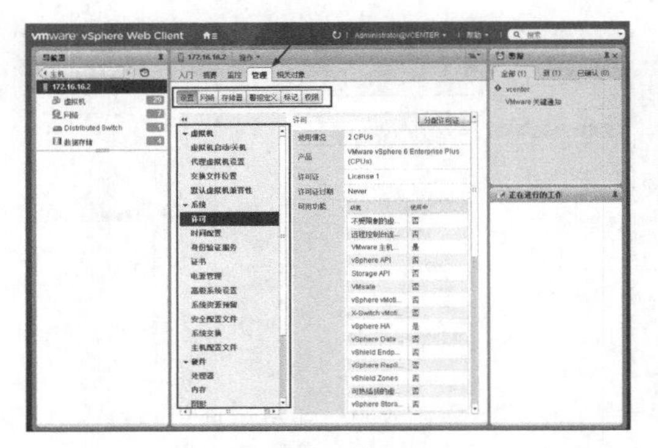

图 6-14　管理

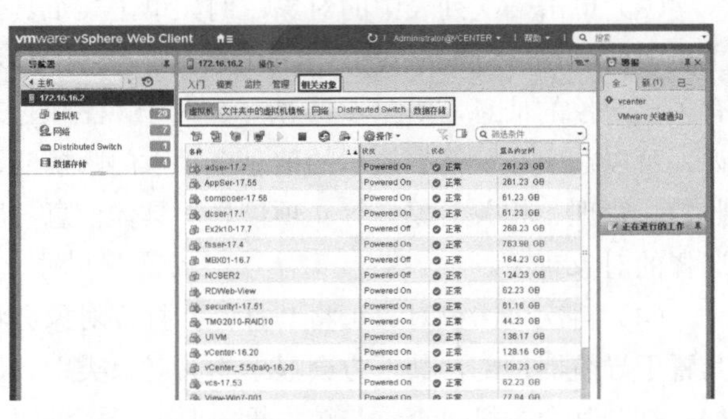

图 6-15　相关对象

6.2.4　使用 vSphere Web Client 清单树

您可使用 vSphere Web Client 中的“清单树”代替导航器来浏览和选择对象。清单树可通过四种不同的视图显示对象的层次结构排列：主机和群集、虚拟机和模板、存储或网络。

（1）在 vSphere Web Client 主页中，单击“（主页）”链接可以看到“vCenter 清单列表”，如图 6-16 所示。

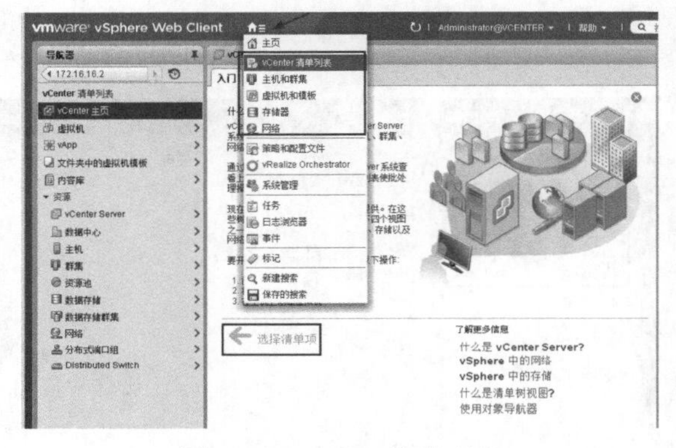

图 6-16　vCenter 清单列表

（2）在清单树下，单击四个类别之一（主机和群集、虚拟机和模板、存储或网络）显示一个树视图，例如选择“虚拟机和模板”，之后单击该对象旁边的三角形以展开树并显示子对象，如图 6-17 所示。

（3）在清单树中选择一个对象以在中心窗格中显示有关该对象的信息，例如在清单树中选择一个主机，在中心窗格中可以看到该对象的信息，如图 6-18 所示。

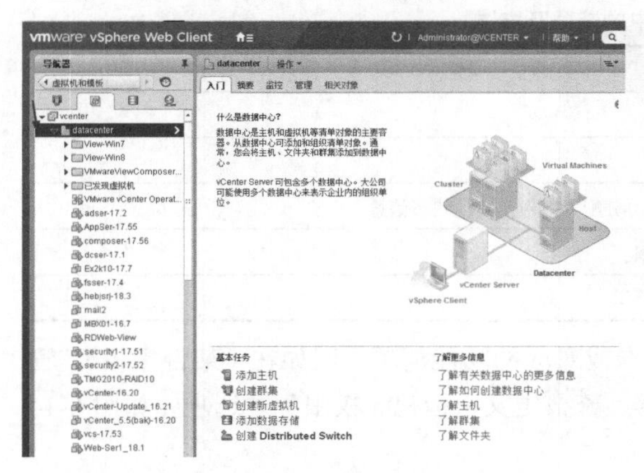

图 6-17　显示子对象

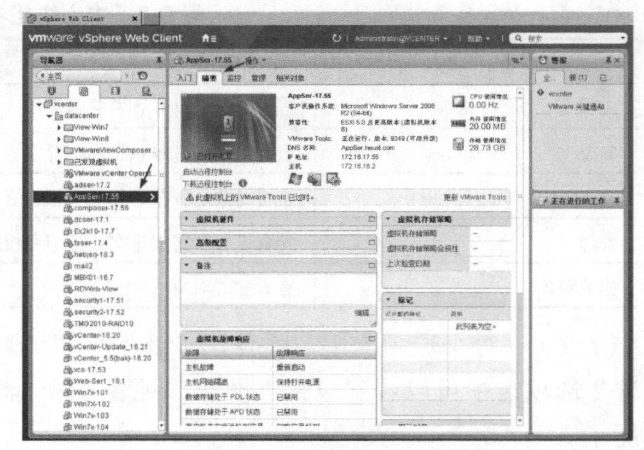

图 6-18　查看对象信息

（4）单击中心窗格中的某一个选项卡以查看其他信息和操作，这些信息可以参考上文中的表 6-3。

6.2.5　自定义用户界面

可以自定义 vSphere Web Client 的外观以改善您在执行任务时的体验。在自定义用户界面后，vSphere Web Client 会保存单个用户界面自定义。

重新排列用户界面的组件。您可以重新排列 vSphere Web Client 用户界面中的侧栏。通过自定义 vSphere Web Client 用户界面，可以在内容区域中移动侧栏和导航器窗格以增强用户个人体验。您可以随时更改界面。

（1）更改的方法也比较简单，将鼠标悬停在侧栏上时，会显示两种类型的箭头。当鼠标从 UI 的一部分悬停到另一部分时，按下左键左右调整窗口的大小，如图 6-19 所示。

（2）如果要调整窗口的位置，你可要用鼠标左键拖动一个窗格到其他位置，再松开鼠标左键即可，如图 6-20 所示。

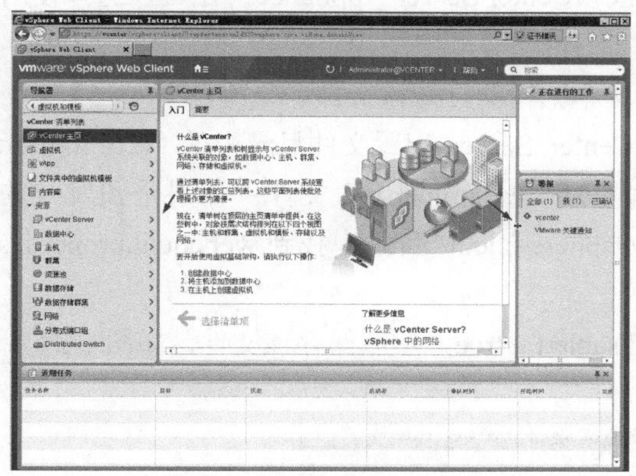

图 6-19　调整窗口大小

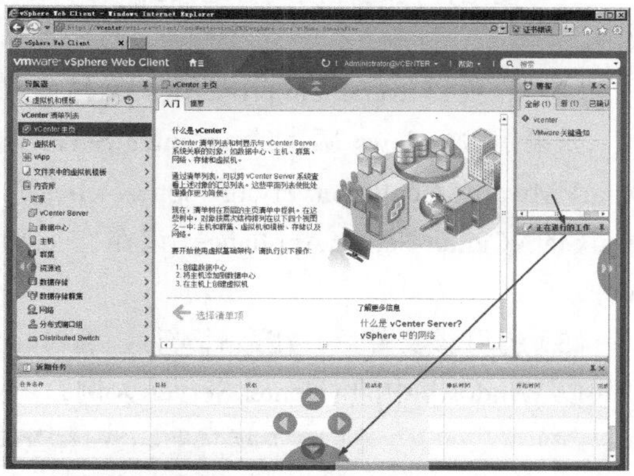

图 6-20　选中一个窗口移动

（3）移动之后如图 6-21 所示。

在 vSphere Web Client 中，通过选择隐藏或显示不同的侧栏，可以自定义 vSphere Web Client 用户界面。

（1）在 Web 浏览器中，登录到 vSphere Web Client。

（2）单击 vSphere Web Client 窗口顶部的用户名，然后选择“布局设置”，如图 6-22 所示。

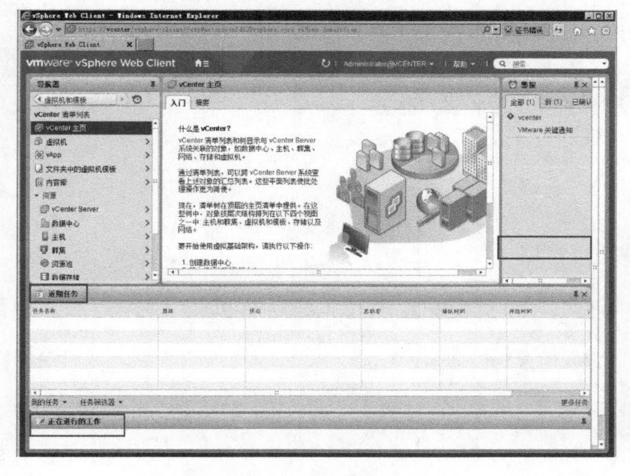

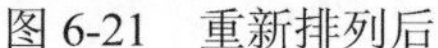

图 6-21　重新排列后

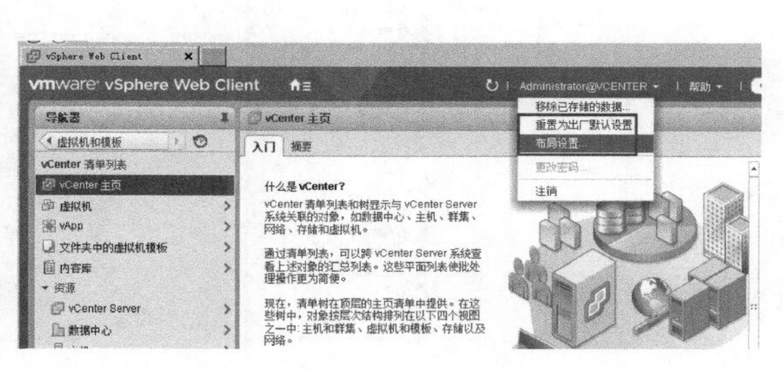

图 6-22　布局设置

【说明】如果选择“重置为出厂默认设置”，则会将当前显示布局恢复为刚安装完 vCenter Server 之后的初始界面。

（3）在“布局设置”窗口中，选择希望 UI 显示的侧栏，如果你以前关闭了“近期任务”或“警报”，可以将其重新选中，如图 6-23 所示。之后单击“确定”以保存更改。

【说明】如果选择“重置为默认布局”，则会将当前显示布局恢复为刚安装完 vCenter Server 之后的初始界面。

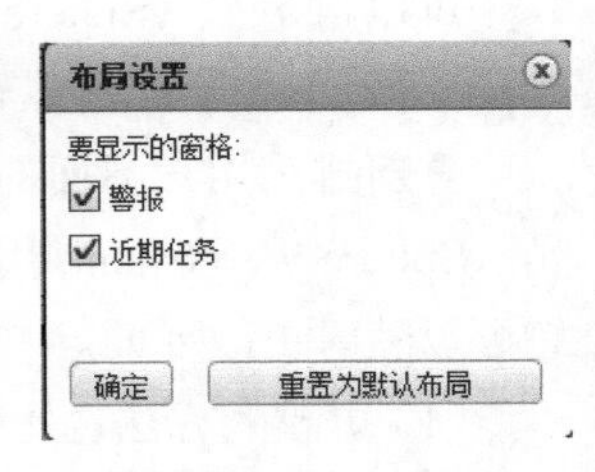

图 6-23　布局设置

如果不想让用户更改布局，可以通过更改 vCenter Server 或 vCenter Server Appliance 的 webclient.properties 文件，可以禁用可自定义的用户界面功能。

（1）使用任何远程控制台连接到 vCenter Server 或 vCenter Server Appliance，还可以选择使用 SSH。

（2）导航到 webclient.properties 文件，然后使用文本编辑器打开该文件。

如果是 Windows 版本的 vCenter Server，请在 vCenter Server 配置文件目录中的“C:\Program Data\VMware\vCenterServer\cfg\vsphere-client”中找到 webclient.properties 文件；如果是预发行的 Linux 的 vCenter Server Appliance，请在“ /etc/vmware/vsphere-client”目录中找到 webclient.properties 文件。

（3）打开该文件后，在最后一行，输入 docking.disabled = true，然后保存该文件，如图 6-24 所示（以 Windows 中的 vCenter Server 为例）。

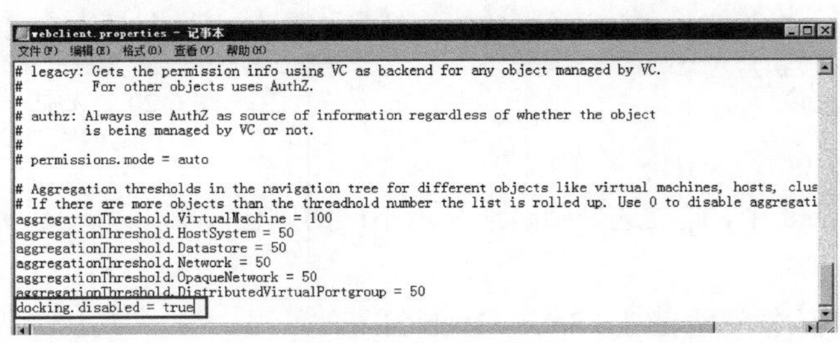

图 6-24　添加配置行

（4）之后将不能调整界面布局，如图 6-25 所示，拖动之后没有移动的选项。

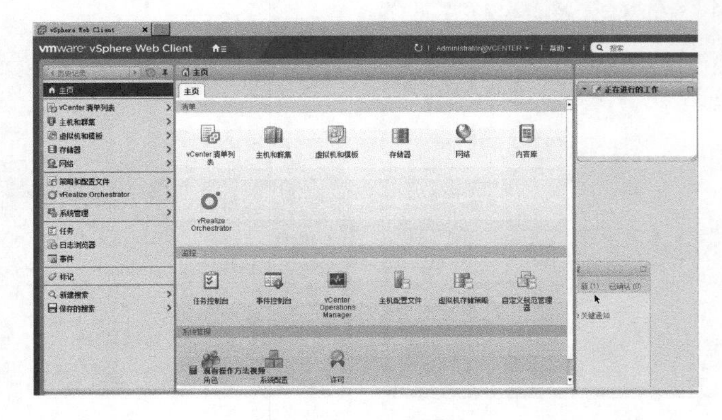

图 6-25　不能拖动

6.2.6 安装客户端集成插件

借助客户端集成插件，可在 vSphere Web Client 中访问虚拟机控制台，也可访问其他 vSphere 基础架构功能。

借助客户端集成插件，您还能使用 Windows 会话凭据登录到 vSphere Web Client。

您可使用客户端集成插件部署 OVF 或 OVA 模板，并使用数据存储浏览器传输文件。您也可使用客户端集成插件将客户端计算机上的虚拟设备连接到虚拟机。

在同一台计算机上，仅需要安装一次客户端集成插件，就可以启用插件提供的所有功能。在安装之前，必须关闭所有 Web 浏览器后再安装插件。

在没有安装客户端集成插件的计算机中，打开 Web 浏览器登录 vSphere Web Client 时，在左下角会有“下载客户端集成插件”的链接，如图 6-26 所示。

单击这个链接即可直接从 VMware 官方网站下载对应版本的客户端集成插件。vSphere 客户端集成插件的下载地址是 http://vsphereclient.vmware.com/vsphereclient/VMware-ClientIntegrationPlugin-6.0.0.exe，管理员可以下载后，将其放到内部的文件服务器或共享文件夹中，供其他管理员下载使用。另外，在预发行的 vCenter Server Appliance 安装光盘中，也有这个客户端集成插件。

关于客户端集成插件的安装，本章不做介绍，有需要的读者可以参考本书第 4 章“4.5.1 部署具有嵌入式 Platform Services Controller 的 vCenter Server Appliance”一节，这一节介绍了客户端集成插件的安装。

【注意】 如果从 Internet Explorer 浏览器安装客户端集成插件，必须先在您的 Web 浏览器上禁用保护模式并启用弹出窗口。Internet Explorer 会将客户端集成插件视为在 Internet 而非本地内联网上。在这种情况下，插件无法正确安装，因为启用了 Internet 的保护模式。

如果你在安装了“客户端集成插件”之后，再次打开 Internet 浏览器的时候，如果左下角还是有“下载客户端集成插件”的提示，并且“使用 Windows 会话身份验证”是虚的，不能选，如图 6-27 所示。

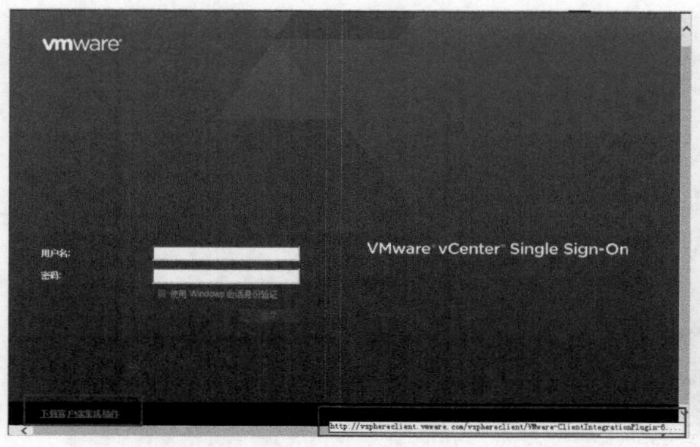

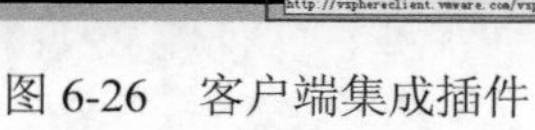
图 6-26 客户端集成插件

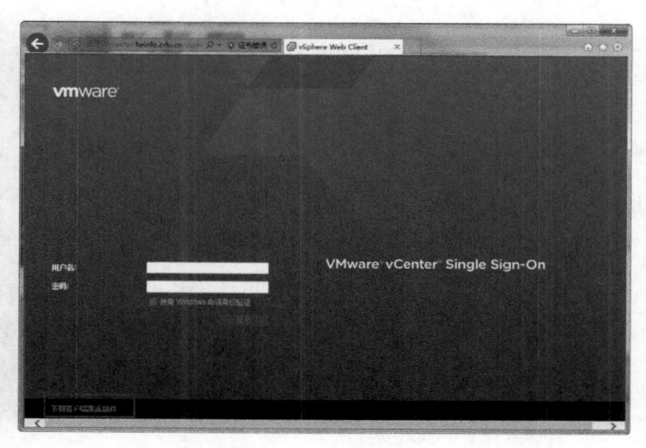

图 6-27 客户端集成插件没有启用

如果你的计算机出现这种情况，请按照如下的方法设置，步骤如下。

（1）在 IE 浏览器中，进入“Internet 选项”，如图 6-28 所示。

（2）在“高级”选项卡中，选中“允许活动内容在‘我的电脑’的文件中运行”以及“允许运行或安装软件，即使签名无效”，如图 6-29 所示。

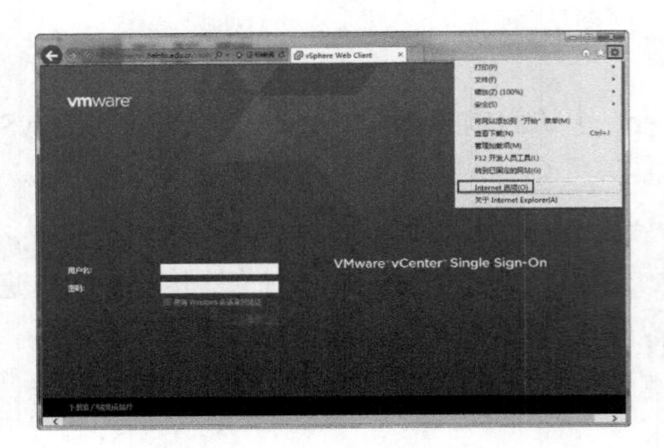

图 6-28　Internet 选项

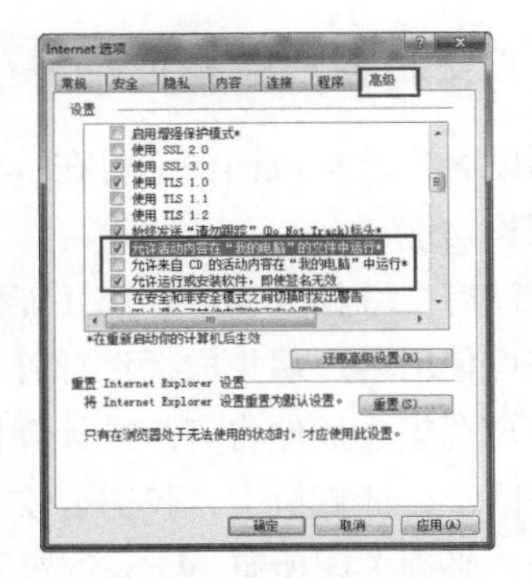

图 6-29　高级选项

（3）在“安全”选项卡中，选中“本地 Intranet”，单击“默认级别”，将该区域的允许级别设置为“低”，然后单击“站点”按钮，如图 6-30 所示。

（4）在打开“本地 Intranet”对话框，单击“高级”按钮，在弹出的对话框中“将该网站添加到区域”，将当前 vCenter Server 的 vSphere Web Client 访问地址，添加到列表中，然后单击“关闭→确定”按钮返回，如图 6-31 所示。

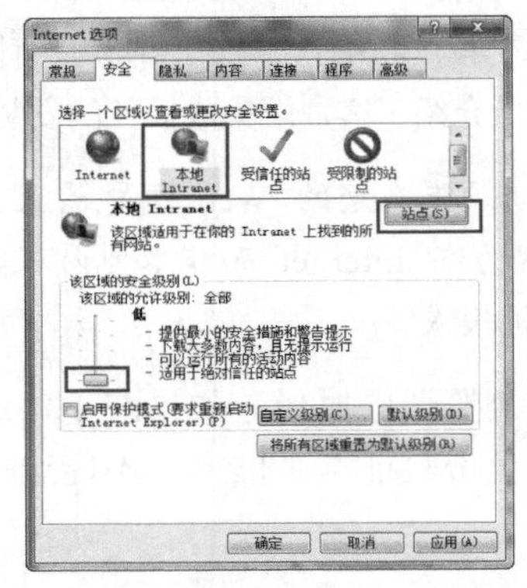

图 6-30　本地 Intranet 选项

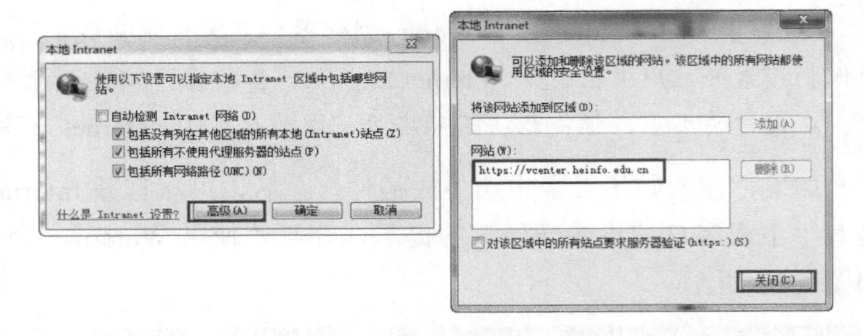

图 6-31　将 vCenter Server 访问地址添加到 Intranet 列表

（5）然后返回到“Internet 选项”，单击“确定”按钮关闭。如图 6-32 所示。

关闭 IE 浏览器，再次打开 IE 浏览器，登录 vSphere Web Client，此时“使用 Windows 会话身份验证”前面选项可用，表示“客户端集成插件”已经启用，如图 6-33 所示。

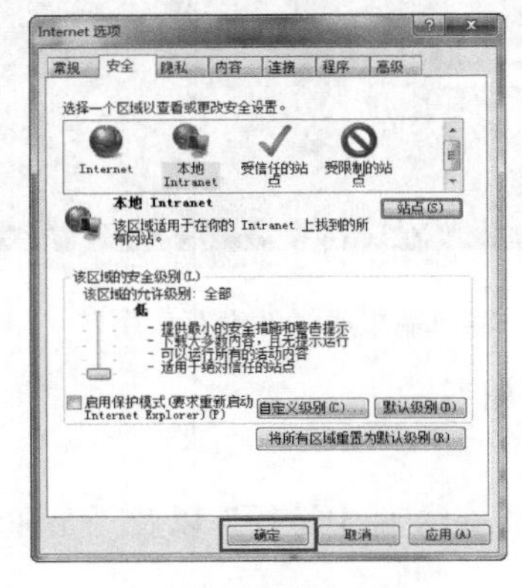

图 6-32　完成设置

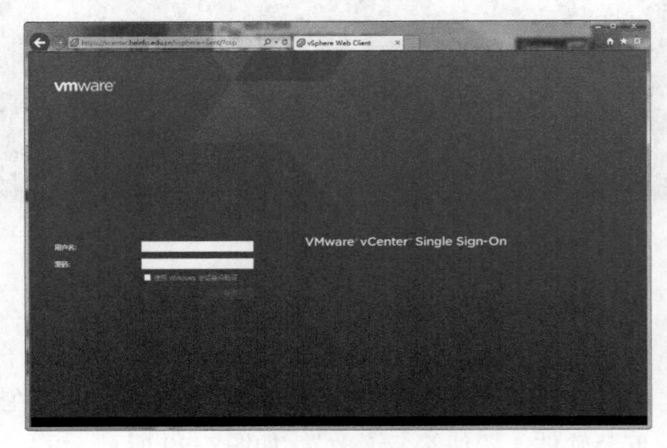

图 6-33　客户端集成插件可用

6.2.7　下载远程控制台

在 vSphere Web Client 中，如果要启动虚拟机的控制台，一般有两种方法。第一种是直接在 Web 浏览器中启动，另一种是安装“远程控制台”，在非 Web 浏览器中启动。

（1）使用 vSphere Web Client 登录到 vCenter Server，在“清单树”或“导航器”中选中一个已经打开电源的虚拟机，在“摘要”选项卡，可以看到虚拟机的“预览”界面，如图 6-34 所示。

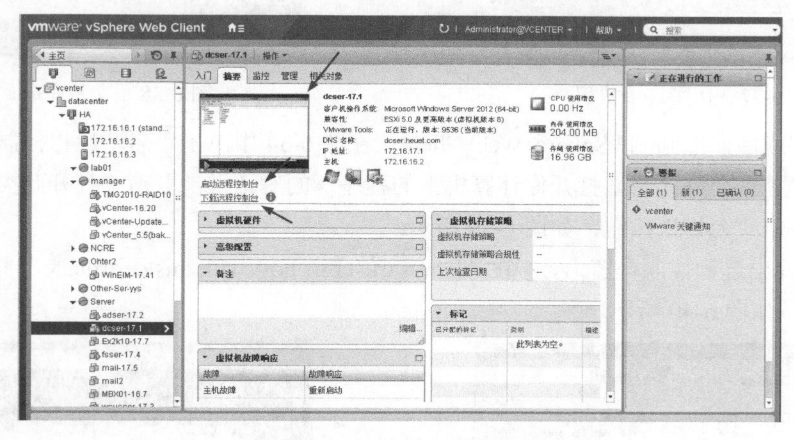

图 6-34　虚拟机预览窗口

（2）在图 6-34 中，单击这个预览窗口，会新弹出一个浏览器的窗口，并在新的窗口中，打开虚拟机的控制台界面，如图 6-35 所示。

在这个窗口中，右上角有进入全屏的按钮，以及发送“Ctrl+Alt+Del”按键的命令。

（3）如果在图 6-34 中，单击“下载远程控制台”，将会进入 VMware 官方“VMware 远程控制台”的下载页（下载链接为 https://my.vmware.com/web/vmware/details?downloadGroup= VMRC70&productId=353），如图 6-36 所示。需要注意，VMware 远程控制台包括用于 Windows 及 Mac 两种操作系统的版本，请根据你的客户端操作系统进入下载。另外，下载这个软件需要有 VMware 的账户，你可以免费注册一个账户进行下载。

图 6-35　虚拟机控制台界面

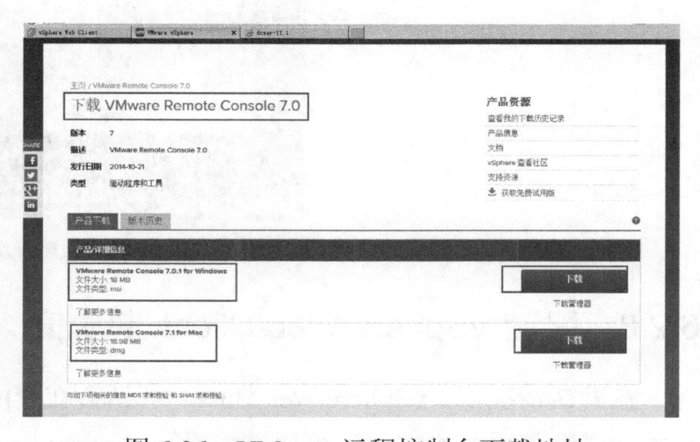

图 6-36　VMware 远程控制台下载地址

（4）下载之后，运行远程控制台安装程序。安装比较简单，按照向导选择默认值即可完成安装，如图 6-37、图 6-38 所示。

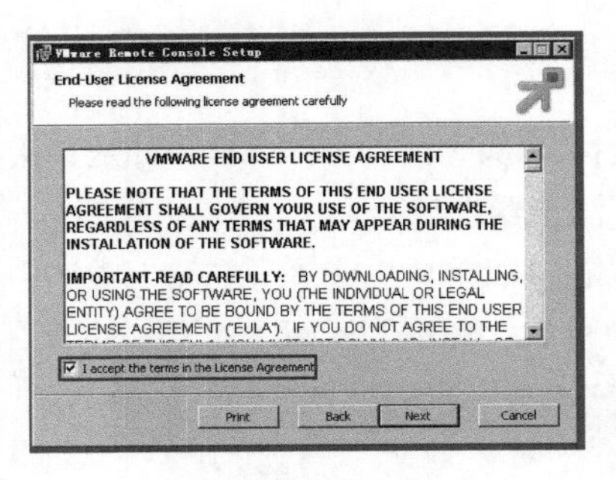

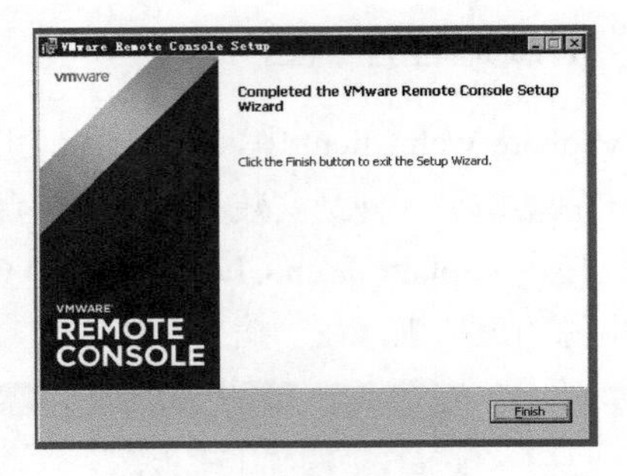

图 6-37　接受许可协议　　　　图 6-38　安装完成

（5）安装完成后，返回到 vSphere Web Client，在图 6-34 中单击“启动远程控制台”链接，此时会弹出一个“是否允许此网站打开你计算机上的程序”的对话框，取消“打开此类地址前总是询问”的选项，单击“允许”按钮，如图 6-39 所示。

（6）之后会弹出远程控制台窗口，选中“Always trust this host with this certificate”，并单击“Connect Anyway”按钮，如图 6-40 所示。

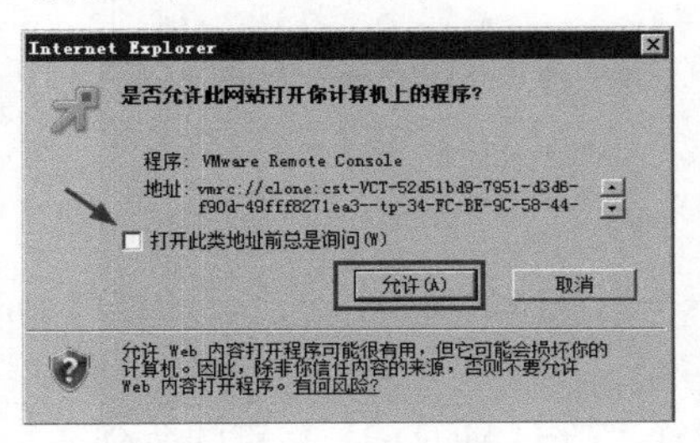

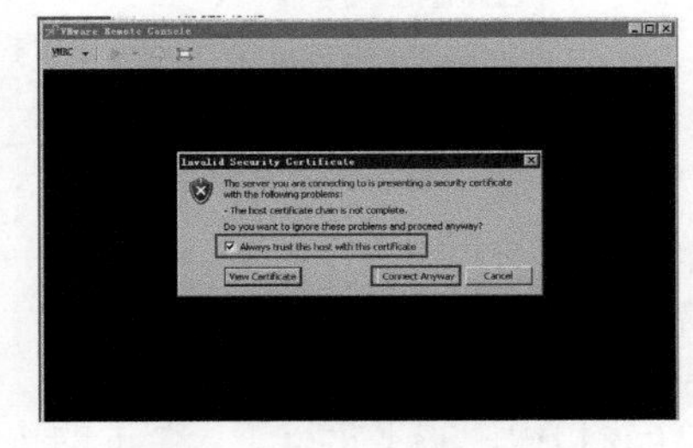

图 6-39　允许打开程序　　　　图 6-40　信任证书并总是连接

（7）之后会用远程控制台程序，打开所选中的虚拟机，如图 6-41 所示。

图 6-41　虚拟机控制台

6.2.8　配置 vSphere Web Client 超时值

在默认情况下，vSphere Web Client 会话会在空闲时间达到 120 分钟后终止，要求用户再次登录才能继续使用客户端。您可通过编辑 webclient.properties 文件来更改超时值。

（1）在安装 vCenter Server 的计算机上，找到 webclient.properties 文件。该文件的位置取决于 vSphere Web Client 安装到的操作系统。

如果是 Windows 版本的 vCenter Server，请在 vCenter Server 配置文件目录中的“C:\ProgramData\

VMware\vCenterServer\cfg\vsphere-client”中找到 webclient.properties 文件；如果是预发行的 Linux 的 vCenter Server Appliance，请在“ /etc/vmware/vsphere-client”目录中找到 webclient.properties 文件。

（2）打开这个文件后，查找 session.timeout = value 这一行，其中 value 是以分钟为单位的超时值，如图 6-42 所示。如有必要，取消该行的注释。

【说明】要设置从不超时的客户端，请将超时的值指定为负数或 0。

例如，要将超时值设置为 60 分钟，请包含行 session.timeout = 60。

（3）修改之后，保存退出，之后重新启动 vSphere Web Client 服务。如果在 Windows 操作系统上，重新启动 VMware vSphere Web Client 服务，如图 6-43 所示。

```
webclient.properties - 记事本
文件(F) 编辑(E) 格式(O) 查看(V) 帮助(H)
# Note: unless otherwise noted, changes in this file require a server rest

# To change the Help url reference, change the value to the required url.
# If you are deploying a Help package locally on the vSphere Web Client sy
# For example, if you deployed help.war, you would specify help.url=/help/
#help.url=http://techpubs.vmware.com/

# Flag to enable All Users' Tasks in the Recent tasks view (change takes e
# It is only recommended for small to medium sized inventories and a limit
show.allusers.tasks = false

# Web client session timeout in minutes, default is 120, i.e. 2 hours
session.timeout = 120

# This value configures the auto-refresh rate of the client, in seconds.
# Warning: auto-refresh prevents client sessions from expiring and can sev
refresh.rate = -1
```

图 6-42　修改超时值

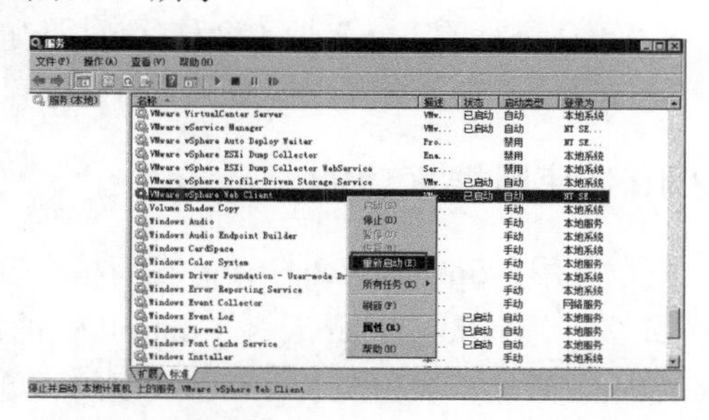

图 6-43　重新启动 vSphere Web Client 服务

如果在 vCenter Server Appliance 上，重新启动 vSphere 客户端服务。

6.2.9　vSphere Web Client 其他操作

在 vSphere Web Client 界面中，通过键盘快捷键，可以在 vSphere Web Client 中快速导航或执行任务。相关的快捷键如表 6-4 所示。

表 6-4　清单键盘快捷键

键 盘 组 合	操　　作
Ctrl+Alt+s	快速搜索
Ctrl+Alt+Home 或 Ctrl+Alt+1	主页
Ctrl+Alt+2	vCenter Server 清单
Ctrl+Alt+3	主机和群集清单
Ctrl+Alt+4	虚拟机和模板清单
Ctrl+Alt+5	数据存储和数据存储群集清单
Ctrl+Alt+6	网络连接清单

vSphere Web Client 存储用户数据，包括保存的搜索、“正在进行的工作”项和“入门页面”首选项。您可移除存储的这些数据，将这些项重置为初始默认值，并移除不再需要的存储数据。

【说明】您只能为当前登录的用户移除数据。其他用户存储的数据不会受到影响。

（1）在 vSphere Web Client 中，单击当前登录用户的名称，然后选择“移除已存储的数据”，如图 6-44 所示。

（2）在弹出的对话框中，选择要移除的数据，如图 6-45 所示。

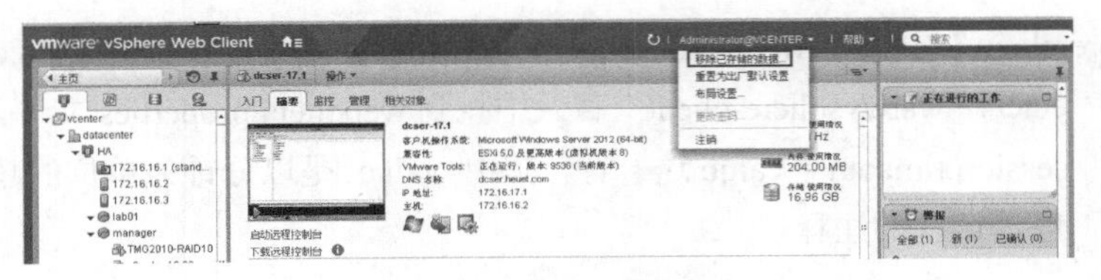

图 6-44 移除已存储的数据

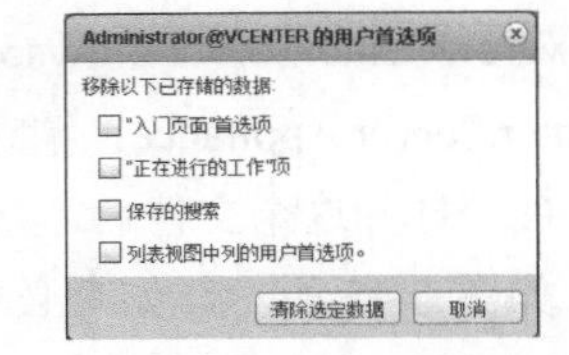

图 6-45 选择移除的数据

下面是移除的数据选项及说明。

- “入门页面”首选项：会移除该用户的所有“入门页面”首选项。所有入门页面都会显示在 vSphere Web Client 中。
- “正在进行的工作”项：会移除该用户的所有当前“正在进行的工作”项。
- 保存的搜索：会移除该用户的所有保存的搜索。

6.2.10 使用搜索功能

可以使用 vSphere Web Client 在清单中搜索与指定条件匹配的对象。您可以搜索连接到相同的一个或多个 Platform Services Controller 的所有 vCenter Server 系统的清单 Platform Services Controller。只能查看和搜索有查看权限的清单对象。

搜索包括“快速搜索”、“简单搜索”、“高级搜索”等几个功能。首先介绍“快速搜索”。

（1）使用 vSphere Web Client 登录 vCenter Server，在右上角的搜索框中键入搜索项，在键入的过程中，将会在搜索框正文显示搜索结果，每个搜索的结果数量上限为 10 个。如图 6-46 所示。

（2）在快速搜索或简单搜索中，多个搜索条目（用空格间隔）视为 OR（逻辑“或”）关系。例如，输入“win 17.16 vlan”，则分同时显示包括 win、172.16、vlan 的所有对象，如图 6-47 所示。

图 6-46 搜索

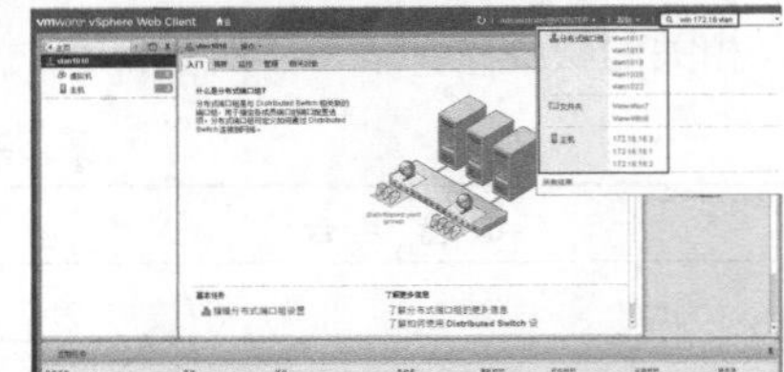

图 6-47 输入多个关键词进行搜索

（3）在搜索到的结果中，用鼠标选择想要的结果，会直接跳转对对应的功能，例如在上一步中搜索结果中包括了 vlan1018，如果用鼠标单击这个结果，则会跳转到 vlan1018 虚拟端口组，如图 6-48 所示。

接下来介绍高级搜索，主要步骤如下。

（1）在 vSphere Web Client 中，在右上角的搜索框中单击右侧的下拉箭头，在弹出的下拉菜单中选择“创建新搜索”，如图 6-49 所示。

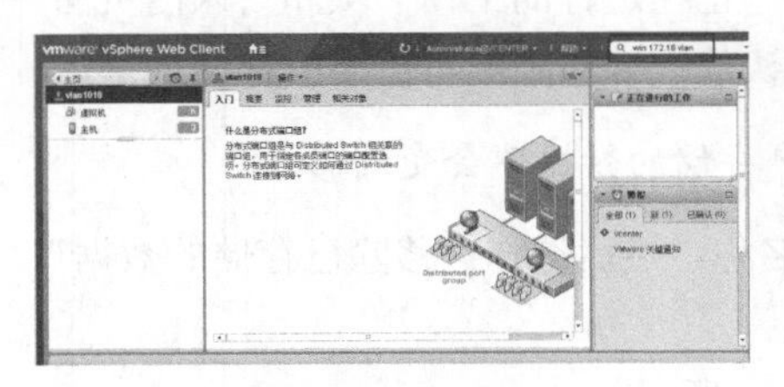

图 6-48 跳转到对应功能

图 6-49 创建新搜索

（2）在搜索菜单中，选择搜索满足的条件，并在“任何属性”下拉列表中，选择要搜索的项，如图 6-50 所示。该选择项较多，有的项还有子选项，如图 6-50 所示。

（3）在“任何属性”中，选择要搜索的属性，之后在右侧的第 2 个下拉菜单中选择搜索项与属性之间的关系（可以在包括、是、不是之间选择），之后在最后的文本框键入或选择搜索项，之后单击“搜索”按钮开始搜索，结果会在“搜索结果”中显示，如图 6-51 所示。

图 6-50　搜索属性

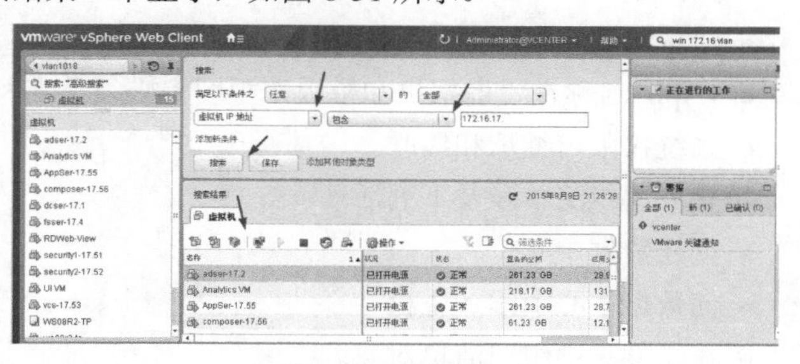

图 6-51　搜索

（4）要添加其他搜索条件，请在图 6-51 中单击“添加新条件”链接，然后再在新的条件中选择搜索的属性、选择搜索项与属性之间的关系，并键入或选择搜索项，之后单击搜索按钮开始搜索，如图 6-52 所示。当前要搜索的是“虚拟机操作系统”包含“2012”（搜索虚拟机安装的是 Windows Server 2012）与虚拟机的 VMware Tools 是当前版本的所有虚拟机。

如果要保存搜索结果，可以单击“保存”按钮，可以保存搜索查询，以便稍后进行检索以重新运行，如图 6-53 所示，这是在搜索框下拉列表中看到的保存的查询。

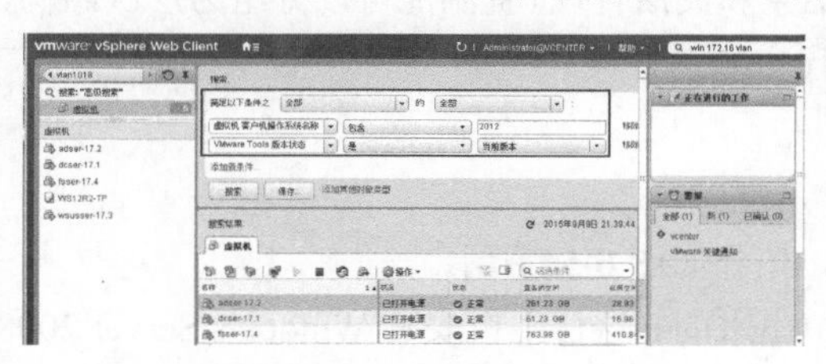

图 6-52　添加新条件搜索

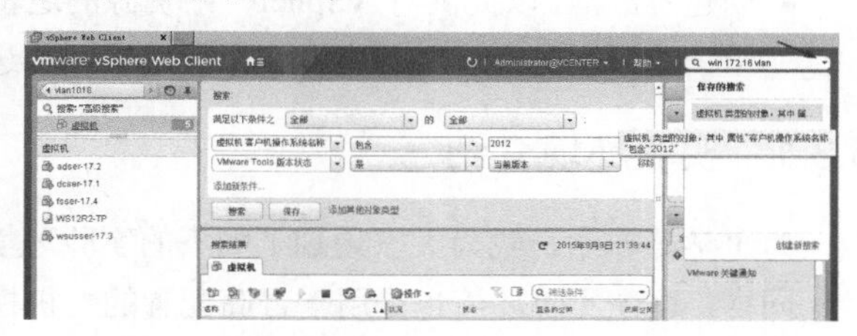

图 6-53　保存的查询

6.3　组 织 清 单

对于每个虚拟化项目的设计者或实施者，以及 vSphere 数据中心的管理员，需要规划或设计您所管理或即将实施的虚拟环境。大型 vSphere 实施可能包含若干个虚拟数据中心，且这些数据中心的主机、群集、资源池以及网络配置较为复杂。它可能涉及多个使用增强型链接模式连接的 vCenter Server 系统。小型实施可能需要拓扑很简单的单个虚拟数据中心。不论虚拟环境的规模如何，都要考虑如何使用和管理其支持的虚拟机。

创建和组织虚拟对象的清单时，应注意下列问题：

- 某些虚拟机是否需要专用资源？
- 某些虚拟机是否存在定期工作负载高峰？
- 某些虚拟机是否需要作为组来管理？
- 是要使用多个 vSphere 标准交换机，还是要在每个数据中心配置一个 vSphere Distributed

Switch？

- 是否要将 vMotion 和分布式资源管理用于某些虚拟机而不用于其他虚拟机？
- 是否某些虚拟对象需要一组系统权限，而其他对象则需要一组不同的权限？

vSphere Web Client 的左窗格显示了 vSphere 清单。您可以按照任意方式添加和排列对象，但具有下列限制：

- 清单对象的名称对其父对象必须是唯一的。
- vApp 名称在“虚拟机和模板”视图中必须是唯一的。
- 系统权限可继承和级联。

填充并组织清单涉及下列活动：

- 创建数据中心。
- 向数据中心中添加主机。
- 在文件夹中组织清单对象。
- 使用 vSphere 标准交换机或 vSphere Distributed Switch 设置网络连接。要使用服务（如 vMotion、TCP/IP 存储、Virtual SAN 和 Fault Tolerance），请为这些服务设置 VMkernel 网络连接。
- 配置存储系统并创建数据存储清单对象，以便为清单中的存储设备提供逻辑容器。
- 创建群集，以整合多个主机和虚拟机的资源。您可以启用 vSphere HA 和 vSphere DRS，以便提高可用性并使资源管理更加灵活。
- 创建资源池，以提供对 vSphere 中资源的逻辑抽象和灵活管理。资源池可以分组为层次结构，用于对可用的 CPU 和内存资源按层次结构进行分区。

6.3.1 实验环境介绍

为了学好本章，我为大家规划了如下的实验环境，拓扑如图 6-54 所示。

同样，这个实验环境也是用一台高配置的主机模拟出来的。这台主机安装 Windows Server 2008 R2（兼做 iSCSI 存储服务器）、VMware Workstation，使用 VMware Workstation 创建了 4 台虚拟机，其中一台安装 vCenter Server 用于管理，另 3 台为 ESXi 主机。在实验中，每台 ESXi 主机有 4 块网卡，每 2 块网卡 1 组，分别连接到相同的虚拟交换机，其中第 1、2 块网卡连接到 VMnet8 虚拟网卡，设置 192.168.80.x 的地址，用于管理；第 3、第 4 块网卡连接到另一组，准备用于虚拟机的网络流量。即一组网卡用于管理，一组网卡用于生产环境。

我们之所以设置图 6-54 的实验环境，是因为在大多数的虚拟化环境中，所配置的 ESXi 主机具有 4 端口网卡（4 个 RJ45 网卡），使用共享存储（实际生产环境中推荐 FC 或 SAS 存储，不建议使用千兆网络接口的 iSCSI 存储）。在实际的生产环境中，如果是服务器有 4 端口网卡，使用一个共享存储，一个典型的设计如图 6-55 所示。

在图 6-55 中，每个服务器有 4 个网卡，这 4 个网卡分别连接到两个交换机上，交换机端口设置为 Trunk；服务器使用 SAS 或 FC 的共享存储（如果服务器数量较多，需要配置光纤交换机）。vCenter Server 是 ESXi 中的一个虚拟机，用于管理整个 vSphere 数据中心。

对于每一台主机来说，其主机物理网卡、虚拟交换机端口组示意如图 6-56 所示。

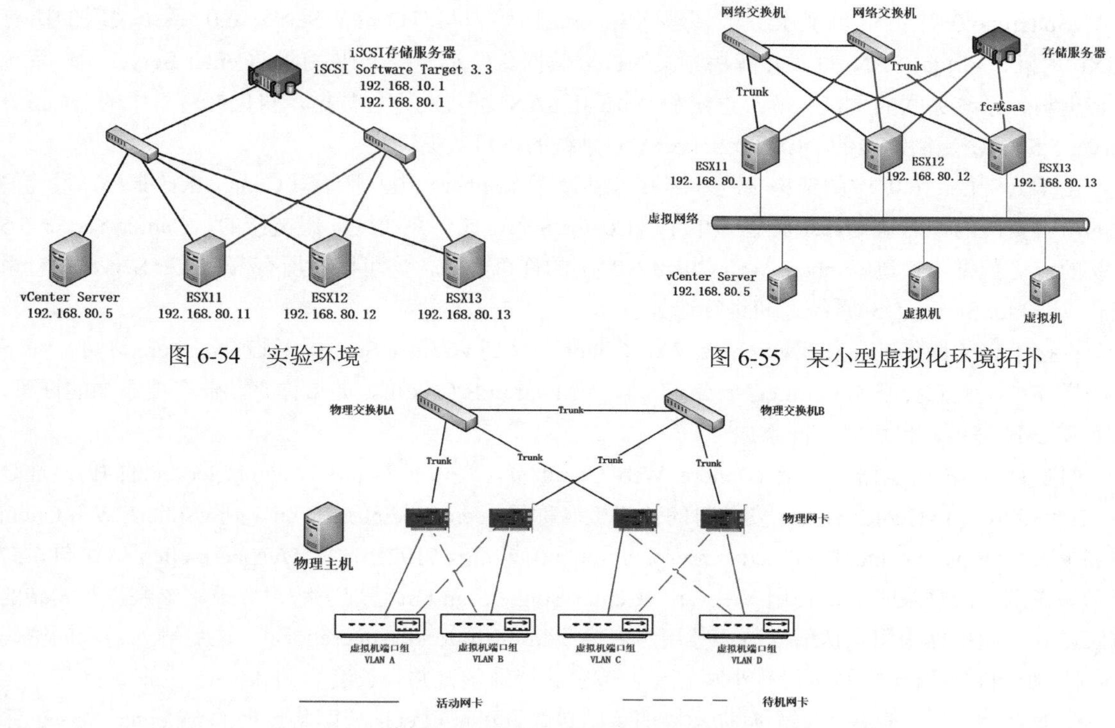

图 6-54　实验环境

图 6-55　某小型虚拟化环境拓扑

图 6-56　主机物理网卡与交换机连接及虚拟端口示意图

在图 6-56 中，物理网卡分别连接到两个不同的交换机，每个网卡连接的交换机端口都设置为 Trunk。两个物理交换机之间连通。在虚拟交换机（标准交换机或 Distributed Switch）中创建多个端口组，每个端口组绑定两个网卡，其中一个网卡处于"活动状态"，另一个网卡处于"待机状态"，同一个端口组绑定的两个物理网络，分别连接到不同的交换机。图 6-56 中的配置是一种可能的部署，在实际的设计中还会有其他的配置，但此配置可被认为是一个比较好的选择。

【说明】在本章的实验中，我们仍然会采用 VMware Workstation 来搭建实验环境（以图 6-54 为例），这同样是在一台高配置的 PC 机上来实现的。关于 VMware Workstation 搭建实验环境内容，以及 VMware ESXi 及 vCenter Server 的安装，请大家参看本书第 4 章、第 5 章相关的内容。在本章的操作中，VMware ESXi 及 vCenter Server 都是新安装的，只是进行过基本配置：每台 ESXi 设置了对应的管理地址，例如第 1 台的管理地址是 192.168.80.11，第 2 台管理地址是 192.168.80.12，第 3 台的管理地址是 192.168.80.13，vCenter Server 的管理地址是 192.168.80.5。每台 ESXi 主机配置了 2 个 CPU、8GB 的内存、4 块网卡。

6.3.2　管理 vSphere 许可

vSphere 提供了一个集中式许可证管理和报告系统，您可以使用该系统管理 ESXi 主机、vCenter Server 系统、Virtual SAN 群集和解决方案的许可证。解决方案包括可与 vSphere 集成的产品，如 vCenter Site Recovery Manager、vCloud Networking and Security、vCenter Operations Manager 等。

如果 vSphere 6.0 环境包含 vCenter Server 6.0 和 5.5 系统，则应考虑 vSphere 6.0 和 vSphere 5.5 之间的许可证管理和报告差异。

vSphere 6.0 中的许可证服务可管理 vSphere 环境中与 vCenter Server 6.0 系统关联的所有 ESXi 主机、Virtual SAN 群集和解决方案的许可数据。但是，每个独立的 vCenter Server 5.5 系统仅管理与该系统关联的主机、解决方案和 Virtual SAN 群集的许可数据。将仅针对组中的 vCenter Server 5.5 系统复制链接的 vCenter Server 5.5 系统的许可数据。

由于 vSphere 6.0 中的架构更改，因此可以管理 vSphere 中与所有 vCenter Server 6.0 系统关联的所有资产的许可数据，或者管理单个 vCenter Server 5.5 系统或一组链接的 vCenter Server 5.5 系统的许可数据。通过 vSphere Web Client 6.0 中的许可界面，您可以在所有 vCenter Server 6.0 系统和 vCenter Server 5.5 系统之间进行选择

在接下来的操作中，使用 vSphere Web Client 登录到 vCenter Server，管理 vSphere 许可，在下面的操作中，我们会添加 vCenter Server 许可、VMware ESXi 许可，如果你有其他需要添加的许可，例如 VSAN 许可，也可以一同添加。

（1）打开 IE 浏览器，登录 vSphere Web Client 页，在本示例中，vCenter Server 的 IP 地址是 192.168.80.5，该 vCenter Server 安装时的计算机名称是 vcenter.heinfo.edu.cn。则 vSphere Web Client 的登录页是 https://vcenter.heinfo.edu.cn/vsphere-client/或 https://192.168.80.5/vsphere-client/，如图 6-57 所示。在第一次登录时，请使用 VMware vCenter Single Sign-On 管理员账户登录，该账户在安装的时候设置，如果你采用默认值安装，其用户名为 administrator@vsphere.local，之后输入对应的密码（这是一个同时包含了大写字母、小写字母、数字、特殊字符并且长度达到 8 位的序列）。

（2）登录之后，在最上页会有提示“清单中包含许可证已过期或即将过期的 vCenter Server 系统”，单击“X”关闭这条提示，如图 6-58 所示。

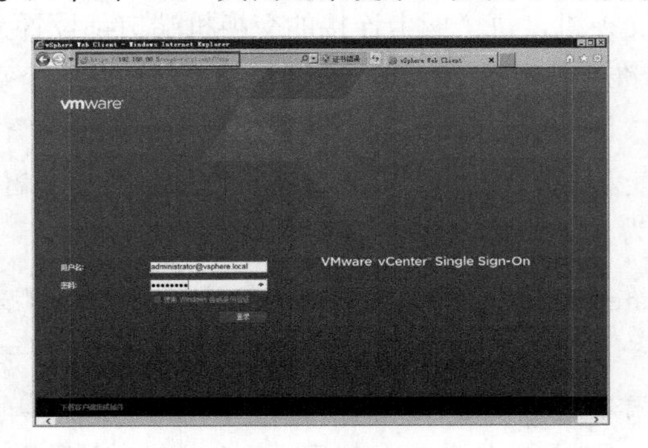

图 6-57　登录 vSphere Web Client

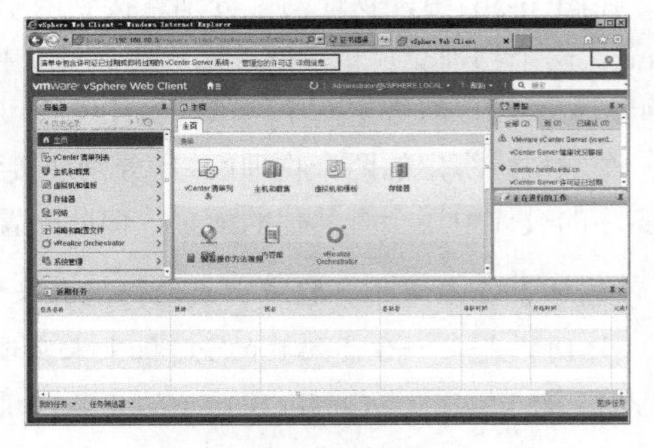

图 6-58　许可提示信息

（3）之后移动中间窗格的滑动条，在“系统管理”中单击“许可”链接，如图 6-59 所示。

【说明】在中间窗格还有“观看操作方法视频”的链接，单击这个链接可以转到 VMware 网站，会有操作视频。

（4）在左侧导航器中，单击“许可证”，之后在右侧“许可证”选项卡中单击“+”链接，如图 6-60 所示。

【说明】在当前“许可证”列表为空，表示还没有添加 vSphere 许可证。添加许可证之后会在列表中显示。

（5）在“新许可证→输入许可证密钥”对话框，在“许可证密钥”文本框中，输入要添加的许

可证，例如 vCenter Server 及 vSphere ESXi 的许可证，每个许可证一行，如图 6-61 所示。你可以一次添加多种 vSphere 产品的许可证。

图 6-59　许可

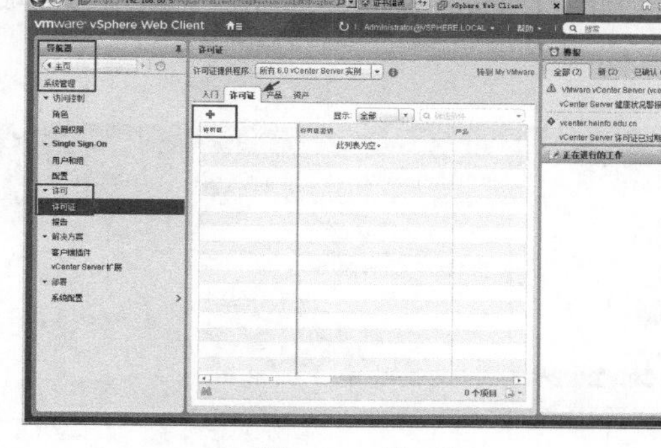

图 6-60　许可证

（6）在添加了正确的许可证之后，单击“下一步”按钮之后，进入“编辑许可证名称”对话框，会解码许可证的密钥，显示许可证产品名称，你可以编辑许可证的名称，或者使用默认值，如图 6-62 所示。从图中可以看出，当前添加的是 vCenter Server 6 标准版及 vSphere 6 企业增加版的许可证。

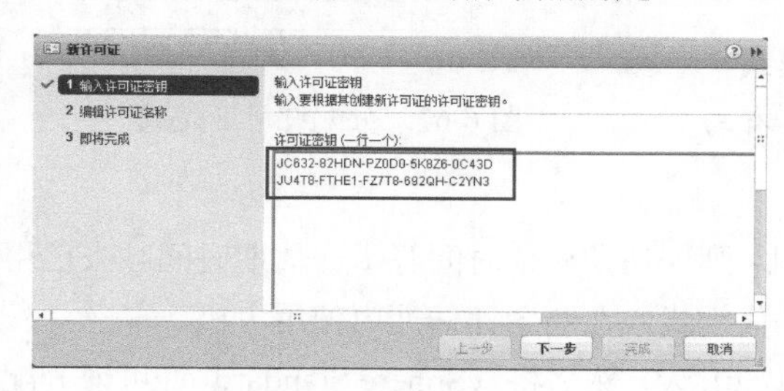

图 6-61　添加许可证

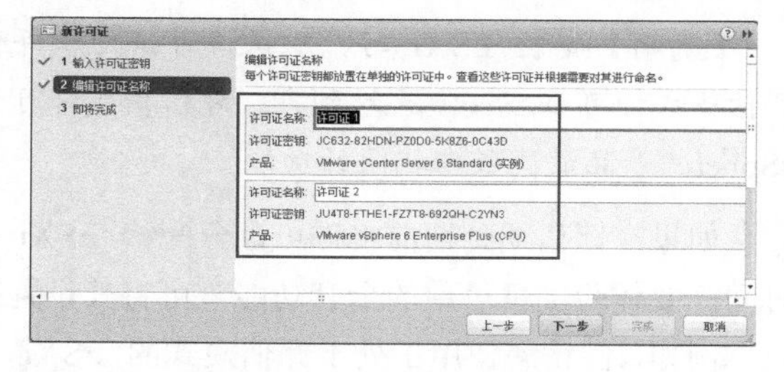

图 6-62　编辑许可证名称

（7）在“即将完成”对话框，显示了要添加的许可证的信息，单击“完成”按钮，完成添加，如图 6-63 所示。

（8）添加之后，返回到 vSphere Web Client，在“许可证”选项卡中，可以看到添加的许可证，如图 6-64 所示。对于不需要的许可证，你可以选中之后单击“X”删除，也可以单击“✎”进行编辑。

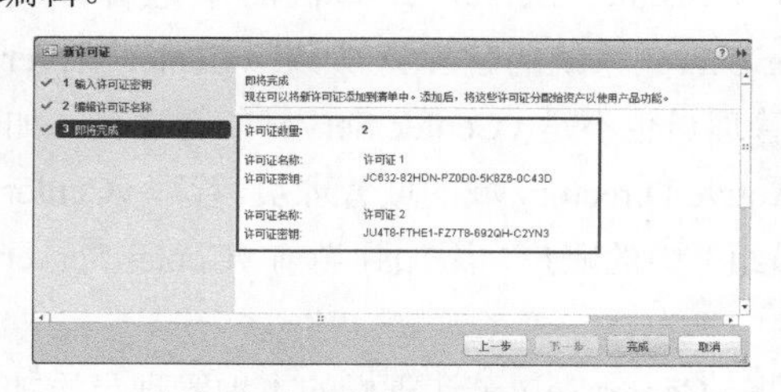

图 6-63　添加许可证完成

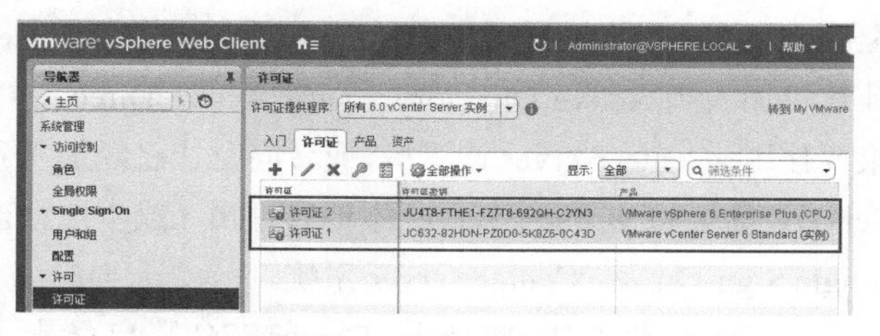

图 6-64　许可证清单

（9）在添加了许可证之后，将添加的许可证分配给当前的 vCenter Server。在“资产→vCenter Server 系统”选项卡中，右击当前的 vCenter Server 系统，在弹出的快捷菜单中选择“分配许可证”，如图 6-65 所示。

【说明】在分配之前，当前 vCenter Server 的许可证状态为“Evaluation Mode（试用模式）”。

（10）在“分配许可证”对话框中，显示可用的许可证，选中“许可证 1”（或其他名称），为 vCenter Server 分配许可证，如图 6-66 所示。单击“确定”按钮完成分配。

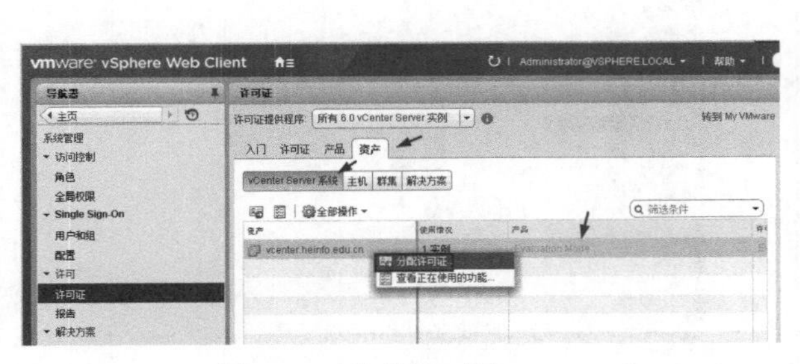

图 6-65　分配许可证

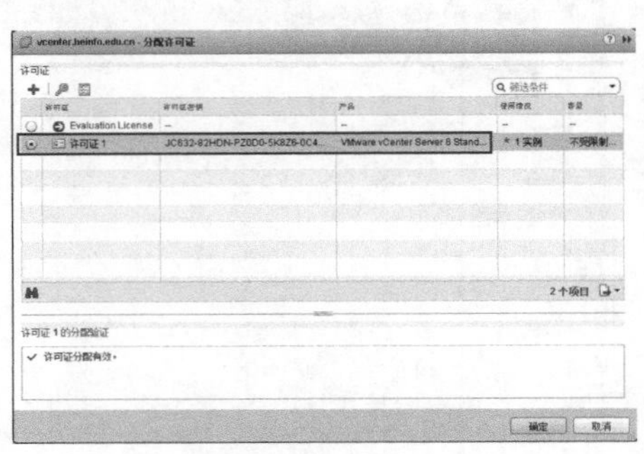

图 6-66　分配许可证

（11）分配之后，在“产品”信息中可以看到，当前 vCenter Server 已经分配“VMware vCenter Server 6 Standard（实例）”许可证，如图 6-67 所示。

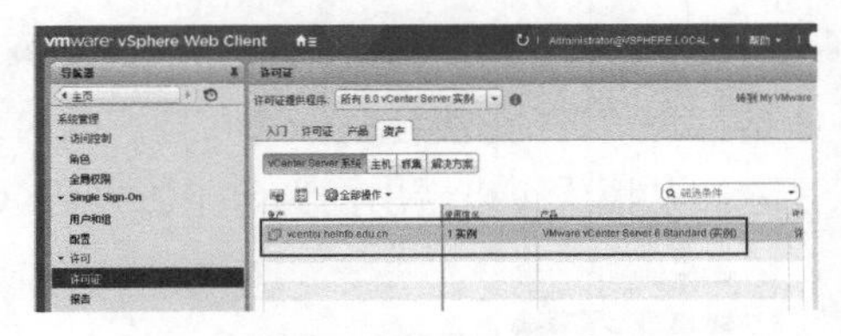

图 6-67　分配许可证完成

【说明】安装 ESXi 时，默认许可证处于评估模式。评估模式许可证在 60 天后到期。评估模式许可证具有与 vSphere 产品最高版本相同的功能。

如果在评估期到期前将许可证分配给 ESXi 主机，则评估期剩余时间等于评估期时间减去已用时间。要体验主机可用的全套功能，可将其设置回评估模式，在剩余评估期内使用主机。

例如，假设您使用了处于评估模式的 ESXi 主机 20 天，然后将 vSphere Standard 许可证分配给了该主机。如果您将主机设置回评估模式，则可以在评估期剩余的 40 天内体验主机可用的全套功能。

6.3.3　vCenter Server 权限管理

在安装完 vCenter Server 之后，默认情况下只有 SSO 的管理员账户才能管理 vCenter Server（初始账户是 administrator@vsphere.local）。在默认情况下，vCenter Server 计算机的本地管理员 Administrator 及本地管理员组 Administrators，不是 vCenter Server 系统的管理员。如果 vCenter Server 计算机加入到 Active Directory，同时 Active Directory 域管理员也不是 vCenter Server 的管理员。如果要使用 vCenter Server 计算机，或者同时让已经加入到 Active Directory 域的域管理员，管理 vCenter Server，需要将 vCenter Server 本地管理员（或本地管理员组）中的账户，添加到当前 vCenter Server Single Sign-On 及 vCenter Server 系统。

在下面的操作中，将使用 vCenter SSO 账户登录，先将 vCenter Server 计算机的本地管理员添加到系统 SSO 管理员账户中，再将其添加到 vCenter Server 系统中。主要步骤如下。

（1）打开 IE 浏览器，使用 administrator@vsphere.local 账户登录 vSphere Web Client 页，如图 6-68 所示。

（2）在“主页→系统管理”中单击“角色”链接，如图 6-69 所示。

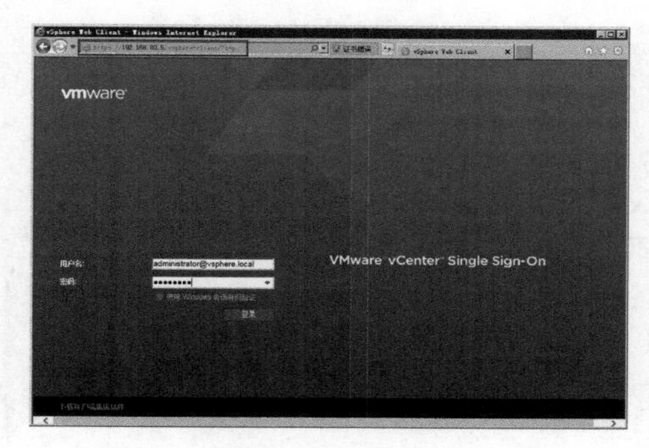

图 6-68　登录 vSphere Web Client

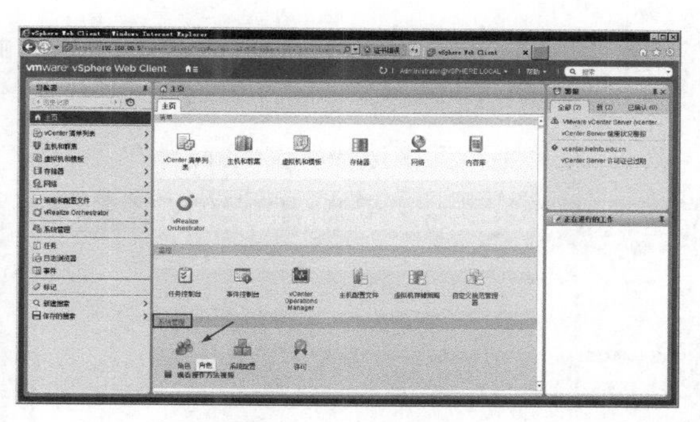

图 6-69　角色

（3）在导航器中选择“Single Sign-On→用户和组”，在右侧单击“组”选项卡，在“组名称”清单中选中“Administrators”，在“用户/组”列表中可以看到，当前 SSO 账户的管理员只有 Administrator 一个账户，该账户属于默认的 vSphere.local 域（这是 SSO 安装时设置的域，与 Active Directory 域无关），如图 6-70 所示。之后单击“ ”链接。

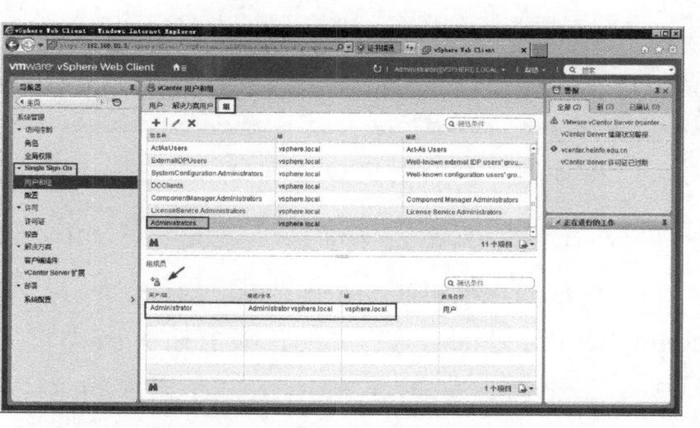

图 6-70　向 Administrators 组中添加

（4）打开“添加主要用户”对话框，在“域”下拉列表中，可以选择要添加的域。在当前的 vCenter Server 系统中，会显示两项，一项 vSphere.local，这是默认 SSO 的域名；另一项 vCenter 是当前安装的 vCenter Server 的计算机名称（NetBIOS 名称），如图 6-71 所示。如果当前 vCenter Server 计算机加入到域，还会显示 Active Directory 的域名。

（5）在“域”中选择 vCenter Server 计算机名称，在“用户/组”列表中，将会列出“域”列表中选中的计算机中的用户及用户组，你可以将要添加的用户及用户组双击添加到“用户”及“组”清单中，如图 6-72 所示，在此添加了 Administrator 及 Administrators 组。

图 6-71　域列表

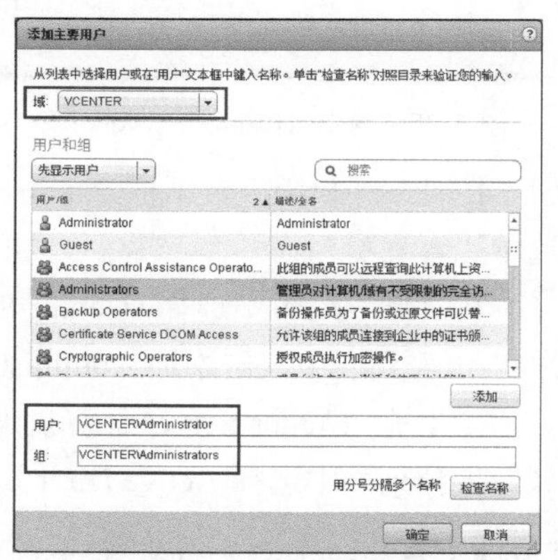

图 6-72　添加 vCenter Server 计算机的管理员账户及管理员组

（6）添加之后返回到“用户和组→组”清单，在“组成员”清单中可以看到，已经添加了 vCenter 计算机的管理员及管理员组，如图 6-73 所示。

接下来，要将 vCenter Server 计算机的管理员账户及管理员组，添加到 vCenter Server 系统，主要步骤如下。

（1）在“主页”中选择“vCenter 清单列表”，如图 6-74 所示。

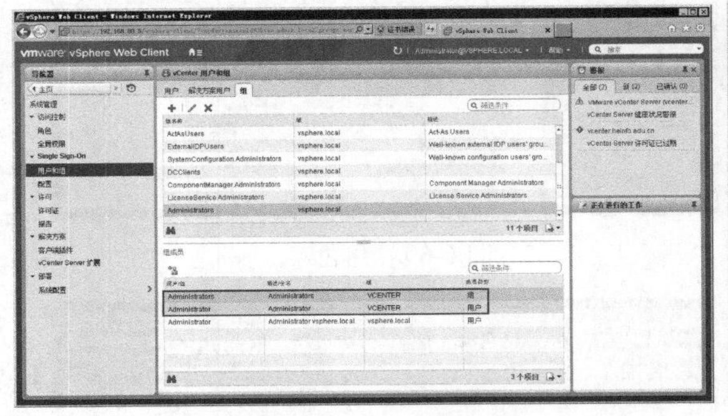

图 6-73　添加到 SSO 管理员组中

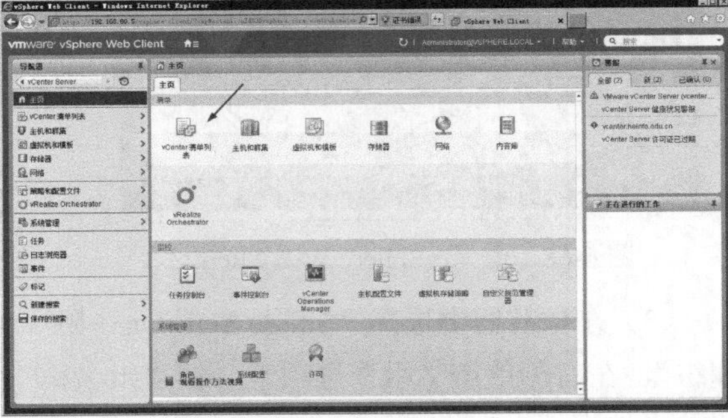

图 6-74　vCenter 清单列表

（2）在“导航器”中选择“资源→vCenter Server”，如图 6-75 所示。

（3）在“vCenter 清单列表”中，单击选中 vCenter Server 的系统名称，在本示例中为 vcenter.heinfo.edu.cn，之后在右侧窗格单击“管理”选项卡，并在二级菜单中选择“权限”选项卡，单击“+”链接，如图 6-76 所示。在当前的“用户/组”列表中，当前 vCenter Server 系统的管理员只有 vSphere.local 域的用户，这是初始安装时设置的账户。

图 6-75　选择 vCenter Server 系统

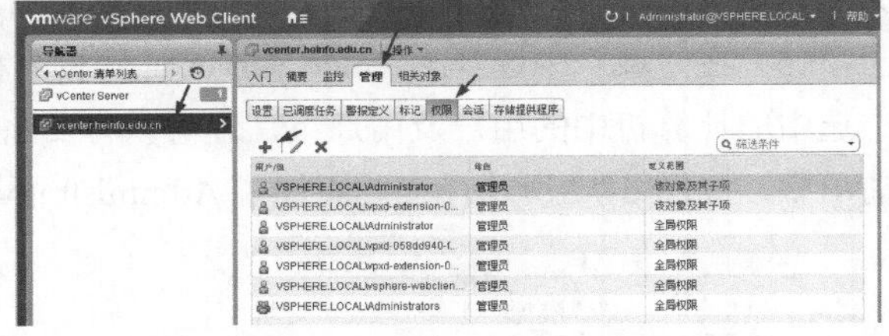

图 6-76　管理→权限列表

（4）在“添加权限”对话框，单击“添加”按钮，如图 6-77 所示。注意左侧“分配的角色”列表中选中“管理员”。

（5）在“域”列表中选择 vCenter Server 计算机名称（在此示例为 vCenter.heinfo.edu.cn），然后在“用户/组”列表中双击添加 Administrator 及 Administrators，如图 6-78 所示，之后单击“确定”按钮。如果当前 vCenter Server 计算机加入到 Active Directory，想添加 Active Directory 域用户，请在“域”下拉列表中选择 Active Directory 域名，之后选择用户添加。

【说明】在此演示添加的是 vCenter Server 的本地管理员及管理员组账户，这并不是说，普通账户不能管理 vCenter Server。你可以在“用户/组”列表中添加普通的用户到 vCenter Server 系统管理员组中，这没有任何的问题。

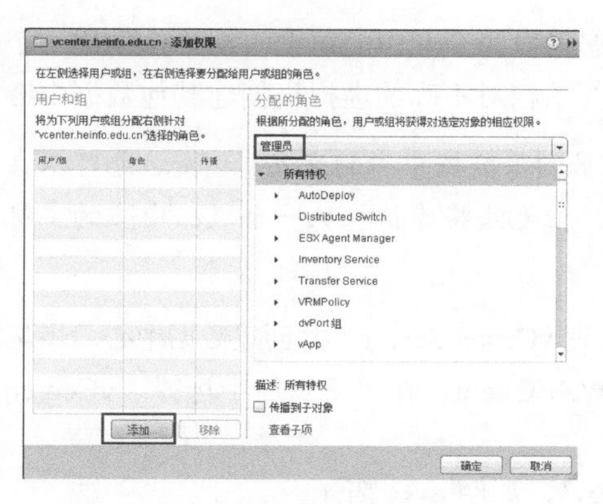

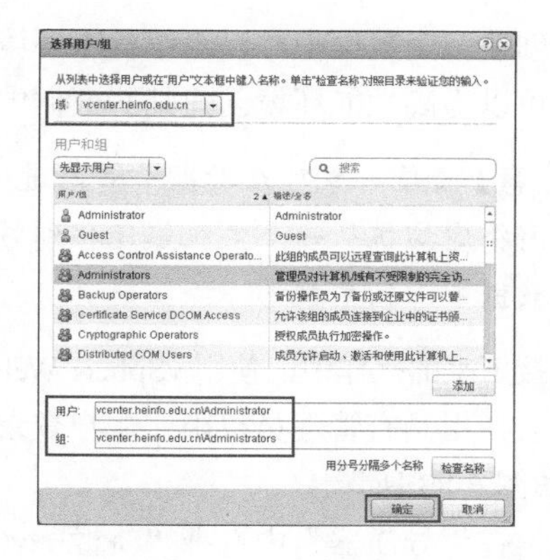

图 6-77　添加　　　　图 6-78　添加用户

（6）返回到“添加权限”对话框，在“用户和组”列表中，看到添加的用户和用户组，在“角色”中显示添加的角色。如图 6-79 所示。你在此可以继续添加，并添加其他角色权限的用户。添加完成之后，单击“确定”按钮。

（7）返回到 vSphere Web Client 界面，可以看到用户已经添加到列表中，如图 6-80 所示。

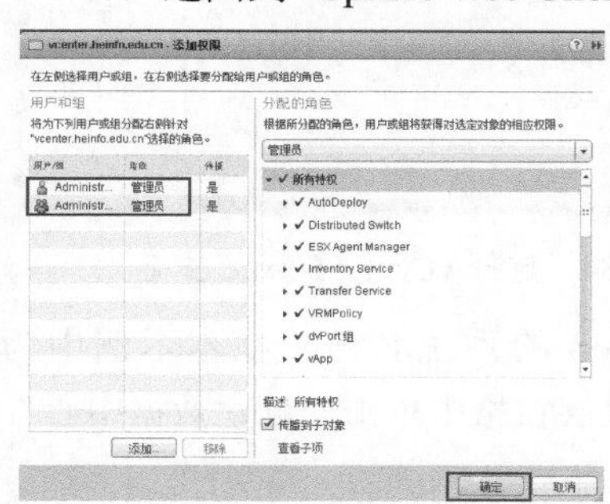

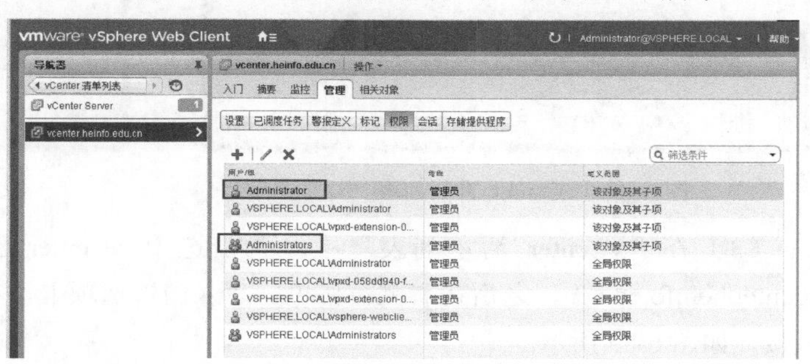

图 6-79　添加用户　　　　图 6-80　添加用户完成

之后注销当前的用户，如图 6-81 所示。

再次登录，以 Administrator 登录进入系统，如图 6-82 所示。以后即可以 vCenter Server 本地计算机管理员账户登录进行管理。

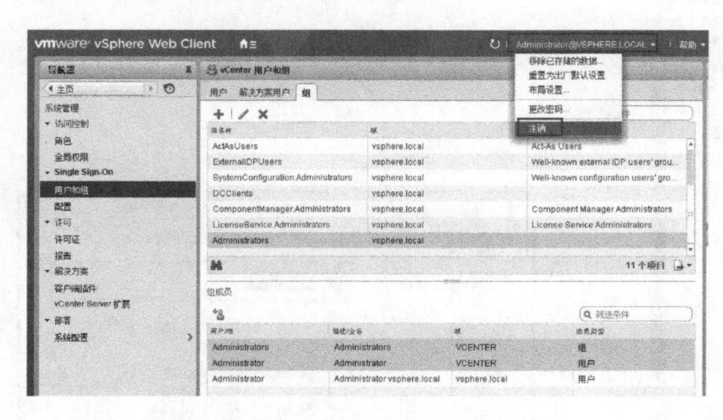

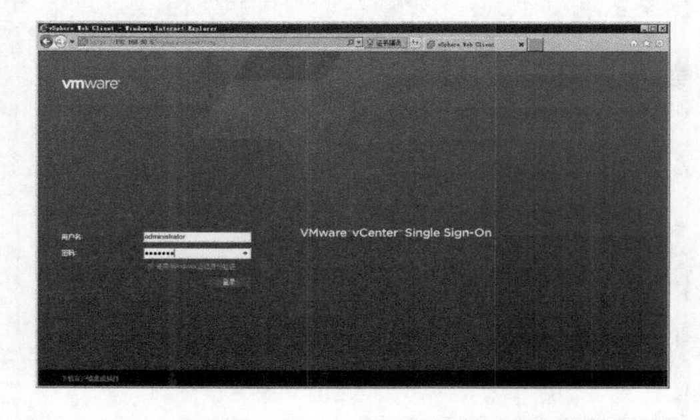

图 6-81　注销当前用户　　　　图 6-82　以 vCenter Server 本地管理员登录管理

6.3.4　创建数据中心

虚拟数据中心是一种容器，其中包含配齐用于操作虚拟机的完整功能环境所需的全部清单对象。

您可以创建多个数据中心以组织各组环境。例如，您可以为企业中的每个组织单位创建一个数据中心，也可以为高性能环境创建某些数据中心，而为要求相对不高的虚拟机创建其他数据中心。

【注意】清单对象可在数据中心内进行交互，但限制跨数据中心的交互。例如，您可以在同一数据中心内将虚拟机从一个主机热迁移到另一个主机，但无法将虚拟机从一个数据中心的主机热迁移到其他数据中心的主机。

在接下来的操作中，使用 vSphere Web Client，管理 vCenter Server，并创建数据中心，步骤如下。

（1）使用具有管理员权限的账户登录 vSphere Web Client，在“主页”中选择“vCenter 清单列表”，如图 6-83 所示。

（2）在“导航器”中选择“资源→vCenter Server”，如图 6-84 所示。

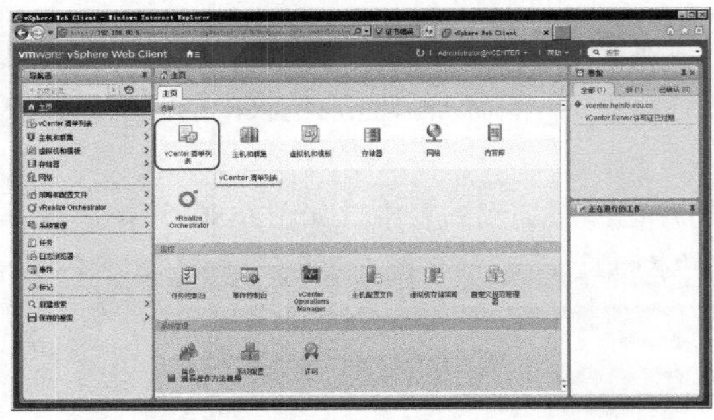

图 6-83　vCenter 清单列表

图 6-84　选择 vCenter Server 系统

（3）在“vCenter 清单列表”中，单击选中 vCenter Server 的系统名称，在本示例中为 vcenter.heinfo.edu.cn，之后在右侧窗格单击“入门”选项卡，在底层窗格中单击“创建数据中心”链接，如图 6-85 所示。

（4）在“创建数据中心”对话框中，在“数据中心名称”文本框中，输入新建数据中心的名称，例如 Datacenter，如图 6-86 所示。你可以根据规划设置数据中心的名称，如果不合适后期可根据需要修改。

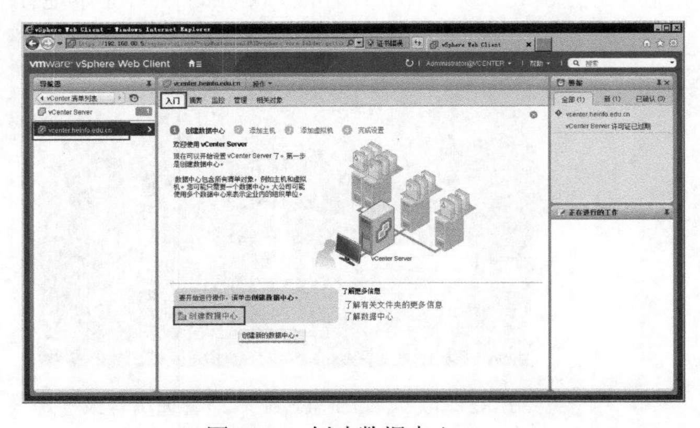

图 6-85　创建数据中心

图 6-86　设置数据中心名称

（5）添加数据中心之后，左侧导航器中会定位到“Datacenter”数据中心名称，此时在“入门”选中中，会有“添加主机”或“创建群集”的选项，如图 6-87 所示。

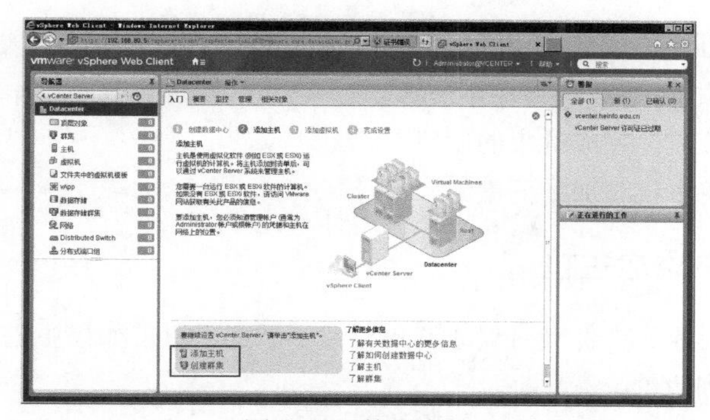

图 6-87 数据中心

在创建数据中心之后，下一步是根据需要将主机、群集、资源池、vApp、网络、数据存储和虚拟机添加到数据中心。

6.3.5 创建群集

群集是一组主机。将主机添加到群集时，主机的资源将成为群集资源的一部分。群集管理其中所有主机的资源。群集启用 vSphere High Availability (HA)、vSphere Distributed Resource Scheduler (DRS) 和 VMware Virtual SAN 功能。

（1）在 vSphere Web Client 导航器中，浏览到数据中心，在中间窗格中单击“创建群集”（如图 6-78 所示）。

（2）在“名称”文本框中，设置新建群集的名称，例如设置名称为 Cluster。之后根据需要启用群集的名称，例如，如果要启用 DRS，请在“DRS”后面的方框单击并选中。如果要启用“vSphere HA”请在其后选中，如图 6-88 所示。大多数的情况下，DRS 与 vSphere HA 是必选项。

在启用 DRS 时，选择一个自动化级别和迁移阈值。在启用 HA 时，选择是否启用“主机监控”和“接入控制”，如果启用接入控制，请指定策略。

在“虚拟机监控”选项中，选择一个虚拟机监控选项，并指定虚拟机监控敏感度。

（3）在“EVC 模式”中，选择增强型 vMotion 兼容性 (EVC) 设置。EVC 可以确保群集内的所有主机向虚拟机提供相同的 CPU 功能集，即使这些主机上的实际 CPU 不同也是如此。这样可以避免因 CPU 不兼容而导致通过 vMotion 迁移失败。在右侧的下拉列表中，根据你的主机的 CPU 型号、支持功能，选择 EVC 模式，如图 6-89 所示。

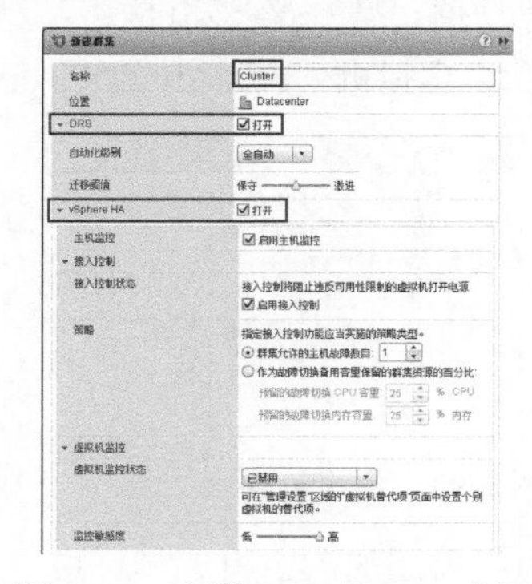

图 6-88 启用 DRS 及 HA 功能

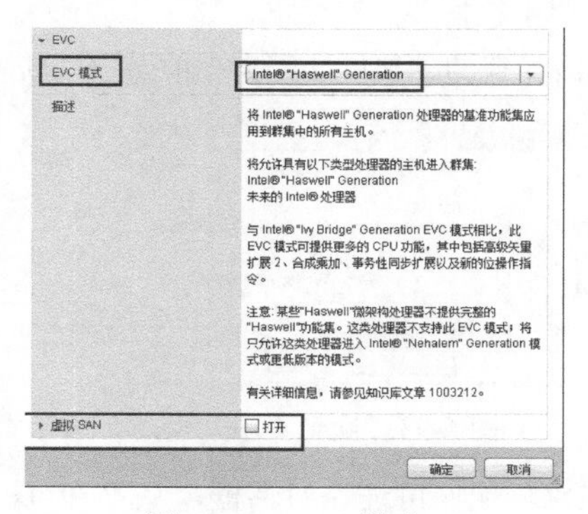

图 6-89 EVC 模式

在“虚拟 SAN”功能处，选择是否启用“Virtual SAN” 群集功能。关于“虚拟 SAN”，我们将在后面的章节专门介绍。

之后单击“确定”按钮，完成群集的创建。

在后面的操作中，将主机添加到群集。

6.3.6 向数据中心中添加主机

您可以在数据中心对象、文件夹对象或群集对象下添加主机。如果主机包含虚拟机，则这些虚拟机将与主机一起添加到清单。

（1）在 vSphere Web Client 中，导航到数据中心、群集或数据中心中的文件夹。在本示例中，导航到“vCenter.heinfo.edu.cn（vCenter Server）→Datacenter（数据中心）→Cluster（群集）”，在中间窗格中单击“相关对象→主机”，之后单击“ ”链接，如图 6-90 所示。

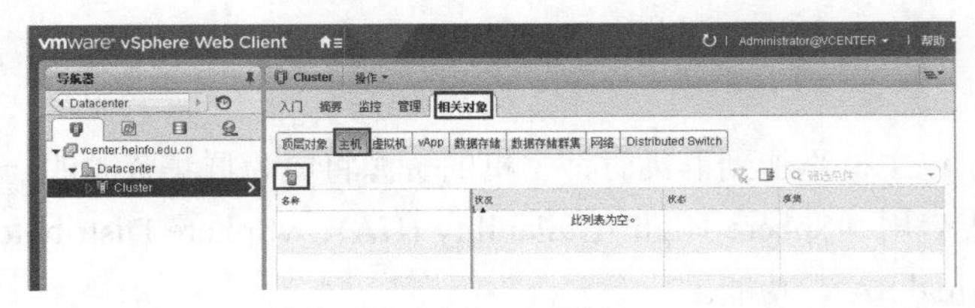

图 6-90 添加主机

（2）在“添加主机”对话框中，键入主机的 IP 地址或名称，然后单击“下一步”按钮，如图 6-91 所示。

（3）在“连接设置”中，键入 ESXi 主机管理员账户 root 及密码，如图 6-92 所示。

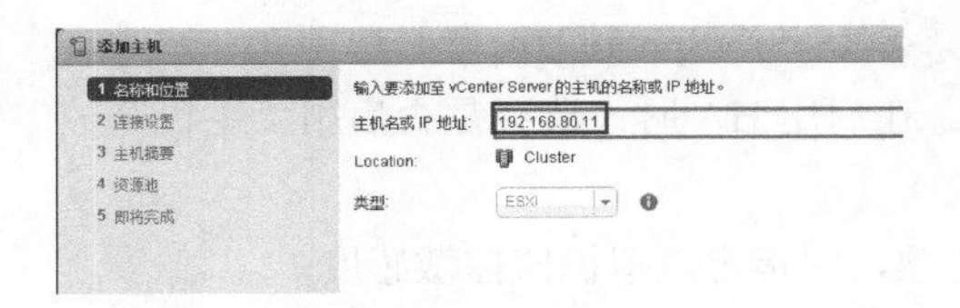

图 6-91 添加主机名称或 IP 地址

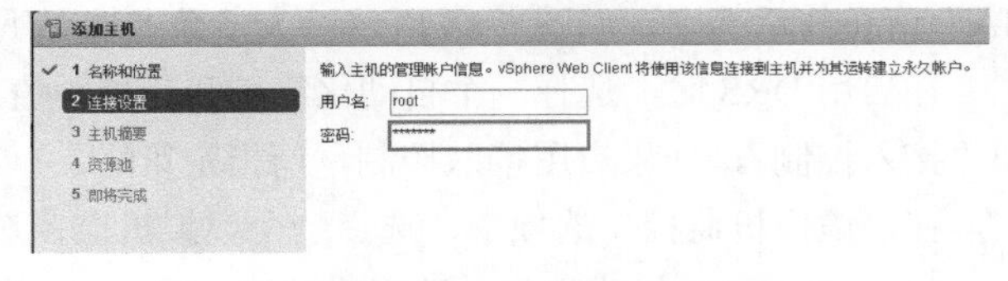

图 6-92 连接设置

（4）在“安全警示”对话框中，显示“vCenter Server 的证书存储无法验证该主机”，单击“是”按钮，添加并替换此主机的证书并继续工作，如图 6-93 所示。

（5）在“主机摘要”对话框，显示了要添加主机的信息、供应商、型号及 ESXi 版本，以及当前主机中的创建或加载的虚拟机。因为当前是一台新安装的 ESXi，所以虚拟机列表为空。如图 6-94 所示。

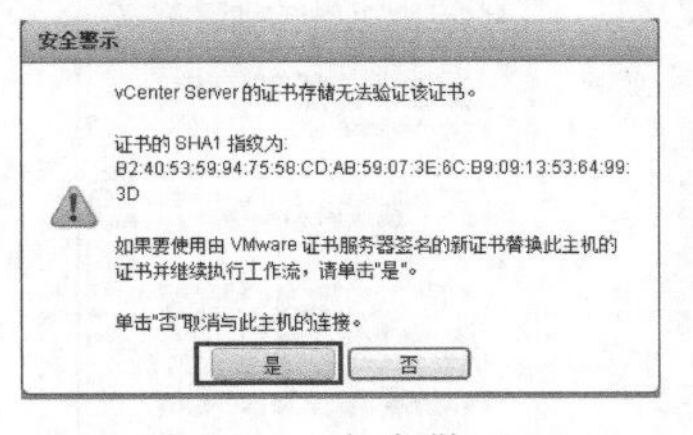

图 6-93 安全警示

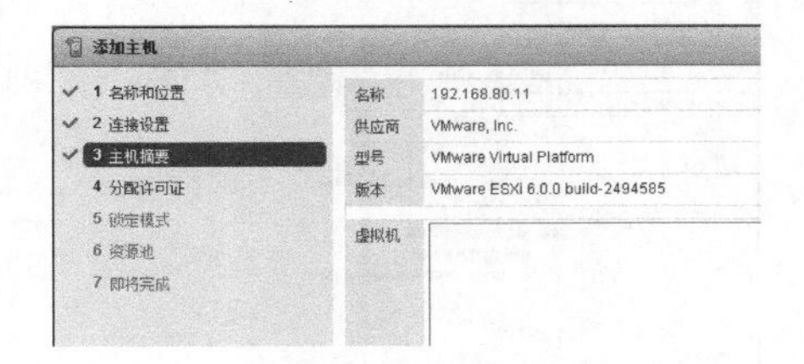

图 6-94 主机摘要

（6）在“分配许可证”对话框，从“许可证”列表中，为当前添加的主机选择许可。如图 6-95 所示。如果列表中没有可用许可，可以单击“+”链接，在“正在进行的工作”中，“添加主机”向导最小化，并显示“新建许可证”向导。

（7）在“锁定模式”中，可选择锁定模式选项以禁用管理员账户的远程访问，如图 6-96 所示。一般情况下，要“禁用”这一选项。

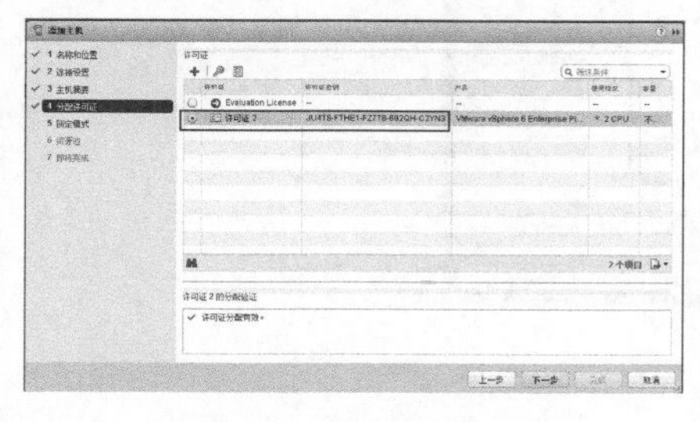

图 6-95　分配许可证

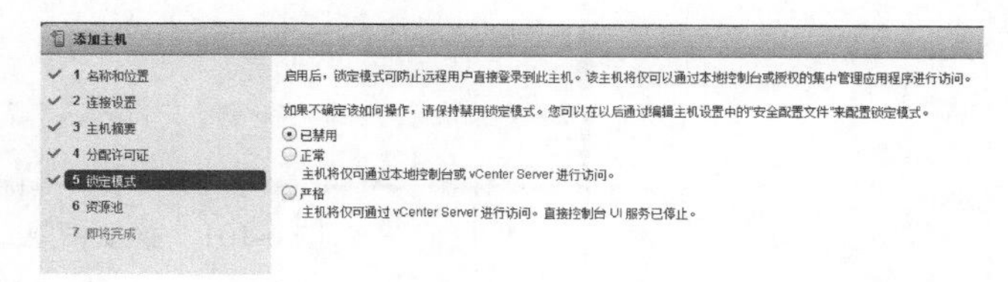

图 6-96　锁定模式

（8）在“资源池”对话框，希望如何处理现有主机的虚拟机和资源池，可以选择新建一个资源池，或者将现有主机所有虚拟机置于群集的根目录资源池中，并删除现有主机上的资源池。如图 6-97 所示。

（9）在“即将完成”对话框，显示了新添加主机的信息，如图 6-98 所示。单击“完成”按钮。

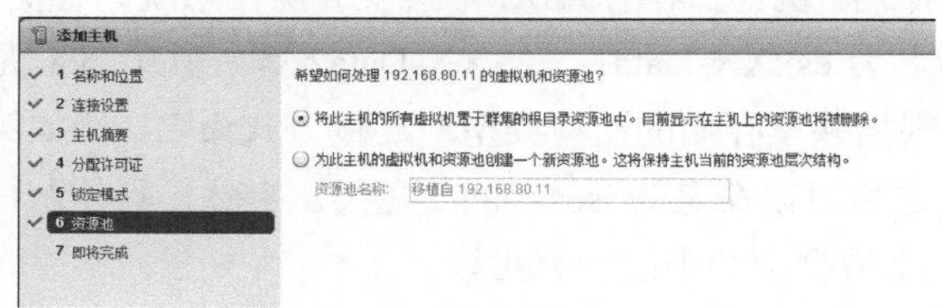

图 6-97　资源池

图 6-98　即将完成

用于添加主机的新任务便会显示在“近期任务”窗格中，如图 6-99 所示。完成该任务可能需要几分钟时间。

之后参照上面的步骤，向群集中添加其他主机，直到所有主机添加完成，如图 6-100 所示。在当前的实验环境中，一共添加了 192.168.80.11、192.168.80.12、192.168.80.13 共三台主机。

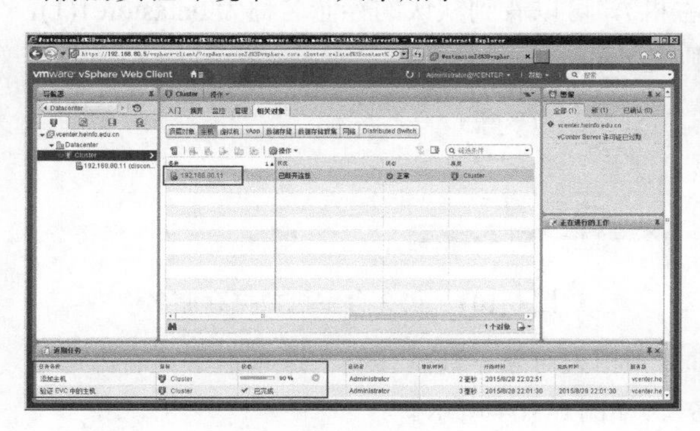

图 6-99　近期任务

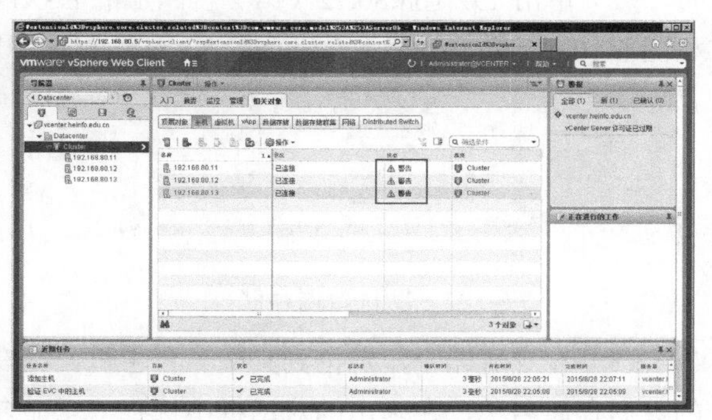

图 6-100　添加三台主机

在当前主机中，每个主机前面有一个黄色的“感叹号”，表示主机有报警，你可以单击某个主机，在“摘要”中查看警告，如图 6-101 所示。在显示信息中，发现当前的提示为“该主机的 vSphere HA 检测信号数据存储数目为 0，少于要求数目 2”，这是由于当前 ESXi 主机没有共享存储的原因。稍后为 ESXi 主机添加共享存储将解决这一问题。

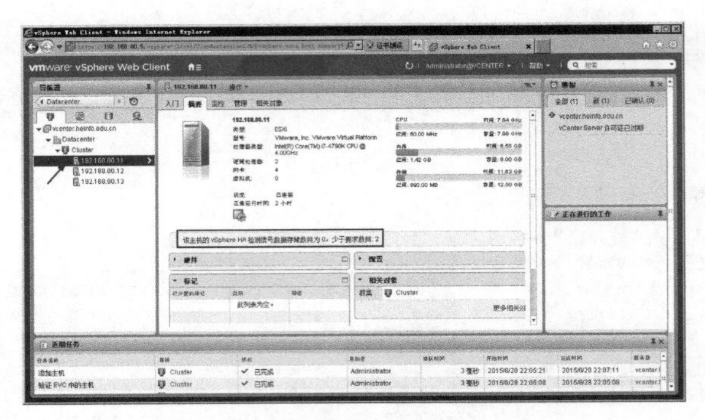

图 6-101　摘要信息

6.3.7　统一命名 vSphere 存储

在管理 vSphere 数据中心时，为了后期的管理与使用方便，需要对数据中心的存储进行统一的命名。命名的方式有多种，可以根据管理员的统一规划进行命名，但是要在后期使用时，根据存储的名称，分辨存储是位于 ESXi 主机，还是位于共享存储设置。当主机有多个存储时，还要将安装 ESXi 系统的存储、及保存虚拟机数据的存储分开命名。例如，对于 ESXi 本机安装操作系统的存储，可以命名为 esxXX-os，保存虚拟机的存储可以命名为 esxXX-Data1、esxXX-Data2 等，其中 XX 是 ESXi 主机的序号或标识。如果有共享存储，可以根据共享存储的结口类型或连接方式命名，例如第一个 iSCSI 的共享存储，可以命名为 iscsi-data1，之后可以命名为 iscsi-data2 之类。当然，具体怎样命名，每个管理员都有一个“规则”，但只要在一个数据中心中统一就可以。

在下面的示例中，每个 ESXi 主机有 1 个本地存储，下面的操作介绍怎样在 vSphere Web Client 中，重新命名存储。以后再向 ESXi 主机添加存储时，可以根据规划的要求，直接命名。

（1）使用 vSphere Web Client 登录 vCenter Server，在导航器中，定位到某台 ESXi 主机，例如添加的第一台 ESXi 主机 192.168.80.11，在中间窗格中单击“相关对象→数据存储”，在“名称”中可以看到，当前数据存储名称为 datastore1，这是默认的名称，如图 6-102 所示。

（2）单击 192.168.80.12（第 2 台添加的 ESXi 主机），可以看到默认的存储名称为 datastore1(1)，如图 6-103 所示。而第 3 台添加的 ESXi 主机名称则是 datastore1(2)。

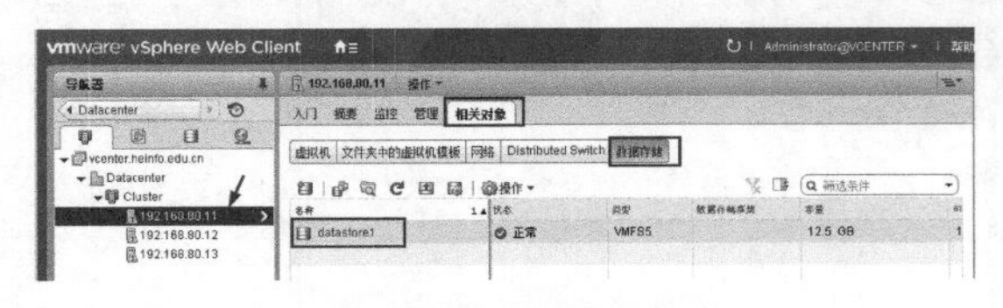

图 6-102　默认数据存储

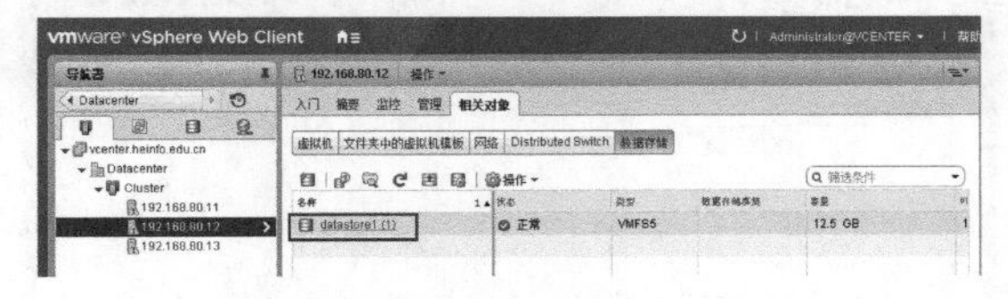

图 6-103　第 2 台主机数据存储名称

（3）在导航器中，定位到其中一台主机，在右侧“相关对象→数据存储”选项卡中，右击选中的数据存储名称，在弹出的对话框中选择“重命名”，如图 6-104 所示。

【说明】在此快捷菜单中还有“浏览文件、注册虚拟机、刷新容量信息、增加数据存储容量、卸载数据存储、维护模式”等设置，可以根据需要选择相应的功能。

（4）在“重命名”对话框，在“输入新名称”文本框中，输入新名称，例如 esxi11-os 这表示是 IP 地址最后为 11 的 ESXi 主机的系统盘。如图 6-105 所示。

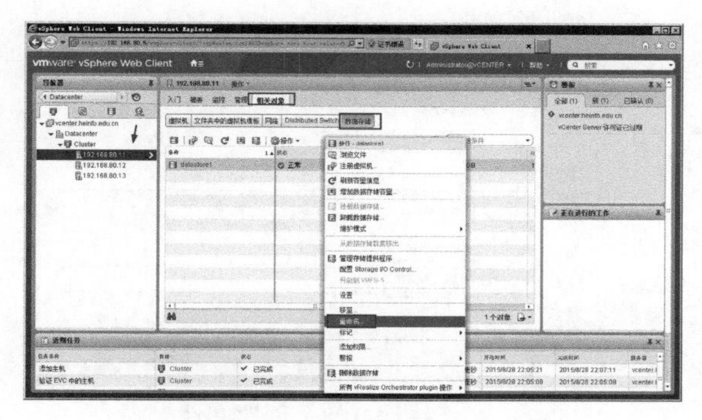

图 6-104　重命名

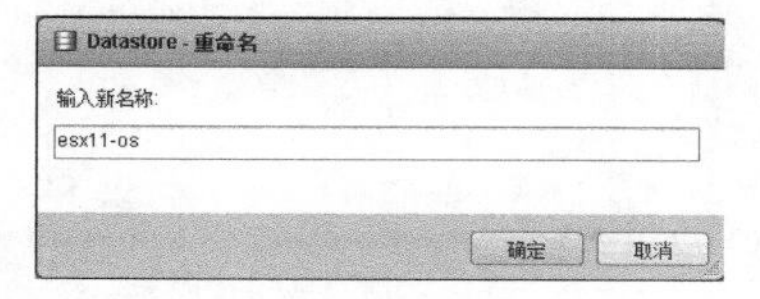

图 6-105　重命名

（5）之后将第 2 台主机 192.168.80.12 的存储命名为 esxi12-os，将第 3 台主机 192.168.80.13 的存储重命名为 esxi13-os，如图 6-106 所示。

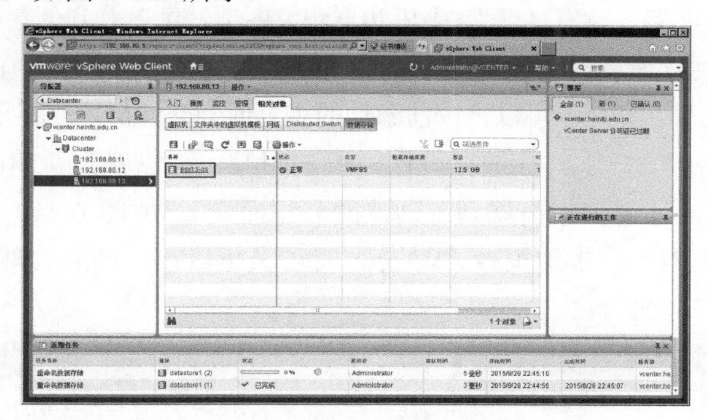

图 6-106　第 3 台主机命名后

如果以后再添加了本地存储或共享存储，在添加存储的时候直接根据规划命名即可。

6.3.8　创建文件夹

在管理中大型数据中心时，可能会有多个群集、多个数据中心、多台 ESXi 主机，虚拟机的数量及虚拟网络等对象数量较多。为了更好的管理这些对象，可以使用文件夹对相同类型的对象进行分组，使管理更简单。例如，可以将权限应用于文件夹，从而支持您使用文件夹对应该具有一组公用权限的对象进行分组。

一个文件夹中可以包含其他文件夹或一组相同类型的对象。例如，一个文件夹中可以包含虚拟机和其中包含虚拟机的其他文件夹，但不能包含主机和其中包含虚拟机的文件夹。

在 vSphere 中，可以创建以下文件夹类型：主机和群集文件夹、网络文件夹、存储文件夹以及虚拟机和模板文件夹。

（1）使用 vSphere Web Client 登录到 vCenter Server，在导航器中，选择数据中心或其他文件夹作为该文件夹的父对象。右键单击该父对象，然后选择用于创建文件夹的菜单选项。

（2）如果选择的父对象是数据中心，可以选择要创建的文件夹类型：“新建主机和群集文件夹、新建网络文件夹、新建存储文件夹、新建虚拟机和模板文件夹”，如图 6-107 所示。

如果父对象是文件夹，则新文件夹具有与父文件夹相同的类型。

（3）在“新建文件夹”对话框中，键入新建的文件夹的名称，然后单击“确定”按钮，如图 6-108 所示。

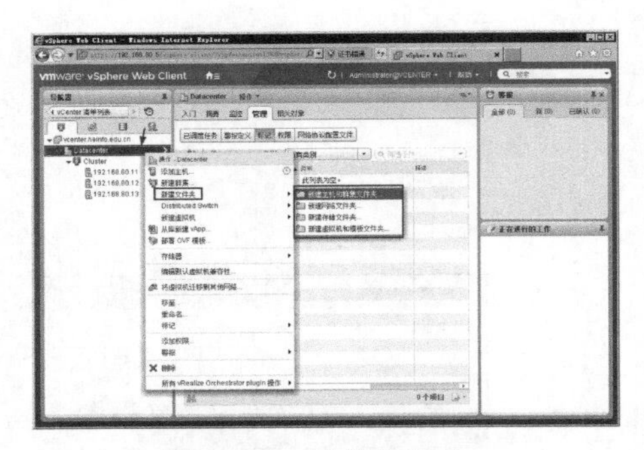

图 6-107 新建文件夹

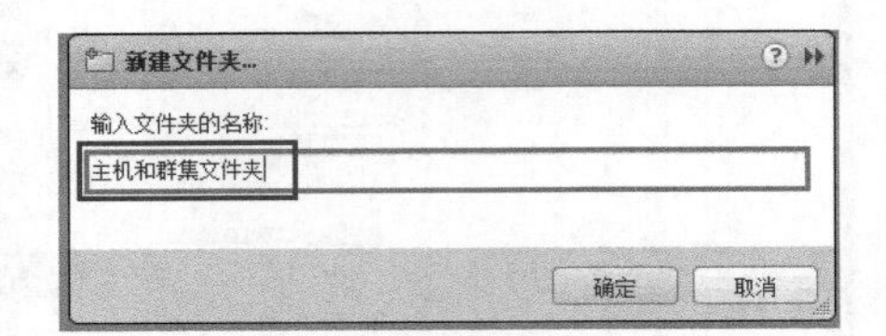

图 6-108 创建文件夹

可以根据需要，创建一个或多个文件夹，也可以根据需要创建多种不同的文件夹类型。在创建文件夹后，会根据不同的文件夹类型，自动创建在相应的对象中。

（1）例如，在左侧导航器，单击“ ”（主机和群集）图标，可以看到创建的“主机和群集文件夹”（也可以是其他名称，这视管理员规划或创建的名称而变），如图 6-109 所示。在此文件夹中可以保存主机、群集，可以添加主机和群集。也可以将以前添加的主机或创建的群集“移至”此文件夹。

（2）在左侧导航器中单击“ ”（虚拟机和模板）图标，可以看到新建的“虚拟机和模板文件夹”（也可以是其他名称，这视管理员规划或创建的名称而变），如图 6-110 所示。在“虚拟机和模板文件夹”中可以保存虚拟机、虚拟模板、vApp，管理员可以在后面的管理中，将需要的虚拟机、模板、vApp 移动到不同的文件夹中。

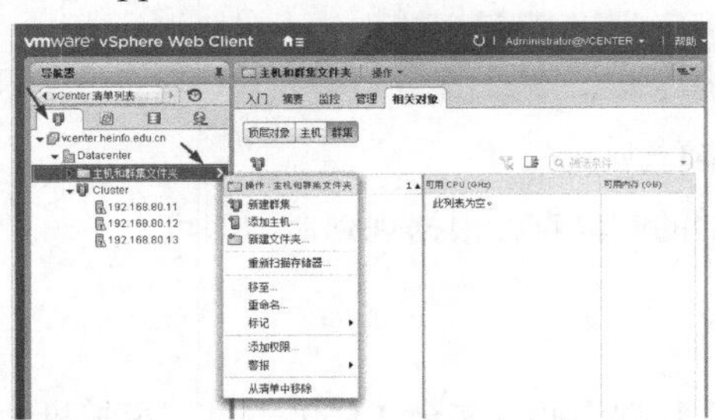

图 6-109 主机和群集文件夹

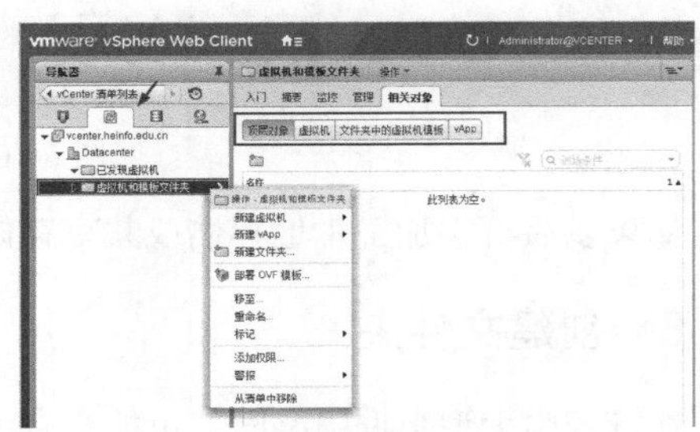

图 6-110 虚拟机和模板文件夹

（3）在左侧导航器中单击“ ”（存储器）图标，可以看到当前主机的存储器，以及新建的存储文件夹，如图 6-111 所示。在此可以管理数据存储。

（4）在左侧导航器中单击“ ”（网络）图标，显示当前的网络配置，如果创建了网络文件夹，则可以在此看到。在此可以管理网络，如图 6-112 所示。

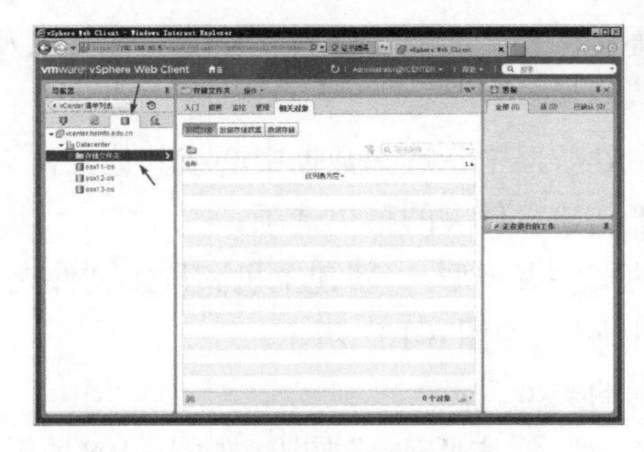

图 6-111 存储文件夹

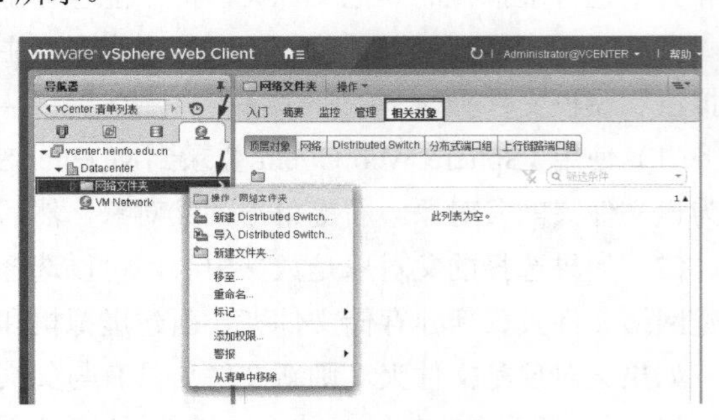

图 6-112 网络

6.3.9　添加数据存储

在前面的章节中，我们介绍了使用 vSphere Client 添加数据存储的操作。在本节的内容中，我们将使用 vSphere Web Client，添加数据存储。为了实现这一操作，你可以在图 6-46 实验环境配置的存储服务器中，为三台 ESXi 主机添加 iSCSI 的共享存储。

有关在 iSCSI 服务器中为 ESXi 主机分配存储空间的操作，可以参见前面的章节。下面我们简要看下 iSCSI 服务器端已经配置好的内容。

（1）在 iSCSI 存储服务器中，为 192.168.80.11、192.168.80.12、192.168.80.13 的目标服务器，分配了三个虚拟磁盘，大小分别是 1000GB、500GB（约）、100MB，如图 6-113 所示。

（2）在 iSCSI 服务器中，iSCSI 发起程序包括了 192.168.80.11、192.168.80.12、192.168.80.13 的 ESXi 主机，如图 6-114 所示。

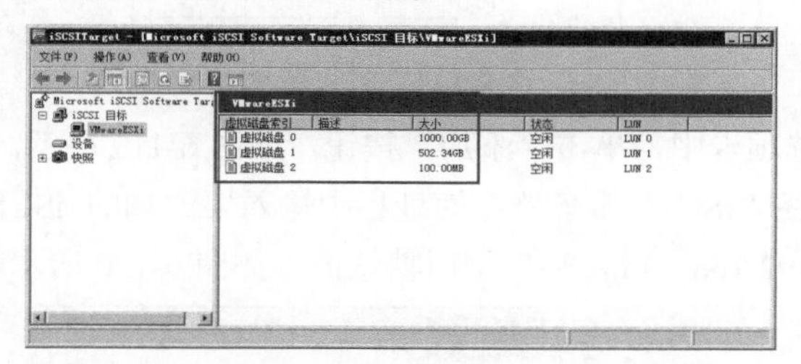

图 6-113　为 ESXi 分配的存储空间

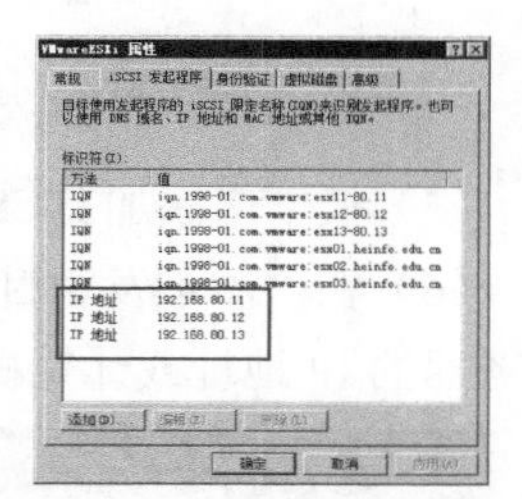

图 6-114　iSCSI 发起程序列表

在下面的操作中，将在 ESXi 主机中，添加 iSCSI 服务器分配的存储空间，我们以其中一台主机（192.168.80.11）添加为例进行介绍。主要步骤是先添加软件 iSCSI 适配器、然后添加 iSCSI 服务器、扫描存储、添加存储器等内容。

（1）使用 vSphere Web Client 登录到 vCenter Server，在导航器中选中要添加存储的主机，在右侧选择“管理→存储器→存储适配器”，单击“+”按钮，选择“软件 iSCSI 适配器”，如图 6-115 所示。

（2）在弹出的“添加软件 iSCSI 适配器”对话框，单击“确定”按钮，如图 6-116 所示。

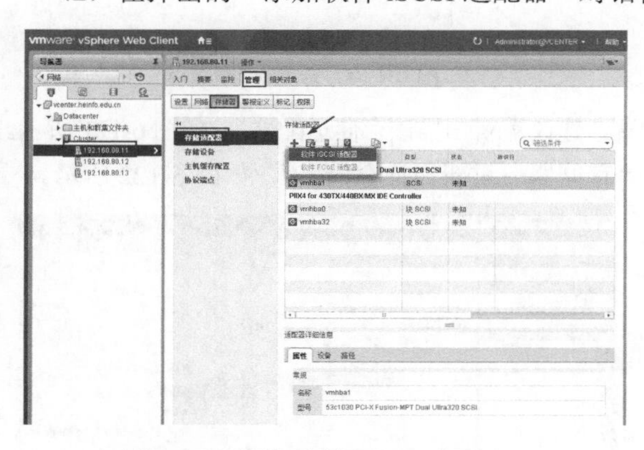

图 6-115　添加软件 iSCSI 适配器

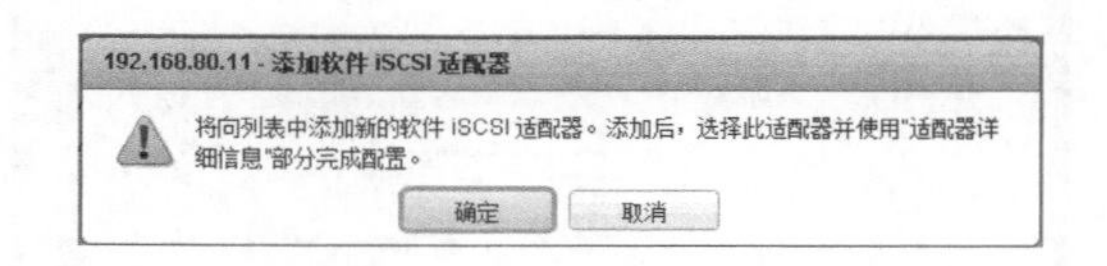

图 6-116　确定

（3）添加适配器之后，在“适配器”列表中可以看到新添加的名为“vmhba33”适配器，在“属性”选项卡中，在“常规”选项中单击“编辑”按钮可以修改 iSCSI 发起程序名称，如图 6-117 所示。

（4）在“身份验证”中单击“编辑”可以打开“编辑身份验证”对话框，在此选择身份验证方式，如图 6-118 所示。

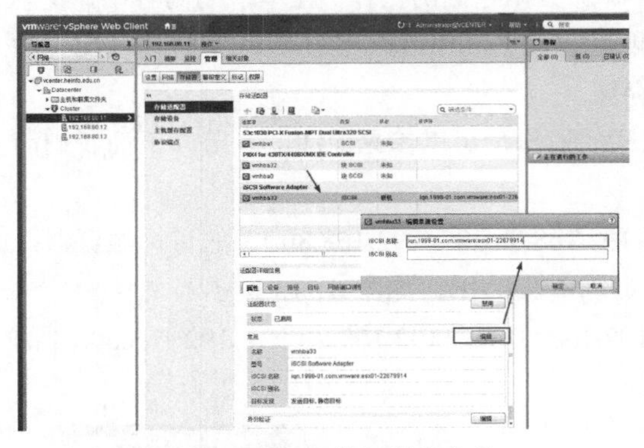

图 6-117　iSCSI 发起程序名称

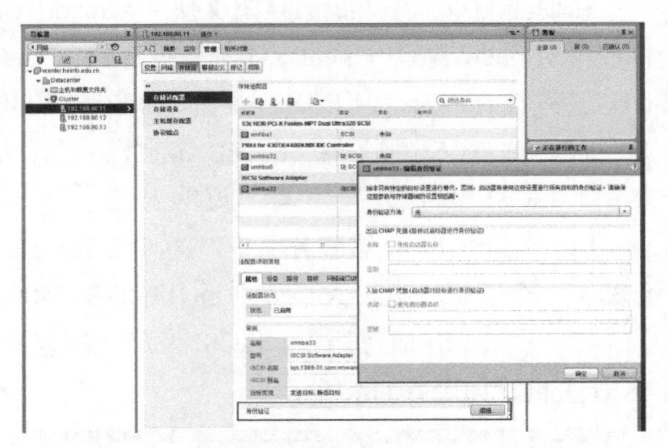

图 6-118　身份验证

（5）接下来添加 iSCSI 服务器。在“目标”选项卡中，单击“添加”按钮，如图 6-119 所示。

（6）在“添加发送目标服务器”对话框中，在“iSCSI 服务器”地址栏中输入要添加的 iSCSI 服务器的 IP 地址或计算机名称，在此 IP 地址为 192.168.80.1，端口采用默认值，如图 6-120 所示。

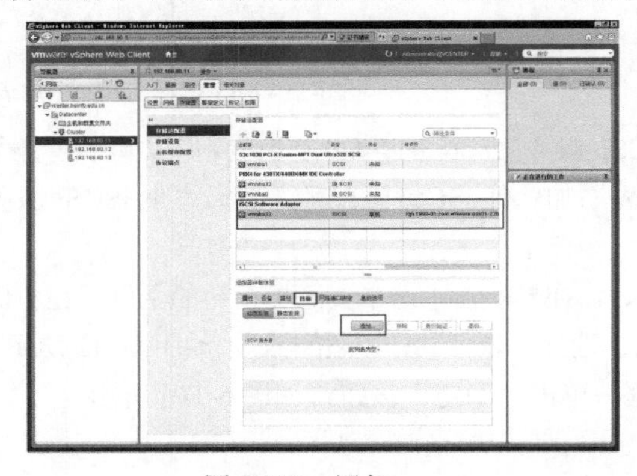

图 6-119　添加

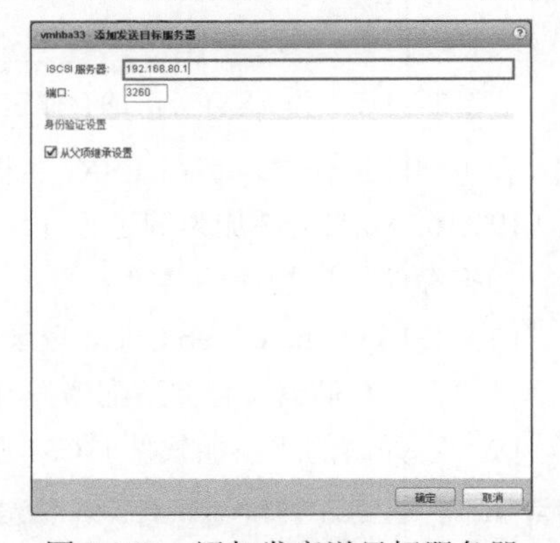

图 6-120　添加发旁送目标服务器

（7）添加之后，系统提示“由于最近更改了配置，建议重新扫描该存储适配器”，如图 6-121 所示。

（8）单击“操作”菜单，在下拉菜单中选择“存储器→重新扫描存储器”，如图 6-122 所示。

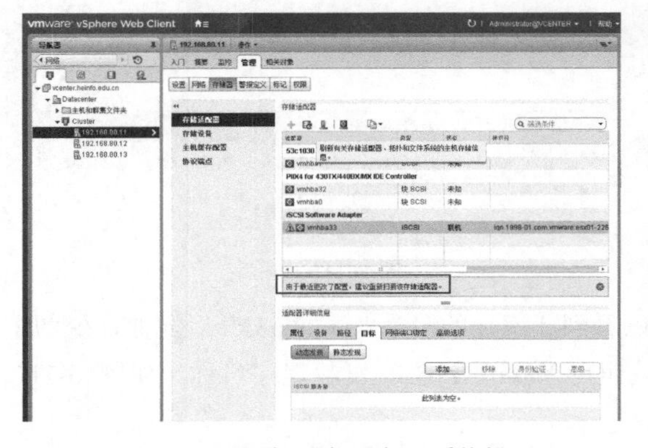

图 6-121　添加服务器之后系统提示

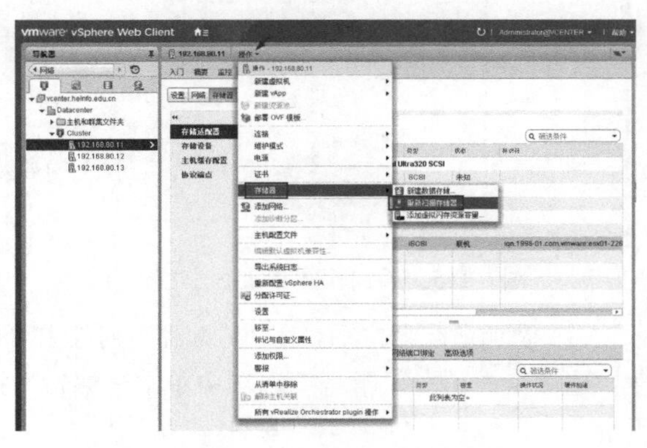

图 6-122　重新扫描存储器

（9）在“重新扫描存储器”对话框中，单击“确定”按钮，开始扫描，如图 6-123 所示。

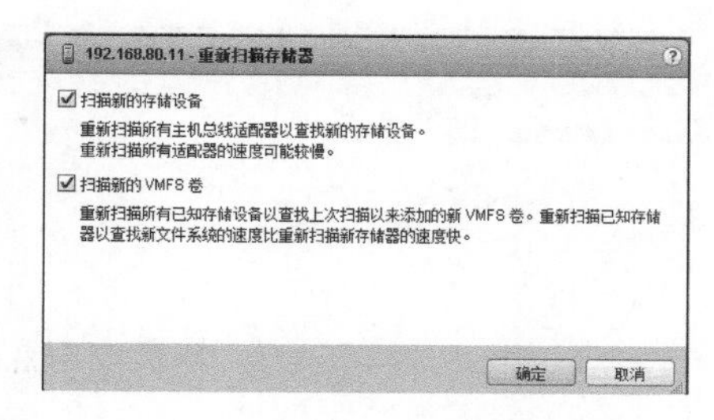

图 6-123　重新扫描存储器

对于另外两台主机，请参照（1）～（9）的步骤操作，这些不一一赘述。

在向 ESXi 主机添加了 iSCSI 存储服务器地址之后，接下来将 iSCSI 服务器分配给 ESXi 的空间，创建并添加为新的数据存储。

（1）在导航器中，在左侧选中 192.168.80.11 主机，在右侧选择“相关对象→数据存储”，单击“”（创建新的数据存储）命令，如图 6-124 所示。

（2）在“新建数据存储”对话框，选择“VMFS”，如图 6-125 所示。

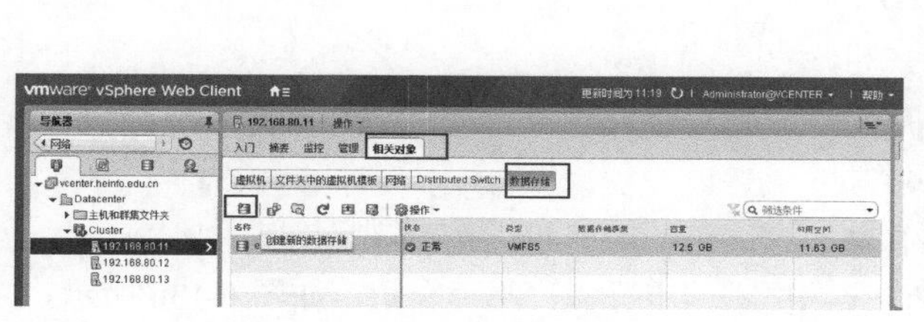

图 6-124　创建新的数据存储

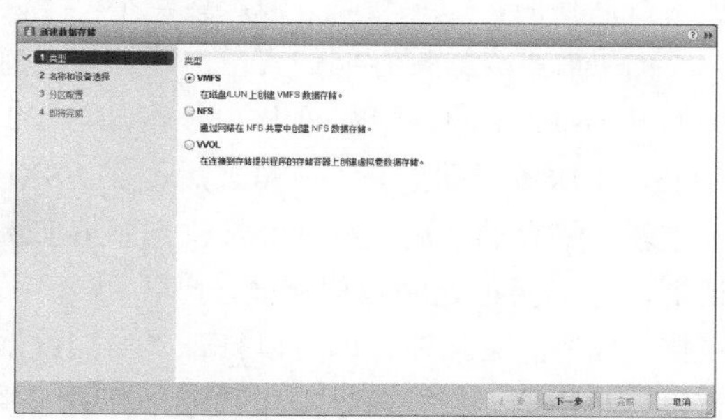

图 6-125　选择类型

（3）在“数据存储名称”文本框中，输入新添加的存储的名称，在此设置为 iscsi-data1，在“名称”列表中选择要添加的存储空间，如图 6-126 所示。在此列表中有两个共享存储，分别是前缀为 MSFT 的存储，还有一个前缀为 Local VMware 的本地存储。在此添加大小为 1000GB 的存储。

（4）在“分区配置”对话框，选择“使用所有可用分区”，如图 6-127 所示。

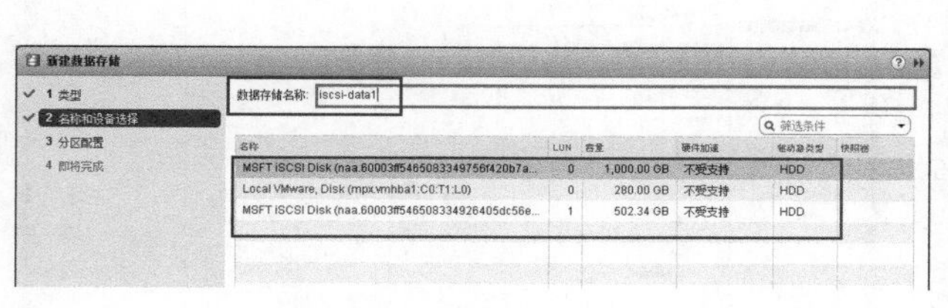

图 6-126　选择存储

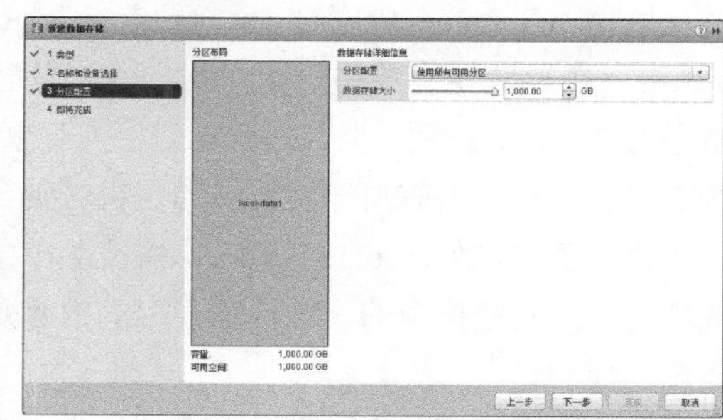

图 6-127　分区配置

（5）在“即将完成”对话框，显示了数据存储大小、设备和格式化信息，如图 6-128 所示，无误之后单击“完成”按钮，完成添加。

之后参照（1）～（5）的步骤，将另一个 250GB 左右的共享存储添加为 iscsi-data2，如图 6-129 所示，这是添加两个共享存储之后的截图。

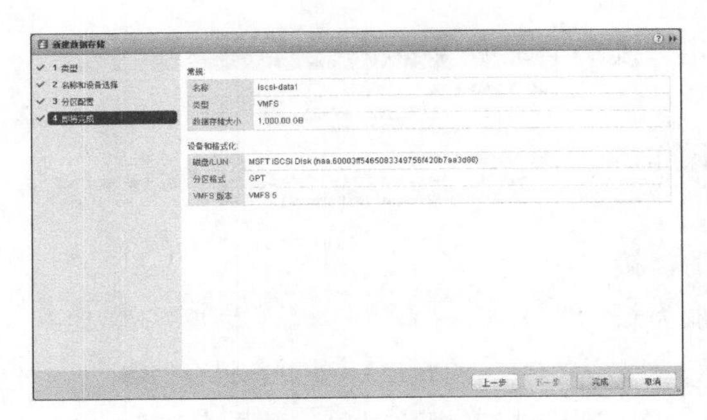

图 6-128 添加存储完成

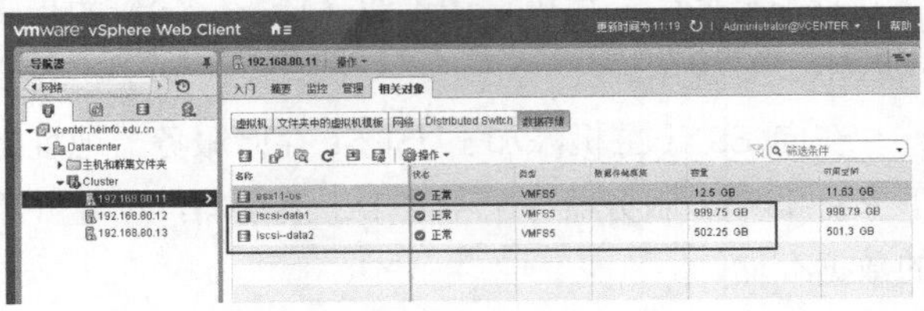

图 6-129 添加数据存储完成

你还可以参照上述步骤，将 ESXi 本地存储添加为数据存储，步骤与此类似，这些不一一介绍。

如果要扩充数据存储的容量，例如要将前面添加的 iscsi-data1 的存储空间由 1TB 增加为 1.2TB，在 iSCSI 服务器端扩充了容量之后，在 ESXi 主机上重新扫描存储之后，打开并定位到图 6-129 的对话框，选择要扩充的数据存储，单击"▣"（增加数据存储容量）按钮，即可以打开"增加数据存储容量"对话框，根据向导操作即可，有关这些内容的更进一步操作，不再介绍，如图 6-130 所示。

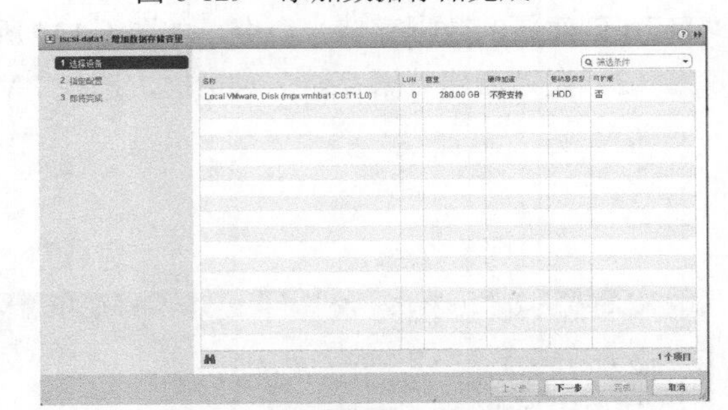

图 6-130 增加数据存储容量向导

6.4 管理 ESXi 主机

在本节介绍使用 vSphere Web Client 管理 ESXi 主机的内容。

6.4.1 右键快捷菜单

使用 vSphere Web Client 登录 vCenter Server，在导航器中选中一个主机，在中间窗格中有"入门、摘要、监控、管理、相关对象"等 5 方面内容，而右击导航器中的主机，则会弹出快捷菜单，如图 6-131 所示。快捷菜单中的功能与中间窗格中的一些选项卡中的内容是完全一样的。

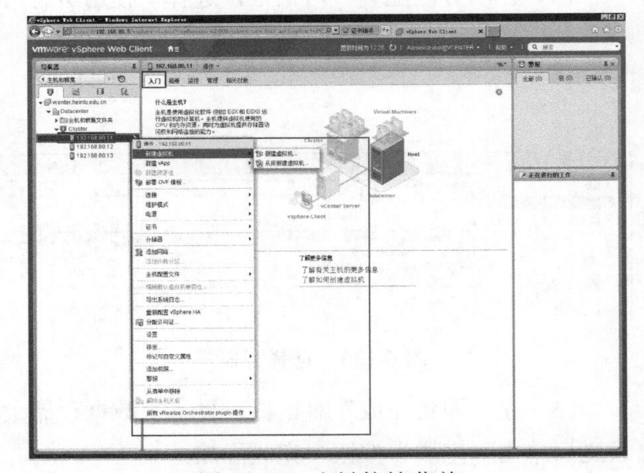

图 6-131 右键快捷菜单

（1）在右键菜单中，第一个选项组为"新建虚拟机、新建 vApp、部署 OVF 模板"，在此可以新建虚拟机，新建 vApp 或从 OVF 模板部署虚拟机。其中"新建虚拟机"该快捷菜单与"入门"中的"创建新虚拟机"功能相同。

（2）在第二个选项组"连接、维护模式、电源"功能，其中"连接"选项，可以从当前群集断开，或者再次连接到群集，如图 6-132 所示；在"维护模式"选项中，可以将主机进入维护模式，或者从维护模式退出，如图 6-133 所示；在“电源”功能中，包括“打开电源、进入待机模式、关机、重新引导”四个命令，如图 6-134 所示。其中“打开电源”是将处于待机模式的主机，打开电源。

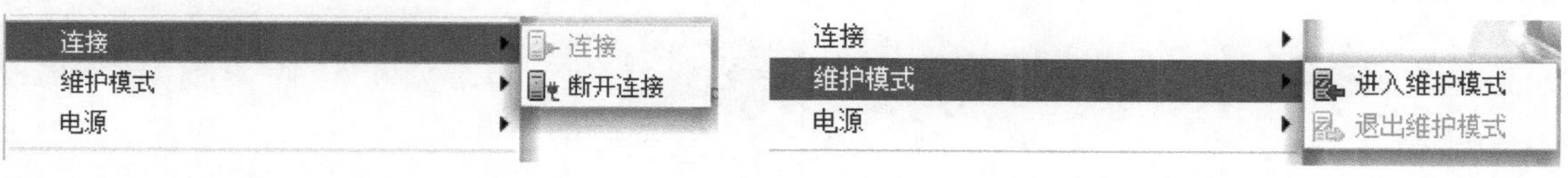

图 6-132　连接　　　　图 6-133　维护模式

（3）在“证书”功能中，可以续订证书或刷新 CA 证书，如图 6-135 所示。

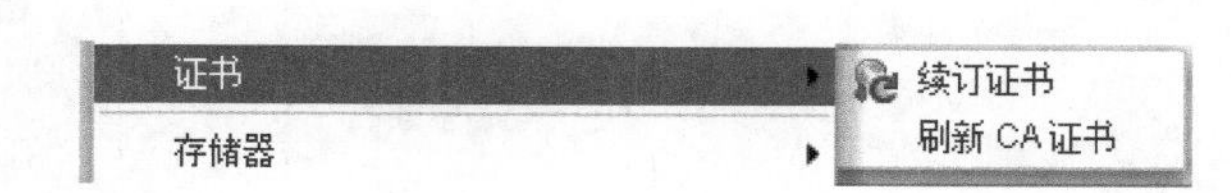

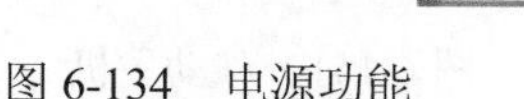

图 6-134　电源功能　　　　图 6-135　证书功能

（4）在“存储器”中，包括“新建数据存储、重新扫描存储器、添加虚拟闪存资源容量”等三个功能，如图 6-136 所示。

（5）如果选择“添加网络”，则会进入“添加网络”向导，如图 6-137 所示。

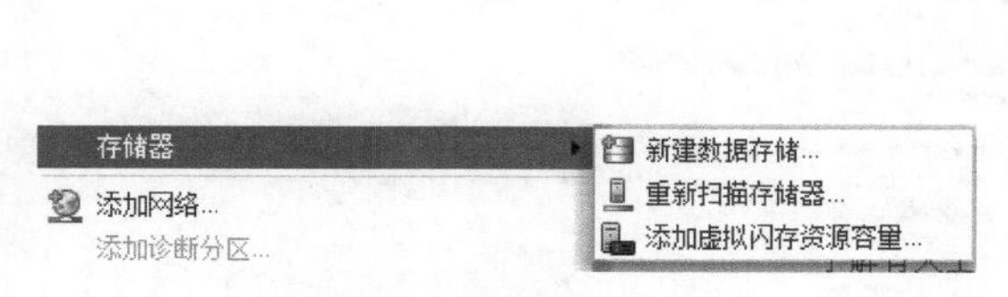

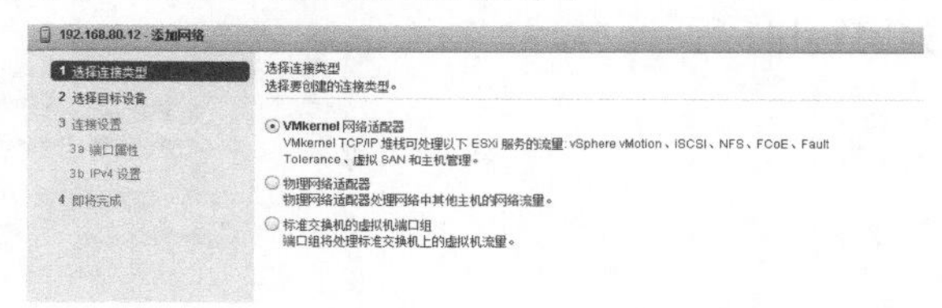

图 6-136　存储器　　　　图 6-137　添加网络

（6）在“主机配置文件”选项中，包括“提取主机配置文件、附加主机配置文件、更改主机配置文件、修复、分享主机配置文件、检查主机配置文件合规性、重置主机自定义”等功能，如图 6-138 所示。

（7）选择“导出系统日志”，将会进入“导出日志”向导，可以根据需要，选择生成日志包并将其下载导出（导出的是一个 ZIP 格式的压缩包），如图 6-139 所示。

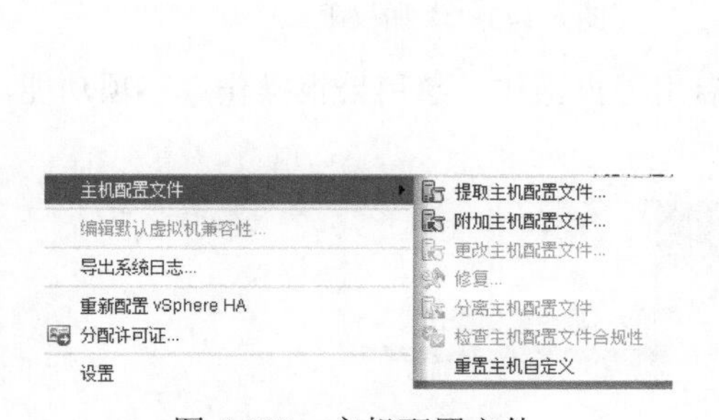

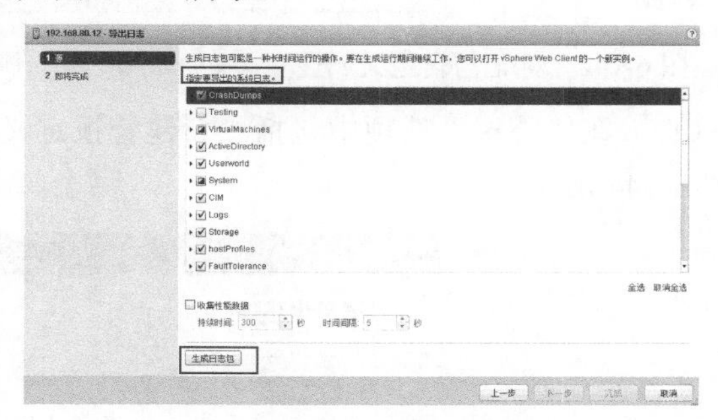

图 6-138　主机配置文件　　　　图 6-139　生成日志包

（8）选择“重新配置 vSphere HA”，将会为当前主机重新配置 HA。选择“分配许可证”，将会进入“分配许可证”对话框，为当前主机选择合适的许可证，如图 6-140 所示。

（9）选择“移至”，将会打开“移至”对话框，可以将选择的主机移动到其他数据中心、文件夹或群集，如图 6-141 所示。

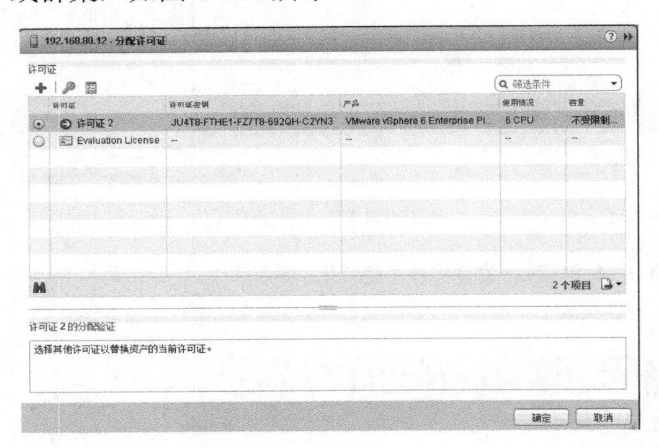

图 6-140　分配许可证

图 6-141　移动主机

（10）在“标记与自定义属性”选项中，包括“分配标记、移除标记、编辑自定义属性、删除自定义属性”等功能，如图 6-142 所示。

（11）选择“添加权限”将打开“添加权限”对话框，可以为当前的主机添加用户及分配权限，如图 6-143 所示。

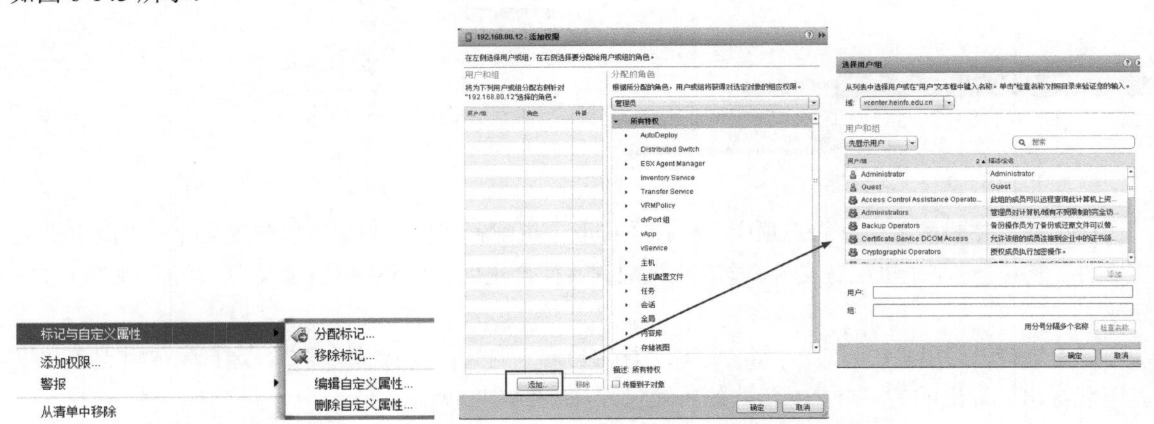

图 6-142　标记与自定义属性　　　　图 6-143　添加权限

（12）在“警报”选项中包括“新建警报定义、启用警报操作、禁用警报操作”三项功能，如图 6-144 所示。

图 6-144　警报

（13）如果选择“从清单中移除”，则可以将处于“维护模式”的主机，从当前群集或数据中心中移除。

6.4.2　摘要

在“摘要”选项卡中，可以查看主机的信息，这包括主机的型号、处理器类型、逻辑处理器数量、网卡数量、当前 ESXi 主机虚拟机的数量、虚拟机运行时间等信息，还以图形方式显示 CPU、内存、存储的利用率。单击“硬件”、“配置”、“标记”、“相关对象”，可以显示对应的、更加详细的信息，如图 6-145 所示。

图 6-145　摘要

6.4.3　监控

在“监控”选项卡，显示所选主机的“问题、性能、日志浏览器、任务、事件、硬件状态”等信息，如图 6-146 所示。

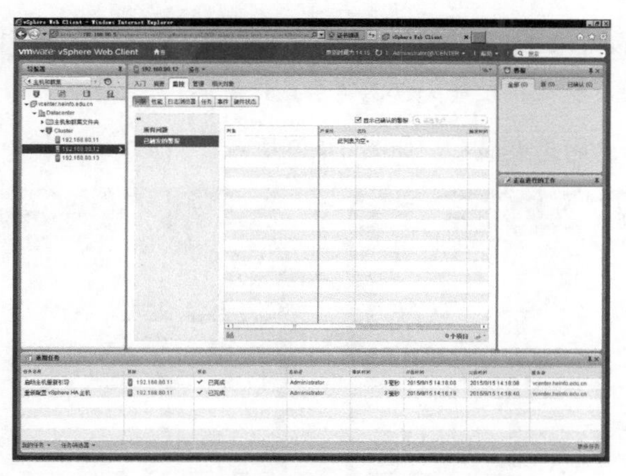

图 6-146　监控

6.5　使用 vSphere Web Client 配置虚拟机

在前面的章节，介绍了使用传统客户端 vSphere Client，管理 ESXi 或 vCenter Server，实现了在 ESXi 中创建虚拟机的内容。在本节介绍使用 vSphere Web Client，在 ESXi 中配置虚拟机的内容。

6.5.1 上传数据到 ESXi 存储

无论是在虚拟机中安装操作系统，还是在虚拟机中安装应用程序，都需管理 vSphere 数据中心的客户端或使用虚拟机的终端用户，需要与虚拟机传输数据。向虚拟机传输数据有多种方式，一个最简单的方式，而将常用的操作系统、应用程序的光盘镜像（ISO 格式）上传到 vSphere 数据中心中可共享的数据存储，则是一种最方便的方法。在此介绍，使用 vSphere Web Client，上传文件到存储的内容。下面以将 Windows Server 2003、Windows Server 2012 R2 安装光盘镜像上传到 iSCSI 服务器分配给 ESXi 的共享存储为例，介绍上使用 vSphere Web Client 上传数据的方法。

（1）使用 vSphere Web Client 登录到数据中心，在导航器中选中一个主机，在右侧“相关对象→数据存储”中选择存储，如图 6-147 所示，或者单击“ ”浏览选择存储。

（2）浏览定位到一个共享存储，例如本例中的“iscsi-data1”，选择根目录，单击“ ”按钮（创建新的文件夹），弹出一个“创建新的文件夹”对话框，在此设置一个名称，用于创建一个新的文件夹，单击“创建”按钮，如图 6-148 所示。

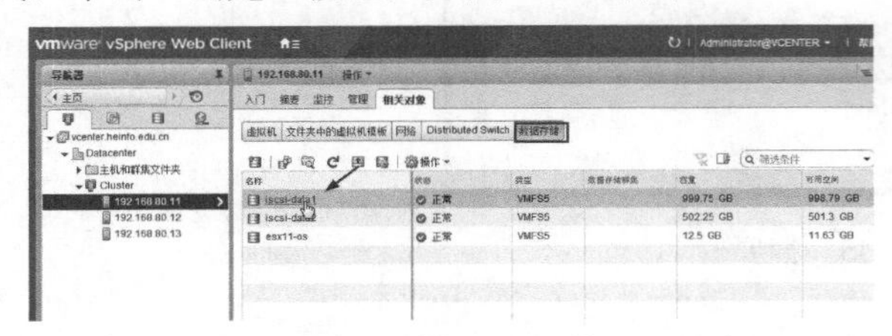

图 6-147　选择浏览存储

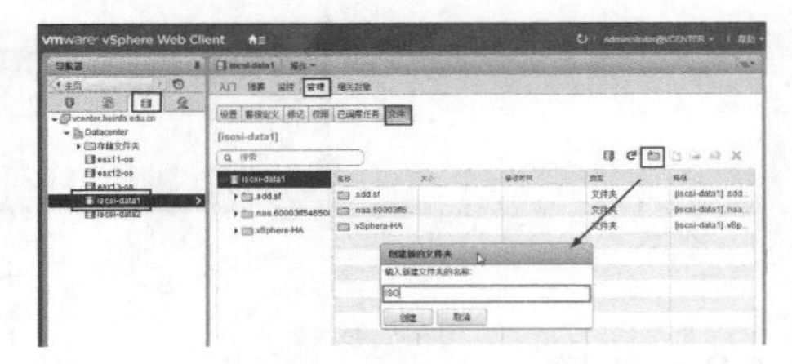

图 6-148　创建新文件夹

（3）选中创建的文件夹，本例中是 ISO，单击“ ”按钮，将文件上传到数据存储，在弹出的“打开”对话框中，选择上传的文件，单击“打开”按钮，如图 6-149 所示。

【说明】上传文件不仅仅限于 ISO 文件，你可以根据需要，上传所需要的任何文件，还可以根据需要再创建其他文件夹，以及在文件夹中创建子文件夹。

（4）在上传的时候，会有进度显示，如图 6-150 所示。

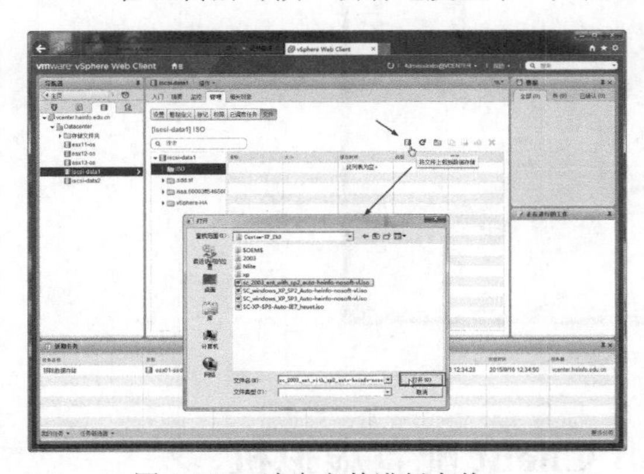

图 6-149　选中文件进行上传

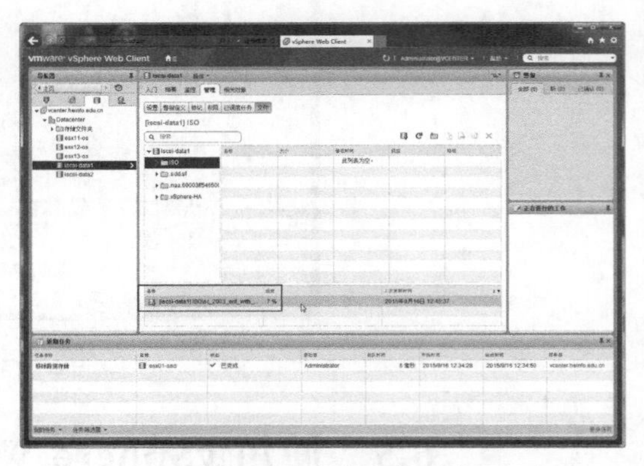

图 6-150　上传文件进度

在以后的后期管理中，可以删除不需要的上传文件，也可以将上传的文件下载到本地。这些操作比较简单，就不一一介绍。

6.5.2　新建虚拟机

你可以在导航器中，选择数据中心、群集、主机，在这些目标中新建虚拟机，并且在新建虚拟机的时候，可以选择虚拟机的保存位置。下面介绍使用 vSphere Web Client 创建虚拟机的方法。

（1）在导航器中选择数据中心、群集、主机，或这些目标中的文件夹，用鼠标右击，在弹出的快捷菜单中选择“新建虚拟机→新建虚拟机”，如图 6-151 所示，可以进入新建虚拟机向导。

（2）也可以在导航器中选择一个目标，在中间窗格中，在“入门”选项卡中，选择“创建新虚拟机”链接，如图 6-152 所示。说明，根据导航器中选择的目标不同，其“基本任务”列表中显示也会不同。

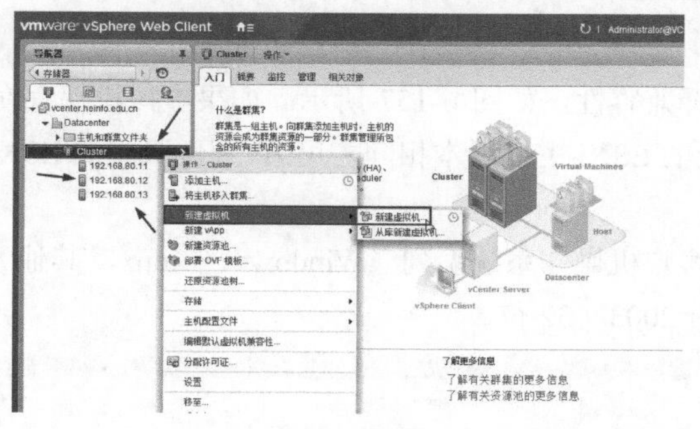

图 6-151　新建虚拟机

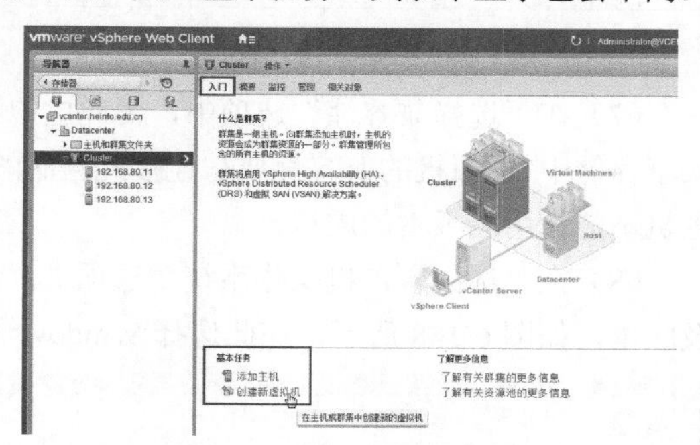

图 6-152　创建新虚拟机

（3）无论上述任何一种方法，都会进入“新建虚拟机（已调度）”向导，如图 6-153 所示。

（4）在“编辑设置→选择名称和文件夹”选项中，在“为该虚拟机输入名称”文本框中，设置新建虚拟机的名称。对于一个新配置的 vSphere 数据中心，同样是要创建一些“模板”虚拟机，在此先创建一个 Windows Server 2003 的虚拟机，设置名称为“WS03R2_TP”，如图 6-154 所示。伴随着微软停止对 Windows Server 2003 的更新支持，Windows Server 2003 以后的使用会慢慢减少，但不可否认，一些单位还是使用了大量的 Windows Server 2003 操作系统。在“为该虚拟机选择位置”中选择保存该虚拟机的位置。

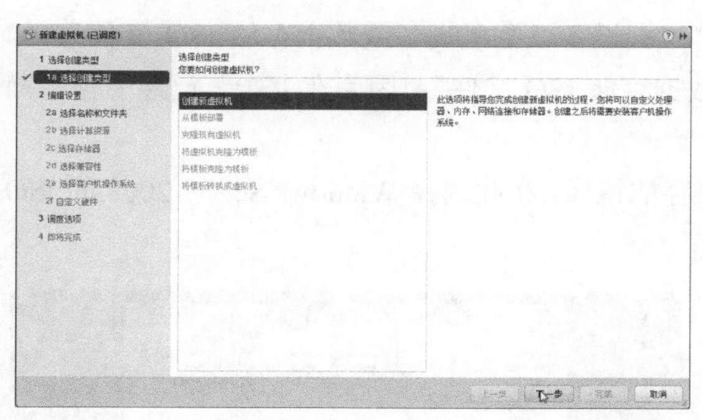

图 6-153　新建虚拟机向导

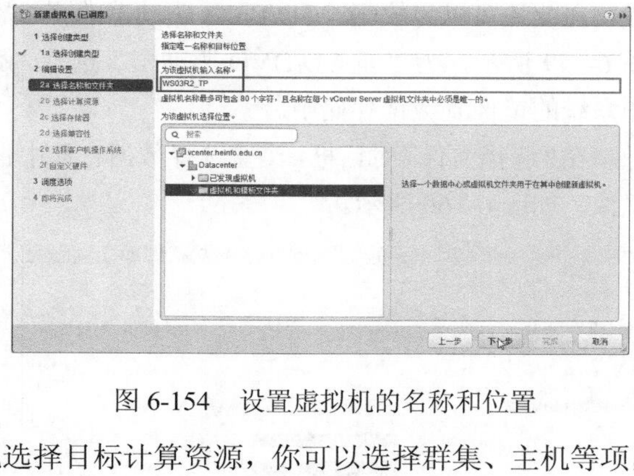

图 6-154　设置虚拟机的名称和位置

（5）在“选择计算资源”选项中，为此虚拟机选择目标计算资源，你可以选择群集、主机等项，如图 6-155 所示。

（6）在“选择存储器”选项中，选择要存储配置和磁盘文件的数据存储，在此选择名为 iscsi-data1 的存储，如图 6-156 所示。在你的生产环境或实验环境中，请根据你的规划及实际情况选择。

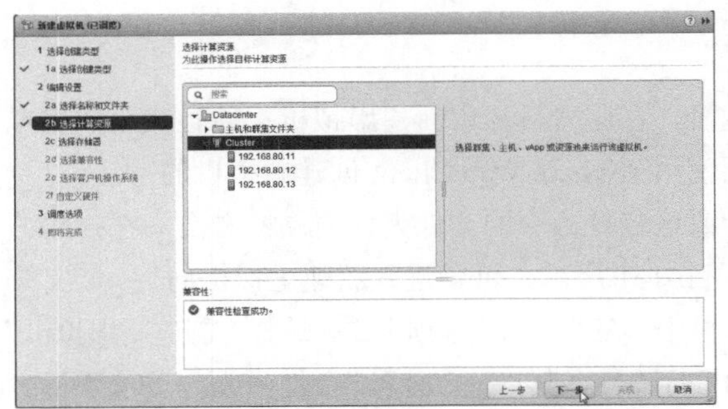

图 6-155　选择计算资源

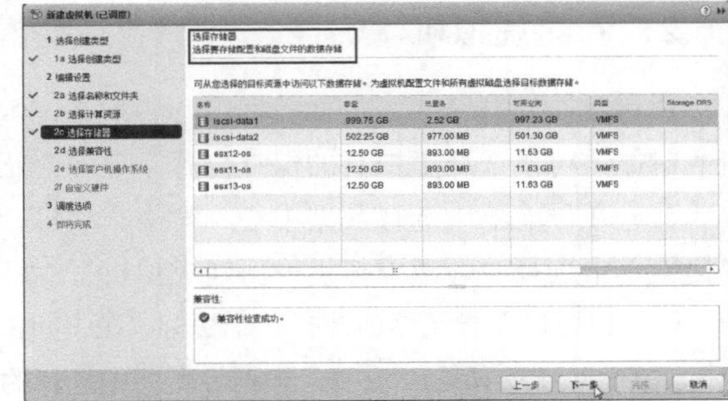

图 6-156　选择存储器

（7）在“选择兼容性”选项中，为此虚拟机选择兼容性，如图 6-157 所示。如果虚拟机保存在共享存储中，虚拟机的兼容性要与连接此存储的最低的 ESXi 主机版本相同才可。否则低版本的 ESXi 主机不能使用高版本的虚拟机。

（8）在“选择客户机操作系统”选项中，选择客户机操作系统系列（Windows、Linux、其他）及版本，如图 6-158 所示，在此选择 Windows Server 2003（32 位）。

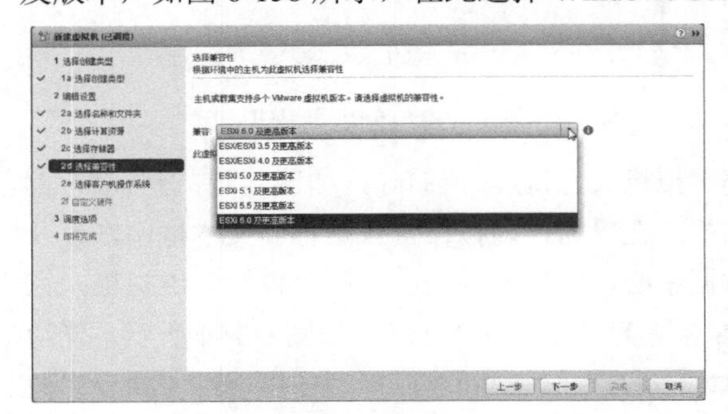

图 6-157　选择兼容性

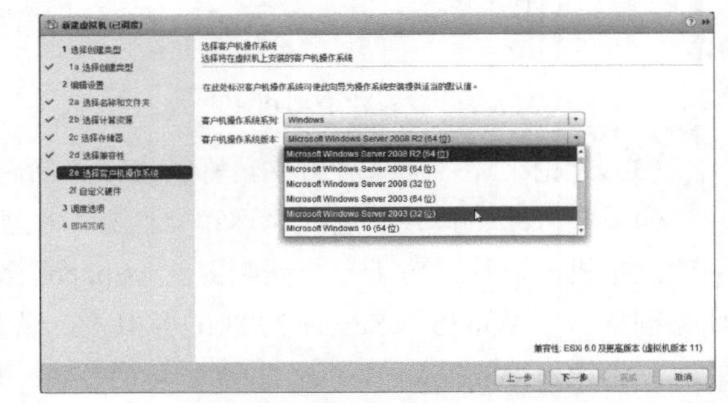

图 6-158　选择客户机操作系统

（9）在“自定义硬件”选项中，选择虚拟机的配置，包括 CPU 数量、内存大小、硬盘大小及格式。在此还可以为软驱、CD/DVD 驱动器选择“客户端设备、主机设备或数据存储 ISO 文件”，如图 6-159 所示，为“新 CD/DVD 驱动器”选择“数据存储 ISO 文件”，因为在上一节已经上传了操作系统的镜像到数据存储中。

在“选择文件”对话框，浏览选择数据存储中保存的镜像，在此选择 Windows Server 2003 的 ISO 镜像，如图 6-160 所示。

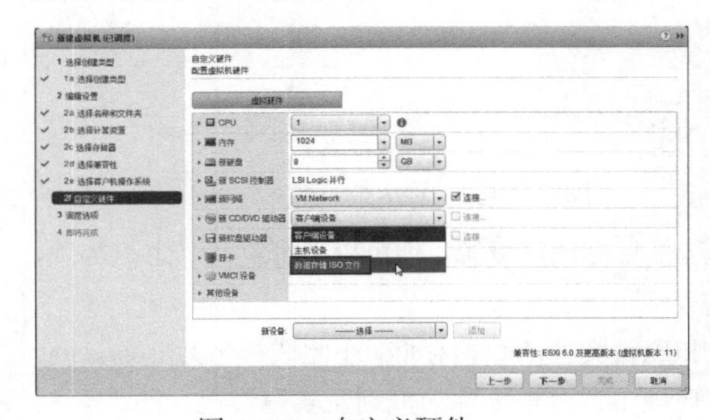

图 6-159　自定义硬件

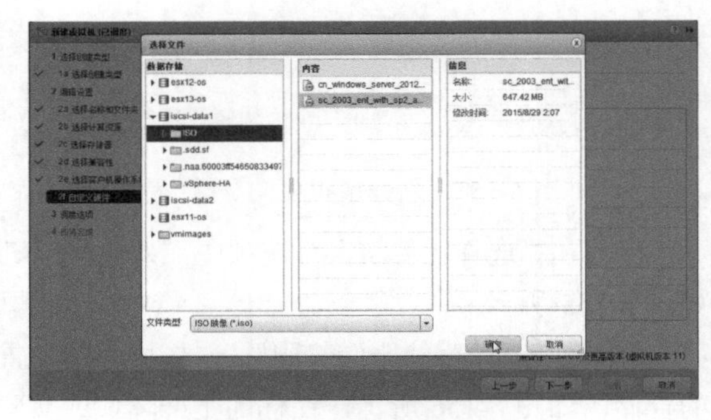

图 6-160　选择镜像文件

返回到“自定义硬件”对话框，单击“连接”选项，以确保虚拟机在启动的时候能连接到该文件，如图 6-161 所示。

（10）在“新硬盘”选项中，在“磁盘置备”选项中，选中“Thin Provision”（精简置备），默认情况下是“厚置备延迟置零”，如图 6-162 所示。其他选项可以根据需要选择或设置，但一般情况下，为 Windows Server 2003 分配 1 个 CPU、1GB 内存即可。如果配置不够，以后可以根据需要修改。

图 6-161　打开电源时连接

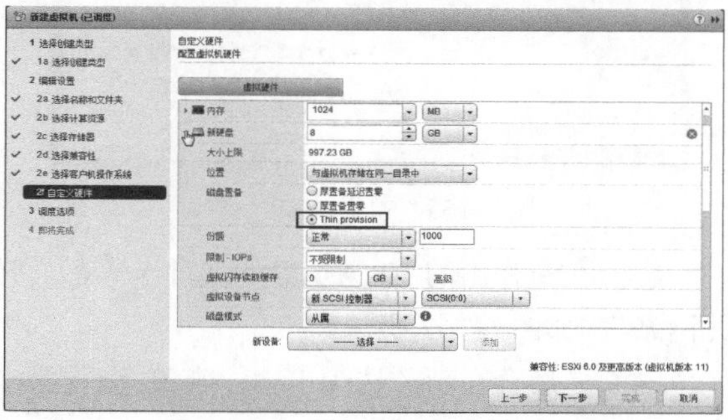

图 6-162　硬盘选项

（11）在“3 调度选项”中，默认会创建一个“创建新虚拟机”的任务名称，在“配置的调度程序”后面单击“更改”链接，在弹出的“配置调度程序”对话框中，选择“立即运行该操作”，如图 6-163 所示。也可以根据需要，选择执行该任务的时间或间隔周期。

（12）在“即将完成”对话框，显示了创建新虚拟机的选项，检查无误之后单击“完成”按钮，如图 6-164 所示。

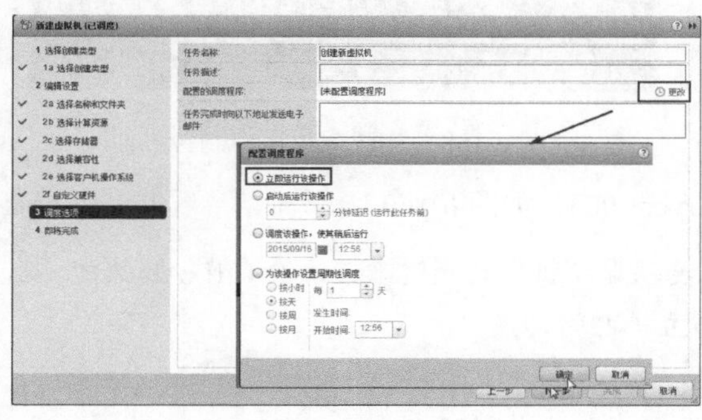

图 6-163　调度选项

图 6-164　即将完成

6.5.3　在虚拟机中安装操作系统

在创建虚拟机之后，接下来介绍在虚拟机中安装操作系统，步骤如下。

（1）在导航器中，选中虚拟机，右击，在弹出的快捷菜单中选择“启动→打开电源”，如图 6-165 所示。

（2）之后右击该虚拟机，在弹出的菜单中选择“打开控制台”，如果 IE 浏览器下方弹出“Internet Explorer 阻止了一个来自 XXX 的弹出窗口”，则单击“用于此站点的选项”下拉列表中选择“总是允许”，如图 6-166 所示。

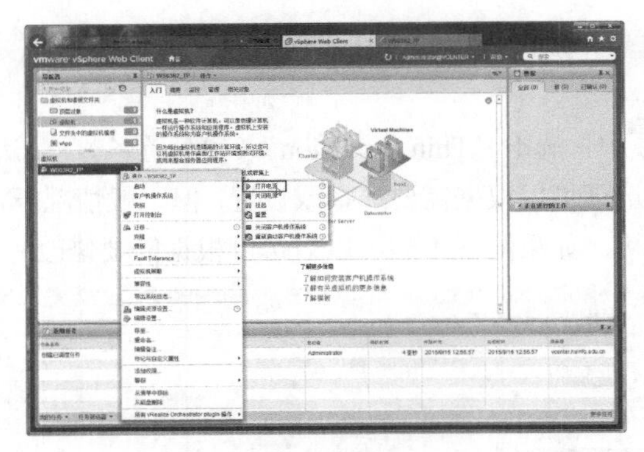

图 6-165　打开电源

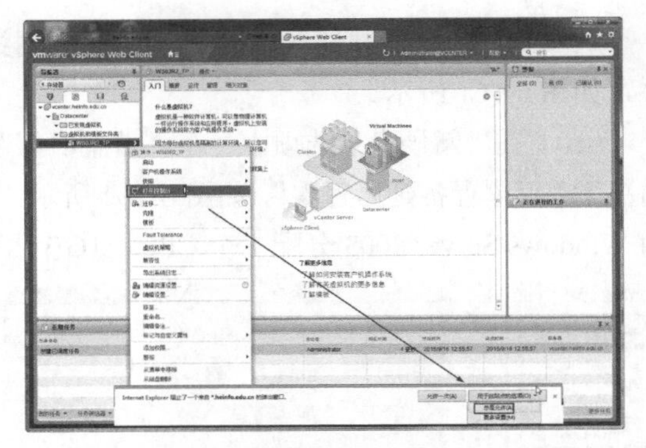

图 6-166　打开控制台并允许弹出窗口

（3）在新弹出的 IE 浏览器的选项卡中，会弹出“此网站的安全证书有问题”，单击“继续浏览此网站”，如图 6-167 所示。

（4）之后会在新的选项卡中，在 IE 浏览器中，加载虚拟机的界面，如图 6-168 所示。

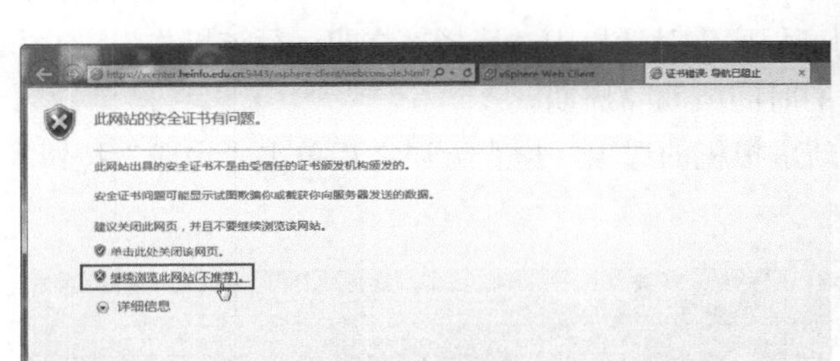

图 6-167　继续浏览此网站

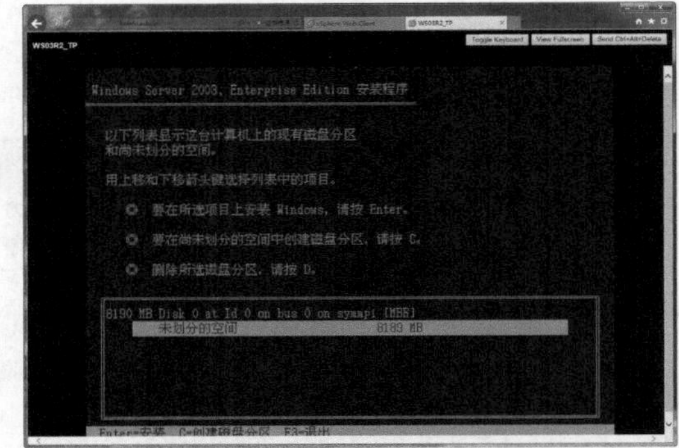

图 6-168　加载虚拟机控制台界面

（5）之后在控制台中界面中，安装 Windows Server 2003，如图 6-169 所示。

【说明】当鼠标、键盘控制在虚拟机中时，如果要从虚拟机中切换过来，请按 Ctrl+Alt 热健。在安装 VMware Tools 之后，鼠标可以直接在虚拟机与主机之间切换。

（6）之后等待虚拟机完成操作系统的安装，如图 6-170 所示。

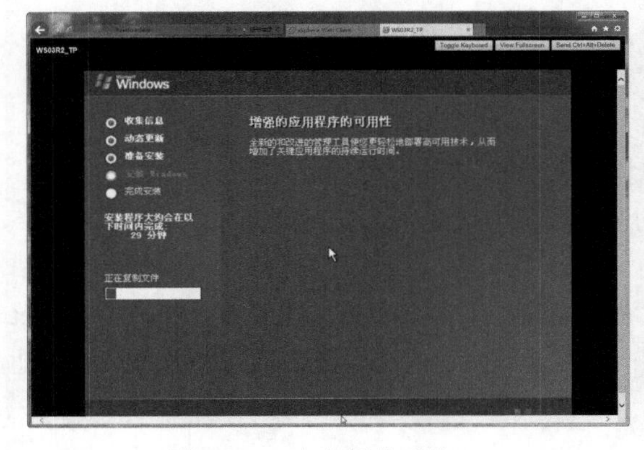

图 6-169　安装操作系统

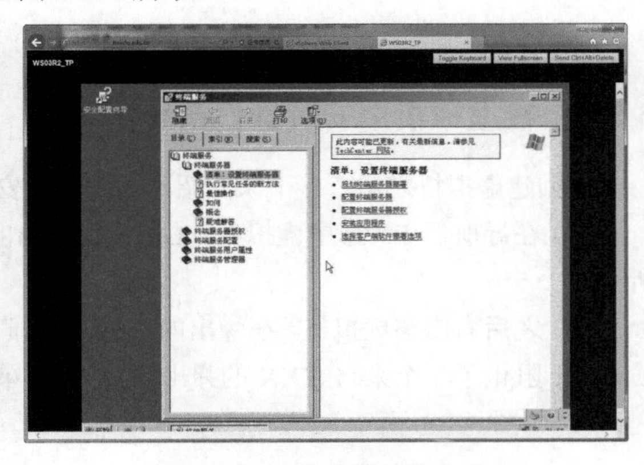

图 6-170　安装操作系统完成

如果操作系统需要“按 Ctrl+Alt+Del”登录，可以单击右上角的“Send Ctrl+Alt+Delete”按钮，发送 Ctrl+Alt+Del 命令，或者按 Ctrl+Alt+Insert 代替。

在实际的使用中，因为在 IE 浏览器中显示操作系统的界面，会显得比较慢，所以，如果你的主机安装了“VMware Remote Console（VMware 远程控制台）”（可以参见本章“6.2.7 下载远程控制台”一节内容）之后，可以用远程控制台打开虚拟机的控制台界面。

（1）在 vSphere Web Client 中，在导航器中选择虚拟机，在“摘要”选项卡中，单击“启动远程控制台”链接，如图 6-171 所示，在弹出的“是否允许此网站打开你计算机上的程序”，单击“允许”按钮，如果不想每次弹出此提示，请取消“打开此类地址前总是询问”的选项。

（2）打开远程控制台后，在“VMRC”菜单中，可以对虚拟机执行常规的操作，例如可以执行开关机、发送 Ctrl+Alt+Del 键、连接或映射可移动设备、安装 VMware Tools、修改虚拟机配置、将虚拟机进入全屏等，如图 6-172 所示，选择“Manage→Install VMware Tools”，以安装 VMware Tools。

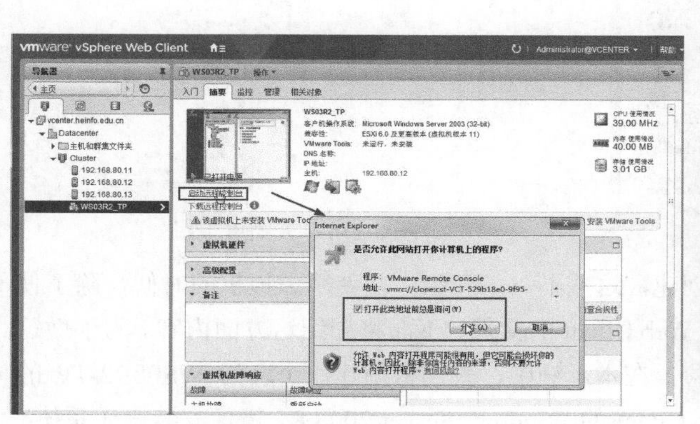

图 6-171　启动远程控制台

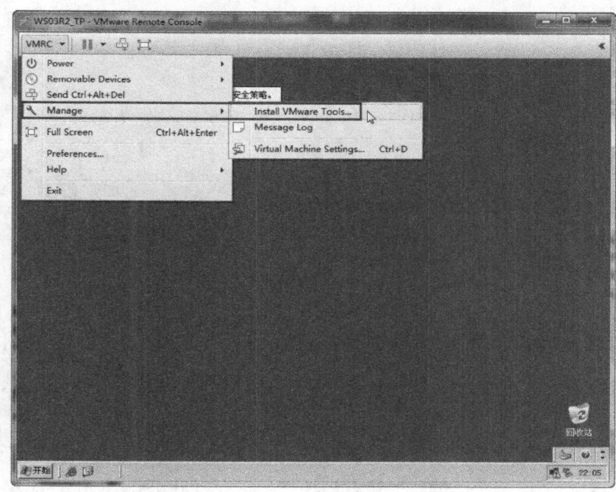

图 6-172　安装 VMware Tools

（3）如果不在“远程控制台”的菜单中选择安装 VMware Tools，也可以在 vSphere Web Client 中，右击虚拟机，在弹出的快捷菜单中选择“客户机操作系统→安装 VMware Tools”，如图 6-173 所示。

（4）之后在虚拟机中安装 VMware Tools，如图 6-174 所示。安装完成之后，根据提示重新启动虚拟机。

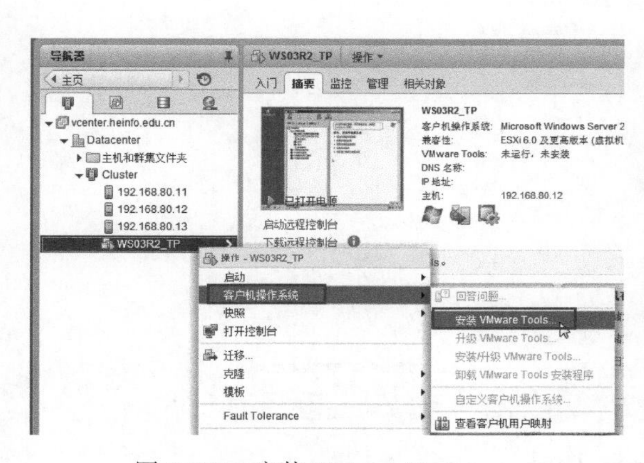

图 6-173　安装 VMware Tools

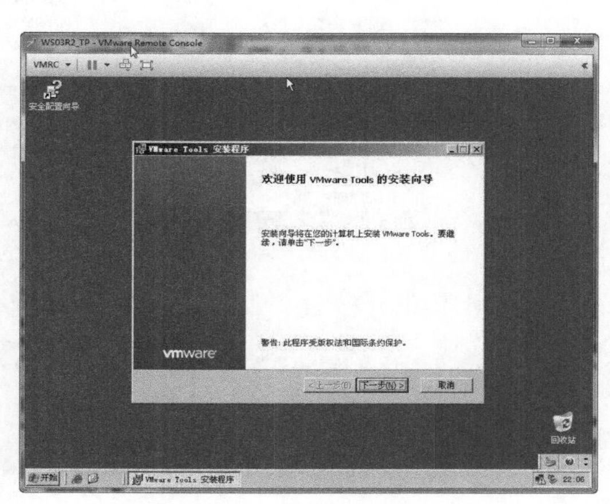

图 6-174　安装 VMware Tools

（5）在虚拟机中可以安装软件、进行设置等，如图 6-175 所示，这是关闭虚拟机的屏幕保护程序、不允许虚拟机黑屏等设置。

（6）完成设置之后，关闭虚拟机。你也可以在 vSphere Web Client 中，右击虚拟机在快捷菜单中选择“启动→关闭客户机操作系统”，如图 6-176 所示。如果虚拟机死机，需要“强制关机”时，则选择“关闭电源”。

图 6-175　虚拟机设置

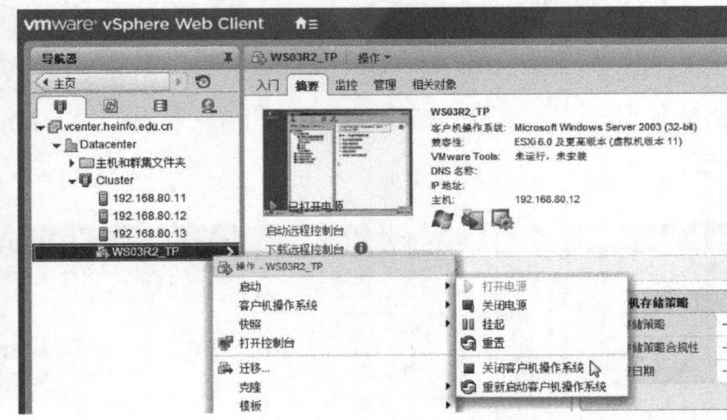

图 6-176　关闭虚拟机

如果需要其他虚拟机，请根据本节内容创建，这些不一一介绍。在使用虚拟机的时候，除了使用数据存储中的文件外，还可以使用 vSphere Web Client 的文件，下面将介绍这方面内容。为了做这个测试，你可以创建一个新的虚拟机进行实验。在本示例中，我们将创建一个名为 WS08R2-TP 的虚拟机，将在此虚拟机中、使用 vSphere Web Client 的 Windows Server 2008 R2 镜像安装操作系统，主要步骤如下。

（1）登录 vSphere Web Client，创建名为 WS08R2-TP 的虚拟机，如图 6-177 所示，这是新建虚拟机的“即将完成”对话框。

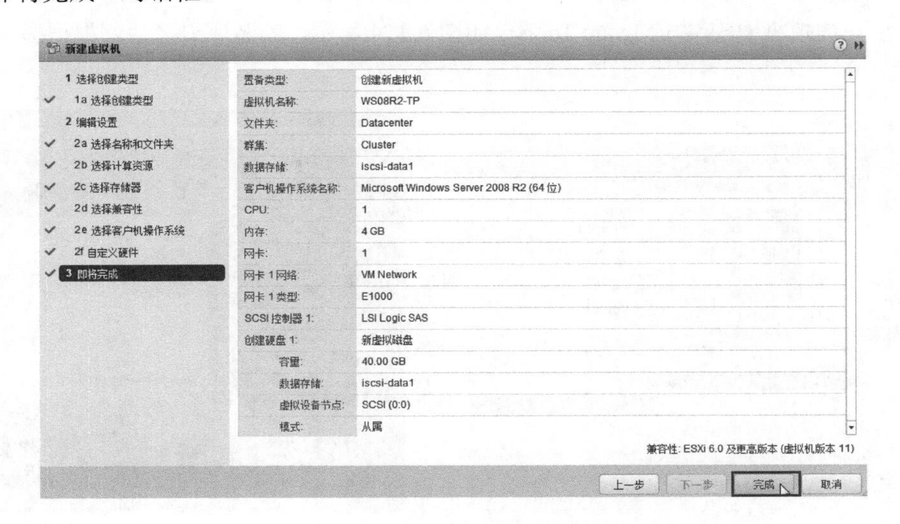

图 6-177　新建虚拟机

（2）在导航器中选中新建的虚拟机，在“摘要”选项卡中单击“启动远程控制台”，如图 6-178 所示。

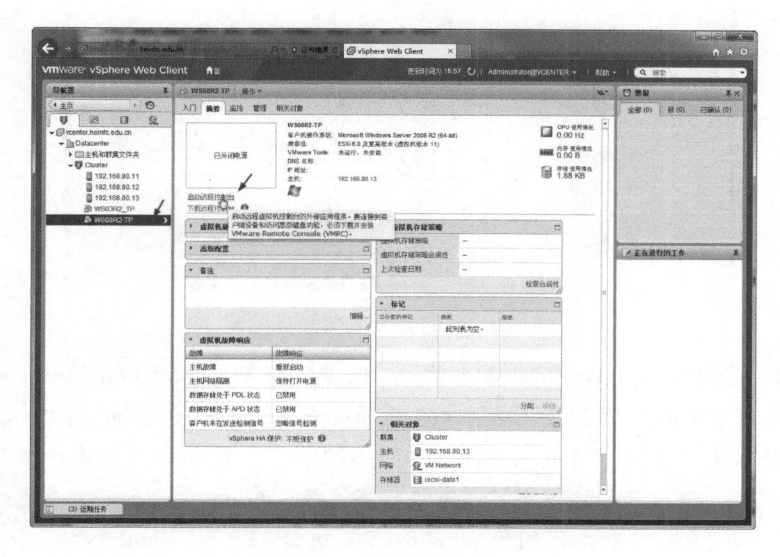

图 6-178　启动远程控制台

（3）在 VMware 远程控制台界面，单击“▶”按钮启动虚拟机。由于此时虚拟机还没有操作系统，也没有加载镜像，此时会进入“网络启动”的界面，如图 6-179 所示。如果当前网络中有“Windows 部署服务”，则当前虚拟机可以通过网卡启动并通过 WDS（Windows 部署服务）安装操作系统。

（4）在“VMRC”菜单中选择“Removable Devices→CD/DVD 驱动器 1→Connect to Disk Image File”，准备加载本地 ISO 文件，如图 6-180 所示。在此对话框中，也可以连接到 vSphere Web Client 的本地光驱（物理或虚拟光驱），或者单击“Settings”，进入光驱的设置界面，以选择主机物理设备或数据存储镜像。

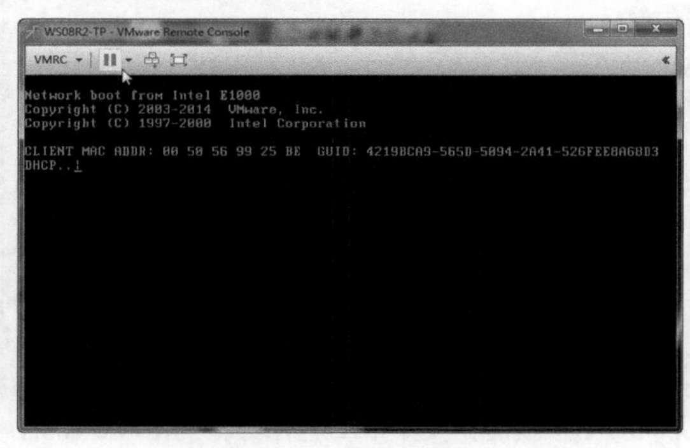

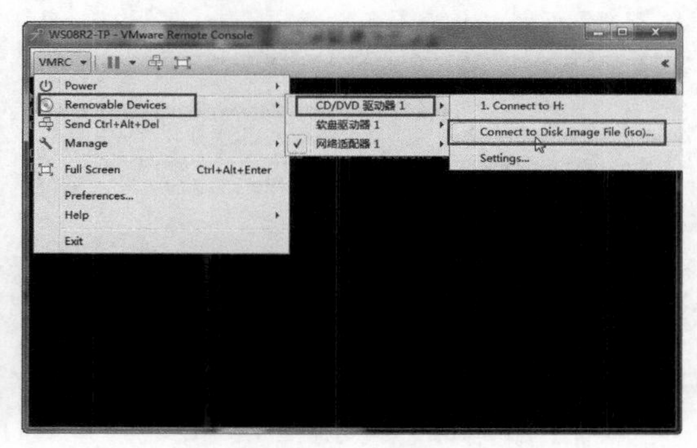

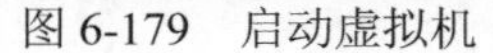
图 6-179　启动虚拟机

图 6-180　连接到镜像文件

（5）在“Choose Image”对话框中，浏览选择要加载的操作系统光盘镜像，本示例选择 Windows Server 2008 R2 的镜像，如图 6-181 所示。在图示中，有 Windows 7、Windows Server 2008 的操作系统镜像。

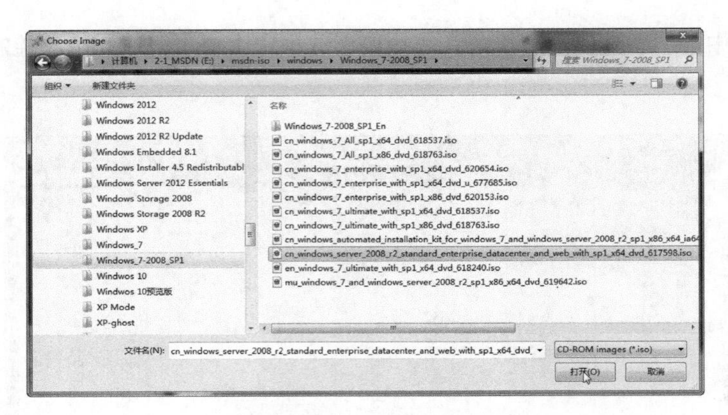

图 6-181　选择操作系统光盘镜像

【说明】如果大家经常安装 Windows 操作系统，需要了解 Microsoft 产品的命令规则，其中镜像文件中有 x86（或用于）的表示 32 位系统，x64 表示（或用于）64 位系统；其中 sp1、sp2 之类表示补丁，如果文件名中有 with 表示是集成了 SP1 或 SP2 补丁，没有 with 则表示这只是补丁，安装的时候需要有原产品。cn 表示简体中文版，en 表示英文版，而 mu 表示多语言或是语言包；如果有的产品是 r2 版本，则表示 R2 版本，例如 Windows Server 2003 R2、Windows Server 2012 R2 等。

（6）加载光盘镜像之后，返回到 VMRC 控制台，用鼠标在当中窗口单击一下，然后按“回车键”，虚拟机将会重新选择引导设备，并从（虚拟机）光驱引导，进入操作系统安装界面，如图 6-182 所示。

（7）之后安装操作系统，安装完成之后，安装 VMware Tools，如图 6-183 所示，这些不再详细介绍。

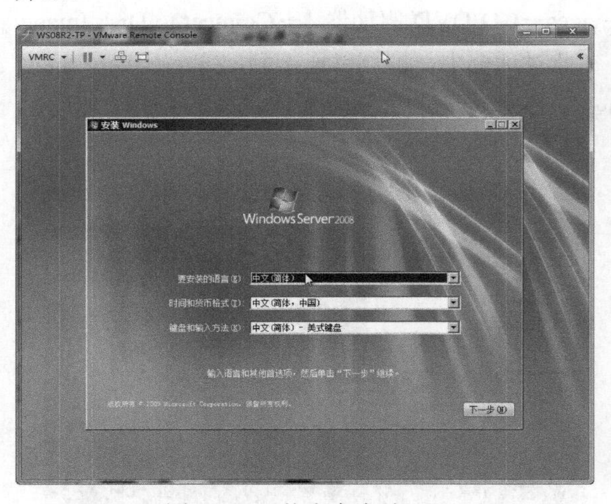

图 6-182　从光盘启动

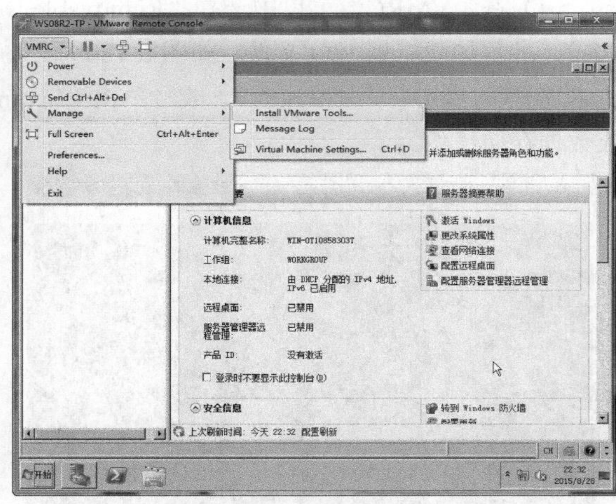

图 6-183　安装完操作系统之后安装 VMware Tools

6.5.4　修改虚拟机的配置

在创建虚拟机之后，可以根据需要修改虚拟机的配置（例如内存大小、CPU 数量），也可以根据需要，添加或移除新的虚拟硬件（例如网卡、硬盘等），或者为虚拟磁盘扩充容量（只能增加，不能减少）。在默认情况下，CPU 与内存只能在“虚拟机关机”的情况下修改，当虚拟机运行时，这些参数不能调整，如图 6-184 所示，这是虚拟机运行时，打开虚拟机设置页的截图。

有些操作系统是支持 CPU 及内存的热添加（只能增加配置，不能减少，例如可以将内存从 2GB 增加到 3GB，将 CPU 从 1 个改为 2 个，但不能将内存从 2GB 减少到 1GB。如果要降低虚拟机的配置，只能在关闭虚拟机电源后进行）技术的，如果要启用这个功能，需要先关闭虚拟机，在虚拟机设置中，启用内存与 CPU 的“热添加”支持。

（1）关闭虚拟机，在“摘要”选项卡中的“虚拟机硬件”选项中单击“编辑设置”链接，如图 6-185 所示。

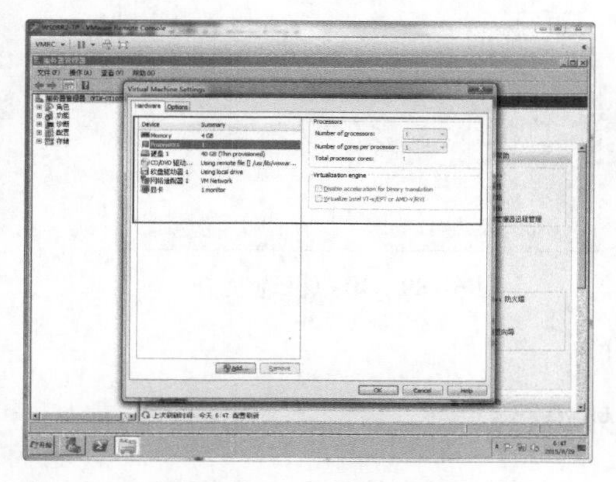

图 6-184　虚拟机运行时不能修改 CPU 及内存

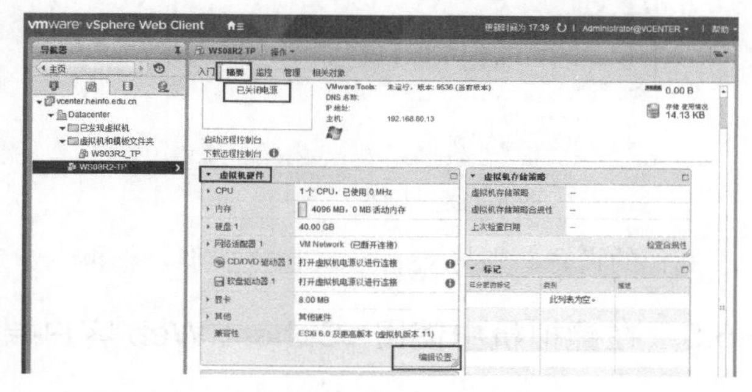

图 6-185　编辑设置

（2）打开“编辑设置”对话框，在“虚拟硬件”中，单击 CPU 前面的下拉按钮，展开 CPU 选项，单击选中“启用 CPU 热添加”选项，如图 6-186 所示。

（3）之后展开“内存”项，启用“内存热插拔”选项，如图 6-187 所示。之后单击“确定”按钮，以后虚拟机将可以在运行的时候，添加内存及 CPU。

图 6-186　启用 CPU 热添加

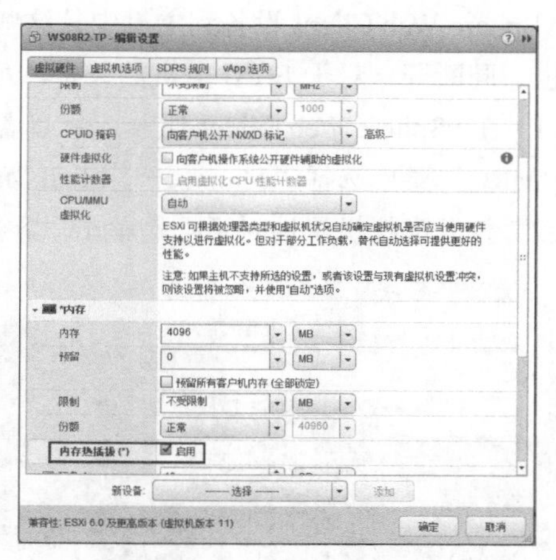

图 6-187　启用内存热插拔

无论是使用 vSphere Client 还是 vSphere Web Client，都可以完成虚拟机的配置，例如添加或移除硬件，但使用 vSphere Web Client，还会有一些“新”的功能，下面介绍一些特色设置。

（1）在“虚拟硬件→硬盘”选项中，可以设置硬盘的“份额”及是否限制 IOPS，或者配置“虚拟内存”，如图 6-188 所示。

（2）在“虚拟机选项→VMware 远程控制台选项”，可以选择“最后一个远程用户断开连接后，锁定客户机操作系统”、限制会话数上限，如图 6-189 所示。

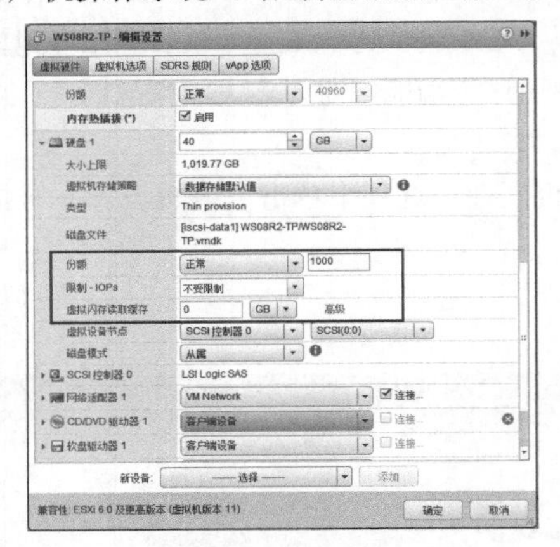

图 6-188　硬盘设置

图 6-189　虚拟机选项

其他的设置，则与 vSphere Client 类似，不再一一介绍。

6.5.5　在虚拟机中使用 vSphere Web 客户端外设

本节介绍虚拟机使用外设的功能，这包括使用 vSphere Web Client 的外设，或者 vSphere ESXi 主机的外设。对于大多数的 USB 设备，无论是在 ESXi 主机还是 vSphere Web Client，差不多都能映射（或加载）给某个虚拟机使用。如果是并口（LPT）、串口（COM）设备，一般是将这些设备连接到 ESXi 主机上。

在虚拟机中使用外设，有两种方法，对于 vSphere Web Client 的设备，可以在 VMRC 控制台中，映射 vSphere Web Client 设备到主机中，这些影映并不是永久的，一旦 vSphere Web Client 关闭，则映射也一同断开。对于 ESXi 主机的设备，可以通过修改虚拟机的设置，一直映射到虚拟机中。

（1）在 vSphere Web Client 插入一个 U 盘，登录 vSphere Web Client，打开虚拟机的远程控制台，在“VMRC”菜单选择“Manage→Virtual Machine Settings”，如图 6-190 所示。

（2）打开虚拟机属性对话框，单击“添加”按钮，如图 6-191 所示。

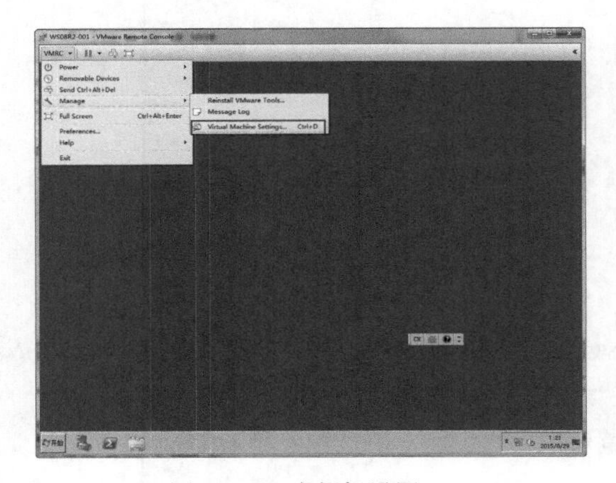

图 6-190　虚拟机设置

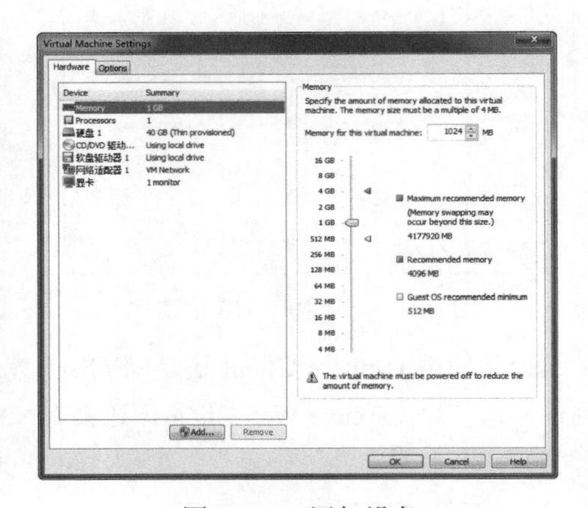

图 6-191　添加设备

（3）在“Add Hardware Wizard（添加硬件向导）”对话框中，在“Hardware Type”中添加“USB Controller”，如图 6-192 所示。

（4）在“USB”对话框，在“USB compatibility”选择默认值 USB 版本，可以在 USB1.1、2.0、3.0 之间选择，根据你要连接的设备状态来选择，如图 6-193 所示。

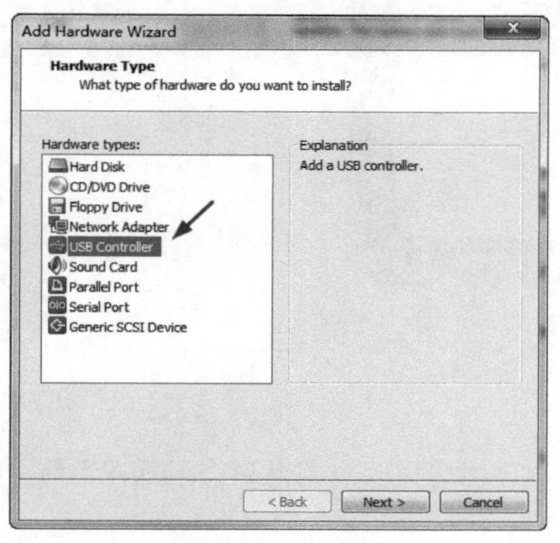
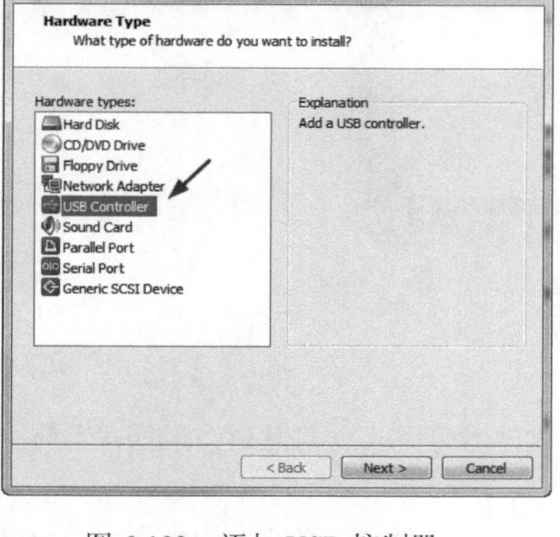

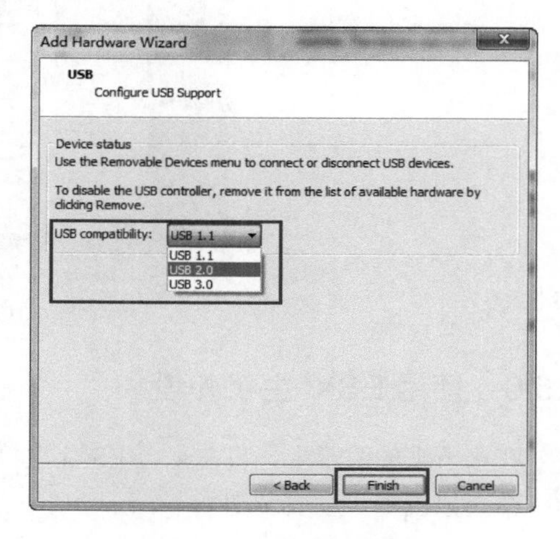

图 6-192 添加 USB 控制器

图 6-193 选择控制器版本

（5）返回到“虚拟机属性”对话框，可以看到，在当前虚拟机中已经添加了一个 USB 控制器，如图 6-194 所示，单击“OK”按钮返回。

（6）返回到 VMware 远程控制台，在“VMRC”菜单中选择“Removable Device”，在弹出的快捷菜单中，选择 vSphere Web Client 计算机中，所连接的 USB 设备，当前连接了一个 iPhone 手机、一个 U 盘，在此选择 U 盘，选中“Connect（Disconnect from host）”（连接，并从主机断开连接），如图 6-195 所示。

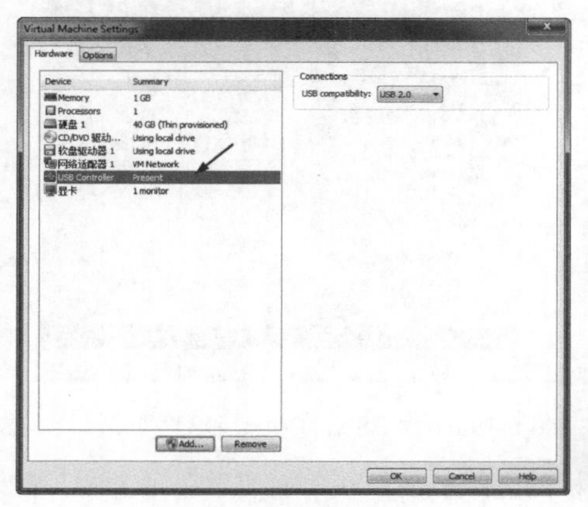

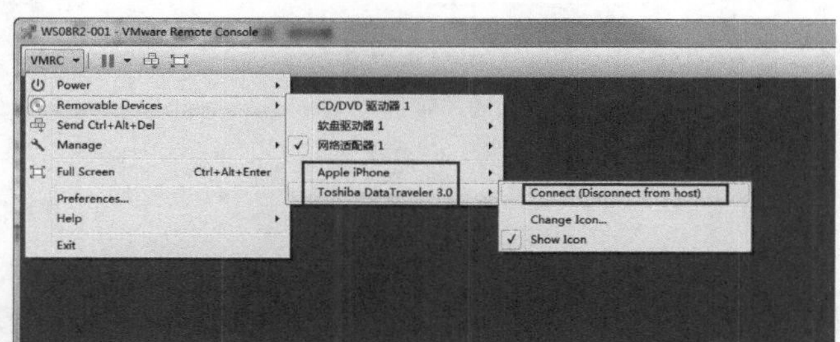

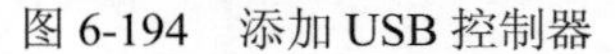

图 6-194 添加 USB 控制器

图 6-195 从主机断开连接，连接到虚拟机

【说明】如果要断开 U 盘的映射，也是在此菜单中选择。

（7）在虚拟机控制台中，打开“资源管理器”，可以看到 U 盘中的数据，如图 6-196 所示。

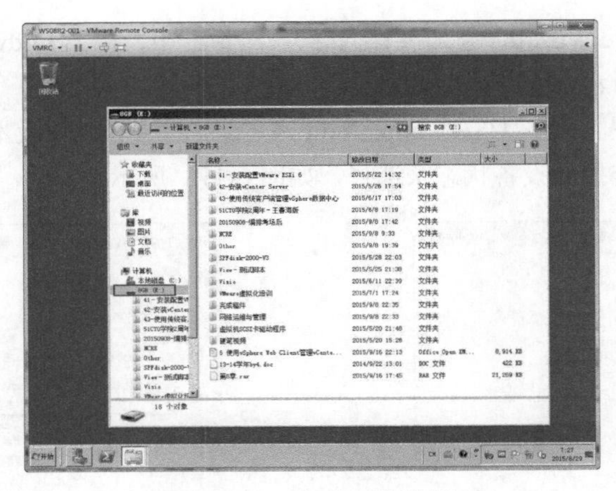

图 6-196　查看 U 盘数据

6.5.6　使用 ESXi 主机外设

在接下来的演示中，将在某台 ESXi 主机插上一个 U 盘，然后将该 U 盘映射在运行在当前主机的一个虚拟机中，主要步骤如下。

（1）在 vSphere Web Client，在导航器中选中一个虚拟机，在“摘要”选项卡中，查看当前虚拟机所在的主机，如图 6-197 所示，当前主机是 192.168.80.12。

（2）如果你的 192.168.80.12 的 ESXi 主机是 VMware Workstation 中的一个虚拟机，你可以在 VMware Workstation 所在的主机上，插上 U 盘，然后选中这个虚拟机，在“虚拟机”菜单中选择“可移动设备”子菜单中，映射这个 U 盘，如图 6-198 所示。

图 6-197　查看虚拟机所在主机

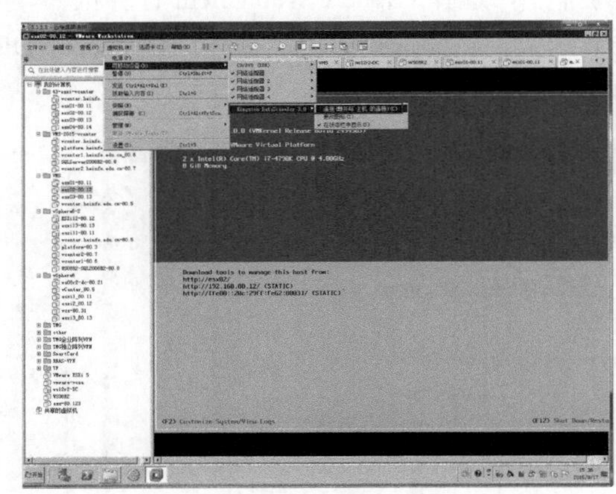

图 6-198　为 ESXi 主机映射 U 盘

（3）在 vSphere Web Client 中，在选中要使用 ESXi 主机的虚拟机后，在“摘要”选项卡中，在“虚拟机硬件”选项中单击“编辑设置”链接，如图 6-199 所示。

（4）在打开的虚拟机设置对话框，在“新设备”列表中选择“主机 USB 设备”，然后单击“添加”按钮，如图 6-200 所示。如果当前虚拟机还没有添加“USB 控制器”，请先添加 USB 控制器，再添加 USB 设备。

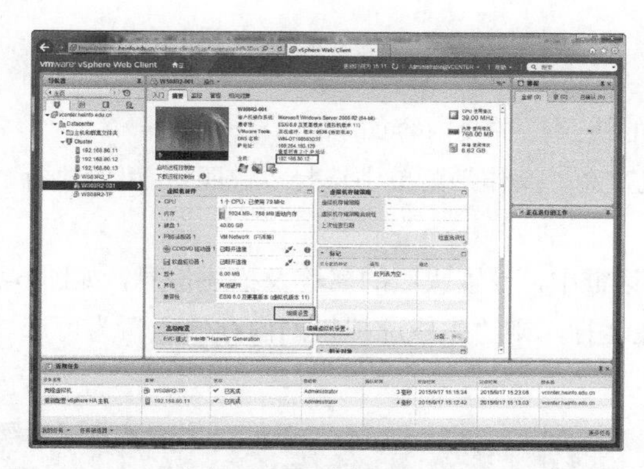

图 6-199　编辑设置

图 6-200　添加主机 USB 设备

（5）添加之后，在“新主机 USB 设备”列表中，选择主机中已有的设备，如图 6-201 所示，之后单击“确定”按钮，完成 USB 设备的映射。

（6）再次打开当前虚拟机的 VMware 远程控制台，在“资源管理器”中可以看到当前虚拟机已经映射并加载了主机的 U 盘，如图 6-202 所示。

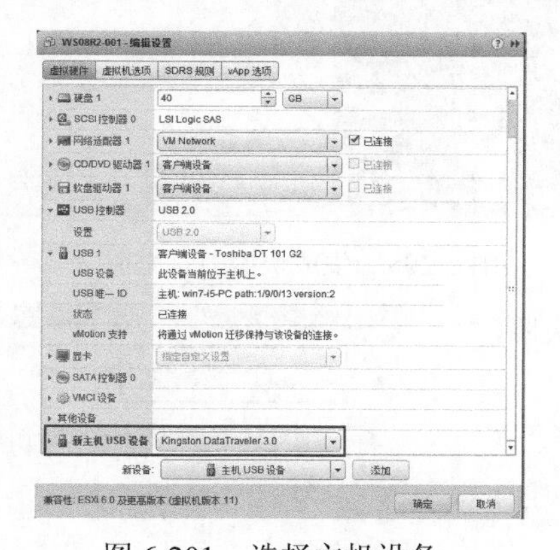

图 6-201　选择主机设备

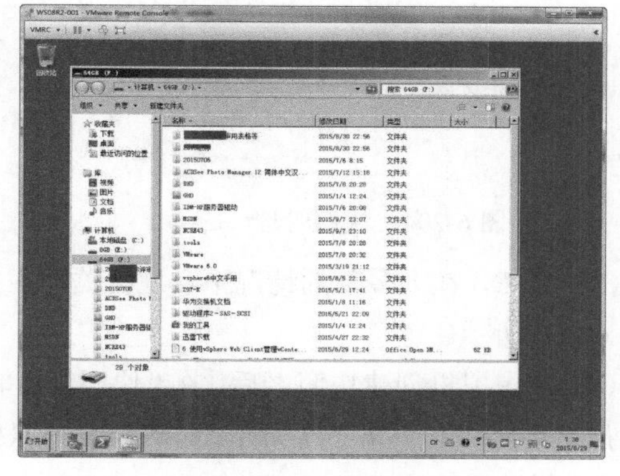

图 6-202　打开映射的主机 U 盘

如果不再需要使用 ESXi 主机上的 USB 设备，在“摘要→虚拟机硬件”选项中，选中不使用的 USB 设备，单击“ ”按钮，在弹出的快捷菜单中选择“断开连接”，如图 6-203 所示。

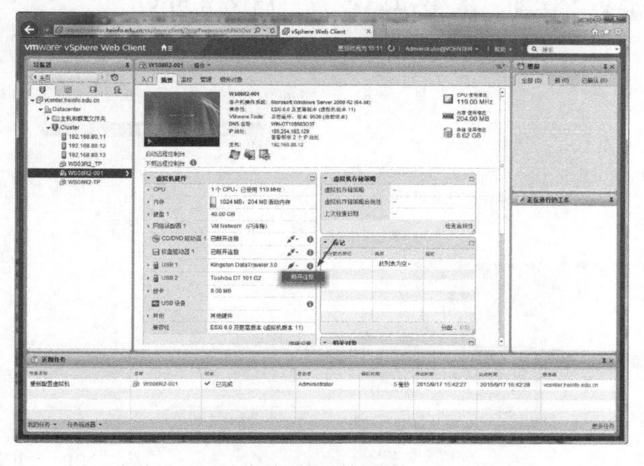

图 6-203　移除不再使用的 USB 设备

6.5.7 快照管理

在 vSphere Web Client 中，也可以管理虚拟机的快照，主要内容如下。

（1）当虚拟机运行时，在导航器中选中虚拟机，在“操作”菜单中选择“快照”，可以执行“生成快照”、“管理快照”等操作，如图 6-204 所示。

（2）如果执行“生成快照”命令，在弹出的对话框中，设置快照的名称及描述信息，如图 6-205 所示。如果执行“生成快照”命令时，虚拟机正在运行，则“生成虚拟机的内存快照”为可选。如果虚拟机已经关闭，则该选项为虚不能使用。

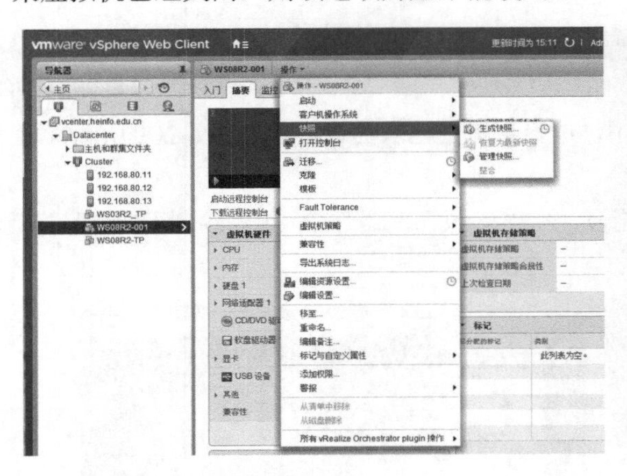

图 6-204　快照管理

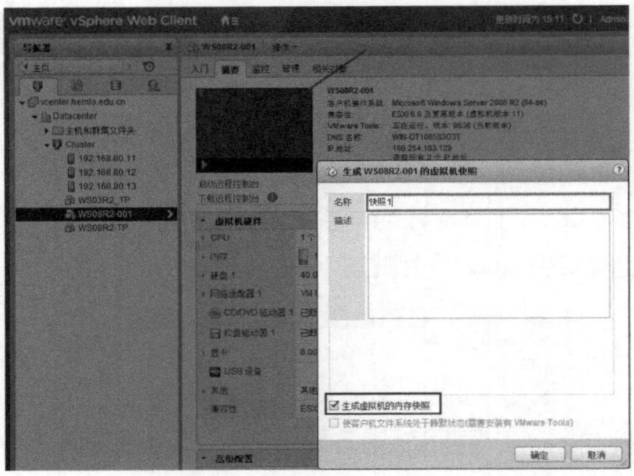

图 6-205　生成快照对话框

（3）当然，在大多数的情况下，是会关闭虚拟机，创建快照，如图 6-206 所示。

（4）在虚拟机创建快照之后，在“快照”菜单中可以选择“恢复为最新快照”，如图 6-207 所示。如果当前虚拟机没有创建快照，则此命令为灰不能使用。

（5）选择“管理快照”命令，打开“虚拟机快照”管理，在此可以选中某个快照并恢复到此状态，也可以删除不用的快照，或者在右侧单击“编辑”按钮，编辑快照信息，如图 6-208 所示。

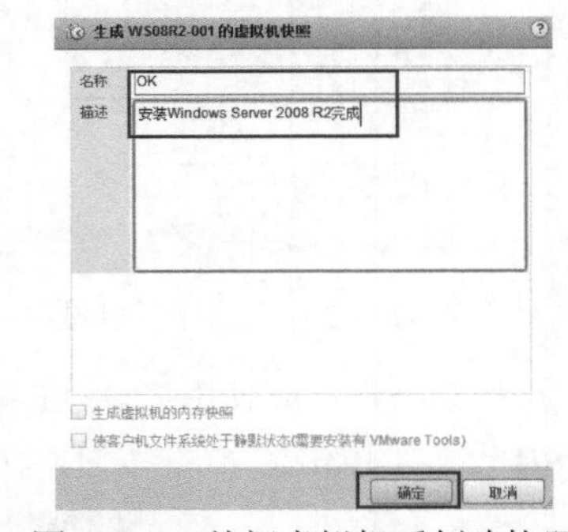

图 6-206　关闭虚拟机后创建快照

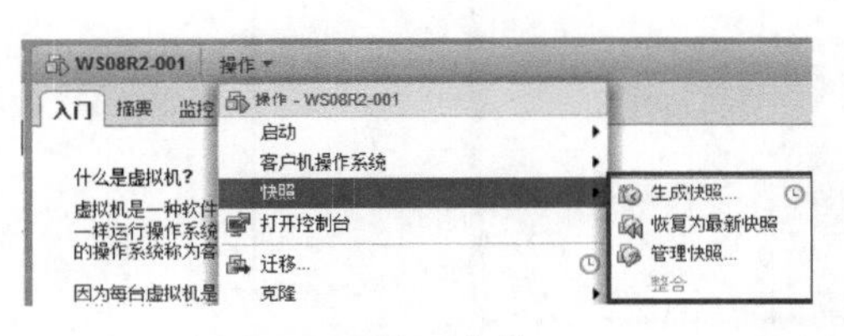

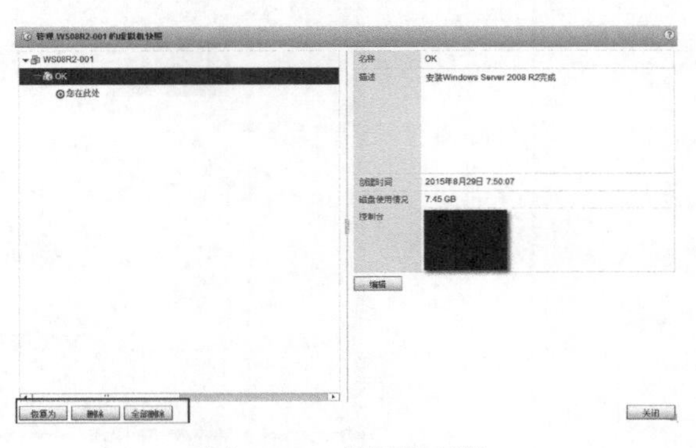

图 6-207　快照菜单

图 6-208　快照管理器

总之，在 vSphere Web Client 界面中，创建快照、管理快照，与使用 vSphere Client 时类似，只是操作界面不同而已。

6.6　虚拟机模板

在第 5 章已经详细的介绍了模板的功能、规划，以及配置模板的注意事项，在本章，将介绍使用 vSphere Web Client 界面，配置模板、从模板部署虚拟机。

6.6.1　将虚拟机转换为模板

在本节操作中，将把前文创建的名为 WS08R2-TP 以及 WS03R2-TP 的虚拟机转换为模板。整个操作比较“简单”。在导航器中，选中一个要转换为模板的虚拟机，右击，在弹出的快捷菜单中选择“模板→转换为模板”，在弹出的“确认转换”对话框中，单击“是”按钮，如图 6-209 所示。

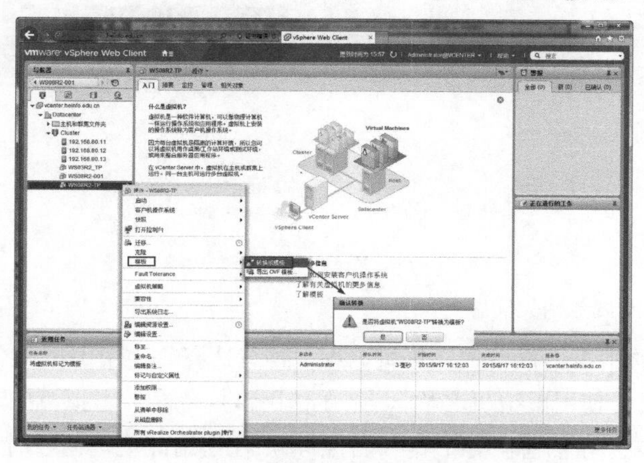

图 6-209　转换为模板

之后将其他所规划的虚拟机转换为模板。

6.6.2　创建规范

同样在第 5 章已经介绍了规范的功能与用途，本节将使用 vSphere Web Client，介绍创建规划的方法，步骤如下。

（1）打开 vSphere Web Client，在“主页→监控”中单击“自定义规范管理器”，如图 6-210 所示。

（2）打开“自定义规范管理器”，单击“ ”创建新规范，如图 6-211 所示。可以看到，当前规范为空。

之后将进入“新建虚拟机客户机自定义规范”向导，该操作与使用 vSphere Client 时创建规范的步骤、过程类似，下面我们介绍主要内容。下面以定制用于 Windows Server 2003 的规范为例。

（1）在“目标虚拟机操作系统”下拉列表中选择“Windows”或“Linux”，在此选择 Windows，在“名称”文本框中输入“WS03R2”，在“描述”文本框中输入该定制规范的相关信息，如“用于 32 位 Windows Server 2003 R2 VOL 版本”等，如图 6-212 所示。

（4）在“注册信息”对话框中，在“注册信息”中输入用户名称与单位信息，如图 6-213 所示。

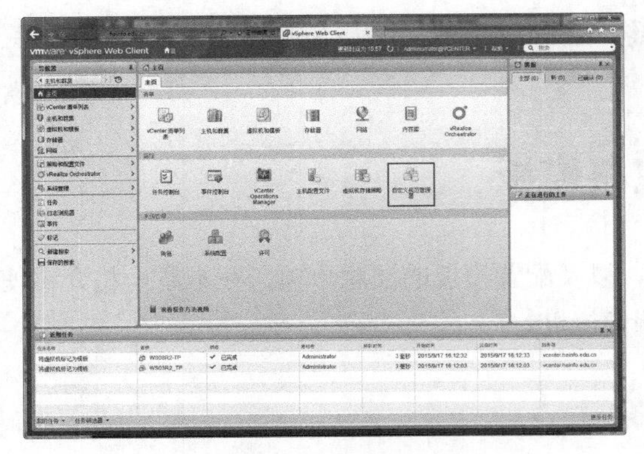

图 6-210　自定义规范管理器

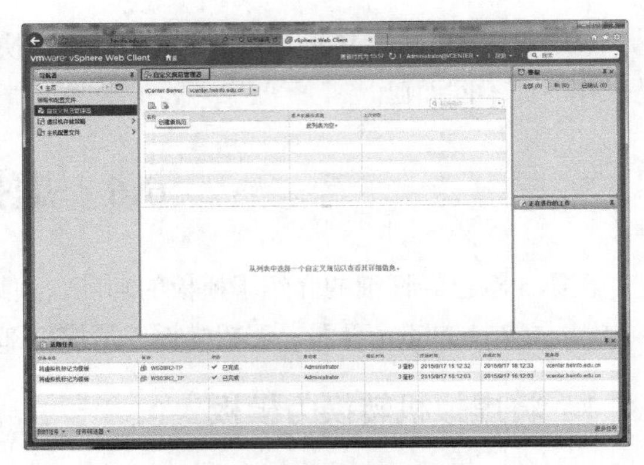

图 6-211　创建新规范

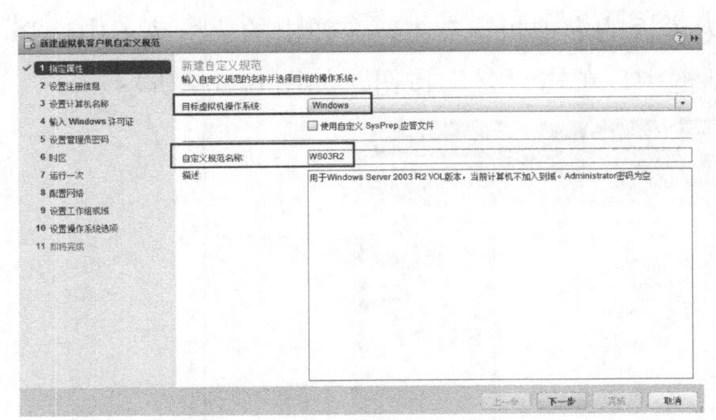

图 6-212　新建定制规范相关信息

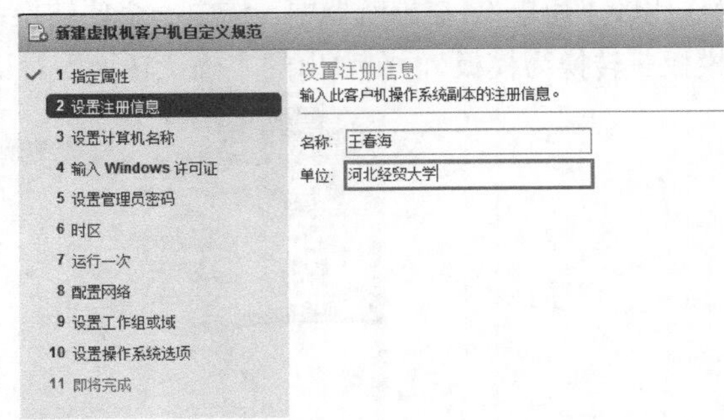

图 6-213　用户注册信息

（5）在“计算机名称”对话框设置计算机名称，推荐选择“使用虚拟机名称”或“在克隆/部署向导中输入名称”，如果“使用虚拟机名称”，则在使用该规范时，虚拟机的名称将是虚拟机中操作系统的计算机名称；如果“在部署向导中输入名称”，则在使用此规范向导时，会提示用户指定计算机名称。如图 6-214 所示。

（6）在“Windows 许可证”对话框中，输入 Windows Server 2003 32 位版本的序列号（需要与模板所用的虚拟机序列号一致，但不要求相同。注意 OEM 版本、零售版本或 VL 版本的序列号，不能混用，如 VL 的序列号不能用于 OEM 版本模板）。并且在“服务器许可证模式”中选择“每服务器”方式或“每客户”方式，推荐为“每台服务器”，并且设置“最大连接数”，如图 6-215 所示。

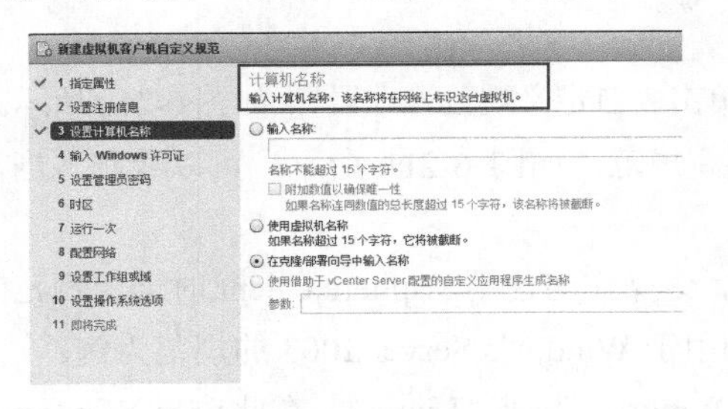

图 6-214　指定计算机名称

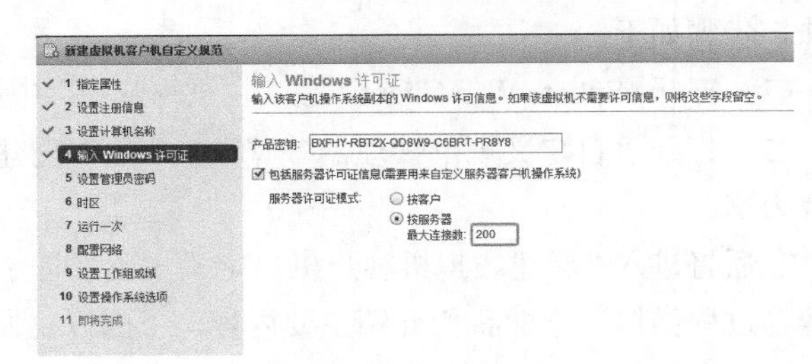

图 6-215　Windows 许可证信息

注意：如果你定制的规范是用于 Windows Server 2008、Windows Server 2012、Windows 7、Windows 8/8.1、Windows 10，可以不用输入产品序列号。如果企业中的 Vista 及其以后的系统是采

用 KMS 服务器激活，也不需要输入产品序列号（在配置模板的时候，已经为操作系统输入了对应的、用于 KMS 激活的序列号）。

（7）在“管理员密码”对话框中，设置管理员密码，并且设置是否自动以管理员身份登录以及自动登录的次数（推荐密码为空），如图 6-216 所示。

（8）在“时区”对话框中，选择北京时间，如图 6-217 所示。

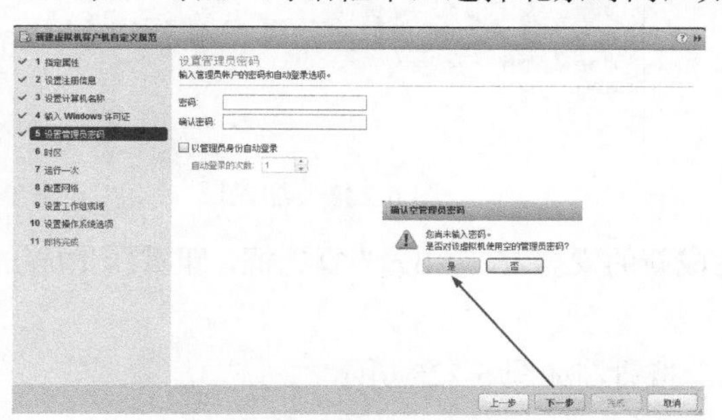

图 6-216　管理员密码

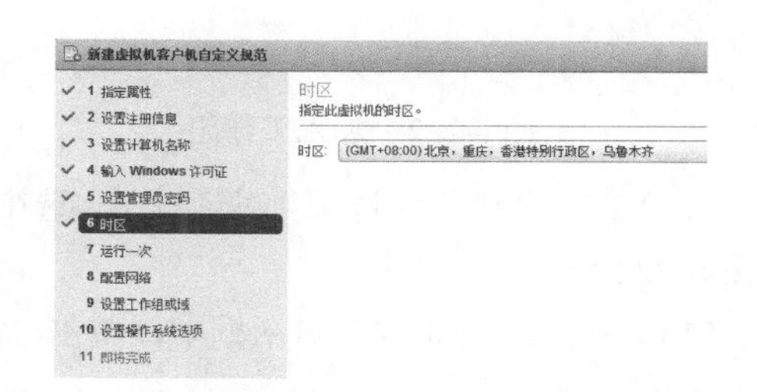

图 6-217　时区选择

（9）在“运行一次”对话框中，指定用户首次登录时要运行的命令，在此直接单击“下一步”按钮，如图 6-218 所示。

（10）在“网络”对话框中，设置 IP 地址获得方式。如果网络中（包括虚拟机网络中）有 DHCP 服务器，则选择“对客户机操作系统使用标准网络设置，包括在所有网络接口上启用 DHCP”，如果网络中没有 DHCP 服务器，则选择“手动选择自定义设置”（如图 6-219 所示），并在弹出的“网络接口设置”中单击“✎”按钮（如图 6-220 所示），并在弹出的对话框中设置子网掩码、网关地址、DNS 与 WINS 服务器地址，而 IP 地址则在定制虚拟机时由管理员指定，如图 6-221 所示。

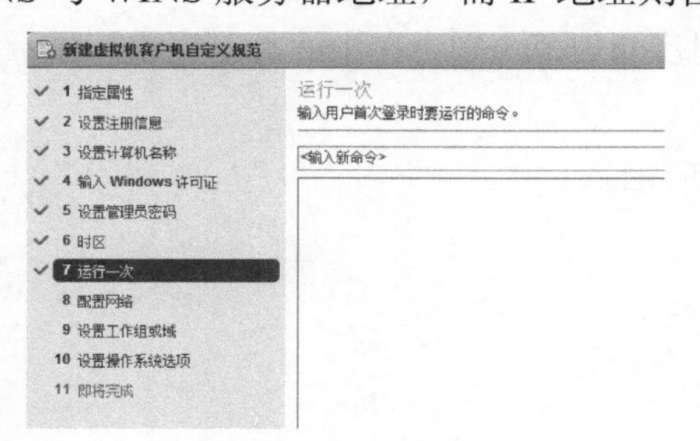

图 6-218　运行一次

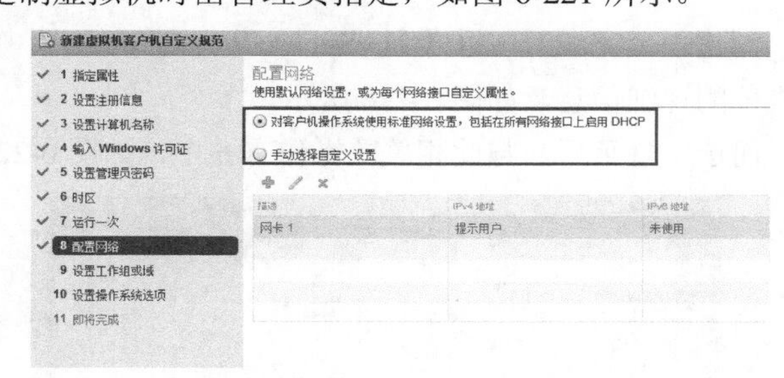

图 6-219　网络接口设置

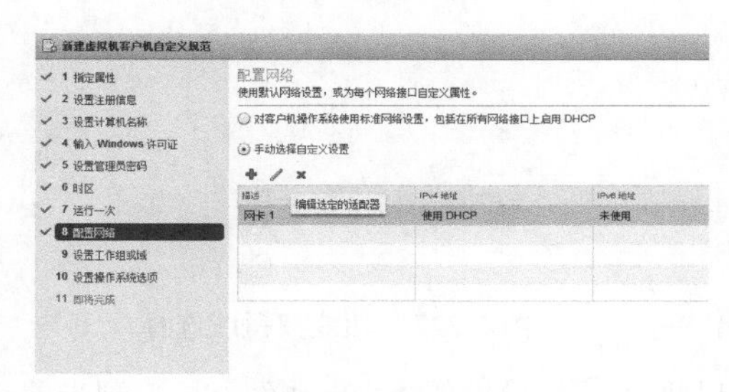

图 6-220　定制

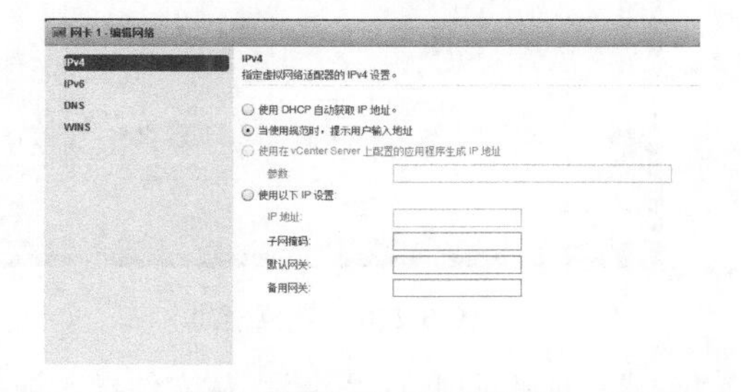

图 6-221　设置子网掩码、网关地址与 DNS 地址

（11）在“工作组或域”对话框中，选择计算机是否加入域。在此选择“工作组”，如图 6-222 所示。如果选择“Windows 服务器域”，输入要加入到的 Active Directory 域名，并且在指定“用户

名”文本框后面，输入“具有将计算机加入到域”的权限的域用户名及密码，如图 6-223 所示。

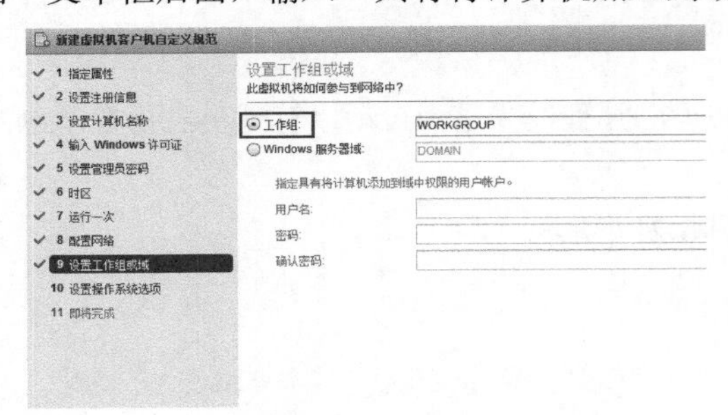

图 6-222　加入工作组

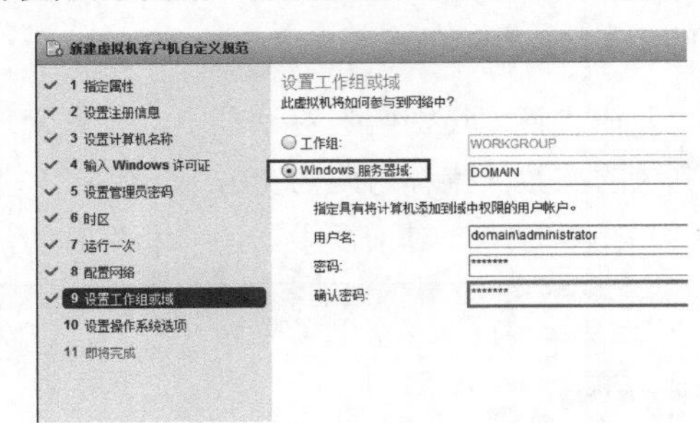

图 6-223　加入域

（12）在“操作系统选项”对话框中，选中“生成新的安全 ID（SID）”复选框，即重新生成 SID，如图 6-224 所示。

（13）在“即将完成”对话框中，单击“完成”按钮，如图 6-225 所示。

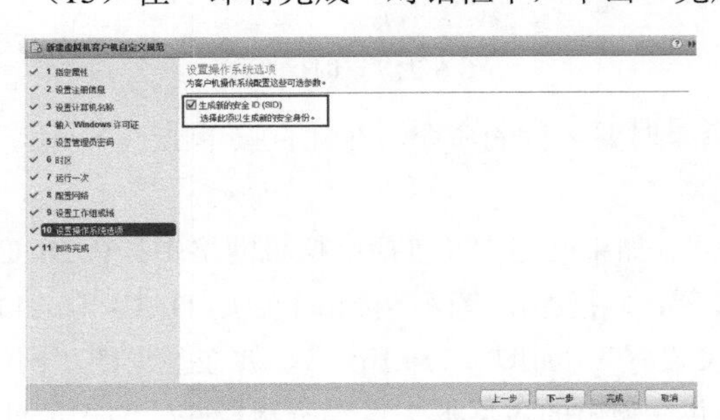

图 6-224　重新生成 SID

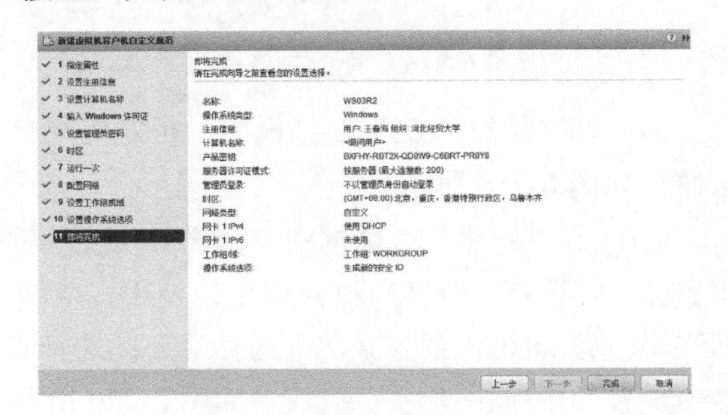

图 6-225　定制规范完成

创建规范完成后，返回到 vSphere Web Client，选中创建的规范，则会在中间靠下窗格，显示当前规范的详细信息，如图 6-226 所示。

而选中规范后，与此相关的操作有 6 个，如图 6-227 所示。

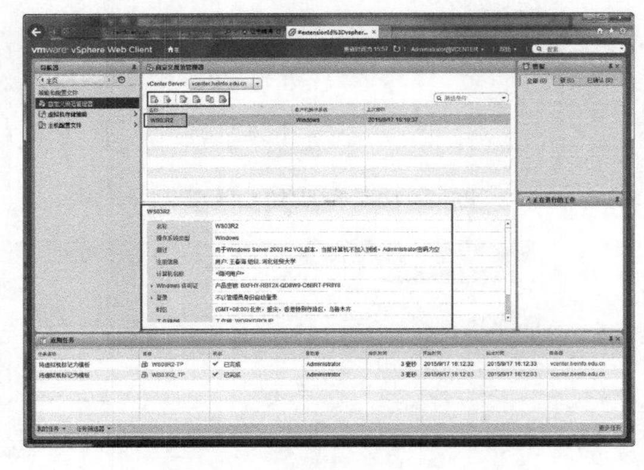

图 6-226　规范信息

图 6-227　功能按钮或选择

“ ”，创建新规范；“ ”，从文件导入规范，可以将“ ”导出的 XML 文件，导入到当前系统中；“ ”为“编辑规范”功能，单击此项将会进入编辑、修改规范功能；“ ”为删除选中规范；“ ”为复制规范；“ ”将规范导出为 xml 文件。

【说明】在为 Windows Server 2003、Windows XP 创建规范后，如果要使用该规范，你需要在 vCenter Server 中，复制 Windows Server 2003 及 Windows XP 版本的 sysprep 程序，有关这些操作，请参见本书第 5 章“5.10.7 复制 sysprep 程序到 vCenter Server 计算机”一节内容。

另外，你可以根据需要，创建用于 Windows Vista、Windows Server 2008、Windows 7 等操作系统“共用”的规范，以及创建用于 Linux 的规范，这些与使用 vSphere Client 创建规范时要求相同，不一一介绍。图 6-228 是已经创建好的规范。

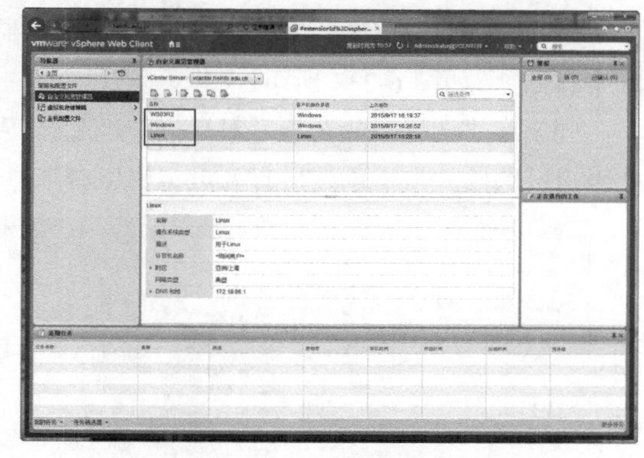

图 6-228 创建三个规范用于实验

6.6.3 从模板部署虚拟机

最后，介绍使用 vSphere Web Client，从模板部署虚拟机的操作，主要步骤如下。

（1）在 vSphere Web Client 中，在“主页”中选择“虚拟机和模板”，如图 6-229 所示。

（2）在导航器中，选中一个模板，在右键菜单中选择“从此模板新建虚拟机”，如图 6-230 所示。

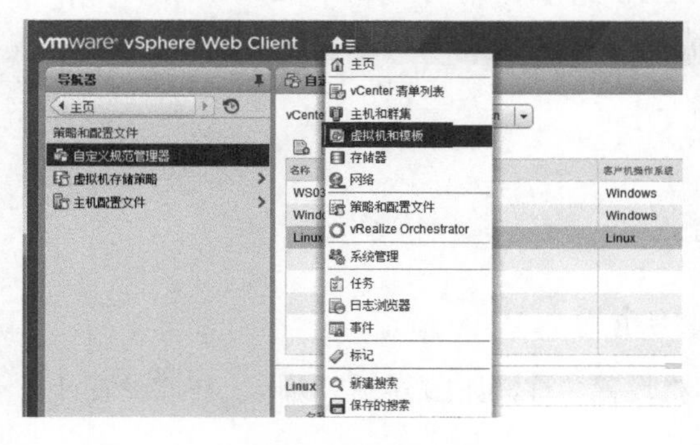

图 6-229 虚拟机和模板

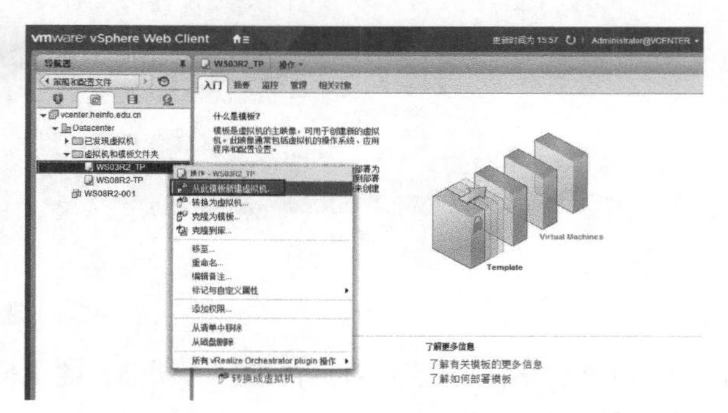

图 6-230 从模板部署虚拟机

（3）在“选择名称和文件夹”对话框中，设置部署后的虚拟机的名称，如“ws03r2-001”，并且在“为该虚拟机选择位置”处选择数据中心，如图 6-231 所示。

（4）在“选择计算资源”对话框中，选择要在哪个主机或群集上运行此虚拟机，如图 6-232 所示。在有多个主机或群集时，可以选任意一台。

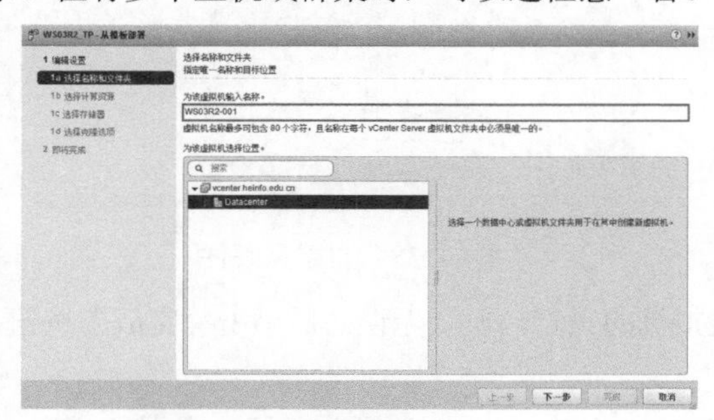

图 6-231 设置虚拟机名称与位置

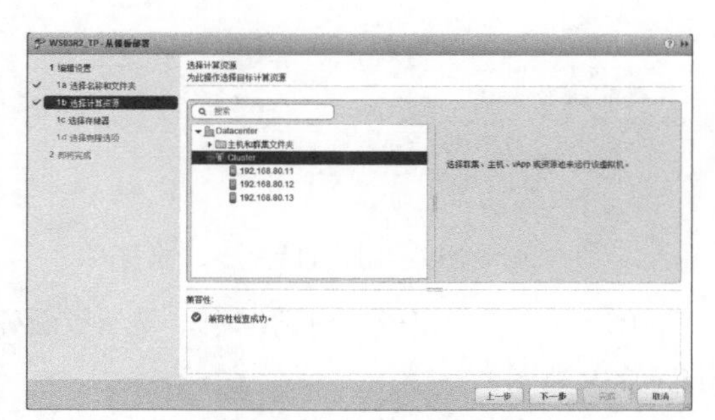

图 6-232 选择主机或群集

（5）在“选择存储器”对话框中，选择虚拟磁盘格式（与源格式相同、厚置备延迟置零、厚置备置零、精简置备）以及保存虚拟机的数据存储（当目标主机有多个存储时，可以选择本地存储或网络存储），如图 6-233 所示。

（6）在“选择克隆选项”对话框中，选择其他克隆选择，选项包括“自定义操作系统”、“自定义此虚拟机的硬件”、“创建后打开虚拟机电源”，可以根据需要选择其中一项或多项，如图 6-234 所示。

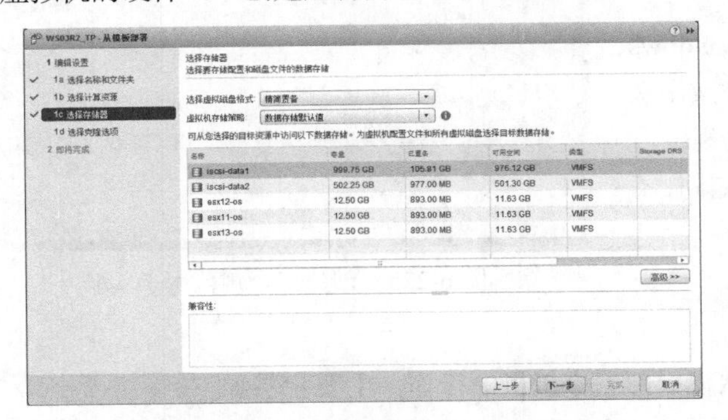

图 6-233　选择将虚拟机保存的位置及磁盘格式

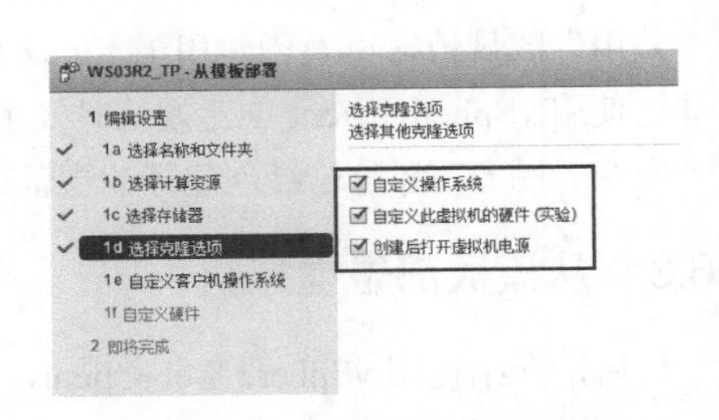

图 6-234　选择定制规范

（7）在“自定义客户机操作系统”对话框，选择用于此模板的规范，如图 6-235 所示。

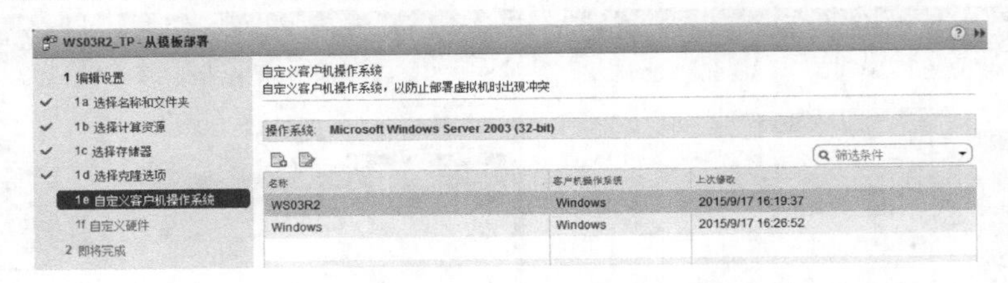

图 6-236　选择规范

（8）在“用户设置”对话框中，为新部署的虚拟机设置名称，如图 6-237 所示，在此设置计算机名称为 WS03R2-001。

（9）在“自定义硬件”对话框，设置部署的虚拟机的内存大小、CPU 数量、硬盘大小，如图 6-238 所示。

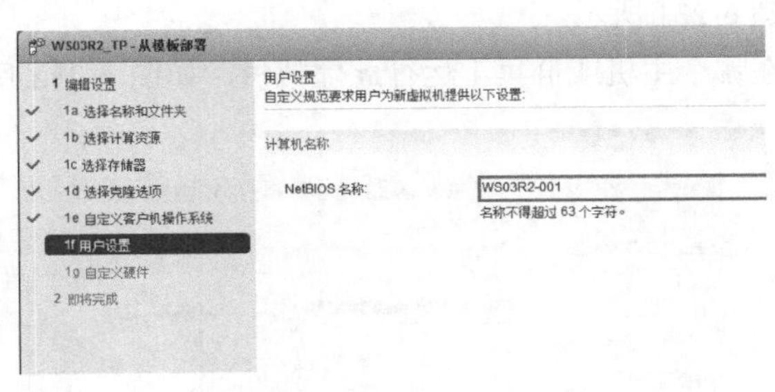

图 6-237　用户设置

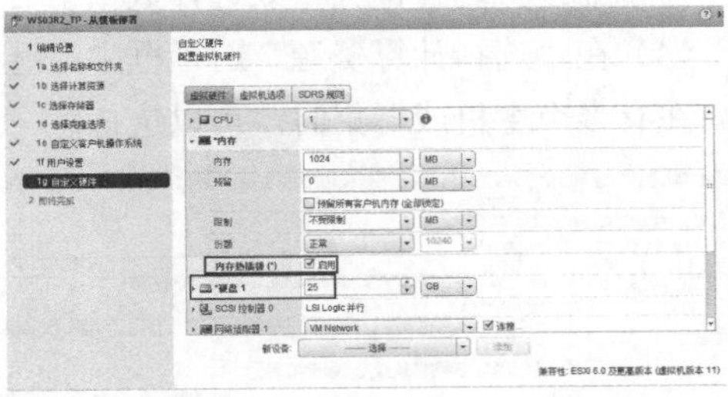

图 6-238　自定义硬件

（10）在“即将完成”对话框中，显示了新建虚拟机的设置，检查无误之后单击“完成”按钮，如图 6-239 所示。

（11）之后将开始从模板克隆出一个新的虚拟机，并且在“任务”列表中显示部署的进度，如图 6-240 所示。

图 6-239　即将完成

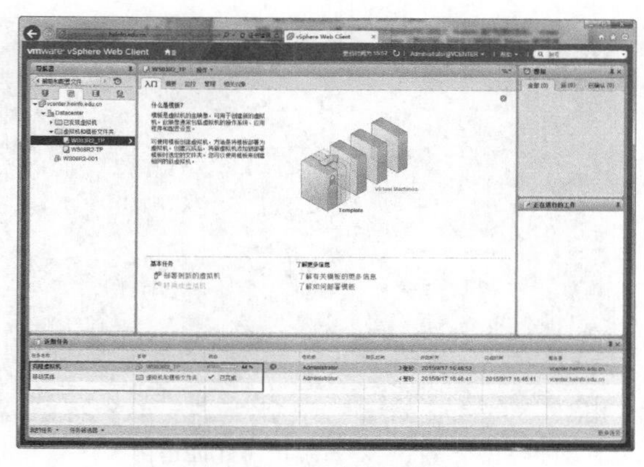
图 6-240　克隆虚拟机

（12）部署完成后，打开控制台，查看部署后的虚拟机，如图 6-241 所示。

（13）之后根据需要，部署其他的虚拟机，如图 6-242，这是从 Windows Server 2008 R2 模板部署的虚拟机。

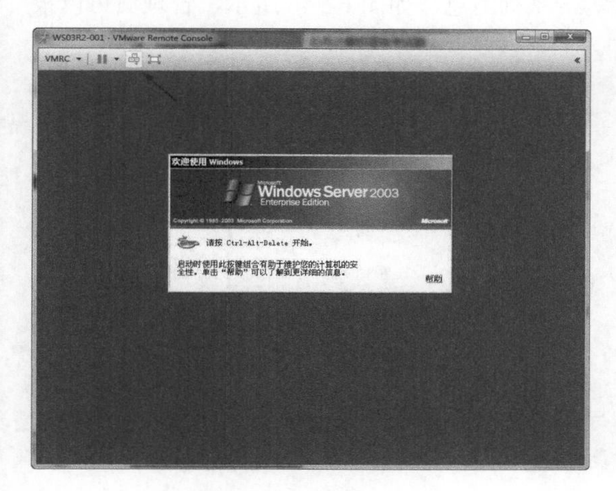
图 6-241　部署完成

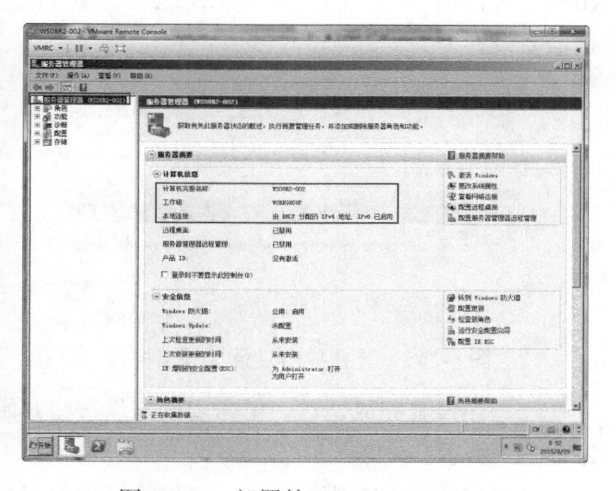
图 6-242　部署的 Windows 2008

6.6.4　导出与导入 OVF 模板

除了使用模板部署虚拟机外，还可以将 VMware ESXi 的虚拟机导出成 OVF 模板，导出的 OVF 模板可以通过网络、活动硬盘等介质，传输（或分享）给其他 VMware ESXi、VMware Workstation 的虚拟机。在本节中介绍使用 vSphere Web Client，导出 OVF 模板，或者从 OVF 模板向 ESXi 主机部署虚拟机的内容。

（1）使用 vSphere Web Client 登录，在登录界面有，确认“客户端集成插件已经安装”，此时在登录页中“使用 Windows 会话身份验证”是可选项，并且左下角没有“下载客户端集成插件”的提示，如图 6-243 所示。之后使用管理员账户登录进入。

（2）在导航器中选中要导出的虚拟机，右击，在弹出的快捷菜单中选择“模板→导出 OVF 模板”，如图 6-244 所示。

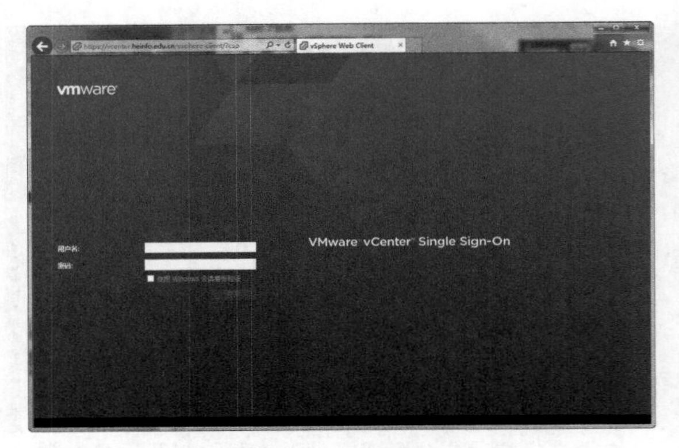

图 6-243　客户端集成插件启用

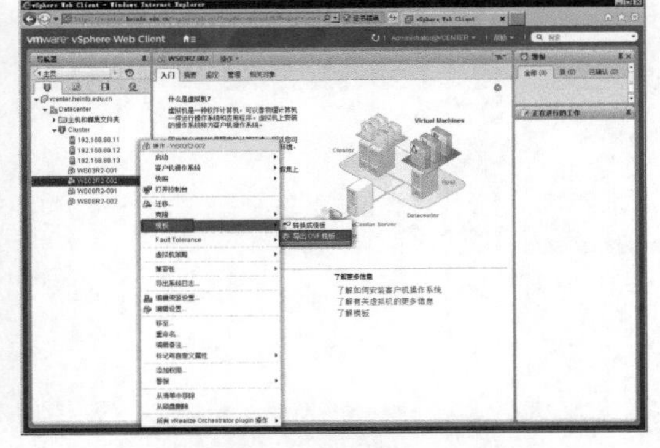

图 6-244　导出 OVF 模板

（3）在“导出 OVF 模板”对话框，设置导出的名称，在“目录”中设置导出到本地的文件夹，在“格式”下拉菜单选择导出的格式，如图 6-245 所示。

（4）在“注释”文本框中，根据需要写上注释输相关信息，单击“高级”选项，可以设置在导出时是否包括 BIOS UUID、MAC 地址、额外配置等一系列消息，如图 6-246 所示，管理员可以根据需要设置。

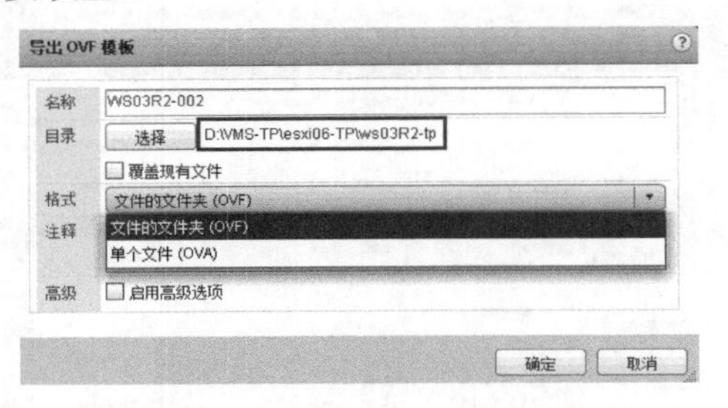

图 6-245　选择导出目录及导出格式

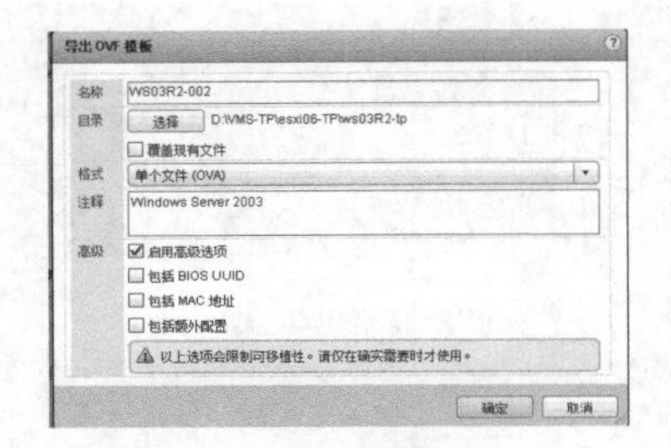

图 6-246　导出 OVF 模板

（5）在设置完成之后，单击“确定”按钮开始导出，在“近期任务”中会显示导出的进度，如图 6-247 所示。

当导出为 OVF 模板之后，可以将模板保存备用。以后如果需要该操作系统的虚拟机时，可以从 OVF 模板部署、导入虚拟机。

（1）在 vSphere Web Client 中，右击数据中心、群集或 ESXi 主机，在弹出的快捷菜单中选择“部署 OVF 模板”，如图 6-248 所示。

图 6-247　导出进度

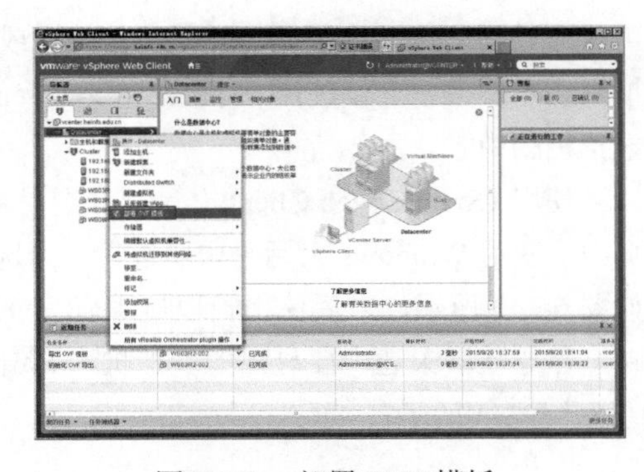

图 6-248　部署 OVF 模板

（2）在“选择源”对话框中，选择导入的 OVF 模板的源位置，在此选择“本地文件”并单击“浏览”按钮选择要导入的 OVF 模板，如图 6-249 所示。

（3）在“查看详细信息”对话框，显示要导入的 OVF 模板的信息，如图 6-250 所示。

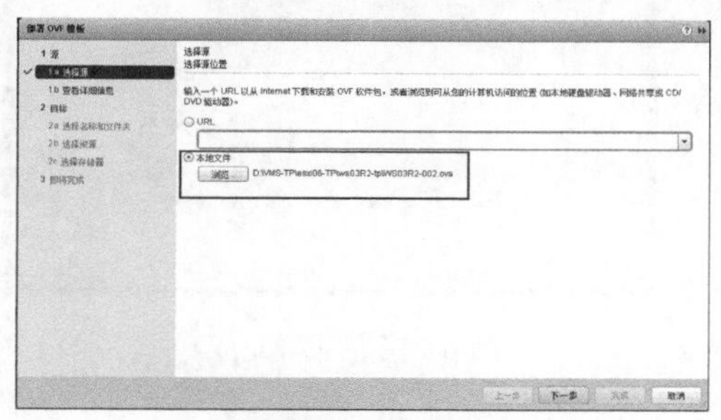

图 6-249　选择要导入的 OVF 模板

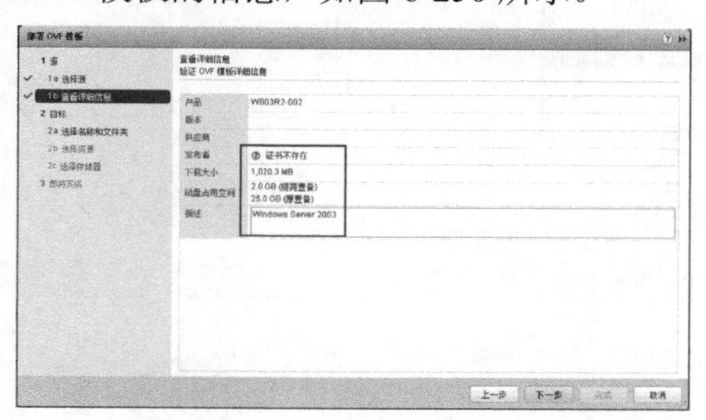

图 6-250　查看详细信息

（4）在“选择名称和文件夹”对话框，设置要部署的虚拟机的名称、部署位置，如图 6-251 所示。

（5）在“选择资源”对话框，选择要运行已部署模板的位置，可以在群集或 ESXi 主机中选择，如图 6-252 所示。

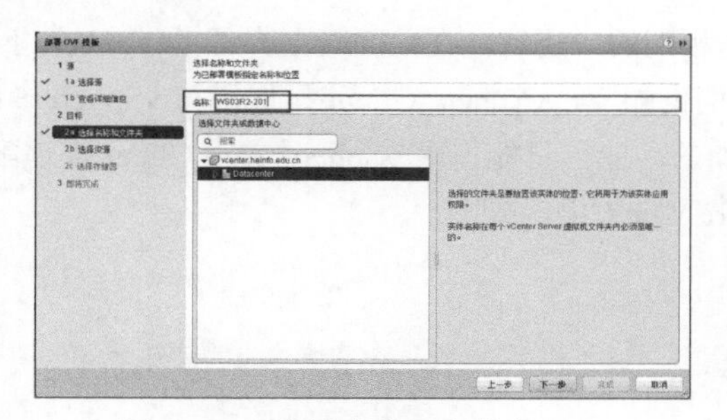

图 6-251　选择名称和文件夹

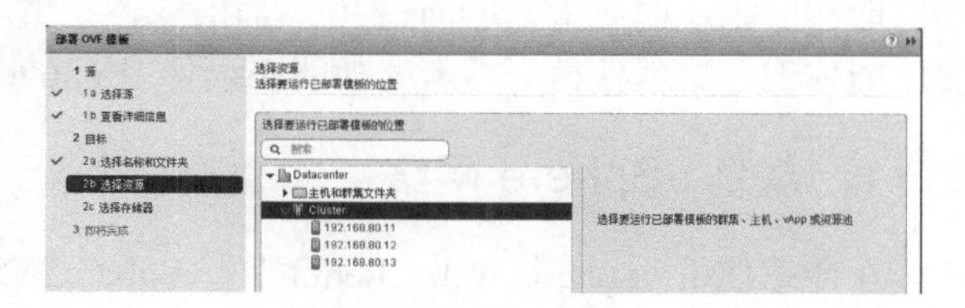

图 6-252　选择资源

（6）在“选择存储器”中，选择“虚拟磁盘格式”，以及保存的目标数据存储，如图 6-253 所示。

（7）在“设置网络”对话框，选择网络，如图 6-254 所示。

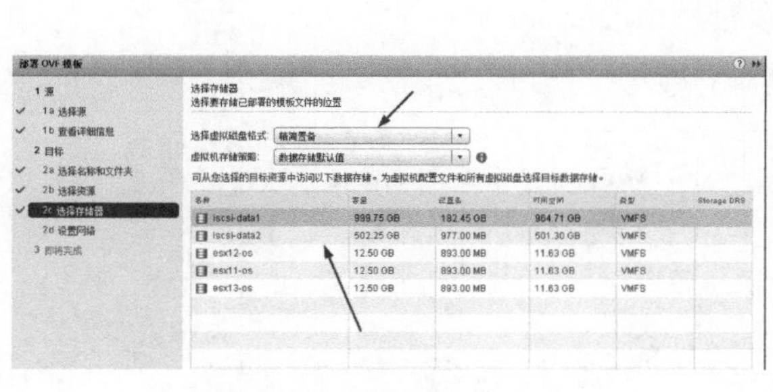

图 6-253　选择存储器

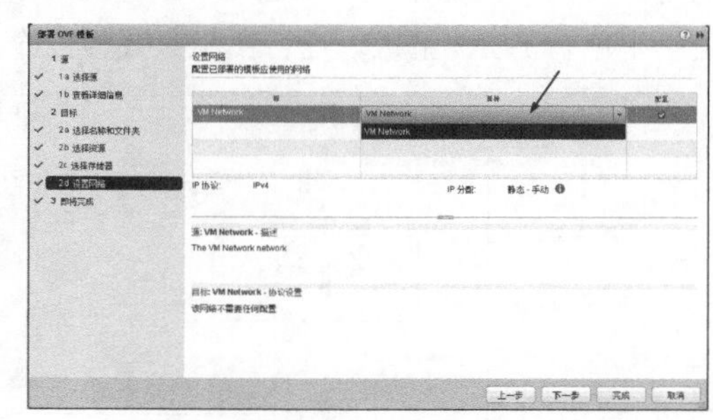

图 6-254　设置网络

（8）在“即将完成”，显示部署信息，无误之后单击“完成”按钮，如图 6-255 所示。

（9）之后显示部署进度，直到部署完成，新部署的虚拟机出现在“导航器”中，如图 6-256 所示。

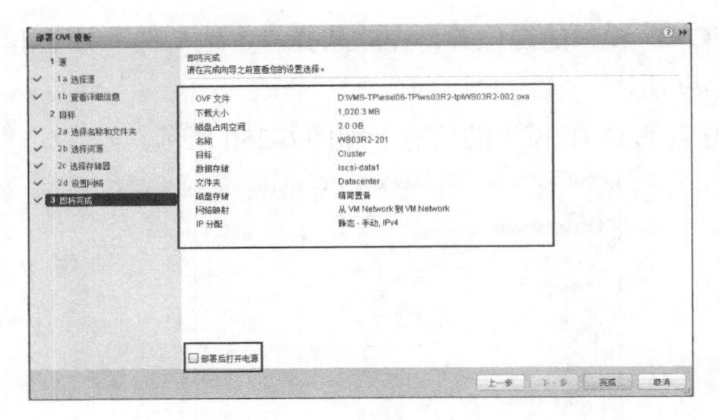

图 6-255　即将完成

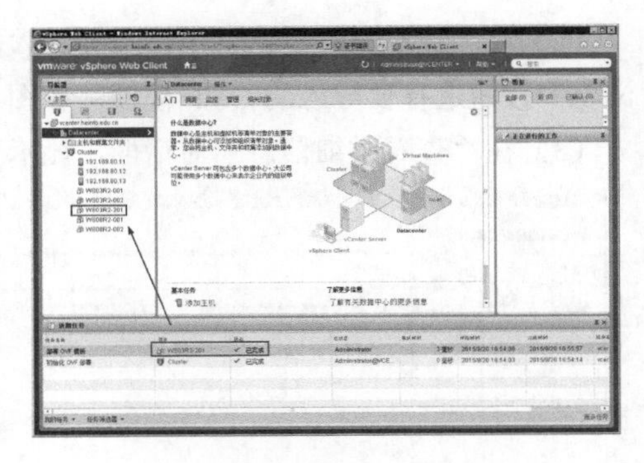

图 6-256　部署完成

6.7　管理 vSphere 网络

在前面的章节，已经介绍过使用 vSphere Client 管理 vSphere 网络。对于一些相同的配置与操作，例如创建 vSphere 标准交换机、vSphere Distributed Switch，使用 vSphere Client 管理，与使用 vSphere Web Client 管理，除了界面不同，最终实现的功能是相同的。所以，在前面章节介绍的 vSphere 网络知识，在 vSphere Web Client 中是相同的。但是我们也知道，vSphere Client 只保留与 vSphere 5.0 相同的功能集，而对于 vSphere 5.0 以后的版本新增加的功能，只能使用 vSphere Web Client 管理配置才能体现，这就使得一些新的功能必须使用 vSphere Web Client 管理。

6.7.1　规划 vSphere 网络

在介绍使用 vSphere Web Client 配置 vSphere 网络之前，我们再次简单的介绍一下，vSphere 网络中的规划，为了让读者有直观的印象，我们通过案例的方式介绍。

1. 单台 ESXi 主机单网络的规划

在使用 vSphere 技术时，多台主机组成的 vSphere 数据中心无疑有更多的优势，也能发现虚拟化的更大价值，但如果只有一台 ESXi 主机，在规划得当的情况下，也会有非常好的效果。图 6-257 则是一个单台 ESXi 主机、这台主机只连接一个外部网络的应用。

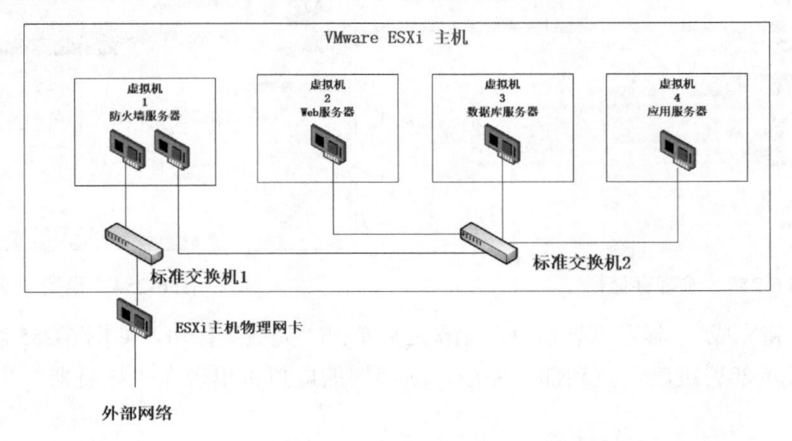

图 6-257　单台 ESXi 主机单个外部网络拓扑

在图 6-257 中，只有一台 ESXi 主机，这个主机上运行了多个虚拟机，但通过 vSphere“标准交换机”，则将这多个虚拟机分隔在多个网络，并且让多个虚拟机处于防火墙之后。从物理上来看，这台主机有 1 个（或多个物理网卡）连接到外部的网络。从逻辑拓扑上来看，“虚拟机 1”属于边缘防火墙，这个虚拟机有两个网卡，一个网卡通过“标准交换机 1”连接到外部网络；另一个网卡通过“标准交换机 2”连接到内部网络。而“虚拟机 2”、“虚拟机 3”、“虚拟机 4”则连接到“标准交换机 2”，属于“内部网络”，连接到“标准交换机 2”中的虚拟机受当前网络中作为防火墙的服务器“虚拟机 1”的保护。

在实际的配置中，“标准交换机 1”属于安装 ESXi 时系统自动创建的默认标准交换机，这个标准交换机可以绑定物理主机的 1 个或多个网卡（多个网卡用于冗余）连接到“外部网络”。而“标准交换机 2”则是安装完 VMware ESXi 之后，由 vSphere Client 管理，新添加的“标准交换机”，此标准交换机没有外部网络适配器。如图 6-258 所示，这是某台托管服务器的网络配置截图。

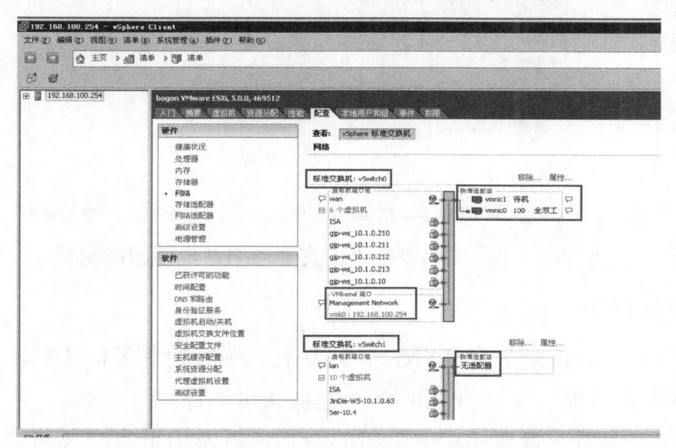

图 6-258　ESXi 主机网络配置

2. 单台 ESXi 主机多网络的规划

上一节介绍的应用，主要面向于托管的服务器。而在许多时候，服务器也直接放置在单位的机房，这个时候服务器会连接两个网络：连接到 Internet 的外部网络以及连接到单位局域网的内部网络。如果使用单台的 ESXi 服务器，在配置多个虚拟机的时候，对于重要的虚拟机，则要处于“内部网络”与“外部网络”的中间进行保护，此时该服务器的拓扑如图 6-259 所示。

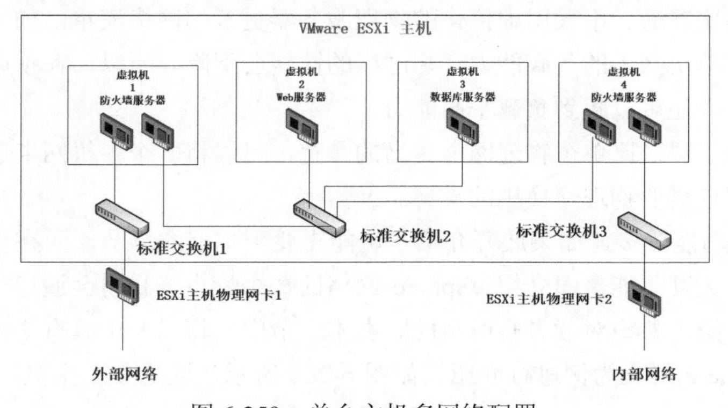

图 6-259　单台主机多网络配置

在图 6-259 中，ESXi 主机创建了三个标准交换机，其中“标准交换机 1”连接到“外部网络”；“标准交换机 3”连接到“内部网络”；而“标准交换机 2”则没有连接到物理网络，而是没有绑定网络适配器（网卡），相当于一个“虚拟”的网络。当外部网络需要访问“虚拟机 2”及“虚拟机 3”时，通过“虚拟机 1”的外部网络防火墙进行“转发”；当内部网络需要访问“虚拟机 2”及“虚拟机 3”时，通过“虚拟机 4”的内部网络防火墙进行“转发”。如图 6-260 所示，这是某台具有两个物理网络、1 个虚拟网络连接的 ESXi 主机的网络配置截图。

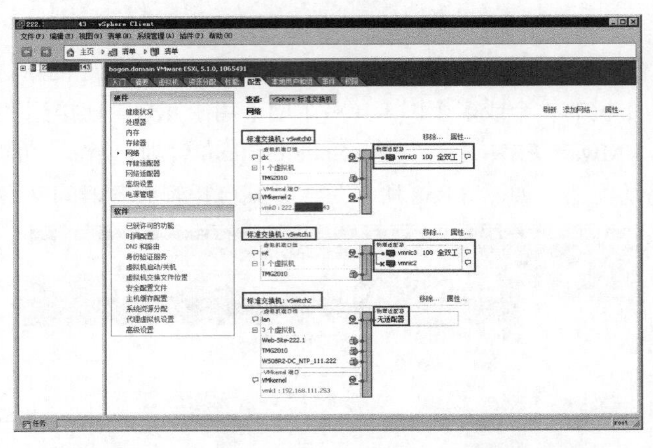

图 6-260　单台主机多个不同物理网络及虚拟网络配置

3. 多台主机网络配置 1

在大多数的数据中心中，还是多台 ESXi 主机为主。在规划有多台 ESXi 主机的数据中心时，vSphere 网络的规划就至关重要。下面介绍的是一些被认可的原则。

- 管理与生产分离：即用于管理 ESXi 主机的网络，以及用于生产环境中、负责虚拟机对外流量的网络要分离。一般用于管理的网段，与用于虚拟机的流量的网段是分开的，即用于管理的是一个单独的网段（VLAN），用于生产的虚拟机网络是另一个或其他多个单独的网段（VLAN）。
- 冗余的原则：无论是管理，还是生产，每个物理网络连接（即上行链路适配器）必须是冗余的。一般是 2 个网卡，多了也无意义。
- 负载平衡：不可否认，在虚拟化的数据中心中，由于同时有多个虚拟机的存在，主机的物理网卡，要承担比普通、不采用虚拟化的物理服务器更多的网络流量。如果这些网络流量加在一起，超过了单块网卡的负载能力，那网络的性能会下降。所以，在使用多个网卡时，除了有冗余功能外，还可以起到负载平衡能力。
- 链路聚合：为了提供比单个物理网卡更高的带宽，可以将多个主机网卡进行聚合，以提供更高的带宽，但这需要物理交换机的支持。

vSphere 的网络功能较多，如果展开介绍，可能需要一本书的章节，而在我们这本书中只用短短的几节内容介绍，无疑不能全面介绍 vSphere 网络的每个特点。我将会通过一些网络拓扑、示例及案例的方式进行介绍，希望对读者有所帮助。在本小节中，将以一个具有 3 个主机、每个主机有 4 块网卡的最小 vSphere 群集为例进行介绍，如图 6-261 所示，这是 3 个主机、4 个网卡的 vSphere 群集的一种网络规划。

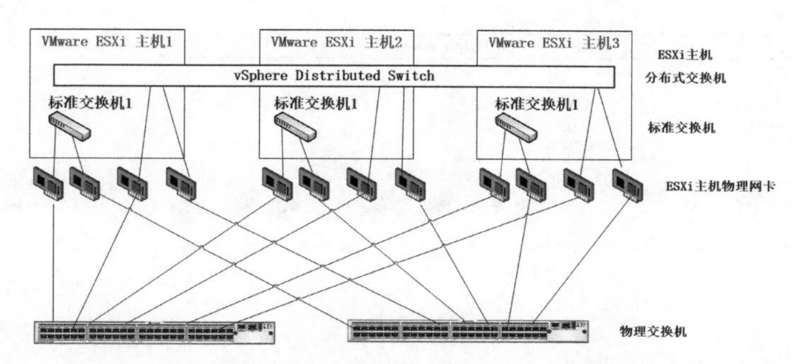

图 6-261　具有 3 台主机、每主机 4 个网卡的 vSphere 群集的一种网络规划

在图 6-261 中，整个 vSphere 群集，每个主机都有一个“标准交换机”，这个标准交换机是安装 ESXi 时系统默认创建的虚拟交换机，为了提供冗余，每个标准交换机绑定两个物理网卡，在实际的情况中，一般绑定物理主机的第 1、第 2 块网卡（在 VMware ESXi 中会被识别为 vmnic0、vmnic1），这两个网卡将用于管理 ESXi 主机（会在标准交换机上创建 VMkernel 端口组，有管理流量）。同时为了提供物理交换机一端的冗余，这两个网卡分被分别连接到两个物理交换机，而这两个物理交换机再上联到数据中心的两个核心交换机（核心交换机互联）。而每个主机剩余的两个网卡（在 VMware ESXi 中会被识别为 vmnic2、vmnic3）会组成 vSphere Distributed Switch 的上行链路。这样当前的 vSphere 数据中心会有 3 个标准交换机、1 个分布式交换机。

当然还有另一种规划，就是每个主机剩余的两个网卡，再创建一个标准交换机，这样整个数据中心会有 6 个标准交换机（每个主机 2 个）。这两种规划，没有谁好谁坏之分，只要满足数据中心的需求即可。使用标准交换机还是分布式交换机，以及这两个交换机的区别，在上一章已经介绍过，读者可以根据需求、习惯使用。

在图 6-261 的基础上，如果有更多的物理主机，也可以将其他物理主机“加入”到这个拓扑：每个主机 2 个网卡创建标准交换机用于管理、剩余的网卡加入到分布式交换机，用于虚拟机的流量。

同样，在图 6-261 的基础上，如果主机有更多的网卡，例如每个主机有 6 个网卡，可以同样参考这个拓扑：每个主机第 1、2 网卡用于 ESXi 系统安装时默认创建的标准交换机，每个主机剩余的 4 个网卡，加入到同一个分布式交换机。而对于 2 个以上的网卡，作为分布式交换机的上行链路，这些网卡可以根据需要做链路聚合，或者根据进一步的规划，分担不同虚拟机的流量，这些内容会在后文展开介绍。

4. 多台主机网络配置 2

在上一节，我们介绍了一个有 3 个主机、每个主机有 4 个网卡的 vSphere 群集的网络配置，这个配置中包括每个主机有一个“标准交换机”、一个“分布式交换机”，那么，这个标准交换机是不是必须的呢？单独为标准交换机配置两个网卡是否浪费呢？我们先回答第一个问题。标准交换机并不是必须的，在上一章中，我们已经介绍过，在安装 vCenter Server 并由 vCenter Server 管理 vSphere 数据中心后，创建 vSphere Distributed Switch，可以将标准交换机及标准交换机的 VMkernel 端口迁移到 vSphere 分布式交换机，通过这些内容我们可以知道，在创建分布式交换机之后，可以将原来标准交换机的端口组（及上行链路即绑定交换机的物理网卡）迁移到分布式交换机，之后删除没有端口组的标准交换机，这样图 6-261 的网络拓扑就可以改为图 6-262 所示。

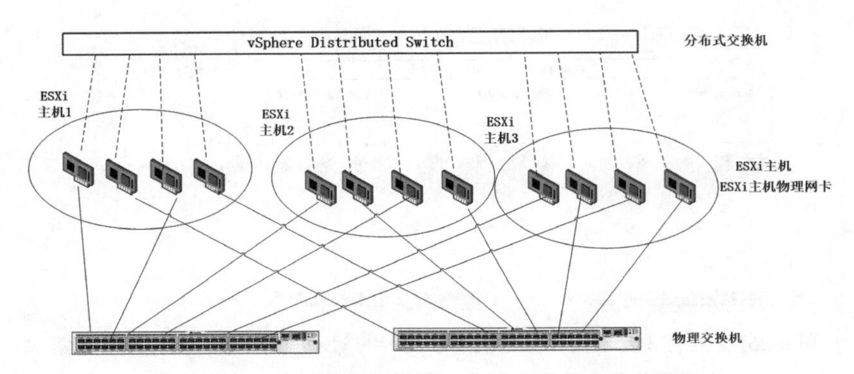

图 6-262　将标准交换机端口组迁移到分布式交换机

现在接下来回答第二个问题“单独为标准交换机配置两个网卡是否浪费呢？”，当网络规划升级为图 6-262 时，此时标准交换机已经不存在，而原来绑定标准交换机用于管理的物理网卡，已经绑定了迁移之后的虚拟机端口组，这些端口组会有原来用于 ESXi 主机管理的 VMkernel 端口组，以及原来系统默认创建的名为“vm network”的端口组。虽然这时标准交换机不存在，但同样是两个物理网卡用于 ESXi 主机的管理，这样是否仍然存在浪费呢？此时，就涉及到交换机端口组与物理网卡绑定（即交换机的上行链路）的分配问题。

5．使用负载平衡方式的虚拟机端口组与物理网卡的连接

vSphere 中的虚拟交换机，无论是“标准交换机”，还是“vSphere Distributed Switch（分布式交换机）”，其逻辑与功能上，与现实中的物理交换机类似。物理交换机有端口及端口的数量，而虚拟交换机也有“端口”及端口的数量。虚拟交换机作为虚拟机与物理网络连接的一个设备，通过虚拟交换机的“虚拟端口”→虚拟交换机→ESXi 主机物理网卡→物理交换机端口→物理网络这一途径连接的。在 vSphere 网络中，虚拟机端口组的设置中，可以选择使用（绑定）主机物理网卡，通过这一设置，可以根据规划、虚拟机所需要的网络流量，让不同的端口组，选择绑定不同的物理网卡，从而达到网络负载均衡、分流、网络冗余的目的。在大多数的情况下，主机单一物理网卡所提供的带宽足以满足大多数虚拟机的单一需求，这是指某个虚拟机所需要的网络流量不会超过单一物理网卡（即一块网卡）所提供的带宽。而当虚拟机的数量较多时，单一物理网卡不能满足需求时，就需要将虚拟机的流量在不同的物理网卡进行分流（同时要要冗余）。所以，在为同一个标准交换机（或分布式交换机）提供多块网卡时，即有冗余的功能，也有“负载平衡”的功能，你可以在“成组和故障切换”中找到这一设置，如图 6-263 所示。

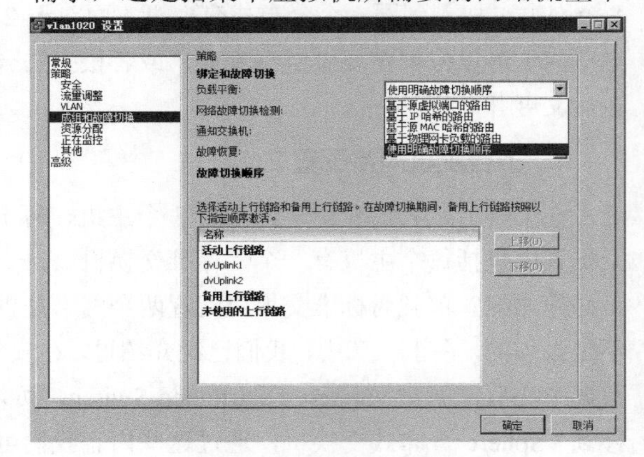

图 6-263　成组和故障切换

例如，在选择“基于物理网卡负载的路由”时，当连接到端口组或端口的物理网络适配器的当前负载达到 75% 或更高持续 30 秒保持忙碌状态，主机代理交换机会将一部分虚拟机流量移至具有可用容量的物理适配器。当选择其他选项（选择“使用明确故障切换顺序”时除外）时，也会根据选项进行负载平衡。

所以，在配置了标准交换机或分布式交换机，并且绑定了多个上行链路（即物理主机网卡时），vSphere 管理员可以根据需求（或规划），将虚拟交换机的端口组绑定到不同的主机物理网卡，网络拓扑示意如图 6-264 所示。

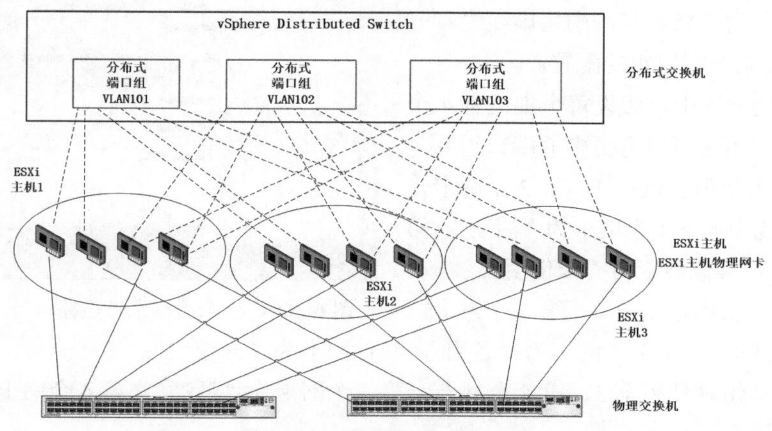

图 6-264　使用负载平衡方式

在图 6-264 中，每个主机有 4 块物理网卡，都绑定到同一个分布式交换机，在分布式交换机上根据需求创建了多个端口组，这些端口组根据规划选择绑定不同的物理网卡，每个端口组至少与每个主机的两个网卡连接。物理网卡可以进行多次绑定，但是在这种规划中，物理网卡连接的物理交换机的 Trunk 端口，而在虚拟交换机的端口组中可以通过指定不同的 vlan 端口，以连接到主机不同的 VLAN 网络。

【说明】在图 6-264 中，没有画出 VMkernel 端口。在实际的环境中，至少要有一个 VMkernel 用于管理。如果有其他的流量需求，可以根据需要添加不同的 VMkernel 端口。

6. 使用主备方式的虚拟机端口组与物理网卡的连接

上一节介绍的是使用“负载平衡”的方式，规划绑定到相同端口组的多个网卡。在实际的应用中，还有另一种“主备”方式的规划，网络拓扑如图 6-265 所示。

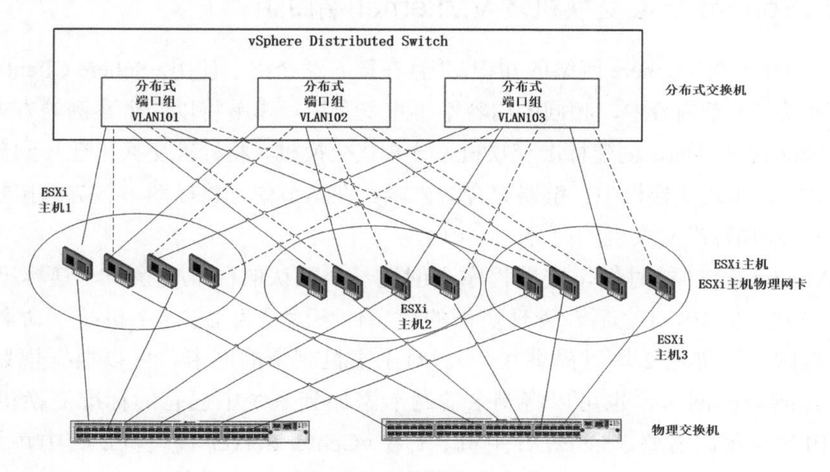

图 6-265　使用主备方式

在图 6-265 中，每个端口组都连接到每个主机的至少两个网卡，但这两个网卡，只有 1 个网卡是“激活”的链接（图中有实线表示），而另一个网卡则处于“备用”状态（图中用虚线表示），如图 6-266，这是某个端口组的配置。

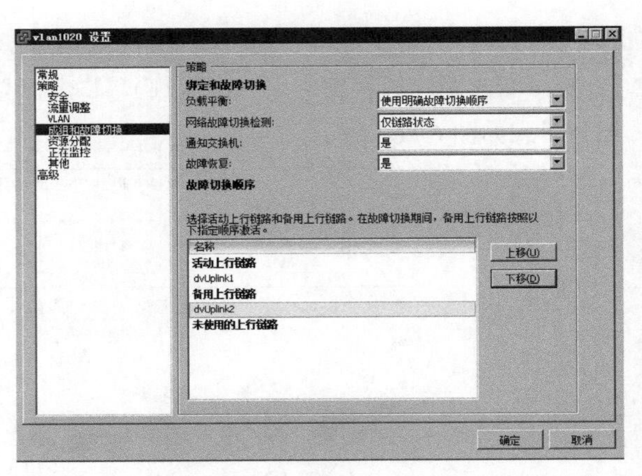

图 6-266　一个活动上行链路，一个备用上行链路

在图 6-265 的配置中，假设每个主机有 4 个网卡，有 3 个端口组（可以有更多的端口组）：

第 1 个端口组使用主机第 1、第 2 个网卡，在图 6-266 的配置中，第 1 个网卡为“活动”，第 2 个则为“备用”，其他网卡为“未使用”；

而第 2 个端口组则使用第 2、第 3 个网卡，第 2 个网卡为“活动”，第 3 个网卡为“备用”，其他网卡为“未使用”；

而第 3 个端口组则使用第 3、第 4 个网卡，第 3 个网卡为“活动”，第 4 个网卡为“备用”，其他网卡为“未使用”；

如果还有第 4、第 5 个端口组，可以进行类似的分配。例如：

而第 4 个端口组则使用第 4、第 1 个网卡，第 4 个网卡为“活动”，第 1 个网卡为“备用”，其他网卡为“未使用”；

当然网络不一定“连续”使用，例如：

而第 5 个端口组则使用第 2、第 4 个网卡，第 2 个网卡为“活动”，第 4 个网卡为“备用”，其他网卡为“未使用”。

7. 其他配置

由于章节的问题，vSphere 网络我们不再展开。但会在后文章节进行介绍，例如，当虚拟机需要更高的带宽时，怎样配置物理交换机，通过在交换机配置链路聚合以实现宽带的增加等，这些将会通过具体的实例进行介绍。

6.7.2　添加 vSphere 标准交换机及 VMkernel 端口组

因为在第 5 章学习过 vSphere 网络的知识，并且在第 5 章介绍了使用 vSphere Client 管理 vSphere 网络的内容。所以在本章内容中，相同的内容不再重复介绍。本节将以一个案例的方式，介绍使用 vSphere Web Client 管理界面，创建标准交换机、分布式交换机、将标准交换机迁移到分布式交换机的操作，同时介绍分布式交换机中，链路聚合的内容。在本节中，将以图 6-267 的拓扑为例，介绍在 ESXi 主机中，添加标准交换机的内容。

在安装 VMware ESXi 的时候，安装程序会创建一个默认的标准交换机，该标准交换机会绑定一块网卡。在安装完 ESXi 之后，管理员做的第一件事就是为 ESXi 主机统一命名、设置管理地址、选择管理网卡（绑定 2 块以提供冗余）。对于主机剩余的网卡，可以根据规划，添加新的交换机，以绑定剩余的网卡，也可以将剩余的网卡添加到系统中已有的标准交换机中。为了介绍图 6-267 的内容，我们需要 3 台 ESXi 主机、1 台 vCenter Server 管理机，其中每台 ESXi 主机至少 4 块网卡（第 1、2 块网卡使用 VMnet8，其对应网段为 192.168.80.0；第 3、4 块网卡使用

VMnet1，其对应网段为 192.168.10.0，如图 6-268 所示）。我们仍然用 VMware Workstation 虚拟机来搭建这个环境。

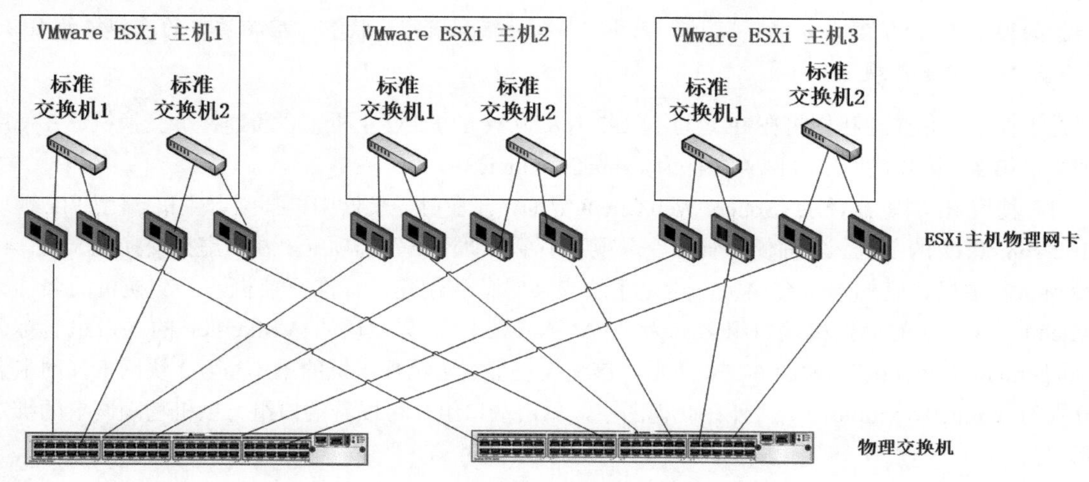

图 6-267　添加标准交换机拓扑图

要完成这个实验，需要有 3 台 ESXi 主机、1 台 vCenter Server，如图 6-269 所示，这是 VMware Workstation 中的截图，我们将这 3 台 ESXi 虚拟机、1 台 vCenter Server 虚拟机，放入一个文件夹中。

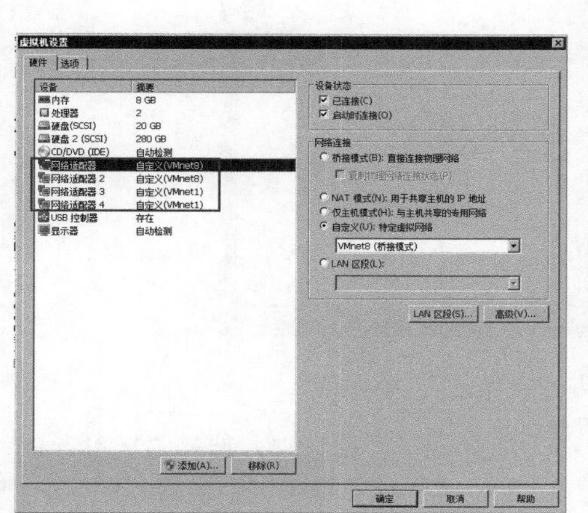

图 6-268　ESXi 实验虚拟机配置

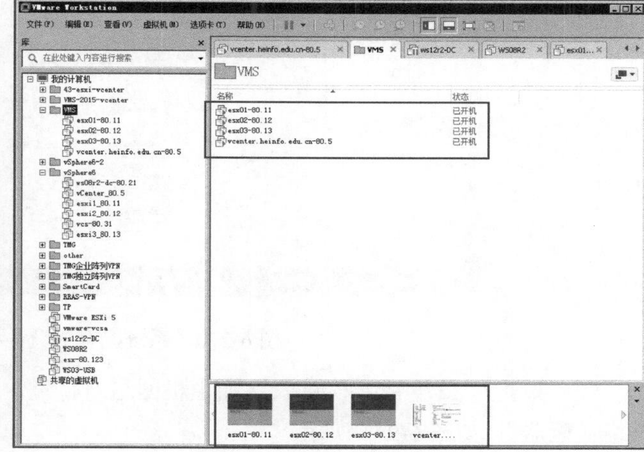

图 6-269　实验环境

【说明】我们用 VMware Workstation 搭建实验环境进行演示，是为了以实验的方式，介绍用 vSphere Web Client 配置管理网络的实际操作。在实际生产环境中，在配置 vSphere 网络之前，还要注意每台 ESXi 主机物理网卡与交换机的连接，及对应交换机端口的配置。简单来说，如果主机物理网卡连接到交换机的 Access 端口，或者连接的是一个普通的交换机，那么这个物理网卡所绑定的标准交换机的端口组，与所连接到的物理交换机的 Access 端口有相同的网络属性（即属于同一个 VLAN，或者没有 VLAN，即连接到普通的交换机上）；如果主机物理网卡连接到交换机的 Trunk 端口，那么在配置与这个物理网卡连接的虚拟交换机时（标准交换机或分布式交换机），在配置虚拟端口组时，要为端口组配置 VLAN 端口 ID。再简单来说，你将虚拟交换机，看成与物理交换机功能相同或类似的设备即可：物理交换机怎么使用，虚拟交换机则怎么使用。对于连接到物理交换机的物理机的网卡 IP 地址怎么分配、规划、使用，那么连接到虚拟交换机、虚拟端口的虚拟机的 IP 地址也是同样的分配、规划。

在下面的演示中，我们将在 IP 地址为 192.168.80.11 的 ESXi 主机上，新建标准交换机，并使用物理主机第 3、第 4 块网卡（网卡名称为 vmnic2、vmnic3）。

（1）使用 IE 浏览器登录 vSphere Web Client 界面，在左侧导航器中选择某台主机，例如 IP 地址为 192.168.80.11 的主机。在右侧“管理”选项卡中单击“网络”选项卡，在“虚拟交换机”中，可以看到当前主机已有的虚拟交换机，这是系统安装时默认创建的标准交换机，其交换机的名称为 vSwitch0，其默认的虚拟机端口组名称为“VM Network”，其默认的 VMkernel 的端口组名称为“Management Network”，如图 6-270 所示。该交换机绑定了物理主机的第 1、第 2 块网卡（网卡名称分别为 vmnic0、vmnic1），另外在此视图中，单击端口组，可以看端口组与主机物理网卡的绑定关系。

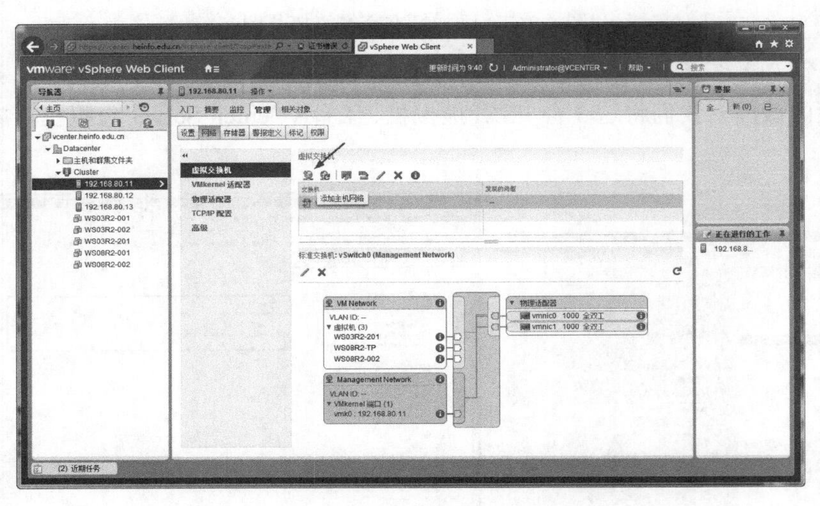

图 6-270　系统已有的默认标准交换机

（2）单击“ ”链接，进入添加主机网络对话框，在“选择连接类型”中，选择“VMkernel 网络适配器”，如图 6-271 所示。

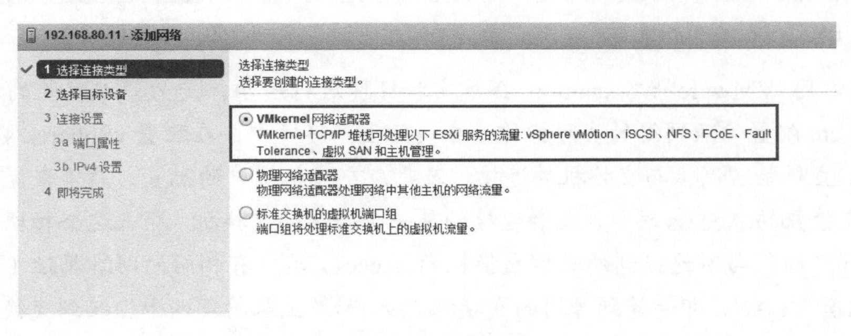

图 6-271　选择连接类型

（3）在“选择目标设备”选项中，选择“新建标准交换机”，如图 6-272 所示。

（4）在“创建标准交换机”选项中，单击“+”按钮，在弹出的“将物理适配器添加到交换机”对话框中，选中 vmnic2 及 vmnic3 网卡，然后单击“确定”按钮将其添加到列表中，如图 6-273 所示。

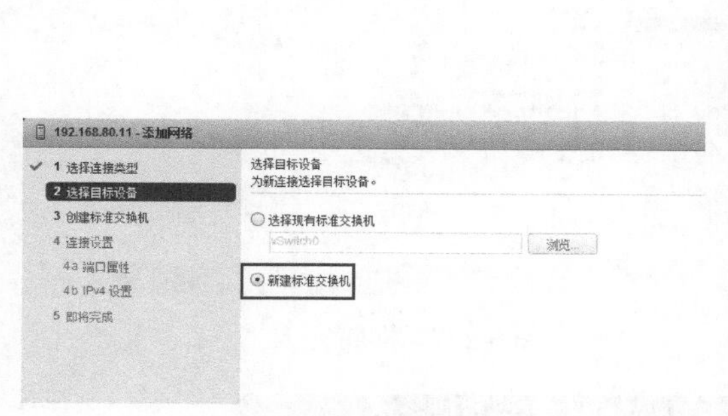

图 6-272　新建标准交换机

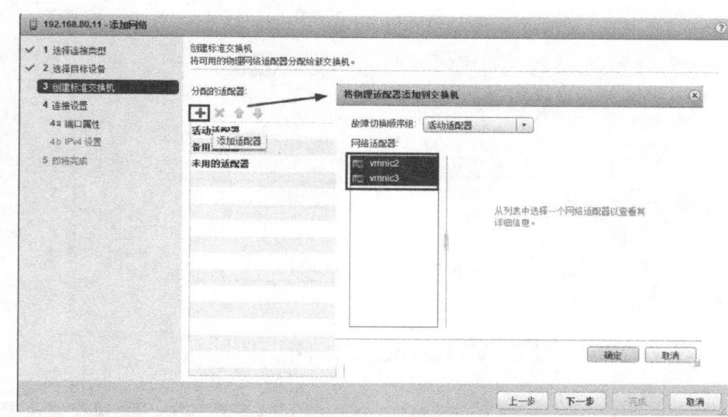

图 6-273　添加网卡到“活动适配器”列表中

（5）添加之后如图 6-274 所示，你也可以选中网卡，将其在“活动适配器”、“备用适配器”、“未用的适配器”之间调整（单击↑、↓箭头调整）。

（6）在“端口属性”选项中，在“网络标签”文本框中，输入新创建的 VMkernel 端口的名称，在此采用默认名称 VMkernel，在“VLAN ID”下拉列表中，根据需要选择是否为当前虚拟端口组配置或启用 VLAN（这与上一章中介绍的虚拟交换机启用 VLAN 功能相同），在“启用服务”中，根据需要，选择要为当前新创建的 VMkernel 端口组启用的流量，例如你可以选择“VMotion 流量”、“置备流量”、“Fault Tolerance 日志记录”、“虚拟 SAN 流量”等，如图 6-275 所示。说明，不要将“管理流量”与“VMotion 流量”配置在同一 VMkernel 端口。

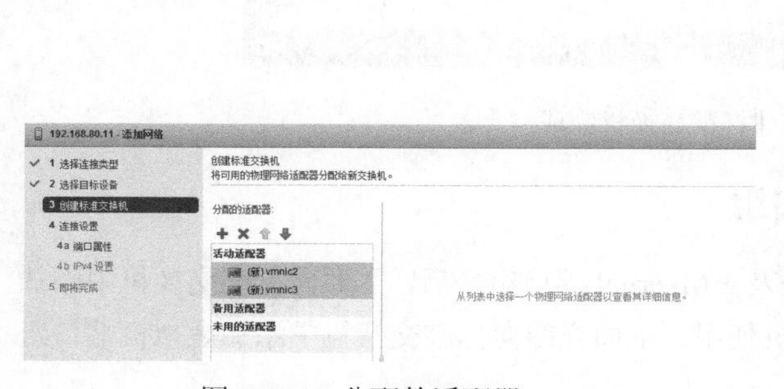

图 6-274　分配的适配器

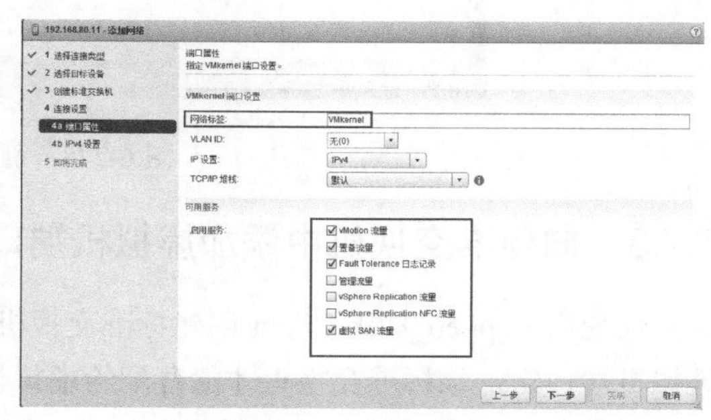

图 6-275　端口属性

（7）在“IPv4”设置选项中，为新建的 VMkernel 端口设置 IP 地址，在此选择“使用静态 IPv4 设置”，并为这台主机的第 2 个 VMkernel 端口组设置一个地址，在此设置为 192.168.10.11，子网掩码为 255.255.255.0，网关仍然用管理 ESXi 的 VMkernel 端口组的网关，如图 6-276 所示。

（8）在“即将完成”选项中，查看新建标准交换机及 VMkernel 端口组的设置，检查无误之后，单击“完成”按钮，完成设置，如图 6-277 所示。

（9）创建完标准交换机之后，在“管理→网络”选项卡中，在“交换机”列表中，可以看到新建的标准交换机，名称为 vSwitch1，单击这个新建的虚拟机，可以看到当前交换机只有一个 VMkernel

端口组，如图 6-278 所示。如果要使用该标准交换机，还需要向标准交换机中添加标准端口组（不同于 VMkernel 端口组）。

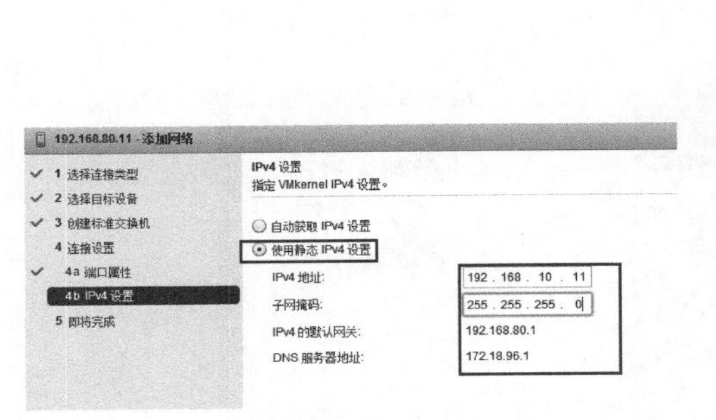

图 6-276　设置 VMkernel 端口组 IP 地址

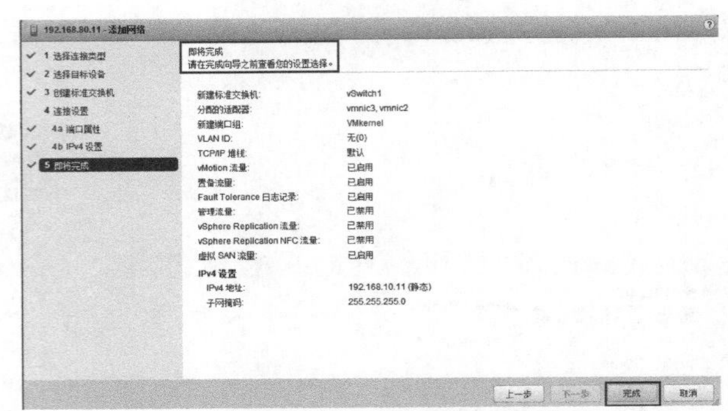

图 6-277　即将完成

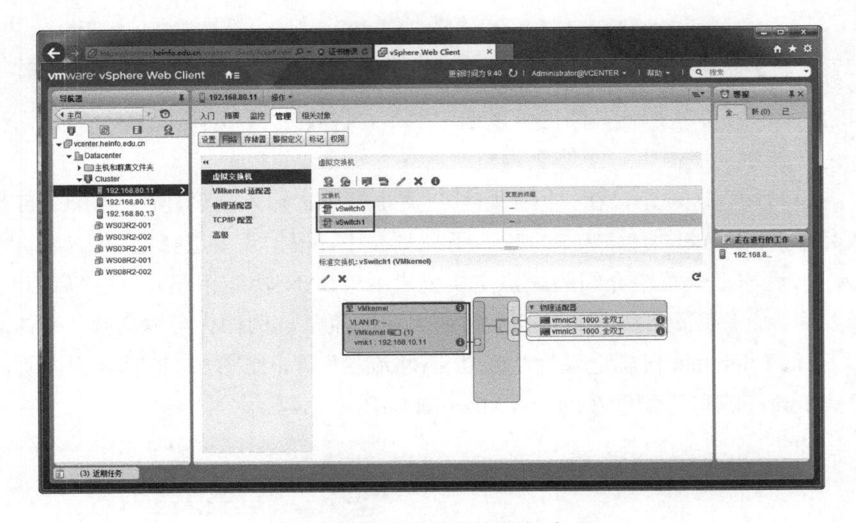

图 6-278　新建标准交换机完成

6.7.3　向标准交换机中添加虚拟机端口组

在使用 vSphere Web Client 创建标准交换机及 VMkernel 端口组之后，需要向标准交换机中添加虚拟机端口组，该标准交换机才能分配给虚拟机使用。下面介绍向标准交换机中添加虚拟机端口组的内容。

【说明】可以根据需要，向标准交换机中添加多个虚拟机端口组或多个 VMkernel 端口组。

（1）在 vSphere Web Client 中，在导航器中选择主机，在右侧“管理→网络”选项卡中，在“虚拟交换机”选项中单击“ ”链接，进入添加主机网络对话框，在“选择连接类型”中，选择“标准交换机的虚拟机端口组”，如图 6-279 所示。

（2）在“选择目标设备”选项中，选择“选择现有标准交换机”，并单击“浏览”按钮，在弹出的“选择交换机”对话框中，选择要创建虚拟机网络的标准交换机，在此选择新建的标准交换机 vSwitch1，如图 6-280 所示，单击“确定”按钮完成选择。

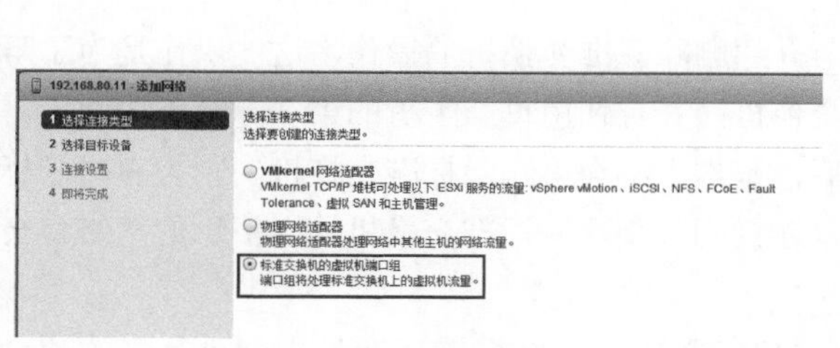

图 6-279　选择连接类型

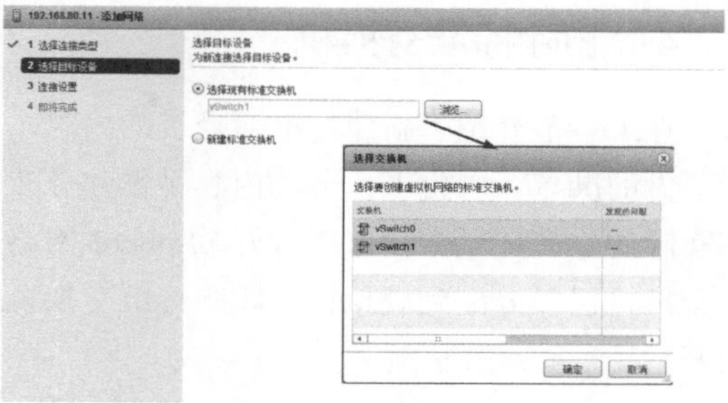

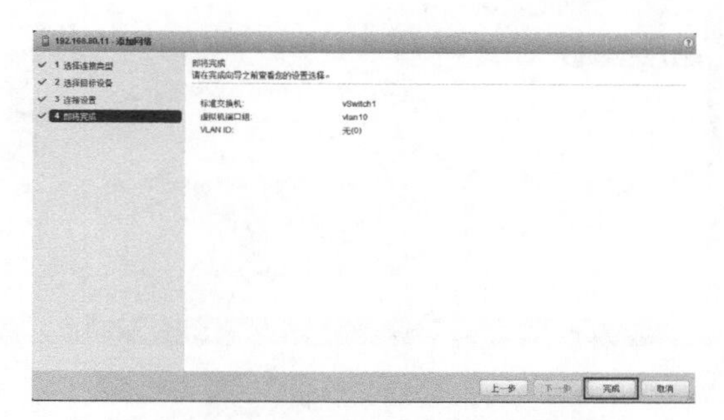

图 6-280　选择目标设备

（3）在“连接设置”选项中，在“网络标签”文本框中，为新建的虚拟交换机端口组设置一个名称，例如在此设置 vlan10，如图 6-281 所示。如果在实际的生产环境中，当前标准交换机上行链路连接的是交换机的 Trunk 端口，则可以在“VLAN ID”中，设置对应的 VLAN ID。

（4）在“即将完成”对话框，显示了新建标准虚拟交换机端口组的设置，检查无误之后，单击“完成”按钮，如图 6-282 所示。

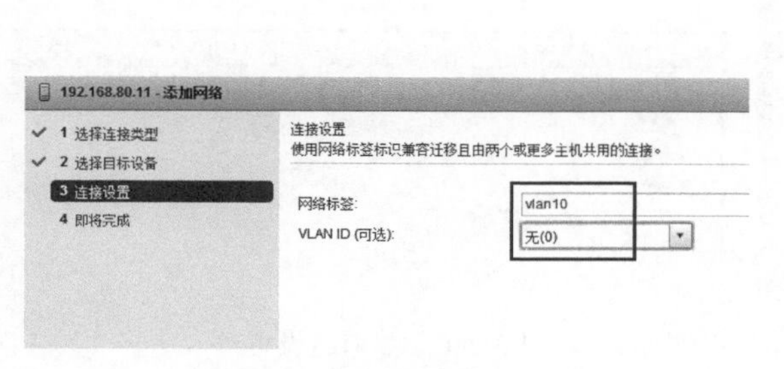

图 6-281　连接设置

图 6-282　新建标准虚拟交换机端口组完成

（5）返回到 vSphere Web Client 界面，选中“vSwitch1”标准虚拟机，可以看到名为“vlan10”的虚拟端口组创建完成，如图 6-283 所示，当前虚拟端口组还没有分配虚拟机（即虚拟机的网卡没有使用此端口组）。

因为当前创建的虚拟交换机是在 IP 地址为 192.168.80.11 的 ESXi 主机上创建的，打开该主机上的一个虚拟机，在“网络适配器”选择列表中可以看到，在网络列表中已经有新建的 vlan10 的网络标签选项，如图 6-284 所示。

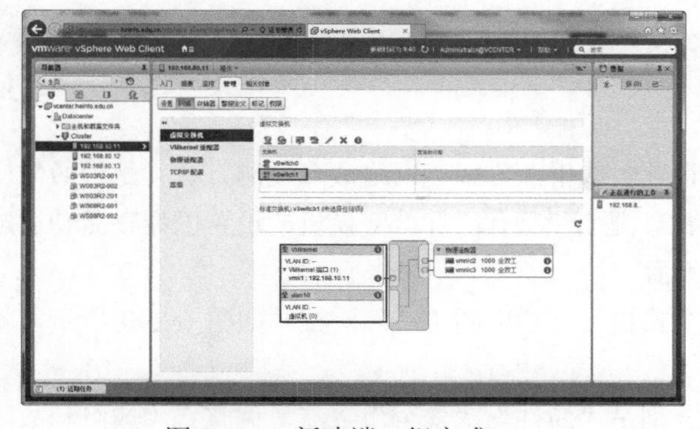

图 6-283　新建端口组完成

图 6-284　检查虚拟网络标签项

6.7.4 删除标准交换机

在上一节介绍了新建标准交换机的内容，本节介绍删除标准交换机的操作，这一操作是为了下一节做的准备。因为下一节的内容是创建分布式交换机，并且使用每个主机的第 3、第 4 块网卡。在实际的生产环境中，在配置好 vSphere 网络之后，基本上不会再删除标准交换机，因为有时候标准交换机已经分配到虚拟机，删除标准交换机后，连接到（删除）标准交换机的虚拟机的网络将会断开。

（1）在创建标准交换机及标准交换机的虚拟端口组之后，可以根据后期的规划进行修改或者删除。如果要修改端口组，可以在“虚拟交换机”中，在中间底侧的窗格中选中要修改的端口组（或 VMkernel 端口），单击中间一行中的“✎”链接（如图 6-285 所示），进入端口组设置对话框（如图 6-286 所示）。

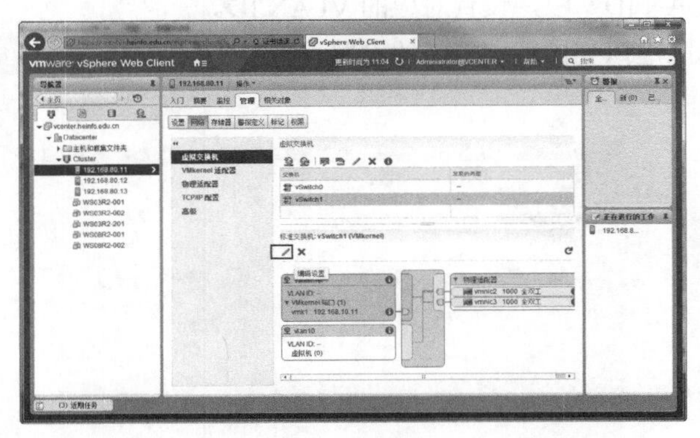

图 6-285 编辑

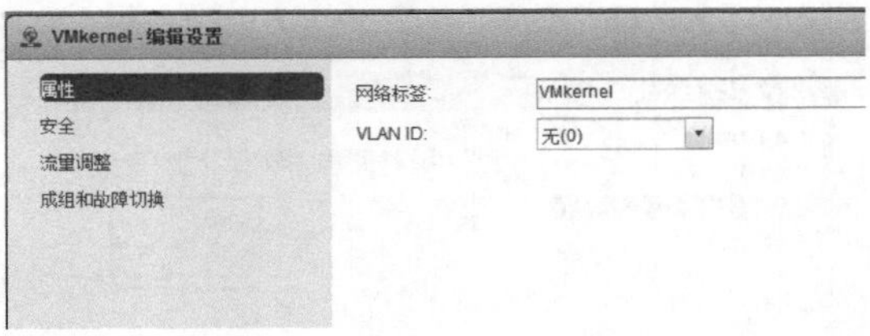

图 6-286 端口组设置

（2）在“安全”选项中，可以设置端口组是否允许“混杂模式”、MAC 地址更改、伪传输等设置（如图 6-287 所示），在“流量调整”选项中，是否对平均带宽、峰值带宽、突发大小进行设置，如图 6-288 所示。

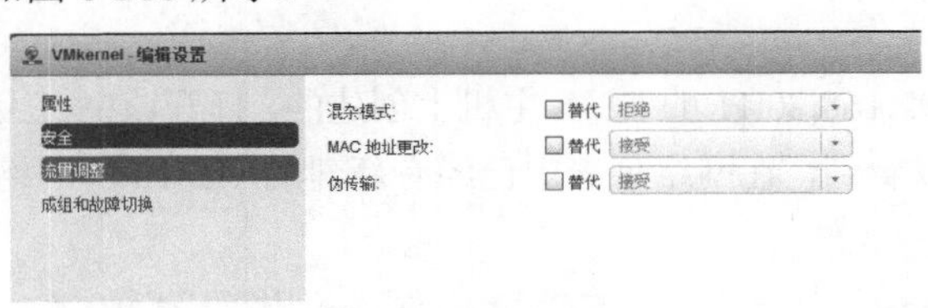

图 6-287 安全

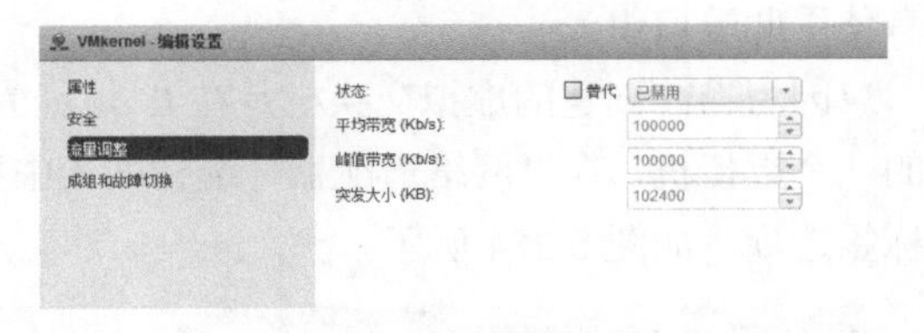

图 6-288 流量调整

【说明】关于安全选项意义请参见表 6-6 设置。

（3）在“成组和故障切换”选项中，可以设置负载平衡方式、网络故障检测方法、是否通知交换机、故障恢复等，还可以设置“故障切换顺序”，是否“替代”标准交换机的设置以调整活动适配器、备用适配器及未用的适配器，如图 6-289 所示。

（4）如果选中虚拟交换机，并单击“虚拟交换机”一栏中的“✎”链接，如图 6-290 所示，将打开虚拟交换机的编辑对话框。

（5）在标准交换机设置较少，共有 4 项，分别是“属性”、“安全”、“流量调整”、“成组和故障切换”，其中在“属性”选项中用来设置 MTU 值，如图 6-291 所示，在“安全”选项中修改混杂模式、MAC 地址更改、伪传输等项，如图 6-292 所示。

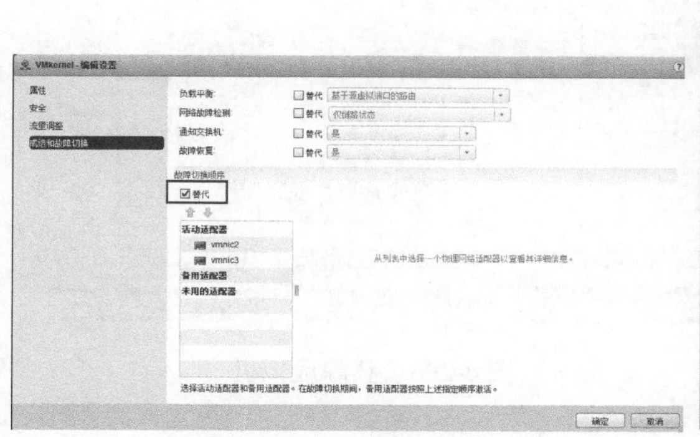

图 6-289　成组和故障切换　　　　图 6-290　编辑标准交换机

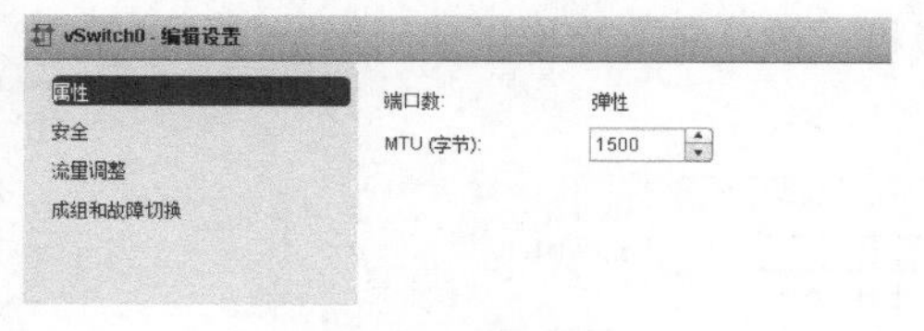

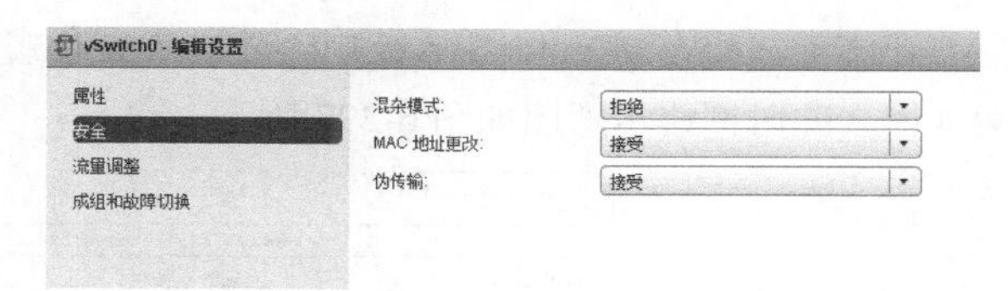

图 6-291　属性　　　　图 6-292　安全选项

（6）在“流量调整”选项中，设置是否对平均带宽、峰值带宽、突发大小进行调整，如图 6-293 所示。

（7）在“成组和故障切换”选项中，可以设置负载平衡方式、网络故障检测方法、是否通知交换机、故障恢复等，还可以设置“故障切换顺序”，这包括调整活动适配器、备用适配器及未用的适配器，如图 6-294 所示。

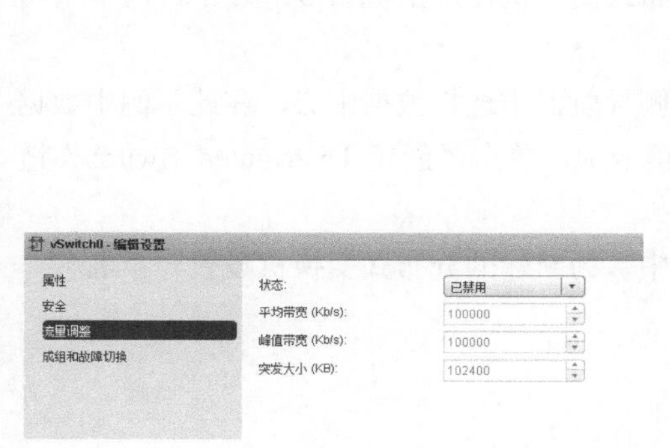

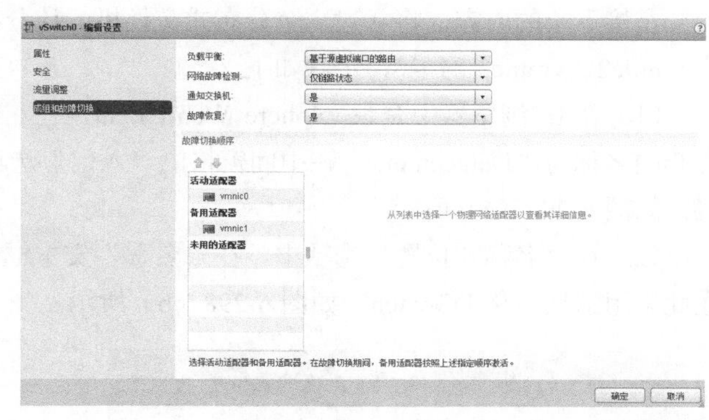

图 6-293　流量调整　　　　图 6-294　成组和故障切换

对于不再需要的标准交换机，可以在“管理→网络→虚拟交换机”中，选中不再需要的交换机，单击“X”按钮，在弹出的“移除标准交换机”对话框中，单击“是”按钮，删除交换机，如图 6-295 所示。

在移除虚拟交换机的时候，打开“近期任务”，可以看到任务的进度，如图 6-296 所示。移除交换机之后，在“虚拟交换机”列表中，可以看到原来 2 个标准交换机只剩下 1 个。

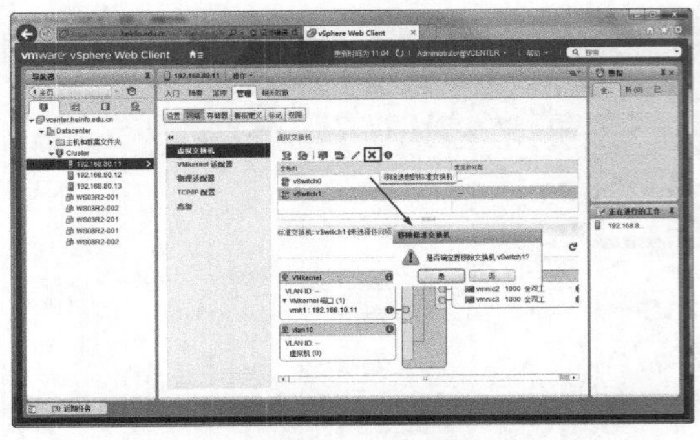

图 6-295　删除标准交换机

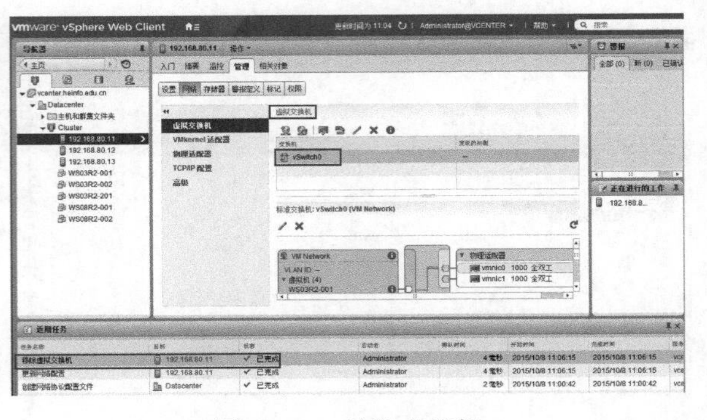

图 6-296　移除虚拟机

6.7.5　添加 vSphere Distributed Switch

在本节，将在 vCenter Server 中创建一个分布式交换机，该分布式交换机使用每个主机的第 3、第 4 网卡此时网络示意图如图 6-297 所示。

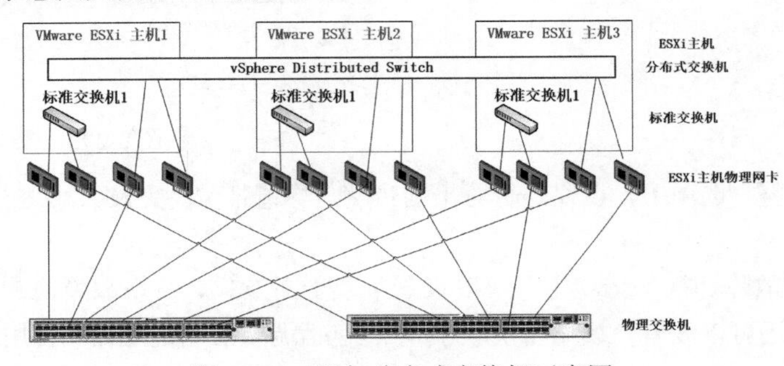

图 6-297　添加分布式交换机示意图

在接下来的内容，将新建一个分布式交换机，该分布式交换机使用主机第 3、第 4 个网卡（对应 vmnic2、vmnic3 网卡），步骤如下。

（1）在 IE 浏览器中登录 vSphere Web Client，在左侧导航器中选择数据中心，在此示例中数据中心的名称为“Datacenter”，在中间窗格的“入门”选项卡中，单击“创建 Distributed Switch”链接，如图 6-298（a）所示。

（2）在“名称和位置”选项中，在“名称”文本框中，为新建的分布式交换机设置一个名称，在此采用默认名称 DSwitch，如图 6-298（b）所示。

图 6-298（a）　创建分布式交换机

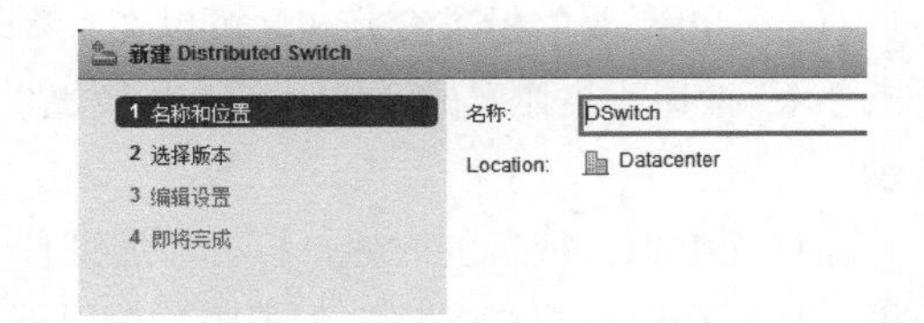

图 6-298（b）　设置分布式交换机名称

（3）在“选择版本”选项中，指定新建的分布式交换机的版本，在此选择默认的“Distributed Switch 6.0.0”，如图 6-298（c）所示。

（4）在“编辑设置”选项中，指定上行链路端口数、资源分配和是否创建默认端口组，其中上行链路可以在 1～32 之间（包括 1 及 32）选择，因为每个主机剩余网卡是 2，故在此设置上行链路路为 2，取消“创建默认端口组”的选项，如图 6-298（d）所示。

图 6-298（c）　选择分布式交换机版本

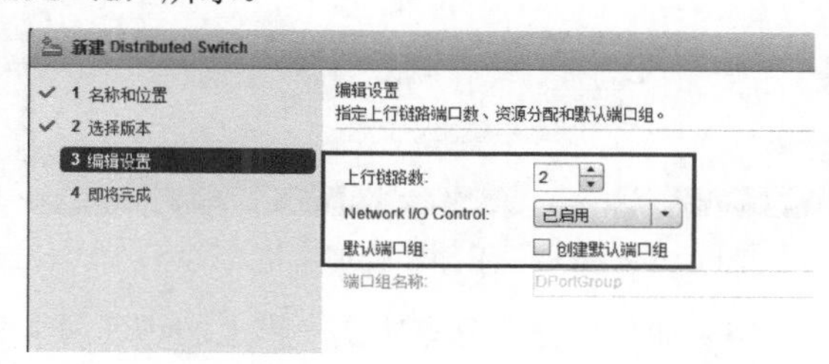

图 6-298（d）　编辑设置

（5）在“即将完成”对话框，显示了新建分布式交换机的配置，检查无误之后，单击“完成”按钮，完成设置，如图 6-298（e）所示。

（6）之后返回到 vSphere Web Client 控制台，在“近期任务”中，可以看到新建分布式交换机完成，如图 6-298（f）所示。

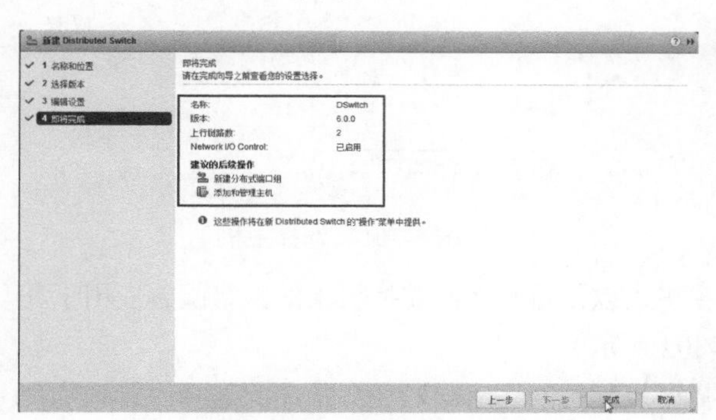

图 6-298（e）　即将完成

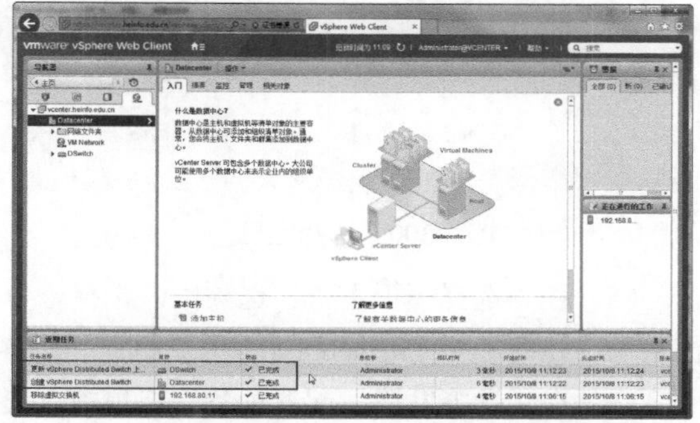

图 6-298（f）　近期任务

6.7.6　向分布式交换机添加上行链路

新创建的分布式交换机没有绑定任何上行链路，你需要向新建的交换机中添加主机并绑定上行链路，操作步骤如下。

（1）在导航器中选中新建的分布式交换机，在此选中名称为 DSwitch 的交换机，在中间窗格中单击“入门”选项卡，在“基本任务”中单击“添加和管理主机”链接，如图 6-299（a）所示。

（2）在“选择任务”选项中，选择要对此分布式交换机招待的任务，在此选择“添加主机”，如图 6-299（b）所示。

（3）在“选择主机”选项中，单击“+”链接，在弹出的“选择新主机”对话框中，选中要添加的主机，在此选中所有三台主机，如图 6-300 所示。

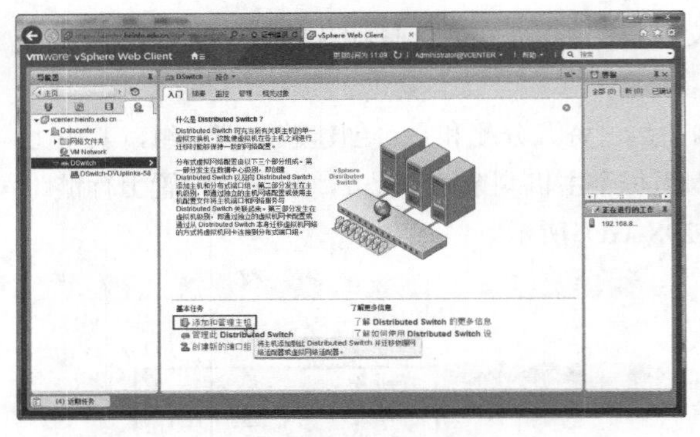

图 6-299（a） 添加和管理主机

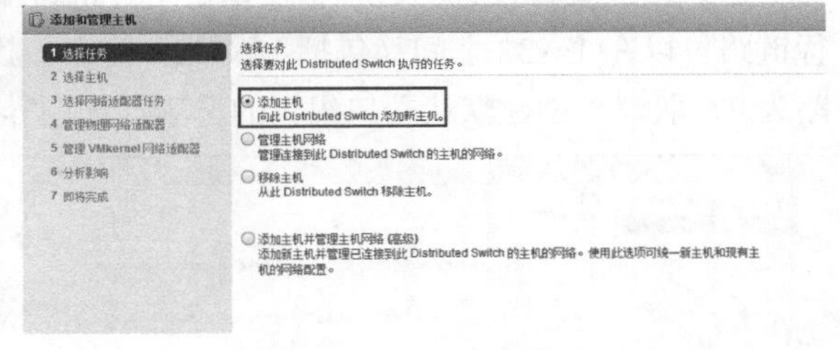

图 6-299（b） 添加主机

（4）如果要使此分布式交换机上的物理网卡和 VMkernel 网络适配器的网络配置在所选主机上都相同，请选中“在多个主机上配置相同的网络设置”复选框，如图 6-301 所示。

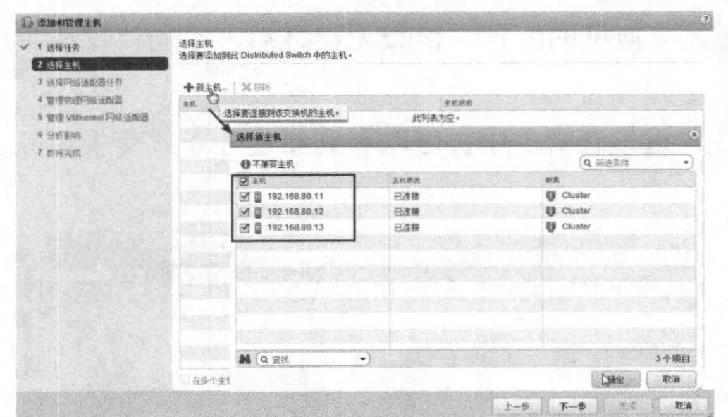

图 6-300 选择主机

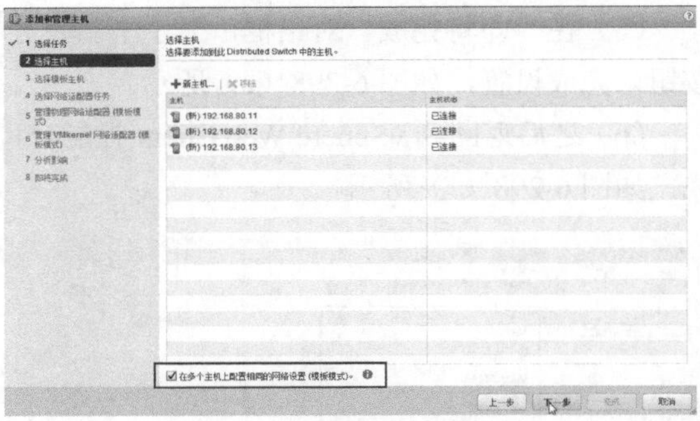

图 6-301 选择主机

（5）在“选择模板主机”选项中，选择一个主机，以便将其在此交换机上的网络配置应用于其他主机，在此选择 192.168.80.11 的主机，如图 6-302 所示。

（6）在“选择网络适配器任务”选项中，选择要执行的网络适配器任务，在此选择“管理物理适配器”及“管理 VMkernel 适配器”，如图 6-303 所示。

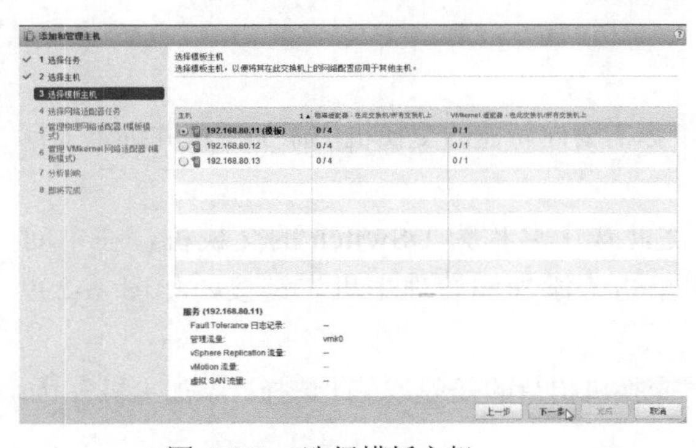

图 6-302 选择模板主机

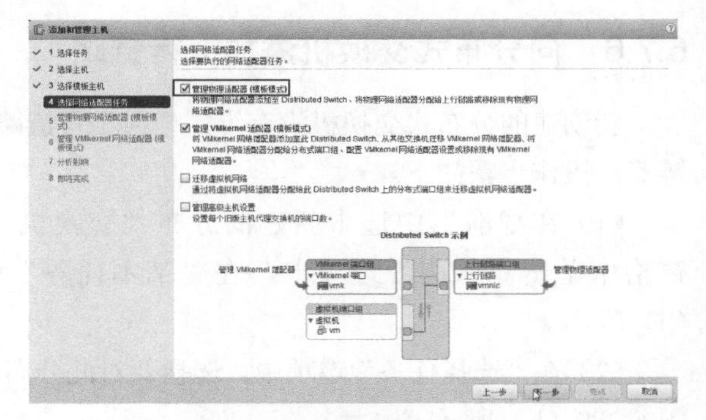

图 6-303 选择网络适配器任务

（7）在“管理物理网络适配器”选项中，选择空闲的网卡（本示例中为 vmnic2 及 vmnic3），单击“分配上行链路”链接，将其分配给分布式交换机的上行链路，如图 6-304 所示。

（8）在为 vmnic2、vmnic3 分配上行链路之后，单击“应用于全部”链接，将此交换机的模板主机上的物理网络适配器应用于所有主机，这样另外两台主机 192.168.80.12、192.168.80.13 的 vmnic2 及 vmnic3 也会分配到对应的上行链路，如图 6-305 所示。

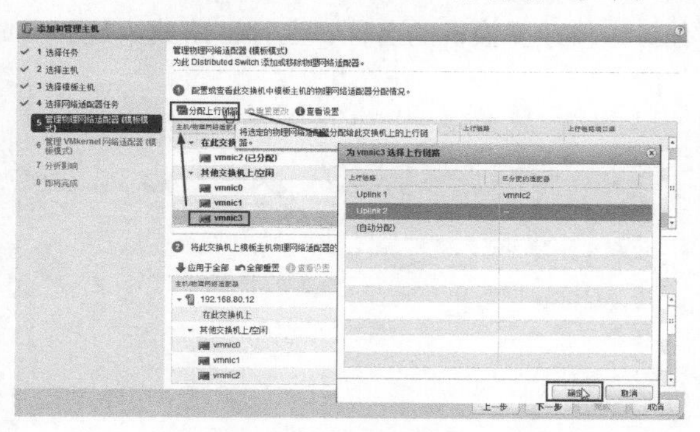

图 6-304　分配上行链路

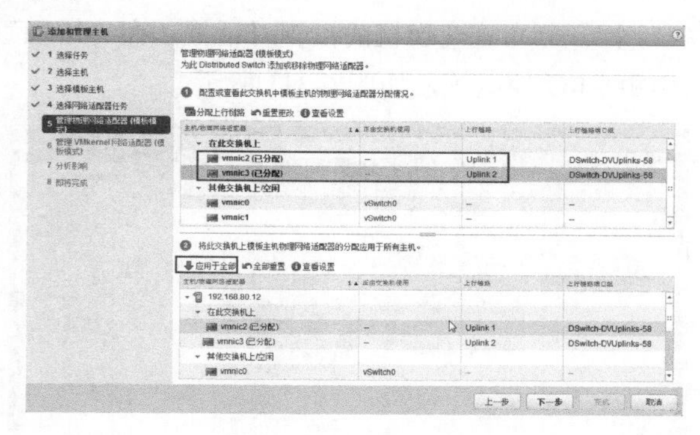

图 6-305　应用于全部

（9）在“管理 VMkernel 网络适配器”选项中，单击“下一步”按钮，因为还没有为当前主机的分布式交换机创建 VMkernel 端口。如图 6-306 所示。

（10）在“分析影响”选项中，查看此配置更改是否对某些网络服务造成影响，如图 6-307 所示。

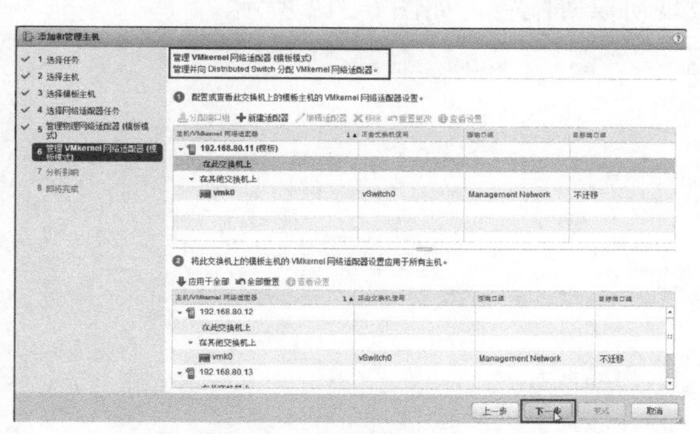

图 6-306　管理 VMkernel 网络适配器

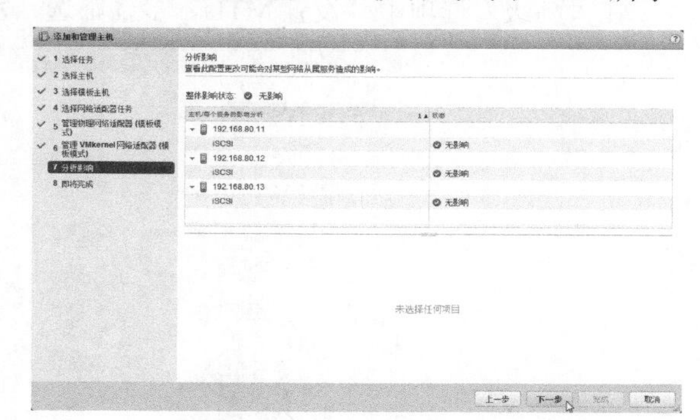

图 6-307　分析影响

（11）在“即将完成”选项中，查看添加托管主机的配置，检查无误之后，单击“完成”按钮，完成设置，如图 6-308 所示。

（12）返回到 vSphere Web Client，在“近期任务”中可以看到任务的完成情况，如图 6-309 所示。

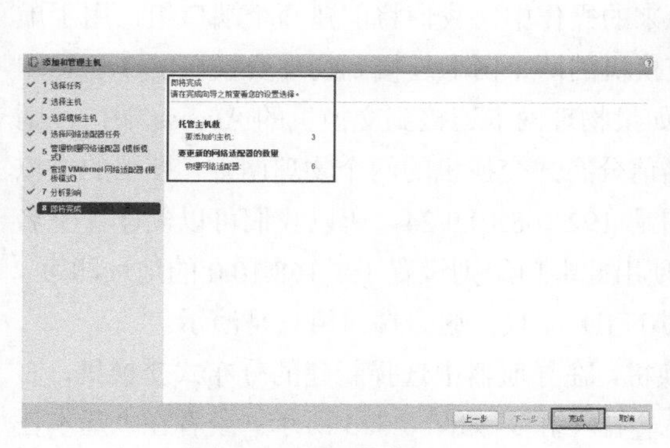

图 6-308　即将完成

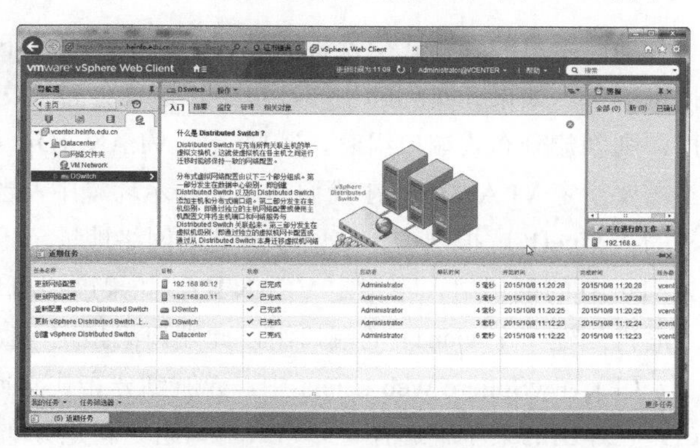

图 6-309　近期任务

如果要后期修改此分布式交换机的配置，可以在导航器中选择分布式交换机，在“入门→基本任务”中选择“管理此 Distributed Switch”，如图 6-310 所示。

打开分布式交换机的设置对话框，在“常规”任务中修改交换机的名称、上行链路数、是否启用网络 I/O 控制等，如图 6-311 所示。

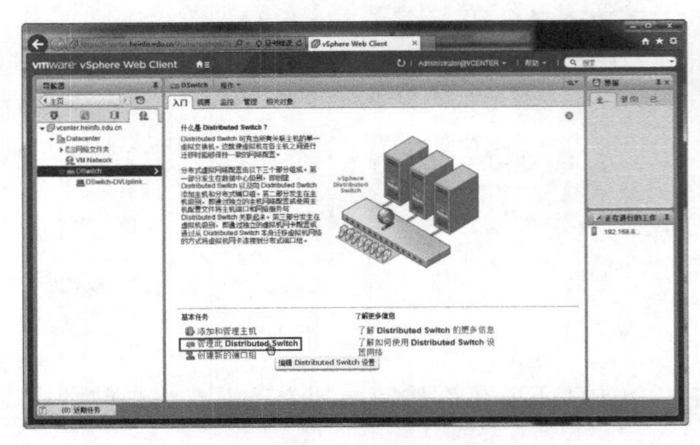

图 6-310　管理此分布式交换机

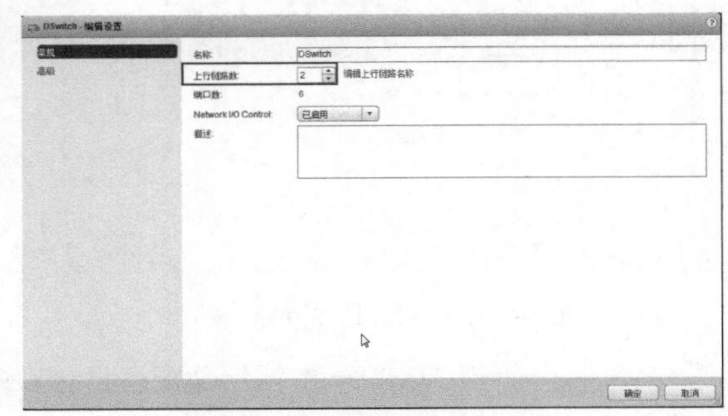

图 6-311　常规选项

在“高级”选项中，设置 MTU、多播筛选、发现协议等配置，如图 6-312 所示。

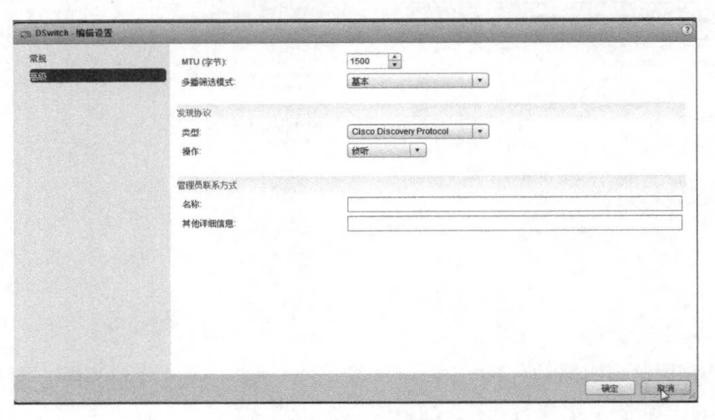

图 6-312　高级选项

6.7.7　添加分布式端口组

当前新建的分布式交换机还没有端口组，在接下来的操作中，我们将创建两个端口组，用于虚拟机流量。如果在实际的生产环境中，这个分布式交换机的两个网卡连接到物理交换机的 Trunk 端口，则创建分布式端口组时，需要指定 VLAN ID；如果物理网卡连接到交换机的 Access 端口，则不需要指定 VLAN ID。在我们当前的演示环境中，当前分布式交换机的两个物理网卡，使用的虚拟机的 VMnet1 虚拟网卡，该网卡所处的网络地址范围是 192.168.10.0/24，所以我们可以创建一个名为 vlan10 的端口组，不指定 VLAN ID，如果虚拟机使用此端口组则设置 192.168.10.0 的地址即可，之后再创建一个 vlan11 的端口组，此端口组指定 VLAN ID 为 11，这个端口组只是演示。

（1）在 vSphere Web Client 中，导航到分布式交换机，在导航器中选择新建的分布式交换机，右击，在弹出的菜单中选择“分布式端口组→新建分布式端口组”，如图 6-313 所示。或者在“基本任务”中单击“创建新的端口组”选项。

（2）在“新建分布式端口组”对话框中，在“选择名称和位置”选项中，在“名称”文本框中输入新建的端口组名称，根据规划设置此名称为 vlan10，如图 6-314 所示。

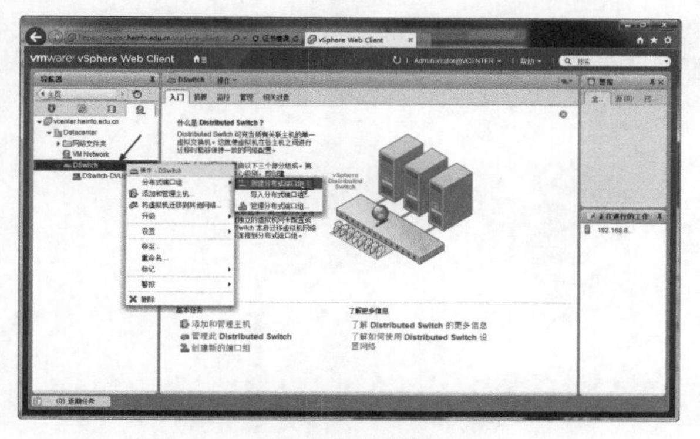

图 6-313　新建分布式端口组

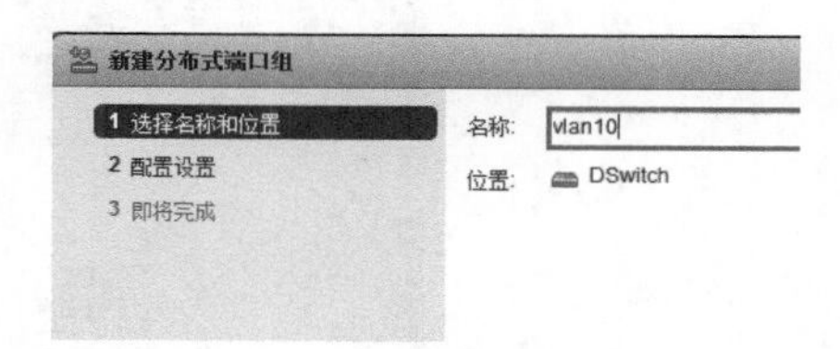

图 6-314　设置端口组名称

（3）在“配置设置”选项组中，为新端口组设置常规属性，如图 6-315 所示。

（4）在“即将完成”选项中，显示了新建端口组的设置，检查无误之后单击“完成”按钮，完成设置，如图 6-316 所示。

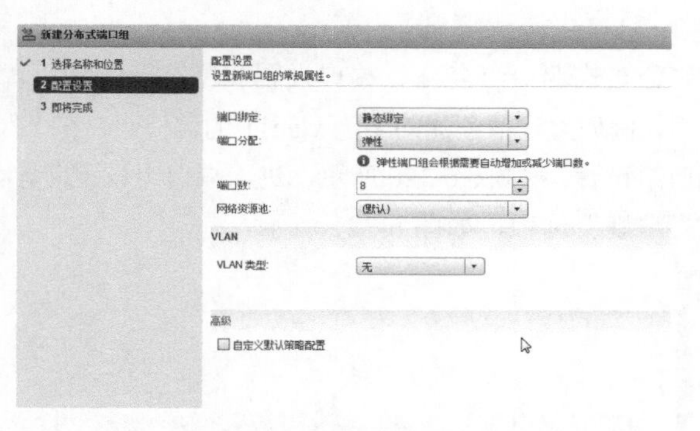

图 6-315　常规属性

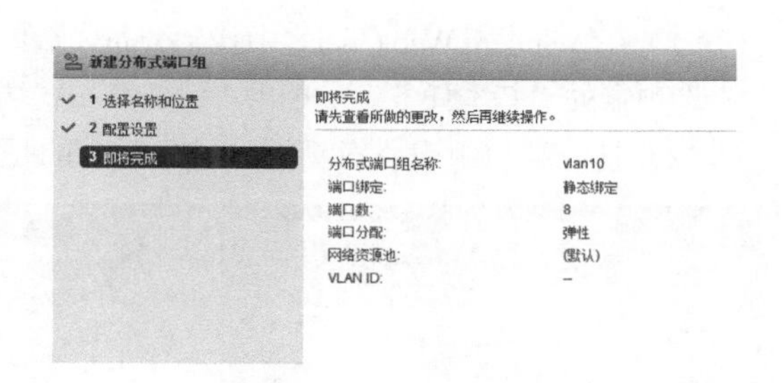

图 6-316　即将完成

（5）返回到 vSphere Web Client 界面，可以看到名为 vlan10 的端口组已经添加完成，单击“创建新的端口组”，继续创建一个新的端口组，如图 6-317 所示。

（6）接下来创建第 2 个端口组，该端口组名称为 vlan11，并设置“VLAN ID”为 11，如图 6-318 所示。

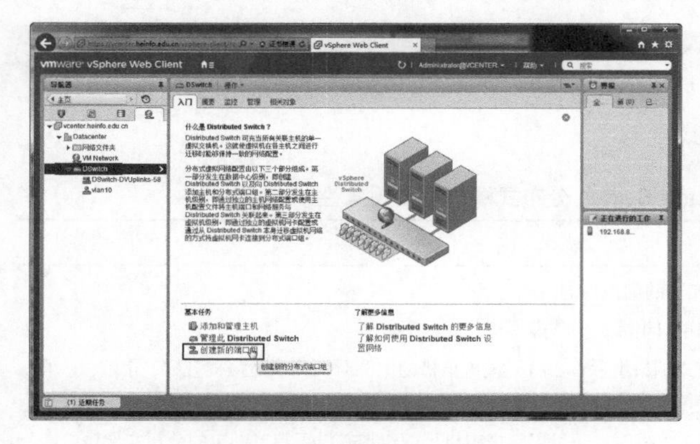

图 6-317　创建新的端口组

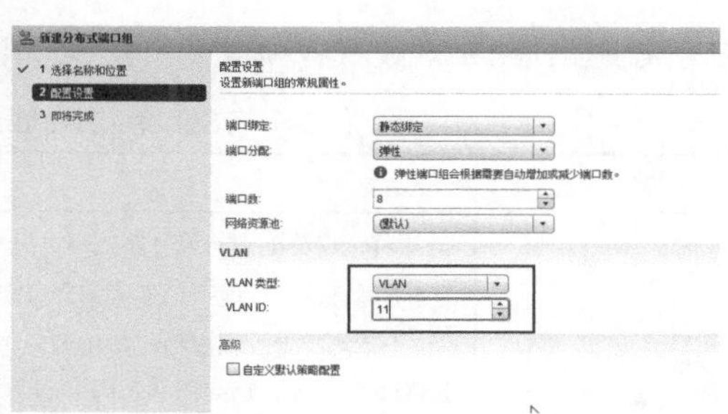

图 6-318　配置属性

（7）其他的步骤不再介绍，创建端口组之后，返回到 vSphere Web Client，可以看到已经创建了两个端口组，如图 6-319 所示。

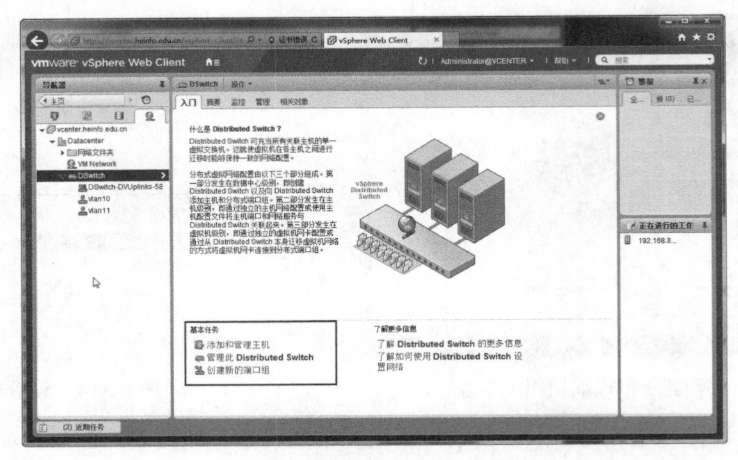

图 6-319　两个端口组

6.7.8　修改分布式端口组

管理员可以编辑常规分布式端口组设置，例如分布式端口组名称、端口设置和网络资源池。

（1）在 vSphere Web Client 中找到分布式端口组，例如上一节创建的名为 vlan11 的端口组，在“入门”选项卡的“基本任务”中单击“编辑分布式端口组设置”，如图 6-320 所示，进入端口组设置向导。

（2）打开端口组设置对话框，首先看到的是“常规”选项，如图 6-321 所示。

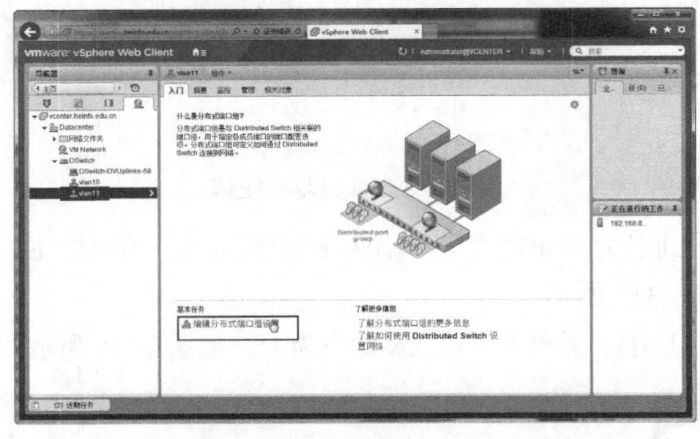

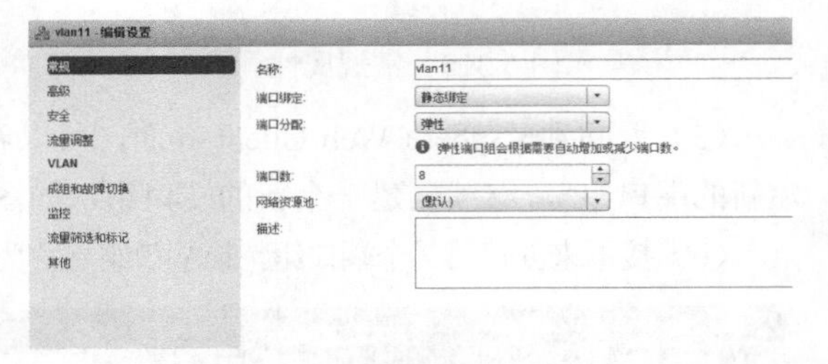

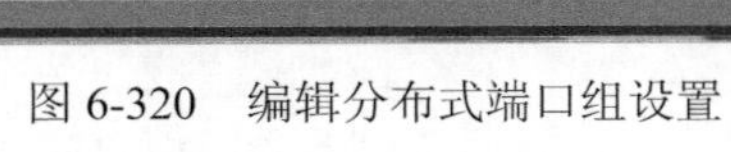

图 6-320　编辑分布式端口组设置　　图 6-321　常规

关于端口组常规设置各项意义如表 6-5 所示。

表 6-5　vSphere Distributed Switch 分布式端口组常规属性

设　置	描　述
端口绑定	选择将端口分配到与该分布式端口组相连的虚拟机的时间 （1）静态绑定：虚拟机连接到分布式端口组后，为该虚拟机分配一个端口 （2）动态绑定：在虚拟机连接到分布式端口组后首次打开该虚拟机的电源时，为该虚拟机分配一个端口。自 ESXi 5.0 开始，已弃用动态绑定 （3）极短：无端口绑定。此外，连接到主机时，还可以将虚拟机分配给带有极短端口绑定的分布式端口组

续表

设　置	描　述
端口分配	弹性：默认端口数为 8 个。分配了所有端口后，将创建一组新的 8 个端口。这是默认行为 固定：默认端口数设置为 8 个。分配了所有端口后，不会创建额外端口
端口数	输入分布式端口组上的端口数。端口数的上限是 8192
网络资源池	使用下拉菜单将新的分布式端口组分配给用户定义的网络资源池。如果尚未创建网络资源池，则此菜单为空
VLAN	使用类型下拉菜单选择 VLAN 选项： （1）无：不使用 VLAN （2）VLAN：在 VLAN ID 字段中，输入一个介于 1 和 4094 之间的数字 （3）VLAN 中继：输入 VLAN 中继范围 （4）专用 VLAN：选择专用 VLAN 条目。如果未创建任何专用 VLAN，则此菜单为空
高级	选中该复选框可为新的分布式端口组自定义策略配置

（3）在“高级”选项中，在“断开连接时配置重置”从下拉菜单中启用或禁用断开连接时重置。当分布式端口与虚拟机断开连接时，分布式端口的配置重置为分布式端口组设置。每个端口的替代都会被丢弃。在“替代端口策略”选择要在每个端口级别替代的分布式端口组策略，如图 6-322 所示。

（4）在“安全”选项中，编辑安全异常，如图 6-323 所示。

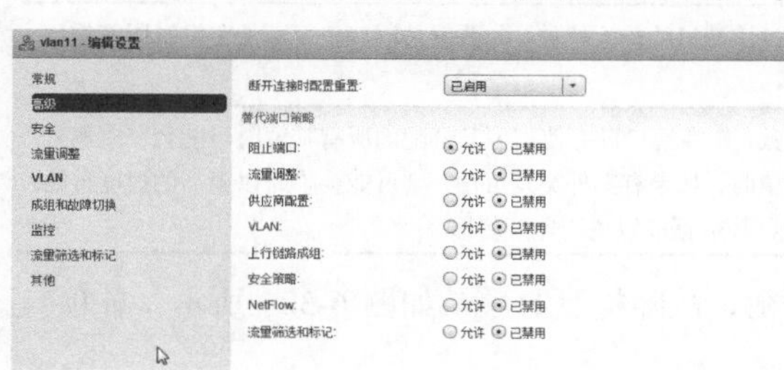

图 6-322　高级设置

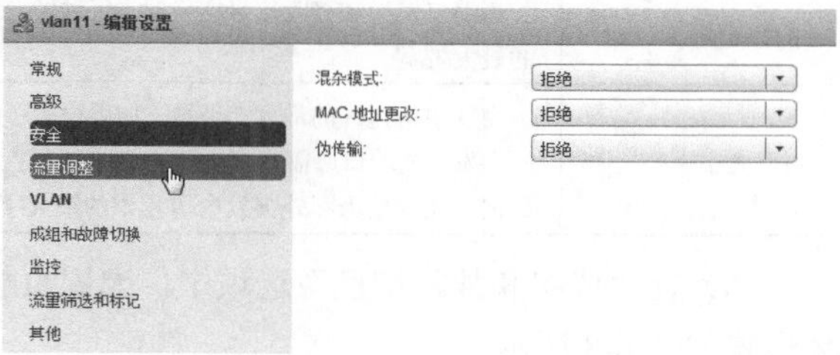

图 6-323　安全异常

关于安全异常如表 6-6 所示。

表 6-6　安全异常设置

设　置	描　述
混杂模式	如果选择“拒绝”，则在客户机操作系统中将适配器置于混杂模式不会导致接收其他虚拟机的帧。选择“接受”，如果在客户机操作系统中将适配器置于混杂模式，则交换机将允许客户机适配器按照该适配器所连接到的端口上的活动 VLAN 策略接收在交换机上传递的所有帧。防火墙、端口扫描程序、入侵检测系统等需要在混杂模式下运行
MAC 地址更改	如果将此选项设置为“拒绝”，并且客户机操作系统将适配器的 MAC 地址更改为不同于 .vmx 配置文件中的地址，则交换机会丢弃所有到虚拟机适配器的入站帧。 如果客户机操作系统恢复 MAC 地址，则虚拟机将再次收到帧。如果此项设置为“接受”。如果客户机操作系统更改了网络适配器的 MAC 地址，则适配器会将帧接收到其新地址
伪信号	选择“拒绝”，如果任何出站帧的源 MAC 地址不同于 .vmx 配置文件中的源 MAC 地址，则交换机会丢弃该出站帧。选择“接受”，交换机不执行筛选，允许所有出站帧通过

（5）在“流量调整”选项中，可以对输入流量与输出流量进行调整，如图 6-324 所示。流量调整具体内容如表 6-7 所示。

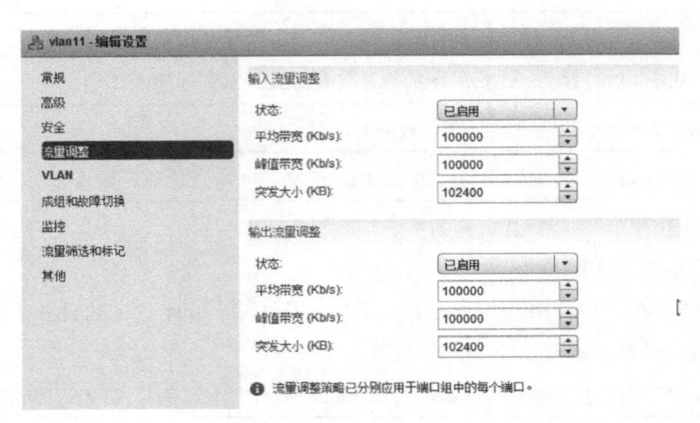

图 6-324　流量调整

表 6-7　流量调整介绍

设　置	描　述
状态	如果启用输入流量调整或输出流量调整，将为与该特定端口组关联的每个虚拟适配器设置网络连接带宽分配量的限制。如果禁用策略，则在默认情况下，服务将能够自由、顺畅地连接物理网络
平均带宽	规定某段时间内允许通过端口的平均每秒位数。这是允许的平均负载
带宽峰值	当端口发送和接收流量突发时，每秒钟允许通过该端口的最大位数。此数值是端口使用额外突发时所能使用的最大带宽
突发大小	突发中所允许的最大字节数。如果设置了此参数，则在端口没有使用为其分配的所有带宽时可能会获取额外的突发。当端口所需带宽大于平均带宽所指定的值时，如果有额外突发可用，则可能会临时以更高的速度传输数据。此参数为额外突发中可累积的最大字节数，使数据能以更高速度传输

（6）在“成组和故障切换”选项中，配置负载平衡、故障检测等项，如图 6-325 所示。各项具体配置如表 6-8 所示。

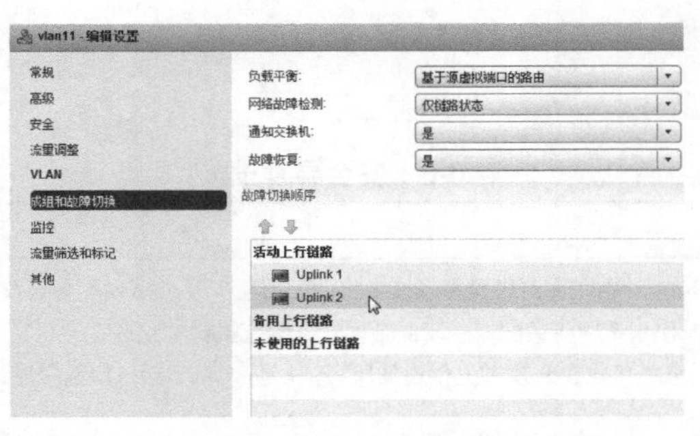

图 6-325　成组和故障切换

表 6-8　成组和故障切换设置

设　置	描　述
负载平衡	指定如何选择上行链路 基于源虚拟端口的路由。根据流量进入 Distributed Switch 所经过的虚拟端口选择上行链路 基于 IP 哈希的路由。根据每个数据包的源和目标 IP 地址哈希值选择上行链路。对于非 IP 数据包，偏移量中的任何值都将用于计算哈希值

续表

设　置	描　述
负载平衡	基于源 MAC 哈希的路由。根据源以太网哈希值选择上行链路。 基于物理网卡负载的路由。根据物理网卡的当前负载选择上行链路。 使用明确故障切换顺序。始终使用“活动适配器”列表中位于最前列的符合故障切换检测标准的上行链路。 注意，基于 IP 的绑定要求为物理交换机配置以太通道。对于所有其他选项，禁用以太通道
网络故障切换检测	指定用于故障切换检测的方法。 仅链路状态。仅依靠网络适配器提供的链路状态。该选项可检测故障（如拔掉线缆和物理交换机电源故障），但无法检测配置错误（如物理交换机端口受跨树阻止、配置到了错误的 VLAN 中或者拔掉了物理交换机另一端的线缆）。 信标探测。发出并侦听组中所有网卡上的信标探测，使用此信息并结合链路状态来确定链接故障。该选项可检测上述许多仅通过链路状态无法检测到的故障。 注意，不要使用包含 IP 哈希负载平衡的信标探测
通知交换机	选择是或否指定发生故障切换时是否通知交换机。如果选择是，则每当虚拟网卡连接到 Distributed Switch 或虚拟网卡的流量因故障切换事件而由网卡组中的其他物理网卡路由时，都将通过网络发送通知以更新物理交换机的查看表。几乎在所有情况下，为了使出现故障切换以及通过 vMotion 迁移时的延迟最短，最好使用此过程。 注意，当使用端口组的虚拟机正在以单播模式使用 Microsoft 网络负载平衡时，请勿使用此选项。以多播模式运行网络负载平衡时不存在此问题
故障恢复	选择是或否以禁用或启用故障恢复。 此选项确定物理适配器从故障恢复后如何返回到活动的任务。如果故障恢复设置为是（默认值），则适配器将在恢复后立即返回到活动任务，并取代接替其位置的备用适配器（如果有）。如果故障恢复设置为否，那么，即使发生故障的适配器已经恢复，它仍将保持非活动状态，直到当前处于活动状态的另一个适配器发生故障并要求替换为止
故障切换顺序	指定如何分布上行链路的工作负载。要使用一部分上行链路，保留另一部分来应对使用的上行链路发生故障时的紧急情况，请通过将它们移到不同的组来设置此条件： 活动上行链路。当网络适配器连接正常且处于活动状态时，继续使用此上行链路。 备用上行链路。如果其中一个活动适配器的连接中断，则使用此上行链路。 未使用的上行链路。不使用此上行链路。 注意，当使用 IP 哈希负载平衡时，不要配置待机上行链路

（7）在监控部分中，启用或禁用 NetFlow，可以在 vSphere Distributed Switch 级别配置 NetFlow 设置。如图 6-326 所示。

（8）在“流量筛选和标记”选项中，配置网络流量规则，如图 6-327 所示。在分布式端口组级别或上行链路端口组级别设置流量规则，从而引入对通过虚拟机、VMkernel 适配器或物理适配器的流量访问的筛选和优先级标记功能。

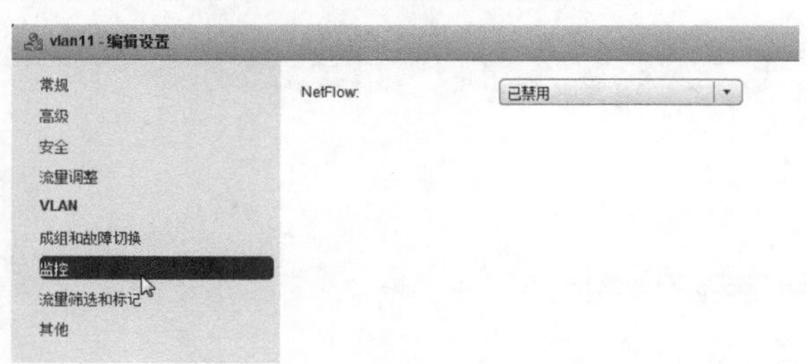

图 6-326　监控

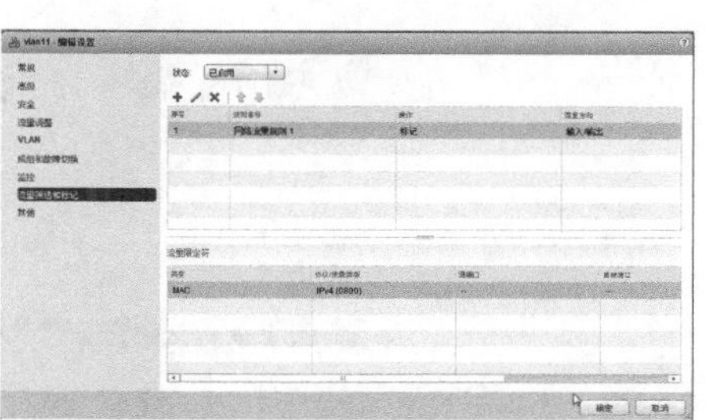

图 6-327　流量筛选和标记

【说明】在 vSphere Distributed Switch 5.5 及更高版本中，通过使用流量筛选和标记策略，您可以避免虚拟网络进入有害的流量和遭受安全攻击，或将 QoS 标记应用于某种类型的流量。

流量筛选和标记策略表示一组有序的网络流量规则，用于对通过 Distributed Switch 端口的数据流实施安全保护和应用 QoS 标记。一般而言，规则包括流量限定符以及限制或设置匹配流量优先级的操作。

vSphere Distributed Switch 将规则应用于数据流中不同位置的流量。Distributed Switch 将流量筛选规则应用于虚拟机网络适配器与分布式端口之间的数据路径，或将上行链路规则应用于上行链路端口与物理网络适配器之间的数据路径。

（9）在“其他”选项中，配置是否阻止所有端口，默认为“否”，如果选择“是”将关闭端口组中的所有端口，这会中断正在使用这些端口中的主机或虚拟机的正常网络操作，如图 6-328 所示。

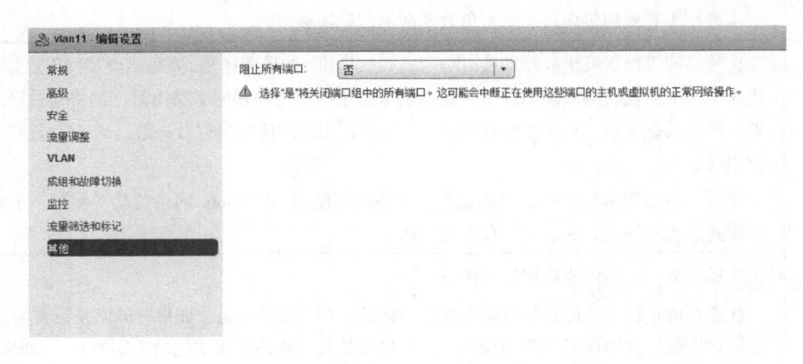

图 6-328　其他

6.7.9　迁移 VMkernel 端口组及物理网卡到分布式交换机

在前面的内容中，为了添加分布式交换机，是先删除了标准交换机，再用删除之后空闲的物理网卡创建分布式交换机。实际上，是可以直接将正在使用的标准交换机迁移到分布式交换机的。在本节内容中，我们将把每台 ESXi 安装时默认创建的标准交换机迁移到分布式交换机，迁移之后的网络如图 6-329 所示。

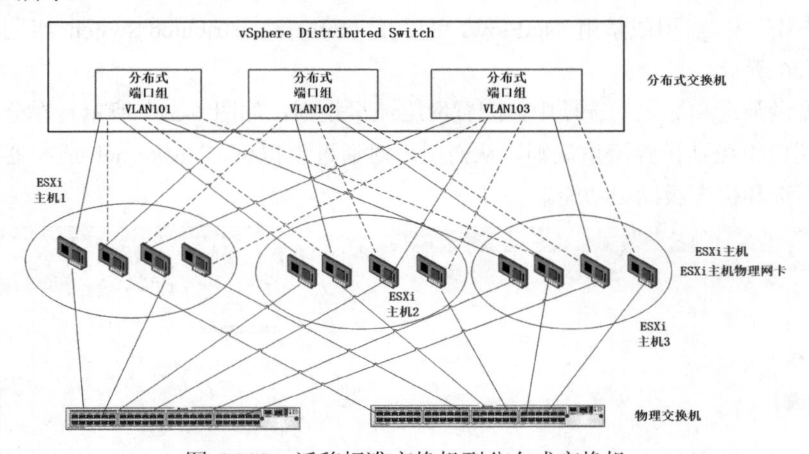

图 6-329　迁移标准交换机到分布式交换机

截止到现在，我们当前的实验环境（3 台 ESXi 主机、每台主机有 4 块网卡），现在有一个分布式交换机（名称为 DSwitch（使用每个主机的第 3、第 4 个网卡，网卡名称为 vmnic2、vmnic3），另外每个主机还有一个标准交换机，标准交换机名称为 vSwitch0。其中在 VDS 交换机 DSwitch 上有两个端口组分别为 vlan10 及 vlan11，在每个主机的 VSS 交换机 vSwitch0 有一个端口组（名称为 VM Network）及一个用于管理的 VMkernel 端口组（称为 Management Network），该标准交换机使用每个主机的第 1、第 2 块网卡（名称为 vmnic0、vmnic1），如图 6-330 所示。

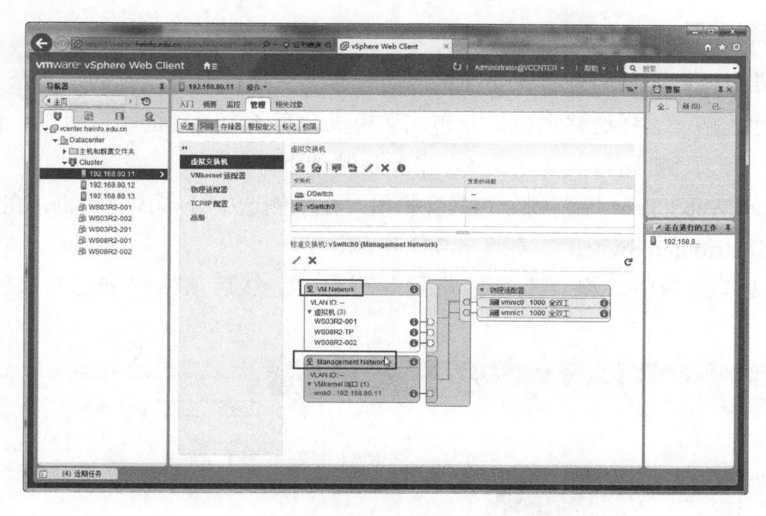

图 6-330　标准交换机端口组及物理适配器

在本节的操作中，将把每台 ESXi 主机的标准交换机 vSwitch0 迁移到分布式交换机 DSwitch，在迁移的过程中，需要将标准交换机的端口组及对应的物理网卡一一对应迁移，即：

（1）因为分布式交换机 DSwitch 只有 2 个上行链路（对应 vmnic2、vmnic3），在迁移之后，有 4 个上行链路（新增 2 个上行链路，对应 vmnic0、vmnic1）。

（2）对于原来分布式交换机的两个端口组 vlan10、vlan11，需要修改“成组和故障切换”顺序，只绑定主机第 3、第 4 网卡。因为在添加上行链路后，默认成组顺序是 4 个网卡，但这 4 个网卡属于不同的 access 端口组（即属于不同的网络，两个属于 192.168.80.0 网段、两个属于 192.168.10.0 网段）。

（3）在分布式交换机上添加两个分布式端口组，这两个端口组用来代替原来标准交换机 vSwitch0 的“VM Network”端口组及 VMkernel 端口组（名称为 Management Network），同时这两个端口组只绑定主机第 1、第 2 网卡，对应 vmnic0、vmnic1）。其中端口组 vlan80 代替原来的 VM Network，VMkernel-Manager 对应 Management Network。

【说明】在此创建名为 VMkernel-Manager 是为了强调用于管理 ESXi 主机的 VMkernel 组绑定在此，实际上，在此处 VMkernel-Manager 与 vlan80 只是属于不同的显示名称。无论是名称 vlan80 还是 VMkernel-Manager 都可以分配给虚拟机使用，但一般情况下，看到标记为 manager 之类的端口组，一般知道是用于管理的，所以在实际中不会将类似这样名称的端口组分配给虚拟机使用，而是将类似 vlanxx 之类的端口组分配给虚拟机使用。

（4）在迁移的过程中，因为有一些虚拟机正在使用标准交换机，为了不造成网络中断，在将标准交换机迁移到分布式交换机的时候，先迁移其中一个物理网卡，之后再迁移另一个物理网卡，这样可以保证网络的持续连通。

（5）迁移之后，对于原来使用标准交换机、但没有启动（即没有打开电源）的虚拟机，迁移这些虚拟机的网络到对应的分布式交换机的端口（即原来使用 VM Network 的网络使用 vlan80）。

下面我们分步骤一一介绍。

1. 修改上行链路数

因为要将标准交换机迁移到分布式交换机，而分布式交换机原来设置的是 2 个上行链路，标准交换机是 2 个上行链路，这样迁移之后，分布式交换机会有 4 个上行链路，所以，你需要修改分布式虚拟机的设置，将上行链路数从 2 改为 4，主要步骤如下。

（1）在 vSphere Web Client 导航到分布式交换机，在左侧选中分布式交换机，在“入门”选项卡中单击“管理此 Distributed Switch”，如图 6-331 所示。

（2）在“常规”选项中，将“上行链路数”改为 4，然后单击“确定”按钮，如图 6-332 所示。

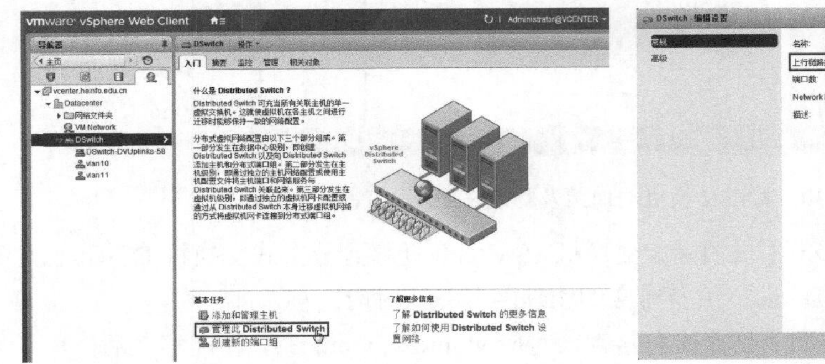

图 6-331 管理此 VDS

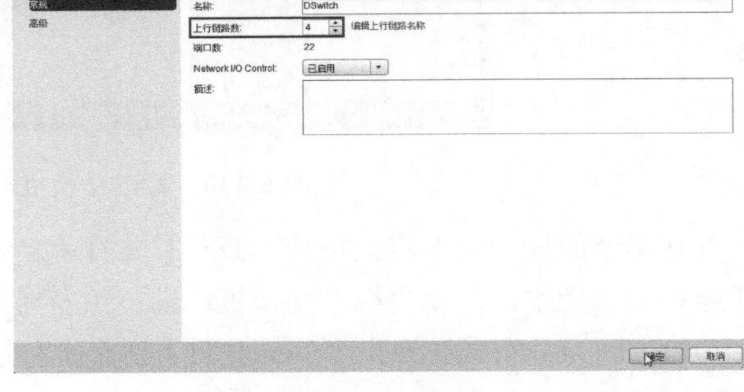

图 6-332 常规

返回到 vSphere Web Client 界面，在“管理→端口”选项卡中可以看到，名称为 Uplink1 及 Uplink2 的上行链路分别绑定到主机 vmnic2 及 vmnic3 网卡，如图 6-333 所示。

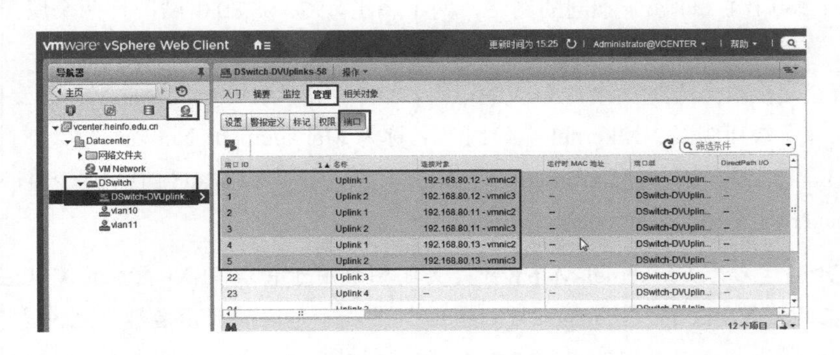

图 6-333 端口

而名称为 Uplink3 及 Uplink4 的上行链路目前还没有绑定主机网卡，如图 6-334 所示。

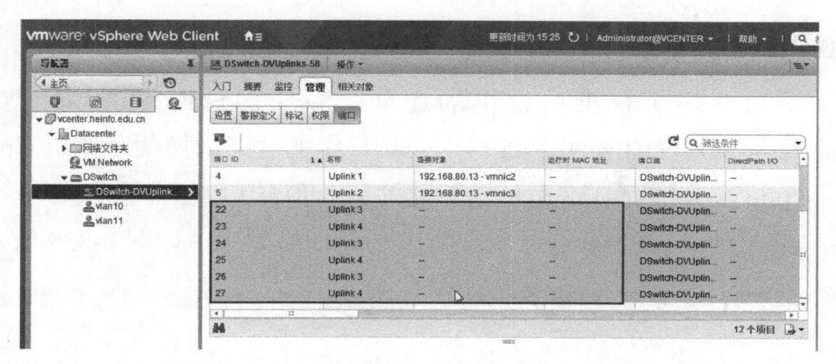

图 6-334　新添加的上行链路没有绑定网卡

2．修改原有分布式端口绑定的上行链路

在添加了新的上行链路之后，在新添加的上行链路没有绑定到物理网卡之前，修改原来分布式交换机端口组，将其绑定为原来的上行链路，主要步骤如下。

（1）在 vSphere Web Client 导航到分布式交换机配置页，在左侧选中一个端口组，例如 vlan10，在中间窗格的“入门”选项卡中单击“编辑分布式端口组设置”链接，如图 6-335 所示。

（2）在“成组和故障切换”选项中，在“故障切换顺序”中，选中 Uplink3 及 Uplink4，单击“↓”按钮，将其移动到“未使用的上行链路”组，如图 6-336 所示，然后单击“确定”完成设置。

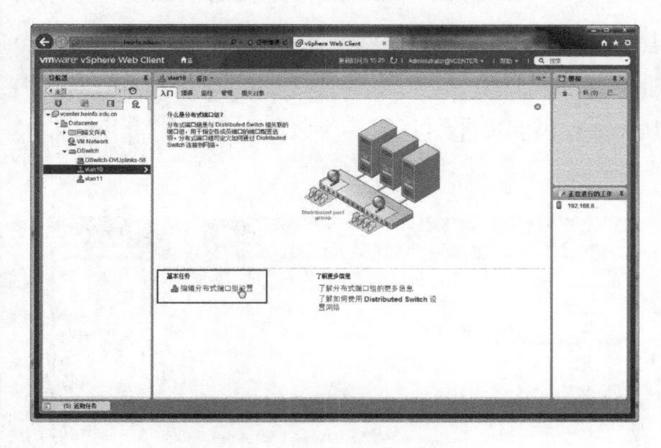

图 6-335　编辑端口组设置

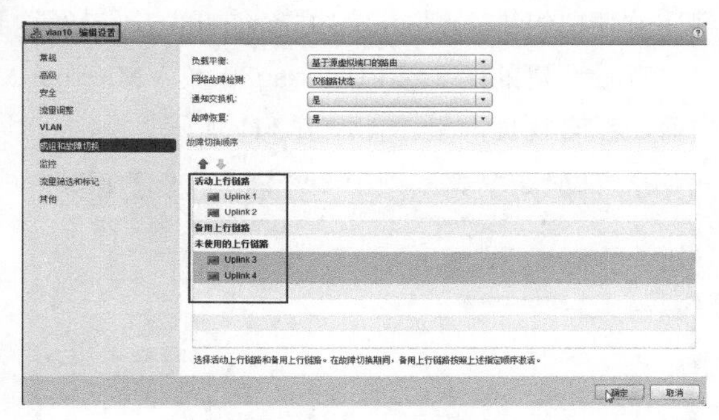

图 6-336　故障切换顺序

对于该交换机上的其他端口组，也要进行同样的设置，如图 6-337 所示。

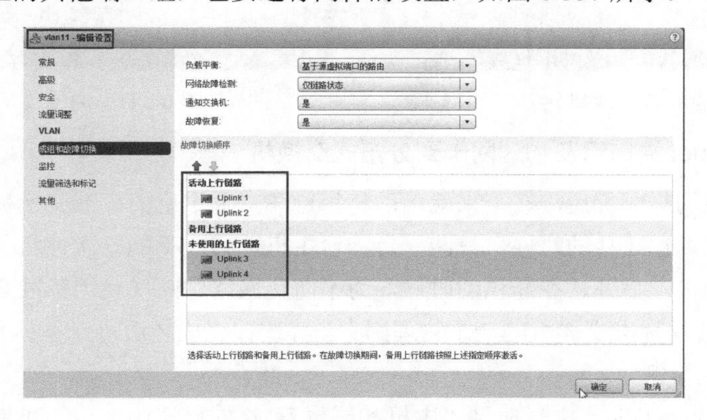

图 6-337　vlan11 的故障切换

3. 新建分布式端口组并修改故障切换顺序

之后新建两个端口组用于标准交换机的迁移，新建的这两个端口组名称为 vlan80 及 VMkernel-Manager（原来规划好的），并修改这两个端口组的故障切换顺序使用 Uplink3 及 Uplink4，而不使用 Uplink1、Uplin2，如图 6-338 所示是新建的 vlan80 端口组的设置页。

对于另一个端口组 VMkernel-Manager 也要修改故障切换顺序，如图 6-339 所示。

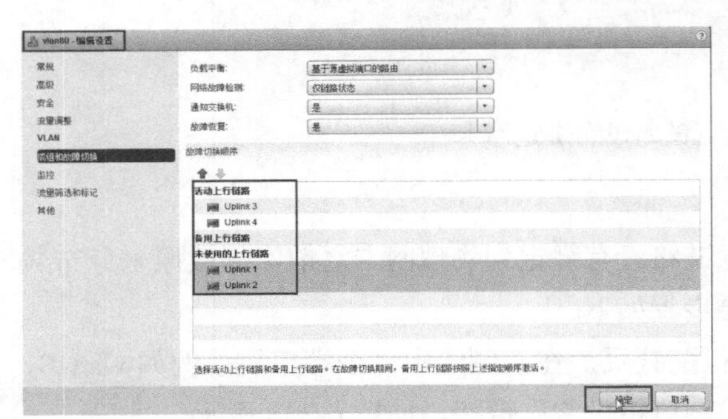

图 6-338　vlan80 的故障切换

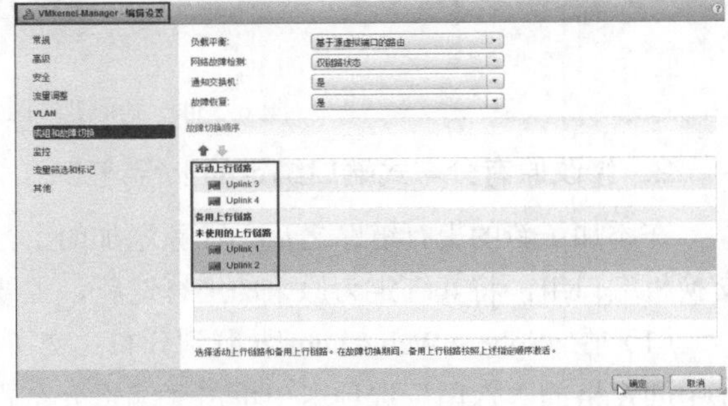

图 6-339　VMkernel-Manager 的故障切换顺序

最后，在导航器中选择主机，在“管理→网络”选项卡中，选择分布式交换机 DSwitch，在“概览”中查看每个端口组与上行链路的绑定关系，如图 6-340 所示，这是 vlan11 的绑定视图，可以看到当前端口组绑定到 Uplink1 及 Uplink2，已经达到规划的目的。

查看新建的两个端口组 vlan80 及 VMkernel-Manager，可以看到其绑定到 Uplink3 及 Uplink4，当前还没有物理网卡，如图 6-341 所示。

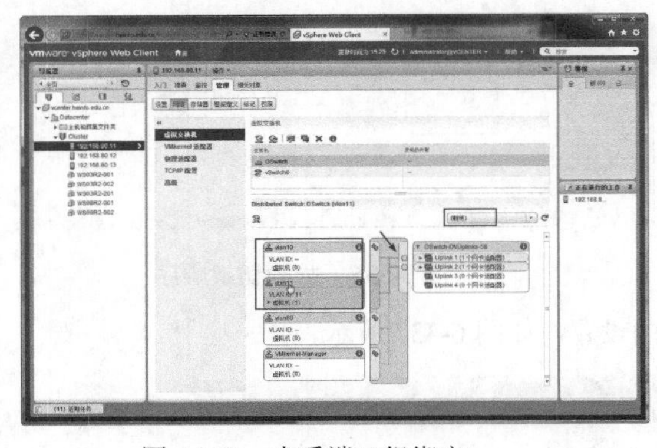

图 6-340　查看端口组绑定

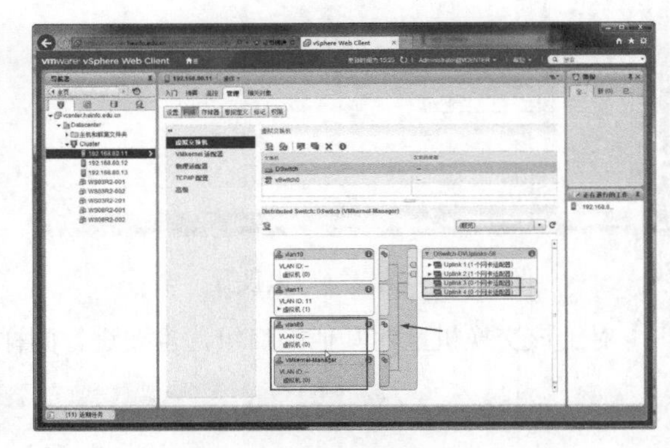

图 6-341　查看端口组绑定

4. 迁移 VMkernel 端口组及物理网卡到分布式交换机

在做好上面的规划与配置后，接下来就可以将每台 ESXi 主机的标准交换机及对应的物理网卡迁移到分布式交换机，在迁移的时候，只能一台一台主机迁移，不能一次性将所有主机的标准交换机迁移到分布式交换机，另外，在迁移的时候，为了防止网络中断（使用标准交换机的、正在运行的虚拟机网络），先迁移标准交换机的一个物理网卡，等迁移完成之后再迁移另一块。下面我们以迁移 192.168.80.11 主机为例。

（1）在 vSphere Web Client 中导航到“主机和群集”，在左侧选中一台主机例如 192.168.80.11，在“管理→网络”选项卡中，在“虚拟交换机”选项中选择分布式交换机 DSwitch，单击“![icon]”链接，将物理网络适配器或虚拟网络适配器迁移到此分布式交换机，如图 6-342 所示。

（2）在“选择网络适配器任务”选项中，选中“管理物理适配器”、“管理 VMkernel 适配器”、“迁移虚拟机网络”等项，如图 6-343 所示。在以后的操作中，可以根据实际的需要，选择其中的一项或多项。

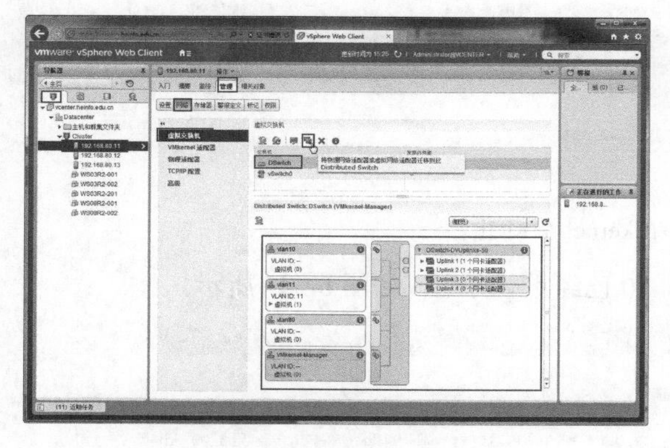

图 6-342　迁移物理或虚拟网卡

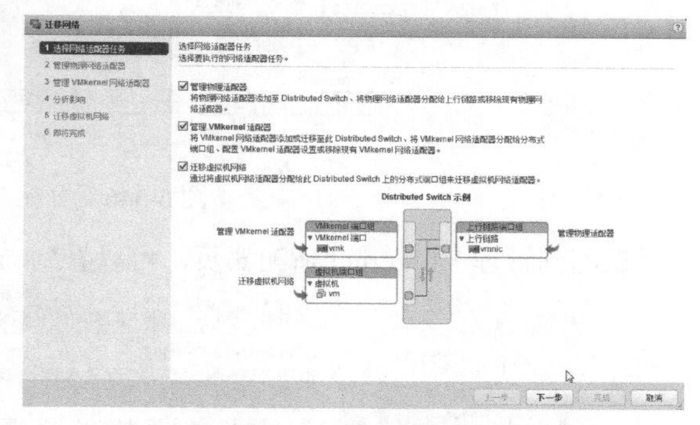

图 6-343　选择网络适配器任务

（3）在“管理物理网络适配器”选项组中，选中要迁移的物理网卡，在此先选择其中一块，例如 vmnic0 网卡，然后单击“分配上行链路”链接，在弹出的对话框选择 Uplink3 或 Uplink4，之后单击“确定”按钮，如图 6-344 所示。

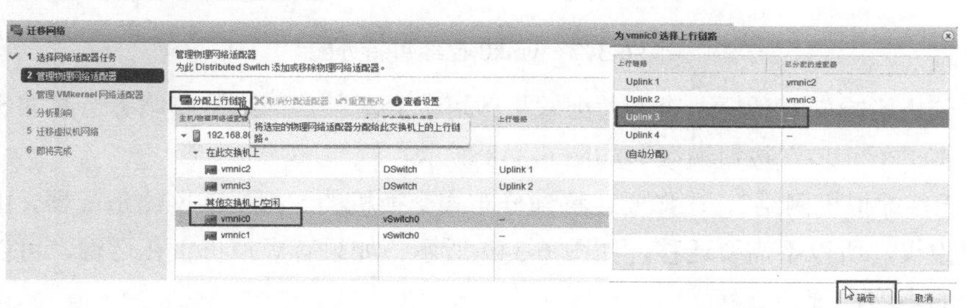

图 6-344　分配上行链路

对于剩下的一个网卡，在此可以一同分配给另一个上行链路，但在实际的生产环境中，一般是一个一个的迁移，所以在此我们遵循这个原则，先迁移 vmnic0 网卡，而 vmnic1 仍然保存在标准交换机 vSwitch0，如图 6-345 所示。

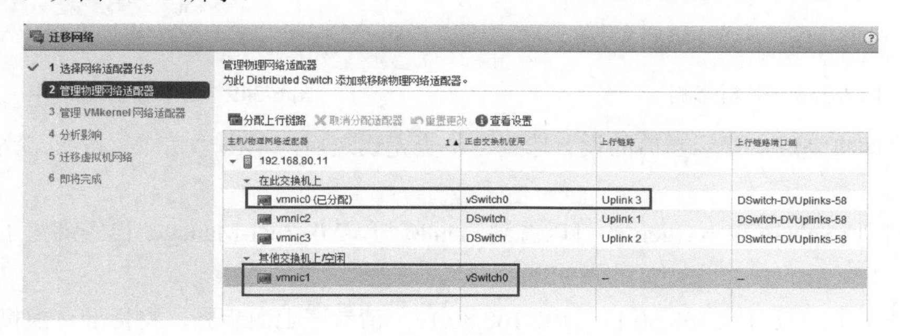

图 6-345　管理物理适配器

（4）在“管理 VMkernel 网络适配器”对话框，选中 vmk0 端口组，单击“分配端口组”，在弹出的对话框中，为其选择名为 VMkernel-Manager 的端口组，这是提前规划好的设置，如图 6-346 所示。

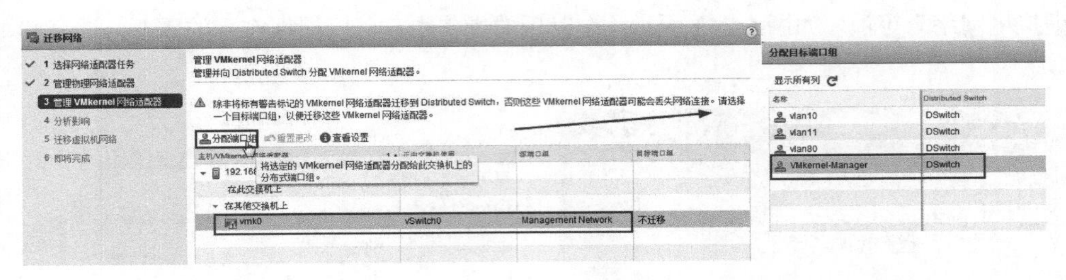

图 6-346　分配 VMkernel 端口组

返回到管理 VMkernel 适配器页，可以看到 vmk0 已经重新分配，如图 6-347 所示。

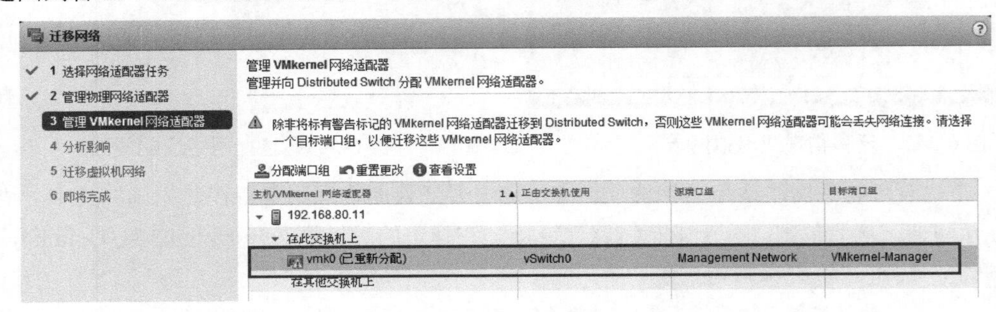

图 6-347　vmk0 已经重新分配

（5）在“分析影响”对话框，查看此配置更改可能会对某些网络从属服务造成的影响，当前显示无影响，单击“下一步”按钮继续，如图 6-348 所示。

（6）在“迁移虚拟机网络”，选择要迁移到分布式交换机的虚拟机或网络适配器，由于当前没有正在运行的虚拟机，所以不需要迁移，如图 6-349 所示。如果有虚拟机正在运行，可以一同迁移，也可以在稍后的步骤，统一迁移。

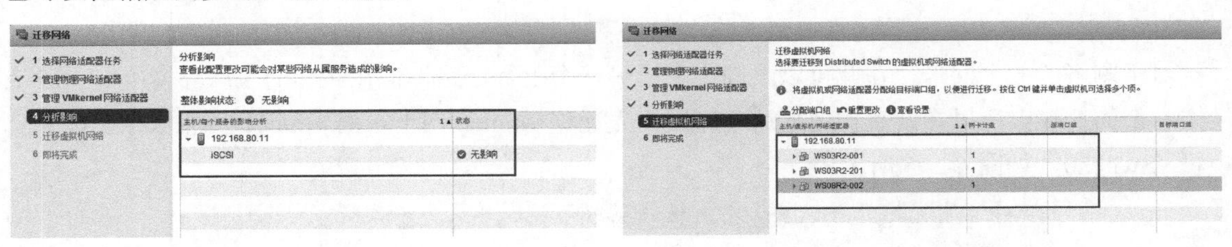

图 6-348　分析影响　　　图 6-349　迁移虚拟机网络

（7）在“即将完成”显示当前的设置选择，检查无误之后，单击“完成”按钮，完成迁移，如图 6-350 所示。

（8）返回到 vSphere Web Client，可以看到 vlan80 与 VMkernel-Manager 已经绑定了一个物理网卡，如图 6-351 所示。

对于另外两个主机 192.168.80.11、192.168.80.12，请参照上面步骤，将标准交换机迁移到分布式交换机，并只迁移一个物理网卡。

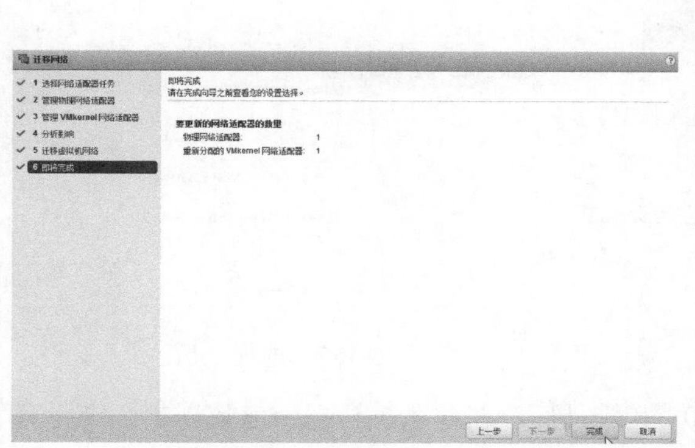

图 6-350　即将完成

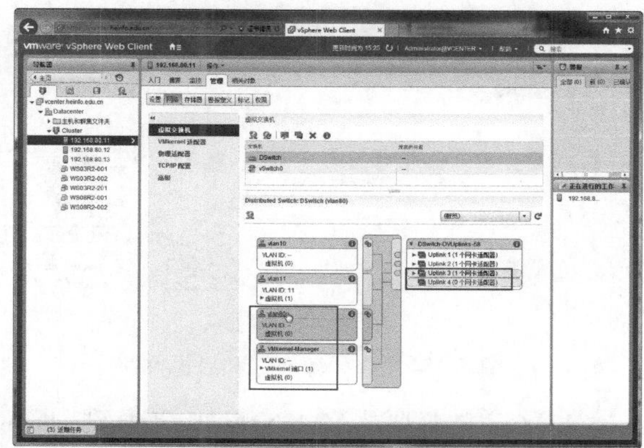

图 6-351　端口组已绑定一个物理网卡

5．将虚拟机迁移到其他网络

除了在单个虚拟机级别将虚拟机连接到 Distributed Switch 以外，还可以在 vSphere Distributed Switch 网络和 vSphere 标准交换机网络之间迁移一组虚拟机。在下面的操作中，将把现有数据中心中使用原来标准交换机中 VM Network 端口组的虚拟机网络，迁移到分布式交换机对应的端口组 vlan80，步骤如下。

（1）在 vSphere Web Client 中，导航到“主机和群集”，可以看到当前网络中有一些虚拟机，如图 6-352 所示，这些虚拟机有的使用“VM Network”，有的使用其他端口。

（2）在 vSphere Web Client 中，导航到数据中心，在导航器中右键单击数据中心，然后选择“将虚拟机迁移到其他网络”，如图 6-353 所示。

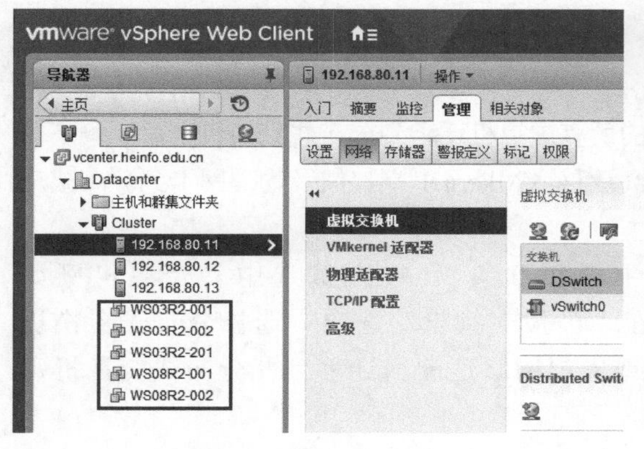

图 6-352　查看当前主机上的虚拟机

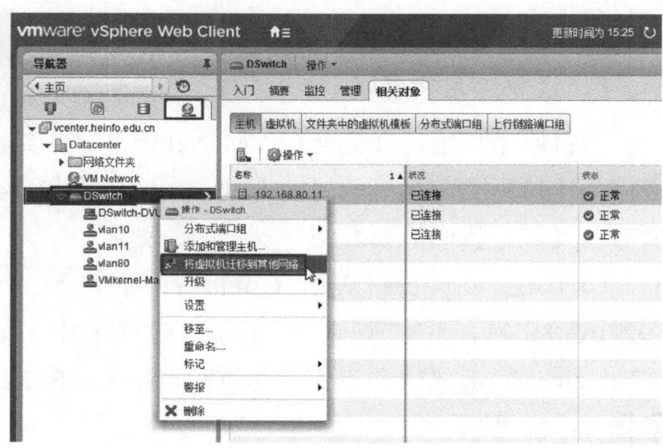

图 6-353　将虚拟机迁移到其他网络

（3）在“选择源网络和目标网络”选项中，选择源网络和目标网络以进行虚拟网络适配器的迁移，在本示例中，源网络选择原来标准交换机上的“VM Network”，目标网络选择分布式交换机上的 vlan80，这两个网络连接到相同网络属性的物理网卡（在实际的生产环境中，都连接到同一 access，或者连接到 Trunk 端口但这两个端口都分配了相同的 vlan id）。你可以单击“浏览”按钮进行选择，如图 6-354 所示。

选择之后如图 6-355 所示。

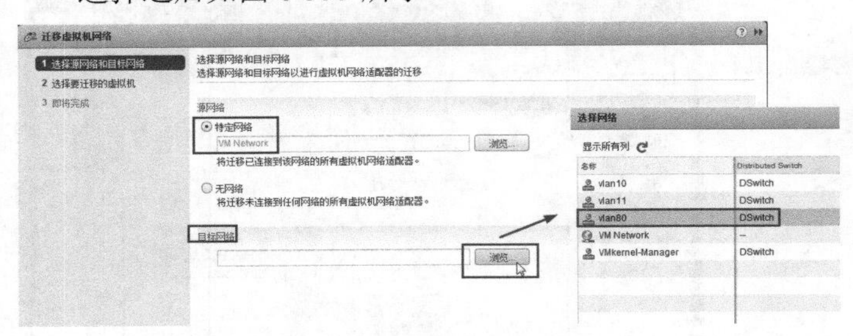

图 6-354　选择源网络和目标网络

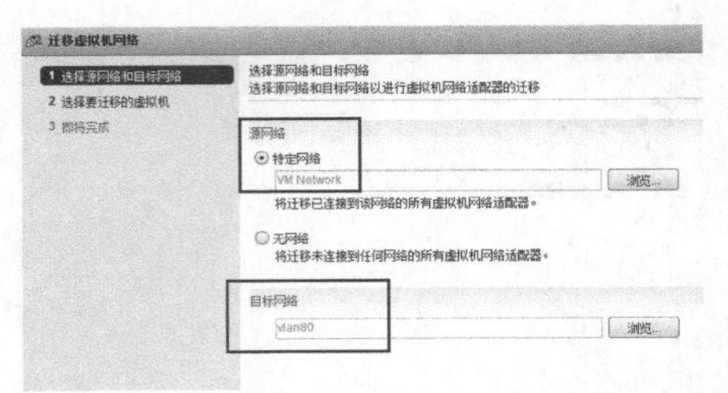

图 6-355　选择之后

（4）在“选择要从 VM Network 迁移到 vlan80 的虚拟机”，在此系统会把当前数据中心中所有使用 VM Network 网络的虚拟机全部列出来，你可以根据需要选择迁移，如图 6-356 所示，一般是“选择所有虚拟机”。

（5）在“即将完成”选项中，显示当前的设置选择，检查无误之后，单击“完成”按钮，完成设置，如图 6-357 所示。

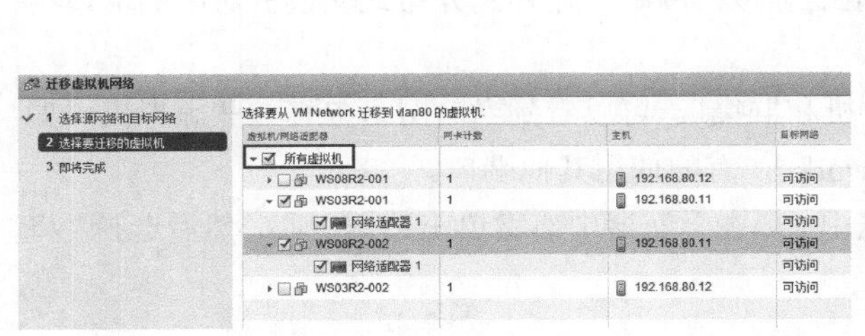

图 6-356　选择要迁移的虚拟机

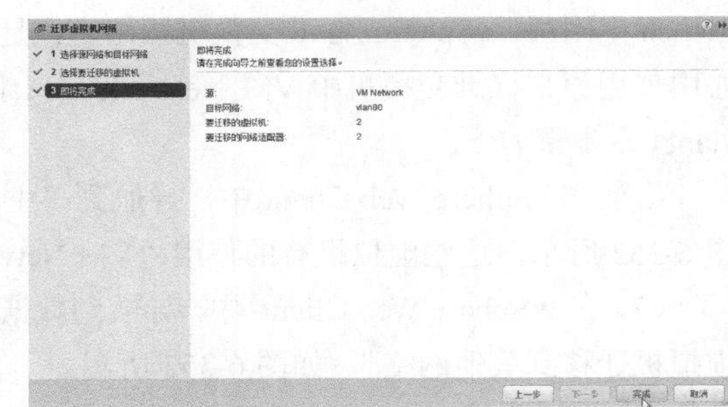

图 6-357　即将完成

6. 迁移剩余物理网卡

当将原来使用标准交换机 VM Network 端口组的所有虚拟机迁移到分布式交换机之后，剩下的操作是迁移标准交换机的另一个网卡，此操作与“4 迁移 VMkernel 端口组及物理网卡到分布式交换机”类似，我们简要介绍一下。

（1）在 vSphere Web Client 中导航到“主机和群集”，在左侧选中一台主机例如 192.168.80.11，在“管理→网络”选项卡中，在“虚拟交换机”选项中选择分布式交换机 DSwitch，单击“ ”链接，将物理网络适配器或虚拟网络适配器迁移到此分布式交换机，如图 6-358 所示。

（2）在“选择网络适配器任务”选项中，选择“管理物理适配器”，如图 6-359 所示，其他则不需要选择，因为 VMkernel 适配器及虚拟机网络已经完成迁移。

（3）在“管理物理网络适配器”选项中，将 vmnic1 分配给 Uplink4 上行链路，如图 6-360 所示。之后根据提示完成操作。

（4）迁移完成后，单击 DSwitch，查看交换机的“概览”，可以看到主机 4 块网卡已经分别连接到分布式交换机的 4 个上行链路，如图 6-361 所示。

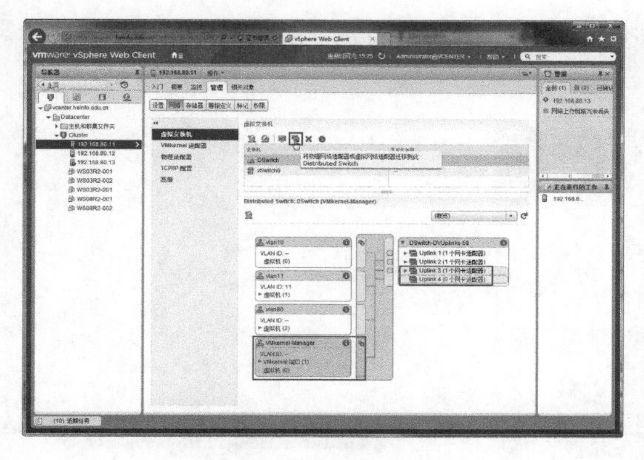

图 6-358　迁移物理网卡

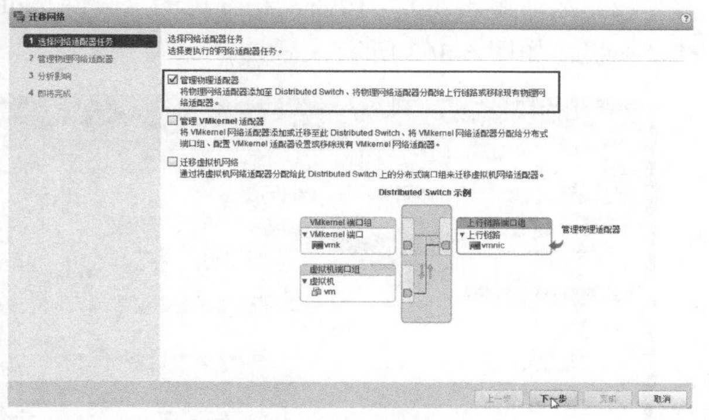

图 6-359　管理物理适配器

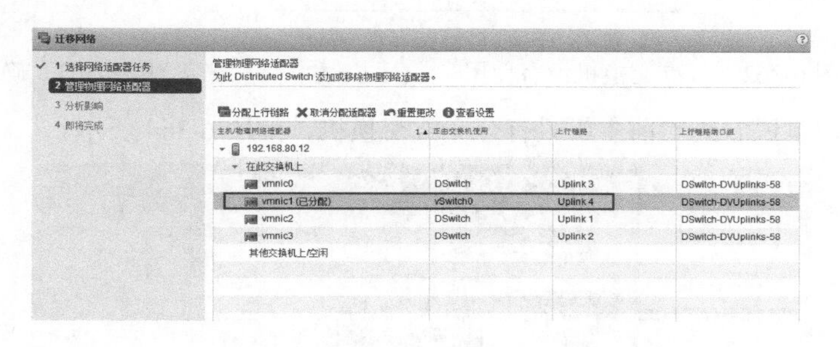

图 6-360　管理物理网络适配器

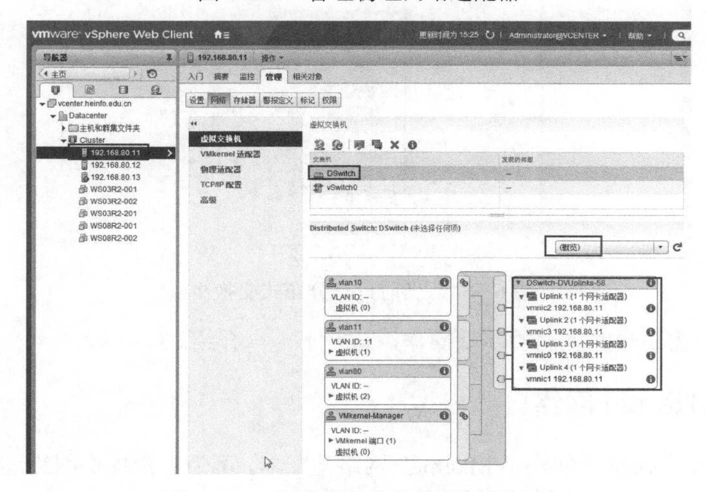

图 6-361　查看分布式交换机网络视图

另外两台主机也需要参照上面的步骤进行，这些不一一介绍。

7. 删除标准交换机

在将标准交换机的端口组及物理网卡迁移到分布式交换机之后，可以删除标准交换机。

（1）在 vSphere Web Client 中，导航到主机，在“管理→网络→虚拟交换机”选项中，单击要删除的标准交换机，在视图中可以看到当前交换机只有一个名为 VM Network 的端口组，没有物理网络适配器，当前交换机也没有连接虚拟机，如图 6-362 所示。

（2）之后单击“X”按钮，在弹出的“移除标准交换机”对话框中单击“是”按钮，删除该标准交换机，如图 6-363 所示。

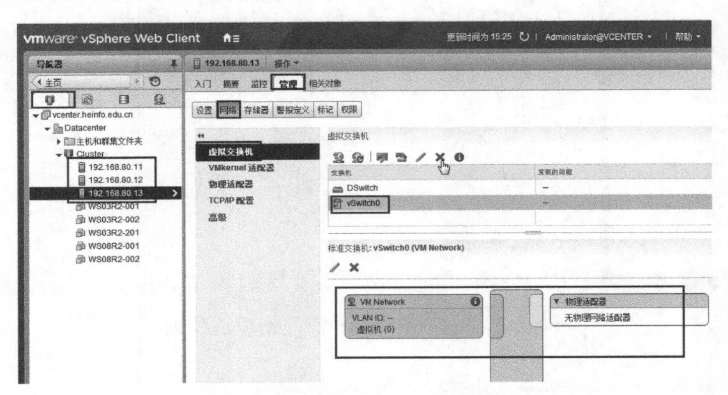

图 6-362　标准交换机没有使用

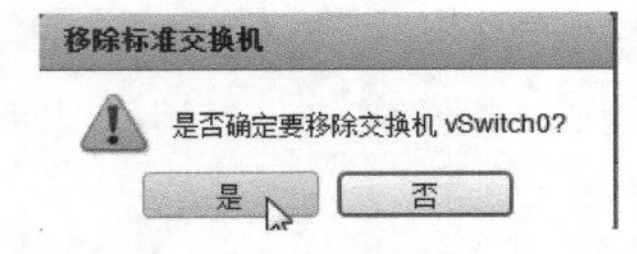

图 6-363　确认删除标准交换机

（3）删除之后，可以看到当前主机只有分布式交换机，如图 6-364 所示。

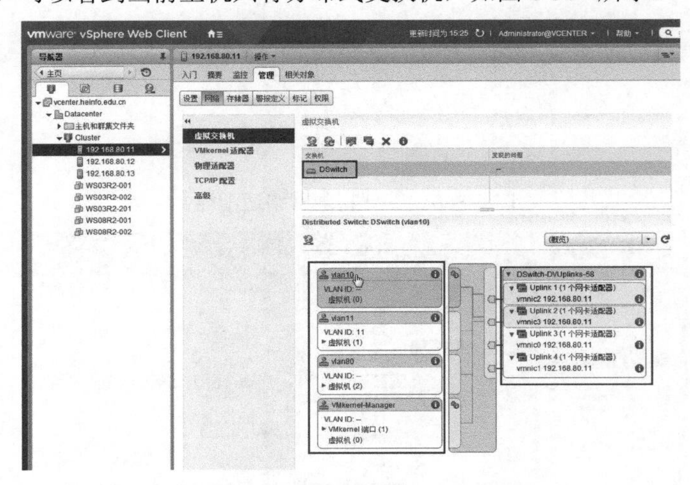

图 6-364　当前只有分布式交换机

其他两台主机也需要参照上面的步骤操作，这些不一一介绍。

6.7.10　设置 VMkernel 网络

在 vSphere 标准交换机上创建 VMkernel 网络适配器，可为主机提供网络连接并处理 vSphere vMotion、IP 存储器、Fault Tolerance 日志记录、Virtual SAN 等服务的系统流量。您还可以在源和目标 vSphere Replication 主机上创建 VMkernel 适配器，以隔离复制数据流量。在 vSphere 网络规划中，应该将 VMkernel 适配器专用于一种流量类型，或者将流量较少的类型进行合并，使用某个 VMkernel 适配器。另外，有些 VMkernel 流量未经加密，应该为 VMkernel 流量规划单独的 VLAN。

有些 VMkernel 流量在极端情况下会占用大量带宽甚至占用所有带宽，应该为这些流量使用单独的物理网卡。例如 VMotion 流量的特性是“爆发性的”，在对虚拟机进行实时迁移时会尝试占用一个网卡端口上所有的可用带宽，如果这个网卡上还有其他的 VMkernel 端口（用于其他流量），则会受到影响。如果不能为 VMotion 或需要较高优先级的流量（例如 VSAN）分配单独的网卡，则可以使用下一节的 NIOC（vSphere Network I/O Control）介绍的“份额”进行限制。

在 vSphere 网络中，VMkernel 端口处理的流量如表 6-9 所示。

表 6-9　VMkernel 适配器处理的流量列表

流量名称	描　述
管理流量	承载着 ESXi 主机和 vCenter Server 以及主机对主机 High Availability 流量的配置和管理通信。默认情况下，在安装 ESXi 软件时，会在主机上为管理流量创建 vSphere 标准交换机以及 VMkernel 适配器。为提供冗余，可以将两个或更多个物理网卡连接到 VMkernel 适配器以进行流量管理
VMotion 流量	容纳 vMotion。源主机和目标主机上都需要一个用于 vMotion 的 VMkernel 适配器。用于 vMotion 的 VMkernel 适配器应仅处理 vMotion 流量。为了实现更好的性能，可以配置多网卡 vMotion。要拥有多网卡 vMotion，可将两个或更多端口组专用于 vMotion 流量，每个端口组必须分别具有一个与其关联的 vMotion VMkernel 适配器。然后可以将一个或多个物理网卡连接到每个端口组。这样，有多个物理网卡用于 vMotion，从而可以增加带宽。 注意，vMotion 网络流量未加密。应置备安全专用网络，仅供 vMotion 使用
置备流量	处理虚拟机冷迁移、克隆和快照生成传输的数据
IP 存储器流量和发现	处理使用标准 TCP/IP 网络和取决于 VMkernel 网络的存储器类型的连接。此类存储器类型包括软件 iSCSI、从属硬件 iSCSI 和 NFS。如果 iSCSI 具有两个或多个物理网卡，则可以配置 iSCSI 多路径。ESXi 主机仅支持 TCP/IP 上的 NFS 版本 3。要配置软件 FCoE（以太网光纤通道）适配器，必须拥有专用的 VMkernel 适配器。软件 FCoE 使用 Cisco 发现协议 (CDP) VMkernel 模块通过数据中心桥接交换 (DCBX) 协议传递配置信息
Fault Tolerance 日志记录	处理主容错虚拟机通过 VMkernel 网络层向辅助容错虚拟机发送的数据。vSphere HA 群集中的每台主机上都需要用于 Fault Tolerance 日志记录的单独 VMkernel 适配器
vSphere Replication 流量	处理源 ESXi 主机传输至 vSphere Replication 服务器的出站复制数据。在源站点上使用一个专用的 VMkernel 适配器，以隔离出站复制流量
vSphere ReplicationNFC 流量	处理目标复制站点上的入站复制数据
Virtual SAN 流量	加入 Virtual SAN 群集的每台主机都必须有用于处理 Virtual SAN 流量的 VMkernel 适配器

在我们当前的实验环境中，目前 3 台 ESXi 主机（每个主机 4 块物理网卡）创建了一个分布式交换机，有 4 个端口组，在其中一个端口组 VMkernel-Manager 上有一个 VMkernel 端口组，该端口组处理管理流量（用于 ESXi 主机的管理）。在实际的生产环境中，还需要至少再配置一个 VMkernel 端口，用于处理 VMotion 流量。而对于其他的流量，例如“置备流量”，可以与“管理流量”使用同一个 VMkernel 端口，也可以与 VMotion 流量使用同一个端口组，或者也可以再创建第三个端口组，用于处理置备流量。在实际中，要看怎么规划。如果要使用 VSAN，那一定要为 VSAN 单独配置一个 VMkernel 端口，另外强烈建议为 VSAN 使用 10Gbps 网卡。

在下面的操作中，将会进行如下的演示：

- 在 vlan10 端口添加 VMkernel 端口组，该端口组处理 VMotion 等流量。
- 在 vlan11 端口添加 VMkernel 端口组，该端口组处理 VSAN 流量。

1. 添加 VMkernel 端口组用于 VMotion 流量

在本节中，将在 vlan10 端口组添加 VMkernel 端口，并分配该端口处理 VMotion 流量。需要注意，你应该在每一个主机上添加端口组，并且处理相同流量 VMkernel 使用相同的端口组。下面以在 192.168.10.11 的主机为例进行介绍，另外两个主机也要进行相同的配置。

（1）在 vSphere Web Client 中，导航到主机，例如 192.168.10.11，在“管理”选项卡单击“网络”，然后选择“ VMkernel 适配器”，单击“ ”添加主机网络，如图 6-365 所示。

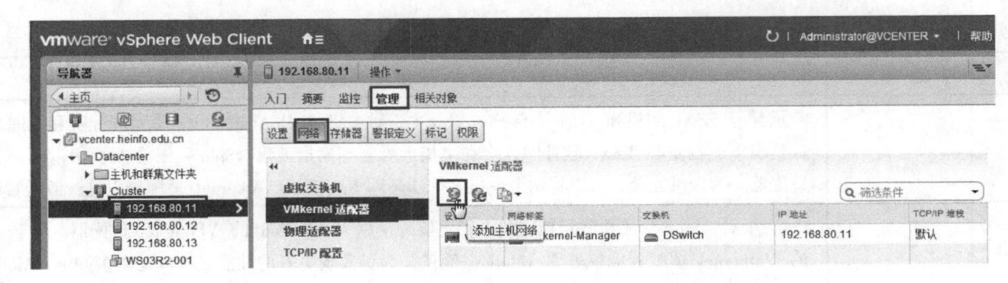

图 6-365　添加主机网络

（2）在“选择连接类型”页面上，选择“VMkernel 网络适配器”，如图 6-366 所示。

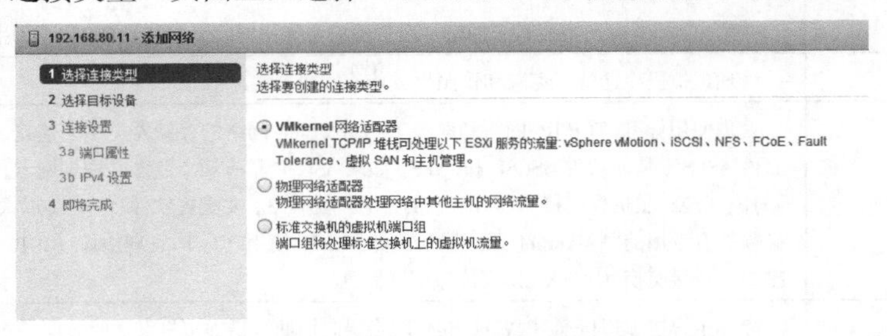

图 6-366　选择连接类型

（3）在“选择目标设备”页面上，选择“选择现有网络”，在弹出的“选择网络”对话框中，选择一个端口组在此选择 vlan10，如图 6-367 所示。

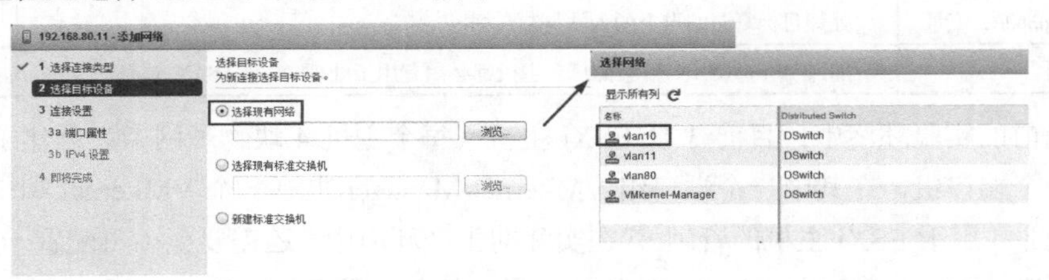

图 6-367　选择现有网络

（4）在“端口属性”页面上，配置 VMkernel 适配器的设置，如图 6-368 所示。在此选择 VMotion、置备流量及 Fault Tolerance 日志记录。端口属性设置如表 6-10 所示。

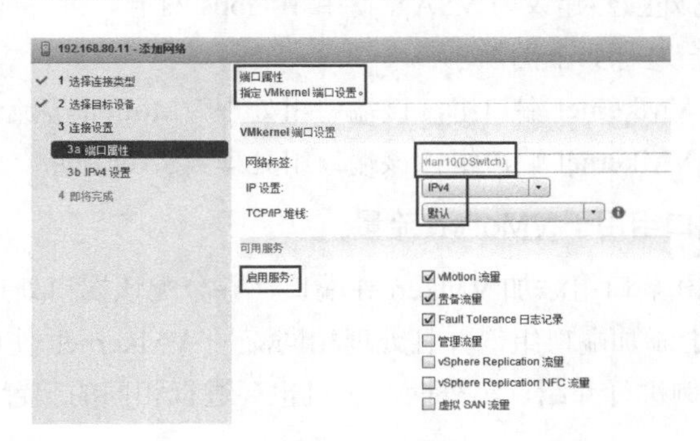

图 6-368　端口属性

表 6-10　端口属性设置

选　项	描　述
IP 设置	选择 IPv4、IPv6 或同时选择两者。 注意，在未启用 IPv6 的主机上，IPv6 选项不会显示
TCP/IP 堆栈	在列表中选择一个 TCP/IP 堆栈。为 VMkernel 适配器设置 TCP/IP 堆栈后，以后便无法再更改该堆栈。如果选择 vMotion 或置备 TCP/IP 堆栈，您将只能使用此堆栈来处理主机上的 vMotion 或置备流量。默认 TCP/IP 堆栈上所有适用于 vMotion 的 VMkernel 适配器将被禁止用于未来的 vMotion 会话。如果使用置备 TCP/IP 堆栈，将对包括置备流量的操作（如虚拟机冷迁移、克隆和快照生成）禁用默认 TCP/IP 堆栈上的 VMkernel 适配器
启用服务	可以为主机上的默认 TCP/IP 堆栈启用服务。请从以下可用服务中选择： vMotion 流量。允许 VMkernel 适配器向另一台主机发出声明，自己就是发送 vMotion 流量所应使用的网络连接。如果默认 TCP/IP 堆栈上的任何 VMkernel 适配器均未启用 vMotion 服务，或任何适配器均未使用 vMotion TCP/IP 堆栈，则无法使用 vMotion 迁移到所选主机。 置备流量。处理为用于虚拟机冷迁移、克隆和快照创建而传输的数据。 Fault Tolerance 日志记录。在主机上启用 Fault Tolerance 日志记录。对每台主机的 FT 流量只能使用一个 VMkernel 适配器。 管理流量。为主机和 vCenter Server 启用管理流量。通常，安装 ESXi 软件后，主机将创建这样的 VMkernel 适配器。可以为主机上的管理流量创建其他 VMkernel 适配器以提供冗余。 vSphere Replication 流量。处理源 ESXi 主机发送至 vSphere Replication 服务器的出站复制数据。 vSphere Replication NFC 流量。处理目标复制站点上的入站复制数据。 Virtual SAN。在主机上启用 Virtual SAN 流量。属于 Virtual SAN 群集的每台主机都必须具有这样的 VMkernel 适配器

（5）在“IPv4 设置”页面上，选择用于获取 IP 地址的选项。在此选择“使用静态 IPv4 设置”，并设置该地址为 192.168.10.11，子网掩码为 255.255.255.0，如图 6-369 所示。

（6）在“即将完成”页面上，查看设置，检查无误之后，单击“完成”按钮，如图 6-370 所示。

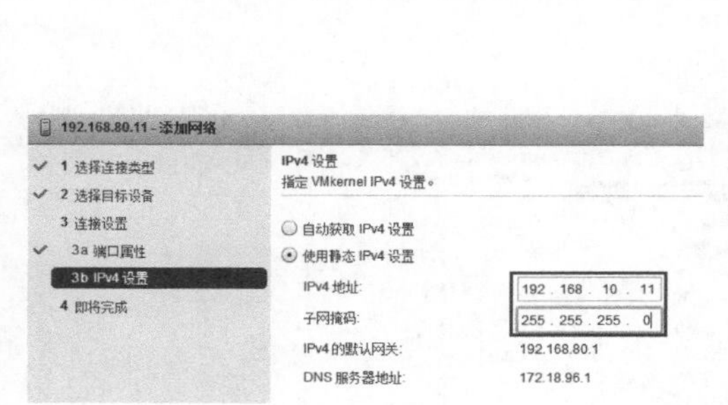

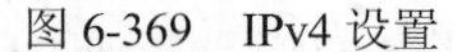
图 6-369　IPv4 设置

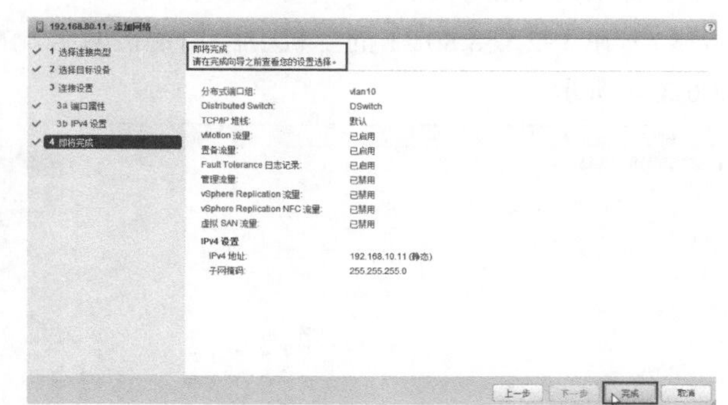

图 6-370　即将完成

2．查看与修改端口组

返回到 vSphere Web Client，单击新添加的名为 vmk1 的 VMkernel 端口，将会显示该端口的信息，在“全部”选项卡中，显示了端口的属性、IPv4 设置等，如图 6-371 所示。

在“属性”选项卡将显示 VMkernel 适配器的端口属性和网卡设置。端口属性包括与该适配器关联的端口组（网络标签）、VLAN ID 和已启用的服务。网卡设置包括 MAC 地址和已配置的 MTU 大小。

在“IP 设置”选项卡显示 VMkernel 适配器的所有 IPv4 和 IPv6 设置。如果未在主机上启用 IPv6，则不会显示 IPv6 信息。

在“策略”选项卡会显示已配置的流量调整、成组和故障切换以及安全策略，这些策略将应用于 VMkernel 适配器所连接到的端口组。

单击“vmk0”将显示系统默认创建的端口组，如图 6-372 所示。该端口组启用的服务为“管理流量”。

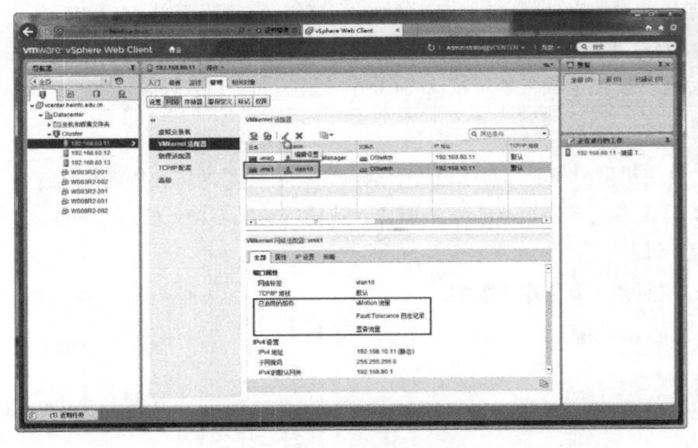

图 6-371　查看端口属性

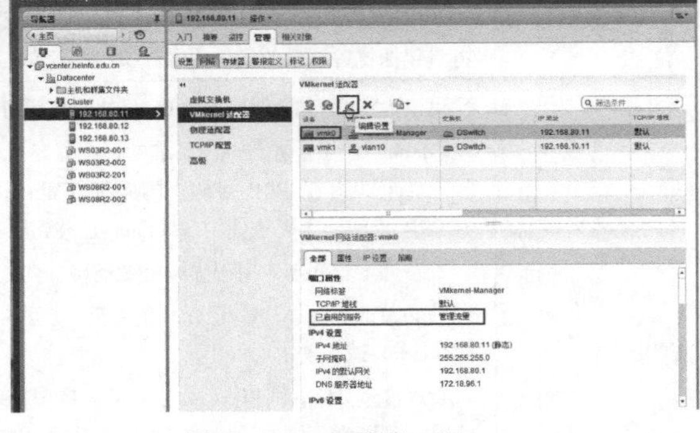

图 6-372　查看端口组

选中 VMkernel 端口后单击“ ”图标，将可以编辑端口组，如图 6-373 所示。你可以在“端口属性”、“网卡设置”、IPv4、IPv6 等项对 VMkernel 端口进行修改。

3. 添加 VMkernel 端口组并用于 VSAN 流量

接下来，参照“1 添加 VMkernel 端口组用于 VMotion 流量”一节内容，继续添加主机网络，并在 vlan11 端口组添加 VMkernel 端口组，并为该端口组分配 192.168.11.10 的 IP 地址，并将该 VMkernel 用于 VSAN 流量，主要步骤如下。

（1）在 192.168.80.11 的主机上添加主机网络，在“选择目标设备”时选择 vlan11 网络，如图 6-374 所示。

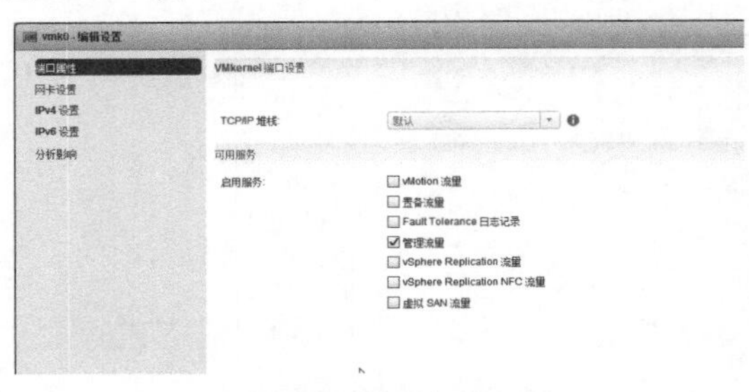

图 6-373　修改端口组

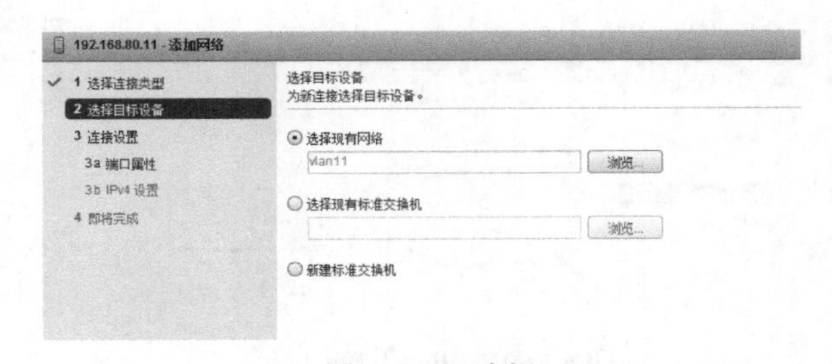

图 6-374　选择 vlan11

（2）在“端口属性”选择“虚拟 SAN 流量”，如图 6-375 所示。

（3）在“IPv4”页面上，选择使用静态 IPv4 设置，并设置 IP 地址为 192.168.11.11，如图 6-376 所示。

（4）在“即将完成”页面，显示了新建 VMkernel 端口的信息，如图 6-377 所示。

（5）创建完成后，在 vSphere Web Client 界面中，可以看到创建的 VMkernel 端口，如图 6-378 所示。

同样，需要为另外两台主机各创建两个 VMkernel，并分别用于 VMotion 及 VSAN，各个主机 IP 地址、三个 VMkernel 端口属性及 IP 地址如表 6-11 所示。

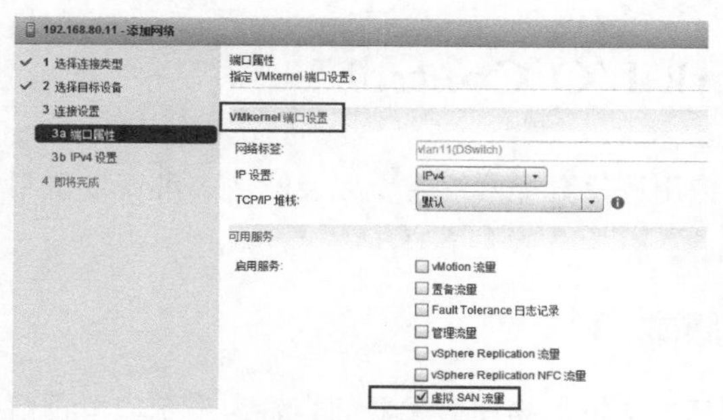

图 6-375　虚拟 SAN 流量

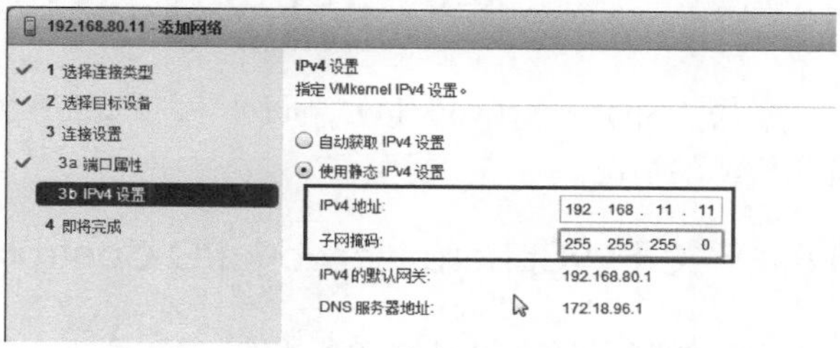

图 6—376　设置 IP 地址

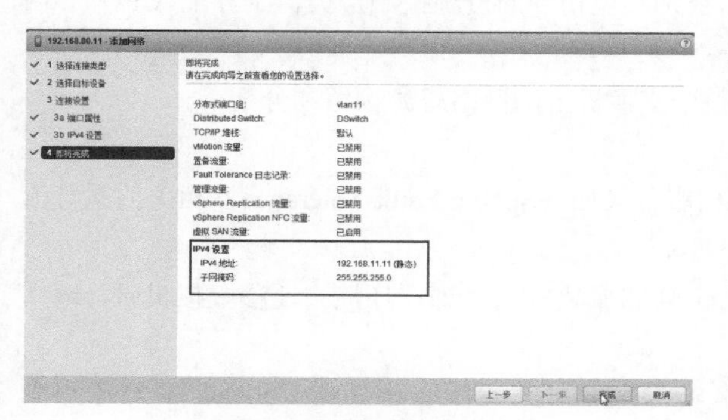

图 6-377　即将完成

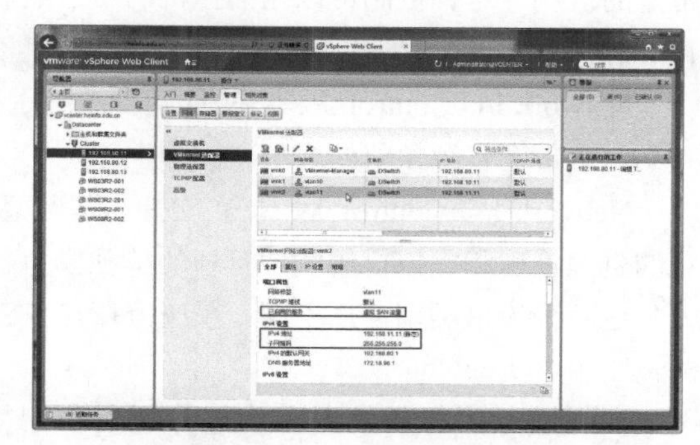

图 6-378　用于 VSAN 的 VMkernel 端口

表 6-11　当前 vSphere 网络各 VMkernel 端口名称、所属 VLAN、IP 地址一览表

主机 IP	vmk1：管理流量	vmk2：VMotion	vmk3:VSAN 流量
192.168.80.11	192.168.80.11	192.168.10.11	192.168.10.11
192.168.80.12	192.168.80.12	192.168.10.12	192.168.10.12
192.168.80.13	192.168.80.13	192.168.10.13	192.168.10.13

使用 vSphere Client 登录到 vCenter Server，在左侧选择一个主机例如 192.168.80.13，在“配置→网络自己 vSphere Distributed Switch”，可以看到各个端口组下面的 VMkernel 端口及对应的 IP 地址，如图 6-379 所示。

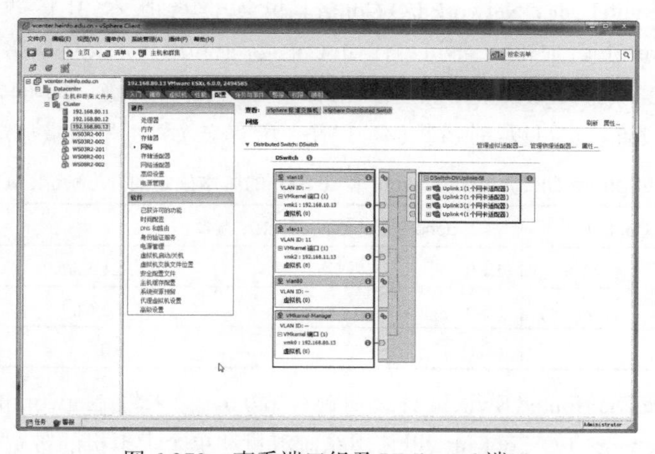

图 6-379　查看端口组及 VMkernel 端口

6.8 vSphere Network I/O Control

使用 vSphere Network I/O Control 可向关键业务应用程序分配网络带宽以及解决多种流量争用通用资源的情况。

6.8.1 关于 vSphere Network I/O Control 版本 3

vSphere Network I/O Control 版本 3 引入了一种基于主机上物理适配器的容量为系统流量预留带宽的机制。这种机制可以在虚拟机网络适配器级别实现精细的资源控制，类似于分配 CPU 和内存资源使用的模型。

Network I/O Control 版本 3 的功能改进了整个交换机上的网络资源预留和分配。

（1）带宽资源预留的模型

Network I/O Control 版本 3 支持与基础架构服务（如 vSphere Fault Tolerance）相关的系统流量的资源管理和虚拟机的资源管理的单独模型。

这两种流量类别性质不同。系统流量与 ESXi 主机紧密相关。当在环境中迁移虚拟机时，网络流量路由会更改。

要在忽略主机的情况下为虚拟机提供网络资源，您可在 Network I/O Control 中为在整个 Distributed Switch 的范围内有效的虚拟机配置资源分配

（2）为虚拟机保证带宽

Network I/O Control 版本 3 使用份额构成、预留和限制为虚拟机的网络适配器置备带宽。若要基于这些构成收到充足的带宽，虚拟化的工作负载可依赖 vSphere Distributed Switch、vSphere DRS 和 vSphere HA 中的接入控制。

在 vSphere 6.0 中，Network I/O Control 版本 2 和版本 3 是同时存在的。这两个版本为虚拟机和系统流量分配带宽所实施的模型不同。在 Network I/O Control 版本 2 中，可以在物理适配器级别配置虚拟机的带宽分配。

而在版本 3 中，则是在整个 Distributed Switch 级别设置虚拟机的带宽分配。

升级 Distributed Switch 时，Network I/O Control 也会升级到版本 3，除非您正在使用的某些功能在 Network I/O Control 版本 3 中不可用，如 CoS 标记和用户定义的网络资源池。在这种情况下，版本 2 和版本 3 资源分配模型的差别不允许进行非破坏性升级。您可以继续使用版本 2 保留虚拟机的带宽分配设置，也可以切换到版本 3 并在所有交换机主机间量身定制带宽策略。

表 6-12 根据 vSphere Distributed Switch 和 ESXi 的版本确定的 Network I/O Control 版本

vSphere Network I/O Control	vSphere DistributedSwitch 版本	ESXi 版本
2.0	5.1.0	5.1/5.5/6.0
2.0	5.5.0	5.5/6.0
3.0	6.0.0	6.0

如果已将 vSphere Distributed Switch 升级到版本 6.0.0，而未将 Network I/O Control 转换为版本 3，您可以升级 Network I/O Control，以使用系统流量和单个虚拟机的带宽分配的增强模型。

将 Network I/O Control 版本 2 升级到版本 3 时，在版本 2 中定义的所有现有系统网络资源池的设置均转换为系统流量的份额构成、预留和限制。默认情况下，不为所有已转换的系统流量类型设置预留。

将 Distributed Switch 升级到版本 3 是一个破坏性事件。某些功能仅可在 Network I/O Control 版本 2 中使用，并在升级到版本 3 的过程中被删除。

表 6-13 升级到 Network I/O Control 版本 3 的过程中被删除的功能

升级过程中被删除的功能	描 述
用户定义的资源池，其中包括这些池与现有分布式端口组之间的所有关联	通过将用户定义的网络资源池的份额传输至单个网络适配器份额，您可以保留部分资源分配设置。因此，在升级到 Network I/O Control 版本 3 之前，请确保升级未显著影响在 Network I/O Control 版本 2 中为虚拟机配置的带宽分配
端口与用户定义的网络资源池之间的现有关联	在 Network I/O Control 版本 3 中，无法将单个分布式端口与分配给父级端口组的池之外的网络资源池相关联。相较于版本 2，Network I/O Control 版本 3 不支持替代端口级别的资源分配策略
与网络资源池关联的流量的 CoS 标记功能	Network I/O Control 版本 3 不支持用 CoS 标记标记 QoS 需求更高的流量。升级后，若要还原与用户定义的网络资源池关联的流量的 CoS 标记功能，请使用流量筛选和标记网络策略

6.8.2 在 vSphere Distributed Switch 上启用 Network I/O Control

在 vSphere Distributed Switch 上启用网络资源管理以保证用于系统流量针对 vSphere 功能和用于虚拟机流量的带宽最小值。

（1）在 vSphere Web Client 中，导航到 Distributed Switch，在左侧选中分布式交换机，本示例为 DSwitch，从“操作”菜单中，选择“设置→编辑设置。”，如图 6-380 所示。

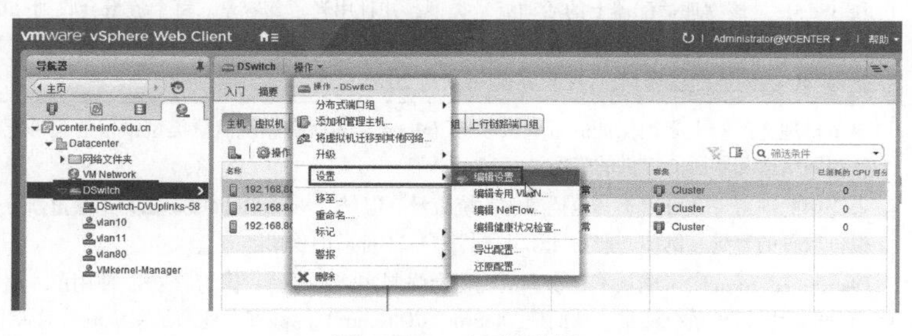

图 6-380 编辑设置

（2）在“常规”选项中，从“Network I/O Control”下拉菜单中，选择“已启用”，然后 单击“确定”按钮，如图 6-381 所示。

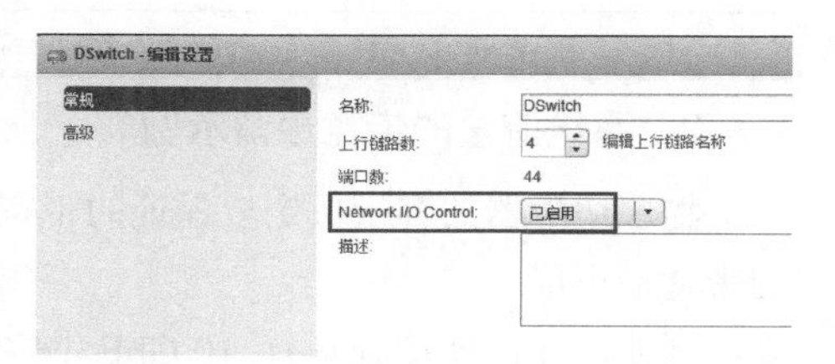

图 6-381 启用 NIOC

启用后，Network I/O Control 用来处理系统流量和虚拟机流量带宽分配的模型基于 Distributed Switch 上活动的 Network I/O Control 版本。

6.8.3 系统流量的带宽分配

您可以基于份额、预留和限制配置 Network I/O Control，以便为 vSphere Fault Tolerance、iSCSI 存储器、vSphere vMotion 等服务生成的流量分配一定量的带宽。

可以使用 Distributed Switch 上的 Network I/O Control 为与 vSphere 中主要系统功能相关的流量配置带宽分配，这些流量包括：

- Fault Tolerance（FT）流量
- NFS 流量
- iSCSI 流量
- vMotion 流量
- vSphere Data Protectio 备份流量
- vSphere Replication（VR）流量
- 管理流量
- 虚拟 SAN（Virtual SAN）流量
- 虚拟机流量

vCenter Server 将 Distributed Switch 的分配传播到连接到该交换机的主机上的每个物理适配器。

1. 系统流量带宽分配参数

通过使用多个配置参数，Network I/O Control 可以将带宽分配给基本 vSphere 系统功能的流量。

表 6-14　系统流量的分配参数

带宽分配参数	描　述
份　额	份额从 1 到 100，反映某个系统流量类型对于同一物理适配器上活动的其他系统流量类型的相对优先级。 某个系统流量类型可用的带宽量由其相对份额和其他系统功能正在传输的数据量决定。 例如，您向 vSphere FT 流量和 iSCSI 流量分配 100 个份额，而每个其他网络资源池有 50 个份额。配置了一个物理适配器用于发送 vSphere Fault Tolerance、iSCSI 和管理流量。在某一时刻，vSphere Fault Tolerance 和 iSCSI 是该物理适配器上的活动流量类型，并且用光了其容量。每个流量会收到 50%的可用带宽。在另一时刻，所有三个流量类型使该适配器呈饱和状态。在这种情况下，vSphere FT 流量和 iSCSI 流量可分别获得 40% 的适配器容量，vMotion 则可获得 20%
预　留	单个物理适配器上必须保证的带宽最小值 (Mbps)。为所有系统流量类型预留的总带宽不得超过容量最低的物理网络适配器所能提供的带宽的 75%。 未使用的预留带宽可用于其他类型的系统流量。但是，Network I/O Control 不会重新分配系统流量未用于虚拟机放置的容量。例如，您为 iSCSI 配置了 2 Gbps 的预留。 Distributed Switch 可能从不在物理适配器上强制实施此预留，因为 iSCSI 使用单一路径。未使用的带宽不会分配给虚拟机系统流量，从而使 Network I/O Control 能够安全地满足系统流量对带宽的潜在需求，例如，如果使用新的 iSCSI 路径，您必须为新的 VMkernel 适配器提供带宽
限　制	系统流量类型在单个物理适配器上可消耗的带宽最大值（Mbps 或 Gbps）

2. 系统流量的带宽预留示例

物理适配器的容量决定要保证的带宽。根据此容量，可保证用于某个系统功能进行其最佳操作的带宽最小值。

例如，在已连接到具有 10 GbE 网络适配器的 ESXi 主机的 Distributed Switch 上，可以配置预留以保证 1 Gbps 用于通过 vCenter Server 进行管理，1 Gbps 用于 iSCSI 存储器，1 Gbps 用于 vSphere Fault Tolerance，1 Gbps 用于 vSphere vMotion 流量，以及 0.5 Gbps 用于虚拟机流量。Network I/O Control 在每个物理网络适配器上分配请求的带宽。可以预留不超过物理网络适配器带宽的 75%，即不超过 7.5 Gbps。如图 6-382 所示。

可以将更多容量保留为未预留，以使主机可根据份额、限制和使用来动态分配带宽，并且仅预留足够系统功能运行的带宽。

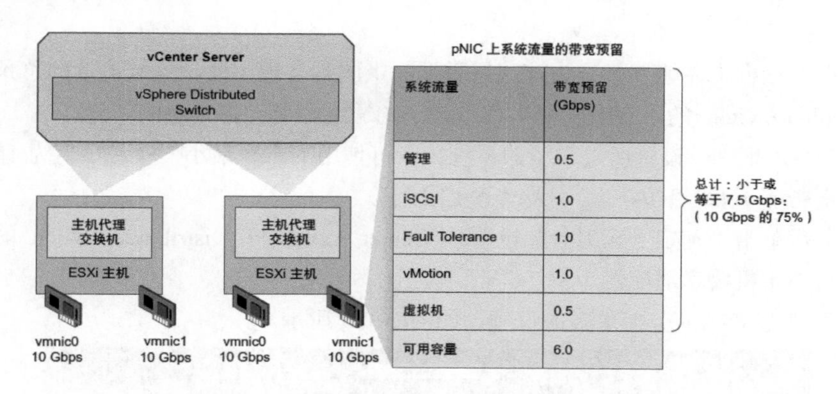

图 6-382　10GbE 物理网卡上系统流量带宽预算示例

3. 配置系统流量的带宽分配

为连接到 vSphere Distributed Switch 的物理适配器上的主机管理、iSCSI 存储器、NFS 存储器、vSphere vMotion、vSphere Fault Tolerance、Virtual SAN 和 vSphere Replication 分配带宽。

要使用 Network I/O Control 启用虚拟机的带宽分配，可配置虚拟机系统流量。虚拟机流量的带宽预留也用在接入控制中。打开虚拟机电源时，接入控制会验证是否有充足带宽可用。

（1）在 vSphere Web Client 中，导航到 Distributed Switch，在“管理”选项卡上，单击“资源分配”，然后单击“系统流量”，在此可以查看系统流量类型的带宽分配。如图 6-383 所示。

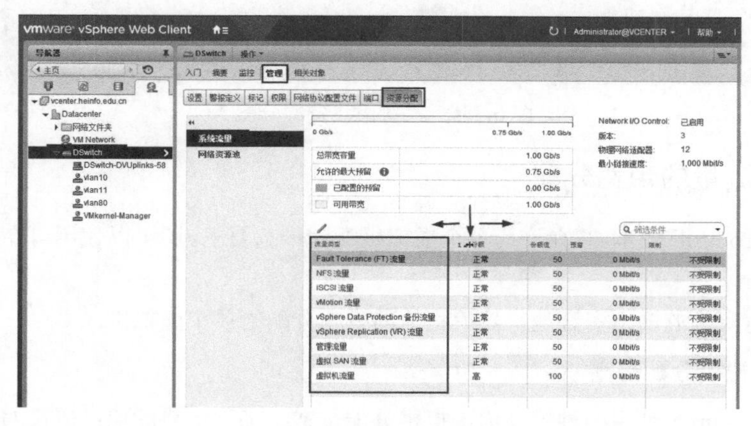

图 6-383　系统流量

【说明】你可以单击表格中间的竖线用鼠标左右调整列表的间隔。

（2）选择要置备的根据 vSphere 功能确定的流量类型，然后单击“✏”进行编辑，此时将显示该流量类型的网络资源设置，如图 6-384 所示。

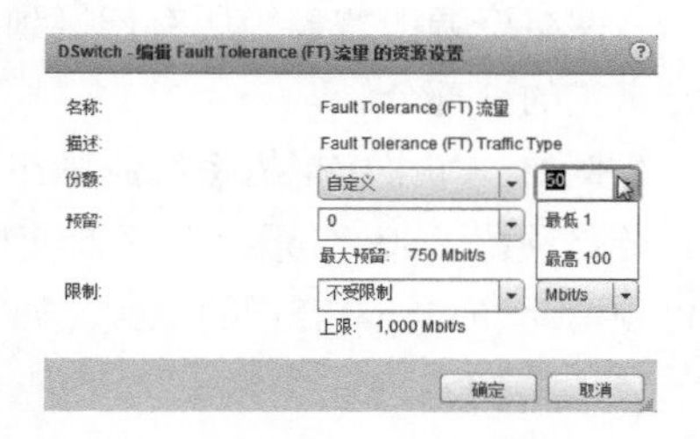

图 6-384　资源设置

从“份额”下拉菜单中，编辑流经物流适配器的总流量份额。Network I/O Control 在物理适配器达到饱和时会应用已配置的份额。可以选择一个选项设置预定义的值，也可以选择自定义，然后键入从 1 到 100 的数值设置其他份额。

在“预留”对话框中，输入必须为该流量类型提供的带宽最小值。系统流量的总预留不得超过连接到 Distributed Switch 的所有适配器中容量最小的适配器所支持带宽的 75%。

在“限制”文本框中，设置所选类型的系统流量可使用的带宽最小值（最小值为 1Mbit/s，最大为当前物理网卡带宽 1000Mbit/s，默认为“不受限制”）。

（3）设置之后单击“确定”应用分配设置。vCenter Server 将 Distributed Switch 的分配传播到连接到该交换机的主机物理适配器。

一般情况下要为 VSAN 分配更多的份额，如图 6-385 所示。

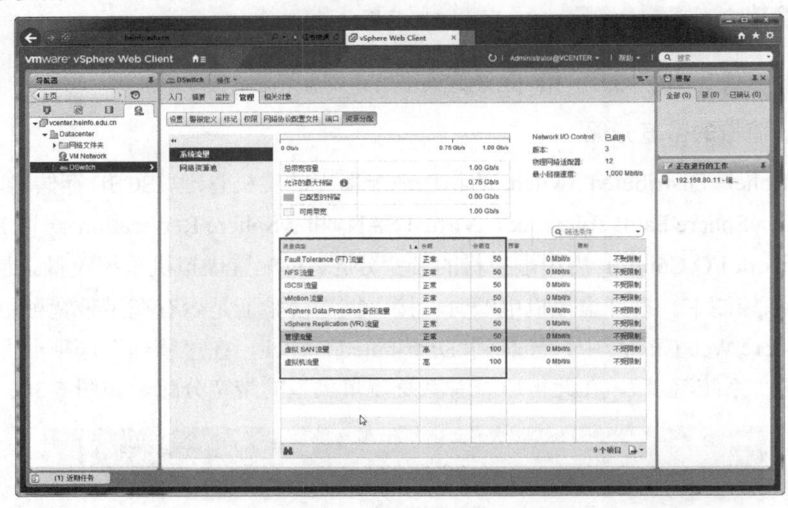

图 6-385　系统流量资源分配

6.8.4　虚拟机流量的带宽分配

Network I/O Control 版本 3 允许为单个虚拟机配置带宽要求。还可以使用可在其中为虚拟机流量分配聚

合预留的带宽配额的网络资源池，然后将池的带宽分配给单个虚拟机。

1. 关于为虚拟机分配带宽

Network I/O Control 使用两种模型为虚拟机分配带宽：基于承载虚拟机流量的物理适配器上的网络资源池和分配在整个 vSphere Distributed Switch 上分配。

网络资源池代表为所有连接到 Distributed Switch 的物理适配器上的虚拟机系统流量预留的聚合带宽的一部分。

例如，如果虚拟机系统流量在具有 10 个上行链路的 Distributed Switch 上为每个 10 GbE 上行链路预留了 0.5Gbps，那么此交换机上虚拟机预留可用的总聚合带宽为 5 Gbps。每个网络资源池可预留此 5 Gbps 容量的配额。如图 6-386 所示。

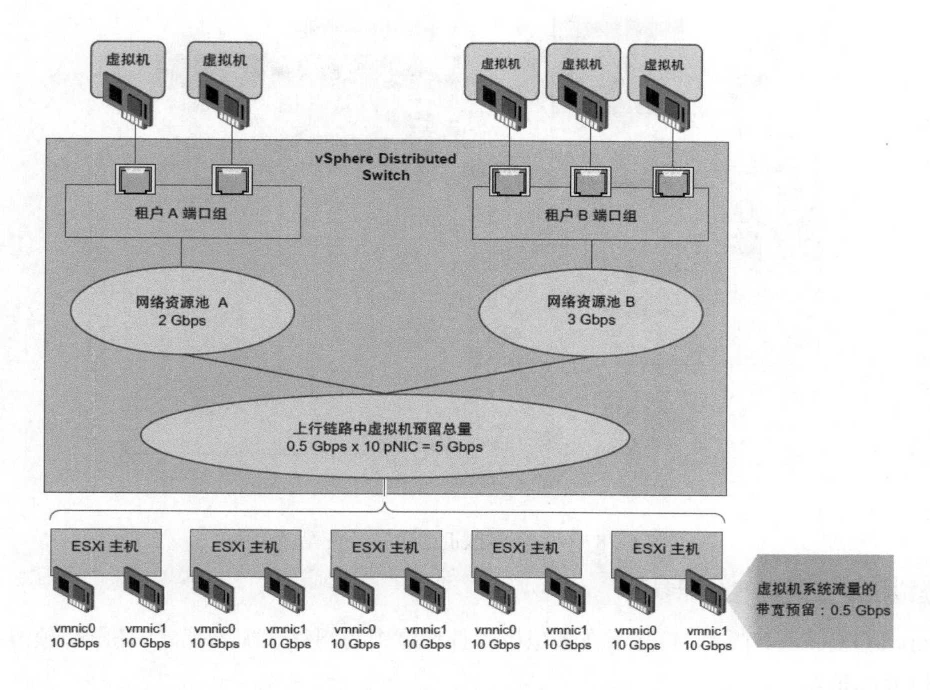

图 6-386　vSphere Distributed Switch 的上行链路间的网络资源池带宽聚合

带宽配额专用于网络资源池，由与该池关联的分布式端口组共享。虚拟机通过该虚拟机连接到的分布式端口组从池接收带宽。

默认情况下，交换机上的分布式端口组分配至叫做“默认”的网络资源池，其配额未配置。

2．定义虚拟机的带宽要求

为单个虚拟机分配带宽类似于分配 CPU 和内存资源。Network I/O Control 版本 3 根据在虚拟机硬件设置中为网络适配器定义的份额、预留和限制为虚拟机置备带宽。预留代表一种保证，保证虚拟机的流量可以消耗最低指定带宽。如果物理适配器有更大容量，则虚拟机可根据指定的份额和限制使用额外带宽。

3．置备给主机上虚拟机的带宽

在虚拟机已配置带宽预留的情况下，为保证带宽，Network I/O Control 会实施变为活跃的流量放置引擎。

Distributed Switch 尝试将虚拟机网络适配器的流量放置于可提供所需带宽且在活动成组策略范围之内的物理适配器。

主机上虚拟机的总带宽预留不能超过为虚拟机系统流量配置的预留带宽。

实际限制和预留还取决于适配器连接到的分布式端口组的流量调整策略。例如，如果一个虚拟机网络适配器要求的带宽限制为 200Mbit/s 且在流量调整策略中配置的平均带宽为 100Mbit/s，则有效限制将变为 100Mbit/s。如图 6-387 所示。

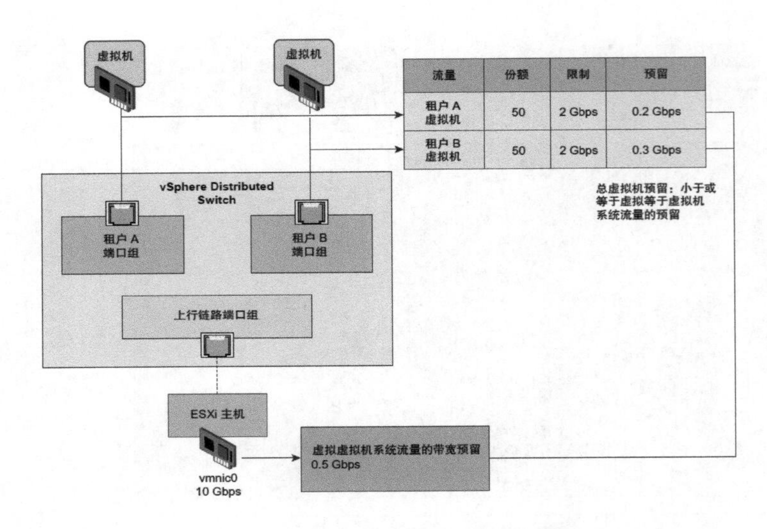

图 6-387　单个虚拟机的带宽分配配置

4．虚拟机流量的带宽分配参数

Network I/O Control 版本 3 基于在虚拟机硬件设置中为网络适配器配置的份额、预留和限制向单个虚拟机分配带宽。

表 6-15　虚拟机网络适配器的带宽分配参数

带宽分配参数	描　述
份额	流量通过虚拟机网络适配器的相对优先级（从 1 到 100），依据承载此虚拟机与网络之间流量的物理适配器的容量确定
预留	虚拟机网络适配器在物理适配器上必须收到的最低带宽(Mbps)
限制	在虚拟机网络适配器上流量传输至同一主机或其他主机上的其他虚拟机所需的最大带宽

5．虚拟机带宽的接入控制

为保证虚拟机有足够的带宽可用，vSphere 会依据带宽预留和成组策略在主机级别和群集级别实施接入控制。

vSphere Distributed Switch 中的带宽接入控制

打开虚拟机电源时，Distributed Switch 上的 Network I/O Control 功能会验证主机是否满足以下条件。

- 主机上有一个物理适配器可以依据成组策略和预留为虚拟机网络适配器提供最低带宽。
- 虚拟机网络适配器的预留少于网络资源池中的可用配额。

如果更改正在运行的虚拟机的网络适配器预留，Network I/O Control 会重新验证关联的网络资源池是否能够容纳新预留。如果该池的空闲配额不足，则不会应用更改。

要在 vSphere Distributed Switch 中使用接入控制，请执行以下任务：

- 为 Distributed Switch 上的虚拟机系统流量配置带宽分配。
- 使用为虚拟机系统流量配置的带宽预留配额配置网络资源池。
- 将该网络资源池和连接虚拟机与交换机的分布式端口组进行关联。
- 为连接到该端口组的虚拟机配置带宽要求。

vSphere DRS 中的带宽接入控制

如果您打开一台位于群集中的虚拟机的电源，vSphere DRS 会将该虚拟机放置在其容量依据活动成组策略足以保证为虚拟机提供预留带宽的主机上。

在以下情况下，vSphere DRS 会将虚拟机迁移到其他主机，以满足该虚拟机的带宽预留要求：

- 预留更改为初始主机无法再满足的值。
- 承载虚拟机流量的物理适配器处于脱机状态。

要在 vSphere DRS 中使用接入控制，请执行以下任务：

- 为 Distributed Switch 上的虚拟机系统流量配置带宽分配。
- 为连接到 Distributed Switch 的虚拟机配置带宽要求。

vSphere HA 中的带宽接入控制

当主机发生故障或被隔离时，vSphere HA 会依据带宽预留和成组策略在群集中的其他主机上打开虚拟机电源。

要在 vSphere HA 中使用接入控制，请执行以下任务：

- 为虚拟机系统流量分配带宽。
- 为连接到 Distributed Switch 的虚拟机配置带宽要求。

6. 创建网络资源池

在 vSphere Distributed Switch 上创建网络资源池以为一组虚拟机预留带宽。

网络资源池为虚拟机提供预留配额。配额表示为已连接到 Distributed Switch 的物理适配器上的虚拟机系统流量预留的一部分带宽。可以从与该池关联的虚拟机配额中留出部分带宽。已打开电源、与该池关联的虚拟机的网络适配器中的预留不得超过该池的配额。

（1）在 vSphere Web Client 中，导航到 Distributed Switch，在“管理”选项卡上，单击“资源分配→网络资源池”，然后单击“+”添加图标，如图 6-388 所示。

（2）在“名称”文本框中键入网络资源池的名称，可以根据需要在“描述”文本框中键入描述信息，根据为虚拟机系统流量预留的可用带宽，为“预留配额”输入一个值，以 Mbps 为单位，如图 6-389 所示，在此创建一个中为 100Mbps、预留 100Mbit/s 的网络资源池。

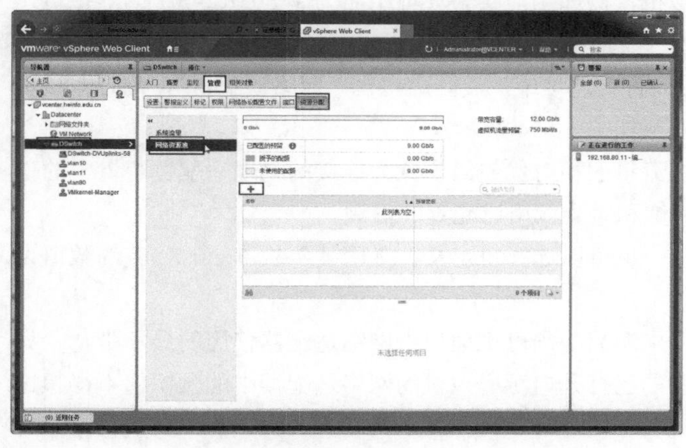

图 6-388　添加

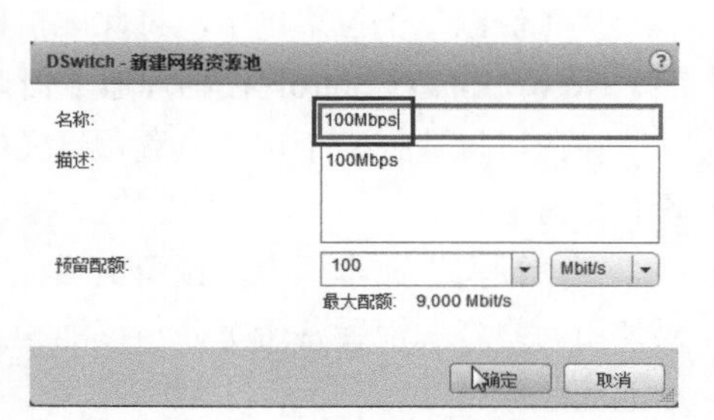

图 6-389　创建网络资源池

（3）稍后可以再创建一个资源池，例如创建一个名为 345Mbps 的资源池。在创建资源池之后，返回 vSphere Web Client 界面，单击屏幕上方的“ ”刷新按钮，刷新屏幕，之后会在列表中看到创建的资源池，如图 6-390 所示。

7．向网络资源池中添加分布式端口组

向网络资源池添加分布式端口组，从而可向连接到该端口组的虚拟机分配带宽。

（1）在 vSphere Web Client 导航器中找到分布式端口组，例如 vlan10，在“入门”选项卡中单击“编辑分布式端口组设置”，如图 6-391 所示。

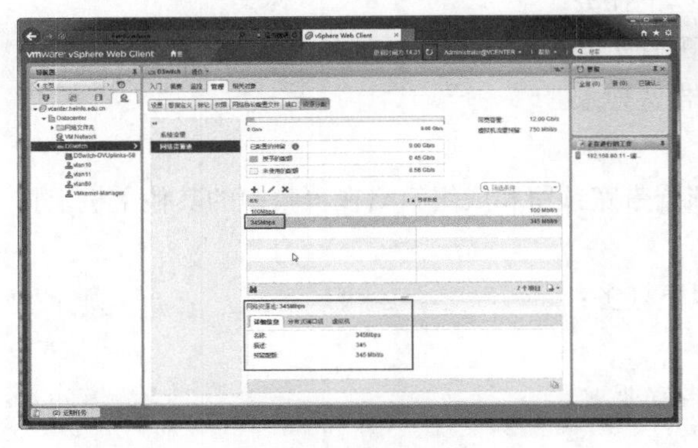

图 6-390　创建资源池完成

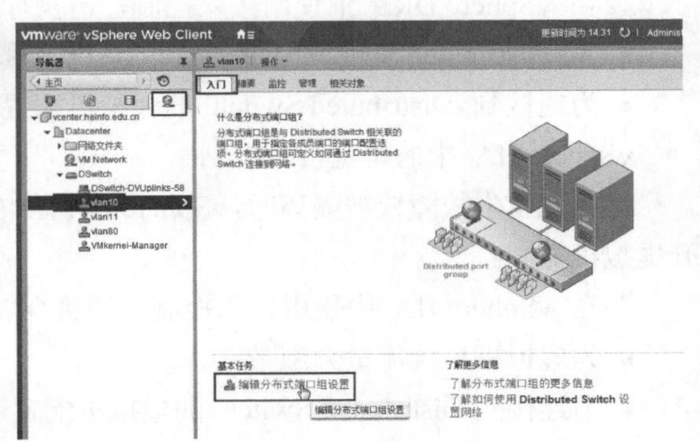

图 6-391　编辑分布式端口组

（2）在“编辑设置”对话框中，单击“常规”，从“网络资源池”下拉菜单中，选择该网络资源池，在此有 100Mbps 与 345Mbps 两个，根据需要选择其中一个，如图 6-392 所示，然后单击“确定”按钮。如果 Distributed Switch 不包含网络资源池，则下拉菜单中仅会显示 (默认) 选项。

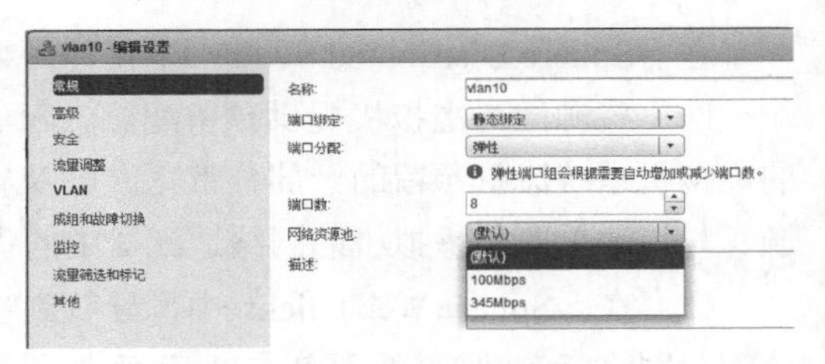

图 6-392　选择网络资源池

8．为虚拟机配置带宽分配

可以为已连接到分布式端口组的单个虚拟机配置带宽分配。可以使用带宽的份额、预留和限制设置。

（1）在 vSphere Web Client 中找到虚拟机，例如当前实验环境中名为 WS03R2-001 的虚拟机，右击，在弹出的快捷菜单中选择“编辑设置”，如图 6-393 所示。

（2）在“编辑设置”对话框，在“虚拟硬件”选项中，展开虚拟机“网络适配器”，此时即显示虚拟机网络适配器的份额、预留和限制设置。如图 6-394 所示。

从“份额”下拉菜单中，将此虚拟机中流量的相对优先级设置为连接的物理适配器容量中的份额。Network I/O Control 在物理适配器达到饱和时会应用已配置的份额。

在此可以选择一个选项设置预定义的值，也可以选择自定义，然后键入从 1 到 100 的数值设置其他份额。

在“预留”文本框中，预留虚拟机打开电源后必须可供虚拟机网络适配器使用的最小带宽。如果使用网络资源池置备带宽，与该池相关联的已打开电源虚拟机的网络适配器中的预留值不得超过该池的配额。

如果已启用 vSphere DRS，要打开虚拟机的电源，请确保主机上所有虚拟机网络适配器中的预留不超过为主机物理适配器上的虚拟机系统流量预留的带宽。

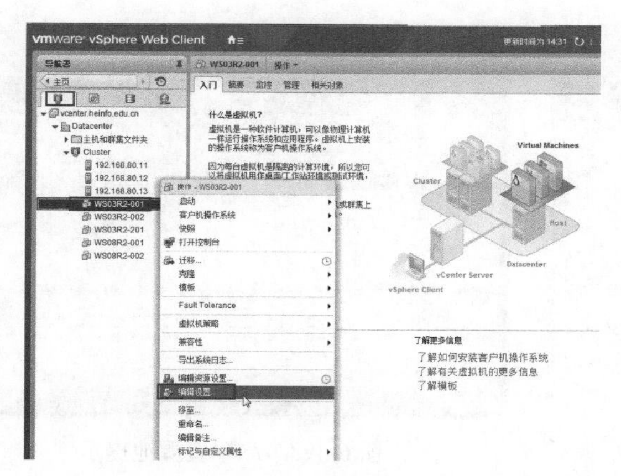

图 6-393　编辑设置

图 6-394　虚拟机带宽分配

在“限制”文本框中，对虚拟机网络适配器可以占用的带宽设置限制。

设置完成后，单击“确定”完成设置。

9．从网络资源池中移除分布式端口组

要停止向虚拟机分配网络资源池的预留配额中的带宽，可移除虚拟机连接到的端口组与该池之间的关联。

（1）在 vSphere Web Client 中找到分布式端口组，在“入门”选项卡单击“编辑分布式端口组设置”，如图 6-395 所示。

（2）在端口组的“编辑设置”对话框中，单击“常规”，从“网络资源池”下拉菜单中，选择“ (默认)”，然后单击“确定”按钮，如图 6-396 所示。

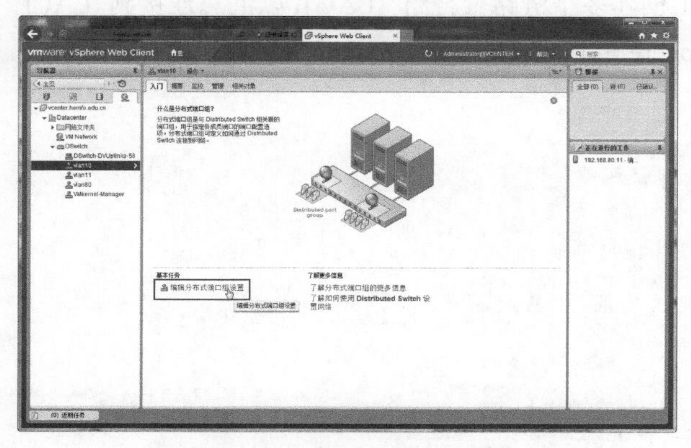

图 6-395　编辑分布式端口组

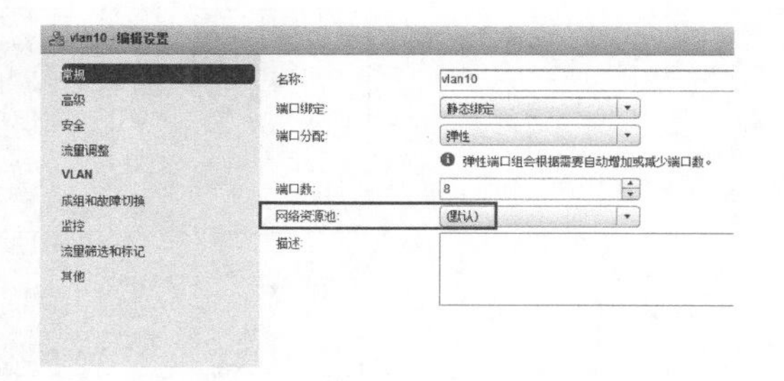

图 6-396　修改网络资源池

10．删除网络资源池

对于不在使用的网络资源池，可以删除以释放系统资源，需要注意，在删除之前，将网络资源池从所有关联的分布式端口组中分离出来。

（1）vSphere Web Client 中，导航到 Distributed Switch，在“管理”选项卡上，单击“资源分配→网络资源池”，选中一个不用的网络资源池，单击“✖”按钮，将其删除，如图 6-397 所示。

（2）在“近期任务”可以看到“在分布式交换机上重新配置网络资源池”，如图 6-398 所示。如

果资源池正在使用，则会在“状态”列表提示。

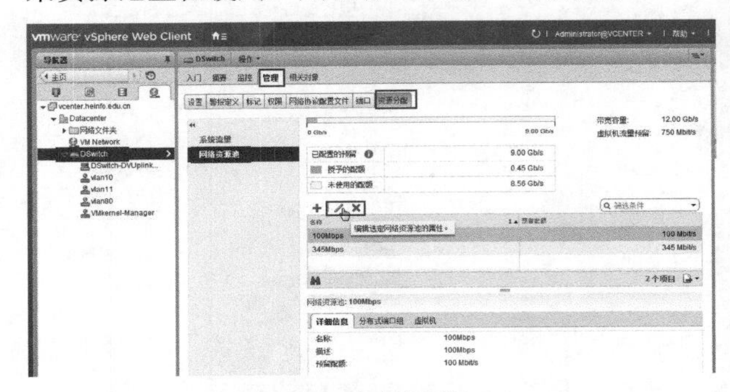

图 6-397　删除资源池

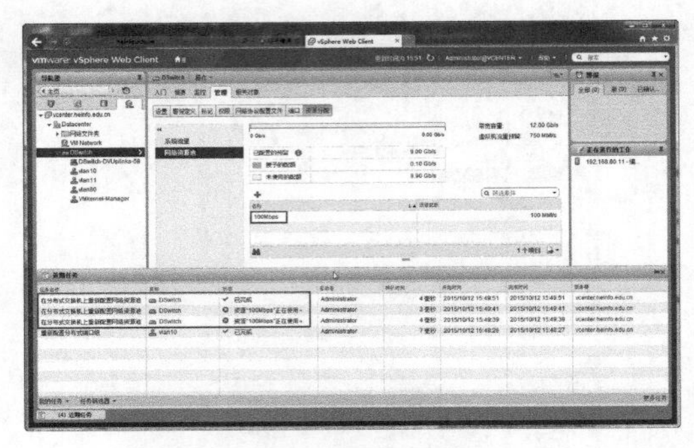

图 6-398　删除资源池提示

6.9　验证 vSphere Distributed Switch 上的 LACP 支持

要聚合主机上多个物理网卡的带宽，您可以在 Distributed Switch 上创建一个链路聚合组 (LAG)，并将其用于处理分布式端口组的流量。

新建的 LAG 未用于分布式端口组的成组和故障切换顺序中，其端口也未分配物理网卡。要使用 LAG 处理分布式端口组的网络流量，必须将流量从独立上行链路迁移到 LAG。

6.9.1　vSphere Distributed Switch 上的 LACP 支持

通过 vSphere Distributed Switch 上的 LACP 支持，您可以使用动态链路聚合将 ESXi 主机连接到物理交换机。您可以在 Distributed Switch 上创建多个链路聚合组 (LAG)，以汇总连接到 LACP 端口通道的 ESXi 主机上的物理网卡带宽。vSphere 6 中 vSphere Distributed Switch 上的 LACP 支持示意如图 6-399 所示。

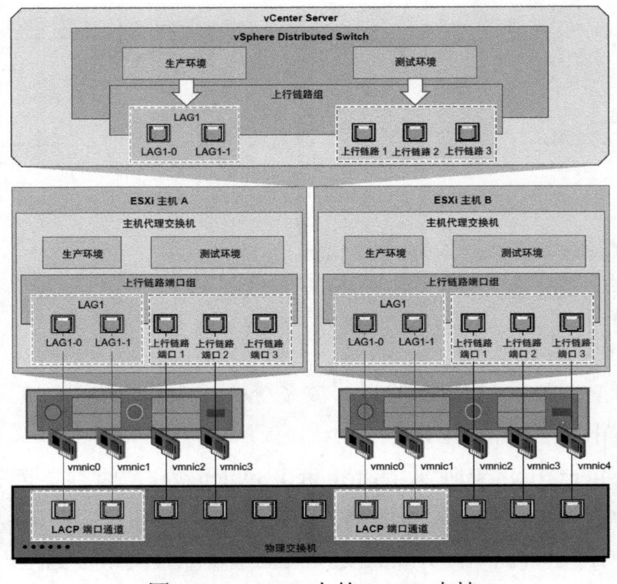

图 6-399　VDS 上的 LACP 支持

6.9.2　Distributed Switch 上的 LACP 配置

您可以配置一个具有两个或多个端口的 LAG，然后将物理网卡连接到这些端口。LAG 的端口在 LAG 中以成组形式存在，网络流量通过 LACP 哈希算法在这些端口之间实现负载平衡。您可以使用 LAG 处理分布式端口组的流量，以便为端口组提供增强型网络带宽、冗余和负载平衡。

在 Distributed Switch 上创建 LAG 时，同时会在与 Distributed Switch 相连的每个主机的代理交换机上创建 LAG 对象。例如，如果创建包含两个端口的 LAG1，则将在连接到 Distributed Switch 的每台主机上创建具有相同端口数的 LAG1。

在主机代理交换机上，一个物理网卡只能连接到一个 LAG 端口。在 Distributed Switch 上，一个 LAG 端口可能具有来自所连接的不同主机的多个物理网卡。必须将连接到 LAG 端口的主机上的物理网卡连接到加入物理交换机上的 LACP 端口通道的链路。

最多可以在一个 Distributed Switch 上创建 64 个 LAG。一个主机最多可支持 32 个 LAG。但是，您实际可以使用的 LAG 数量取决于基础物理环境的功能和虚拟网络的拓扑。例如，如果物理交换机在 LACP 端口通道中最多支持四个端口，则最多可将每台主机的四个物理网卡连接到 LAG。

物理交换机上的端口通道配置对于每个要使用 LACP 的主机，必须在物理交换机上为其创建一个单独的 LACP 端口通道。在物理交换机上配置 LACP 时，必须考虑以下要求：

- LACP 端口通道中的端口数量必须等于要在主机上建组的物理网卡数量。例如，如果要在主机上聚合两个物理网卡的带宽，必须在物理交换机上创建一个具有两个端口的 LACP 端口通道。Distributed Switch 上的 LAG 必须至少配置两个端口。
- 物理交换机上的 LACP 端口通道的哈希算法必须与 Distributed Switch 上为 LAG 配置的哈希算法相同。
- 所有要连接到 LACP 端口通道的物理网卡必须采用相同的速度和双工配置。

6.9.3　物理交换机上的端口通道配置

对于每个要使用 LACP 的主机，必须在物理交换机上为其创建一个单独的 LACP 端口通道。在物理交换机上配置 LACP 时，必须考虑以下要求：

- LACP 端口通道中的端口数量必须等于要在主机上建组的物理网卡数量。例如，如果要在主机上聚合两个物理网卡的带宽，必须在物理交换机上创建一个具有两个端口的 LACP 端口通道。Distributed Switch 上的 LAG 必须至少配置两个端口。
- 物理交换机上的 LACP 端口通道的哈希算法必须与 Distributed Switch 上为 LAG 配置的哈希算法相同。
- 所有要连接到 LACP 端口通道的物理网卡必须采用相同的速度和双工配置。

6.9.4　转换为 vSphere Distributed Switch 上的增强型 LACP 支持

在将 vSphere Distributed Switch 从版本 5.1 升级到版本 5.5 或 6.0 之后，可以转换为增强型 LACP 支持，以便在 Distributed Switch 上创建多个 LAG。

如果 Distributed Switch 上已存在 LACP 配置，增强 LACP 支持将创建一个新的 LAG，并将所有物理网卡从独立上行链路迁移到 LAG 端口。要创建不同的 LACP 配置，应禁用上行链路端口组上的 LACP 支持，然后再启动转换。

如果转换为增强型 LACP 支持失败，请参见《vSphere 故障排除》了解有关手动完成该过程的详细信息。

前提条件

- 验证 vSphere Distributed Switch 的版本是 5.5 还是 6.0。
- 验证是否所有分布式端口组都不允许替代单个端口上的上行链路成组策略。
- 如果从现有 LACP 配置进行转换，请验证 Distributed Switch 上是否只存在一个上行链路端口组。
- 验证加入 Distributed Switch 的主机已连接并有响应。
- 验证对交换机上的分布式端口组是否具有 dvPort 组.修改特权。
- 验证对 Distributed Switch 上的主机是否具有主机.配置.修改特权。

6.9.5 vSphere Distributed Switch 的 LACP 支持限制

vSphere Distributed Switch 上的 LACP 支持允许网络设备通过向对等设备发送 LACP 数据包来协商链路的自动绑定。但是，vSphere Distributed Switch 上的 LACP 支持具有限制。

- LACP 支持与软件 iSCSI 多路径不兼容。
- LACP 支持设置在主机配置文件中不可用。
- 无法在两个嵌套的 ESXi 主机之间使用 LACP 支持。
- LACP 支持无法与 ESXi Dump Collector 一起使用。
- LACP 支持无法与端口镜像一起使用。
- 成组和故障切换健康状况检查不适用于 LAG 端口。LACP 检查 LAG 端口的连接性。
- 当只有一个 LAG 处理每个分布式端口或端口组的流量时，增强型 LACP 支持可以正常运行。
- LACP 5.1 支持只能与 IP 哈希负载平衡和链路状态网络故障切换检测一起使用。
- LACP 5.1 支持只为每个 Distributed Switch 和每台主机提供一个 LAG。

6.9.6 Distributed Switch 上的 LACP 实验环境

为了验证这一功能，我们准备了两台 ESXi 6 的主机（每个主机 3 块网卡）、一台华为 S5700-24TP-SI 交换机，搭建了图 6-400 所示的实验环境。

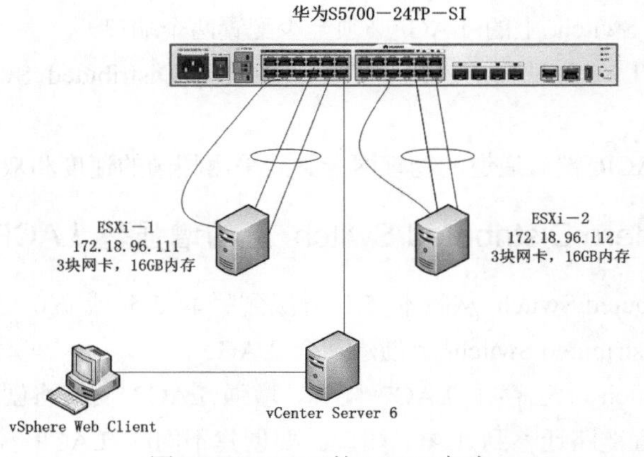

图 6-400 VDS 的 LACP 实验

实验环境中有两台 ESXi 6 的服务器，每个服务器各有 3 块网卡，其中 1 块网卡连接到交换机的 G0/0/9～G0/0/20 的 VLAN2006 端口，第 1 台服务器的 2 块网卡连接到交换机的 G0/0/7 与 G0/0/8 端口（这两个端口聚合），第 2 台服务器的 2 块网卡连接到交换机的 G0/0/21 与 G0/0/22 端口，vCenter Server 6 是 ESXi-2 中的一台虚拟机，安装了 vCenter Server 6，划分的 IP 地址是 172.18.96.222。在华为 S5700 交换机中，划分了 2001、2002～2006 共 6 个 VLAN，各端口划分如表 6-16 所示。

表 6-16 实验交换机端口划分与连接

交换机端口	IP	VLAN	说明
G0/0/1	172.18.91.0/24	VLAN2001	
G0/0/2	172.18.92.0/24	VLAN2002	
G0/0/3	172.18.93.0/24	VLAN2003	
G0/0/4	172.18.94.0/24	VLAN2004	
G0/0/5-6	172.18.95.0/24	VLAN2005	
G0/0/7-8		Trunk	i5-4690K/16GB/2 网卡
G0/0/9-20	172.18.96.0/24	VLAN2006	连接服务器
G0/0/21-22		Trunk	E3-1230,双端口网卡
G0/0/23-24		Trunk	

6.9.7 交换机配置

在下面的操作中，为交换机创建两个“聚合组”，将 G0/0/7 与 G0/0/8 端口添加到一个聚合组，将 G0/0/21 与 G0/0/22 端口添加到另一个聚合组。

在将端口添加到聚合组前，需要清除这些端口的配置，可以使用 clear configuration 命令清除。

使用 telnet 登录进入交换机，进入配置模式，执行以下命令，清除这几个端口组的配置。

```
clear configuration  interface   GigabitEthernet0/0/7
clear configuration  interface   GigabitEthernet0/0/8
clear configuration  interface   GigabitEthernet0/0/21
clear configuration  interface   GigabitEthernet0/0/22
```

之后执行如下命令，创建并添加 Eth-Trunk1 端口，设置模式为 lacp，在 Eth-Trunk1 中加入 2 个成员接口 GigabitEthernet1/0/7 到 GigabitEthernet1/0/8（这两个端口连接到是第 1 台 ESXi 服务器的两个网卡），并将模式设置为 active（主动模式）。

```
interface Eth-Trunk1
mode lacp
trunkport    GigabitEthernet0/0/7  mode  active
trunkport    GigabitEthernet0/0/8  mode  active
```

之后执行如下命令，创建并添加 Eth-Trunk2 端口，设置模式为 lacp，在 Eth-Trunk2 中加入 2 个成员接口 GigabitEthernet1/0/21 到 GigabitEthernet1/0/22（这两个端口连接到是第 2 台 ESXi 服务器的两个网卡）。

```
interface    Eth-Trunk2
mode lacp
trunkport    GigabitEthernet0/0/21  mode  active
trunkport    GigabitEthernet0/0/22  mode  active
```

之后，分别将聚合组 eth-trunk 1 和 eth-trunk 2 配置为 Trunk 并允许所有 VLAN 通过。

```
interface    Eth-Trunk1
port  link-type   trunk
port trunk    allow-pass  vlan 2   to  4094
interface Eth-Trunk2
port  link-type   trunk
port trunk    allow-pass  vlan 2   to  4094
```

设置之后

最后查看交换机的配置，主要配置如下：

```
<HW5700>disp curr
dhcp enable
#
dhcp snooping enable ipv4
dhcp server detect
vlan 2001
vlan 2002
vlan 2003
vlan 2004
vlan 2005
 vlan 2006
 #
interface Vlanif2001
ip address 172.18.91.254 255.255.255.0
 dhcp select global
#
interface Vlanif2002
ip address 172.18.92.254 255.255.255.0
 dhcp select global
#
interface Vlanif2003
ip address 172.18.93.254 255.255.255.0
 dhcp select global
#
interface Vlanif2004
ip address 172.18.94.254 255.255.255.0
 dhcp select global
#
interface Vlanif2005
ip address 172.18.95.254 255.255.255.0
 dhcp select global
#
interface Vlanif2006
 description Server
 ip address 172.18.96.254 255.255.255.0
 dhcp select global
#
interface MEth0/0/1
#
interface Eth-Trunk1
```

```
 port link-type trunk
 port trunk allow-pass vlan 2 to 4094
 mode lacp
#
interface Eth-Trunk2
 port link-type trunk
 port trunk allow-pass vlan 2 to 4094
 mode lacp
#

interface GigabitEthernet0/0/7
 eth-trunk 1
#
interface GigabitEthernet0/0/8
 undo negotiation auto
 eth-trunk 1
#
interface GigabitEthernet0/0/21
 eth-trunk 2
#
interface GigabitEthernet0/0/22
 eth-trunk 2
#
interface GigabitEthernet0/0/23
 port link-type trunk
 port trunk allow-pass vlan 2 to 4094
#
interface GigabitEthernet0/0/24
 port link-type trunk
 port trunk allow-pass vlan 2 to 4094
#
```

6.9.8　创建链路聚合组

要使用链路聚合组（LAG），你需要使用如下的步骤：

- 创建 vSphere Distributed Switch，创建分布式端口组，将端口组绑定到上行链路
- 创建链路聚合组，在分布式端口组的成组和故障切换顺序中将链路聚合组设置为备用状态
- 将物理网卡分配给链路聚合组的端口
- 在分布式端口组的成组和故障切换顺序中将链路聚合组设置为活动状态

要将分布式端口组的网络流量迁移到链路聚合组 (LAG)，请在 Distributed Switch 上创建新的 LAG，步骤如下：

（1）在 vSphere Web Client 中，在“主页”菜单单击“网络”，如图 6-401 所示。

（2）在左侧导航到 Distributed Switch，创建 VDS，在右侧选择“管理”，然后选择“设置”，在“ LACP” 下单击“+”新建链路聚合组，如图 6-402 所示。

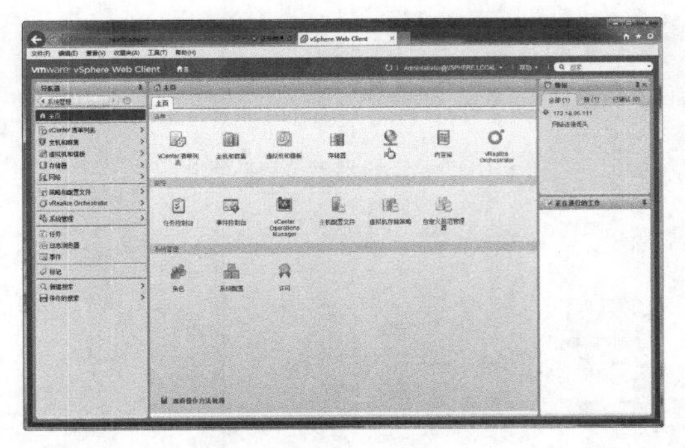
图 6-401　网络

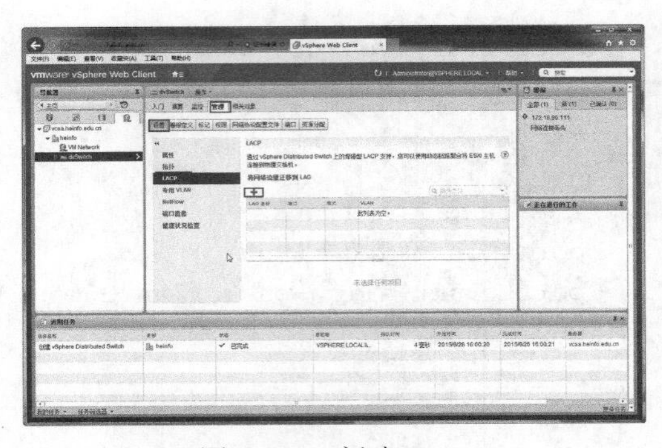
图 6-402　新建 LAG

（3）在“编辑链路聚合组”对话框中，在“名称”文本框中命名新的 LAG，在此设置名称为 lag1，设置 LAG 的端口数，在此请将为 LAG 设置与物理交换机上的 LACP 端口通道中相同的端口数。LAG 端口具有与 Distributed Switch 上的上行链路相同的功能。所有 LAG 端口将构成 LAG 上下文中的网卡组。在本示例中，规划的每个主机的 LAG 是 2 个网卡，设置端口数为 2。在“模式”下拉列表中选择 LAG 的 LACP 协商模式（两种模式如表 6-17 所示），可以有“活动、被动”两种，在此项的设置要与网卡所连接的交换机端口设置相反才行，例如如果物理交换机上启用 LACP 的端口处于主动协商模式，则可以将 LAG 端口置于被动模式，反之亦然。因为在前面交换机的设置中，我们将交换机的模式设置为了 active，所以在此应该选择“被动”，如图 6-403 所示。

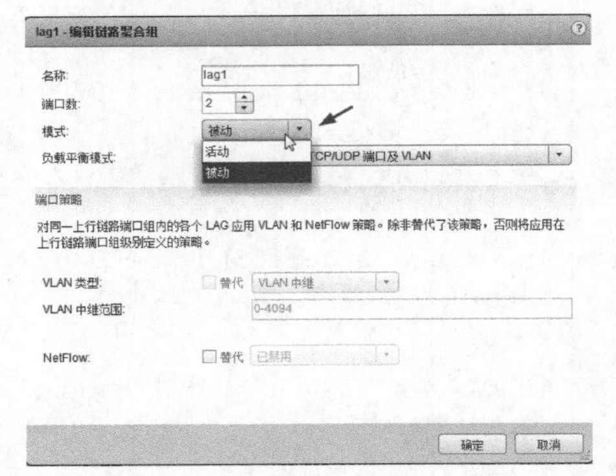
图 6-403　LAG 名称、端口数、模式选择

表 6-17　LAG 的 LACP 协商模式

选　项	描　述
主动（active）	所有 LAG 端口都处于主动协商模式。LAG 端口通过发送 LACP 数据包启动与物理交换机上的 LACP 端口通道的协商
被动（passive）	LAG 端口处于被动协商模式。端口对接收的 LACP 数据包做出响应，但是不会启动 LACP 协商

（4）在“负载平衡模式”列表中，选择负载平衡模式，在此选择默认值“源和目标 IP 地址、TCP/UDP 端口及 VLAN”，如图 6-404 所示。

（5）设置之后，单击“确定”按钮，完成 LAG 的创建。请注意，当前新创建的 LAG 未包含在分布式端口组的成组和故障切换顺序中。未向 LAG 端口分配任何物理网卡。

和独立上行链路一样，LAG 在每个与 Distributed Switch 关联的主机上都有表示形式。例如，如果您在 Distributed Switch 上创建包含两个端口的 LAG1，将在每

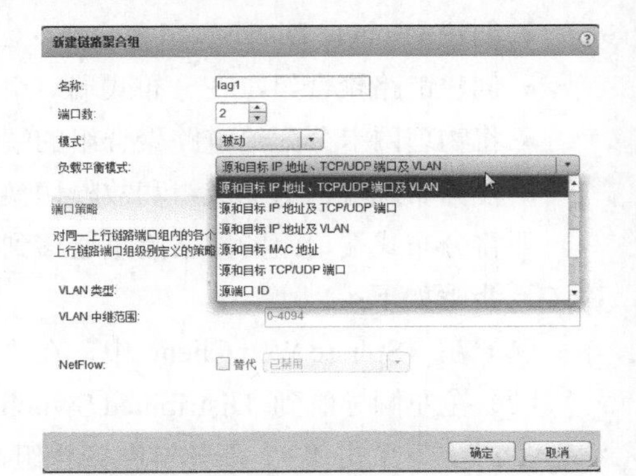
图 6-404　负载平衡模式

个与该 Distributed Switch 关联的主机上创建一个具有两个端口的 LAG1。

6.9.9　在分布式端口组的成组和故障切换顺序中将链路聚合组设置为备用状态

默认情况下，新的链路聚合组 (LAG) 未包含在分布式端口组的成组和故障切换顺序中。对于分布式端口组而言，由于只有一个 LAG 或独立上行链路可以处于活动状态，因此必须创建一个中间成组和故障切换配置，其中 LAG 为备用状态。在保持网络连接正常的情况下，可以通过此配置将物理网卡迁移到 LAG 端口。

在分布式端口组的成组和故障切换配置中将 LAG 设置为备用状态。通过这一方式可以创建中间配置，从而将网络流量迁移到 LAG 而不会断开网络连接。

（1）使用 vSphere Client，导航至 Distributed Switch，从“操作”菜单中选择“分布式端口组→管理分布式端口组”，如图 6-405 所示。

（2）在“管理分布式端口组”对话框，选择“成组和故障切换”，如图 6-406 所示。

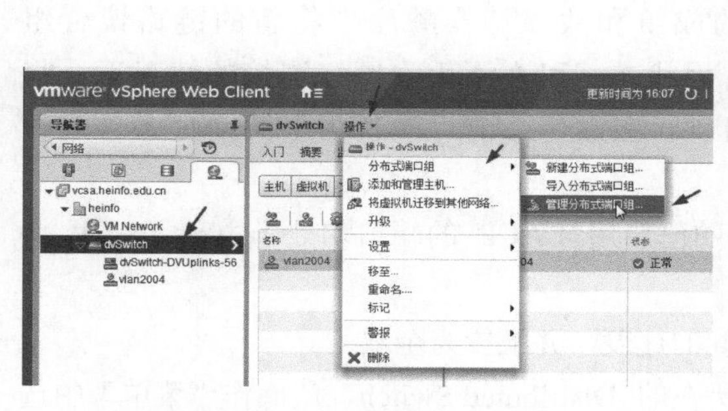

图 6-405　管理分布式端口组

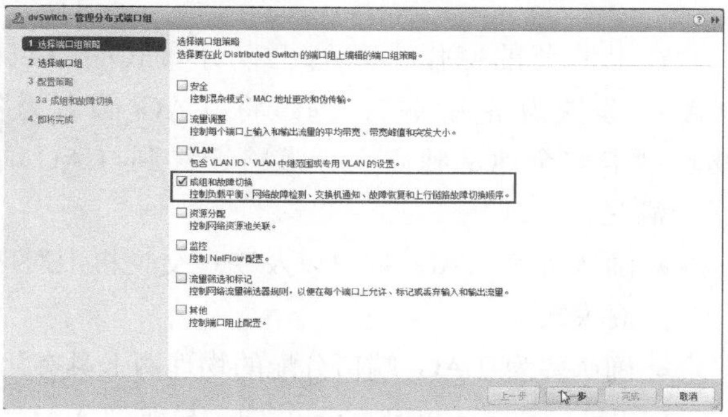

图 6-406　成组和故障切换

（3）在“选择端口组”中，选择要在其中使用 LAG 的端口组，在此列表中有一个 vlan2004（在创建 VDS 的时候创建的），如图 6-407 所示。

（4）在“故障切换顺序”中，选择 LAG 并使用向上箭头将其移至备用上行链路列表中，如图 6-408 所示。

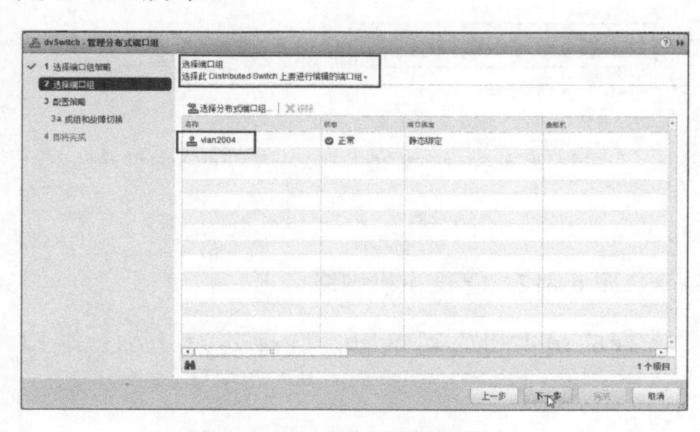

图 6-407　选择端口组

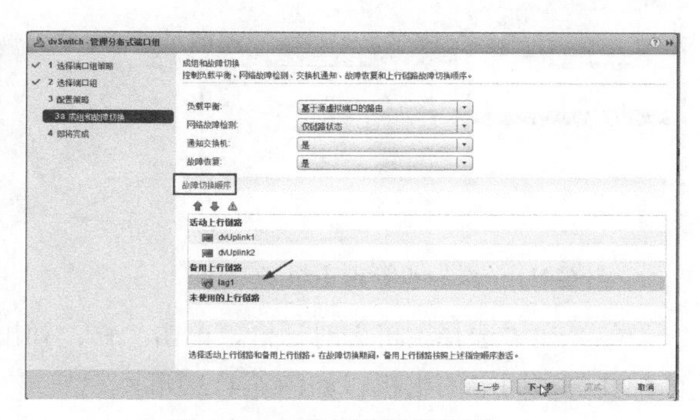

图 6-408　成组和故障切换

（5）单击“下一步”，查看通知您有关中间成组和故障切换配置的使用情况的消息，然后单击“确定”按钮，如图 6-409 所示。

（6）在“即将完成”页面上，单击“完成”按钮，如图 6-410 所示。

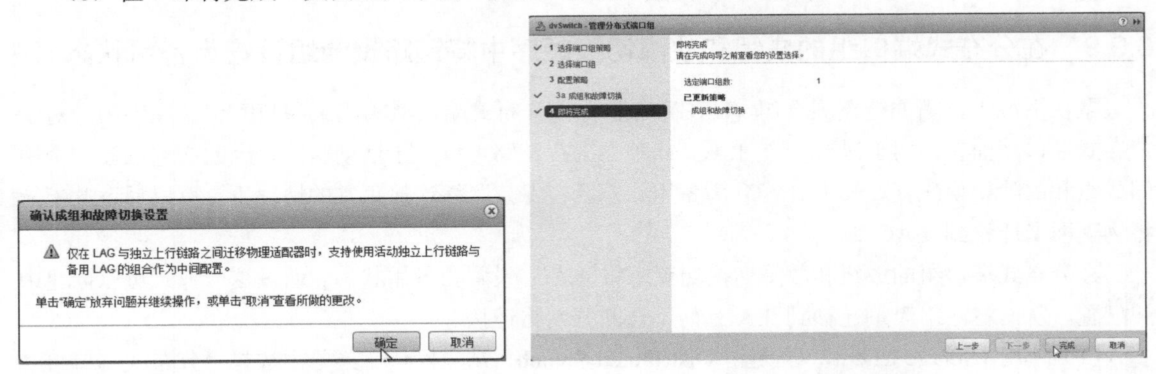

图 6-409　确认切换设置　　　　图 6-410　即将完成

6.9.10　将物理网卡分配给链路聚合组的端口

在上一节的操作中，您已在分布式端口组的成组和故障切换顺序中将新的链路聚合组(LAG) 设置为备用状态。通过将 LAG 设置为备用状态，可在不丢失网络连接的情况下，将物理网卡安全地从独立上行链路迁移到 LAG 端口。在操作之前，确认如下的前提条件是否已经满足：

- 确认所有 LAG 端口以及物理交换机上对应的已启用 LACP 的端口均处于主动 LACP 协商模式。
- 确认要为 LAG 端口分配的物理网卡具有相同的速度，并配置为全双工。

（1）在 vSphere Web Client 中，导航到 LAG 所在的 Distributed Switch，从操作“菜单”中选择“添加和管理主机”，如图 6-411 所示。

（2）在“选择任务”对话框选择“管理主机网络”，如图 6-412 所示。

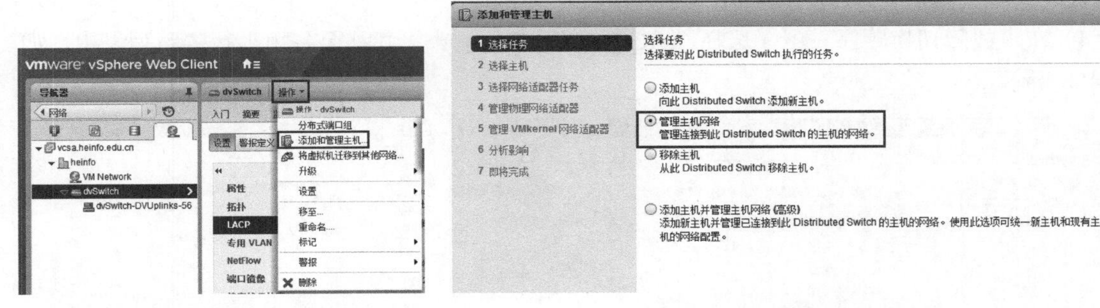

图 6-411　添加和管理主机　　　　图 6-412　管理主机网络

（3）在“选择主机”对话框，单击“+”，弹出“选择成员主机”对话框，选择要为 LAG 端口分配其物理网卡的主机，如图 6-413 所示。

（4）在“选择网络适配器任务” 对话框，选择“管理物理适配器”，如图 6-414 所示。

（5）在“管理物理网络适配器” 对话框，选择某个网卡，然后单击分配上行链路，如图 6-415 所示。

（6）在“为 vmnic 选择上行链路”对话框， 选择 LAG 端口（或者选择“自动分配”），然后单击“确定”按钮，如图 6-416 所示。

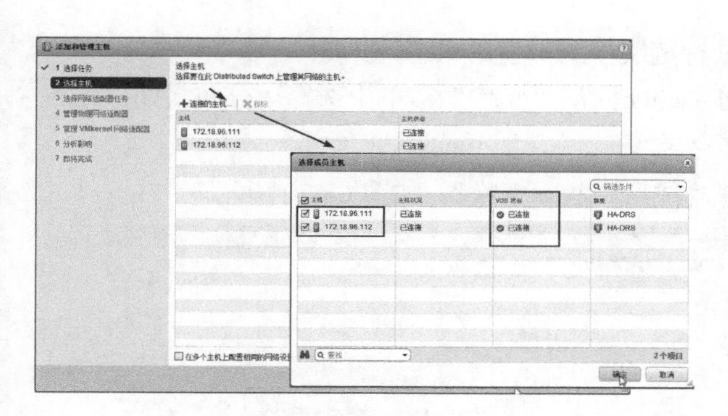

图 6-413　选择成员主机

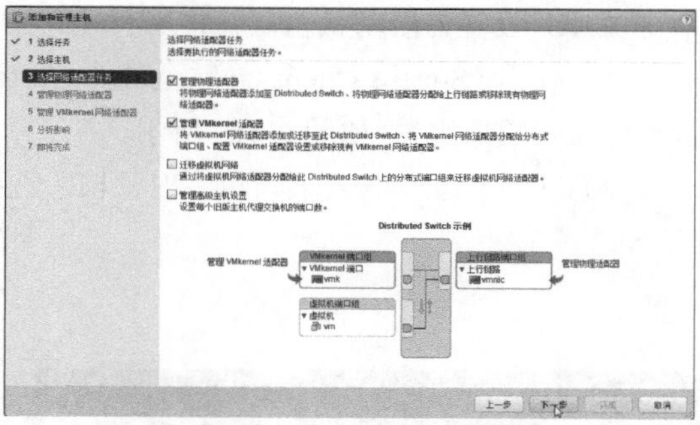

图 6-414　管理物理适配器

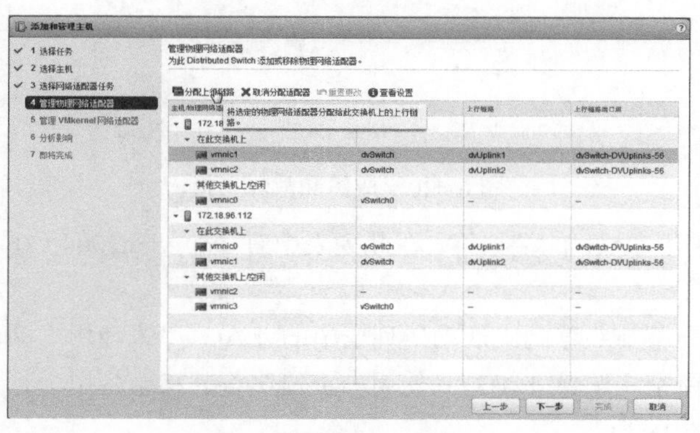

图 6-415　分配上行链路

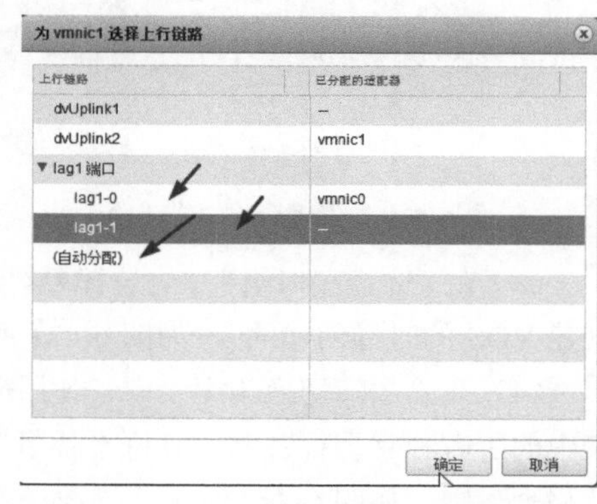

图 6-416　为网卡选择上行链路

（7）对要分配给 LAG 端口的所有物理网卡重复步骤 5 和步骤 6，直到所有网卡分配完毕，如图 6-417 所示。

【注意】不要错误的选择网卡，请将原来分布式交换机中的上行链路分配以 LAG 端口，如果分配了错误的网卡，刚可能会引发 vSphere 的管理问题并导致 vSphere 管理中断。

（8）在“即将完成”对话框，单击“完成”按钮，完成向导中的操作，如图 6-418 所示。

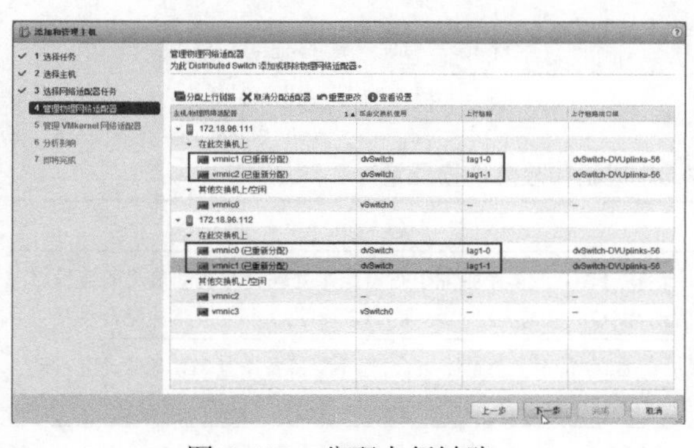

图 6-417　分配上行链路

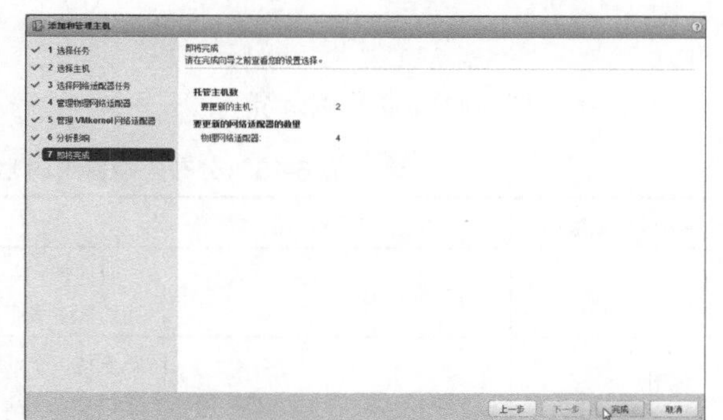

图 6-418　即将完成

6.9.11　在分布式端口组的成组和故障切换顺序中将链路聚合组设置为活动状态

您已将物理网卡迁移到链路聚合组 (LAG) 的端口。请在分布式端口组的成组和故障切换顺序中将 LAG 设置为活动状态，并将所有独立的上行链路移至未使用状态。

（1）使用 vSphere Client 导航至 Distributed Switch，从“操作”菜单中选择“分布式端口组→管理分布式端口组”，如图 6-419 所示。

（2）在“管理分布式端口组”对话框，选择“成组和故障切换”，如图 6-420 所示。

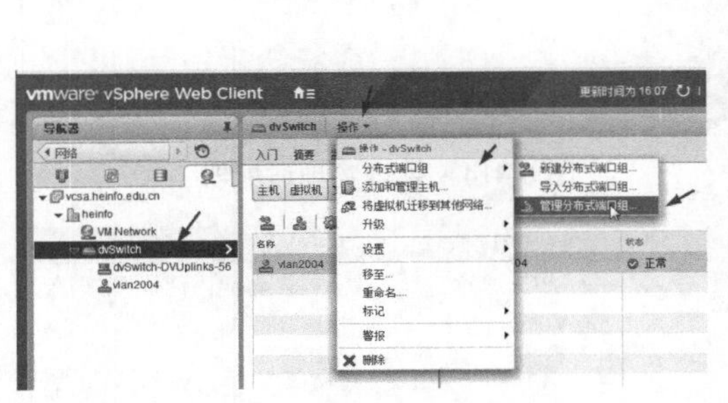

图 6-419 管理分布式端口组

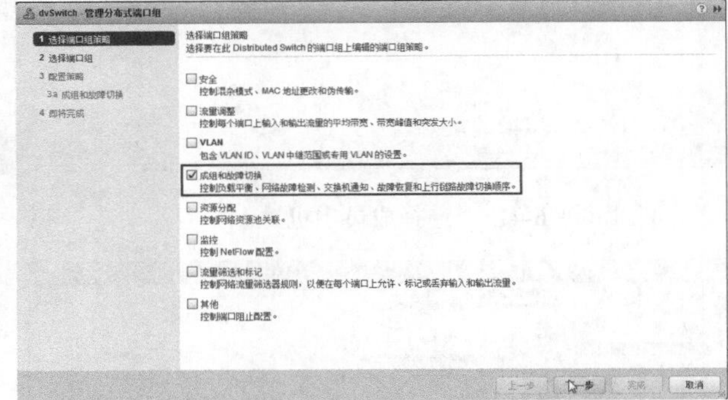

图 6-420 成组和故障切换

（3）在“选择端口组”中，选择要在其中使用 LAG 的端口组，在此列表中有一个 vlan2004（在创建 VDS 的时候创建的），如图 6-421 所示。

（4）在“故障切换顺序”中，使用向上和向下箭头移动“活动”列表中的 LAG、“未使用”列表中的所有独立上行链路，并将“备用”列表留空。选择 LAG 并使用向上箭头将其移至备用上行链路列表中，如图 6-422 所示。该项设置如表 6-18 所示。

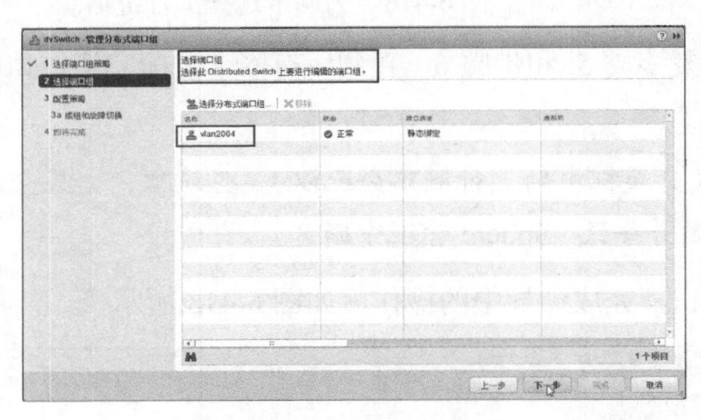

图 6-421 选择端口组

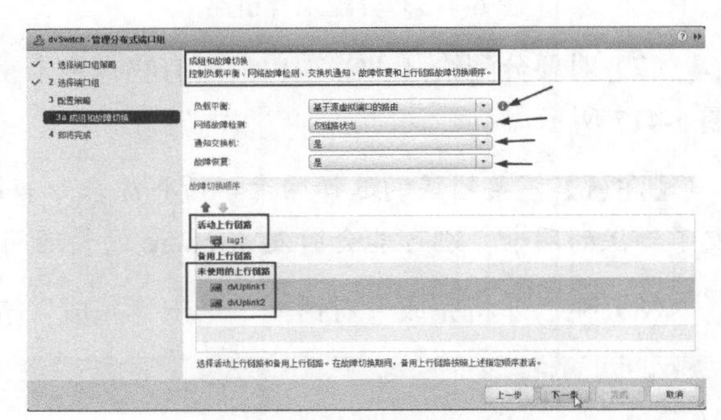

图 6-422 成组和故障切换

表 6-18 分布式端口组的 LACP 成组和故障切换配置

故障切换顺序	上 行 链 路	描 述
活动	单个 LAG	只能使用一个活动 LAG 或多个独立上行链路来处理分布式端口组的流量。无法配置多个活动 LAG，也无法配置活动 LAG 和独立上行链路的混合设置
备用	空	支持一个活动 LAG 和备用上行链路组合，但不支持备用 LAG 和活动上行链路组合。不支持一个活动 LAG 和另一个备用 LAG 的组合
未使用	所有独立上行链路和其他 LAG（如果有）	由于只能有一个 LAG 处于活动状态，且“备用”列表必须为空，因此必须将所有独立上行链路和其他 LAG 设置为“未使用”

（5）在“即将完成”页面上，单击“完成”按钮，如图 6-423 所示。

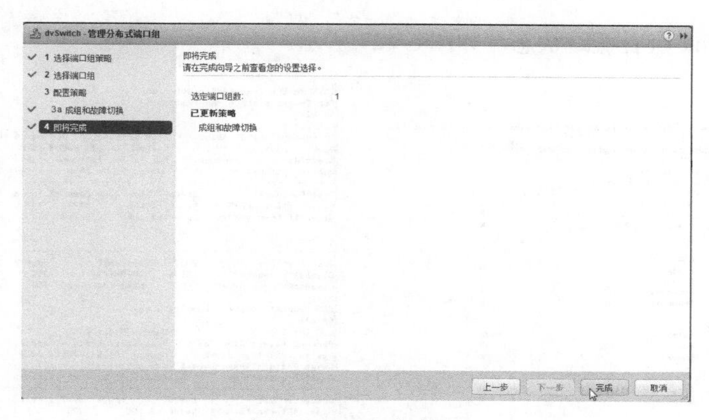

图 6-423　即将完成

6.9.12　检查验证

在为分布式交换机的端口组指定了 LAG 之后，可以在 vSphere Web Client 管理界面，导航到 Distributed Switch，在“管理→设置→拓扑”中，选中分布式端口组，查看绑定的上行链路，如图 6-424 所示。

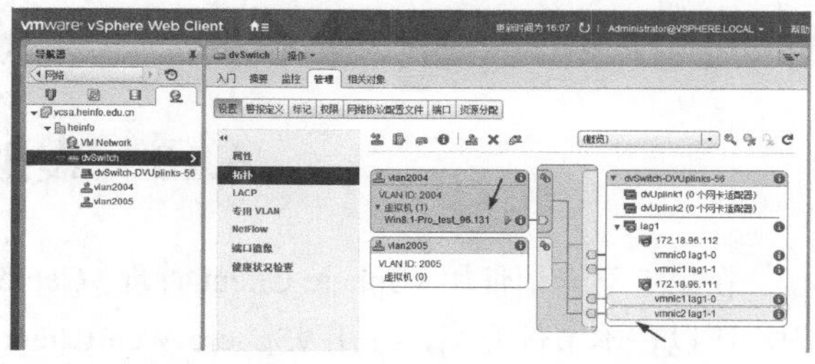

图 6-424　查看端口组绑定的上行链路

【说明】图 6-424 中，在端口组中选择了一个虚拟机，而这个虚拟机是运行在 172.18.96.111 上，所以显示的上行链路是 172.18.96.111 的 LAG，如果选择了端口组，则会绑定两个主机的上行链路。

如果使用 vSphere Client 登录 vCenter Server，查看“vSphere Distributed Switch”，选择端口组，状态如图 6-425 所示。

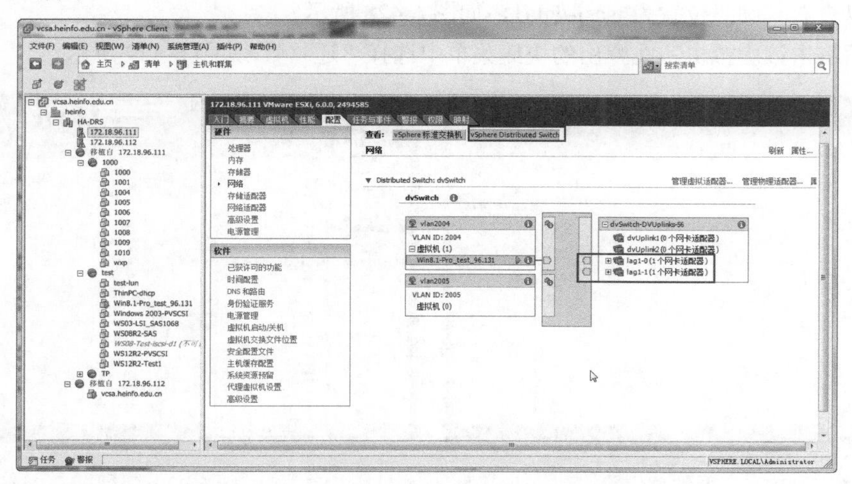

图 6-425　vSphere Client 看到的界面

登录交换机，使用 disp inte eth-trunk，查看链路聚合组，状态如图 6-426 所示。

使用 disp eth-trunk 查看链路状态，如图 6-427 所示。

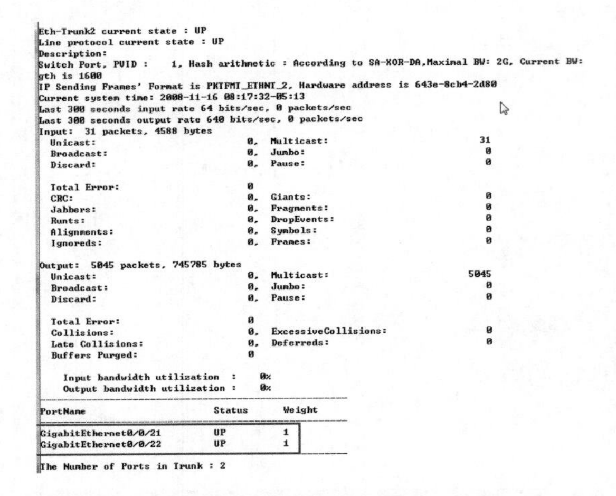

```
Eth-Trunk2 current state : UP
Line protocol current state : UP
Description:
Switch Port, PVID :    1, Hash arithmetic : According to SA-XOR-DA,Maximal BW: 2G, Current BW:
gth is 1600
IP Sending Frames' Format is PKTFMT_ETHNT_2, Hardware address is 643e-8cb4-2d80
Current system time: 2008-11-16 08:17:32-05:13
Last 300 seconds input rate 64 bits/sec, 0 packets/sec
Last 300 seconds output rate 640 bits/sec, 0 packets/sec
Input:  31 packets, 4588 bytes
  Unicast:                          0,  Multicast:                     31
  Broadcast:                        0,  Jumbo:                          0
  Discard:                          0,  Pause:                          0

  Total Error:                      0
  CRC:                              0,  Giants:                         0
  Jabbers:                          0,  Fragments:                      0
  Runts:                            0,  DropEvents:                     0
  Alignments:                       0,  Symbols:                        0
  Ignoreds:                         0,  Frames:                         0

Output:  5045 packets, 745785 bytes
  Unicast:                          0,  Multicast:                   5045
  Broadcast:                        0,  Jumbo:                          0
  Discard:                          0,  Pause:                          0

  Total Error:                      0
  Collisions:                       0,  ExcessiveCollisions:            0
  Late Collisions:                  0,  Deferreds:                      0
  Buffers Purged:                   0

    Input bandwidth utilization  :    0%
    Output bandwidth utilization :    0%
-----------------------------------------------------
PortName                      Status      Weight
-----------------------------------------------------
GigabitEthernet0/0/21         UP          1
GigabitEthernet0/0/22         UP          1
-----------------------------------------------------
The Number of Ports in Trunk : 2
```

图 6-426　交换机上端口聚合

```
[HW5700-Eth-Trunk1]disp eth-trunk
Eth-Trunk1's state information is:
Local:
LAG ID: 1                   WorkingMode: LACP
Preempt Delay: Disabled     Hash arithmetic: According to SA-XOR-DA
System Priority: 32768      System ID: 643e-8cb4-2d80
Least Active-linknumber: 1  Max Active-linknumber: 8
Operate status: up          Number Of Up Port In Trunk: 2
--------------------------------------------------------------------------------
ActorPortName          Status   PortType PortPri PortNo PortKey PortState Weight
GigabitEthernet0/0/7   Selected 1GE      32768   1      305     10111100  1
GigabitEthernet0/0/8   Selected 1GE      32768   2      305     10111100  1

Partner:
--------------------------------------------------------------------------------
ActorPortName          SysPri   SystemID        PortPri PortNo PortKey PortState
GigabitEthernet0/0/7   65535    0010-184a-bcc0  255     32770  9       00111100
GigabitEthernet0/0/8   65535    0010-184a-bcc0  255     32769  9       00111100

Eth-Trunk2's state information is:
Local:
LAG ID: 2                   WorkingMode: LACP
Preempt Delay: Disabled     Hash arithmetic: According to SA-XOR-DA
System Priority: 32768      System ID: 643e-8cb4-2d80
Least Active-linknumber: 1  Max Active-linknumber: 8
Operate status: up          Number Of Up Port In Trunk: 2
--------------------------------------------------------------------------------
ActorPortName          Status   PortType PortPri PortNo PortKey PortState Weight
GigabitEthernet0/0/21  Selected 1GE      32768   3      561     10111100  1
GigabitEthernet0/0/22  Selected 1GE      32768   4      561     10111100  1

Partner:
--------------------------------------------------------------------------------
ActorPortName          SysPri   SystemID        PortPri PortNo PortKey PortState
GigabitEthernet0/0/21  65535    0008-6000-38cf  255     32769  9       00111100
GigabitEthernet0/0/22  65535    0008-6000-38cf  255     32768  9       00111100

[HW5700-Eth-Trunk1]
```

图 6-427　查看链路聚合状态

6.10　虚拟机的迁移

在第 5 章介绍使用 vSphere Client 管理 vCenter Server 的时候，已经介绍过虚拟机迁移的一些知识，所以在本节仅介绍，使用 vSphere Web Client 管理界面，在 Web 客户端中迁移虚拟机的操作，相关的知识请参见本书第 5 章。

6.10.1　更改虚拟机的数据存储

在本操作中，将把一台关闭电源的虚拟机的存储位置更改到其他磁盘，步骤如下。

（1）在 vSphere Web Client 中，导航到一台关闭电源的虚拟机，在“摘要”选项卡，在“虚拟机硬件”中可以查看其硬盘位置为 iscsi-data1，如图 6-428 所示。

（2）之后右击该虚拟机，在弹出的快捷菜单中选择“迁移”，如图 6-429 所示。

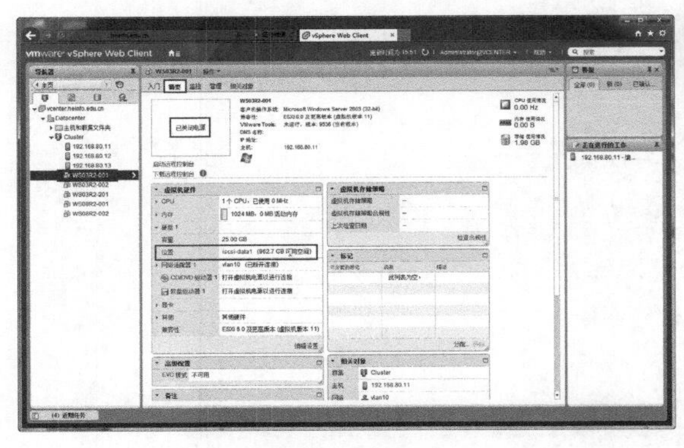

图 6-428　查看硬盘位置

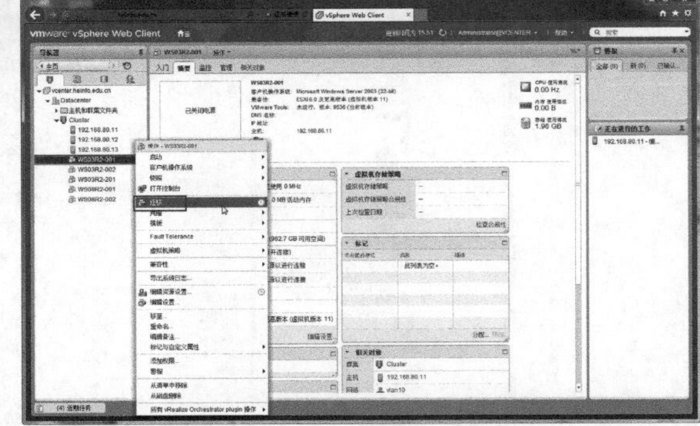

图 6-429　迁移

（3）在“迁移（已调度）”对话框，选择“仅更改存储”，如图 6-430 所示。如果想同时更改主机及存储，请选择“更改计算资源和存储”。

（4）在“选择存储器”对话框，选择用于虚拟机迁移的目标存储，另外在“选择虚拟磁盘格式”下拉列表中，可以选择迁移后虚拟磁盘的格式，可以与源格式相同，也可以更改为厚置备磁盘或精简置备磁盘，如图 6-431 所示。

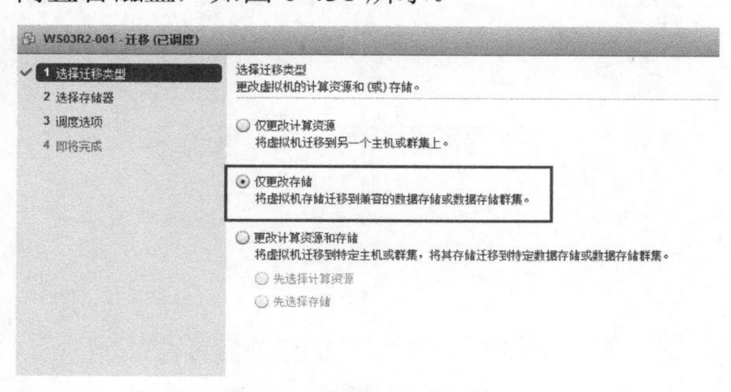

图 6-430　选择迁移类型

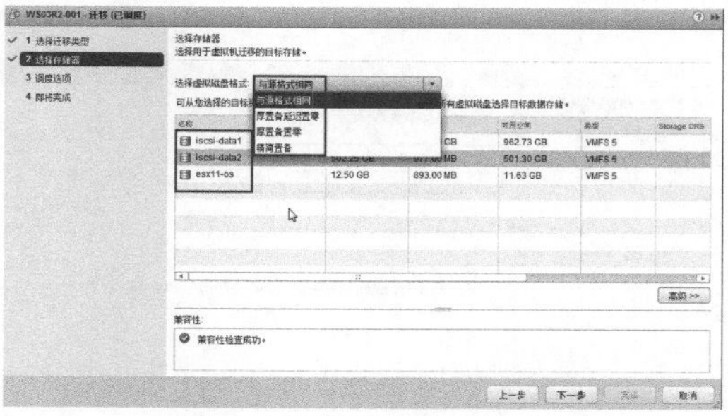

图 6-431　选择存储器及磁盘格式

（5）在“调度选项”对话框，单击“更改”链接，在弹出的对话框中选择“立即运行该操作”，如图 6-432 所示。

（6）在“即将完成”对话框，单击“完成”按钮，完成迁移操作，如图 6-433 所示。

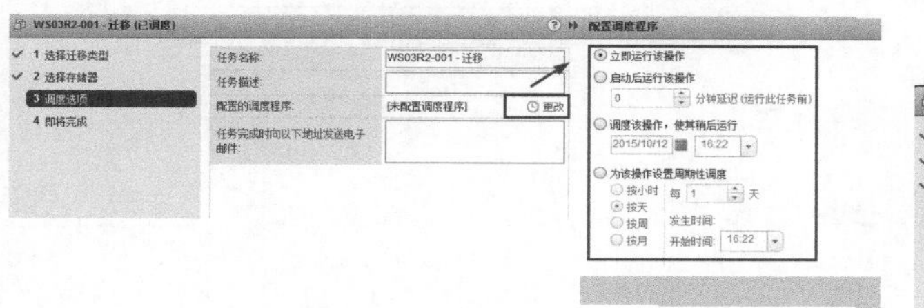

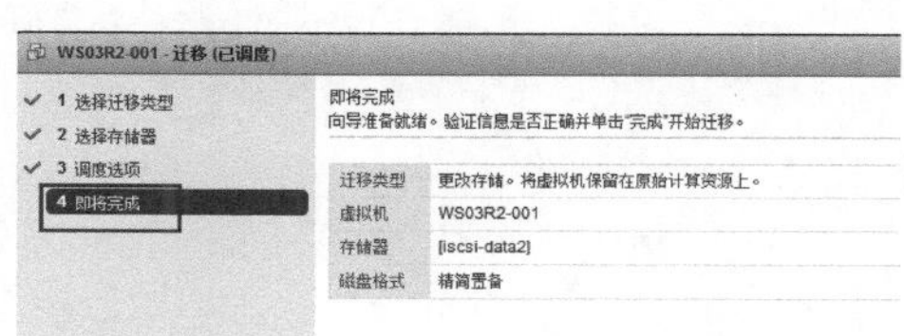

图 6-432　调度选项

图 6-433　即将完成

6.10.2　使用 VMotion 热迁移虚拟机

打开一台虚拟机的电源，使用 VMotion 功能热迁移虚拟机，主要步骤如下。

（1）打开一台虚拟机的电源，打开该虚拟机控制台，使用 ping 命令一直 ping 网关，如图 6-434 所示。

（2）之后在 vSphere Web Client 中右击该虚拟机，在弹出快捷菜单选择“迁移”，如图 6-435 所示。

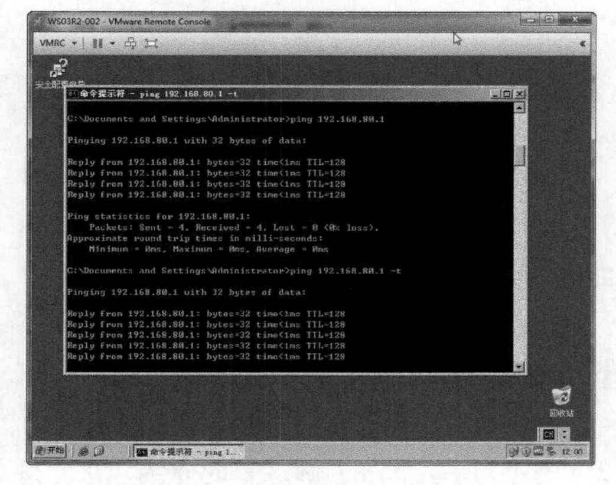

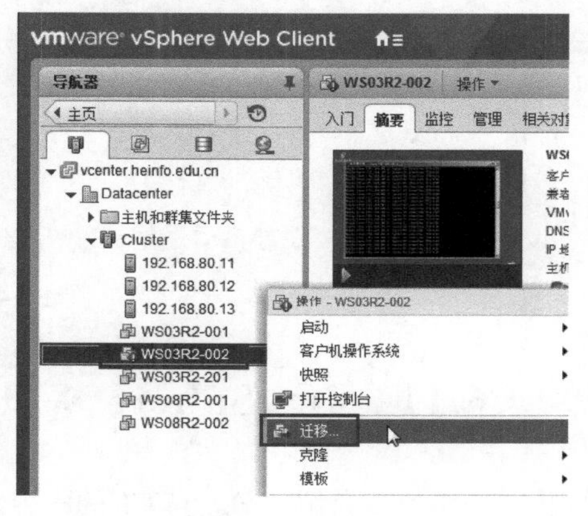

图 6-434　启动一台虚拟机

图 6-435　迁移

（3）在“选择迁移类型”对话框，选择“仅更改计算资源”，如图 6-436 所示。

（4）在“选择计算资源”对话框，选择要群集、主机或资源池来运行虚拟机，如图 6-437 所示。

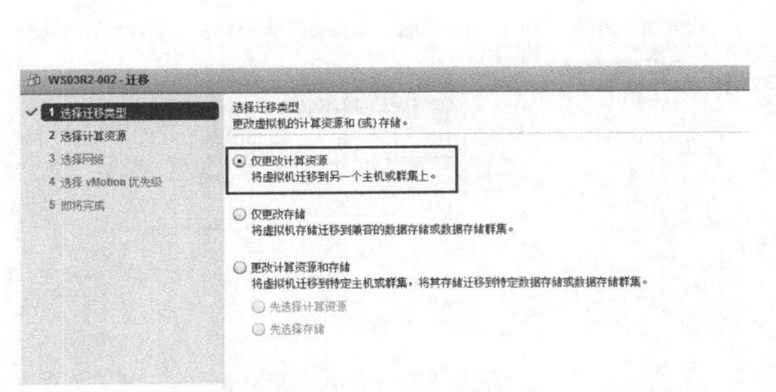

图 6-436　仅更改计算资源

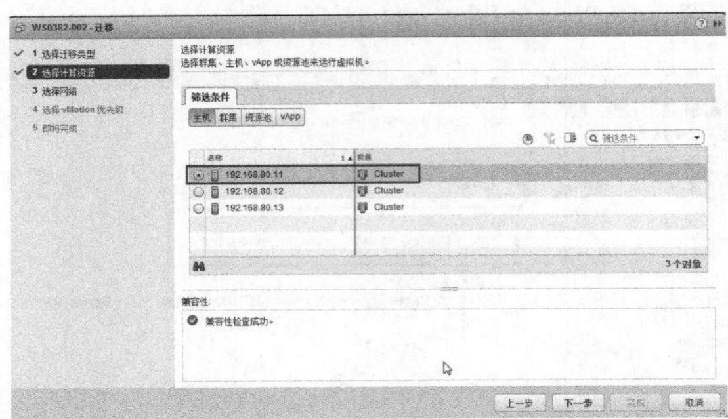

图 6-437　选择计算资源

（5）在“选择网络”对话框，选择用于虚拟机迁移的目标网络，如图 6-438 所示。

（6）在“选择 VMotion 优先组”对话框，选择“安排优先级高的 VMotion”，如图 6-439 所示。

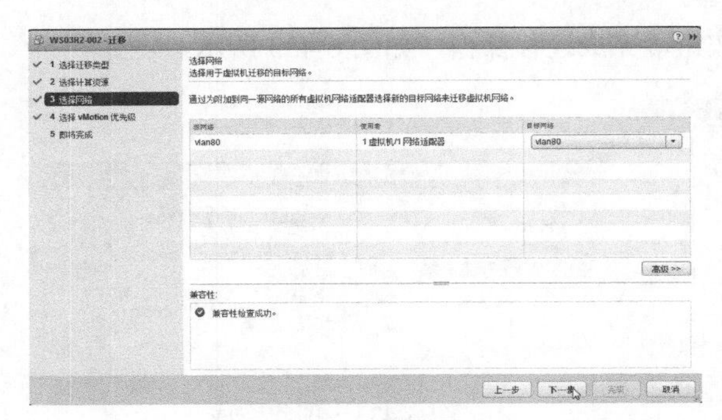

图 6-438　选择网络

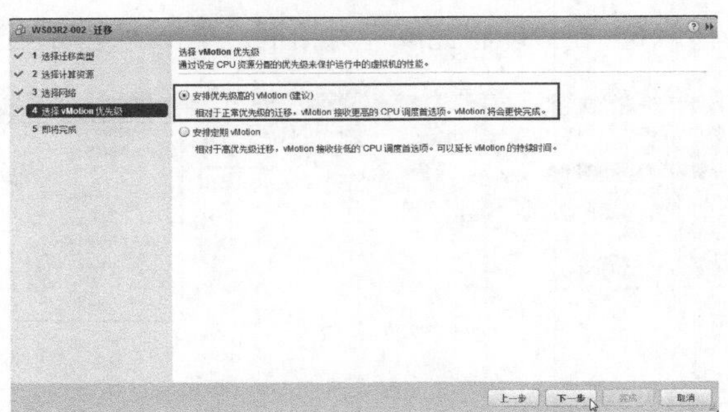

图 6-439　选择 VMotion 优先级

（7）在“即将完成”对话框，单击“完成”按钮，如图 6-440 所示。

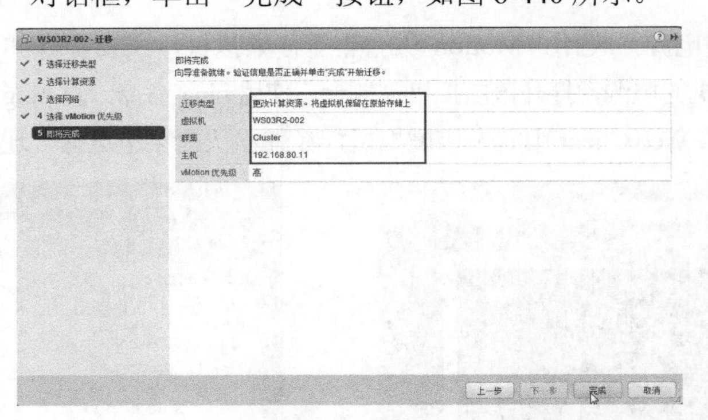

图 6-440　即将完成

6.11　在 vSphere Web Client 中配置 HA 与 DRS

同样，在第 5 章介绍了 HA 与 FT 的内容，所以本书不对 HA 与 FT 做过多的介绍，在此只是介绍 Web 管理客户端，配置 HA 与 DRS 的内容。

（1）使用 vSphere Web Client，在导航器中选择群集（本示例中群集名称为 Cluster），在“管理→设置”选项卡中，单击“vSphere HA”，在此显示了当前 HA 的配置，如图 6-441 所示。单击“编辑”按钮，可以进入 HA 配置对话框。

（2）在“编辑群集设置”对话框中，可以看到当前 HA 已经启用，在此可以启用或关闭群集（在已经配置群集之后不要轻易关闭 HA，否则资源池将会被删除），单击对话框下侧选项前面的“▸”箭头可以展开每一项，如图 6-442 所示。

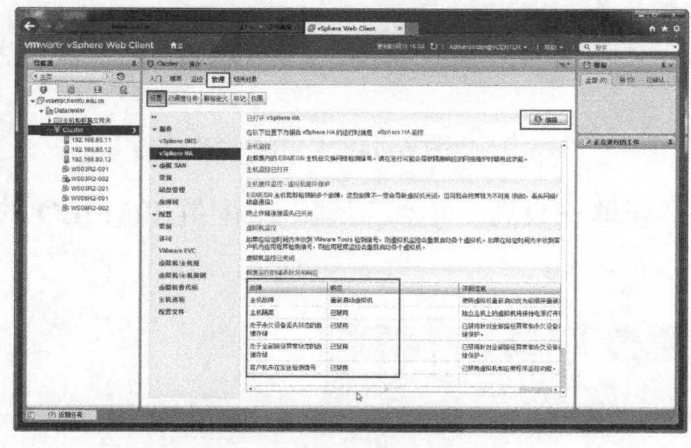

图 6-441　vSphere HA 配置页

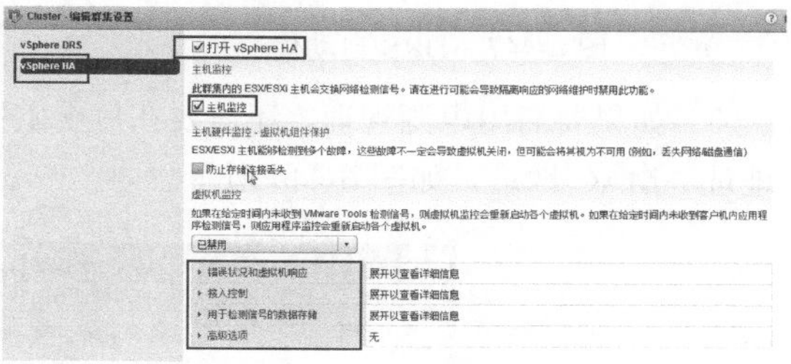

图 6-442　HA 配置页

（3）展开错误状况和虚拟机响应选项如图 6-443 所示。

（4）展开“接入控制”各项如图 6-444 所示。

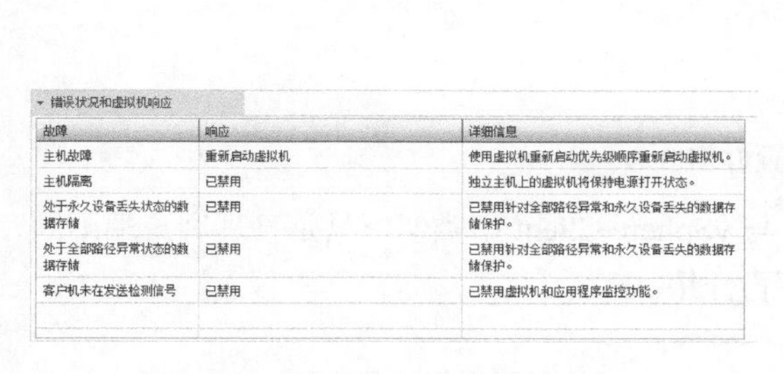

▾ 错误状况和虚拟机响应

故障	响应	详细信息
主机故障	重新启动虚拟机	使用虚拟机重新启动优先级顺序重新启动虚拟机。
主机隔离	已禁用	独立主机上的虚拟机将保持电源打开状态。
处于永久设备丢失状态的数据存储	已禁用	已禁用针对全部路径异常和永久设备丢失的数据存储保护。
处于全部路径异常状态的数据存储	已禁用	已禁用针对全部路径异常和永久设备丢失的数据存储保护。
客户机未在发送检测信号	已禁用	已禁用虚拟机和应用程序监控功能。

图 6-443　错误状况和虚拟机响应

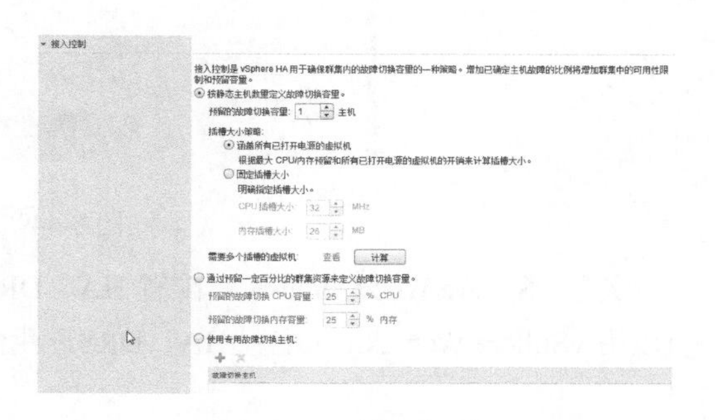

图 6-444　接入控制

（5）展开“用于检测信号的数据存储”各项如图 6-445 所示。

在“编辑群集设置”对话框，单击左侧的“vSphere DRS”，可以进入 DRS 选项设置对话框，如图 6-446 所示。

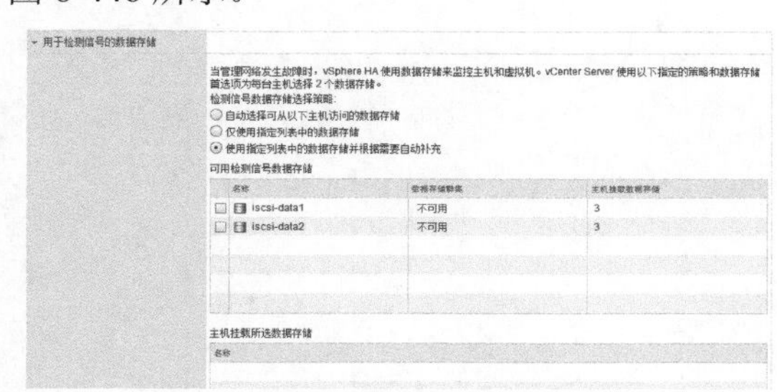

图 6-445　检测信号的数据存储

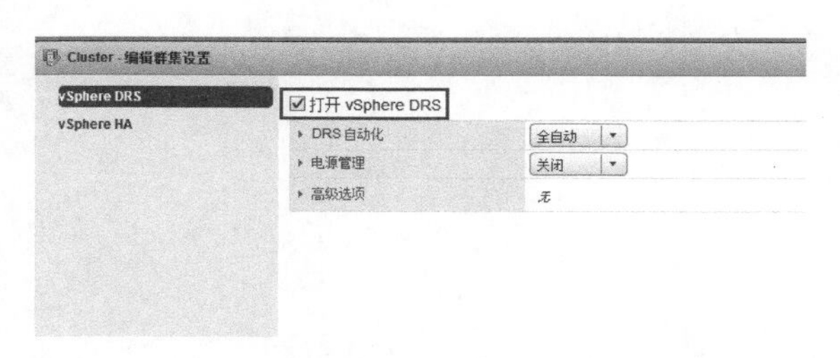

图 6-446　DRS

（1）展开“DRS 自动化”选项，可以配置 DRS 的自动化级别，如图 6-447 所示。

（2）展开“电源管理”，可以配置 DPM 功能，如图 6-448 所示。

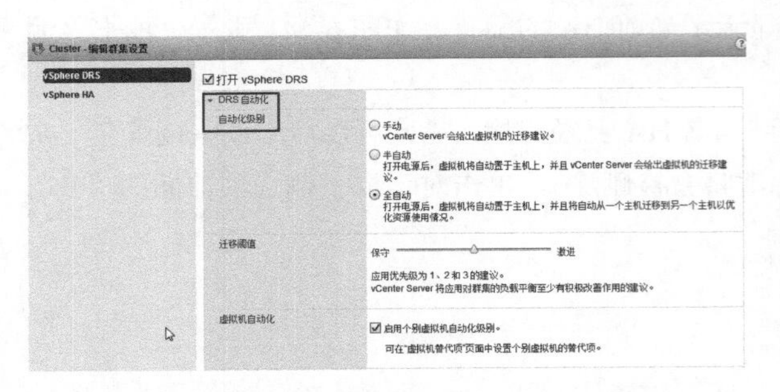

图 6-447　DRS 自动化

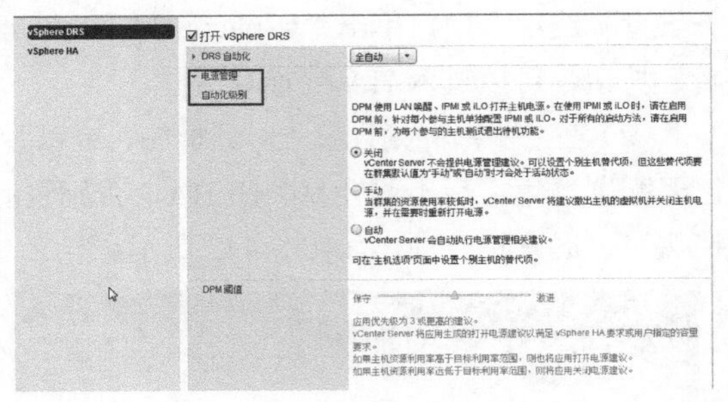

图 6-448　电源管理

（3）如果要启用电源管理，还需要在每个主机的“管理→设置→电源管理”中配置 IPM/iLO 的 IP 地址、MAC 地址，如图 6-449 所示。

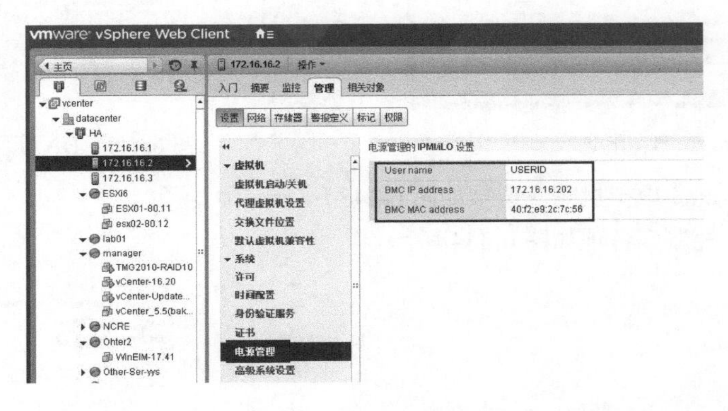

图 6-449　设置 IPM/iLO

关于 vSphere Web Client 中，配置 HA、DRS，与 vSphere Client 中类似，只是管理客户端不同，所以用 vSphere Web Client 配置 HA、DRS，我们不再介绍。

第 7 章　安装配置 VMware View 桌面

VMware Horizon View 是 VMware 虚拟桌面产品，其上一个版本名称为 VMware View。VMware Horizon View 可以简化桌面和应用程序管理，同时提高安全性和控制力。VMware Horizon View 可为终端用户提供跨会话和设备的个性化、高保真体验。 实现传统 PC 难以企及的更高桌面服务可用性和敏捷性，同时将桌面的总体拥有成本减少多达 50%。 与传统 PC 不同，Horizon View 桌面并不与物理计算机绑定。 相反，它们驻留在云环境中，因此终端用户可以在需要时随时访问他们的 Horizon View 桌面。 采用 PCoIP 显示协议的 Horizon View 可以在各种网络条件下为世界各地的终端用户提供最丰富、最灵活的自适应体验。 任何地点都可以开展业务，无论您是在线还是离线、使用的是台式机还是移动设备、LAN 还是 WAN，Horizon View 都能提供最高的工作效率。VMware Horizon View 产品功能较多，在本章通过一个或多个具体的案例，介绍 VMware Horizon View 的安装配置与客户端应用，达到快速入门的目的。

7.1　VMware View 实验环境

为了快速掌握 VMware Horizon View，本章采用了 3 台 VMware ESXi 6 主机做实验环境。其他所需要的环境，例如 Active Directory 服务器（安装 DHCP、DNS 及 Active Directory）、一台 vCenter Server 6、View 连接服务器、View 安全服务器、View Composer 服务器，以及用于存放 ThinApp 应用软件虚拟化的服务器，都部署在 ESXi 的虚拟机中，实验拓扑如图 7-1 所示。

图 7-1 中的三台 ESXi 主机及 vCenter Server 的信息如表 7-1 所示。

表 7-1　VMware View 实验环境配置表

类　型	服务器配置	IP 地址
ESXi01	HP DL 380 G8,2 个 6 核心 CPU，64GB 内存	管理地址：172.30.5.231 iLO 地址:172.30.5.241
ESXi02	HP DL 380 G8,2 个 6 核心 CPU，64GB 内存	管理地址：172.30.5.232 iLO 地址:172.30.5.242
ESXi03	HP DL 380 G8,2 个 6 核心 CPU，64GB 内存	管理地址：172.30.5.233 iLO 地址:172.30.5.243
vCenter Server（虚拟机）	8GB 内存，4 个 CPU（2 插槽，2 核心）	172.30.5.20

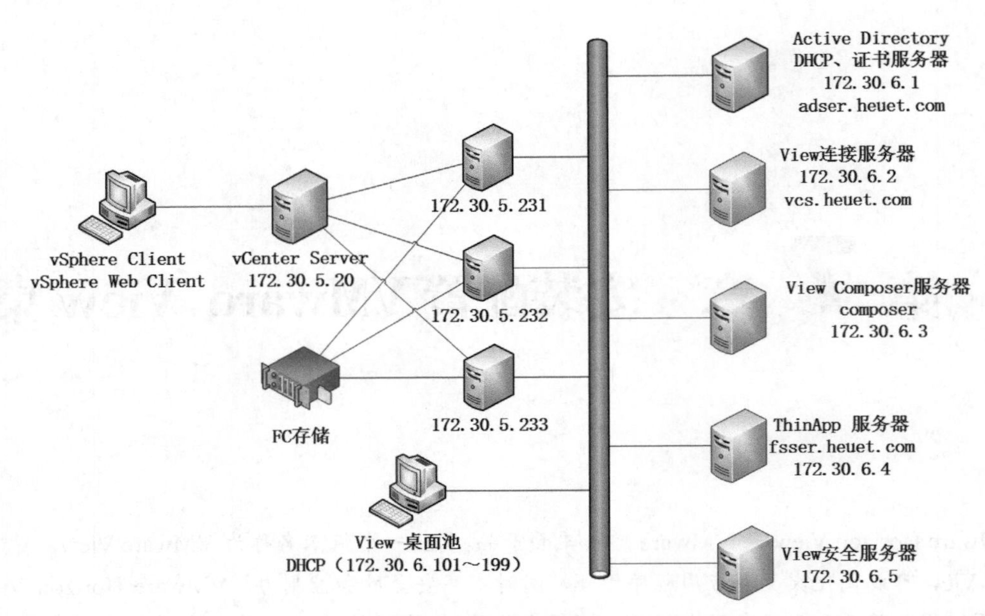

图 7-1 VMware View 实验拓扑

图 7-1 中 View 连接服务器、安全服务器等角色配置及情况说明如表 7-2 所示。

表 7-2 VMware View 服务器角色规划配置表

角 色	配 置	操 作 系 统	域 名	IP 地址	安装文件及大小
Active Directory	1CPU 、1GB	Windows Server 2012 R2 数据中心版	adser.heuet.com	172.30.6.1	cn_windows_server_2012_r2_with_update_x64_dvd_6052725.iso，5.16GB
连接服务器	2CPU 、2GB	Windows Server 2012 R2 数据中心版	vcs.heuet.com	172.30.6.2	VMware-viewconnectionserver-x86_64-6.2.0-3005368.exe，179MB
composer	2CPU、4G	Windows Server 2012 R2 数据中心版	composer	172.30.6.3	VMware-viewcomposer-6.2.0-3001314.exe，31.9MB
ThinApp	2CPU 、2GB		thinapp.heuet.com	172.30.6.4	
安全服务器 1	1CPU 、2GB	Windows Server 2012 R2 数据中心版	security1.heuet.com	172.30.6.5	VMware-viewconnectionserver-x86_64-6.2.0-3005368.exe，179MB
安全服务器 2	1CPU 、2GB	Windows Server 2012 R2 数据中心版	security2.heuet.com	172.30.6.6	VMware-viewconnectionserver-x86_64-6.2.0-3005368.exe，179MB
View 代理及 Windows 10 父虚拟机	2CPU 、2GB	Windows 10 企业版		DHCP	
64 位 Windows 版本				DHCP	VMware-viewagent-x86_64-6.2.0-3005627.exe，163MB

续表

角　色	配　置	操作系统	域　名	IP 地址	安装文件及大小
32 位 Linux 版本		32 位 Linux，Ubunt、RHEL		DHCP	VMware-viewagent-linux-6.2.0-3016404.tar.gz，79.1MB
64 位 Linux 版本				DHCP	VMware-viewagent-linux-x86_64-6.2.0-3016404.tar.gz，56.7MB

【说明】在表 7-2 中规划了两个安全服务器，在实际的应用中，每个安全服务器可以对外发布（使用）一个公网的 IP 地址。

为了验证 VMware Horizon View，可以使用传统的 PC（安装 Windows 或 Linux 操作系统）、iPhone 或 Android 手机、iPad 或 Android 平板，安装对应的 VMware Horizon View Client。如果手机或计算机有无线网卡，则可以在交换机中安装一个家庭宽带路由器（禁用宽带路由器的 DHCP、将 LAN 端口接在交换机上即可），手机或平板通过无线网络连接到网络。

在前面的章节已经介绍了 VMware ESXi、vCenter Server 的安装与使用，以及在虚拟机中安装操作系统的方法，这些内容将不再介绍。

首先会介绍实现基于 Windows 10 的虚拟桌面池，其他的虚拟桌面，例如 Windows 7、Windows 8 以及 Linux，也会在后文介绍。要组建 VMware View 虚拟桌面，会用到 Active Directory 服务器、DHCP 服务器以及 View Connection Server 等知识，下面一一介绍。

7.2　为 View 桌面准备 Active Directory

View 使用现有的 Microsoft Active Directory 基础架构来进行用户身份验证和管理，必须执行特定的任务来准备 Active Directory，以便能与 View 一起使用。View 支持下列版本的 Active Directory：

- Windows 2003 Server Active Directory
- Windows Server 2008 Active Directory
- Windows Server 2008 R2 Active Directory
- Windows Server 2012 Active Directory
- Windows Server 2012 R2 Active Directory

您必须将每个 View Connection Server 主机加入到 Active Directory 域。主机不能是域控制器。将 View 桌面置于与 View Connection Server 主机所在域相同的域，或者置于与 View Connection Server 主机所在域具有双向信任关系的域。

您可以授权 View Connection 主机所在域中的用户和用户组访问 View 桌面和池。您也可以从 View Connection Server 主机所在域中选择用户和用户组，使之成为 View Administrator 中的管理员。要授权或选择其他域中的用户和用户组，您必须在该域和 View Connection Server 主机所在域之间建立双向信任关系。

用户将根据 View Connection Server 主机所在域以及其他任何存在信任协议的用户域的 Active Directory 进行身份验证。

注意：由于安全服务器不会访问包括 Active Directory 在内的任何身份验证存储库，因此它们不需要驻留在 Active Directory 域中。

为确定可访问的域，View Connection Server 实例会从其所在的域开始遍历信任关系。

对于一组连接良好的小型域，View Connection Server 能够快速确定完整的域列表，但随着域数量的不断增多或域之间连通性能的逐渐降低，确定完整域列表所需的时间也会随之增加。另外，该列表还可能包含您不希望用户在登录 View 桌面时为其提供的域。

7.2.1 规划服务器的 IP 地址

从 Windows Server 2012 开始，Active Directory 域服务配置向导取代 Active Directory 域服务安装向导，作为在安装域控制器时指定设置的用户界面（UI）选项。Active Directory 域服务配置向导在完成添加角色向导后开始。

【说明】旧的 Active Directory 域服务安装向导（dcpromo.exe）从 Windows Server 2012 开始已弃用。

在安装 Active Directory 域服务中，UI 过程显示如何启动添加角色向导以安装 AD DS 服务器角色二进制文件，然后运行 Active Directory 域服务配置向导完成域控制器安装。下面介绍在 Windows Server 2012 R2 中，升级到 Active Directory 的操作步骤。在本节中，设置域名为 heuet.com，计算机名为 adser，IP 地址为 172.30.6.1。

在 Windows Server 2012（及 Windows Server 2012 R2）中的操作，与 Windows Server 2008 及 Windows Server 2008 R2 略有不同。本节以为规划成 Active Directory 的服务器的计算机（或虚拟机）设置 IP 地址、修改计算机名称的方式为例进行介绍。登录准备用做 Active Directory 的服务器，以 Administrator 登录，进行如下的操作。

（1）设置 IP 地址：在“服务器管理器→本地服务器”中，在“以太网”处单击“由 DHCP 分配的 IPv4 地址”链接，打开“网络连接”对话框。或者右击右下角的“”图标，在弹出的对话框中选择“打开网络和共享中心”，如图 7-2 所示。

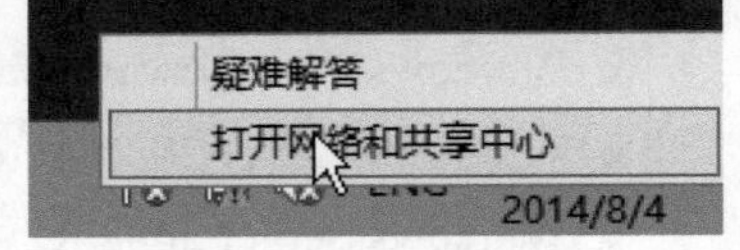

图 7-2 打开网络和共享中心

（2）打开“网络和共享中心”之后，单击“更改适配器设置”链接，如图 7-3 所示，打开网络连接。

（3）打开“网络连接”对话框，右击“以太网”，在弹出的快捷菜单中选择“属性”，如图 7-4 所示。

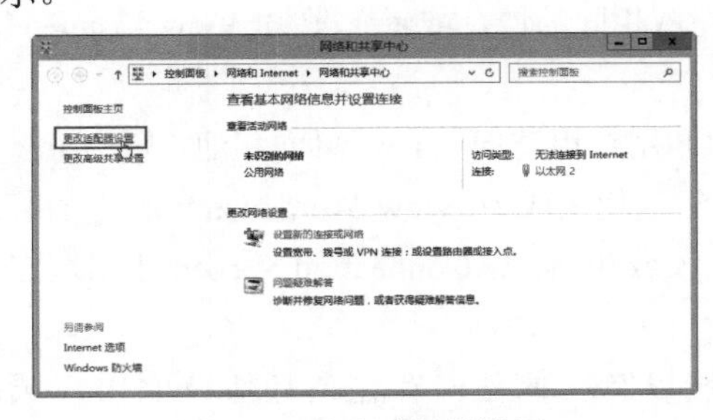

图 7-3 更改适配器设置

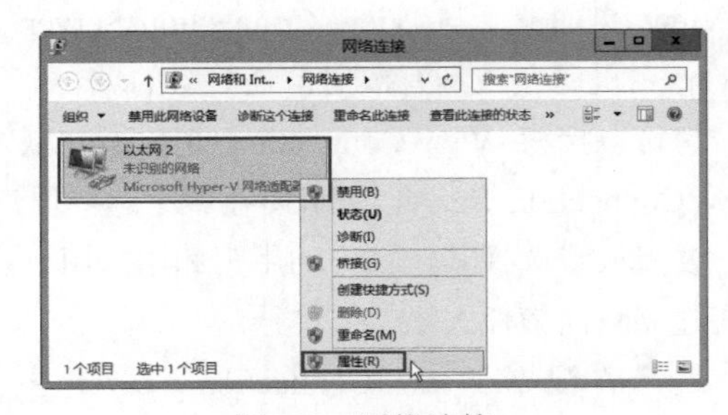

图 7-4 网络连接

（4）在打开的“以太网属性”对话框中，双击“Internet 协议版本 4”，在“Internet 协议版本 4”对话框中，设置 IP 地址、子网掩码、网关，并将 DNS 设置为与本机 IP 地址一致，在本例为 172.30.6.1，如图 7-5 所示。

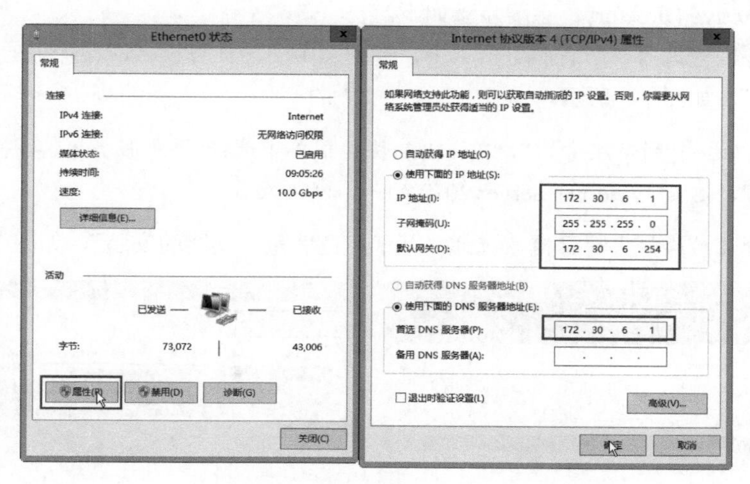

图 7-5　设置 IP 地址与 DNS

7.2.2　修改计算机名称

在设置了 IP 地址与 DNS 地址之后，返回到“服务器管理器”，修改计算机名称为 adser，操作步骤如下。

（1）在“服务器管理器→本地服务器”中，单击“计算机名”后面的链接，在此显示的是当前的计算机名称，如图 7-6 所示。

（2）在弹出的“系统属性”对话框中，单击“更改”按钮，在弹出的“计算机名/域更改”对话框中设置新的计算机名，在此命名为 adser，然后单击“确定”按钮，如图 7-7 所示。

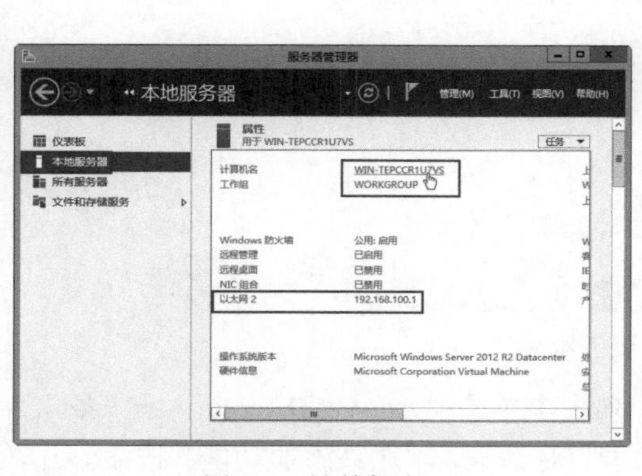

图 7-6　计算机名

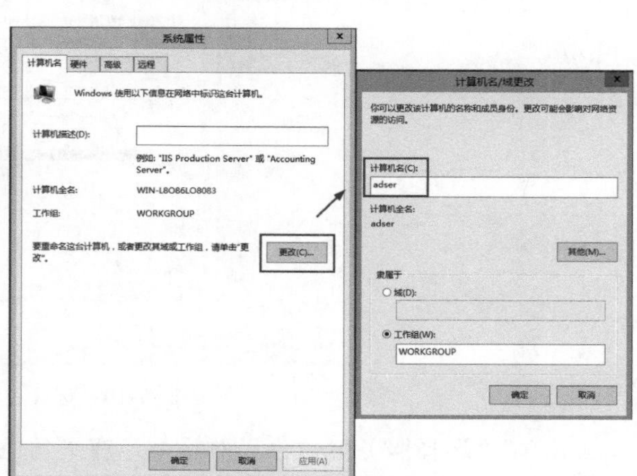

图 7-7　修改计算机名

然后根据提示，重新启动计算机。

7.2.3 运行 Active Directory 域向导

在设置 IP 地址、DNS 地址并修改计算机名并重新启动计算机后，运行 Active Directory 域向导，将计算机升级到 Active Directory，主要步骤如下。

（1）在“服务器管理器→所有服务器”中，在列表中右击计算机名，在弹出的快捷菜单中选择“添加角色和功能”，如图 7-8 所示。

【说明】你可以右击“所有服务器”，在弹出的快捷菜单中选择“添加服务器”，将多个服务器添加到列表中进行管理，这是 Windows Server 2012 的一个新增功能。

（2）在“选择安装类型”对话框，选择“基于角色或基于功能的安装”，如图 7-9 所示。

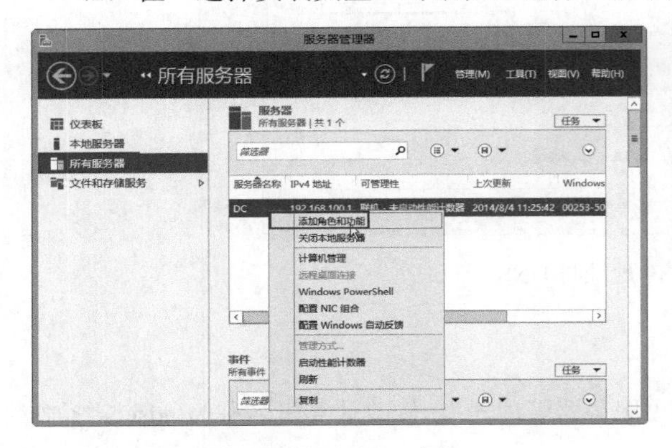

图 7-8 添加角色和功能

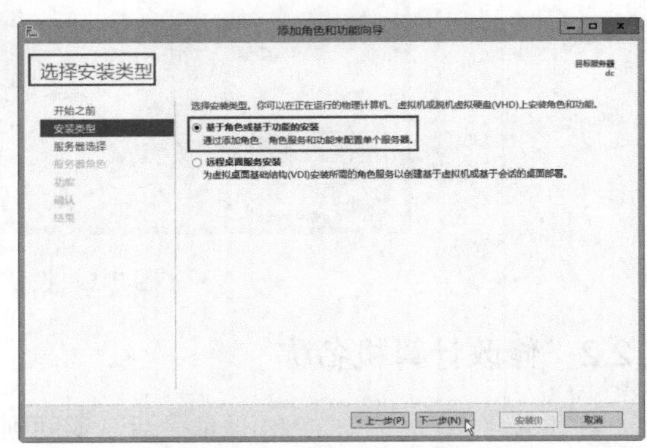

图 7-9 选择安装类型

（3）在“选择目标服务器”对话框，选择“从服务器池中选择服务器”，并选择 dc，如图 7-10 所示。当在服务器池中有多个服务器里，可以在此选择要在那台计算机上安装角色或功能。

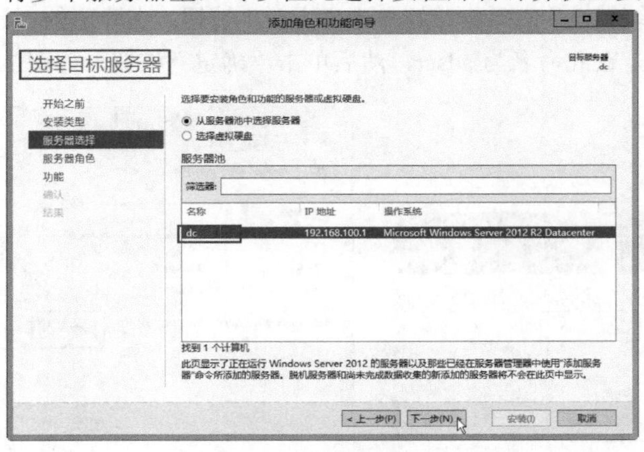

图 7-10 选择目标服务器

（4）在“选择服务器角色”对话框，在“角色”列表中单击“Active Directory 域服务”，随后会弹出“添加 Active Directory 域服务 所需的功能”对话框，单击“添加功能”按钮添加，如图 7-11 所示。

（5）在“选择功能”对话框，选择要安装的一个或多个功能，如图 7-12 所示。在此不选择安装其他功能。

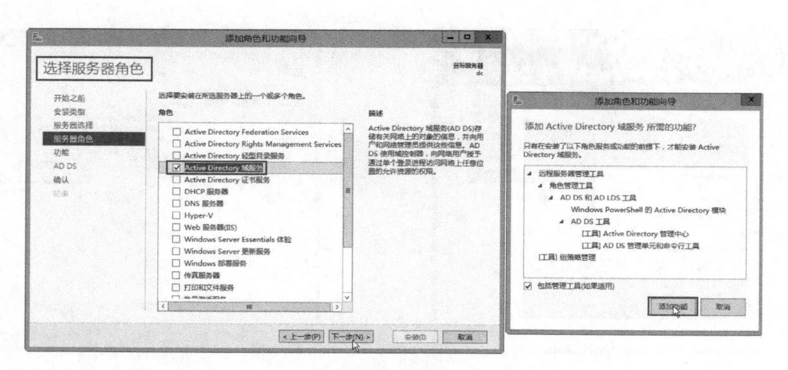

图 7-11　选择服务器角色

（6）在“Active Directory 域服务”对话框，显示了 Active Directory 介绍及注意事项，如图 7-13 所示。

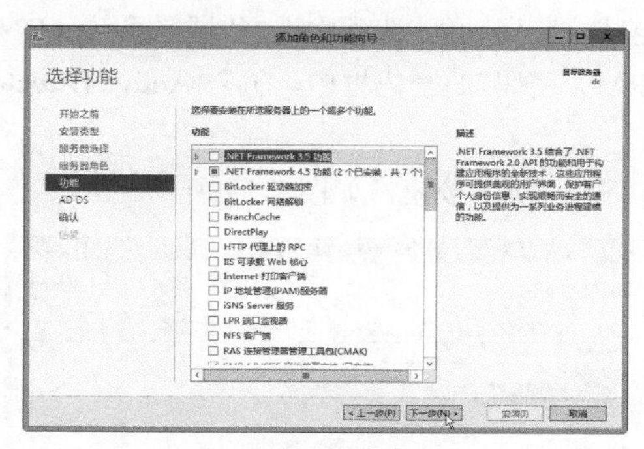

图 7-12　选择功能

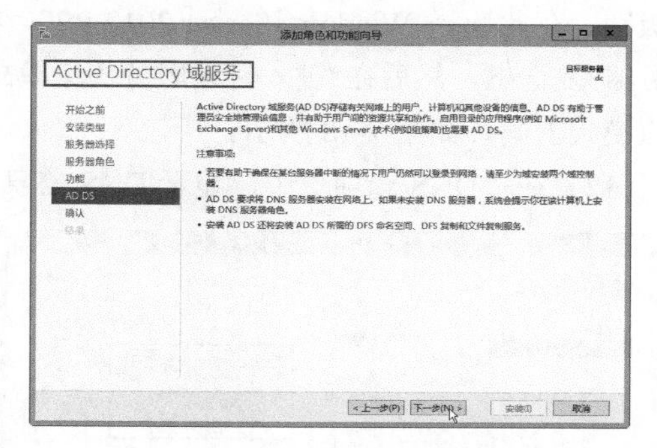

图 7-13　Active Directory 域服务

（7）在“确认安装所选内容”对话框，单击“安装”按钮，如图 7-14 所示。如果选中“如果需要，自动重新启动目标服务器”，如果在安装所选内容的角色或功能，需要重新启动，则会自动重新启动服务器。

（8）在“安装进度”对话框显示了安装的进度，如图 7-15 所示，单击“关闭”按钮，当前的配置完成。

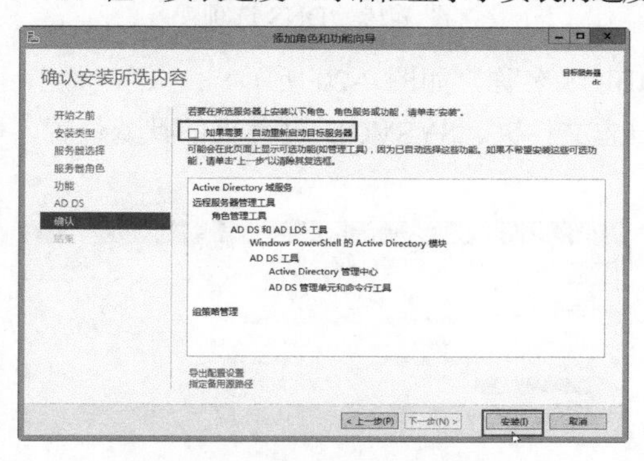

图 7-14　确认安装所选内容

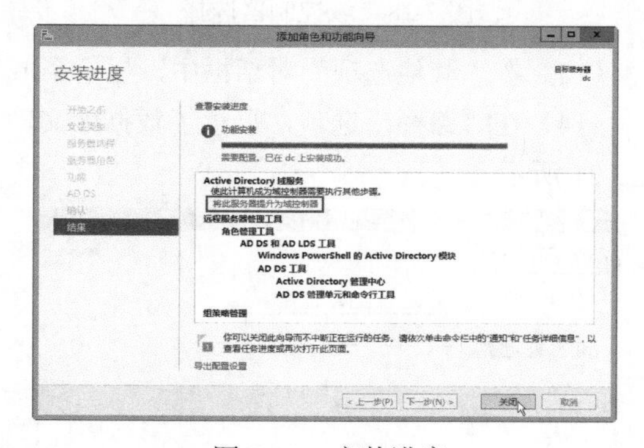

图 7-15　安装进度

（9）在“服务器管理器”中单击工具栏上的“⚠”链接，在弹出的快捷菜单中选择“将此服务器提升为域控制器”的链接，如图 7-16 所示。

（10）在“部署配置”对话框，在“选择部署操作”选项中单击“添加新林”单选按钮，在“根域名”文本框中，输入新创建的 Active Directory 域名，在此命名为 heuet.com，如图 7-17 所示。

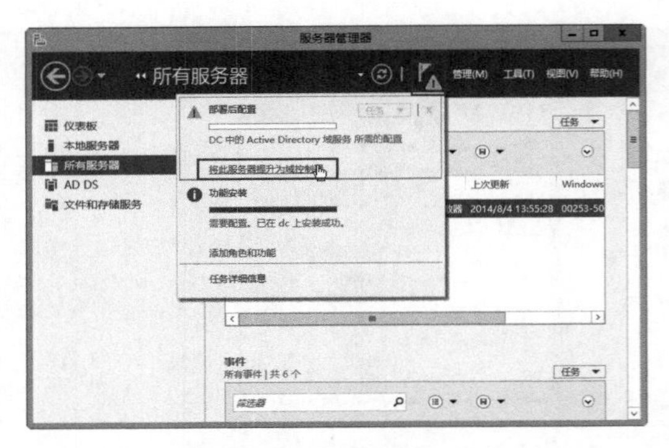

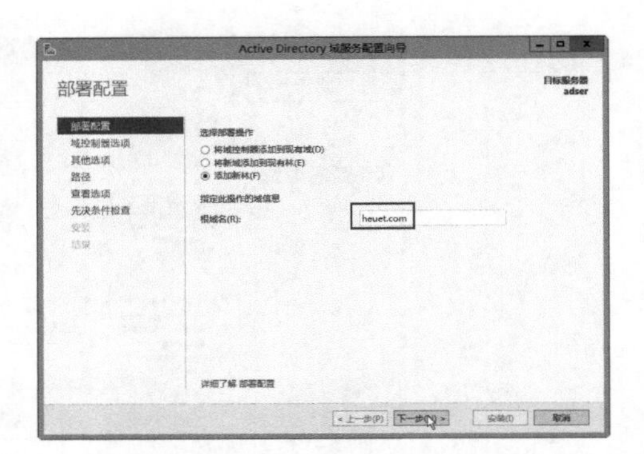

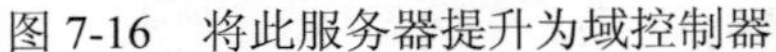
图 7-16　将此服务器提升为域控制器

图 7-17　部署配置

（11）在“域控制器选择”对话框，在“林功能级别”与“域功能级别”列表中选择新林和根域的功能级别，在此选择“Windows Server 2012 R2”，在“指定域控制器功能”选项中选择“域名系统（DNS）服务器”复选框，然后在“键入目录服务还原模式（DSRM）密码”的密码框中，输入 Active Directory 还原模式密码，如图 7-18 所示。

（12）在“DNS 选项”中，显示 DNS 信息，单击“下一步”按钮，如图 7-19 所示。

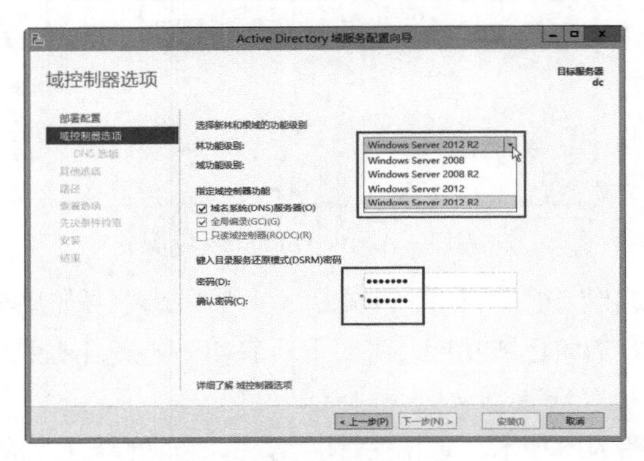

图 7-18　域控制器选择

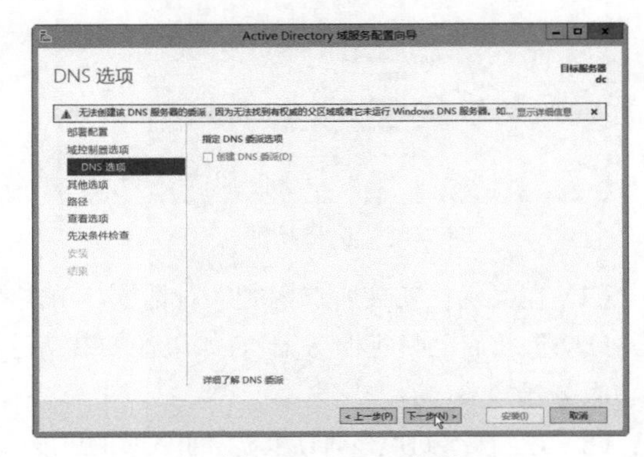

图 7-19　DNS 选项

（13）在“其他选项”对话框中，显示了域的 NetBIOS 名称，如图 7-20 所示。

（14）在“路径”选项，显示了数据库文件夹、日志文件夹、SYSVOL 文件夹的默认位置，如图 7-21 所示。

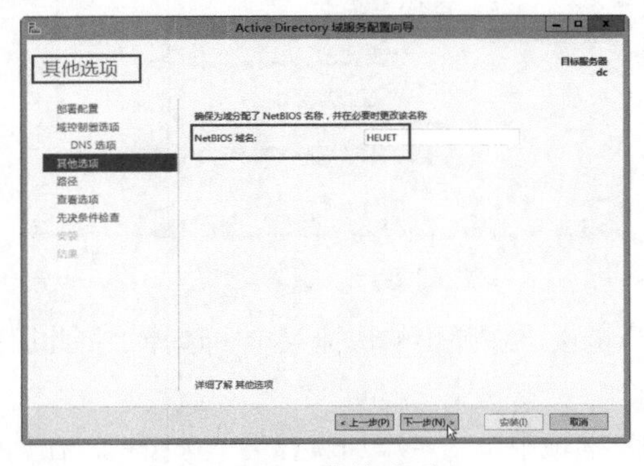

图 7-20　其他选项

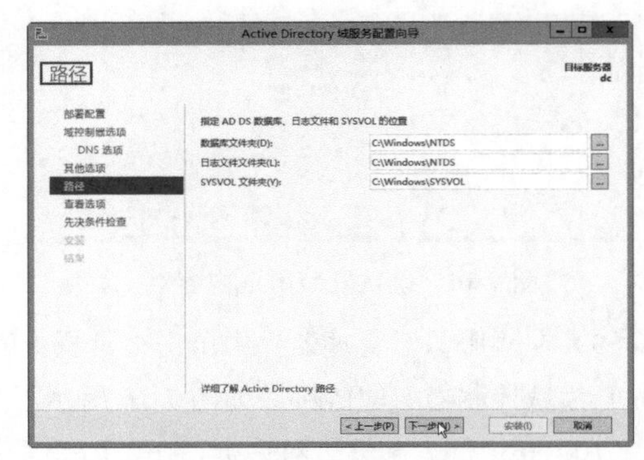

图 7-21　路径

（15）在“查看选项”对话框，显示了配置 Active Directory 的选项，无误之后单击“下一步”按钮，如果需要修改依次单击“上一步”按钮返回并逐一修改，如图 7-22 所示。

（16）在“先决条件检查”对话框，安装向导会在此计算机上验证安装 Active Directory 先决条件，当所有先决条件检查通过后，单击“安装”按钮，如图 7-23 所示。

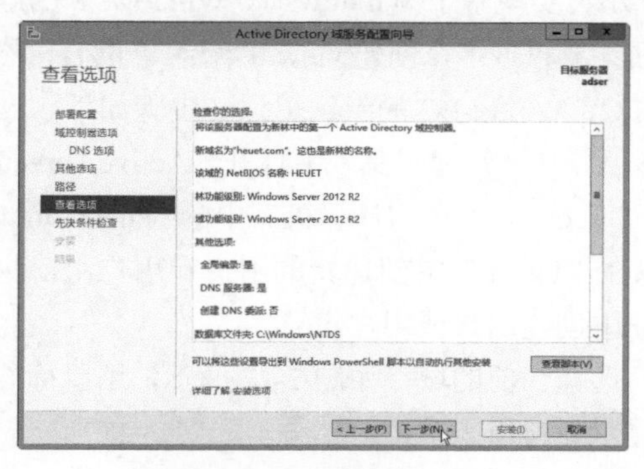

图 7-22　查看选项

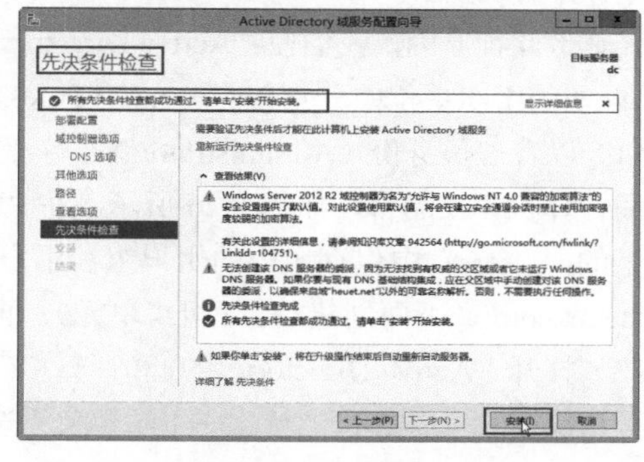

图 7-23　先决条件检查

（17）之后会开始安装，直到安装完成，如图 7-24 所示。

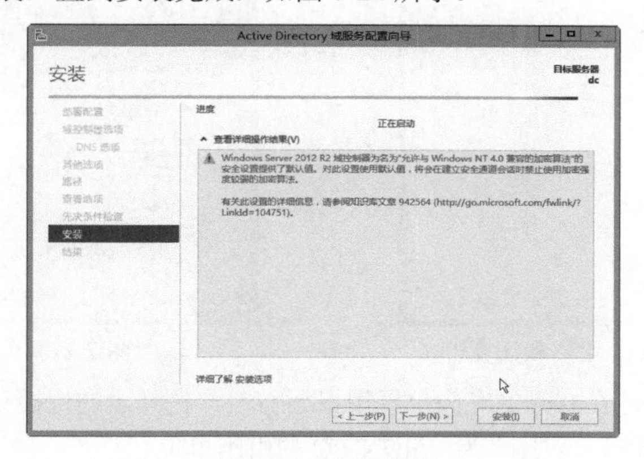

图 7-24　安装完成

（18）在配置完成之后，向导会提示“即将注销你的登录”，如图 7-25 所示。在注销之后，将完成 Active Directory 的配置。

图 7-25　注销当前登录完成配置

7.2.4　为 View 桌面创建组织单位

在使用 VMware View 虚拟桌面时，会根据用户的虚拟桌面的数量，创建多台计算机，这些计算机在默认情况下，会添加到“Active Directory 用户和计算机”。在默认情况下，加入到 Active Directory 的计算机，会添加到“Computers”容器（组建单位）中。为了与 VMware View 虚拟桌面的计算机（虚拟机）进行区分，您应当专门为您的 View 桌面创建一个组织单位。

说明：组织单位，英文单词是 Organizational Unit，或简称 OU，是对 Active Directory 的细分，包含用户、组、计算机或其他组织单位。

在进行规划的时候，不仅仅要为当前的实验规划，还要为以后的实验或应用进行规划。在本次实验中，会实现基于 Windows XP 的虚拟桌面，在后期还会实现基于 Windows 7、Windows 8 的虚拟桌面。基于此种原因，我们在“Active Directory 用户和计算机”中，创建 view 的组织单位名，然后再在 view 的组织单位中分别创建 WinXP-PC、Win7x-PC、Win8x-PC 的组织单位。步骤如下。

（1）以管理员身份（Administrator 账户）登录服务器，从“管理工具”中打开“Active Directory 用户和计算机”控制台，如图 7-26 所示。在“Active Directory 用户和计算机”中的 heuet.com（域名）下的“Users”中保存域中的用户组和用户。可以在“Users”中创建新的用户和用户组，也可以在 heuet.com 域下面创建 OU（组织单元），再在 OU 中创建用户或用户组。

（2）打开“Active Directory 用户和计算机”窗口，选择当前的域，如图 7-27 所示，用鼠标右键单击，从快捷菜单中选择“新建→组织单位”选项，显示新建组织单位对话框，如图 7-28 所示。输入组织的单位名称（本例为“VMware-View”），单击“确定”按钮完成创建。

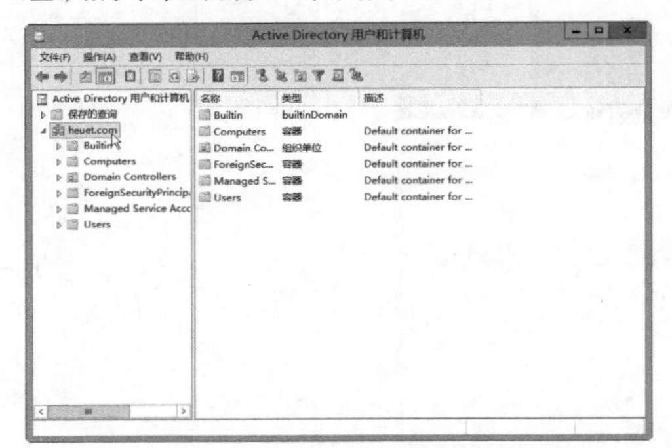

图 7-26　Active Directory 用户和计算机

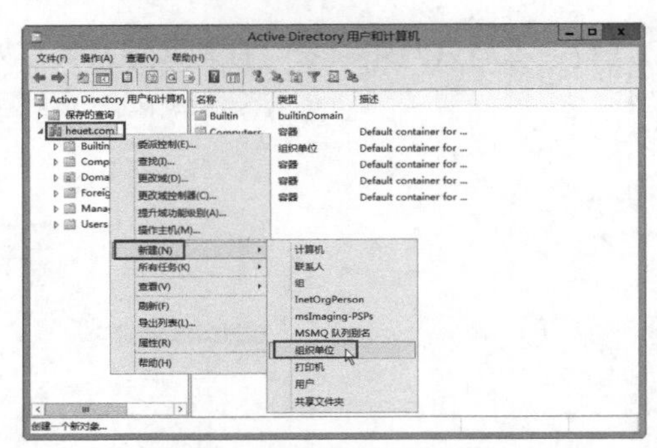

图 7-27　创建组织单位

（3）然后选中 heinfo，在右侧的空白位置用鼠标右击，在弹出的快捷菜单中选择“新建→组织单位”选项，如图 7-29 所示，创建名为 Win7X-PC 的组织单位。

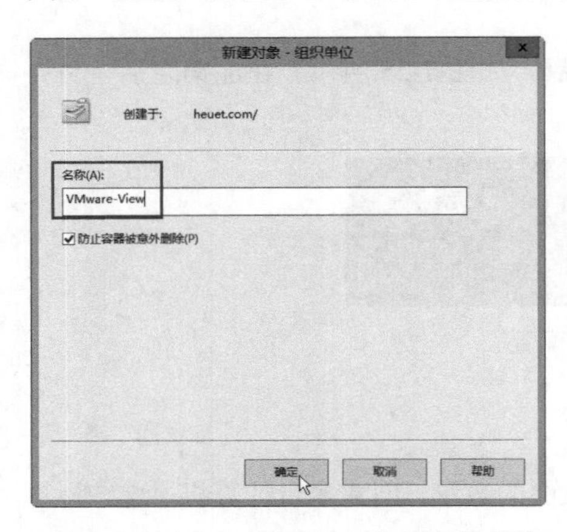

图 7-28　创建名为“heinfo”的组织单位

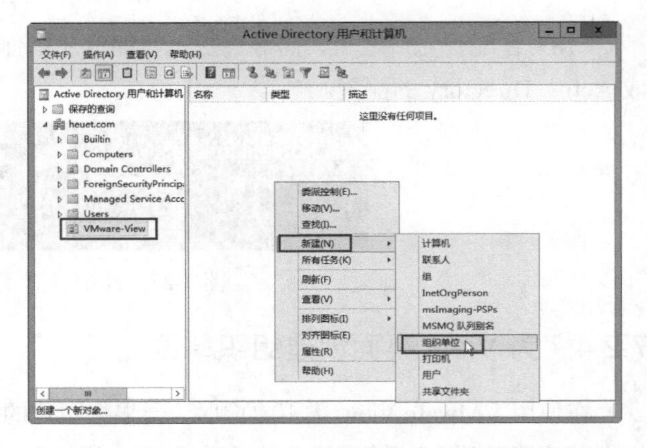

图 7-29　在“heinfo”组织单位中创建组织单位

（4）然后参照上一步的操作，再在“heinfo”组织单位中分别创建 Win10x-PC、WinXp-PC、View-users 的组织单位，创建后如图 7-30 所示。

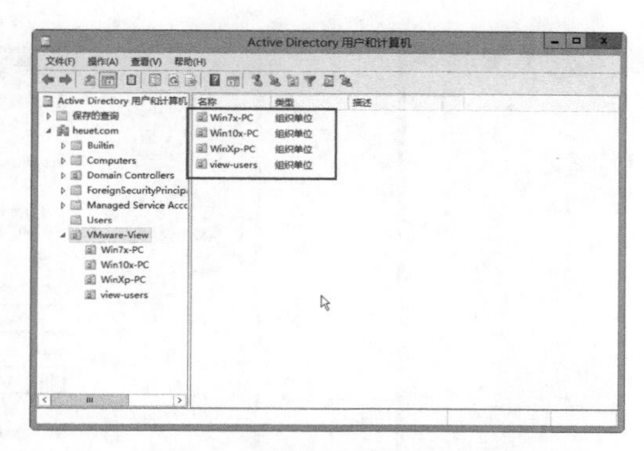

图 7-30　创建 4 个组织单位

要避免将组策略设置应用于您的桌面所在域中的其他 Windows 服务器或工作站，您可以为 View 组策略创建一个 GPO 并将其链接到包含您 View 桌面的组织单位。您也可以将组织单位的控制权委托给下级组，如服务器操作员或单独用户。

7.2.5　为 View Composer 配置用户账户

如果使用 View Composer，您必须在 Active Directory 中创建一个用户账户，以供 View Composer 使用。View Composer 需要使用该账户将链接克隆桌面加入到您的 Active Directory 域。

为确保安全性，您应当创建一个单独的用户账户，以供 View Composer 使用。通过创建单独的账户，可以确保该账户不具有针对其他目的定义的额外特权。您可以为该账户授予在指定的 Active Directory 容器中创建和移除计算机对象所需的最低特权。例如，View Composer 账户不需要域管理员特权。

在本例中，在“Active Directory 用户和计算机→users”组织容器内，创建一个名为 add 的账户，为其分配指定的权限，步骤如下：

（1）在“Active Directory 用户和计算机”中，用鼠标右击“heuet.com”组织单位，在弹出的快捷菜单中选择“委派控制”选项，如图 7-31 所示。

（2）在“用户或组”对话框中，单击“添加”按钮，添加 add 账户，如图 7-32 所示。

（3）在“要委派的任务”对话框中，选中“将计算机加入域”单选按钮，如图 7-33 所示。

（4）在“完成控制委派向导”对话框，单击“完成”按钮，委派账户权限完成，如图 7-34 所示。

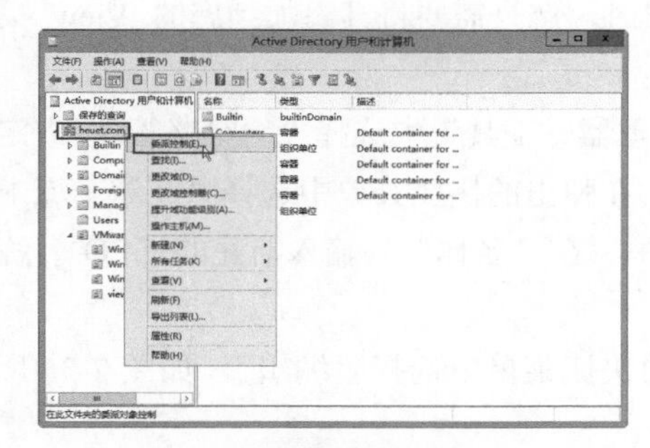

图 7-31　委派控制

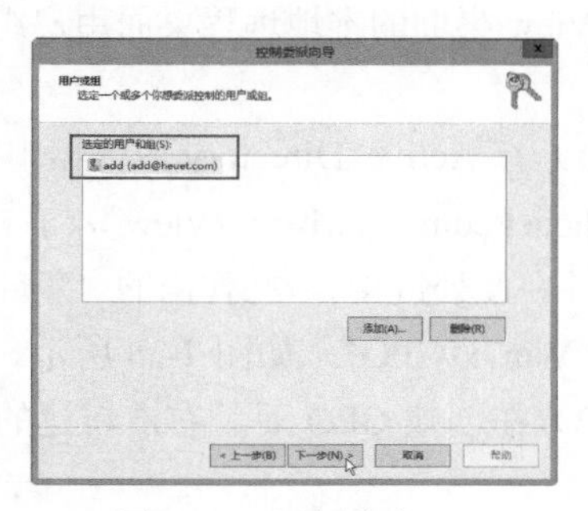

图 7-32　添加账户

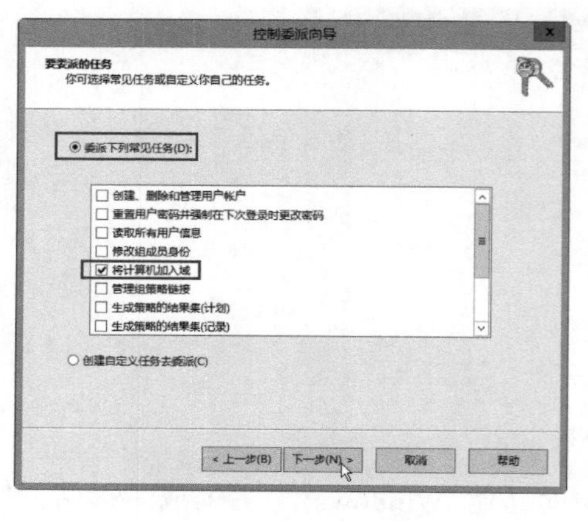

图 7-33　将计算机加入域

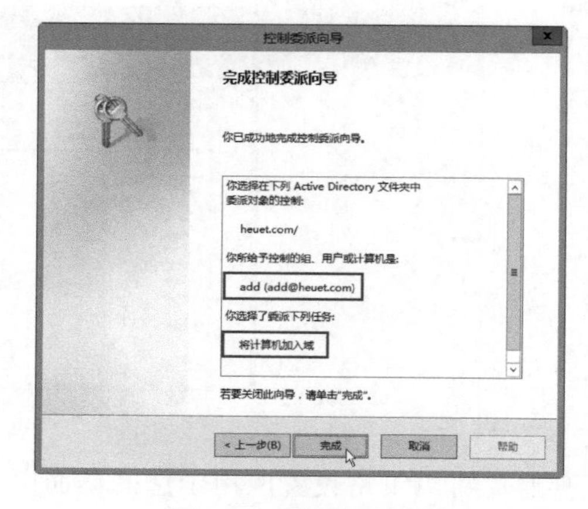

图 7-34　委派权限完成

当您为 vCenter Server 配置 View Composer，以及配置和部署链接克隆桌面池时，需要在 View Administrator 中指定该账户。

7.2.6　配置受限制的组策略

在创建生成 VMware View 的虚拟桌面时，VMware View 管理工具，可以支持“链接克隆”桌面与完整克隆的桌面。

使用“链接克隆”虚拟桌面需要部署“父虚拟机”，在准备父虚拟机时，父虚拟机可以不必加入 Active Directory，在使用 View 管理员，创建链接克隆虚拟桌面时，会将新创建的虚拟机自动加入到 Active Directory。要登录到 View 桌面，需要使用 Active Directory 用户登录，并且用户必须是 View 桌面本地“远程桌面”用户组的成员或本地“管理员用户组”成员。此时，就可以使用 Active Directory 中“受限制的组”策略，将用户或用户组添加到每个 View 桌面（在使用 View 管理员部署虚拟桌面后会自动加入到域中）的本地远程桌面用户组（或本地管理员组）中。

说明：在创建非链接克隆虚拟机（完整虚拟机）时，需要使用虚拟机模板，并需要使用 vCenter Server 的部署规范，此时用于虚拟桌面的虚拟机模板，需要提前加入到 Active Directory，并将需要登录到 View 桌面的用户加入到虚拟机模板的“远程桌面用户组”或“本地管理员组”。

“受限制的组（Restricted Groups）”策略会设置域中计算机的本地组成员关系，使之与“受限制的组”策略中定义的成员关系列表设置相匹配。View 桌面用户组的成员始终会添加到每个加入域的 View 桌面的本地远程桌面用户组中。添加新用户时，您只需要将其添加到您的 View 桌面用户组。

（1）在 Active Directory 服务器中，在“服务器管理器→工具”中选择“组策略管理”，定位到“域→heuet.com→VMware-View”，右击“Win7x-PC”，在弹出的快捷菜单中选择“在这个域中创建 GPO 并在此处链接”，在弹出的“新建 GPO”对话框中，在“名称”处输入新建的 GPO 名称，本例为“Win7x-GPO”，如图 7-35 所示。

（2）在创建 GPO 后，右击新建的策略，在弹出的快捷菜单中选择“编辑”，如图 7-36 所示。

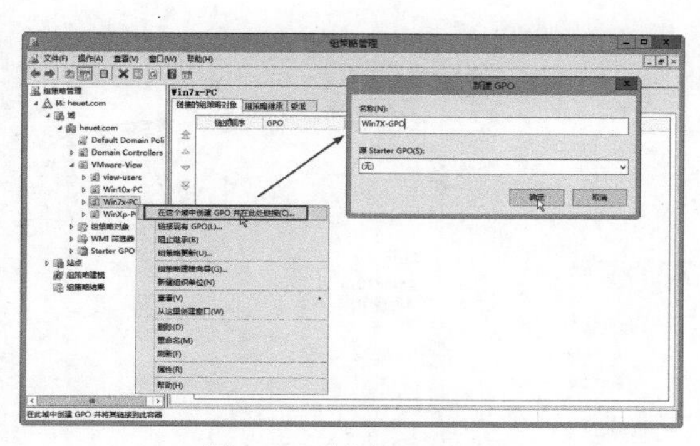

图 7-35　创建 GPO

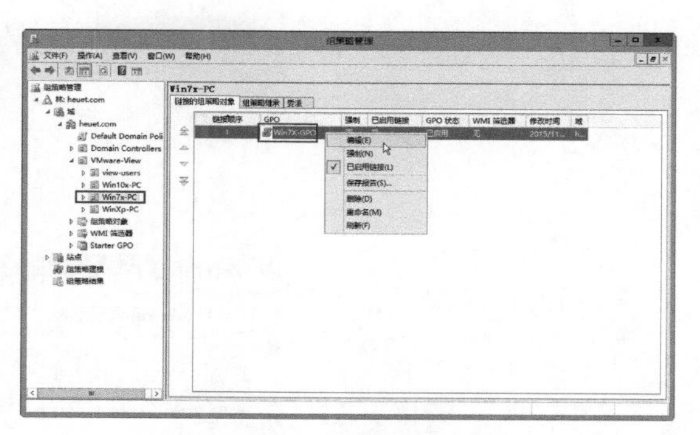

图 7-36　编辑

（3）打开“组策略管理编辑器”对话框后，定位到“计算机配置→策略→Windows 设置→安全设置→受限制的组”，在右侧空白位置右击，在弹出的快捷菜单中选择“添加组”，如图 7-37 所示。

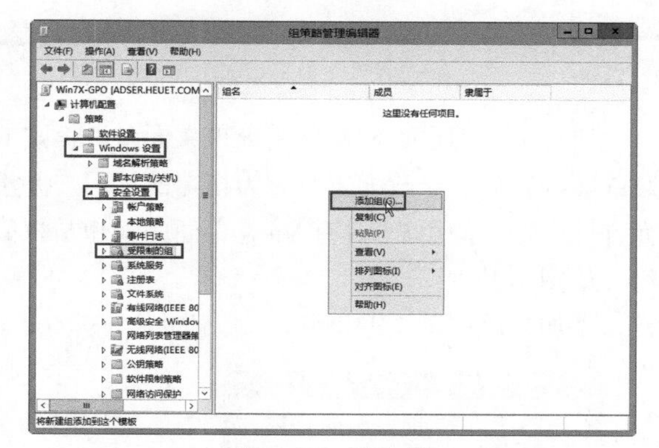

图 7-37　添加组

（4）在弹出的“添加组”对话框中，单击“浏览”按钮，在弹出的“选择组”对话框中，查找选择“Remote Desktop Users”（远程桌面用户组），如图 7-39 所示。

（5）在弹出的“Remote Desktop Users 属性”对话框中，单击“添加”按钮，如图 7-39 所示。

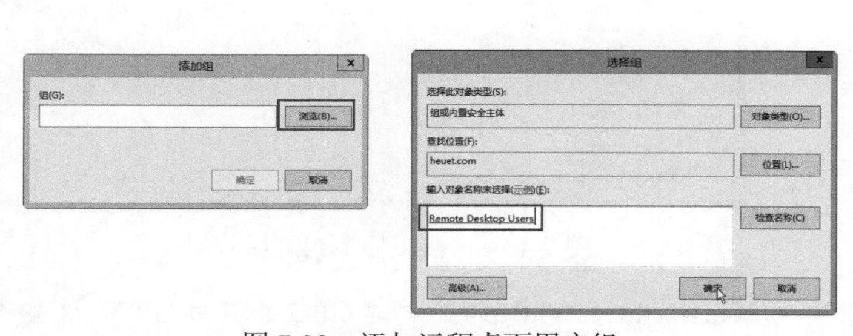

图 7-38　添加远程桌面用户组

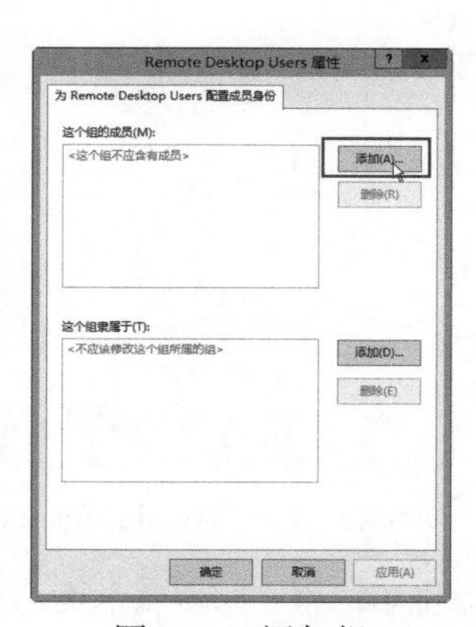

图 7-39　添加组

（6）在弹出的“添加成员”对话框中，添加“Domain Users”（表示所有域用户），如图 7-40 所示。

说明：如果简化配置，可以在图 7-40 中，通过添加“Domain Users”，这样将为域中的所有用户添加到 View 桌面的“远程桌面用户组”。

（7）添加之后返回到“Remote Desktop Users 属性”对话框，从图中可以看到已经将用户组添加到列表中，单击“确定”按钮完成设置，如图 7-41 所示。

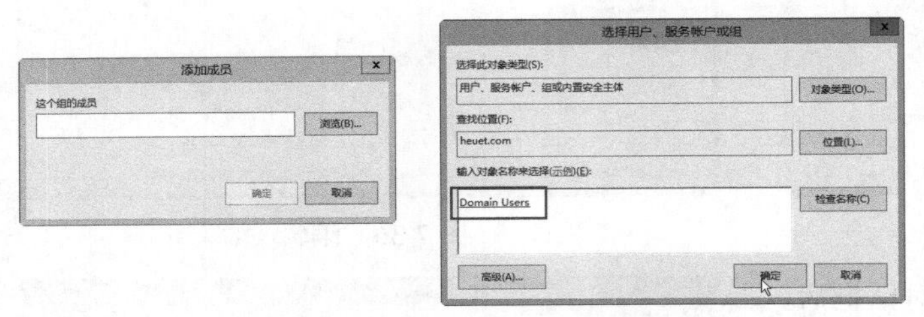

图 7-40　选择 VMware View 用户组

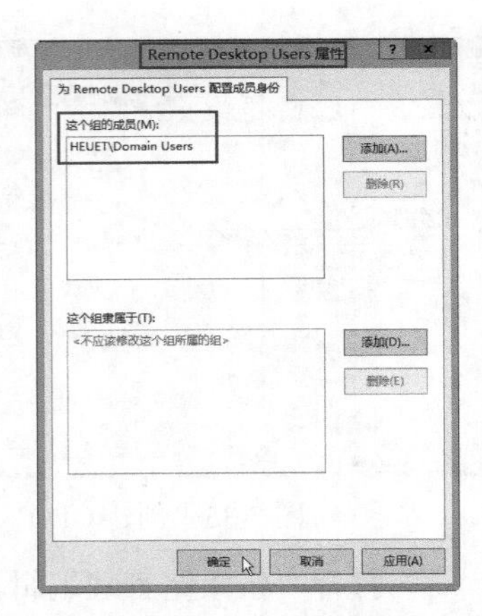

图 7-41　添加到远程桌面用户组中

通过上面的设置，在使用虚拟桌面时，指定的用户能登录虚拟桌面，但并不能向虚拟桌面中安装或删除软件、修改配置。因为指定的域用户并没有 View 桌面的“本地管理员组”权限。如果你允许域中指定的用户，具有 View 桌面的管理员权限，可以参照(1)～(7)的步骤，添加“Administrators”组，如图 7-42 所示。

添加之后如图 7-43 所示。

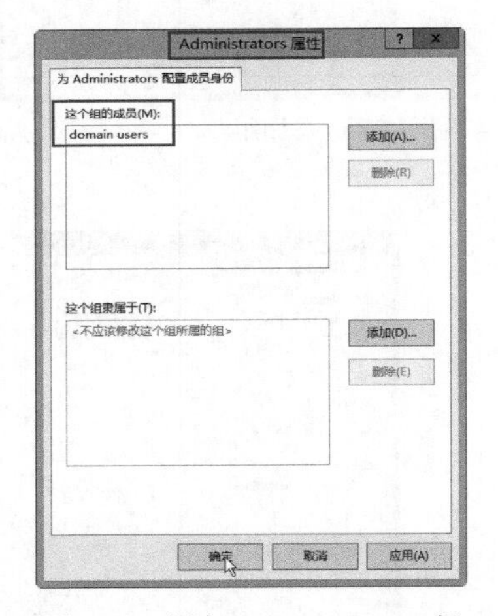

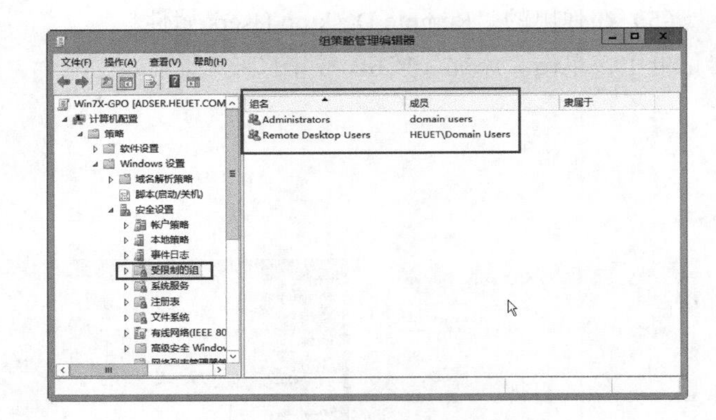

图 7-42　添加 Administrators 组　　　　图 7-43　添加受限制组之后截图

说明：你可以参照本文的步骤，分别为 Win10x-PC、WinXp-PC 创建 GPO 并编辑 GPO，这些不一一介绍。

7.2.7　为 View 桌面创建用户

最后，在“Active Directory 用户和计算机”中，为 View 桌面创建测试用户。在下面的操作中，将创建 view1～view3 几个账户，主要步骤如下。

（1）定位到“view-users”组织单位，在右侧的空白位置右击，在弹出的快捷菜单中选择“新建→用户”，如图 7-44 所示。

（2）在“新建对象-用户”对话框中，输入姓名、用户登录名，在此输入 view1，如图 7-45 所示。

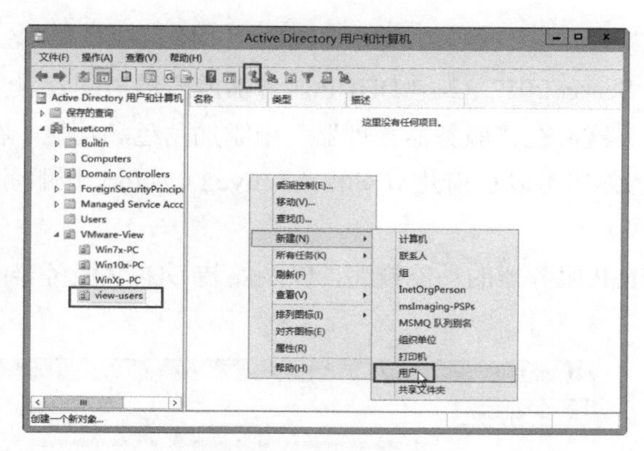

图 7-44　新建用户

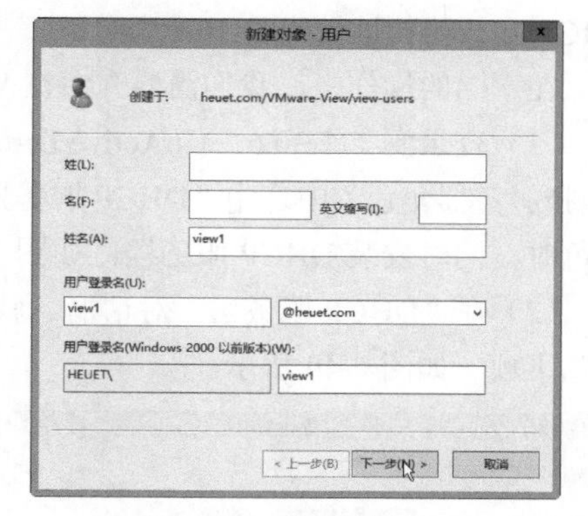

图 7-45　设置用户名

（3）在“创建对象-用户”对话框中，设置密码，同时选中“密码永不过期”，如果是测试用户，则可以选中“用户不能更改密码”，如图 7-46 所示。注意要设置一个复杂密码，如 abcd1234XYZ。

（4）单击“完成”按钮，完成用户的创建。

（5）参照（1）～（4）的步骤，创建 view2、view3 用户，也可以以 view1 用户为模板，通过“复制”的方式创建 View2、View3 用户，创建后的用户如图 7-47 所示。

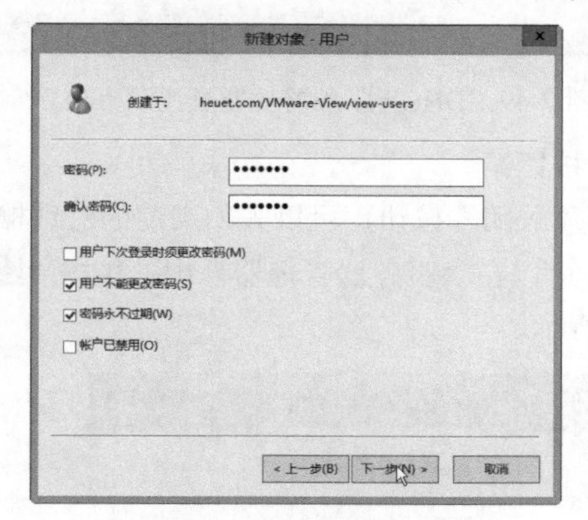

图 7-46　设置复杂密码

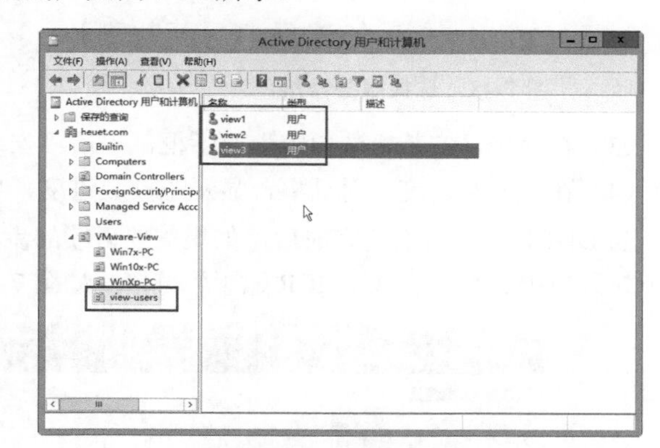

图 7-47　创建三个测试账户

7.2.8　为 View 桌面配置 DHCP 服务器

在规划 View 桌面时，需要配置 DHCP 服务器，为 View 桌面分配 IP 地址、子网掩码、网关、DNS 等参数。在实际的生产环境中，你可以使用交换机集成的 DHCP Server，或者使用 Windows 或 Linux 集成的 DHCP Server，但在同一 VLAN 中，两者只能选择其一，不能同时使用。

在使用服务器做 DHCP Server 时，最好是规划两台，这样可以起到冗余及容错的功能。因为在使用 DHCP 为工作站分配 IP 地址时，如果 DHCP 不工作，那么所有的工作站会由于不能获得 IP 地址而不能访问网络。

由于 DHCP 服务器负载相对较轻，在实际的生产环境中，通常将 DHCP 服务器与其他服务器在同一个（物理或虚拟）服务器中，例如，你可以在 Active Directory 服务器中同时兼做 DHCP 服务。在我们当前的实验环境中，将使用 172.30.6.1 的 Active Directory 服务器，兼做 DHCP 服务器。

在使用计算机做 DHCP 服务器时，需要配置核心交换机，在交换机中配置 DHCP 中继，并指定

DHCP 服务器的地址为 DHCP 中继。

在下面的操作中，我们简要介绍在 Windows Server 2012 R2 中 DHCP 服务器的安装与配置。

（1）登录到 172.30.6.1 的 Active Directory 服务器，在“服务器管理器”中添加角色和功能，在“选择服务器角色”中选中“DHCP 服务器”，当然你也可以在前几节安装“Active Directory 域服务”角色时，同时安装 DHCP 服务器，如图 7-48 所示。

（2）在“DHCP 服务器”对话框，显示了 DHCP 服务器的功能概述，以及安装 DHCP 服务器的注意事项，如图 7-49 所示。

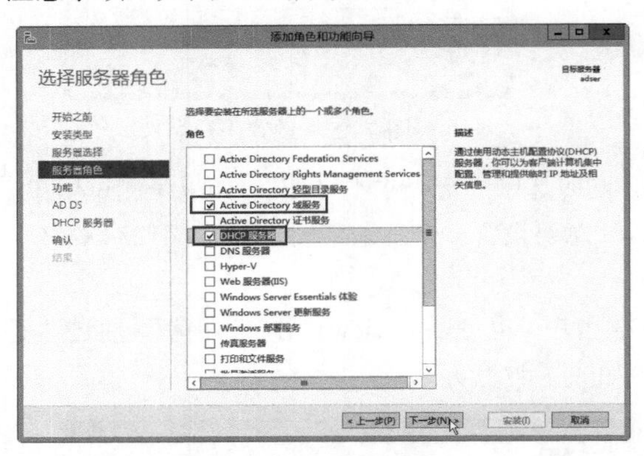

图 7-48　选择服务器角色

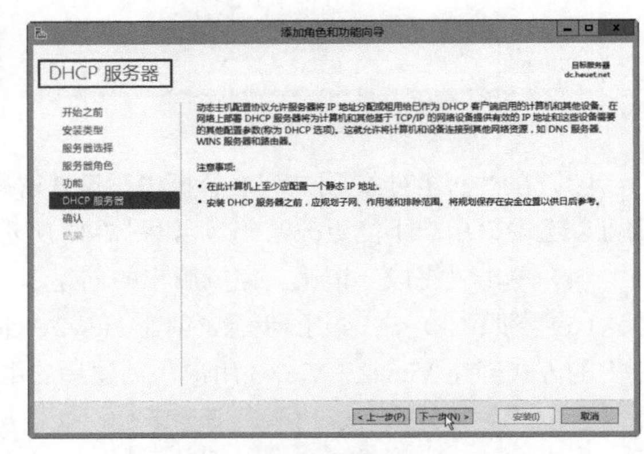

图 7-49　DHCP 服务器功能及注意事项

（3）在“确认安装所选内容”对话框，单击“安装”按钮。

（4）在“安装进度”对话框，显示了安装进度，单击“关闭”按钮，可以关闭当前的对话框。

当 DHCP 服务器安装完成后，如果需要后续的步骤，可以在“服务器管理器”中，单击“ ”在下拉菜单中选择“完成 DHCP 配置”链接，如图 7-50 所示。

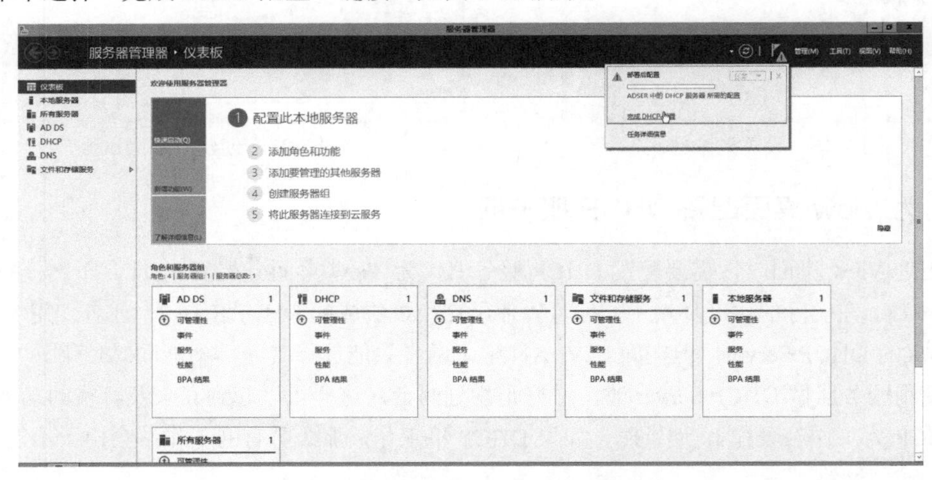

图 7-50　完成 DHCP 配置

（1）在“描述”对话框中，显示了后续的步骤，如图 7-51 所示。

（2）在“授权”对话框中，指定用于在 Active Directory 中授权此 DHCP 服务器的凭据，默认使用当前的登录的账户及信息，如图 7-52 所示。

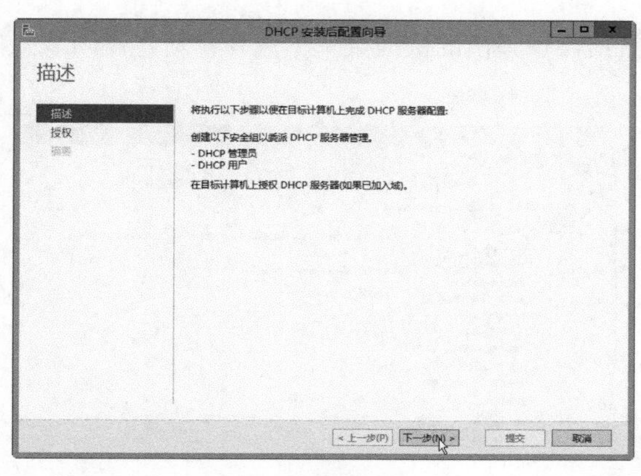

图 7-51 描述

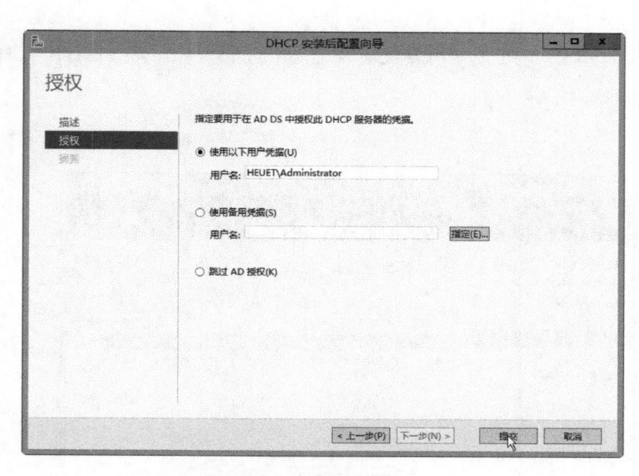

图 7-52 授权

（3）在“摘要”对话框，显示完成的操作，单击“关闭”按钮，完成 DHCP 服务器的后续操作。在“任务详细信息和通知”对话框中显示 DHCP 服务器配置已完成，如图 7-53 所示。

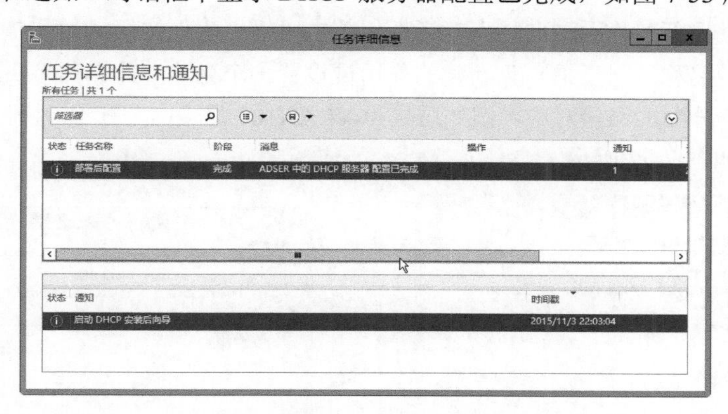

图 7-53 摘要

7.2.9 创建作用域

在安装了 DHCP 服务器之后，我们接下来要配置 DHCP 服务器。主要操作是在 DHCP 服务器中创建“作用域”，每个作用域可以为一个网段提供 IP 地址范围，用于分配 IP 地址、子网掩码、网关及 DNS 等参数。

【说明】在大多数的情况下，在使用计算机做 DHCP 服务器时，通常配置两个 DHCP 服务器，每个 DHCP 服务器按照 50：50 的原则分配 IP 地址（在以前规划的时候是 80：20，这以前是两台服务器的配置不同，较高配置的用来分配较多的 IP 地址，但现在使用虚拟化技术，DHCP 服务器的配置相同）。在本示例中，为 View 桌面分配 172.30.6.101 ~ 172.30.6.150 的 IP 地址。在实际的生产环境中，要为 View 桌面分配足够的 IP 地址。

在 DHCP 作用域中，还要分配网关地址、DNS 地址（可选），一般 DNS 地址与 WINS 服务器地址则是在“服务器选项”中配置。接下来介绍在 DHCP 服务器中，创建作用域的方法，主要步骤如下。

（1）在“服务器管理器”中，在左侧选中“DHCP”，在右侧的列表中，选择要配置（或要管理）的 DHCP 服务器，右击选择“DHCP 管理器”，如图 4-54 所示。

（2）打开“DHCP”管理控制台，展开 IPv4 并右击，在弹出的快捷菜单中选择“新建作用域”，如图 7-55 所示。

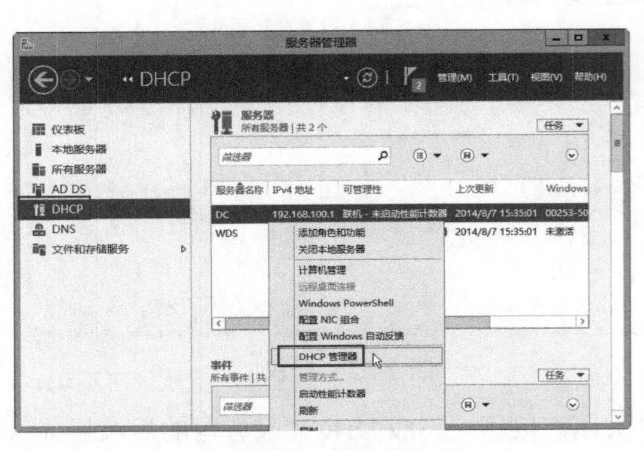

图 7-54　选择 DHCP 管理器

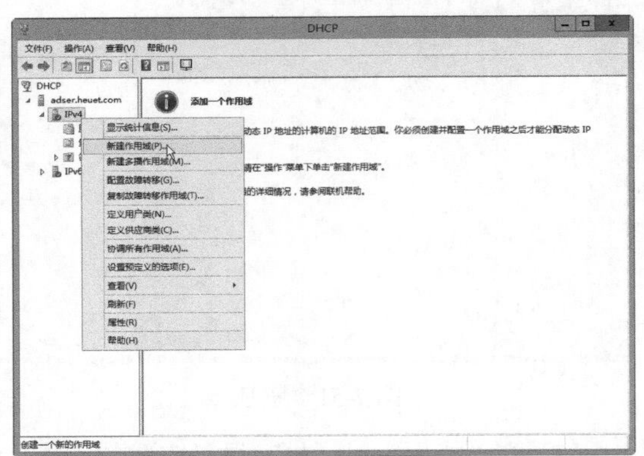

图 7-55　新建作用域

（3）在“欢迎使用新建作用域向导”对话框，单击“下一步”按钮，如图 7-56 所示。

（4）在“作用域名称”对话框，为新建的作用域设置一个名称，此名称将快速识别该作用域的使用方式，一般与所分配的网段对应。例如这是为 VLAN100 的子网分配 IP 地址，则作用域名称可以为 VLAN1006，如图 7-57 所示。

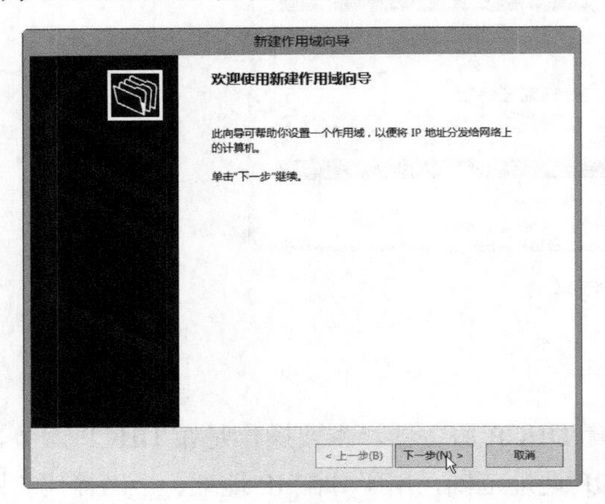

图 7-56　新建作用域向导

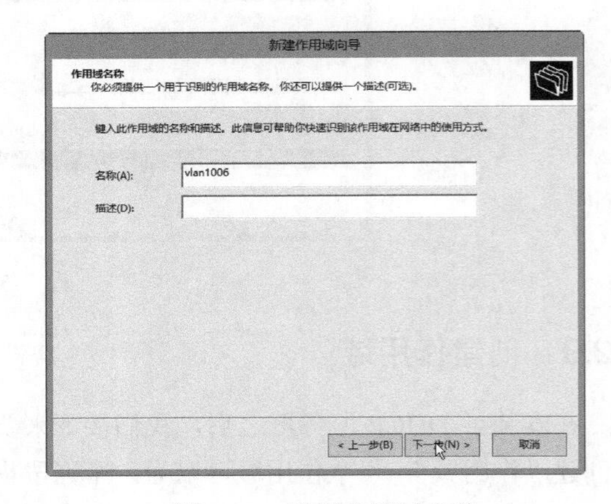

图 7-57　设置作用域名称

（5）在“IP 地址范围”处，设置当前作用域的起始地址及结束地址，在本示例中，当前创建的是 VLAN1006 作用域，作用域的地址范围是 172.30.6.101～172.30.6.150，子网掩码是 255.255.255.0，如图 4-58 所示。

（6）在“添加排除和延迟”对话框，添加排除地址范围。如果你想在图 4-59 中设置的地址中，保留一些地址，则可以将这些地址添加到列表中。在以前配置 2 台 DHCP 服务器的时候，在设置作用域地址范围时，通常是指定整个网段，然后添加另一台服务器分配的地址，作为当前作用域的排除范围。

例如，如果某网络中第一台 DHCP 服务器，作用域地址范围是 192.168.100.1～192.168.100.254，则设置排除范围为 192.168.100.1～192.168.100.9、192.168.100.101～192.168.100.254；而第二台 DHCP

服务器的作用域地址范围为 192.168.100.1～192.168.100.254，则设置排除范围为 192.168.100.1～192.168.100.100、192.168.100.200～192.168.100.254。而我们在创建作用域时，直接设置了每个服务器、每个作用域的实际地址范围，所以在此不需要再添加排除范围，如图 7-60 所示。在此对话框中还可以设置服务器延迟 DHCPOFFER 消息传输的时间段，默认是 0 毫秒。

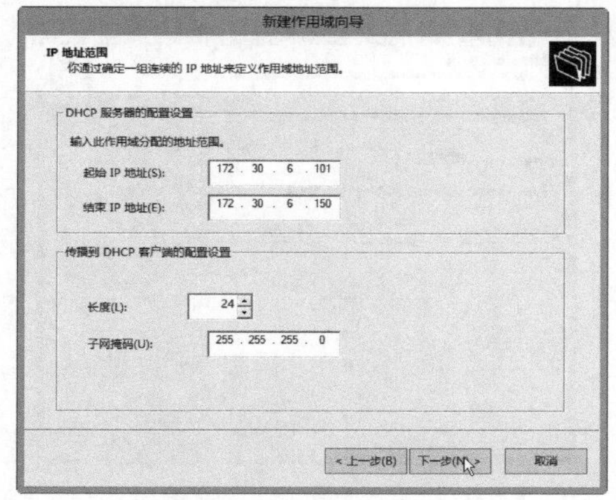

图 7-58　作用域地址范围

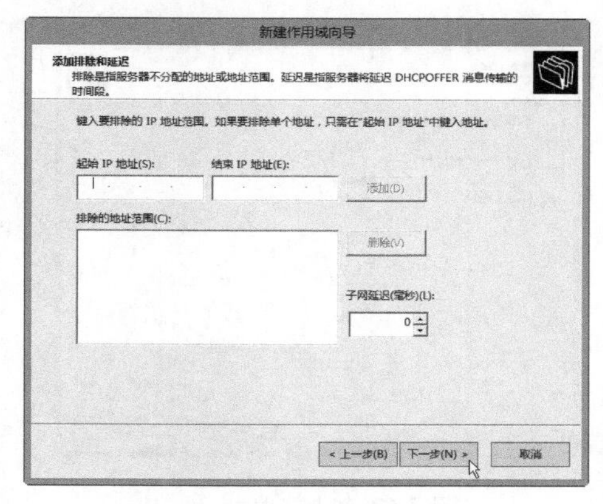

图 7-59　排除和延迟

（7）在"租用期限"对话框，设置客户端从此作用域租用 IP 地址的时间长短。在 Windows Server 的 DHCP 中，默认租约期限是 8 天，如图 7-60 所示。在实际生产环境中设置多长时间，取决于你的需求。如果你是为固态的计算机（台式机）或相当稳定的设备分配 IP 地址，则可以设置较长的时间。如果你是为需要频繁更换设备（笔记本、手机）提供 IP 的网络中，例如你为一个人员流动频繁的营业厅提供无线接入，或者酒吧、饭店，考虑到每个人使用网络的时间可能在 30～60 分钟之间，则设置 20～60 分钟的时间为宜。

（8）在"配置 DHCP 选项"对话框，是否要为作用域配置作用域选项，这些包括网关地址、DNS、WINS 服务器地址等，其中"网关地址"是必须的，每个作用域选项的网关地址只与当前作用域有关，而 DNS、WINS 则可以在"服务器选项"中配置。在此选择"是，我想现在配置这些选项"，如图 7-61 所示。

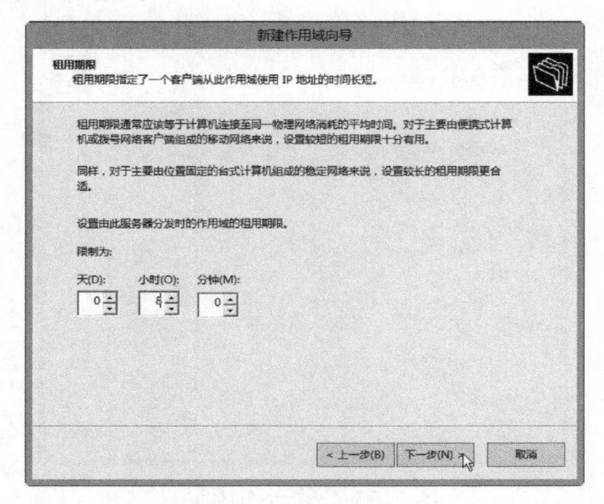

图 7-60　租用期限

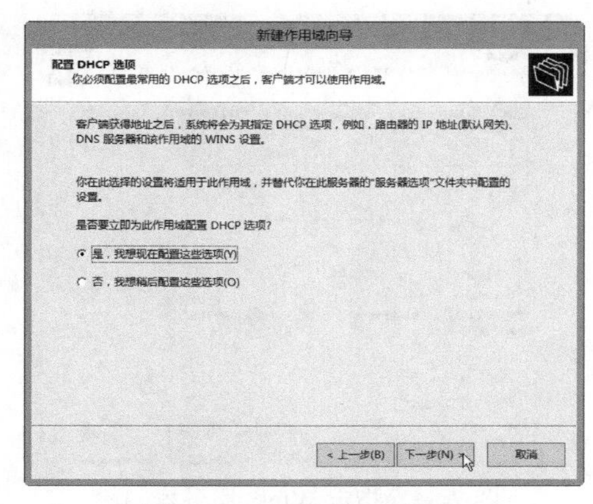

图 7-61　配置 DHCP 选项

（9）在"路由器（默认网关）"，指定此作用域要分配的网关地址，在此示例中当前网关地址是 172.30.6.252，如图 7-62 所示。说明，网关地址不能设置错误，如果设置错误，客户端获得错误的网关地址之后将不能访问网络。

（10）在“域名称和 DNS 服务器”，在“IP 地址”处添加 DNS 服务器的地址，在“父域”文本框中，输入当前 Active Directory 的域名，在本示例为 heuet.com，DNS 地址是 172.30.6.1，如图 7-63 所示。如果你在没有 Active Directory 的网络，“父域”文本框可以留空。

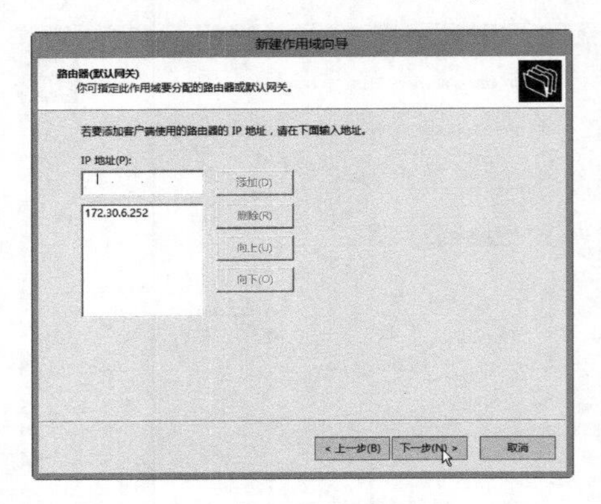

图 7-62　网关地址

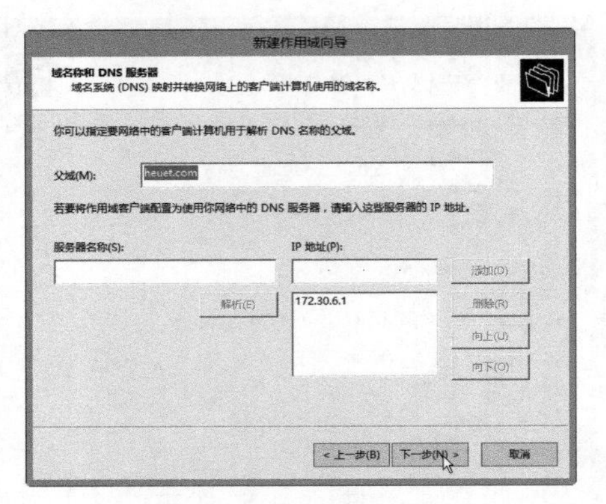

图 7-63　域名与 DNS 地址

（11）在“WINS 服务器”对话框，指定 WINS 服务器的地址。WINS 服务器可以将 NetBIOS 名称解析成 IP 地址，这在跨 VLAN 的网络中，在需要解析 NetBIOS 名称时，需要配置 WINS 服务器。WINS 服务器使用很简单，在大多数的时候，在指定了 WINS 服务器之后（在 IP 地址设置，或使用 DHCP 分配），计算机即成为 WINS 客户端。WINS 客户端计算机，会将自己的 NetBIOS 名称与 IP 地址，向 WINS 服务器注册。当计算机不能将 NetBIOS 名称解析成 IP 地址时（如果需要解析的 NetBIOS 名称在另外网段），会查询 WINS 服务器，如果要解析的名称在 WINS 服务器中注册，则 WINS 服务器会返回解析的 IP 地址。在本示例中，不需要配置 WINS 服务器，如图 7-64 所示。

（12）在“激活作用域”对话框，单击“是，我想现在激活此作用域”，如图 7-65 所示。只有作用域激活之后才能使用。

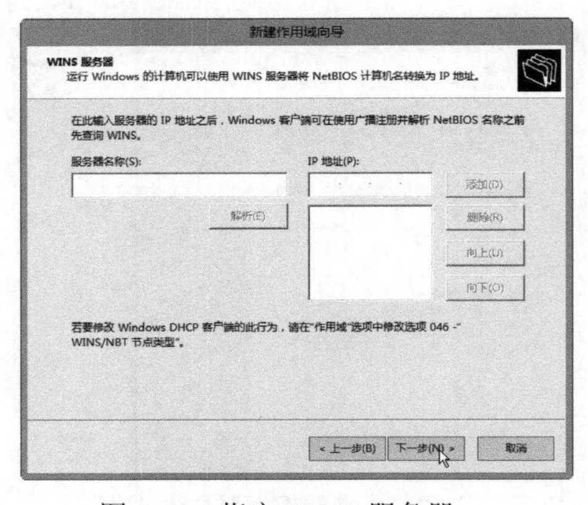

图 7-64　指定 WINS 服务器

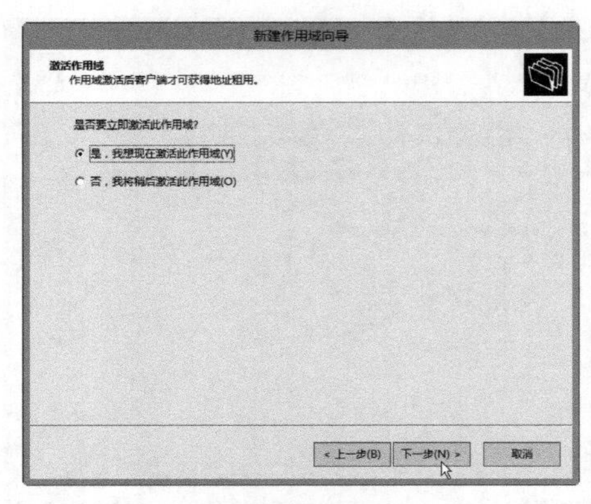

图 7-65　激活作用域

（13）在“正在完成新建作用域向导”对话框，单击“完成”按钮，创建作用域完成，如图 7-66 所示。

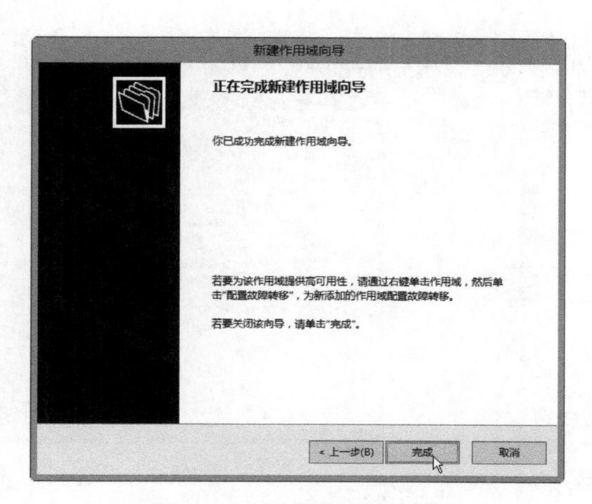

图 7-66　创建作用域完成

7.2.10　在 Active Directory 的 DNS 服务器配置 KMS 资源记录

在使用 VMware View 桌面的时候，对于 Windows 7、Windows 8、Windows 10 及用于 RDS 的 Windows Server 2008 R2、Windows Server 2012 R2 等操作系统，尤其是 View 桌面工作站（Windows 7 等），需要使用 KMS 服务器激活这些操作系统。KMS 服务器本身所需要的资源较小，可以将 Active Directory 服务器安装并配置 KMS 服务。

在安装配置 KMS 服务器之后，管理员可以在 Active Directory 的 DNS 服务器配置用于 KMS 激活的资源记录，用于自动激活 Windows 7（专业版、企业版）、Windows 8（专业版、企业版）、Windows 10（专业版、企业版、教育版）及 Windows Server 2008、Windows Server 2008 R2、Windows Server 2012、Windows Server 2012 R2 及 Office 2010、Office 2013、Office 2016 等 VOL 版本。

（1）在 Active Directory 服务器中，打开"DNS 服务器"，在 heuet.com 区域中，右击，在弹出的快捷方式中选择"新建主机"，如图 7-67 所示。

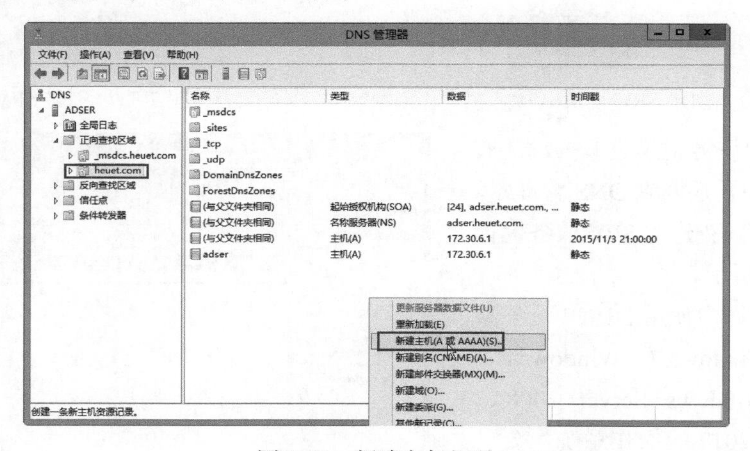

图 7-67　新建主机记录

（2）在"新建主机"对话框中，在"名称"文本框中输入新建的 A 记录的名称，在此命名为 kms，在"IP 地址文本框"中，输入该 A 记录对应的 IP 地址，在此为 172.30.6.1，之后单击"添加主机"按钮，如图 7-68 所示。

（3）之后在 heuet.com 的区域中，右击，在弹出的快捷方式中选择“其他新记录”，如图 7-69 所示。

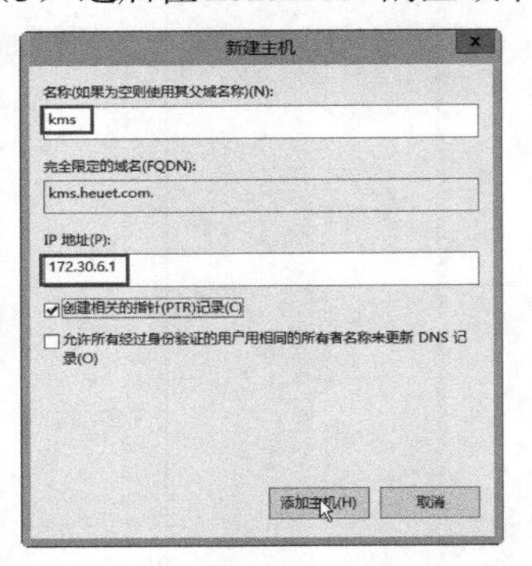

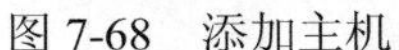

图 7-68 添加主机

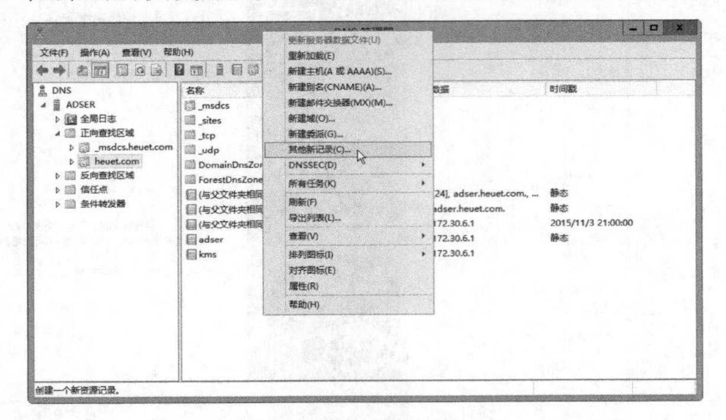

图 7-69 新建其他新记录

（4）在“资源记录类型”对话框，选择“服务位置（SRV）”，然后单击“创建记录”按钮，如图 7-70 所示。

（5）在“新建资源记录”对话框中，在“服务”文本框中输入“_VLMCS”，在“协议”文本框中输入“_TCP”，在“端口号”中输入 1688，在“提供此服务的主机”文本框中，输入 KMS 服务主机名 kms.heuet.com，然后单击“确定”按钮，如图 7-71 所示。

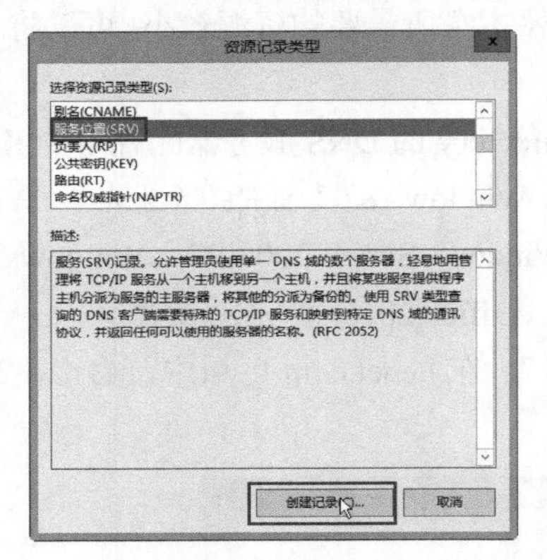

图 7-70 创建 SRV 记录

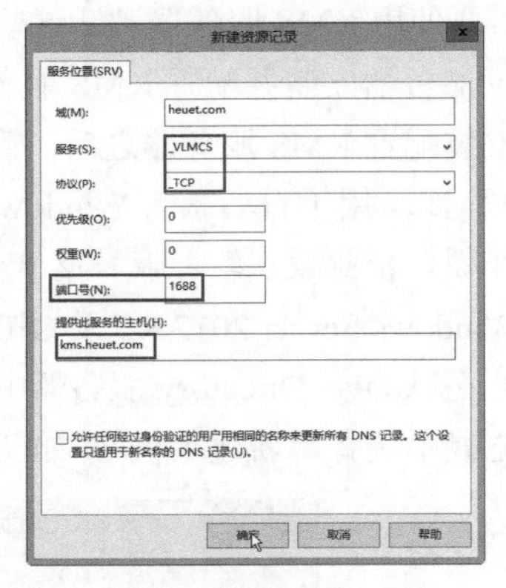

图 7-71 创建 SRV 记录

（6）返回到“资源记录类型”对话框单击“完成”按钮，返回到 DNS 管理器，在_tcp 中，可以看到新建的 SRV 服务位置记录，如图 7-72 所示。

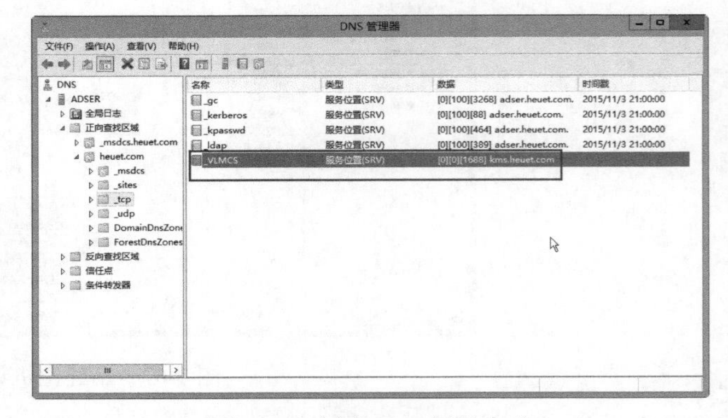

图 7-72 创建 SRV 记录完成

之后，当前网络中使用 DHCP 服务器获得 IP 地址的 Windows 7、Windows 8、Windows 10、Windows Server 2008、Windows Server 2012 等操作系统，会自动获得 KMS 服务器的 IP 地址及端口号，并自动从 KMS 服务器激活，当然，这些所属操作系统安装的 KEY 需要是 KMS 客户端对应的 KEY，Windows KMS 客户端 KEY 如表 7-3 所示。

表 7-3　Windows KMS 客户端安装 KEY

操 作 系 统	KMS 客户端安装 KEY
Windows 10 Professional	W269N-WFGWX-YVC9B-4J6C9-T83GX
Windows 10 Professional N	MH37W-N47XK-V7XM9-C7227-GCQG9
Windows 10 Enterprise	NPPR9-FWDCX-D2C8J-H872K-2YT43
Windows 10 Enterprise N	DPH2V-TTNVB-4X9Q3-TJR4H-KHJW4
Windows 10 Education	NW6C2-QMPVW-D7KKK-3GKT6-VCFB2
Windows 10 Education N	2WH4N-8QGBV-H22JP-CT43Q-MDWWJ
Windows 10 Enterprise 2015 LTSB	WNMTR-4C88C-JK8YV-HQ7T2-76DF9
Windows 10 Enterprise 2015 LTSB N	2F77B-TNFGY-69QQF-B8YKP-D69TJ
Windows 8.1 Professional	GCRJD-8NW9H-F2CDX-CCM8D-9D6T9
Windows 8.1 Professional N	HMCNV-VVBFX-7HMBH-CTY9B-B4FXY
Windows 8.1 Enterprise	MHF9N-XY6XB-WVXMC-BTDCT-MKKG7
Windows 8.1 Enterprise N	TT4HM-HN7YT-62K67-RGRQJ-JFFXW
Windows Server 2012 R2 Server Standard	D2N9P-3P6X9-2R39C-7RTCD-MDVJX
Windows Server 2012 R2 Datacenter	W3GGN-FT8W3-Y4M27-J84CP-Q3VJ9
Windows Server 2012 R2 Essentials	KNC87-3J2TX-XB4WP-VCPJV-M4FWM
Windows 8 Professional	NG4HW-VH26C-733KW-K6F98-J8CK4
Windows 8 Professional N	XCVCF-2NXM9-723PB-MHCB7-2RYQQ
Windows 8 Enterprise	32JNW-9KQ84-P47T8-D8GGY-CWCK7
Windows 8 Enterprise N	JMNMF-RHW7P-DMY6X-RF3DR-X2BQT
Windows Server 2012	BN3D2-R7TKB-3YPBD-8DRP2-27GG4
Windows Server 2012 N	8N2M2-HWPGY-7PGT9-HGDD8-GVGGY
Windows Server 2012 Single Language	2WN2H-YGCQR-KFX6K-CD6TF-84YXQ
Windows Server 2012 Country Specific	4K36P-JN4VD-GDC6V-KDT89-DYFKP
Windows Server 2012 Server Standard	XC9B7-NBPP2-83J2H-RHMBY-92BT4
Windows Server 2012 MultiPoint Standard	HM7DN-YVMH3-46JC3-XYTG7-CYQJJ
Windows Server 2012 MultiPoint Premium	XNH6W-2V9GX-RGJ4K-Y8X6F-QGJ2G
Windows Server 2012 Datacenter	48HP8-DN98B-MYWDG-T2DCC-8W83P
Windows 7 Professional	FJ82H-XT6CR-J8D7P-XQJJ2-GPDD4
Windows 7 Professional N	MRPKT-YTG23-K7D7T-X2JMM-QY7MG
Windows 7 Professional E	W82YF-2Q76Y-63HXB-FGJG9-GF7QX
Windows 7 Enterprise	33PXH-7Y6KF-2VJC9-XBBR8-HVTHH
Windows 7 Enterprise N	YDRBP-3D83W-TY26F-D46B2-XCKRJ
Windows 7 Enterprise E	C29WB-22CC8-VJ326-GHFJW-H9DH4
Windows Server 2008 R2 Web	6TPJF-RBVHG-WBW2R-86QPH-6RTM4
Windows Server 2008 R2 HPC edition	TT8MH-CG224-D3D7Q-498W2-9QCTX
Windows Server 2008 R2 Standard	YC6KT-GKW9T-YTKYR-T4X34-R7VHC

续表

操作系统	KMS 客户端安装 KEY
Windows Server 2008 R2 Enterprise	489J6-VHDMP-X63PK-3K798-CPX3Y
Windows Server 2008 R2 Datacenter	74YFP-3QFB3-KQT8W-PMXWJ-7M648
Windows Server 2008 R2 for Itanium-based Systems	GT63C-RJFQ3-4GMB6-BRFB9-CB83V
Windows Vista Business	YFKBB-PQJJV-G996G-VWGXY-2V3X8
Windows Vista Business N	HMBQG-8H2RH-C77VX-27R82-VMQBT
Windows Vista Enterprise	VKK3X-68KWM-X2YGT-QR4M6-4BWMV
Windows Vista Enterprise N	VTC42-BM838-43QHV-84HX6-XJXKV
Windows Web Server 2008	WYR28-R7TFJ-3X2YQ-YCY4H-M249D
Windows Server 2008 Standard	TM24T-X9RMF-VWXK6-X8JC9-BFGM2
Windows Server 2008 Standard without Hyper-V	W7VD6-7JFBR-RX26B-YKQ3Y-6FFFJ
Windows Server 2008 Enterprise	YQGMW-MPWTJ-34KDK-48M3W-X4Q6V
Windows Server 2008 Enterprise without Hyper-V	39BXF-X8Q23-P2WWT-38T2F-G3FPG
Windows Server 2008 HPC	RCTX3-KWVHP-BR6TB-RB6DM-6X7HP
Windows Server 2008 Datacenter	7M67G-PC374-GR742-YH8V4-TCBY3
Windows Server 2008 Datacenter without Hyper-V	22XQ2-VRXRG-P8D42-K34TD-G3QQC
Windows Server 2008 for Itanium-Based Systems	4DWFP-JF3DJ-B7DTH-78FJB-PDRHK

7.3 安装 View Connection Server 服务器

View Connection Server 是 VMware View 的连接管理服务器，是 VMware View 的重要组成部分。View Connection Server 可以部署在虚拟机中。在本例中，我们将在 ESXi 中创建一个 Windows Server 2012 R2 的虚拟机，安装 View Connection Server。

7.3.1 准备 View Connection Server 虚拟机

在 VMware ESXi 的服务器上，从模板部署一个 Windows Server 2012 R2 的虚拟机，设置虚拟机的名称为 vcs.heuet.com_6.2，为虚拟机分配 2GB 内存、2 个 CPU（1 个插槽，每插槽 2 个内核），部署之后进入操作系统，修改计算机的名称为 vcs，并将其加入到 heuet.com 域，设置 IP 地址为 172.30.6.2，然后安装 View Connection Server，主要步骤如下。

（1）使用 vSphere Client 登录 vCenter Server，选择以前准备好的 Windows Server 2012 R2 的模板，从该模板部署虚拟机，如图 7-73 所示。

（2）设置虚拟机的名称为 vcs-172.30.6.2，如图 7-74 所示。

（3）在“客户机自定义”对话框选择为 Windows Server 2012 创建的规范，如图 7-75 所示。

（4）在“用户设置”对话框中，设置部署的虚拟机的 NetBIOS 名称为 vcs，IP 地址为 DHCP 自动获取，稍后进入虚拟机再进行设置，如图 7-76 所示。

（5）在“即将完成”对话框中，选中“编辑虚拟硬件”复选框，如图 7-77 所示。

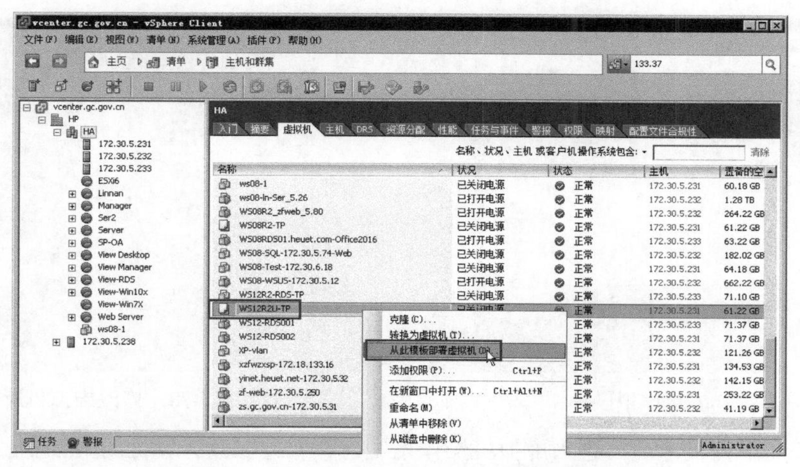

图 7-73　从 Windows 2008 R2 模板部署虚拟机

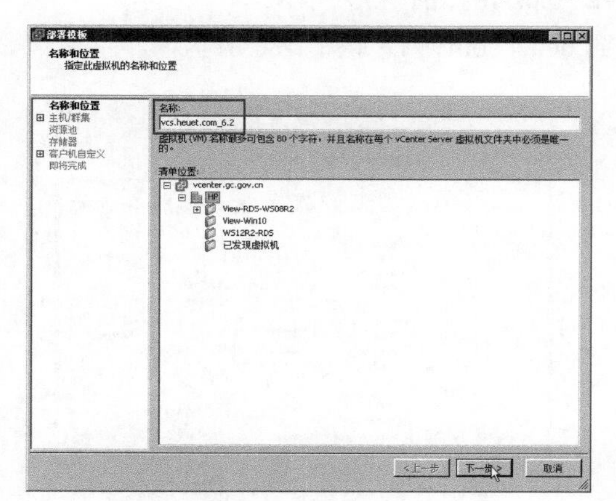

图 7-74　设置虚拟机名称

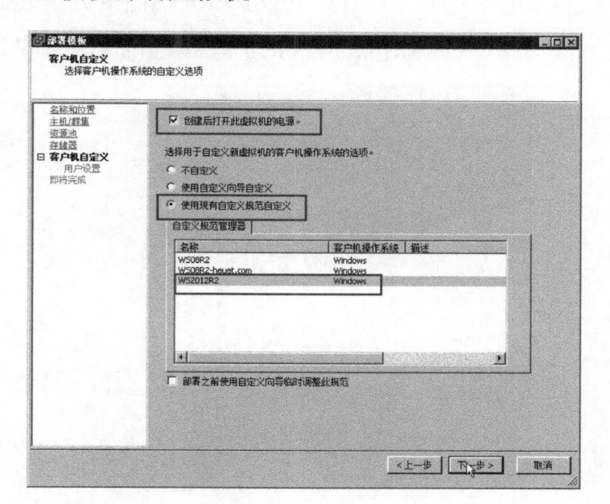

图 7-75　选择自定义规范

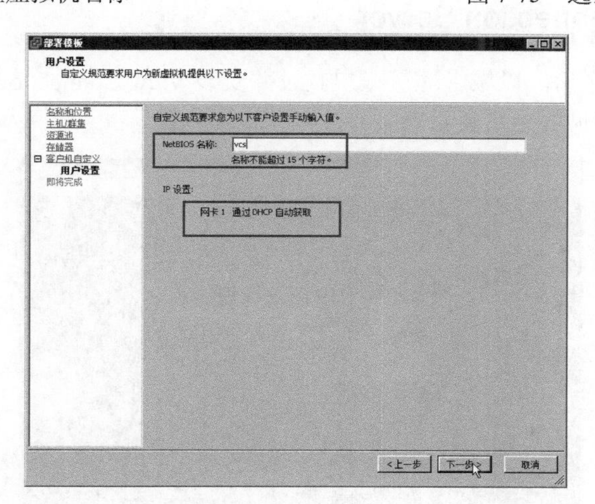

图 7-76　用户设置

（6）随后打开虚拟机属性对话框，修改内存为 2GB、CPU 数量为 2，如图 7-77 所示。然后单击“确定”按钮开始从模板部署虚拟机。

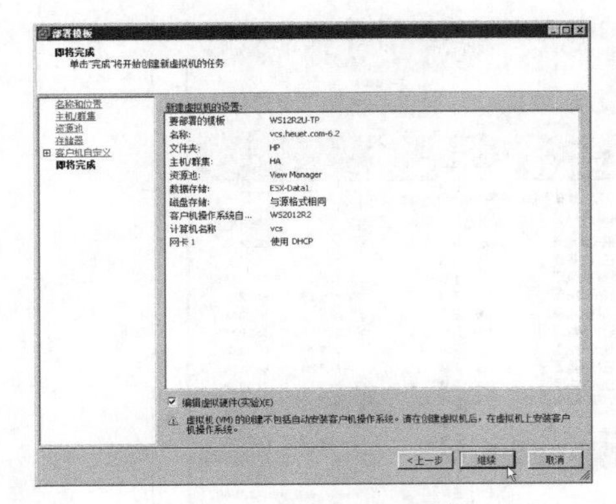

图 7-77　编辑虚拟硬件

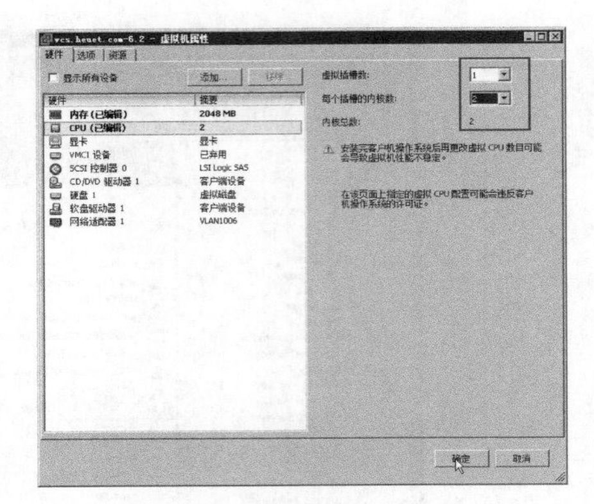

图 7-78　修改虚拟机属性

（7）在部署完虚拟机之后，进入虚拟机操作系统，查看并修改计算机的 IP 地址为 172.30.6.2，并设置 DNS 地址为 Active Directory 的服务器地址 172.30.6.1，如图 7-79 所示。

（8）修改计算机的名称为 vcs，并将计算机加入到 heuet.com 域，如图 7-80 所示。

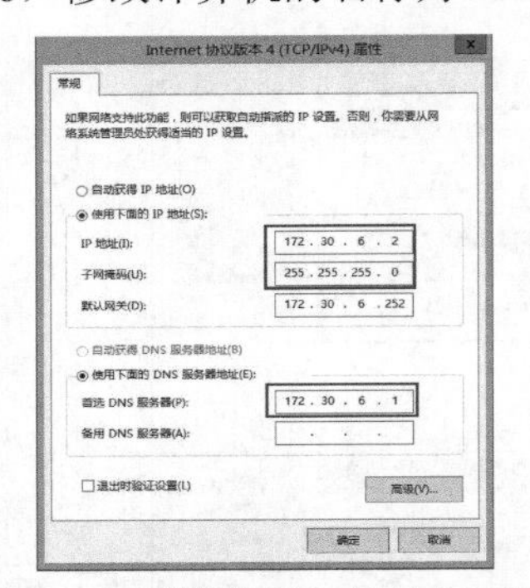

图 7-79　查看修改 IP 地址与 DNS

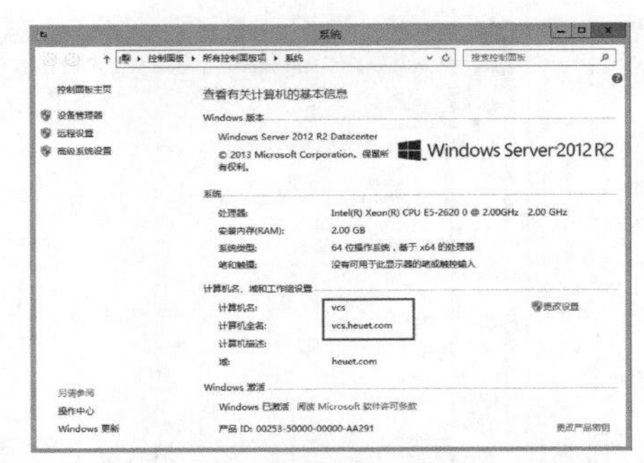

图 7-80　加入 Active Directory

7.3.2　安装 View Connection Server

准备好 VCS 虚拟机之后，以域管理员账户登录并安装 View Connection Server，步骤如下。

（1）进入系统时，以域管理员账户登录，如图 7-81 所示。

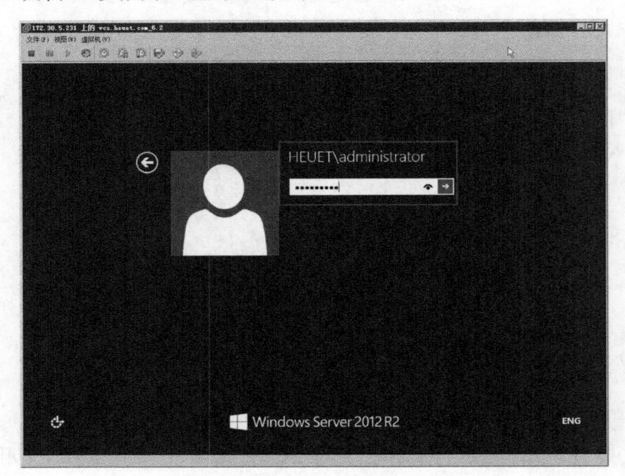

图 7-81　以域管理员登录

（2）进入系统后运行 VMware View Connection Server 安装程序。VMware View Connection Server 当前的最新版本是 6.2.0-3005368，其 64 位产品安装文件名为“VMware-viewconnectionserver-x86_ 64-6.2.0-3005368.exe”、大小为 179MB，运行安装程序，进入安装向导，如图 7-82 所示。

（3）安装的前几步，是许可协议、安装位置等选项，这些不一一介绍。在“安装选项”对话框中，选择“Horizon 6 标准服务器”，同时选择“安装 HTML Access”，在“指定用于配置该 Horizon 6 连接服务器实现的 IP 协议版本”中选择“IPv4”，如图 7-83 所示。

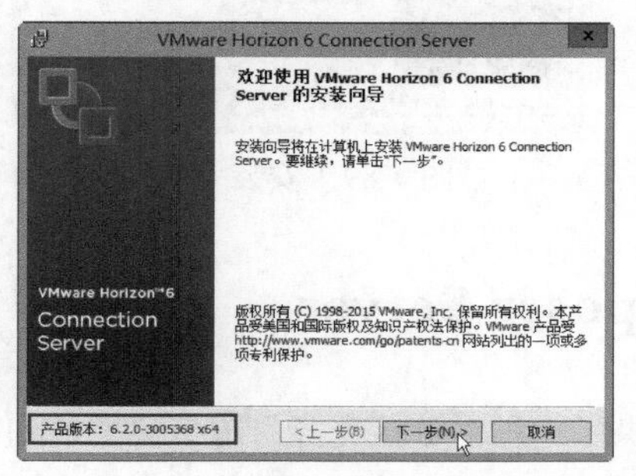

图 7-82　运行 View Connection Server 安装程序

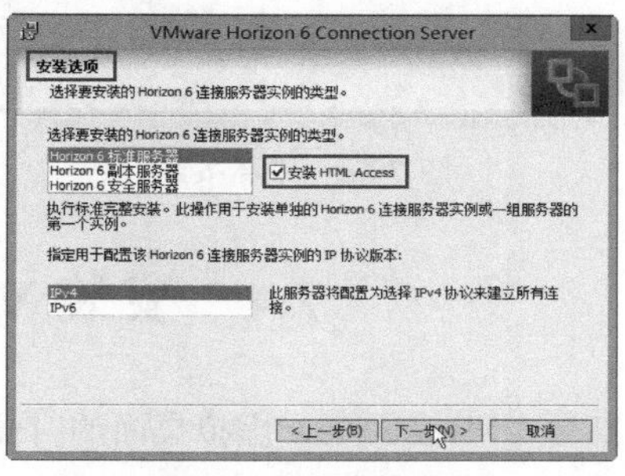

图 7-83　选择标准安装

（4）在“数据恢复”对话框中，设置一个密码，该密码用来恢复 View 连接服务器的数据备份，如图 7-84 所示。

（5）在“防火墙配置”对话框中，选中“自动配置 Windows 防火墙”单选按钮，如图 7-85 所示。

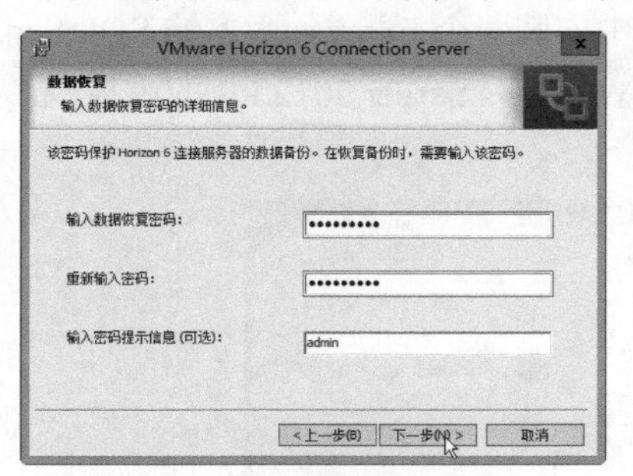

图 7-84　设置数据恢复密码

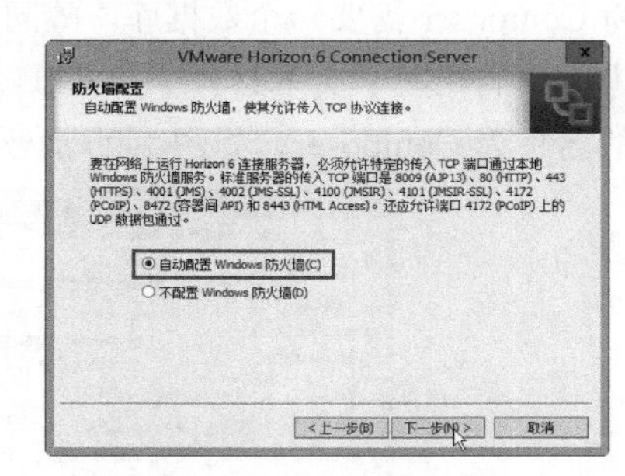

图 7-85　防火墙配置

（6）在“初始 Horizon 6 View 管理员”对话框中，指定用于 View 初始管理的域用户或组，如图 7-86 所示，在此选择域管理员。

（7）在“用户体验改进计划”对话框中，设置是否参加 VMware 用户体验，如图 7-87 所示。

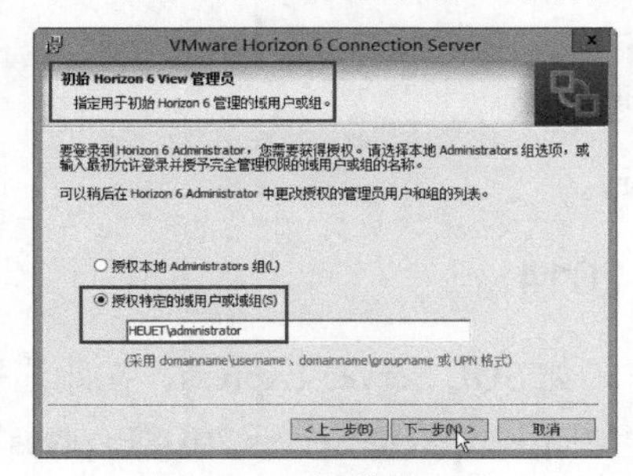

图 7-86　初始管理员

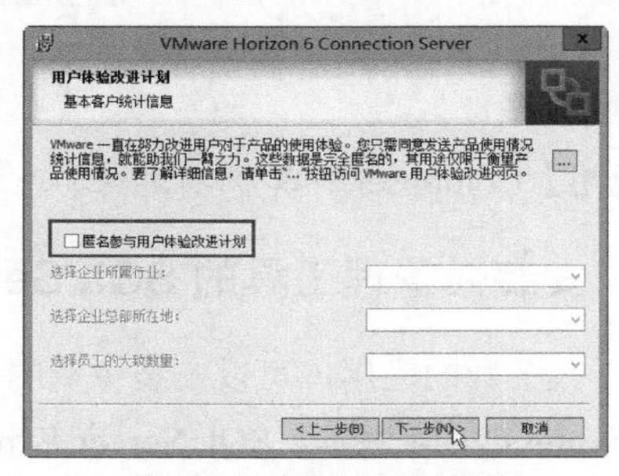

图 7-87　用户体验计划

（8）在“准备安装程序”对话框中，单击“安装”按钮，开始安装，如图 7-88 所示。

（9）在“安装程序已完成”对话框中，单击“结束”按钮，安装完成，如图 7-89 所示。

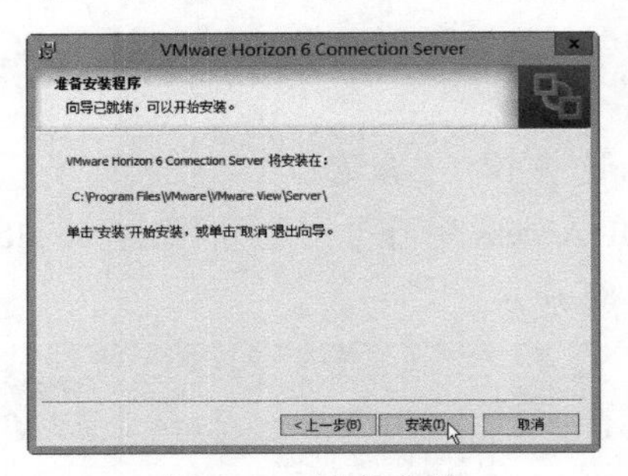

图 7-88　准备安装

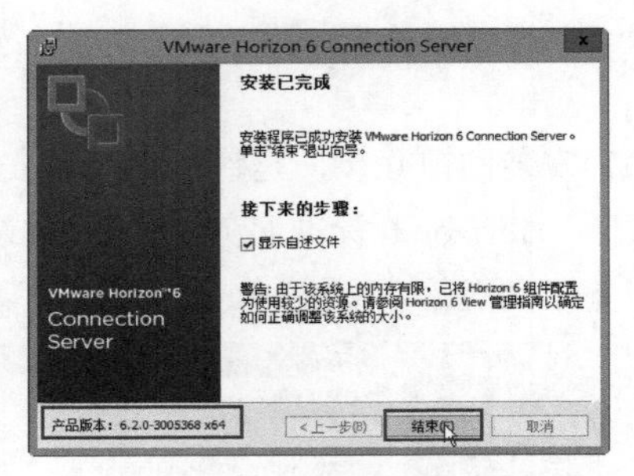

图 7-89　安装完成

7.4　安装 View Composer Server

在部署 VMware View 虚拟桌面的时候，VMware 提供了一种“链接克隆”虚拟桌面，如果要使用这个功能则需要安装 View Composer 组件，而 View Composer 组件需要一个数据库的支持。本节介绍 View Composer 数据库选择、创建数据库、添加 DSN 连接、安装 View Composer 的内容。

在 View 5.1 以前的版本中，View Composer 需要安装在 vCenter Server 上，在新的版本中，View Composer 可以单独安装。在本示例中，将把 View Composer 安装在 View Connection Server 虚拟机中。因为 Composer 需要一个数据库，故同时在该虚拟机中安装一个 Express 版本的 SQL Server。在本示例中，我们配置了一个具有 2 个 CPU、4GB 内存的 Windows Server 2012 R2 的虚拟机，并设置虚拟机的名称为 Composer，如图 7-90 所示。

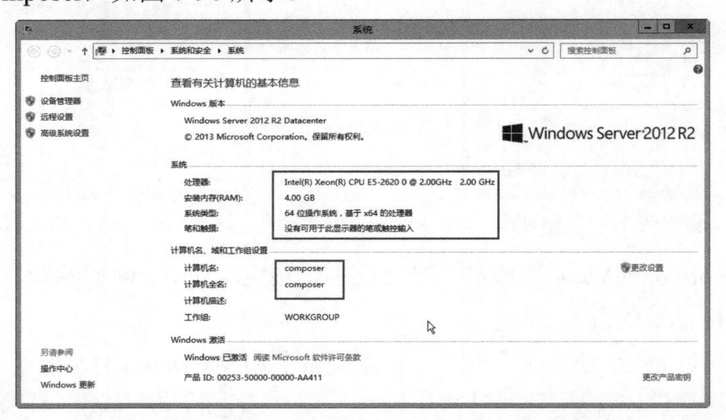

图 7-90　Composer 虚拟机

【说明】Composer 计算机不需要加入到 Active Directory。

7.4.1　安装带管理工具的 SQL Server Express 2014

对于大多数的应用，可以安装免费的 SQL Server 版本，如 SQL Server Express，在此选择 SQL Server Express 2014 版本。SQL Server Express 2014 包括“Microsoft SQL Server 2014 Express”与具有高级服务的“Microsoft SQL Server 2014 Express with Advanced Services”两个版本。

在本示例中将使用名为“cn_SQL_server_2014_with_tools_with_service_pack_1_x64_6673845.exe”（集成管理工具的SQL Server 2014版本，大小约为1.11GBB），安装带管理工具的SQL Server Express，主要步骤如下。

（1）切换到 Composer 的虚拟机，以域管理员账户登录，打开“服务器管理器→添加角色和功能”，安装“.Net Framework 3.51 功能”，如图 7-91 所示。

【说明】*在添加.NET Framework 3.5.1 功能时不要安装“HTTP”激活这一组件，否则 HTTP 激活会占用 TCP 的 80 端口，而一些组件会占用 HTTP 的 80 端口，这可能造成某些服务工作不正常。*

（2）在“确认安装所选内容”对话框中，单击“指定备用源路径”链接，如图 7-92 所示。

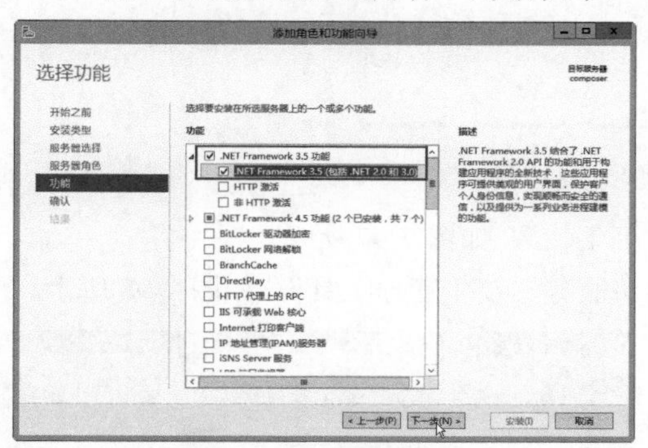

图 7-91　安装.Net Framework 3.51

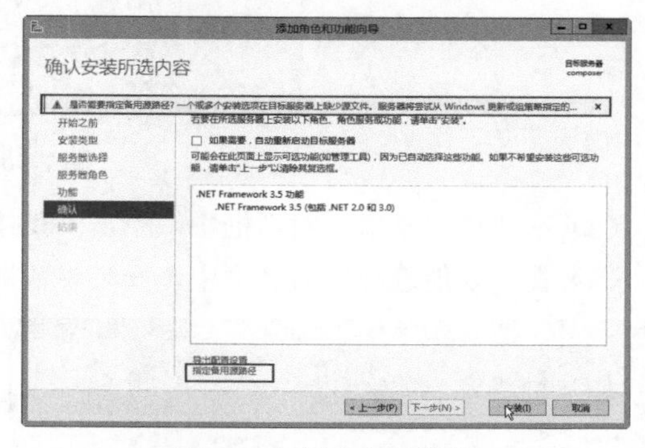

图 7-92　指定备用路径

（3）在“指定备用源路径”对话框中，在“路径”对话框中，指定 Windows Server 2012 R2 安装光盘的位置，在此 Windows Server 2012 R2 所加载的光盘位置为 D，则安装位置为 d:\sources\sxs，如图 7-93 所示。

（4）之后开始安装.Net Framework 3.5，直到安装完成，如图 7-94 所示。

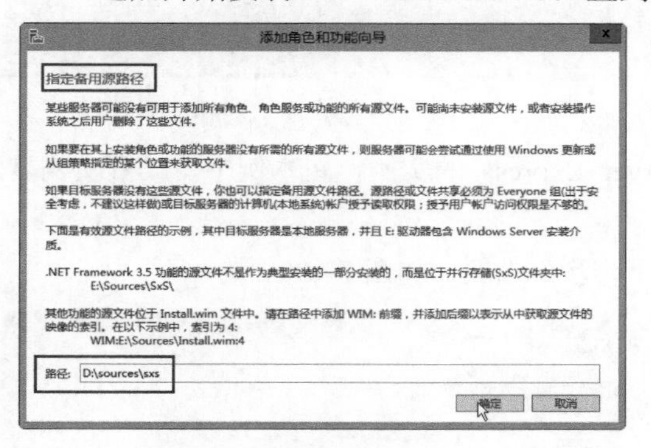

图 7-93　指定备用源路径

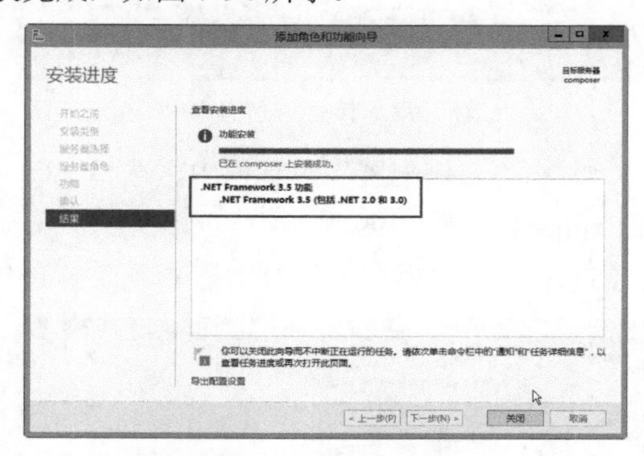

图 7-94　安装.Net Framework 3.5 完成

安装完“.Net Framework 3.51 功能”之后，运行 SQL Server Express 2014 安装程序，如果你是通过文件共享的方式运行该安装程序，请为该安装程序指定一个临时位置，如图 7-95 所示。在此指定 C 盘为保存位置（文件夹即为该安装程序文件名）。

图 7-95　指定提取位置

之后即开始SQL Server Express 的安装，主要步骤如下。

（1）在“SQL Server 安装中心”选择“全新安装或向现有安装添加功能”，如图 7-96 所示。

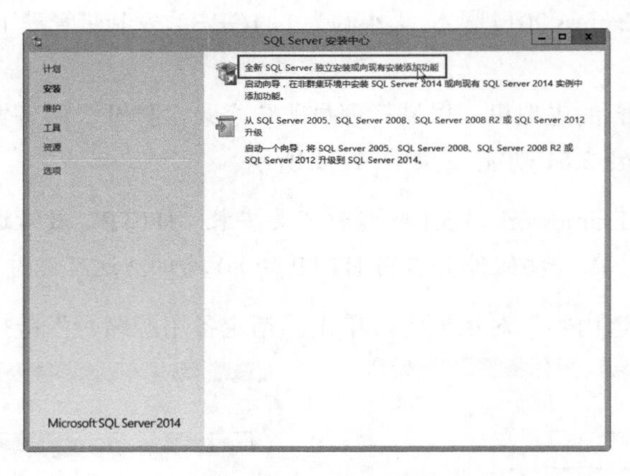

图 7-96　添加功能

（2）在“许可条款”对话框中，单击“我接受许可条款”，如图 7-97 所示。

（3）在“功能选择”对话框中，安装“数据库引擎服务”及“管理工具”，如图 7-98 所示。

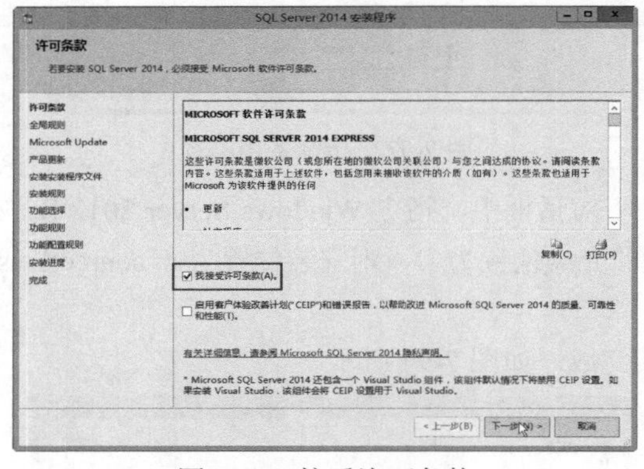

图 7-97　接受许可条款

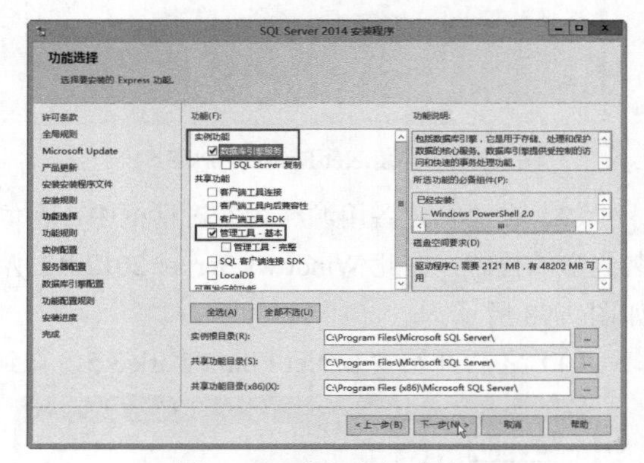

图 7-98　选择全部功能

（4）在“实例配置”对话框中，选择 SQL Server Express 的实例，在本例中，设置实例名为 SQLExpress，如图 7-99 所示。

（5）在“服务器配置”对话框中，直接单击“下一步”按钮，如图 7-100 所示。

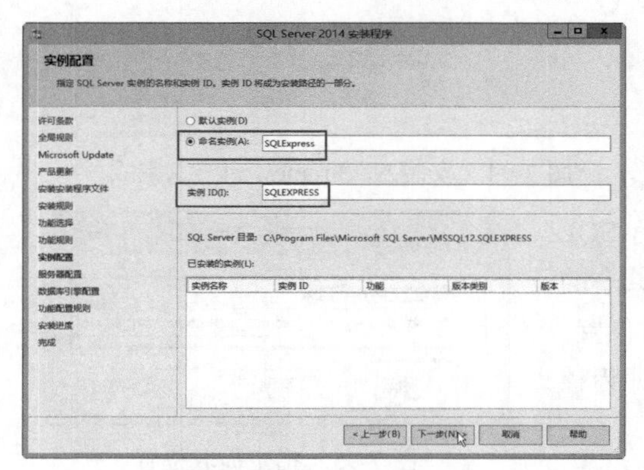

图 7-99　实例配置

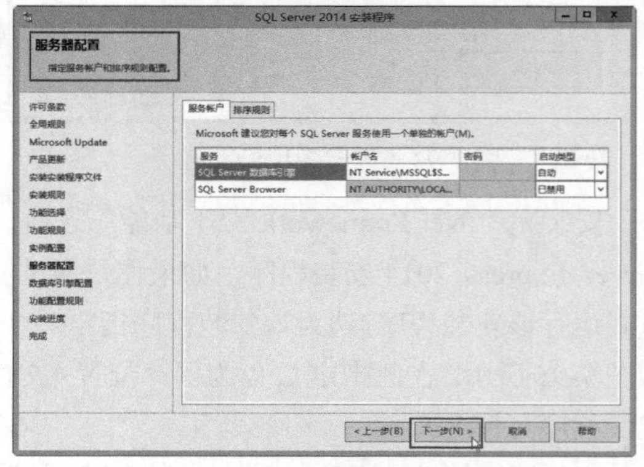

图 7-100　服务器配置

（6）在“数据库引擎配置”对话框中，选择默认值，如图 7-101 所示。

（7）之后 SQL Server Express 开始安装，直到安装完成，单击“关闭”按钮，如图 7-102 所示。

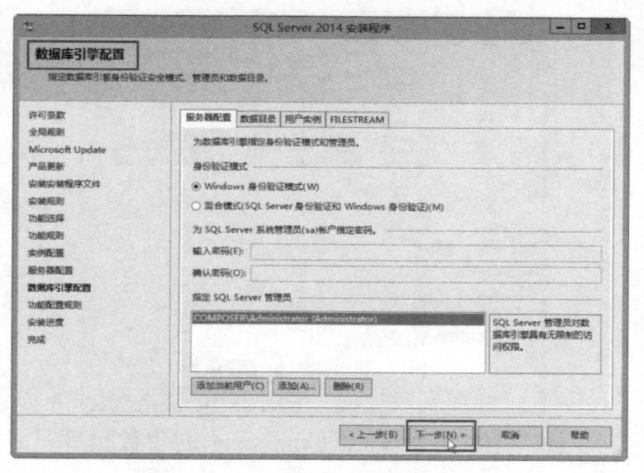

图 7-101　数据库引擎配置

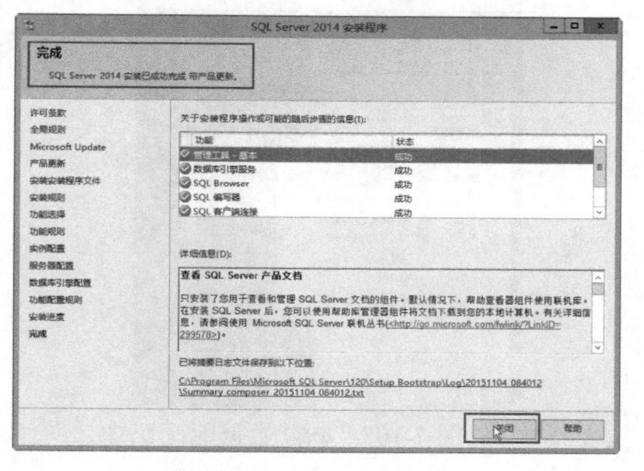

图 7-102　安装完成

7.4.2　为 View Composer 创建数据库

在安装好带管理工具的 SQL Server Express 2014 之后，运行 SQL Server 管理工具为 vCenter Server 与 View Composer 创建数据库，主要步骤如下。

（1）从“所有应用”中选择“SQL Server 2014 Management Studio”，进入 SQL Server 管理工具，如图 7-103 所示。

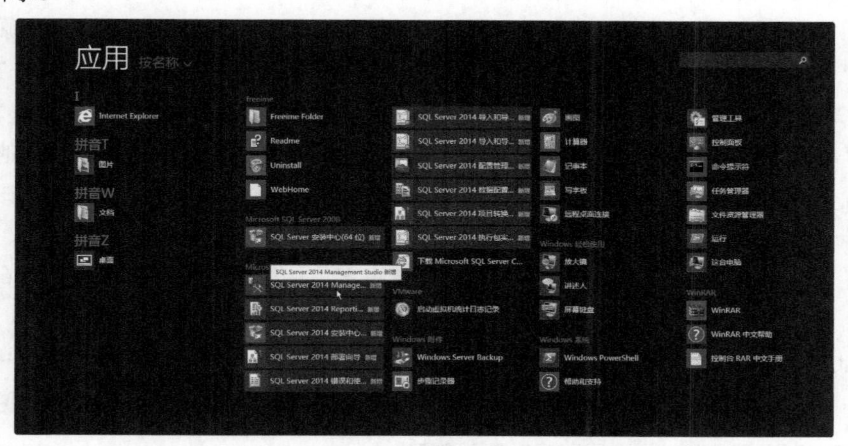

图 7-103　运行 SQL Server Express Management

（2）首先进入“连接到服务器”界面，在“服务器名称”地址栏中以“计算机名称\数据库实例名”的格式输入服务器的名称，在本例中，计算机名称为 composer，而数据库实例名为 sqlexpress（图 7-100 中指定），这样需要输入的信息为 composer\sqlexpress，如图 7-104 所示，然后单击“连接”按钮。

（3）进入 SQL Server 管理控制台后，右击“数据库”，在弹出的快捷菜单中选择“新建数据库”，如图 7-105 所示。

图 7-104　连接到 SQL Server 实例

（4）在“创建新数据库”对话框中，在“数据库名称”处输入新建的数据库名称，在此设置数据库名称为 View-Composer，如图 7-106 所示。

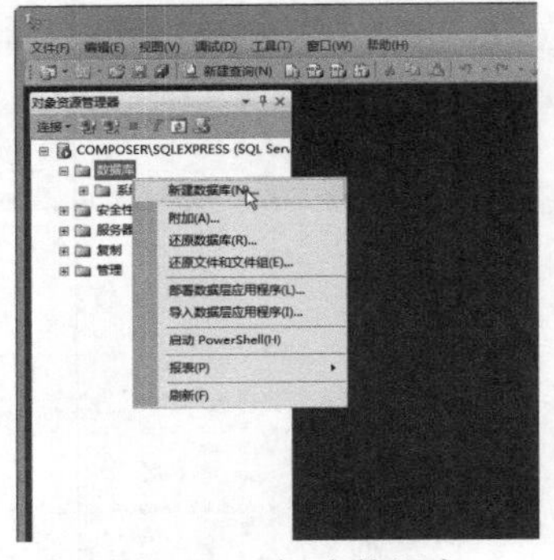

图 7-105　新建数据库

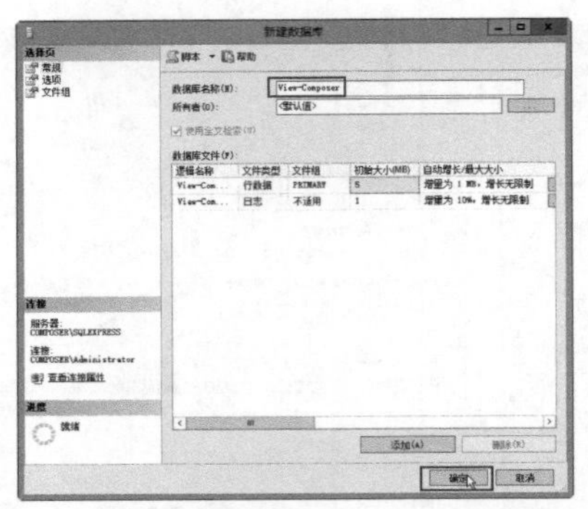

图 7-106　为 View Composer 创建数据库

创建数据库完成后，关闭 SQL Server 管理控制台。

7.4.3　在数据源中添加 DSN 连接

在 SQL Server Express 管理控制台中创建了数据库之后还不能直接使用，必须将其添加到“数据源”中，在下面的操作中将分别为 vCenter Server 与 View Composer 创建数据源，操作步骤如下：

（1）在“管理工具”中运行“ODBC 数据源（64 位）”，如图 7-107 所示。

（2）在“ODBC 数据源管理器”对话框中，打开“系统 DSN”选项卡，目前还没有可用的数据源。单击“添加”按钮，如图 7-108 所示，将添加用于 View Composer 所使用的数据源。

（3）在“创建新数据源”对话框中，选中“SQL Server Native Client 11.0”，如图 7-109 所示，然后单击“完成”按钮。

（4）在“创建到 SQL Server 的新数据源”对话框中，在“名称”后面输入新创建的数据源的名称，在此设置名称为“Composer”（当然也可以用其他的名称），在“描述”后面输入该数据源的作用例如“View Composer”，在“服务器”后面以“计算机名称\实例名”的方式输入，在本例中为 composer\SQLEXPRESS，如图 7-110 所示。也可以单击下拉按钮浏览选择，当网络中有多个可有的数据库服务器时会有多个 SQL Server 服务器，要选择本地的数据库服务器。

（5）为 SQL Server 指定登录 ID 时，选择默认值，如图 7-111 所示。

（6）选中“更改默认数据库为”复选框，在其下拉列表中选择“View-Composer”，如图 7-112 所示。

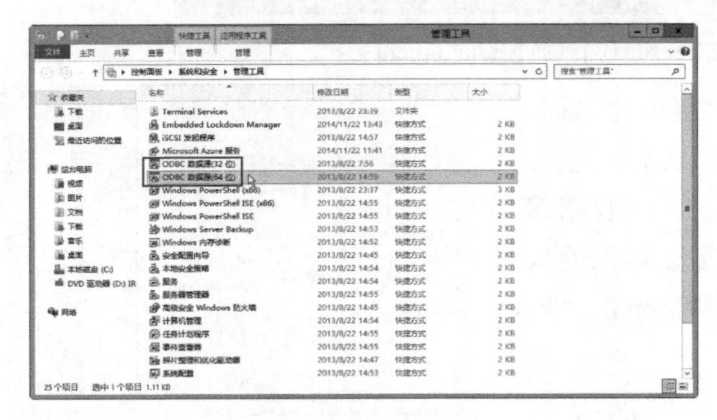

图 7-107　数据源

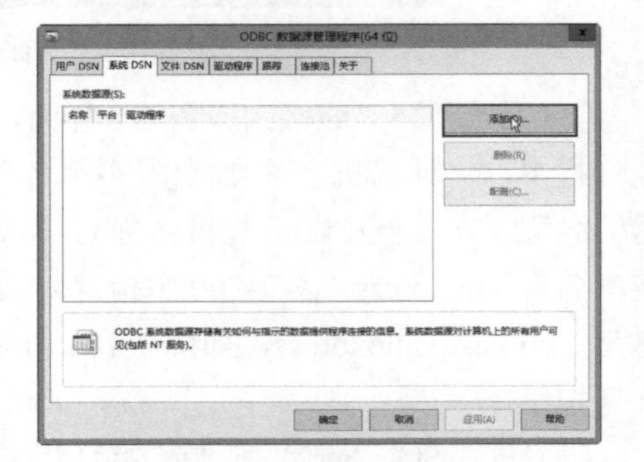

图 7-108　添加数据源

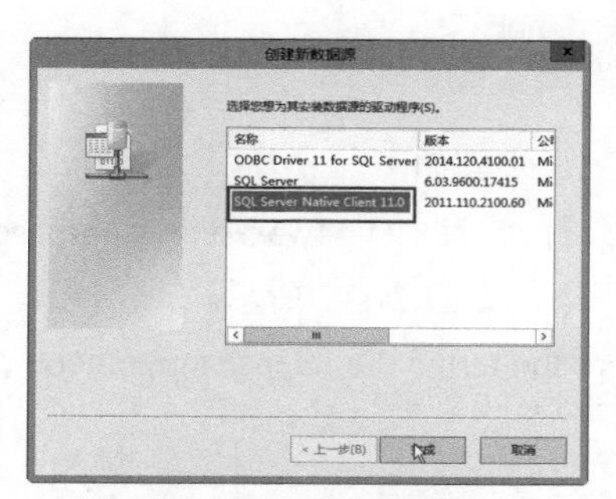

图 7-109　选择数据源驱动程序

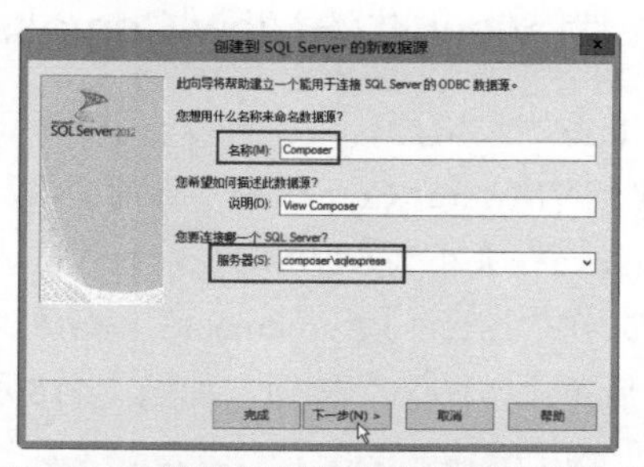

图 7-110　设置数据源名称及服务器名称

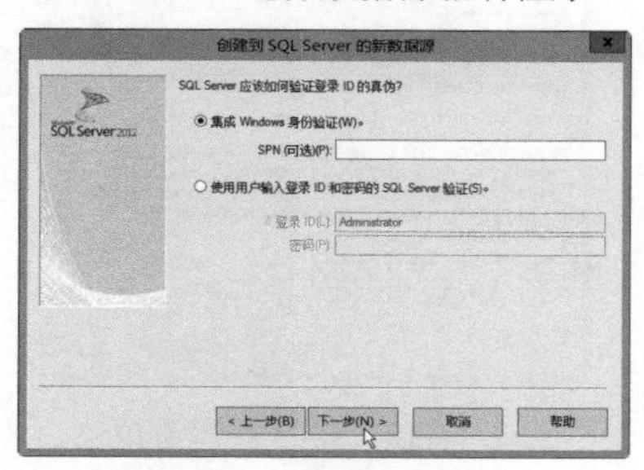

图 7-111　选择默认值

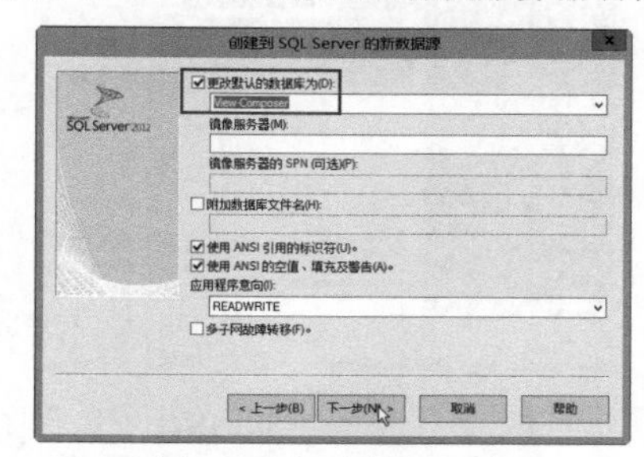

图 7-112　选择数据库

（7）其他选择默认值，直接配置完成，如图 7-113 所示。

（8）最后，可以单击“测试数据源”按钮（如图 7-114 所示），测试数据源是否正常（如图 7-115 所示）。测试之后，单击“确定”按钮，完成配置。

（9）添加完成后，返回到“ODBC 数据源管理器”，单击“确定”按钮，完成数据源的添加，如图 7-116 所示。

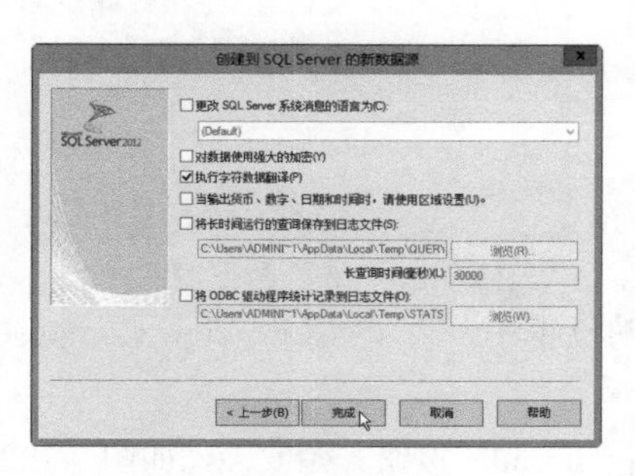

图 7-113　配置完成

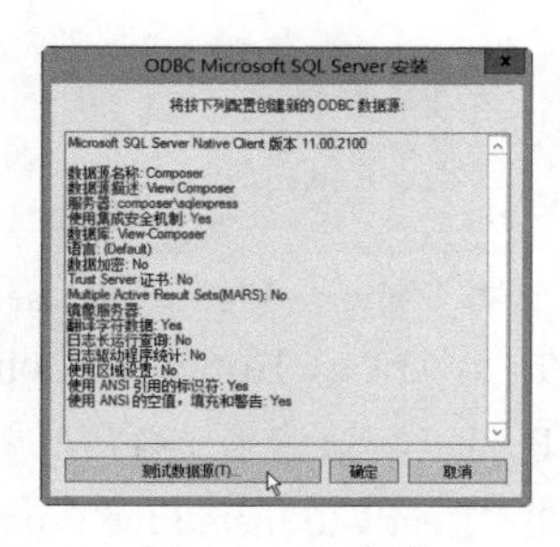

图 7-114　完成

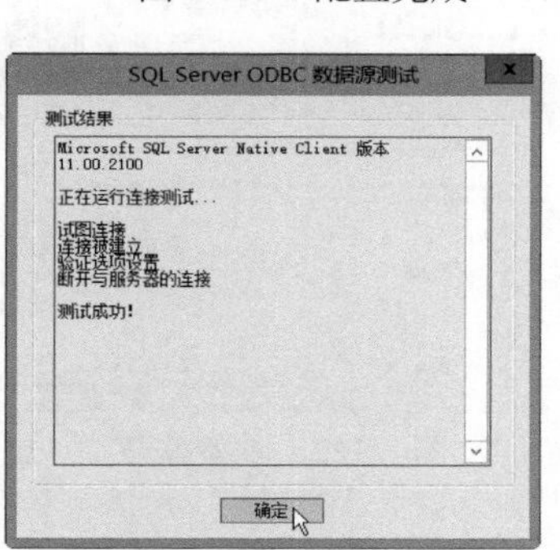

图 7-115　数据源测试正常

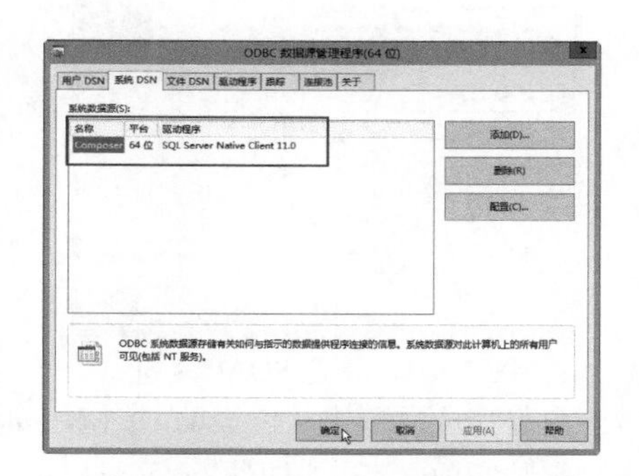

图 7-116　添加数据源完成

7.4.4 为 View 准备 View Composer 组件

在准备好数据源之后就可以安装 View Composer 组件了，步骤如下。

（1）VMware Composer 当前的版本号是 6.2、文件名为“VMware-viewcomposer-6.2.0-3001314.exe”大小为 31.9MB。运行 View Composer 安装程序，如图 7-117 所示。

（2）在“License Agreement”对话框中，选中“I accept the terms the license agreement”单选按钮，然后单击“Next”按钮，如图 7-118 所示。

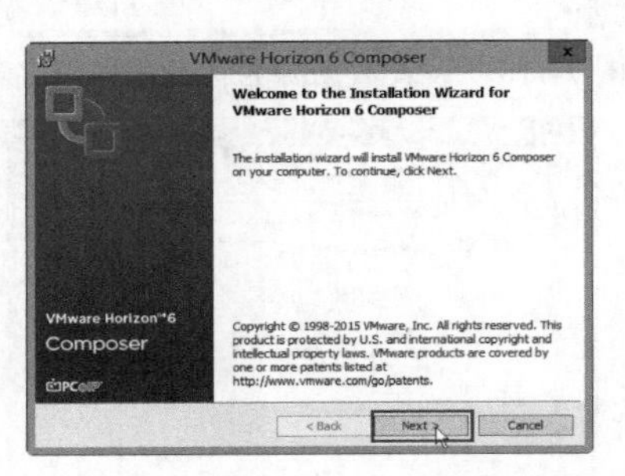

图 7-117 运行 View Composer 安装程序

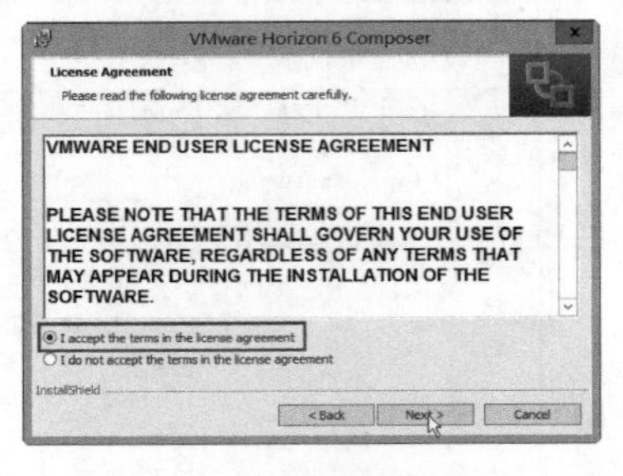

图 7-118 接受许可协议

（3）在“Destination Folder”对话框选择安装路径，通常选择默认值，如图 7-119 所示。

（4）在“Database information”对话框中，输入 View Composer 数据源名称，在本例为 Composer，其他选择空白，如图 7-120 所示。然后单击“Next”按钮。

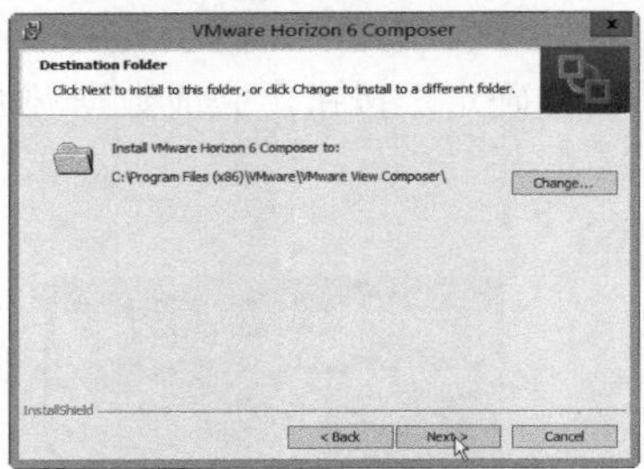

图 7-119 选择 VMware View Composer 安装组件位置

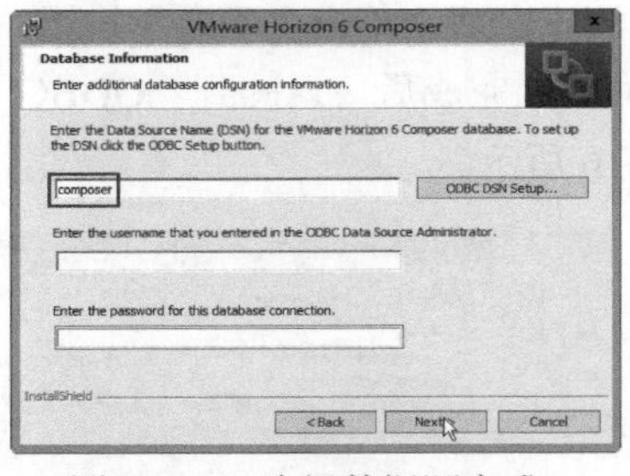

图 7-120 选择数据源完成

（5）在“VMware Horizon 6 Composer Port Settings”对话框中，为 VMware View Composer 组件指定 SOAP 端口，默认为 18443，如图 7-121 所示。

（6）在“Ready to Install the Program”对话框中，单击“Install”按钮开始安装，如图 7-122 所示。

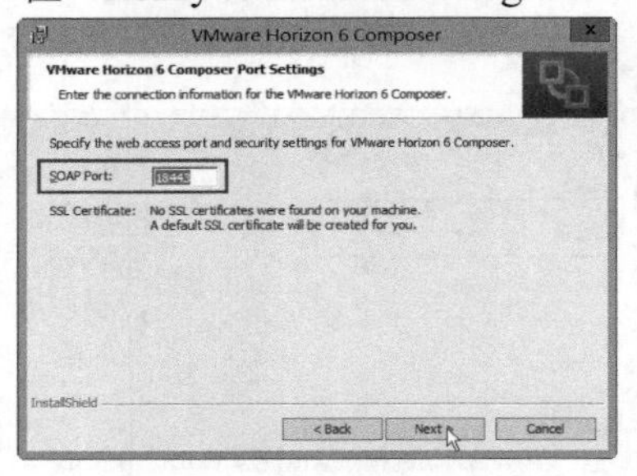

图 7-121 指定 SOAP 端口

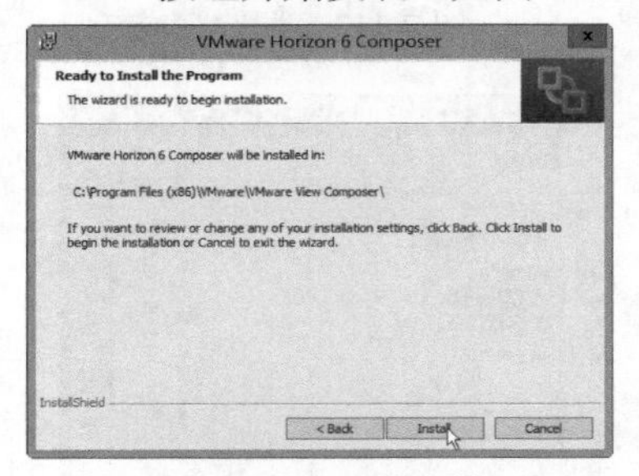

图 7-122 开始安装

（7）安装完成后单击“Finish”按钮，如图 7-123 所示。

（8）安装完成之后，根据提示重新启动，如图 7-124 所示。

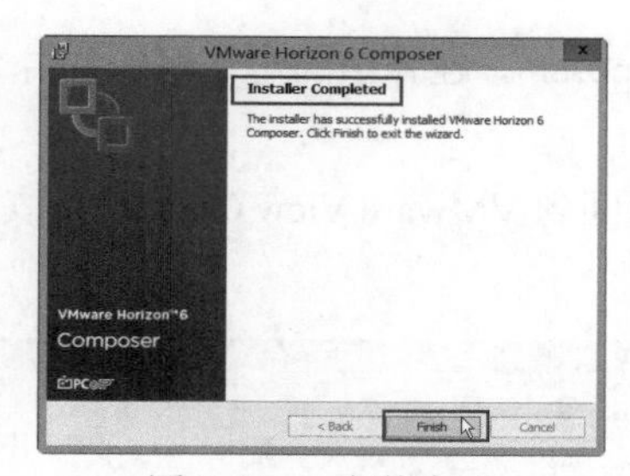

图 7-123　安装完成

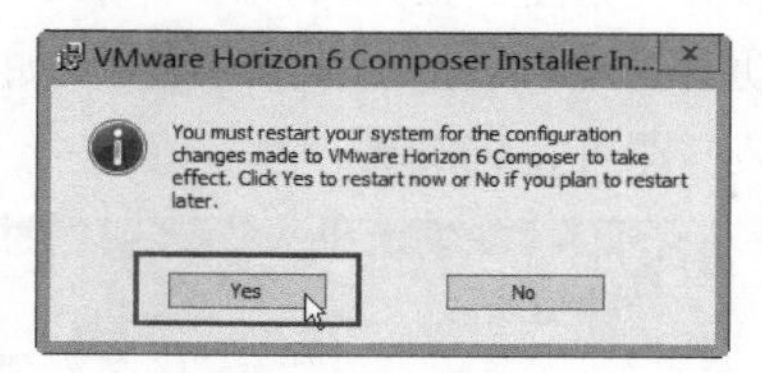

图 7-124　重新启动计算机

如果在 Windows Server 2012 R2 数据中心中安装 View Composer，在安装的过程中如果出现“Error 1920”错误，如图 7-125 所示，你需要在“服务”中修改 View Composer 的登录账户，修改后重新启动该服务即可。

（1）在图 7-126 错误出现后，不要退出安装程序，打开“服务”，右击“VMware Horizon 6 Composer”，在弹出的快捷菜单中选择“属性”，如图 7-127 所示。

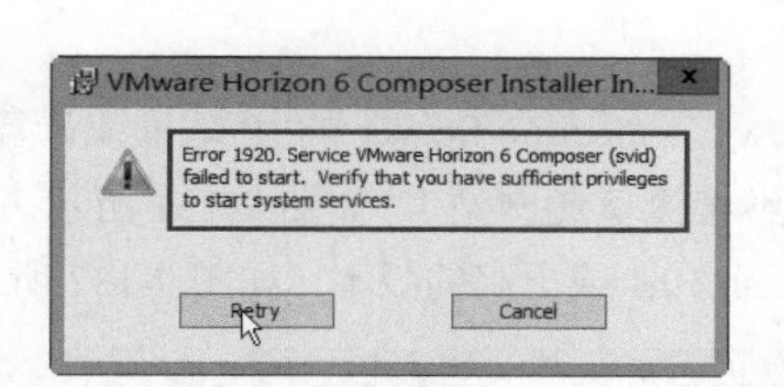

图 7-125　1920 错误

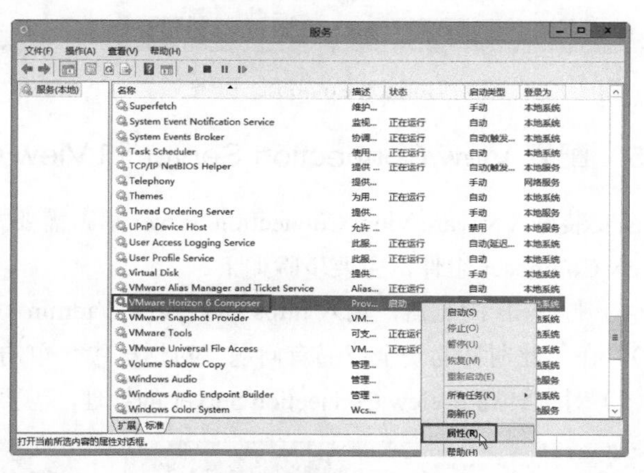

图 7-126　Composer 属性

（2）在“VMware Horizon 6 Composer 的属性”对话框中，在“登录”选项卡中，选择“此账户”，并输入当前登录账户 Administrator，并在“密码”、“确认密码”处输入当前 Administrator 账户的密码，然后单击“确定”按钮，如图 7-127 所示。

（3）在弹出的“服务”对话框中，弹出“已授予账户.\Administrator 以服务方式登录的权限”的提示，如图 7-128 所示。

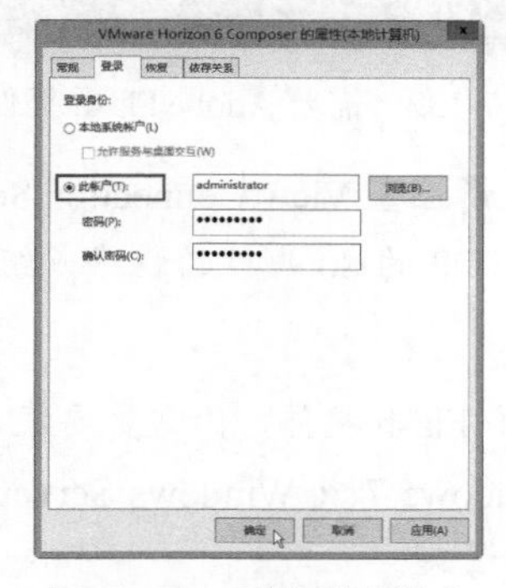

图 7-127　更改登录账户

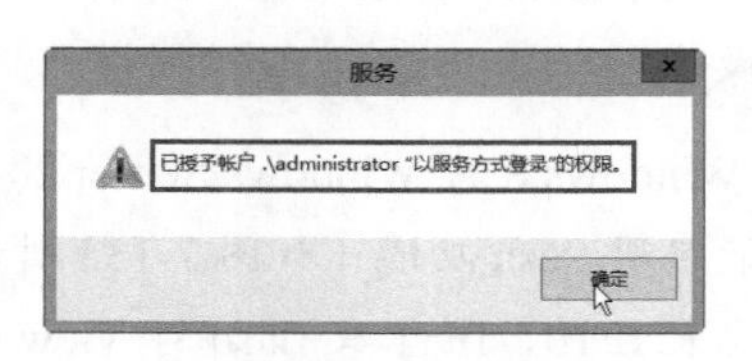

图 7-128　授予账户权限

（4）返回到“服务”之后右击“VMware Horizon 6 Composer”，在弹出的对话框中单击“启动”，启动该服务，如图 7-129 所示。

启动 Horizon Composer 服务之后（如图 7-130 所示），返回到 VMware View Composer 安装程序，继续安装，即可完成安装。

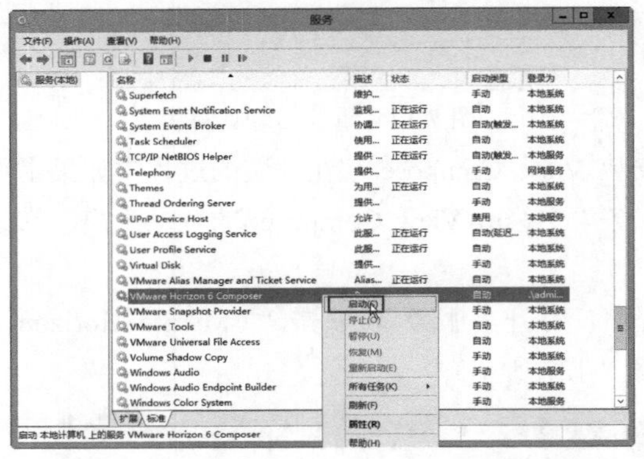

图 7-129　启动 Horizon Composer 服务

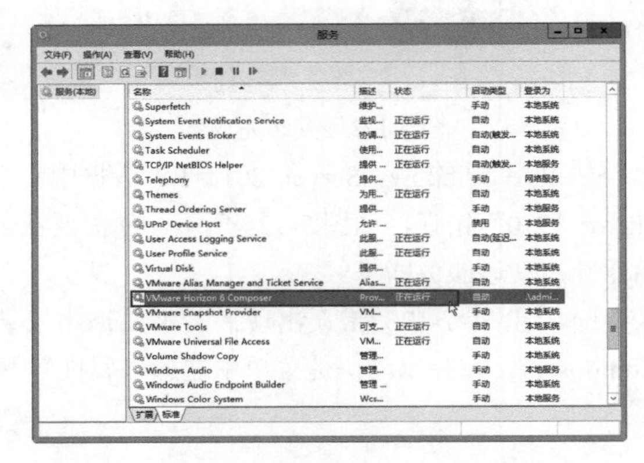

图 7-130　Horizon Composer 服务已启动

7.4.5　配置 View Connection Server 和 View Composer

在安装好 VMware View Connection Server 后，需要配置 View Connection Server、vCenter Server 和 View Composer 组件，主要步骤如下。

（1）打开 IE 浏览器，输入 https://172.30.6.2/admin（View Connection Server 的 IP 地址或计算机名称），在“此网站的安全证书有问题”对话框中，单击“继续浏览此网站”，如图 7-131 所示。

（2）对 VMware View Connection Server 的管理，需要 Flash 10.1 或更高的版本，如图 7-132 所示。

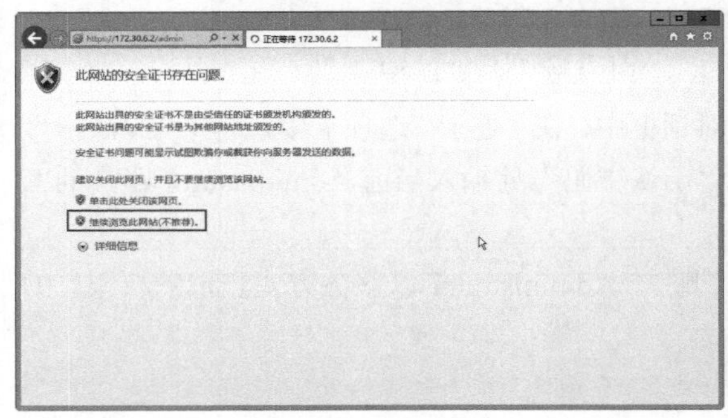

图 7-131　继续浏览此网站

图 7-132　需要 Adobe Flash 插件

【说明】如果不能浏览 View Connection Server 管理站点，请检查 View Connection Server 所在服务器上是否安装了 IIS 或其他 Web 服务器，请卸载这些占用 TCP 的 80 端口的程序或组件，然后再次执行这一操作。

【说明】Windows 8 及 Windows Server 2012 R2 已经集成了 Flash 插件，你需要安装“桌面体验”这一组件才能启用 flash 功能（如图 7-133 所示）。建议在 Windows 7 或 Windows Server 2008 R2 的计算机上，安装 IE10、IE11 及 flash 对 View 连接服务器进行管理。

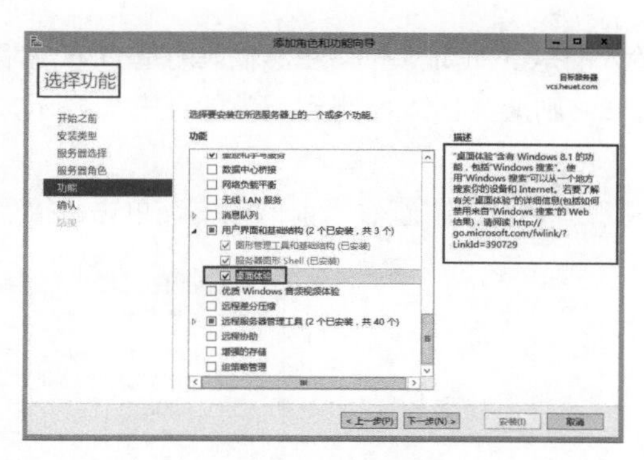

图 7-133 桌面体验

（3）在下载并安装新版本的 Flash 之后，按“F5”键刷新，出现登录页面，输入域管理员账户、密码登录，如图 7-134 所示。

（4）在“产品许可和使用情况”选项中，在右侧单击“编辑许可证”链接，添加 VMware View 许可证，如图 7-135 所示。

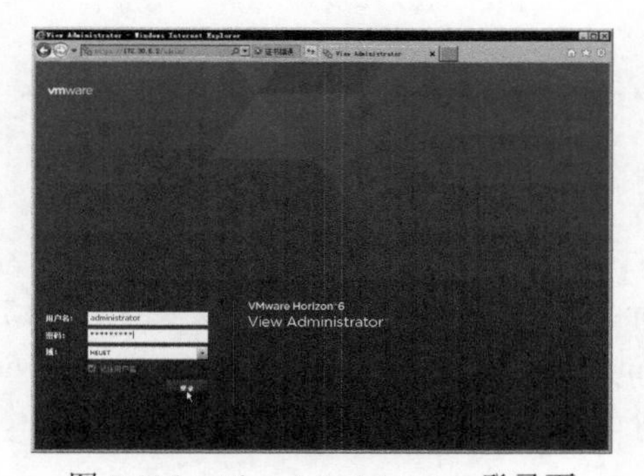

图 7-134 View Administrator 登录页

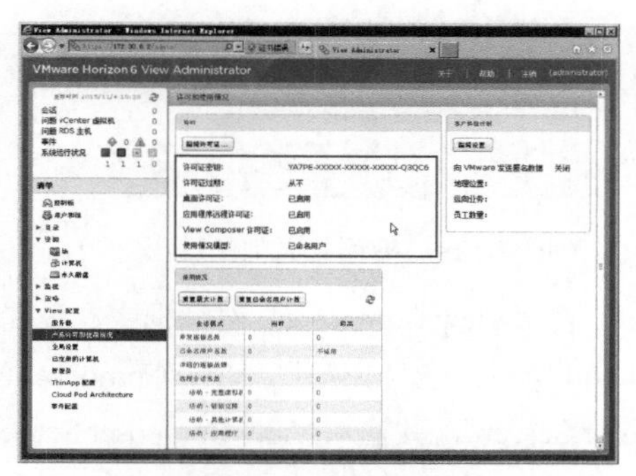

图 7-135 添加许可证

（5）登录到 VMware View Administrator 页面之后，在左侧窗格单击“View Configuration→Server”，在右侧的“vCenter Server”选项中，单击“Add”按钮，如图 7-136 所示，准备添加 vCenter Server 服务器的地址。

（6）在弹出的“添加 vCenter Server”对话框中，在“vCenter Server 设置”处，输入 vCenter Server 的 IP 地址、管理员账户、密码，并在“描述”处键入该 vCenter Server 的描述信息，如图 7-137 所示。

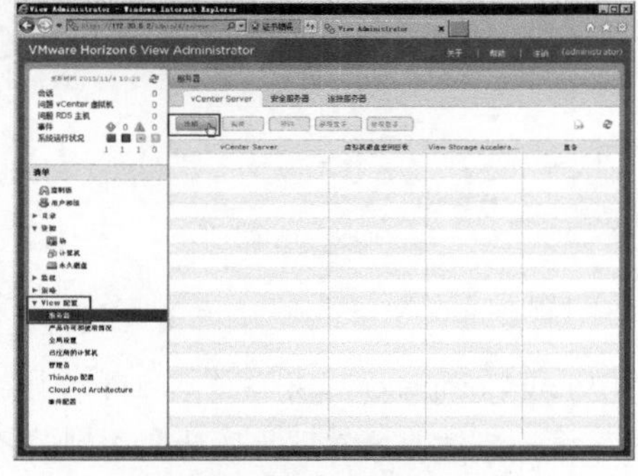

图 7-136 添加

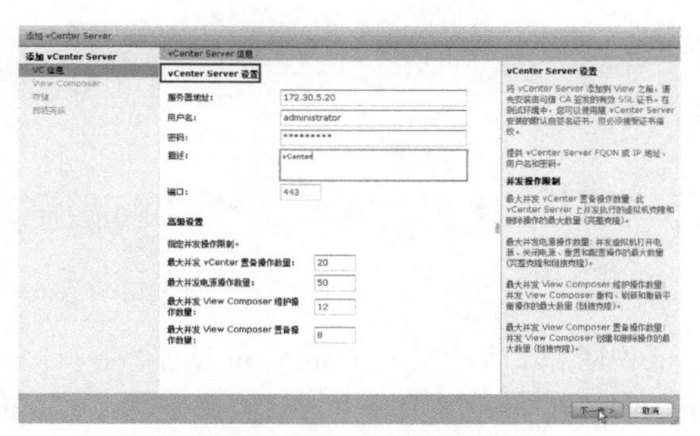

图 7-137 配置 vCenter Server

（7）如果在图 7-138 中输入的是 IP 地址，或者虽然输入的是 DNS 名称但并没有为 vCenter Server 安装受信任的 CA 颁发的证书，则会弹出“检测到无效的证书”提示，单击“查看证书”链接，如图 7-138 所示。

（8）在弹出的“证书信息”对话框中，查看当前的证书，单击“接受”按钮，如图 7-140 所示。

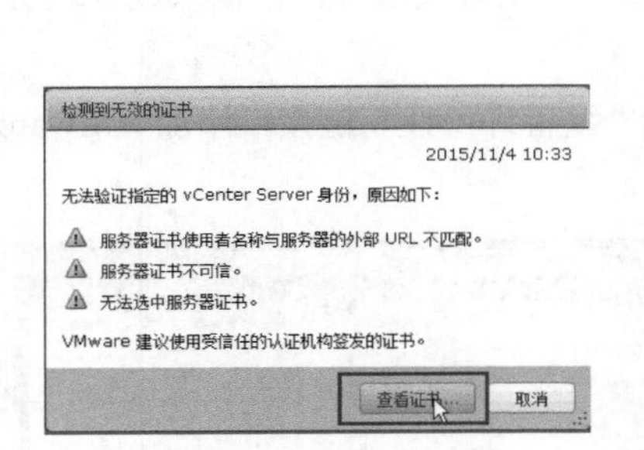

图 7-138　检测到无效的证书

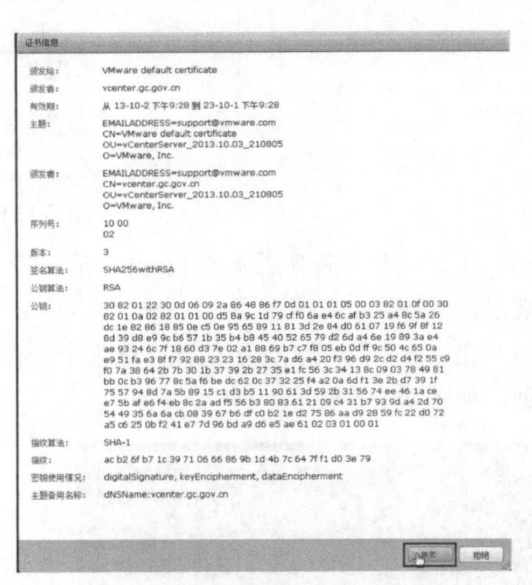

图 7-139　接受证书

（9）在“View Composer”对话框中，设置 View Composer，根据 View Composer 安装的位置选择，如图 7-140 所示。在本示例中，View Composer 没有与 vCenter Server 一同安装，在此选择“独立的 View Composer Server”，并输入 View Composer Server 的 IP 地址或 DNS 名称，输入管理员账户及密码。

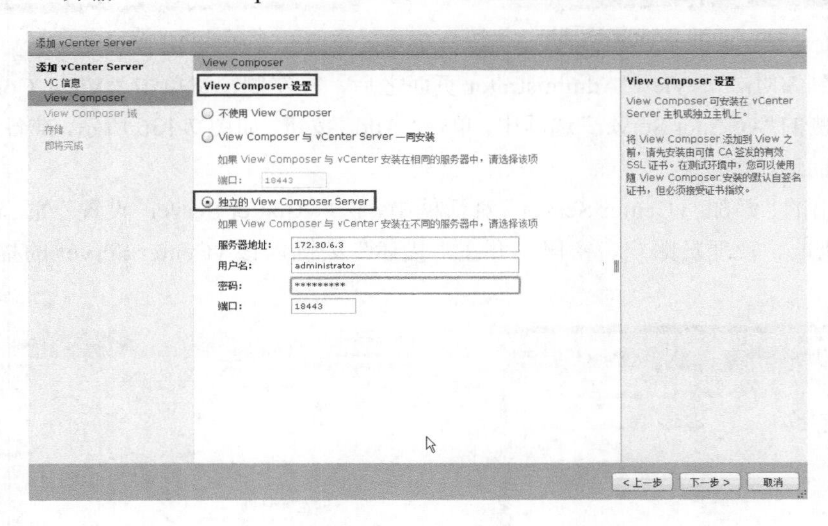

图 7-140　View Composer 设置

【说明】在输入 View Composer 服务器密码时，是指的 View Composer 服务器“本地管理员”密码。如果该本地管理员密码与域管理员账户密码不一致时，请不要输入域管理员密码，否则将不能连接 View Composer 服务器。

（10）在添加 View Composer Server 的地址时，同样会弹出“检测到无效的证书”的提示，单击“查看证书”链接（如图 7-141 所示），在弹出的“证书信息”对话框，单击“接受”按钮，接受 View Composer Server 上安装的证书，如图 7-142 所示。

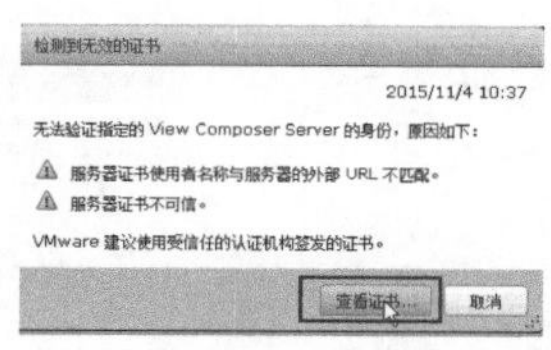

图 7-141　查看证书

（11）在“View Composer 域”对话框中，单击“添加”按钮，输入域名 heuet.com、输入域用户名 add（这是“7.3.5 为 View Composer 创建用户账户”一节中创建的账户）、密码，然后单击“确定”按钮，如图 7-143 所示。

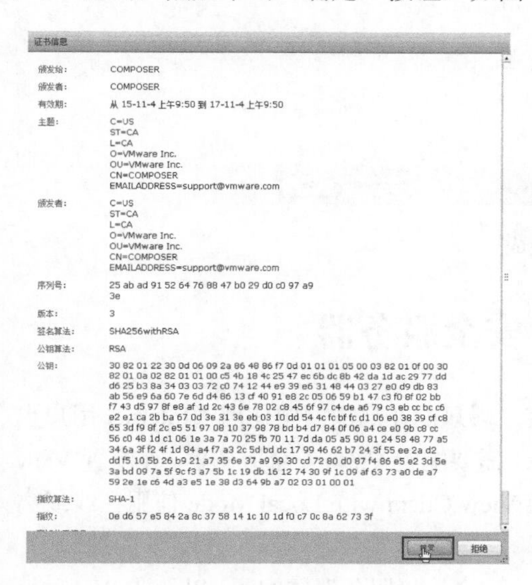

图 7-142　接受证书

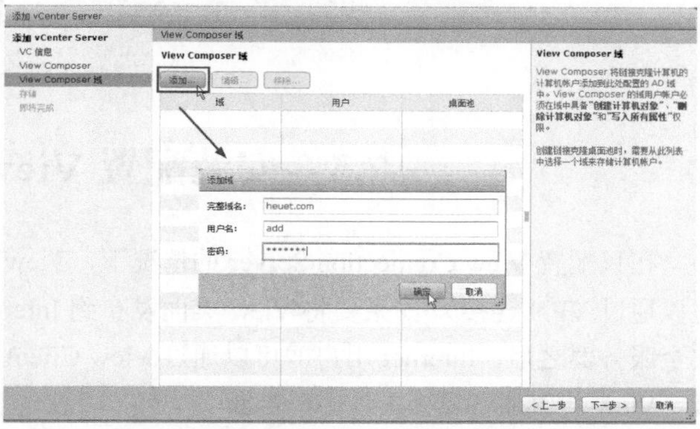

图 7-143　添加 View Composer 用户账户

（12）在“存储设置”对话框中，对 ESXi 主机进行配置，以缓存虚拟机磁盘数据，这样可提高 I/O 风暴期间的性能。可以根据需要设置，如图 7-144 所示。

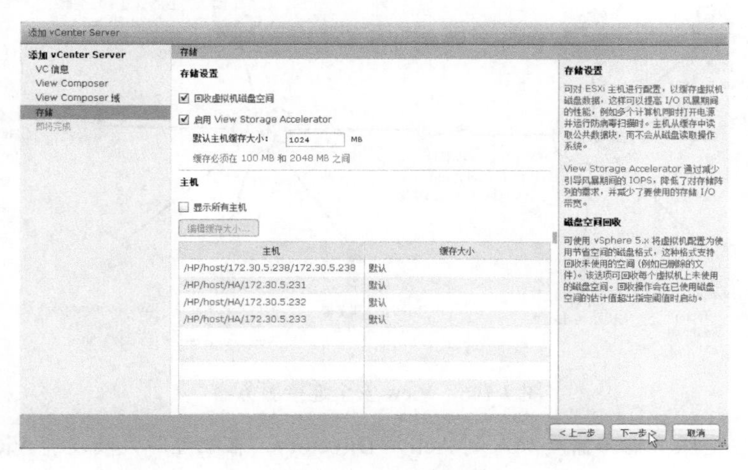

图 7-144　存储设置

（13）在“即将完成”对话框中，显示了添加 vCenter Server、配置 View Composer Server 的信息，检查无误之后单击“结束”按钮，如图 7-145 所示。

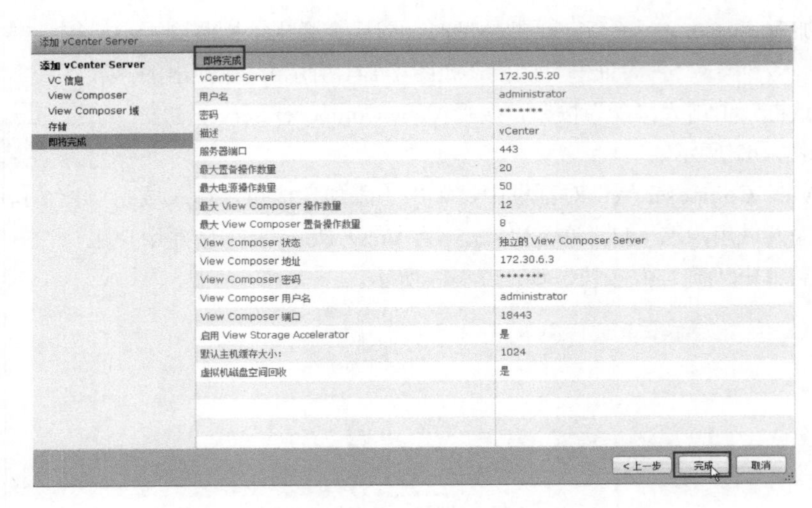

图 7-145　即将完成

7.5　安装配置 View 安全服务器

在只配置 View Connection Server 的情况下，View 客户端只能在局域网中使用（Internet 用户也可以通过 VPN 连接）。如果要将 View 桌面发布到 Internet，需要配置 View 安全服务器。在配置 View 安全服务器之后，Internet 用户即可以通过 View Client 或 View Client with Local Mode 使用在线或离线（View 传输服务器）的 View 桌面。

本节通过图 7-146 的网络拓扑，介绍 View Connection 安全连接服务器的配置，以及非 Windows 客户端的安装配置与使用。

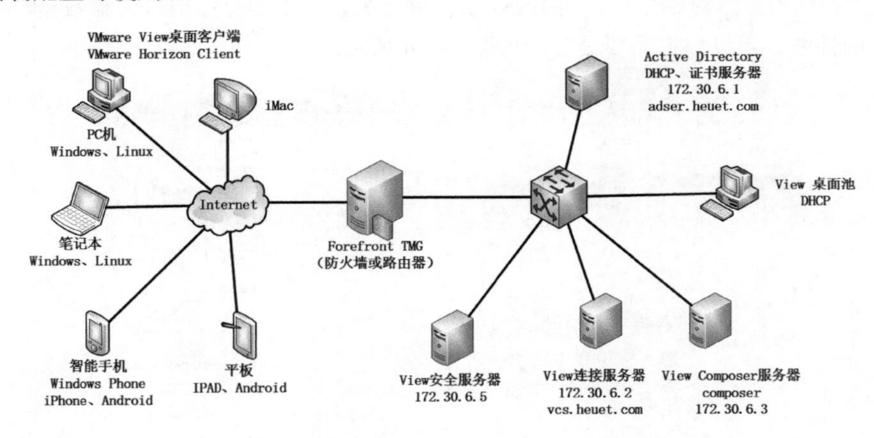

图 7-146　View 安全连接服务器

说明： View 安全服务器不需要加入到 Active Directory。在配置防火墙发布 View 安全服务器到 Internet 时，View 安全服务器、View 连接服务器、View 传输服务器及 View 桌面的默认网关地址要指向图中防火墙的“内网”地址，如果 View 桌面在另一个网段（与防火墙内网网卡），则网络中核心交换机的默认路由地址应该为防火墙的内网地址。如果网络中具有多个出口（即具有多个网关），而 View 桌面又采用 DHCP 方式时，当 DHCP 服务器是 Windows Server 2012 时，可以在 DHCP 中通过创建策略，只为 View 桌面（根据 VMware 虚拟机的 MAC 地址区分）所属的虚拟机分配路由器地址（即默认网关）时设置为防火墙内网地址。

7.5.1　准备 View 安全服务器虚拟机

在 ESXi 主机中，使用 Windows Server 2012 R2 的模板，部署一台 View Connection 安全连接服务器的虚拟机，设置虚拟机名称为 security1-6.5，为该虚拟机分配 2GB 内存、1 个虚拟 CPU，主要步骤如下。

（1）选择 Windows Server 2008 R2 模板，从该模板部署虚拟机。

（2）设置虚拟机名称为 security1-6.5，如图 7-147 所示。

（3）在“用户设置”对话框中，设置计算机的名称为 secutity1，如图 7-148 所示。

（4）修改虚拟机的配置，为其分配 2GB 内存、1 个 CPU、显卡为“自动检测设置”，如图 7-149 所示。

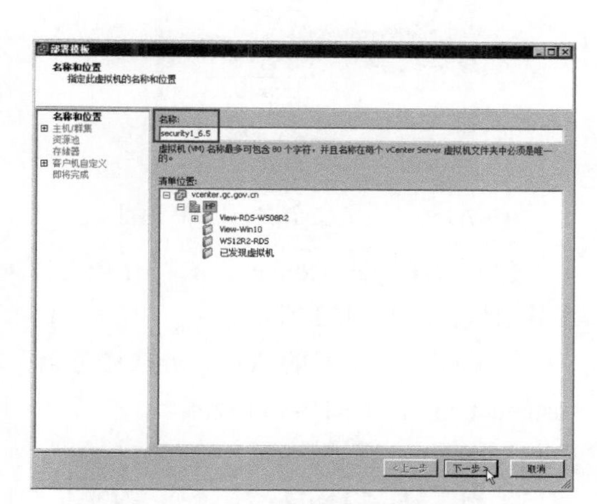

图 7-147　设置虚拟机名称

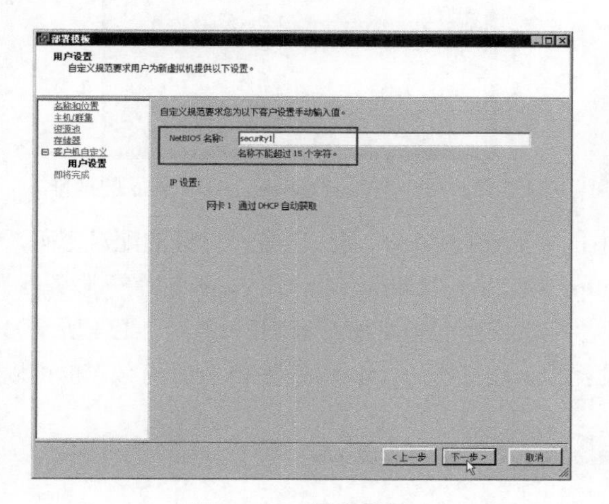

图 7-148　用户设置

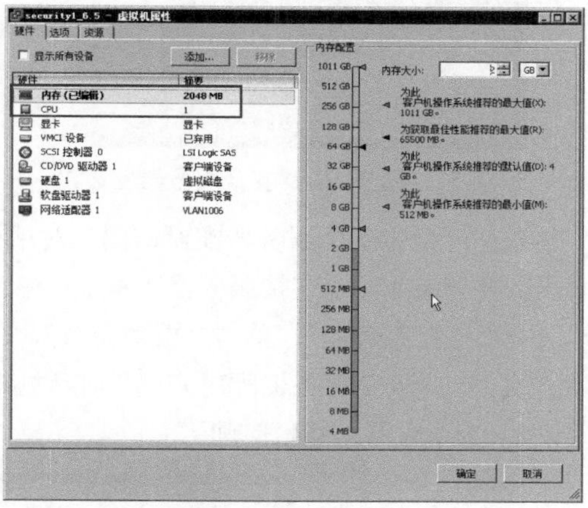

图 7-149　修改虚拟机配置

之后从模板部署虚拟机。

7.5.2　安装 View 安全服务器

在配置好 View 安全服务器虚拟机后，然后在此计算机上运行 View Connection Server 的安装程序，并在安装选项中选择“View 安全服务器”，主要步骤如下：

（1）登录 View 安全服务器虚拟机，检查设置 IP 地址 172.30.6.5，设置 DNS 地址为 Active Directory 服务器的 IP 地址 172.30.6.1（如图 7-150 所示）），检查或修改计算机名称为 view，如图 7-151 所示。

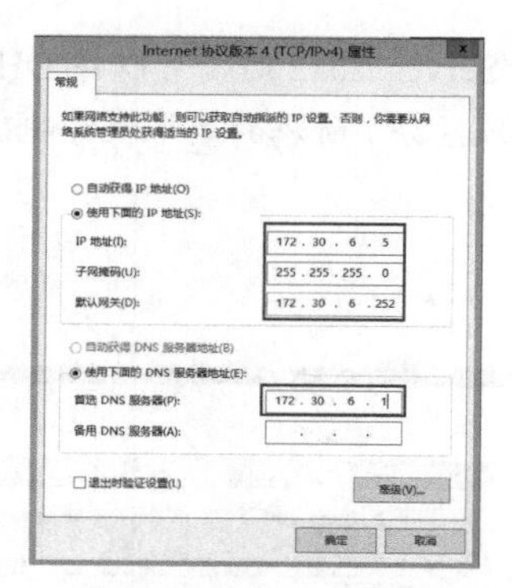

图 7-150　设置安全服务器 IP 地址

图 7-151　修改计算机名称

（2）运行 View Connection　Server 安装程序，在“安装选项”对话框中，选择“Horizon 6 安全服务器”，如图 7-152 所示。

（3）在“已配对的 View 连接服务器”对话框中，设置 View 连接服务器的地址，本例中为 vcs.heuet.com，如图 7-153 所示。

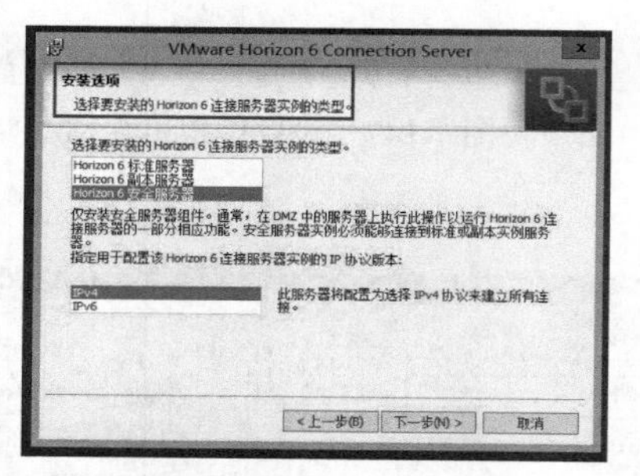

图 7-152　选择 View 安全服务器安装

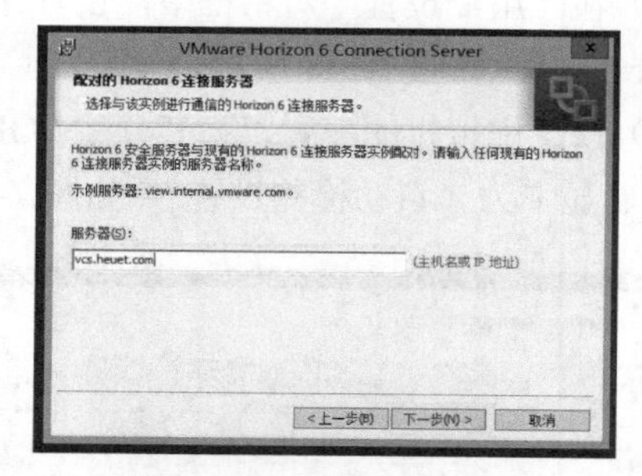

图 7-153　指定 View Connection Server 的地址

（4）在“指定安全服务器配对密码”对话框中，输入连接 View 连接服务器设置的配对密码，该密码需要登录 View 连接服务器（本示例中为 http://172.30.6.2/admin），在“View 配置→服务器”中，选中“连接服务器”，单击“更多命令”，选择“指定安全服务器配对密码”（如图 7-154 所示）。在弹出的“指定安全服务器配对密码”对话框中设置一个连接密码，这个密码 30 分钟有效（也可以修改为 1、2 小时甚至其他时间）。

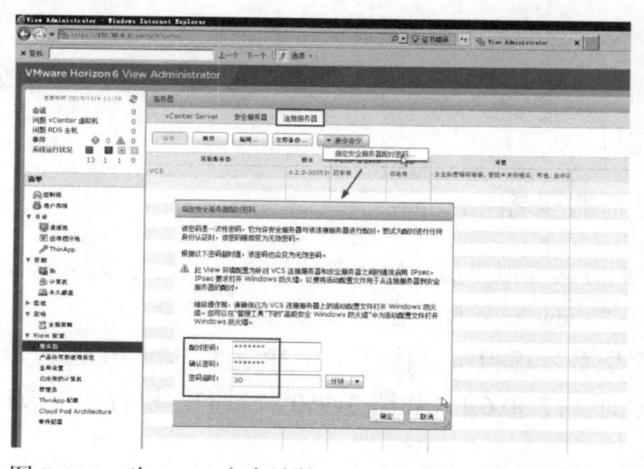

图 7-154　为 View 安全连接服务器设置一次性连接密码

【说明】这个密码只能使用一次。如果要安装多个安全服务器，请在安装第 2 个安全服务器时，重新指定。

（5）返回到在“已配对 View 连接服务器的密码”对话框，输入指定的密码继续，如图 7-155 所示。

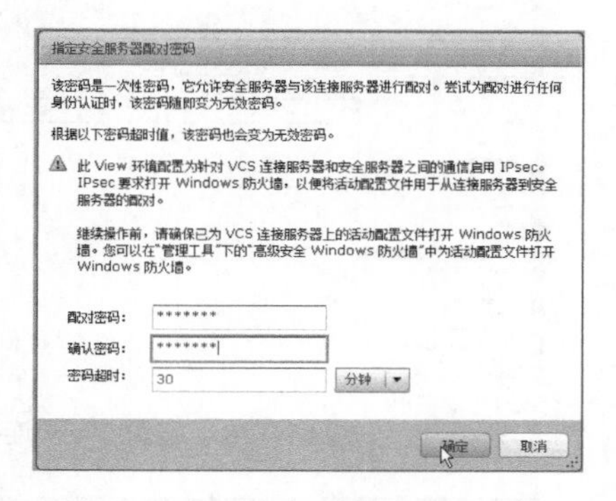

图 7-155　指定密码

（6）在“View 安全服务器配置”对话框中，在“外部 URL”地址框中，输入 View 安全连接服务器发布到 Internet 的域名与地址，需要注意，该地址要用域名，并且端口默认为 443，如果在防火墙中，443 端口已经被占用，则可以选择另一个端口，如 8442，但在 View 安全服务器本身，其服务端口仍然为 443，这就需要在防火墙上，将 8443 端口映射到 View 安全服务器 172.30.6.5 的 443 端口。在本例中，作者采用了 view.heuet.com 的域名，在此修改“外部 URL”为 https://view.heuet.com:443，修改“Blast 外部 URL”为“https://view.heuet.com:8443”，PCoIP 外部 URL 地址为 222.223.233.162（这个地址是 view.heuet.com 解析的外部防火墙的 IP 地址），如图 7-156 所示。

（7）其他则选择默认安装，直到安装完成，如图 7-157 所示。

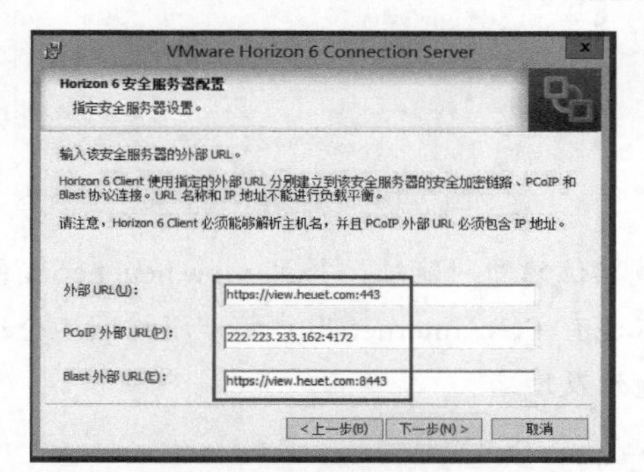

图 7-156　设置 View 安全服务器外部访问地址

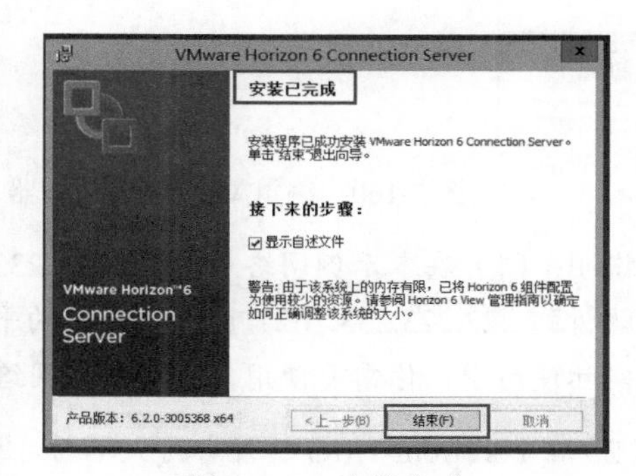

图 7-157　安装完成

7.5.3　配置 View 安全服务器

在安装好 View 安全服务器之后，登录 View Administrator 管理界面，检查并配置 View 连接服务器、View 安全服务器，主要步骤如下。

（1）登录 View Administrator，在“View 配置→服务器”清单中，在“连接服务器”选项卡中，单击“编辑”按钮，如图 7-158 所示。

（2）在“编辑 View 连接服务器设置”对话框，在“标记”文本框中为 View 连接服务器设置一个标记，如 vcs，其他则保持不变。View 连接服务器的设置是为局域网用户来使用的，如图 7-159 所示。

（3）之后在“安全服务器”中单击“编辑”按钮，如图 7-160 所示。

（4）在“编辑安全服务器-VIEW”对话框中，为 View 安全服务器输入外部 URL 地址、端口，以及外部 IP 地址，在“PCoIP 安全网关”选项中，设置防火墙的地址及端口，根据图 10-161 的规则，防火墙外网地址为 222.223.233.162，在此设置，如图 7-162 所示。

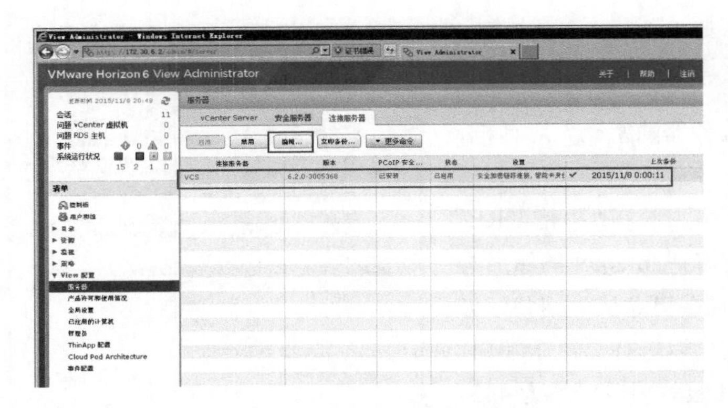

图 7-158　编辑 View 连接服务器

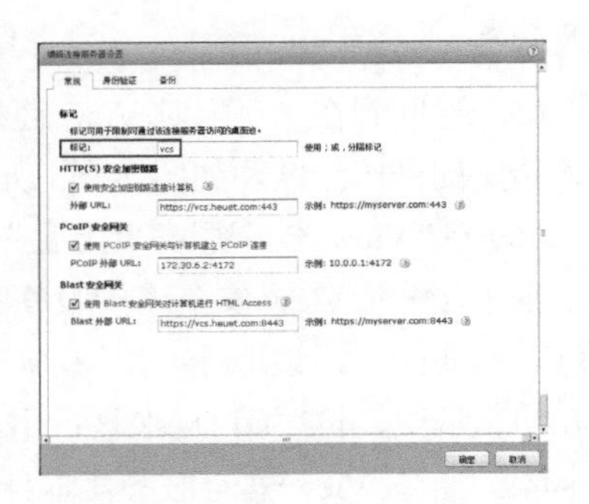

图 7-159　View 连接服务器设置

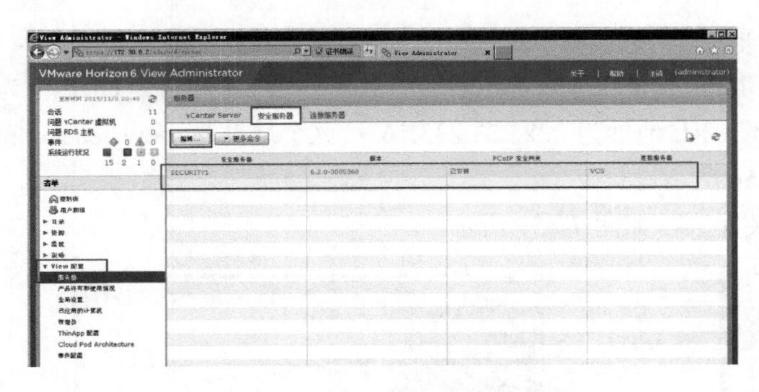

图 7-160　编辑 View 安全服务器

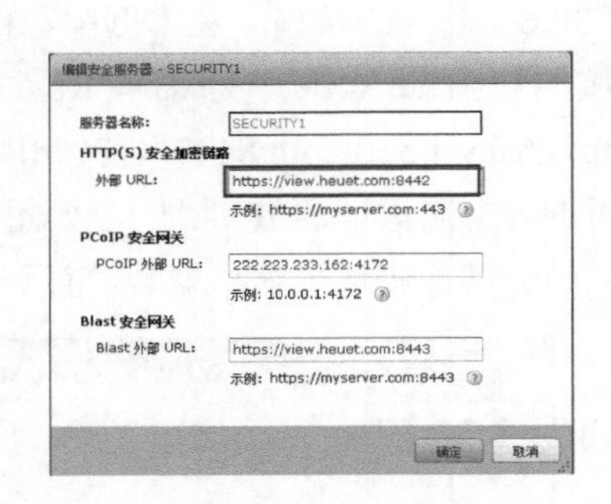

图 7-161　编辑 View 安全服务器

说明：(1) 在本示例网络中，222.223.233.162 是我单位的外网地址，并且 view.heuet.com 的域名也解析到 222.223.233.162。图 7-141 中的平板、手机还有 PC，Internet 用户都可以访问这个地址在你实际使用中，你需要使用你自己所属网络的外网地址及域名。

(2) 在 Forefront TMG 作外部防火墙时，因为可以对 443 端口以"域名"的方式，进行多次映射，所以要为 Forefront TMG 申请"通配符证书，在本示例中为*.heuet.com"，但这个证书映射到安全服务器的证书为 view.heuet.com，这会导致使用 Horizon View Client 使用 443 进行转发时验失败（如图 7-162 所示），为了解决这个问题，我们除了将 443 端口以 view.heuet.com 映射到 172.30.6.5 之外，为 View 安全服务器指定了另一个端口 8442，这样在进行验证验证时使用 8442（端口一对一映射，直接使用 View 安全服务器证书进行验证），不存在通配符证书的验证问题。如果你是使用普通的路由器，并且采用端口映射的方式，可以使用 443 而不是使用本示例中的另一个端口 8442 即可。当然，如果你的 Forefront TMG 专门为安全服务器配置，不采用通配符证书，并且直接使用 443 端口进行映射，也不需要修改端口为 8442。

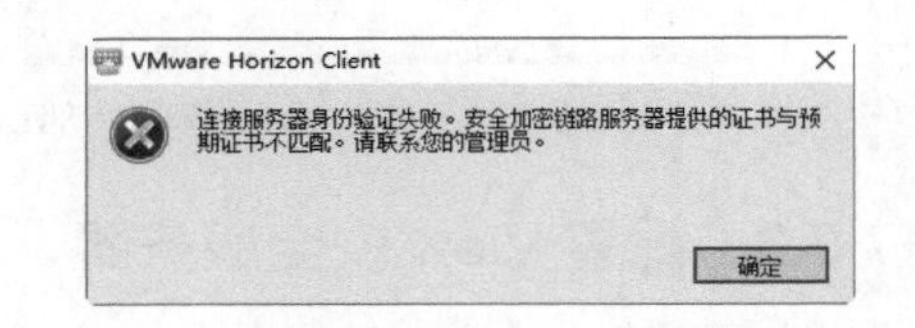

图 7-162　证书不匹配造成身份验证失败

7.5.4　发布 View 安全服务器到 Internet

最后登录 Forefront TMG 防火墙，将 TCP 的 8442 端口、TCP 与 UDP 的 4172 端口、8443 端口映射到 View 安全服务器的地址，本例为 172.30.6.5，主要步骤如下（本文以 Forefront TMG 2010 防

火墙为例介绍)。

(1)在 Forefront TMG 控制台中，右击“防火墙策略”，选择“新建→非 Web 服务器协议发布规则”，如图 7-163 所示。

(2)在“欢迎使用新建服务器发布规则向导”对话框中，为规则设置个名称，在此设置为“View→172.30.6.5”，如图 7-164 所示。

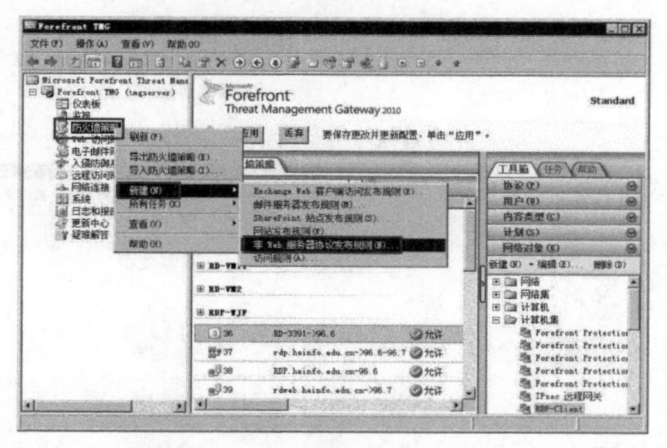

图 7-163　新建防火墙策略

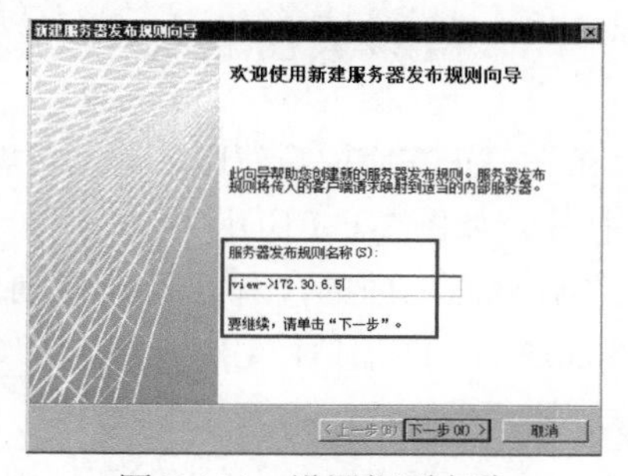

图 7-164　设置规则名称

(3)在“选择服务器”对话框中，设置要发布的服务器地址，在此设置 View 安全服务器的地址 172.30.6.5，如图 7-165 所示。

(4)在“选择协议”对话框中，单击“新建”按钮，如图 7-166 所示。为 8442、4172 端口新建协议。

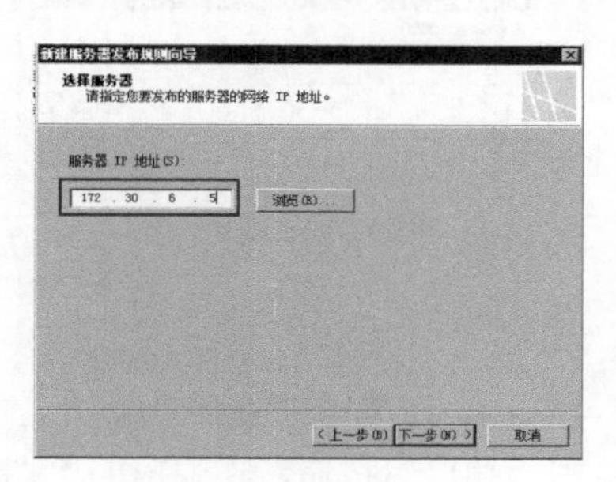

图 7-165　选择服务器

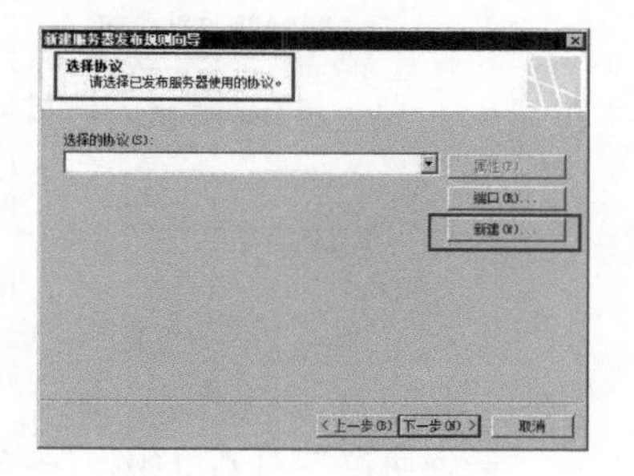

图 7-166　新建协议

(5)在“欢迎使用新建协议定义向导”对话框中，设置协议名称，在此设置名称为 View-4172_8443，表示新建协议使用端口 4172 与 8443，如图 7-167 所示。

(6)在“首要连接信息”对话框，单击“新建”按钮，添加协议类型为 TCP、方向为“入站”的 4172、8443 协议，添加协议类型为 UDP、方向为“接收发送”的 4172 协议，如图 7-168 所示。

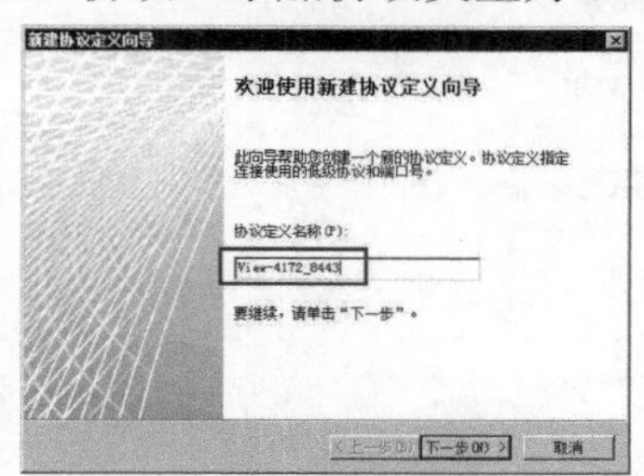

图 7-167　新建协议向导

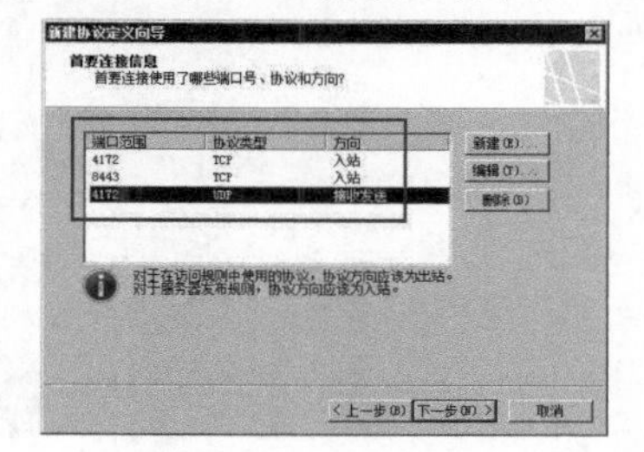

图 7-168　设置协议端口范围、类型、方向

(7)返回到“选择协议”对话框，选择前文创建的协议，如图 7-169 所示。

（8）在“网络侦听器 IP 地址”对话框中，选择“外部”，如图 7-170 所示。

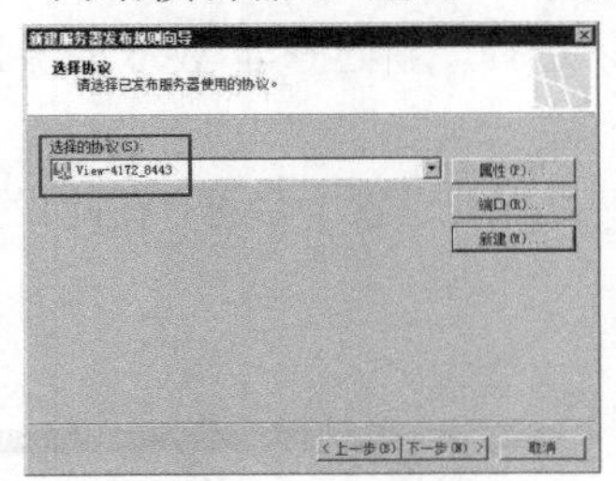

图 7-169　选择协议

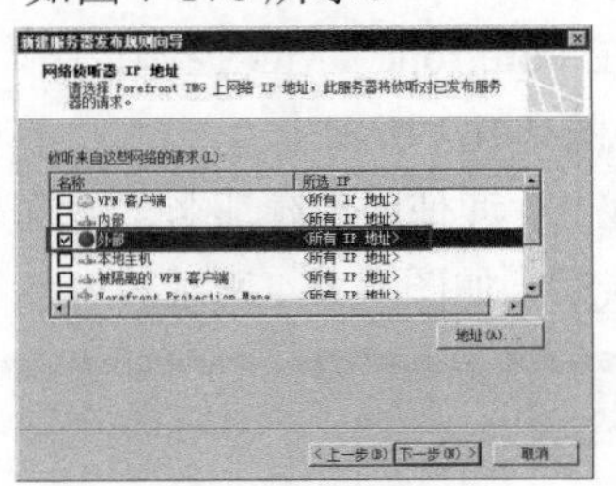

图 7-170　选择侦听器地址

（9）在“正在完成新建服务器发布规则 向导”对话框，单击“完成”按钮，如图 7-171 所示。

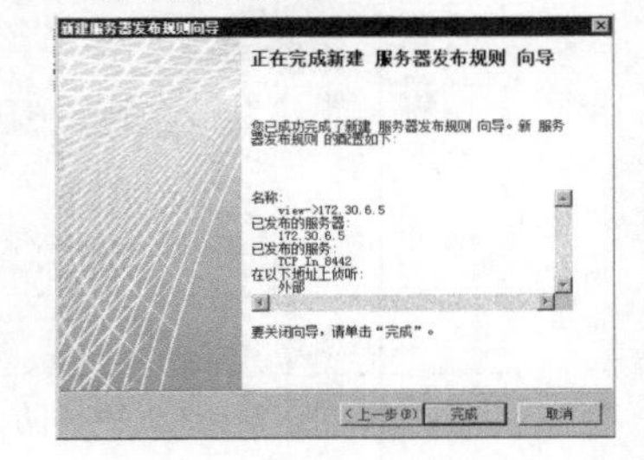

图 7-171　完成向导

之后参照上面的步骤，新建规则，将 TCP 的 8442 转发到 172.30.6.5 的 443 端口，主要步骤如下（下面只介绍不同的地方，相同地方则不再介绍）。

（1）新建非 Web 服务器发布规则，设置规则名称为“View: 8442->172.30.6.5:443”，如图 7-172 所示。

（2）新建一个协议，设置协议端口范围为 8442～8442、协议类型为 TCP、方向为入站，如图 7-173 所示。

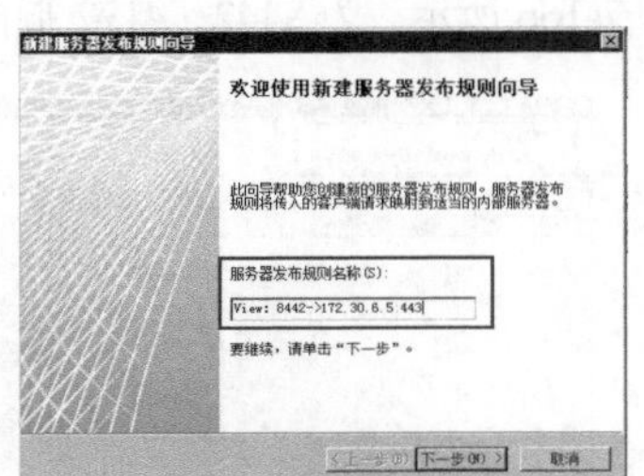

图 7-172　设置规则名称

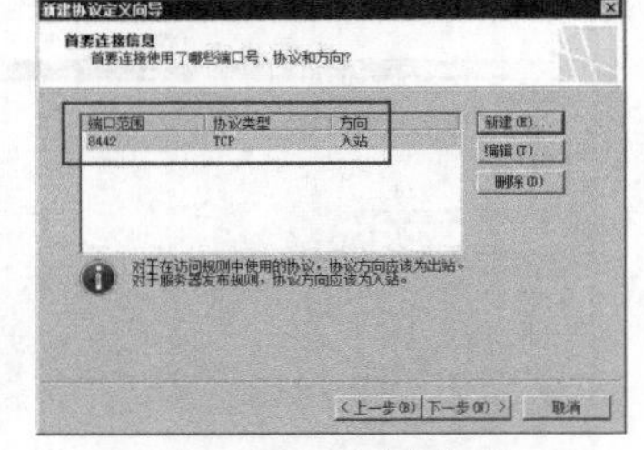

图 7-173　新建协议

（3）在“选择协议”对话框中，选择新建的协议，单击“端口”按钮，在弹出的“端口”对话框中，在“发布的服务器端口”选项中，选中“将请求发送到发布的服务器上的此端口”单选按钮，修改端口为 443，如图 7-174 所示。

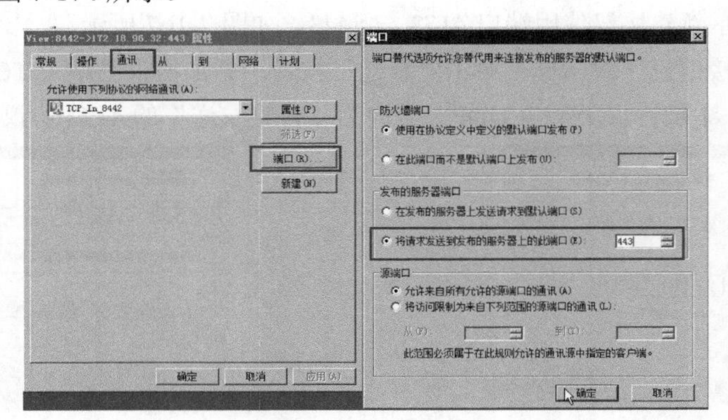

图 7-174　修改服务器发布端口

创建规则之后，单击“应用”按钮，让设置生效，如图 7-175 所示。

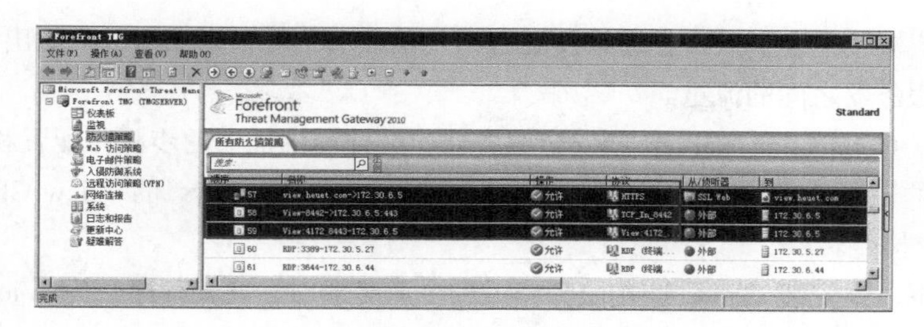

图 7-175　让设置生效

7.6　为 View Server 配置证书

在安装 View 连接服务器实例、安全服务器或 View Composer 实例时，会生成一个默认的 SSL 服务器证书。您可以使用默认证书来进行测试。

VMware 强烈建议为 View 连接服务器实例、安全服务器和 View Composer 服务实例的验证配置 SSL 证书，为此，你可以自己配置证书服务器，如使用 Windows Server 2008 R2 或 Windows Server 2012 所集成的“独立证书”或“企业证书”服务器，并为 View Connection Server、View 安全服务器或 View Composer 服务器申请证书并替换安装过程中默认生成的证书。

说明：应尽快替换默认证书。默认证书不是由证书颁发机构（CA）签发的。如果使用未经 CA 签发的证书，不受信任的第三方将有可能伪装成您的服务器并截获流量。

7.6.1　了解 View Server 的 SSL 证书

View Client 与 View 之间的连接需要使用 SSL。面向客户端的 View 连接服务器实例、安全服务器和中间服务器都需要 SSL 服务器证书。

如果为客户端连接启用 SSL，面向客户端的 View Connection Server 实例、安全服务器和用于终止 SSL 连接的负载平衡程序将需要用到 SSL 服务器证书。

如果启用 View Connection Server 实例或安全服务器上的安全加密链路，必须在该服务器上安装一个 SSL 服务器证书。即使使用负载平衡程序终止 SSL 连接，View Client 会和已启用安全加密链路的 View Connection Server 或安全服务器主机建立第二个 HTTPS 连接。

如果为本地模式操作和桌面部署启用 SSL，View Transfer Server 实例需要用到 SSL 服务器证书。

如果在 VMware View 中配置智能卡身份验证，面向客户端的 View Connection Server 实例和安全服务器需要用到根 CA 证书和 SSL 服务器证书。

您可以请求特定于某个 Web 域（如 www.mycorp.com）的 SSL 服务器证书，或者也可以请求可在整个域（如 *. mycorp.com）中使用的通配符 SSL 服务器证书。为简化管理，如果需要在多台服务器上或不同子域中安装证书，您可以选择请求通配符证书。较常见的做法是在安全安装中使用特定于域的证书，与通配符证书相比，CA 通常可以更好地保护特定于域的证书，使其免于丢失。如果使用通配符证书，需要确保私钥可以在服务器之间传输。

将默认证书替换为您的个人证书后，客户端会使用您的证书对服务器进行身份验证。如果您的证书是由 CA 签发，那么 CA 本身的证书通常会嵌入在浏览器中，或是位于客户端可以访问的可信数据库中。客户端接受证书后，会通过发送密钥（由证书中的公钥加密）来做出响应。此密钥用于加密客户端和服务器之间的流量。

配置与 View Connection Server 和安全服务器一起使用的证书的步骤与配置和 View Transfer Server 一起使用的证书的步骤不同。此外，您可以在适用于 Windows 的 View Client 中配置不同级别的 SSL 安全检查。

在默认情况下，当安装 View 连接服务器或安全服务器时，安装程序会为 View server 生成一个自签名证书。但在以下情况中，安装程序仍使用现有证书：

- 如果 Windows 证书存储区中已存在友好名称为 vdm 的有效证书
- 如果从较早版本升级到 View 5.1 或更高版本，会在 Windows Server 计算机上配置一个有效密钥存储文件。安装程序会提取密钥和证书，并将其导入 Windows 证书存储区。

在生产环境的 View Manager 中添加 vCenter Server 和 View Composer 之前，请确保 vCenter Server 和 View Composer 使用由 CA 签发的证书。

如果您在同一 Windows Server 主机上安装 vCenter Server 和 View Composer，它们可以使用相同的 SSL 证书，但必须单独为每个组件配置证书。

在安装 View 连接服务器用于与 View Client 建立二级连接的 View 传输服务器时，会安装一个默认的自签名证书。

当 View Client 连接至 View 连接服务器实例或安全服务器时，系统会显示 View server 的 SSL 服务器证书和信任链中任何中间证书。要信任服务器证书，客户端系统必须已安装签发 CA 的根证书。

当 View 连接服务器与 vCenter Server 和 View Composer 通信时，系统会为 View 连接服务器显示 SSL 服务器证书和这些服务器的中间证书。要信任 vCenter Server 和 View Composer Server，View 连接服务器计算机必须已安装签发 CA 的根证书。

7.6.2 为 View 服务器申请证书

如果要替换 View 连接服务器、View 安全服务器安装时系统生成的默认证书，则需要从第三方申请证书。第三方证书即可以是专门提供证书服务的公司，也可以采用单位自建的证书服务器。在本节中，在 Active Directory 服务器（IP 地址为 172.18.96.1）安装企业证书服务器，并为 View 服务器颁发所需要的证书。

在本节内容中，如果要为 View 连接服务器、View 安全服务器、View Composer Server 替换证书，并将 View 安全服务器发布到 Internet，需要多个证书，这些服务器所需要的证书名称如图 7-176 所示。

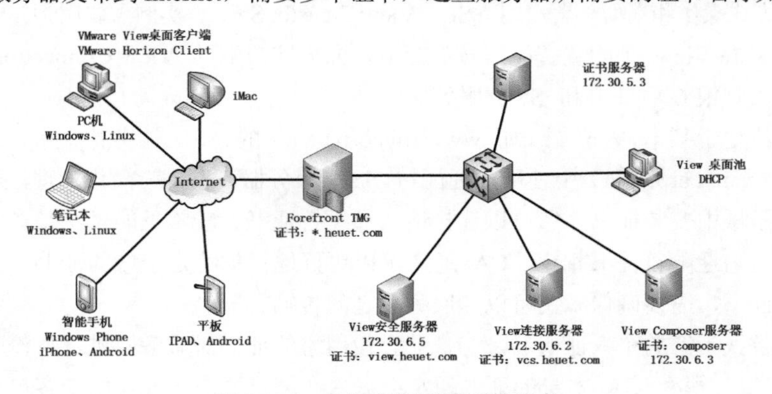

图 7-176　各服务器所需要的证书

管理员可以在网络中的一台计算机上，为各个服务器一一申请证书，并将证书导出，然后在各个服务器上，对应导入与服务器同名的证书。本节介绍在 View 连接服务器上申请证书的方法，主要步骤如下。

（1）在网络中一台能访问证书申请页的计算机上，打开 IE 浏览器，进入证书颁发页，在本例中，地址为 http://172.30.5.3/certsrv，单击“申请证书”链接，如图 7-177 所示。

（2）在“申请一个证书”对话框，单击“高级证书申请”链接，如图 7-178 所示。

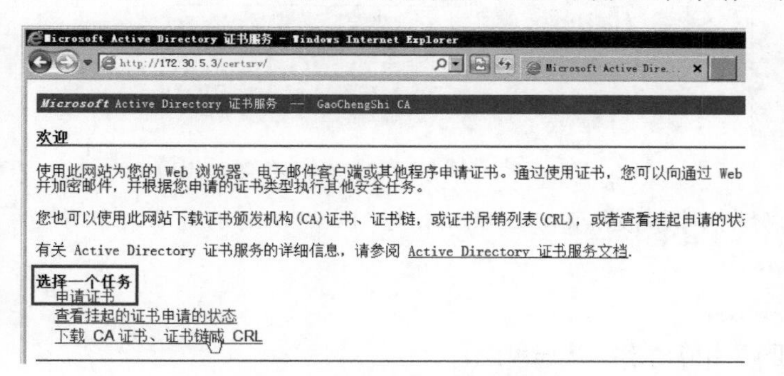

图 7-177　证书申请对话框

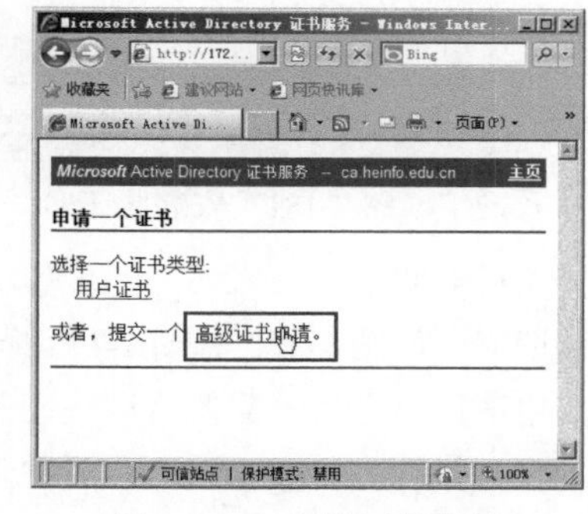

图 7-178　高级证书申请

（3）在“高级证书申请”对话框，单击“创建并向此 CA 提交一个申请”链接，如图 7-179 所示。

（4）申请证书的时候，有 3 个关键点：证书的名称要与对外提供服务的名称一致、证书类型是“服务器身份验证证书”、“标记密钥为可导出”，如图 7-180 所示。其他可以随意设置。在此先为“vcs.heuet.com”申请证书。

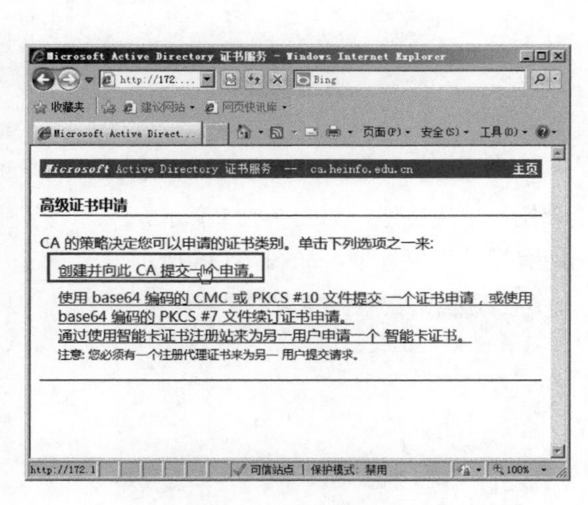

图 7-179　申请证书

图 7-180　申请证书

（5）在“证书已颁发”对话框中，单击“安装此证书”链接，即可安装证书，如图 7-181 所示。

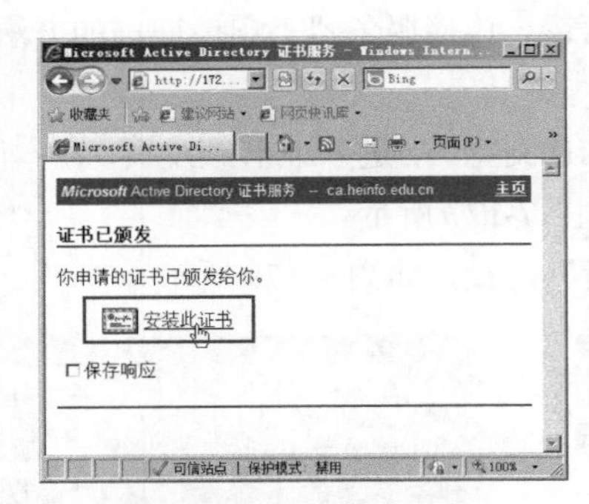

图 7-181　安装此证书

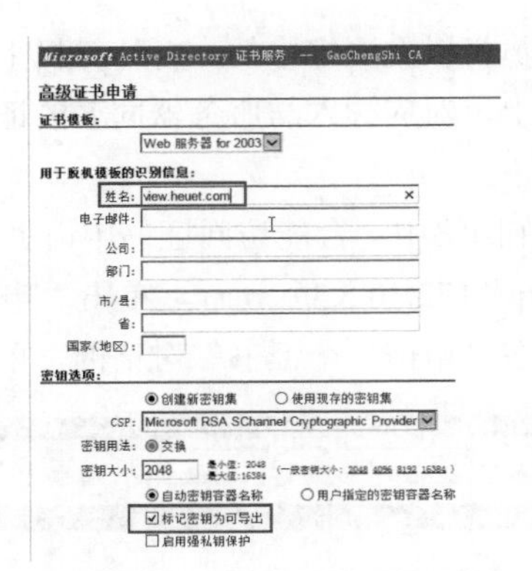

图 7-182　为 view.heuet.com 申请证书

然后参照（1）～（5）的步骤，分别申请名为 view.heuet.com 与*.heuet.com 的证书，申请之后安装证书，如图 7-182 和图 7-183 所示。

申请证书之后，需要将这些证书导出。

（1）执行 certmgr.msc，打开“证书-当前用户”管理单元。

（2）在“证书-当前用户→个人→证书”清单中，在右侧显示当前计算机安装的证书，选中一个证书，如 vcs.heuet.com 右击，在弹出的快捷菜单中选择“所有任务→导出”选项，如图 7-184 所示。

图 7-183　为*.heuet.com 申请证书

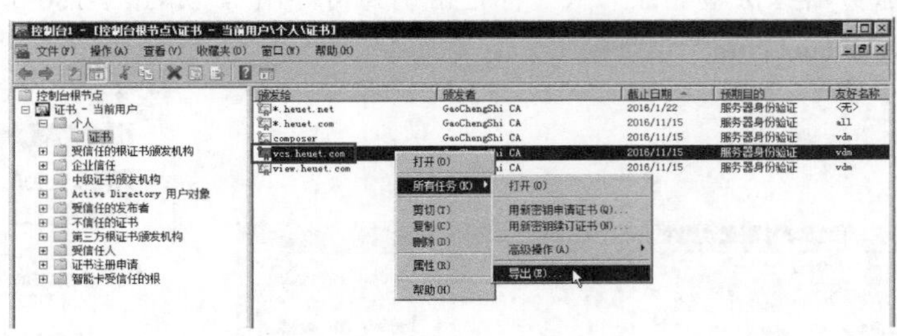

图 7-184　导出证书

（3）在“导出私钥”对话框中，选中“是，导出私钥”单选按钮，如图 7-185 所示。

（4）在“导出文件格式”对话框中，选中“导出所有属性”复选框，如图 7-186 所示。

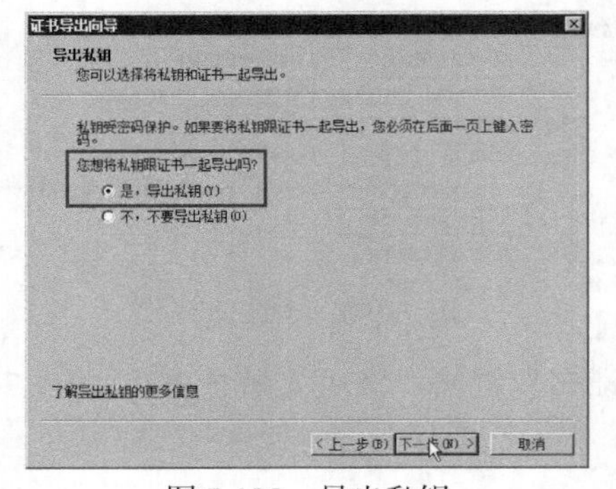

图 7-185　导出私钥

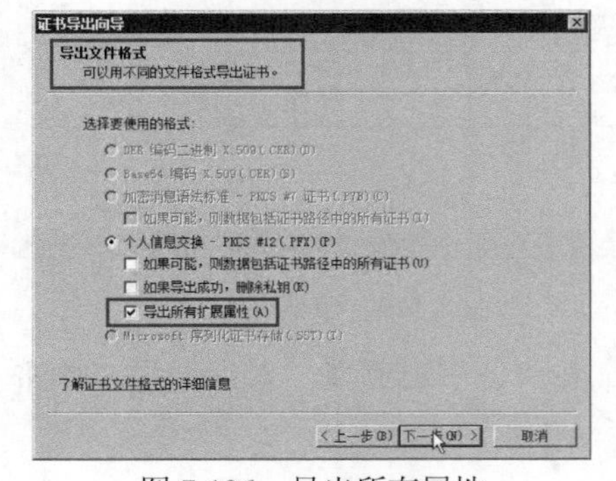

图 7-186　导出所有属性

（5）在“密码”对话框中，为保护私钥设置一个密码，如图 7-187 所示。

（6）在“要导出的文件”对话框中，浏览选择一个位置，保存导出的证书，并为导出的证书文件设置一个名称，通常设置为同名文件即可，如当前导出的是 vcs.heuet.com 的证书，则证书导出文件为 vcs.heuet.com.pfx，如图 7-188 所示。

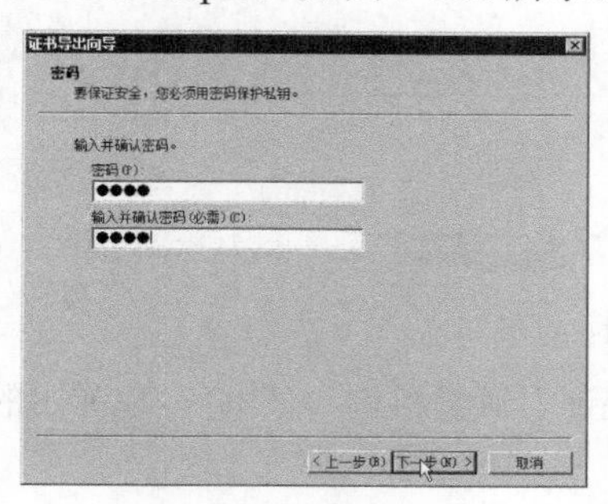

图 7-187　设置密码

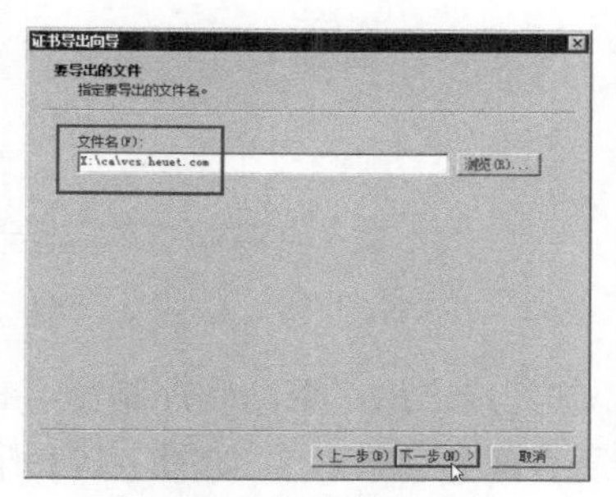

图 7-188 指定导出文件

（7）在“正在完成证书导出向导”对话框中，单击“完成”按钮，如图 7-189 所示。

参照（1）～（7）步，将另外两个证书也导出，导出文件分别命名为 view.heuet.com.pfx（如图 7-190 所示）和 al-heuet.com.pfx（如图 7-191 所示）。

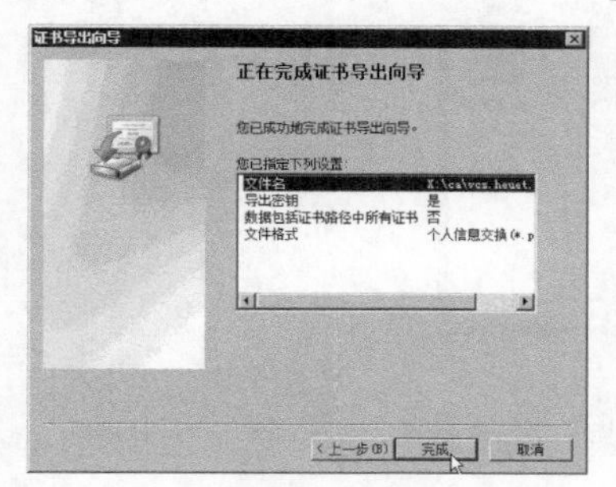

图 7-189　完成证书导出向导

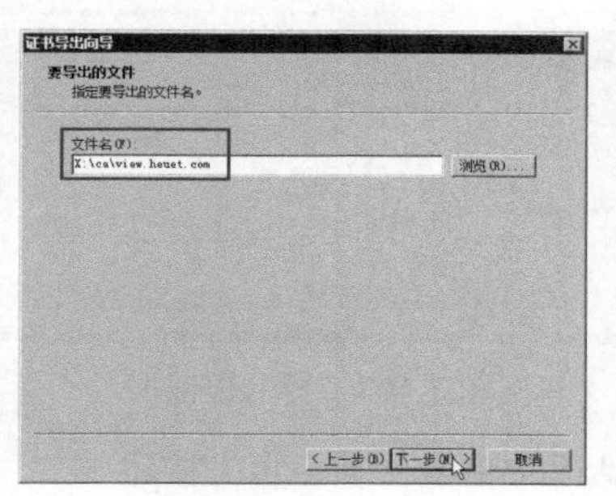

图 7-190　导出证书

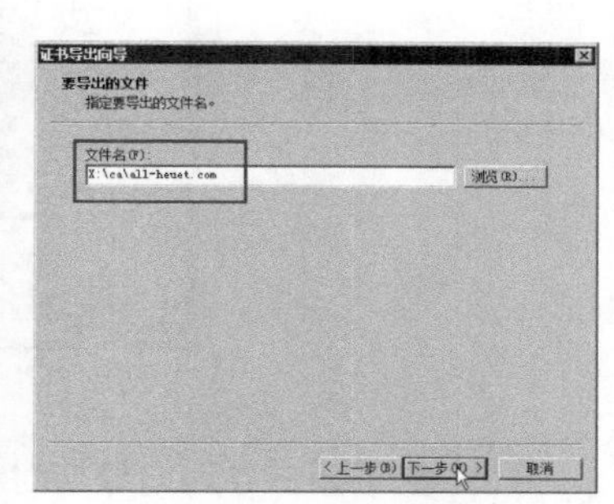

图 7-191　导出通配符证书

7.6.3　为 View 安全服务替换证书

切换到 View 安全服务器，执行下述操作。

在申请证书时，证书保存在“用户存储”中，要为服务器替换证书（或安装证书），证书应该保存在“计算机存储”中，下面介绍怎样将上一节导出的证书，导入到“计算机存储”中的办法，步骤如下。

在替换证书之前，需要“信任”根证书颁发机构。

（1）打开 IE 浏览器，登录证书服务器（本示例为 http://172.30.5.3/certsrv），在“选择一个任务”中选择“下载 CA 证书、证书链或 CRL”。

（2）在“下载 CA 证书、证书链或 CRL”中，单击“下载 CA 证书”链接，在弹出的对话框中，保存根证书文件 certnew.cer 备用，如图 7-192 所示。

（3）在 View 安全服务器中，在“运行”对话框中输入 mmc，然后按“Enter”键。

（4）打开“控制台 1”对话框，从“文件”菜单执行“添加/删除管理单元”，在“可用的管理单元”列表中选中“证书”，单击“添加”按钮，在弹出的“证书管理单元”对话框中，选中“计算机账户”。

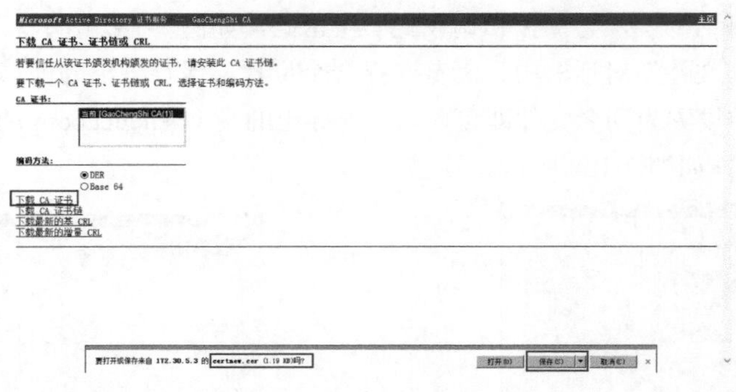

图 7-192　保存根证书

（5）添加完成之后，返回到控制台，右击“受信任的根证书颁发机构→证书”，在弹出的快捷菜单中选择“所有任务→导入”，如图 7-193 所示。

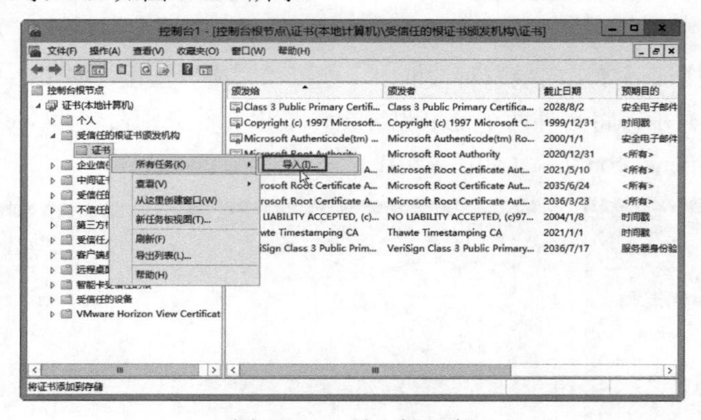

图 7-193　导入根证书

（6）在“证书导入向导”对话框中单击“下一步”按钮。

（7）在“证书导入向导→要导入的文件”中，浏览选择图 7-194 中保存的根证书文件，如图 7-195 所示。

（8）在“证书存储”对话框，确认“将所有的证书都放下下列存储”选择为“受信任的根证书颁发机构”，如图 7-196 所示。

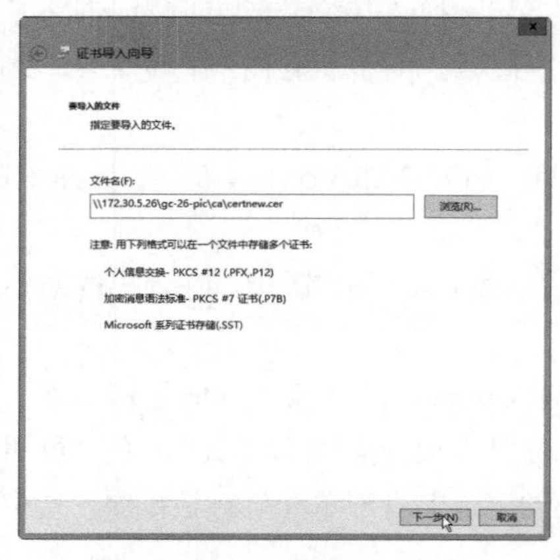

图 7-194　选择根证书文件

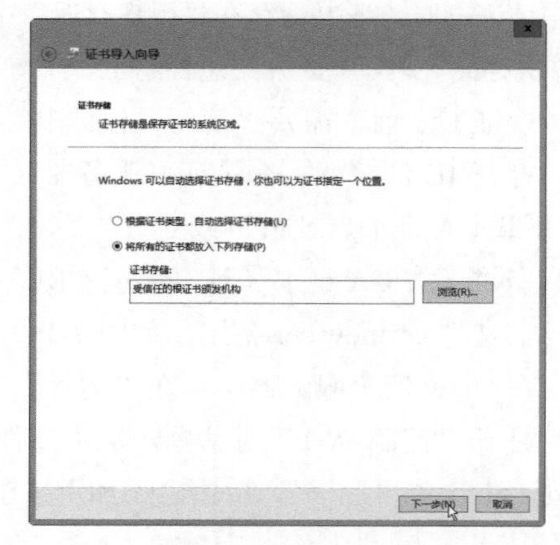

图 7-195　证书存储

（9）在“正在完成证书导入向导”对话框，单击“完成”按钮，完成根证书的导入，如图 7-196 所示。

（10）返回到“受信任的根证书颁发机构→证书”选项，在右侧窗格中确认根证书已经信任，如图 7-197 所示。

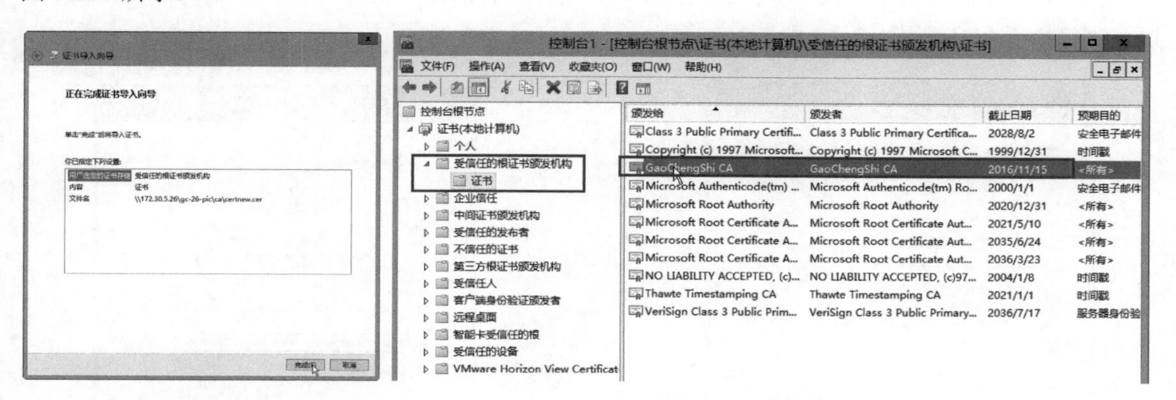

图 7-196　完成根证书导入向导　　　　图 7-197　已经信任根证书

在“信任”根证书之后，开始替换 View 安全服务器所使用的证书。

（1）定位到“证书→个人→证书”，在右侧的空白窗格中右击选中当前所有的证书，在弹出的对话框中选择“删除”选项，如图 7-198 所示。

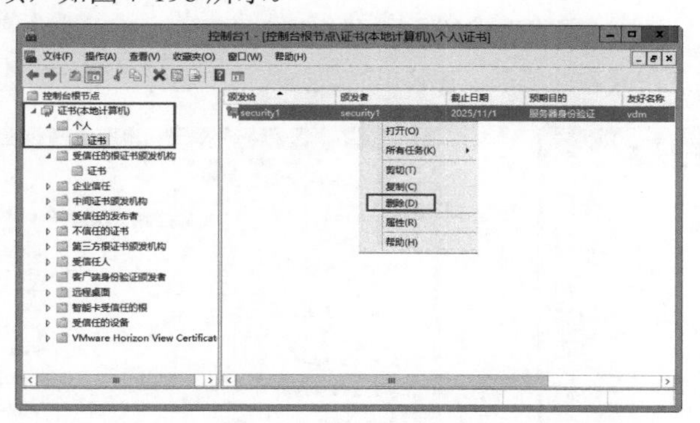

图 7-198　删除已有证书

（2）然后在右侧空白窗格中，右击，从弹出的菜单中选择“所有任务→导入”选项，如图 7-199 所示。

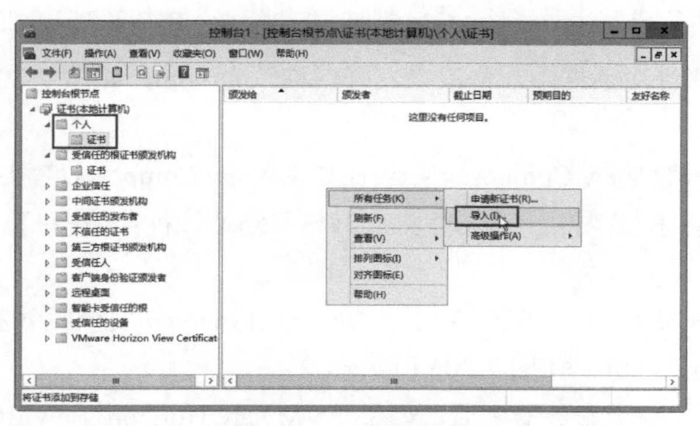

图 7-199　导入证书

（3）在“证书导入向导→要导入的文件”中，选择前面导出的证书文件，在此选择名为 vcs.heuet.com.pfx 的文件，如图 7-200 所示。

（4）在“密码”页中，输入保护私钥的密码，选中“标志此密钥为可导出的密钥”（必须选择）以及“包括所有扩展属性”，如图 7-201 所示。

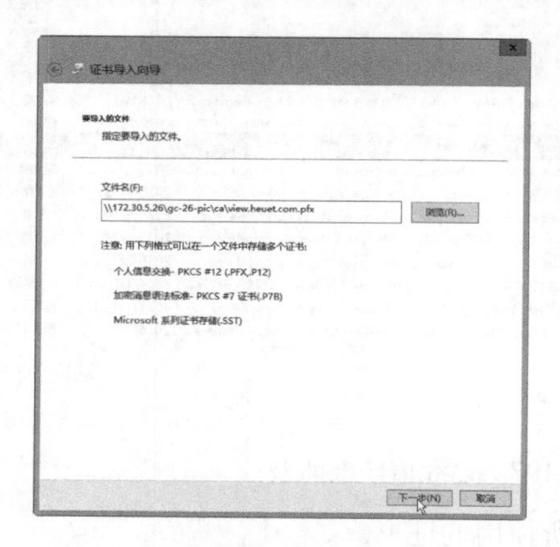

图 7-200　选择要导入的证书

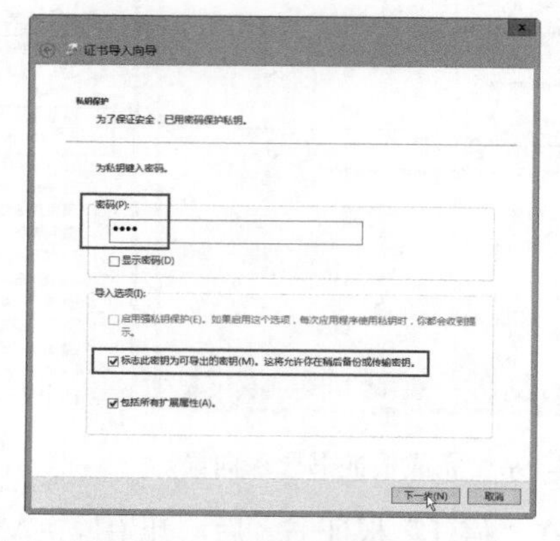

图 7-201　标志此密钥为可导出

（5）在“证书存储”中，选择默认值。

（6）导入成功之后，单击“完成”按钮，如图 7-202 所示。

（7）导入之后，右击选中导入的证书，在弹出的快捷菜单中选择“属性”选项，如图 7-203 所示。

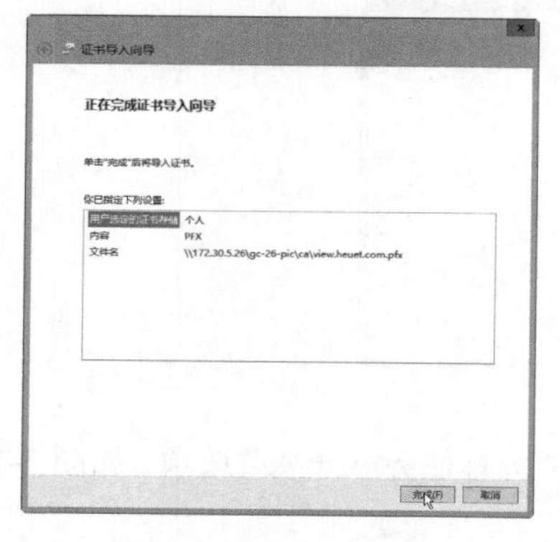

图 7-202　导入完成

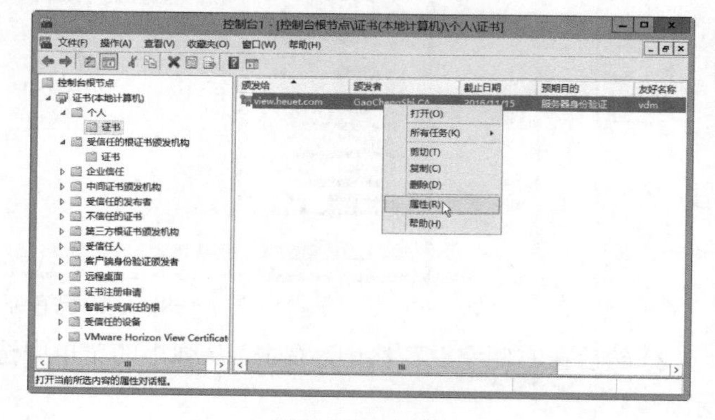

图 7-203　属性

（8）在弹出的证书属性对话框中，修改“友好名称”为 vdm，如图 7-204 所示，然后单击“确定”按钮。

对于 View 连接服务器、View Composer Server（如果 View Composer 单独安装在一台服务器中），也需要为这些服务器申请证书、导出证书、并将证书导入到计算机存储中、修改“友好名称”为 vdm，这些不一一介绍。

然后在“管理工具→服务”中，重新启动“VMware Horizon 6 安全服务器”及“VMware Horizon View Blast Secure Gateway”服务，如图 7-205 所示。

在重新启动 Horizon 6 安全服务器之后，如果“VMware Horizon View Blast Secure Gateway”服务停止，请右击启动该服务，如图 7-206 所示。

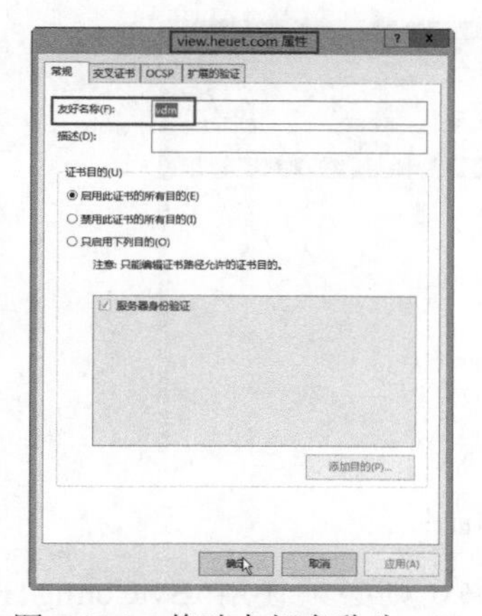

图 7-204 修改友好名称为 vdm

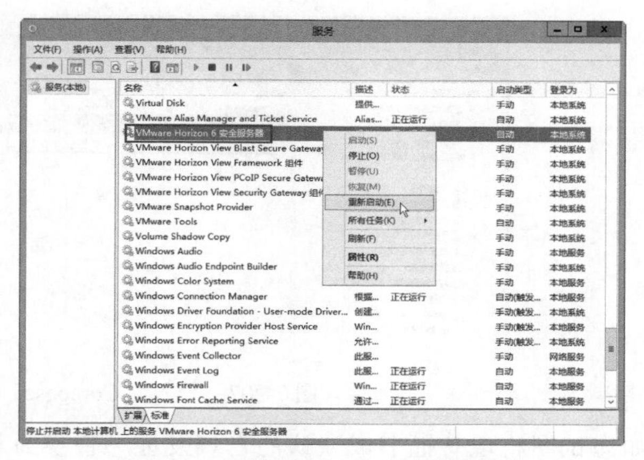

图 7-205 重新启动 View 连接服务器

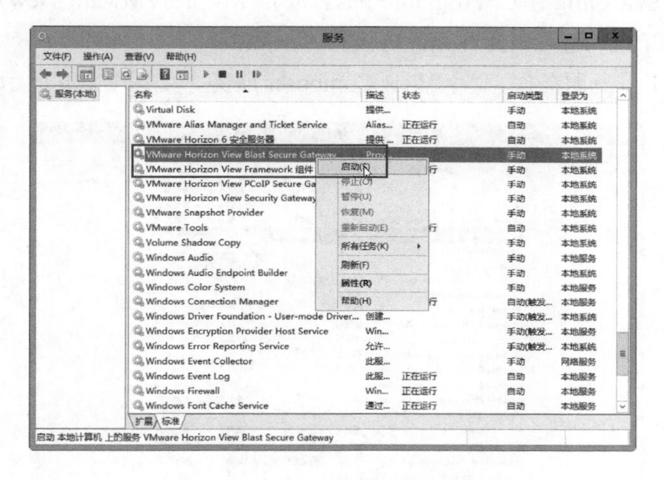

图 7-206 重新启动 Blast 服务

【说明】如果还有 View 服务没有启动，为了“保险”，你可以重新启动 View 安全服务器虚拟机，并再次进入系统之后，在“管理工具→服务”中一一检查，等所有服务都启动之后，可以继续使用。

7.6.4 为 View Composer Server 替换证书

如果在安装 View Composer 后配置了新的 SSL 证书，则必须运行 SviConfig Replace Certificate 实用程序以替换绑定至 View Composer 所用端口的证书。该实用程序可解除绑定现有证书，并可将新证书绑定至该端口。

如在安装 View Composer 之前在 Windows Server 计算机中安装新证书，则不必运行 SviConfig Replace Certificate 实用程序。运行 View Composer 安装程序时，你可选择由 CA 签发的某个证书取代默认的自签发证书。安装过程中会将选择的证书绑定至 View Composer 使用的端口。

在进行下列操作之前，请确认你：

（1）已经信任根证书颁发机构。

（2）导入了为 Composer 服务器申请的证书。

导入之后如图 7-207 所示。

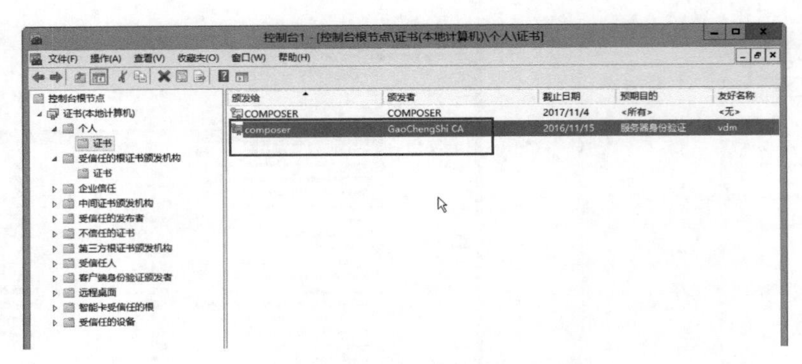

图 7-207　导入为 Composer 申请的证书

如您试图将现有证书或默认的自签发证书替换为新证书，则必须使用 SviConfig Replace Certificate 实用程序。SviConfig 在 C:\Program Files (x86)\VMware\VMware View Composer 文件夹中，你需要在命令提示窗口中，进入该文件夹，再执行 SviConfig。

（1）打开“管理工具→服务”，命令 View Composer 服务，如图 7-208 所示。

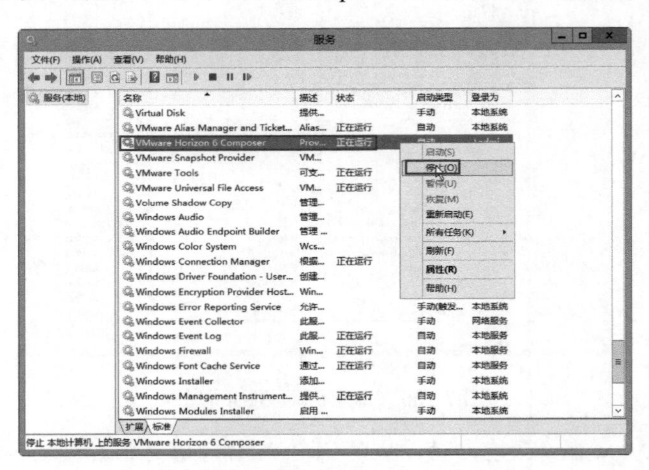

图 7-208　停止 View Composer 服务

（2）打开命令窗口，执行以下命令进入 SviConfig 所在文件夹。

```
cd C:\Program Files (x86)\VMware\VMware View Composer
```

（3）执行以下命令。

```
sviconfig -operation=ReplaceCertificate -delete=false
```

（4）此时会弹出下面提示：

```
Select a certificate:

 1. Subject: CN=composer
    Valid from: 2015/11/4 17:26:50
    Valid to: 2016/11/15 8:39:48
    Thumbprint: 8D24582ED3F76EF3DA568313DBE03B24F78FE84F

 2. Subject: C=US, S=CA, L=CA, O=VMware Inc., OU=VMware Inc., CN=COMPOSER, E=sup
port@vmware.com
    Valid from: 2015/11/4 9:50:00
```

```
    Valid to: 2017/11/4 9:50:00
    Thumbprint: 0ED657E5842A8C3758141C101DF0C70C8A62733F

Enter choice (0-2, 0 to abort):
```

（5）在“Enter choice (0-2, 0 to abort):”后输入数字选择要替换的证书，在此选择 1，然后开始替换证书，程序执行结果如下。

```
Unbind certificate from the port 18443 successfully.
Bind the new certificate to the port.
ReplaceCertificate operation completed successfully.
```

（6）程序执行过程如图 7-209 所示。

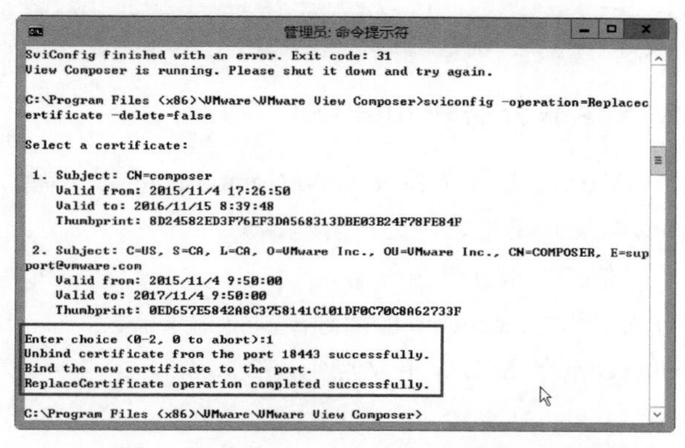

图 7-209　为 View Composer 替换证书

（7）在“服务”中，启动 View Composer 服务。

7.6.5　为 View 连接服务器替换证书

参照“7.7.3 为 View 安全服务器替换证书”一节内容，为 View 连接服务器，信任根证书、导入所申请的证书（在本示例中，导入名称为 vcs.heuet.com 颁发的证书，并重新启动 View 连接服务器）。

（1）复制 vcs.heuet.com.pfx 文件到 View 连接服务器，然后执行 mmc，添加“证书→本地计算机”管理单元，在“证书（本地计算机）→个人→证书”中，删除原来的证书，导入该证书（导入时选择允许导出私钥），如图 7-210 所示。

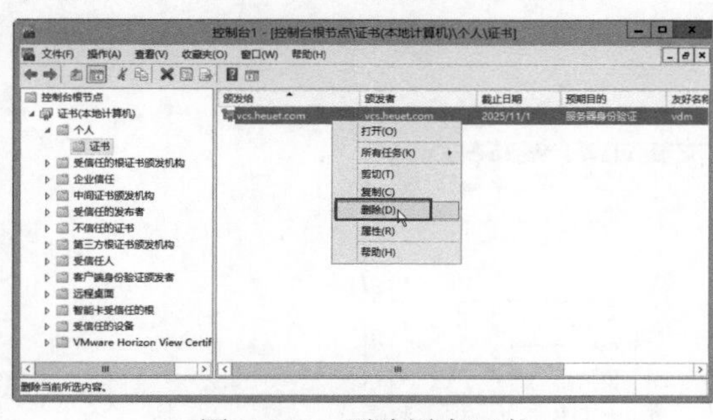

图 7-210　删除原来证书

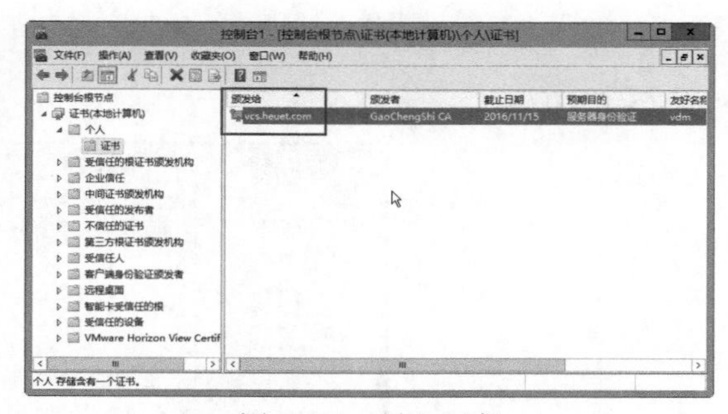

图 7-211　导入证书

（2）然后修改导入证书的友好名称为 vdm，如图 7-212 所示。

（3）在“管理工具→服务”中重新启动“VMware Horizon View 连接”，如图 7-213 所示。

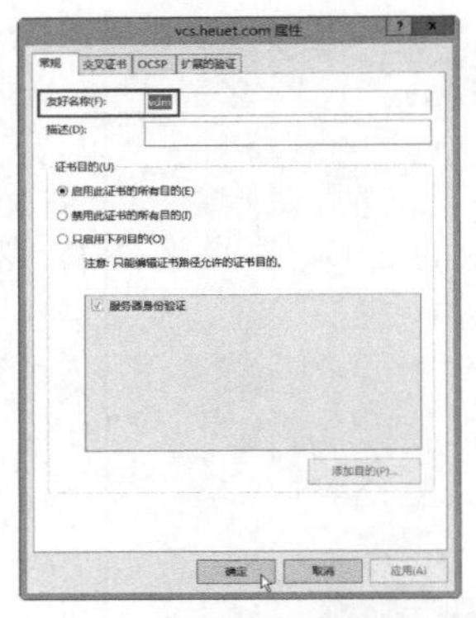
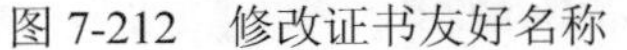

图 7-212　修改证书友好名称

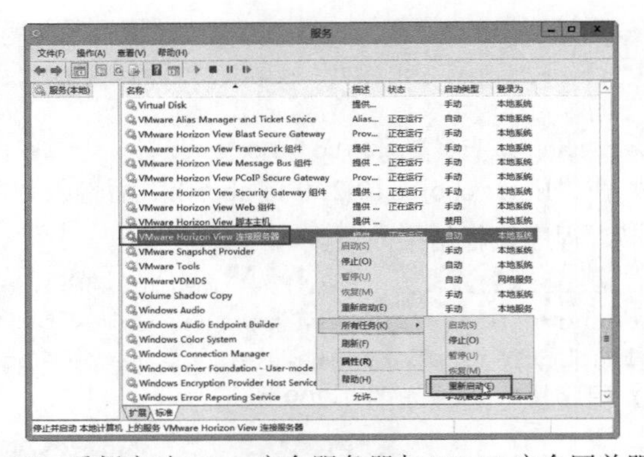

图 7-213　重新启动 View 安全服务器与 PCoIP 安全网关服务器

7.6.6　重新发布 View 安全服务器到 Internet

在为 View 安全服务器、View 连接服务器及 View Composer 重新配置了证书之后，则可以在防火墙中重新配置并发布 View 安全服务器，主要内容包括。

- 在 Forefront TMG 中“信任”根证书服务器。
- 为 Forefront TMG 导入名为*.heuet.com 的“通配符证书”。
- 发布名称为 view.heuet.com 的 SSL Web 站点到 172.30.6.5。

下面分别介绍这些内容。

（1）在 Forefront TMG 服务器中，打开 mmc 管理控制台，添加“证书（本地计算机）”管理单元，在“受信任的根证书颁发机构”中，导入根证书文件（文件名为 certnew.cer），如图 7-214 所示。

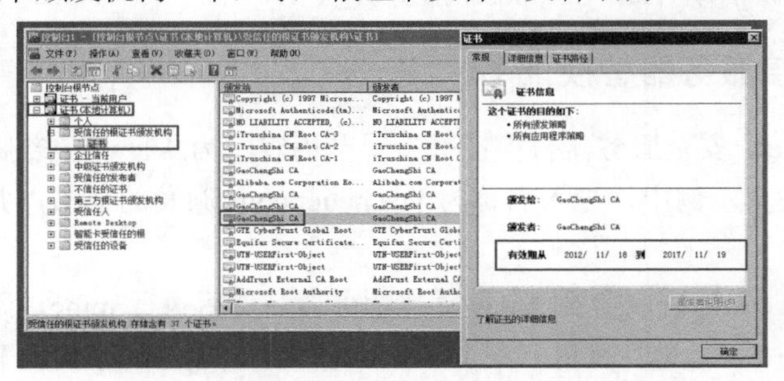

图 7-214　导入根证书文件到“本地计算机”存储中

（2）在“证书（本地计算机）→个人→证书”清单中，导入名为*.heuet.com 的“通配符证书”，如图 7-215 所示。

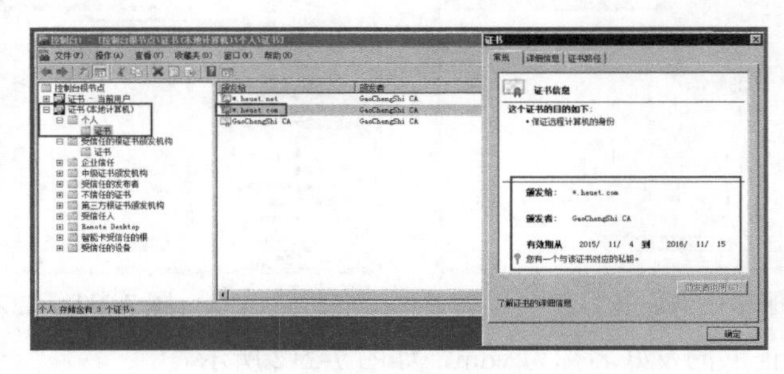

图 7-215　导入证书

【说明】请记住，每个证书都有期限，证书必须在指定的时间内才能生效。在证书到期前（一般到期前一周），管理员需要重新申请证书，并重新进行上述操作）。

（3）在 Forefront TMG 中，右击“防火墙策略”，在弹出的快捷菜单中选择“新建→网站发布规则”选项，如图 7-216 所示。

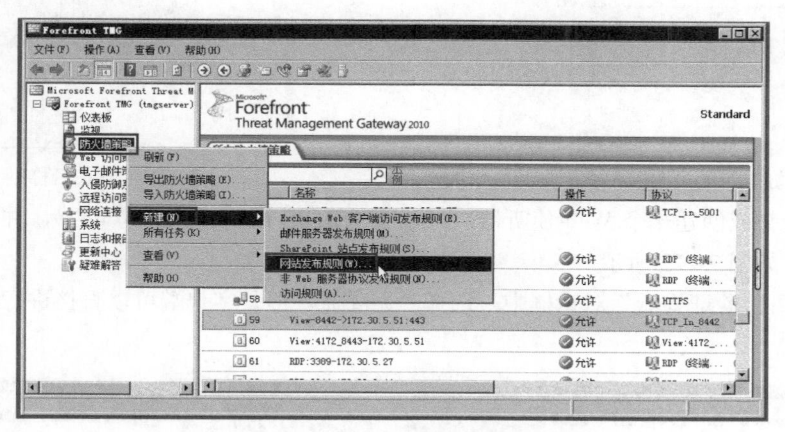

图 7-216 新建 Web 服务器发布规则

（4）在“欢迎使用新建 Web 发布规则向导”对话框中，设置规划名称，如 View.heuet.com-> 172.30.6.5，如图 7-217 所示。

图 7-217 设置规则名称

（5）在“服务器连接安全”对话框中，选中“使用 SSL 连接到发布的 Web 服务器或服务器场”单选按钮，如图 7-218 所示。

（6）在“内部发布详细信息”对话框中，设置内部站点名称 view.heuet.com，并选中“使用计算机名称或 IP 地址连接到发布的服务器”复选框，并输入 View 安全服务器的地址 172.30.6.5，如图 7-219 所示。

（7）在“内部发布详细信息”对话框，在“路径”文本框中输入“/*”，如图 7-220 所示。

（8）在“公共名称细节”对话框中，设置公用名称为 View 安全服务器对外的域名，在此为 view.heuet.com，如图 7-221 所示。Forefront TMG 将侦听对这个域名的要求并转发到 View 安全服务器。

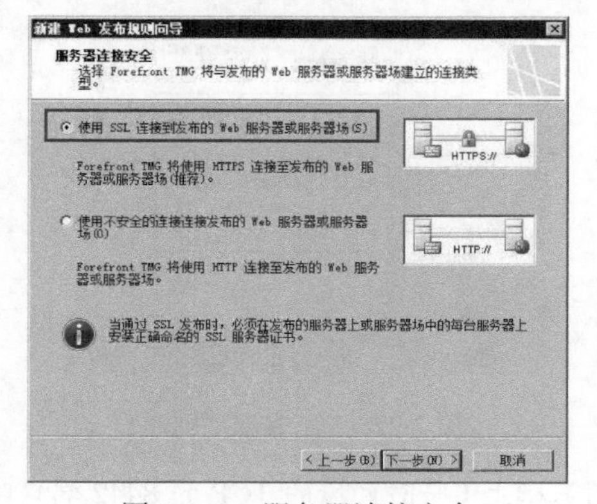

图 7-218 服务器连接安全

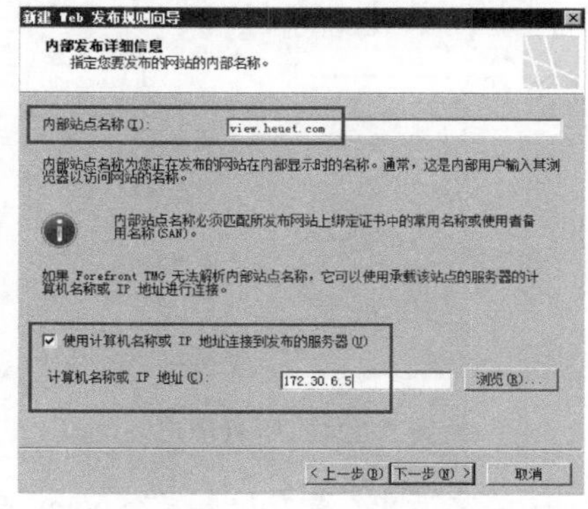

图 7-219 内部发布详细信息

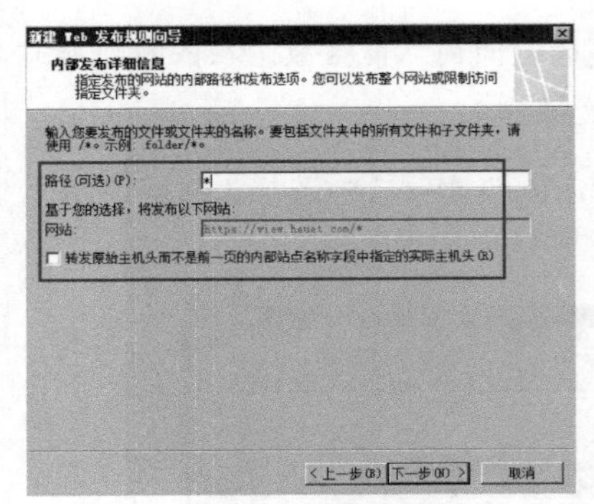
图 7-220　指定路径

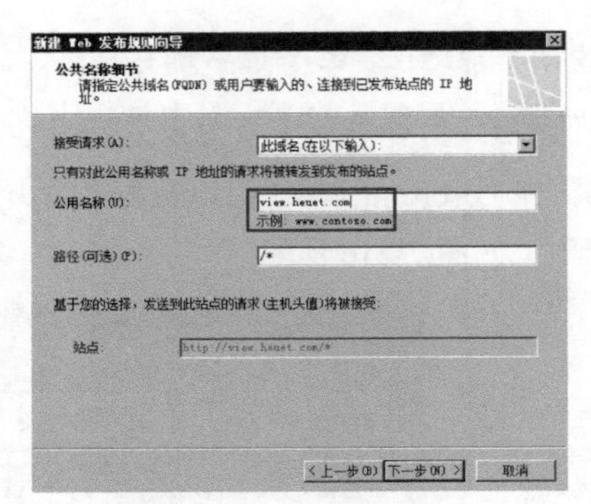
图 7-221　公共名称细节

（9）之后选择或创建一个 Web 侦听器，只使用 HTTPS 端口（默认为 443），并选择第（2）步中导入的证书，如图 7-222 所示。

（10）在“身份验证委派”对话框中，选择“无委派，但是客户端可以直接进行身份验证”，如图 7-223 所示。

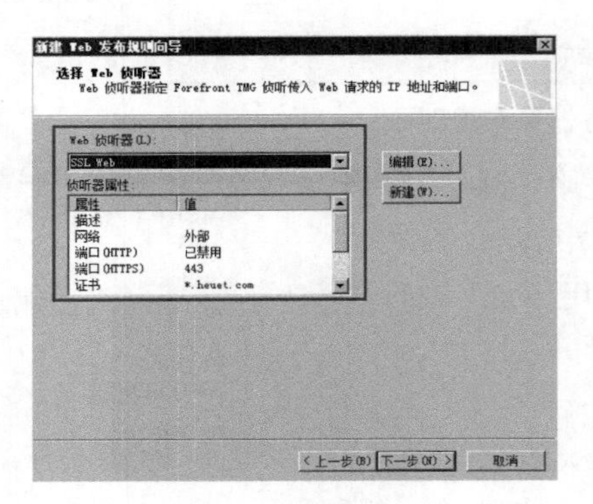
图 7-222　选择 Web 侦听器

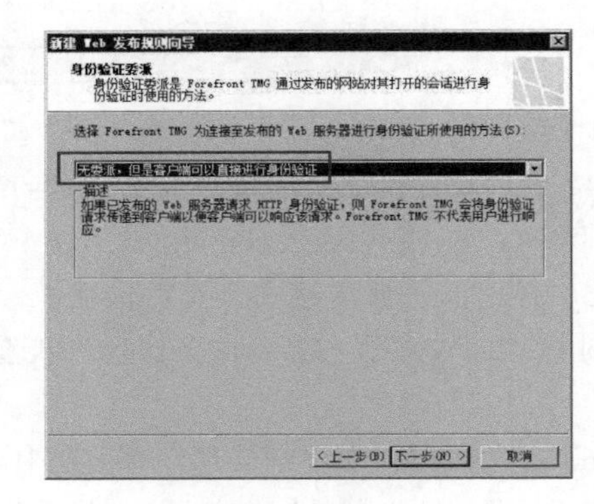
图 7-223　身份验证委派

（11）在“用户集”对话框中，删除“所有通过身份验证的用户”，添加“所有用户”，如图 7-224 所示。

（12）之后完成规则的创建，如图 7-225 所示。然后单击“应用”按钮，让设置生效。

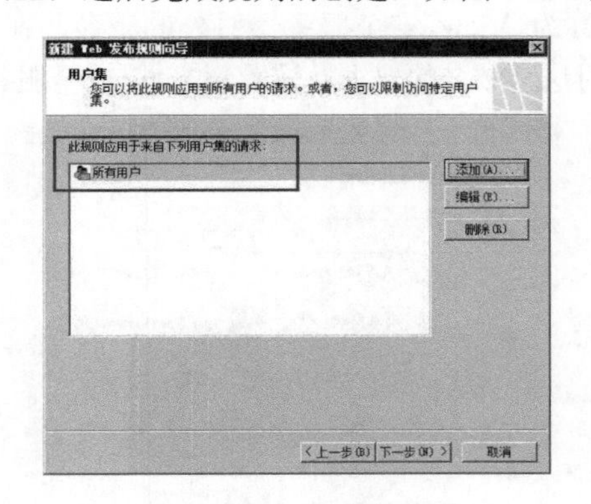
图 7-224　所有用户

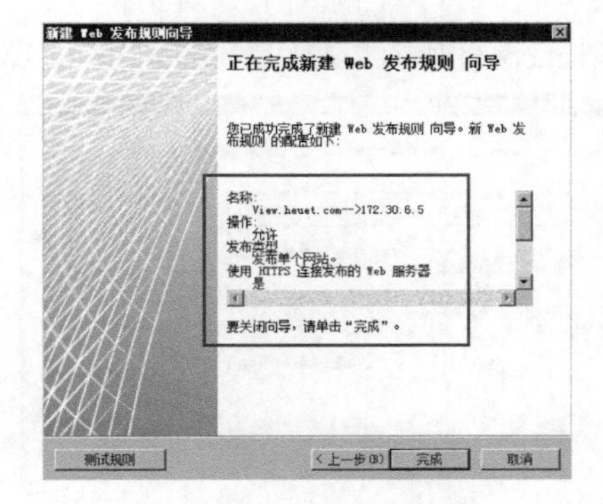
图 7-225　完成规则创建

说明：在本节中，是在原来发布 View 安全服务器的基础上（将防火墙的 TCP 的 8442 端口映射到 View 安全服务器的 443 端口），将外部用户对 view.heuet.com 的 443 端口的访问映射到了 View 安全服务器的 443 端口。这两个规则配合使用，在不修改 View 安全服务器配置的情况下（仍然对外侦听 8442 端口，图 7-155 配置），通过外网（Internet）使用 View Client 连接 View 安全服务器、使用 View 桌面的用户，则可以使用默认端口 443 连接，并由 View 安全服务器转到 8442 端口。如果将图 7-155 中修改为 443 端口，这样的设置，Android、iPad、iPhone 等客户通过 Internet 使用 View 桌面没有问题，但 Windows 客户端使用 View 桌面则会弹出错误信息，提示证书不对的错误提示，如图 7-221 所示。

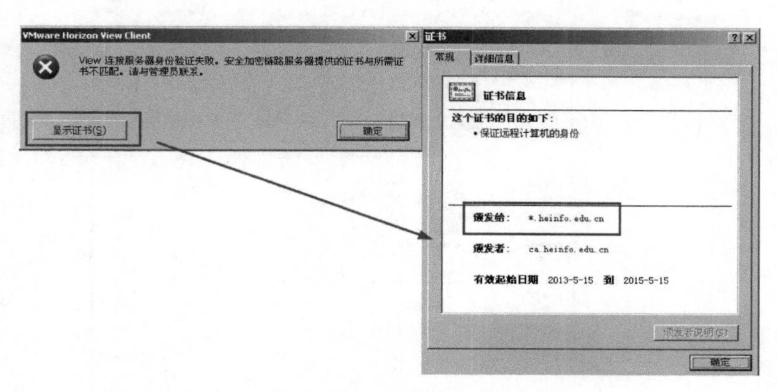

图 7-226　提示身份验证失败

如果要在 Windows 客户端，使用 443 端口，则可以在 Forefront TMG 防火墙中，不使用“Web 服务器发布规则”，而使用“非 Web 服务器发布规则”，并只发布 TCP 的 443 端口到 View 安全服务器，这样就可以解决这个问题。但在实际应用中，Forefront TMG 要发布多个 SSL Web 站点，故不能只将 443 端口发布到一个服务器。当然，如果 Forefront TMG 具有多个公网地址，只发布一个地址的 443 端口，也是解决问题的一种办法。

7.7　为虚拟桌面准备 Windows 10 父虚拟机

在配置好 View 安全服务器、连接服务器及 View Composer 服务器之后，就可以创建 View 桌面。VMware Horizon View 6.2 支持基于 Windows 工作站操作系统的 View 桌面（Windows 7、8、8.1 及 10）、Windows 服务器操作系统的 View 桌面（Windows Server 2008、2008 R2、2012、2012 R2）、Linux 操作系统的桌面，还支持基于 Windows 服务器操作系统发布的应用程序（即安装于 Windows Server 中的应用程序，例如操作系统自带的软件，如 IE、记事本、写字板，以及安装于这些操作系统之上的软件，例如 Office）。

在本节，先介绍 Windows 工作站操作系统的 View 桌面的准备，其他桌面则在后文介绍。本节以创建 Windows 10 企业版桌面为例。

7.7.1　准备 Windows 10 的父虚拟机

使用 vSphere Client 或 vSphere Web Client，创建 Windows 10 的虚拟机，并安装 Windows 10 专业版、企业版或教育版，安装 VMware Tools、输入法、WinRAR，然后为虚拟桌面优化 Windows 10

的计算机（本方法同样适用于 Windows 7、Windows 8）。主要内容与步骤如下。

（1）安装 Windows 10 企业版，并使用 KMS 激活（在企业网络中部署 KMS 服务器），如图 7-227 所示。

（2）在“系统保护”中，禁用系统保护并“删除”此驱动器的所有还原点，如图 7-228 所示。

（3）在“高级”选项卡中，在“性能”设置中，在“视觉效果”选项卡中，设置为“调整为最佳性能”，如图 7-229 所示。

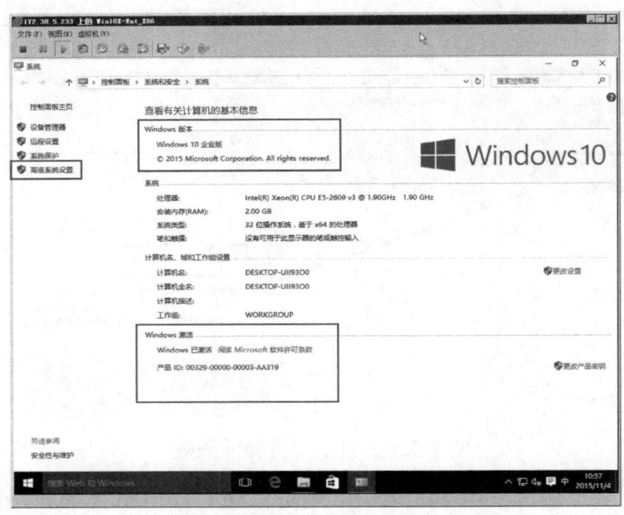

图 7-227　Windows 8 企业版

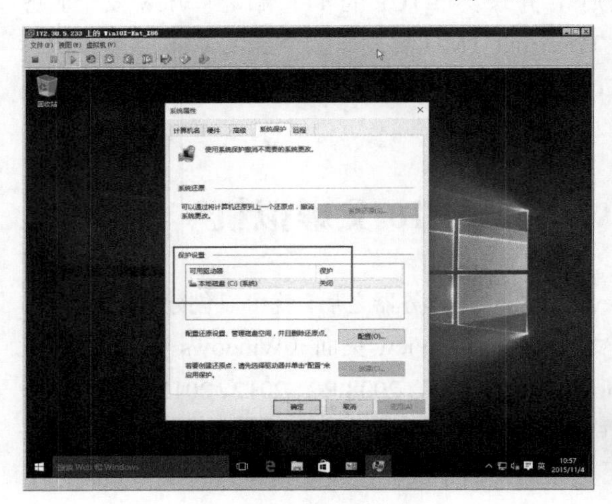

图 7-228　禁用系统保护

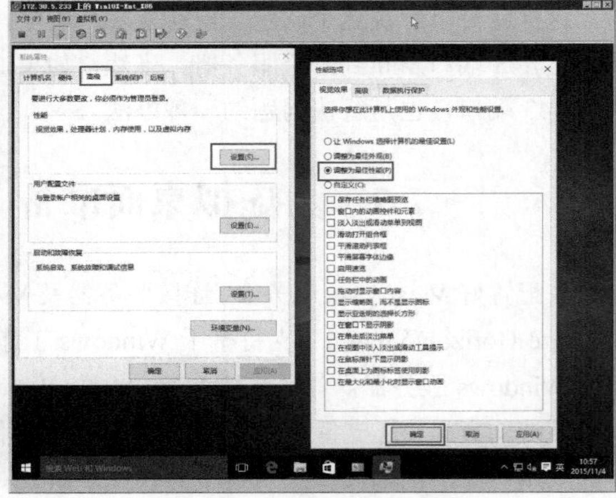

图 7-229　调整为最佳性能

（4）在“启动和故障恢复”中，将“写入调试信息”设置为“无”，并且不显示操作系统列表时间，如图 7-230 所示。

（5）在“远程”选项卡，启用“远程桌面”并取消“仅允许使用网络级别身份验证的远程桌面的计算机连接”选项，如图 7-231 所示。

（6）在“设置→系统→电源和睡眠”中，将“屏幕”和“睡眠”时间改为“从不”，如图 7-232 所示。

（7）在“声音”选项卡中，选择“无声”，如图 7-233 所示。

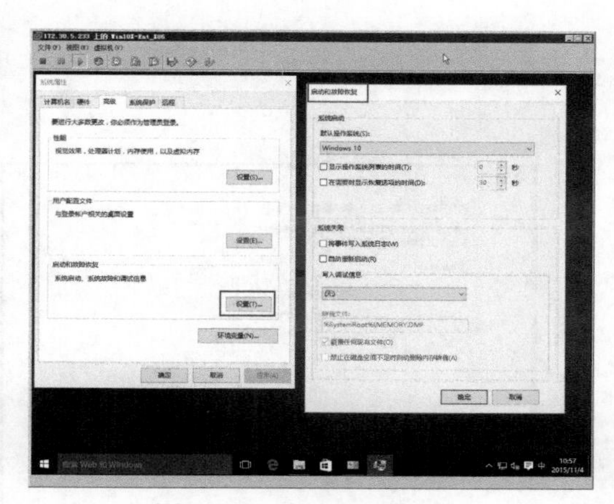

图 7-230　启动和故障恢复

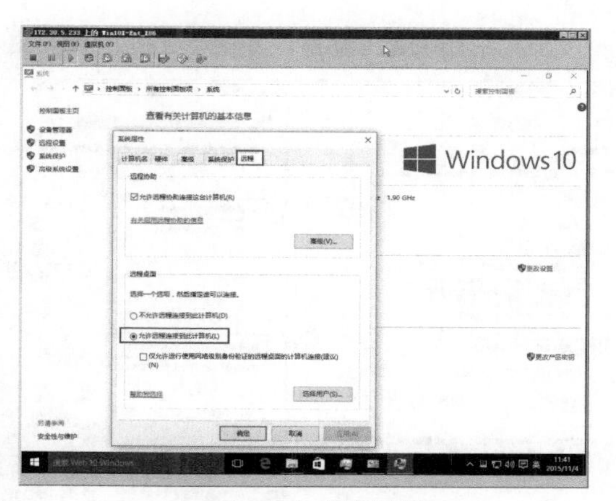

图 7-231　启动远程桌面

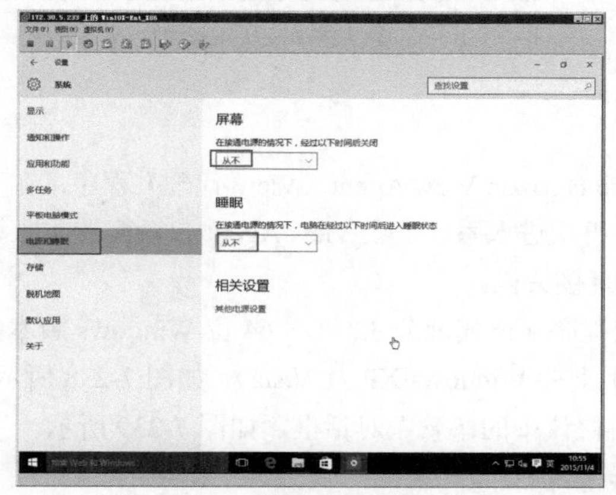

图 7-232　高性能电源选项

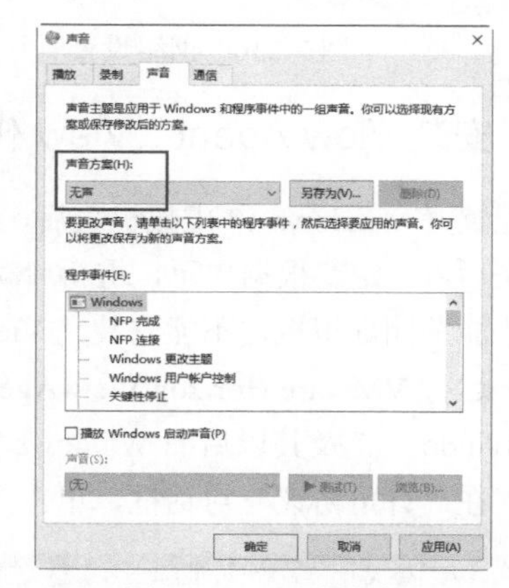

图 7-233　无声方案

（8）打开“C 盘”系统设置，运行“磁盘清理”（如图 7-234 所示），在“磁盘清理”中选择“清理系统文件”（如图 7-235 所示），清理之后，单击“确定”，清理其他文件。

（9）在网络属性中，禁用 IPv6，并为 IPv4 设置“自动获得 IP 地址”与“自动获得 DNS 地址”，如图 7-236 所示。

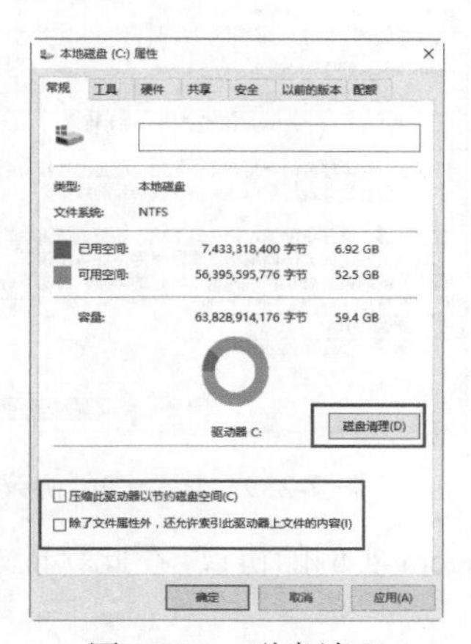

图 7-234　磁盘清理

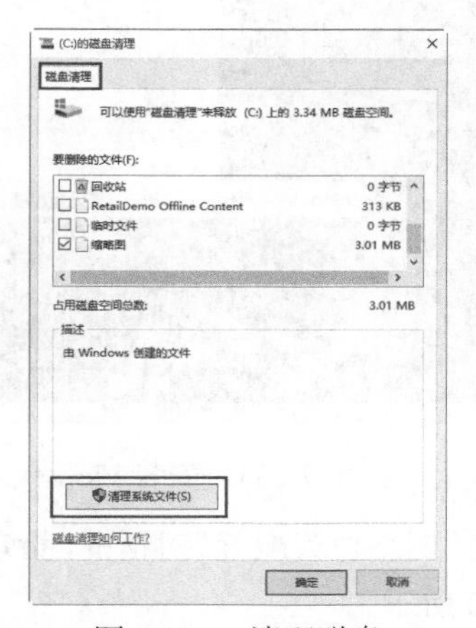

图 7-235　清理磁盘

（10）禁用 UAC 设置，如图 7-236 所示。

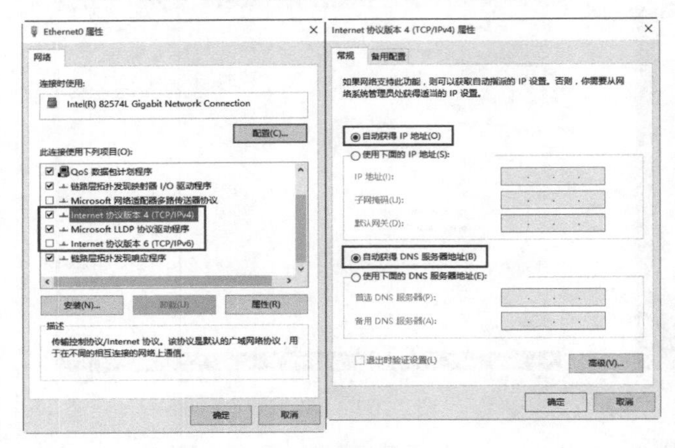

图 7-236　网络设置

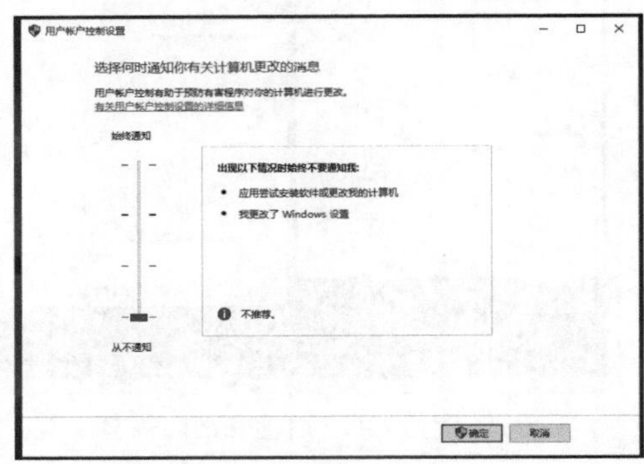

图 7-237　从不通知

7.7.2　安装 View Agent（View 代理）程序

在配置好 Windows 10 虚拟机之后，安装 VMware Horizon View Agent（View 代理）程序，在安装完成之后，一定要根据提示，重新启动虚拟机，并再次进入系统，让 View Agent 自动配置防火墙之后，才能关闭虚拟机，不能安装完 View 代理之后直接关机。

（1）运行 VMware Horizon View Agent 6.2.0 安装程序（该代理分 32 位与 64 位 Windows 版本，可用于 Windows 7 及其以后的 Windows 操作系统，不支持 Windows XP 及 Vista），如图 7-238 所示。

（2）在“许可协议”对话框，单击“我接受许可协议中的条款”对话框，如图 7-239 所示。

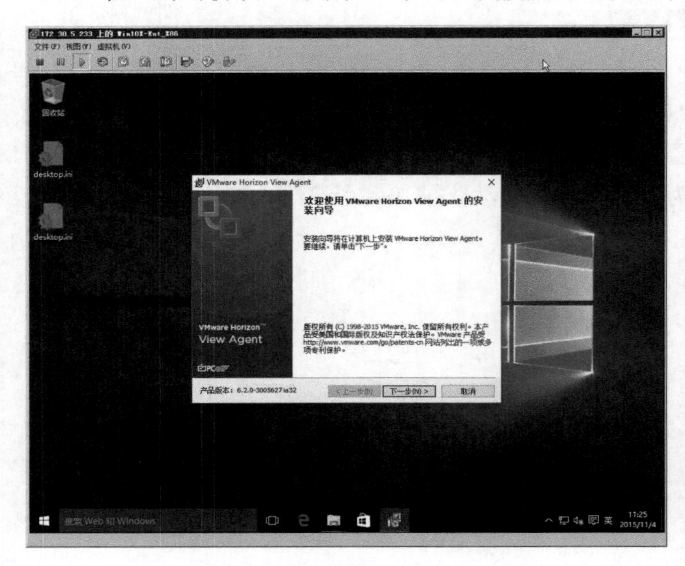

图 7-238　安装 View 代理

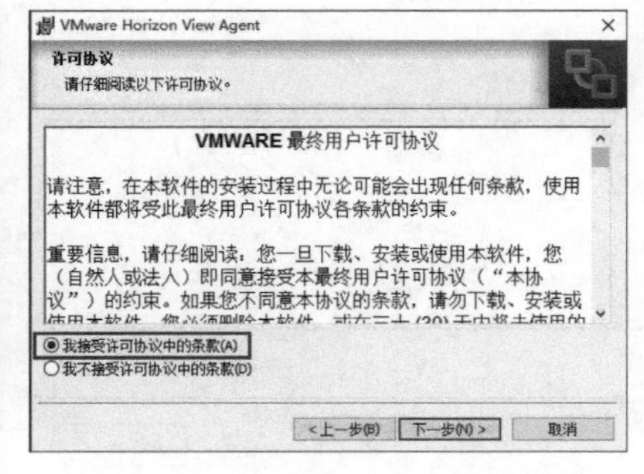

图 7-239　接受许可协议

（3）在“网络协议配置”对话框，指定用于此配置的 View Agent 实例的协议，在此默认选择 IPv4，如图 7-240 所示。

（4）在“自定义安装”对话框，选择要安装的程序功能，默认情况下，USB 重定向、扫描仪重定向及串行端口重定向功能没有启动，你可以根据需要选择安装。在此选中“USB 重定向”，如图 7-241 所示。

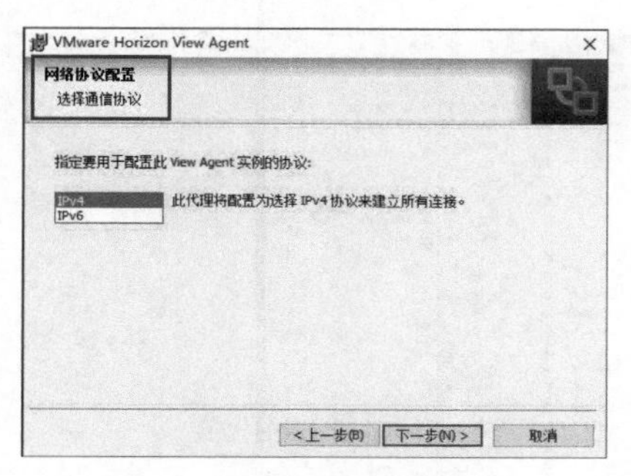

图 7-240　网络协议配置

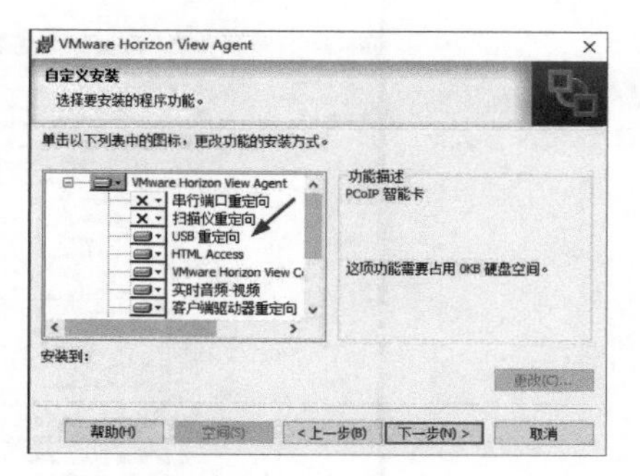

图 7-241　自定义功能

（5）在“远程桌面协议配置”对话框，选择“启用该计算机的远程桌面功能”，如图 7-242 所示。

（6）在“准备安装程序”对话框，单击“安装”按钮，开始安装，如图 7-243 所示。

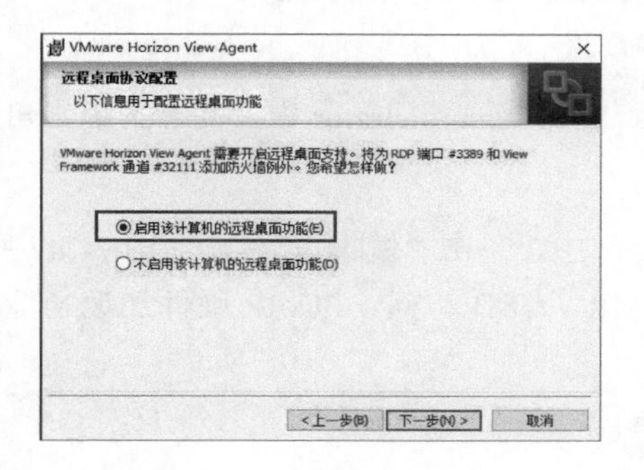

图 7-242　启用远程桌面

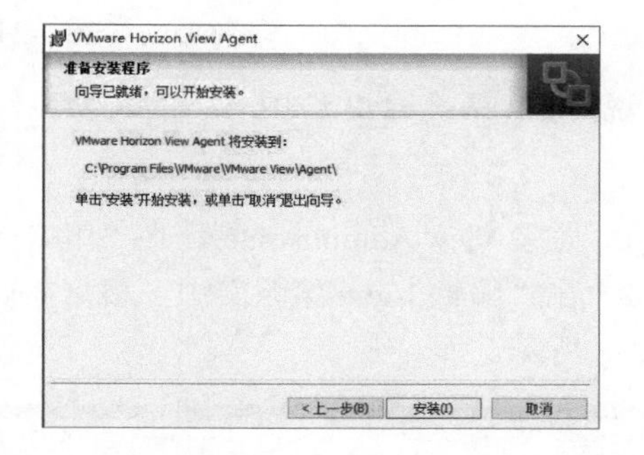

图 7-243　准备安装

（7）在“安装已完成”对话框，单击“结束”按钮，如图 7-244 所示。之后根据提示，重新启动虚拟机，如图 7-245 所示。

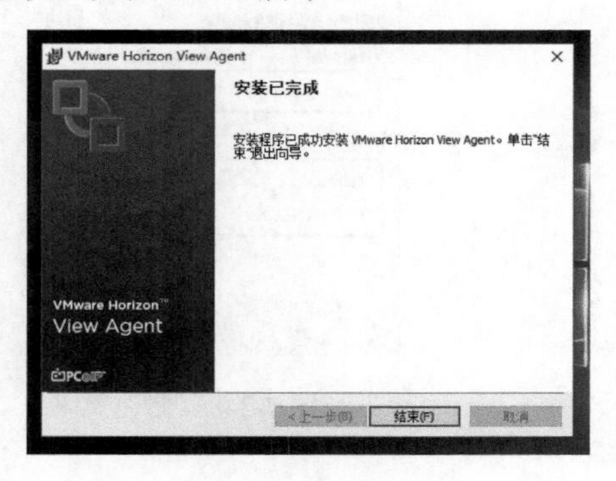

图 7-244　安装完成

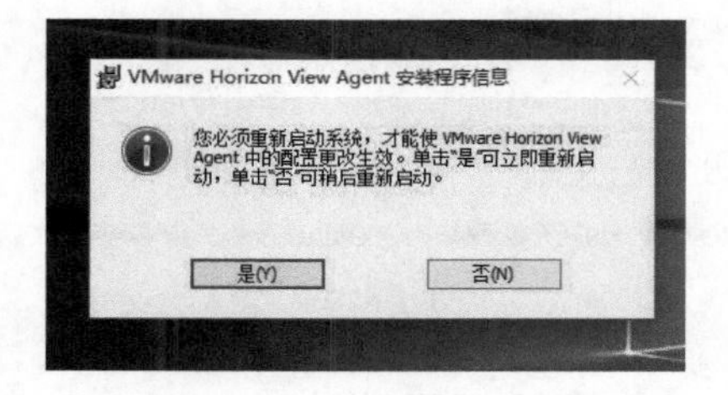

图 7-245　重新启动虚拟机

（8）再次进入 Windows 10 之后，在“管理工具”中打开“高级安全 Windows 防火墙”，在“入站规则”中查看 VMware Horizon 相关规则已经启用，如图 7-246 所示，表示 VMware Horizon View 代理配置完成。

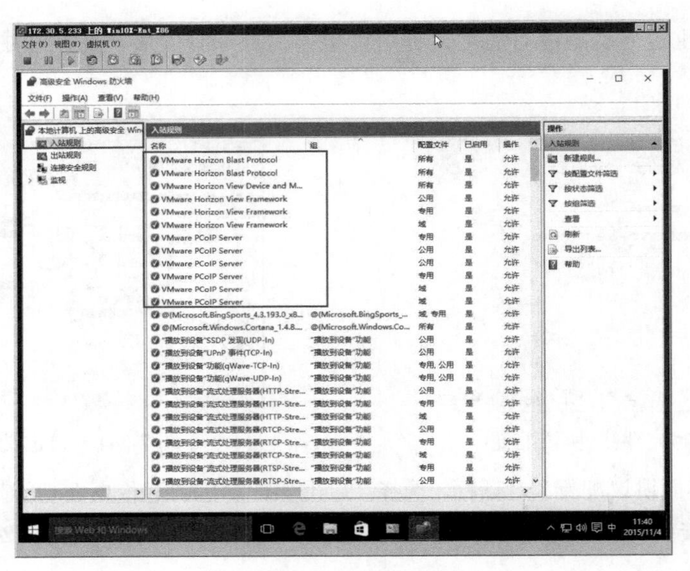

图 7-246　防火墙配置

【说明】如果要启用 USB 及 MMR 功能，你需要在 View Administrator 中，查看是否启用这一功能。

（1）登录 View Administrator，在“策略→全局策略”中，单击“编辑策略”，如图 7-247 所示。

（2）在“编辑 View 策略”中，根据需要修改 MMR、USB 访问、PCoIP 硬件加速功能，如图 7-248 所示。

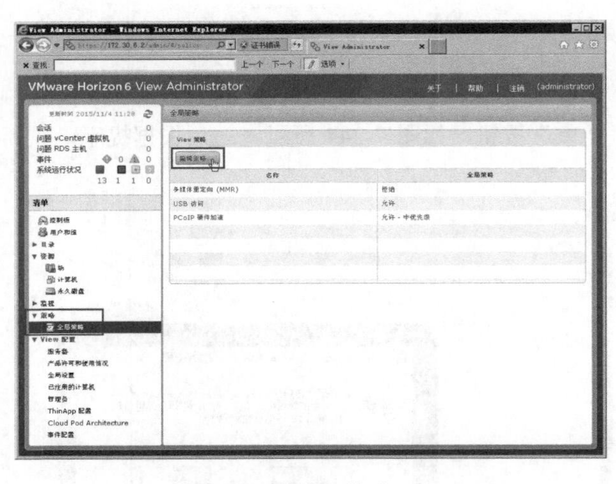

图 7-247　全局策略

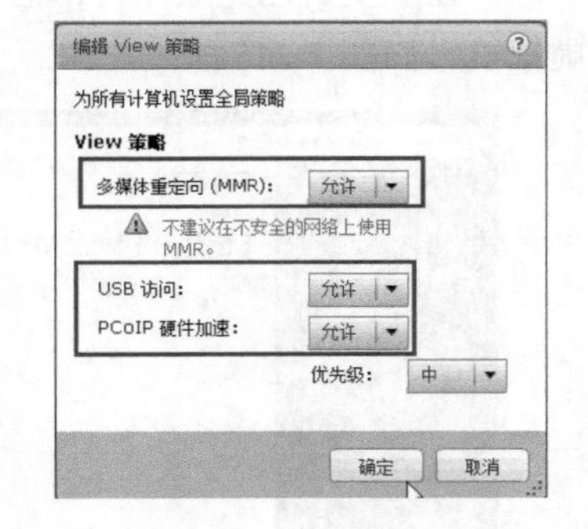

图 7-248　修改策略

7.7.3　启用管理员账户

为了复制当前用户的配置文件，需要启用管理员账户并重设密码，主要步骤如下。

（1）打开“计算机管理→系统工具→本地用户和组→用户”，右击 Administrator，在弹出快捷菜单中选择“属性”选项。

（2）在“Administrator 属性”对话框的“常规”选项卡中，取消“账户已禁用”的选项，如图 7-249 所示。

（3）右击 Administrator，在弹出的快捷菜单中选择“设置密码”选项，如图 7-250 所示。

（4）为 Administrator 设置空密码，如图 7-251 所示。

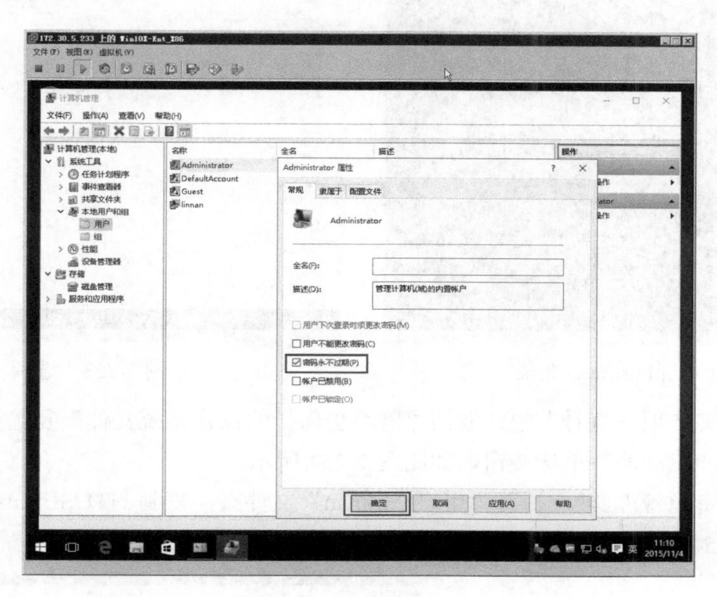

图 7-249　启用账户

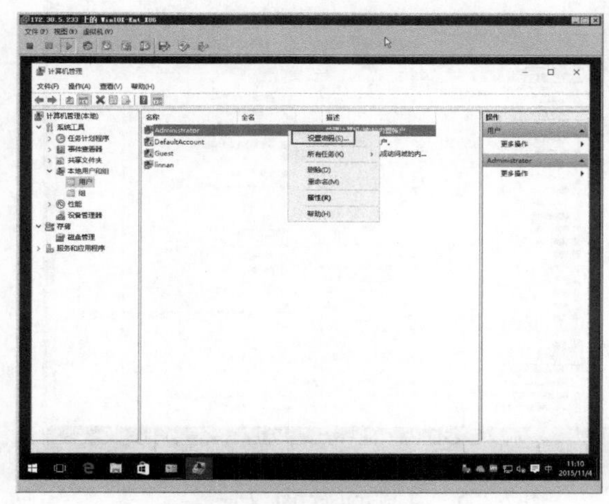

图 7-250　设置密码

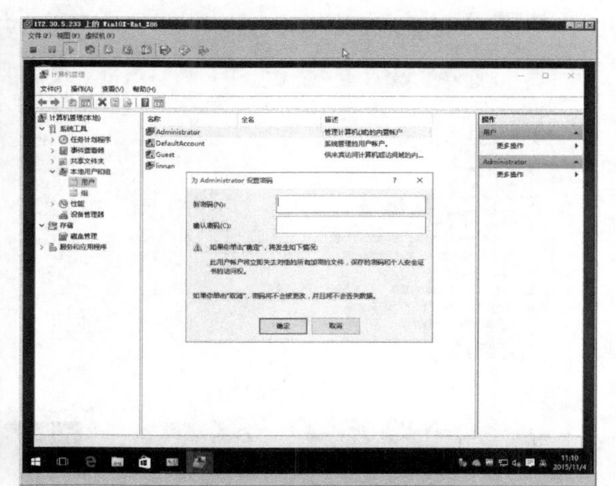

图 7-251　设置空密码

7.7.4　复制 NTUSER.DAT 到默认账户

在前面的章节中是以名为 linnan 的账户配置的系统，如果换用新的用户名登录，则这些配置大部分将会失效。为了避免这个问题，可以将 linnan 配置文件数据复制到默认账户，以后新建账户将以 linnan 的设置为模板创建。

（1）在父虚拟机中，注销当前用户，以 Administrator 登录，如图 7-252 所示。

（2）打开“资源管理器”，单击“查看”，选择“选项”，如图 7-253 所示。

图 7-252　以 Administrator 登录

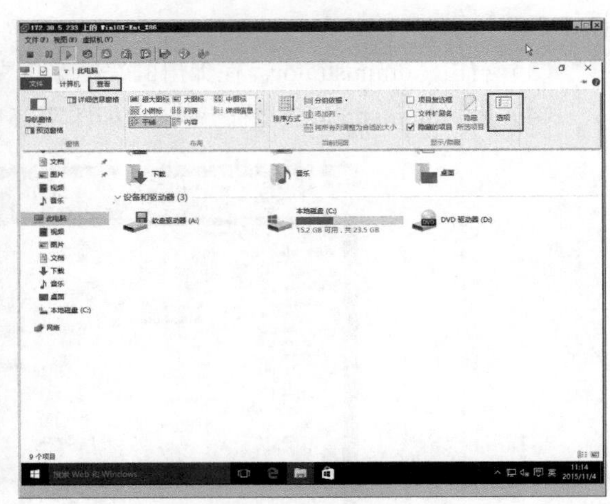

图 7-253　选项

（3）在“文件夹选项→查看”中，取消“隐藏受保护的操作系统文件”复选框，选中“显示隐藏的文件、文件夹和驱动器”单选按钮，如图图 7-254 所示。

（4）返回到“资源管理器”，打开“用户→linnan”文件夹，复制 NTUSER.dat 文件及 AppData 文件夹，如图 7-255 所示。

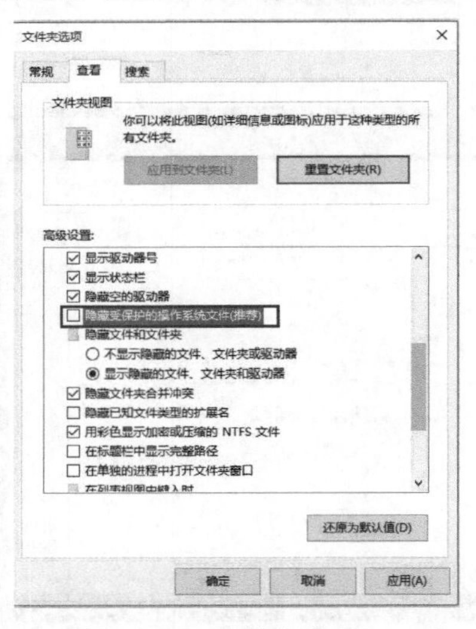

图 7-254　文件夹选项

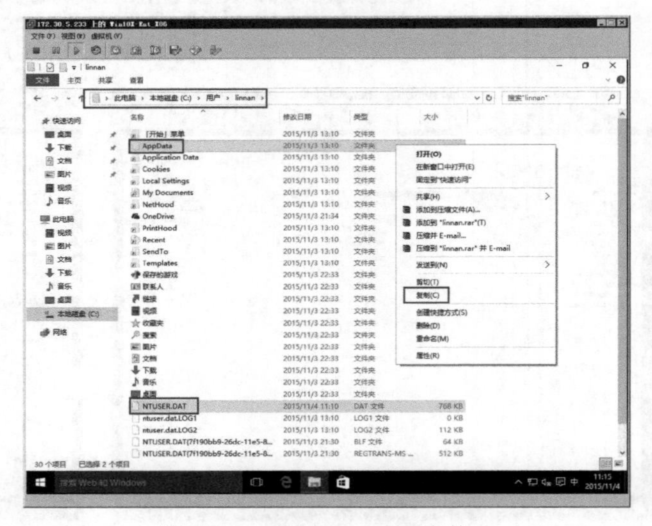

图 7-255　复制 ntuser.dat 文件

（5）将其粘贴到“用户→Default”文件夹中，并覆盖 NTUSER.dat 文件及 AppData 文件夹，如图 7-256 所示。

（6）复制之后，注销 Administrator 账户换用 linnan 账户登录，并禁用 Administrator 账户。

（7）之后，关闭虚拟机。在虚拟机关闭之后，为 Windows 10 父虚拟机创建快照（基于克隆链接的 View 桌面需要“快照”），如图 7-257 所示，设置快照名称为 fix1，并在“描述”中写上“View Agent 6.2.0”，表示这是安装配置好了 View 6.2 代理的虚拟机。

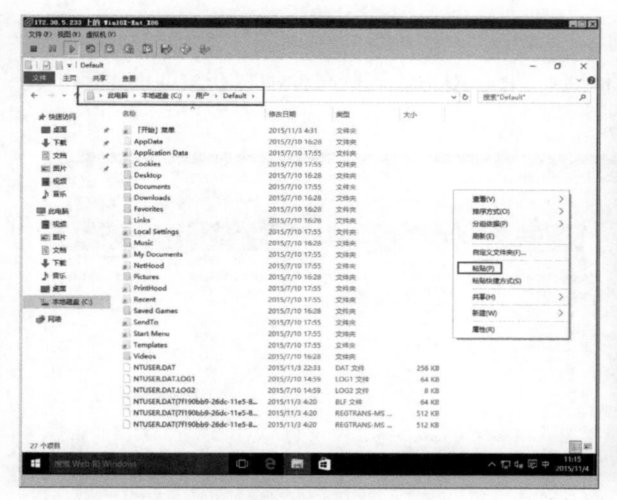

图 7-256　粘贴到 default 文件夹

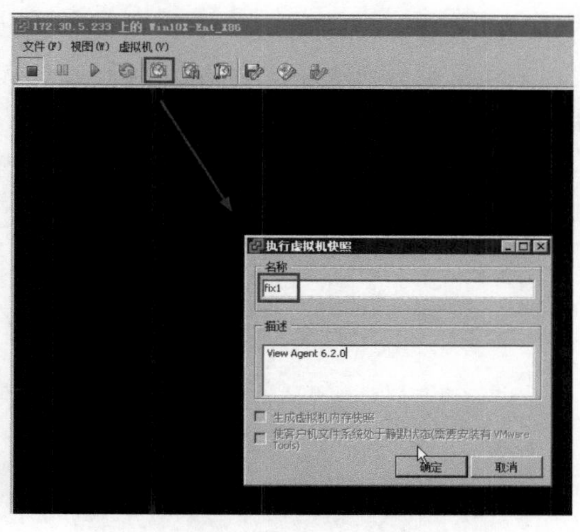

图 7-257　关闭虚拟机，创建快照

7.8　创建 Windows 10 桌面池

接下来，我们将以上一节创建的 Windows 10 虚拟机为例，介绍创建自动桌面池的方法。其他基于 Windows 7、Windows 8.1 的桌面池与此类似。

为了管理方便，我们会为 Windows 10 的虚拟桌面虚拟机，创建一个名为“View-Win10x”资源池。

（1）使用 vSphere Client 登录 vCenter Server，右击群集名称，在弹出的快捷菜单中选择“新建资源池”，如图 7-258 所示。

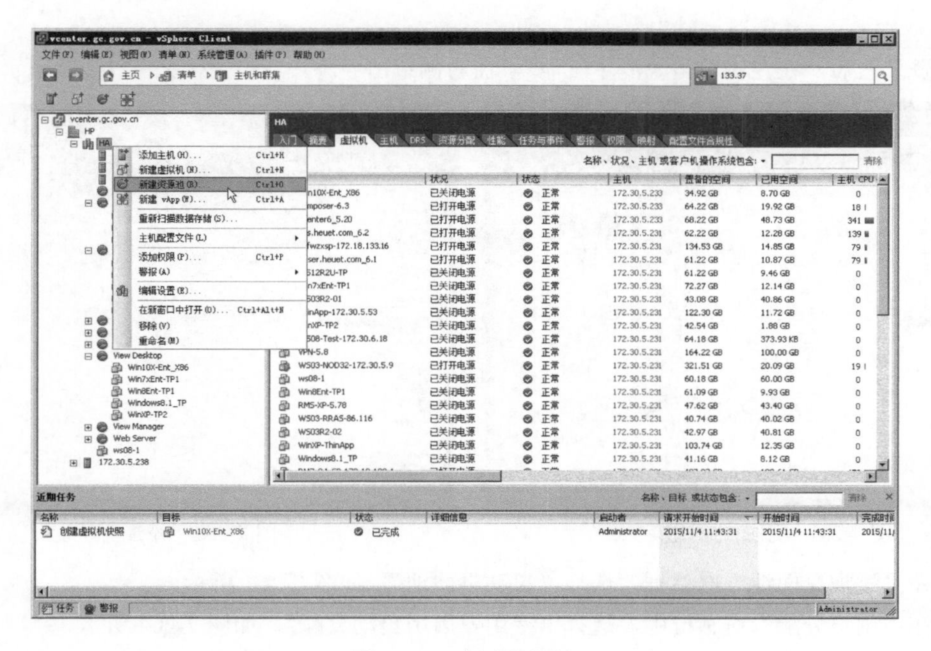

图 7-258　新建资源池

（2）设置资源池名称为“View-Win10x”，如图 7-259 所示。

（3）之后再创建两个桌面池，例如 View-Win7X、View-RDS，这些桌面池将在后面的章节中使用，如图 7-260 所示。

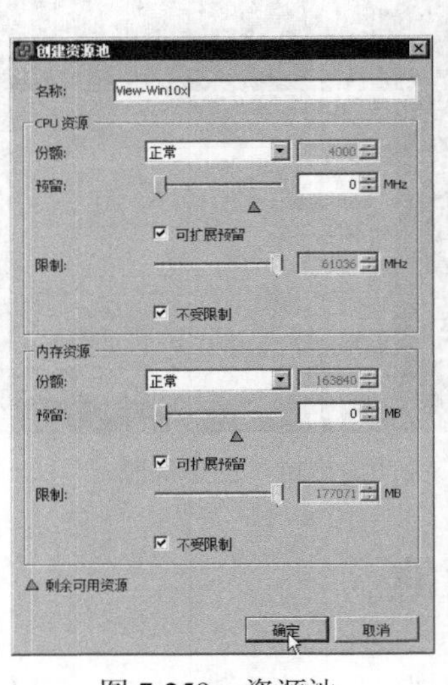

图 7-259　资源池

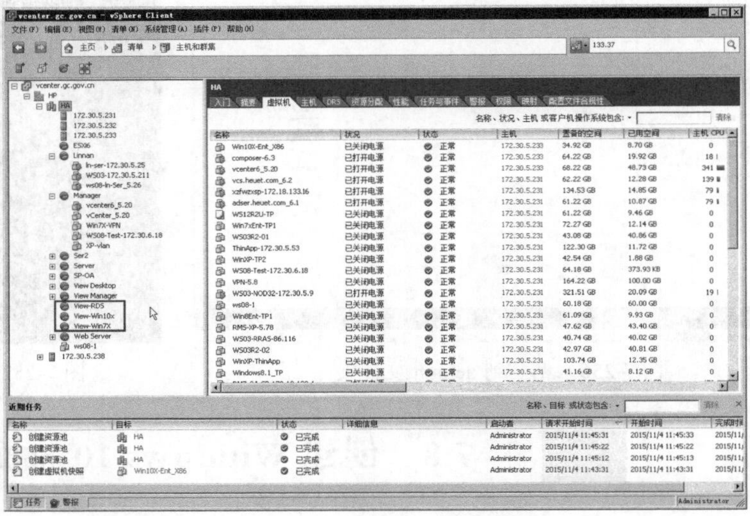

图 7-260　创建资源池后

7.8.1　创建链接克隆的虚拟机自动池

（1）在网络中的一台计算机上，登录 View Connection Server 管理界面，本示例中登录地址为 https://172.30.6.2/admin。登录之后，在“目录→桌面池”中，单击“访问组→新建访问组”，在弹出的“添加访问组”对话框中，新建一个访问组，设置名称为“View-Win10x”，如图 7-261 所示。

（2）登录之后，在左侧单击“清单→池”，在右侧单击“添加”按钮，如图 7-262 所示。

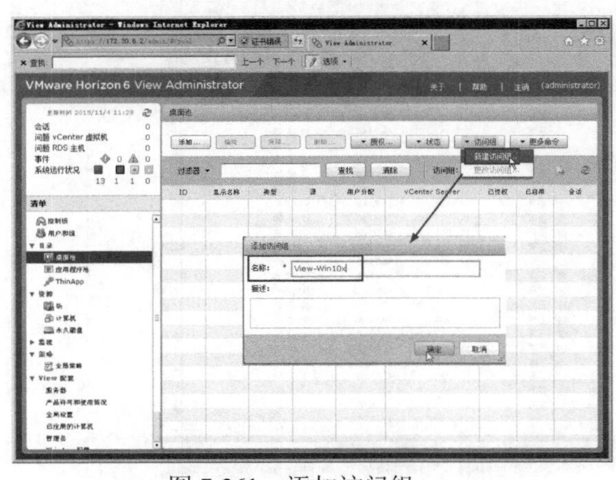

图 7-261　添加访问组

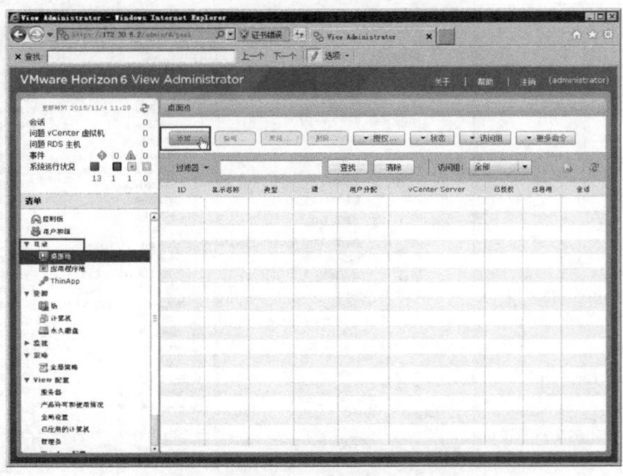

图 7-262　添加

（3）在“添加桌面池”对话框，选择“自动桌面池”，如图 7-263 所示。

（4）在“用户分配”对话框中，选择“专用→启用自动分配”，如图 7-264 所示。

图 7-263　自动桌面池

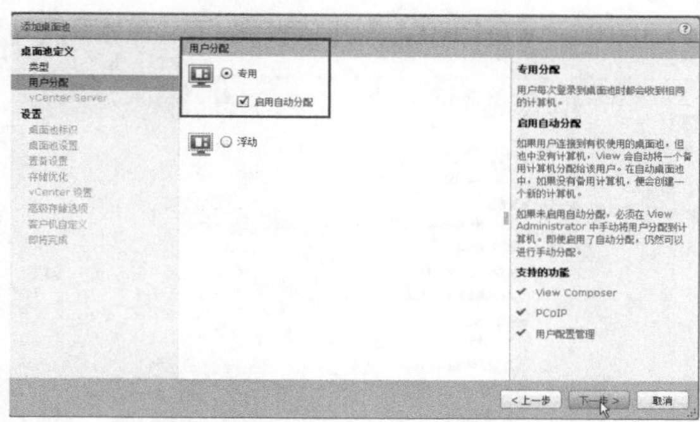

图 7-264　用户分配

（5）在“vCenter Server”对话框中，选中“View Composer 链接克隆”单选按钮，如图 7-265 所示，在列表中选择启用了 View Composer 的 vCenter Server 服务器，在本例中，该服务器是 172.18.96.20。

说明：如果选择“完整虚拟机”，则创建的虚拟桌面，是完整的虚拟机，会占用较大的服务器空间。在使用“完整虚拟机”时，需要在 vCenter Server 上放置 sysprep 程序，及创建虚拟机的规范。

（6）在“池标识”对话框中，为要创建的虚拟机桌面池创建一个名称，在本例中设置名称为 View-Win10，设置显示名称为“Windows 10”，访问组选择“View-Win10x”，如图 7-266 所示。

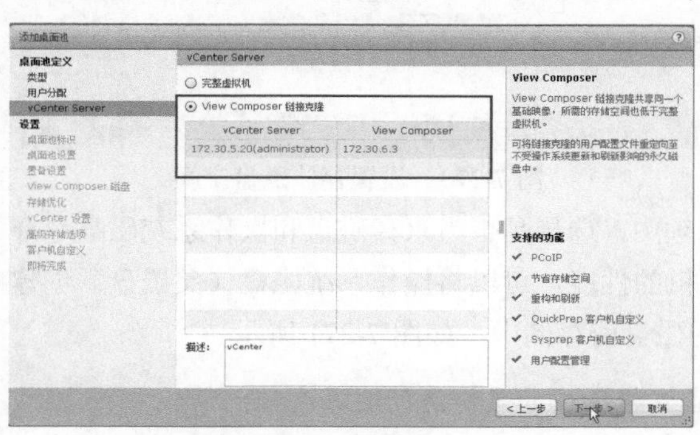

图 7-265　选择 vCenter Server

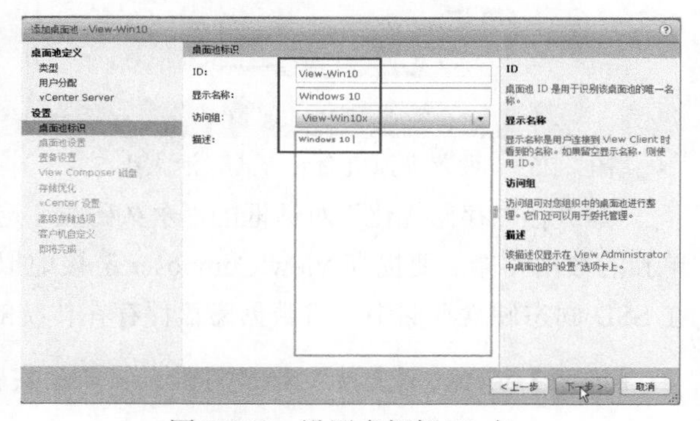

图 7-266　设置虚拟机 ID 名

（7）在“桌面池设置”对话框中，设置虚拟机池的消息。例如，你可以在在“远程设置”选项中，修改“远程桌面电源策略”为“关闭”、“断开连接后自动注销”选择“等待 30 分钟”。如果选中“允许用户重置桌面”选择为“是”，则允许 View Client 将虚拟桌面恢复到初始配置，这些你可以根据情况设置。如图 7-267 所示。

（8）在“远程显示协议”选项中，设置默认显示协议，以及是否为虚拟机启用 3D 显示，只有在“允许用户选择协议”设置为“否”的时候，才能启用 3D 呈现。另外，在“HTML Access”中设置是否为该虚拟机池启用 HTML 桌面访问功能，如图 7-268 所示。

（9）在“部署设置”对话框中，设置虚拟机池的大小，虚拟机的命名方式，如图 7-269 所示。

在本例中，在“虚拟机命名”选项组，选择“使用一种命名模式”，并设置名称为“win10x-{n:fixed=2}”，这样，创建的虚拟机的计算机名称，将会以 win10x-开头，并加上 2 位的数字，如

win10x-00、win10x-01，并依此类推。在本例中，设置虚拟机池最大为 3，总是开机的虚拟机为 1。

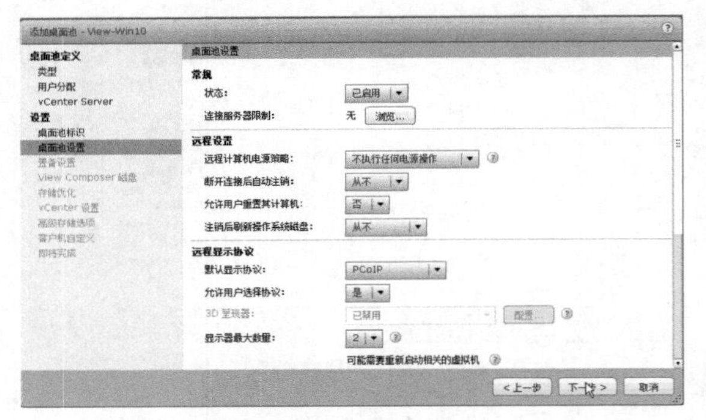

图 7-267　远程设置

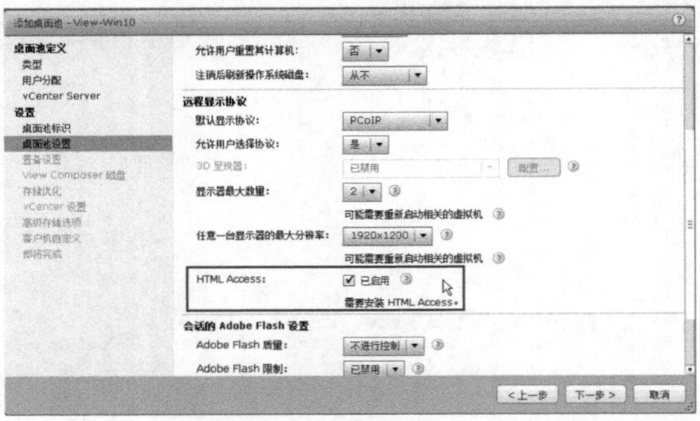

图 7-268　远程显示协议

（10）在“View Composer 磁盘”对话框中，设置每个虚拟机个人文件所用的空间，在此选择默认值，如图 7-270 所示。

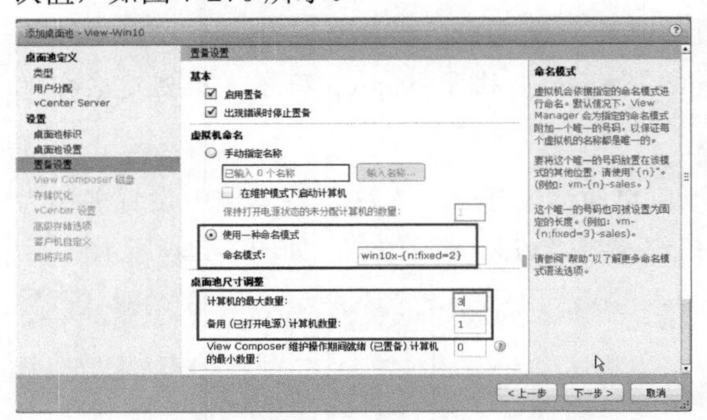

图 7-269　设置虚拟机命名方式、池大小

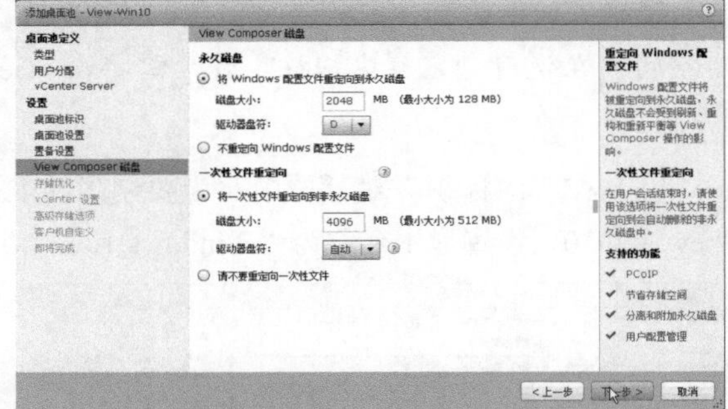

图 7-270　设置存储磁盘空间

（11）在“存储优化”对话框的“永久磁盘”选项中，选择是否为永久磁盘和操作系统磁盘选择单独的数据存储。要提高 View Composer 链接虚拟机的性能，可以将操作系统磁盘（父磁盘）创建在 SSD 固态硬盘存储中，将数据磁盘保存在传统的磁盘或存储中，如图 7-271 所示。

【说明】View 6.x 支持 VSAN 存储。当前的实验主机使用的是传统的共享存储。

（12）在“vCenter 设置”对话框的“父虚拟机”选项组中，单击“浏览”按钮，如图 7-272 所示，选择用做克隆链接的“父”虚拟机。

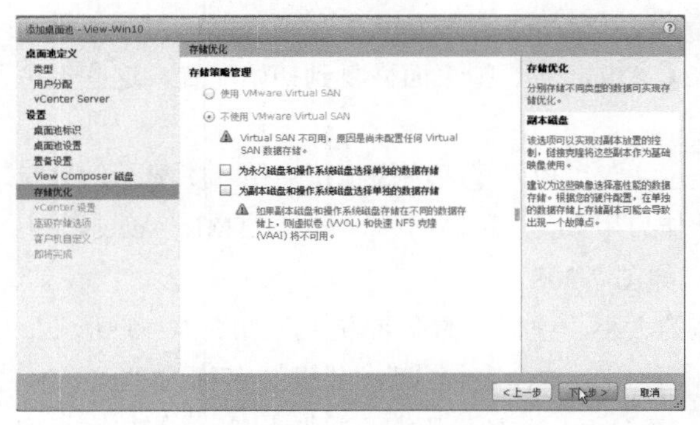

图 7-271　存储优化

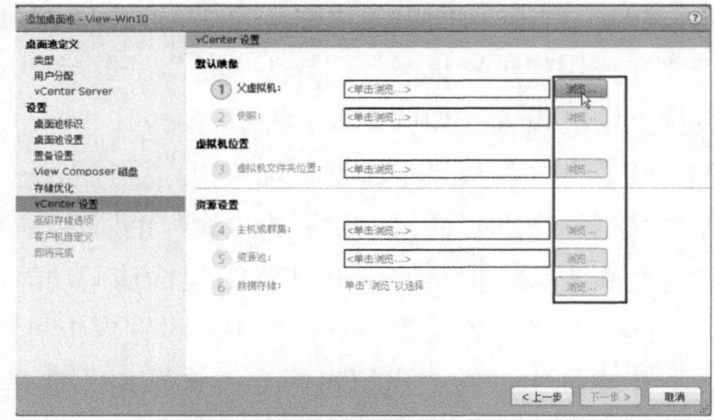

图 7-272　vCenter 设置

（13）在“选择父虚拟机”对话框中，选择前文中为 View Composer Server 准备的虚拟机（创建快照、并安装 View Agent 的虚拟机），如图 7-273 所示。

（14）选择父虚拟机后返回图 7-272，在“快照”中单击“浏览”按钮，为父虚拟机选择快照，如图 7-274 所示。

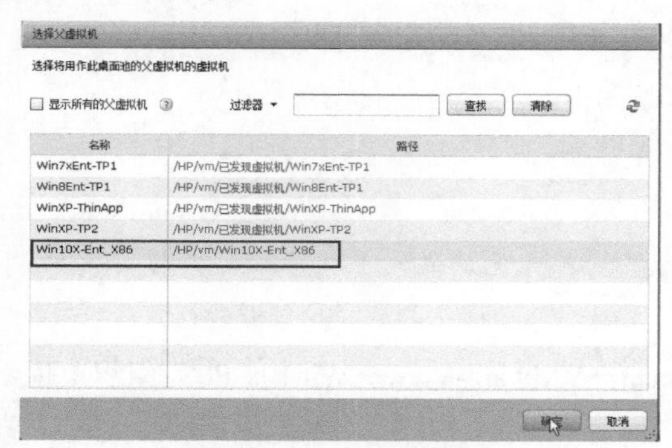

图 7-273　选择父虚拟机

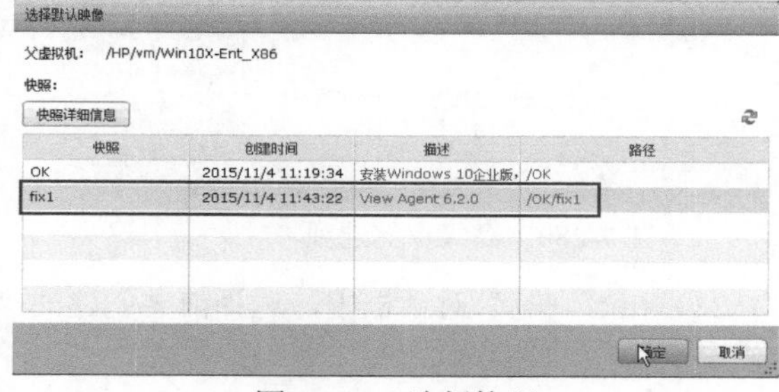

图 7-274　选择快照

（15）选择快照后返回图 7-275，在“虚拟机文件夹位置”后单击“浏览”按钮，选择用于存储虚拟机的文件夹，如图 7-275 所示。

（16）之后选择“主机或群集”，选择合适的主机及群集，如图 7-276 所示。

（17）之后选择“资源池”，选择前文创建的“View-Win10x”资源池，如图 7-277 所示。

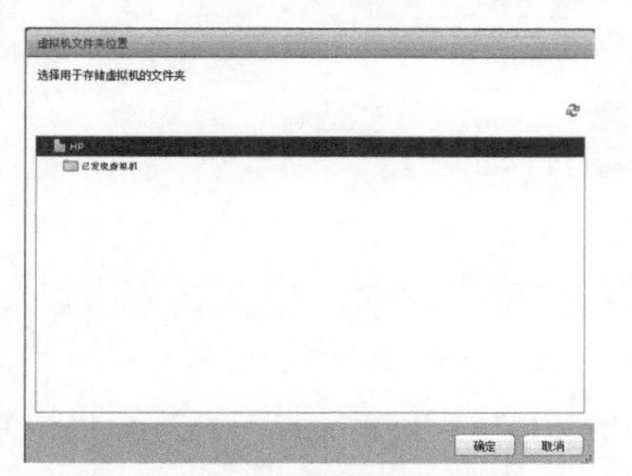

图 7-275　选择存储虚拟机的文件夹

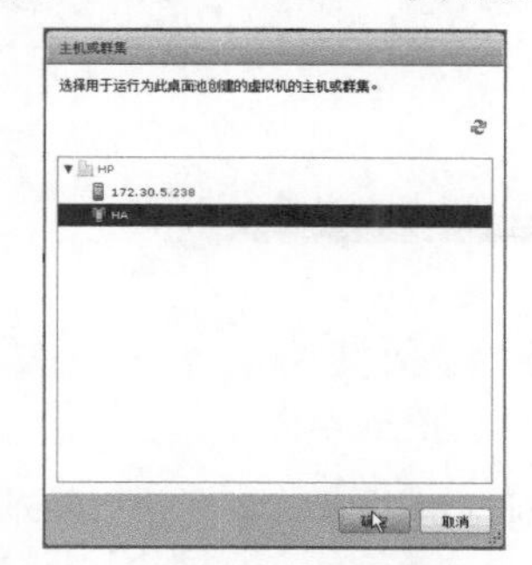

图 7-276　选择主机或群集

图 7-277　资源池

（18）最后为虚拟机选择数据存储，默认为使用共享存储，如图 7-278 所示。

（19）设置之后返回到“vCenter 设置”，如图 7-279 所示，这是选择之后的截图。

（20）在“高级存储选项”对话框中，对 vSphere 主机进行配置，以通过缓存特定池数据来提高性能，在此保持默认值，如图 7-280 所示。

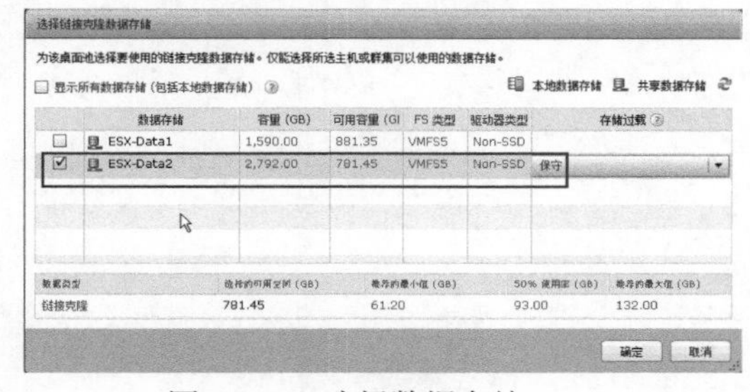

图 7-278　选择数据存储

图 7-279　vCenter 设置

（21）在“客户机自定义”对话框中，在“AD 容器”后单击“浏览”按钮，如图 7-2810 所示。

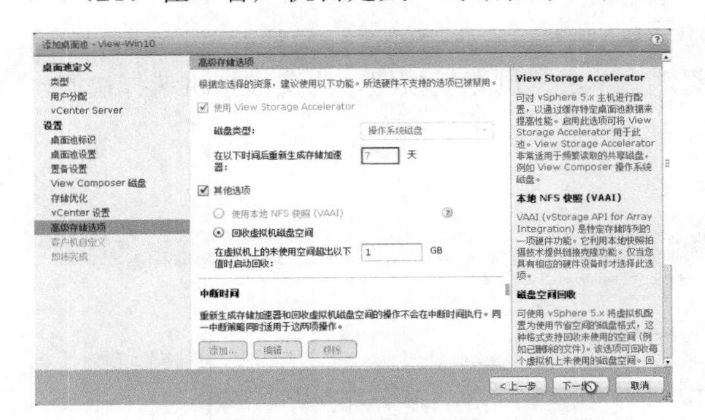

图 7-280　高级存储选项

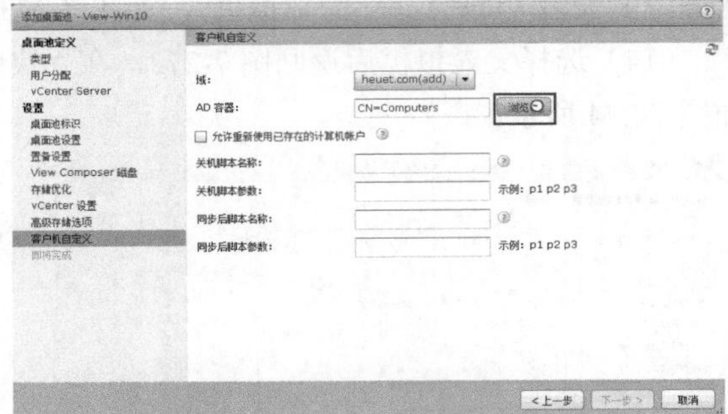

图 7-281　AD 容器

（22）在“浏览”对话框中，选择前文创建的“heuet→VMware-View→Win10x-PC”组织单位，如图 7-282 所示。

（23）返回到“客户机自定义”对话框后，选中“允许重新使用已存在的计算机账户”复选框，如图 7-283 所示。

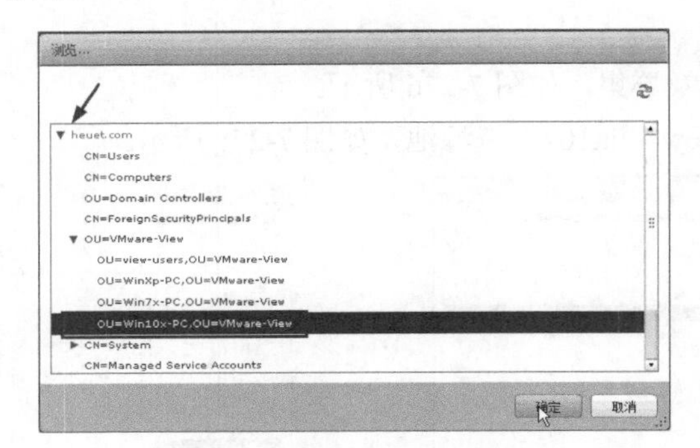

图 7-282　选择保存虚拟机的组织单位

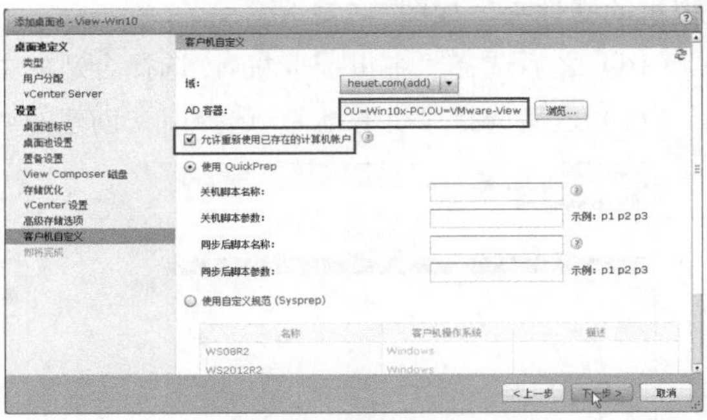

图 7-283　客户机自定义

（24）在“即将完成”对话框，显示了创建自动池的参数与设置，检查无误之后，单击“结束”按钮，如图 7-286 所示。如果选中“向导完成后授权用户”复选框，则在完成该向导后为虚拟机池添加用户。

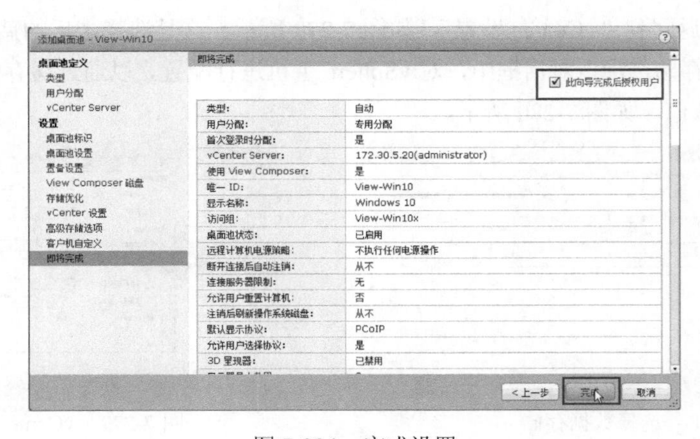

图 7-284　完成设置

7.8.2　向桌面池添加用户

最后，还要向虚拟桌面池添加用户或用户组，才能使用。向虚拟桌面池添加用户或用户组的步骤如下。

（1）在“授权”对话框中，单击“添加”按钮，如图 7-285 所示。

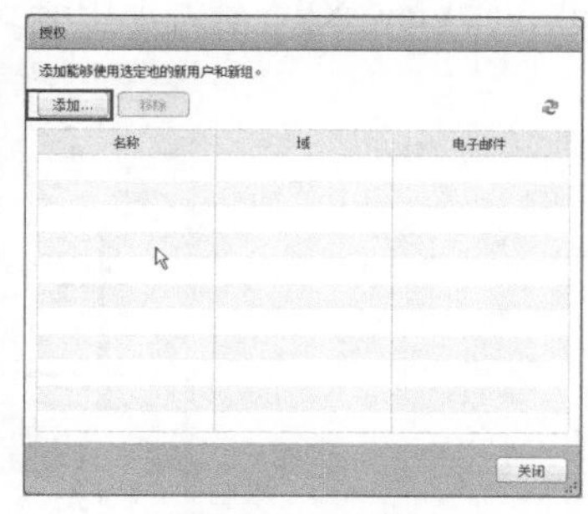

图 7-285　添加

（2）在“查找用户或组”对话框中，在“名称/用户名”后面，键入 domain users，然后单击“查找”按钮，搜索要添加的域用户组，本例选择搜索“Domain Users”用户组，表示域中所有用户，搜索成功之后，选择该用户组，然后单击“确定”按钮，如图 7-286 所示。

这样，表示域中的任意一个用户名，都可以访问/使用该虚拟桌面。在实际使用中，应该添加实际使用该虚拟桌面的用户或用户组。

（3）返回到“授权”对话框，单击“确定”按钮，完成设置，如图 7-287 所示。

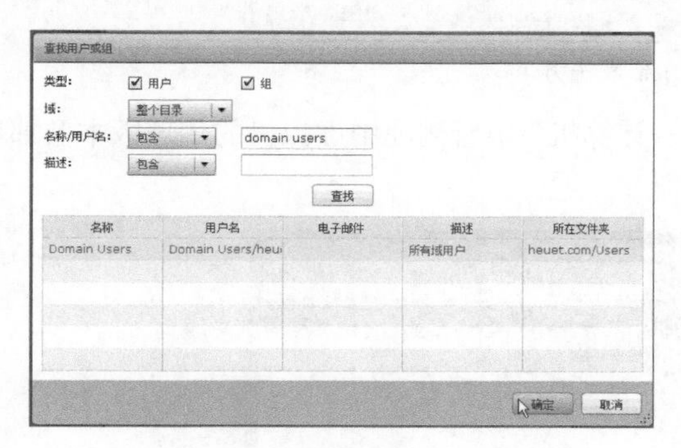

图 7-286　添加所有域用户

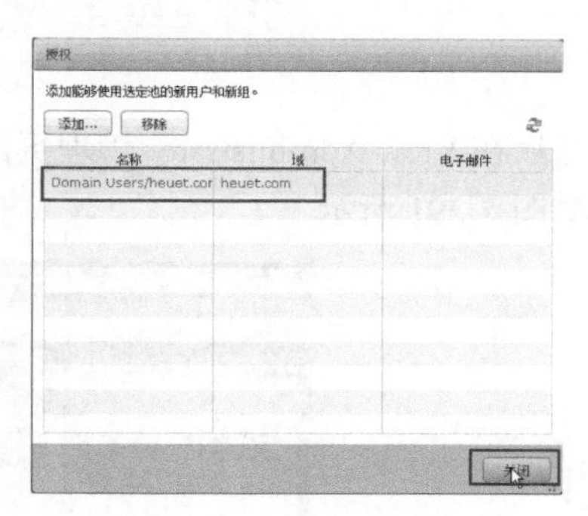

图 7-287　设置完成

7.8.3　查看部署状态

在创建桌面池并完成授权后，返回到“目录→桌面池”对话框，可以看到创建的池，如图 7-288 所示。

在“资源→计算机”选项中，在右侧可以看到池的状态为“置备”，如图 7-289 所示。

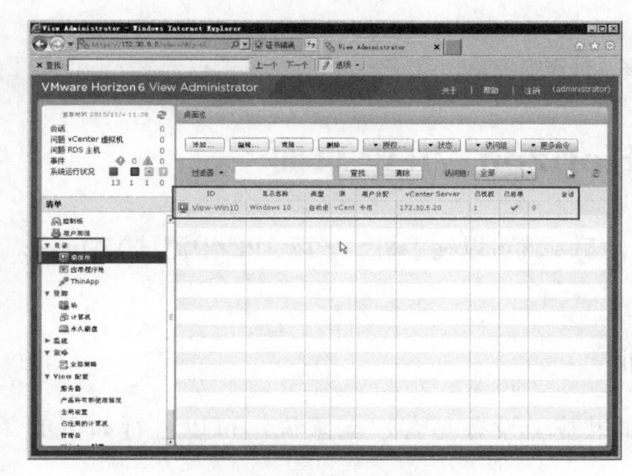

图 7-288　创建的池

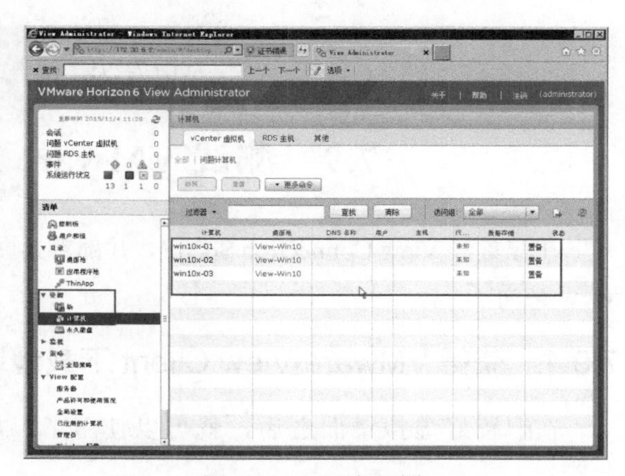

图 7-289　正在部署

如果用 VMware Client 登录 vCenter Server，在“近期任务”中会看到自动部署虚拟机的任务，并在“View-XP”资源池中看到已经部署的虚拟机，如图 7-290 所示。

图 7-290　部署任务

最后在 View Administrator 管理页，在“资源→计算机”中看到池中虚拟机的代理版本及部署状态，如图 7-291 所示。

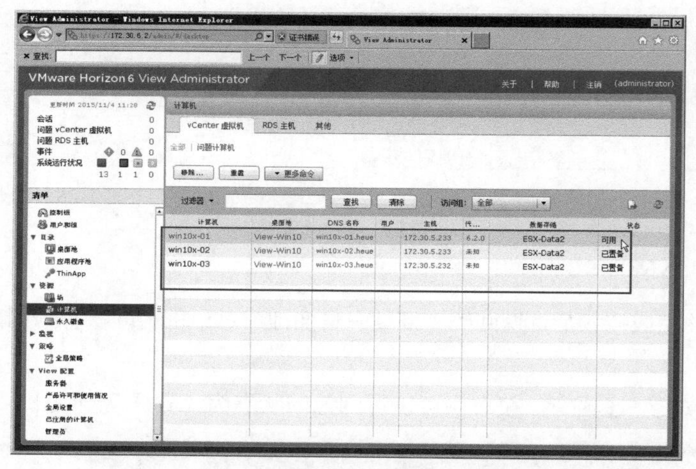

图 7-291　池中虚拟机详细信息

7.9　测试 VMware Horizon View 桌面

在配置好 View Connection Server，并部署桌面池后，就可以在手机、平板、PC 中测试 VMware View 桌面了。

7.9.1　获得 VMware View Client 下载地址

在配置好虚拟桌面之后，就可以使用了，如果基于设备与客户端来说，可以进行如下的分类：

- 基于 HTML 的客户端：无论是 PC 机（包括笔记本），还是平板、智能手机，可以使用其支持的浏览器，访问并使用 View 桌面。
- 基于 Horizon View 客户端：包括 32 位与 64 位的 Windows、Linux 以及 Mac 操作系统的版本，这些是基于 PC 机与笔记本的客户端。对于手机、平板的客户端，VMware Horizon View 有用于苹果的 iPhone 与 IPAD 的客户端、适用于 Android 的客户端。

如果基于客户端所处的网络，可以进行以下分类：

- 局域网用户，可以访问 View 连接服务器的地址，可以是 IP 地址或域名。
- 广域网用户，即 Internet 用户，需要访问 View 安全服务器，这可以是 IP 地址或域名。如果没有配置安全服务器，Internet 用户也可以通过拨叫 VPN 的方式，访问企业内部网络，通过访问 View 连接服务器，使用 View 桌面。

首先介绍基于 Windows 的 View Client 的使用。

VMware View Client 的 Windows 客户端有 32 位与 64 位版本，分别用于 32 位与 64 位的 Windows 系统，用户要根据自己操作系统的位数进行选择。

VMware View Client 的 Windows 客户端，可以从 VMware 的官方网站下载单独的安装程序，如果你不知道 Horizon View Client 下载地址，或者想下载最新的 Horizon View Client 程序，你可以在浏览器中访问 View 连接服务器（局域网用户）或 View 安全服务器（Internet 用户），在这个访问页面中，即包括了所有 Horizon View Client 程序的下载链接。

（1）在 Windows 客户端计算机中，登录网络中的 View 连接服务器（局域网用户，本示例为 https://vcs.heuet.com）或 View 安全服务器的地址（Internet 用户，本示例为 https://view.heuet.com）会显示 View Client 下载地址，本示例为 https://View.heuet.com，如图 7-292 所示。

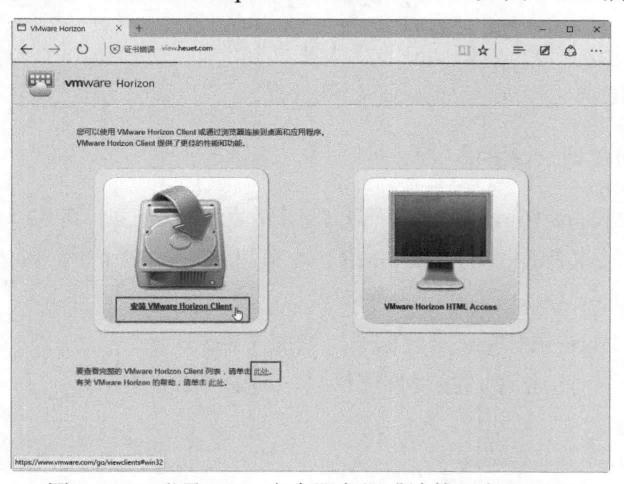

图 7-292　登录 View 安全服务器或连接服务器网页

（2）在图 7-293 中单击“安装 VMware Horizon Client”或单击“要查看完整的 VMware Horizon Client 列表，单击此处”链接，则会进入 VMware View Client 下载网站，如图 7-294 所示，在此显示了用于 Windows、Linux、Mac、Android、iPad 与 iPhone 的不同客户端的下载地址。

（3）请在此网站下载所适用的 VMware View Client。在单击某个客户端程序时，在“Select Version（选择版本）”下拉列表中，可以选择最新版本，或者以前的版本，如图 7-295 所示。

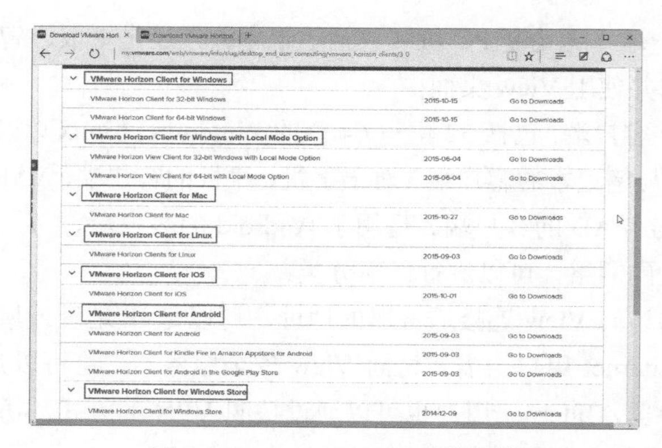

图 7-293　View Client 下载地址

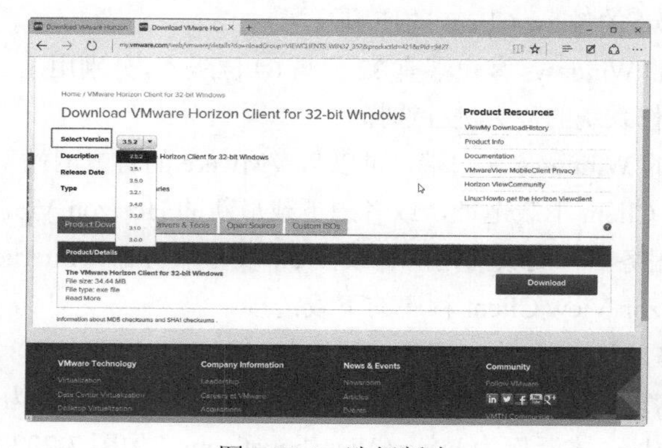

图 7-294　选择版本

说明：VMware Horizon View Client 下载地址为 https://www.vmware.com/go/viewclients。在图 7-295 右侧为使用 HTML 方式登录 View 桌面的链接页。

7.9.2　安装 VMware Horizon View

在写作本书时，VMware Horizon View 客户端最新版本为 3.5.2，其 32 位 Windows 安装程序大小为 34.4MB，其 64 位安装程序大小为 37.6MB。本节将在一台 32 位的 Windows 10 的计算机上，安装 VMware Horizon View 3.5.2，主要步骤如下。

（1）运行 VMware Horizon Client 安装程序，如图 7-295 所示。

（2）在“许可协议”对话框中，接受许可协议，如图 7-296 所示。

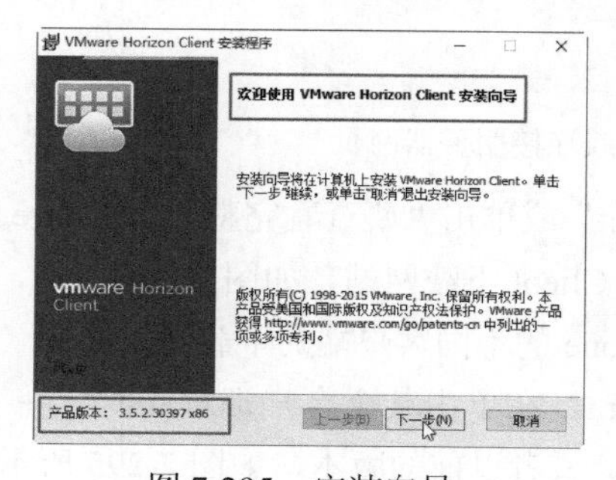

图 7-295　安装向导

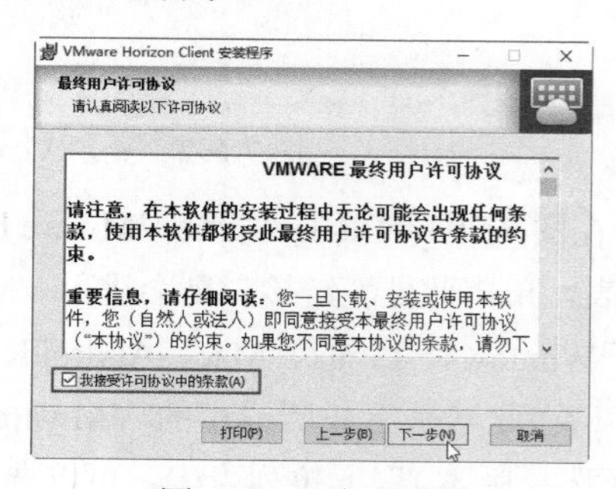

图 7-296　许可协议

（3）在“高级设置”对话框，选择 IP 协议版本，在此选择 IPv4，如图 7-297 所示。

（4）在“自定义安装”对话框中，选择默认值，如图 7-298 所示。

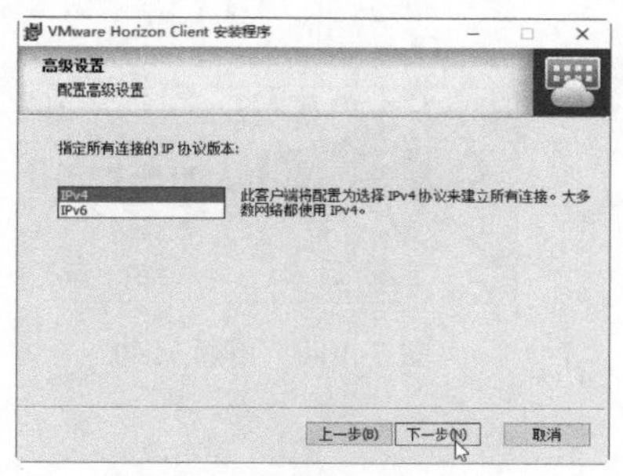

图 7-297　IP 协议版本选择

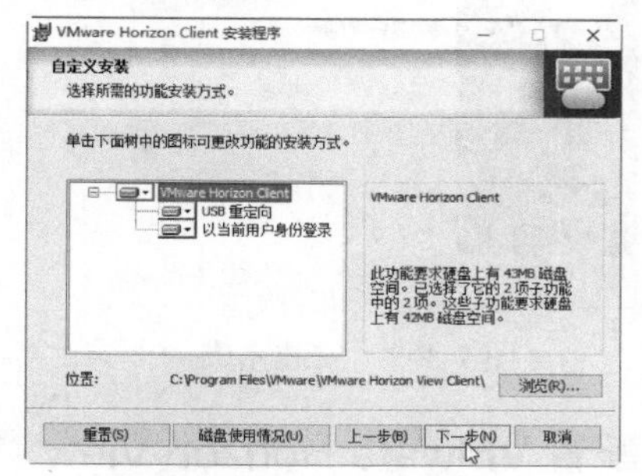

图 7-298　自定义安装

（5）在“默认服务器”对话框中，输入当前网络中 View 安全服务器（如果当前是 Internet 用户）或 View 连接服务器（如果是局域网用户或 VPN 用户）的域名或 IP 地址，在本示例中 View 连接服务器的域名是 vcs.heuet.com，View 安全服务器的域名是 View.heuet.com，如图 7-299 所示。

（6）在“增强型单点登录”对话框中，如果当前计算机已经加入 Active Directory，并且以域用户登录，则可以选中“设置默认项，作为当前用户登录”复选框，这样将使用当前用户登录 VMware View 桌面。如果当前计算机没有加入域，则不要选中这项，如图 7-300 所示。

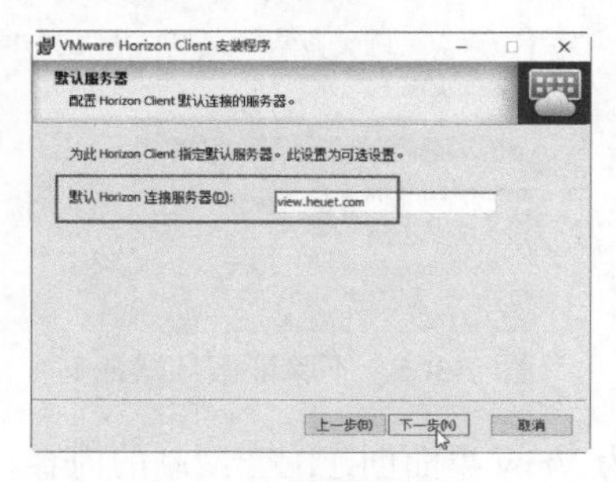

图 7-299　默认服务器

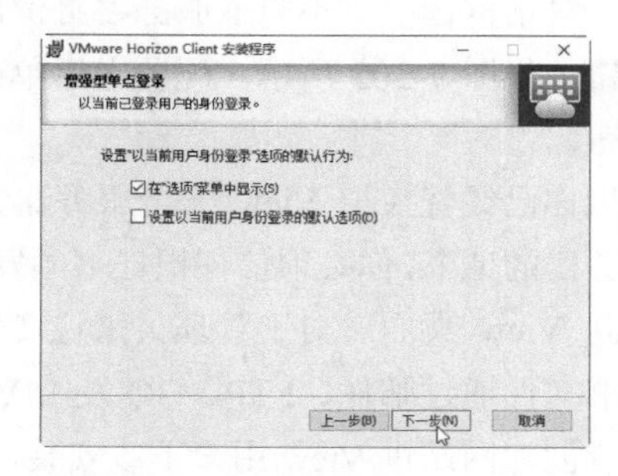

图 7-300　增强型单点登录

（7）在“配置快捷方式”对话框中，设置创建程序快捷方式的位置，如图 7-301 所示。

（8）在“已准备好安装 VMware Horizon Client”对话框中，单击“安装”按钮，如图 7-302 所示。

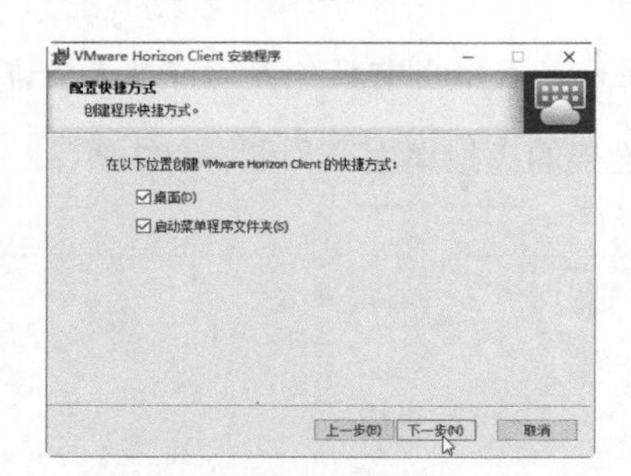

图 7-301　配置快捷方式

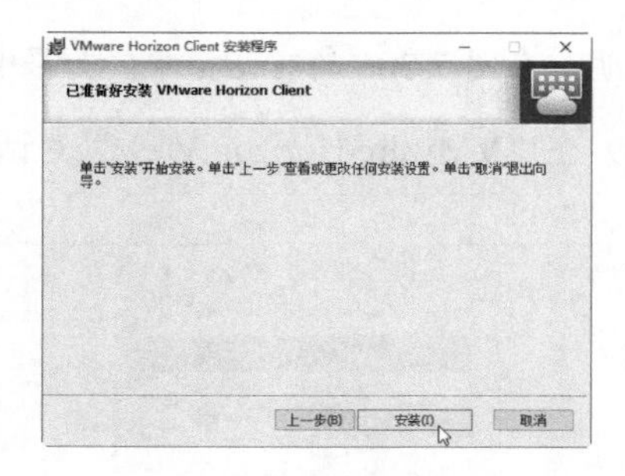

图 7-302　准备安装

（9）之后开始安装，直到安装完成，如图 7-303 所示。

（10）安装完成后，根据提示重新启动，如图 7-304 所示。

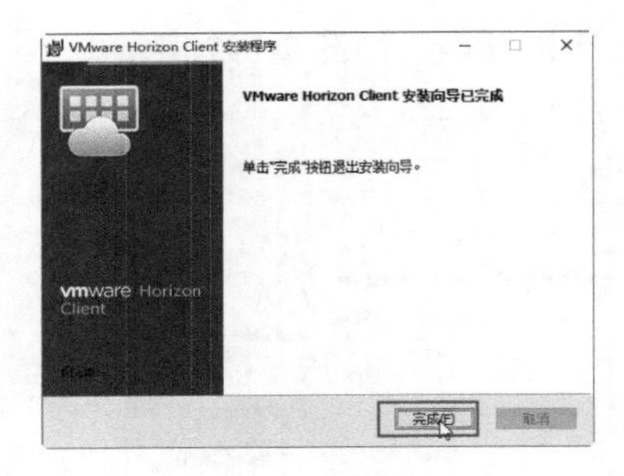

图 7-303　安装完成

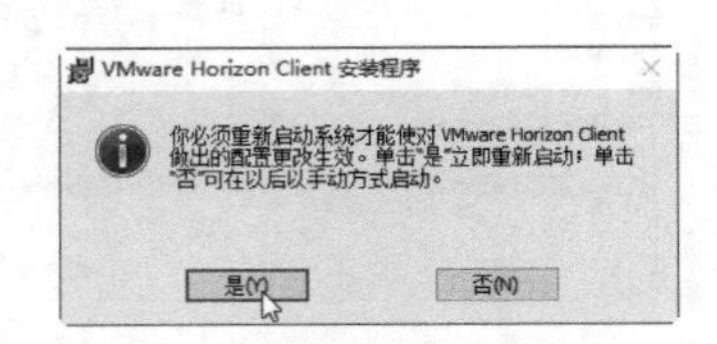

图 7-304　重新启动

7.9.3　配置 VMware Horizon View

再次进入系统后，运行桌面上的 VMware Horizon View，开始登录并使用 VMware View 桌面，主要步骤如下。

（1）如果你没有替换 View 安全服务器、连接服务器的证书，而是使用安装时自带的证书，在登录 View 安全服务器或连接服务器之前，你需要修改 SSL 配置，不验证服务器的身份证书才可。打开 VMware Horizon View，单击右上角“≡ ▾”按钮，然后单击“配置 SSL”链接，在“证书检查模式”对话框选中“不验证服务器身份证书”单选按钮，如图 7-305 所示。配置之后单击“确定”按钮。

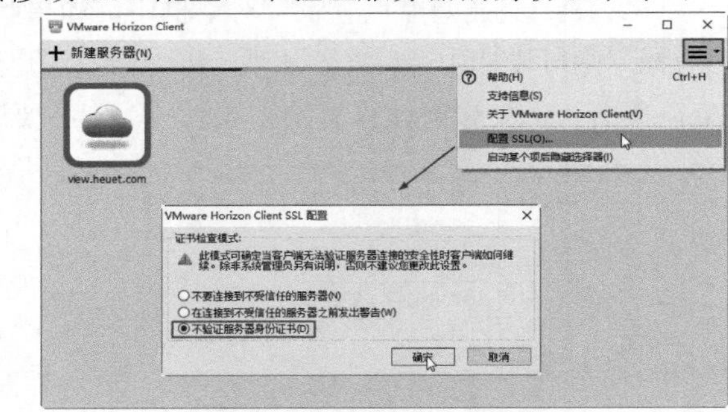

图 7-305　不验证服务器证书

如果你已经替换了 View 安全服务器、View 连接服务器的证书，你必须信任根证书颁发机构，才能访问 View 桌面。对于管理员来说，你可以将根证书文件通过邮件、FTP、QQ 发给 View 用户，或者创建网站供 View 用户下载安装，在后文会介绍为 View 桌面创建配套网站的内容。

（2）打开 VMware Horizon View 程序，双击添加的 View 安全服务器或连接服务器，在弹出的“登录”对话框中输入用户名与密码，单击“登录”按钮，连接到 View Connection Server，如图 7-301 所示。

说明：在图 7-306 的对话框中，如果 https 处用红色显示，表示当前服务器的证书未验证。

（3）在“VMware Horizon View”对话框中，选中要连接的虚拟桌面，如图 7-307 所示。

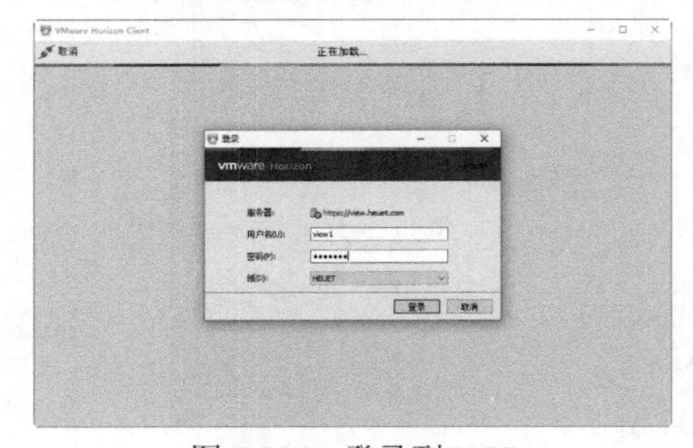

图 7-306　登录到 VCS

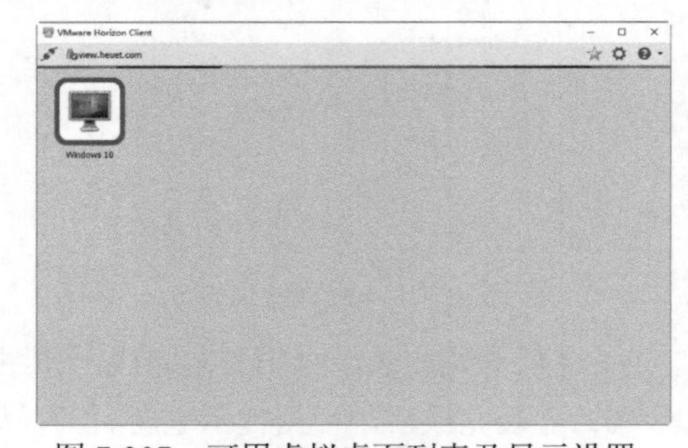

图 7-307　可用虚拟桌面列表及显示设置

（4）在默认情况下，如果双击这个桌面（图 7-302 中的 Windows 10），将会以全屏方式运行，如果你想更多选择，可以右击该桌面，在弹出的右键快捷菜单中，可以选择显示协议（默认为 PCoIP，可以根据需要选择 Microsoft RDP 协议），在“显示”子菜单中可以选择“所有显示器、全屏、窗口、自定义”等多种方式，如图 7-308 所示。还可以为该桌面创建快捷方式、添加到开始屏幕、标记为收藏项等。

（5）如果在图 7-309 中选择“设置”，进入 VMware Horizon Client 设置对话框，在左侧可以显示能使用的桌面项及“共享”菜单，在左侧的桌面显示项中，选中之后可以选择每个桌面的连接方式（协议）及显示设置（在此设置为 1024×768 大小），如图 7-304 所示。如果选中“自动连接到此桌面”，则以后该用户登录 View 安全服务器（或连接服务器）之后会自动登录到该桌面。

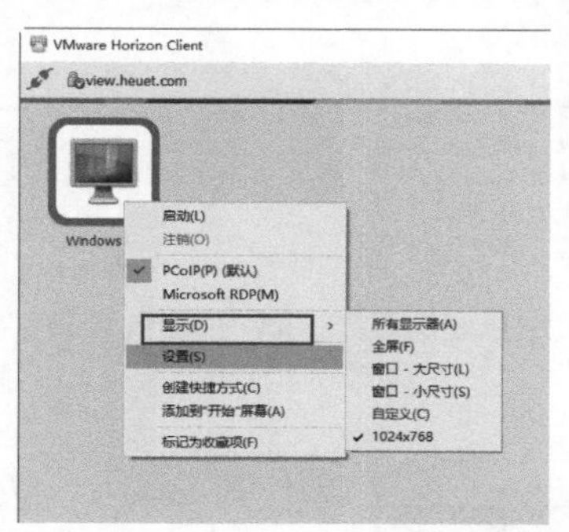

图 7-308　桌面设置

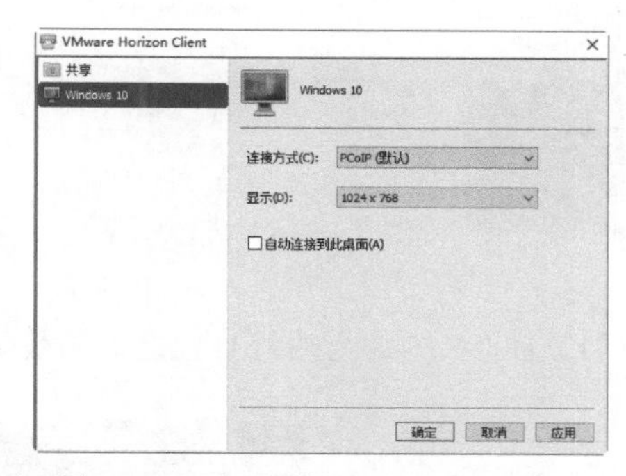

图 7-309　桌面连接方式及显示设置

（6）在“共享”选项中，可以将 VMware Horizon Client 本地计算机的文件夹“共享”给远程的 View 桌面，如图 7-310 所示，这是将 D 盘“软件截图”一个文件夹共享给 View 桌面。

（7）设置完成之后，返回到 View 桌面列表，双击启动该桌面，之后即会连接到虚拟桌面，如图 7-311 所示。

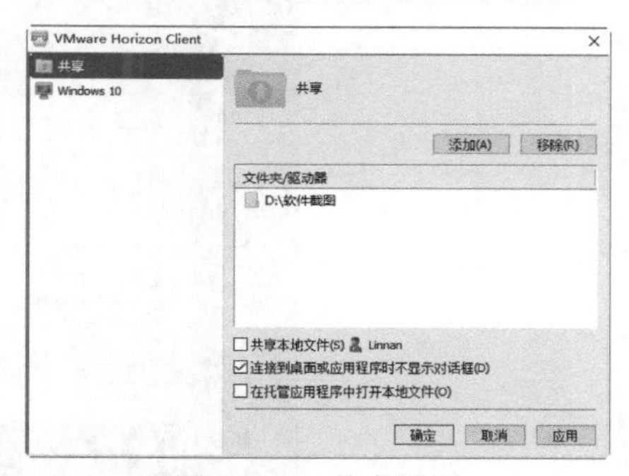

图 7-310　共享设置

（8）在登录到虚拟桌面之后，打开“资源管理器”，可以看到 View Horizon Client 本地主机 D 盘“软件截图”已经添加到 View 桌面虚拟机中，该共享作为一个共享文件夹使用，如图 7-312 所示。

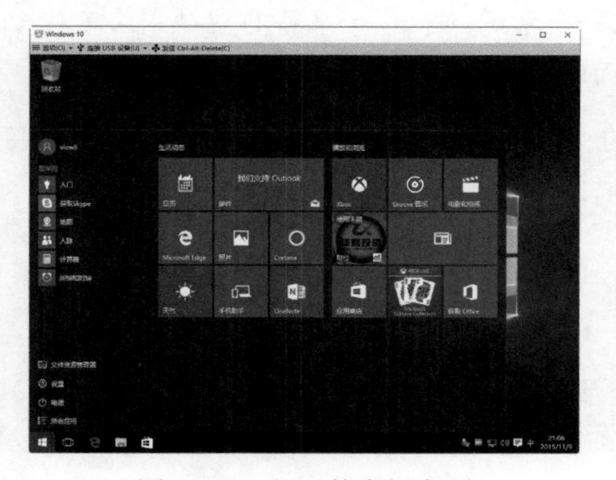

图 7-311　打开的虚拟桌面

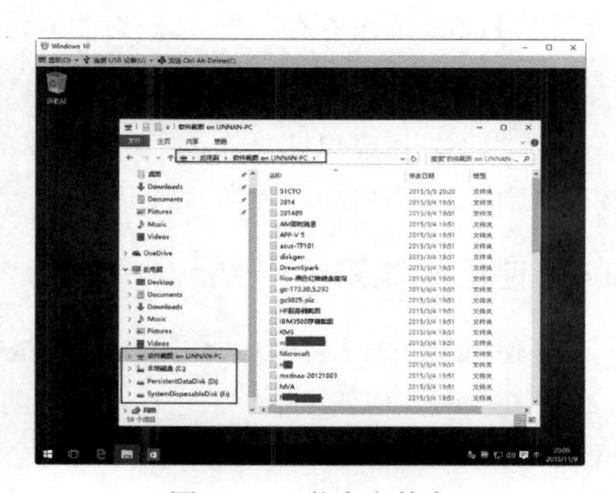

图 7-312　共享文件夹

（9）单击左上角“选项”，可以查看 Horizon View Client 更多的参数，如图 7-313 所示。

（10）如果发使用 Horizon View Client 本地 U 盘或其他 USB 设备，请在插入 USB 设备之后，单击“连接 USB 设备”按钮，在下拉菜单中选择要映射到远程 View 桌面中的设备即可，如图 7-314 所示。

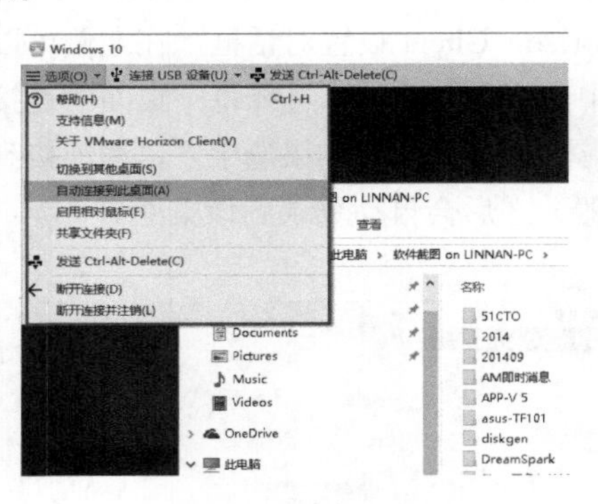

图 7-313　选项

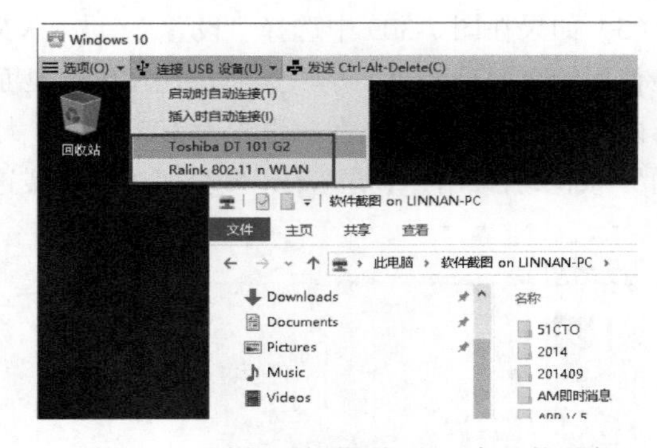

图 7-314　选择要加载到 View 桌面的设备

（11）图 7-315 即为映射 U 盘之后的截图。

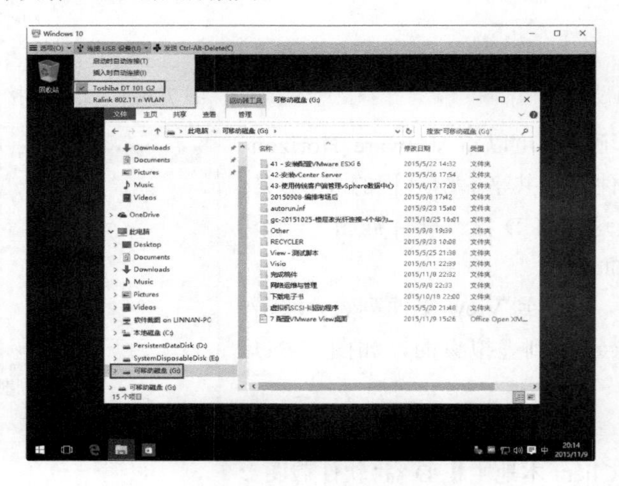

图 7-315　将本地 U 盘映射到 View 桌面

【说明】USB 设备不能共享，同一时刻只能分配给一个系统，例如，如果将 U 盘映射给远程 View 桌面之后，在本地将不能使用，只有从远程 View 桌面断开之后，才会在本地使用。

（12）当不使用虚拟桌面之后，可以在图 7-316 的“选项”对话框中选择“断开连接”或“断开连接并注销”，后者将会释放当前虚拟桌面。

7.9.4　使用浏览器访问 View 桌面

除了使用 VMware Horizon Client 访问 View 桌面，还可以使用浏览器访问 View 桌面。

（1）在安装并信任了根证书之后，使用浏览器登录并访问 View 安全服务器（Internet 用户）或 View 连接服务器（局域网或 VPN 用户），在登录页单击右侧的“VMware Horizon HTML Access”，如图 7-317 所示。

（2）在随后的登录页中，输入 View 用户名及密码，如图 7-318 所示。

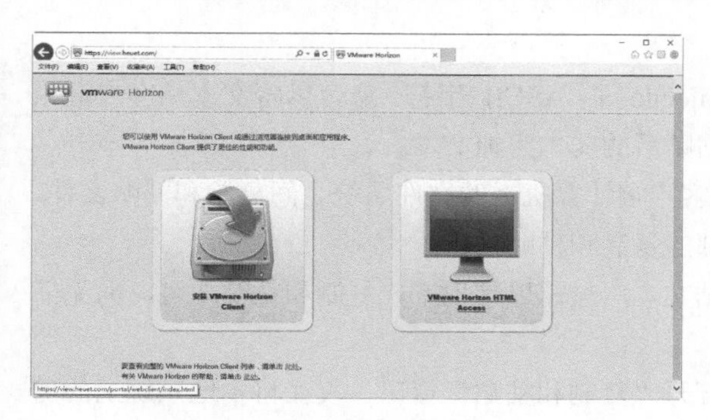

图 7-316　HTML 访问

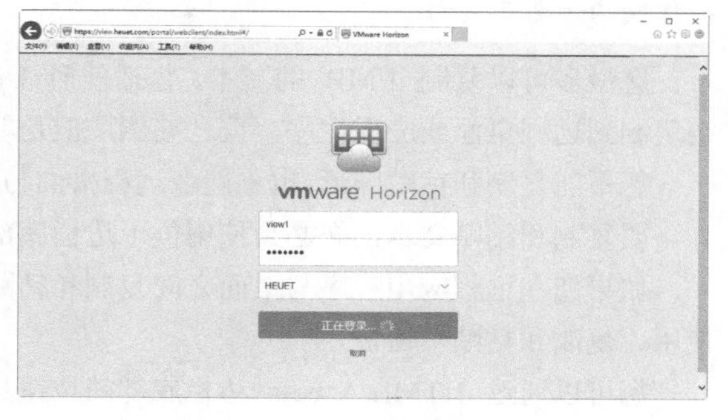

图 7-317　输入用户名及密码

（3）之后出现可用 View 桌面列表，如图 7-318 所示。

（4）单击之后即进入 View 桌面，如图 7-319 所示。

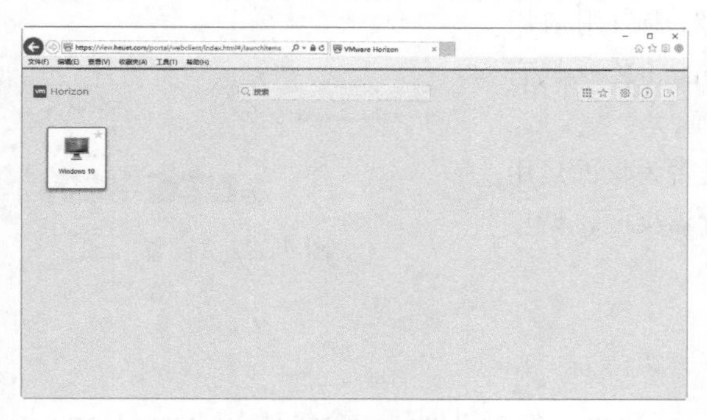

图 7-318　可用 View 桌面列表

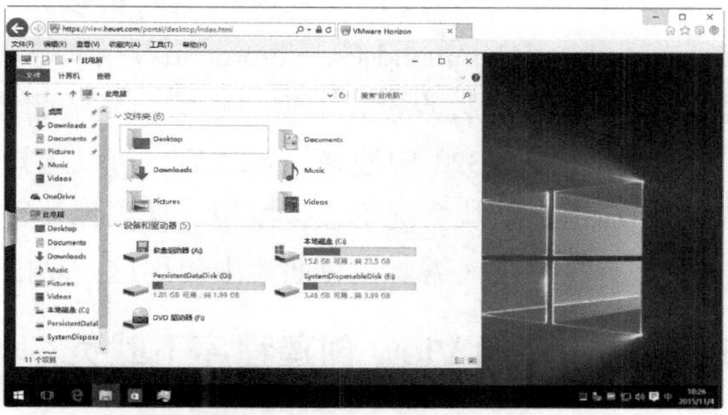

图 7-319　登录到 View 桌面

（5）登录之后，单击“▌”按钮，即可以弹出列表，在该列表中显示可用的 View 桌面及应用程序（后文介绍），当前只有一个 Windows 10 的列表，如图 7-320 所示。

（6）图 7-321 是有多个桌面及应用程序的界面。在该快捷菜单中，有三个命令按钮，分别是“发送 ctrl+alt+del”、打开复制和粘贴对话框、View 设置与注销的选项。

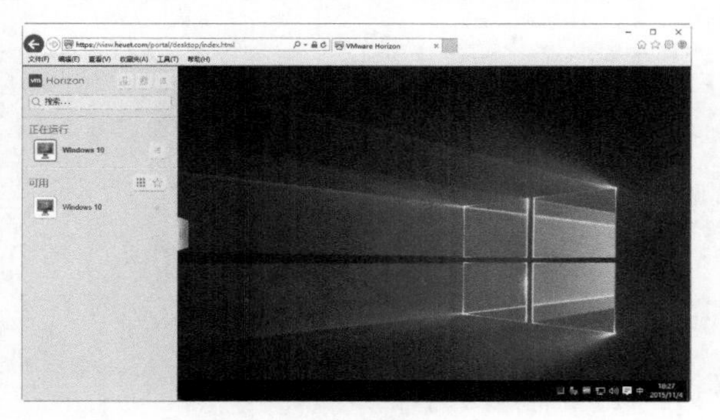

图 7-320　可用列表

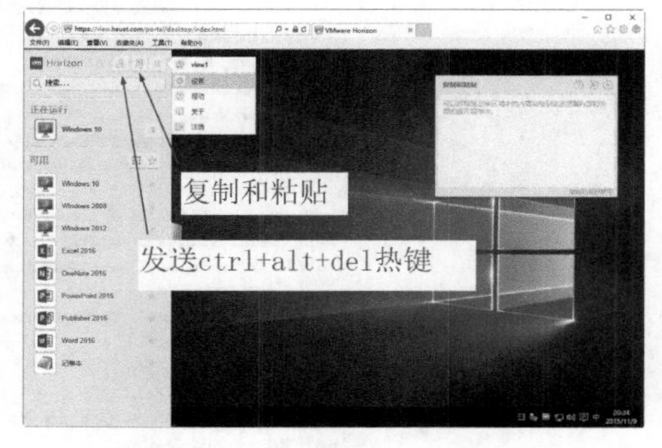

图 7-321　HTML 访问快捷键

【说明】“复制和粘贴”功能：您可以将文本复制到远程桌面和应用程序以及从其中复制文本。View 管理员可以设置此功能，以便只允许从客户端系统向远程桌面（或应用程序）执行复制和粘贴操作，或者只允许从远程桌面（或应用程序）向客户端系统执行复制和粘贴操作，或者允许双向操作或两者都不允许。

您最多可以复制 1 MB 的文本，包括任何 Unicode 非 ASCII 字符。您可以将文本从客户端系统复制到远程桌面或应用程序，反之亦然，但是粘贴后的文本为纯文本。

您不能复制和粘贴图形。也不能在远程桌面与客户端计算机上的文件系统之间复制和粘贴文件。

要复制和粘贴文本，您必须使用位于边栏底部的复制和粘贴按钮。

如果您在远程应用程序与桌面之间复制和粘贴文本，只需以常规方式复制和粘贴即可，而无需使用“复制和粘贴”窗口。

您可以通过 HTML Access 边栏底部的按钮打开“复制和粘贴”窗口，仅在将本地系统上的剪贴板与远程计算机中的剪贴板同步时才需要使用此窗口。

如果您使用 Mac，在使用组合键来选择、复制和粘贴文本时，请确保您启用了将 Command 键映射到 Windows Ctrl 键的设置。单击边栏中的打开设置窗口工具栏按钮，然后启用启用 Command-A、Command-C、Command-V 和 Command-X。（只有当您使用 Mac 时，“设置”窗口中才会显示此选项。）

（7）在图 7-322 中选择设置之后，可以选择是否为桌面启用 Windows 键，默认情况下该键禁用。如果你要重置该桌面，请单击“重置”按钮（需要在桌面池中启用这一功能）。

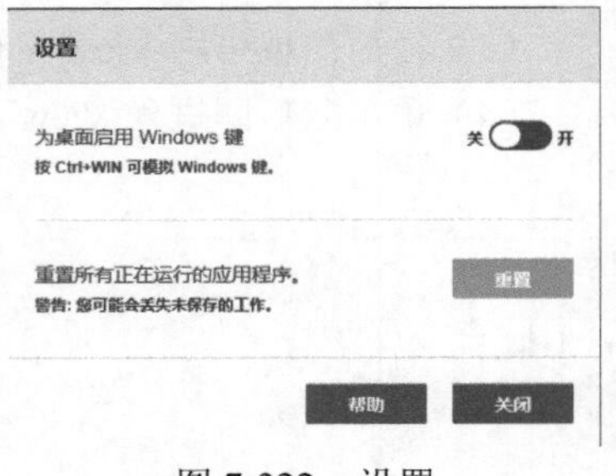

图 7-322　设置

7.9.5　为使用 View 创建程序下载页

如果要在企业网络中推广并配置 VMware Horizon View，你可以创建一个包括 VMware Horizon View 使用说明、View Client 程序的下载页，并发布到内部及 Internet，供企业用户使用。图 7-323 是作者所做的一个简单的 VMware Horizon View Client 下载页（使用 Word 编辑，并另存为 HTML 格式，发布成网站），包括了下载地址及简单的说明，在此供大家参考。

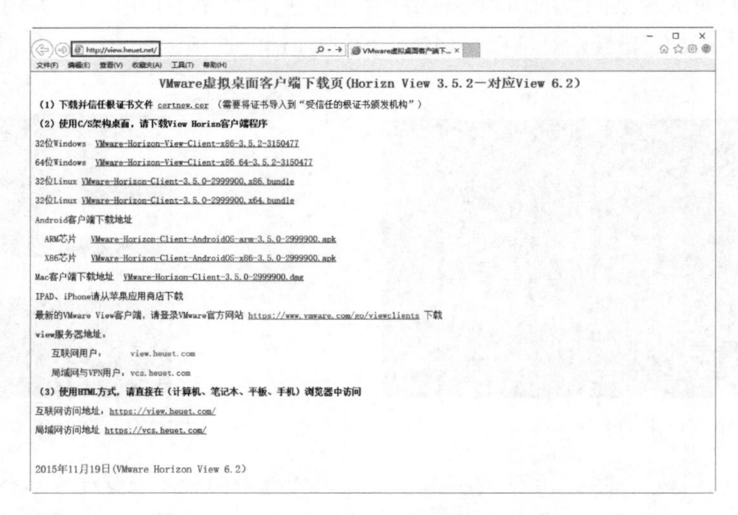

图 7-323　View 使用及下载站点

第 8 章　深入学习 VMware Horizon View

在上一章介绍了基于 Windows 10 操作系统的虚拟桌面和基于 Windows Horizon Client，本章将全面介绍其他 View 桌面，以及其他的 Horizon 客户端，这包括 Linux 虚拟桌面，基于 Windows Server 终端的虚拟桌面及应用程序，还介绍 Linux、Android、Mac 及 IOS 的 Horizon Client 的使用。

8.1　基于 Windows Server 的应用程序池、场和 RDS 主机

在上一章介绍的 VMware Horizon View 桌面，是基于 Windows 工作站来实现的，其主要表现是，每个 View 桌面，在同一时刻只能让一个用户来使用。即 View 桌面与用户需要是 1：1 的关系，如果有 100 个用户同时使用 View 桌面，就需要在 vSphere ESXi 中创建 100 个虚拟机，才能满足需求，这保证了 View 桌面的唯一性，即每个用户在自己的虚拟桌面中的操作，例如关机、重新启动，不影响他人。

8.1.1　概述

VMware Horizon View 6 支持基于 Windows Server“终端服务器”的虚拟桌面及应用程序。简单来说，基于 Windows Server 终端服务器的虚拟桌面，可以作到 1：N，一般情况下每个终端服务器可以同时满足 150 个用户的需求。但由于是多个用户“共享”一个服务器（Windows Server 的虚拟机或物理机），如果这个服务器重新启动或关机，将会影响到其他的用户。你可以将基于 Windows Server 终端服务器的桌面，看成“远程桌面”的一种应用。

终端服务，发布的是整个“桌面”，如果只想运行远程服务器中的一个应用程序呢？Windows Server 2008 及其以后的操作系统支持的 RemoteApp 即解决了这个问题。RemoteApp 是微软在 Windows Server 2008 之后，在其系统中集成的一项服务功能，使用户可以通过远程桌面访问远端的桌面与程序，客户端本机无须安装系统与应用程序的情况下也能正常使用远端发布的各种的桌面与应用。而在 Windows2012 中 RemoteApp 已经成为微软桌面虚拟化架构的重要组成部分之一。

实际上，RemoteApp 是 Windows 终端服务的“改进”，以前的终端服务，默认是发布整个桌面“包括开始菜单、资源管理器等等”，即使用户只需要运行终端服务器上的一个程序，也是发布整个桌面（可以修改设置，只运行一个指定的程序）。而在 Windows Server 2008 中，Microsoft 将终端服

务进行了扩展，该服务提供了更多、更有实际意义的功能。

由于是采用 RDP 协议访问终端服务器并使用终端服务器提供的应用程序，所以，该种方式对工作站的要求比较低：因为所有的程序都运行在服务器端，工作站端只是显示服务器运行的程序的结果，并将用户的键盘、鼠标输入反馈到服务器端执行相应的操作，服务器端将运行结果显示在工作站上。作为终端服务的改进，RemoteApp 可以很好的与用户工作站的本地磁盘、打印机进行交互。在使用 RemoteApp，可以直接访问用户的磁盘并可以使用用户的打印机，而不像以前的终端服务那样，需要在终端服务器与客户端都安装打印驱动程序。

VMware Horizon View 6 对 Windows Server 的终端服务器（会话主机服务）及 RemoteApp 的基础上进行了增强。传统的 Windows Server 的远程会话主机服务及 RemoteApp 只支持 RDP 协议，而 VMware Horizon View 6 还支持 PCoIP 协议及 HTML 方式，如图 8-1 所示，图中的 Windows 2012 及 Windows 2008 及 Office 等应用程序即是采用 Horizon View 6.2 实现应用程序池及 RDS 应用。

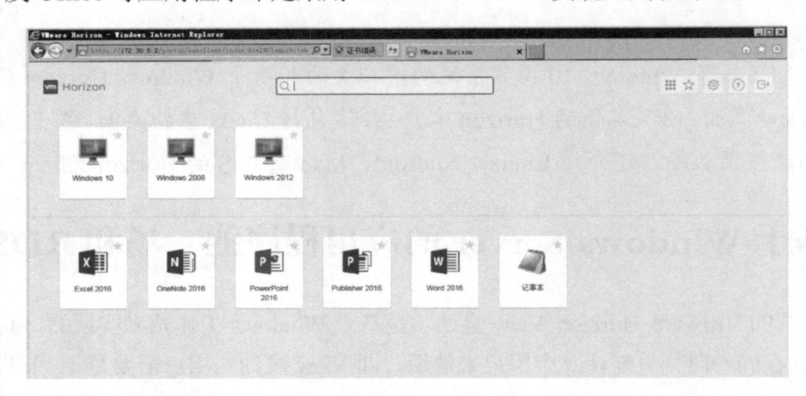

图 8-1　使用 HTML 访问 RDS 及应用程序池

8.1.2　规划 RDS 应用与安装配置远程桌面授权主机

要使用 RDS 桌面池及 RDS 应用程序，需要安装 Windows Server 中的“远程桌面→远程桌面会话主机”，而该应用使用的是 Windows Server 的“终端服务”，而终端服务需要授权及许可，所以，为了对 RDS 桌面及应用程序授权，需要安装“远程桌面授权”服务。在有多个 RDS 应用时，需要在网络中安装一台“远程桌面授权”服务器，集中为网络中的多个 RDS 会话主机提供许可。在我们的示例中，远程桌面授权安装在 Active Directory 服务器中，它可以为网络中的 Windows Server 2003、Windows Server 2008、Windows Server 2008 R2、Windows Server 2012、Windows Server 2012 R2 提供授权服务，该网络拓扑如图 8-2 所示。

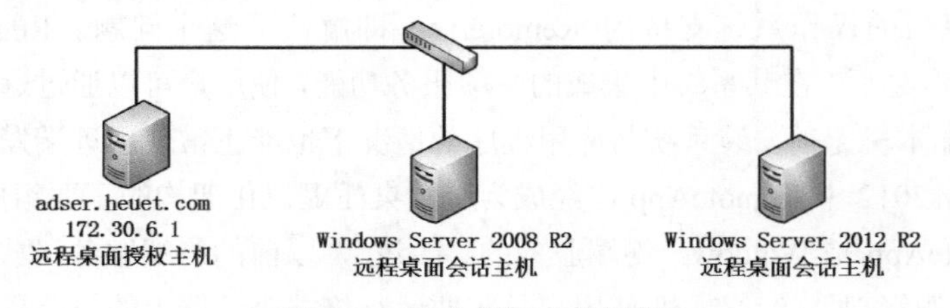

图 8-2　RDS 授权主机网络

在我们这个示例中，仍然沿用上一章的实验环境，将在名为 adser.heuet.com、IP 地址为 172.30.6.1

的虚拟机中，安装“远程桌面授权”，并分别添加 Windows 2003 Server、Windows Server 2008、Windows Server 2012 的许可，主要步骤如下。

（1）登录 172.30.6.1 的虚拟机（以 vSphere Client 控制台或远程桌面方式），在“服务器管理器”中添加应用程序，在“选择安装类型”，选择“基于角色或基于功能的安装”，如图 8-3 所示。

（2）在“选择目标服务器”对话框，从列表中选择要安装远程桌面授权的主机，如图 8-4 所示。

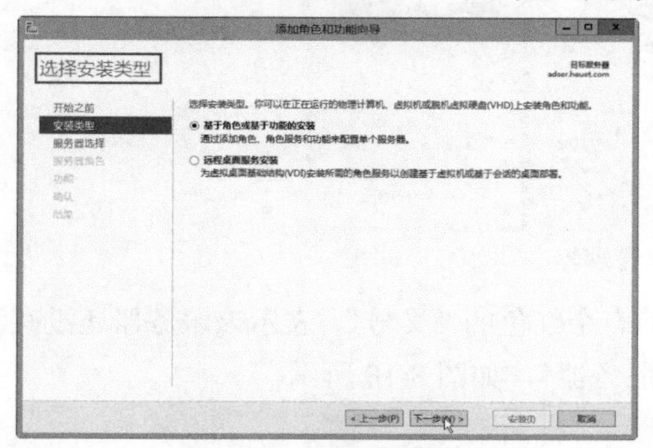

图 8-3　选择安装类型

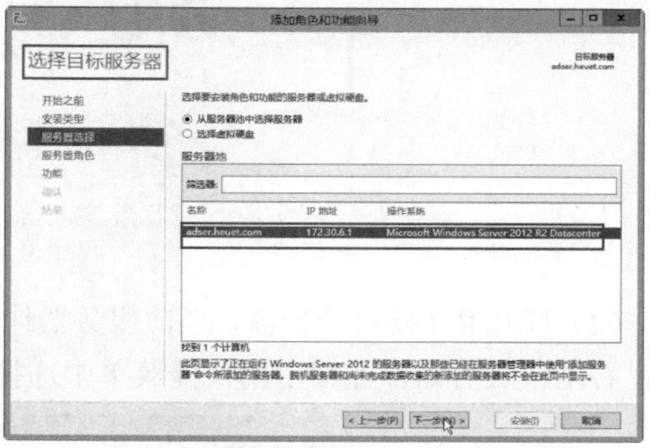

图 8-4　选择目标服务器

（3）在“选择服务器角色”对话框，选择“远程桌面服务”，如图 8-5 所示。

（4）在“选择功能”对话框，直接单击“下一步”按钮，如图 8-6 所示。

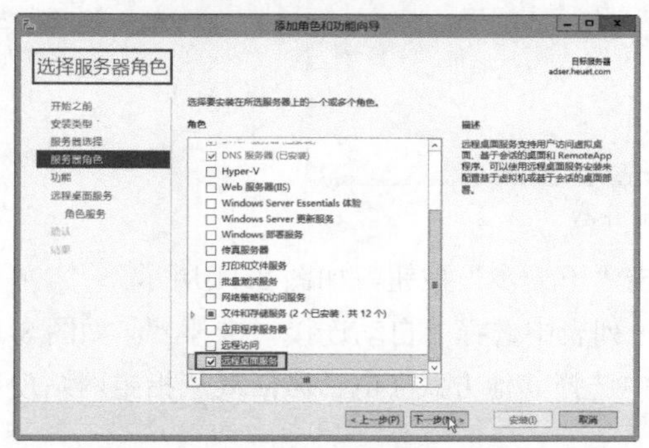

图 8-5　选择角色

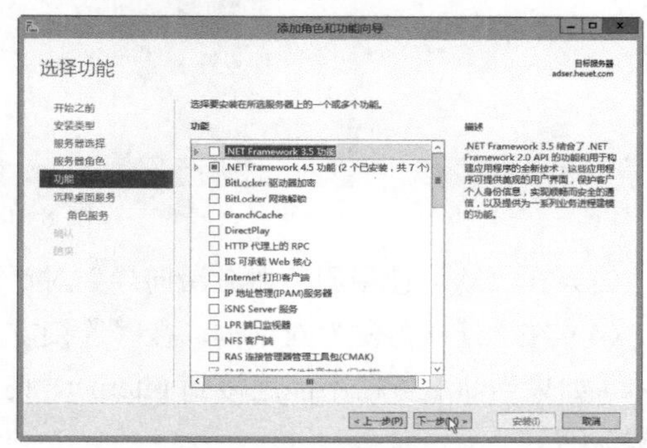

图 8-6　选择功能

（5）在“选择角色服务”，选中“远程桌面授权”，如图 8-7 所示。

（6）之后开始安装，直到安装完成，如图 8-8 所示。

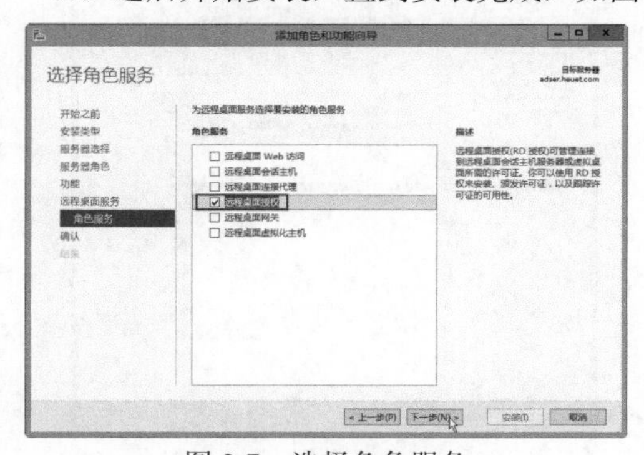

图 8-7　选择角色服务

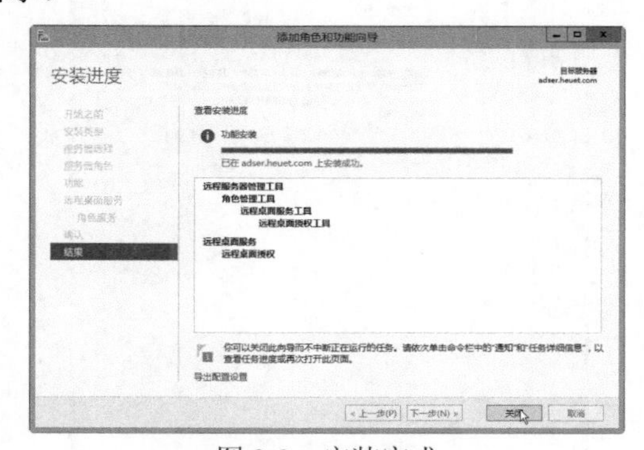

图 8-8　安装完成

在安装 RDS 远程桌面授权之后，需要激活服务器并添加许可，步骤如下。

（1）在“服务器管理器”中，左侧单击“所有服务器”，在中间“服务器”列表中右击 ADSER，在弹出的快捷菜单中选择“RD 授权管理器”，如图 8-9 所示。

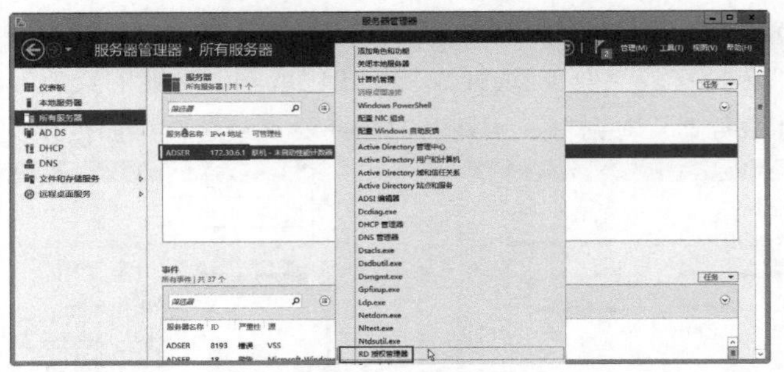

图 8-9　RD 授权管理器

（2）打开 RD 授权管理器，当前服务器计算机名前有个红色的“叉号”，表示该服务器还没有激活。右击该服务器，在弹出的快捷菜单中选择“激活服务器”，如图 8-10 所示。

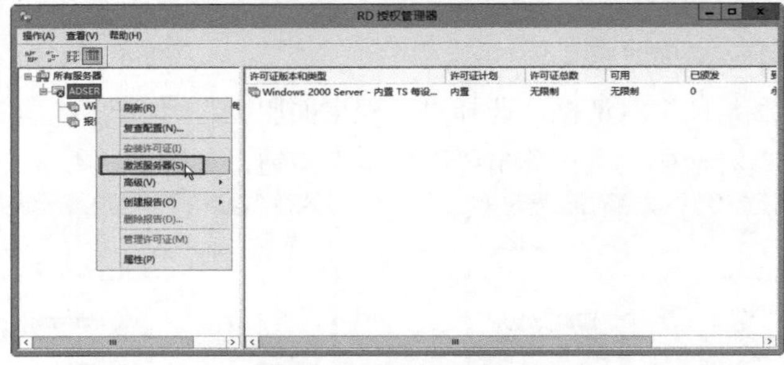

图 8-10　激活服务器

（3）在“欢迎使用服务器激活向导”对话框，单击“下一步”按钮，如图 8-11 所示。

（4）在“连接方法”对话框，在“连接方法”下拉列表中选择“自动连接（推荐）”，如图 8-12 所示。如果当前服务器不能连接到 Internet，请在列表中选择其他方式（电话激活或从指定网站使用代码激活）

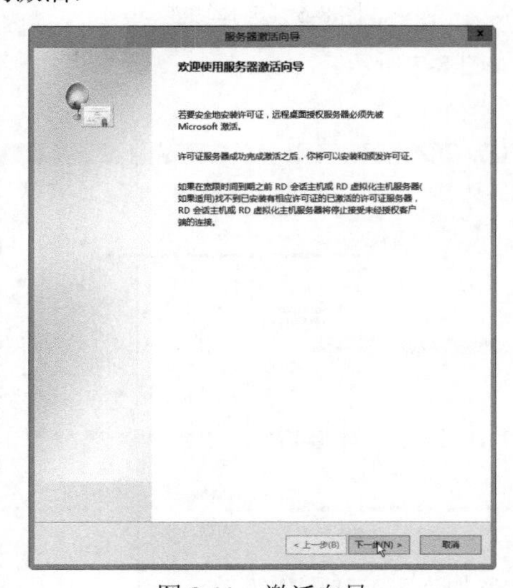

图 8-11　激活向导

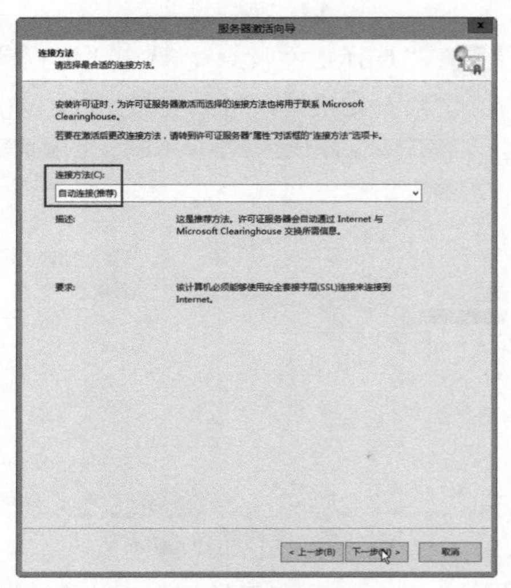

图 8-12　连接方法

（5）在“公司信息”对话框中，提供所需的公司信息，如图 8-13、图 8-14 所示。

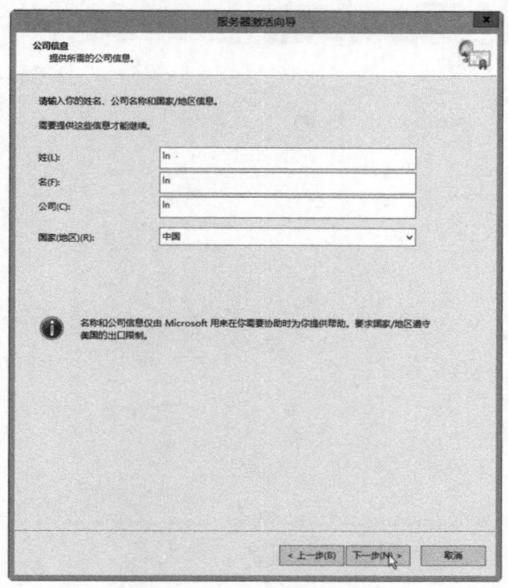

图 8-13　公司信息

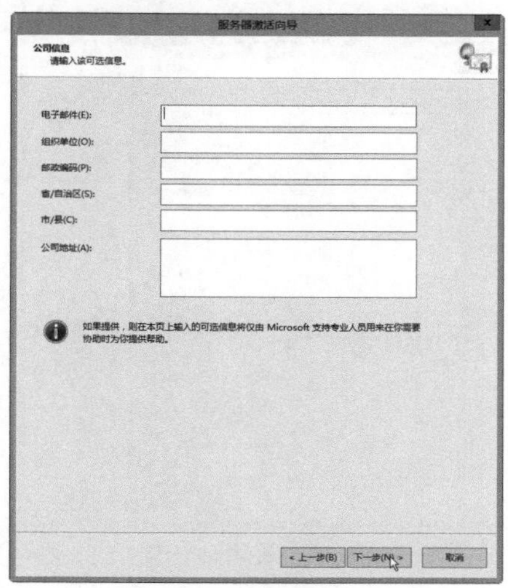

图 8-14　公司信息

（6）之后激活向导会联系 Microsoft 激活服务器，并激活当前的终端服务，如图 8-15 所示。激活之后，默认选择“立即启动许可证安装向导”，安装终端服务器许可证。

（7）在“欢迎使用许可证安装向导”对话框，单击“下一步”按钮，如图 8-16 所示。

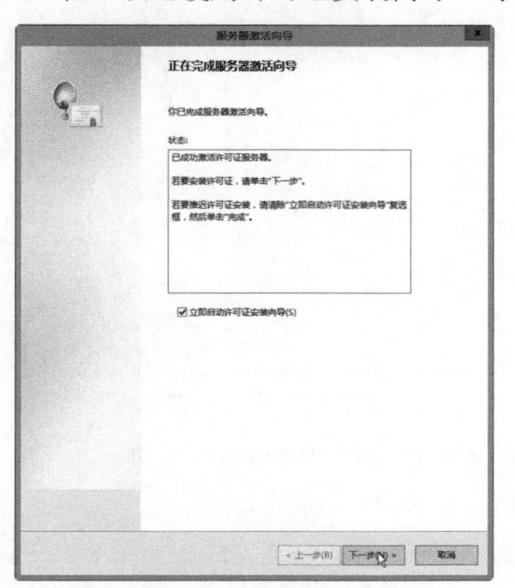

图 8-15　终端服务器激活

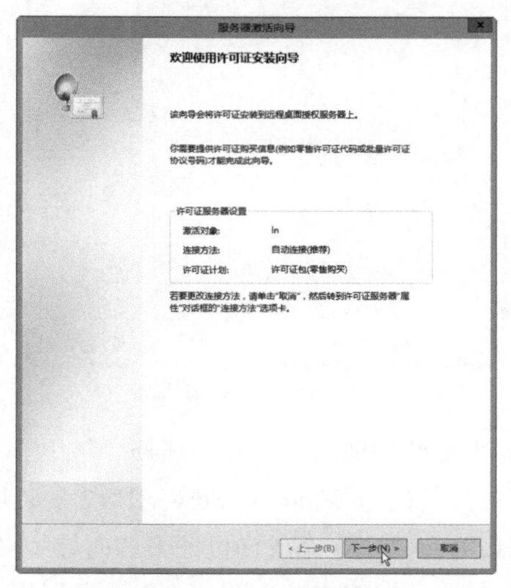

图 8-16　许可证安装向导

（8）在“许可证计划”对话框，选择适当的许可证计划，在“许可证计划”中选择“其他协议”，如图 8-17 所示。

（9）在“许可证计划”对话框，输入协议号码，如图 8-18 所示。

（10）在“产品版本和许可证类型”对话框，选择产品版本和许可证类型。其中“产品版本”可供选择的是 Windows 2000 Server、Windows Server 2003、Windows Server 2008 或 Windows Server 2008 R2、Windows Server 2012，如图 8-17 所示。而许可证类型主要有“RDS 每设备 CAL、RDS 每用户 CAL、VDI 套件每设备订购许可证”，如图 8-18 所示。

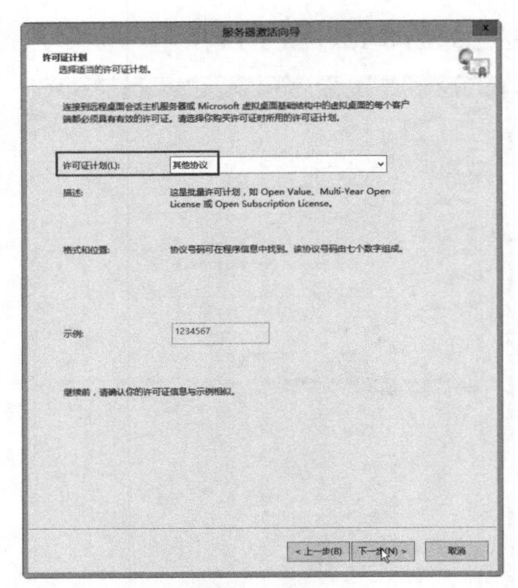

图 8-15　许可证计划

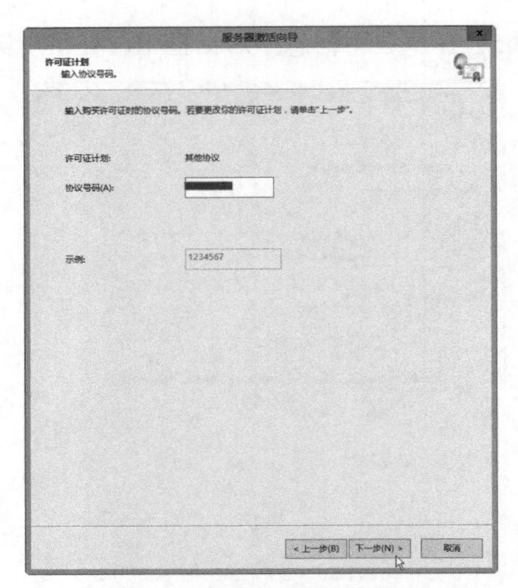

图 8-16　输入协议号码

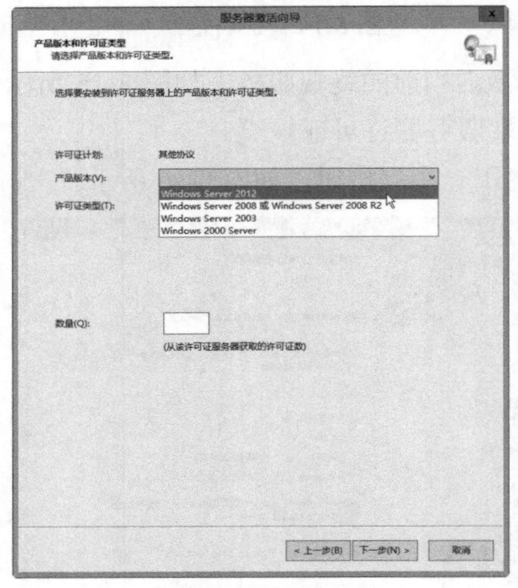

图 8-17　产品版本

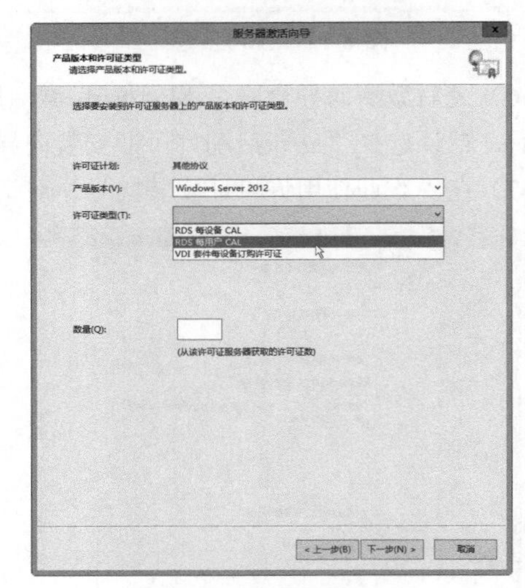

图 8-18　许可证类型

在大多数的情况下，我们选择“每用户”许可即可。不建议选择“每设备”许可。

（11）首先为 Windows Server 2012 安装 100 个“每用户”许可，如图 8-19 所示。

（12）在“正在完成许可证安装向导”，单击“完成”，当前许可证安装完成，如图 8-20 所示。

如果当前网络中还有其他 RD 服务器需要授权，请在 RD 授权管理器中，申请用于其他产品版本的许可，例如，你可以为 Windows Server 2008 R2 申请许可，主要步骤如下。

（1）在“RD 授权管理器”中，右击服务器名称在弹出的快捷菜单中选择“安装许可证”，如图 8-21 所示。

（2）之后进入安装许可证向导，这些与图 8-16～图 8-20 相同，在“产品版本和许可证类型”中选择“Windows Server 2008 或 Windows Server 2008 R2”，在“许可证类型”选择“TS 或 RDS 每用户 CAL”，数量选择 100，如图 8-22 所示。

（3）当然，你也可以申请其他的许可，例如，图 8-23 是申请“每设备”许可的截图。

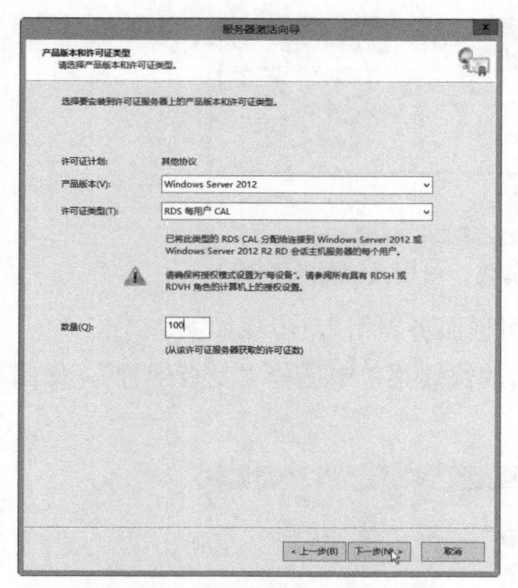

图 8-19　申请 Windows 2012 许可证

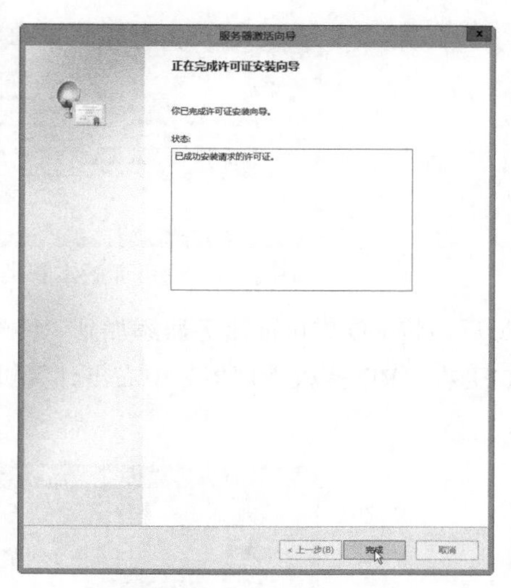

图 8-20　成功安装许可证

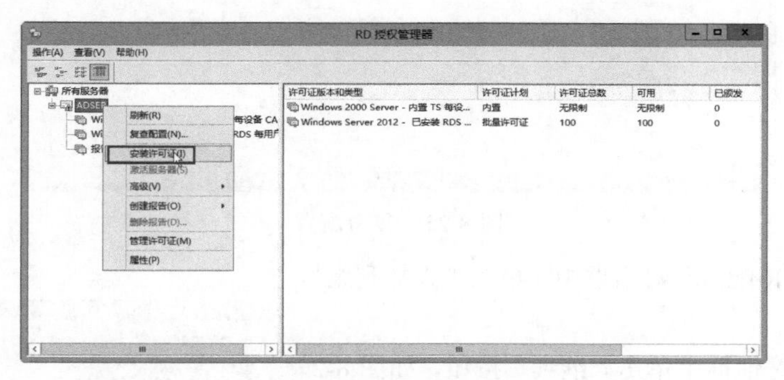

图 8-21　安装许可证

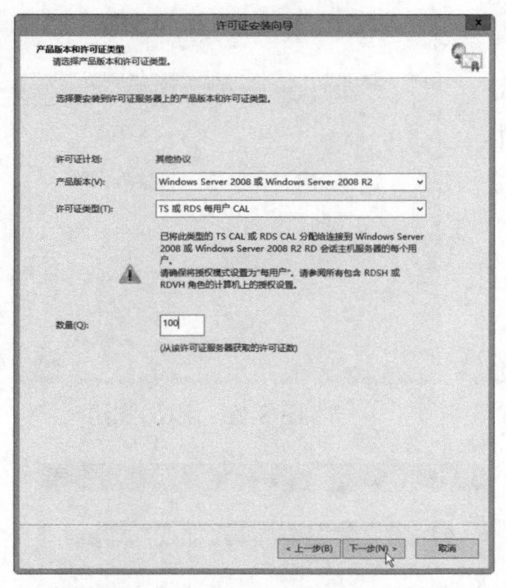

图 8-22　Windows 2008 申请许可

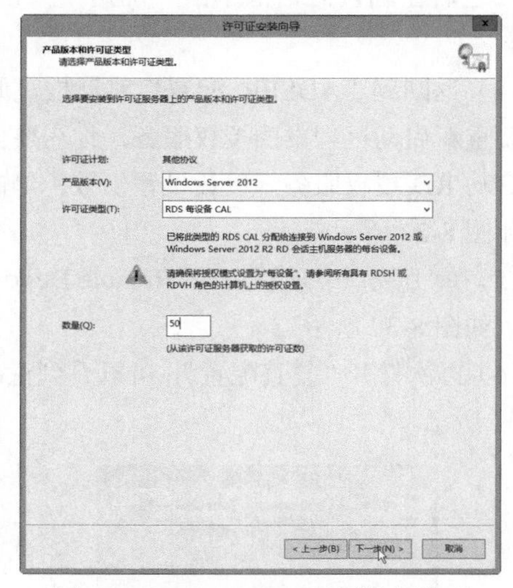

图 8-23　Windows 2012 每设备许可

安装许可证之后，返回到“RD 授权管理器”，可以查看安装的许可证版本和类型，如图 8-24 所示。在颁发许可证之后，在“已颁发”列表中会有显示，当前还没有为用户颁发。

图 8-24　许可证版本和类型、许可证总数、可用及已颁发列表

最后，将 RD 许可证服务器添加到“终端服务器许可证服务器组”，步骤如下。

（1）在“RD 授权管理器”中右击计算机名，在弹出的快捷菜单中选择“复查配置”，如图 8-25 所示。

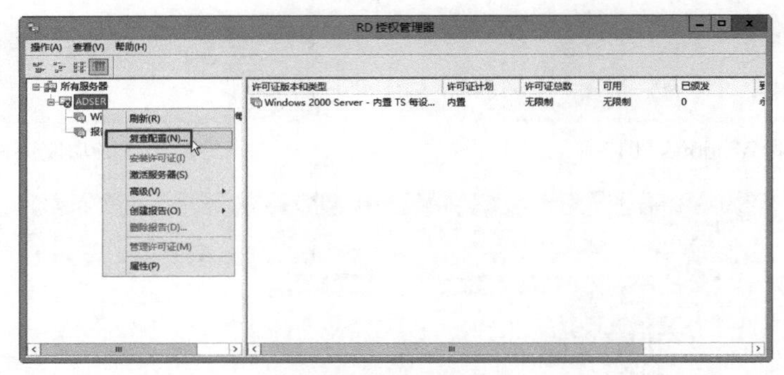

图 8-25　复查配置

（2）在“ADSER 配置”对话框中，单击“添加到组”，如图 8-26 所示。

（3）在弹出的对话框中单击“继续”按钮，如图 8-27 所示，之后在确认对话框单击“确定”按钮，如图 8-28 所示。

（4）返回到“ADSER 配置”对话框，此时系统会提示需要重新启动远程桌面授权服务，你需要去“服务”中重新启动 RD 授权服务，以让设置生效。单击“确定”按钮，如图 8-29 所示。

（5）在“服务”中重新启动“Remote Desktop Licensing”服务，如图 8-30 所示。

（6）再次打开“复查配置”，可以看到正确的提示，如图 8-31 所示。

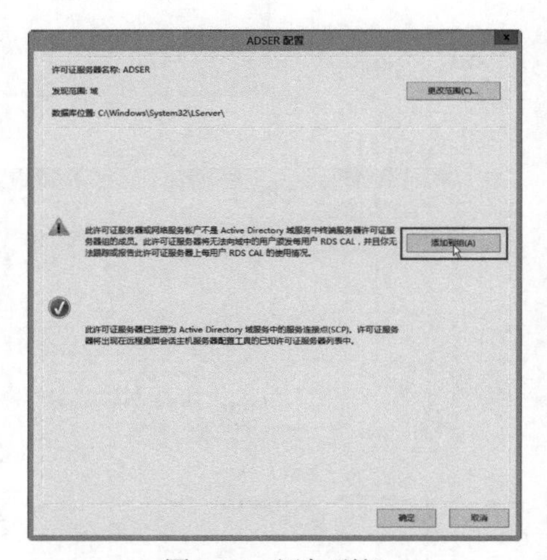

图 8-26　添加到组

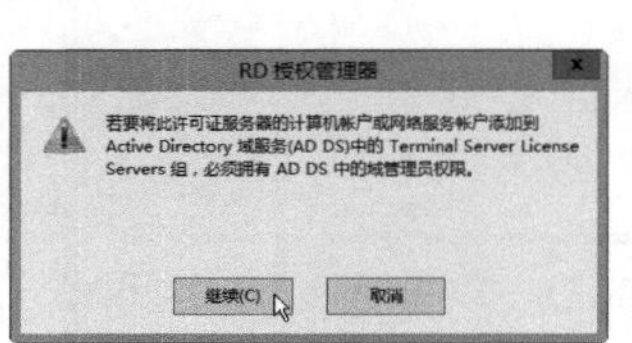

图 8-27　继续

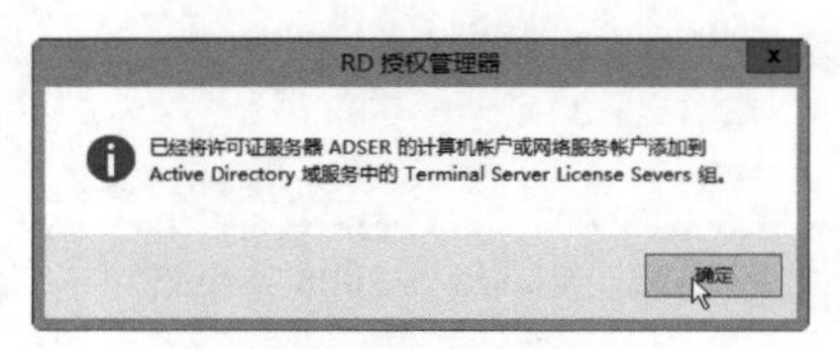

图 8-28　确定

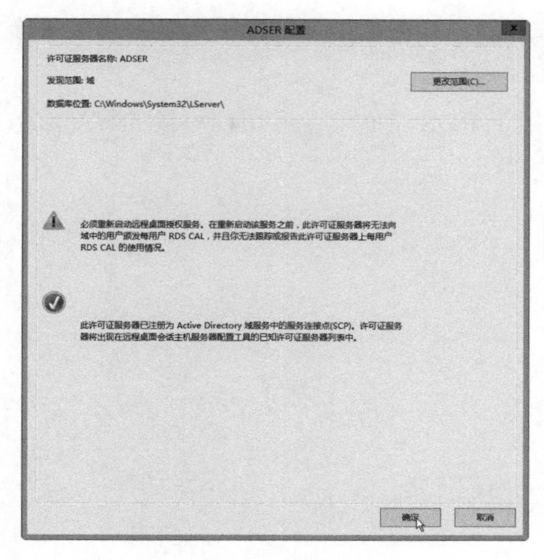

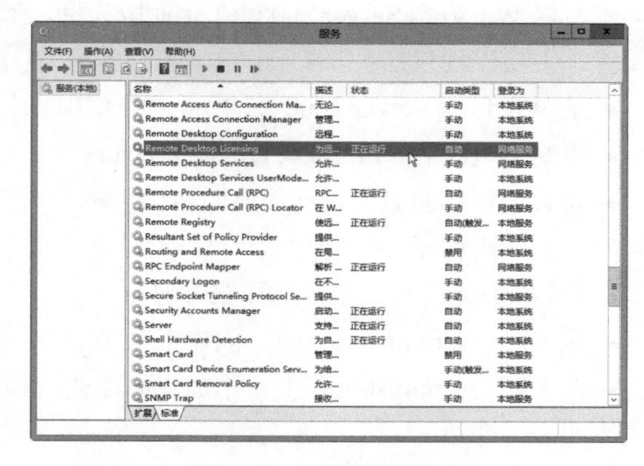

图 8-29　设置完成　　　　图 8-30　重新授权服务

最后，你需要在“Active Directory 用户和计算机”中，为后文将发创建、添加的 RDS 主机配置一个 OU（参照上一章中的配置，在 VMware-View 组织单位中，创建名为 View-RDS 的组织单位，并为其创建名为 View-RDS-GPO 的组策略，在“计算机配置→策略→Windows 设置→安全设置→受限制的组”中，添加“Remote Desktop Users”组，并将 Domain Users 添加到其成员列表中，如图 8-32 所示。

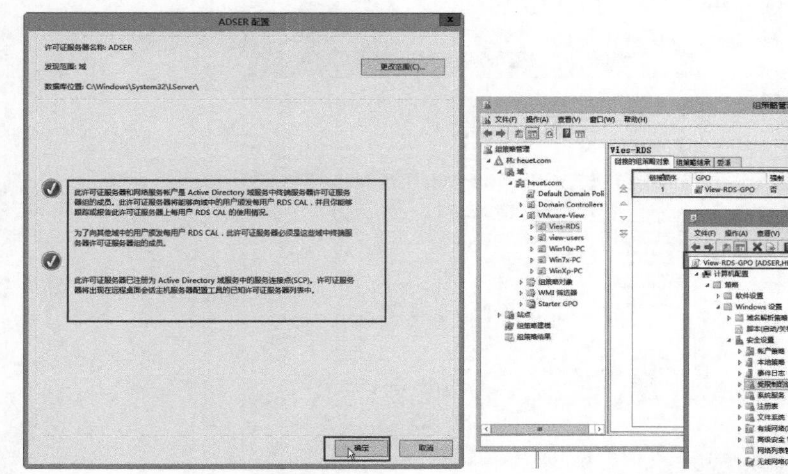

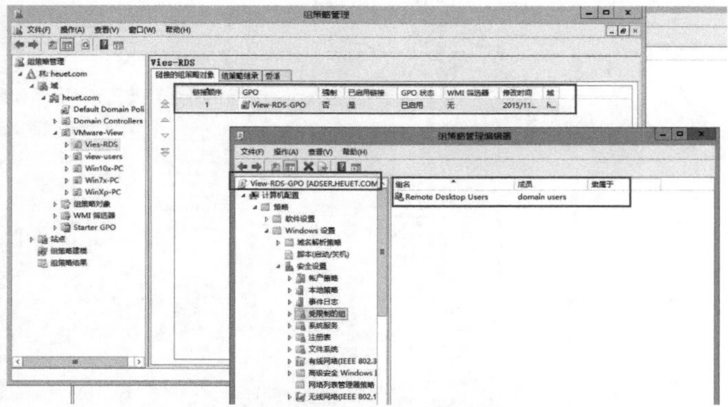

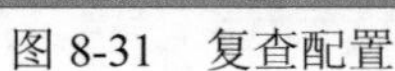
图 8-31　复查配置　　　　图 8-32　为 RDS 主机创建 OU 及配置组策略

8.1.3　准备 Windows Server 2008 R2 用于手动场及应用程序池

要发布应用程序池及 RDS 桌面池，必须先创建 RDS 场，只有在创建 RDS 场并向 RDS 场中添加 RDS 会话主机之后，才能将添加到 RDS 场中的、安装到 RDS 主机中的应用程序发布到应用程序池，或者将 RDS 会话主机发布为“RDS 桌面池”。

在创建 RDS 场时，有两种方式，一种是“自动场”，即以一个安装了 View Agent（View 代理）的 Windows Server 2008（R2）或 Windows Server 2012（R2）并创建了快照的虚拟机为模板，克隆出多个主机作为 RDS 场中的会话主机。另一种是“手动场”，即根据需要向池中添加一个或多个安装了 View Agent 的 Windows Server 会话主机。

本节以 Windows Server 2008 R2 企业版为例，介绍用于 RDS 桌面池及应用程序场的终端服务器的配置，主要流程包括：

- 从 Windows Server 2008 R2 模板部署虚拟机
- 将虚拟机改名，加入以 Active Directory
- 安装远程桌面服务→远程桌面会话主机
- 安装应用程序
- 安装 View 代理，指定连接服务器
- 在 View Administrator 中，创建手动场
- 在 View Administrator 中，添加桌面池或（和）应用程序池

下面一一介绍。

1．安装远程桌面会话主机

首先要从模板部署一个 Windows Server 2008 R2 的虚拟机，之后将虚拟机加入到域、安装远程桌面服务，主要步骤如下。

（1）使用 vSphere Client 或 vSphere Web Client，从现有 Windows Server 2008 R2 模板部署一个虚拟机，如图 8-33 所示。

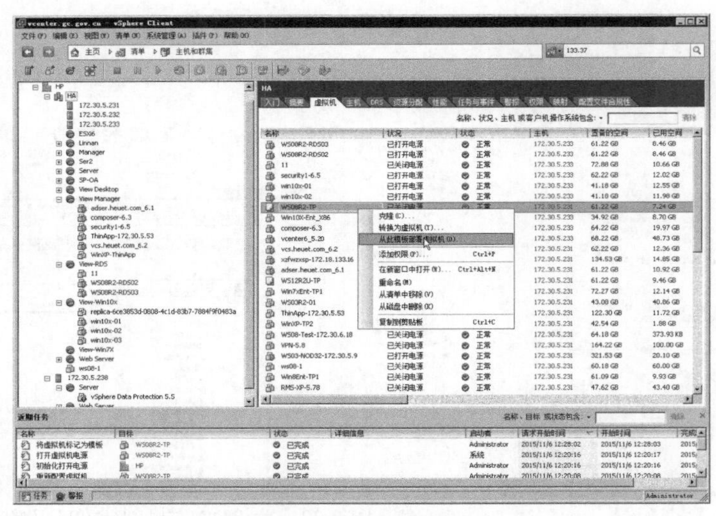

图 8-33　从模板部署虚拟机

（2）为虚拟机分配 2GB 内存、2 个 CPU，如图 8-34 所示。

（3）在部署完成之后，打开虚拟机的控制台，将虚拟机改名并加入到 Active Directory，如图 8-35 所示。

（4）打开“服务器管理器”，右击“角色”，选择“添加角色”，如图 8-36 所示。

（5）在“选择服务器角色”对话框，选择“远程桌面服务”，如图 8-37 所示。

（6）在“选择角色服务”对话框，选择“远程桌面会话主机”，如图 8-38 所示。

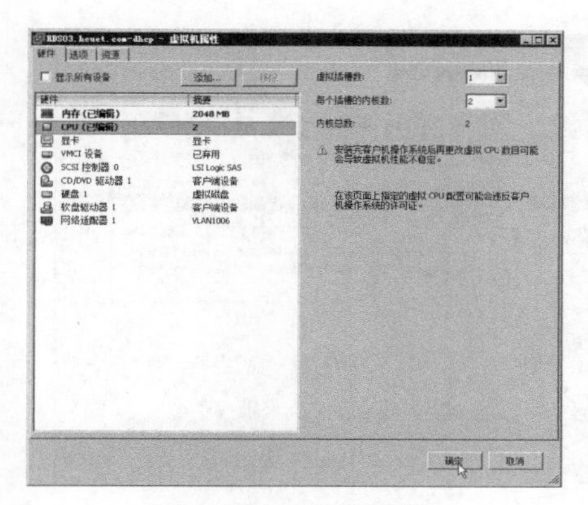

图 8-34　虚拟机配置

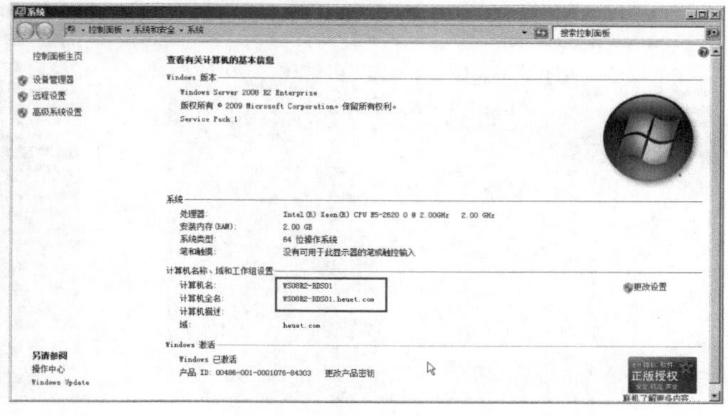

图 8-35　将计算机加入到域

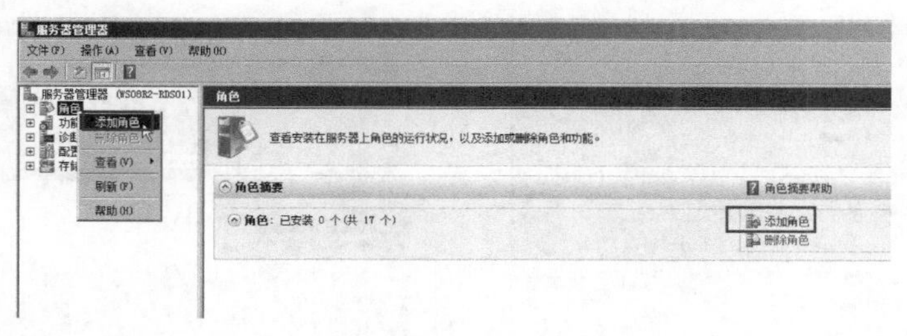

图 8-36　添加角色

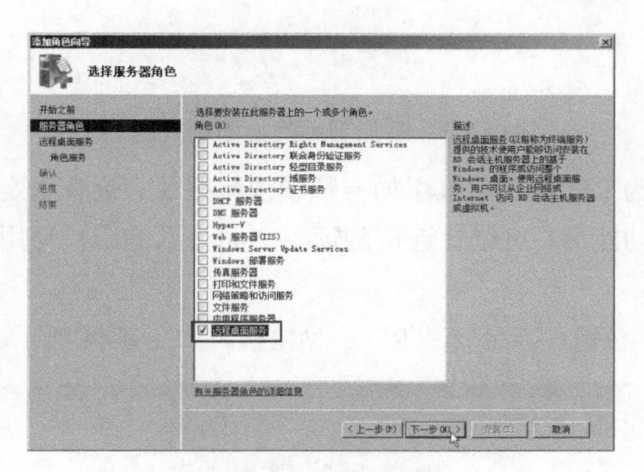

图 8-37　远程桌面服务

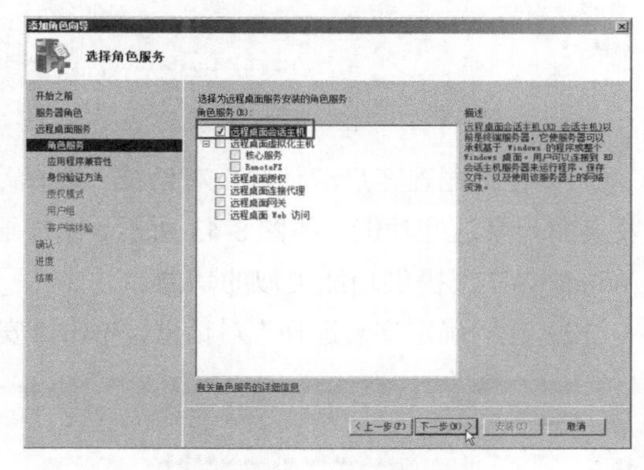

图 8-38　远程桌面会话主机

（7）在“卸载并重新安装兼容的应用程序”对话框，提示，如果在已经安装了应用程序的计算机上安装远程桌面会话主机，某些应用程序可能无法在多用户环境下工作，你需要卸载并重新安装这些受影响的应用程序，如图 8-39 所示。

（8）在“指定远程桌面会话主机的身份验证方法”，选择“不需要使用网络级身份验证”，如图 8-40 所示。

（9）在“指定授权模式”对话框，选择“每用户”，如图 8-41 所示。在我们上一节中，安装的 RDS 授权主机，申请的许可证也是“每用户”许可证。

（10）在“选择允许访问此 RD 会话主机服务器的用户组”，单击“添加”按钮，添加 Domain Users，允许域中每个用户访问。如果在实际的生产环境中，你需要根据需要，添加用户名用户组，如图 8-42 所示。

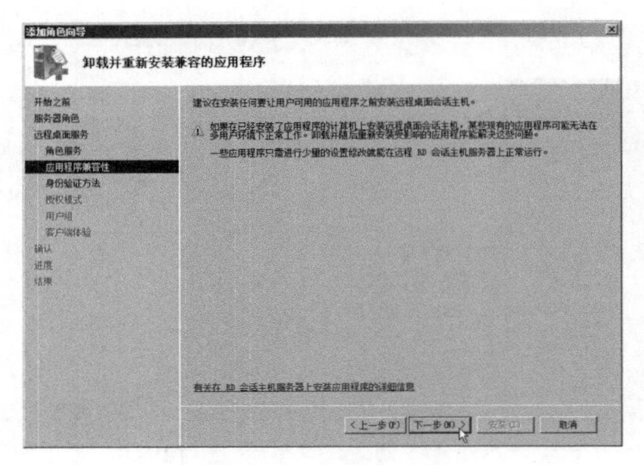

图 8-39　应用程序提示

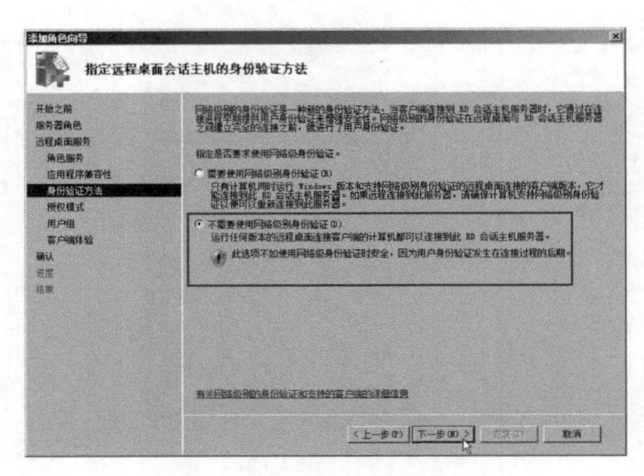

图 8-40　身份验证方法

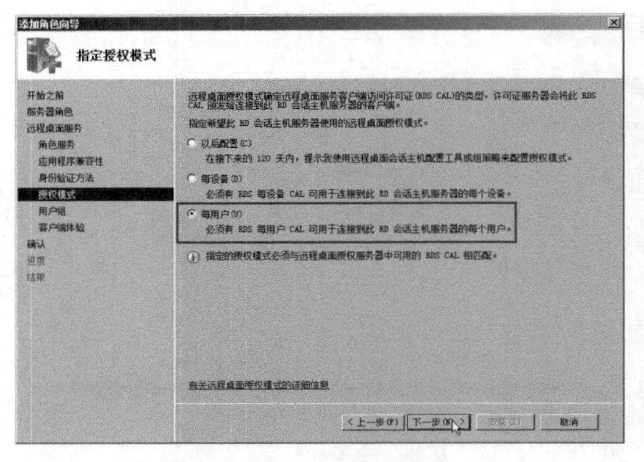

图 8-41　指定授权模式

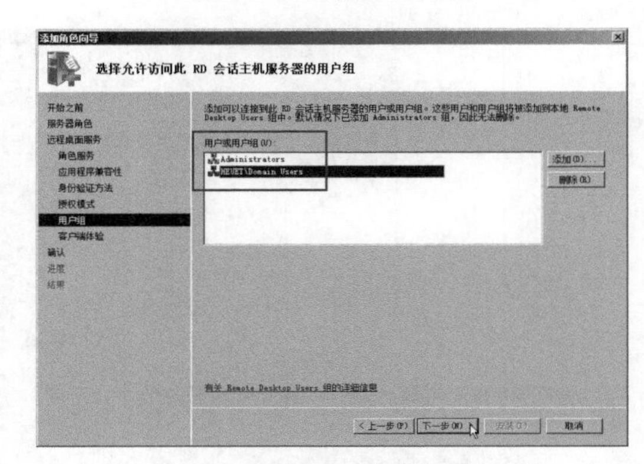

图 8-42　添加到远程桌面用户组

（11）在“配置客户端体验”对话框，选择是否为 RD 会话主机添加音频和视频播放、录音重定向及桌面元素这些功能，如图 8-43 所示。添加这些功能后，可以让连接到远程桌面会话的用户使用与 Windows 7 所提供功能类似的功能。

（12）在“确定安装选择”对话框，单击“安装”按钮，准备安装 RD 会话主机，如图 8-44 所示。

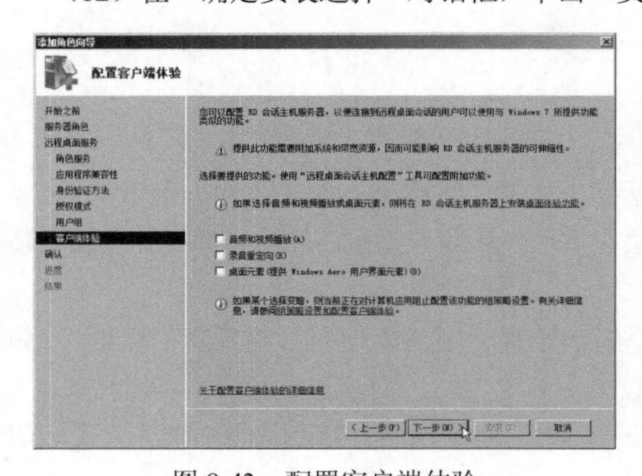

图 8-43　配置客户端体验

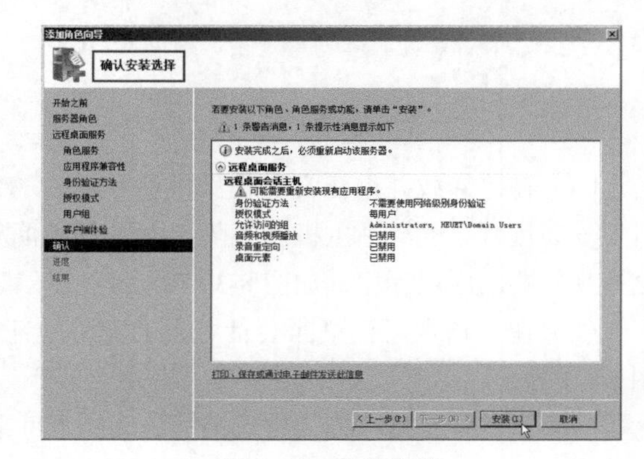

图 8-44　确定安装

（13）安装完成之后，根据提示，重新启动虚拟机，如图 8-45 所示。

（14）再次进入 Windows Server 2008 R2 之后，在“安装结果”中显示，安装成功，单击“关闭”按钮，完成 RD 会话主机的安装。如图 8-46 所示。

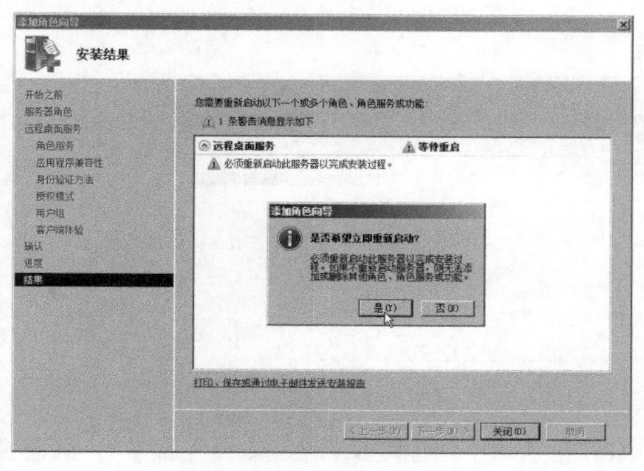

图 8-45　重新启动

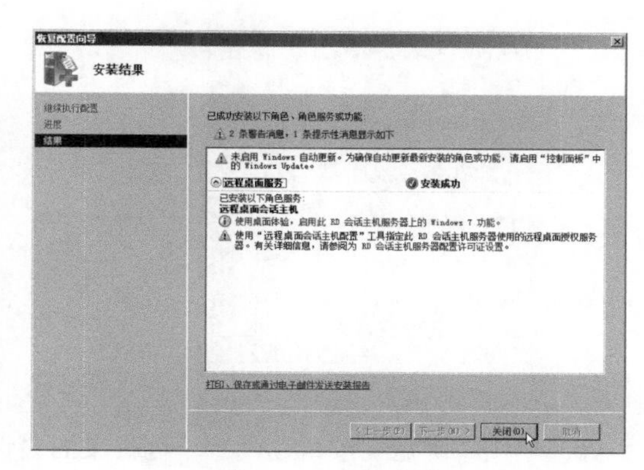

图 8-46　安装完成

2. 为 RD 会话主机指定授权服务器

在安装远程桌面会话主机服务之后，在进入系统之后，在右下角会有“未指定远程桌面授权服务器”的提示，如图 8-47 所示。

图 8-47　示指定远程桌面授权服务器

管理员需要在 120 天之内，指定授权服务器，否则到期之后远程桌面服务将停止工作。为 RD 会话主机指定授权服务器的步骤如下。

（1）在“管理工具→远程桌面服务”中选择“远程桌面会话主机配置”，如图 8-48 所示。

（2）打开“远程桌面会话主机配置”对话框之后，在“授权”中双击远程桌面授权服务器，如图 8-49 所示，可以看到，当前的配置是“未指定”。

图 8-48　远程桌面会话主机配置

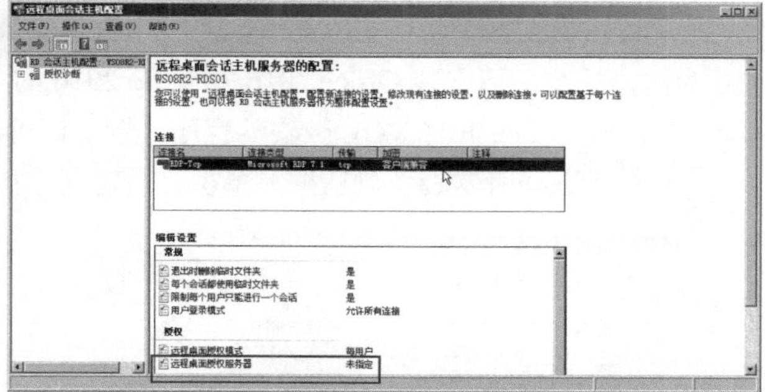

图 8-49　远程桌面会话主机服务器配置

（3）在“属性”对话框中，单击“授权”选项卡，单击选中“每用户”，然后单击“添加”按钮，如图 8-50 所示。

（4）在“添加许可证服务器”对话框中，在“已知许可证服务器”列表中，选中 RD 授权服务器，单击“添加”按钮，将其添加到“指定的许可一股脑服务器”列表中，然后单击“确定”按钮，如图 8-50 所示。如果在“已知许可证服务器”列表中没有列出，请在“许可一股脑服务器名称或 IP 地址”文本框中，手动输入 RD 授权许可证服务器的 IP 地址，然后单击“添加”按钮。

（5）添加之后返回到“属性”对话框，在“指定的许可证服务器”列表中已经添加，如图 8-52 所示。

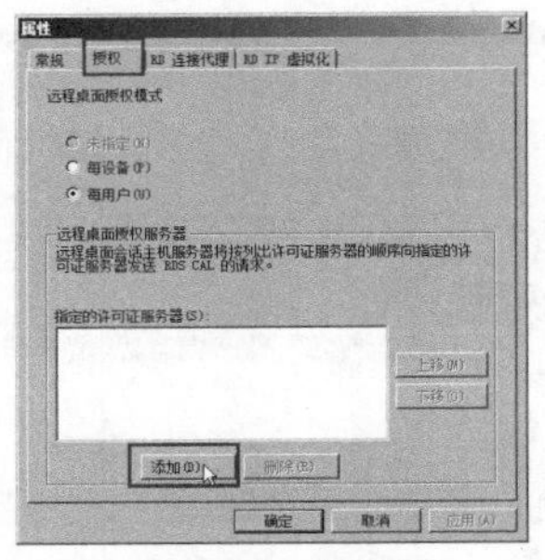

图 8-50　授权

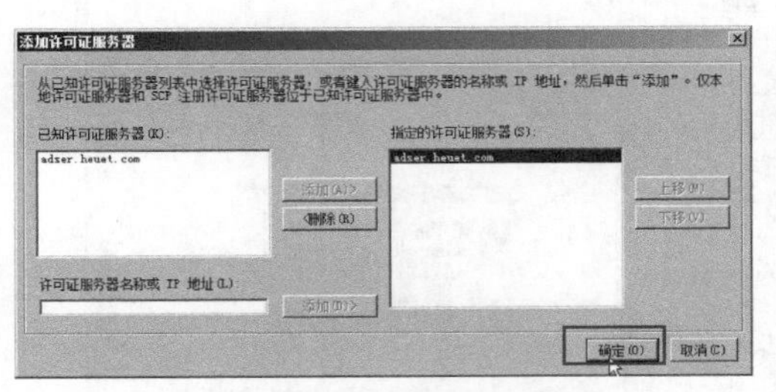

图 8-51　添加许可证服务器

（6）单击“确定”按钮返回到“远程桌面会话主机配置”，在“远程桌面授权服务器”中状态为“已指定”，如图 8-53 所示。

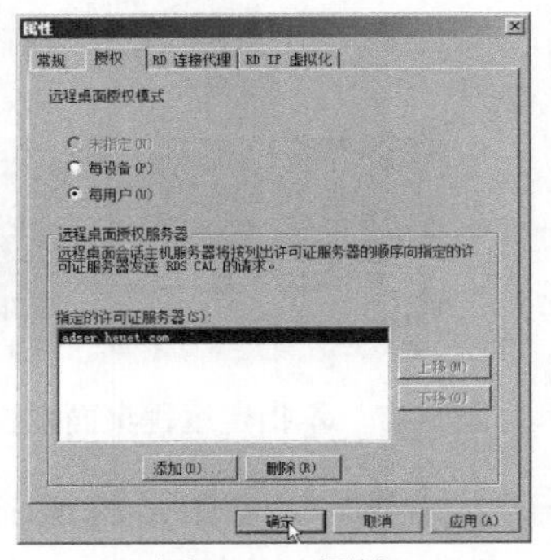

图 8-52　属性

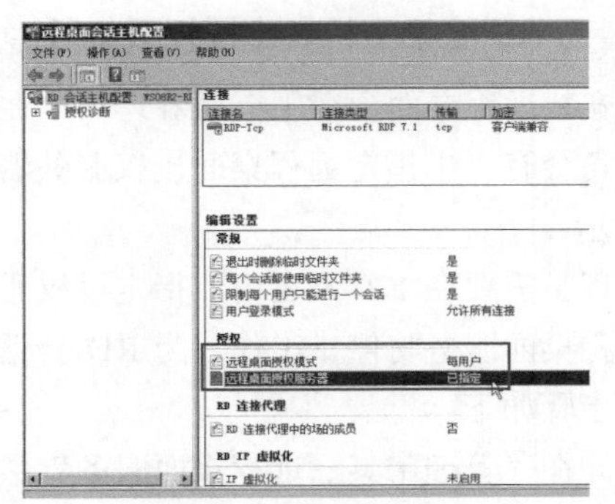

图 8-53　配置完成

3．在 RD 会话主机上安装应用程序

在安装并配置 RD 会话主机之后，在该主机上安装应用程序，本节以安装 Office 2016 及 Visio 2016 为例，注意，请安装 Office 2016 及 Visio 2016 的 VOL 版本，不要安装零售版本。

（1）运行 Office 2016 VOL 版安装程序，接受许可协议，如图 8-54 所示。

（2）在“选择所安装”对话框，单击“自定义”按钮，如图 8-55 所示。

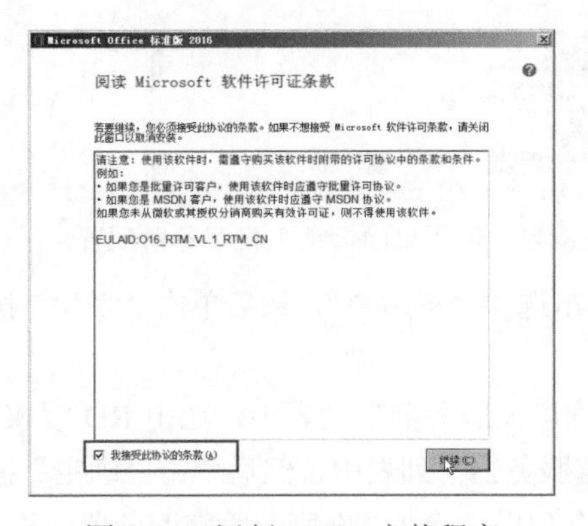

图 8-54　运行 Office 安装程序

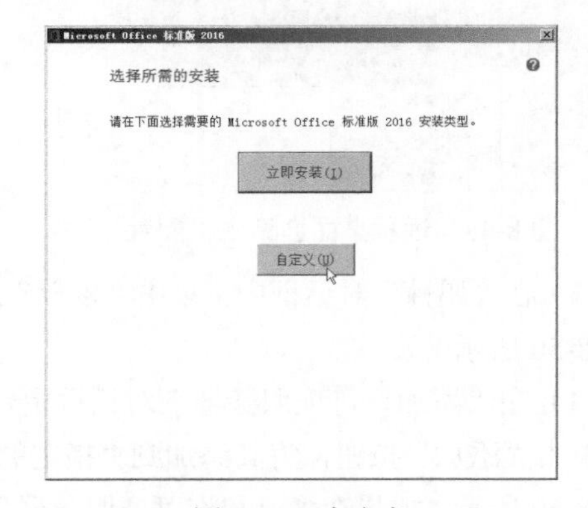

图 8-55　自定义

（3）在“安装选项”中，根据需要选择要安装的程序，一般情况不安装 Outlook 及 OnDrive 组件，其他根据需要选择，如图 8-56 所示。之后开始安装。

（4）安装完成之后，单击“关闭”按钮，如图 8-57 所示。

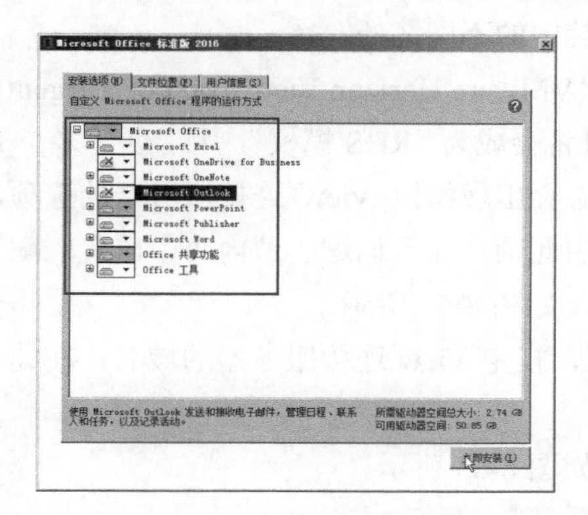

图 8-56　安装选项

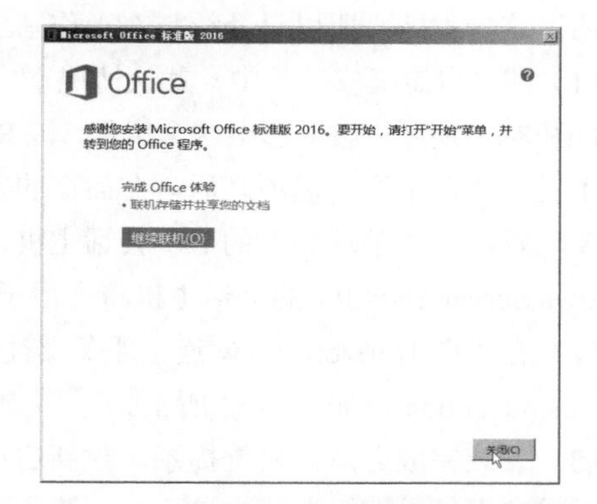

图 8-57　安装完成

（6）之后安装 Microsoft Visio 2016，如图 8-58 所示。

（7）同样根据需要选择要安装的组件，安装完成之后，单击“关闭”按钮，如图 8-59 所示。

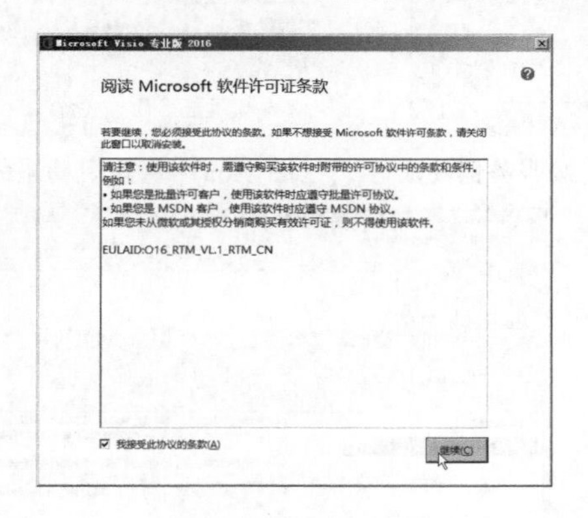

图 8-58　安装 Visio

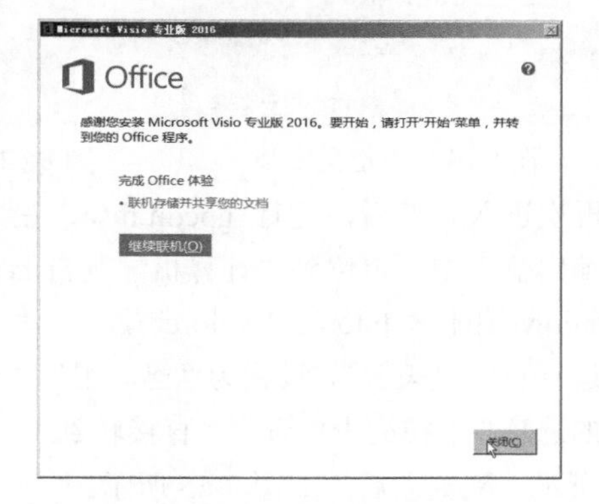

图 8-59　安装完成

安装完成之后，使用 KMS Server 激活 Office 2016 及 Visio 2016，如图 8-60 所示。

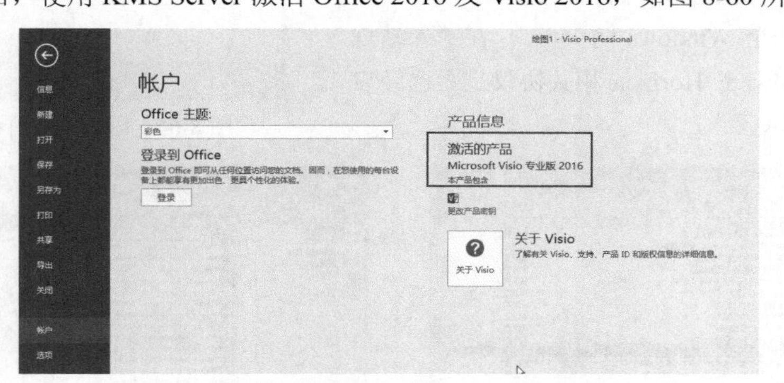

图 8-60　激活 Office 及 Visio

4．安装 View 代理程序

最后运行 View agent 代理程序，在本示例中，这是一个名为“VMware-viewagent-x86_

64-6.2.0-3005627.exe”，大小为 163MB 的，用于 64 位 Windows 的 View 代理程序。因为在上一章已经介绍过这一程序，所以只介绍与在工作站操作系统安装中的不同之处。

（1）在“自定义安装”中，默认情况下，没有选中“VMware Horizon View Composer Agent”组件，如图 8-61 所示。如果选中这个组件，该 RD 会话主机将会成为“RDS 模板”，用于创建多个 RDS 会话主机。在选中这一选项之后，在后文的安装选项中不会出现指定 View 连接服务器的选项。如果你要配置用于“手动场”的 RD 会话主机，请不要选中此项。在我们这一节内容中，我们配置的 Windows Server 2008 R2 的会话主机将会用于“手动场”，如图 8-61 所示。

（2）在“向 Horizon View 连接服务器注册”对话框，指定 View 连接服务器的域名，在此示例中为 vcs.heuet.com，如图 8-62 所示。

（3）安装完成之后，根据提示，重新启动虚拟机，如图 8-63 所示。

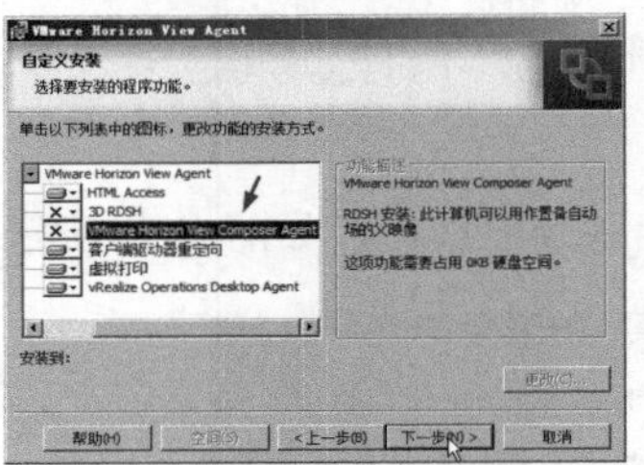

图 8-61　自定义安装

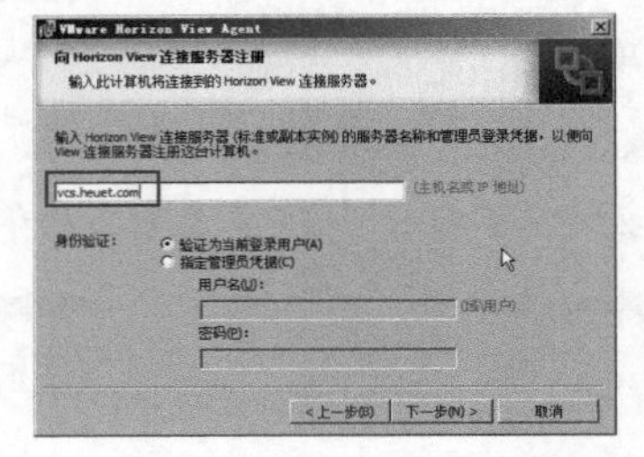

图 8-62　向 View 连接服务器注册

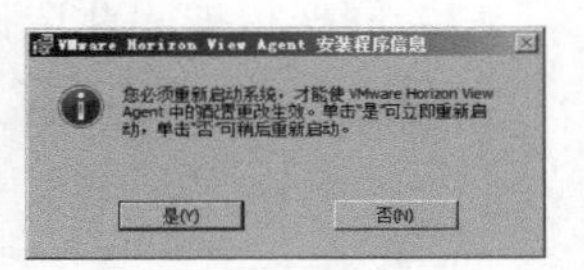

图 8-63　重新启动系统

再次进入系统后，运行 gpedit.msc，在“本地组策略编辑器”中，定位到“计算机配置自己管理模板→Windows 组件→Internet Explorer”，双击“阻止执行首次运行自定义设置”，设置为“已启用”并在“选择所需的选项”下拉列表中选择“直接转到主页”，如图 8-64 所示。配置之后，如图 8-65 所示。

如果不做此项修改，每次新用户登录到远程桌面之后，打开 IE 浏览器都会进入自定义设置页。

打开“高级安全 Windows 防火墙”，在“入站规则”中，查看 VMware Horizon 相关协议是否已经启用，如图 8-66 所示。

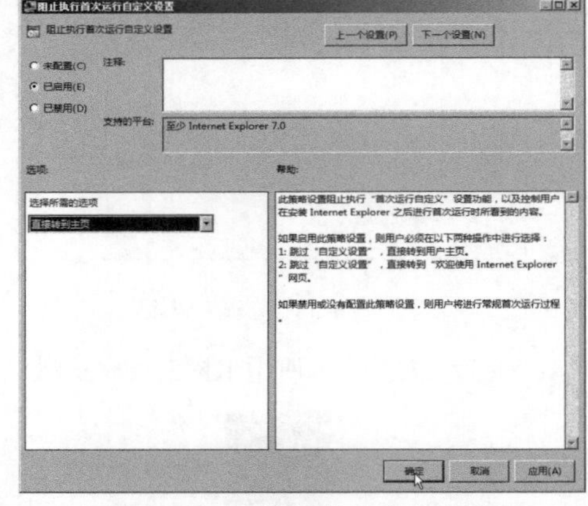

图 8-64　阻止执行首次自定义设置

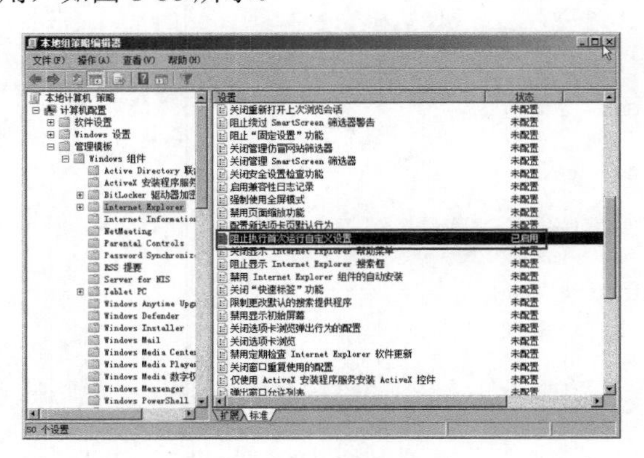

图 8-65　设置后

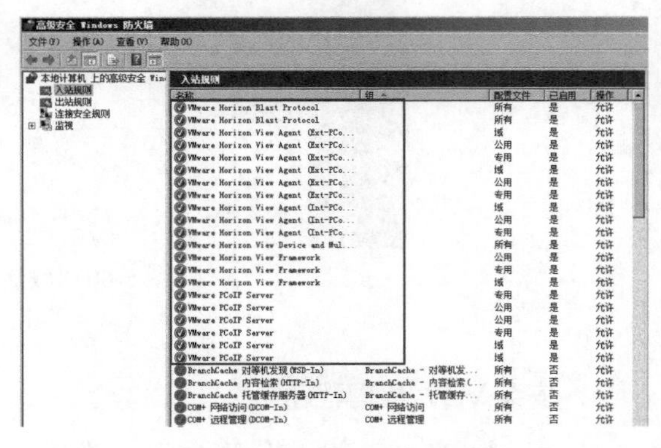

图 8-66　检查防火墙配置

最后，确认虚拟机一直运行，不要关闭 RD 会话主机（虚拟机），如图 8-67 所示。

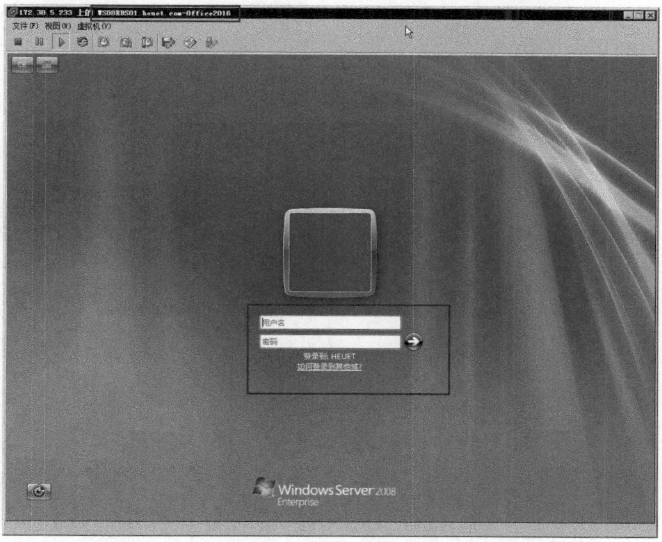

图 8-67　确保 RD 会话主机虚拟机一直运行

5．添加手动场

在配置好 RD 会话主机之后，接下来登录 View 连接服务器管理控制台（即 View Administrator），添加场，之后再发布场中的应用程序及桌面池。在本节介绍手动场的添加。

（1）登录 View Administrator，在“资源→场”中，单击右侧的“添加”按钮，如图 8-68 所示。

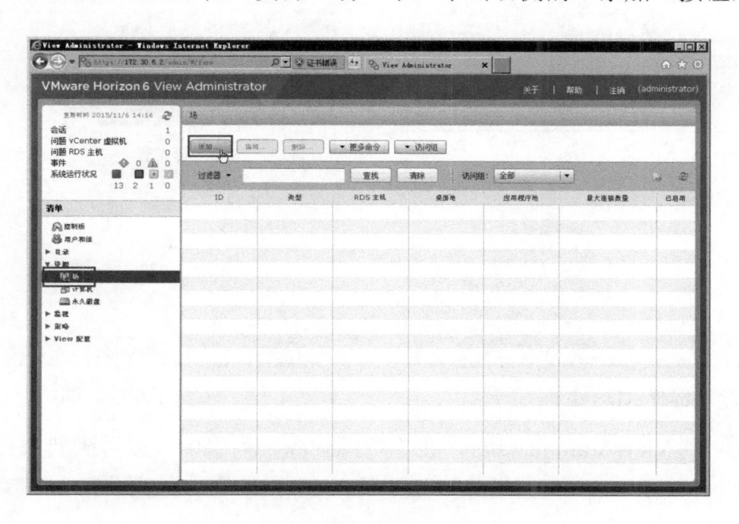

图 8-68　添加场

（2）在“类型”选项中，单击“手动场”，如图 8-69 所示。

（3）在“标识和设置”选项中，在“ID”文本框中，输入场的标识，在此标识为“WS08R2-Office2016”，在“允许 HTML Access 访问此场上的桌面和应用程序”选项中，选中“已启用”，选中此项功能后，将可以允许用户使用 HTML 方式访问桌面池中的应用程序及远程桌面，如图 8-70 所示。

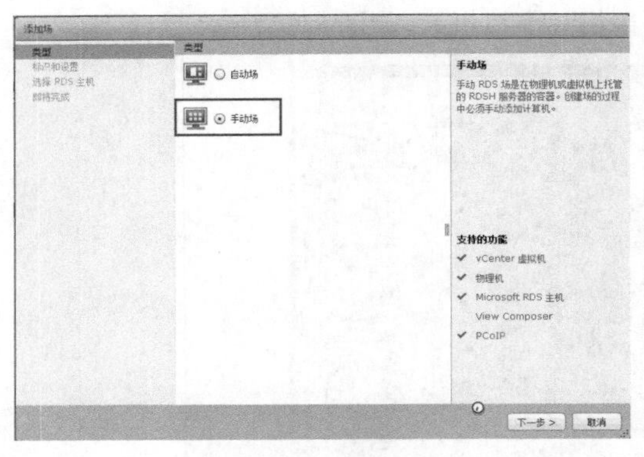

图 8-69　手动场

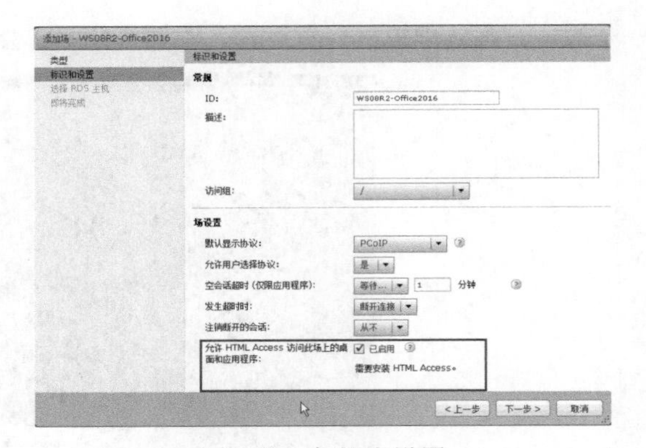

图 8-70　标识和设置

（4）在“选择 RDS 主机”列表中，选择要添加/删除程序到场的 RDS 主机，在当前实验中，列表中只有一个 RDS 主机，如图 8-71 所示。在实际的应用中，你可以配置多个 RD 会话主机，但要注意，加到同一场中的 RD 会话主机需要有相同的操作系统、相同的设置，以及安装相同的应用程序，否则，假设场中有 A、B、C 三个主机，如果 A、B 安装了 Office 2016，而 C 没有安装，当远程用户使用 View 桌面发布的 Office 2016，在使用 C 主机时，会由于 C 主机没有安装 Office 2016，造成访问失败。如果是“自动场”则不会出现此种情况，因为自动场中的 RD 会话主机是从同一个模板克隆而来。

（5）在“即将完成”对话框，显示了新添加场的配置，检查无误之后，单击“完成”按钮，如图 8-72 所示。

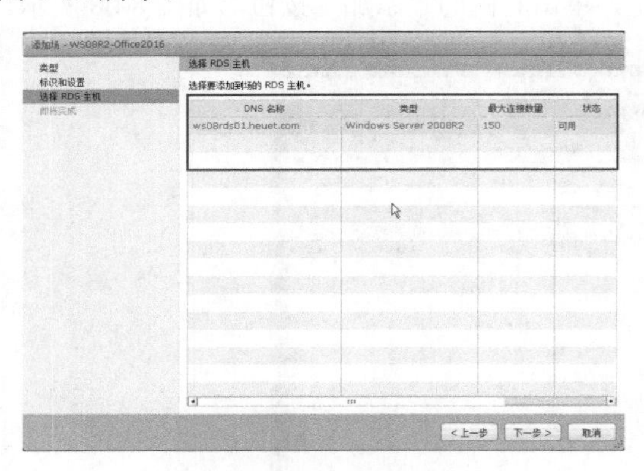

图 8-71　选择 RDS 主机

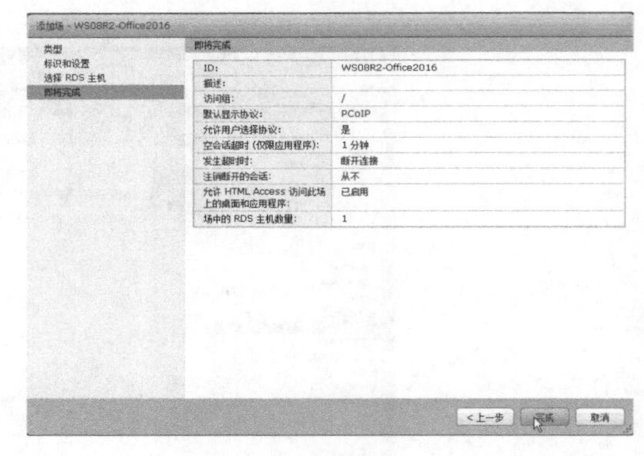

图 8-72　即将完成

添加之后，返回到 ViewAdministrator，在“资源→场”列表中可以看到新添加的场，如图 8-73 所示。

【说明】如果在使用的过程中，超过了 150 个并发连接，则可以修改场，向场中添加更多的 RD 会话主机。

单击“资源→计算机”，在“RDS 主机”列表中可以看到，当前场中的 RDS 主机，如图 8-74 所示。

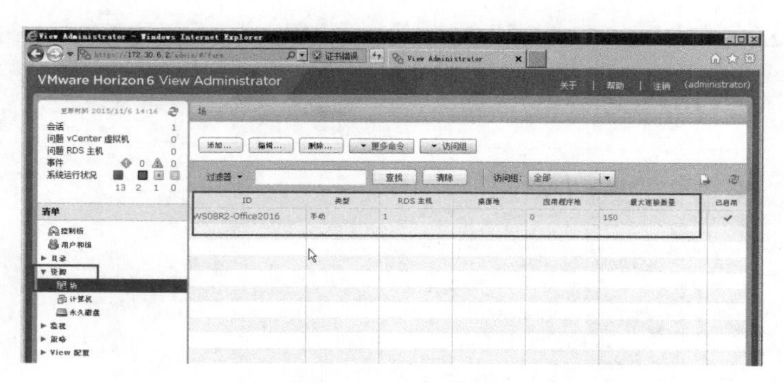

图 8-73　添加的场

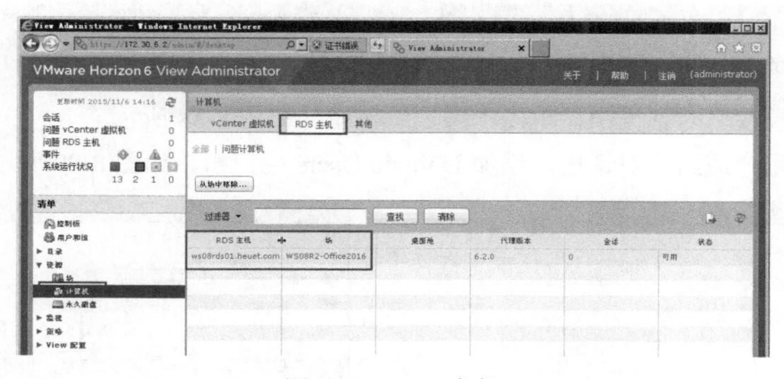

图 8-74　RDS 主机

6．向应用程序池添加应用程序

在添加“场”并向场中添加了 RD 会话主机之后，就可以在“应用程序池”中发布应用程序，或者在“桌面池”中添加基于终端服务的 View 桌面。本节介绍添加应用程序的方法，步骤如下。

（1）登录 View Administrator，在“目录→应用程序池”中，单击“添加”按钮，如图 8-75 所示。

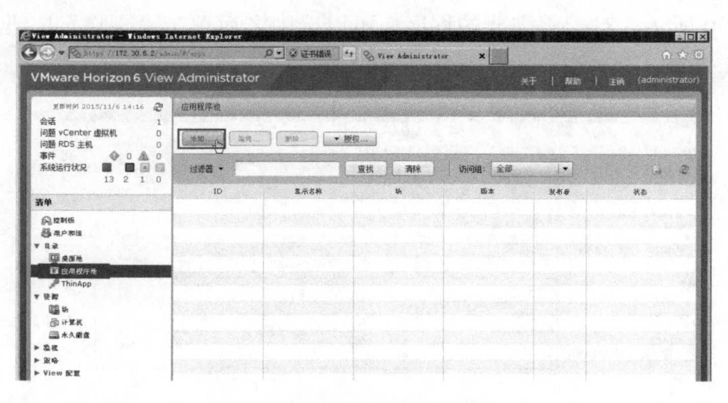

图 8-75　添加应用程序

（2）在“添加应用程序池”对话框中，在“选择 RDS 场”下拉列表中，选择提供应用程序的场，会列表该场中 RD 会话主机中安装的应用程序，你可以在列表中根据需要选择要发布的应用程序，如图 8-76 所示。

（3）在“添加应用程序池”对话框中，在“ID”列表中，修改将要发布的应用程序的 ID，一般选择默认值即可。选中“此向导完成后授权用户”，如图 8-77 所示。

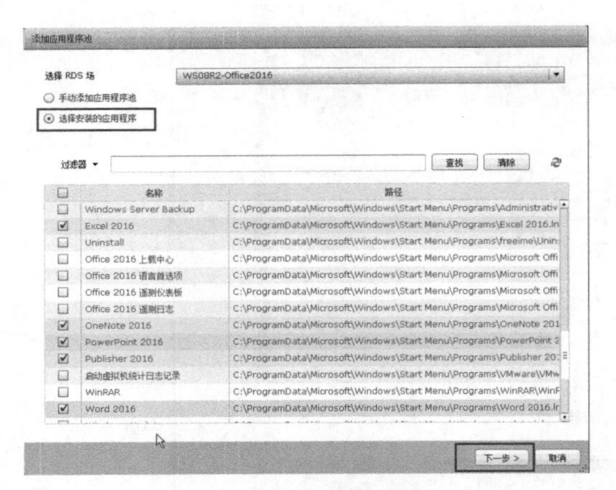

图 8-76　选择安装的应用程序

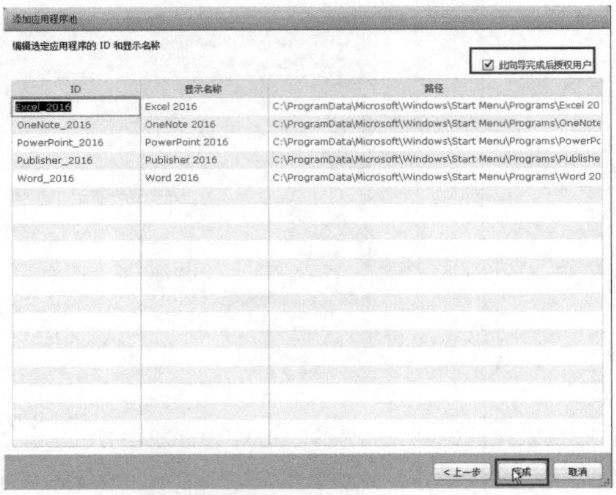

图 8-77　修改 ID

（4）在“添加授权”对话框中，单击“添加”按钮，如图 8-88 所示。

（5）在“查找用户或组”对话框，添加 Domain Users 用户组，如图 8-89 所示。

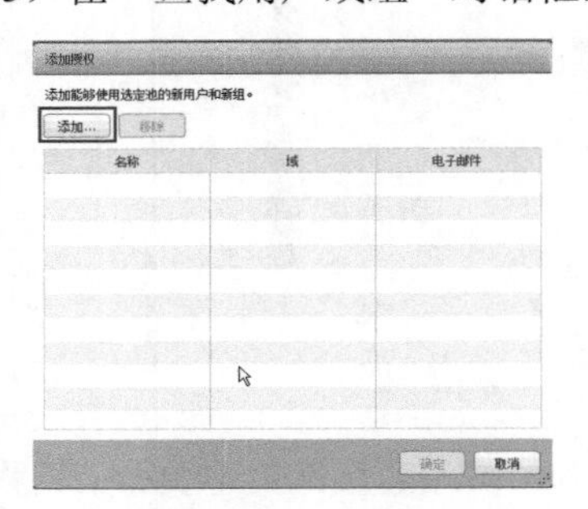

图 8-88　添加授权

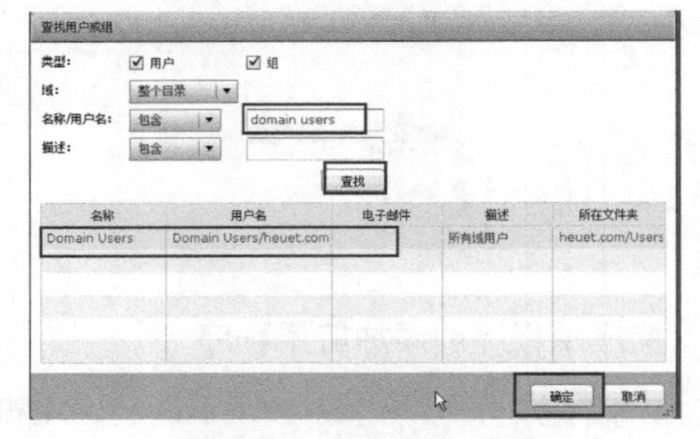

图 8-89　添加用户或组

（6）添加授权之后，返回到 View Administrator，在“目录→应用程序池”中，可以看到添加的应用程序，如图 8-90 所示。对于不需要的程序，可以选中之后单击“删除”按钮删除，也可以单击“添加”按钮，继续添加。

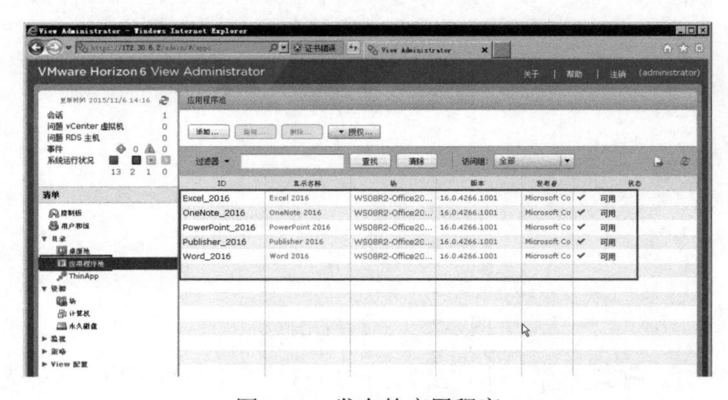

图 8-90　发布的应用程序

7．添加桌面池

本节介绍发布 RD 桌面池的内容，步骤如下。

（1）在 View Administrator 中，在“目录→桌面池”中单击“添加”按钮，如图 8-91 所示。

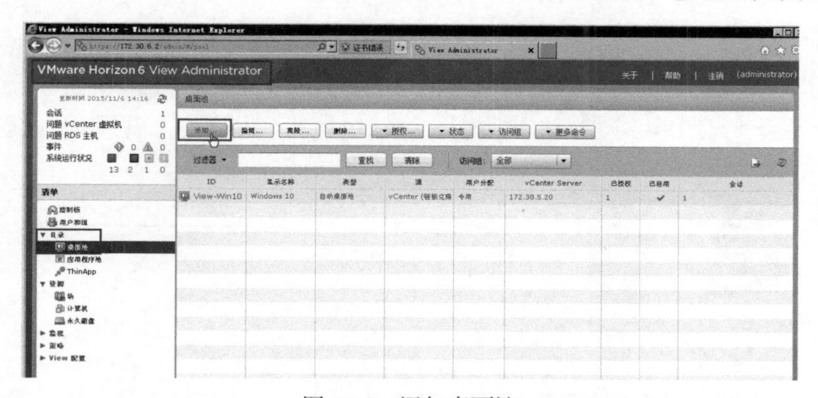

图 8-91　添加桌面池

（2）在“添加桌面池”对话框中，单击“RDS 桌面池”，如图 8-92 所示。

（3）在“桌面池标识”对话框中，输入 ID 及显示名称，在此设置 ID 为“View-WS08R2-RDS”，设置显示名称为“Windows 2008”，如图 8-93 所示。

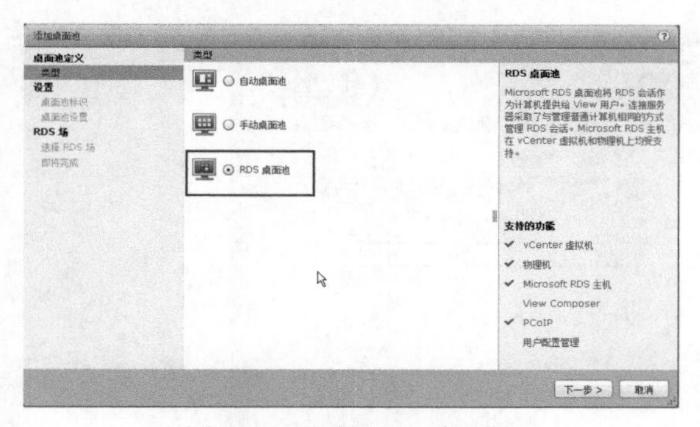

图 8-92　添加 RDS 桌面池

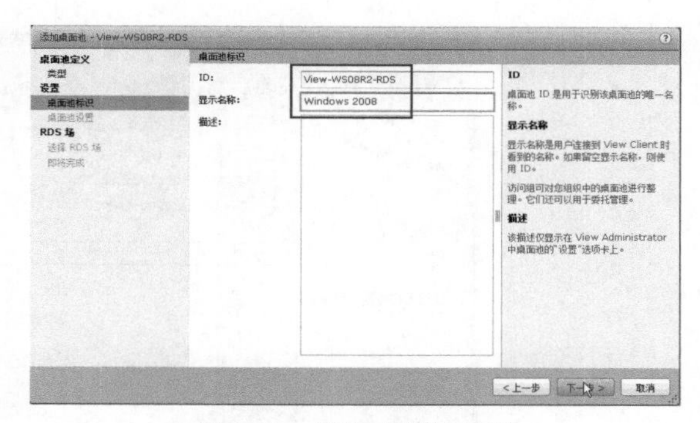

图 8-93　添加桌面池标识

（4）在“桌面池设置”对话框中，设置状态、连接服务器限制或 Adobe Flash 设置，保持默认值，单击“下一步”按钮，如图 8-94 所示。

（5）在“选择 RDS 场”对话框中，选择“为此桌面池选择 RDS 场”，并从列表中选择一个可用的 RDS 场，如图 8-95 所示。

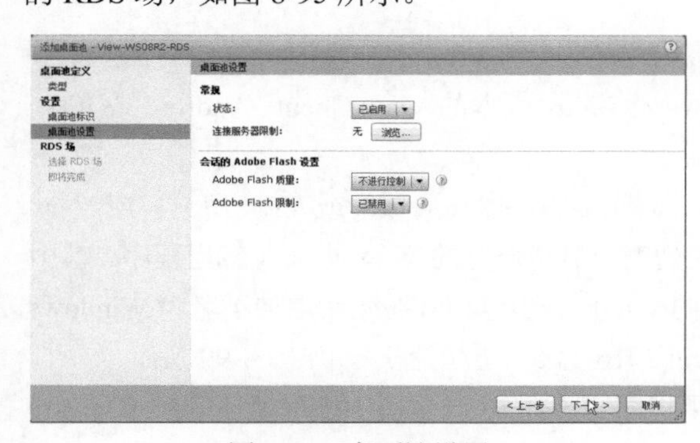

图 8-94　桌面池设置

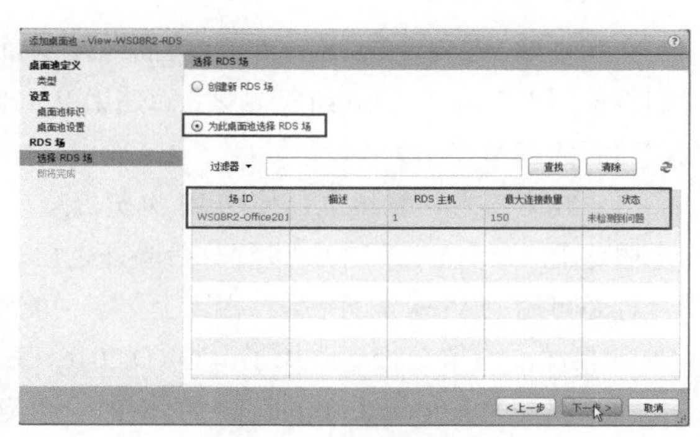

图 8-95　选择 RDS 场

（6）在“即将完成”对话框，复查 RDS 桌面池配置，检查无误之后，单击“完成”按钮，如图 8-96 所示。

（7）之后为添加的 RDS 桌面池进行授权，如图 8-97 所示。

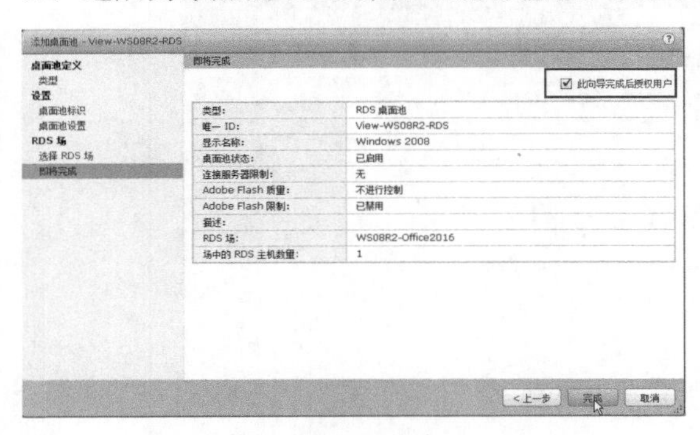

图 8-96　即将完成

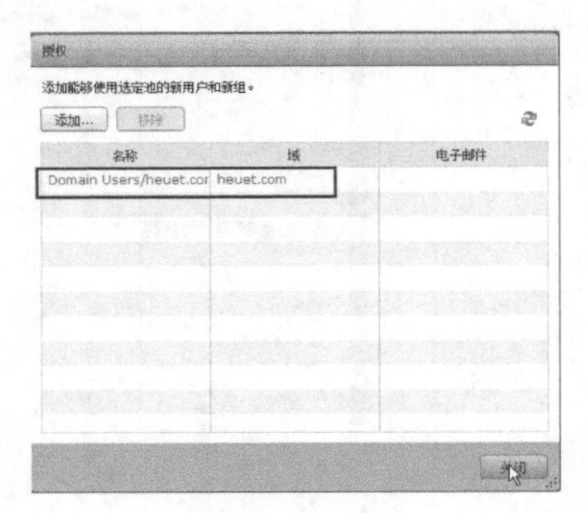

图 8-97　授权

（8）添加桌面池、向桌面池授权之后，返回 View Administrator，在“目录→桌面池”列表中，可以看到新添加的桌面池，如图 8-98 所示。

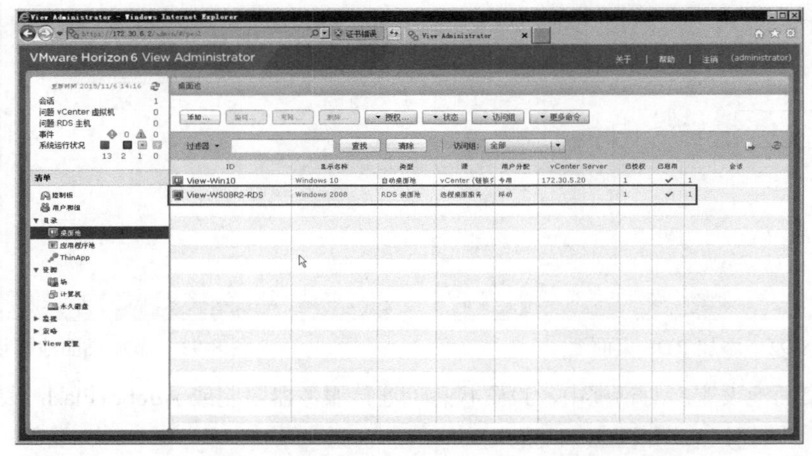

图 8-98　添加 Windows 2008 桌面池完成

8. 客户端测试

在配置好 Windows Server 2008 桌面池及发布应用程序之后，View 客户端即可以使用。在本节我们将使用 HTML 的方式进行测试，而使用 Windows 及 Linux 版本的 View Client、Android 或 IOS，则在后面的章节介绍。

（1）在客户端计算机上，使用 IE 浏览器登录 View 连接服务器（局域网或 VPN 用户）或 View 安全服务器（Internet 用户），进行身份验证之后，在列表中显示可用的 View 桌面及应用程序。其中第一行是可用的 View 桌面列表，相比上一章中配置的 Windows 10 桌面，在此新增加了名为 Windows 2008 的桌面，在第二行则添加了 WORD 2016、Excel 2016 等 5 个应用程序，如图 8-99 所示。

（2）双击 Windows 2008 或第二行中的一个应用程序，会在 IE 浏览器中出现“请等候 VMware vRealize Operations Horizon Desktop Agent”的 Windows Server 2008 R2 的登录界面，如图 8-100 所示。

（3）之后会登录并打开对应的桌面或应用程序，例如图 8-101 则是使用 Word 2016 的界面。

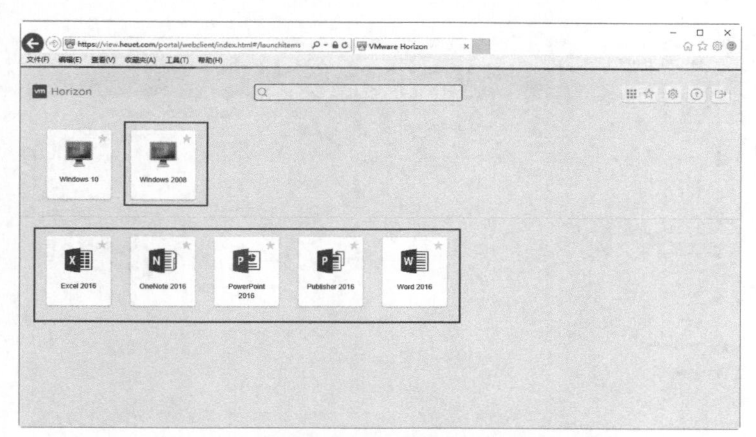

图 8-99　新添加的桌面及应用程序已经可用

图 8-100　等候 Horizon Agent 响应

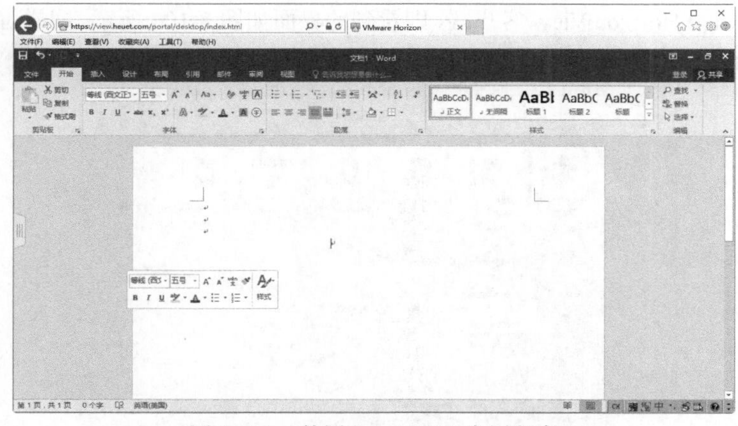

图 8-101　使用 Word 2016 应用程序

（4）单击左侧的“▯”按钮，可以弹出快捷方式，可以在此列表中选择其他桌面或新的应用程序，如图 8-102 所示。

（5）单击 Windows 2008，则可以进入 Windows Server 2008 R2 的界面，如图 8-103 所示。

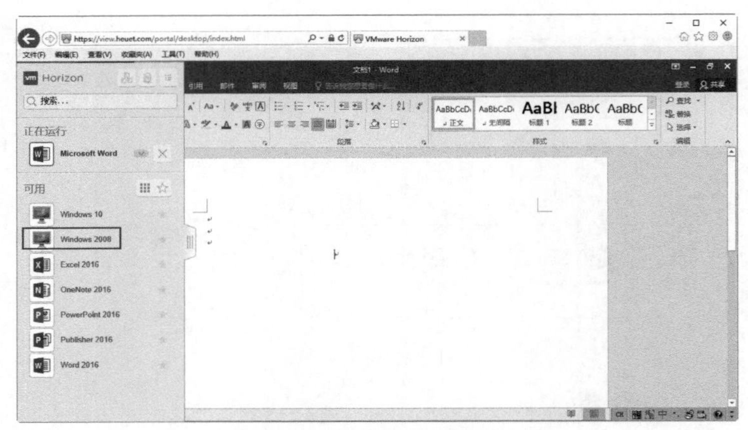

图 8-102　应用程序与桌面列表

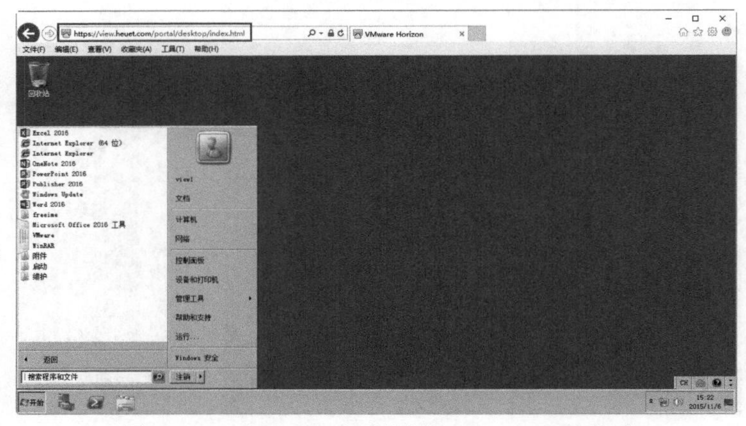

图 8-103　以 HTML 方式使用 Windows 2008 桌面

如果使用 VMware Horizon View 客户端，则看到的界面如图 8-104 所示。同样可以设置 Windows 2008 桌面的显示大小，这些与上一章中使用 Windows 10 的桌面相同，不再介绍。

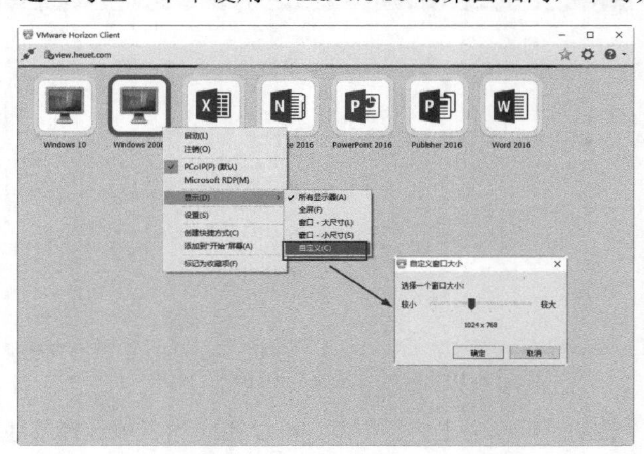

图 8-104　VMware Horizon Client 界面

使用 Horizon View 登录 Windows Server 2008 的界面如图 8-105 所示。

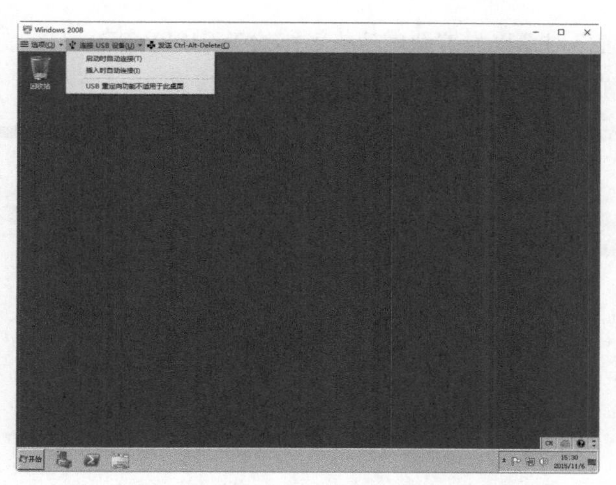

图 8-105　Horizon Client 的 Windows 2008 桌面

8.1.4　准备 Windows Server 2012 R2 会话主机用于自动场

本节介绍“自动场”的配置内容，我们以 Windows Server 2012 R2 为例。但在实际的使用中，我们推荐使用 Windows Server 2008 R2 作为 RD 会话主机，因为 Windows Server 2008 R2 作为 RD 会话主机时，指定 RD 授权主机非常容易，而 Windows Server 2012 R2 配置 RD 授权会比较麻烦。除了授权之外，安装配置 Windows Server 2012 R2 的 RD 会话主机，与安装配置 Windows Server 2008 R2 的 RD 会话主机，总体操作是一样的，所以我们本节内容主要是介绍自动场的内容，其他的内容可以参考上一节的内容。

1．安装 Windows Server 2012 R2 远程 RD 会话主机

使用 vSphere Client 或 vSphere Web Client，从 Windows Server 2012 R2 模板部署新的虚拟机，在新虚拟机中安装 RD 会话主机、安装应用程序、安装 View Agent，之后关闭虚拟机，创建快照，用于自动场。主要步骤如下。

（1）使用 vSphere Client 登录 vCenter Server，从 Windows Server 2012 R2 模板部署虚拟机，如图 8-106 所示。

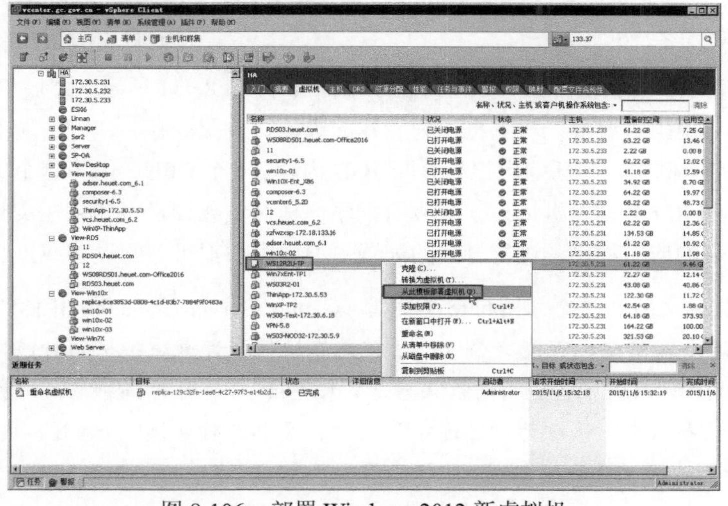

图 8-106　部署 Windows 2012 新虚拟机

（2）在“名称和位置”对话框设置新虚拟机名称为 WS12R2-RDS-TP，如图 8-107 所示。

（3）将虚拟机放在“View-RDS”资源池中，如图 8-108 所示。

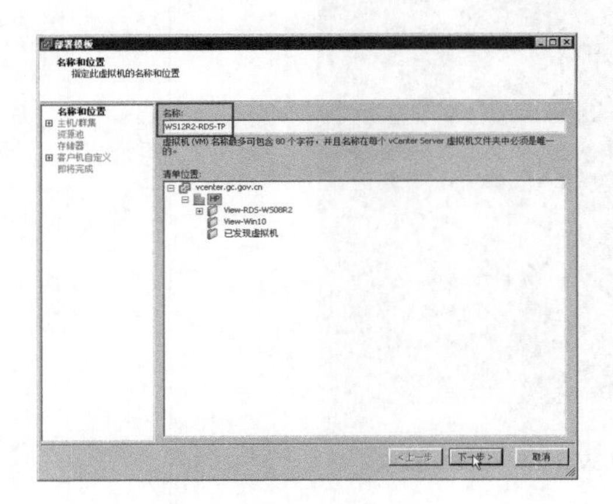

图 8-107　设置虚拟机名称

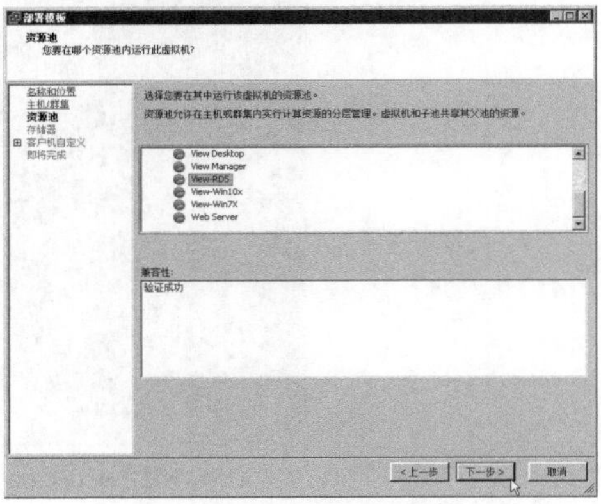

图 8-108　为虚拟机选择资源池

（4）在“客户机自定义”对话框，为虚拟机选择自定义规范，如图 8-109 所示。

（5）在“用户设置”对话框，设置虚拟机名称为 WS12R2-RDS，如图 8-110 所示。

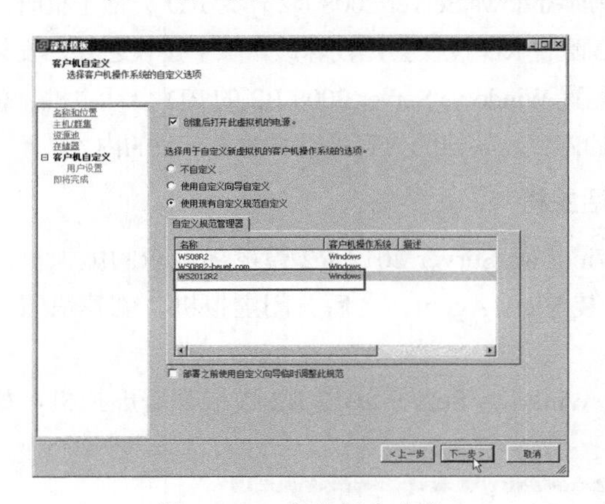

图 8-109　客户机自定义

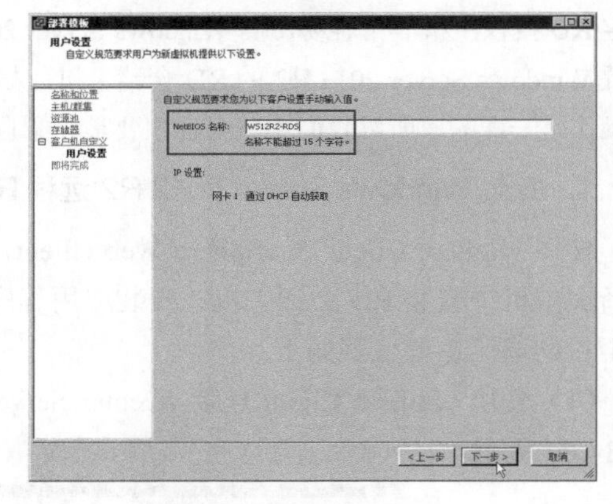

图 8-110　用户设置

（6）在“即将完成”对话框，选中“编辑虚拟硬件”，如图 8-111 所示，然后单击“继续”按钮。

（7）在打开的“虚拟机属性”对话框，为新建的虚拟机设置内存、CPU、显卡及网络设置，如图 8-112 所示。在本示例中，为新建虚拟机分配 1GB 内存、1 个 CPU，因为这个虚拟机将用来作为 Windows 2012 R2 的 RD 会话主机，不安装应用程序，相对负载较轻。如果在实际生产环境中，请根据用户数量、安装的应用程序，进行合理的配置，不要为虚拟机分配过多或过少的资源。

【说明】我当前做实验的这个 vSphere 环境，vCenter Server 是 6.0.0-3018524，ESXi 版本是 6.0.0-3073146，在这个版本中，可能有个 bug，就是在从模板部署虚拟机的时候，在部署虚拟机之后，部署的虚拟机的“网络适配器”的设备状态是“未连接”，如图 8-113 所示，请修改虚拟机属性，在“网络适配器→设备状态”修改为“已连接”及“打开电源时连接”，如图 8-114 所示。

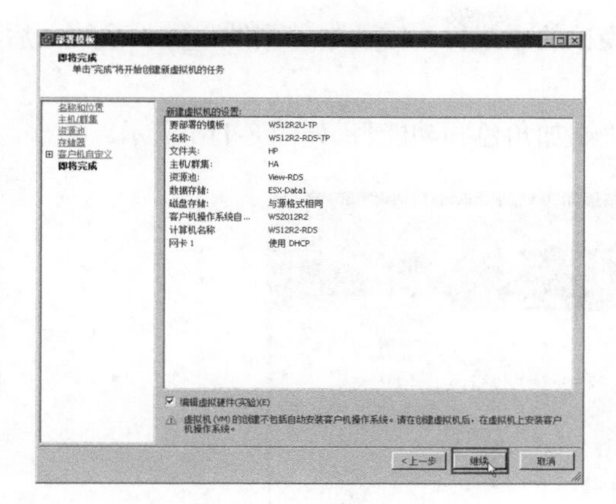

图 8-111　即将完成

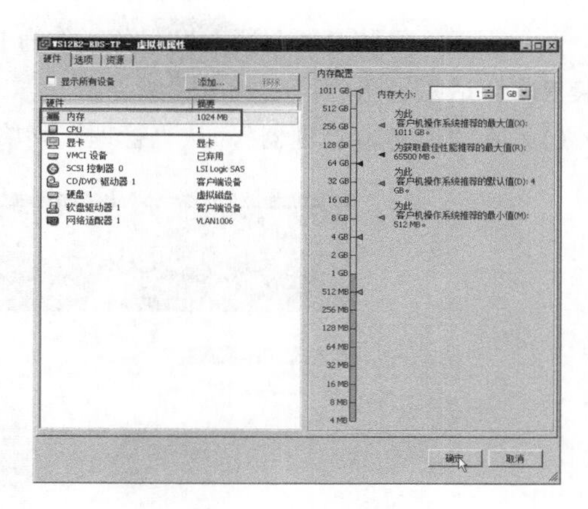

图 8-112　虚拟机属性

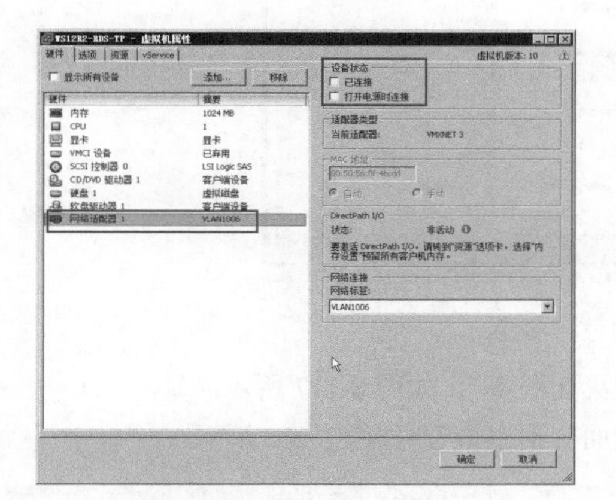

图 8-113　网卡没有连接

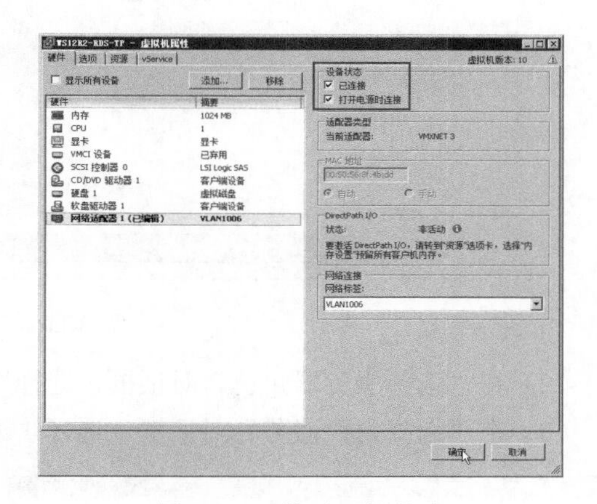

图 8-114　修改网络状态

部署虚拟机完成之后，打开控制台，以 Administrator 帐户登录，如图 8-115 所示。

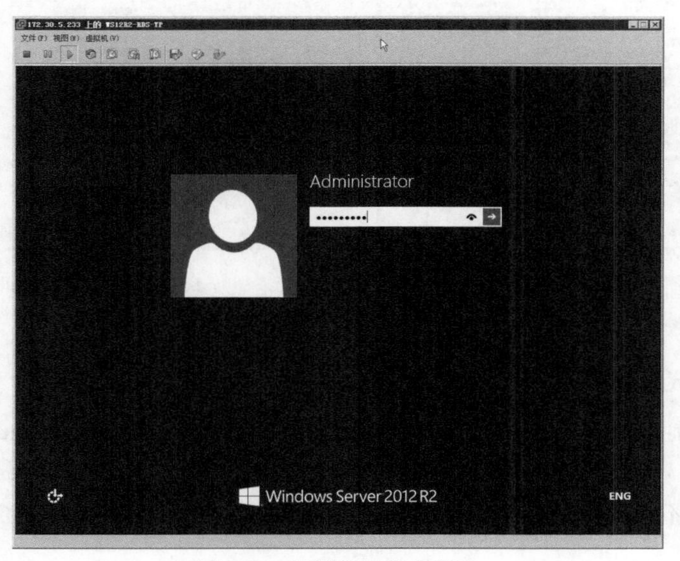

图 8-115 以管理员帐户登录

登录之后，安装 RD 会话主机服务。作为 RS 场模板的虚拟机不需要加入到域。进入系统之后，安装 RD 会话主机角色，主要步骤如下。

（1）在“服务器管理器”，从“管理”菜单选择“添加角色和功能”，如图 8-116 所示。

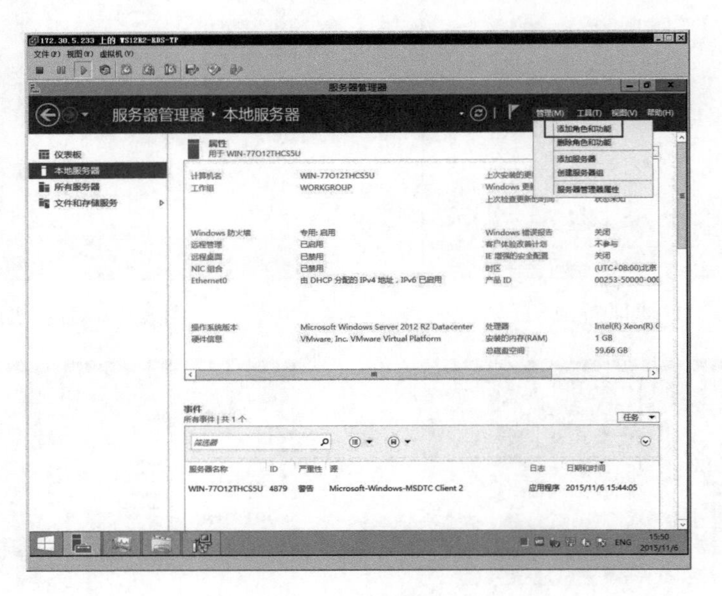

图 8-116　添加角色和功能

（2）在“选择服务器角色”对话框，选择“远程桌面服务”，如图 8-117 所示。

（3）在“选择角色服务”对话框，选择“远程桌面会话主机”，如图 8-118 所示。

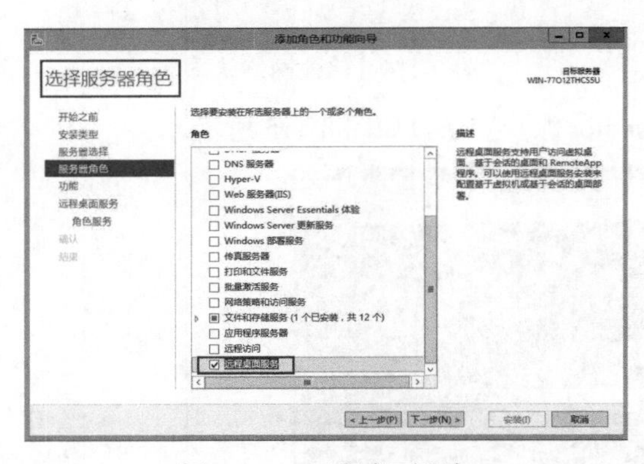

图 8-117　远程桌面服务

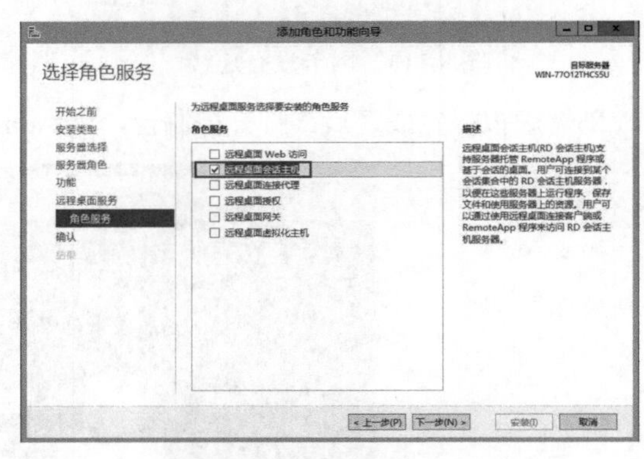

图 8-118　远程桌面会话主机

安装完成之后，根据提示重新启动计算机。

2. 安装 View 代理程序

在安装 RD 会话主机服务之后，可以根据需要安装应用程序，最后安装 View Agent，主要步骤如下。

（1）当前计算机不需要加入到域，因为这台机器将要用做 View Composer 的父虚拟机，如图 8-119 所示。

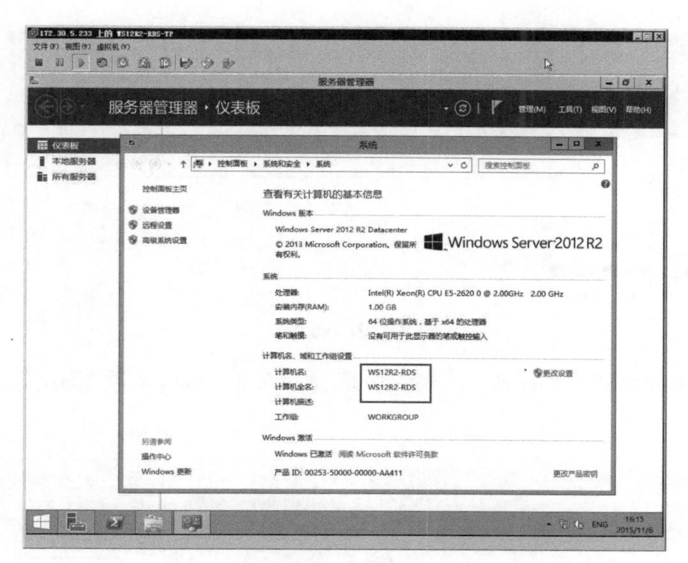

图 8-119 计算机不需要加入到域

（2）运行 View Agent 程序，在“自定义安装”选项中，选中“VMware Horizon View Composer Agent”，如图 8-120 所示。选中此组件后，在后续步骤中，不需要指定 View 连接服务器的地址，直接进入“准备安装程序”对话框，如图 8-121 所示。

（3）安装完成之后，根据需要重新启动虚拟机，并再次进入系统之后，从“开始”菜单正常关闭虚拟机。等虚拟机关闭之后，创建快照，如图 8-122 所示。

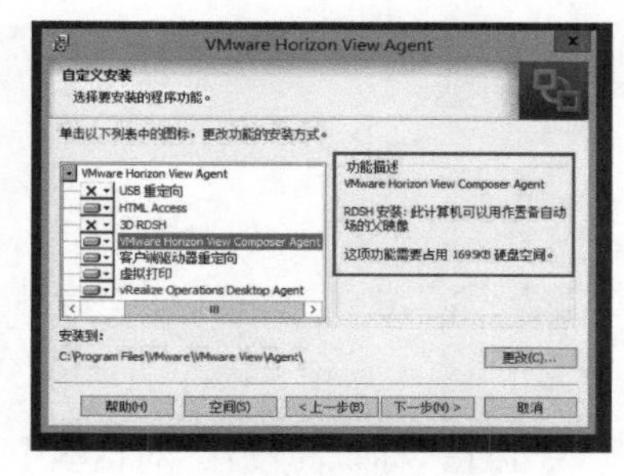

图 8-120 选择组件

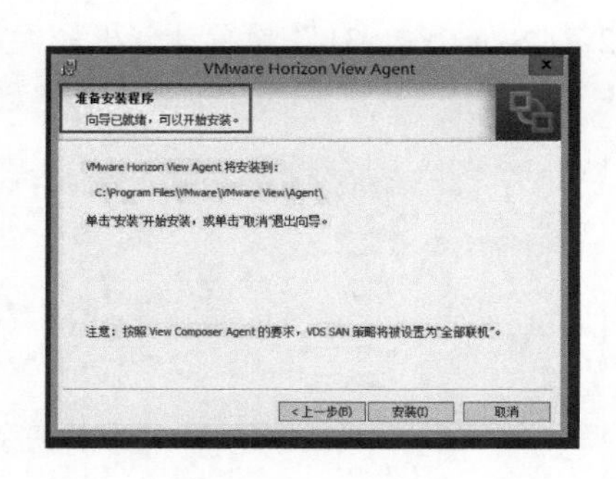

图 8-121 准备安装

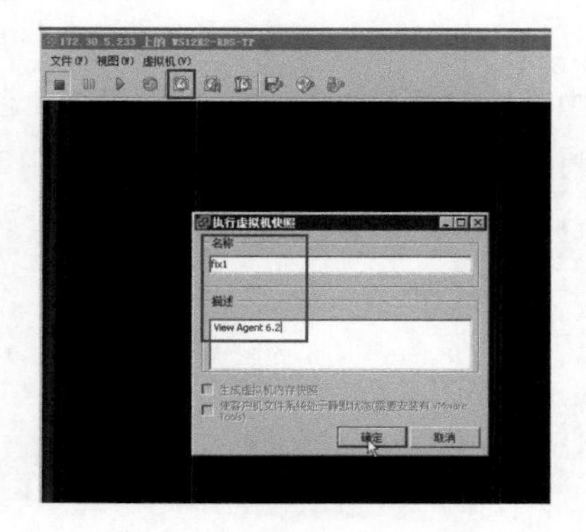

图 8-122 关闭虚拟机，创建快照

3. 添加自动场

在配置好 RD 会话主机之后，接下来登录 View 连接服务器管理控制台（即 View Administrator），添加场。在本节介绍自动场的添加。

（1）登录 View Administrator，在“资源→场”中，单击右侧的“添加”按钮，如图 8-123 所示。

（2）在“类型”选项中，单击“自动场”，如图 8-124 所示。

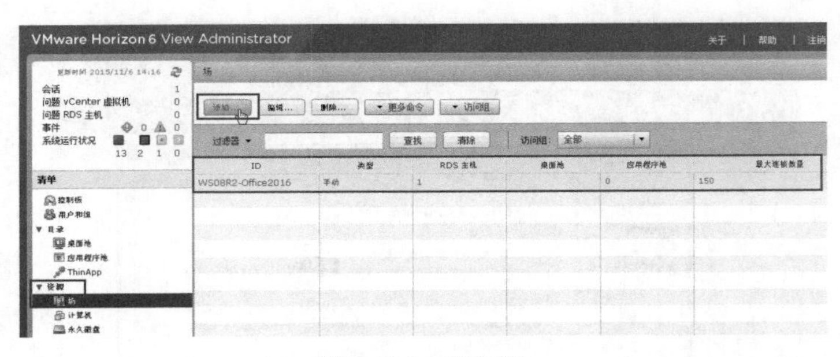

图 8-123　添加场

（3）在“vCenter Server”选项中，从列表中选择 vCenter Server 及 View Composer 服务器，如图 8-125 所示。

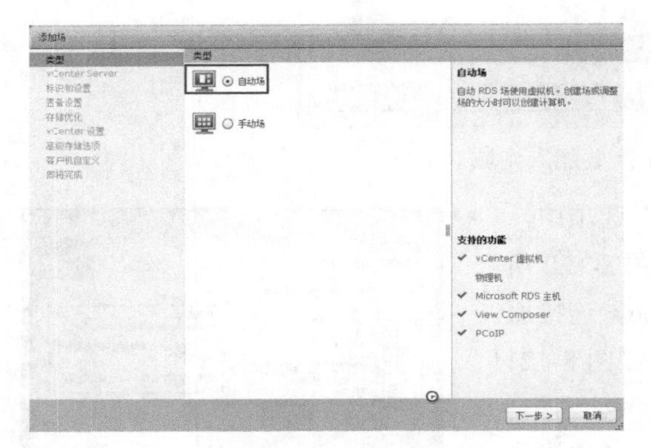

图 8-124　自动场

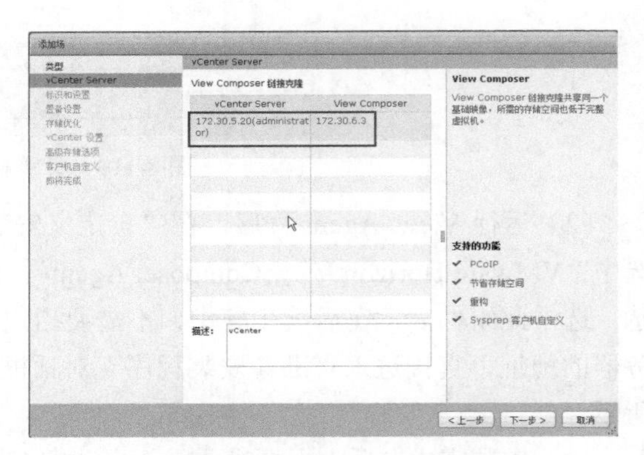

图 8-124　View Composer 链接克隆

（4）在“标识和设置”对话框中，在“ID”文本框中输入标识名称，本例中设置为“WS12R2-RDS”，并在“允许 HTML Access 访问此场上的桌面和应用程序”中选中“已启用”，如图 8-125 所示。

（5）在“置备设置”对话框中，设置场计算机最大数量，并设置虚拟机命名模式，这与在上一章中添加 View 桌面相似。在此设置命名模式为“WS12-RDS{n:fixed=3}”，设置计算机最大数量为 2，这将部署两个 RD 会话主机。如图 8-126 所示。

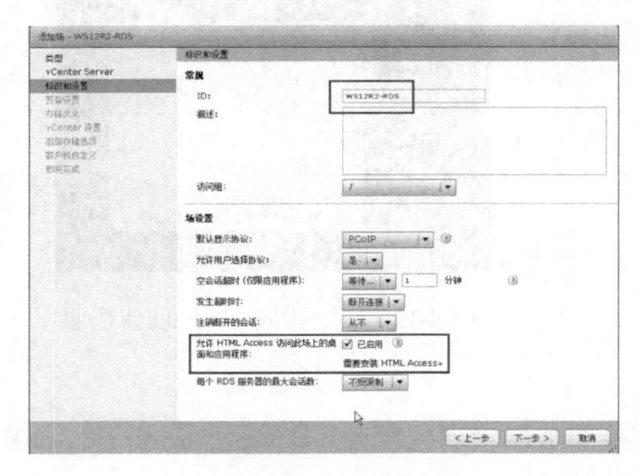

图 8-125　标识和设置

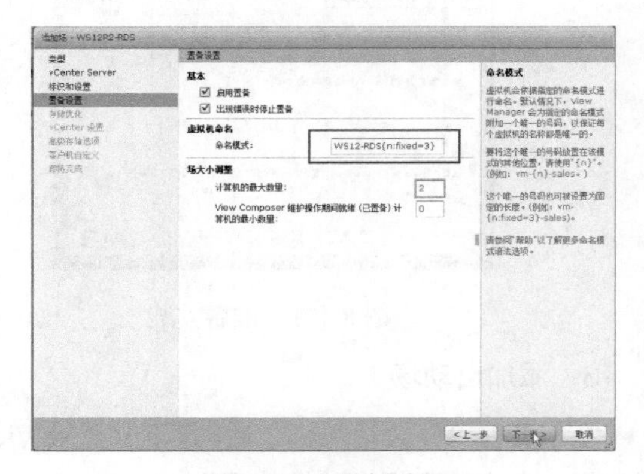

图 8-126　置备设置

（6）在“vCenter 设置”对话框中，选择父虚拟机、快照、设置虚拟机保存位置以及为放置虚拟机选择资源，如图 8-127 所示。

（7）在“选择父虚拟机”对话框，选择名为 WS12R2-RDS-TP 的父虚拟机，如图 8-128 所示。

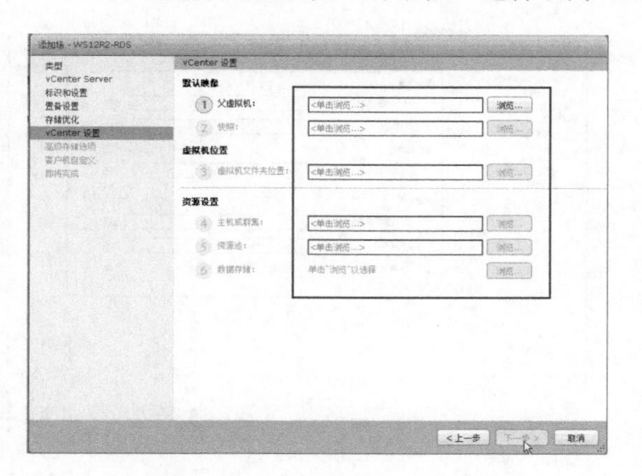

图 8-127　vCenter Server 设置

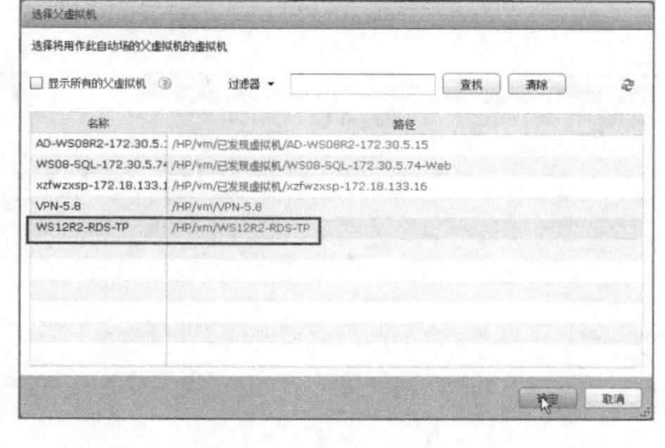

图 8-128　选择父虚拟机

（8）在“选择默认映像”对话框，选择快照，如图 8-129 所示。

（9）在“虚拟机文件夹位置”，选择数据中心、存储及文件夹，如图 8-130 所示。

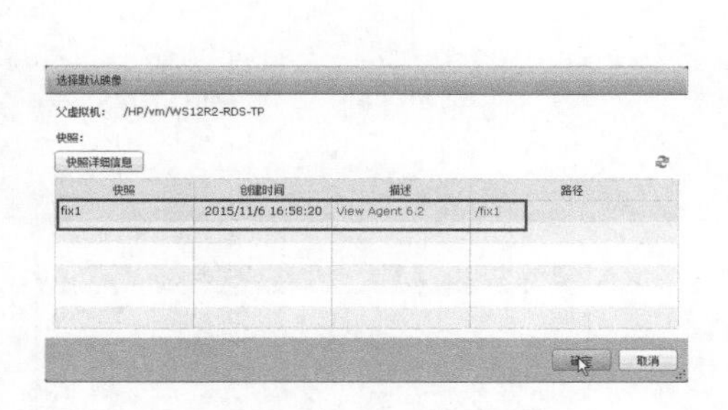

图 8-129　选择快照

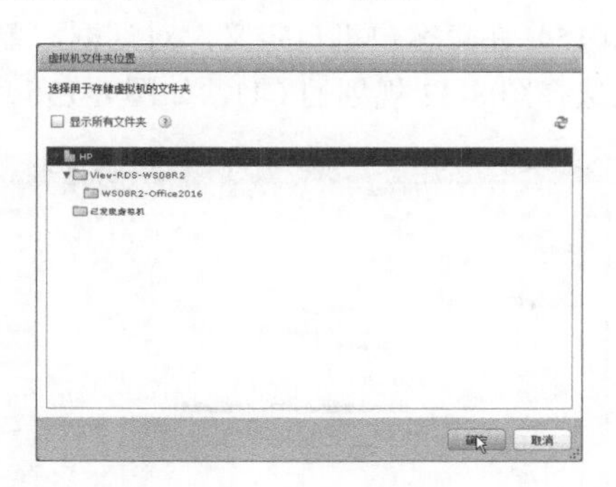

图 8-130　虚拟机文件夹位置

（10）在“主机或群集”，选择用于为此桌面池创建的虚拟机的主机或群集，如图 8-131 所示。

（11）在“资源池”对话框，选择专门为 RD 会话主机创建的资源池“View-RDS”，如图 8-132 所示。

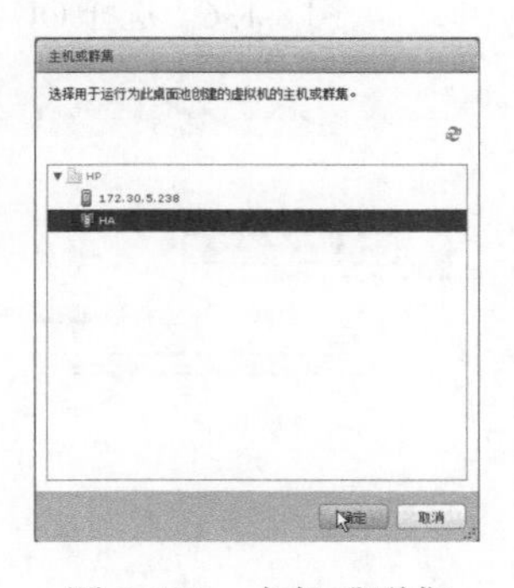

图 8-131　主机或群集

图 8-132　资源池

（12）在“选择链接克隆数据存储”对话框，为该自动场选择使用的数据存储，如图 8-133 所示。

（13）设置之后，返回 vCenter Server，如图 8-134 所示。

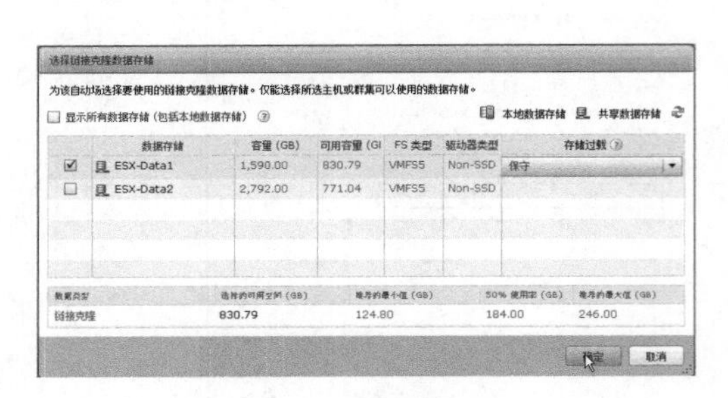

图 8-133　选择数据存储

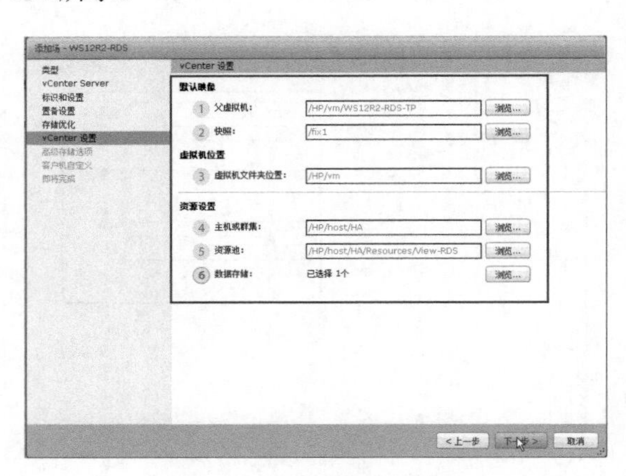

图 8-134　vCenter Server

（14）在“高级存储选项”，配置存储选项，如图 8-135 所示。一般选择默认值即可，系统会根据你选择的存储进行配置。

（15）在“客户机自定义”对话框，单击“浏览”按钮，为新创建的克隆链接虚拟机选择 OU，在此选择图 8-32 规划的 OU，如图 8-136 所示。

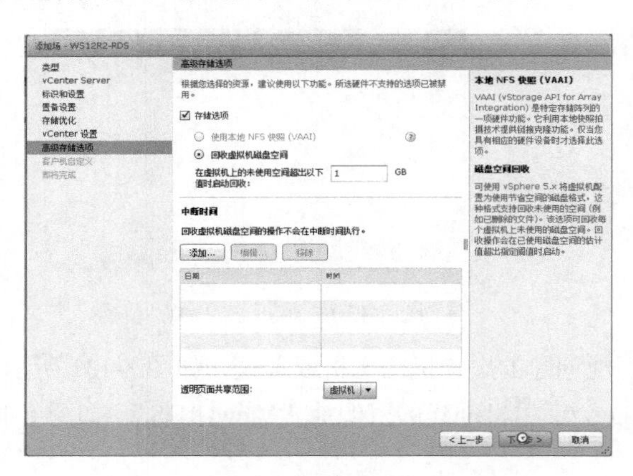

图 8-135　高级存储选项

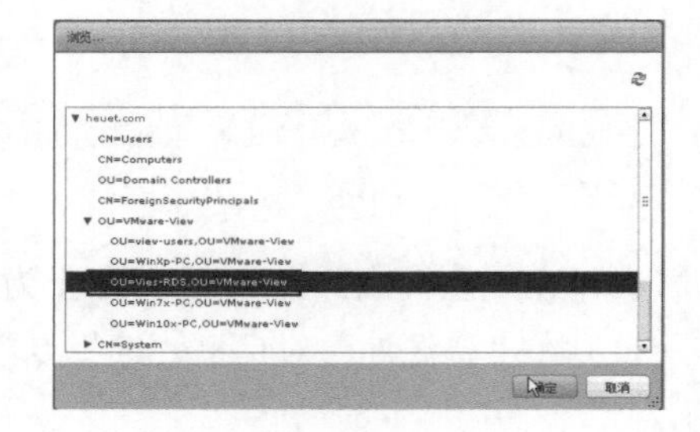

图 8-136　选择 OU

（16）返回到“客户机自定义”对话框，选中“允许重新使用已存在的计算机帐户”，并在“使用自定义规范”列表中，选择一个用于当前操作系统（Windows Server 2012 R2）并且能加入到 Active Directory 的规范，在本示例中选择名为“WS08R2-heuet.com”的规范（该规范虽然命名为 WS08R2，也可以用于 Windows 2012 R2，因为在这个规范中没有指定用于 Windows Server 2008 R2 的序列号，而其他配置，Windows Server 2008 R2、Windows Server 2012 配置都是相同），如图 8-137 所示。

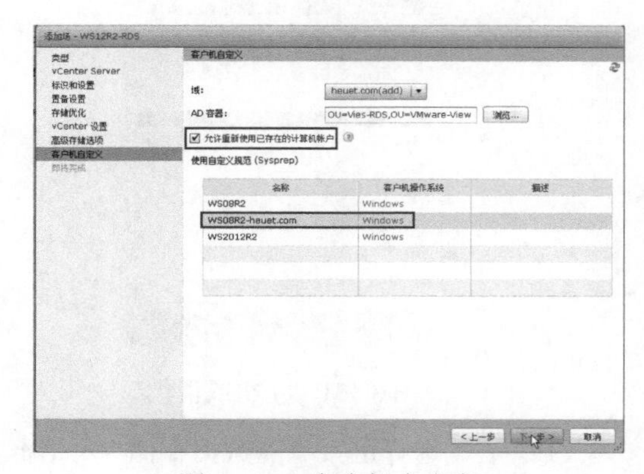

图 8-137　客户机自定义

（17）在“即将完成”对话框，显示了添加自动池的信息，检查无误之后，单击“完成”按钮，如图 8-138 所示。

（18）返回到 View Administrator，在“资源→场”中，可以看到新添加的自动池，如图 8-139 所示。

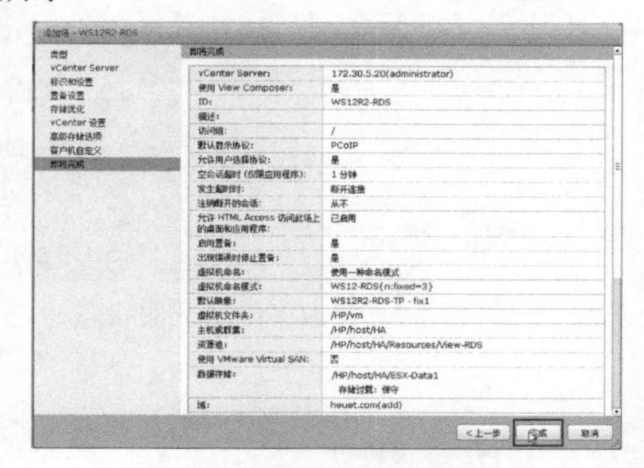

图 8-138　即将完成

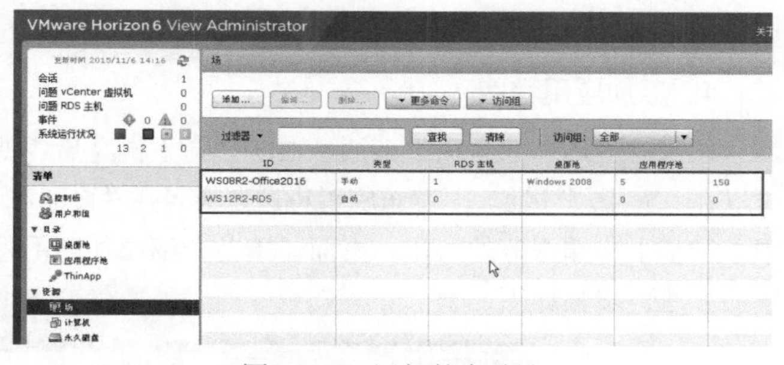

图 8-139　添加的自动池

（19）在“资源→计算机”选项中，在“RDS 主机”中，可以看到部署了两个 RDS 主机，状态为“正在自定义”，如图 8-140 所示。

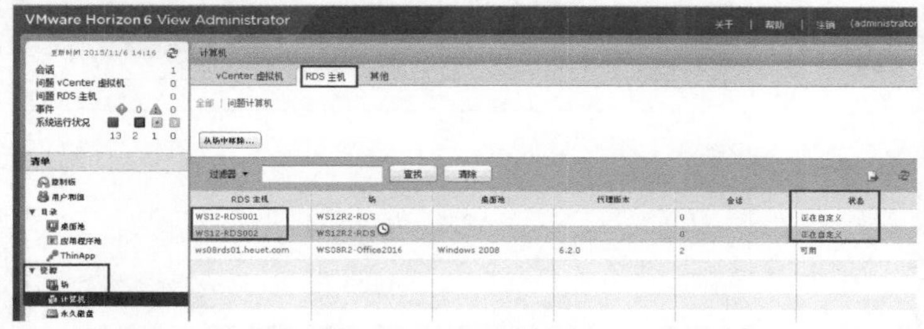

图 8-140　RDS 主机状态

稍后，vSphere 会从选择的父虚拟机及快照，克隆一个新的虚拟机，并创建克隆链接的虚拟机，返回到 vSphere Client，可以看到创建的名为 WS12R2-RDS001 及 WS12R2-RDS002 的虚拟机，如图 8-141 所示。

图 8-141　部署的虚拟机

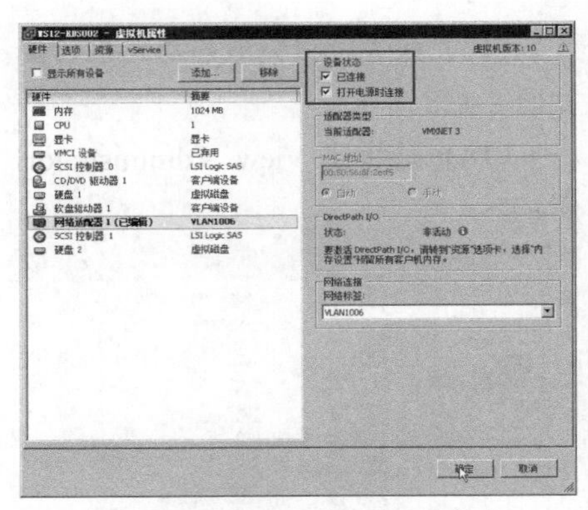
图 8-142　修改网络适配器状态

同样，修改 WS12R2-RDS001 及 WS12R2-RDS002 虚拟机的配置，在“网络适配器→设备状态”中，选中“已连接”及“打开电源时连接”复选框，如图 8-142 所示。

等部署完成之后，在 View Administrator 中，在“资源→计算机→RDS 主机”中，新创建的 RDS 主机状态为“可用”，并显示代理版本，如图 8-143 所示。

4．添加应用程序

在添加“场”并向场中添加了 RD 会话主机之后，就可以在“应用程序池”中发布应用程序，或者在“桌面池”中添加基于终端服务的 View 桌面。本节介绍添加应用程序的方法，步骤如下。

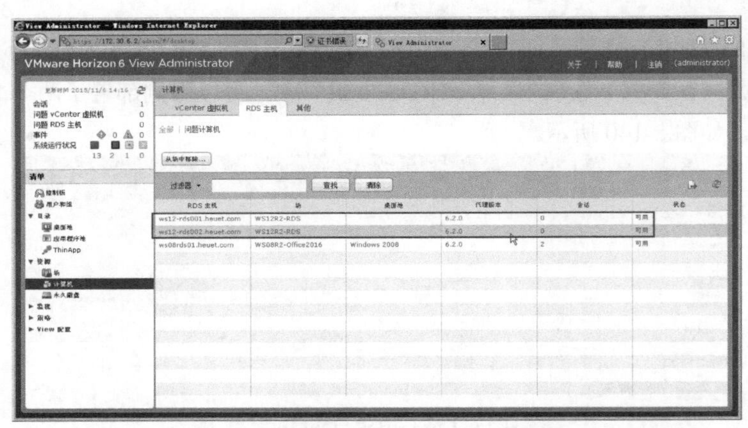
图 8-143　自动场中 RDS 主机部署完成

（1）登录 View Administrator，在“目录→应用程序池”中，单击“添加”按钮，如图 8-144 所示。

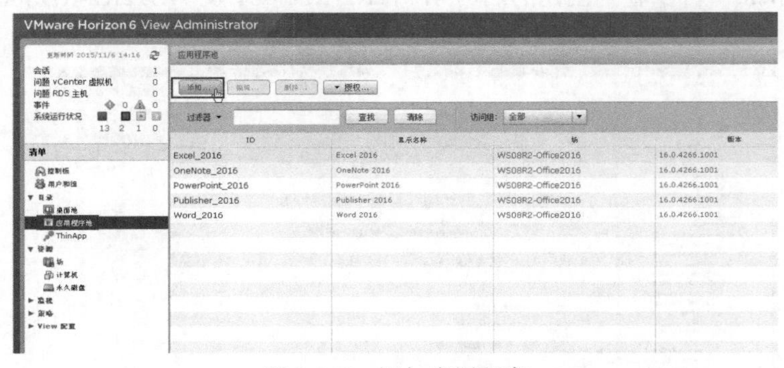
图 8-144　添加应用程序

（2）在“添加应用程序池”对话框中，在“选择 RDS 场”下拉列表中，选择提供应用程序的场，在此选择新建的场 WS12R2-RDS，之后在列表中根据需要选择要发布的应用程序，在此选择“记事本”，如图 8-145 所示。

（3）在“添加应用程序池”对话框中，在“ID”列表中，修改将要发布的应用程序的 ID，一般选择默认值即可。选中“此向导完成后授权用户”，如图 8-146 所示。

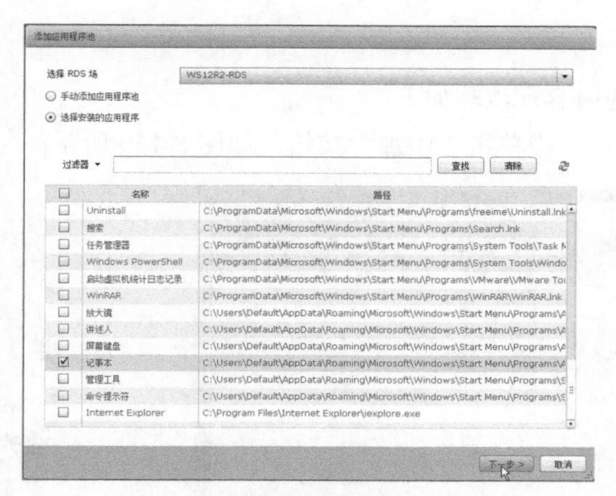

图 8-145　选择安装的应用程序

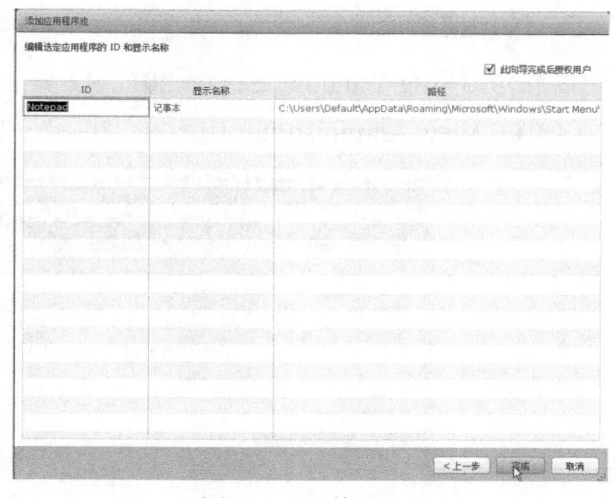

图 8-146　修改 ID

（4）在“添加授权”对话框中，单击“添加”按钮，如图 8-147 所示。

（5）在“查找用户或组”对话框，添加 Domain Users 用户组，如图 8-148 所示。

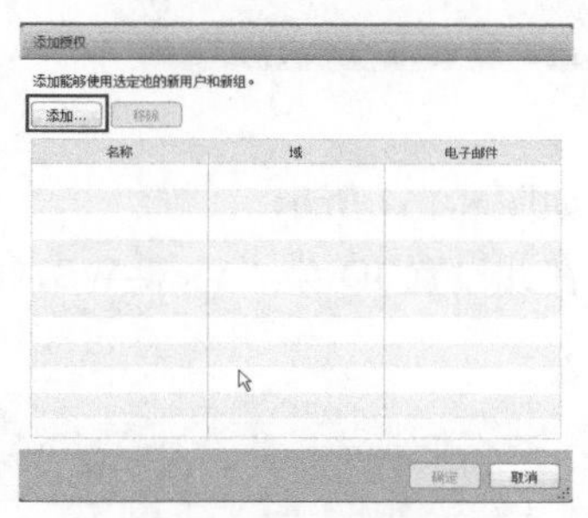

图 8-147　添加授权

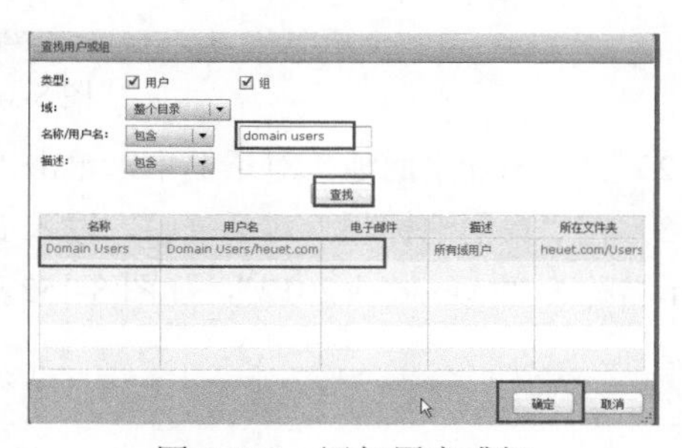

图 8-148　添加用户或组

（6）添加授权之后，返回到 View Administrator，在“目录→应用程序池”中，可以看到添加的应用程序，如图 8-149 所示。对于不需要的程序，可以选中之后单击“删除”按钮删除，也可以单击“添加”按钮，继续添加。

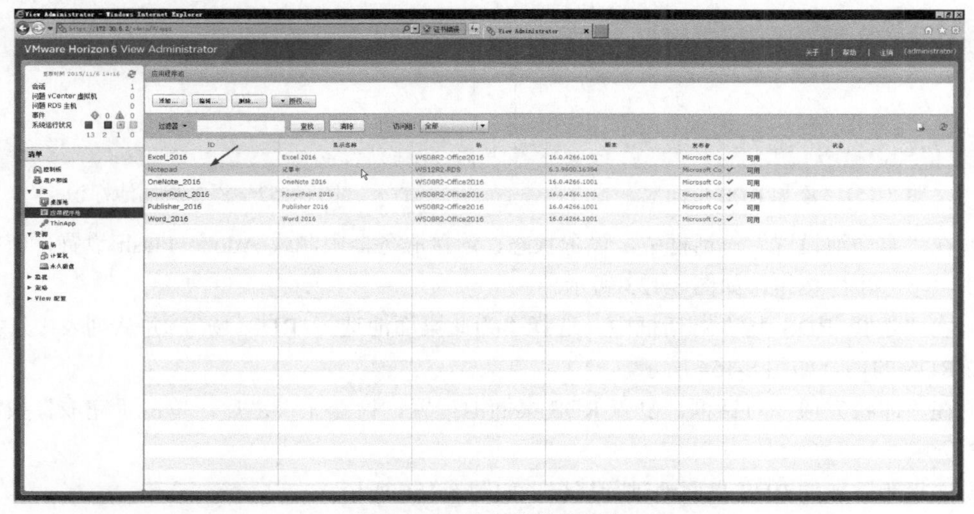

图 8-149　发布的应用程序

5．添加桌面池

本节介绍发布 Windows Server 2012 R2 桌面池的内容，步骤如下。

（1）在 View Administrator 中，在“目录→桌面池”中单击“添加”按钮，如图 8-150 所示。

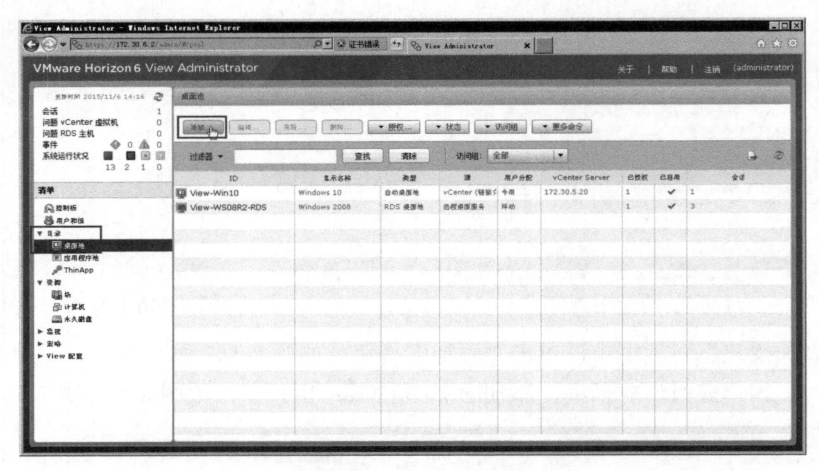

图 8-150　添加桌面池

（2）在“添加桌面池”对话框中，单击“RDS 桌面池”，如图 8-151 所示。

（3）在“桌面池标识”对话框中，输入 ID 及显示名称，在此设置 ID 为“View-WS12R2”，设置显示名称为“Windows 2012”，如图 8-152 所示。

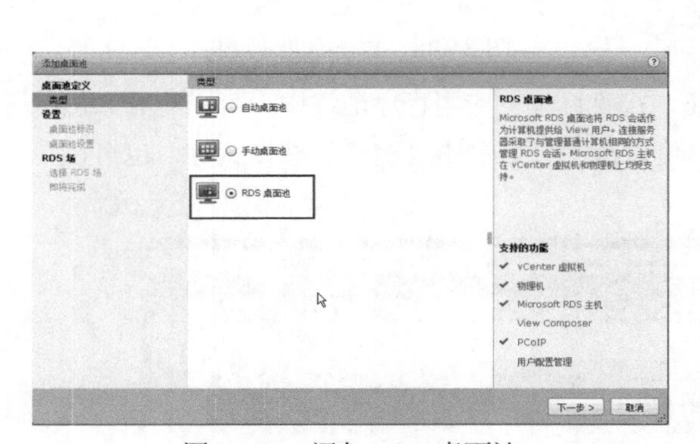

图 8-151　添加 RDS 桌面池

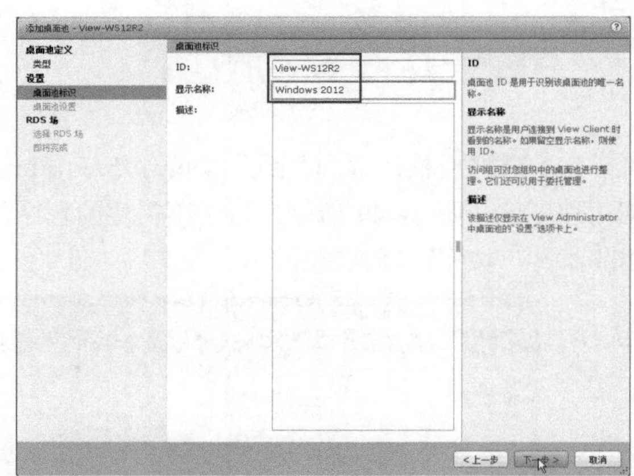

图 8-152　添加桌面池标识

（4）在“桌面池设置”对话框中，设置状态、连接服务器限制或 Adobe Flash 设置，保持默认值，单击“下一步”按钮，如图 8-153 所示。

（5）在“选择 RDS 场”对话框中，选择“为此桌面池选择 RDS 场”，并从列表中选择名为 WS12R2-RDS 的场，如图 8-154 所示。

（6）在“即将完成”对话框，复查 RDS 桌面池配置，检查无误之后，单击“完成”按钮，如图 8-155 所示。

（7）之后为添加的 RDS 桌面池进行授权，如图 8-156 所示。

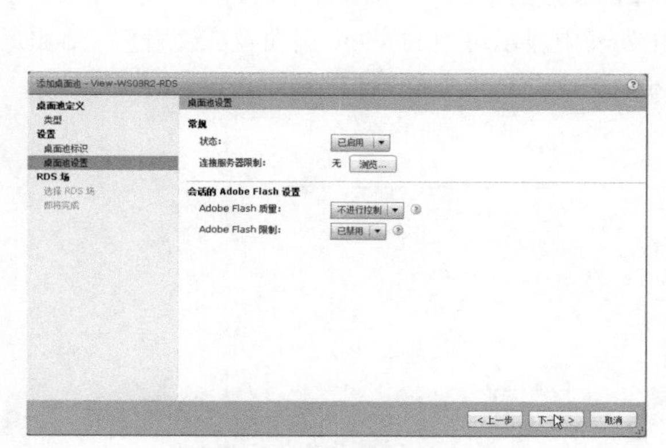

图 8-153　桌面池设置

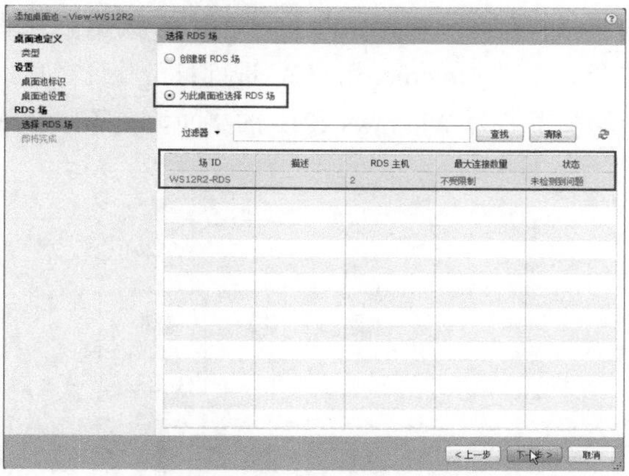

图 8-154　选择 RDS 场

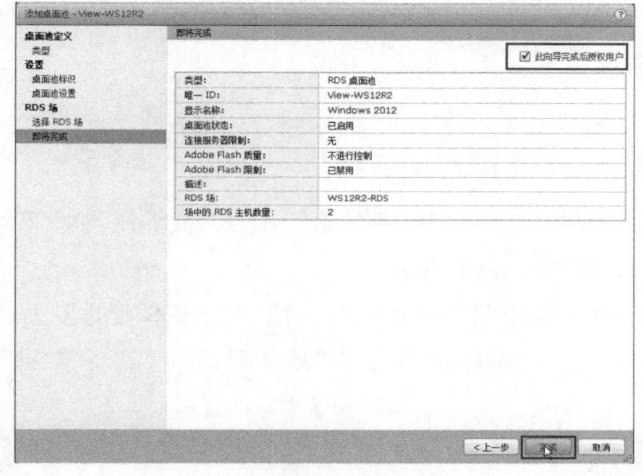

图 8-155　即将完成

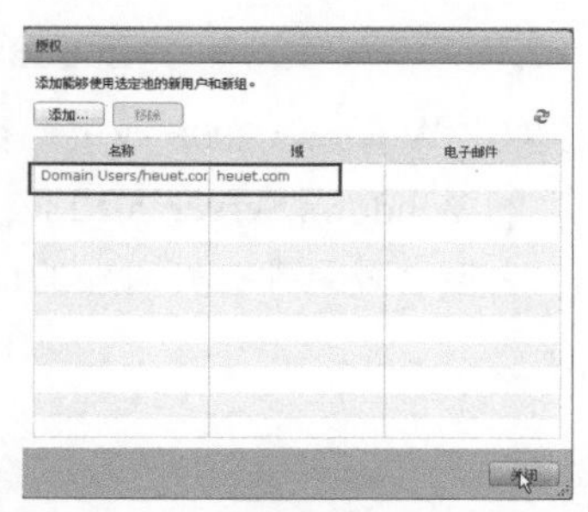

图 8-156　授权

（8）添加桌面池、向桌面池授权之后，返回 View Administrator，在“目录→桌面池”列表中，可以看到新添加的桌面池，如图 8-157 所示。

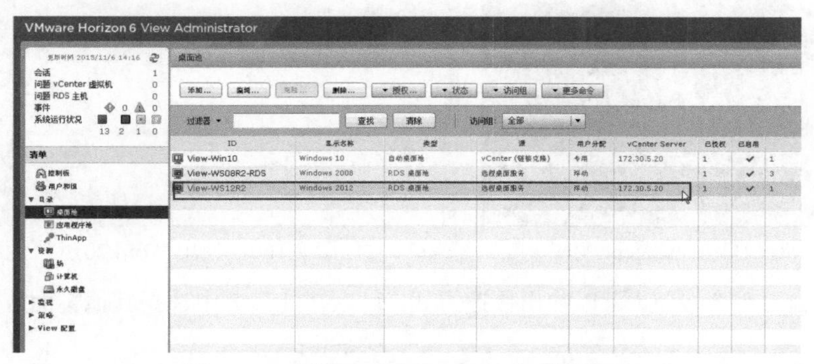

图 8-157　添加 Windows 2012 桌面池完成

6. 客户端测试

在配置好 Windows Server 2012 桌面池及发布应用程序之后，View 客户端即可以使用。在本节我们将使用 HTML 的方式进行测试，而使用 Windows 及 Linux 版本的 View Client、Android 或 IOS，则在后面的章节介绍。

（1）在客户端计算机上，使用 IE 浏览器登录 View 连接服务器（局域网或 VPN 用户）或 View 安全服务器（Internet 用户），进行身份验证之后，在列表中显示可用的 View 桌面及应用程序。在此新增加了名为 Windows 2012 的桌面，在第二行则添加了“记事本”应用程序，如图 8-158 所示。

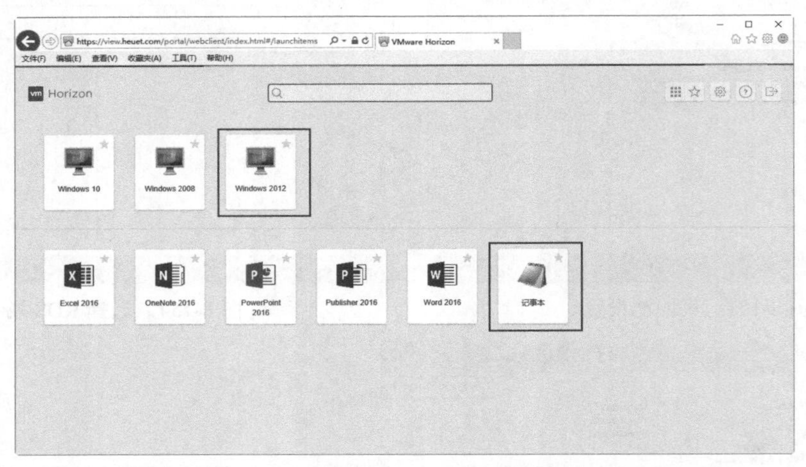

图 8-158　新添加的桌面及应用程序已经可用

（2）双击 Windows 2008 或第二行中的一个应用程序，会在 IE 浏览器中出现“请等候 User Profile Service”的 Windows Server 2012 R2 的登录界面，如图 8-159 所示。

（3）之后会登录并打开对应的桌面或应用程序，例如图 8-160 则是使用“记事本”的界面。

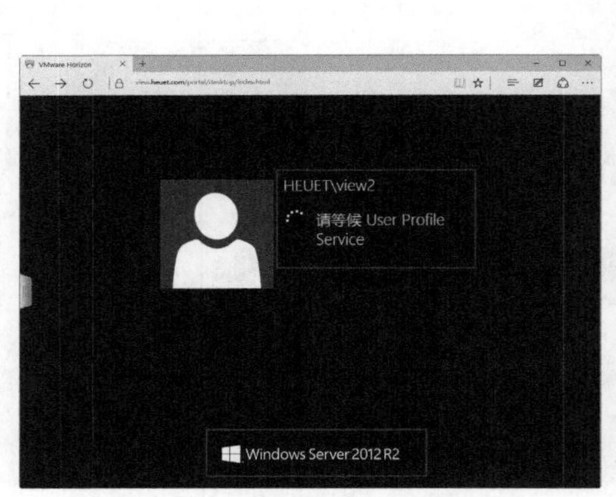

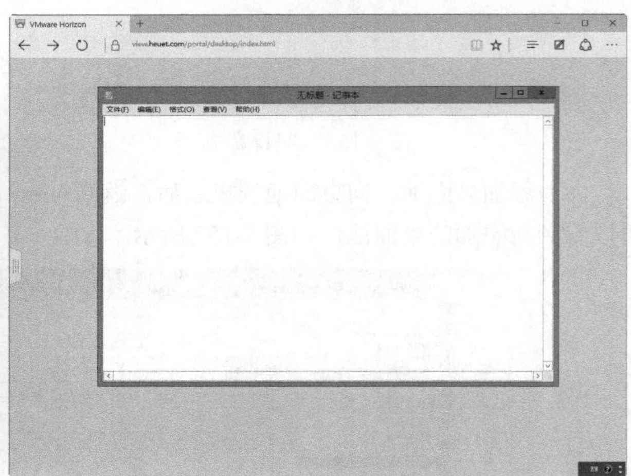

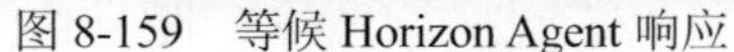

图 8-159　等候 Horizon Agent 响应　　　　图 8-160　使用 Word 2016 应用程序

（4）单击左侧的“ ”按钮，可以弹出快捷方式，可以在此列表中选择其他桌面或新的应用程序，如图 8-161 所示。

（5）单击 Windows 2012，则可以进入 Windows Server 2012 R2 的界面，如图 8-162 所示。

如果使用 VMware Horizon View 客户端，则看到的界面如图 8-163 所示。同样可以设置 Windows 2012 桌面的显示大小，这些与上一章中使用 Windows 10 的桌面相同，不再介绍。

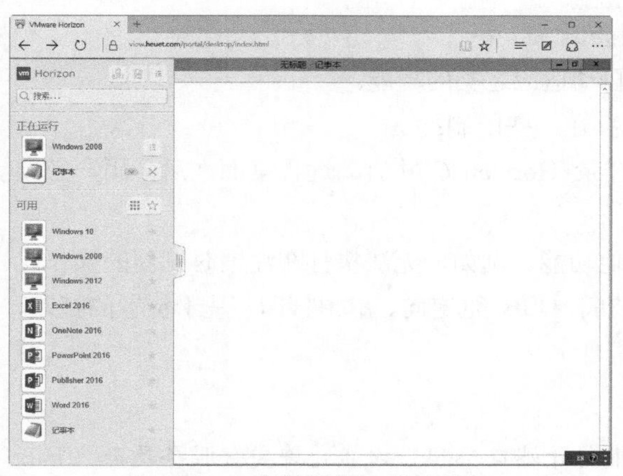

图 8-161　应用程序与桌面列表

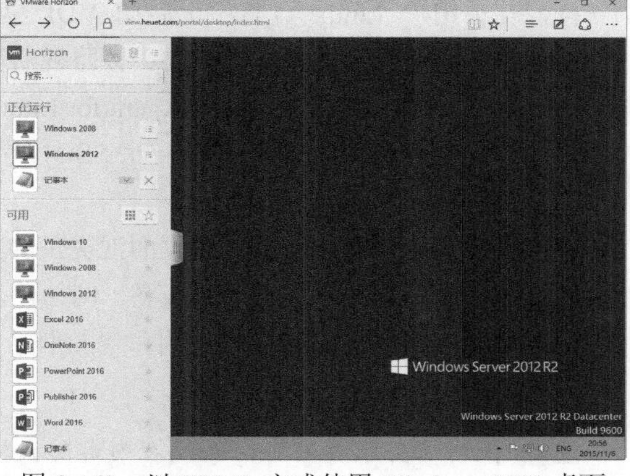

图 8-162　以 HTML 方式使用 Windows 2008 桌面

使用 Horizon View 登录 Windows Server 2012 并且映射了 Horizon View 计算机“D 盘软件截图”之后的界面如图 8-164 所示。

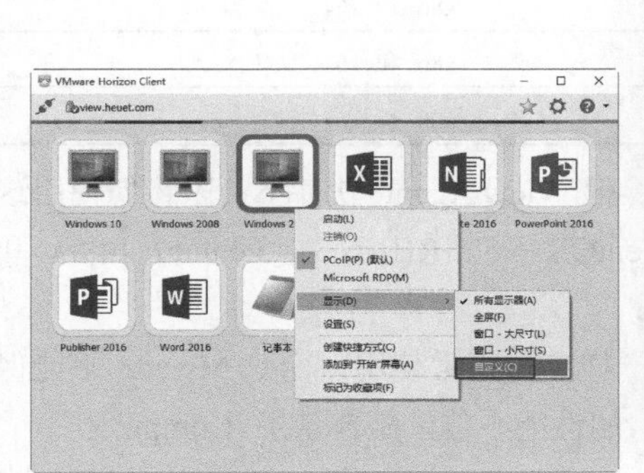

图 8-163　VMware Horizon Client 界面

图 8-164　Horizon Client 的 Windows 2008 桌面

8.2　安装和配置 Horizon 6 for Linux 桌面

本节介绍关于设置 Linux 虚拟机以用作 VMware Horizon 6 桌面的内容，其中包括准备 Linux 客户机操作系统、在虚拟机上安装 View Agent，以及在 View Administrator 中配置计算机以用于 Horizon 6 部署。

8.2.1　Horizon 6 for Linux 桌面概述与系统需求

要在 Horizon 6 环境中将 Linux 虚拟机安装为远程桌面，您必须准备 Linux 客户机操作系统，在虚拟机上安装 View Agent，并在 View Administrator 中配置计算机。

在安装 Linux 客户机操作系统以用作远程桌面之后，授权的用户可以就像在 Windows 计算机上一样，在单用户 Linux 计算机上启动 VDI 桌面会话。

Linux 桌面提供了诸如音频输出、多监视器和自动适应之类的功能。

Horizon View 6.2 版本的 View Agent for Linux 存在一些限制：

- 不支持单点登录 (Single Sign-on, SSO)。在登录 Horizon 6 并启动远程桌面之后，用户必须登录 Linux 客户机操作系统。
- 不支持自动置备和仅随自动桌面池提供的其他功能。例如，无法执行在注销时刷新的操作。
- 无法在远程桌面上使用本地设备。例如，不支持 USB 重定向、虚拟打印、基于位置的打印、剪贴板重定向、实时音频视频和智能卡。
- 不支持 HTML Access。

注意 使用安全服务器时，必须在内部防火墙中打开端口 5443 才能允许安全服务器与 Linux 桌面之间的流量。

Horizon 6 for Linux 必须满足特定的操作系统、Horizon 6 和 vSphere 平台要求。表 8-1 列出了当前版本桌面池中虚拟机支持的 Linux 操作系统。

表 8-1 View Agent 支持的 Linux 操作系统

Linux 分发包	架 构
Ubuntu 12.04	x86 和 x64
RHEL 6.6	x86 和 x64
CentOS 6.6	x86 和 x64
NeoKylin 6、NeoKylin 6 Update 1	x86 和 x64

其他 Linux 分发包尚未通过支持 View Agent 的认证，但 View Agent 软件不会阻止您使用这些分发包。例如，您或许可以使用分发包 RHEL 6.5、CentOS 6.5、RHEL 7、Ubuntu 14.04 和 UbuntuKylin 14.04。

但是，未经认证的分发包可能无法像受支持的分发包一样完全正常使用，而 VMware 不能保证会解决未经认证的分发包中的问题。例如，Ubuntu 14.04 的性能不佳，除非禁用 Compiz。

要安装并使用 Horizon 6 for Linux，您的部署必须满足特定的 vSphere 平台、Horizon 6 和客户端要求。Horizon 6 for Linux 需要的 vSphere 平台版本 vSphere 5.5 U2、vSphere 6.0 或更高版本，Horizon 环境需要 Horizon 6 版本 6.1.1 或更高版本，Horizon Client 软件 Horizon Client 3.4 for Windows、Linux 或 Mac OS X，不支持零客户端和移动客户端。

在 vSphere Client 中创建 Linux 虚拟机时，请按照表 8-2 所示配置 vRAM 大小。针对您为虚拟机配置的监视器数量和分辨率设置建议的 vRAM 大小。

这些 vRAM 大小是最小的建议值。如果虚拟机上有更多资源可供使用，请将 vRAM 设置为更大的值以提高视频性能。

【说明】 Horizon 6 不会在 Linux 虚拟机上自动配置 vRAM 设置，这与在 Windows 虚拟机上的情形一样。您必须在 vSphere Client 中手动配置 vRAM 设置。

表 8-2　Linux 客户机操作系统的建议 vRAM 设置

vRAM 大小	监视器数量	最高分辨率
10MB	1	1600×1200 或 1680×1050
12MB	1	1920×1440
16MB	1	2560×1600
32MB	2	2048×1536 或 2560×1600
48MB	3	2048×1536
64MB	3	2560×1600
64MB	4	2048×1536
128MB	4	2560×1600 RHEL 和 CentOS 只在 vSphere 5.5 上支持此配置。 要在 Ubuntu 上支持此配置，您必须重新编译内核。 NeoKylin 上不支持此配置。

【注意】要连接到配有多个监视器的 RHEL 6.6 或 CentOS 6.6 桌面，您必须正确指定显示器的数量。您还必须编辑 vmx 文件并附加以下行:

```
svga.maxWidth="10240"
svga.maxHeight="2048"
```

如果未添加这些设置，则只有一个监视器显示桌面。其他监视器将显示黑屏。

如果您在使用建议的设置时遇到自动适应问题，可以指定更大的 vRAM 大小。vSphere Client 允许的最大 vRAM 大小为 128 MB。如果您指定的大小超过 128 MB，则必须手动修改 vmx 文件。以下示例指定的 vRAM 大小为 256 MB：

```
svga.vramSize = "268435456"
```

8.2.2　创建虚拟机并安装 Linux

您可以在 vCenter Server 中为在 Horizon 6 中部署的每个远程桌面创建新虚拟机。您必须在虚拟机上安装 Linux 分发包。

1．创建 Ubuntu 虚拟机

在下面的操作中，将创建一个 Ubuntu 的虚拟机，为虚拟机分配 2 个 CPU、2GB 内存、16GB 的硬盘、32MB 显存，主要步骤如下。

（1）使用 vSphere Client 登录到 vCenter Server，新建一个虚拟机，设置虚拟机的名称为 View-Ubuntu-T1，如图 8-165 所示。

（2）在“客户机操作系统”对话框，选择“Linux→Ubuntu Linux （32 位）”，如图 8-166 所示。

（3）在“即将完成”对话框，显示了当前创建的 Ubuntu 虚拟机的配置，选中“完成前编辑虚拟机设置”，以修改其他参数，如图 8-167 所示。

（4）在“虚拟机属性→属性”对话框，修改显存为 32MB，如图 8-168 所示。

【说明】Ubuntu 12.04 建议配置 2048 MB 的显存和 2 个 vCPU。在“显卡”配置中，请参考表 8-2 的建议，不要使用显存计算器。另外，在安装 Linux 操作系统时，将虚拟机配置为 gnome 桌面环境。虽然基本连接以及音频和视频在某些分发包(例如 Kubuntu)上可以正常使用，但 KDE 仍尚通过支持 View Agent 的认证。

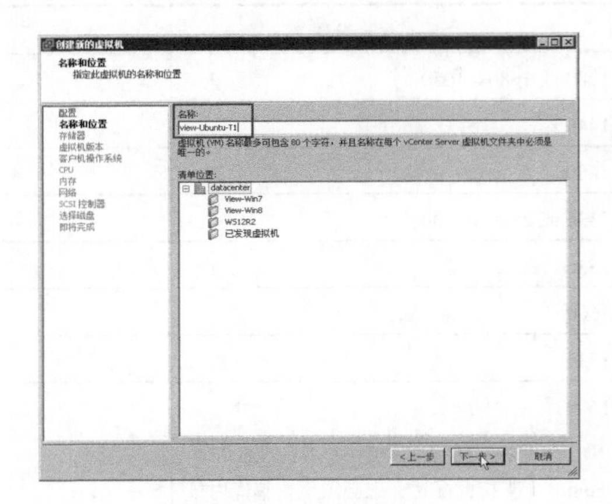

图 8-165 创建虚拟机

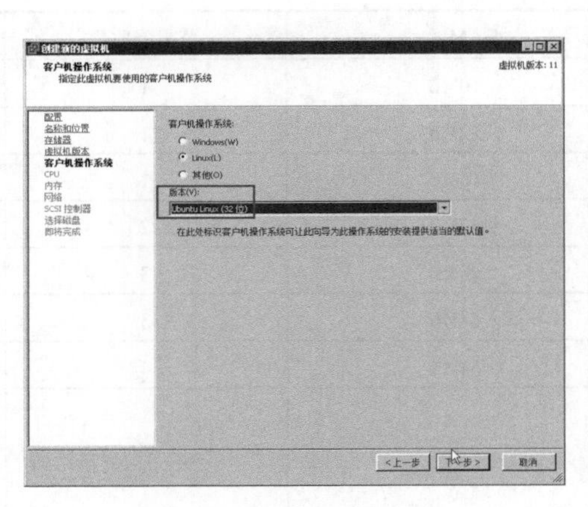

图 8-166 选择 32 位 Ubuntu

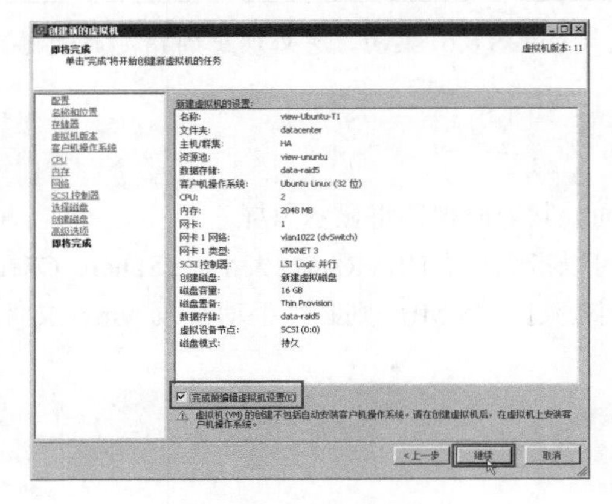

图 8-167 创建虚拟机完成

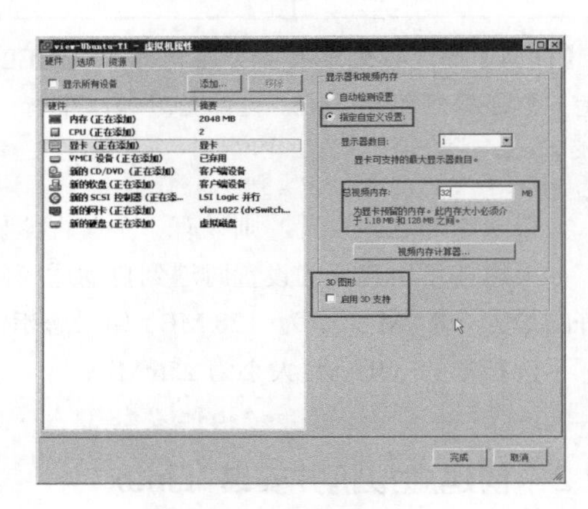

图 8-168 修改显卡显存

2．在虚拟机中安装 Ubuntu

在创建虚拟机完成后，启动虚拟机，打开控制台，映射 Ubuntu 安装光盘镜像（如图 8-169、图 8-170 所示）。

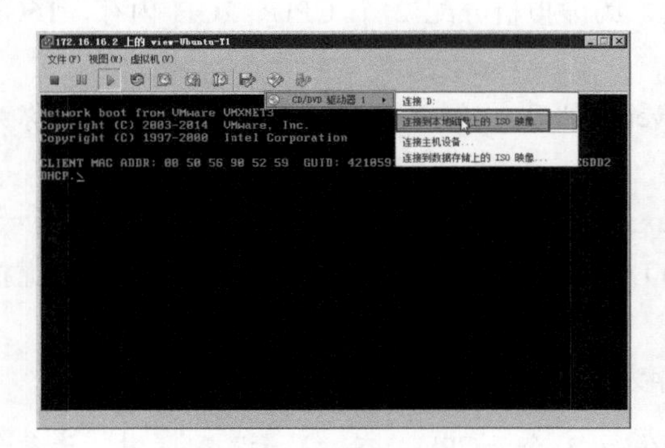

图 8-169 加载本地镜像

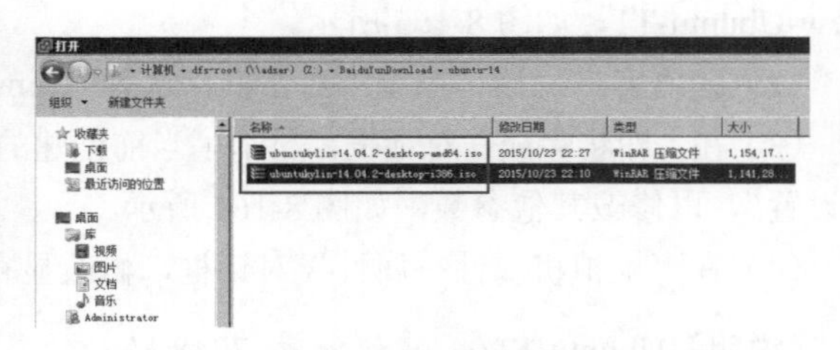

图 8-170 选择 Ubuntu 安装镜像

加载光盘镜像之后，鼠标在虚拟机中单击一下，按回车键，开始安装 Linux，主要步骤如下。

（1）在“Ubuntu Kylin”界面，移动光标到“安装 Ubuntu Kylin”按回车键，如图 8-171 所示。

（2）在“欢迎”界面，选择“中文（简体）”，如图 8-172 所示。

图 8-171　安装 Ubuntu

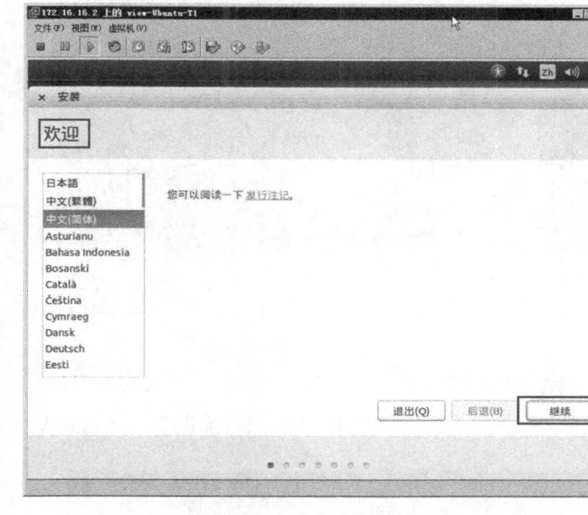

图 8-172　选择语言

（3）在“准备安装 Ubuntu Kylin”对话框，单击“继续”按钮，如图 8-173 所示。

（4）在“安装类型”对话框，单击“现在安装”，在“将改动写入硬盘”对话框单击“继续”按钮，如图 8-174 所示。

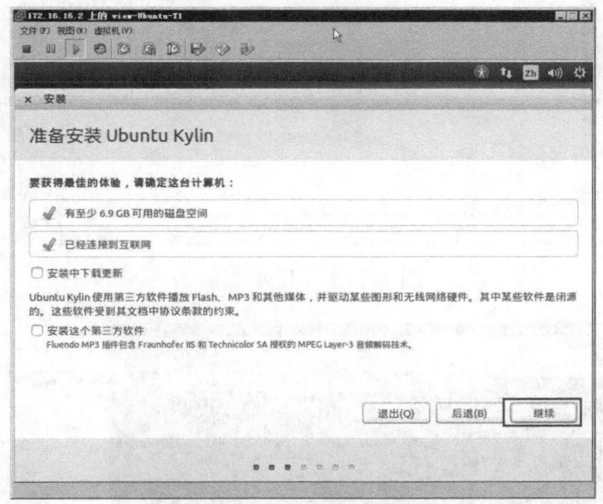
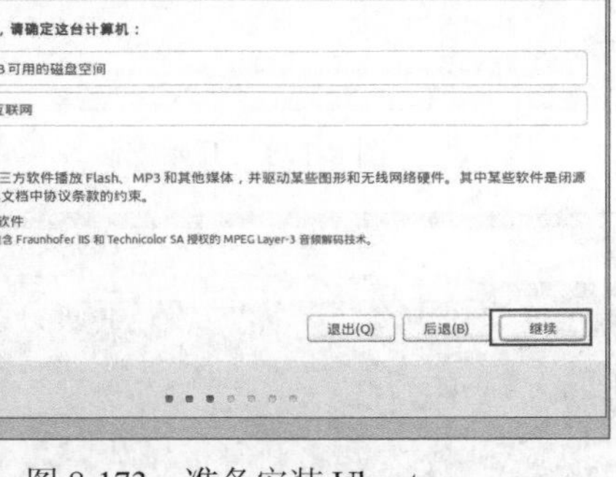

图 8-173　准备安装 Ubuntu

图 8-174　清除硬盘

（5）在“您在什么地方”选择“Shanghai”，如图 8-175 所示。

（6）在“键盘布局”对话框选择“汉语→汉语”，如图 8-176 所示。

（7）在“您是谁”对话框，设置登录帐户、密码，如图 8-177 所示。

（8）之后开始安装 Ubuntu，如图 8-178 所示。

（9）安装完成之后，重新启动虚拟机，如图 8-179 所示。

（10）断开 Ubuntu 安装镜像，之后按回车键，重新启动，如图 8-180 所示。

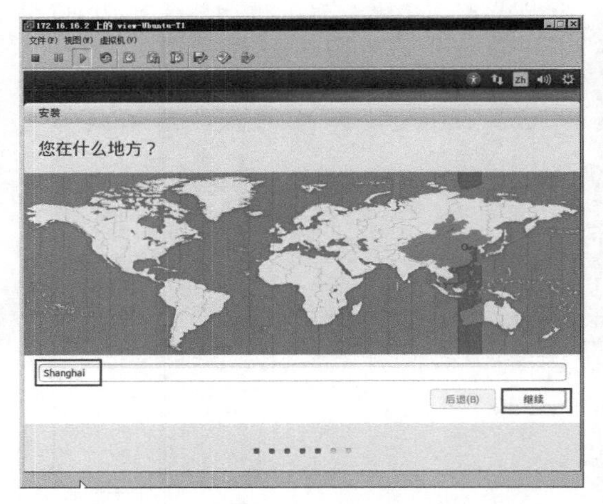

图 8-175　区域选择

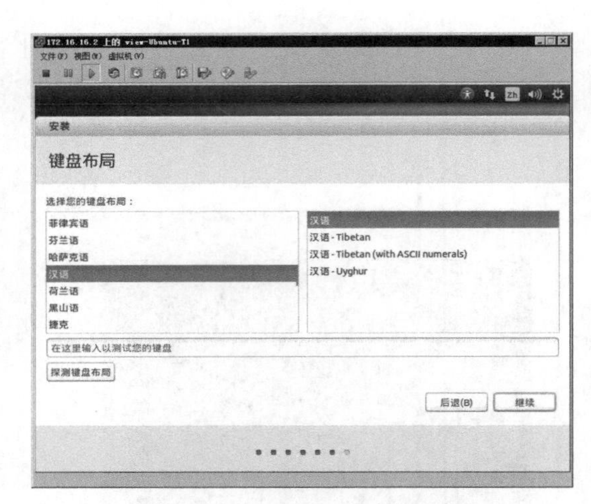

图 8-176　键盘布局

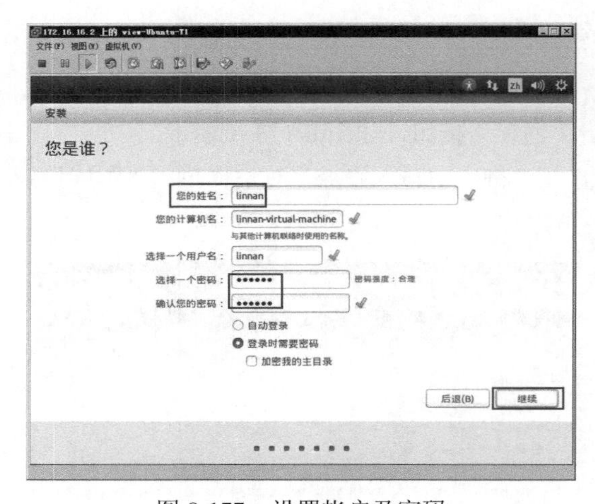

图 8-177　设置帐户及密码

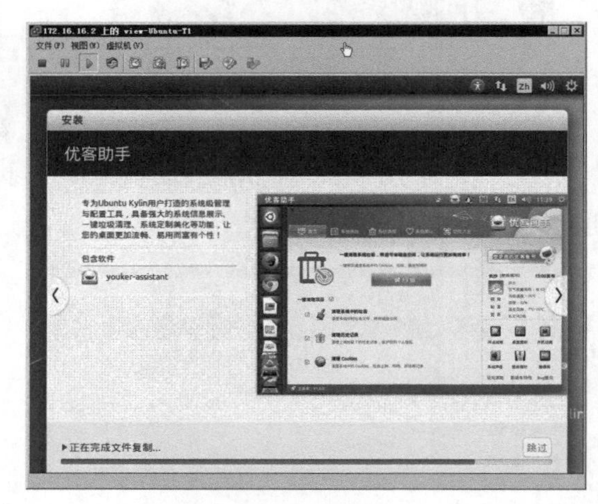

图 8-178　开始安装

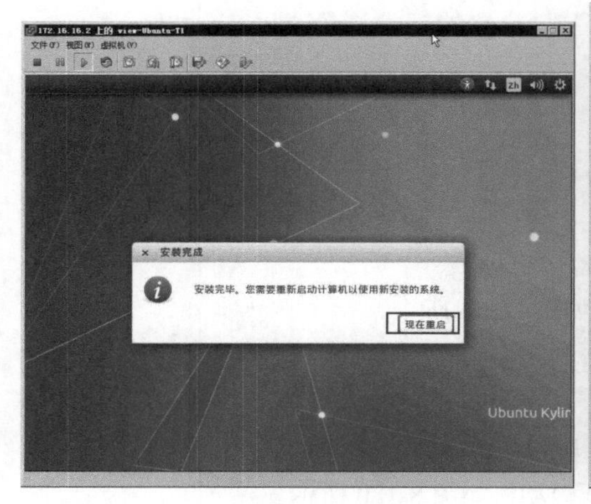

图 8-179　安装完成

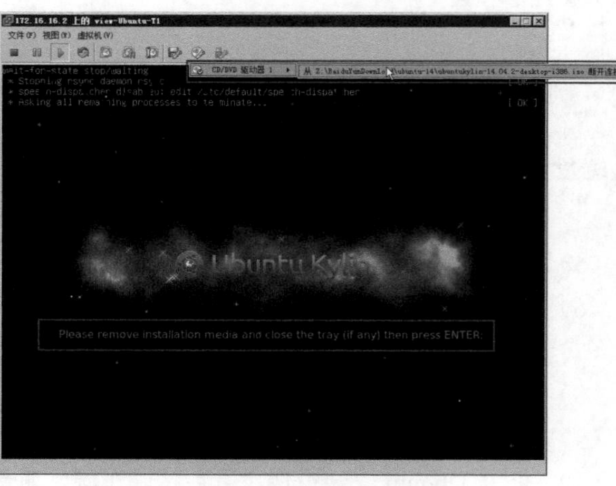

图 8-180　移除光盘，重启

3. 安装 VMware Tools

再次进入 Ubuntu 之后，安装 VMware Tools，主要步骤如下。

（1）输入密码，登录 Linux，如图 8-181 所示。

（2）在“虚拟机”菜单中选择“客户机→安装/升级 VMware Tools”，如图 8-182 所示。

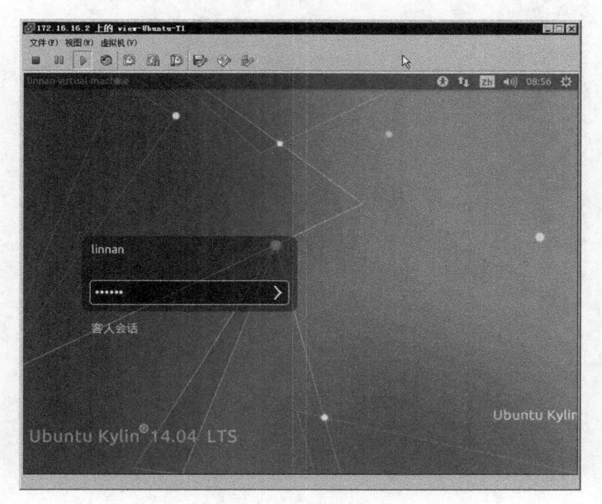

图 8-181　登录到 Linux

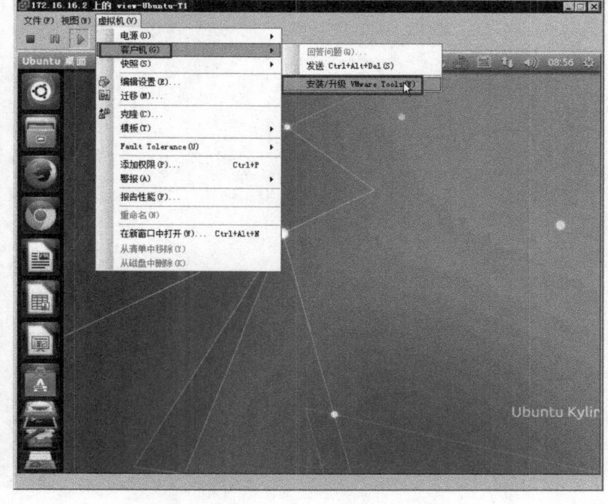

图 8-182　安装 VMware Tools

（3）在虚拟机中，用“归档管理器”打开 VMware Tools 安装文件“VMwareTools-9.10.0-xxxx.tar.gz”，如图 8-183 所示。

（4）打开之后，单击“提取”，如图 8-184 所示。

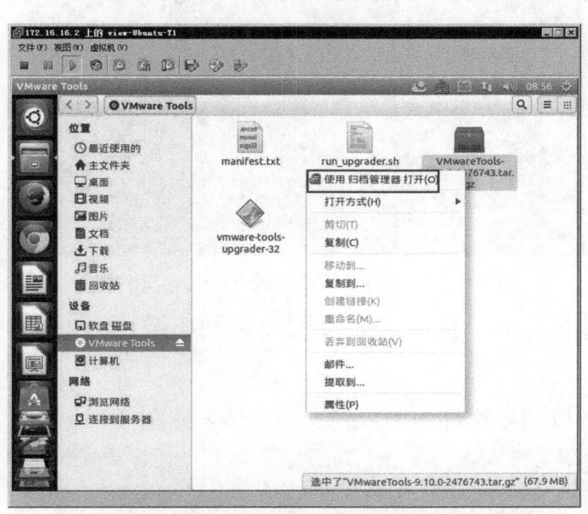

图 8-183　打开 VMware Tools 安装文件

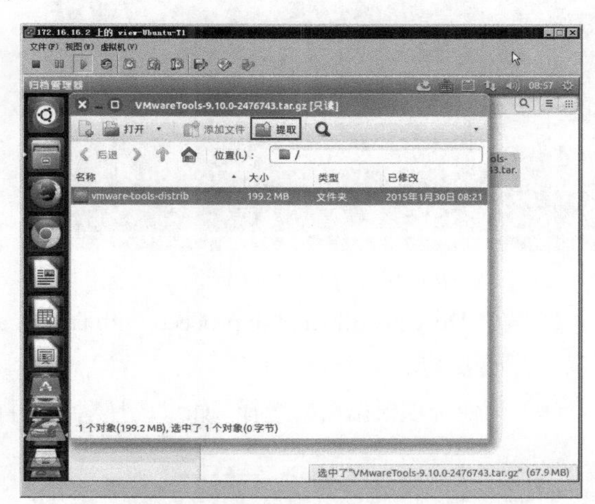

图 8-184　提取

（5）将 VMware Tools 安装文件（压缩文件）提取展开到/tmp 文件夹中，如图 8-185 所示。

（6）在桌面空白位置右击，在弹出的快捷菜单中选择“在终端中打开”，如图 8-186 所示。

（7）进入 Linux 终端之后，依次执行如下命令：

```
sudo passwd -u root
sudo passwd root（之后为 root 设置一个密码）
su - （输入密码，进入管理员模式）
```

如图 8-187 所示。

图 8-185　提取文件到/tmp 文件夹

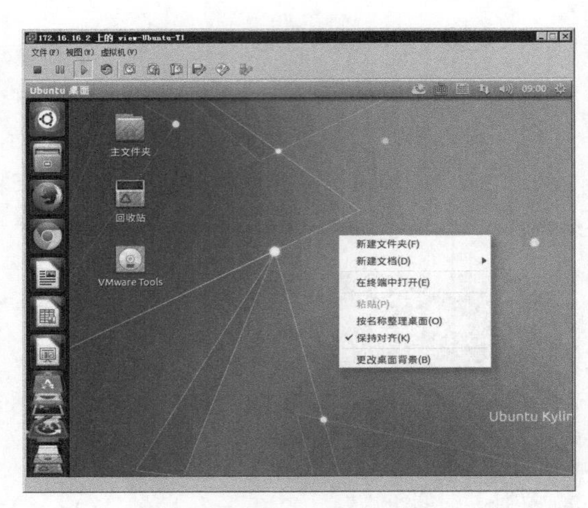

图 8-186　打开终端

之后依次执行：

```
cd /tmp
ls
cd vm*
./vmware-install.pl
```

如图 8-188 所示，开始安装 VMware Tools。

图 8-187　进入 root 模式

图 8-188　执行 VMware Tools 安装命令

（8）在“Do you still want to proceed with this legacy installer”提示中键入 yes，按回车键，如图 8-189 所示，开始安装。

（9）其他选项根据需要选择，如果选择默认值直接按回车键即可，直到安装完成，如图 8-190 所示。

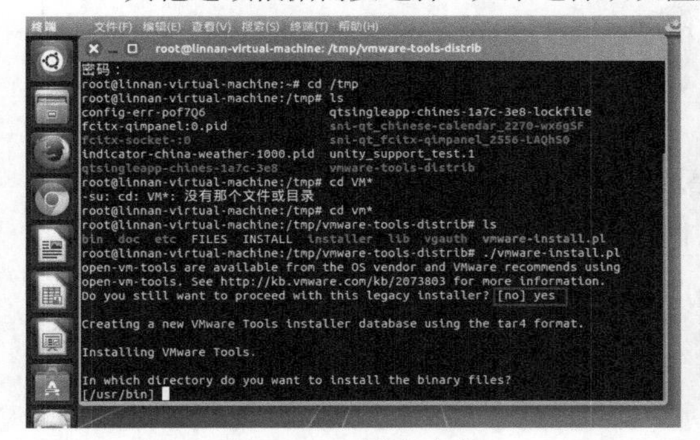

图 8-189　准备安装

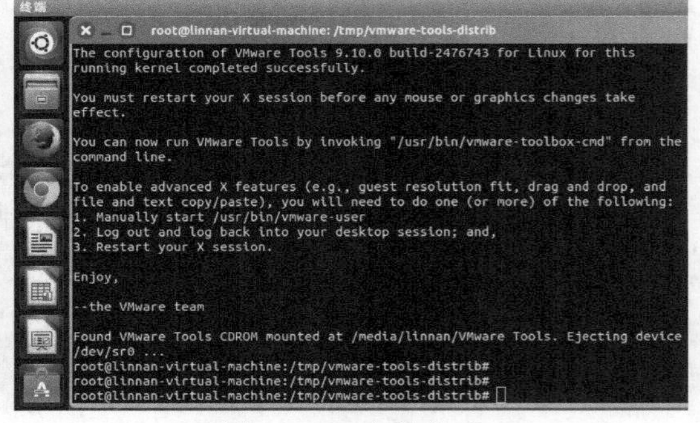

图 8-190　安装完成

（10）安装完成之后，重新启动 Linux，如图 8-191 所示。

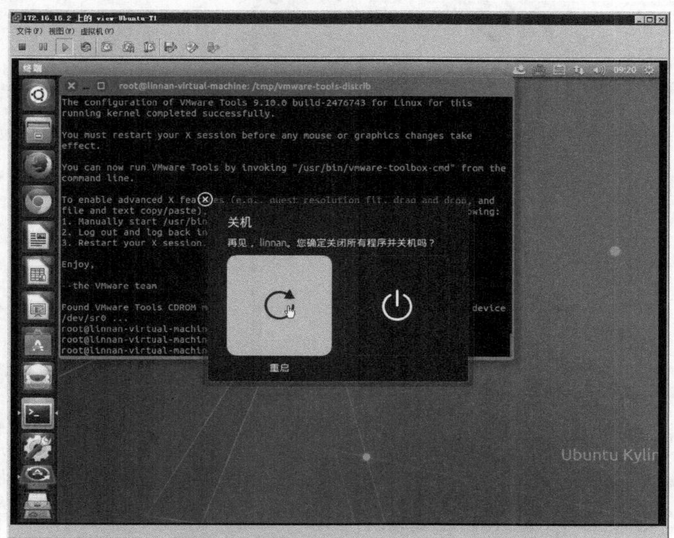

图 8-191　重新启动 Linux，让设置生效

8.2.3　在 Active Directory 中为安装 View Agent 创建用户

在 Linux 虚拟机中安装 View Agent 时，在向 View 连接服务器注册时，需要有一个 Active Directory 域帐户，而该帐户需要在 View Administrator 中具有代理注册管理员或管理员角色。具体而言，需要注册代理特权才能向 View 连接服务器注册 View Agent。代理注册管理员是提供此最低特权的受限角色。

（1）登录 Active Directory 服务器，打开“Active Directory 用户和计算机”，新建一个帐户，例如，在本示例中用户名为 linux-view-agent，如图 8-192 所示。

（2）之后为用户设置密码，并取消“用户下次登录时须更改密码”选项，选中“密码永不过期”及“用户不能更改密码”选项，如图 8-193 所示。

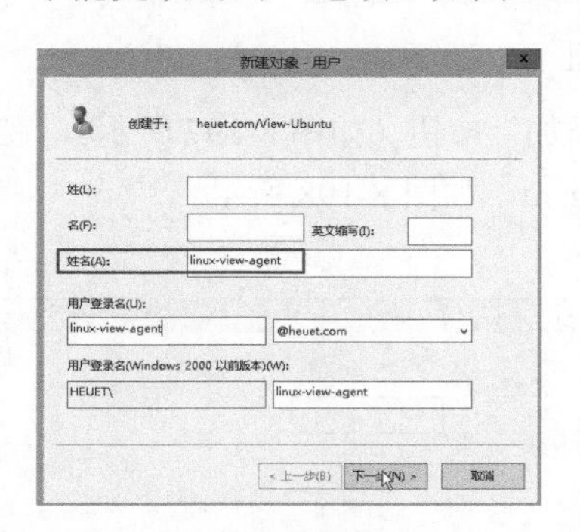

图 8-192　新建用户

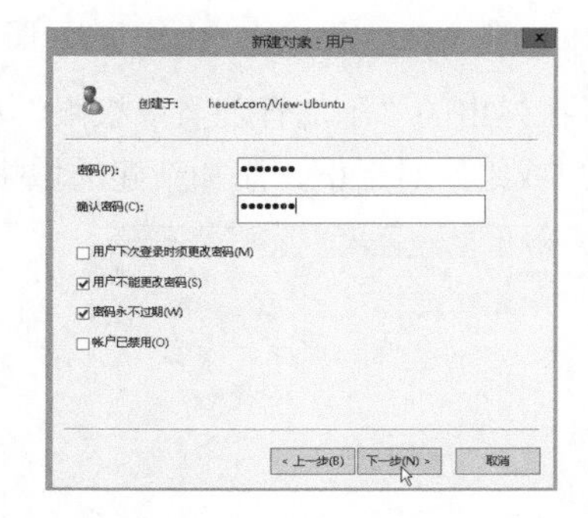

图 8-193　设置密码

（3）创建用户之后，右击该用户，选择“属性”，如图 8-194 所示。

（4）在“帐户”选项卡中，在“帐户选项”中选中“使用可逆密码存储密码”复选框，如图 8-195 所示。

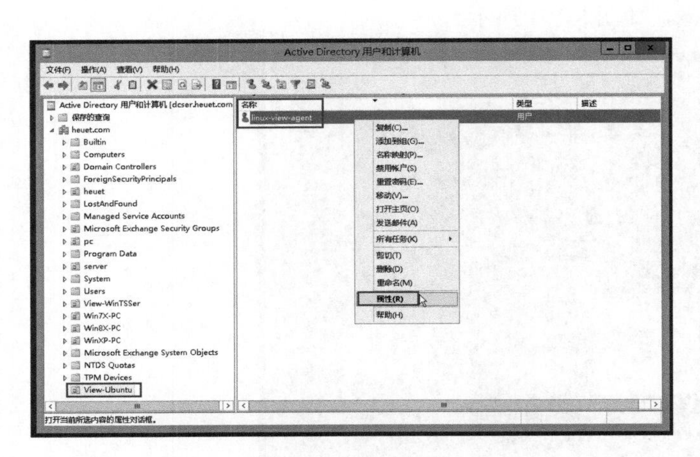

图 8-194　帐户属性

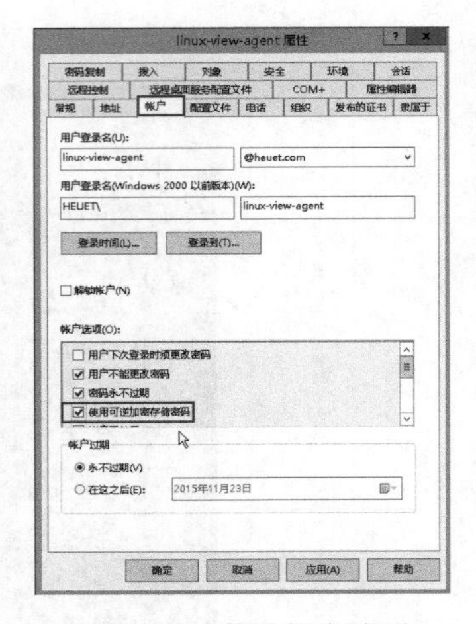

图 8-195　修改帐户选项

之后，登录 View Administrator，授予这个帐户具有“代理注册管理员”权限，步骤如下。

（1）使用 IE 浏览器登录 View Administrator，并以管理员帐户登录，在“View 配置→管理员”选项中，在“管理员和组”选项卡中，单击“添加用户或组”按钮，如图 8-196 所示。

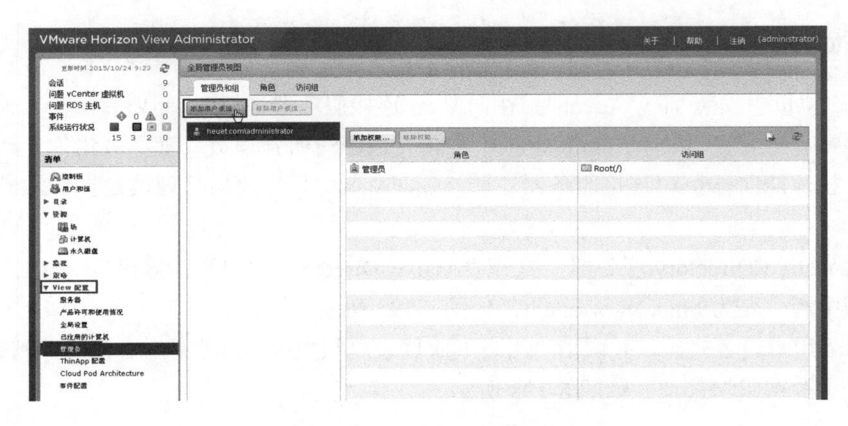

图 8-196　管理员和组

（2）在弹出的“添加管理员或权限”对话框，单击“添加”按钮（如图 8-197 所示），在弹出的“查找用户或组”对话框，添加新建的域帐户 Linux-view-agent，如图 8-198 所示。

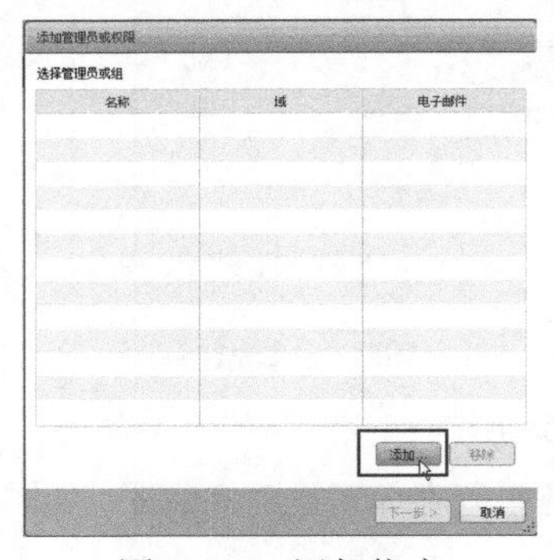

图 8-197　添加帐户

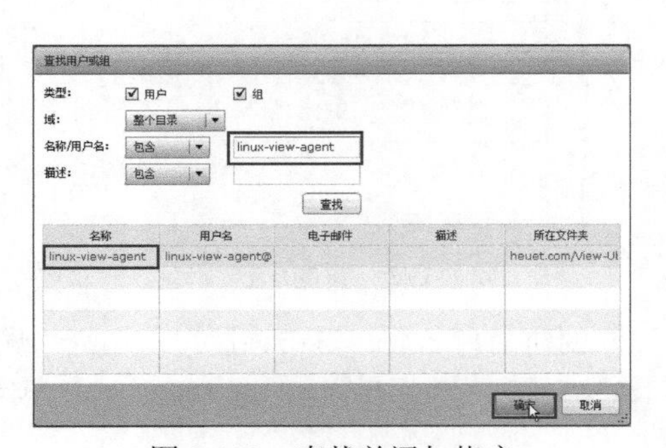

图 8-198　查找并添加帐户

（3）返回到“添加管理员或权限”对话框，单击“下一步”按钮继续，如图 8-199 所示。

（4）在“添加管理员或权限”对话框，在“选择一个角色”列表中选中“代理注册管理员”，如图 8-200 所示。

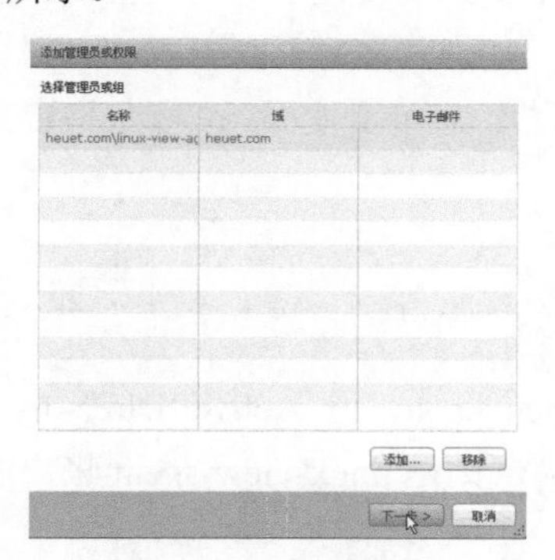

图 8-199　添加到帐户

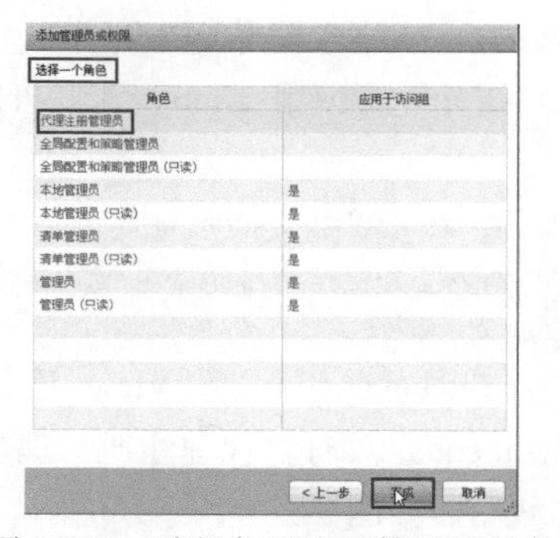

图 8-200　选择代理注册管理员角色

（5）返回到 View Administrator，在“管理员和组”中可以看到新添加的帐户，如图 8-201 所示。

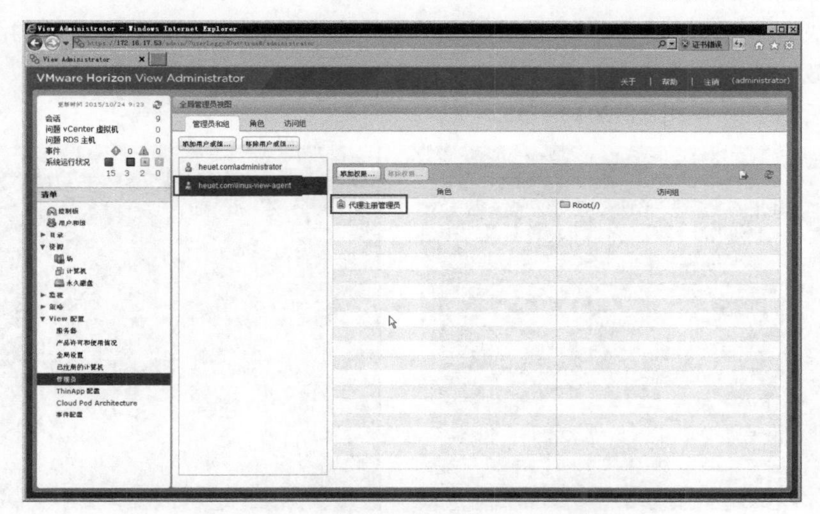

图 8-201　添加代理注册管理员帐户完成

8.2.4　在 Linux 虚拟机上安装 View Agent

最后，在配置好的 Ubuntu 虚拟机中安装 View Agent 程序，然后才可以将该虚拟机部署为远程桌面。主要步骤如下。

（1）复制 View Agent for Linux 安装程序到 Ubuntu 虚拟机，然后将其解压缩展开。

（2）进入终端，进入展开后的 View Agent 程序目录，运行 install_viewagent.sh 脚本以安装 View Agent。格式如下：

```
sudo ./install_viewagent.sh -b mybroker.mydomain.com -d mydomain.com -u administrator -ppassword
```

其中：

-b 参数用于指定向其注册 Linux 计算机的 View 连接服务器实例。您可以将 FQDN 或 IP 地址与 -b 参数一起使用。

-d、-u 和 -p 参数用于指定 View Administrator 用户的域、用户名和密码。密码中若存在特殊字符（例如$），请务必将其转义。例如：ab\$cdef

如果您没有在此命令中键入 -p 参数，则当您输入命令后，系统将提示您提供密码。在提示符处键入密码时，文字会隐藏起来。

默认情况下，将使用 Linux 计算机的主机名来注册计算机。您可以使用 -n 参数指定其他计算机名称。

例如，在本示例中，命令如下：

```
sudo ./install_viewagent.sh -b vcs.heuet.com -d heuet.com -u linux-view-agent -p asdf1234W
```

其中，vcs.heuet.com 是 View 连接服务器的域名。heuet.com 是 Active Directory 域名，linux-view-agent 是具有“代理注册管理员帐户”，而 asdf1234W 则是 linux-view-agent 帐户的密码。

操作截图，如图 8-202 所示。

（3）install_viewagent.sh 脚本将在 Linux 虚拟机上安装 View Agent 软件。该脚本会向 View 连接服务器注册此计算机。

在安装完成后，需要重新启动 Linux 虚拟机，此步骤将确保 View Agent 配置的图形 UI 更改在计算机上生效。

安装完成后系统提示如图 8-203 所示。

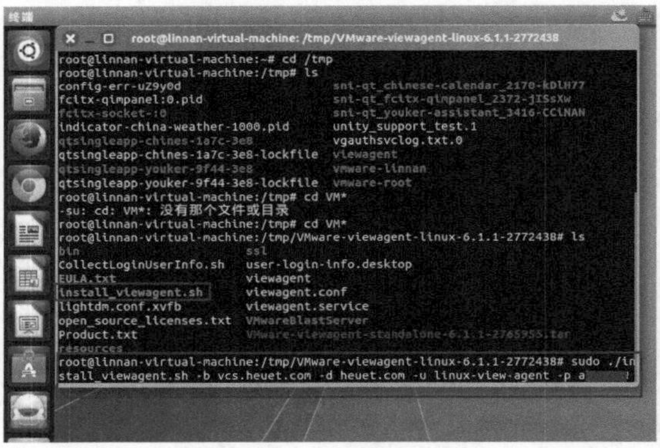

图 8-202　运行 View Agent

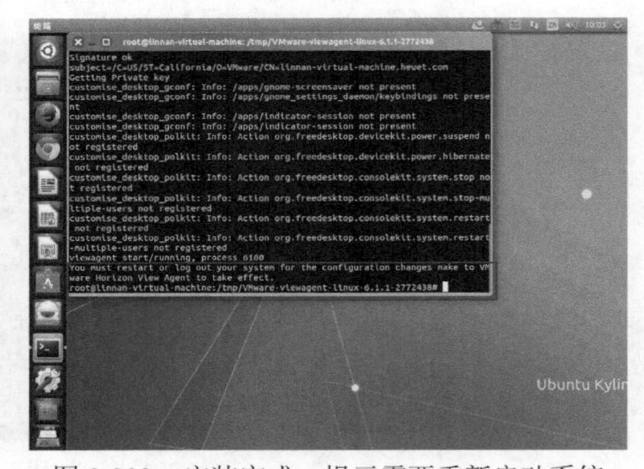

图 8-203　安装完成，提示需要重新启动系统

（4）Linux 重新启动，并再次进入系统后，viewagent 服务将在 Linux 虚拟机上启动。您可以通过运行 #service viewagent status 命令来验证此服务是否已启动。

如果安装 View Agent 失败，系统会提示，如图 8-204 所示。

其中，如果域控制器是 Windows Server 2012 R2，作为注册代理的用户，其用户帐户属性必须选中“使用可逆密码存储密码”这一项（图 8-195 中设置）。在更改了问题之后，重新启动安装程序，即可完成安装。

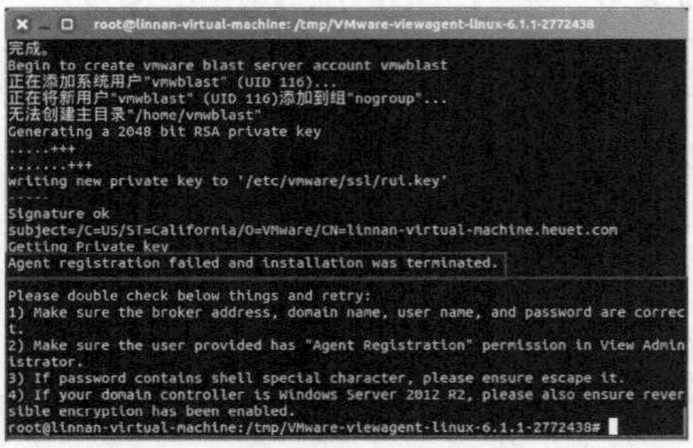

图 8-204　安装失败

8.2.5　创建包含 Linux 虚拟机的桌面池

要将 Linux 虚拟机配置为用作远程桌面，您需要创建手动桌面池并将 Linux 计算机添加到池中。

当您创建桌面池时，仅将 Linux 虚拟机添加到池中。如果池中同时包含 Windows 和 Linux 客户机操作系统，则该池将被视为 Windows 池，您将无法连接到 Linux 桌面。

当您授权用户使用桌面池中的 Linux 计算机时，最佳做法是确保用户在 Linux 客户机操作系统中没有管理特权。Linux 中的管理员用户可以打开终端窗口并调用命令（例如 shutdown，该命令用于关闭虚拟机的电源）。

vCenter Server 管理员必须重新打开此虚拟机的电源。对非管理员的 Linux 用户授权可确保您不必手动管理这些电源操作。

（1）登录 View Administrator，在“View 配置→已注册的计算机”中，在“其他”选项卡中，可以看到已经注册成功的 Linux 虚拟机，如图 8-205 所示。

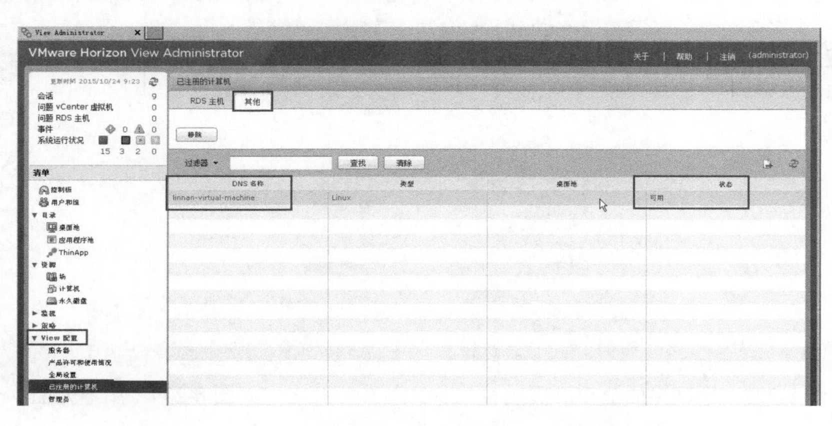

图 8-205　已注册的 Linux 虚拟机

（2）如果状态为“无法访问代理”，如图 8-206 所示，请尝试重新启动 Linux 的虚拟机，直到状态为“可用”为止。

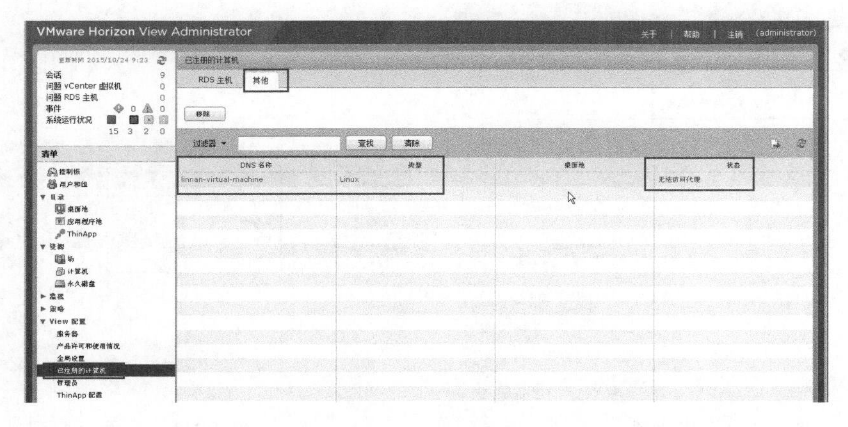

图 8-206　无法访问代理

（3）当已注册虚拟机状态正常之后，在“目录→桌面池”中，单击“添加”按钮，添加 Linux

的桌面池，如图 8-207 所示。

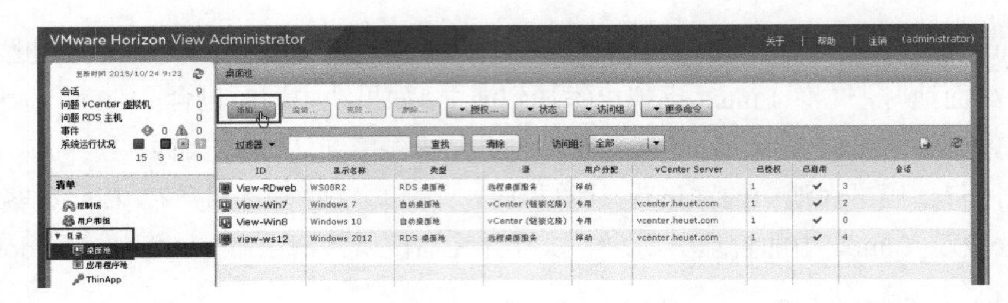

图 8-207　添加桌面池

（4）在“类型”对话框中，选择“手动桌面池”，如图 8-208 所示。

（5）在“用户分配”对话框，选择“专用”或“浮动”，如图 8-209 所示。

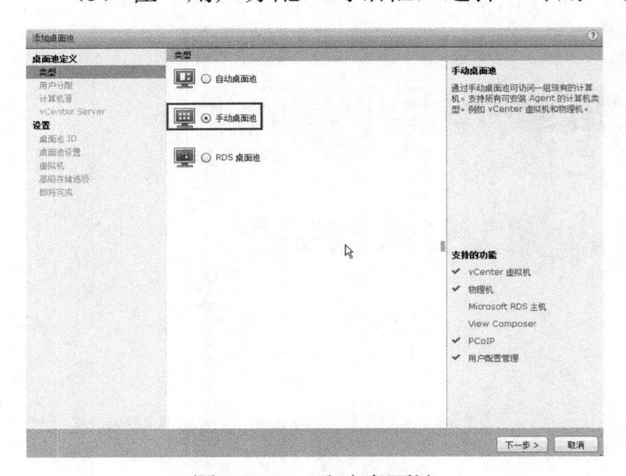

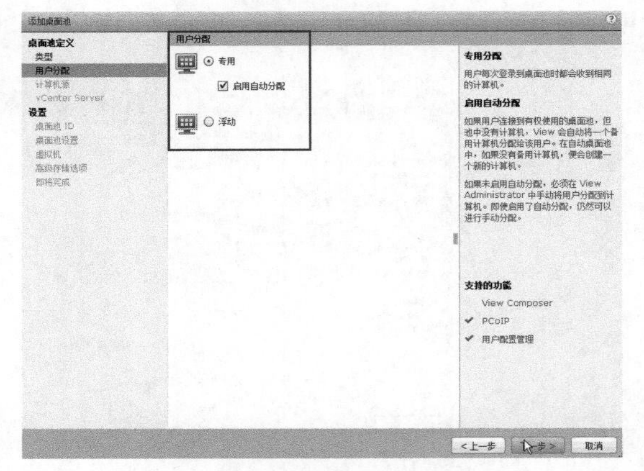

图 8-208　手动桌面池　　　　图 8-209　用户分配

（6）在“计算机源”对话框中选择“其他源”，如图 8-210 所示。

（7）在“桌面池标识”对话框中，设置 ID、显示名称，在此设置 ID 为“View-Linux”，设置显示名称为“Ubuntu”，如图 8-211 所示。

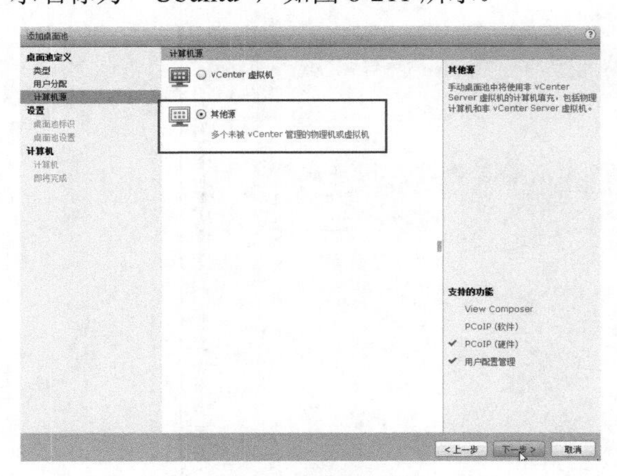

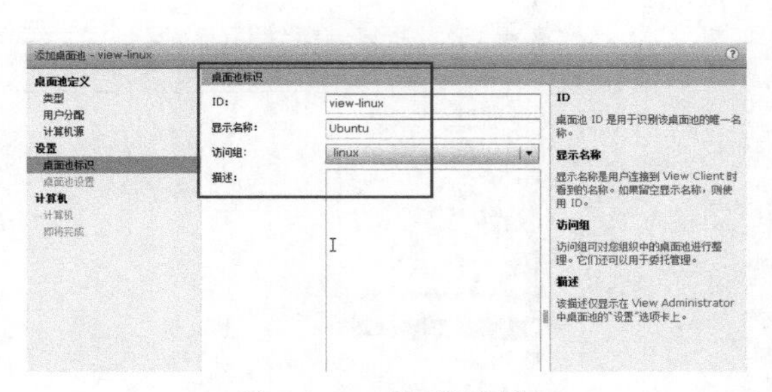

图 8-210　其他源　　　　图 8-211　桌面池标识

（8）在“桌面池设置”对话框中，保持默认值，请勿更改“远程显示协议”设置。这些设置在 Linux 桌面上无效。而且，最终用户无法选择显示协议。如图 8-212 所示。

（9）在“添加计算机”对话框，选择要添加到此桌面池中的一个或多个计算机，在此仅添加 Linux 虚拟机。如果您添加 Windows 虚拟机，则池中的 Linux 桌面将不可用。如图 8-213 所示。

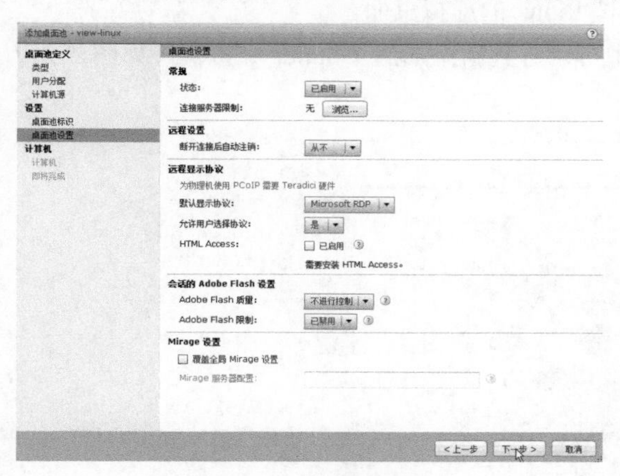

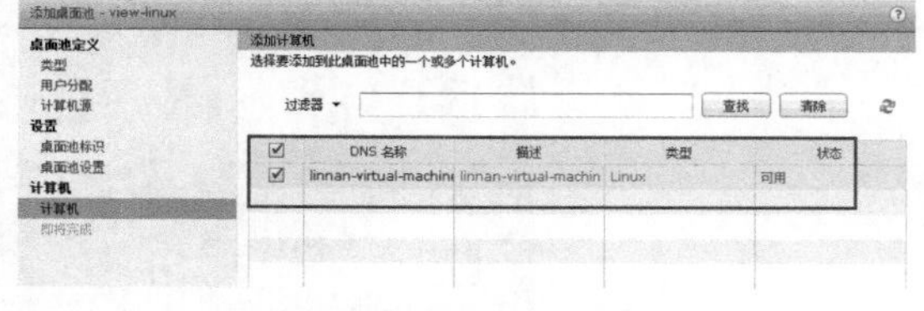

图 8-212　桌面池设置　　　　图 8-213　添加计算机

（10）在“即将完成”对话框，复查新添加的 Linux 桌面池设置，检查无误之后，单击“完成”按钮，如图 8-214 所示。

（11）之后完成“授权”，可以参照创建 Windows 或远程桌面池的方式，将 Domain User 组添加到授权列表中，如图 8-215 所示。

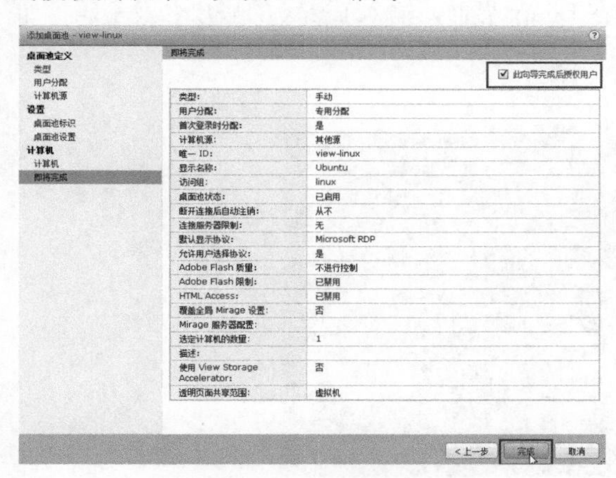

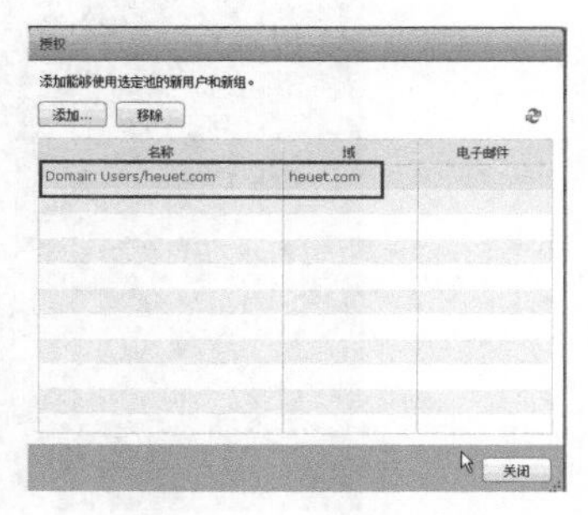

图 8-214　即将完成　　　　图 8-215　完成授权

（12）返回到 View Administrator，在“目录→桌面池”中，可以看到，已经添加了 Linux 系统的虚拟机桌面池，此时，Linux 虚拟机便已准备好在 Horizon 6 部署中用作远程桌面。如图 8-216 所示。

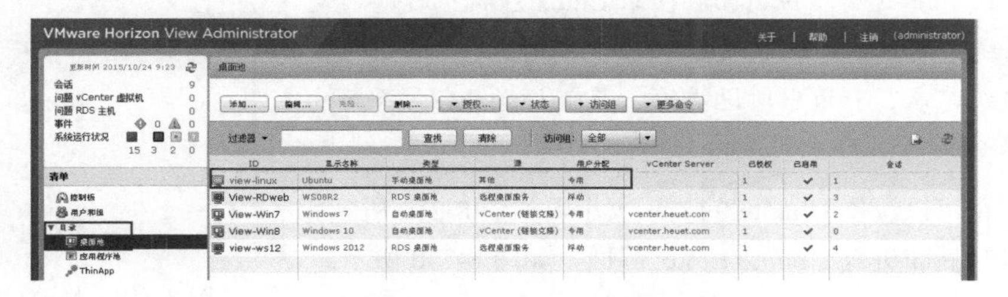

图 8-216　Linux 桌面池

8.2.6 验证并测试 Linux 的虚拟桌面

最后，使用 VMware Horizon Client，验证并测试 Linux 的虚拟桌面。

（1）运行 Horizon Client，登录之后，在列表中可以看到新添加的 Ubuntu 虚拟机，如图 8-217 所示。

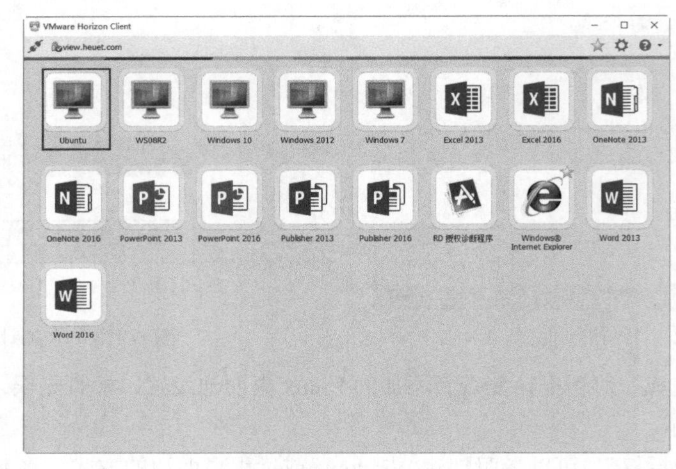

图 8-217　Ubuntu 虚拟机

（2）双击 Ubuntu，进入 Ubuntu Linux 虚拟机，在 Linux 界面，输入 Linux 的帐户名及密码，如图 8-218 所示。

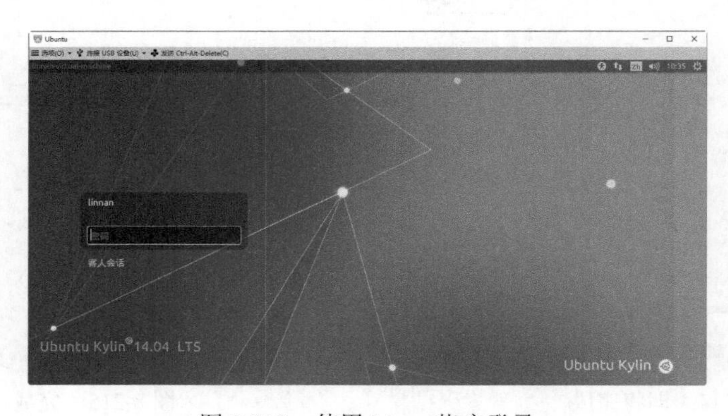

图 8-218　使用 Linux 帐户登录

【说明】在登录 View 连接服务器或安全服务器时，使用的是 Active Directory 帐户进行验证，而在登录 Linux 虚拟机时，则是使用 Linux 系统中的帐户，这也是在“8.2.1 Horizon 6 for Linux 桌面概述与系统需求”一节中所说明的，当前 Linux 桌面不支持单点登录的限制。

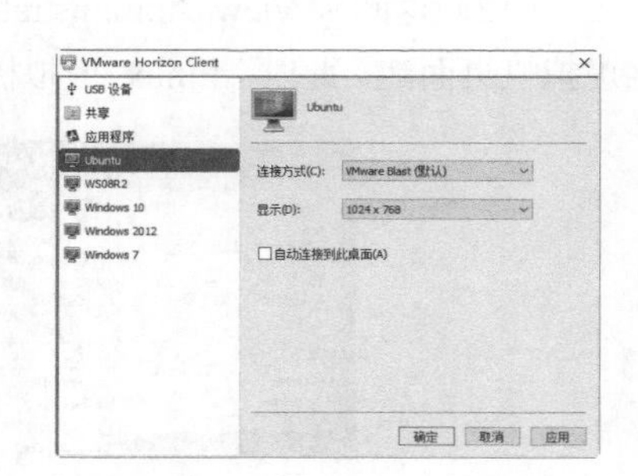

图 8-219　修改显示分辨率

（3）同样也可以设置 Ubuntu 的显示大小，如图 8-219 所示。

（4）登录之后即进入 Ubuntu Linux 界面，如图 8-220 所示。

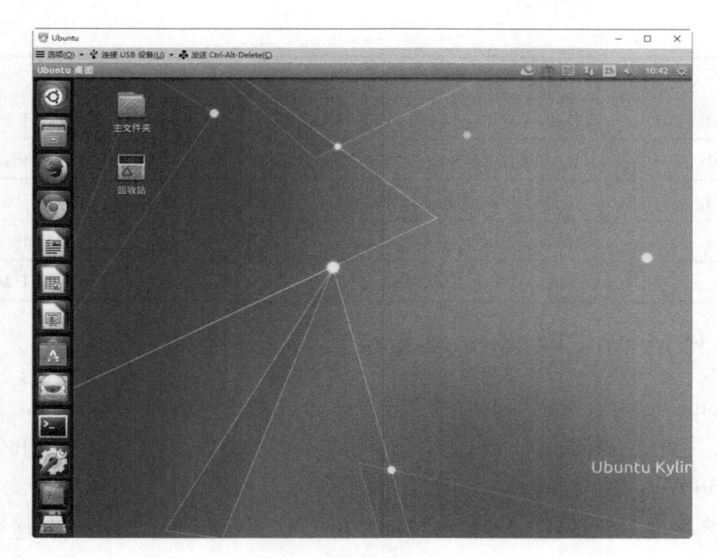

图 8-220　登录进入 Ubuntu

（5）使用 Ubuntu Linux 的浏览器，打开网页效果，如图 8-221 所示。

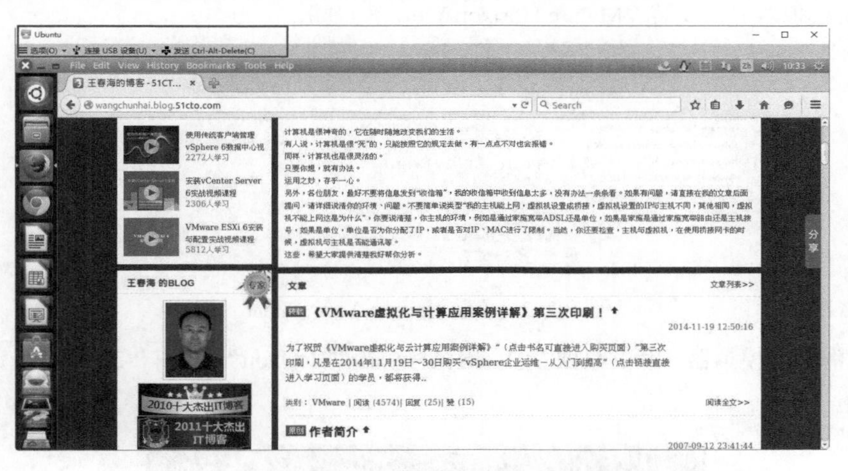

图 8-221　在 Linux 虚拟桌面中浏览网页

8.3　VMware Horizon Client

VMware Horizon Client 有 Windows、Linux、Android、IPAD、iPhone、Mac 等多种客户端，本节将逐一介绍这些客户端。VMware Horizon Client 6.2 客户端版本及名称、大小对应如表 8-3 所示。

表 8-3　VMware Horizon View Client 版本、大小及对应平台

平　　台	文 件 名	大　　小	备　　注
Windows	VMware-Horizon-View-Client-x86-3.5.2-3150477.exe	36,113,520	用于 32 位 Windows 平台
	VMware-Horizon-View-Client-x86_64-3.5.2-3150477.exe	39,458,928	用于 64 位 Windows 平台

续表

平　台	文 件 名	大　小	备　注
Android	VMware-Horizon-Client-AndroidOS-arm-3.5.0-2999900.apk	14,049,240	用于 arm 芯片的 Android 系统
	VMware-Horizon-Client-AndroidOS-x86-3.5.0-2999900.apk	9,292,314	用于 x86 芯片的 Android 系统
Linux	VMware-Horizon-Client-3.5.0-2999900.x86.bundle	41,813,812	用于 32 位 Linux
	VMware-Horizon-Client-3.5.0-2999900.x64.bundle	72,605,867	用于 64 位 Linux
Mac	VMware-Horizon-Client-3.5.0-2999900.dmg	34,768,569	用于 Mac 操作系统

8.3.1 VMware Horizon Client for Android

VMware Horizon Client for Android 有两个版本，分别用于 arm 及 x86 芯片，你在下载的时候，需要根据你的平板、手机版本选择。为了抓图、测试方便，在本节内容中，我们使用“海马玩模拟器”，来测试 Android 版本的 Horizon Client，主要步骤如下。

（1）在测试计算机上，例如在一台 Windows 7 操作系统计算机上，安装并运行“海马玩模然后打开“资源管理器”，找到“VMware-Horizon-Client-AndroidOS-x86-3.5.0-2999900.apk”安装程序，右击，在弹出的快捷菜单中选择“play with Droid4X”，如图 8-222 所示，这将会在“海马玩模拟器（Android 系统模拟器）”，安装 VMware Horizon View 客户端。

图 8-222　安装 Horizon View Client

（2）在“海马玩模拟器→我的桌面”中，用鼠标单击“Horizon”，如图 8-223 所示，运行 Horizon 客户端。

图 8-223　运行 Horizon 客户端

（3）进入 VMware Horizon 客户端之后，单击右上角“⚙”图标（如图 8-224 所示），之后进入“常规设置”，如图 8-225 所示。

（4）选择“安全模式”（如图 8-226 所示），在“安全模式”中选择“不验证服务器身份证书”，如图 8-288 所示。

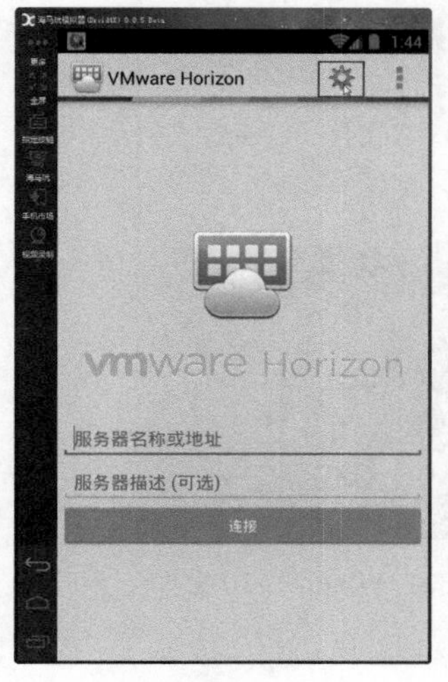

图 8-224　配置

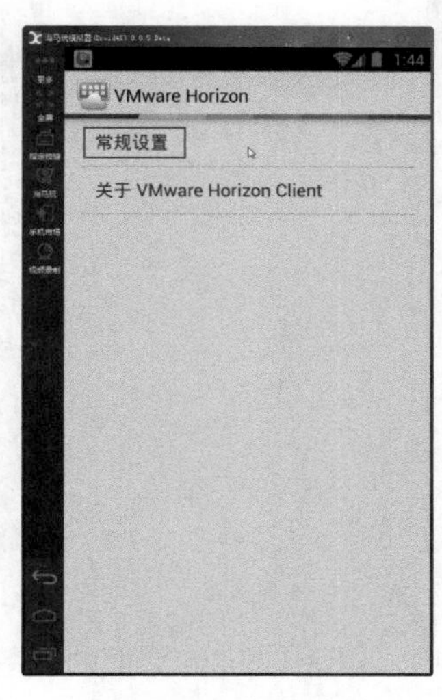

图 8-225　常规设置

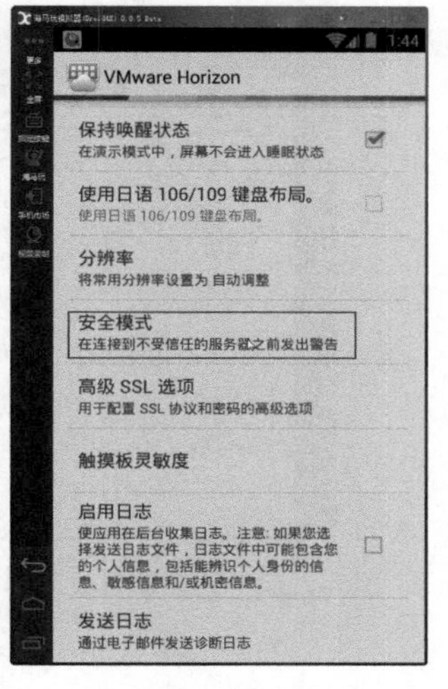

图 8-226　安全模式

（5）设置之后单击“确定”按钮返回图 8-227，然后单击“⬅”返回到图 8-225。输入安全服务器（Internet 网络）或连接服务器（局域网）的域名或 IP 地址，输入显示名称，单击“连接”按钮，如图 8-228 所示。

（6）之后输入用户名、密码，登录 View 连接服务器或安全服务器。如图 8-229 所示。

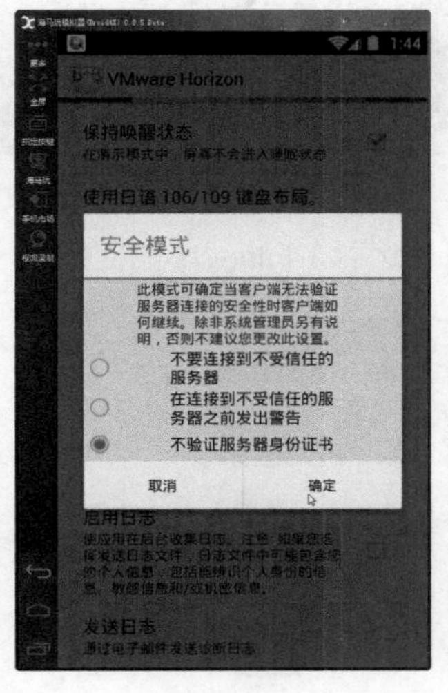

图 8-227　不验证服务器身份证书

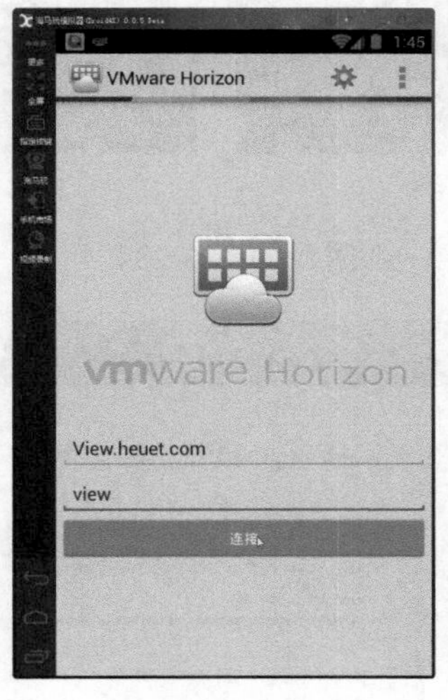

图 8-228　添加连接服务器

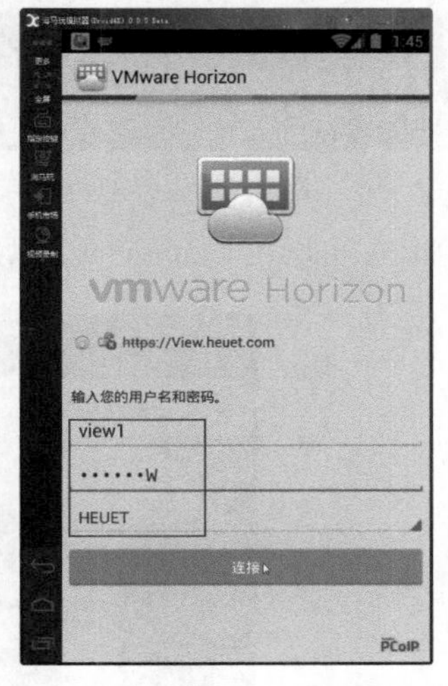

图 8-229　输入用户名密码登录

（7）登录到 View 连接服务器之后，在“全部”列表中显示可用的 View 桌面或应用程序，如图 8-230 所示。单击一个桌面，例如 Windows 10，可以进入，如图 8-231 所示。

（8）如果你想“横屏”显示虚拟桌面，可以返回到“设置→显示”中，取消“自动旋转屏幕”，如图 8-232 所示。

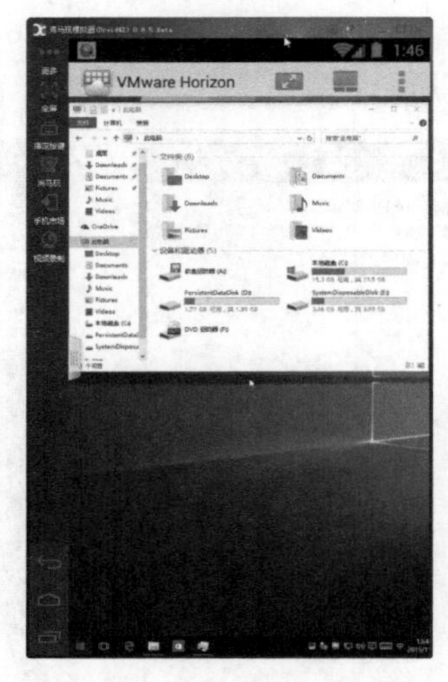

图 8-230　可用桌面及应用程序列表　　　　图 8-231　Windows 10 桌面

（9）图 8-233 是在 Android 系统中，运行 Ubuntu 桌面的截图。

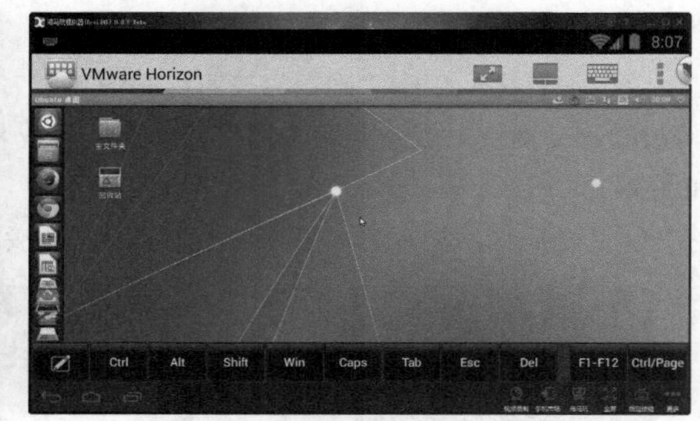

图 8-232　取消自动旋转屏幕　　　　图 8-233　Android 中运行 Ubuntu

（10）可以在 Ubuntu 的虚拟桌面中上网，如图 8-234 所示。也可以运行 Ubuntu 中的应用程序。

图 8-234　在 Ubuntu 虚拟机中浏览网页

（11）也可以运行发布的应用程序，如图 8-235 所示，这是运行发布的 excel 2016 的截图。

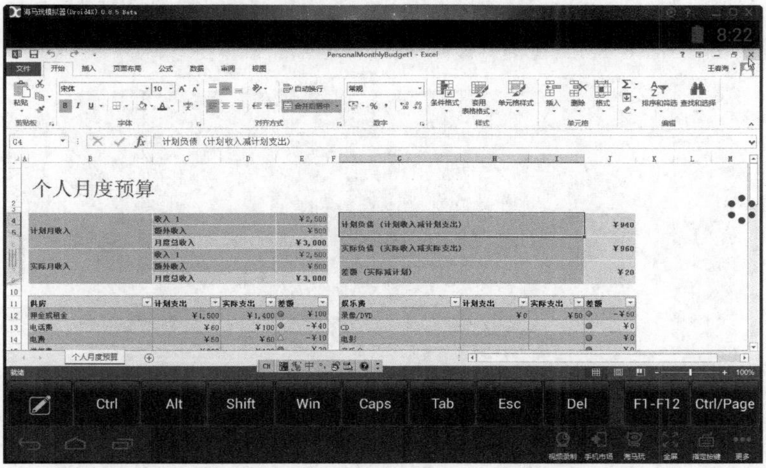

图 8-235　运行发布的应用程序

8.3.2　VMware Horizon Client for Linux

VMware Horizon Client For Linux 支持 Ubuntu 12.04、RHEL 6.6、CentOS 6.6 及其以下版本。在 Ubuntu、RHEL、CentOS 中安装 Horizon Client 与使用 Horizon Client 的步骤大同小异，在本节中以 Ubuntu 为例。

（1）准备一台 Ubuntu 的虚拟机（可以是虚拟机），复制 VMware Horizon Client for Linux 安装程序“VMware-Horizon-Client-3.5.0-2999900.x86.bundle”到 tmp 文件夹，如图 8-236 所示。

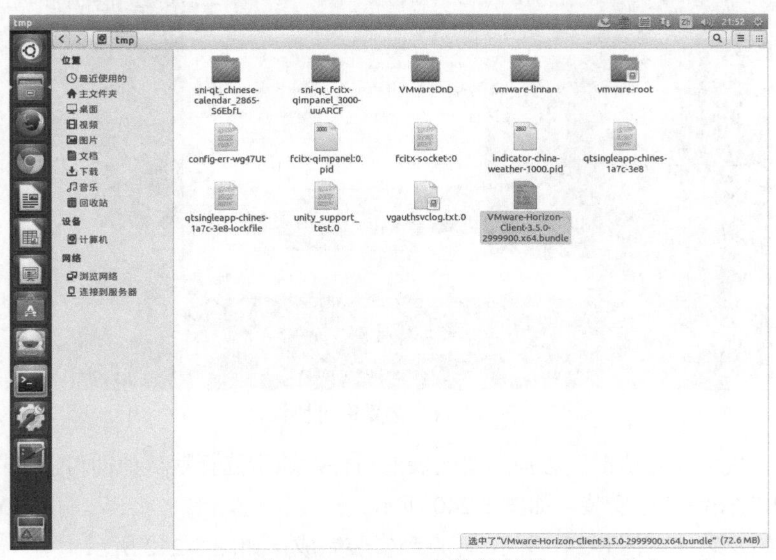

图 8-236　复制 Horizon Client 安装程序到 tmp 文件夹

（2）然后打开终端，执行 sudo –i，之后进入 tmp 文件夹，输入

```
./VMware-Horizon-Client-3.5.0-2999900.x86.bundle
```

接按回车键，如图 8-237 所示。

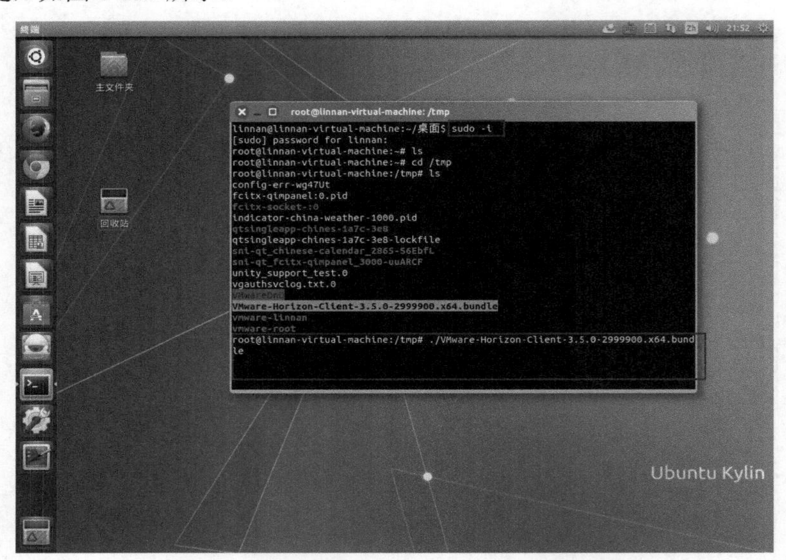

图 8-237　运行 VMware Horizon Client 安装程序

（3）进入 VMware Horizon Client 安装程序，如图 8-238 所示，单击“I accept the terms in the license agreement”，如图 8-238 所示。

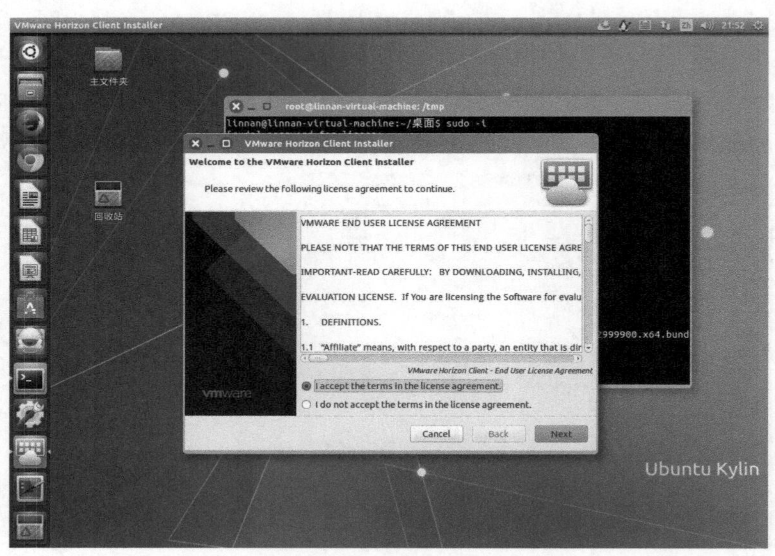

图 8-238　接受许可协议

（4）在选择安装组件对话框，选择想要安装的组件，通常选择默认值即可，如图 8-239 所示。之后单击“install”按钮开始安装，如图 8-240 所示。

（5）之后开始安装（如图 8-241 所示），直到安装完成，如图 8-242 所示。

安装完成之后，在终端中输入 vmware-view，按回车键，打开 VMware Horizon Client 程序，如图 8-243 所示。

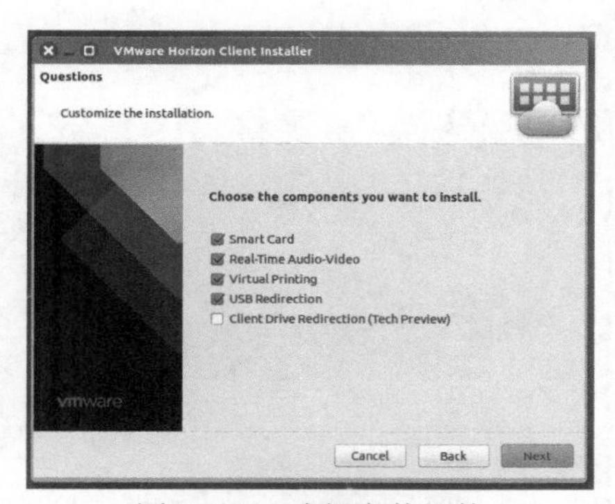

图 8-239　选择安装组件

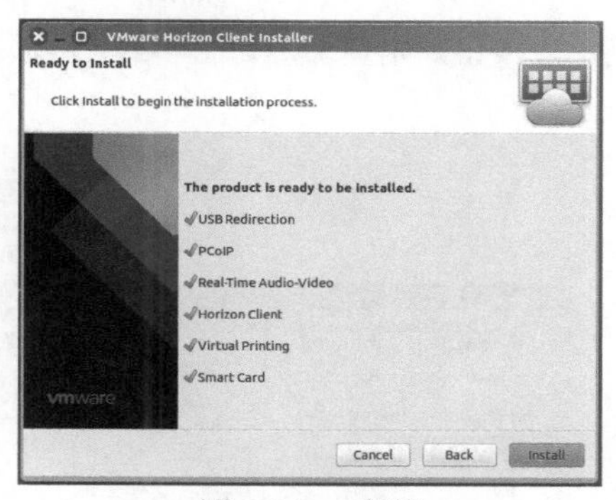

图 8-240　安装

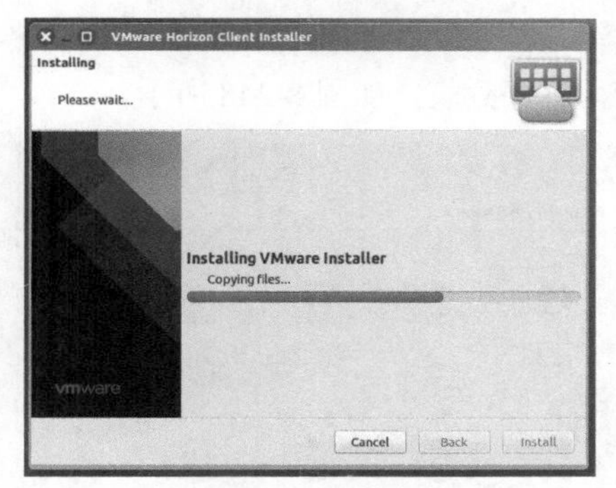

图 8-241　开始安装

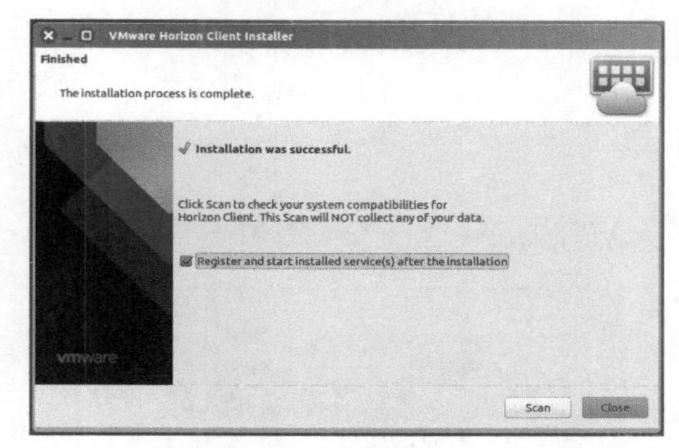

图 8-242　安装完成

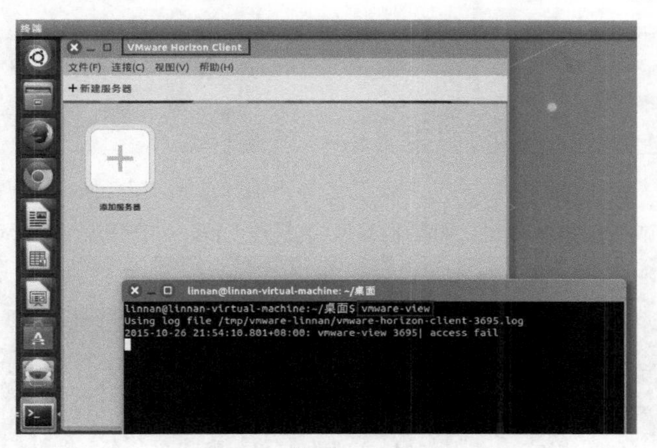

图 8-243　执行 vmware-view

（1）在“VMware Horizon Client”对话框中，单击“文件”菜单，选择“首选项”，如图 8-244 所示，在弹出的“偏好设置”对话框中，选择“不验证服务器身份证书”，如图 8-245 所示，然后单击“确定”按钮。

（2）返回到“VMware Horizon Client”对话框，单击“+”按钮添加服务器，在弹出的“添加服务器”对话框中，输入 View 连接服务器（局域网或 VPN 用户）或 View 安全服务器（Internet 用户）的域名或地址，然后单击“连接”按钮，如图 8-246 所示。

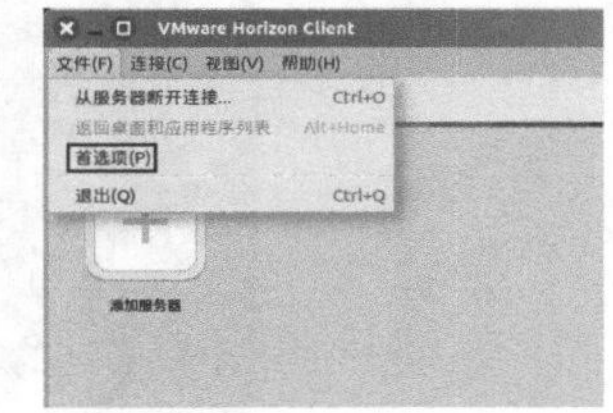

图 8-244　首选项

（3）在“服务器登录”对话框中，输入 View 用户名及密码，单击“确定”按钮开始登录，如图 8-247 所示。

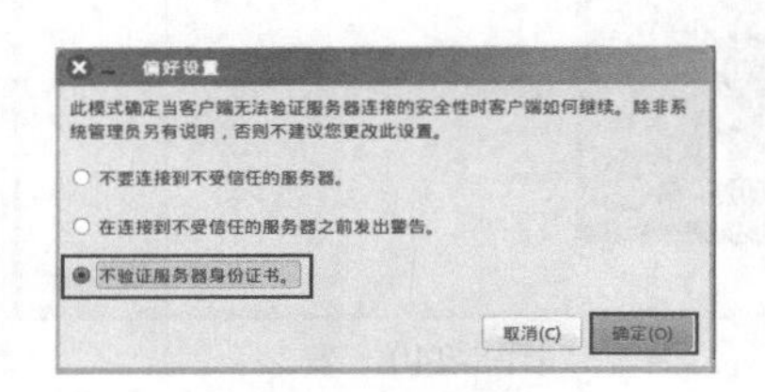

图 8-245　不验证服务器证书

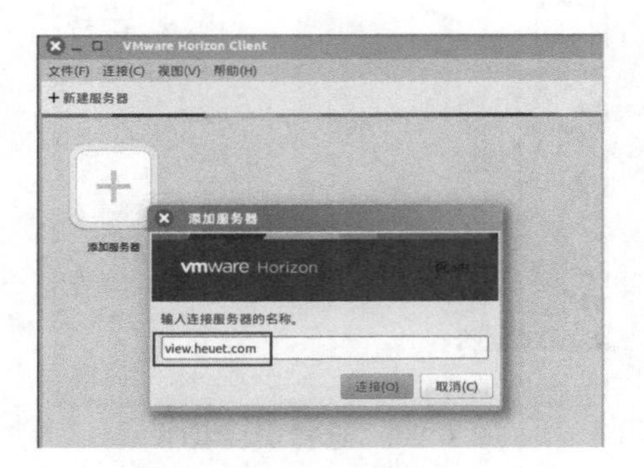

图 8-246　添加服务器

（4）登录之后，打开 View 服务器可用的虚拟机及应用程序列表，如图 8-248 所示。

图 8-247　服务器登录

图 8-248　服务器可用桌面及应用程序列表

（5）双击一个桌面或应用程序登录，如图 8-249，这是在 Ubuntu 中登录 Windows 10 虚拟桌面的截图。

图 8-249　Windows 10 虚拟桌面

（6）如果发布了 IE 浏览器作为应用程序，也可以在 Ubuntu 打开该应用，和“IE 在 Ubuntu 运行类似”，如图 8-250 所示。

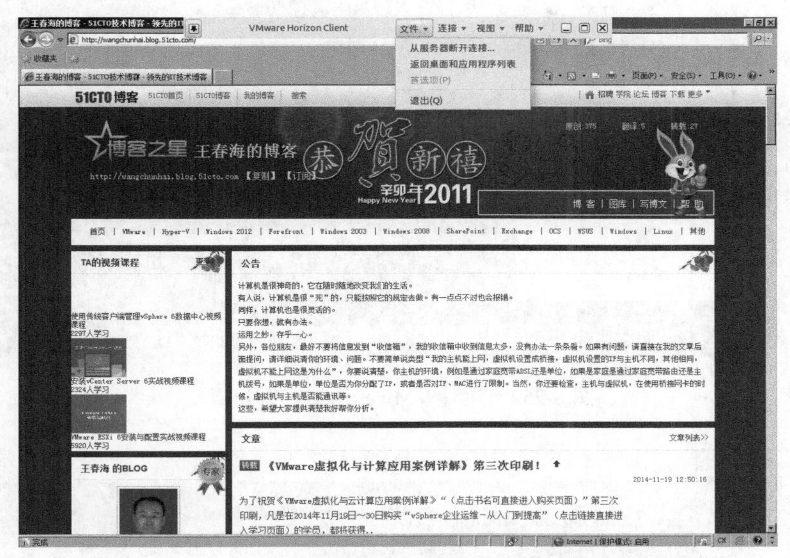

图 8-250　在 Ubuntu 中使用 Horizon Client 提供的 IE 浏览器

8.3.3　VMware Horizon Client for Mac

目前,用于 Mac 系统的 VMware View 的文件名是“VMware-Horizon-Client-3.5.0-2999900.dmg”，版本号是 3.5.0，其大小为 33.1MB。

（1）启动 MAC 10.10 系统（可在 VirtualBOX 或 VMware Workstation 虚拟机中测试），安装 VMware Horizon View 3.5.0 的版本，如图 8-251 所示。

图 8-251　安装 Horizon View

（2）安装之后，运行“VMware Horizon Client”，添加连接服务器或安全服务器地址之后，输入用户名密码登录，如图 8-252 所示。

（3）登录之后，会显示可用的 View 桌面及应用程序，如图 8-253 所示。

图 8-252　运行 VMware View 客户端

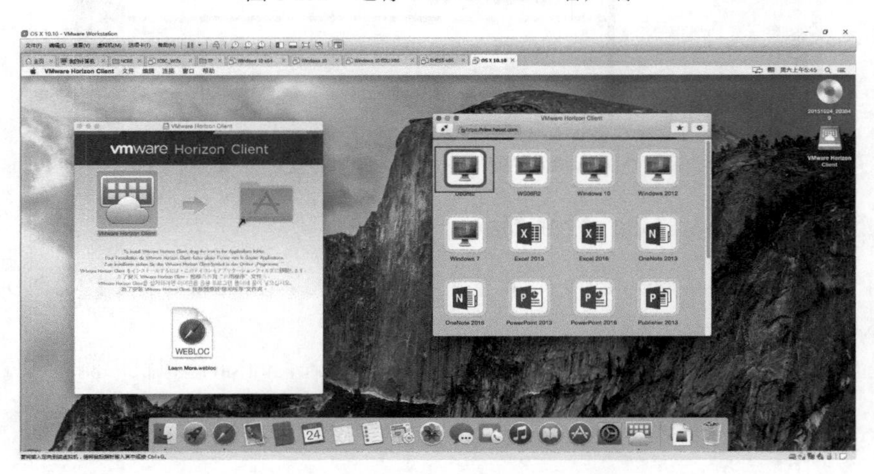

图 8-253　可用桌面及应用程序列表

（4）双击选中一个桌面，例如 Windows 10，进入 Windows 10 虚拟桌面之后，打开应用程序，如图 8-254 所示。

图 8-254　在 Mac 中使用 Windows 10 虚拟桌面

8.3.4　VMware Horizon Client for iOS

在 iPad、iPhone 中使用 VMware View 虚拟桌面与在 Mac 中类似，但需要注意：

（1）在 iPad、iPhone 中，可以安装并信任证书颁发机构。登录证书颁发站点，在“首页”单击“下载 CA 证书、证书链或 CRL”，如图 8-255 所示。

（2）“下载 CA 证书、证书链或 CRL”页中中选择“请安装 CA 证书”，如图 8-256 所示。

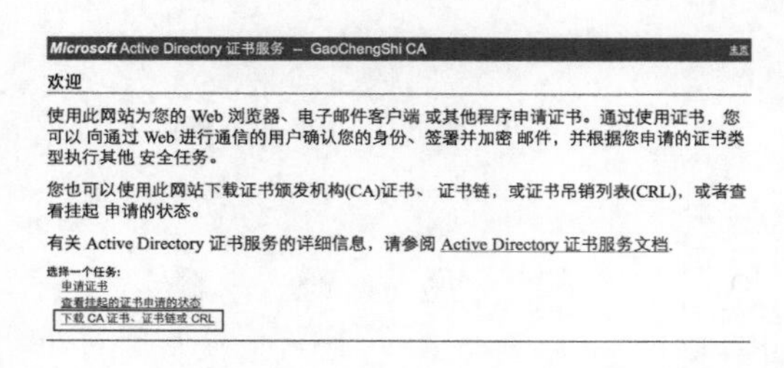

图 8-255　下载 CA 证书

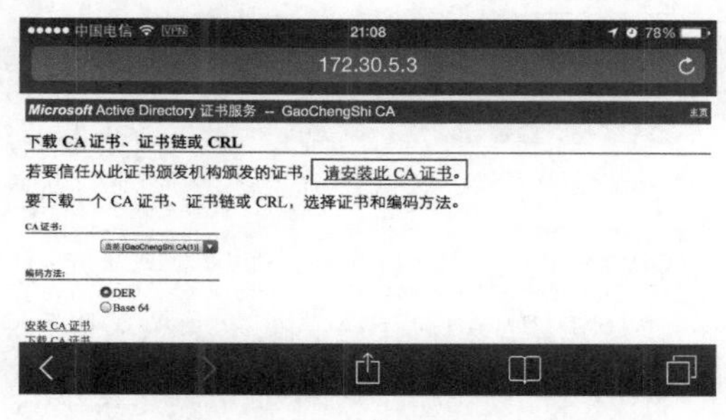

图 8-256　安装此 CA 证书

（3）在弹出的“安装描述文件”对话框中，单击“安装”按钮，在弹出的“安装描述文件”对话框中，单击“现在安装”按钮，如图 8-257 所示。

（4）安装完成后，当前证书标志为“可信”，如图 8-258 所示。

（5）然后安装 VMware Horizon View For iPad 或 iPhone 客户端，你可以直接在 Itunes 中搜索下载，该程序免费。

（6）安装完成后，运行 VMware Horizon View 程序，在“服务器”列表中会显示已添加的 View 服务器的地址，如果要添加新的服务器，单击右上角的“新建”，如图 8-259 所示。

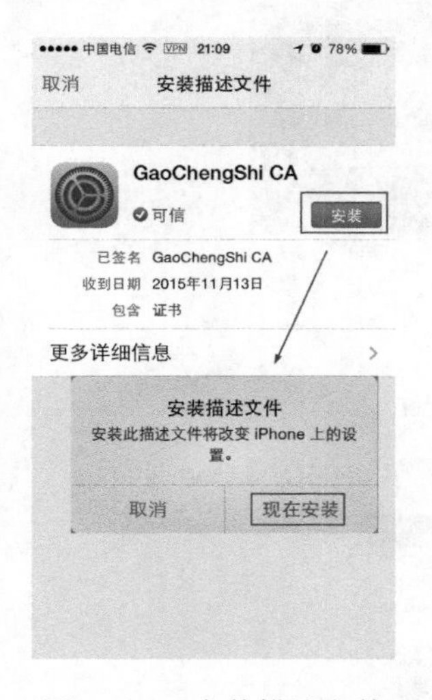

图 8-257　安装描述文件

图 8-258　安装完成

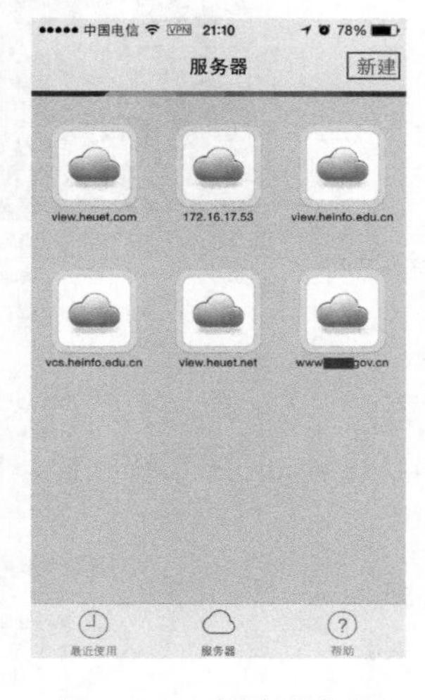

图 8-259　新建服务器

（7）在“服务器设置”对话框，第一行输入要添加的 View 连接服务器或安全服务器的地址，第二行输入描述信息，添加无误之后，单击“添加服务器”，如图 8-260 所示。

（8）返回到服务器列表，从列表中选择一个 View 服务器，之后进入登录页面，输入用户名与密码登录，如图 8-261 所示。

（9）登录之后，加载可用的 View 桌面及应用程序列表，如图 8-262 所示。

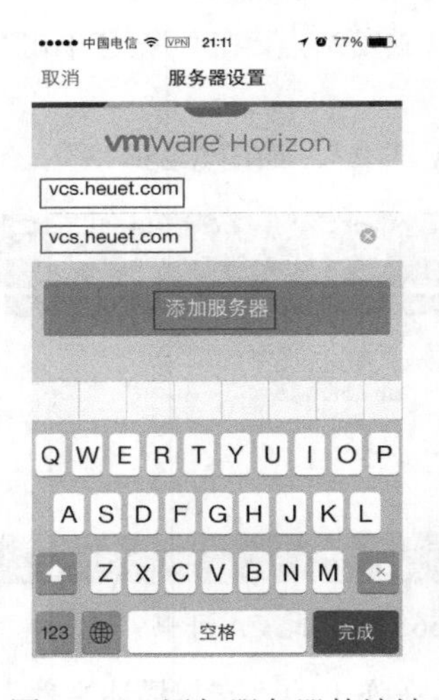

图 8-260　添加服务器的地址

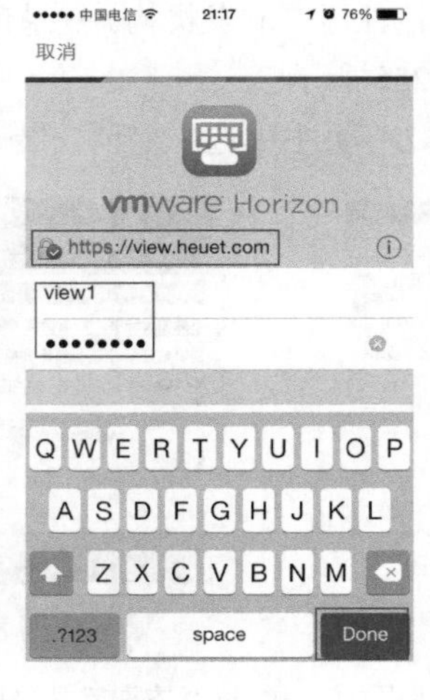

图 8-261　登录

图 8-262　可用桌面及应用程序列表

（10）之后从列表中选择一个应用程序，例如 excel，如图 8-263 所示，这是在 iPhone 中运行 excel 2016 的截图。

图 8-263　在 iPhone 的 View Client 运行 Excel

（10）与 Android 系统一样，也可以调出 View 应用程序及桌面清单，如图 8-264 所示。

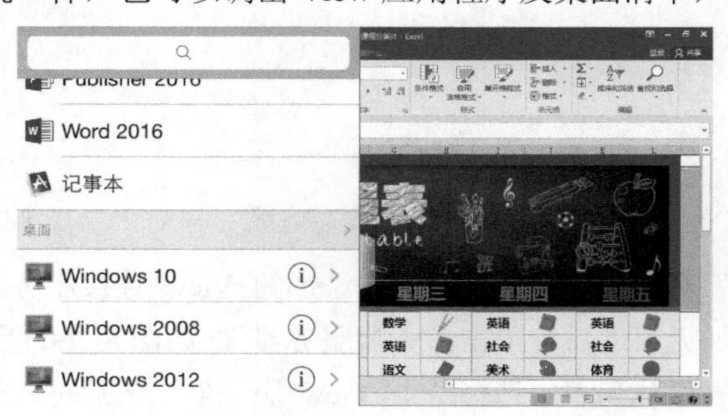

图 8-264　可用桌面及程序清单

（11）图 8-265 是登录到 Windows 10 桌面的截图。

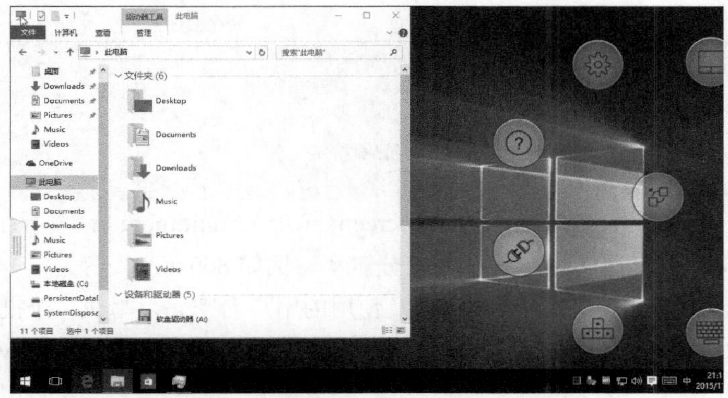

图 8-265　登录到 Windows 10 桌面

8.3.5　定制 Windows 终端

在前面的内容中，我们介绍的 Windows 桌面，都是在现有 Windows 操作系统上，通过安装 VMware Horizon Client，登录访问 View 桌面。但对于大多数用户来说，每次使用 View 桌面，还需要输入用户名与密码，并访问所需要的桌面，会较为“麻烦”。另外，对于实际的企业应用来说，最终用户应该是使用越简单、越方便越好。为此，我们介绍 VMware Horizon Client 命令行程序。

VMware Horizon Client 的命令行程序，默认在“C:\Program Files\VMware\VMware Horizon View Client”文件夹中（如果是 64 位 Windows 操作系统，则默认路径为“C:\Program Files (x86)\VMware\VMware Horizon View Client>”，这是默认安装的 VMware Horizon Client 所在路径），其程序名为 vmware-view.exe，使用这一程序，可以通过加载参数，自动登录到指定的 View 桌面。对于初学者，你可以在命令提示窗口中，通过执行 vmware-view /?来查看其参数，如图 8-266 所示。

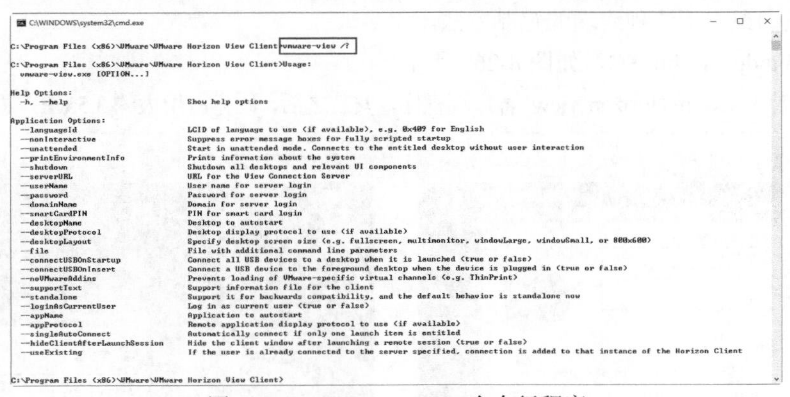

图 8-266　VMware-view 命令行程序

关于 VMware-view.exe 命令行参数，我们只介绍几个相对常用的，以实例为例进行介绍。下面是一个使用 VMware-view.exe 以 view1 用户名、密码 abc123W 连接到某个指定的 View 连接服务器（或安全服务器）View.heuet.com，并且自动以全屏幕的方式，登录名为“Windows 10”的 View 桌面的批处理。

"C:\Program Files\VMware\VMware Horizon View Client\vmware-view.exe" -username view1 -password abc123WW -domainname heuet　-serverurl https://view.heuet.com　-desktopname "Windows

10" -desktoplayout fullscreen

下面是命令的解释：

```
-username View 域用户
-password 指定的 View 用户的密码
-domainname 域名
-serverurl https://连接服务器或安全服务器域名
-desktopname 指定所连接的 View 桌面的名称。
```

-desktoplayout 显示设置，可选参数有“fullscreen（全屏）, multimonitor（多显示器）, windowLarge（窗口，大）, windowSmall（窗口，小），指定分辨率，例如 800x600”等。

你可以将用户需要访问的 View 桌面，以及使用的用户名密码，写成一个批处理文件，保存到用户桌面计算机，用户需要的时候，双击这个批处理文件，就可以登录到指定的 View 桌面，图 8-267 是一个批处理的格式。

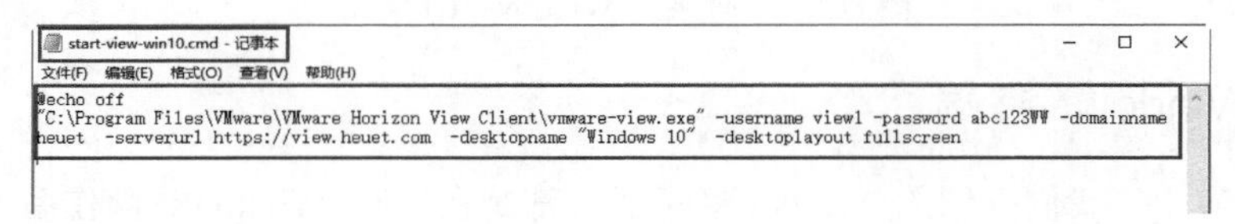

图 8-267 示例

在图 8-267 的批处理文件夹，文件扩展名应该是 CMD 或 BAT，不能是默认的 TXT。另外，批处理每行一条指令，在图 8-267 实际只有两条命令，其中第一行是@echo off，在图 8-328 中第 2 条命令显示两行，是在“记事本”中启用了“自动换行”的原因。

对于一些用户来说，想要进一步的定制，例如，做为 VMware Horizon Client 的计算机配置较低，例如你可以采用 Atom 系列的 CPU、具有 2GB 内存、8GB 电子硬盘的瘦计算机，安装 Windows Thin PC（是一个精简版的 Windows 7），然后创建批处理，并将批处理复制到“启动”中，让这种“精简”的 Windows 7 开机进入系统之后，自动登录指定的 View 桌面，在退出 View 终端后，系统关机或重启。下面我们说一下这种终端的定制方法。

（1）安装 Windows Thin PC，如图 8-268 所示。

（2）之后安装 VMware Horizon View 客户端程序，安装之后，硬盘占用大约 3.55GB，如图 8-269 所示。

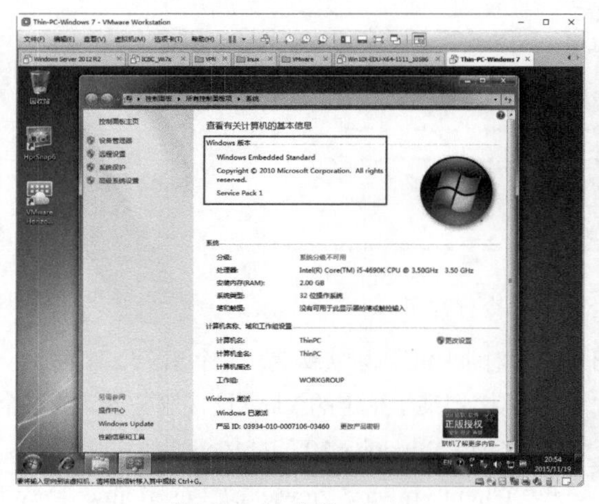

图 8-268 安装 ThinPC

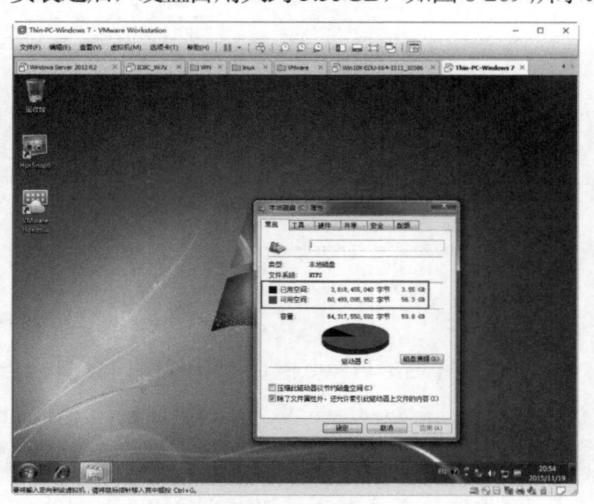

图 8-269 硬盘空间占用

（3）编辑批处理，如图 8-270 所示。将该批处理扩展名改为 CMD。

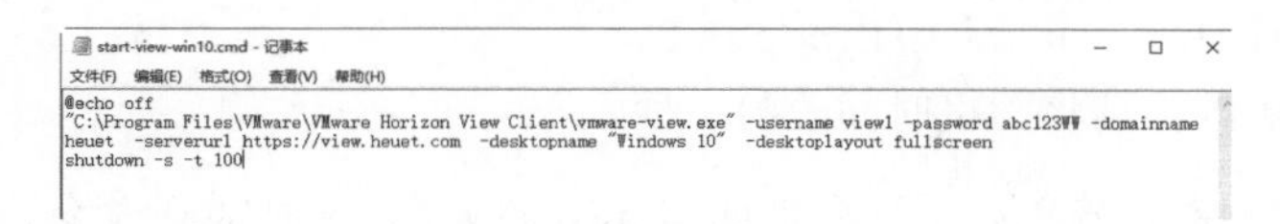

图 8-270　编写批处理

在图 8-271 中，添加了一条间隔 100 秒自动关机的命令，其命令为 shutdown -s -t 100。

（4）为这个批处理创建快捷方式，然后将快捷方式复制到“开始”菜单，默认文件夹为“C:\ProgramData\Microsoft\Windows\Start Menu\Programs\Startup”，如图 8-272 所示。

之后重新启动计算机，进行测试。

（1）当 Windows 操作系统启动并进入桌面之后，自动执行批处理，如图 8-272 所示。

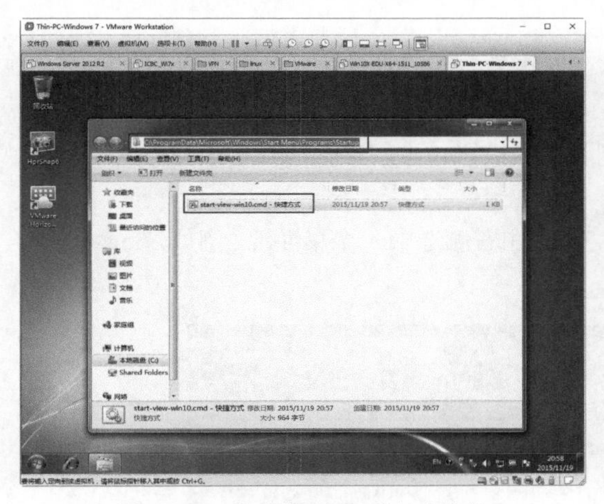

图 8-271　复制批处理到启动菜单

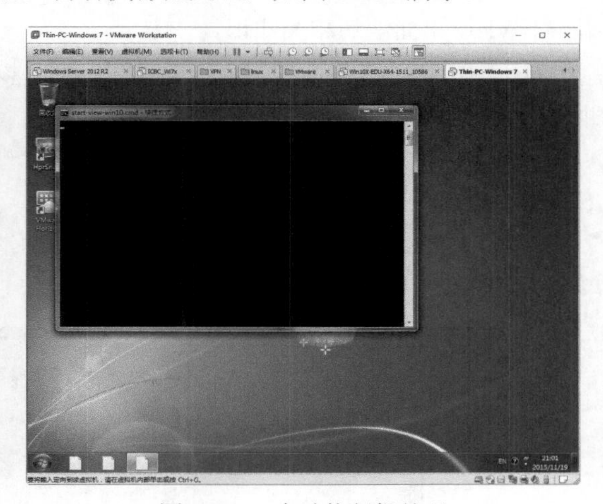

图 8-272　自动执行批处理

（2）自动连接指定的 View 连接服务器或安全服务器，并自动以批处理中的用户名密码登录，如图 8-273 所示。

（3）之后以全屏方式进入指定的 View 桌面，如图 8-274 所示。

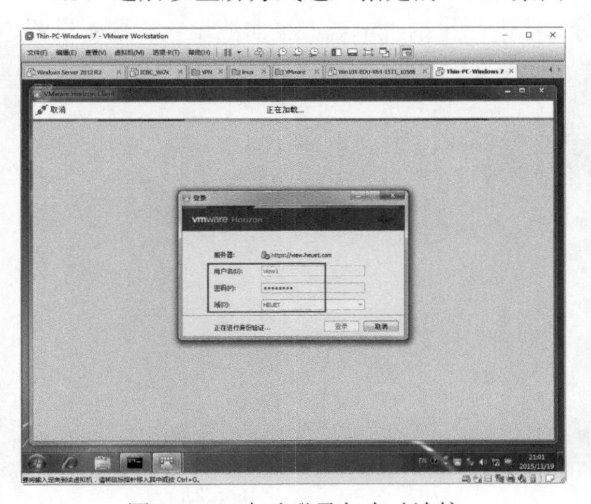

图 8-273　自动登录与自动连接

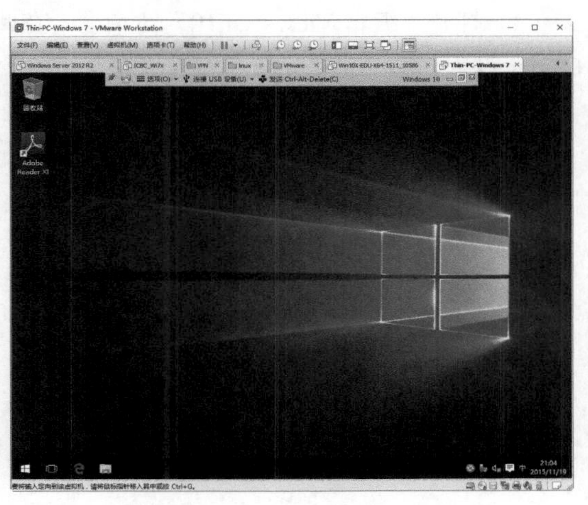

图 8-274　自动登录到 View 桌面

当退出 View 桌面后，会出现倒计时关机的提示，如果你想取消关机，可以进入命令提示窗口（以管理员模式），执行 shudown -a，中止系统关机。

如果你不想用户更改，请将关机时间改为 1 秒。

【注意】请在测试脚本正确之后，再添加 shutdown 的关机（或重启）命令，否则如果参数错误，指定的批处理中用户名、密码、连接服务器、View 桌面的信息出错而导致不能登录 View 桌面之后，在退出 View 桌面程序后，当前计算机会自动执行关机命令。

8.4 管理桌面池

通过前面的介绍，我们已经掌握了规划、创建 View 桌面的基础知识。在本节，我们将深入介绍一下 View 桌面池的相关知识。

对于“桌面池”里面的更详细的设置，你可以在创建桌面池的时候选择，也可以在创建桌面池并应用一段时间之后，根据需要，修改桌面池（或者删除不需要的桌面池），这些需要在 View Administrator 中，选中桌面池，单击“编辑”、“删除”等按钮，进入相关的菜单执行对应的操作。下面我们通过一个具体的实例进行介绍。

（1）登录 ViewAdministrator，在“目录→桌面池”中，在右侧选中一个桌面池，例如 View-Win10，单击“编辑”按钮，如图 8-275 所示。

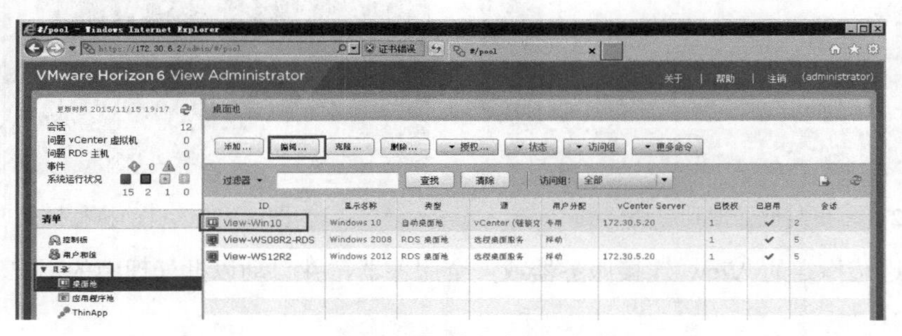

图 8-275　编辑桌面池

（2）打开“编辑 View-Win10”对话框，在此对话框中，包括“常规、桌面池设置、置备设置、vCenter 设置、客户机自定义、高级存储”6 项设置，如图 8-276 所示。

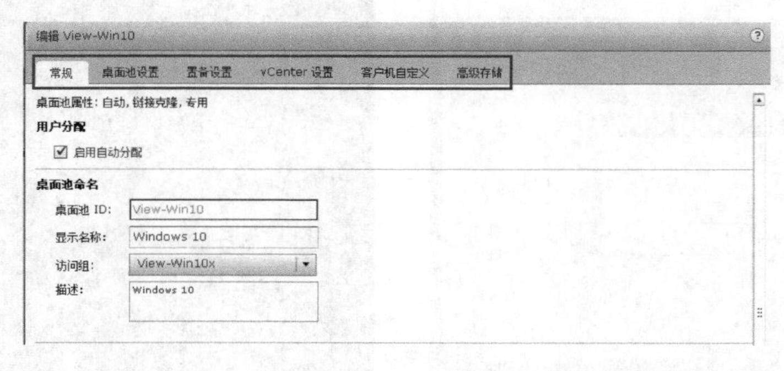

图 8-276　桌面池编辑

（3）各项设置主要内容如表 8-4 所示。

表 8-4 现在桌面池可编辑设置

配置选项卡	描 述
常规	编辑桌面池命名选项和存储策略管理设置。存储策略管理设置决定是否使用 Virtual SAN 数据存储。如果不使用 Virtual SAN，可以为副本和操作系统磁盘选择单独的数据存储。 **注意** 如果改用 Virtual SAN，必须使用重新平衡操作将桌面池中的所有虚拟机迁移到 Virtual SAN 数据存储。
桌面池设置	编辑计算机的设置，如电源策略、显示协议和 Adobe Flash 设置。
置备设置	编辑桌面池置备选项，以及向桌面池添加计算机。 此选项卡仅适用于自动桌面池。
vCenter 设置	编辑虚拟机模板或默认基础映像。添加或更改 vCenter Server 实例、ESXi 主机或群集、数据存储及其他 vCenter 功能。 新值仅影响设置更改后创建的虚拟机。新设置不会影响现有虚拟机。 此选项卡仅适用于自动桌面池。
客户机自定义	选择 Sysprep 自定义规范。 如果使用了 QuickPrep 来自定义链接克隆桌面池，您可以更改 Active Directory 域和容器，以及指定 QuickPrep 关机脚本和同步后脚本 此选项卡仅适用于自动桌面池。
高级存储 → 使用 View Storage Accelerator	如果您选择或取消选择使用 View Storage Accelerator 或在 View Storage Accelerator 摘要文件重新生成时重新设置计划，则新的设置会影响现有虚拟机。 **注意** 如果您在现有的链接克隆桌面池中选择使用 View Storage Accelerator，而副本之前没有启用 View Storage Accelerator，此功能可能不会立即生效。当副本正在使用时，无法启用 View Storage Accelerator。您可以通过将桌面池重构到新的父虚拟机来强制启用 View Storage Accelerator。
高级存储→ 回收虚拟机磁盘空间	如果您选择或取消选择回收虚拟机磁盘空间，或在发生虚拟机磁盘空间回收时重新设置计划，则新的设置会影响那些使用能节省空间的磁盘创建的现有虚拟机。
高级存储 → 使用本地 NFS 快照 (VAAI)	如果您选择或取消选择使用本地 NFS 快照 (VAAI)，新设置仅影响设置更改后创建的虚拟机。您可以通过重构和重新平衡桌面池（如果需要）将当前虚拟机转变为本地 NFS 快照克隆。 具有能节省空间的磁盘的虚拟机上不支持 VAAI。虚拟硬件版本 9 或更高版本的计算机不支持 VAAI，因为这些操作系统磁盘始终是节省空间的，即使您禁用了空间回收操作。
高级存储→ 透明页面共享范围	如果更改透明页面共享范围设置，新设置将会在下次打开虚拟机电源时生效。 选择允许透明页面共享 (TPS) 的级别。选项包括：虚拟机（默认）、池、容器或全局。如果在池、容器或全局级别为所有计算机打开 TPS,ESXi 主机会消除因这些计算机使用同一客户机操作系统或应用程序而产生的内存页冗余副本。 页面共享发生在 ESXi 主机上。例如，如果在池级别启用 TPS，但池分散到多个 ESXi 主机，则只有同一主机和同一池中的虚拟机将共享页面。在全局级别，同一 ESXi 主机上所有受 View 管理的计算机都可以共享内存页，而不管这些计算机驻留在哪个池中。 **注意** 默认设置是不在计算机之间共享内存页，因为 TPS 可能会带来安全风险。调查表明可能会在非常有限的配置场景下滥用 TPS 来获取对数据的未授权访问。

在创建桌面池之后，一些固定设置无法更改，如表 8-5 所示。

表 8-5 现有桌面池的固定设置

设 置	描 述
池类型	创建自动桌面池、手动桌面池或 RDS 桌面池后，无法更改池的类型。
用户分配	无法在专用分配和浮动分配之间切换。

续表

设　置	描　述
虚拟机类型	无法在完整虚拟机与链接克隆虚拟机之间切换。
池 ID	无法更改池 ID。
计算机命名和置备方法	要将虚拟机添加到桌面池中，您必须使用创建该池时使用的置备方法。无法在手动指定计算机名称与使用命名模式之间切换。 如果手动指定名称，则可以将名称添加到计算机名称列表。 如果使用命名模式，则可以增大计算机的最大数量。
vCenter 设置	无法更改现有虚拟机的 vCenter 设置。 您可以在“编辑”对话框中更改 vCenter 设置，但是这些值将仅影响在更改设置后创建的新虚拟机。
View Composer 永久磁盘	创建无永久磁盘的链接克隆桌面池后，无法配置永久磁盘。
View Composer 自定义方法	使用 QuickPrep 或 Sysprep 自定义链接克隆桌面池后，在池中创建或重构虚拟机时，无法切换到另一自定义方法。

8.4.1　常规选项卡

在“常规”选项卡中，可以编辑桌面池命名选项和存储策略管理设置。存储策略管理设置决定是否使用 Virtual SAN 数据存储。如果不使用 Virtual SAN，可以为副本和操作系统磁盘选择单独的数据存储。

可以修改显示名称、修改访问组，修改描述信息，以及修改永久磁盘与一次性磁盘的大小，还可以修改永久磁盘与一次性磁盘的盘符，如图 8-277 所示。

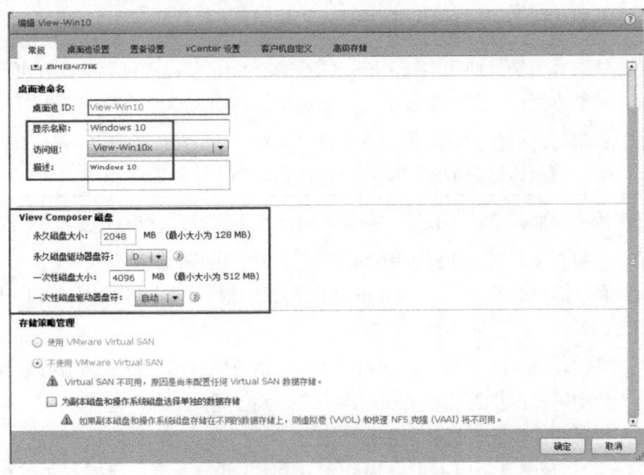

图 8-277　常规选项

在“存储策略管理”选项中，还可以选择是否使用 VSAN（如果当前群集配置了 VSAN）。

注意　如果改用 Virtual SAN，必须使用重新平衡操作将桌面池中的所有虚拟机迁移到 Virtual SAN 数据存储。

8.4.2　桌面池设置

在“桌面池设置”选项卡中，编辑计算机的设置，如电源策略、显示协议和 Adobe Flash 设置。

（1）在“常规”选项中，在“状态”列表中可以选择启用或禁止该池，如图 8-278 所示。当您禁用某个桌面池时，该池将不再提供给用户且池置备将停止。用户无法访问该池。禁用池后，您可以重新启用池。在准备桌面时，您可以禁用桌面池以防止用户访问他们的远程桌面。如果不再需要某个桌面池，您可以使用禁用功能撤消池的可用状态，而无需从 View 中删除该桌面池的定义。

在“连接服务器限制”选项中，当有多个

连接服务器时，可以为当前池选择一个连接服务器。

（2）在“远程设置”中，配置以下策略（如图 8-278 所示）

远程计算机电源策略

默认情况下为“不执行任何电源操作”。

- 如果选择了“确保计算机始终打开电源”，连接服务器将会根据需要监视和打开计算机电源。
- 如果选择了“不执行任何电源操作”，在用户注销或桌面池不再将计算机保留为备用计算机时，电源状态将不会发生更改。请注意，某些 View Composer 操作可能会更改电源状态。
- 挂起操作不适用于 NVIDIA GRID VGPU。挂起和关闭电源操作会在用户注销或桌面池不再将计算机保留为备用计算机时起作用。这些操作不会影响备用和新置备的计算机。

（3）断开连接后自动注销：立即（当用户断开后，立即注销当前用户）、从不、等待（等待多长时间后注销）。如图 8-279 所示。

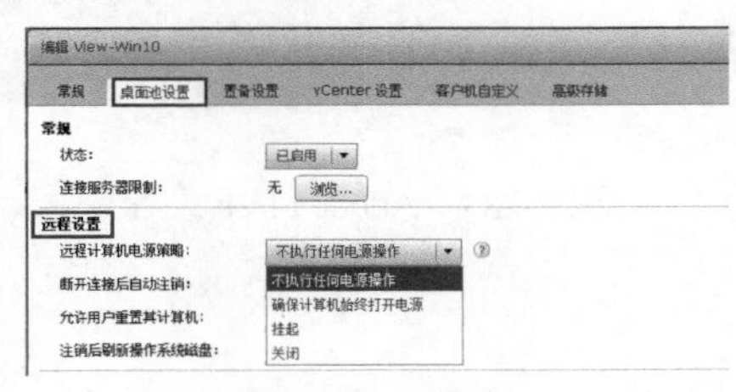

图 8-278　状态

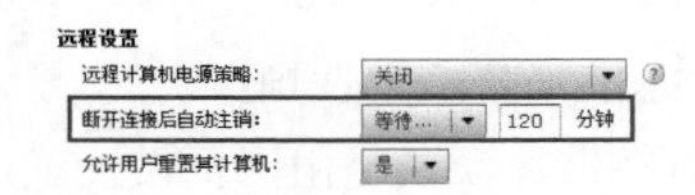

图 8-279　注销

（4）允许用户重置计算机：是或否。

（5）注销后刷新操作系统磁盘：从不、始终、间隔时间（间隔多少天刷新）、时间（达到一定百分比磁盘利用率刷新。链接克隆会将对操作系统磁盘所做的更改保存在数据存储的某一区域，该区域独立于父磁盘。磁盘使用率可衡量该独立区域和父磁盘的最大大小之间的差异。磁盘使用率百分比不能反映您在计算机的客户机操作系统中看到的磁盘使用情况。）。如图 8-280 所示。

（6）在“远程显示协议”选项中，在“默认显示协议”中，选择桌面池的默认显示协议，默认为 PCoIP，可选协议“Microsoft RDP”；在“允许用户选择协议”下拉列表中，选择是否允许 Horizon Client 选择显示协议；在“3D 呈现器”下拉列表，可以选择“自动、软件、硬件、NVIDIA GRID VGPU、已禁用”，如图 8-281 所示。

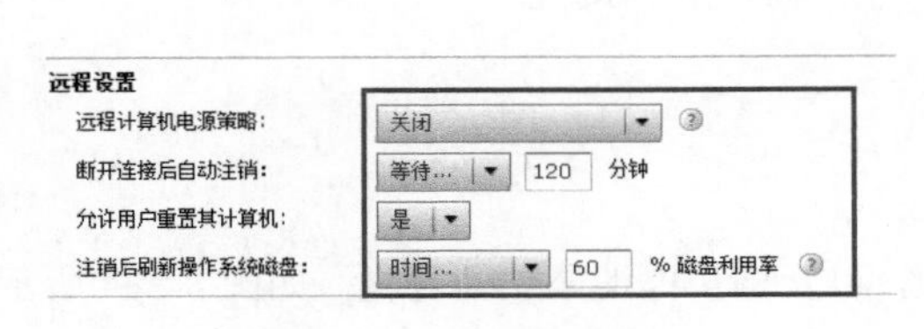

图 8-280　远程设置

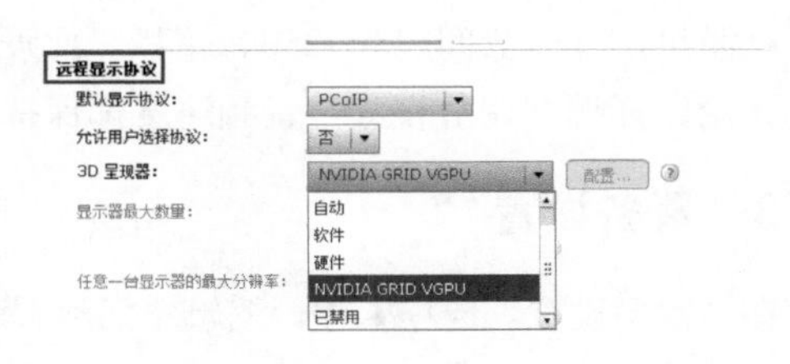

图 8-281　远程显示协议

（7）在“显示器最大数量”下拉列表中，可以选择 1～4 个显示器，该设置仅适用于 PCoIP 协议。在“任意一台显示器的最大分辨率”下拉列表中，可以选择 1680×1050、1920×1200、2560×1600、3840×2160，如图 8-282 所示。

在禁用 3D 功能时，“显示器最大数量”和“任意一台显示器的最大分辨率”设置决定了为该桌面池中的计算机分配的 vRAM 量。这些值越大，在关联的 ESX 主机上使用的内存就越多。

在禁用 3D 功能时，在禁用了 Aero 的 Windows 7 客户机操作系统上最多支持三个 3840x2160 分辨率的显示器。对于其他操作系统或启用了 Aero 的 Windows 7，支持一个 3840x2160 分辨率的显示器。

在启用 3D 功能时，支持一个 3840x2160 分辨率的显示器。可以在较低的分辨率下较好地支持多个显示器。如果选择较高的分辨率，请选择较少的显示器。

（8）在“会话的 Adobe Flash 设置”中，您可以为 Adobe Flash 内容指定可重写网页设置的允许的最高质量级别。如果某个网页的 Adobe Flash 质量高于允许的最高级别，则其质量将会降低到指定的最高级别。较低的质量级别可以节省更多的带宽。要利用减少 Adobe Flash 带宽的设置，不要在全屏幕模式下运行 Adobe Flash。如图 8-283 所示。

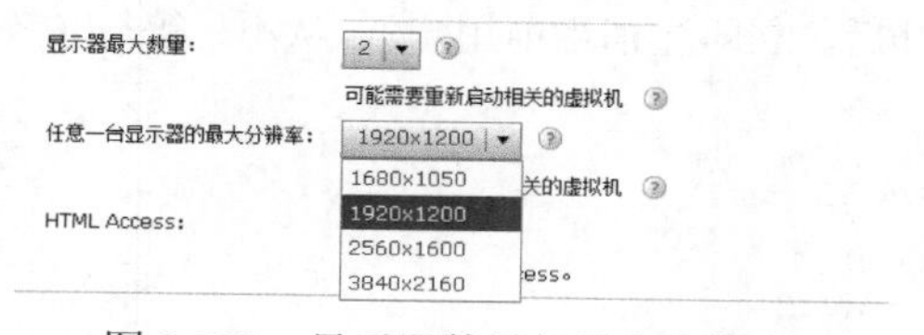

图 8-282 显示器数量与最大分辨率

图 8-283 Adobe Flash 设置

Adobe Flash 质量设置选项：

- 不进行控制：质量是由网页设置确定的。
- 低：此设置节省的带宽最多。
- 中：此设置节省的带宽适中。
- 高：此设置节省的带宽最少。

如果未指定最高质量级别，则系统默认值为低。

Adobe Flash 使用计时器服务更新任意给定时间在屏幕上显示的内容。典型的 Adobe Flash 计时器间隔值为 4 到 50 毫秒之间。通过调节或延长此间隔，您可以减少帧速率，从而减少带宽。

Adobe Flash 调节设置选项：

- 已禁用：不执行调节。不修改计时器间隔。
- 保守：计时器间隔为 100 毫秒。此设置可以使丢帧数达到最小。
- 适中：计时器间隔为 500 毫秒。
- 激进：计时器间隔为 2500 毫秒。此设置可以使丢帧数达到最大。

无论选择哪种调节设置，音频速度都保持恒定不变。

8.4.3 置备设置

在“置备设置”选项卡中，编辑桌面池置备选项，以及向桌面池添加计算机。如图 8-284 所示。

图 8-284　置备设置

【说明】此选项卡仅适用于自动桌面池。

在“基本”选项中，可以选择是否启用置备。在自动桌面池中禁用置备时，View 将停止为该池置备新虚拟机。禁用置备后，您可以重新启用置备。

在更改桌面池的配置之前，您可以禁用置备来确保不会使用旧配置创建新计算机。当池的可用空间快要填满时，您也可以禁用置备来防止 View 使用更多存储空间。

当链接克隆池中禁用了置备时，View 会阻止置备新计算机，并阻止对重构或重新平衡后的计算机进行自定义。

在“虚拟机命名”选项中，修改命名模式。

在“桌面池尺寸调整”选项中，修改计算机的最大数量、备用计算机数量等。

在“置备时间安排”选项中，可以“按需置备计算机”，或者预先置备所有计算机。

8.4.4　vCenter 设置

在“vCenter 设置”中，编辑虚拟机模板或默认基础映像。添加或更改 vCenter Server 实例、ESXi 主机或群集、数据存储及其他 vCenter 功能。新值仅影响设置更改后创建的虚拟机。新设置不会影响现有虚拟机。如图 8-285 所示。

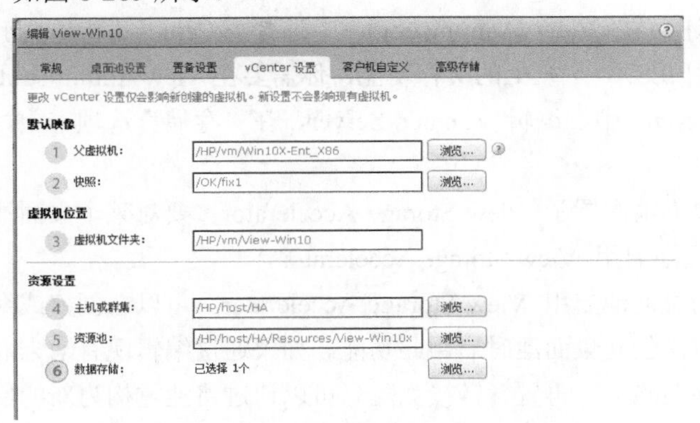

图 8-285　vCenter 设置

【说明】此选项卡仅适用于自动桌面池。

8.4.5 客户机自定义

在“客户机自定义”对话框，选择域、AD 容器、QuickPrep 或“使用自定义规范”，如图 8-286 所示。

图 8-286 客户机自定义

8.4.6 高级存储

在 vSphere 5.0 及更高版本中，您可以将 ESXi 主机配置为缓存虚拟机磁盘数据。这项称为“ View Storage Accelerator” 的功能可以使用 ESXi 主机中的 Content Based Read Cache (CBRC) 功能。View Storage Accelerator 可以在发生 I/O 风暴（大量虚拟机同时启动或同时运行多个防病毒扫描时可能会发生）时提高 View 性能。对于需要频繁加载应用程序或数据的管理员或用户来说，这项功能同样有益。主机不再从存储系统中一遍遍地读取整个操作系统或应用程序，而是从缓存中读取常规数据块。

通过在引导风暴时减少 IOPS 数量，View Storage Accelerator 降低了对存储阵列的需求，使您可以用更少的存储 I/O 带宽支持 View 部署。

按照此过程中所述，在 View Administrator 中选择 vCenter Server 向导中的 View Storage Accelerator 设置，启用 ESXi 主机上的缓存功能，你需要在 View Administrator 中，在“View 配置→服务器→vCenter Server”中，编辑 vCenter Server，在“存储”选项卡中，启用这一功能，如图 8-287 所示。

确保也为单独的桌面池配置了 View Storage Accelerator。要对某个桌面池进行操作，必须针对 vCenter Server 和该桌面池启用 View Storage Accelerator。

默认情况下，已为桌面池启用 View Storage Accelerator。可以在创建或编辑池时禁用或启用此功能。最佳方法是在首次创建桌面池时启用此功能。如果通过编辑现有池来启用此功能，您必须确保先创建新副本及其摘要磁盘，再置备链接克隆。可以通过将池重构为新的快照或者将池重新平衡为新的数据存储来创建新副本。仅当桌面池中的虚拟机处于关闭状态时，才能为它们配置摘要文件。

如图 8-288 所示。

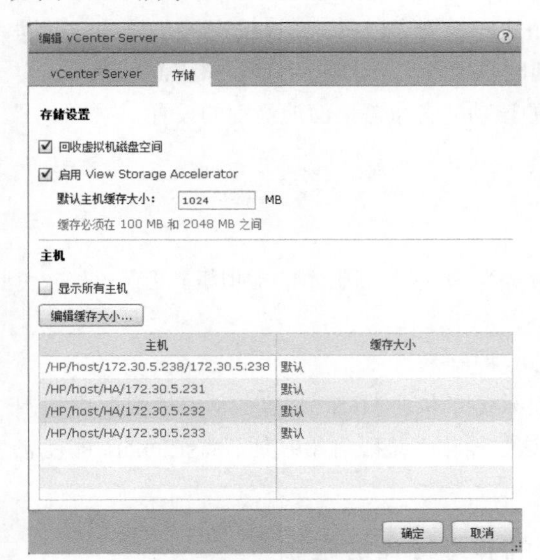

图 8-286　存储设置

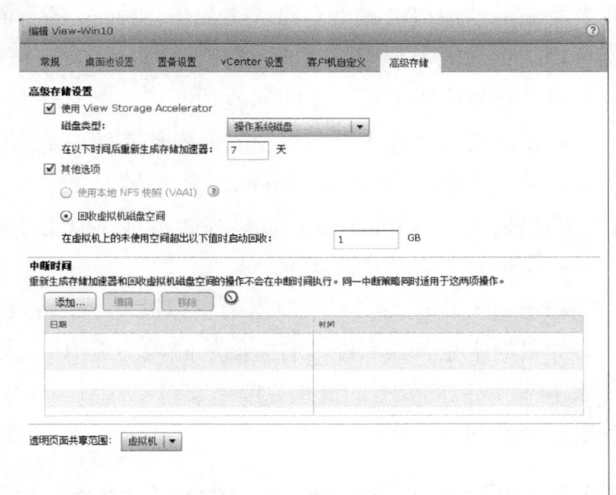

图 8-287　高级存储

您可以在包含链接克隆的桌面池和包含完整虚拟机的桌面池中启用 View Storage Accelerator。

View Storage Accelerator 现在可在使用 View 副本分层的配置下运行，在此配置中，副本存储于单独的数据存储中，而不是链接克隆中。虽然将 View 副本分层与 View Storage Accelerator 搭配使用在性能方面并没有太大的实质性提升，但是通过将副本存储到单独的数据存储，还是能够带来一些容量方面的好处。因此，我们对这种组合方式进行了测试，并提供支持。

重要事项 如果您计划使用此功能，并且正在使用多个共享某些 ESXi 主机的 View 容器，则必须为共享的 ESXi 主机上的所有池启用 View Storage Accelerator 功能。如果多个容器中的设置不一致，可能会导致共享 ESXi 主机上的虚拟机出现不稳定。

8.4.7　允许 vSphere 回收链接克隆虚拟机中的磁盘空间

在 vSphere 5.1 和更高版本中，可以启用 View 的磁盘空间回收功能。从 vSphere 5.1 开始，View 能够以高效的磁盘格式创建链接克隆虚拟机，这种磁盘格式允许 ESXi 主机回收链接克隆中未使用的磁盘空间，从而减少链接克隆所需的总存储空间。

随着用户与链接克隆桌面的交互，克隆的操作系统磁盘会逐渐增大，最终会使用几乎与完整克隆桌面相同的磁盘空间。磁盘空间回收有助于减少操作系统磁盘的大小，无需刷新或重构链接克隆。在虚拟机处于开启状态时以及用户与远程桌面交互时，都可以回收空间。

对于无法利用存储空间节省策略（例如，注销时刷新）的部署来说，磁盘空间回收功能尤其有用。例如，在专用远程桌面上安装用户应用程序的知识型员工在远程桌面刷新或重构时，可能会丢失自己的个人应用程序。通过磁盘空间回收，View 可以将链接克隆的大小保持在接近于这些克隆初次置备后启动时的较小大小。

此功能由两部分组成：节省空间的磁盘格式和空间回收操作。

在 vSphere 5.1 或更高版本环境中，如果父虚拟机的虚拟硬件版本为 9 或更高版本，无论是否启用空间回收操作，View 都会创建具有能节省空间的操作系统磁盘的链接克隆。

要启用空间回收操作，您必须使用 View Administrator 启用 vCenter Server 的空间回收，并回收各桌面池的虚拟机磁盘空间。vCenter Server 的空间回收设置支持您在所有受 vCenter Server 实例管理的桌面池上禁用此功能。禁用 vCenter Server 的该功能会覆盖桌面池级别的设置。

以下指导原则适用于空间回收功能：

- 仅对链接克隆上能节省空间的操作系统磁盘有效。
- 这不会影响 View Composer 永久磁盘。
- 仅适用于 vSphere 5.1 或更高版本且虚拟硬件版本为 9 或更高版本的虚拟机。
- 不适用于完整克隆桌面。
- 适用于具有 SCSI 控制器的虚拟机。不支持 IDE 控制器。

如果池中包含具有能节省空间的磁盘的虚拟机，则不支持本地 NFS 快照技术 (VAAI)。虚拟硬件版本 9 或更高版本的链接克隆不支持 VAAI，因为这些操作系统磁盘始终是节省空间的，即使您禁用了空间回收操作。

8.4.8 vCenter Server 和 View Composer 的并发操作数限制

在您将 vCenter Server 添加到 View 或者编辑 vCenter Server 设置时，可以配置多个选项，这些选项用来设置由 vCenter Server 和 View Composer 所执行的并发操作的最大数量。

您可以在 vCenter Server 信息页上的“View 配置→服务器→vCenter Server 设置”，编辑 vCenter Server 设置，在“高级设置”选项中配置这些参数，如图 8-288 所示。

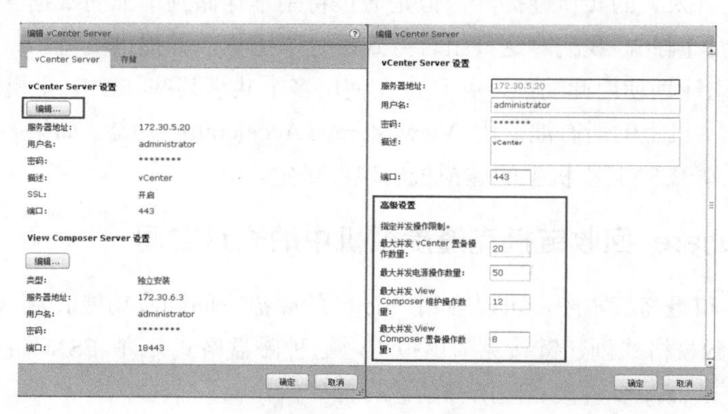

图 8-288 高级设置

（1）最大并发 vCenter 置备操作数量：确定 View 连接服务器可以发出以便在此 vCenter Server 实例中置备和删除完整虚拟机的最大并发请求数。默认值为 20。此置仅适用于完整的虚拟机。

（2）最大并发电源操作数量：确定此 vCenter Server 实例中的 View 连接服务器所管理的虚拟机上可以发生的最大并发电源操作数（启动、关闭、挂起等等）。默认值为 50。此置适用于完整的虚拟机和链接克隆。

（3）最大并发 View Composer 维护操作数量：确定在此 View Composer 实例所管理的链接克隆上可以发生的最大并发 View Composer 刷新、重构和重新平衡操作数。默认值为 12。

必须先注销包含活动会话的远程桌面，然后才能开始维护操作。如果强制用户在维护操作开始时立即注销，则需要注销的远程桌面上的最大并发操作数将只达到所配置的值的一半。例如，如果将此设置配置为 24，并强制用户注销，则需要注销的远程桌面上的最大并发操作数为 12。此设置仅适用于链接克隆。

（4）最大并发 View Composer 置备操作数量：确定在此 View Composer 实例所管理的链接克隆上可以发生的最大并发创建和删除操作数。默认值为 8。此置仅适用于链接克隆。

8.4.9　设置并发电源操作率来支持远程桌面登录风暴

最大并发电源操作数量设置用于控制可在 vCenter Server 实例的远程桌面虚拟机上发生的最大并发电源操作数量。这一限制默认设置为 50。当大量用户同时登录其桌面时，可更改此值以支持开机峰值速率。

所需并发电源操作数量基于桌面开启的峰值速率，以及桌面开启、引导到可供连接所花费的时间。总之，建议的电源操作限制值就是桌面启动所花费的总时间乘以开机峰值速率。

例如，桌面的平均启动时间在二到三分钟之间。因此，并发电源操作限制值应是开机峰值速率的 3 倍。默认设置 50 应该可支持每分钟 16 个桌面的开机峰值速率。

系统等待桌面启动的最长时间为五分钟。如果启动时间更长的话，有可能会出现其他错误。为了保守起见，您可将并发电源操作限制值设为开机峰值速率的 5 倍。采用这种谨慎方法，默认设置 50 可以支持每分钟 10 个桌面的开机峰值速率。

登录操作以及桌面开启操作，通常会平均分布在特定时段内。您可以估算开机峰值速率，方法是：假设开机峰值发生在时段中间，在此期间大约 40% 的开机操作发生在该时段的 1/6 时间内。例如，如果用户在上午 8:00 到 9:00 之间登录，时段为一小时，40% 的登录操作会发生在上午 8:25 到 8:35 这 10 分钟之内。如果有 2000 名用户，其中 20% 的用户关闭了桌面，那么这 400 个桌面开启操作中会有 40% 发生在这 10 分钟之内。开机峰值速率为每分钟 16 个桌面。

8.5　使用配置文件路径

在前面介绍的 View 桌面中，每个用户的配置及数据都保存在一个单独的磁盘中（默认是 D 盘，称为永久磁盘）。但许多使用 View 桌面的用户存在一个顾虑，就是如果用户的虚拟机坏了、被删除了，那用户的数据是不是也就没了？如果你要顾虑这个问题，可以使用 Windows 中组策略或用户设置，将用户的数据保存到一个共享的文件服务器中，这有两种方法，一是使用“用户配置文件路径”，二是使用“文件夹重定向”。

8.5.1　使用配置文件路径

使用配置文件路径，可以为域用户（或本地用户）指定一个网络共享文件夹（每个用户一个），并且将其映射为一个盘符，这样当域用户登录时，将会自动映射并连接一个共享文件夹，用户可以将文档、数据保存在这个网络共享文件夹中。

在下面的操作中，我们将使用具体的实例，介绍“配置文件路径”。主要步骤与实现的功能如下：

- 准备一个用于提供“共享文件夹”的文件服务器，该文件服务器需要有足够的空间，以便为用户提供存储空间。在本示例中，我们在 Active Directory 服务器上添加一个 200GB 的磁盘，分配盘符为 D，新建一个文件夹 USERS-HOME，并为其设置共享。在本示例中，服务器的名称为 ADSER，共享名为 users-home$

- 登录 Active Directory 用户和管理，选中多个用户，为其设置配置文件路径。每个用户会在\\adser\users-home$中新建一个与其登录名“同名”的文件夹，例如用户名 zhangsan 创建 zhangsan 的文件夹。
- 之后域用户，再登录到计算机时，会自动连接一个盘符，例如本示例中指定 Z，并映射到\\adser\users-home$\zhangsa，用户可以将数据保存在 Z 盘。因为数据是保存在共享的服务器中，与是否使用虚拟机无关，只要文件服务器不出问题，数据会一直存在。

下面我们一一介绍。

（1）登录到 Active Directory 服务器，为其添加一个硬盘，并为其分配盘符 D，并格式化，如图 8-289 所示。

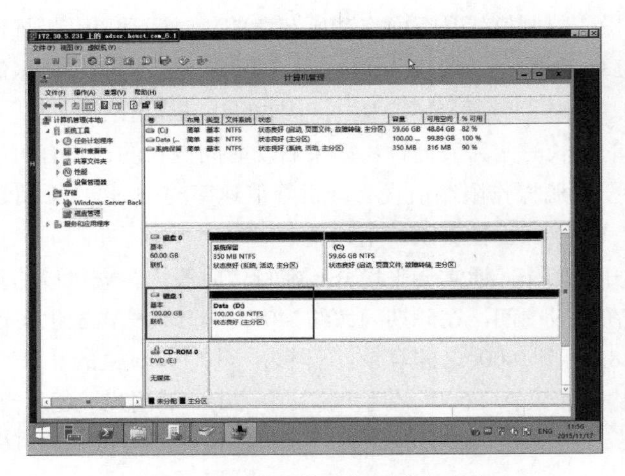

图 8-289 为文件服务器准备磁盘

（2）在 D 盘新建一个文件夹，本示例为 users-home，并右击该文件夹，在弹出对话框选择“属性”，如图 8-290 所示，准备将其设置为共享。

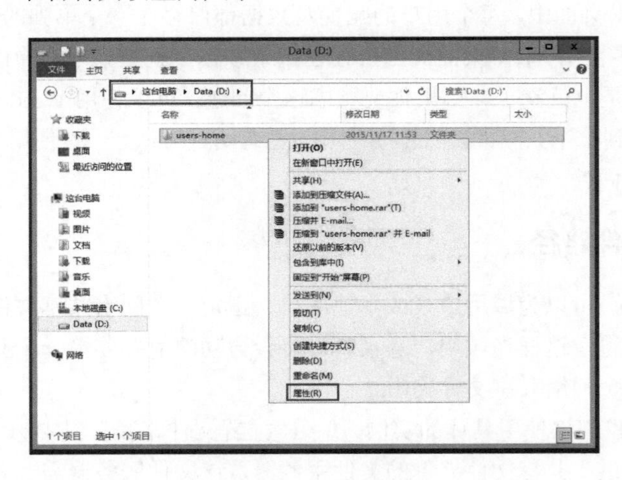

图 8-290 文件夹属性

（3）在“users-home 属性”对话框，在“共享”选项卡中单击“高级共享”，设置共享名称为 users-home$，之后单击“权限”按钮，如图 8-291 所示。

【说明】添加后缀为$的共享属于“隐藏共享”。

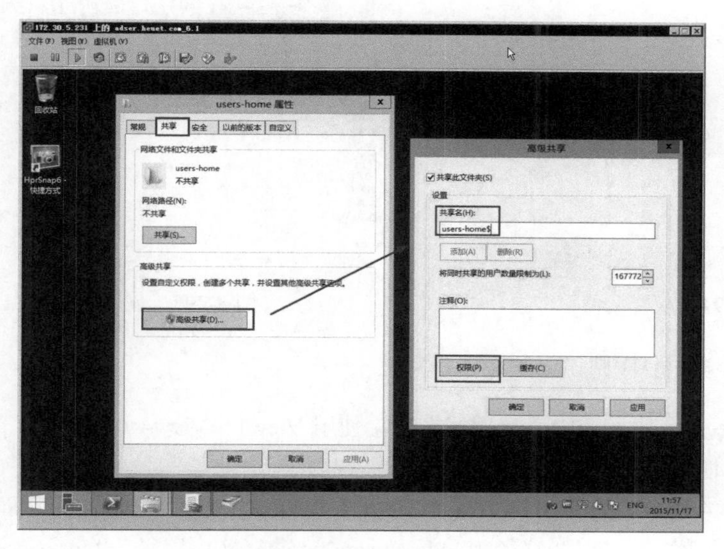

图 8-291　设置隐藏共享名

（4）在弹出的“users-home$的权限”对话框中，删除 Everyone 组，并添加 Administrator、Administrators、Domain Users 组，并且设置权限为“完全控制、更改、读取”，如图 8-292 所示。

（5）之后打开“Active Directory 用户和计算机”，选中一个或多个准备启用“配置文件路径”的用户，在此选择 View1～View4 共 4 个用户，用鼠标右击，选择“属性”，如图 8-293 所示。

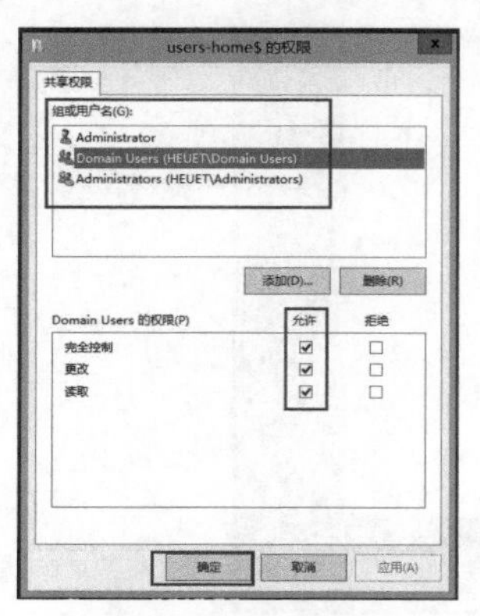

图 8-292　设置权限

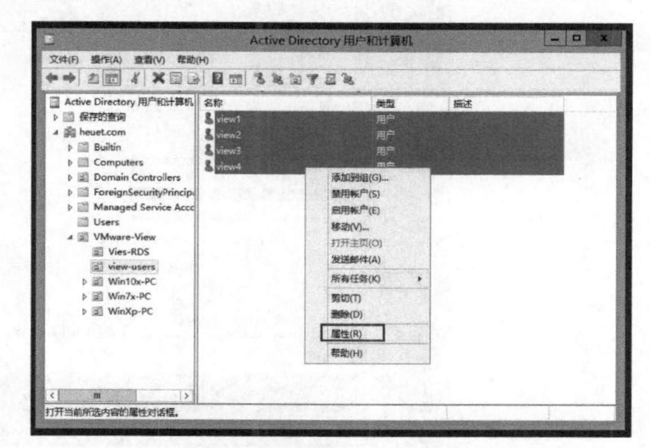

图 8-293　用户属性

（6）在“多个项目属性”对话框中，单击“配置文件”，选中“主文件夹”，在“连接”下拉列表中选择一个盘符（一般为用户计算机未使用的盘符，例如 Z），之后在“到”文本框中，输入 \\adser\users-home$\%username%，如图 8-294 所示。其中%username%是通配符，会自动替换为每个用户的登录名，例如 view1 会替换为 view1。

（7）打开文件共享中所在文件夹，可以看到，已经创建了 4 个文件夹，每个文件夹对应一个用户，如图 8-295 所示。

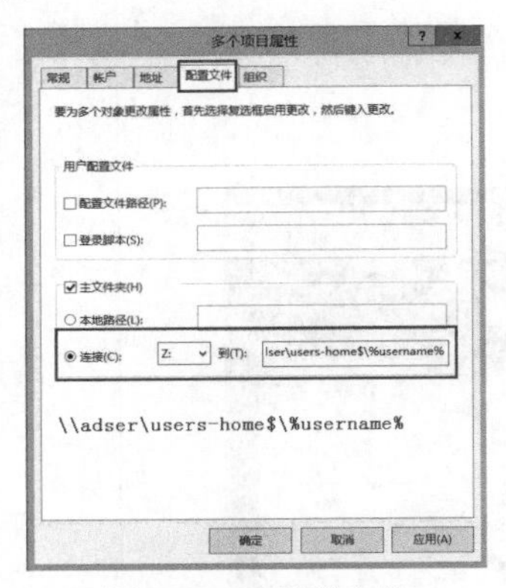

图 8-294　配置文件

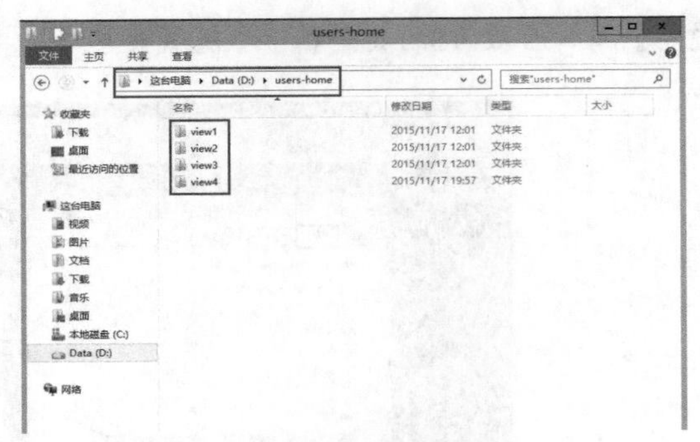

图 8-295　创建文件夹

8.5.2　在 View 桌面中测试

在 Active Directory 服务器中，配置好之后，使用 View1～View4 这四个用户，登录 View 桌面或应用程序，都能使用映射后的 Z 盘。

（1）使用 View4 用户，登录 Windows 2008 的、基于 RD 会话主机的虚拟桌面，打开“资源管理器”，可以看到会映射一个 Z 盘，路径为\\adser\users-home$（实际路径为\\adser\users-home$\view4），如图 8-296 所示。

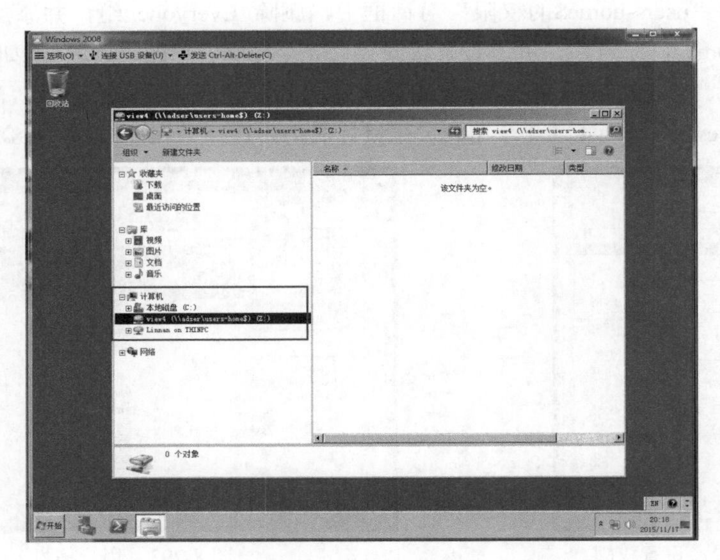

图 8-296　映射路径

（2）打开发布的应用程序，例如 Word 2016，新建一个文档，选择“另存为”，如图 8-297 所示。

（3）在弹出的“另存为”对话框中，同样可以看到映射后的 Z 盘，如图 8-298 所示。

（4）登录 Windows 10 的虚拟桌面，打开资源管理器，也可以看到映射后的 Z 盘，如图 8-299 所示。

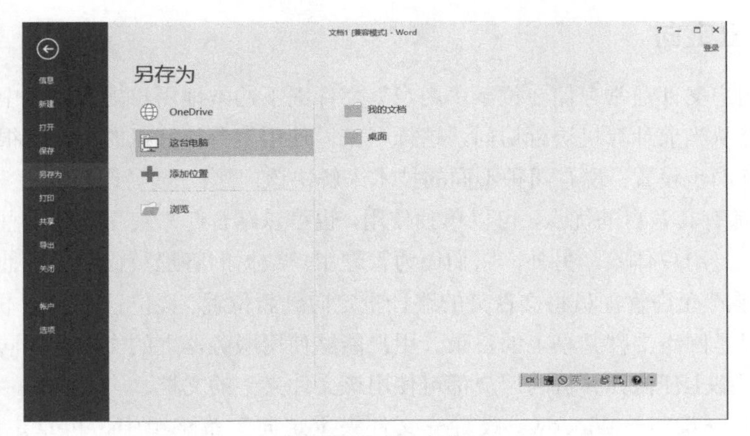

图 8-297　另存为

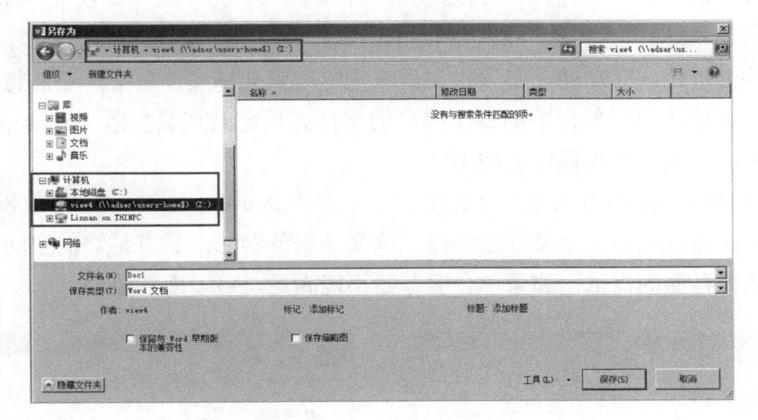

图 8-298　另外为 Z 盘

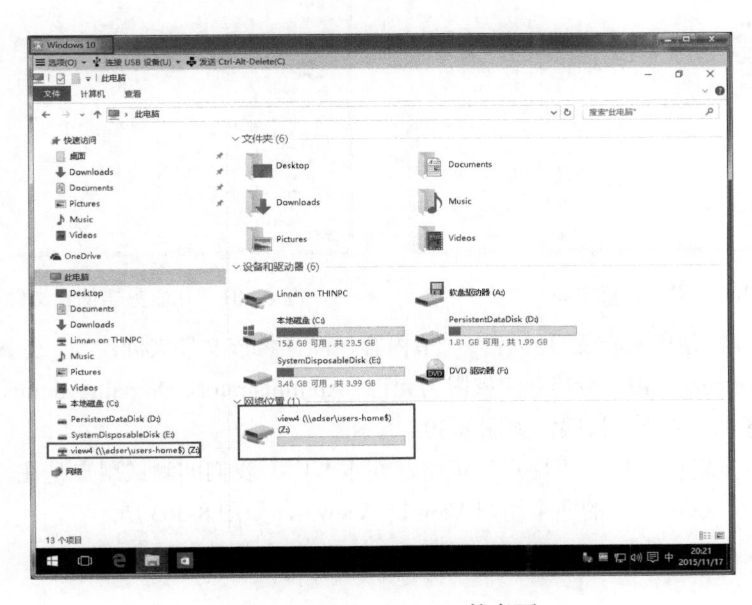

图 8-299　Windows 10 的桌面

8.5.3 文件夹重定向

用户设置和用户文件通常存储在位于“用户”文件夹下的本地用户配置文件中。本地用户配置文件中的文件只能从当前计算机进行访问，这样一来，使用多台计算机的用户就很难在多台计算机之间处理其数据并同步设置。现有两种不同的技术来解决该问题：“漫游配置文件”和“文件夹重定向”。这两种技术都有其各自的优点，可以单独使用，也可以结合起来使用创建一种从一台计算机到另一台计算机的无缝用户体验。另外，它们还为管理用户数据的管理员提供了其他选项。

“文件夹重定向”允许管理员将文件夹的路径重定向到新位置。该位置可以是本地计算机上的一个文件夹，也可以是网络文件共享上的目录。用户能够使用服务器上的文档，如同该文档就在本地驱动器上一样。网络上任何计算机的用户都可使用该文件夹中的文档。

在“用户配置→策略→Windows 设置→文件夹重定向”策略组中，可重定向的文件夹包括“AppData（应用程序数据）”、“桌面”、“开始菜单”、“文档”、“图片”、“音乐”、“视频”、“收藏夹”、“联系人”、“下载”、“链接”、“搜索”及“保存的游戏”文件夹，如图 8-300 所示。

要使用“文件夹重定向”功能，必须将文件夹重定向到共享文件夹中，不能将文件夹重定向到本地路径。下面，将把该组织单位中的每个用户的文件夹重定向到服务器“d:\users-personal”文件夹创建的共享为例，介绍文件夹重定向的用法。

（1）在 Active Directory 服务器上，D 盘创建一个文件夹 users-personal，如图 8-301 所示。在你实际的生产环境中，需要规划一个文件服务器，该文件服务器除了具有足够的空间外，还需要足够的性能，以满足文件存储的需求。如果单台服务器不能满足，可以配置多台。

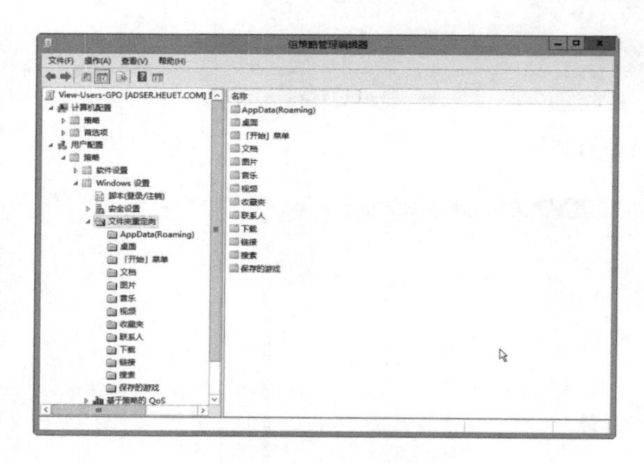

图 8-300 文件夹重定向

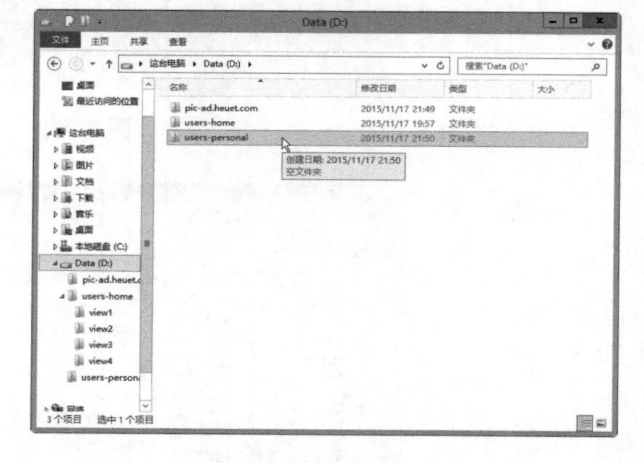

图 8-301 在服务器创建文件夹用于测试

（2）参照“8.6.1 使用配置文件路径”一节内容，同样将该文件夹创建为“隐藏共享”，在此设置共享名称为 users-personal$，为其分配权限为允许“Administrator、Domain Admins、Domain Users”为“完全控制、更改、读取”权限，如图 8-302 所示。

因为“文件夹重定向”属于“用户”策略，在本节中，我们的测试用户是在 VMware-View→View-users 组织单位（OU）中的四个用户 View1～View 4，如图 8-303 所示。

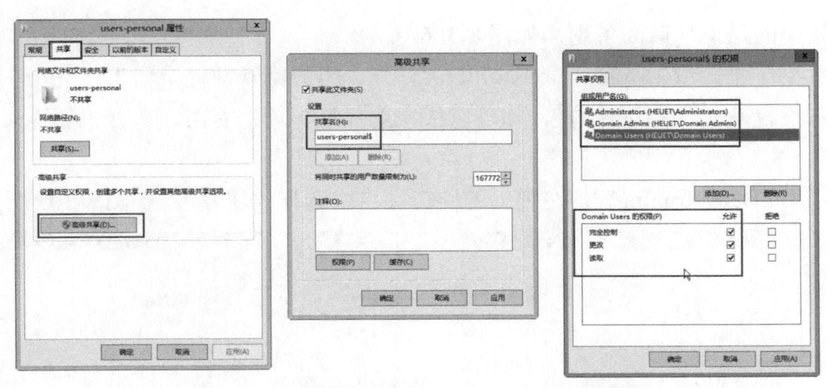

图 8-302 设置共享文件夹并配置权限

为了让设置生效，你需要在“组策略管理”中，为 VMware-View→View-users 组织单位创建 GPO，如图 8-304 所示。

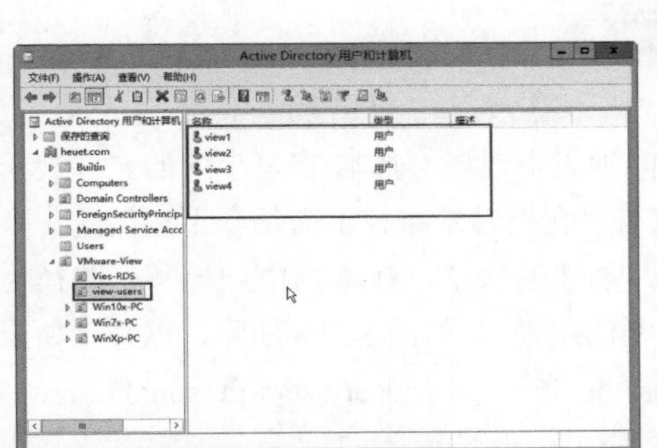

图 8-303 测试用户

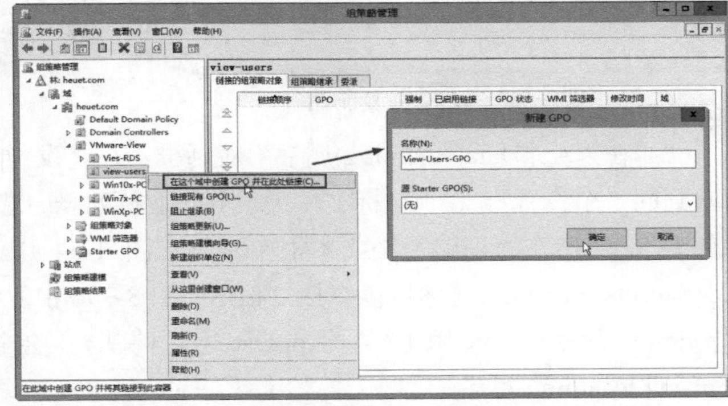

图 8-304 创建 GPO

之后编辑这个 GPO，如图 8-305 所示。

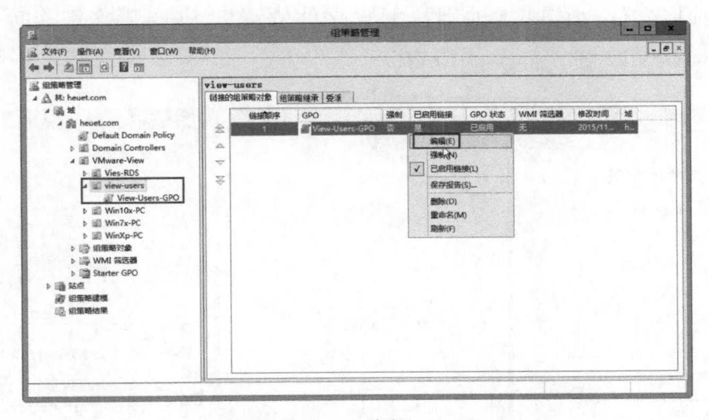

图 8-305 编辑 GPO

在你实际的生产环境中，你需要为你要启用“文件夹重定向”的域用户，所在的组织单位创建并编辑 GPO，不建议在根域修改 GPO，为所有域用户启用“文件夹重定向”功能。

在修改组策略以启用“文件夹重定向”功能之前，可以打开资源管理器，在地址栏中输入要作为宿主的共享文件夹，在本示例中为\\adser\users-personal$，按回车键，如果能浏览，表示配置无误，之后复制地标栏中的路径，后面备用，如图 8-306 所示。

之后在图 8-390 中，编辑 View-Users-GPO，打开“组策略管理编辑器”，定位到“用户配置→策略→Windows 设置→文件夹重定向”，你可以依次选择每一项，右击，选择“属性”，为每一项启用文件夹重定向。

（1）右击“AppDate(Roming)”，在弹出的快捷菜单中选择“属性”，如图 8-307 所示。

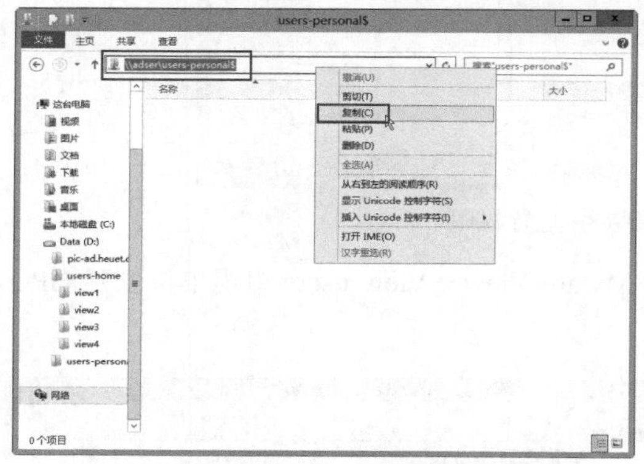

图 8-306　查看并复制路径

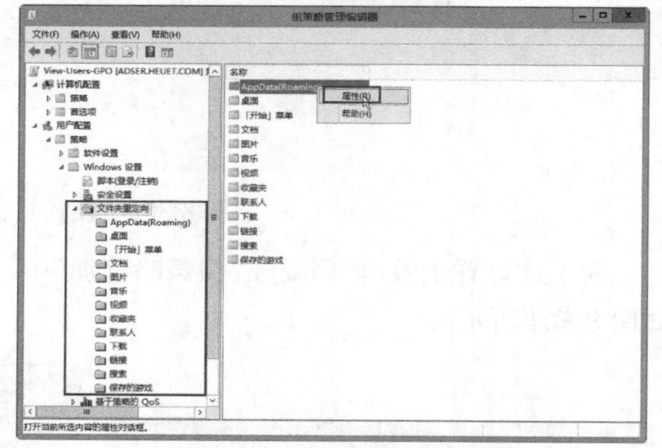

图 8-307　AppDate 属性

（2）在“AppData(Roaming)属性”对话框，在“设置”列表中选择“基本-将每个人的文件夹重定向到同一个位置”，在“目标文件夹设置”下拉列表中选择“在根目录路径下为每一用户创建一个文件夹”，然后在“根路径”文本框中，键入图 1-54 中，创建的共享，在本例中，该共享路径为\\adser\users-personal$（你可以直接“粘贴”图 8-306 中复制的路径），如图 8-308 所示。这样，如果是 view1 用户，该用户的 AppDate 文件夹将会被重重写到\\adser\users-personal$\view1\AppData\Roaming 目录。

（3）在“设置”选项卡，为 AppData(Roaming)选择重定向设置（推荐保存默认值），还可以配置“策略删除”设置（默认策略为“策略被删除时，将文件留在新位置”--即图 8-309 中设置的位置），如果选择“删除策略时将文件夹移回本地用户配置文件位置”，则该策略删除时，保存在服务器中的数据将会被移动到本地用户配置文件夹的位置。

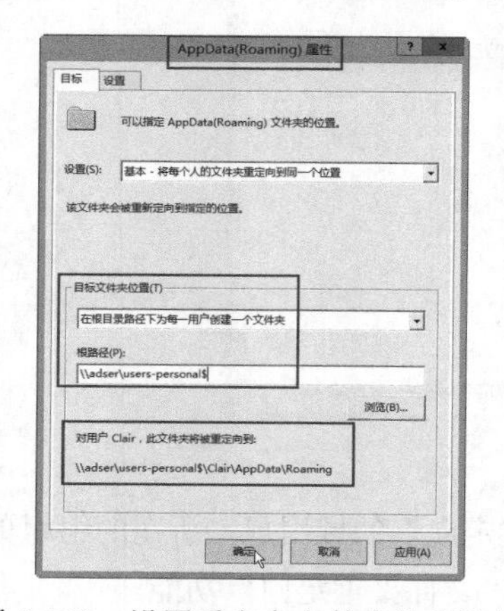

图 8-308　设置重定向文件夹的根路径

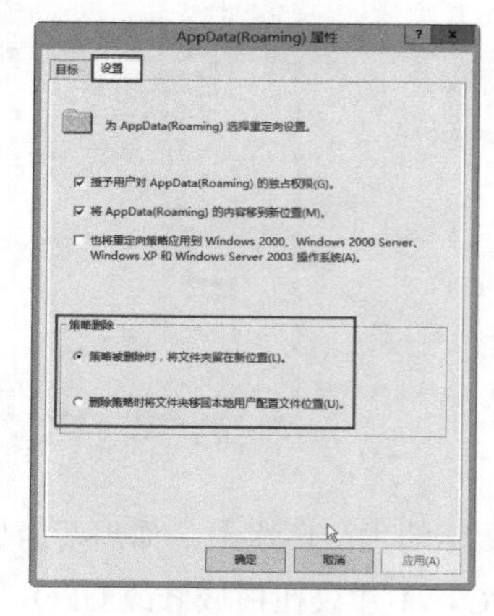

图 8-309　设置

（4）在图 8-394 中单击“确定”按钮，弹出“警告”对话框，单击“是”按钮确认，如图 8-310

所示。

（5）请参照（2）～（5）步的设置，将“桌面”、“开始菜单”、“文档”、“收藏夹”、“联系人”、“下载”、“链接”等文件夹，重定向到同一位置即\\adser\users-personal$，这些不一一介绍。而对于“图片”、“音乐”、“视频”等三个文件夹，除了可以和“桌面”、“文档”等一样设置，重定向到\\adser\users-personal$外，这三个文件夹还可以“跟随”文档文件夹，作为“文档”文件夹的子文件夹，如图 8-311、图 8-312 所示。

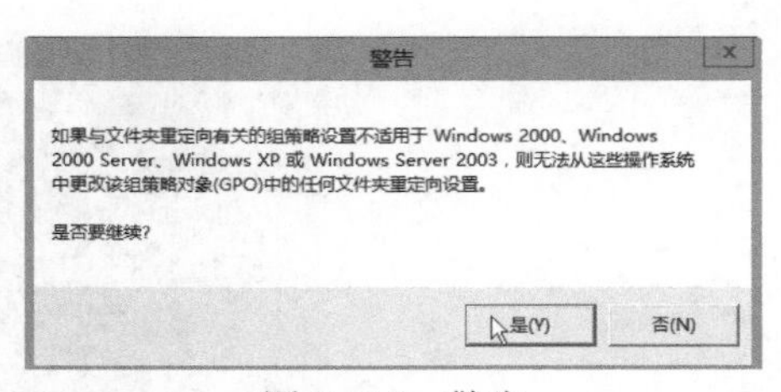

图 8-310　警告

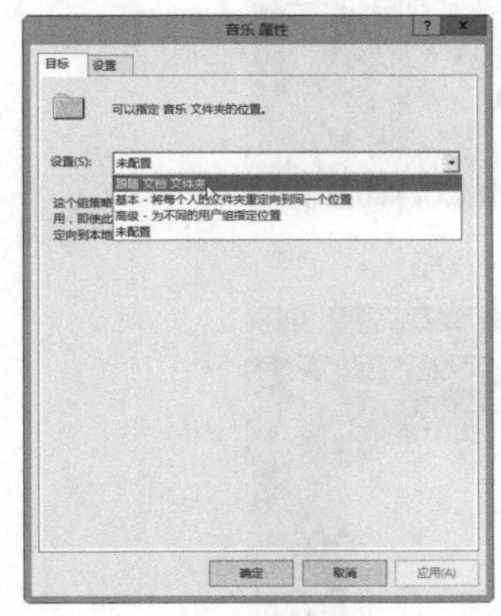

图 8-311　音乐文件夹设置

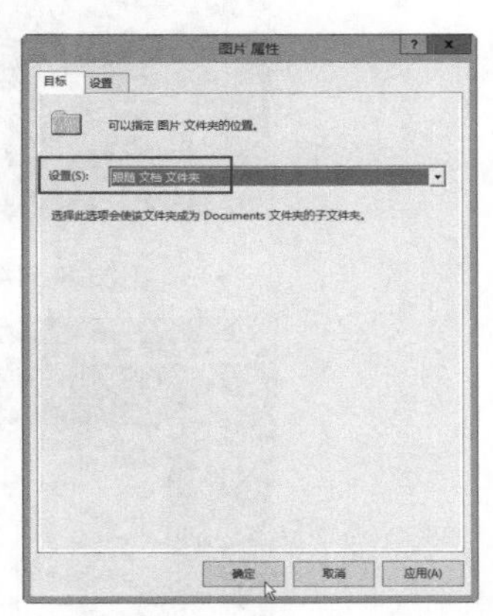

图 8-312　跟随文档文件夹

这三个文件夹是选择创建独立的目录，还是“跟随”文档文件夹，管理员可以根据习惯或规划进行设置。

（6）在配置之后，进入命令提示符，执行 gpupdate /force，更新组策略，如图 8-313 所示。

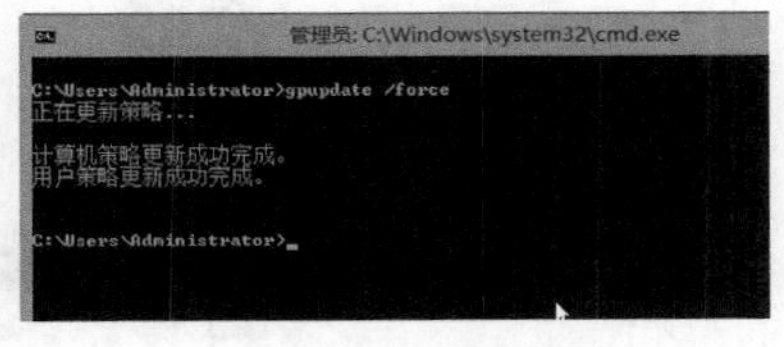

图 8-313　更新组策略

（7）在更新组策略之后，可以去 View 桌面测试，但是，最后重新启动用于测试的 View 桌面虚拟机，以让组策略生效。

8.5.4　在 View 桌面中测试文件夹重定向

在 Active Directory 服务器为域用户，在组策略中配置了“文件夹重定向”，并重新启动了测试 View 桌面虚拟机之后，可以进行测试。

（1）在登录 View 桌面或 RD 主机时，会看到“正在应用 Folder Redirection（文件夹重定向）策略”，如图 8-314 所示。

（2）登录进入 View 桌面或 RD 会话主机之后，打开资源管理器，可以看到“视频、图片、文档、下载、单独、桌面”这些文件夹，如图 8-315 所示。

（3）查看这几个文件夹的属性，例如“视频”，可以看到其文件夹位置已经变为网络路径，在此为\\adser\users-personal$\view1\documents，如图 8-316 所示。你也可以查看其他文件夹的位置，这些不一一演示。

图 8-314　正在应用文件夹重定向策略

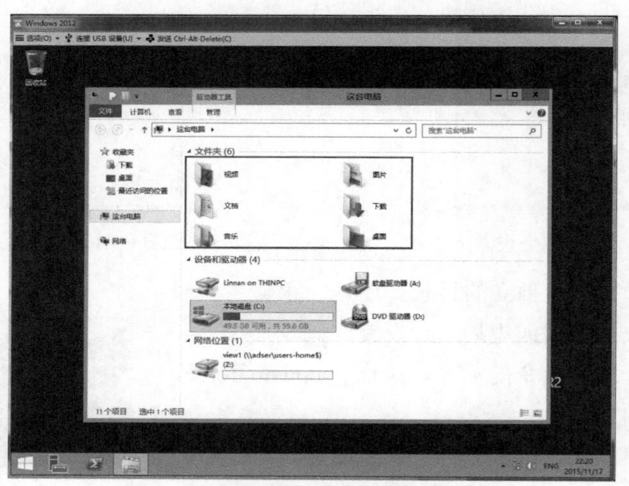

图 8-315　打开资源管理器

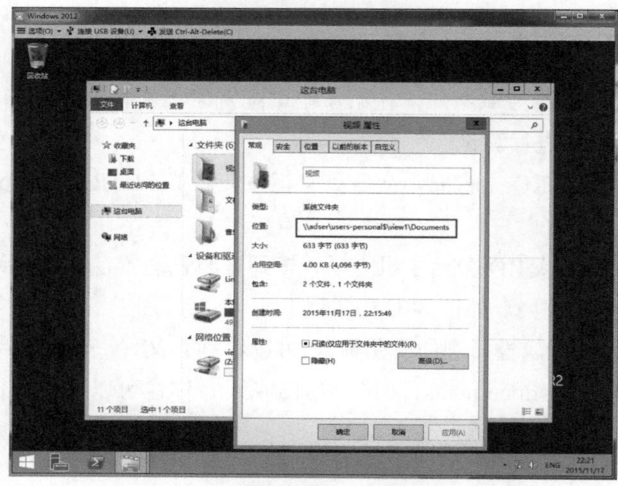

图 8-316　视频文件夹重定向后位置

（4）打开应用程序，例如 excel，在“打开”文件夹，可以看到默认位置已经是网络路径，如图 8-317 所示。

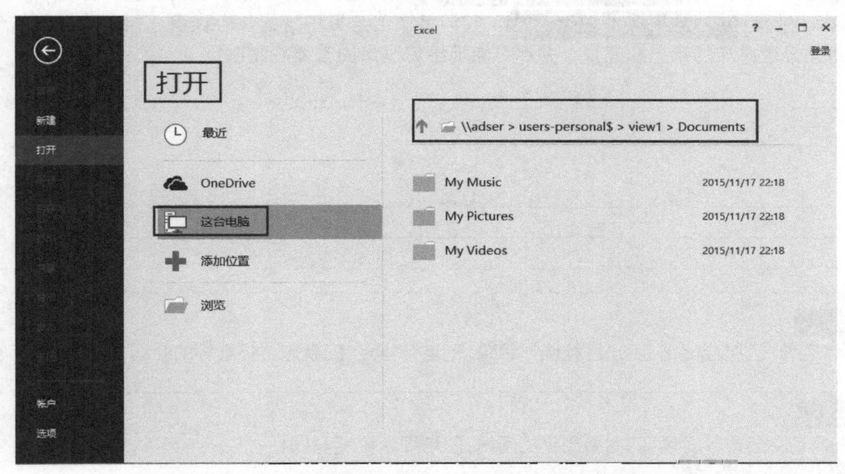

图 8-317　应用程序中“打开”位置也是网络路径

读者意见反馈表

亲爱的读者：

感谢您对中国铁道出版社有限公司的支持，您的建议是我们不断改进工作的信息来源，您的需求是我们不断开拓创新的基础。为了更好地服务读者，出版更多的精品图书，希望您能在百忙之中抽出时间填写这份意见反馈表发给我们。随书纸制表格请在填好后剪下寄到：北京市西城区右安门西街8号中国铁道出版社有限公司大众出版中心 荆波收（邮编：100054）。或者采用传真（010-63549458）方式发送。此外，读者也可以直接通过电子邮件把意见反馈给我们，E-mail地址是：176303036@qq.com。我们将选出意见中肯的热心读者，赠送本社的其他图书作为奖励。同时，我们将充分考虑您的意见和建议，并尽可能地给您满意的答复。谢谢！

所购书名：________________

个人资料：

姓名：________ 性别：________ 年龄：________ 文化程度：________

职业：________ 电话：________ E-mail：________

通信地址：________ 邮编：________

您是如何得知本书的：

□书店宣传 □网络宣传 □展会促销 □出版社图书目录 □老师指定 □杂志、报纸等的介绍 □别人推荐

□其他（请指明）________

您从何处得到本书的：

□书店 □邮购 □商场、超市等卖场 □图书销售的网站 □培训学校 □其他

影响您购买本书的因素（可多选）：

□内容实用 □价格合理 □装帧设计精美 □带多媒体教学光盘 □优惠促销 □书评广告 □出版社知名度

□作者名气 □工作、生活和学习的需要 □其他

您对本书封面设计的满意程度：

□很满意 □比较满意 □一般 □不满意 □改进建议

您对本书的总体满意程度：

从文字的角度 □很满意 □比较满意 □一般 □不满意

从技术的角度 □很满意 □比较满意 □一般 □不满意

您希望书中图的比例是多少：

□少量的图片辅以大量的文字 □图文比例相当 □大量的图片辅以少量的文字

您希望本书的定价是多少：

本书最令您满意的是：

1.

2.

您在使用本书时遇到哪些困难：

1.

2.

您希望本书在哪些方面进行改进：

1.

2.

您需要购买哪些方面的图书？对我社现有图书有什么好的建议？

您更喜欢阅读哪些类型和层次的书籍（可多选）？

□入门类 □精通类 □综合类 □问答类 □图解类 □查询手册类 □实例教程类

您在学习计算机的过程中有什么困难？

您的其他要求：